BEBIDAS NÃO ALCOÓLICAS

CIÊNCIA E TECNOLOGIA

Blucher

Waldemar Gastoni Venturini Filho
Coordenador

BEBIDAS NÃO ALCOÓLICAS

CIÊNCIA E TECNOLOGIA

Volume 2

2ª edição

Esta obra tem o apoio cultural da:

FEPAF

Fundação de Estudos e Pesquisas
Agrícolas e Florestais

www.fepaf.org.br

Bebidas não alcoólicas: ciência e tecnologia, vol. 2

2ª edição - 2016
Editora Edgard Blücher Ltda.

1ª reimpressão - 2020

Blucher

Rua Pedroso Alvarenga, 1245, 4º andar
04531-934 - São Paulo - SP - Brasil
Tel.: 55 11 3078-5366
contato@blucher.com.br
www.blucher.com.br

Segundo o Novo Acordo Ortográfico, conforme 5. ed.
do *Vocabulário Ortográfico da Língua Portuguesa*,
Academia Brasileira de Letras, março de 2009.

FICHA CATALOGRÁFICA

Bebidas não alcoólicas: ciência e tecnologia /
coordenado por Waldemar Gastoni Venturini Filho.
- 2. ed. - São Paulo: Blucher, 2016.

Bibliografia
ISBN 978-85-212-0912-6

1. Bebidas não alcoólicas - Indústria - Brasil
I. Venturini Filho, Waldemar Gastoni

15-0506 CDD 663.60981

Índices para catálogo sistemático:
1. Bebidas não alcoólicas

Prefácio da 2ª edição

Senhor,
Dai o pão a quem tem fome
e fome de justiça a quem tem o pão.
Oração cristã

Quando a Série Bebidas foi publicada em 2010 (volumes 1 e 2) e 2011 (volume 3), já tínhamos entrado em entendimento com a Editora Blucher para que os livros fossem atualizados e ampliados continuamente, já que os conteúdos abordados não cobriam todo o universo de informações da área de bebidas alcoólicas e não alcoólicas. Este será um trabalho contínuo que o coordenador deverá fazer, mesmo após a sua aposentadoria. Naquele momento, será chegada a hora de escolher novos coordenadores para passarmos o bastão, para que os mais novos deem prosseguimento a este projeto editorial.

Vale relembrar que o livro **Tecnologia de bebidas** publicado pela Editora Blucher em 2005 foi o embrião da série Bebidas, graças ao trabalho de 30 professores e pesquisadores de diversas instituições brasileiras de ensino e pesquisa. Este livro contava com 21 capítulos e 550 páginas de texto editado sobre bebidas.

Na primeira edição da Série Bebidas, contamos com 118 autores que escreveram 1.382 páginas de texto editado, distribuídos em 69 capítulos. Tivemos colaboradores do Brasil, da Costa Rica, de Cuba, do México, do Peru, do Uruguai, da Irlanda, de Portugal e da República Tcheca. O Prof. João Batista de Almeida e Silva (Escola de Engenharia de Lorena – USP) foi o grande responsável pela internacionalização desta coleção de livros.

Preciso destacar que o livro **Bebidas alcoólicas** (volume 1) foi agraciado com o Prêmio Jabuti (segunda colocação) de 2011, na área de Ciências Exatas. Foi o reconhecimento do esforço coletivo dos autores e dos profissionais da Editora Blucher.

Para a segunda edição da Série Bebidas, haverá aumento no número de autores, capítulos e páginas editadas de texto. Não é possível levantar com precisão todos os números da segunda edição, pois os livros (volume 1 e 2) ainda estão sendo editados neste momento. O volume 2 (**Bebidas não alcoólicas**) contará com 25 capítulos e 47 autores, contra 19 e 32 da primeira edição, representando um aumento de mais de 30% no número de capítulos e mais de 40% no de autores.

O coordenador reconhece o papel chave dos autores, sem eles não seria possível publicar uma única página sequer de texto editado. O trabalho em parceria apresenta esta característica de sinergismo, de multiplicação, onde dois mais dois é sempre mais que quatro.

Gostaria de aproveitar este momento e chamar a atenção do leitor para o Prof. Urgel de Almeida Lima (Escola Superior de Agricultura Luiz de Queiroz – USP), autor de diversos capítulos desta Série. Ele foi mestre de várias gerações de professores e pesquisadores tecnologistas de alimentos que passaram pela Esalq/USP.

O Prof. Urgel milita há mais de 60 anos nesta área. Atuou como docente e pesquisador, orientou alunos de graduação e pós-graduação, participou de bancas e de reuniões científicas. Nessas reuniões, senta-se sempre nas primeiras fileiras, próximo do apresentador; sempre tem perguntas e considerações a fazer sobre o assunto apresentado; é um verdadeiro animador científico. Um grande exemplo para todos nós.

Gostaria de agradecer a todos os autores, especialmente aqueles que atualizaram seus capítulos para a segunda edição. Não posso esquecer de agradecer também aos colegas da Editora Blucher. A Cleide, por sua dedicação e profissionalismo; é a pessoa que intermedia a relação entre o coordenador e a Editora. O Angelini, muito atencioso, que faz as doações dos livros da Editora. O editor Eduardo Blücher, sempre muito educado, impecável no trato com o coordenador.

Por fim, posso afirmar que o leitor, seja ele aluno ou profissional, tem em suas mãos livros de boa qualidade técnica e editorial. A Série Bebidas sistematiza as informações desta área do conhecimento, de forma inédita, no mercado editorial brasileiro. No futuro, novas edições deverão ser publicadas, para dar maior abrangência aos conteúdos e fazer frente ao avanço científico e tecnológico na área de bebidas.

Botucatu, 5 de abril de 2015.

Waldemar Venturini
Coordenador

Prefácio da 1ª edição

Este livro faz parte da Série Bebidas (Volume 1: **Bebidas alcoólicas**: ciência e tecnologia; Volume 2: **Bebidas não alcoólicas**: ciência e tecnologia; Volume 3: **Indústria de bebidas**: inovação, gestão e produção). Esta trilogia é resultado do esforço coletivo de 99 autores de nove nacionalidades (Brasil, Costa Rica, Cuba, México, Peru, Uruguai, Irlanda, Portugal e República Tcheca) que escreveram os 74 capítulos previstos. Os 42 capítulos dos volumes 1 e 2 já foram redigidos e entregues na Editora Blucher para sua editoração. Neste momento, trabalhamos na viabilização dos 32 capítulos do volume 3.

Dos 23 capítulos que compõem o Volume 1, onze são referentes às bebidas fermentadas, nove abordam as bebidas destiladas, dois descrevem as bebidas obtidas por mistura, e há um capítulo sobre bebidas retificadas. Há três capítulos sobre cerveja e cinco sobre vinho. Nesse volume, dez capítulos referem-se a bebidas obtidas a partir da uva. Portanto, o nível de detalhamento encontrado aqui é maior que aquele encontrado em outras publicações assemelhadas.

No Volume 2, há 19 capítulos, sendo nove sobre sucos de frutas e bebidas correlatas e outros dez sobre água (de coco e mineral), bebidas isotônicas, à base de soja, lácteas, estimulantes, cajuína, refrigerante e aquelas regionais, produzidas na Amazônia e nos Cerrados.

O Volume 3 é uma novidade proposta pelo editor Eduardo Blücher que nos sugeriu um volume sobre a gestão na indústria de bebidas. Com o apoio de colegas dessa área, neste momento, o volume está em processo avançado de execução, e deverá ser publicado um pouco mais tarde em relação aos dois primeiros. Esse volume foi divido em três partes: 1) aspectos da produção, com 11 capítulos; 2) gestão de processos e produtos, com 14 capítulos; 3) novas tecnologias e novos produtos, com sete capítulos.

Por sua característica, esta trilogia deverá crescer continuamente em quantidade de informação com a incorporação de novos capítulos, uma vez que há lacunas a serem preenchidas nos três volumes. Crescerá também em qualidade, já que os autores incrementam sua capacitação a cada ano de trabalho.

Merece destaque o processo de internacionalização que ocorreu nos volumes 1 e 3. Temos a participação de autores latino-americanos e europeus. Eles foram responsáveis, em parceria ou não com autores brasileiros, pelos capítulos sobre cerveja, uísque, pisco, tequila, rum, embalagens e novas tecnologias. O mentor deste processo foi o Prof. João Batista de Almeida e Silva, da Escola de Engenharia de Lorena – USP, que mantém vários convênios internacionais, facilitando o ingresso dos autores estrangeiros no projeto desta Série.

2009 é o ano do octogésimo aniversário do Prof. Urgel de Almeida Lima, aposentado da Escola Superior de Agricultura Luiz de Queiroz – USP, que formou várias gerações de professores e pesquisadores brasileiros.

Ele dedicou sua vida profissional à Tecnologia de Alimentos e Bebidas, sendo autor de dois capítulos ("Bebidas estimulantes" e "Licor") dos dois primeiros volumes, devendo ter participação em outros do volume 3. Em nome de todos os autores, gostaríamos de parabenizá-lo.

Gostaríamos de agradecer a todos os autores que confiaram seus esforços no trabalho do coordenador. Esta série só existe em função deles. Agradecemos também àqueles que nos ajudaram a selecionar autores para os capítulos cujos assuntos não nos eram familiares, aos que nos auxiliaram na organização do Volume 3 e também àqueles que aceitaram em trabalhar em parceria.

Nossos agradecimentos também ao editor Eduardo Blücher, por nos ter desafiado a criar o Volume 3 que não estava nos planos originais deste projeto. Esse volume nos obrigou a alargar o nosso campo de visão, a sair do mundo da tecnologia para nos aventurar por outras áreas desconhecidas, mas tão importantes quanto à primeira para a viabilização da produção industrial de bebidas. Agradecemos a toda a equipe da Editora Blucher pelo carinho e profissionalismo com que nos tem recebido.

Lembramos que o trabalho meticuloso de correção das bibliografias dos capítulos foi feito pelas bibliotecárias Célia Regina Inoue e Janaína Celoto Guerrero, ambas da biblioteca da Faculdade de Ciências Agronômicas, Unesp, Campus de Botucatu. Todos os autores lhes são gratos.

Cabe destacar que algumas fundações universitárias apoiaram financeiramente a Série Bebidas (Fundação de Estudos e Pesquisas Agrícolas e Florestais, Fundação de Estudos Agrários Luiz de Queiroz e Fundação Educacional de Lavras), e outras deverão apoiar, pois este processo ainda está em andamento, na presente data. Nossos agradecimentos aos autores (Prof. Urgel de Almeida Lima da Esalq/USP e Prof. Disney Ribeiro Dias da Unilavras) que conseguiram apoio com suas fundações, e com seus diretores.

Por fim, temos a certeza de que o leitor tem em mãos livros de boa qualidade que foram escritos por especialistas de cada área abordada. Que ele esteja certo de que não há no mercado editorial brasileiro qualquer obra equiparável a esta, em termos de abrangência de conteúdos e qualidade de informações.

Botucatu, 14 de setembro de 2009.

Waldemar Venturini
Coordenador

Sobre os autores

AGENOR MACCARI JÚNIOR

Universidade Federal do Paraná, Setor de Ciências Agrárias – Rua dos Funcionários, n. 1540, CEP 80035-050, Curitiba – PR

maccari@ufpr.br

ALESSANDRA SANTOS LOPES

Universidade Federal do Pará – Faculdade de Engenharia de Alimentos – Av. Conselheiro Furtadon, n. 1698, ap. 303, CEP 66040-100, Belém – PA

alessalopes@ufpa.br

ALESSANDRO NOGUEIRA

Universidade Estadual de Ponta Grossa, Departamento de Engenharia de Alimentos – Avenida General Carlos Cavalcanti, n. 4748, Campus de Uvaranas, CEP 84030-900, Ponta Grossa – PR

alessandronog@yahoo.com.br

ALEXANDRE SOARES DOS SANTOS

Universidade Federal dos Vales do Jequitinhonha e Mucuri, Campus JK – Rodovia MGT 367, Km 583, n. 5000, Alto da Jacuba, CEP 39100-000, Diamantina – MG

alexandre.soares@ufvjm.edu.br

ANA LÚCIA BARRETTO PENNA

Universidade Estadual Paulista, Departamento de Engenharia e Tecnologia de Alimentos, Rua Cristóvão Colombo, n. 2265, CEP 15054-000, São José do Rio Preto – SP

analucia@ibilce.unesp.br

ANGELA APARECIDA LEMOS FURTADO

Embrapa Agroindústria de Alimentos – Avenida das Américas, n. 29501, CEP 23020-470, Rio de Janeiro – RJ

angela.furtado@embrapa.br

CÍNTIA LACERDA RAMOS

Universidade Federal de Lavras, Departamento de Biologia – Caixa postal 3037, CEP 37200-000, Lavras – MG

cintialramos@yahoo.com.br

CLAUDIA CRISTINA AULER DO AMARAL SANTOS

Universidade Federal de Lavras, Departamento de Biologia – Caixa postal 3037, CEP 37200-000, Lavras – MG

claudiauler@yahoo.com.br

DANIELA BARNABÉ

Laboratório Randon – Rua Ênio da Silva Marques, n. 102, CEP 95012-344, Caxias do Sul – RS

daniela@labran.com.br

EDMAR DAS MERCÊS PENHA

Embrapa Agroindústria de Alimentos – Avenida das Américas, n. 29501, CEP 23020-470, Rio de Janeiro – RJ

edmar.penha@embrapa.br

ELIZEU ANTONIO ROSSI

Universidade Estadual Paulista, Faculdade de Ciências Farmacêuticas – Av. Antônio Berti, 152 – Residencial dos Oitis, CEP 14808-072, Araraquara – SP

elizeurossi@yahoo.com.br

ELVIO QUEIROZ

Universidade Estadual Paulista, Faculdade de Ciências Agronômicas – Rua Engenheiro Prudente, n. 181, Apto. 134, CEP 01550-000, São Paulo – SP

elvioqueiroz@gmail.com

EUNICE VALDUGA

Universidade Regional Integrada do Alto Uruguai e Missões – URI / Campus de Erechim, Departamento de Engenharia de Alimentos, Av. 7 de setembro, n. 1621, CEP 99700.000, Erechim – RS

veunice@uricer.edu.br

FERNANDO ANTONIO PINTO DE ABREU

Embrapa Agroindústria Tropical – Rua Dra. Sara Mesquita, n. 2270, CEP 60511-110, Fortaleza – CE

abreu@cnpat.embrapa.br

GABRIEL HENRIQUE HORTA DE OLIVEIRA

Instituto Federal de Educação, Ciência e Tecnologia do Sudeste de Minas Gerais, Campus Manhuaçu – BR 116, km 593, Distrito de Realeza, CEP 36905-000, Manhuaçu-MG

oliveira.ghh@gmail.com

GILVAN WOSIACKI

Universidade Estadual de Ponta Grossa, Pró-Reitoria de Pesquisa e Pós-Graduação. Programa de Pós-Graduação *stricto sensu*. Ciência e Tecnologia de Alimentos. Avenida General Carlos Cavalcanti, n. 4748, Campus de Uvaranas, CEP 84030-900, Ponta Grossa – PR

wosiacki@uol.com.br

GUSTAVO LANA SOARES

Faculdade de Tecnologia "Estudante Rafael Almeida Camarinha" – Avenida Castro Alves, n. 62, CEP 17506-000, Marília – SP

gustavo.soares2@fatec.sp.gov.br

HELEN TREICHEL

Universidade Federal da Fronteira Sul, Campus Erechim – Rodovia ERS 135, km 72, CEP 99700-000, Erechim – RS

helen.treichel@uffs.edu.br

HILARY CASTLE DE MENEZES

Universidade de Campinas, Faculdade de Engenharia de Alimentos – Caixa postal 6121, CEP 13083-970, Campinas – SP

hilary@mpc.com.br

KELLY DE OLIVEIRA COHEN

Embrapa Sede, Departamento de Pesquisa e Desenvolvimento – Quadra 17, AR 6, Ed. Mirante da Serra, Apto. 306, CEP 73045-170, Sobradinho – DF

kelly.cohen@embrapa.br

KLEBER ALVES DOS SANTOS BERTÉ

Universidade Federal do Paraná, Setor de Ciências Agrárias – Rua dos Funcionários, n. 1540, CEP 80035-050, Curitiba – PR

kleber.berte@gmail.com

LÍLIAN PANTOJA

Universidade Federal dos Vales do Jequitinhonha e Mucuri, Campus I, Prédio 2, Sala 48 – Rua da Glória, n. 187, CEP 39100-000, Diamantina, MG

l.pantoja@ict.ufvjm.edu.br

LÍVIA DE LACERDA DE OLIVEIRA PINELI

Universidade de Brasília, Campus Darcy Ribeiro, Faculdade de Saúde, Departamento de Nutrição Humana – SHCES 1405, Bloco I, Ap. 304, CEP 70658-459, Cruzeiro – DF

liviapineli@gmail.com

LOURDES MARIA CORRÊA CABRAL

Embrapa Agroindústria de Alimentos – Avenida das Américas, n. 29501, CEP 23020-470, Rio de Janeiro – RJ

lourdes.cabral@embrapa.br

MAGALI MONTEIRO DA SILVA

Universidade Estadual Paulista, Faculdade de Ciências Farmacêuticas, Departamento de Alimentos e Nutrição – Rodovia Araraquara / Jaú, km 1, Caixa postal 502, CEP 14801-902, Araraquara – SP

monteiro@fcfar.unesp.br

MÁRCIA MARIA SANTIN TRENTINI

Universidade Regional Integrada do Alto Uruguai e Missões – URI / Campus de Erechim, Departamento de Engenharia de Alimentos, Av. 7 de setembro, n. 1621, CEP 99700-000, Erechim – RS

marciasantin@yahoo.com.br

MARCO DI LUCCIO

Universidade Federal de Santa Catarina, Departamento de Engenharia Química e de Engenharia de Alimentos – Caixa Postal 476, CEP 88040-900, Florianópolis – SC

di.luccio@ufsc.br

MARIANA TOMIE KUNITAKE

Universidade de São Paulo, Faculdade de Zootecnia e Engenharia de Alimentos, Departamento de Engenharia de Alimentos – Av. Duque de Caxias Norte, n. 225, CEP 13635-010, Pirassununga – SP

mtomiek@gmail.com

MASAHARU NAGATO

Nagato & Farah Consultores Associados Ltda. – Av. Irai, n. 393, Cj 73, Moema, CEP 04082-001, São Paulo – SP

mnagato2@uol.com.br

MURILLO FREIRE JÚNIOR

Embrapa Agroindústria de Alimentos – Avenida das Américas, n. 29501, CEP 23020-470, Rio de Janeiro – RJ
murillo.freire@embrapa.br

MURIS SLEIMAN

BevHall Tecnologia em Bebidas – Rua da Esperança, n. 71, CEP 18603-060, Botucatu – SP
muris.sleiman@sp.senac.br

NÍSIA ANDRADE VILLELA DESSIMONI PINTO

Universidade Federal dos Vales do Jequitinhonha e Mucuri, Campus II, Laboratório de Tecnologia de Biomassas do Cerrado – Rodovia MGT 367 – km 583, n. 5000 – Bairro Alto da Jacuba, CEP 39100-000 Diamantina, MG
nisiavillela@yahoo.com.br

PAULA RAVANELLI ROSSI

Universidade Federal de São Carlos – Av. Antônio Berti, 152 – Residencial dos Oitis, CEP 14808-072, Araraquara – SP
p.rrossi@yahoo.com.br

PAULO CÉSAR CORRÊA

Universidade Federal de Viçosa, Centro de Ciências Agrárias, Departamento de Engenharia Agrícola, Campus Universitário – Caixa postal 270, CEP 36571-000, Viçosa – MG
copace@ufv.br

RAFAELLA MATTIETTO

Embrapa Amazônia Oriental, Laboratório de Agroindústria – Trav. Dr. Enéas Pinheiro s/n, CEP 66095-100, Belém – PA
rafaella.mattietto@embrapa.br

RENATA DE MARCHI

De Marchi Indústria e Comércio de Frutas Ltda – Estrada Particular De Marchi, n. 470, Bairro do Poste, CEP 13213-245, Jundiaí – SP
demarchir@hotmail.com

RODRIGO RODRIGUES PETRUS

Universidade de São Paulo, Faculdade de Zootecnia e Engenharia de Alimentos, Departamento de Engenharia de Alimentos – Av. Duque de Caxias Norte, n. 225, CEP 13635-010, Pirassununga – SP
rpetrus@usp.br

ROGER DARROS-BARBOSA

Universidade Estadual Paulista, Departamento de Engenharia e Tecnologia de Alimentos, Rua Cristóvão Colombo, n. 2265, CEP 15054-000, São José do Rio Preto – SP
roger@ibilce.unesp.br

ROSANE FREITAS SCHWAN

Universidade Federal de Lavras, Departamento de Biologia – Caixa postal 3037, CEP 37200-000, Lavras – MG
rschwan@ufla.br

SABRINA NEVES CASAROTTI

Universidade Estadual Paulista, Departamento de Engenharia e Tecnologia de Alimentos, Rua Cristóvão Colombo, n. 2265, CEP 15054-000, São José do Rio Preto – SP
sabrinacasarotti@yahoo.com.br

SÔNIA COURI

Embrapa Agroindústria de Alimentos – Avenida das Américas, n. 29501, CEP 23020-470, Rio de Janeiro – RJ
sonia.couri@gmail.com

SÔNIA MARIA DA SILVA CARVALHO

Universidade Federal do Amazonas, Setor Sul, Instituto de Ciências Biológicas, Departamento de Parasitologia, Av. Gen. Rodrigo Octávio Jordão Ramos, n. 3000, Coroado, CEP 69077-000, Manaus – AM
sscarvalho@hotmail.com

URGEL DE ALMEIDA LIMA

Universidade de São Paulo, Escola Superior de Agricultura Luiz de Queiroz – Rua Dr. Paulo Pinto, n. 63, CEP 13416-222, Piracicaba – SP
ualima1@gmail.com

VALTER MARZAROTTO

Laboratório Randon Ltda – Rua Ênio da Silva Marques, n. 102, CEP 95012-344, Caxias do Sul – RS
valter@labran.com.br

VIRGÍNIA MARTINS DA MATTA

Embrapa Agroindústria de Alimentos – Avenida das Américas, n. 29501, CEP 23020-470, Rio de Janeiro – RJ
virginia.matta@embrapa.br

WALDEMAR GASTONI VENTURINI FILHO

Universidade Estadual Paulista, Faculdade de Ciências Agronômicas – Rua José Barbosa de Barros, n. 1780, CEP 18610-307, Botucatu – SP
venturini@fca.unesp.br

WILMA ARAÚJO

Universidade de Brasília, Faculdade de Ciências da Saúde, Departamento de Nutrição Humana – Campus Darcy Ribeiro Asa Norte, Brasília – DF, CEP 70910900
wilma.araujo@terra.com.br

Conteúdo

1

ÁGUA DE COCO

EDMAR DAS MERCÊS PENHA
LOURDES MARIA CORRÊA CABRAL
VIRGÍNIA MARTINS DA MATTA

1.1 INTRODUÇÃO

A água de coco é uma bebida agradável consumida diretamente do fruto nas áreas de produção ao longo de toda a costa brasileira e também nos centros urbanos do interior. Esse produto vem ganhando popularidade no mercado mundial, especialmente pelo apelo como produto saudável e repositor de sais.

A água de coco-verde representa cerca de 25% do peso do fruto, sendo a quantidade de água por fruto de, aproximadamente, 400 mL. O seu sabor doce e levemente adstringente é uma característica sensorial que atrai bastante os consumidores.

Entre as suas principais características, destacam-se os baixos teores de carboidratos e gorduras, o que contribui para o seu valor calórico reduzido, sendo uma alternativa saudável aos refrigerantes ou outros produtos mais calóricos. O teor de potássio é expressivo, tornando a água de coco indicada para hidratação oral. Entretanto, é necessário esclarecer que ela não deve ser utilizada para reposição de sódio, por não ser fonte deste mineral.

A água no interior do fruto é estéril e se mantém assim, desde que o fruto não sofra nenhuma lesão que possibilite a entrada de microrganismos. Entretanto, durante o seu processamento, podem ocorrer contaminações microbiológicas e alterações bioquímicas que inviabilizem a sua posterior comercialização. Assim, o problema da conservação da água de coco inicia-se logo após a abertura do fruto.

Tradicionalmente, a água de coco é consumida dentro do próprio fruto. Esta prática, entretanto, envolve problemas relacionados principalmente ao transporte e ao armazenamento dos frutos. As tecnologias de processamento e conservação aplicadas à água de coco permitem: o aumento da vida de prateleira do produto e a consequente formalização do comércio da água de coco; a otimização do aproveitamento da fruta; a diminuição da participação de intermediários que oneram o custo final do produto; além da geração de empregos em um novo nicho industrial. O objetivo da industrialização da água de coco é a obtenção de um produto que preserve ao máximo as suas características naturais, estendendo sua vida útil e facilitando o seu consumo fora das regiões de plantio.

Além do seu uso tradicional, como uma bebida, a água de coco vem sendo muito utilizada nas áreas médica e de biotecnologia, como diluente e conservante de sêmen, por possuir uma substância ativa (um hormônio vegetal, o ácido indol-acético) que aumenta a vida útil e a motilidade dos espermatozoides; como conservante de córneas humanas para transplante; como meio de cultivo para vírus, bactérias e células vegetais; e para obtenção de vacinas contra febre aftosa, raiva e leishmaniose.

1.1.1 Mercado

O coqueiro é originário do Sudeste Asiático, tendo sido trazido para o Brasil na segunda metade do século XVI, tornando-se uma das mais importantes palmeiras cultivadas no país, sendo encontrado em quase todo o território nacional. A maior parte da produção mundial localiza-se na Ásia (mais de 80%), cabendo ao Brasil uma parcela de cerca de 2%. Estima-se que 85% da produção nacional seja destinada ao mercado do coco seco, tanto para o consumo culinário *in natura* quanto para a indústria de derivados do coco (produção de leite, óleo e sabão, principalmente).

No Brasil, a cocoicultura é considerada como a segunda cultura frutífera em importância econômica na região Nordeste, sendo os Tabuleiros Costeiros os maiores produtores. A área colhida de coco no Brasil foi de 289 mil hectares em 2006, quando a produção atingiu quase 2 bilhões de frutos, sendo 66,5% proveniente da região Nordeste, 14,1% da Norte e 17% da Sudeste. Os estados da Bahia, Pará e Espírito Santo são os maiores produtores, em suas respectivas regiões.

Embora não haja estatística oficial, estima-se que a área plantada de coco-verde no Brasil seja de 80 mil ha. Estima-se, ainda, que cerca de 10% da produção seja destinada ao processamento da água de coco, para seu envase e posterior comercialização, o que representa um volume de 70 milhões de litros, correspondente a cerca de 6% do mercado de bebidas prontas para o consumo, excetuando-se refrigerantes.

O coqueiro é constituído de uma só espécie (*Cocos nucifera* L.) e duas variedades principais: gigante e anão que, por sua vez, apresenta subvariedades verde, amarelo e vermelho. O coqueiro-gigante, também conhecido como coco de praia, demora cerca de sete anos para produzir um número médio de 60 a 80 cocos por planta por ano. O coqueiro-anão se originou de uma mutação gênica da variedade gigante, cujas principais características são: a precocidade na produção (dois a três anos), a produtividade (150 a 200 frutos/planta/ano) e o porte (10 a 12 metros de altura), além da grande importância em programas de melhoramento da cultura e na produção de híbridos. A variedade anão é composta pelas cultivares amarelo, vermelho de Camarões, vermelho da Malásia e verde.

Além da sua precocidade, a subvariedade anão-verde é mais resistente às condições ambientais e sua cor é preferida pelos consumidores, o que certamente contribuiu para a difusão do seu cultivo no território brasileiro visando o consumo da água *in natura*.

1.1.2 Definição legal

O Ministério da Agricultura, Pecuária e Abastecimento, mediante a Instrução Normativa n. 39 de 29 de maio de 2002, aprovou o regulamento técnico para fixação do padrão de identidade e qualidade (PIQ) da água de coco, definindo-a como a bebida obtida da parte líquida do fruto do coqueiro (*Cocos nucifera* L.), por meio de processo tecnológico adequado, não diluído e não fermentado. Deve apresentar cor característica, sabor levemente adocicado, aroma próprio e aparência de líquido variando de translúcido a opaco. A presença de pequenas quantidades de partículas sobrenadantes da polpa do coco não desqualifica o produto.

O sabor da água de coco deve ser doce e levemente adstringente, apresentando um pH em torno de 5,6. O produto sofre mudanças na sua composição durante o desenvolvimento do fruto. Além do grau de maturação, outros fatores como variedade, região de cultivo e a época do ano, também influenciam nas características físico-químicas do produto.

A água de coco pode ser classificada em:

I. Água de coco *in natura* – é o produto definido no item 1.1.2, que não tenha sido submetido a nenhum processo físico ou químico e que se destine para consumo imediato. As empresas que envasam e comercializam a água de coco *in natura* deverão informar ao consumidor, de forma ostensiva e legível, que o produto deve ser consumido logo após a extração.

II. Água de coco resfriada – é o produto definido no item 1.1.2 e que tenha sido submetido a um processo adequado de pasteurização e resfriamento. A água de coco resfriada deve ser mantida e comercializada sob condições de resfriamento, à temperatura máxima de +10 °C (dez graus Celsius positivos).

III. Água de coco congelada – é o produto definido no item 1.1.2 e que tenha sido submetido a um processo adequado de congelamento, podendo ou não ser pasteurizado. A água de coco congelada deve ser mantida e comercializada sob condições de congelamento, à temperatura de, no mínimo, –10 °C (dez graus Celsius negativos).

IV. Água de coco esterilizada – é o produto definido no item 1.1.2 e que tenha sido submetido a um processo adequado de esterilização "comercial". A água de coco esterilizada pode ser comercializada à temperatura ambiente.

V. Água de coco concentrada – é o produto definido no item 1.1.2 e que tenha sido submetido a um processo adequado de concentração, cujo teor de sólidos solúveis, medidos em °Brix, seja igual ou superior ao dobro da sua concentração natural.

VI. Água de coco desidratada – é o produto definido no item 1.1.2 e que tenha sido submetido a um processo adequado de desidratação, cujo teor de umidade seja igual ou inferior a 3%.

Na Tabela 1.1, estão apresentadas as exigências da legislação do Ministério da Agricultura em relação às características físico-químicas da água de coco.

Tabela 1.1 Características físico-químicas exigidas no Regulamento Técnico para Fixação de Identidade e Qualidade da Água de Coco.

Parâmetros	Mínimo	Máximo
Acidez fixa em ácido cítrico (g/100 mL)	0,03	0,18
pH	4,3	–
Sólidos solúveis em °Brix, a 20 °C	–	7,0

Fonte: Instrução Normativa n. 39, de 29 de maio de 2002.

1.1.3 Composição química e valor nutritivo

A água de coco-verde é formada em pequenas quantidades na cavidade central do fruto a partir do segundo mês de desenvolvimento, e atinge seu volume máximo (300-500 mL) no sexto mês. Esse volume se mantém constante durante um ou dois meses, diminuindo, posteriormente, até o final do amadurecimento, quando atinge entre 100-150 mL. A água desempenha um papel importante na maturação do fruto, pois auxilia na geração do albúmen, uma substância gelatinosa que se forma quando o coco possui de cinco a seis meses de idade. Aos sete ou oito meses, o albúmen já se desenvolveu por toda cavidade central do fruto e a água encontra-se com as características sensoriais e nutritivas ideais para o consumo. Nessa época, encontra-se dissolvida a maioria dos sais minerais, das proteínas e dos açúcares redutores (glicose e frutose). Em seguida, o volume começa a diminuir em virtude da perda por evaporação e absorção pelo albúmen sólido e há uma redução nos teores de açúcares redutores e aumento dos não redutores (sacarose) e dos ácidos graxos, tornando a água de coco-verde menos nutritiva e saborosa. Segundo a maioria dos autores, a melhor idade do fruto para o consumo da água de coco está entre seis e sete meses.

Valores típicos da composição físico-química da água de coco-verde aos sete meses de idade são apresentados na Tabela 1.2.

Tabela 1.2 Composição físico-química da água de coco anão-verde com sete meses de idade.

Parâmetro	Valor
Volume de água (mL)	300-450
Sólidos totais (g/100 g)	5,84
Sólidos solúveis totais (°Brix)	5
Acidez total titulável (g/100 mL)	0,074
pH	4,91
Açúcares totais (g/100 mL)	3,46
Sacarose (mg/100 mL)	280
Glicose (mg/100 mL)	2378
Frutose (mg/100 mL)	2400
Vitamina C (mg/100 mL)	1,2
Proteínas (mg/100 mL)	370
Fósforo (mg/100 mL)	7,40
Cálcio (mg/100 mL)	17,10
Sódio (mg/100 mL)	7,05
Magnésio (mg/100 mL)	4,77
Manganês (mg/100 mL)	0,52
Ferro (mg/100 mL)	0,04
Potássio (mg/100 mL)	156,86
Lipídios (mg/100 mL))	1,1-2,7
Energia (kcal/100 mL)	27,51

Fonte: Rosa e Abreu (2000).

Dos componentes mais importantes da água de coco têm-se os açúcares, que no início da maturação, apresentam-se na forma de açúcares redutores (glicose e frutose), e cuja concentração alcança nível máximo de 6,0 g/100 mL, próximo ao 6° e 7° mês, momento em que a quantidade de água é maior. Com a maturação, a concentração de açúcares redutores diminui até 1,0 g/100 mL, porém são formados açúcares não redutores. No final da maturação, o teor de açúcares totais é de aproximadamente 2,0 g/100 mL.

A concentração de lipídios nos 6º e 7º meses é praticamente insignificante, variando em frutos com cinco a sete meses de idade nas faixas de 0,3 a 2,7 mg/100 mL, respectivamente. Após o 8º mês, há um aumento considerável nos teores de gorduras e a água torna-se opaca.

A água de coco é rica em minerais, independentemente da idade do fruto. Entretanto, há variações no conteúdo com o decorrer do amadurecimento e com as diferentes regiões de plantio do coqueiro. Diversos autores citam que o principal mineral presente na água de coco é o potássio, que corresponde a 2/3 do total de minerais da água. Para algumas variedades híbridas, observa-se o aumento do teor de potássio de 210 mg/100 mL no 4º mês, para 360 mg/100 mL no 11º mês. Por outro lado, há trabalhos com a variedade anão-verde, em que os valores de minerais diminuem ao longo do amadurecimento do fruto. A literatura reporta, também, teores de potássio em torno de 548 mg/100 mL para algumas variedades de coqueiro, independentemente da idade do fruto. Esses valores são os mais altos relatados em artigos sobre o coco e foram justificados como um reflexo do alto conteúdo de potássio presente no solo daquela região específica. Assim, a aplicação intravenosa de água de coco contendo alto teor de potássio requer cautela e deve ser administrada de forma cuidadosa.

Em relação à concentração de sódio, foram encontrados na literatura dados variando de 2,5 mg/100 mL no 5º mês, até 15,9 mg/100 mL no 10º mês para frutos de coqueiros-anões e gigantes.

O conteúdo total de cálcio da água de coco diminui com o aumento da idade do coco. Os valores encontrados foram de 23,4 a 48,0 mg/100 mL no 6º mês, atingindo valores de 12,0 mg/100 mL a 40,0 mg/100 mL no 11º mês. Foi observado também que a quantidade de cálcio é maior que a quantidade de sódio em todos os estágios de maturação. O conteúdo de cálcio de amostras de água de coco provenientes de diferentes localidades não apresentou diferenças significativas.

A quantidade de magnésio na água de coco diminui com o amadurecimento do fruto. São relatados teores de 5,0 mg/100 mL e 6,4 mg/100 mL, para as variedades anã e gigante, respectivamente, com cinco meses de maturação.

Quanto ao fósforo, alguns autores afirmam que sua concentração aumenta em função da idade do fruto, variando de 6,5 mg/100 mL no 4º mês a 23,4 mg/100 mL no 11º mês; outros citam valores de 1,8 mg/100 mL no 6º mês a 10,5 mg/100 mL no 12º mês. Entretanto, há autores que reportaram que o teor de fósforo decresce com a maturação, variando de 9,2 mg/100 mL no 6º mês para 6,3 mg/100 mL no 12º mês de maturação do fruto.

O teor de proteína (gramas por 100 mL) da água de coco aumenta de 0,13% no coco-verde para 0,29% no coco maduro. Em variedades anã e gigante, procedentes das Ilhas Gilbert, foram encontrados valores na faixa de 0,40% a 1,10% de proteína, respectivamente. No Brasil, pesquisadores estudando as variedades anã e gigante, com idade de cinco meses, encontraram valores de 0,04% e 0,08% de proteína, respectivamente.

Com relação à presença de aminoácidos livres na água de coco-verde, cerca de 70% deles são glutamina, arginina, asparagina, alanina e ácido aspártico, enquanto que na água de coco maduro 75% dos aminoácidos livres são constituidos de ácido glutâmico e ácido γ-aminobutírico.

A presença de enzimas polifenoloxidase e peroxidase na água de coco-verde deve ser considerada um fator de grande relevância, devido às alterações indesejáveis que acarretam, como o desenvolvimento de coloração rósea a castanho-escuro. Há evidências de que a atividade enzimática ocorre com plenitude em frutos com idade de cinco a sete meses, decrescendo com o amadurecimento.

A polifenoloxidase é uma oxidase conhecida também como tirosinase, monofenol monooxigenase, catecol oxidase, dihidroxifenilalanina e oxigênio redutase. Tem peso molecular de cerca de 128 kDa, apresenta cor castanha, ponto isoelétrico que pode variar de 4,7 a 5,0 e pH ótimo na faixa de 6,0 a 7,0. É uma enzima bifuncional que contém cobre (Cu). Possui dois sítios de ligação para substratos aromáticos e outro sítio para o oxigênio.

A polifenoloxidase é indiretamente responsável pelo escurecimento enzimático que pode ocorrer em frutas e vegetais. As o–quinonas, que são os primeiros produtos do processo oxidativo, reagem entre si formando polímeros de elevado peso molecular, que formam complexos macromoleculares com aminoácidos ou proteínas e oxidam compostos com baixo potencial de oxirredução.

Frutas e vegetais possuem em sua composição uma grande variedade de compostos fenólicos, porém apenas uma pequena parte destes pode ser substrato para a polifenoloxidase. Os substratos naturais nas frutas são as catequinas, os ésteres de ácido cinâmico, a 3,4-dihidroxifenilalanina (DOPA) e a tirosina, sendo esses dois últimos os mais importantes. É também conhecida a existência do ácido clorogênico como substrato natural da polifenoloxidase.

A peroxidase é uma enzima que catalisa reações peroxidativas, oxidativas, catalíticas e de hidroxilação. Seu substrato principal é o peróxido de hidrogênio (H_2O_2), embora atue sobre outros compostos como fenóis (p-cresol, guaiacol e resorcinol) e aminas aromáticas (anilina, benzidina, o-dianisidina e o-toluidina). Apresenta peso molecular de 44 kDa, cor castanho-avermelhada, ponto isoelétrico em pH 9,0. As condições ótimas para sua atuação ocorrem na faixa de pH entre 5,5 e 7,5 e temperatura em torno de 40 °C. Nas plantas, a enzima localiza-se, na forma solúvel, no citoplasma e na parede celular, quando está na forma insolúvel.

1.2 MATÉRIAS-PRIMAS

O coco anão-verde é o mais utilizado comercialmente no Brasil para a produção de água de coco-verde. Além de conter maior volume de água na cavidade central do fruto, entre seis e sete meses de idade, o anão-verde é o preferido dos consumidores de água de coco, pois julgam que os anões amarelo e vermelho são o anão-verde maduro e, portanto, impróprios para o consumo de água.

Durante o processamento da água de coco, podem ser adicionados açúcares exclusivamente para correção e padronização do teor de sólidos solúveis do produto, em quantidade não superior a 1,0 g/100 mL.

Podem ser adicionados, ainda, aditivos e coadjuvantes de fabricação. Na categoria de aditivos, encontram-se conservadores, antioxidantes e acidulantes químicos, conforme aprovados para suco de frutas, até a publicação da tabela de aditivos específica para água de coco. Os coadjuvantes de fabricação podem ser utilizados conforme legislação específica.

Os acidulantes são substâncias capazes de conferir ou intensificar o sabor ácido dos alimentos, agindo por meio da redução do pH, minimizando o crescimento microbiano e contribuindo para diminuir a temperatura necessária para a destruição dos microrganismos. Os acidulantes mais utilizados em alimentos são: o ácido fosfórico, o ácido cítrico e o ácido lático. O ácido fosfórico proporciona o pH mais baixo de todos aqueles utilizados em alimentos.

Os conservadores, por sua vez, são aditivos intencionais utilizados na indústria alimentícia em substituição total ou parcial aos tratamentos de preservação física do alimento. Têm ação inibidora da proliferação microbiana ou a evitam, sendo, desse modo, agentes biostáticos. Para se fazer uma escolha adequada de um agente conservador, deve-se ter conhecimento de alguns fatores que vão influir na sua eficácia, como por exemplo, o pH, a composição do produto, o nível de contaminação microbiológica, o tipo do microrganismo a ser inibido, o impacto no sabor, o custo etc. O ácido benzoico e o ácido sórbico e seus respectivos sais são muito utilizados, além dos derivados do dióxido de enxofre (sais de sulfito de sódio e potássio, bissulfito e metabissulfito) que, em geral, evitam o escurecimento (enzimático e não enzimático) e inibem o crescimento de microrganismos indesejáveis.

Outro grupo de aditivos frequentemente usado contra a deterioração dos alimentos são os antioxidantes, sendo o ácido ascórbico um dos mais utilizados, em razão de seu poder vitamínico (vitamina C). O ácido ascórbico possui a capacidade de se ligar ao oxigênio e atuar como agente quelante de metais, principalmente o cobre, reduzindo o escurecimento enzimático de frutas e vegetais onde estão presentes as polifenoloxidases.

O uso de aditivos alimentares, pode, muitas vezes, alterar o sabor dos alimentos, dificultando a sua aceitação pelos consumidores que, além do mais, buscam alimentos naturais, considerados mais saudáveis.

1.3 MICROBIOLOGIA

As perdas pós-colheita que restringem a qualidade do coco, consequentemente, a vida de prateleira da água de coco-verde são causadas, de acordo com uma visão mais técnica, por injúrias mecânicas, desordens fisiológicas e problemas fitopatológicos, principalmente deteriorações causadas pelo fungo *Lasiodiplodia theobromae* (Pat.) Griff e Maubl. Nos frutos, os sintomas aparecem na região das brácteas, com a formação de um anel de coloração marrom, que se torna mais escuro com a multiplicação elevada de picnídios. O patógeno, além de necrosar o tecido, provoca rachaduras na casca do fruto, em função da pressão elevada, o que ocasiona a exsudação de albúmen líquido com odor desagradável. Em condições favoráveis de alta umidade, o fungo necessita de duas a quatro semanas para cobrir toda a superfície do fruto, tornando-o inaceitável para comercialização.

A água de coco, como todos os líquidos ricos em nutrientes, é um meio altamente propício ao crescimento de microrganismos deterioradores, inclusive de bactérias, em razão de sua baixa acidez. No interior do fruto, a água é estéril, mas durante o processo de extração e envase, está sujeita a contaminações microbiológicas. A fim de minimizar esse risco, é muito importante que a etapa de lavagem e desinfecção dos frutos seja feita com bastante rigor, utilizando água limpa e clorada.

Os controles microbiológicos exigidos pela legislação atual são a determinação de coliformes a 45 °C e de *Salmonella* sp. Para esta bactéria, o padrão é ausência em 25 mL e para coliformes, o padrão é de 10^2 NMP/mL para os produtos *in natura* e 10 NMP/mL para os produtos pasteurizados e refrigerados.

1.4 PROCESSAMENTO

O tempo de estocagem da água de coco após a sua extração depende dos métodos de conservação aplicados. Esses métodos devem objetivar a inibição da atividade enzimática e a garantia da sua qualidade microbiológica após a abertura do fruto, observando-se, tanto quanto possível, a manutenção das características sensoriais originais. Para que isso ocorra, é imprescindível otimizar o tempo de processo e reduzir a exposição ao ar.

Em função do tipo de processamento utilizado, podem ser obtidos os seguintes produtos: água de coco resfriada, água de coco congelada, água de coco pasteurizada e congelada, água de coco esterilizada e envasada assepticamente, água de coco ultrafiltrada e água de coco aditivada. O fluxograma (Figura 1.1) mostra as diferentes alternativas de processo para obtenção da água de coco-verde envasada.

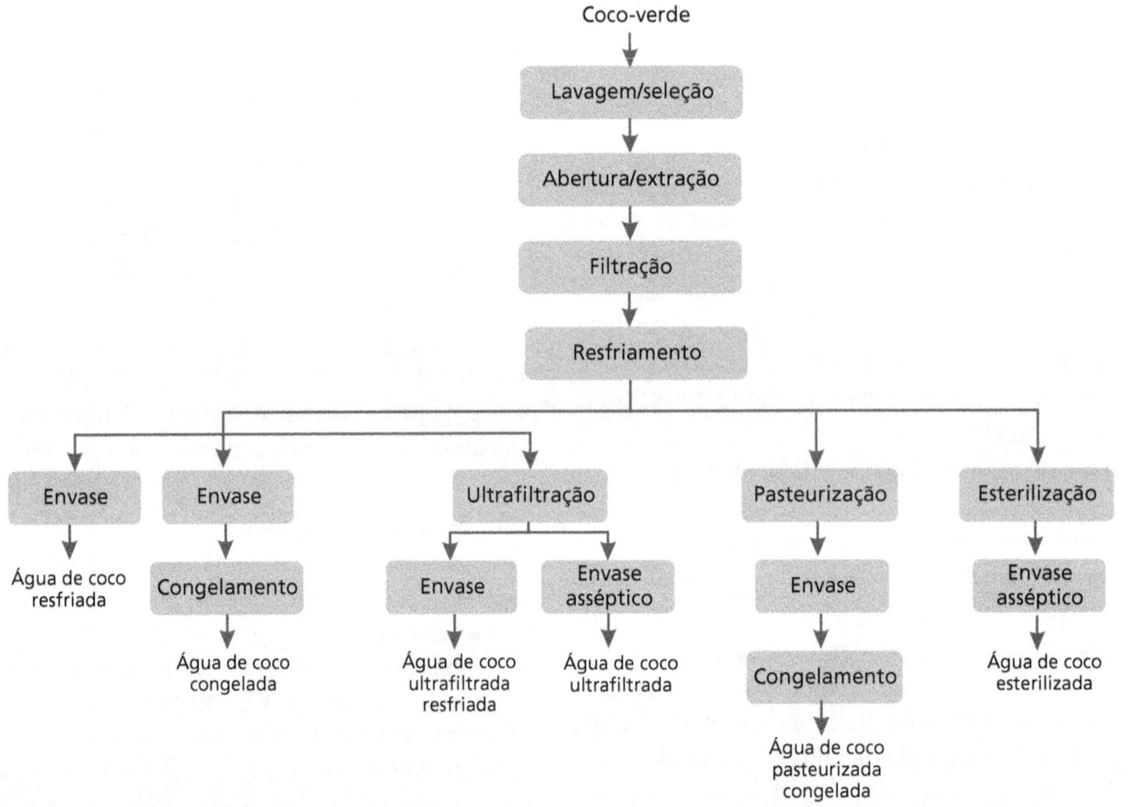

Figura 1.1 Processamento de água de coco-verde.

1.4.1 Água de coco-verde resfriada

1.4.1.1 Recepção dos frutos

Os frutos, ao chegarem à indústria, são descarregados e pesados. Os cocos podem chegar à área de produção soltos ou em cachos. A área de recepção deve ser sempre higienizada. Devem-se recolher diariamente todos os resíduos acumulados. A área deve ser lavada com água e detergente e, posteriormente, com água clorada. Dependendo da época de processamento, durante o pico de safra, por exemplo, pode ser necessário armazenar os frutos por algum tempo. Esse armazenamento deve ser feito em local ventilado e seco, a temperaturas amenas. Em local fresco (20 °C), os frutos podem ser conservados por 15 dias e à temperatura de refrigeração (12 °C) pode-se chegar a até 30 dias.

1.4.1.2 Seleção e lavagem

Os frutos a serem processados devem passar por um processo de seleção visual. Doenças nos coqueirais podem provocar manchas e lesões nos frutos, que permitirão a entrada de microrganismos, motivo pelo qual todos os frutos impróprios devem ser descartados. A seleção deve ser cuidadosa e é, em geral, realizada manualmente, por pessoas treinadas. Recomenda-se que haja uniformidade na maturação e variedade dos frutos. Esta é uma etapa muito importante, pois a presença de frutos muito maduros, estragados ou deteriorados, pode comprometer toda a qualidade do produto final.

A adequada sanificação dos frutos é essencial para a garantia da qualidade sanitária do produto e, consequentemente, para sua melhor conservação.

A lavagem pode ser apenas manual, por imersão (em tanques de inox, PVC ou azulejados), ou pode ser realizada em sistemas automáticos (compostos por esteiras, escovas e aspersores). Deve-se, porém, efetuar a lavagem em duas etapas:

- Lavagem com sanificante consiste na imersão em água adicionada de um agente químico, normalmente cloro (50 ppm), para retirada de sólidos por decantação, seguida de aspersão também com água tratada ou sanificada (20 ppm) e escovamento com cerdas de nylon. Esta etapa contribui para reduzir os problemas relacionados com a contaminação microbiana.
- Enxágue com água tratada. O enxágue deve ser realizado com água tratada, a fim de retirar o excesso de cloro. Recomenda-se que os frutos sejam mantidos em local limpo, até que a água escorra, evitando-se, dessa forma, que o produto tenha gosto de cloro.

1.4.1.3 Abertura do coco e extração da água

Esta etapa pode ser considerada um dos pontos críticos e limitantes do processamento da água de coco, já que ainda não existem equipamentos totalmente automáticos e na escala adequada, que permitam aumentar a capacidade operacional.

A abertura manual, por ser um processo lento, pode permitir que ocorram reações indesejáveis na água. Além disso, o contato da água com a parte fibrosa do fruto, em presença de oxigênio, também pode provocar reações enzimáticas capazes de alterar as características intrínsecas do produto.

O coco é furado com auxílio de um equipamento manual, que pode ser uma broca ou faca, sempre de aço inox. Na etapa de perfuração do coco, recomenda-se introduzir o instrumento na parte superior dos frutos, onde está localizado o pedicelo, parte que sustenta o fruto no cacho, também conhecido como "olho" do coco, ou seja, por onde o fruto é gerado. O furo para retirada da água dos frutos deve ser bem largo, facilitando o seu escoamento.

Em escalas maiores de produção, há a necessidade de se mecanizar este procedimento, podendo-se usar dispositivos a vácuo ou por seccionamento do fruto ao meio com uma lâmina inoxidável. A maioria dos sistemas de corte e extração é desenvolvida pelos próprios envasadores, a fim de atender às suas necessidades específicas.

1.4.1.4 Filtração

Após a abertura, a água deve ser vertida em uma calha ou coletor, dotado de uma malha ou peneira, capaz de reter as partículas ou resíduos provenientes da etapa de abertura. Como essas partículas são, geralmente, resíduos da casca, apresentam uma proporção razoável de componentes que poderão estimular a ação de enzimas que provocam a alteração da cor da água de coco. A água pode também ser filtrada em filtro de plástico ou de inox, sendo recolhida em tanque também de inox ou de plástico.

1.4.1.5 Pré-resfriamento

É importante que a água filtrada seja conduzida a um tanque de aço inox, encamisado ou dotado de serpentina, a fim de efetuar seu pré-resfriamento (5 a 10 °C), minimizando, assim, possíveis problemas de contaminação do produto.

1.4.1.6 Envase

A água é, então, envasada em garrafas, utilizando-se dosadoras manuais ou semiautomáticas. As embalagens mais utilizadas para esse tipo de produto são as garrafas plásticas de polipropileno ou de PET. A água de coco deve ser armazenada e comercializada sob refrigeração (4 °C a 8 °C), sendo mantida a esta temperatura até o momento do seu consumo. A vida de prateleira da água refrigerada é de 3 a 5 dias. Após esse período, provavelmente ocorrerão alterações de ordem microbiológica e físico-química (modificação da cor).

1.4.2 Água de coco-verde congelada

Observa-se, muitas vezes, que a refrigeração não é suficiente para a inibição completa da atividade enzimática em água de coco-verde. À temperatura de 5 °C, a atividade enzimática das enzimas polifenoloxidase e peroxidase é reduzida em apenas 46 e 39%, respectivamente, em relação às suas temperaturas ótimas de atuação (25 e 35 °C).

Assim, apesar do congelamento da água limitar o seu consumo imediato e dificultar a sua comercialização, esse ainda é o processo de conservação mais utilizado. As etapas iniciais são iguais àquelas realizadas para a obtenção do produto resfriado. O processo só difere após o momento do envase, quando a água segue para a etapa de congelamento e posterior armazenamento.

O congelamento deve ser realizado em câmaras frigoríficas, a temperaturas de –40 °C (quarenta graus negativos). A água de coco deve ser congelada no menor tempo possível para minimizar os danos à sua qualidade. Além da capacidade da câmara, a quantidade de material colocado também interferirá na eficiência do processo. É importante que se evite sobrecarregar as câmaras de congelamento. Estas devem ser separadas das câmaras de armazenamento.

Os sistemas de congelamento rápido, que utilizam soluções criogênicas, como salmouras, soluções hidroalcoólicas ou nitrogênio líquido, são técnicas de congelamento de alta eficiência, que propiciam melhor uniformidade do produto. Nesses sistemas, o tempo de congelamento médio para água de coco envasada em garrafas plásticas é de cerca de 15 a 30 minutos em temperaturas de –25 °C a –30 °C.

O produto requer cadeia de frio até o momento do consumo, devendo ser mantido congelado. A temperatura recomendada para seu armazenamento em câmaras frigoríficas situa-se entre –18 °C e –20 °C. Em geral, a vida de prateleira desses produtos varia de três a seis meses.

1.4.3 Água de coco pasteurizada e congelada

O tratamento térmico para inativação das enzimas polifenoloxidase e peroxidase na água de coco-verde só é eficiente acima de 90 °C, sendo que a partir de 90 segundos de exposição do produto a esta temperatura, já ocorrem problemas sensoriais relacionados a mudanças no aroma e sabor da água de coco. O problema é que, para esta temperatura, a inativação só é completa após 300 segundos de exposição.

No processamento da água de coco pasteurizada e congelada, são realizadas as etapas descritas no item 1.4.1 até a filtração da água, a partir da qual seguem-se as etapas seguintes:

1.4.3.1 Pasteurização

A água filtrada é conduzida a um pasteurizador de placas, com seções de aquecimento e resfriamento, no qual é submetida a temperaturas na faixa de 92-95 °C, por 20 a 40 segundos, sendo, em seguida resfriado até cerca de 35 °C. Nesta etapa, são eliminados os microrganismos patogênicos e termossensíveis.

1.4.3.2 Envase

A água é, então, envasada em garrafas (polipropileno ou PET) utilizando-se dosadoras manuais ou semiautomáticas.

1.4.3.3 Congelamento

Esta etapa é realizada por meio de um dos métodos já descritos no item 1.4.2.

1.4.3.4 Armazenamento

Como recomendado anteriormente, a água de coco obtida através deste processo deve ser mantida congelada (–18 °C e –20 °C) até o momento do seu consumo.

1.4.4 Água de coco esterilizada e envasada assepticamente

O processo de esterilização visa a destruição de todos os microrganismos presentes no alimento. A temperatura e o tempo de esterilização devem ser suficientes para conseguir a morte térmica dos microrganismos. A esterilização de produtos fora da embalagem é realizada em trocadores de calor a altas temperaturas e adaptados às características do alimento.

Esses tratamentos rápidos são conhecidos como esterilização à temperatura ultra-alta (UHT – *ultra high temperature*), e neles o produto é aquecido, resfriado e acondicionado sob condições estéreis, em embalagens hermeticamente fechadas. São utilizadas temperaturas na faixa de 140-150 °C por 1 a 5 segundos. Por se tratar de um sistema de aquecimento e resfriamento ultrarrápidos, o processo UHT reduz as alterações físicas e químicas no produto.

No processamento asséptico, o produto é resfriado e imediatamente envasado em embalagem previamente esterilizada sob condições assépticas. Atualmente, existe no mercado a água de coco processada por UHT, comercializada em embalagens cartonadas.

1.4.5 Água de coco ultrafiltrada

Como alternativa aos métodos já citados, podem ser utilizados os processos de separação com membranas para a estabilização da água de coco-verde, pela remoção tanto das enzimas envolvidas nos processos oxidativos quanto dos microrganismos deteriorantes.

A água de coco-verde, depois de extraída, pré-filtrada e resfriada, pode ser processada em um sistema de ultrafiltração, utilizando membranas cerâmicas ou poliméricas com peso molecular de corte na faixa de 20 a 50 kDa e pressão transmembrana da ordem de 1,0 bar.

A água de coco ultrafiltrada pode ser envasada assepticamente, o que permitirá o seu armazenamento à temperatura ambiente, ou pode ser utilizado um sistema de envase automático não asséptico, o que exigirá temperaturas de refrigeração para o armazenamento da água. As características físico-químicas da água de coco ultrafiltrada são similares às da água de coco original, pois o seu sabor característico e a sua doçura são preservados, sendo um produto límpido.

1.5 RESÍDUOS DO PROCESSAMENTO DA ÁGUA DE COCO-VERDE

A agroindustrialização e o consumo direto da água do coco-verde têm gerado uma quantidade de resíduos consideráveis e, consequentemente, um problema ambiental. Quase 70% do lixo gerado nas praias do Nordeste é composto de cascas de coco-verde, material de difícil degradação, que é foco de proliferação de doenças e que contribui significativamente para a redução da vida útil de aterros sanitários e lixões.

Cerca de 600 toneladas de resíduos da comercialização de coco-verde, a um custo médio de R$ 135,00 por tonelada (US$ 45.00/t), são recolhidos e encaminhados para aterros sanitários. O tempo de decomposição da casca do coco é estimado em mais de 10 anos.

No entanto, é possível transformar essa ameaça em oportunidade para novos negócios. Há projetos, implantados de coleta seletiva da casca de coco-verde e reciclagem dessa casca para a fabricação de diversos produtos, desde simples artesanatos a insumos para a indústria de polímeros.

A fibra do coco é um material multicelular constituído de celulose que lhe confere rigidez e dureza semelhante à do sisal. Possui baixa condutividade térmica, alta resistência ao impacto e ao ataque de bactérias.

A fibra de coco-verde pode ser empregada para a produção de vasos para plantas, em substituição ao xaxim. A durabilidade média dos artigos de fibra de coco varia de cinco a seis anos, apresentando a vantagem de não serem eventuais hospedeiros de insetos. Tais artigos, porém, custam até três vezes mais que os produzidos com xaxim e não são conhecidos do consumidor.

A fibra da casca de coco-verde pode ser empregada na área agrícola como matéria-prima para a proteção de solos, no controle da erosão e na recuperação de áreas degradadas. O pó pode ser utilizado para produção de substrato agrícola, em virtude de sua elevada estabilidade e capacidade de retenção de água, como também para a melhoria da aeração do solo. No mercado internacional, o pó chega a custar US$ 250 a tonelada.

A fibra do coco-verde pode ser empregada ainda na indústria de papel, substituindo parte da polpa de celulose extraída de pinheiros e eucalipto; como suporte para a produção de enzimas imobilizadas; ou como carga para o PET (polietileno tereftalato), um dos mais importantes plásticos utilizados na confecção de embalagens. Na construção civil, associada ao aglomerado de cortiça expandido, é utilizada no isolamento térmico e acústico e, adicionada a cimento de baixa alcalinidade, produz pranchas pré-moldadas ou fibro-cimento.

BIBLIOGRAFIA

ACHARYA, V. N.; GUPTA, K. C. Study of intravenous perfusion of coco water in gastroenteristis. **Indian Journal of Medical Research**, Nova Deli, v. 53, p. 1069-1072, 1965.

ALABAN, C. A. Studies on the optimum conditions for "nata de coco" bacterium or "nata" formation in coconut water. **The Philippines Agriculturist**, Laguna, v. 45, n. 9, p. 490-516, 1962.

AL-KHAYRI, J. M. et al. Spinash tissue culture improved with coconut water. **HortScience**, Alexandria, v. 27, n. 4, p. 357-358, 1992.

ANZALDO, F. E. et al. Coconut water as intravenous fluid. **PJCS**, v. 10, n. 1, p. 31-43, 1985.

ARAGÃO, W. M. (Org.). **Coco pós-colheita.** Brasília: Embrapa Informação Tecnológica Aracaju; Embrapa Tabuleiros Costeiros, 2002. (Frutas do Brasil; 29).

ASSIS, J. S. et al. **Técnicas para colheita e pós-colheita do coco-verde.** Petrolina: Embrapa Semiárido, 2000. 6p. (Comunicado Técnico, 95).

BRASIL. Ministério da Agricultura Pecuária e do Abastecimento. Instrução Normativa n. 39, 29 maio 2002.

BRASIL. Ministério do Meio Ambiente, dos Recursos Hídricos e da Amazônia Legal. **Coco-verde**: Brasília, 1998 (Frutiséries 3).

BRASIL. Ministério do Meio Ambiente, dos Recursos Hídricos e da Amazônia Legal. **Coco-verde**: Brasília, 2000 (Frutiséries 3).

CABRAL, L. M. C. et al. **Estabilização de água de coco-verde através de filtração com membranas**: Rio de Janeiro: Embrapa Agroindústria de Alimentos, 2002. 2p. (Comunicado Técnico, 47).

CAMPOS, C. F. et al. Green coconut water quality. **Journal of Food Processing and Preservation**, Trumbrill, v. 20, p. 487-500, 1996.

CHAVALITTAMRONG, B.; PIDATCHA, P.; THAVISRI, U. Electrolytes, sugar, calories, osmolarity and pH of beverages and coconut water. **Southeast Asian Journal of Tropical Medicine Public Health**, Bangkok, v. 13, n. 3, p. 427-431, 1982.

CHILD, R.; NATHANAEL, W. R. N. Utilization of coconut water. **Tropical Agriculturists**, Colombo, v. 103, n. 2, p. 8-9, 1964.

DEL ROSARIO, E. J. et al. Chromatographic analysis of carbohydrates in coconut water. **Transactions National Academy of Science & Technology**, Manila, v. 6, p. 127-151, 1984.

DEL ROSARIO, E. J.; PAPA, G. M.; REYES, C. S. Concentration of coconut water by plate and frame reverse osmosis using composite membranes. **PJCS**, v. 51, p. 36-42, 1988.

DUARTE, A. C. P. **Caracterização das enzimas peroxidase e tirosinase presentes na água de coco-verde.** 2000. 136f. Dissertação (Mestrado em Tecnologia de Processos Químicos e Bioquímicos) – Escola de Química, Universidade Federal do Rio de Janeiro, Rio de Janeiro, 2000.

EMBRAPA. Agroindustria de alimentos (Rio de Janeiro, RJ). Lourdes Maria Corrêa Cabral. **Líquido nutritivo de reposição de eletrólitos e processo de sua obtenção a partir de água de coco.** BR n. PI 000547-3. 22 set. 2000.

ENONUYA, D. O. M. High performance liquid chromatographic analysis of nutwater syrup fractions from two varieties of nigerian coconuts (*Cocos nucifera* L.). **Nigerian Journal of Palms & Oil Seeds**, v. 9, p. 48-58, 1988.

GALEAZZI, M. A. M. Comportamento das polifenoloxidases em alimentos. **Archivos Latinoamericanos de Nutrición**, Guatemala, v. 34, n. 2, p. 2609-2689, 1984.

GOLDESTEIN, J. L.; SWAIN, T. Changes in tannins in ripening fruits. **Phytochemistry**, Oxford, v. 2, n. 1, p. 371-383, 1963.

IBGE. Culturas temporárias e permanentes. **Produção Agrícola Municipal**, v. 14, 1987.

JANSON, J. C.; RYDEN, L. **Protein purification, principles, high resolution methods and applications.** [S.l]: VCH Publishers, 1989.

JAYALEKSHMY, A. et al. Changes in the chemical composition of coconut water during maturation. **Journal of Food Science and Technology**, Mysore, v. 23, n. 4, v. 28, p. 203-207, 1986.

JONSON, L. M. Coconut water utilization. **Coconuts Today**, v. 12, p. 97-111, 1989.

KWON, K. S. et al. Aqueous extraction and membrane techniques improve coconut protein concentrate functionality. **Journal of Food Science**, Chicago, v. 61, n. 4, p. 753-756, 1996.

KUBERSKI, T. Appropriate technology: coconut water for the oral rehydration of childhood diarrhoeas. **New Zealand Medical Journal**, v. 91, p. 390-392, 1980.

LAGUNA, L. E. **Determinação físico-química da água de coco em duas variedades (*Cocos nucifera* L.) coco-da-praia e anão.** 1996. 50f. Dissertação (Mestrado) – Universidade Estadual do Ceará, Fortaleza, 1996.

LEBER, A. S. M. L. **Avaliação da estabilidade de água de coco (*Cocos nucifera*) em garrafas de polietileno tereftalato (PET) estocadas congelada e refrigerada.** 2001. 151f. Dissertação (Mestrado em Tecnologia de Alimentos) – Faculdade de Engenharia de Alimentos, Unicamp, Campinas, 2001.

MACIEL, M. I.; OLIVEIRA, S. L.; SILVA, I. P. Effects of different storage conditions on preservation of coconut (*Cocos nucifera*) water. **Journal of Food Processing and Preservation**, Trumbrill, v. 16, p. 13-22, 1992.

MAGALHÃES, M. P. **Estabilização de água de coco-verde por filtração com membranas.** 2000. 86f. Dissertação (Mestrado) – Departamento de Tecnologia de Alimentos, Universidade Federal Rural do Rio de Janeiro, Seropédica, 2000.

MAGALHÃES, M. P. et al. Conservação de água de coco-verde por filtração com membranas. **Ciência e Tecnologia de Alimentos**, Campinas, v. 25, v. 1, p. 72-77, 2005.

MARTINEZ, M. V; WHITAKER, J. R. The biochemistry control of enzymatic browning. **Trends in Food Science and Technology**, v. 6, p. 195-200, 1995.

MATHEW, A. G. Processing of coconut water in India. **Journal of Plantation Crops**, Kasaragod, v. 19, n. 2, p. 183-190, 1991.

MEDINA, J. C. et al. **Coco: da cultura ao processamento e comercialização**. Campinas: ITAL, 1980. 285p. (Frutas Tropicais, 5).

MELLO, C. P. O mercado de coco-verde. **Bahia Agrícola**, v. 2, n. 1, p. 46-50, 1997.

MONTENEGRO, H. M. Coconut oil and its byproducts. **Journal of the American Oil Chemists' Society**, Champaign, v. 62, n. 2, p. 259-261, 1985.

OGUNDIYA, M. O. Glucose content of nut water in four varieties of coconut palm (*Cocos nucifera*). **Journal of the Science of Food and Agriculture**, n. 56, p. 399-402, 1991.

OSAZUWA, O. E.; AHONKHAI, I. Coconut water as growth medium for micro-organisms. **Nigerian Journal of Palms and Oil Seeds**, v. 10/11, p. 91-95, 1990.

PANTULU, P. C.; RAMA MURTHY, M.K. Detection of adulteration of milk with coconut water and coconut milk. **Kerala Journal of Veterinary Science**, Kerala, v. 19, n. 2, p. 162-164, 1988.

PENHA, E. M. et al. Conservação de cubos de gelo de água de coco-verde (*Cocos nucifera* L.). In: SIMPÓSIO LATINO AMERICANO DE CIÊNCIA DE ALIMENTOS, 5., 2003, Campinas. **Anais**... Campinas: Unicamp, 2003. 1 CD-ROM.

PENHA, E. M. Características do coco-verde para industrialização da água e da polpa gelatinosa. In: CONGRESSO BRASILEIRO DE CIÊNCIA E TECNOLOGIA DE ALIMENTOS, 16., 1998, Rio de Janeiro. **Anais**... Rio de Janeiro: SBCTA, 1998, v. 2, p. 1105-1108.

PERSLEY, G. J. **Replanting the tree of life**: towards an international agenda for coconut palm research. Wallinford: CAB, 1992. 133p.

RÊGO FILHO, L. M. et al. **A cultura do coco-verde**: perspectivas, tecnologias, viabilidade. Niterói: Pesagro, 1999. (Documentos, 47).

ROSA, M. F.; ABREU, F. A. P. **Água de coco**: métodos de conservação. Fortaleza: Embrapa – CNPAT/ Sebrae/CE, 2000. 40p. (Documentos, 37).

ROSA, M. F. et al. **Processamento de água de coco-verde**. Rio de Janeiro: Embrapa – CTAA, 1998. 6p. (Comunicado Técnico, 30).

ROSARIO, R. R. Coconut research revisited. **Philippine Agriculturist**, Laguna, v. 75, n. 3/4, p. 77-90, 1992.

SANTOS, G. et al. **Manual on standardized research techniques in coconut breeding**. Roma: IPGRI, 1996. 45p.

SENHORAS, E. M. **Estratégias de uma agenda para a cadeia agroindustrial do coco**: transformando a ameaça dos resíduos em oportunidades ecoeficientes. 2003. 36f. Monografia – Instituto de Química – Universidade Estadual de Campinas, Campinas, 2003.

SHIVASHANKAR, S. Biochemical changes during fruit maturation in coconut. **Journal of Plantation Crops**, Kasaragod, v. 19, n. 2, p. 102-119, 1991.

SISON JR., B. C. Disposal of coconut processing waste. **Journal of Coconut Studies**, v. 2, n. 2, p. 39-41, 1977.

SREBERNICH, M. S. **Caracterização física e química da água de fruto de coco (*Cocos nucifera*), variedade gigante e híbrido PB–121, visando o desenvolvimento de uma bebida com características próximas às da água de coco**. 1998. 189f. Tese (Doutorado em Tecnologia de Alimentos) – Faculdade de Engenharia de Alimentos, Unicamp, Campinas, 1998.

SUBRAHMANYAN, V.; SWAMINATHAN, D. Coconut in food. **Coconut Bulletin**, v. 13, n. 5, p. 153-158, 1959.

TAVARES, M. et al. Estudo da composição química da água de coco anão-verde em diferentes estágios de maturação. In: CONGRESSO BRASILEIRO DE CIÊNCIA E TECNOLOGIA DE ALIMENTOS, 16., 1998, Rio de Janeiro. **Anais**... Rio de Janeiro: SBCTA, 1998, v. 2, p. 1262-1265. 1 CD-ROM.

TODA FRUTA. **O que a imprensa diz do coco**. Disponível em: <http://www.todafruta.com.br/todafruta>. Acesso em: 16 fev. 2004.

TODA FRUTA. **Informações econômicas sobre o coco**. Disponível em: <http://www.todafruta.com.br/todafruta>. Acesso em: 16 mar. 2004.

VIANA, F. M. P. et al. Podridão basal pós-colheita do coco-verde no estado do Ceará. **Fitopatologia Brasileira**, Brasília, v. 27, n. 5, p. 545, 2002.

WOLKOFF, D. B. Água de coco: bebida saudável e saborosa. In: SIMPÓSIO NACIONAL SOBRE A ÁGUA DE COCO, 1., 2001, Aracaju. **Anais**... Aracaju: Embrapa Tabuleiros Costeiros, 2001.

WOODROF, J. G. **Coconuts**: production, processing, products. 2. ed. Westport: AVI Publishing Company, 1979. 307p.

2

ÁGUA MINERAL

MURIS SLEIMAN
WALDEMAR GASTONI VENTURINI FILHO

2.1 INTRODUÇÃO

No mundo, a preocupação com as águas é cada vez maior. Um planeta que possui volume de água aproximadamente a 7.400 milhões de km^3, equivalente a mais de 70% de sua área, apresenta água nos estados líquido, sólido (geleiras) e gasoso (vapores), conforme a Tabela 2.1.

Tabela 2.1 Distribuição de água no planeta.

Localização da água	%
Oceanos e mares	97,50
Geleiras	1,979
Águas subterrâneas	0,514
Rios e lagos	0,006
Atmosfera	0,001

Fonte: http://www.uniagua.org.br/default,asp?tp=3&pag=aguaplaneta.htm

Dessa forma, a água potável disponível para a humanidade representa pouco mais de 0,5% do total de água existente no globo terrestre.

Em se tratando de água doce, não há país no mundo que tenha uma reserva maior que a do Brasil (8% do total mundial). No caso das águas doces subterrâneas, estima-se que o país detenha 112 bilhões de m^3, dos quais se origina a maior parte das águas minerais.

A água mineral apresenta composição química e características físico-químicas definidas, e sua ingestão é considerada benéfica à saúde. No passado, era consumida essencialmente por suas características medicinais, sendo sua venda restrita a farmácias. Propriedades terapêuticas de algumas águas minerais foram notadas inicialmente na Europa, o que causou associação de certas fontes com a cura de doenças específicas. A Igreja reconheceu as qualidades terapêuticas "milagrosas" das águas minerais e atribuiu nomes de santos à maioria das fontes.

A água mineral é caracterizada por seu conteúdo de sais minerais e presença de traços de outros elementos, proporcionando ao consumidor um mínimo tratamento terapêutico específico. Suas características devem ser preservadas, desde a captação até o consumo. A ocorrência natural de radioatividade nas fontes de águas minerais também tem sido considerada benéfica, porém seu consumo não indica relação com prevenção, tratamento ou cura de doenças. Altos índices de sais presentes em algumas águas podem torná-las impróprias para o consumo, em casos específicos, como o de pessoas com problemas renais e crianças.

2.2 HISTÓRICO

O mérito pelo desenvolvimento do uso terapêutico das águas medicinais foi atribuído aos romanos. Mas foi a partir do século XV, que o homem passou a dar mais importância às fontes naturais de água, principalmente na Europa. Um século mais tarde, médicos e cientistas iniciaram estudos sobre as características dessas águas, inclusive com tentativas de reprodução de águas minerais.

No século XVII, na França, Henri IV regulamentou a atividade e o comércio das águas minerais, que anteriormente, ocorria à parte de outras bebidas. Nesse mesmo século, surgiu o termo "gás" para os vapores emanados das fontes de águas minerais. No século XVIII, com avanços nos estudos sobre os gases e na tentativa de reprodução de águas minerais, surgiram as águas carbonatadas, que seriam as precursoras dos refrigerantes.

No século XIX, surgiu efetivamente a indústria de envasamento de água mineral impulsionada pelo entusiasmo do poder de "curas termais". Seu comércio foi favorecido pelo desenvolvimento dos meios de transporte na Europa, principalmente o ferroviário.

No início do século XX, a utilização da embalagem de vidro e a introdução da máquina enchedora de garrafas transformaram essa atividade industrial, originando grandes marcas de água mineral. Na década de 1960, o surgimento das embalagens plásticas, aliado ao envasamento semiautomatizado, trouxe novos progressos tecnológicos ao setor. Na década de 1990, o setor sofreu modernizações com a automatização dos parques industriais e a implantação de controle de qualidade, que proporcionaram crescente melhoria de qualidade dos produtos, além do desenvolvimento paralelo das indústrias de embalagens (materiais, formatos e tamanhos).

2.3 GÊNESE DAS FONTES DE ÁGUA MINERAL

A mineralização das águas e a gênese das fontes ocorrem pelo caminhamento das águas através de fendas e fissuras de rochas e por entre os poros dos solos. Sempre que há uma recarga (chuva, por exemplo), a água circula por esses espaços vazios interconectados. Sua direção é determinada pela estrutura interna das rochas e pela situação das zonas de surgência. Portanto, a mineralização está ligada à infiltração de águas de chuva e sua circulação nos perfis geológicos.

No solo, as águas podem atravessar zonas biologicamente ativas e solubilizar minerais por meio do ácido carbônico, proveniente da água de chuva. O ácido carbônico dissolve todo o material solúvel por onde a água passa e contribui para a mineralização da água quando atingir a rocha. Produtos orgânicos derivados do solo também contribuem para a dissolução das rochas.

Fatores como concentração das soluções, temperatura, pressão de gás carbônico e metabolismo de microrganismos interferem no grau de mineralização das águas.

2.4 MERCADO

Pode-se dizer que, mundialmente, o setor de bebidas está dividido em bebidas não alcoólicas prontas para o consumo, não alcoólicas para preparo e alcoólicas. A água, juntamente com refrigerantes, cafés, sucos, isotônicos, chás, leites e bebidas à base de frutas, responde por cerca de metade do volume total do mercado, ficando a outra metade dividida entre as categorias alcoólicas e não alcoólicas para preparo. As águas engarrafadas estão entre as três bebidas mais consumidas.

A água mineral representa 65% do volume mundial de água envasada e chega a 99% do volume nacional. No Brasil, o setor de água engarrafada representa a 5ª maior categoria de bebidas, atrás de refrigerantes, leite, cervejas e café solúvel, e à frente de sucos (em pó e concentrado) e vinhos.

No ano 2000, as vendas de águas envasadas em 53 países somaram US$ 36 bilhões. Como a maioria das bebidas, o mercado de águas também está concentrado na mão de poucas empresas de grande porte. As marcas líderes na produção de águas envasadas são a Nestlé e a Coca-Cola, seguidas pela Danone e a PepsiCo, sendo que somente as duas primeiras detêm mais de 30% do mercado mundial de águas.

Nos Estados Unidos, cinco empresas respondem por 51% do mercado; na França, o setor é dominado por quatro empresas, e na Europa, de modo geral, o segmento apresenta a mesma característica. O mercado alemão é a exceção, pois é altamente fragmentado e regionalizado, com mais de 200 empresas. Também na Alemanha, as águas minerais gasosas lideram o *ranking* das mais preferidas, ao contrário dos demais países europeus, onde o maior consumo é o de água mineral natural. Considerando todo o tipo de água envasada, o mercado americano apresenta-se fortemente como importador, pois consumiu em 2001 o volume de 19,8 bilhões de litros.

O setor de águas está em expansão em todo o mundo. Em 2005, o consumo mundial foi estimado em 168 bilhões de litros de água envasada, com faturamento da ordem de 79 bilhões de dólares. O Brasil é o 6º maior produtor mundial de água mineral, com capacidade para tornar-se o primeiro, pois possui cerca de 30% das reservas hidrominerais do mundo.

Tabela 2.2 Principais países produtores de água mineral em 2001.

País	Bilhões de litros
México	15,4
Estados Unidos	11,5
Itália	8,7
Alemanha	8,0
França	6,5
Brasil	4,3

Fonte: http://www.uniagua.org.br/default.asp?tp=3&pag=aguamineral.htm#MERCADO

Tabela 2.3 Produção de água mineral por região brasileira (2002).

Região	%
Sudeste	54
Nordeste	18,5
Sul	12,5
Centro-Oeste	8
Norte	7

Fonte: http://www.abinam.com.br/mercado aguas2002.asp

Segundo a Associação Brasileira da Indústria de Águas Minerais (Abinam), o mercado brasileiro de águas minerais naturais tem se tornado altamente segmentado e regionalizado. Só o Estado de São Paulo possui 177 fontes com mais de uma centena de marcas no mercado, sendo o maior produtor do país, com 40% da produção nacional, seguido de Pernambuco, com 9%, Minas Gerais, com 8,6% e Rio de Janeiro, com 6,4%. Em 2002, o número de fontes envasadoras já era maior que 700.

Embora o brasileiro não esteja acostumado a consumir água mineral pela marca, as grandes empresas respondem por 40% das águas vendidas em bares, restaurantes e supermercados (mais de 60 milhões de litros/ano), enquanto os outros 60% são das marcas regionais. A distribuição regionalizada é feita por cerca de 30 mil distribuidores que colocam seu produto em um raio máximo de 400 km, segundo a ABINAM.

Em 2002, as importações de água mineral foram de 821 mil litros, provenientes, principalmente, da Europa: 57% da França, 28% da Itália, 5% da Espanha e 4% de Portugal. As exportações representaram 230 mil litros, sendo que, desse total, foram destinados 77% para América do Sul (Bolívia, Paraguai e Uruguai) e 21% para Angola.

O volume de água mineral envasado em 2005 foi de 5,6 bilhões de litros, e em 2006, foi de 6,2 bilhões. O consumo *per capita* brasileiro atingiu 31,5 litros/habitante/ano em 2005, sendo que em São Paulo ultrapassa 75 litros/habitante/ano entre a população economicamente ativa; ainda aquém de alguns países europeus, onde o volume consumido é de 100 a 150 litros/habitante/ano.

Tabela 2.4 Consumo *per capita* de água mineral em 2001.

País	Consumo (litros/habitante/ano)
Itália	154
México	152
França	137
Bélgica	128
Suíça	106
Alemanha	104
Espanha	103
Áustria	85
Portugal	71
Estados Unidos	70
Brasil	25

Fonte: http://www.uniagua.org.br/default.asp?tp=3&pag=aguamineral.htm#MERCADO

Antigamente, o consumo de água mineral era restrito a pessoas com maior poder aquisitivo e maior grau de escolaridade. Atualmente, 25 a 30% da população brasileira consomem água mineral, e esse número tende a aumentar, em decorrência da maior preocupação com a saúde e da escassez de água potável nos grandes centros urbanos. O consumo brasileiro de água envasada é de 90% de água mineral sem gás, com preferência pelas águas mais leves.

Em 1997, foi introduzida, no mercado brasileiro, a água adicionada de sais ou água mineralizada, que em 1999 representava 1% do mercado nacional de águas. Esse tipo de água, produzida principalmente por grandes empresas, estimulou o mercado de águas como um todo, pois além do incremento das embalagens, propiciou uma forte entrada dos supermercados nesse segmento, favorecendo a redução da informalidade do setor.

Em 2006, foi a vez do mercado brasileiro receber as águas genericamente chamadas de "saborizadas", "aromatizadas" e "funcionais" (legalmente levam a classificação de Preparado Líquido Aromatizado). Esses novos segmentos geraram muita polêmica, em um mercado que cresceu, em média, 13% ao ano, nos últimos seis anos. Essa polêmica foi gerada em decorrência das novas tecnologias, que proporcionaram ao mercado uma velocidade de lançamentos com inovação acima da velocidade da evolução da legislação. A polêmica tende a diminuir a partir da publicação da legislação a respeito do assunto.

Tabela 2.5 Consumo de água mineral em 1998.

País	Volume (milhões de litros)
EUA	10.584
Itália	7.800
Alemanha	7.480
França	5.650
Brasil	2.497
Inglaterra	955
Argentina	468
Chile	76

Fonte: Reis (2001a).

Tabela 2.6 Produção nacional de água mineral natural por marca (1999).

Marca	%
Indaiá	15,2
Minalba	3,28
Ouro Fino	3,02
Nestlé-Perrier	2,73
Crystal	2,23
Lindóia Genuína	2,19
Santa Bárbara	1,94
Schincariol	1,81
Caxangá	1,80
Lindóia Vida	1,75

Fonte: Adaptado de Reis (2001a).

A água gaseificada Schincariol foi eleita a melhor água do Brasil pela revista Go Where Gastronomia, enquanto a revista Audi Magazine a elegeu como a melhor água com gás do mundo, em 2005.

Tabela 2.7 Marcas com maiores volumes de vendas no mercado nacional em 2006.

Posição	Sem gás	Com gás
1°	Minalba (Edson Queiroz)	Schincariol
2°	Crystal (Femsa)	Crystal (Femsa)
3°	Indaiá (Edson Queiroz)	São Lourenço (Nestlé)
4°	Aquarel (Nestlé Waters)	Minalba (Edson Queiroz)
5°	Ouro Fino (Ouro Fino)	Ijuí (Fonte Ijuí)

Fonte: Adaptado da revista **Água & Vida**, n. 46 abril/2007.

2.4.1 Margens e custos

Em 2000, o garrafão retornável de 20 litros representava 35% do faturamento total dos produtores de água mineral, sendo o principal produto para muitas empresas e o único para outras. No ano de 2001, o garrafão representava mais de 53% em volume da produção nacional e proporcionava o menor custo de implantação para o investidor, além do menor preço médio por litro de produto para o consumidor final, de R$ 0,15 a R$ 0,20 contra R$ 0,80 a R$ 1,60 para os descartáveis.

Aproximadamente 65% do preço praticado pelo engarrafador são relativos aos custos de produção, 25% referem-se às despesas com transporte e 10% correspondem às margens do fabricante. Entre os componentes dos preços, somente o ICMS incrementa entre 40% e 50% o preço de fábrica.

Do preço final ao consumidor, cerca de 25% correspondem aos custos de produção e margem do fabricante, 10% referem-se à margem do distribuidor, 35% representam a margem do varejo e 30% são impostos.

2.5 PROPRIEDADES FÍSICAS, FÍSICO-QUÍMICAS E QUÍMICAS DA ÁGUA

A água é um líquido que apresenta grande capacidade em dissolver substâncias iônicas ou polares, como sais, ácidos, alcoóis etc., em virtude de sua elevada constante dielétrica. A molécula de água é polar e apresenta pontos de fusão igual a 0 °C e de ebulição igual a 100 °C, na pressão de 1 atm.

A dureza da água é a quantidade de íons Ca^{2+} e Mg^{2+} dissolvidos. A dureza total corresponde à somatória da dureza permanente com a dureza temporária. A dureza permanente corresponde aos íons Ca^{2+} e Mg^{2+} ligados a cloretos, sulfatos e nitratos, enquanto a dureza temporária relaciona-se aos íons Ca^{2+} e Mg^{2+} ligados ao bicarbonato (HCO_3^{-1} solúvel) e ao carbonato (CO_3^{-2} insolúvel).

A alcalinidade se refere à presença de íons alcalinos (OH^-, CO_3^{-2} e HCO_3^-) na água, capazes de reagir com ácidos; enquanto valor de pH é a medida da concentração dos íons H^+ em solução.

A água pura é inodora e insípida, porém as águas minerais podem apresentar características organolépticas alteradas, em razão da presença dos minerais. A água também pode não se apresentar incolor, em razão da presença de substâncias nela dissolvidas; embora águas captadas em poços muito profundos tendam a ser incolores, por causa do elevado poder depurador do solo. A turbidez é provocada pela presença de sólidos dissolvidos ou coloides em suspensão na água.

Uma vez que a água mineral apresenta sais dissolvidos, ela tem o poder de conduzir corrente elétrica, havendo uma relação direta entre o teor de sais e a condutividade elétrica, que pode ser utilizada para estimar a concentração salina da água. A temperatura interfere nos valores de condutividade, portanto as medidas devem ser realizadas a 25 °C.

2.6 LEGISLAÇÃO

As águas minerais são classificadas com base no Código de Águas Minerais, de 1945, pela sua composição química, pelos seus gases espontâneos e pela sua temperatura. Há águas ricas em cálcio, magnésio, carbonatos, bicarbonatos, lítio, flúor, além de águas carbogasosas, sulfurosas, hipotermais, radioativas, e outras. No Brasil, 80% da produção nacional são de águas leves, classificadas como fracamente radioativas, radioativas, fluoretadas, carbogasosas e hipotermais.

A RDC n. 274/2005 estabelece alguns requisitos de rotulagem para qualquer tipo de água envasada, a saber: Deve constar uma das expressões "Com gás" ou "Gaseificada artificialmente" quando adicionada de gás carbônico (dióxido de carbono), e pode ser utilizada a expressão "Sem gás", quando não for adicionada de gás carbônico (dióxido de carbono).

Também não deve "constar qualquer expressão que atribua ao produto propriedades medicamentosas e ou terapêuticas."

2.6.1 Definições

2.6.1.1 Água mineral natural e água natural

O Código de Águas Minerais, em seu artigo 1°, define **águas minerais** como sendo "aquelas provenientes de fontes naturais ou de fontes artificialmente captadas que possuam composição química ou propriedades físicas ou físico-químicas distintas das águas comuns, com características que lhes confiram uma ação medicamentosa."

A Resolução – RDC n. 54/2000 da Agência Nacional de Vigilância Sanitária (Anvisa), que dispõe sobre o Regulamento Técnico para Fixação de Identidade e Qualidade de Água Mineral Natural e Água Natural define **água mineral natural** como "água obtida diretamente de fontes naturais ou artificialmente captadas, de origem subterrânea, caracterizada pelo conteúdo definido e constante de sais minerais (composição iônica) e pela presença de oligoelementos e outros constituintes". Tanto a RDC n. 74/2005 quanto a RDC n. 173/2006 definem **água mineral natural** com pequenas alterações, como sendo "a água obtida diretamente de fontes naturais ou por extração de águas subterrâneas. É caracterizada pelo conteúdo definido e constante de determinados sais minerais, oligoelementos e outros constituintes considerando as flutuações naturais".

A **água natural** diferencia-se pela presença de sais minerais (composição iônica), oligoelementos e outros constituintes, em níveis inferiores aos mínimos estabelecidos para água mineral natural. Da mesma forma, a RDC n. 74/2005 e a RDC n. 173/2006 trazem pequenas alterações, definindo **água natural** como: "água obtida diretamente de fontes naturais ou por extração de águas subterrâneas. É caracterizada pelo conteúdo definido e constante de determinados sais minerais, oligoelementos e outros constituintes, em níveis inferiores aos mínimos estabelecidos para água mineral natural. O conteúdo dos constituintes pode ter flutuações naturais".

A RDC n. 173/2006 foi criada para definir procedimentos de Boas Práticas para industrialização e comercialização de água mineral natural ou de água natural envasada destinada ao consumo humano, para garantir sua condição higiênico-sanitária. O âmbito de sua aplicação abrange os estabelecimentos que realizam a industrialização de água mineral natural e de água natural, além de estabelecimentos que desenvolvam alguma das atividades: armazenamento, transporte, distribuição e ou comercialização de água mineral natural e de água natural envasadas.

Segundo a RDC n. 274/2005, para a Água Mineral Natural e a Água Natural quando a água for naturalmente gasosa deve constar a expressão "Naturalmente gasosa" ou "Gasosa natural" e, obrigatoriamente, devem constar as seguintes advertências, nas seguintes situações:

"Contém Fluoreto", quando o produto contiver mais que 1 mg/L de fluoreto; "O produto não é adequado para lactentes e crianças com até sete anos de idade", quando contiver mais que 2 mg/L de fluoreto; "O consumo diário do produto não é recomendável: contém fluoreto acima de 2 mg/L", quando contiver mais que 2 mg/L de fluoreto; e "Contém sódio", quando o produto contiver mais que 200 mg/L de sódio.

A água mineral natural e a água natural devem atender às características microbiológicas estabelecidas em Regulamento Técnico específico e não devem conter concentrações acima dos limites máximos permitidos das substâncias químicas que representam risco à saúde, descritas na Tabela 2.9 (item 2.6.5 – Contaminantes).

2.6.1.2 *Água potável de mesa*

Segundo o artigo 3º do Código de Águas Minerais, **águas potáveis de mesa** são "as águas de composição normal provenientes de fontes naturais ou de fontes artificialmente captadas que preencham tão somente as condições de potabilidade para a região".

2.6.1.3 *Água adicionada de sais*

Em 2005 foi publicado a RDC n. 274/2005 que revogou a Resolução ANVS/MS 309/1999.

Assim, a **água purificada adicionada de sais** passou a ser chamada simplesmente como **água adicionada de sais**, que pode ser definida como sendo: "a água para consumo humano preparada e envasada, contendo um ou mais dos compostos previstos neste Regulamento (Tabela 2.8). Não deve conter açúcares, adoçantes, aromas ou outros ingredientes".

A RDC n. 274/2005 estabelece que água adicionada de sais "deve ser preparada a partir de água cujos parâmetros microbiológicos, químicos e radioativos atendam à Norma de Qualidade da Água para Consumo Humano". Geralmente, são águas potáveis de mesa ou não minerais fornecidas pelos órgãos públicos de abastecimento de água ou de poços artesianos, que são tratadas e enriquecidas com sais, por meio de processos que lhes conferem segurança, padronização e qualidade próprias. Pelo fato de poder ser padronizado, esse tipo de água não depende da existência de uma única fonte.

As águas purificadas adicionadas de sais devem ser preparadas, manipuladas, acondicionadas e conservadas conforme boas práticas de fabricação, atendendo aos requisitos da legislação. Deve constar a forma de tratamento ou purificação adotada quando o produto for submetido ao tratamento por alta temperatura, irradiação ultravioleta, filtração, ozônio, cloração ou osmose reversa.

A água adicionada de sais deverá conter, no mínimo, 30 mg/L dos sais adicionados, permitidos pela legislação. São eles: bicarbonato de cálcio, bicarbonato de magnésio, bicarbonato de potássio, bicarbonato de sódio, carbonato de cálcio, carbonato de magnésio, carbonato de potássio, carbonato de sódio, cloreto de cálcio, cloreto de magnésio, cloreto de potássio, cloreto de sódio, sulfato de cálcio, sulfato de magnésio, sulfato de potássio, sulfato de sódio, citrato de cálcio, citrato de magnésio, citrato de potássio, e citrato de sódio, todos de grau alimentício.

Segundo a Associação Brasileira das Indústrias de Água Adicionadas de Sais e Repositores Hidroeletrolíticos (Abiaser), a água adicionada de sais é a mesma usada na fabricação de refrigerantes e cervejas.

Tabela 2.8 Limites máximos de sais admitidos nas águas adicionadas de sais.

Sal	mg/100 mL
Cálcio	25
Magnésio	6,5
Potássio	50
Sódio	60

Fonte: RDC n. 274 de 22 de setembro de 2005.

Ainda segundo a legislação, a água adicionada de sais não deve ser proveniente de fontes naturais procedentes de extratos aquíferos. E para fins de registro, deve ser "preparada a partir de água de surgência ou poço tubular", sendo obrigatória a apresentação do documento de outorga emitido pelo órgão competente e resultados de ensaios de substâncias químicas e microbiológicas constantes na Norma de Qualidade da Água para Consumo Humano.

Segundo a RDC n. 274/2005, os três tipos de águas apresentadas até o momento (água mineral natural, água natural e água adicionada de sais) podem ser adicionadas de gás carbônico.

Ainda segundo a RDC n. 274/2005, no rótulo, a designação da Água Adicionada de Sais deve ser descrita em caracteres com, no mínimo, metade do tamanho dos caracteres utilizados para a marca do produto, e quando qualquer informação nutricional complementar, em relação a minerais, for utilizada, deve atender ao Regulamento Técnico específico sendo que a declaração da composição final do produto, deve aparecer em ordem decrescente de concentração.

Deve também constar a forma de tratamento utilizada à água; e "não devem constar dizeres ou representações gráficas que gerem qualquer semelhança com os dizeres correspondentes à identidade das Águas Minerais Naturais ou Águas Naturais".

2.6.1.4 *Gelo para consumo humano*

A RDC n. 274/2005 define gelo para consumo humano como sendo "a água em estado sólido, que deve ser preparado a partir de água, cujos parâmetros microbiológicos, químicos e radioativos atendam à Norma de Qualidade da Água para Consumo Humano".

2.6.1.5 *Soda e soda aromatizada*

Outros tipos de água, como as enriquecidas e as aromatizadas, podem ser encontrados no mercado, principalmente na Europa e nos Estados Unidos, onde há legislação específica para águas aromatizadas adicionadas com uma pequena quantidade de misturas e blendagens de sucos de frutas, vitaminas (opcional), aminoácidos e até mesmo fibras. A essas águas enriquecidas são adicionados aditivos como cafeína ($C_8H_{10}N_4O_2$), bebidas complexas com infusões de ervas e outros ingredientes, como ginseng etc. Duas principais características organolépticas da água foram perdidas nesses produtos: de ser inodora e insípida.

A adição de aromas naturais é a forma mais simples de enriquecer a água. Compostos aromáticos como aldeídos, alcoóis, cetonas e ésteres, entre outros, são extraídos de alguns vegetais, purificados e adicionados às bebidas.

O Decreto n. 3.510 de 2000, que alterou o Decreto n. 2.314 de 1997, define **soda** como "a água potável gaseificada com dióxido de carbono, com uma pressão superior a 2 atm, a 20 °C, podendo ser adicionada de sais". A **soda aromatizada** deve ser adicionada de aromatizantes naturais e podendo ser adicionada de sais. Sua vantagem é possuir pequena ou nenhuma quantidade de conservantes, sendo considerada como um produto intermediário entre a água mineral e o refrigerante.

2.6.1.6 *Preparado líquido aromatizado*

A RDC n. 273/2005 trata sobre o regulamento técnico para misturas para preparo de alimentos e alimentos prontos para o consumo, fixando a identidade e as características mínimas de qualidade que devem obedecer essas misturas e os alimentos prontos para consumo.

Portanto, **Preparado Líquido Aromatizado** "é o produto obtido a partir de água, adicionado obrigatoriamente de aroma(s), podendo conter outro(s) aditivo(s) previsto(s) em Regulamento Técnico específico. O produto não pode ser adicionado de gás carbônico (dióxido de carbono), açúcar e outro(s) ingrediente(s)."

Rótulos de produto **Preparado Líquido Aromatizado,** devem conter a expressão "sabor....." ou "sabor artificial......", conforme o caso, seguido do nome(s) do(s) aroma(s)/aromatizante(s). Não são permitidas as seguintes expressões: "água mineral", "água mineral natural", "água adicionada de sais", "água mineralizada", "água aromatizada" ou expressões equivalentes.

Caso contenha gás carbônico, o produto torna-se um refrigerante.

Desde que entraram no mercado, entre 2006 e 2007, algumas marcas de refrigerantes que possuem baixo teor de calorias ou se autodenominam "zero de açúcar" causaram certa confusão no mercado de águas envasadas. Segundo fabricantes de água mineral essa prática por parte da indústria de refrigerantes induzia o consumidor a identificá-lo erroneamente como "água com sabor".

2.6.1.7 *Água rica em oxigênio*

As **águas ricas em oxigênio** pertencem a um grupo de água pouco conhecido, não estando regulamentadas no país. Apresentam alta concentração desse elemento e normalmente não são gaseificadas. Seu consumo é indicado para atletas e esportistas.

2.6.1.8 *Águas com características funcionais*

Embora haja algumas águas no mercado que se autodefinam como "funcionais", ou que possuam ingredientes que trazem benefícios à saúde, este grupo de águas não foi regulamentado até 2006.

Essas águas podem apresentar fibras solúveis (frutooligossacarídeos ou prebióticos), complexo de vitaminas B e C, além de suco de frutas para proporcionar sabor ao produto.

2.6.1.9 *Água tônica de quinino*

Água tônica de quinino é "o refrigerante que contiver obrigatoriamente de 3 a 5 miligramas de quinino ou seus sais, expresso em quinino anidro, por 100 ml de bebida", conforme Decreto n. 2.314, de 1997. Portanto, embora leve o nome de água tônica, é um refrigerante elaborado à base de quinino.

O quinino é um alcaloide ($C_{20}H_{24}N_2O_2$) usado contra a malária e como relaxante muscular. É extraído da casca tanífera de arbustos de *Cinchona magnifolia*, de espécies do gênero *Ladenbergia*, ambos da família das rubiáceas; e da *Naucleopsis amara* da família das moráceas.

2.6.1.10 Outras definições

A Portaria n. 222 de 1997, estabelece outras definições importantes, a saber:

> **Aquífero** é a formação ou grupo de formações geológicas portadoras e condutoras de água subterrânea.
>
> **Poço** é a obra de captação de água subterrânea executada com sonda, mediante perfuração vertical, enquanto **nascente** é a descarga concentrada da água subterrânea que aflora à superfície do terreno como um fluxo de água.
>
> **Fontanário** é o local destinado ao uso público, onde é permitido o consumo *in loco* da água mineral ou potável de mesa, tal como emerge da captação, com garantia sanitária e microbiológica, e cedida pelo concessionário da lavra, segundo a disponibilidade de vazão das captações autorizadas.

2.6.2 Classificação

As águas minerais naturais são classificadas segundo suas características químicas permanentes e segundo as características inerentes às fontes. Devem ser classificadas de acordo com o elemento predominante, sendo que as que acusarem mais de um elemento em quantidades relativamente altas, podem ter classificação mista.

2.6.2.1 Quanto à composição química

De acordo com o Código, quanto à composição química, as águas minerais naturais são classificadas em:

I) **Oligominerais:** quando, apesar de não atingirem os limites estabelecidos (contêm diversos tipos de sais, todos em baixa concentração), forem classificadas como minerais por suas propriedades favoráveis à saúde.

II) **Radíferas:** quando contiverem substâncias radioativas dissolvidas que lhes atribuam radioatividade permanente.

III) **Alcalino-bicarbonatadas:** as que contiverem uma quantidade de compostos alcalinos equivalentes, no mínimo, a 0,200 g/L de bicarbonato de sódio.

IV) **Alcalino-terrosas:** as que contiverem uma quantidade de compostos alcalino-terrosos equivalente, no mínimo, a 0,120 g/L de carbonato de cálcio, distinguindo-se:

   a) **alcalino-terrosas cálcicas:** as que contiverem, no mínimo, 0,048 g/L de cátion Ca^{+2} sob a forma de bicarbonato de cálcio;

   b) **alcalino-terrosas magnesianas:** as que contiverem, no mínimo, 0,030 g/L de cátion Mg^{+2} sob a forma de bicarbonato de magnésio.

V) **Sulfatadas:** as que contiverem, no mínimo, 0,100 g/L do ânion SO_4^{-2} combinado aos cátions Na^+, K^+ e Mg^{+2}.

VI) **Sulfurosas:** as que contiverem, no mínimo, 0,001 g/L de ânion sulfeto (S^{-2}).

VII) **Nitratadas:** as que contiverem, no mínimo, 0,050 g/L do ânion NO_3^- de origem mineral, (valor alterado pela Resolução n. 54/2000).

VIII) **Cloretadas:** as que contiverem, no mínimo, 0,500 g/L de NaCl (cloreto de sódio).

IX) **Ferruginosas:** as que contiverem, no mínimo, 0,005 g/L de cátion ferro (Fe^{+2} e/ou Fe^{+3}).

X) **Radioativas:** as que contiverem radônio em dissolução, obedecendo aos seguintes limites:

   a) **fracamente radioativas:** as que apresentarem um teor em radônio compreendido entre 5 e 10 unidades Mache, por litro, a 20 °C e 760 mm de Hg de pressão;

   b) **radioativas:** as que apresentarem um teor em radônio compreendido entre 10 e 50 unidades Mache por litro, a 20 °C e 760 mm de Hg de pressão;

   c) **fortemente radioativas:** as que possuírem um teor em radônio superior a 50 unidades Mache, por litro, a 20 °C e 760 mm de Hg de pressão.

XI) **Toriativas:** as que possuírem um teor em torônio em dissolução, equivalente em unidades eletrostáticas, a 2 unidades Mache por litro, no mínimo.

XII) **Carbogasosas:** as que contiverem, por litro, 200 mL de gás carbônico livre dissolvido, a 20 °C e 760 mm de Hg de pressão.

2.6.2.2 *Características das fontes de água mineral natural*

O Código Brasileiro de Águas classifica as fontes de água mineral natural, conforme os gases espontâneos presentes na fonte e conforme a temperatura da água na fonte, da seguinte forma:

I) Quanto aos gases
   a) fontes radioativas:
      a.1 **fracamente radioativas:** as que apresentarem, no mínimo, uma vazão gasosa de 1 litro por minuto (1 L.p.m.) com um teor em radônio compreendido entre 5 e 10 unidades Mache, por litro de gás espontâneo, a 20 °C e 760 mm de Hg de pressão;
      a.2 **radioativas:** as que apresentarem, no mínimo, uma vazão gasosa de 1 L.p.m., com um teor compreendido entre 10 e 50 unidades Mache, por litro de gás espontâneo, a 20 °C e 760 mm de Hg de pressão;
      a.3 **fortemente radioativas:** as que apresentarem, no mínimo, uma vazão gasosa de 1 L.p.m., com teor superior a 50 unidades Mache, por litro de gás espontâneo a 20 °C e 760 mm de Hg de pressão;
   b) **fontes toriativas:** as que apresentarem, no mínimo, uma vazão gasosa de 1 L.p.m., com um teor em torônio, na emergência, equivalente em unidades eletrostáticas a 2 unidades Mache por litro;
   c) **fontes sulfurosas:** as que possuírem na emergência desprendimento definido de gás sulfídrico.

II) Quanto à temperatura
   a) **fontes frias:** quando sua temperatura for inferior a 25 °C;
   b) **fontes hipotermais:** quando sua temperatura estiver compreendida entre 25 e 33 °C;
   c) **fontes mesotermais:** quando sua temperatura estiver compreendida entre 33 e 36 °C;
   d) **fontes isotermais:** quando sua temperatura estiver compreendida entre 36 e 38 °C;
   e) **fontes hipertermais:** quando sua temperatura for superior a 38 °C.

A Portaria n. 117 de 1972, define que os estudos *in loco* de fontes de águas minerais ou potáveis de mesa devem compreender o seguinte: análise química completa; análise química dos gases espontâneos quando existentes; análise bacteriológica; determinação da radioatividade da água ao emergir, e dos gases espontâneos quando existentes; determinação da temperatura da água; determinação da vazão da fonte; dosagem *in loco* dos elementos químicos susceptíveis de se alterarem com o transporte da amostra.

2.6.2.3 *Quanto à adição de dióxido de carbono*

I) **Água sem gás:** água mineral natural ou água natural, à qual não foi adicionado o dióxido de carbono.

II) **Água gaseificada artificialmente:** água mineral natural ou água natural, à qual foi adicionado o dióxido de carbono.

Água mineral carbonatada pode ocorrer naturalmente em algumas regiões específicas; portanto, o CO_2 pode ser adicionado ou retirado da água. De acordo com o Código Brasileiro de Águas, as águas minerais carbogasosas naturais, quando engarrafadas, deverão declarar no rótulo, em local visível, **água mineral carbogasosa natural**. A Portaria n. 222 de 1997, define gaseificação como sendo a "adição artificial de dióxido de carbono durante o processo de envasamento."

A presença do CO_2 confere caráter "efervescente" ao produto e inibe o crescimento de microrganismo. Os equipamentos para carbonatação são os mesmos utilizados pelas indústrias de refrigerantes.

2.6.3 Composição e requisitos

A Resolução – RDC n. 54/2000 estabelece normas de composição e requisitos para as águas. Quanto à composição, o ingrediente obrigatório é água mineral natural ou água natural e o ingrediente opcional, o dióxido de carbono. Os requisitos para apresentarem características sensoriais, físicas, químicas e físico-químicas são:

Aspecto:	límpido;
Cor:	máximo 5 uH (unidade de escala de Hazen);
Turbidez:	máximo 3,0 uT (unidade Jackson ou nefelométrica de turbidez);
Odor:	característico;
Sabor:	característico.

A água mineral natural ou água natural deve ser coletada sob condições que garantam a manutenção das características originais da água emergente da fonte ou poço. Essas características devem permanecer estáveis dentro dos limites naturais de flutuação, não devendo apresentar influência direta de águas superficiais.

Quando envasadas, devem apresentar composição química equivalente à da água emergente da fonte ou poço, tal como definida nos exames químicos e físico-químicos efetuados por autoridade competente.

As operações autorizadas, tais como captação, decantação, adução (canalização), elevação mecânica, armazenamento, filtração, envase, adição de dióxido de carbono, não devem alterar os elementos de sua composição original.

A água mineral natural e a água natural devem ser envasadas dentro da área autorizada pela autoridade competente, de acordo com a legislação específica.

2.6.4 Aditivos e coadjuvantes de tecnologia de elaboração

Não é permitida a utilização de aditivos intencionais e coadjuvantes de tecnologia.

2.6.5 Contaminantes

Não devem conter concentrações acima dos limites máximos permitidos das substâncias relacionadas na Tabela 2.9.

Tabela 2.9 Limites para substâncias químicas que representam risco à saúde.

Substância	Limite máximo permitido
INORGÂNICAS	
Antimônio	0,005 mg/L
Arsênio	0,01 mg/L calculado como Arsênio total
Bário	0,7 mg/L
Boro	5 mg/L
Cádmio	0,003 mg/L
Cromo	0,05 mg/L calculado como Cromo total
Cobre	1 mg/L
Cianeto	0,07 mg/L
Chumbo	0,01 mg/L
Manganês	0,5 mg/L
Mercúrio	0,001 mg/L
Níquel	0,02 mg/L

(continua)

Tabela 2.9 Limites para substâncias químicas que representam risco à saúde. *(continuação)*

Substância	Limite máximo permitido
INORGÂNICAS	
Nitrato	50 mg/L calculado como nitrato
Nitrito	0,02 mg/L calculado como nitrito
Selênio	0,01 mg/L
ORGÂNICAS	
Acrilamida	0,5 micrograma/L
Benzeno	5 micrograma/L
Benzopireno	0,7 micrograma/L
Cloreto de Vinila	5 micrograma/L
1,2 Dicloroetano	10 micrograma/L
1,1 Dicloroeteno	30 micrograma/L
Diclorometano	20 micrograma/L
Estireno	20 micrograma/L
Tetracloreto de Carbono	2 micrograma/L
Tetracloroeteno	40 micrograma/L
Triclorobenzenos	20 micrograma/L
Tricloroeteno	70 micrograma/L
AGROTÓXICOS	
Alaclor	20 micrograma/L
Aldrin e Dieldrin	0,03 micrograma/L
Atrazina	2 micrograma/L
Bentazona	300 micrograma/L
Clordano (isômeros)	0,2 micrograma/L
2,4 D	30 micrograma/L
DDT (isômeros)	2 micrograma/L
Endossulfan	20 micrograma/L
Endrin	0,6 micrograma/L
Glifosato	500 micrograma/L
Heptacloro e Heptacloro epóxido	0,03 micrograma/L
Hexaclorobenzeno	1 micrograma/L
Lindano (gama-BHC)	2 micrograma/L
Metolacloro	10 micrograma/L
Metoxicloro	20 micrograma/L
Molinato	6 micrograma/L
Pendimetalina	20 micrograma/L
Pentaclorofenol	9 micrograma/L
Permetrina	20 micrograma/L
Propanil	20 micrograma/L
Simazina	2 micrograma/L
Trifluralina	20 micrograma/L

(continua)

Tabela 2.9 Limites para substâncias químicas que representam risco à saúde. *(continuação)*

Substância	Limite máximo permitido
CIANOTOXINAS	
Microcistinas	1,0 micrograma/L
DESINFETANTES E PRODUTOS SECUNDÁRIOS DA DESINFECÇÃO (Limite estabelecido de acordo com o desinfetante utilizado)	
Bromato	0,025 mg/L
Clorito	0,2 mg/L
Cloro livre	5 mg/L
Monocloramina	3 mg/L
2,4,6 Triclorofenol	0,2 mg/L
Trihalometanos total	0,1 mg/L

A análise de outros contaminantes poderá ser solicitada a critério da autoridade competente.

2.6.6 Higiene

2.6.6.1 Considerações gerais

A RDC n. 173/2006 que estabelece procedimentos de Boas Práticas para industrialização e comercialização de água mineral natural ou de água natural envasada destinada ao consumo humano a fim de garantir sua condição higiênico-sanitária. Esta RDC define legalmente os termos:

Boas Práticas como sendo os procedimentos que devem ser adotados pelos estabelecimentos industriais e comerciais a fim de garantir a qualidade higiênico-sanitária e a conformidade dos produtos alimentícios com os regulamentos técnicos, e o **Manual de Boas Práticas** é o documento que descreve as operações realizadas pelo estabelecimento, incluindo, no mínimo, os requisitos sanitários das instalações físicas, a manutenção e higienização das instalações, dos equipamentos e dos utensílios, o controle da água de abastecimento, o controle integrado de vetores e pragas urbanas, o controle da higiene e saúde dos manipuladores e o controle e garantia de qualidade do produto final.

Procedimentos Operacionais Padronizados – POP são os procedimentos escritos de forma objetiva que estabelecem instruções sequenciais para a realização de operações rotineiras e específicas na industrialização, armazenamento e transporte da água mineral natural ou da água natural envasada. Esses procedimentos podem apresentar outras nomenclaturas, desde que obedeçam aos conteúdos estabelecidos nos regulamentos técnicos específicos. E **Medida de Controle** é o procedimento adotado com o objetivo de prevenir, reduzir a um nível aceitável ou eliminar agente(s) físico(s), químico(s) e ou biológico(s) que comprometam as condições higiênico-sanitárias da água mineral natural e da água natural.

A RDC n. 173/2006 também define **Contaminantes**. São substâncias ou agentes de origem biológica, química ou física, estranhos ao alimento, que sejam considerados nocivos à saúde humana; e limpeza como sendo a operação de remoção de substâncias minerais e ou orgânicas indesejáveis, tais como terra, poeira, gordura e outras sujidades, enquanto desinfecção é a operação de redução, por método físico e ou agente químico, do número de microrganismos em nível que não comprometa a qualidade higiênico-sanitária da água mineral natural e da água natural; e **Higienização** é a operação que compreende as etapas de limpeza e desinfecção.

E ainda o **Manipulador de alimentos** é qualquer pessoa que manipula diretamente alimento envasado ou não, equipamentos e utensílios utilizados para seu processamento ou superfícies que entram em contato com o alimento.

As águas minerais naturais e águas naturais devem ser captadas, processadas e envasadas obedecendo às condições higiênico-sanitárias e boas práticas de fabricação fixadas em legislação específica, além disso:

a) As embalagens a serem utilizadas, novas ou retornadas para um novo ciclo de uso, devem ser submetidas à avaliação individual. As embalagens com amassamentos, rachaduras, ranhuras, remendos, deformações do gargalo e/ou com alterações de odor e cor devem ser rejeitadas. Caso a alteração indicar possível risco à saúde, a embalagem deve ser destruída.
b) Na circulação de embalagens, da lavagem até o fechamento, não é permitido o transporte manual.
c) As saídas das máquinas lavadoras de embalagens devem estar posicionadas o mais próximo possível da sala de envase, para evitar que embalagens já lavadas circulem em ambiente aberto.
d) Para efeito de desinfecção nas lavadoras de recipientes, após o enxágue com desinfetante de comprovada eficácia, enxaguar com a água a ser envasada. Deve ser comprovada a eficiência do processo de lavagem.
e) O envase e o fechamento das embalagens devem ser efetuados por máquinas automáticas, sendo proibido o processo manual.

f) As tampas das embalagens devem ser previamente desinfetadas.

g) Todas as máquinas, equipamentos e utensílios que entrem em contato com a água devem ser submetidos a higienização e manutenção periódica.

h) A rotulagem das embalagens deve ser feita fora da área de envase.

2.6.6.2 Características microbiológicas

Na fonte, poço ou local de surgência e na sua comercialização, a água mineral natural e a água natural não devem apresentar risco à saúde do consumidor (ausência de microrganismos patogênicos) e devem estar em conformidade com as características microbiológicas descritas na Tabela 2.10.

Tabela 2.10 Critérios microbiológicos definidos para água mineral natural e água natural.

Microrganismo	Amostra indicativa	Amostra representativa			
	limites	n	c	m	M
Escherichia coli ou coliformes (fecais) termotolerantes, em 100 mL	Ausência	5	0	-.-	Ausência
Coliformes totais, em 100 mL	<1,0 UFC; <1,1 NMP ou ausência	5	1	<1,0 UFC; <1,1 NMP ou ausência	2,0 UFC ou 2,2 NMP
Enterococos, em 100 mL	<1,0 UFC; <1,1 NMP ou ausência	5	1	<1,0 UFC; <1,1 NMP ou ausência	2,0 UFC ou 2,2 NMP
Pseudomonas aeruginosa, em 100 mL	<1,0 UFC; <1,1 NMP ou ausência	5	1	<1,0 UFC; <1,1 NMP ou ausência	2,0 UFC ou 2,2 NMP
Clostrídios sulfito redutores ou *Clostridium perfringens*, em 100 mL	<1,0 UFC; <1,1 NMP ou ausência	5	1	<1,0 UFC; <1,1 NMP ou ausência	2,0 UFC ou 2,2 NMP

n: é o número de unidades da amostra representativa a serem coletadas e analisadas individualmente;
c: é o número aceitável de unidades da amostra representativa que pode apresentar resultado entre os valores "m" e "M";
m: é o limite inferior (mínimo) aceitável. É o valor que separa qualidade satisfatória de qualidade marginal do produto. Valores abaixo do limite "m" são desejáveis;
M: é o limite superior (máximo) aceitável. Valores acima de "M" não são aceitos.

Sempre que se tratar de avaliação de lotes e/ou partidas, deverá ser coletada a amostra representativa, em cumprimento aos dispositivos legais vigentes. Exceção para as atividades que requeiram amostragem para investigação (relacionada com suspeita ou com identificação de problemas no lote e/ou partida, para sua respectiva confirmação ou verificação da sua natureza e sua extensão, ou ainda para informações sobre as possíveis fontes de problema), ou que requeiram inspeções rígidas (planos estatísticos com maior poder de discriminação de falhas).

A análise das unidades da amostra representativa deve ser feita, usando-se o mesmo volume recomendado para a amostra indicativa. Na caracterização microbiológica da água ou do lote examinado, devem ser considerados os resultados da amostra representativa.

A RDC n. 275/2005 fixa as características microbiológicas para Água Mineral Natural e Água Natural e traz as seguintes definições:

- Amostra indicativa: é a amostra composta por um número de unidades amostrais inferior ao estabelecido para a amostra representativa.
- Amostra representativa: é a amostra constituída por um número de unidades amostrais estabelecido na Tabela 2.10.
- Unidade amostral: porção ou embalagem(ns) individual(is) tomadas para ensaio, de forma aleatória de uma partida do produto.

2.6.6.2.1 Em relação à amostra indicativa

A amostra é condenada (rejeitada) quando for constatada a presença de *E. coli* ou coliformes (fecais) termotolerantes ou quando o número de coliformes totais e/ou enterococos, *Pseudomonas aeruginosa*, clostrídios sulfito redutores ou *C. perfringens*, for maior que o limite estabelecido para amostra indicativa.

Deve ser efetuada a análise da amostra representativa quando na amostra indicativa for detectada a presença de *E. coli* ou coliformes (fecais) termotolerantes e/ou o número de coliformes totais, enterococos, *Pseudomonas aeruginosa,* clostrídios sulfito redutores e, ou *C. perfringens* for maior que o limite estabelecido para amostra indicativa.

2.6.6.2.2 Em relação à amostra representativa

Sempre que se tratar de avaliação de partida deve ser coletada a amostra representativa, em cumprimento aos dispositivos legais vigentes, excetuam-se as atividades que requeiram amostragem para investigação (relacionada com suspeita ou com identificação de problemas na partida, para confirmação ou verificação da sua natureza e extensão ou ainda para informações sobre as possíveis fontes de problema) ou que requeiram inspeções rígidas (planos estatísticos com maior poder de discriminação de falhas). A análise das unidades da amostra representativa deve ser feita usando-se o mesmo volume recomendado para a amostra indicativa. Na caracterização microbiológica do produto ou da partida examinada devem ser considerados os resultados da amostra representativa.

A partida é aprovada quando atender aos seguintes requisitos:

a) ausência de *Escherichia coli* ou coliformes (fecais) termotolerantes em todas as unidades da amostra representativa;
b) nenhuma unidade da amostra representativa apresentar contagem de coliformes totais, enterococos, *Pseudomonas aeruginosa*, clostrídios sulfito redutores ou *Clostridium perfringens* maior que "M"; e
c) no máximo, uma unidade da amostra representativa apresentar contagem de coliformes totais, enterococos, *Pseudomonas aeruginosa* e clostrídios sulfito redutores e/ou *Clostridium perfringens* entre os valores "m" e "M".

A partida será rejeitada, quando:

a) for constatada a presença de *Escherichia coli* ou coliformes (fecais) termotolerantes em uma das unidades da amostra representativa; ou
b) apresentar contagem de coliformes totais e/ou enterococos, *Pseudomonas aeruginosa,* clostrídios sulfito redutores e/ou *Clostridium perfringens* em uma das unidades da amostra representativa, maior que "M"; ou
c) apresentar contagem de coliformes totais e/ou enterococos, *Pseudomonas aeruginosa,* clostrídios sulfito redutores e/ou *Clostridium perfringens* em mais de uma unidade da amostra representativa, maior que "m".

2.6.7 Rotulagem

Conforme a Resolução – RDC n. 54/2000 a rotulagem deve obedecer ao Regulamento Técnico específico sobre Rotulagem de Alimentos Embalados. No rótulo, devem constar, obrigatoriamente, as seguintes declarações, de forma clara, destacada e precisa:

a) **Contém fluoreto**: quando o produto contiver mais que 1 mg/L de fluoreto.
b) **O produto não é adequado para lactentes ou crianças com até sete anos de idade**: quando o produto contiver mais que 2 mg/L de fluoreto.
c) **Fluoreto acima de 2 mg/L, para consumo diário, não é recomendável**: quando o produto contiver mais que 2 mg/L de fluoreto.
d) **Com gás** ou **gaseificada artificialmente**: quando o produto for adicionado de dióxido de carbono.
e) **Contém sódio**: quando o produto contiver mais de 200 mg/L de sódio.

Opcionalmente, pode ser utilizada a expressão "sem gás", quando não for adicionado dióxido de carbono.

2.6.7.1 Rótulo padrão

O Código Brasileiro de Águas e a Portaria n. 470/99 fornecem instruções básicas dos rótulos das embalagens de águas minerais e potáveis de mesa. O rótulo deverá ser aprovado pelo DNPM, após a publicação da portaria de concessão de lavra, no qual deverá constar os seguintes elementos informativos:

I) nome da fonte;
II) local da fonte, município e estado;
III) classificação da água;
IV) composição química, expressa em mg/L, contendo, no mínimo, os oito elementos predominantes, sob a forma iônica;
V) características físico-químicas na surgência;
VI) nome do laboratório, número e data da análise da água;
VII) volume expresso em litros ou mililitros;
VIII) número e data da concessão de lavra, e número do processo seguido do nome "DNPM";
IX) nome da empresa concessionária e/ou arrendatária, se for o caso, com o número de inscrição no Cadastro Nacional de Pessoa Jurídica – CNPJ, do Ministério da Fazenda;

X) duração, em meses, do produto, destacando-se a data de envasamento por meio de impressão indelével na embalagem, no rótulo, ou na tampa;

XI) se à água for adicionado gás carbônico, as expressões "gaseificada artificialmente";

XII) a expressão "Indústria Brasileira".

A marca da água e as informações publicitárias ou promocionais da embalagem serão dispensadas de apresentação ao DNPM. Não poderão constar no rótulo e nas faces livres das embalagens expressões que supervalorizem a água, relativas a eventuais características, propriedades terapêuticas ou qualquer designação suscetível de causar confusão ao consumidor.

2.6.8 Métodos de análise

A avaliação da identidade e qualidade deverá ser realizada de acordo com os métodos de análise adotados e/ou recomendados pela *International Organization for Standardization* (ISO), pela *American Public Health Association* (Apha), pelo *Bacteriological Analytical Manual* (BAM), pela Companhia de Tecnologia de Saneamento Ambiental (Cetesb) e pela comissão do *Codex Alimentarius* e seus comitês específicos, até que venham a ser aprovados métodos de análises pela Agência Nacional de Vigilância Sanitária (Anvisa).

2.6.9 Amostragem

a) Só serão aceitas para análise amostras acondicionadas em embalagem original, a menos que tenham sido coletadas diretamente da fonte, de poço ou nos diferentes pontos de amostragem instalados na linha de envasamento.

b) A amostra, para fins de análise microbiológica, é composta pelo número de unidades suficientes para constituir o volume mínimo estabelecido para análise.

c) Sempre que necessário, outras determinações analíticas podem ser realizadas para a elucidação ou prevenção de problemas de saúde pública.

d) A análise microbiológica deve ser precedida de inspeção visual e não será efetuada quando a água envasada estiver em embalagem inadequada ou apresentar sinais de violação ou vazamento.

e) Quando a amostra for coletada na fonte, deve constar a temperatura da água na surgência e/ou captação, assim como hora e data da amostragem, além das demais informações pertinentes.

f) As amostras coletadas na fonte ou poço devem ser analisadas, preferencialmente, de imediato ou, no máximo, até 24 horas após a coleta. Nesse caso, as amostras destinadas à analise microbiológica devem ser mantidas sob refrigeração até o momento das análises.

g) O número mínimo de amostras e a frequência mínima de amostragem a ser efetuada pela indústria de água mineral natural ou água natural devem obedecer aos planos de amostragem descritos nas Tabelas 2.11 e 2.12.

h) Os resultados das análises realizadas nas amostras coletadas, segundo os itens b e c, devem estar à disposição para avaliação das autoridades competentes.

Tabela 2.11 Número mínimo de amostras e frequência mínima de amostragem para determinação das características microbiológicas na fonte ou poço e no final da linha de produção, a serem efetuadas, obrigatoriamente, pela empresa envasadora.

Local de coleta	Número mínimo de amostras a serem analisadas	Análises a serem realizadas
Fonte ou poço	1 amostra por dia	*E. coli* ou coliformes (fecais) termotolerantes, Contagem de bactérias heterotróficas (contagem padrão em placas)
	1 amostra por trimestre	Coliformes totais, *E. coli* ou coliformes (fecais) termotolerantes, Enterococos, *Pseudomonas aeruginosa* e Clostrídios sulfito redutores ou *C. perfringens*
Final da linha de produção	2 amostras por dia	*E. coli* ou coliformes (fecais) termotolerantes, *Pseudomonas aeruginosa*
	1 amostra por semana	Coliformes totais, *E.coli* ou coliformes (fecais) termotolerantes, Enterococos, *Pseudomonas aeruginosa*

Caso o teor de fluoreto (F^-) na emergência esteja próximo de 1,0 mg/L, o controle deste ânion deve ser realizado mensalmente.

Tabela 2.12 Número mínimo de amostras e frequência mínima de amostragem para determinação das características físico-químicas e químicas na fonte ou poço e no final da linha de produção a serem efetuadas, obrigatoriamente, pela empresa envasadora.

Local de coleta	N. mínimo de amostras a serem examinadas	Característica
Fonte ou poço	1 por dia	Condutividade, pH e temperatura
Final da linha de produção	2 por dia	Condutividade
	1 por ano	Características químicas, que definem a classificação da água e contaminantes.

2.7 CONCESSÃO DE LAVRA DE ÁGUA MINERAL

A atividade de exploração de águas minerais é, no Brasil, fiscalizada pelo Departamento Nacional de Produção Mineral (DNPM) – órgão vinculado ao Ministério de Minas e Energia. O DNPM tem por objetivos conceder, fiscalizar e controlar a pesquisa e a lavra dos minerais brasileiros, inclusive as águas. Outros procedimentos específicos também devem ser cumpridos, principalmente no que diz respeito à legislação ambiental.

Um resumo dos procedimentos para requerimento de autorização de pesquisa, concessão e instalação é apresentado a seguir.

O requerimento de autorização de pesquisa (Alvará de Pesquisa) deverá ser solicitado junto ao DNPM, acompanhado de planta de situação e de detalhe da área, plano dos trabalhos de pesquisa com orçamento e cronograma de execução, comprovante de pagamento e apresentação da ART/CREA. Caso haja necessidade, o DNPM solicita a anuência da Secretaria Estadual de Meio Ambiente e da Prefeitura Municipal. O DNPM também pode consultar outros órgãos como: FUNAI etc.

Obtido o Alvará de Pesquisa, este tem validade por dois anos, renovável por mais um, e os trabalhos de pesquisa devem ser iniciados dentro de 60 dias após a publicação do alvará no Diário Oficial da União. Após o término das pesquisas, deverá ser apresentado um relatório de pesquisa, elaborado por um geólogo ou engenheiro de minas.

A partir da aprovação do relatório final de pesquisa, o interessado tem um ano para requerer a concessão de lavra. Passado esse prazo, o governo pode outorgar a lavra a qualquer pessoa interessada. Durante a lavra, o interessado deve preparar o plano econômico contendo estudos de viabilidade econômica, equipamentos a serem utilizados, *layout* do galpão de envasamento, planta detalhada da área, ART/Crea, certidão de registro de pessoa jurídica etc.

Também deverá ser providenciada a licença de instalação e de operação com o órgão ambiental, além do Plano de Controle Ambiental. Em seguida, deve ser feito o registro da empresa no Ministério da Saúde e o requerimento para aprovação de rótulo para os produtos.

A partir da data da publicação da Portaria de Lavra, o titular deve requerer a posse da jazida no prazo de 90 dias, para a qual deverá recolher aos cofres públicos o valor correspondente a R$ 532,05 (500 UFIR) e apresentar a Licença de Operação. O Código de Mineração estabelece que o início dos trabalhos previstos no plano de lavra deverá ocorrer no prazo de seis meses, sob pena de sanções.

Somente no ano 2000 foram emitidos 1.400 Alvarás de Pesquisa, 60 relatórios de pesquisa foram aprovados e mais de 30 lavras foram outorgadas para água mineral.

Segundo o Centro de Tecnologia de Alimentos e Bebidas do Senai – Vassouras /RJ, todo o processo de legalização pode demorar um a dois anos e os custos podem variar de R$ 30.000,00 a R$ 80.000,00.

A Portaria n. 231/98 estabelece as áreas de proteção em que deverão ser baseados os estudos e levantamentos prévios, envolvendo a caracterização hidrológica e climática, características hidrogeológicas locais e sua inserção no contexto regional, características físico-químicas e sanitárias das águas, caracterização do uso do solo e das águas, com identificação das principais fontes de poluição, análise das possibilidades de contaminação das fontes e seu grau de vulnerabilidade aos agentes poluentes, identificação de medidas corretivas ou preventivas com estabelecimento de um plano de controle e definição das áreas de proteção.

2.7.1 Responsabilidade pela fonte

A RDC n. 173/2006, da Agência Nacional de Vigilância Sanitária, exige que o responsável técnico obtenha capacitação profissional para industrialização e comercialização de água mineral natural e água natural no sentido do aperfeiçoamento das ações de controle sanitário, visando à proteção da saúde pública. A RDC n. 173/2006, que dispõe sobre as boas práticas de industrialização e comercialização do produto, determina que "o estabelecimento industrial deve dispor do certificado de capacitação dos manipuladores e do certificado do responsável pela industrialização, devidamente datado, contendo a carga horária e o conteúdo programático dos cursos." A resolução exige e estabelece que: 1) os manipuladores de alimentos devam ser supervisionados, sendo capacitados periodicamente em: higiene pessoal, manipulação higiênica dos alimentos e em doenças transmitidas por alimentos; 2) a responsabilidade pela industrialização da água mineral natural e da água natural deva ser exercida pelo responsável técnico, responsável legal ou proprietário do estabelecimento industrial; 3) a responsabilidade deva ser exercida por funcionário que tenha realizado curso de capacitação, com carga horária mínima de 40 horas, abordando os seguintes temas: a) Microbiologia de Alimentos; b) Industrialização da água mineral natural e da água natural; c) Boas Práticas; d) Sistema de Análise de Perigos e Pontos Críticos de Controle – APPCC.

2.8 BENEFÍCIOS DA ÁGUA MINERAL NATURAL

2.8.1 Os sais minerais e o organismo

Os minerais e outros elementos presentes nas águas minerais naturais podem trazer benefícios nutricionais e à saúde do organismo como um todo. O sódio, em quantidades apropriadas, age como regulador das funções dos músculos e nervos, porém, em altas quantidades pode causar riscos de hipertensão. O magnésio aumenta o vigor e pode ajudar a prevenir a hipertensão. O potássio mantém o equilíbrio eletrolítico do sangue e libera certas enzimas e hormônios, que podem ajudar a prevenir deficiências cardíacas.

O cálcio auxilia na prevenção da osteoporose e ajuda a baixar a pressão sanguínea. Águas com adequada quantidade de bicarbonatos podem ajudar a controlar o nível de acidez de sucos gástricos no estômago, enquanto os sulfatos estimulam o processo digestivo.

O cromo reduz o colesterol e regula as taxas de açúcar e insulina no sangue. O manganês é catalisador de várias enzimas e fortalece o sistema reprodutivo. O zinco é cofator de diversas enzimas, ajuda no processo curativo, contribui para o funcionamento adequado do paladar, do olfato e do sistema imunológico. As águas também podem conter flúor e cloro, entre outros elementos.

2.8.2 Efeitos terapêuticos dos diferentes tipos de água mineral natural

Abaixo, encontram-se descritos alguns tipos de águas minerais relacionadas ao seu respectivo efeito terapêutico:

a) **Férreas e ferruginosas**: indicadas nas anemias causadas por deficiência de ferro.
b) **Magnesianas**: indicadas para distúrbios digestivos, insuficiência e congestão hepática, colites inespecíficas, contraindicadas para úlcera péptica.
c) **Radioativas**: indicadas como sedativo do sistema nervoso e muito eficientes contra processos alérgicos e mau funcionamento das glândulas; possuem ação funcional das afecções hepático-biliares tencionais; eliminam o ácido úrico na gota e o reumatismo gotoso.
d) **Carbogasosas**: indicadas no tratamento de distúrbios funcionais do estômago, estimulantes do processo digestivo e indicadas no tratamento de cálculos renais.
e) **Sulfurosas**: indicadas para casos de reumatismo, doenças de pele, artrite e inflamações em geral.
f) **Bicarbonatadas sódicas**: indicadas para tratamento de cálculos renais, distúrbios gastrintestinais, enfermidades hepáticas, casos de artrite e gota.
g) **Oligominerais**: higienizam a pele, combatem intoxicações hepáticas, ácido úrico, inflamações urinárias, alergia e estafa.
h) **Toriativas e radioativas**: eliminam o cloreto de sódio excessivo, corrigindo hipertensão arterial, edemas e obesidade. Aliviam o trabalho cardíaco. Eliminam o ácido úrico na gota, o reumatismo gotoso e a hiperuricemia.
i) **Alcalino-ferrosas**: diuréticas, indicadas no tratamento de cálculos biliares e no restabelecimento do sistema nervoso.
j) **Sulfuroso-laxativas**: indicadas para tratamento de colites crônicas e pós-infecciosas, diabetes e alergias.
l) **Gasoso-diuréticas**: digestivas e desintoxicantes.

2.9 QUALIDADE DA ÁGUA MINERAL

Não existem fontes de água isoladas dos demais ambientes terrestres. A água contém substâncias dissolvidas e partículas em suspensão adquiridas por meio de sua passagem por superfícies de vegetações e pelo interior do solo. Parte do material em suspensão pode ser removida durante sua percolação, mas as substâncias dissolvidas persistem, dentre as quais destacam-se substâncias químicas utilizadas na agricultura, principalmente os nitratos e alguns pesticidas.

É necessário assegurar que a fonte de água mineral seja capaz de produzir bases consistentes e aceitáveis de qualidade química e microbiológica. Atenção especial deve ser dada a variações sazonais, mudanças bruscas nos níveis de água, especialmente após chuvas fortes, pois a água penetra no solo e infiltra-se por entre seus poros, por onde solubiliza e carrega consigo sais solúveis presentes nos minerais desse solo até atingir o aquífero.

Nenhum aquífero está livre do risco de poluição, portanto deve-se conhecer a evolução e as consequências das mudanças praticadas nas atividades agropecuárias, nas indústrias locais, alterações climáticas, geológicas e hidrológicas da região, onde a água será extraída. Turbidez, coloração e odor são indicativos certos de poluição da fonte.

2.9.1 Microbiológica

São vários os microrganismos presentes nas águas, porém em alguns casos, níveis significativos de colônias somente são encontrados após o engarrafamento, o que sugere falhas durante as operações de envasamento e de higienização da planta.

A contaminação pode ocorrer no interior da tubulação que liga a fonte até a planta de envasamento, ou em tanques de armazenamento pré-envase. Isso se dá em virtude do desenvolvimento de biofilmes naturalmente selecionados, que contraíram resistência aos produtos usados nos processos de sanitização e desinfecção. Esses microrganismos muitas vezes estão presentes na fonte, porém com número tolerável de unidades formadoras de colônia, ou até mesmo são dificilmente detectados, por estarem mascarados por outras colônias, em análises microbiológicas.

2.9.1.1 Bactérias

As bactérias capazes de afetar a todos os seres vivos (exceção aos vírus), de forma negativa ou positiva, estão presentes em todos os ambientes terrestres. Podem viver isoladas ou em colônias e, normalmente, apresentam fissão celular como forma de reprodução. Apresentam-se basicamente em três formas diferentes: esférica ou elipsoidal (cocos); cilíndrica ou em bastonete e espiralada ou helicoidal. Podem apresentar flagelos e cílios externos à parede celular.

Uma maneira bastante prática e usual de classificá-las é colorindo-se suas paredes, por meio da técnica da coloração de Gram. As bactérias denominadas *gram-positivas* apresentam coloração azul após a aplicação da técnica, enquanto as *gram-negativas* apresentam coloração avermelhada.

A legislação atual é mais restritiva quanto à presença de Enterococos, Clostrídios Sulfito Redutores e *Pseudomonas aeruginosa*. As primeiras apresentam indícios de contaminação fecal recente e possuem maior resistência em águas com alto teor eletrolítico e ricas em sais minerais. Os Clostrídios Sulfito Redutores são responsáveis pela detecção de contaminação fecal remota, e a *P. aeruginosa* indica como estão as condições higiênicas do sistema de envasamento e das embalagens utilizadas, pois ela pode ser encontrada em diferentes *habitats*.

Os coliformes são bactérias que vivem no trato intestinal, e quando presentes na água indicam que houve contaminação fecal. Algumas espécies podem viver sobre a superfície de plantas e águas, as quais podem se tornar focos de disseminação. Nesse grupo, estão todas as bactérias *gram-negativas*, com forma de bastonetes, capazes de fermentar a lactose (meio de cultura) de 24 a 48 horas após a inoculação, à temperatura de 35 a 37 °C.

Um grande número de microrganismos isolados a partir de águas naturais foi denominado de microflora autóctone. Bactérias *gram-negativas* como *Acinetobacter*, *Alcaligenes*, *Flavobacterium* e *Pseudomonas* são comuns; além de *Cytophaga*, *Hafnia*, *Moraxella*, *Xanthomonas*, *Enterobacter*, *Citrobacter*, *Klebsiella* e *Streptococcus*. A microflora autóctone também apresenta exemplares *gram-positivas*, dentre os quais estão *Micrococcus*, *Bacillus*, *Arthrobacter*, *Streptomyces* e *"coryneforms"*.

Durante as operações de envasamento, podem ocorrer contaminações a partir do ambiente no qual a planta está inserida, assim como a partir do manuseio inadequado do pessoal que opera os equipamentos. Nesse segundo caso, os principais microrganismos que aparecem são *Staphylococcus epidermidis* e *Staphylococcus hominis*.

Entre os principais patógenos entéricos pode-se destacar *Vibrio cholerae*, *Escherichia coli*, *Salmonella*, *Shigella e Yersinia*, que podem ser encontrados em água mineral. Outra espécie, de menor importância, mas que merece ser citada, é *Aeromonas hydrophyla*.

2.9.1.2 Leveduras

As leveduras são microrganismos unicelulares que apresentam reprodução por gemulação. Algumas espécies produzem esporos sexuais, enquanto outras, não. Diferenciam-se das algas por não realizarem fotossíntese. Apresentam dimensões maiores que as bactérias e são morfologicamente distintas.

As leveduras são os fungos responsáveis pela produção de cervejas, pães, vinhos etc. O fato de estarem associadas à indústria de bebidas as tornam um importante alvo a ser combatido, pois podem contaminar as águas minerais por meio de colônias ditas "selvagens", principalmente nas indústrias que também produzem refrigerantes e/ou cervejas. Embora as leveduras não causem graves problemas para a água mineral, são as responsáveis pela maioria dos problemas sensoriais de ordem microbiológica desses produtos.

2.9.1.3 Algas

As algas são clorofiladas e variam enormemente em tamanho e em características morfológicas. Apresentam dimensões diversas, desde formas unicelulares menores que algumas bactérias até algas marinhas com metros de comprimento. Muitas espécies ocorrem como células simples esféricas, em bastonetes ou fusiformes; enquanto outras formam colônias multicelulares, incluindo colônias membranosas, filamentos isolados ou cadeias individuais ramificadas ou não.

Apresentam grande potencial de contaminar água, principalmente as de superfície, ou quando expostas à luz solar, que é sua principal fonte energética, além de extrair componentes inorgânicos da própria água.

Em sua grande maioria, não são patogênicas, porém apresentam grande capacidade de alteração do produto, principalmente a coloração e o paladar. Não apresentam forma de resistência e são facilmente eliminadas por processos de desinfecção tradicionais (cloração e ozonização).

2.9.1.4 Protozoários

São organismos parasitários, simbióticos ou de vida livre, cujo *habitat* são os ambientes aquáticos. Ocorrem em células isoladas ou em colônias, embora as colônias sejam aglomerados de células independentes. Apresentam dimensões predominantemente microscópicas. Os protozoários variam quanto à forma, ao tamanho, à estrutura e às características fisiológicas.

São bastante resistentes ao processo de cloração, porém processos simples como a filtração em areia conseguem reter os cistos desses microrganismos. Os principais exemplares patógenos são *Naegleria*, *Acanthamoeba*, *Vahlkampfia*, *Cryptosporidium* ou *Giardia*.

2.9.1.5 Vírus

Os vírus são seres parasitas intracelulares obrigatórios. Apresentam formas bastante heterogêneas com dimensões microscópicas, capazes de atravessar poros de filtros, que não permitem a passagem de bactérias. Eles se multiplicam no interior de células animais ou vegetais, causando doenças ou infecções. Reproduzem-se por replicação, na célula hospedeira. Os vírus não apresentam metabolismo autônomo, nem capacidade de movimentação própria.

São importantes para a indústria de água mineral, pois pode haver a ocorrência de algumas espécies causadoras de doenças no homem. Entre os principais, está o vírus causador da hepatite.

2.9.2 Origem das contaminações

As principais fontes de contaminação em uma indústria de águas minerais são:

a) **A própria água**: que pode estar contaminada por microrganismos e/ou contaminantes químicos, resultantes do processo de limpeza, agrotóxicos etc.

b) **Embalagens**: garrafas ou garrafões mal lavados ou armazenados inadequadamente podem contaminar a água. O mesmo ocorre com tampas e lacres.

c) **Equipamentos**: as superfícies de equipamentos e o interior das tubulações devem ser higienizados constantemente por meio de técnicas corretas de limpeza e desinfecção, a fim de se evitar a formação de resíduos, capazes de conter microrganismos resistentes.

d) **Funcionários**: devem possuir bons hábitos de higiene e respeitar as normas de utilização de equipamentos de segurança, como luvas, touca, máscara, botas de borracha etc.

e) **Animais**: principalmente insetos, roedores e aves podem trazer microrganismos patogênicos, de origem fecal. A atividade pecuária também pode servir como fonte de contaminação de aquíferos.

f) **Ar**: por meio de correntes de vento pode carregar poeira e microrganismos.

2.10 PROCESSAMENTO DA ÁGUA MINERAL

A água mineral deve ser retirada somente de fontes oficialmente reconhecidas, após a fase de lavra estar concluída e a exploração liberada pelo DNPM. Nessa fase, todos os detalhes, tais como estabilidade da fonte, descrição geológica, características físico-químicas da água, análises microbiológicas, níveis de substâncias tóxicas e de poluição já devem estar descritos.

As fases do processamento para produção de água mineral são: captação e distribuição, clarificação da água, armazenamento e envasamento, como mostra a Figura 2.1. Da captação às instalações de envasamento, devem ser instalados medidores de vazão na tubulação de condução de água, e outro antes da linha de enchimento.

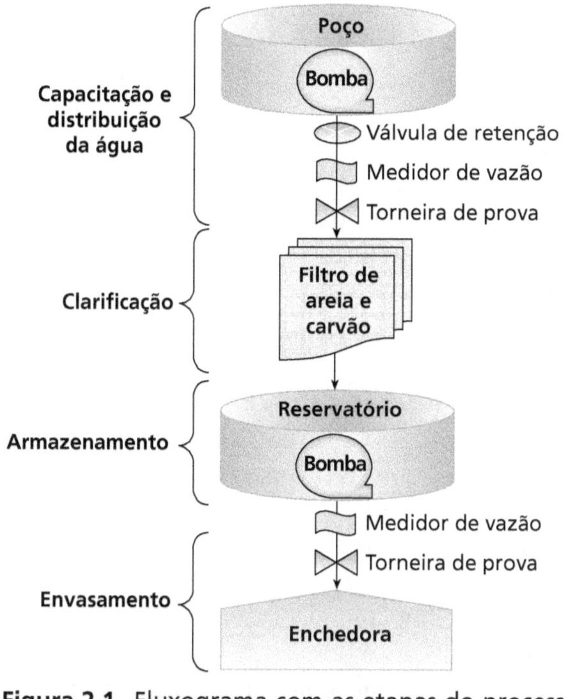

Figura 2.1 Fluxograma com as etapas do processamento para produção de água mineral.

Em área apropriada da empresa, deve ser mantido um laboratório para monitoramento da qualidade do produto e dos processos de higienização dos equipamentos e tubulações da planta.

Algumas inspeções técnicas são realizadas pelo DNPM para verificar os processos, as modificações solicitadas, as pendências da empresa com o órgão, a situação fiscal, o sistema de captação, a vazão horária da fonte, número de funcionários, turnos de trabalho, o sistema de condução, distribuição e armazenamento, o envasamento, as embalagens, vestiários e banheiros, qualidade da água e análises físico-químicas e microbiológica realizadas na água.

2.10.1 Captação

O processo de captação da água envolve todo o conjunto de instalações, construções e operações necessárias à explotação de água mineral ou potável de mesa de um aquífero, sem alterar as propriedades naturais e a pureza da água mineral ou potável de mesa.

A captação da água mineral é feita por meio de poços em diferentes profundidades e vazões e, em alguns casos, de nascentes.

Devem ser tomadas precauções para não se contaminar a fonte durante a perfuração do poço e no momento da captação da água. Cuidados devem ser observados para se evitar arraste de areia, lodo ou materiais sólidos durante a operação de captação da água.

Todos os materiais que entram em contato direto com a água devem ser de natureza atóxica e não podem transferir qualquer tipo de sabor ou odor estranhos ao produto. Os materiais mais utilizados pelas indústrias de águas minerais são o aço inox e o PVC para a construção de tubulações. As bombas utilizadas na indústria de águas minerais devem ser todas sanitárias, apresentando, no mínimo, o rotor de aço inox. Além disso, não pode ocorrer, em hipótese alguma, a contaminação do produto por óleo, graxa ou outras impurezas relacionadas ao funcionamento e à manutenção da bomba.

Nas bombas submersas e nas tubulações anexas deve ser realizada manutenção preventiva, no máximo, a cada 18 meses, inclusive para se verificar a deposição de material mineral incrustante, formação de colônias de biofilme.

2.10.2 Clarificação e estabilização microbiológica da água mineral

A estabilização microbiológica é necessária, pois preserva as características originais da água ao longo de sua vida útil. Para isso, são realizados alguns tratamentos pós-captação para retirada de impurezas da água, tais como decantação e filtração.

Normalmente, a água pode passar por um processo de filtração em filtros de areia e de carvão, antes de ser bombeada para o reservatório.

São utilizados alguns processos que visam manter a integridade microbiológica e as características físicas e químicas da água, desde a fonte até o ponto de consumo. O DNPM deve aprovar o emprego desses processos físicos e físico-químicos específicos empregados no aproveitamento industrial da água mineral e potável de mesa, dentre os quais, os mais utilizados são a ozonização, a irradiação ultravioleta e a microfiltração.

2.10.2.1 *Ozonização*

O ozônio é um gás instável, produzido por meio de uma descarga elétrica em contato com oxigênio ou ar atmosférico, resultando em uma molécula com três átomos de oxigênio. É uma solução tecnológica que não altera as características de sabor e odor do produto, além de não causar impacto negativo ao meio ambiente.

A utilização do ozônio no tratamento da água serve para a destruição ou a inativação de microrganismos. O ozônio é mais eficiente do que o cloro para a inativação de vírus. Pode ser aplicado em um ponto isolado ou em vários pontos do processo de tratamento. Além da ozonização da água a ser envasada, outra possibilidade é seu emprego na água de lavagem das embalagens antes do envasamento.

Para a oxidação de substâncias orgânicas da água, são utilizados de 0,5 a 1,5 mg de ozônio por mg de carbono ligado organicamente. Para a desinfecção, é necessária uma concentração de ozônio de 0,4 mg/L, com um tempo mínimo de contato de 4 minutos. Após o envasamento do produto ozonizado, a água embalada permanece estocada por alguns dias, para a decomposição do ozônio, evitando qualquer resíduo no interior da embalagem.

A ozonização pode ser utilizada para eliminar ferro e manganês, já que o ozônio oxida facilmente esses íons metálicos.

A utilização do ozônio pode causar microfloculação em algumas águas. Isso se dá pela precipitação de sais de cálcio dos ácidos orgânicos ou pela redução da ação estabilizadora de substâncias orgânicas sobre materiais turvadores. Sua aplicação requer treinamento adequado dos funcionários, pois, em virtude de seu elevado poder oxidante, pode causar bloqueio do olfato, inconsciência e até mesmo a morte por inalação, em poucos minutos.

2.10.2.2 *Filtração*

O objetivo tecnológico dessa etapa é remover sólidos em suspensão. A filtração é definida pela Resolução n. 222/97 como "a operação de retenção de partículas sólidas por meio de material filtrante que não altera as características químicas e físico-químicas da água".

O processo de filtração se baseia em quatro ações básicas: filtração mecânica, sedimentação e adsorção, efeitos elétricos e alterações biológicas. A classificação dos filtros pode ser realizada conforme a velocidade de filtração, a taxa de filtração, o sentido do fluxo, o meio filtrante e a origem da carga sobre o leito, gravitacional ou sob pressão.

O filtro de carvão é utilizado para remoção de odores, enquanto filtros de areia são capazes de remover matéria em suspensão, alterar alguns componentes químicos e reduzir a carga microbiana. A filtração em areia pode ser precedida por uma filtração em cascalho. O filtro de cartucho é muito utilizado para eliminar material em suspensão, reduzindo a turbidez da água.

A microfiltração é uma operação realizada através de um filtro de membrana com poros microscópicos, capaz de reter bactérias e sólidos suspensos, resultando em água e sólidos dissolvidos como material filtrado, deixando o produto estéril, ou seja, livre de microrganismos para ser envasada. O filtro de membranas deve ser precedido por um filtro de cartucho. Em alguns países da União Europeia, normalmente, a microfiltração é acompanhada com desinfecção ultravioleta ou por tratamento com ozônio, imediatamente antes do engarrafamento.

2.10.2.3 *Radiação ultravioleta*

É um processo que permite eliminar os microrganismos presentes na água, sem alterar as suas características físico-químicas e sensoriais. A radiação ultravioleta age nas bases púricas e pirimidínicas que constituem o DNA celular, causando mutações irreversíveis, e impedindo sua replicação.

A esterilização por esse processo é feita usando-se lâmpadas que emitem radiação ultravioleta com comprimento de onda entre 200 e 300 nm; sendo que a zona mais letal é em torno de 254 nm. O tempo de exposição varia de 3 a 5 segundos. Comercialmente, são fabricadas lâmpadas de argônio-mercúrio e mercúrio-quartzo.

A radiação promove a precipitação e a oxidação dos sólidos dissolvidos na água; atua na destruição de hidrocarbonetos, na mineralização de compostos orgânicos e auxilia na redução da turbidez.

Entre as vantagens de sua utilização estão a ausência de resíduos e a atuação sobre todos os tipos de microrganismos. Para isso, a água deve apresentar baixa turbidez.

2.10.3 Armazenamento

Os reservatórios representam um ponto importante no processamento, e seu uso deve ser exclusivo para tal fim. Além de servir como local de acúmulo de água, também auxilia na regulação do seu fluxo.

O tempo de residência máximo da água nesses depósitos é de três dias, a fim de se evitar possíveis contaminações, principalmente por agentes microbianos. As operações de limpeza e desinfecção deverão ser realizadas em períodos adequados, com produtos que não interfiram nas qualidades naturais da água.

Os reservatórios deverão ser construídos em aço inox ou em alvenaria, revestidos de azulejo, em nível superior ao do solo. A partir deles, a água é enviada por meio de bombas para as linhas de envasamento.

2.10.4 Envasamento

O envasamento engloba toda a operação de introdução da água proveniente da captação e/ou dos reservatórios nas embalagens, até o seu fechamento, preservando as características de qualidade originais do produto. A água mineral deve ser envasada no local da fonte.

As linhas de envasamento são constituídas pelos sistemas de rinsagem do vasilhame (descartáveis) ou lavadora de garrafas retornáveis, enchedora, lacradora ou seladora, inspeção (visual e/ou eletrônica), rotuladora e empacotadora (caixas de papelão, embalagens plásticas etc.), conforme a Figura 2.2.

Cuidados com sanitização devem ser tomados para prevenir a colonização da planta por microrganismos, e muita atenção deve ser dada aos garrafões retornáveis, que apresentam alto potencial de contaminação.

O setor do envase deve estar separado das demais dependências por paredes de alvenaria, revestidas de azulejos brancos até o teto, ou outros materiais atóxicos e higiênicos, aprovados pelo DNPM. As divisórias internas deverão ser de material transparente, a fim de possibilitar total inspeção visual interna. O piso deve ser de material impermeável, revestido de cerâmica de cor clara, ou outro aprovado pelo DNPM, desde que seja de fácil limpeza e desinfecção, com inclinação para escoamento das águas e sistema de esgoto sifonado. O teto deverá ser em laje de concreto ou forro lavável.

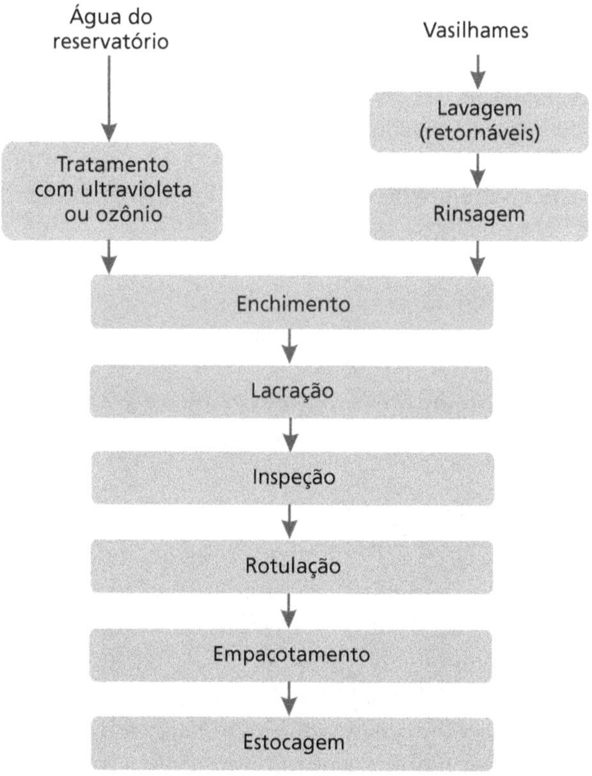

Figura 2.2 Fluxograma das operações de envasamento de água mineral.

O acesso à sala de envasamento deve ser feito por uma antessala, com as mesmas características higiênicas e de limpeza; e dotada com uma pia com torneira acionada por pedal ou sensor de proximidade e sistema de ar quente para secagem das mãos. Há a possibilidade de se colocar pedilúvio nessa antessala.

A sala de enchimento deve ter iluminação adequada e arejamento suficiente. Pode ser instalado aparelho de ar condicionado e dispositivo para manter pressão positiva em seu interior, com ar filtrado ou cortinas de ar seco e filtrado em todas as suas aberturas.

A lavagem interna das embalagens retornáveis não deve ser efetuada por maquinário automático, sendo que o penúltimo jato de enxágue deve ser feito com solução de cloro, e o enxágue final, com água da fonte. Não é permitido que resíduos das soluções empregadas passem para o produto final. O maquinário deve estar disposto de modo que haja um processamento contínuo, desde a lavagem até o fechamento; e a circulação de embalagens deve ser feita por meio de esteiras rolantes, pois não é permitido o transporte manual.

As inspeções visual e eletrônica são de extrema importância para o processo, já que permitem o monitoramento do estado dos vasilhames e do produto acabado, evitando que ocorram desvios no padrão de qualidade dos produtos, ou até mesmo que sejam produzidas embalagens com volume inferior ao indicado no rótulo. A rotulagem deverá ser feita fora da sala de enchimento.

Após envasada, a água mineral deve permanecer, por alguns dias, armazenada em um local exclusivo para este fim, ao abrigo de luz, calor, chuva e odores estranhos, a fim de se verificar a não ocorrência de contaminações microbiológicas ou químicas provenientes do ambiente (produtos de limpeza, óleo, gasolina, entre outros), ocorridas durante o envasamento.

2.11 EMBALAGENS

Embalagem é todo recipiente, destinado ao envasamento de água mineral e/ou potável de mesa, desde que aprovado pelo DNPM. Como a água mineral é considerada um produto nobre, a preocupação com a qualidade é muito grande.

O produto deve estar acondicionado em uma embalagem que lhe garanta integridade; ou seja, o proteja de alterações físicas, físico-químicas, químicas, microbiológicas e organolépticas. A embalagem não pode permitir que elementos externos interajam com a água envasada ou que haja vazamentos.

Além da resistência a impactos que podem surgir durante o transporte e o manuseio, deseja-se, ainda, que a embalagem de água mineral seja ambientalmente correta.

Em 1968, houve uma expansão do mercado brasileiro de água engarrafada, em virtude do lançamento do garrafão de vidro de 20 litros. Posteriormente, a indústria do plástico desenvolveu uma grande variedade de materiais que foram usados na fabricação de embalagens de água mineral: polietileno (PE), polipropileno (PP), policarbonato (PC), polietileno tereftalato (PET) e policloreto de vinila (PVC). Essas embalagens são de baixo custo, evitam ferrugens, são leves, práticas, recicláveis e apresentam facilidade no transporte e no manuseio pelo consumidor. O consumidor pode escolher a embalagem de água mineral mais adequada às suas necessidades de consumo, haja vista a grande variedade de opções que o mercado oferece: copos, garrafas e garrafões com diferentes formatos e tamanhos.

Nos mercados emergentes, países em que há aumento de consumo de água engarrafada, o PVC ainda é a embalagem mais utilizada. No Brasil, 70% da água é envasada em PVC, mas a tendência é que o PET substitua o PVC. As embalagens de água com gás são exclusivas de PET e vidro.

Segundo a Associação Brasileira da Indústria de Águas Minerais (Abinam), a concorrência no segmento de garrafões tende a diminuir. Isso ocorre, pois a indústria de águas minerais pretende fidelizar seu cliente oferecendo embalagens diferenciadas e rapidamente perceptíveis pelo consumidor. A presença da marca em gôndolas de supermercado colabora com esse tipo de ação. Outro motivo para a diversificação de embalagens é que, segundo a ABINAM, quem envasa unicamente embalagens retornáveis não pode buscar mercados em um raio superior a 150 km da fonte, o que acarretaria perda de competitividade e rentabilidade.

2.12 ANÁLISE SENSORIAL

A Abinam disponibiliza em seu *site* http://www.abinam.com.br/052004not06.asp um teste de degustação de águas minerais, o qual se encontra aqui de forma resumida, para quem tiver interesse em realizar o seu próprio teste.

Adquira garrafas suficientes para usar algo em torno de 300 mL por provador. Selecione marcas de água mineral escolhendo as características físico-químicas descritas em seus rótulos. As amostras devem ser obtidas em data próxima ao teste de degustação, podendo ser incluídas águas purificadas adicionadas de sais e água da rede pública. O ideal é não ultrapassar seis amostras.

Caso utilize água da rede pública, esta não deve ser filtrada ou fervida (não deve passar por qualquer tratamento). Deve ser acondicionada em uma garrafa de água comercial vazia, limpa e seca. Encha aproximadamente 1/3 da garrafa, tampe, agite e descarte essa água. Logo após, encha-a até o gargalo e tampe.

Acondicione as amostras em local fresco, escuro e longe de produtos químicos. A temperatura ambiente para a degustação é recomendada. O teste deve ocorrer em ambiente bem iluminado, tranquilo, longe de ruídos e distrações.

Os copos utilizados deverão ser de vidro, finos, lisos e não devem conter resíduo de cloro, devendo ser enxaguados duas vezes (100 mL cada) com a própria amostra. Cada amostra de água deve ser degustada, sem que os provadores conheçam a marca, nome ou procedência das amostras (às cegas), as quais deverão estar em copos com aproximadamente 100 mL, sobre descansos de papel branco numerados para identificação das águas.

Os horários mais indicados para o teste são o final da manhã ou o final da tarde, antes das refeições. **Os degustadores devem dispor de bons sentidos de** paladar, olfato e visão, sendo que, no período que precede a degustação, não devem fumar, ingerir café ou bebidas alcoólicas, mascar chicletes ou servir-se de alimentos muito temperados, e evitar o uso de colônias, perfumes ou desodorantes fortes, a fim de que o paladar e o olfato não mascarem os resultados.

Para a avaliação, utilize o modelo de ficha mostrado na Tabela 2.13. Os atributos a serem avaliados são:

- Aparência: A observação visual fornece defeitos relacionados a cor, turbidez e partículas em suspensão. A maior nota deve ser dada à água incolor.
- Aroma: Faça movimentos circulares com o copo e dê três aspiradas curtas, com o nariz diretamente sobre a água. Se houver aroma ou qualquer odor estranho, como o de cloro, plástico, enxofre ou mofo, que não seja característico do tipo da água, desconte pontos. Não deve ser descontada nota da pontuação se forem utilizadas amostras aromatizadas (soda aromatizada).
- Sabor: Agite o copo e beba um gole pequeno, espalhando-o rapidamente por toda a boca e, em seguida, engula. Perceba se a água apresenta sabor incomum ou estranho, como sabor de produtos químicos, sal, ferro, enxofre etc.
- Sensação final: se, na boca, dá a sensação de estragada ou de frescor.
- Permanência: se apresentar algum tipo de sabor residual estranho, após ter engolido o produto, deve-se deduzir pontos.

Tabela 2.13 Modelo de ficha de avaliação para degustação de água mineral.

Atribua notas de 0 a 10, sendo 0 (zero) para as características ruins e 10 (dez) para as boas.				
Atributo	**Amostra 1**	**Amostra 2**	**Amostra 3**	**Amostra 4**
Aparência				
Aroma				
Sabor				
Sensação final				
Permanência				
Gaseificação *				
Total de pontos				
Comentários				

Fonte: http://www.abinam.com.br/052004not06.asp

* A pontuação máxima é de 60 para as gaseificadas e de 50 para as não gaseificadas.

Nas amostras **gaseificadas**, deve-se verificar a qualidade e o tamanho das bolhas. Se elas ocorrem de forma agressiva (nota baixa) ou lentamente (nota alta). Bolhas grandes devem ter notas descontadas. A gaseificação pode tornar o sabor da água na boca mais forte e com maior acidez, portanto deve-se avaliar como esta característica aumenta ou diminui a qualidade do sabor.

As fichas de avaliação para degustação de água mineral com as notas e comentários deverão ser entregues ao coordenador do teste, que somará os resultados e deverá apresentar uma média ou outros parâmetros estatísticos, se desejar.

BIBLIOGRAFIA

ABINAM. **Água envasada**: um mercado global da ordem de US$ 40 bilhões anuais. Disponível em: <http://www.abinam.com.br/032004not04.asp>. Acesso em: 09 jun. 2004.

ABINAM. **Mercado brasileiro de água mineral**. Disponível em: <http://www.abinam.com.br/mercado_aguas2002.asp>. Acesso em: 09 jun. 2004.

ABINAM. **Organize seu próprio teste de degustação de águas minerais.** Disponível em: <http://www.abinam.com.br/052004not06.asp> e <http://www.abinam.com.br/ 052004 not06-01.asp>. Acesso em: 09 jun. 2004.

ABINAM. **Os benefícios dos sais minerais ao organismo.** Disponível em: <http://www.abinam.com.br/052004not07.asp>. Acesso em: 09 jun. 2004.

ABIR. **Águas com sabor conquistam espaço no mercado de bebidas não alcoólicas.** Disponível em: <http://www.abir.org.br/article.php3?id_article=2854>. Acesso em: 18 set. 2007.

ÁGUA SCHINCARIOL é eleita a melhor com gás do Brasil. **Indústria de Bebidas**, São Paulo, n. 32, p. 48, 2007.

ÁGUAS AROMATIZADAS crescem como alternativa a refrigerantes. **Água & Vida**, São Paulo, n. 45, p. 10-13, 2007.

ALMEIDA, P. G. Ingredientes agregam valor à água. **Engarrafador Moderno**, São Paulo, n. 60, p. 28-30, 1998.

ALMEIDA, P. G. Água Plus: novo nicho de mercado. **Engarrafador Moderno**, São Paulo, n. 79, p. 16-18, 2000.

ANVISA exige curso de capacitação dos responsáveis pelas fontes. **Água & Vida**, São Paulo, n. 45, p. 24, 2007.

ANVISA. **Resolução – RDC n.** 173, de 13 de setembro de 2006. Dispõe sobre o Regulamento Técnico de Boas Práticas para industrialização e comercialização de água mineral natural e de água natural e a lista de verificação das Boas Práticas para industrialização e comercialização de água mineral natural e de água natural. Disponível em: <http://e-legis.bvs.br/leisref/public/showAct.php?id=23915&word=>. Acesso em: 23 jul. 2007.

ANVISA. **Resolução – RDC n.** 273, de 22 de setembro de 2005. Aprovar o Regulamento Técnico para misturas para o preparo de alimentos e alimentos prontos para o consumo. Disponível em: <http://e-legis.bvs.br/leisref/public/showAct.php?id=18832&word=>. Acesso em: 23 jul. 2007.

ANVISA. **Resolução – RDC n.** 274, de 22 de setembro de 2005. Aprova o Regulamento Técnico para águas envasadas e gelo. Disponível em: <http://e-legis.bvs.br/leisref/public/showAct.php?id=18835&word=>. Acesso em: 23 jul. 2007.

ANVISA. **Resolução – RDC n.** 275, de 22 de setembro de 2005. Aprova o Regulamento Técnico de características microbiológicas para água mineral natural e água natural. Disponível em: <http://e-legis.bvs.br/leisref/public/showAct.php?id=18834&word=>. Acesso em: 23 jul. 2007.

ANVISA. **Resolução – RDC n.** 54, de 15 de junho de 2000. Dispõe sobre o Regulamento Técnico para Fixação de Identidade e Qualidade de Água Mineral Natural e Água Natural. Disponível em: <http://www.anvisa.gov.br/legis/resol/2000/54_00rdc.htm>. Acesso em: 16 jun. 2004.

BRASIL. **Decreto n.** 2.314, de 4 de setembro de 1997. Regulamenta a Lei n. 8.918, de 14 de julho de 1994, que dispõe sobre a padronização, a classificação, o registro, a inspeção, a produção e a fiscalização de bebidas. Disponível em: <http://www.lei.adv.br/2314-97.htm>. Acesso em: 16 jun. 2004.

BRASIL. **Decreto n.** 3.510, de 16 de junho de 2000. Altera dispositivos do Regulamento aprovado pelo Decreto n. 2.314, de 4 de setembro de 1997, dispõe sobre a padronização, a classificação, o registro, a inspeção, a produção e a fiscalização de bebidas. Disponível em: <http://www.anvisa.gov.br/legis/decretos/3510_00.htm>. Acesso em: 09 jun. 2004.

BRASIL. Decreto-Lei n. 7.841 de 8 de Agosto de 1945. **Código de Águas Minerais.** Disponível em: <http://www.dnpm.gov.br/dnpm_legis/d7841-45.html>. Acesso em: 09 jun. 2004.

BRASIL. **Ministério das Minas e Energia.** Departamento Nacional de Produção Mineral. Portaria n. 117, de 17 de julho de1972. Estabelece instruções sobre os estudos *in loco* de fontes de águas minerais ou potáveis de mesa como condição indispensável à aprovação do relatório final de pesquisa. Disponível em: <http://www.dnpm.gov.br/dnpm_legis/p117-72.html>. Acesso em: 16 jun. 2004.

BRASIL. **Ministério das Minas e Energia.** Departamento Nacional de Produção Mineral. Portaria n. 222, de 28 de julho de 1997. Estabelece especificações técnicas para o aproveitamento das águas minerais e potáveis de mesa. Disponível em: <http://www.dnpm.gov.br/dnpm_legis/p222-97.html>. Acesso em: 09 jun. 2004.

BRASIL. **Ministério das Minas e Energia.** Departamento Nacional de Produção Mineral. Portaria n. 231, de 31 de julho de 1998. Regulamenta as ações e procedimentos necessários à definição de áreas de proteção das fontes, balneários e estâncias de águas minerais e potáveis de mesa em todo o território nacional, objetivando sua preservação, conservação e racionalização de uso. Disponível em: <http://www.dnpm.gov.br/dnpm_legis/P231-98.html>. Acesso em: 16 jun. 2004.

BRASIL. **Ministério das Minas e Energia.** Departamento Nacional de Produção Mineral. Portaria n. 470, de 24 de novembro de 1999. Dispõe sobre as características básicas dos rótulos das embalagens de águas minerais e potáveis de mesa. Disponível em: <http://www.dnpm.gov.br/dnpm_legis/p470-99.html>. Acesso em: 16 jun. 2004.

BRITO, C. M. Ganhar dinheiro com água mineral: mito ou verdade. **Engarrafador Moderno**, São Paulo, n. 75, p. 16-21, 2000.

BUZZETTI, A. R. Água adicionada de sais deve alterar rótulos. **Engarrafador Moderno**, São Paulo, n. 65, p. 14-15, 1999.

BUZZETTI, A. R. Como montar uma empresa de água mineral. **Engarrafador Moderno**, São Paulo, n. 60, p. 32-37, 1998.

EM BUSCA da qualidade total. **Engarrafador Moderno**, São Paulo, n. 70, p. 22-27, 1999.

FERNANDES, W. Genuína Lindoya aposta na saúde. **Indústria de Bebidas**, São Paulo, n. 32, p. 30-34, 2007.

GORINI, A. P. F. Mercado de água (envasada) no Brasil e no mundo. **BNDES Setorial**, Rio de Janeiro: BNDES, n. 11, p. 123-152, 2000.

JÚNIOR, M. N. F. Fiscalização no setor de águas é rigoroso. **Engarrafador Moderno**, São Paulo, n. 65, p. 20-21, 1999.

MACÊDO, J. A. B. **Águas & águas**. Juiz de Fora: Ortofarma, 2000. 505p.

MARTINO, D. B. Zelar pela pureza da água é questão de sobrevivência. **Engarrafador Moderno**, São Paulo, n. 69, p. 58-61, 1999.

MIAKAWA, L. A. Aplicações do ozônio no envase de bebidas. **Engarrafador Moderno**, São Paulo, n. 79, p. 30-32, 2000.

MINALBA E SCHINCARIOL lideram mercado de águas, segundo revista. **Água & Vida**, São Paulo, n. 46, p. 28, 2007.

PELCZAR, M. J.; REID, R.; CHAN, E. C. S. **Microbiologia**. São Paulo: McGraw-Hill do Brasil, v. 1, 1980. 565p.

PIVARO, J. As águas vão rolar. **Tecnobebida**. São Paulo, n. 5, p. 22-24, 2007.

REINOLD, M. R. A estabilização microbiológica da água mineral. **Engarrafador Moderno**, São Paulo, n. 60, p. 46-49, 1998.

REINOLD, M. R. Instalações adequadas asseguram a qualidade da água mineral. **Engarrafador Moderno**, São Paulo, n. 79, p. 20-22, 2000.

REIS, M. M. Fontes naturais: vantagens de uma captação correta. **Engarrafador Moderno**, São Paulo, n. 60, p. 53-56, 1998.

REIS, M. M. Mercado Atraente. **Engarrafador Moderno**, São Paulo, n. 82, p. 22-26, 2001a.

REIS, M. M. Um problema antigo. **Engarrafador Moderno**, São Paulo, n. 90, p. 17, 2001b.

SENAI-RJ. Centro de Tecnologia de Alimentos e Bebidas. **Águas minerais**: padrões de identidade, tratamento e industrialização. Vassouras, 2003. 132p.

SIMÕES, R. A. P. A polêmica dos garrafões. **Engarrafador Moderno**, São Paulo, n. 90, p. 12-16, 2001.

SIMÕES, R. A. P. Água pura será o principal produto do século XXI. **Engarrafador Moderno**, n. 69, p. 44-55, 1999.

TENDÊNCIAS do mercado de águas. **Água & Vida**, São Paulo, n. 43, p. 8-13, 2006.

UNIVERSIDADE DA ÁGUA. **Água no planeta**. Disponível em: <http://www.uniagua.org.br/default.asp?tp=3&pag= agua planeta.htm>. Acesso em: 09 jun. 2004.

UNIVERSIDADE DA ÁGUA. **Mercado de água mineral no Brasil e no mundo**. Disponível em: <http://www.uniagua.org.br/default.asp?tp=3&pag=aguamineral.htm#MERCADO>. Acesso em: 09 jun. 2004.

UNIVERSIDADE DA ÁGUA. **Roteiro para obtenção da concessão de lavra de água mineral**. Disponível em: <http://www.uniagua.org.br/default.asp?tp=3&pag=aguamineral.htm#ROTEIRO>. Acesso em: 09 jun. 2004.

VARNAM A. H.; SUTHERLAND J. P. **Beverages**: technology, chemistry and microbiology. London: Chapman & Hall, 1994, v. 2, 464p.

WEBAGUA. **Processo de captação**. Disponível em: <http://www.webagua.com.br/pg_in_aminecapt.htm>. Acesso em: 09 jun. 2004.

3

BEBIDAS ACHOCOLATADAS

MASAHARU NAGATO
URGEL DE ALMEIDA LIMA

3.1 INTRODUÇÃO

Achocolatados são alimentos que encerram cacau em pó em sua composição. De forma geral eles contêm de 10 a 40% de cacau em pó e de 90 a 40% de açúcares, com predominância de sacarose. No Brasil, a formulação mais comum utiliza 10% de cacau em pó e 90% de açúcar). Há numerosas formulações comerciais em que são adicionados extrato de malte, dextrinas, glicose, vitaminas, leite em pó desnatado, lecitina de soja, sais minerais e vitaminas, para complementação do valor nutricional. Geralmente são comercializados em pó e seu consumo é feito após sua suspensão em um líquido, comumente água, leite ou outro líquido. O leite deixa de ser elemento imprescindível se na formulação houver leite em pó.

O cacau, que é sua base como cacau em pó, é elemento insolúvel em água e na confecção do achocolatado deve ser adicionado um ingrediente que permita sua suspensão e fácil ingestão.

Consumido sob a forma de bebida ou como alimento sólido, o chocolate é obtido do cacau, fruto do cacaueiro, planta nativa da América Central e do Sul (região do Alto Amazonas) que frutifica entre as latitudes 20° Norte e 20° Sul (desde o México e as Antilhas até o Estado do Espírito Santo, no Brasil), cientificamente conhecida como *Theobroma cacao* L.

Como o leitor poderá observar logo em seguida, o cacau foi usado primeiramente como bebida pelos povos ancestrais dos astecas e maias, nos territórios ocupados atualmente por México, Guatemala e Honduras.

3.1.1 Histórico

As citações sobre o cacau remontam o período de 2000 anos a.C. Os nativos do México e da América Central usavam-no como alimento e como moeda, mas os aborígines sul-americanos desconheciam seu valor monetário e alimentício, embora preparassem bebida alcoólica com a polpa.

Ao contrário do que a bibliografia comumente relata os astecas não foram os primeiros a usá-lo. Coe e Coe (1996) afirmam que os maias e seus predecessores, os olmecas, conheciam há mais tempo os benefícios da planta na península do Yucatan – México. Entretanto, parece que os astecas foram os que melhor o utilizaram. Eles estenderam sua influência pelo altiplano mexicano e pela América Central, atingiram os toltecas e tlascaltecas e tornaram o cacau elemento fundamental de sua vida, embora não o tivessem como alimento básico, mas secundário.

O cacau, usado primitivamente como alimento, era geralmente cozido com milho e outros vegetais. Como bebida, era consumido como infusão, obtida pela cocção ou maceração das sementes que, depois de forte batimento com agitadores especiais de madeira, era ingerida fria.

Dados mais recentes (2007) demonstraram que o cacau foi primeiramente utilizado fermentando-se naturalmente sua polpa adocicada obtendo-se uma bebida com aproximadamente 5% de álcool, segundo pesquisas do cientista do Museu de Arqueologia da Universidade da Pensilvânia-USA, Patrick E. McGovern que analisou resíduos de pote de escavações em sítio arqueológico em Puerto Escondido em Honduras, datados de 1100 a 1400 a.C. A região foi habitada pelos povos precursores dos maias e astecas, conhecidos como Olmecas, cuja civilização data de 1500 a 4000 a.C. (GLASMAN, 2011).

Entre os astecas, o cacau era comido só ou misturado com milho moído, fervido com pimentão, mel e baunilha. O método de preparar era semelhante ao dos maias de Yucatan, mas o consumiam frio, enquanto os maias a quente.

Pelas lendas astecas, o cacau tinha origem divina, o que explica a classificação botânica de *Theobroma cacao* (alimento dos deuses), dada por Lineu no século XVIII.

Nosti-Nava (1953) relata que o cacau era secado ao ar para conservar e depois torrado para desenvolver aroma e separar a cutícula e a polpa. Em seguida, era moído em moinhos de pedra, a frio, para obtenção de pequenos pedaços ou pó, ou a quente para obtenção de massa uniforme.

Segundo Coe e Coe (1996), os cotilédones eram transformados em pó, colocados em um recipiente, adicionado de água, e bem misturados com agitador (Figura 3.1) até formar espuma. Depois de bem misturado, passavam para outra vasilha, onde eram fortemente batidos para formar mais espuma que era recolhida em outro vaso.

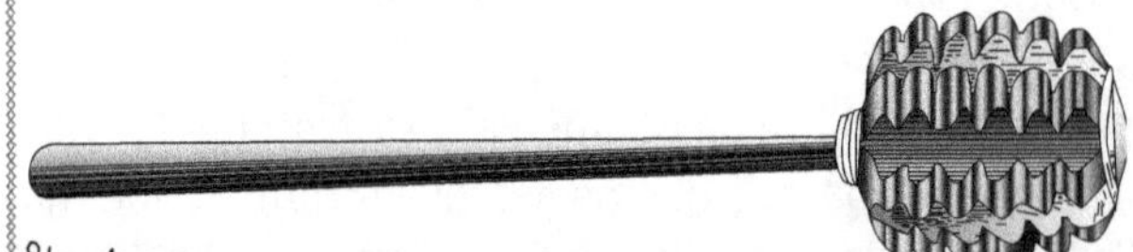

Figura 3.1 Batedor de madeira para espumar o extrato de cacau.

Quando queriam bebê-la, adicionavam pó de ouro, prata ou madeira à bebida com espuma. Ela constituía um alimento agradável e reconfortante, com capacidade de satisfação por um longo período. Diz a história que beber uma taça desse líquido permitia passar muito tempo sem comer outra coisa.

O cacau só tornou-se conhecido no mundo após a descoberta do continente americano, quando em 1502, Cristóvão Colombo retornou à Espanha, levando as sementes de cacau como um dos tesouros achados no novo mundo para os reis espanhóis Fernando e Isabel. A semente do cacau era utilizada pelos astecas e maias para a preparação de uma bebida que era utilizada como oferenda aos seus deuses em seus rituais. Os imperadores astecas e maias mantinham grandes depósitos para o armazenamento das sementes de cacau que eram tidos como fundos públicos. No entanto, nem o rei Fernando nem a rainha Isabel deram muita importância à semente.

Quando Hernán Cortez retornou à Espanha 26 anos depois do retorno de Colombo, após a conquista definitiva do México, também levou consigo as sementes de cacau além de escravos astecas. Ele havia provado a bebida quando de sua chegada à corte do México em 1519 e se tornado amigo do imperador asteca Montezuma. Uma bebida fria e amarga chamada "Xocolatl" (água amarga) que era sorvida pelo imperador e sua corte, em taças de ouro. Esta bebida era preparada também com a adição de pimenta *chili* e outras especiarias locais, e que devido à passagem de um recipiente a outro, formava uma espuma na superfície do líquido, promovido pela manteiga de cacau (BUENO, 1986).

Mas a corte espanhola, devido ao sabor amargo da bebida, embora se contasse que era consumida pela corte asteca em taças de ouro, não apreciava a bebida, até que alguém adicionou uma pitada de açúcar, quebrando o amargor da bebida. A partir daí, vieram outras misturas como a adição de especiarias já conhecidas dos espanhóis como a canela e o anis; tomando também a bebida quente e quando batida com uma varinha de pau, formava espuma na sua superfície. Foi o suficiente para tornar-se a bebida exótica da moda, vinda do novo mundo. Era a bebida da elite da época na Espanha, adotada tanto por seus efeitos ditos medicinais quanto pelo seu sabor. Missionários da expedição de Hernán Cortez levaram-na aos mosteiros da Itália. Já na França, a bebida foi introduzida devido ao casamento em 1660, de D. Maria Teresa da Espanha com o rei da França, Luiz XIV. A difusão da bebida a base de cacau pela Europa pode também ser atribuída à Inquisição que expulsou os judeus da Espanha e de Portugal no século XVI que migraram para a França, Inglaterra e Holanda, daí vindo ao Brasil e Estados Unidos. Eles trabalhavam e detinham o conhecimento e técnicas do processamento de cacau.

Para exportar à Espanha e às ilhas britânicas no século XVI, eram feitos tabletes ou bolachas de cacau moído e seco, que posteriormente eram dissolvidos com água quente e açúcar, para fazer a bebida. Era também uma forma de armazenar e facilitar o transporte.

O chocolate usado após a descoberta da América derivou dos preparados feitos pelos mexicanos e centro-americanos, com modificações introduzidas pelos espanhóis, que monopolizaram seu consumo durante mais de um século e demoraram a fornecê-lo a outros europeus.

O chocolate como hoje o conhecemos, no entanto, só veio por volta de 1800, na Suíça, quando Daniel Peter adicionou leite à bebida chocolate. Já na Holanda de 1828, o químico Van Houten inventou uma prensa mecânica para extrair a manteiga de cacau e a torta seca quando usada na preparação da bebida, não espumava tanto em razão do baixo teor da matéria graxa. Isto abriu caminho também para o primeiro chocolate sólido a partir da torta seca de cacau. Na sequência, chegou à Holanda e à Inglaterra (HERSHEY'S CHOCOLATE TREASURY, 1984).

O retorno do chocolate à América se deu por volta de 1765, quando o americano James Baker se associou com um fabricante irlandês, fundando a Walter Baker Chocolate Co., que existe até hoje. No Brasil, imigrantes alemães foram os pioneiros na fabricação do chocolate, a partir da segunda metade do século XIX. Em Porto Alegre, os irmãos Franz e Max Neugebauer juntamente com o sócio Fritz Gerhardt fundaram a empresa Neugebauer Irmãos & Gerhardt, em 1891, tendo sido essa a mais antiga fábrica brasileira de chocolate.

3.1.2 Mercado

Segundo publicação da empresa internacional de pesquisa de mercado, NIELSEN, em 2007 o mercado de leite com sabor no Brasil era de 141.531.000 litros, a partir do qual se pode estimar um dado para leite achocolatado como algo em torno de 100.000.000 litros/ano. Quanto ao achocolatado em pó, a mesma publicação traz uma produção anual de 153.353.000 kg (THE NIELSEN COMPANY, 2008).

3.2 LEGISLAÇÃO

Alguns produtos a base de cacau foram definidos pela Anvisa, através da Resolução RDC 264 de 22/09/2005 (BRASIL, 2005).

- **Chocolate**: é o produto obtido a partir da mistura de derivados de cacau (*Theobroma cacao* L.), massa (ou pasta ou liquor) de cacau, cacau em pó e ou manteiga de cacau, com outros ingredientes, contendo, no mínimo, 25% (g/100 g) de sólidos totais de cacau. O produto pode apresentar recheio, cobertura, formato e consistência variados.
- **Chocolate Branco**: é o produto obtido a partir da mistura de manteiga de cacau com outros ingredientes, contendo, no mínimo, 20% (g/100 g) de sólidos totais de manteiga de cacau. O produto pode apresentar recheio, cobertura, formato e consistência variados.
- **Massa (ou pasta ou liquor) de cacau**: é o produto obtido das amêndoas de cacau (*Theobroma cacao* L.) por processo tecnológico considerado seguro para a produção de alimentos.
- **Manteiga de Cacau e Cacau em Pó**: são os produtos obtidos da massa (ou pasta ou liquor) de amêndoas de cacau (*Theobroma cacao* L.).
- **Cacau Solúvel**: é o produto obtido a partir do cacau em pó adicionado de outro(s) ingrediente(s) que promova(m) a solubilidade em líquidos.

Como a legislação brasileira (BRASIL, 2005) não define "bebidas achocolatadas" ou "leite com sabor", sugerimos a seguinte definição: "leite ou leite de soja, ou outra bebida não alcoólica, com adição de cacau em pó natural ou alcalinizado, ou ainda outros ingredientes alimentícios, visando a saborização natural com cacau, podendo ser adicionado de aditivos emulsificantes, saborizantes, vitaminas, minerais etc".

3.3 MATÉRIAS-PRIMAS

3.3.1 Cacau

O cacau, fruto do cacaueiro, é matéria-prima classificada como estimulante, porque contém cafeína e teobromina em sua composição. O cacaueiro é planta perene, árvore de 4 a 12 m, essencialmente tropical, cultivada durante todo o ano em temperaturas superiores a 20 °C, em terrenos de solo profundo, de aluvião, com muito húmus. É cauliflora, isto é, suas flores nascem diretamente do tronco ou dos ramos, em forma de tufos, ou almofadas florais, com até 60 flores. A fecundação por insetos polinizadores faz surgir os frutos, mas como não é feita toda de uma só vez, há frutificação durante quase todo o ano, o que propicia colheita por vários meses.

Figura 3.2 Cacaueiros na Bahia.

Foto: Nagato.

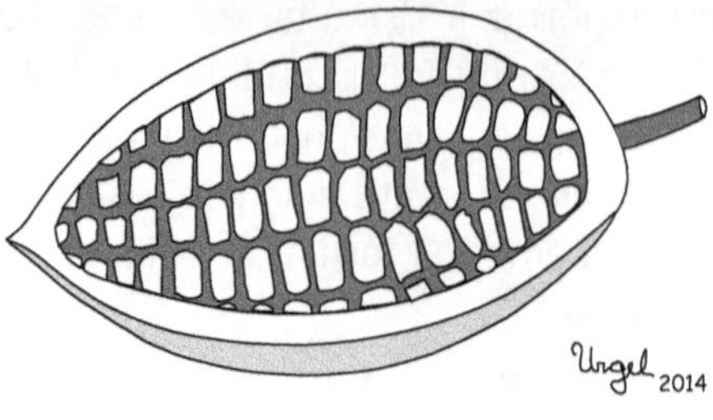

Figura 3.3 Corte longitudinal de um fruto de cacau – distribuição das sementes no interior.

Os frutos são cápsulas ovoides, de aproximadamente 25 cm de comprimento e 10 cm no seu maior diâmetro, de casca dura, com sulcos longitudinais, que abrigam sementes de 2 cm por 1 cm de espessura, de cotilédones amargos, embora revestidas de mucilagem branca muito doce, pela presença de açúcares em sua composição. Essa mucilagem (polpa) é o substrato natural para a fermentação das sementes, durante o processamento do chocolate, mas pode, logo após a colheita, antes que se inicie a fermentação, ser aproveitada também para a produção de polpa de cacau, matéria-prima de diversos produtos, como suco e geleia.

No Brasil, são plantadas as variedades Crioulo, conhecidas como Comum ou Forasteiro, e os híbridos, conhecidos também por Trinitários (LIMA, 2010).

Mais recentemente, estão sendo plantadas variedades desenvolvidas na Bahia, a partir de plantas que resistiram ao ataque da *vassoura de bruxa*, sendo conhecidas como clones "VB resistentes", sendo comercialmente denominadas como CEPEC 2002 a CEPEC 2011.

3.3.1.1 Composição química do fruto do cacau

Vários autores estudaram a composição da folha e do fruto (casca, polpa e semente) do cacau. O cotilédone do cacau fresco contém água, material proteico, tanino, amido, gordura, alcaloides e muitos outros componentes. Sua composição química varia entre cultivares, com o estágio de maturação e com o estado de conservação do fruto.

Nosti-Nava (1953) apresenta duas tabelas de composição química de cacau, obtidas a partir de trabalhos de diversos autores.

Tabela 3.1 Composição de frutos frescos de duas variedades de cacau, em g/100 g.

	Cotilédones		Cutícula e polpa	
	Variedade 1	**Variedade 2**	**Variedade 1**	**Variedade 2**
Umidade	37,6	36,6	87,6	83,0
Matéria graxa	29,3	30,6	0,4	0,4
Albuminoides	6,7	4,8	0,9	0,3
Nitrogenados indeterminados	0,5	2,8	Traços	0,05
Teobromina	1,4	0,8	0,2	0,05
Cafeína	0,1	0,2	0,3	0,0
Glicose	1,0	0,9	0,7	0,1
Sacarose	Traços	0,2	0,1	1,0
Amido	3,8	6,0	0,9	1,3
Adstringentes	5,0	4,9	0,4	0,1

Fonte: Adaptado de Nosti-Nava (1953).

Destacamos o teor de adstringentes (taninos, flavonoides, antioxidantes naturais do cacau) em quantidade significativa na semente e muito pouco na cutícula e polpa do fruto.

A matéria graxa corresponde a aproximadamente 50% da semente seca, com variação entre as cultivares e desenvolvimento do fruto. É um produto de ponto de fusão baixo, que varia de 13 °C a 36 °C (COHEN, 2004). Quando segura entre os dedos, não funde rapidamente, mas funde completamente na boca, sem deixar sensação de cera. Essa propriedade é importante para o consumidor e para o fabricante de chocolates.

Outro ponto importante a destacar na Tabela 3.2 é o teor de taninos, da ordem de 6%, que nada mais são que flavonoides antioxidantes presentes naturalmente no cacau.

Embora a manteiga de cacau tenha em sua composição, significativa quantidade de ácidos graxos saturados, estes são de origem vegetal, portanto considerados não inflamatórios no metabolismo humano.

Outro ponto importante é a presença de ácidos graxos essenciais, o linoleico e o linolênico.

Tabela 3.2 Composição de grãos comerciais de cacau, de acordo com diversos autores, em g/100 g.

	Harrison	Ridenow	Zipperer	Nosti e Alvarez
Umidade	6,3	3 – 6	6,2 – 8,4	6,5 – 9,4
Matéria graxa	52,1	36,8 – 43,7	50,3 – 53,7	43,2 – 49,0
Albuminoides	6,1	10,6 – 12,0	–	12,9 – 14,5
Teobromina	1,7	0,8 – 1,1	0,3 – 0,8	1,2 – 1,5
Taninos	6,3	–	–	6,4 – 7,1
Cinzas	1,8	3,6 – 4,3	2,7 – 4,3	3,3 – 5,1
Amido	0,8	3,8 – 4,9	5,8 – 11,1	3,6 – 4,4

Fonte: Adaptado de Nosti Nava (1953).

Tabela 3.3 Composição da manteiga de cacau em ácidos graxos.

Ácido graxo: número de átomos de carbono	% sobre o total de ácidos graxos – Cacau	Ácido graxo e número de átomos de carbono	% sobre o total de ácidos graxos – Cacau
Láurico – C12:0	< 0,1	Esteárico – C18:0	32,0 – 37,0
Mirístico – C14:0	< 0,3	Oleico – C18:1	31,0 – 37,0
Palmítico -C16:0	24,0 – 29,0	Linoleico – C18:2	2,0 – 5,0
Palmitoleico – C16: 1	< 0,3	Linolênico – C18:3	< 0,3
Heptadecenoico – C17:0	< 0,3	Araquídico – C20:0	1,0 – 2,0

Fonte: Karleskind e Wolff Paris (1996).

3.3.1.2 Teobromina

Este alcaloide (3,7 dimetilxantina), isolado em 1841 por Woscressenzky, tem composição próxima à da cafeína (1,3,7 trimetilxantina) e também ocorre no chá e na noz de cola. A teobromina é um pó branco que se apresenta como pequenos cristais prismáticos ou feixes de cristais, amarga quando se degusta e o amargor intensifica depois de algum tempo. Ela é pouco solúvel em água; um grama se dissolve em 736 g de água a 18 °C e em 136 g de água a 100 °C. O alcaloide sublima ao redor de 220 °C, propriedade que explica porque quando a torrefação dos cotilédones é feita em temperaturas superiores a 150 °C e por longo tempo, o teor de teobromina cai significativamente. No cacau, a teobromina ocorre conjuntamente com a cafeína (Figura 3.4); normalmente, não se separam as duas substâncias e o teor delas é citado em conjunto. Quando metilada, a teobromina se transforma em cafeína.

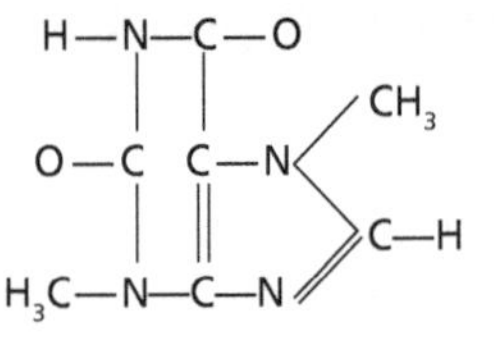

Teobromina (3,7 dimetilxantina)

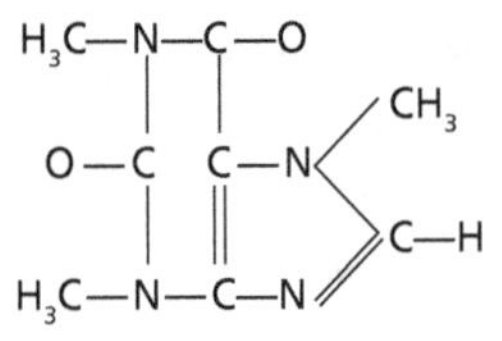

Cafeína (1,3,7 trimetilxantina)

Figura 3.4 Fórmulas estruturais de teobromina e cafeína.

3.3.1.3 Propriedades funcionais

Na última década, as pesquisas de substâncias ditas funcionais dos alimentos tomaram força no meio científico internacional, em virtude da importância dada aos tratamentos de medicina alternativa.

No cacau estão presentes naturalmente os flavonoides antioxidantes denominados de taninos, portadores de características de amargor, que ocorrem também no chá e no café. São pigmentos carotenoides, polifenóis, que, presentes nos vegetais, protegem seus tecidos das radiações UV e de microrganismos patogênicos.

Existem estudos demonstrando as propriedades antioxidantes dos flavonoides presentes naturalmente no cacau, onde são apontados como melhoradores de alguns dos fatores negativos determinantes das doenças cardiovasculares (DCV) e a prevenção do câncer e de doenças de pele (COOPER et al. 2008); (ALLEN et al. 2008).

O que também se sabe hoje, é que a quantidade desses flavonoides no cacau processado varia muito de acordo com os diversos métodos de processamento industrial adotados para a sua fabricação.

A eficácia do consumo de chocolates visando ao seu aspecto funcional vai depender de diversos fatores, desde as quantidades de cacau nas formulações dos produtos até o tipo de processamento para preservar as características desejáveis desses antioxidantes naturais. A empresa americana Mars Inc. (www.mars.com) desenvolveu processo específico para preservar as características e o conteúdo dos flavonoides antioxidantes naturais, e o patenteou.

Antes de julgar como benéfico ou maléfico um alimento ou uma bebida que contém alcaloides é preciso saber que quantidade do princípio ativo será

Tabela 3.4 Composição de alimentos a base de cacau por 100 gramas de parte comestível: nutrientes, minerais, vitaminas e colesterol.

Descrição dos alimentos	Umidade %	Energia kcal	Proteina g	Lipídios g	Colesterol mg	Carboidrato g	Fibra alimentar g	Cinzas g	Cálcio mg	Magnésio mg	Manganês mg
Cacau, cru (polpa)	79,2	74	1,0	0,1	NA	19,4	2,2	0,3	12	25	0,04
Cacau pó comum	5,2	220	19,2	12,7	-	53,8	5,2	5,5	152	-	-
Cacau pó alcalinizado	5,2	215	19,2	12,7	-	50,2	5,2	9,1	152	-	-
Leite desnatado achocolatado líquido	82,8	76	3,3	2,3	-	10,9	Tr	0,7	108	-	-
Leite integral achocolatado líquido	81,5	85	3,4	3,4	-	11	Tr	0,7	111	-	-
Chocolate líquido quente caseiro	80,5	95	3,3	5	-	10,4	0,1	0,7	104	-	-
Achocolatado, pó	1,1	401	4,2	2,2	Tr	91,2	3,9	1,4	44	77	0,55

ingerida. Os efeitos estimulantes são dependentes do indivíduo, de sua resistência e do grau de diluição do estimulante na bebida ou no alimento.

A sensibilidade aos componentes do cacau e chocolate varia de acordo com os indivíduos e há muito a estudar sobre seus efeitos sobre o corpo humano.

Segundo Mueller e Cooney (1943) citados por Chatt (1953), a velocidade de crescimento de ratos é afetada pela quantidade de cacau ingerido, mas nos humanos, se não exceder 34,8 g/kg de peso corporal, não exerce efeitos adversos, embora haja cálcio suficiente para combinar com o ácido oxálico presente, que em tese poderia levar à maior formação de cálculos renais.

Não há confirmação de que o cacau em pó e o chocolate causem constipação por causa do alto teor de tanino.

Quanto à cafeína e a teobromina, alguns autores admitem que atuam nos centros nervosos, favorecem as faculdades mentais, diminuem a sensação de cansaço, estimulam os sistemas circulatório e respiratório, favorecem a circulação do sangue, aumentam a diurese, mas induzem à insônia. Do ponto de vista médico, as opiniões variam; há os que acreditam que o chocolate tem ação antidepressiva, outros, que acalma, e há quem afirme que não há esses efeitos. Há um consenso de que ele não causa obesidade, nem enxaqueca ou cárie dentária.

Para a teobromina não foram encontradas citações que definam seus efeitos de forma categórica.

Entretanto, Coe e Coe (1996) lembram que ela é estimulante do sistema nervoso central, tem ações vaso-dilatadora e diurética, mas é menos ativa do que a cafeína. Esses autores mencionam Robert Hervé que escreveu sobre as virtudes do chocolate, destacando que a cafeína, a teobromina e a feniletilamina são consideradas agentes tônicos, antiestresse e antidepressivos. Ele considera que os alcaloides cafeína e teobromina (ambos metilxantinas), encontrados no cacau em proporção de 1 a 2%, têm efeito fisiológico sobre o ser humano, embora os efeitos não sejam perfeitamente conhecidos. Para Zipperer (1903), a cafeína e a teobromina têm ação fisiológica e podem ser tóxicas em grandes doses. A teobromina produz efeitos semelhantes aos da cafeína, mas, sendo menos solúvel, sua ação é menos intensa. Grande parte da teobromina ingerida é excretada na urina sem modificação. De 20 a 30% do alcaloide assimilado são eliminados na urina como monometilxantina. Sua eliminação é proporcional à quantidade de urina excretada, aumentada pela ação da teobromina, que estimula a diurese, mas não afeta o coração.

Fósforo mg	Ferro mg	Sódio mg	Potássio mg	Cobre mg	Zinco mg	Retinol mcg	RE mcg	ERA mcg	Tiamina mg	Riboflavina mg	Piridoxina mg	Niacina mg	Vitamina C mg
9	0,3	1	72	0,15	0,6	NA	–	–	0,25	Tr	0,04	Tr	13,6
686	10,7	6	1522	–	–	20	–	–	0,11	0,46	–	2,4	0
686	10,7	717	651	–	–	20	–	–	0,11	0,46	–	2,4	0
91	0,2	46	142	–	–	80	–	–	0,04	0,16	–	0,1	1
94	0,2	47	146	–	–	130	–	–	0,03	0,16	–	0,1	1
94	0,2	48	148	–	–	140	–	–	0,03	0,16	–	0,1	1
200	5,4	65	496	0,56	1,0	796	–	–	1,38	1,02	1,52	4,99	Tr

Tr Traços

NA Não analisado

Tabela Brasileira de Composição de Alimentos, 4ª. Edição, revista e ampliada. (BRASIL, 2011).

Tabela 3.5 Composição de alimentos por 100 gramas de parte comestível.

Ácidos graxos	Descrição dos alimentos	Saturados g	Monoinsaturados g	Poli-insaturados g	12:0 g	14:0 g	16:0 g	18:0 g	20:0 g	22:0 g	24:0 g
	Cacau, cru (polpa)*	–	–	–	–	–	–	–	–	–	–
	Achocolatado, pó	1,1	0,6	0,3	Tr	0,02	0,51	0,55	0,02	0,01	Tr

3.3.2 Leite

O leite entra na composição dos achocolatados na forma desidratada, pois os achocolatados do comércio são, em sua maioria, produtos em pó. Como já foi dito, esses pós podem ser suspensos em leite líquido antes de sua ingestão; nesse caso deve ser lembrado que ao achocolatado está sendo adicionado o valor alimentício e nutricional do leite, integral, semi desnatado ou desnatado que for usado.

No Brasil, por definição legal, o termo leite é privativo do produto de bovinos. Pelo Decreto-lei n. 15.642 de 09/02/1946, o leite é "o produto oriundo da ordenha completa e ininterrupta de vacas sadias e convenientemente alimentadas e tratadas, excetuando-se o período entre 30 dias antes e 10 dias depois do parto". Outros leites devem ter sua denominação seguida da indicação do animal de origem (MACHADO; LIMA, 2010).

3.3.2.1 Composição

O leite é um líquido opalescente, branco ou amarelado, de cheiro e sabor característicos e suaves. Sua densidade, maior do que a da água, por causa do material em solução, varia de 1,028 a 1,036. O índice de refração é de 38 a 48, o ponto de congelação de –0,55 a –0,75 °C e o de ebulição de 101 °C ao nível do mar. O valor nutricional provém da composição química que inclui dezenas de substâncias minerais e orgânicas.

Delas, a água é o componente quantitativamente mais importante e o responsável pela dissolução de algumas e dispersão de outras. Sais minerais e açúcares encontram-se dissolvidos; gorduras e proteínas acham-se dispersas. Enzimas, vitaminas, matérias nitrogenadas não proteicas, aminoácidos livres, adenosina trifosfato, fosfosserina e hormônios, como a progesterona, estão naturalmente presentes.

O leite de vaca apresenta as seguintes vitaminas, expressas em mg/100 mL: 0,04 de vitamina B_1 (tiamina), 0,17 de vitamina B_2 (riboflavina), 0,09 de niacina, 0,06 de vitamina B_6, 0,34 de ácido pantotênico, 2,10 de vitamina C, 0,1 de vitamina E. Encerra também 159 U.I. de vitamina A e 2,2 U.I. de vitamina D por 100 mL (MACHADO; LIMA, 2010).

3.3.2.2 Componentes do leite

A composição do leite é variável de acordo com a raça do animal. De forma geral, a água representa 85 a 88% do total e os demais componentes denominados de sólidos, são responsáveis pelo rendimento industrial. Encontrados no leite de todos os mamíferos, em teores que variam de acordo com a espécie, compreendem os lipídeos e os sólidos não gordurosos.

Gordura

A gordura é o componente dos sólidos que mais varia. Comumente denominada de manteiga, é formada por triglicerídeos e sua consistência varia de acordo com a composição em ácidos graxos.

O teor de gordura gira em torno de 3,5%, mas pode ser 1% maior. O valor energético do leite de vaca é de 77 kcal/100 g (MACHADO; LIMA, 2010).

Lactose

A percentagem de lactose varia ao redor de 4,5%. De maneira geral a variação do teor de sólidos acompanha a variação do teor de lipídeos, porém, não na mesma proporção.

A lactose é suscetível à ação de bactérias que produzem ácido lático, que causa a coagulação do leite ao ser aquecido. Quando o teor de ácido é elevado, a coagulação se dá a frio, base da produção de coalhada, iogurte, quefir e outros.

Proteínas

O teor de proteína total está próximo de 3,5% e varia também, tal como a lactose, em função da quantidade de sólidos totais, comandada pela gordura. A proteína é formada de caseína, lactoalbumina e lactoglobulina. A caseína é a proteína mais importante do ponto de vista quantitativo, nutricional e industrial.

A lactoalbumina e a lactoglobulina correspondem a 15-20% do total de proteínas.

Tabela 3.6 Componentes analíticos do leite.

Componentes	Valores em percentagem			
Água	88,4 – 87,25	83,0	81,7	82 – 84
Sólidos totais	11,16 – 12,75	17,0	19,2	18 – 16
Lipídeos	4,19 – 3,16	5,7	7,8	5,5 – 8,5
Sólidos não gordurosos (SNG)	–	7,41		8,41
Proteína total	3,0 – 3,5	4,3	5,0	4,44
Caseína	2,43 – 3,0	4,3		3,7
Lactoalbumina	0,05	–	–	–
Lactoglobulina	0,045	–	–	–
Proteínas do soro	–	–	–	0,73
Lactose	3,61 – 4,75	5,7	5,5	4,5 -5,6
Resíduo mineral fixo	0,7 – 0,75	0,84	0,92	0,7 – 0,84
Cálcio	0,17	–	–	0,27
Fósforo	0,19	–	–	0,17
Outros elementos				
pH	6,3 – 6,7	6,3 – 6,7	6,3 – 6,7	6,3 – 6,7
Densidade	–	–	–	1,032

Sais

Sódio, potássio, cálcio, magnésio, fósforo e cloretos estão presentes em quantidades apreciáveis. Embora considerado alimento completo, o leite não encerra alto teor em ferro, mas encerra alumínio, zinco, manganês, cobre e iodo em mínimas quantidades (MACHADO; LIMA, 2010).

3.4 PROCESSAMENTO DO CACAU

3.4.1 Beneficiamento do cacau na fazenda

3.4.1.1 Fermentação do cacau

As sementes são retiradas dos frutos e amontoadas ou colocadas em caixões especiais de madeira de aproximadamente 1 m^3 com o fundo perfurado para o escorrimento do exsudado (Figura 3.5). Tanto nas amontoadas como nas caixas, ocorre a exsudação de um líquido mucilaginoso e agridoce que pode, antes da fermentação, ser usado para obter polpa, geleia ou bebida fermentada. Nesses dois ambientes, ocorre primeiramente a fermentação alcoólica dos açúcares da polpa por ação de leveduras naturais, principalmente *Saccharomyces*; em seguida, ocorre a fermentação acética por ação de bactérias acéticas contaminantes. Levanon e Rossetini (1975) apud Aquarone et al. (2001), atribuem essa contaminação ao fato da produção de álcool desprender o CO_2 que atrai muitos insetos. O ácido acético penetra nos cotilédones, modifica a cor das sementes e cria condições para o escurecimento das amêndoas que passam de púrpura a marrom e ainda cria condições para o desenvolvimento de precursores do aroma e do sabor típico do cacau, formados por ação enzimática.

Figura 3.5 Cochos de fundo perfurado, com sementes de cacau em fermentação.

Foto: Ceplac.

3.4.1.2 Secagem do cacau

Após a fermentação, as sementes são secas em operação que favorece o desenvolvimento da cor e das qualidades organolépticas do cacau. A temperatura de secagem, ao redor de 35-40 °C é favorável à aquisição das boas características sensoriais do cacau. A secagem termina quando as sementes atingem uma umidade de 7 a 8%, quando estão adequadas para armazenamento.

Figura 3.6 Barcaças para secagem natural ao sol das sementes fermentadas de cacau.

Foto: Nagato; **Foto:** Ceplac.

Quando se faz secagem complementar em secadores mecânicos, a temperatura não deve passar de 60-70 °C. Em seguida, é feita a eliminação do tegumento e dos germes das sementes, após a qual estão prontas para armazenamento, tanto a granel como em sacas.

Na maior região produtora de cacau no Brasil, a Bahia, em razão do clima chuvoso na época da colheita, todas as fazendas possuem secadores denominados "barcaças", providos de um telhado corrediço sobre trilhos e de fornalha a lenha. Em tempo ensolarado, o telhado é deslocado, as sementes ficam expostas e são secas a pleno sol. Ao menor sinal de mudança para chuva, o telhado móvel é empurrado para cobrir as sementes e evitar a chuva. Na situação de chuva, as fornalhas são acesas e a secagem segue artificialmente. Nesse processo, surge um dos piores defeitos do cacau comercial, que é o cheiro de fumaça, normalmente causado por instalações com falhas na manutenção, nas quais a fumaça permeia o cacau sendo seco. O alto teor de gordura da semente do cacau favorece a absorção dos odores da fumaça, reduzindo seu valor comercial (Figuras 3.6 e 3.7).

3.4.2 Preparação da massa de cacau, manteiga de cacau e cacau em pó na indústria de semiprocessamento

As sementes ou amêndoas de cacau, após sua aquisição nas fazendas pelos comerciantes de cacau (*traders*) ou pelas indústrias processadoras, passam por diversos processos industriais, como é descrito a seguir:

3.4.2.1 Torrefação do cacau

A torrefação do cacau é realizada em torradores próprios nos quais as sementes são aquecidas a temperaturas em torno de 120 °C por um período variável de 15 minutos a 2 horas, que favorece a reação de Maillard e a formação das características de aroma e sabor do tipo de chocolate que se busca. A umidade após torrefação fica em torno de 2%.

3.4.2.3 Quebra da amêndoa e separação da pele do cacau

A amêndoa de cacau torrada e resfriada é quebrada em equipamento adequado, em pedaços pequenos, quando se separa a pele do cotilédone, passando este através das peneiras de diversas aberturas e a pele é separada com auxílio de ventilação. Após esse processo, saem separados os pedaços de cotilédones denominados "nibs" e a pele do cacau como subproduto. Os *nibs* são destinados à fabricação de massa de cacau, manteiga de cacau, cacau em pó e posteriormente o chocolate. A pele da amêndoa de cacau serve para a extração de teobromina para fins medicinais, e seu resíduo é usado somente para adubo orgânico.

3.4.2.4 Massa de cacau

Os *nibs* de cacau passam por moinhos para uma intensa trituração, na qual esses pequenos pedaços de cotilédone são reduzidos a partículas da ordem de 50 µm, transformando-se em uma pasta viscosa. Nos primórdios da industrialização, os *nibs* eram triturados em moinhos ou por mós de granito, verticais, que giravam sobre um leito também de granito. A massa de cacau é o produto dessa trituração intensa.

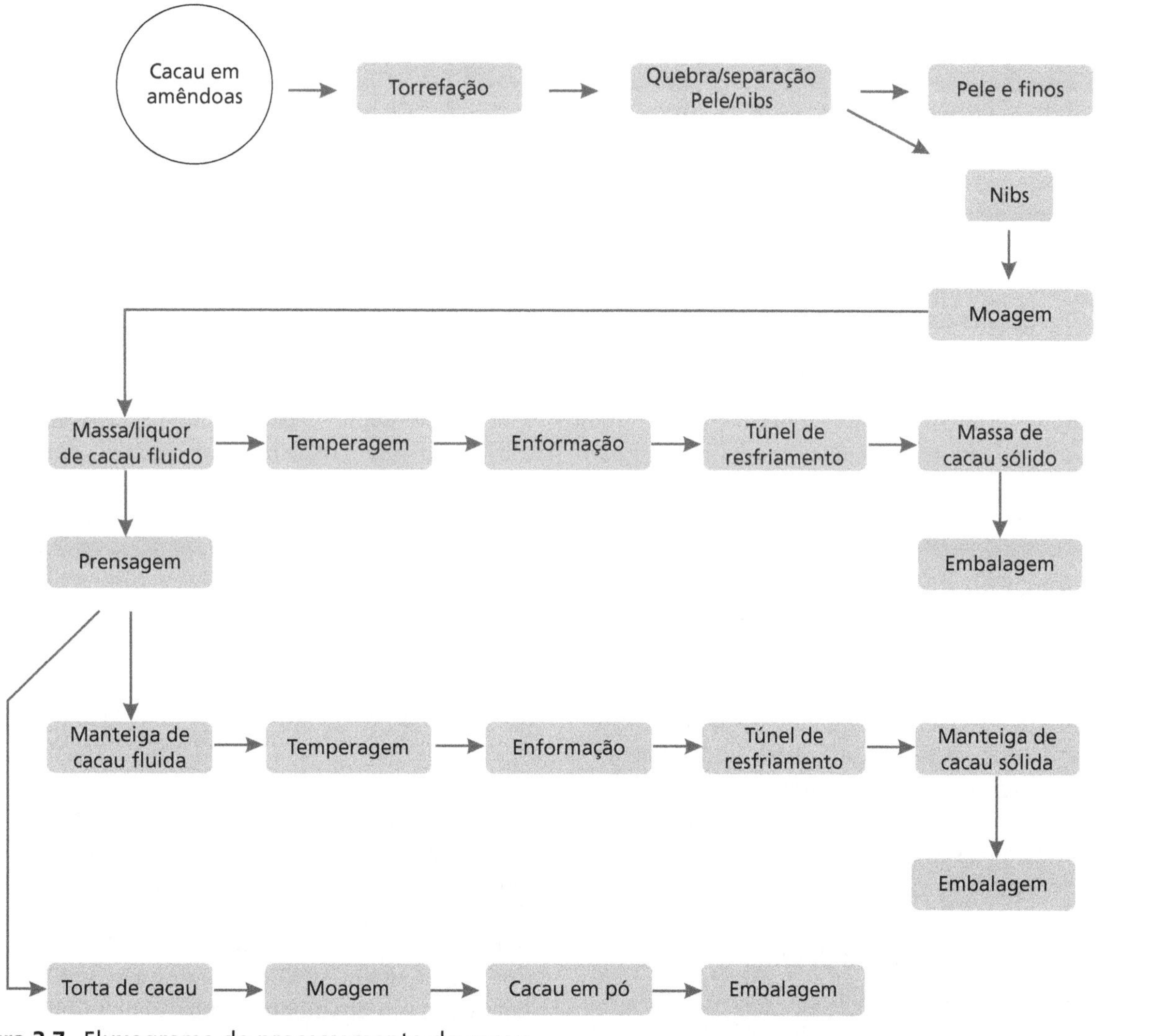

Figura 3.7 Fluxograma de processamento do cacau.

3.4.2.5 Manteiga de cacau

Nos primórdios, a gordura era separada fervendo-se a massa de cacau e escumando-a em seguida. Depois era usada como unguento ou medicamento para afecções cutâneas.

No começo do século XIX, o holandês Van Houten inventou o chocolate em pó desengordurado, extraindo a manteiga por prensagem e tratamento alcalino.

Hoje, ela continua a ser separada por prensagem em prensas hidráulicas automáticas descontínuas ou em prensas contínuas do tipo *Expeller*. O resíduo da extração de manteiga de cacau é a torta de cacau aproveitada para a fabricação do cacau em pó.

A manteiga de cacau comercial deve ser dura e friável a 25 °C, untuosa ao tato e acusar máximo de 5% de acidez. Se for extraída de sementes secas de má qualidade ou em contato com fumaça, deve ser desodorizada. Ela é separada da massa de cacau vendida para fins comestíveis, sendo matéria-prima somente para o preparo de cosméticos. A manteiga de cacau de boa qualidade pode também passar por este mesmo processo, dando origem a manteiga de cacau refinada desodorizada utilizada para a fabricação do chocolate branco.

A manteiga de cacau, usada em produtos farmacêuticos, em cosméticos e na confecção dos chocolates industriais, não rança facilmente. De digestão mais lenta que a manteiga de leite, a gordura do cacau apresenta um grau de satisfação mais longo do que carboidratos e proteínas. Na manteiga de cacau, ocorre colina com lecitina, sob a forma de complexo lecitina proteína no componente não graxo.

3.4.2.6 Cacau em pó

A torta de cacau, resíduo da extração de manteiga de cacau, é resfriada e posteriormente moída em moinhos refrigerados, obtendo-se o cacau em pó. Esta é a matéria-prima para a fabricação de chocolate em pó e pós achocolatados para bebidas e outros usos como na composição do biscoito sabor chocolate e coberturas de chocolate *compound*.

3.4.2.7 Cacau em pó alcalinizado

O cacau em pó pode ser alcalinizado para se obter cacau em pó de diferentes cores devido as reações químicas entre os seus componentes em meio alcalino. É tratado com álcali, geralmente carbonato de potássio, até 3%, o que contribui para reduzir a acidez, intensificar a cor castanha e facilitar a solubilidade do cacau em água quente. Na realidade, o pó não é solúvel, pois contém celulose, mas em água ou leite forma suspensão de partículas muito finas que não decanta totalmente e dá ilusão de solução.

Assim se obtém o cacau em pó com colorações tendendo ao avermelhado ou mesmo negra, buscando a cor do carvão, muito utilizadas em biscoitos especiais. Já o cacau em pó alcalinizado avermelhado é mais utilizado na preparação de pós achocolatados ou mesmo achocolatados líquidos em que se procura uma coloração tendendo ao marrom avermelhado.

3.4.3 Indústria de chocolate

A indústria de chocolate recebe da indústria de semiprocessados a massa ou liquor de cacau, a manteiga de cacau e o cacau em pó em seus diferentes tipos e diferentes especificações, dependendo do tipo de chocolate que se busca obter.

3.4.3.1 Chocolate

O chocolate é definido como o produto obtido a partir da mistura de massa de cacau, manteiga de cacau, açúcar, outros ingredientes e aditivos, geralmente emulsificantes e aromatizantes. Poderá também conter cacau em pó e outros ingredientes. As diferentes proporções de mistura de ingredientes resultam em chocolate amargo ou meio amargo.

3.4.3.2 Chocolate ao leite ou chocolate com leite

O chocolate ao leite é obtido pela mistura de leite no chocolate acima definido e outros ingredientes e aditivos, geralmente emulsificantes e aromatizantes. O leite poderá ser em pó integral, desnatado ou mesmo leite líquido condensado, o que resultará em produtos de diferentes consistências e características de sabor e palatabilidade.

3.4.3.3 Chocolate branco

Chocolate Branco é o produto obtido a partir da mistura de manteiga de cacau com outros ingredientes, contendo, no mínimo, 20% (g/100 g) de sólidos totais de manteiga de cacau. O produto pode apresentar recheio, cobertura, formato e consistência variados (BRASIL, 2005).

3.4.3.4 Chocolate em pó

O chocolate em pó é obtido pela mistura de açúcar, cacau em pó e outros ingredientes e aditivos, geralmente emulsificantes e aromatizantes. A formulação mais comum de chocolate em pó no mundo utiliza a proporção aproximada de 68% de açúcar e 32% de cacau em pó, com teor de gordura de cacau de 22%, o que dá no produto final aproximadamente 7% de gordura total. Esta mistura adicionada de emulsificante e aromatizante pode ser utilizada no preparo de chocolate quente quando misturada ao leite integral, dando uma bebida bem encorpada e substanciosa.

No entanto, o Brasil permite o uso de apenas 25% de cacau no chocolate, e, portanto, é mais comum hoje a utilização de 75% de açúcar e 25% de cacau com menor teor de gordura, por razões econômicas, ou seja, com 10 – 12% de gordura no cacau em pó. Isto leva à produção de chocolate em pó com aproximadamente 2,75% de gordura total. Este chocolate em pó com menos gordura, quando misturado ao leite integral, resulta em um produto evidentemente mais pobre em termos de bebida, ou seja, uma bebida menos encorpada.

Observação: A atual legislação brasileira de chocolate é bastante liberal em sua definição, exigindo um mínimo de 20% de manteiga de cacau em chocolate branco e mínimo de 25% de cacau em chocolate, entendendo-se cacau, a massa de cacau (liquor de cacau), e/ou a manteiga de cacau e/ou o cacau em pó. A tendência geral é a de reduzir o percentual de ingredientes caros, como o cacau, utilizando-se o menor percentual permitido (25%), complementando-o com outras matérias-primas menos onerosas, como a gordura vegetal e o soro de leite, desta forma podendo ainda denominar-se chocolate.

3.4.3.5 Pó achocolatado

Nos últimos 10-15 anos, tomou corpo no mercado popular um produto de menor custo que é o pó achocolatado. Este nada mais é do que uma mistura de 90% de açúcar e 10% de cacau em pó com 10-12%

de gordura de cacau. Para enriquecer um pouco esse produto, reduz-se um pouco do açúcar e adiciona-se 5% de leite em pó ou mistura de leite em pó com soro de leite em pó, além dos emulsificantes e aromatizantes. Esse produto no mercado, às vezes é denominado "alimento achocolatado em pó".

3.4.3.6 Produtos de cacau ou sucedâneos de chocolate (compound)

A manteiga de cacau a ser utilizada no preparo do chocolate pode ser substituída por gordura vegetal hidrogenada, mas o produto obtido, comercialmente denominado *compound* ou, em português, "sabor chocolate" não tem a mesma qualidade do chocolate tradicional, porém é mais barato e comumente usado para coberturas de bolos, bombons e sorvetes. Hoje, no entanto, existem as gorduras fracionadas por processo físico (temperatura) conhecidas como CBE (*cocoa butter equivalent*), que são de excelente qualidade, algumas delas com o perfil de derretimento muito próximo do perfil de derretimento da manteiga de cacau, podendo-se misturar em boa proporção com a manteiga de cacau, tornando sua diferença sensorial imperceptível para a maioria dos consumidores. A legislação brasileira de chocolate (Resolução Anvisa RDC 264/2005) também permite a adição de outros ingredientes à mistura, dando abertura para a adição, por exemplo, de outras gorduras, sendo que esta legislação não impõe limite máximo de gordura estranha ao cacau como os 5% máximos permitidos na Comunidade Europeia, o que deixa abertura à "criatividade" na formulação de cada empresa produtora, como avançar além dos 5% permitidos (BADOLATO, 1977).

3.4.4 Indústria de laticínios

A indústria de laticínios é outro seguimento da industrialização de produtos de chocolate. Ela recebe da indústria de semiprocessados o cacau em pó em seus diferentes tipos e diferentes especificações, dependendo do tipo de achocolatado que busca oferecer.

3.4.4.1 Bebida achocolatada

Além das misturas secas de chocolate em pó e pó achocolatado que necessitam de um preparo antes do consumo, nota-se uma tendência mundial de produtos prontos para o consumo imediato. É o caso das bebidas sabor chocolate ou bebidas achocolatadas prontas para beber.

Neste caso, o mais comum é o das indústrias de laticínios que fazem uma extensão de sua linha de empacotamento de leite, produzindo leite com diversos sabores, entre eles a bebida achocolatada pronta para beber ou com a denominação mais adequada, sem ferir a legislação de chocolate, a RDC-264/2005, "bebida láctea sabor chocolate" ou "bebida láctea com cacau" e nunca, "bebida láctea de chocolate" como se vê usualmente no mercado.

3.4.4.2 Bebida achocolatada pronta para beber

As bebidas achocolatadas prontas para beber são os produtos que se apresentam embalados em garrafinhas ou mesmo em caixinhas tipo "tetra-brik/tetra-pack," com um canudinho anexo para facilidade de consumo imediato em qualquer local em que o indivíduo se encontre.

3.4.4.3 Matérias-primas e composições de bebidas achocolatadas

As matérias-primas para a bebida achocolatada pronta para beber geralmente são as seguintes:

- Leite líquido integral ou desnatado que pode ser substituído por leite em pó desnatado ou integral reconstituídos.
- Açúcares: sacarose, frutose, lactose, glicose, maltose, e outros.
- Soro de leite líquido ou soro de leite em pó reconstituído.
- Cacau em pó comum ou alcalinizado com 10-12% de lipídios.
- Gordura vegetal hidrogenada.
- Amido ou amido modificado.
- Extrato de malte xaroposo ou em pó.
- Espessantes.
- Estabilizantes.
- Emulsificantes.
- Aromatizantes naturais ou artificiais.
- Sal.
- Outros ingredientes, como ovos, farinha de cereais, vitaminas, minerais, aminoácidos, e outros. (declaração de ingredientes de produto coletado no mercado)

Por não terem chocolate em sua composição, mas sim cacau em pó, esses produtos devem obrigatoriamente ser denominados "bebida láctea sabor chocolate" ou "bebida láctea com cacau", por força da legislação vigente.

Uma formulação básica de bebida achocolatada pronta para beber fornece a composição nutricional indicada na Tabela 3.7.

Tabela 3.7 Composição nutricional de bebida achocolatada pronta para beber.

	Porção de 200 mL	% do valor diário*
Valor energético	185 kcal = 777 kJ	9
Carboidratos	32 g	11
Açúcares	29 g	**
Proteínas	3,9 g	5
Gorduras totais	4,7 g	9
Gorduras saturadas	2,1 g	10
Gorduras trans	0 g	**
Fibra alimentar	0 g	0
Sódio	130 mg	5
Cálcio***	107 mg	11
Ferro***	1,8 mg	13
Vitamina A	135 mcg	23
Vitamina C	9,0 mcg	20
Ácido fólico	35 mcg	15

* % Valores diários de referência com base em uma dieta de 2 000 kcal ou 8 400 kJ. Seus valores diários podem ser maiores ou menores dependendo de suas necessidades energéticas

** Valores diários não estabelecidos

*** Nutrientes naturalmente presentes

Obs.: declaração nutricional de produto coletado no mercado.

Buscando a saúde ou atendendo os consumidores com necessidades especiais, o mercado hoje oferece aos consumidores também produtos denominados "light" com a substituição parcial de açúcar por edulcorantes artificiais ou naturais. Também dentro desta mesma linha, o mercado oferece também produto com adição de cálcio visando complementar a necessidade de consumidores idosos.

As bebidas achocolatadas prontas para beber não fazem uso de conservantes, em virtude de serem pasteurizadas ou esterilizadas.

Podemos citar como aditivos utilizados nesses produtos:

- Emulsificantes – mono e diglicerídeos de ácidos graxos, lecitina de soja, e outros.
- Estabilizantes – celulose microcristalina, carboximetilcelulose sódica, goma gelana, carragena, citrato de sódio e fosfato dissódico, fosfato trissódico, e outros.
- Espessantes – goma guar, goma carragena, goma xantana, goma gelana e carboximetilcelulose sódica.
- Antioxidantes – Lecitina de soja.
- Aromatizantes – extrato de Baunilha, Vanilina.
- Corantes artificiais – Vermelho Bordeaux S, Vermelho 40, eritrosina.
- Corantes naturais – corante caramelo.
- Edulcorantes artificiais – sucralose, acessulfame.
- Edulcorantes naturais – steviosídeo.

3.4.4.4 *Processamento de bebida láctea achocolatada*

O processamento desses produtos é o mesmo do leite longa vida. O produto é obtido pela mistura dos ingredientes em tanques misturadores, passando-se, em seguida, em homogeneizadores e, a seguir, é esterilizado em trocadores de calor de placas, que trabalham no sistema UHT, e envasado assepticamente, conforme mostrado na Figura 3.8.

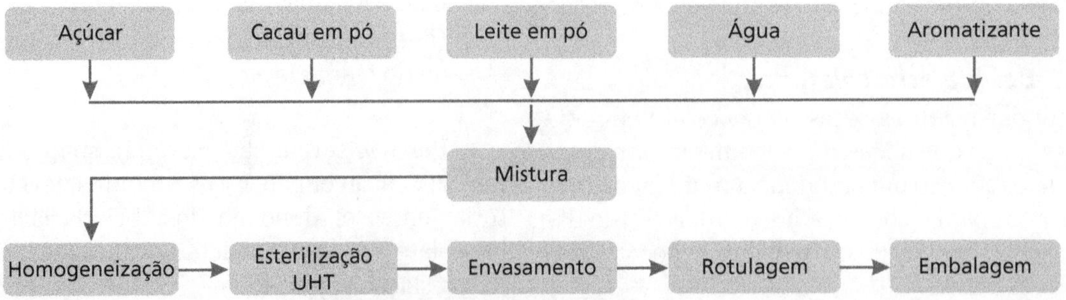

Figura 3.8 Fluxograma da preparação de bebida de chocolate.

3.4.4.5 *Sobremesa láctea achocolatada pronta para comer*

3.4.4.5.1 Formulações

As formulações de sobremesa láctea basicamente contêm leite padronizado reconstituído, açúcar, água, gordura de leite, cacau em pó, amido, amido modificado, corante caramelo, espessantes, aromatizantes, estabilizantes e reguladores de acidez.

Uma formulação básica desse produto fornece a composição nutricional mostrada na tabela a seguir.

Tabela 3.8 Composição nutricional de sobremesa láctea pronta para comer.

	Porção de 110 g	% do valor diário*
Valor energético	147 kcal = 617 kj	7
Carboidratos	23 g	8
Proteínas	3,5 g	5
Gorduras totais	4,7 g	9
Gorduras saturadas	2,6 g	12
Gorduras trans	0 g	**
Fibra alimentar	1 g	4
Sódio	107 mg	4

* % Valores diários de referência com base em uma dieta de 2 000 kcal ou 8 400 kJ. Seus valores diários podem ser maiores ou menores dependendo de suas necessidades energéticas

** Valores diários não estabelecidos

3.4.4.5.2 Processamento de sobremesas lácteas

No processo de sobremesas lácteas as matérias-primas são misturadas e dissolvidas em leite em tanques misturadores e devidamente homogeneizadas. A mistura dos ingredientes assim obtida é a seguir pasteurizada em trocadores de calor de placas e envasados assepticamente, resfriando-se a seguir para a devida geleificação.

3.5 MICROBIOLOGIA DA BEBIDA ACHOCOLATADA

O processamento da bebida achocolatada segue basicamente os mesmos critérios da indústria de leite empacotado, cujos principais microrganismos deteriorantes são a *Escherichia coli* e o *Staphilococcus aureus*, além de outros importantes microrganismos, como as salmonelas, que têm causado inúmeras toxi-infecções alimentares em várias partes do mundo.

A eliminação de todos eles é efetuada via esterilização pelo sistema UHT e envasamento asséptico, além das BPF (Boas Práticas de Fabricação), pois no caso específico das Salmonelas, as investigações têm mostrado falha no processo de fabricação.

BIBLIOGRAFIA

ALLEN, R. R. et al. Daily consumption of a dark chocolate containing flavanols and added sterol esters affects cardiovascular risk factors in a normotensive population with elevated cholesterol. **Journal of Nutrition**, Bethesda, v. 138, n. 4, p. 725-31, 2008.

BABA, S. et al. In vivo comparison of the bioavailability of (+)-catechin, (-)-epicatechin and their mixture in orally administered rats. **Journal of Nutrition**, Bethesda, v. 131, n. 11, p. 2885-2891, 2001.

BADOLATO, E. S. G.; ALMEIDA, M. E. W. Pesquisa por cromatografia em fase gasosa da adulteração de chocolates. **Revista do Instituto Adolfo Lutz**, São Paulo, v. 37, p. 47-56, 1977.

BRASIL. Agência Nacional de Vigilância Sanitária. Resolução RDC n. 264, de 22 de setembro de 2005. Aprova o regulamento técnico para chocolate e produtos de cacau. **Diário Oficial da União**, Poder Executivo, Brasília, DF, 23 Set. 2005. Disponível em: <http://portal.anvisa.gov.br/wps/wcm/connect/5e63cd804745929d9afede3fbc4c6735/RDC_264_2005.pdf?MOD=AJPERES>. Acesso em: 16 jan. 2014.

BUENO, E. **A conquista do México**: cartas de Hernán Cortez. Porto Alegre: L&PM Editores, 1986. 157 p. (História, 2).

BUIJSSE, B.; FESKENS, E. J.; KROMHOUT, D. Cocoa intake, blood pressure, and cardiovascular mortality. **Archives of Internal Medicine**, Chicago, v. 4, p. 411-417, 2006.

CAMARGO, R.; MARTINELLI FILHO, A.; LEME JUNIOR, J. General observations on the microflora of fermenting cocoa beans (*Theobroma cacau*) in Bahia, Brazil. **Food Technology**, Chicago, v. 17, n. 10, p. 116-119, 1963.

CHATT, E. M. **Cocoa, cultivation, processing, analysis.** v. 3. New York: Inter-science Publishers, 1953.

COE, S. E.; COE, M. E. **The true history of chocolate.** London: Thames & Hudson, 1996. 289p.

COHEN, K. O.; LUCCAS, V.; JACKIX, M. N. H. Revisão: temperagem ou pré-cristalização do chocolate. **Brazilian Journal of Food Technology**, Campinas, v. 7, n. 1, p. 23-30, jan./jun. 2004.

COOPER, K. A. et al. Cocoa and health: a decade of research. **British Journal of Nutrition**, Cambridge, v. 99, n. 1, p. 1-11, 2008.

ENGLER, M. B.; ENGLER, M. M. The vascular protective effects of flavonoid-rich cocoa and chocolate. **Nutrition Research**, New York, v. 24, p. 695-706, 2004.

GLASMAN, J. B. A história secreta do chocolate e os judeus sefaradim. **Rio Total Coojornal**, Rio de Janeiro, ano 14, semana 731, 2011. Disponível em: <http://www.riototal.com.br/comunidade-judaica/juda110.htm>. Acesso em: 03 jan. 2014.

HERSHEY FOODS CORPORATION. **Hershey´s chocolate treasury.** New York: Golden Press., 1984. 288p.

JONES, P. J.; ABUMWEIS, S. S. Phytosterols as functional food ingredients: linkages to cardiovascular disease and cancer. **Current Opinion in Clinical Nutrition Metabolic Care**, Hagerstown, v. 12, n. 2, p. 147-51, 2009.

KARLESKIND, A.; WOLFF, J. P. **Oils & fats manual:** a comprehensive treatise. Paris: Lavoisier Publishing, 1996. v. 1.

KATAN, M. B. et al. Efficacy and safety of plant stanols and sterols in management of blood cholesterol levels. **Mayo Clinic Proceedings**, Rochester, v. 78, p. 965-978, 2003.

KEEN, C. L. Chocolate: food as medicine/medicine as food. **Journal of the American College of Nutrition**, New York, v. 20, n. 5, p. 436-439, 2001. Suplemento.

KYI, T. M. et al. The kinetics of polyphenol degradation during the drying of Malaysian cocoa beans. **International Journal of Food Science and Technology**, Oxford, v. 40, p. 323-331, 2005.

LESS A. M. et al. Plant sterols as cholesterol-lowering agents: clinical trials in patients with hypercholesterolemia and studies of sterol balance. **Atherosclerosis**, Amsterdam, v. 28, n. 3, p. 325-338, 1977.

LEVANON, Y.; ROSSETINI, S. M. O. Cacau. In: AQUARONE, E. et al. **Biotecnologia industrial.** São Paulo: Blucher, 2001. p. 347-364. (Biotecnologia na Produção de Alimentos, 4).

LIMA, U. A. Bebidas estimulantes. In: VENTURINI FILHO, W. G. **Bebidas não alcoólicas.** São Paulo: Blucher, 2010, v. 2, p. 39-56.

LIMA, U. A. Matérias-primas estimulantes – cacau. In: ______. **Matérias-primas dos alimentos.** São Paulo: Blucher, 2010, p. 231-239.

MACHADO, P. F.; LIMA, U. A. Matérias-primas animais – leite. In: LIMA, U. A. **Matérias-primas dos alimentos.** São Paulo: Blucher, 2010, p. 326-335

MILLER, K. B. et al. Antioxidant activity and polyphenol and procyanidin contents of selected commercially available cocoa-containing and chocolate products in the United States. **Journal of Agricultural and Food Chemistry**, Easton, v. 54, p. 4062-4068, 2006.

MUELLER, W. S.; COONEY, M. R., The effect of cocoa upon the utilization of the calcium and phosphorus of milk. **Journal of Dairy Sciences**, Massachussets, v. 26, n. 10, p. 951-958, 1943.

MURSU, J. et al. Dark chocolate consumption increases HDL cholesterol concentration and chocolate fatty acids may inhibit lipid peroxidation in healthy human. **Free Radical Biology & Medicine**, New York, v. 37, n. 9, p. 1351-1359, 2004.

NATSUME, M. et al. Analyses of polyphenols in cacao liquor, cocoa and chocolate by normal-phase and reverse-phase HPLC. **Bioscience, Biotechnology and Biochemistry**, Tokyo, v. 64, n. 12, p. 2581-2587, 2000.

NOSTI NAVA, J. **Cacao, café y té.** Barcelona: Salvat, 1953. 687p.

OETTERER, M. A obtenção do cacau comercial. **Universitário de Agronomia**, São Paulo, v. 2, n. 7, p. 23-25, 1991.

OETTERER, M. Cacau, chocolate. In: SOUSA, J. S. I.; PEIXOTO, A. M.; TOLEDO, F. F. (Coord.). **Enciclopédia agrícola brasileira.** São Paulo: Edusp, 1998. v. 2, p. 33-40.

ORTEGA, R. M.; PALENCIA, A.; LOPEZ-SOBALER, A. M. Improvement of cholesterol levels and reduction of cardiovascular risk via the consumption of phytosterols. **British Journal of Nutrition**, Cambridge, v. 96, p. 89-93, 2006. Suplemento.

RAMIRO, E. et al. Flavonoids from *Theobroma cacao* down-regulate inflammatory mediators. **Journal of Agricultural and Food Chemistry**, Easton, v. 53, n. 22, p. 8506-8511, 2005.

REIN, D.; PAGLIERONI, T. G.; PEARSON, D. A.; WUN, T.; SCHMITZ, H. H.; GOSSELIN, R.; KEEN, C. Cocoa and wine polyphenols modulate platelet activation and function. **Journal of Nutrition**, Bethesda, v. 130, p. 2120-2126, 2000. Suplemento.

CACAU e saúde cardiovascular: treze anos de pesquisas clínicas e experimentais. **Revista Nestlé Bio: Nutrição e Saúde**, São Paulo, n. 9, p. 28-34, 2009.

TABELA brasileira de composição de alimentos. 4. ed. Campinas: NEPAUNICAMP, 2011. 161p.

THE NIELSEN COMPANY. **Tendências**: mercearias doce e salgado Cotia-SP, 2008. 279p.

WORLD HEALTH ORGANIZATION. **The world health report 2002:** reducing risks, promoting healthy life. Geneva: 2002. Disponível em: <http://www.who.int/whr/2002/en>. Acesso em: 03 jan. 2014.

ZIPPERER, P. **La fabrication du chocolat.** 2. ed. Paris: Librairie Polytechnique, 1903. 314p.

4

BEBIDAS FUNCIONAIS À BASE DE SOJA

ELIZEU ANTONIO ROSSI
PAULA RAVANELLI ROSSI

4.1 INTRODUÇÃO

Há mais de 4.000 anos, os chineses conhecem o valor nutricional da soja e a utilizam como um importante componente da alimentação. Já nos Estados Unidos, o potencial da soja como recurso nutricional só foi descoberto após 1920, quando, então, passou a ser cultivada em escala comercial.

A soja, apesar de ter chegado ao Brasil no século XIX, só foi efetivamente introduzida no país em 1908, sendo o Estado de São Paulo o primeiro a realizar, pelos japoneses, o seu cultivo e, em 1941, aparece pela primeira vez nas estatísticas oficiais do país. No entanto, é no final da década de 1960 que o Brasil apresenta uma rápida expansão na produção da soja. Nessa ocasião, objetivando o aporte de recurso financeiro indispensável para o período de crescimento econômico acelerado em que se encontrava o país, e sem perder de vista a ampliação do mercado mundial de soja e derivados, motivada, principalmente, pelo crescimento dos rebanhos da Europa Ocidental e dos Estados Unidos, o governo brasileiro adota uma política de criação de linhas de crédito a juros subsidiados, aliadas a concessões de isenção tributária, resultando em um crescimento vertiginoso no plantio dessa leguminosa.

Por toda a década de 1970, a agricultura brasileira passa por transformações rápidas e profundas, mudando, consideravelmente, a forma de organização tradicional do homem no campo, fazendo com que a sua maneira habitual de plantar e lidar com a lavoura seja modificada por uma forma moderna de cultura, representada por uma intensa e, até então, desconhecida mecanização do cultivo da soja que foi largamente subvencionada pelo poder estatal.

É nesse contexto que o Brasil passa da condição de praticamente um desconhecedor da soja para a de segundo maior produtor mundial, posição mantida até hoje, com uma produção de 58 e 54 milhões de toneladas em 2004 e 2005, respectivamente, ficando atrás apenas dos Estados Unidos.

A soja é a mais rica das leguminosas em termos nutricionais. Apresenta, em média, 40% de proteína, 20% de lipídios, 30% de carboidratos, 5% de fibras e 5% de cinzas. Com exceção dos aminoácidos sulfurados, as proteínas da soja apresentam um balanço adequado de aminoácidos essenciais. Vale destacar o grande número de componentes bioativos, dentre eles, as isoflavonas, que fazem da soja um alimento funcional, isto é, um alimento com capacidade de reduzir o risco de uma série de doenças crônico-degenerativas. Existem referências de que essa característica da soja já era conhecida pelos chineses desde o ano de 450 a.C., sendo utilizada em enfermidades do coração, fígado, estômago e intestinos.

Atualmente, é grande o número de produtos derivados da soja, muitos deles ainda pouco conhecidos no Brasil, mas que gradativamente vêm sendo introduzidos nos nossos hábitos alimentares. Entre os produtos mais conhecidos, podemos mencionar: o óleo, que é amplamente utilizado na cozinha brasileira; a proteína texturizada; o isolado proteico; o extrato hidrossolúvel ("leite"); o *soysauce* – também conhecido por *shoyu* –; o *tofu,* conhecido como queijo de soja; o *nato* – grãos de soja fermentados –; e os produtos do tipo iogurte.

Considerando que o objetivo do presente capítulo é tratar exclusivamente de bebidas à base de soja, serão abordados e discutidos, em vários aspectos, apenas dois tipos de produtos: o extrato hidrossolúvel, popularmente conhecido como "leite" de soja, e os fermentados tipo iogurte (com ênfase para esse último, em decorrência de suas características funcionais, sobre as quais serão apresentados dados relativos aos estudos científicos mais atuais publicados na literatura especializada).

4.2 EXTRATO HIDROSSOLÚVEL DE SOJA

4.2.1 Considerações gerais e mercado

Basicamente, o extrato hidrossolúvel de soja, popularmente denominado "leite" de soja, apresenta grandes semelhanças com o leite de vaca, principalmente na aparência e composição. Essa analogia é provável que tenha tido origem em 1883, quando pesquisadores alemães descreveram pela primeira vez as proteínas da soja, classificando-as em duas grandes classes: caseínas e albuminas, classificação muito semelhante à utilizada para as proteínas do leite. O extrato hidrossolúvel de soja foi processado pela primeira vez na China no século II a.C., sendo consumido no referido país, desde então, da mesma forma com que o leite de vaca é consumido no ocidente.

Harry Willis Miller, médico americano missionário na China, foi o responsável por melhorar a qualidade do "leite" de soja por meio de inovações no processamento e também iniciou a produção em massa na China e em vários países, inclusive nos Estados Unidos, em 1936. Graças ao pioneirismo do Dr. Miller e das inovações tecnológicas que permitiram uma redução considerável no *beany flavor* nas últimas décadas, o "leite" de soja tem se tornado popular em todo o ocidente. No Brasil, só se observa uma grande expansão desse produto no início da década de 1980, em decorrência da implantação, nos municípios, das "vacas" mecânicas financiadas pelo Programa de Apoio aos Municípios – PAM, do governo do Estado de São Paulo. Nessa época, foram aprovados 251 projetos para 234 municípios paulistas, sendo a região de Ribeirão Preto a que apresentou o maior número de municípios beneficiados.

Atualmente, em virtude do interesse de um seguimento importante da população preocupado em consumir alimentos mais "saudáveis", aliado aos novos conceitos de dieta e saúde, a indústria alimentícia vem investindo muito no aprimoramento do "leite" de soja, disponibilizando no mercado produtos de excelente qualidade, despertando, assim, as atenções do mercado mundial de bebidas.

O mercado de bebidas à base de soja, iniciado em grande escala no Brasil em 1997, tem registrado um aumento considerável de vendas nos últimos anos – verificou-se em 2005 um aumento de 66% em relação a 2004 – decorrente do emprego de tecnologias adequadas que tornam a bebida mais atraente aos consumidores e, também, em razão do *marketing* utilizado pelas empresas para divulgar o produto.

Atualmente, o consumidor tem à sua disposição uma ampla variedade de bebidas à base de soja – diversos sabores; versões *light* e normal; enriquecidos com nutrientes e fibras –, e em embalagens práticas e modernas, tudo isso contribuindo de forma significativa para que, cada vez mais, esse tipo de bebida esteja incluída na dieta do brasileiro.

Segundo dados do setor de sucos, a tendência atual é o lançamento de bebidas de soja com mistura de frutas como, por exemplo, o abacaxi com coco, que parece ter uma grande aceitação. Também a versão em lata deve receber um incremento por parte dos fabricantes, visando ampliar o consumo da bebida no pequeno varejo como bares e restaurantes.

Alguns fabricantes processam a bebida à base de soja não a partir do extrato aquoso, mas sim pela adição da proteína isolada da soja, fazendo com que o produto apresente um sabor muito mais agradável.

Apesar de os sucos de soja já representarem cerca de 33% das vendas dos sucos prontos, o mercado ainda encontra-se muito restrito à parcela da população de maior poder aquisitivo, principalmente nas regiões Sul e Sudeste do Brasil, mas com indicadores de que classes economicamente menos privilegiadas estão começando a descobrir esse tipo de produto, mostrando um grande potencial de crescimento nas vendas.

Nas Tabelas 4.1 e 4.2, são apresentados alguns dados relativos ao mercado brasileiro de várias bebidas, elaborados pela Empresa Tradecos, que atua na área de comercialização de sucos no mercado mundial, demonstrando a grande expansão registrada no consumo de bebidas a base de soja.

Tabela 4.1 Variação registrada em 2004 em relação a 2001 no consumo caseiro de bebidas.

Bebidas	%
Refrigerantes	2
Leite	4
Água mineral	9
Leite UHT	8
Suco em pó	36
Suco concentrado	5
Suco RTD/Néctares (a base de frutas)	66
Bebidas à base de soja	147

Fonte: Pesquisa de mercado realizada pela Empresa Tradecos.

Tabela 4.2 Consumo de bebidas no Brasil em 2004.

Bebidas	Litros *per capta*
Refrigerantes	65
Leite	53
Cerveja	46
Café	40
Água mineral	28
Leite UHT	24
Suco em pó	16
Cachaça	6
Suco concentrado	4
Sucos RTD/Néctares (a base de frutas)	2
Bebidas à base de soja	1

Fonte: Pesquisa de mercado realizada pela Empresa Tradecos.

4.2.2 Processamento

Atualmente, destacam-se três tipos de processos:

- método de Cornell (*Cornell method*);
- método de Illinois (*Illinois method*);
- método da hidratação rápida (*Rapid hydration hydrothermal cooking*).

- **Método de Cornell**

Também conhecido como método da trituração a quente. Foi desenvolvido na Universidade de Cornell – Estados Unidos.

A soja descascada, não deixada de molho, é esmagada em um triturador preaquecido com água quente. A suspensão é mantida em temperaturas entre 80 e 100 °C no triturador para completar a inativação da lipoxigenase. Posteriormente, é levada à fervura com jato de vapor, com agitação constante por 10 minutos. Em seguida, a suspensão é centrifugada e o "leite" resultante é formulado, engarrafado e, finalmente, esterilizado a 121 °C por 12 minutos. A temperatura da água nos momentos iniciais da trituração é crítica nesse método. Para evitar a formação do *beany flavor* é fundamental que a temperatura inicial não seja inferior a 80 °C, devendo ser mantida depois. Uma vez iniciada a atividade enzimática, torna-se tarde demais para evitar o aparecimento do *beany flavor*. Para garantir que a temperatura da suspensão seja mantida acima de 80 °C é recomendado que a soja seja preaquecida antes de entrar no triturador. Isso permitirá também uma rápida hidratação dos grãos.

- **Método de Illinois**

Também conhecido como método do pré-branqueamento, foi desenvolvido na Universidade de Illinois – Estados Unidos. É iniciado com um branqueamento em água fervente dos grãos pré-hidratados por dez minutos ou dos grãos secos por 20 minutos. Em ambos os casos, a soja será hidratada e a enzima inativada. Os grãos são drenados e triturados com água fria, de forma a se alcançar 12% de sólidos totais. A suspensão é aquecida a 93,3 °C e, então, homogeneizada. Em alguns casos, adiciona-se 0,25 a 0,5% de bicarbonato de sódio na água de molhagem ou de branqueamento. Nesses casos, o "leite" precisa ser neutralizado com solução de ácido clorídrico (pH 6,8-7,2) depois da homogeneização. A lipoxigenase apresenta uma atividade ótima na região de pH próximo da neutralidade, portanto, o pH ácido ou alcalino ajuda na inativação dessa enzima, permitindo diminuição do tratamento térmico. Contudo, para se prevenir uma maior insolubilização das proteínas pelo tratamento térmico, recomenda-se a utilização de pH alcalino (adição de bicarbonato de sódio), condição que garante uma maior proporção de proteína solúvel.

- **Método da hidratação rápida**

Foi desenvolvido por Johnson et al., em 1981. A soja é moída e transformada em farinha; depois é misturada com água quente para a obtenção da suspensão que é rapidamente submetida a uma corrente de vapor a 154 °C por 30 segundos, para a inativação da lipoxigenase. A suspensão é, então, resfriada, ajustada para 10% de sólidos com adição de água e, finalmente, centrifugada. O produto resultante apresenta sabor suave, alto rendimento em sólidos e em proteínas.

Atualmente, na Unidade de Desenvolvimento e Produção de Derivados de Soja – Unisoja/FCF/Unesp, tem sido empregado um método com algumas diferenças dos citados anteriormente. A soja descascada é imediatamente levada a um cozimento a 95 °C por 14 minutos. Os grãos, depois de escorridos, são resfriados, adicionados de antiespumante e levados a uma extratora, denominada de unidade básica de extração, onde os grãos são triturados em um sistema de moinho de facas e o resíduo é separado do extrato hidrossolúvel por processo de centrifugação e filtração em telas metálicas. O extrato obtido é automaticamente misturado, em proporção predefinida, com a calda (produto constituído de água, açúcar, sal, bicarbonato de sódio, corante e aromatizante) e acrescido de seis partes de água. Finalmente, é pasteurizado e embalado (Figura 4.1).

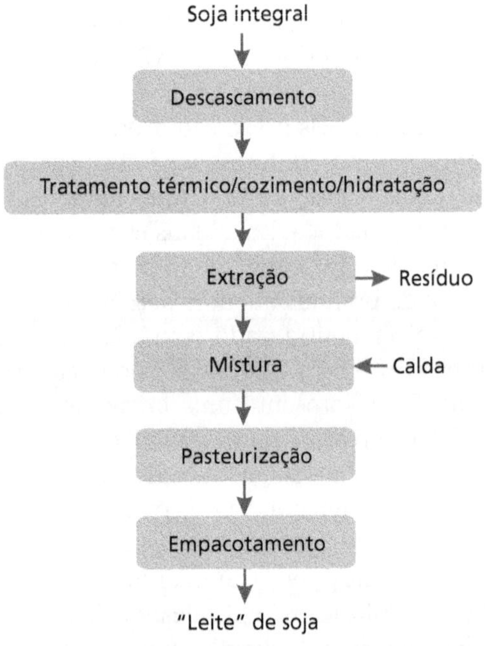

Figura 4.1 Fluxograma do processamento do "leite" de soja produzido na Unisoja/FCF/Unesp.

Em geral, o "leite" de soja apresenta de 8 a 10% de sólidos totais, dependendo da relação água/soja utilizada no processo.

Trata-se de uma bebida nutritiva, com teor de ferro superior aos encontrados nos leites de vaca e humano, livre de lactose e colesterol, sendo, portanto, considerado como benéfico à saúde.

O método tradicional chinês fornece um "leite" com um aroma e sabor residual bastante intenso. Embora a população chinesa e japonesa esteja habituada a essas características, para a população ocidental elas são descritas como *beany*, *painty*, rançosa ou amarga, portanto, sem aceitação. Além disso, os métodos tradicionais apresentam baixo rendimento.

Química do *beany flavor*

Trata-se do resultado da peroxidação de ácidos graxos poli-insaturados ou de seus ésteres, catalisada pela enzima lipoxigenase, produzindo compostos voláteis, tais como cetonas, aldeídos e alcoóis, a maioria deles com sabores e odores indesejáveis. Para a lipoxigenase atuar, algumas condições são necessárias: a liberação da enzima, o substrato e a presença de água. Quando o grão íntegro é deixado de molho por 8 a 12 horas, até o seu peso ser dobrado, não há desenvolvimento de sabores estranhos. Entretanto, quando o tecido dos cotilédones é danificado pela moagem, tanto a enzima lipoxigenase, quanto o substrato são liberados. Contudo, se o tecido estiver seco (13% de umidade) a enzima não é capaz de catalisar a oxidação imediata do substrato; apenas se houver concentração alta de água, a reação de oxidação toma lugar rapidamente, produzindo grande quantidade de compostos indesejáveis.

A temperatura da mistura água/soja tem um grande efeito na formação de voláteis durante a moagem. Quanto maior for a temperatura dessa mistura, menor a quantidade e o número de voláteis formados. Quando a soja é moída a 80 °C ou mais, a formação de voláteis é praticamente inexistente. É fundamental que o calor de inativação da lipoxigenase seja acompanhado, concomitantemente, com a operação de moagem na presença de água quente. Tratamento térmico por alguns minutos, seguido por moagem a frio não são suficientes para impedir a formação de voláteis.

Existem apenas duas maneiras de se evitar o *beany flavor*: impedir a formação dos compostos voláteis ou eliminá-los depois de formados. Uma terceira possibilidade, no entanto, seria o mascaramento por meio de aromatizantes (formulação).

4.2.3 Aspectos nutricionais e propriedades bioterápicas

Diferentemente da soja em grão, o "leite" apresenta uma composição química bem mais modesta, decorrente, principalmente, da diluição que o extrato sofre durante o processo de obtenção, que pode variar de seis a nove partes de água, para uma parte de soja.

Segundo a Embrapa, cada 100 mL de "leite" de soja contém, em média, 52 kcal; 2,5 g de carboidratos; 3,4 g de proteínas; 2,3 g de lipídios; 40 mg de cálcio; 105 mg de potássio; 1,2 mg de ferro; 40 µg de vitamina B_1 e 120 µg de vitamina B_2.

Esses valores podem sofrer variações, dependendo do tipo de processo empregado e, também, da adição de outros ingredientes, tais como açúcar, aromatizantes, corantes, espessantes ou mesmo adição de sucos de frutas.

Comparado ao leite de vaca, o "leite" de soja contém maiores concentrações de ferro, ácidos graxos insaturados e niacina.

Um aspecto importante a ser ressaltado é o teor de cálcio. O "leite" de soja possui uma concentração muito baixa de cálcio em relação ao leite de vaca que apresenta, em média, 1.200 mg/L. Esse aspecto assume um caráter de importância, uma vez que o "leite" de soja não deve ser utilizado como uma boa fonte de cálcio, a não ser que tenha sido enriquecido com esse nutriente.

Não só no Brasil, mas também na maioria dos países ocidentais, o "leite" de soja se apresenta como uma das únicas alternativas aos indivíduos intolerantes à lactose, isto é, aqueles que não produzem a enzima β-galactosidase e, por isso, apresentam desconfortos gastrintestinais de moderados a intensos. A má absorção da lactose está presente em cerca de 58 milhões de brasileiros maiores de 15 anos, sendo que 37 milhões são realmente caracterizados como intolerantes à lactose e, destes, 10 milhões são classificados como portadores de intolerância grave. Provavelmente, essa situação explique, entre outros fatores, o aumento substancial de produção e consumo de bebidas à base de soja.

Outro ponto nutricional importante diz respeito ao fato de o "leite" de soja tratar-se de um alimento de origem vegetal, isento, portanto, de colesterol. Isso o qualifica como um produto mais adequado a pessoas portadoras de hipercolesterolemia, ou então para aqueles consumidores que desejam, por razões pessoais, reduzir a ingestão de colesterol.

Quanto às proteínas do "leite", é importante lembrar que as proteínas da soja são deficientes em aminoácidos sulfurados, o que o torna de qualidade inferior ao leite de vaca.

Pesquisas realizadas com crianças em idade pré-escolar em países desenvolvidos mostraram que o consumo diário de 200 mL de "leite" de soja com 3% de proteína pode suprir cerca de 50% da necessidade diária de proteína recomendada pela FAO-WHO. O "leite" de soja contém lisina em grande quantidade e quando combinado com cereais (ricos em metionina), torna-se um alimento completo em termos proteicos.

Na Tabela 4.3, é apresentada a composição química do "leite" de soja, em comparação com a do leite de vaca e a do leite humano.

Tabela 4.3 Composição química do "leite" de soja, do leite de vaca e do leite humano, na base de 100 g de produto.

	Produtos		
	I	II	III
Calorias (Kcal)	38,0	61,0	77,0
Proteínas (g)	3,0	3,6	1,1
Gordura (g)	1,4	3,0	4,0
Carboidratos (g)	3,8	4,9	9,5
Fibra (g)	0,0	0,0	0,0
Água (g)	91,8	88,5	85,4
Cálcio (mg)	36,0	123,0	33,0
Fósforo (mg)	30,0	96,0	14,0
Ferro (mg)	0,4	0,1	0,1
Sódio (mg)	---	---	16,0
Vit. A (mg)	10,0	33,0	70,0
Vit. B_1 (mg)	0,05	0,04	0,01
Vit. B_2 (mg)	0,04	0,18	0,04
Niacina (mg)	0,2	0,1	0,2
Vit. C (mg)	0,0	1,0	5,0

Fonte: Moraes e Silva (1996).
I – "leite" de soja; II – leite de vaca pasteurizado; III – leite humano; 0,0 – produto não contém o nutriente; --- indica falta de informação.

É válido ressaltar que, dependendo do tipo de processo empregado na produção do "leite" de soja, este pode apresentar composição ligeiramente diferente da mencionada anteriormente, em razão, principalmente, do fator de diluição utilizado. Por exemplo, o "leite" produzido na Unisoja/FCF/Unesp, utiliza o fator 6, isto é, para o extrato resultante de 1 kg de soja já hidratada (cozida) são acrescentados seis litros de água. Outro fator que também determina variações na composição química do "leite" é a variedade da soja utilizada no processo.

Na Tabela 4.4, é apresentada a composição centesimal do "leite" produzido na Unisoja/FCF/Unesp-Campus de Araraquara.

Tabela 4.4 Composição química do "leite" de soja produzido na Unisoja/FCF/Unesp (g/100 g de produto).

Produto	Proteínas	Gorduras	Carboidratos	Minerais	Fibras	Água
I	2,9	2,2	10	0,4	0,0	84,5

Fonte: Laboratório de Tecnologia – LABTEC/FCF/UNESP (2006).
I – "leite" de soja.

Recentemente, foi desenvolvido por pesquisadores do Labtec/FCF/Unesp, um processo de microencapsulação do sulfato ferroso para ser adicionado ao "iogurte" de soja, mas que pode ser aplicado ao "leite", como forma de suplementá-lo, possibilitando a utilização do mesmo como um alimento adequado para o combate e prevenção da anemia ferropriva.

É sabido que o sulfato ferroso, embora seja uma das fontes mais baratas de ferro com boa biodisponibilidade, acarreta ao produto um sabor bastante desagradável, semelhante ao de metal enferrujado, prejudicando muito a sua aceitação. Nesse sentido, o processo de microencapsulação, utilizando lecitina, propiciou a obtenção de um produto com boa aceitação, sem que os provadores percebessem o gosto característico do composto.

Em outro estudo semelhante, os mesmos pesquisadores testaram vários sais de cálcio, visando à suplementação do "leite" com esse mineral, tornando-o similar aos produtos de leite de vaca em termos de teor de cálcio.

Outro aspecto importante diz respeito à concentração de isoflavonas. As isoflavonas são também denominadas de fitoestrógenos, sendo, portanto, compostos vegetais, não esteroides, capazes de exercer efeitos estrogênicos. Apresentam-se nas formas glicosiladas e agliconas, em estrutura química semelhante a do 17 β-estradiol, com afinidade pelos receptores estrogênicos do tipo β (ERβ). Desempenham funções fungicidas, regulam hormônios vegetais e atuam, também, como antioxidantes. Estão presentes em concentrações relativamente altas em várias leguminosas, especialmente na soja.

As condições às quais a soja é submetida, durante o processamento para obtenção de derivados, podem determinar a concentração de isoflavonas, observada nos produtos acabados. Além disso, a variedade da soja e o local onde é cultivada representam fatores que alteram sua concentração.

Em trabalho realizado pelos pesquisadores do Labtec/FCF/Unesp, foi verificado que o "leite" de soja apresenta concentração muito reduzida de isoflavonas totais, cerca de nove vezes menor que a concentração encontrada no grão *in natura* (66,6 mg/100 g de amostra integral), isto é, uma redução de quase 90% desses fitoestrógenos em consequência das diversas etapas do processamento e da diluição empregada. Tal situação coloca o "leite" de soja como um produto não apropriado ao fornecimento de isoflavonas, por exemplo, a mulheres na menopausa, não podendo ser, portanto, considerado como uma forma alternativa da Terapia de Reposição Hormonal (TRH), ou mesmo como um produto que auxilia na redução de doenças crônico-degenerativas, como alguns tipos de cânceres ou mesmo doenças coronarianas e osteoporose que dependem exclusivamente desses componentes bioativos – as isoflavonas.

4.2.4 Fatores antinutricionais e inativação

Por ser o "leite" um produto derivado da soja, dependendo do processo empregado, pode-se ter, ou não, a inativação dos fatores antinutricionais presentes no grão *in natura*. Os fatores antinutricionais encontrados nos grãos são: inibidores de tripsina, ácido fítico, hemaglutininas e fator bociogênico.

Não há dúvidas de que o fator que tem merecido maior atenção por parte dos pesquisadores é o inibidor de tripsina, que na realidade se subdivide em dois: o fator de Kunitz, capaz de inibir a ação da tripsina, e o fator de Bowman-Birk, capaz de inibir, tanto a tripsina quanto a quimotripsina.

A presença dos inibidores de tripsina ativos na soja e em seus derivados tem sido causa de preocupação dos profissionais ligados à área da saúde, uma vez que esses inibidores podem promover uma hipertrofia pancreática devida ao aumento da necessidade de produção de mais tripsina, o que determina uma maior liberação de colecistoquinina com consequente aumento da secreção pancreática.

Atualmente, vários trabalhos já demonstraram a importância da presença de pequenas concentrações dos inibidores de tripsina nos alimentos derivados da soja, os quais podem atuar como componentes bioativos, auxiliando na redução do risco de determinados tipos de cânceres e na redução do nível sérico do colesterol total.

Recentemente, o "leite" de soja produzido na Unisoja/FCF/Unesp foi avaliado quanto à presença dos inibidores de tripsina. Foi constatado que o tratamento térmico empregado nos grãos descascados (95 °C/14 min) é suficiente para reduzir em 80% a concentração das proteínas inibidoras de tripsina (PIT).

Na Figura 4.2, é apresentado um gráfico da porcentagem de inativação das PIT, em função do tempo, a uma temperatura de 95 °C.

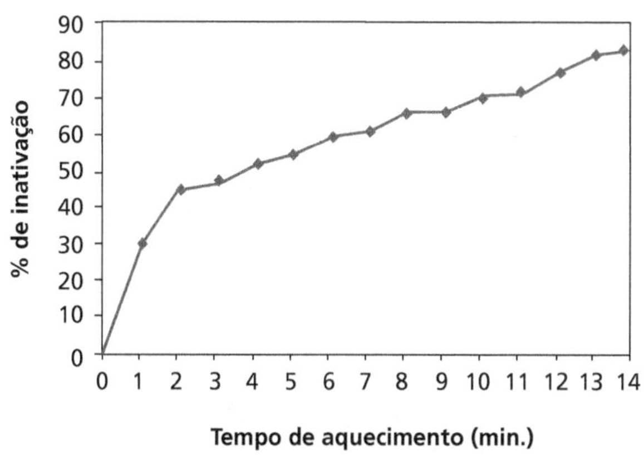

Figura 4.2 Porcentagem de inativação dos inibidores de tripsina dos grãos de soja durante o tratamento térmico a 95 °C.

Fonte: Maia et al. (2005).

De acordo com dados da literatura, a ação do calor faz com que os inibidores de tripsina se liguem a outros componentes do grão, perdendo a atividade. É provável que a inativação, portanto, não seja uma consequência da desnaturação proteica, uma vez que a atividade pode ser totalmente regenerada quando esses componentes são submetidos à hidrólise enzimática.

Embora não sendo considerada um fator antinutricional, a lipoxigenase (LOX) é uma enzima que promove a oxidação dos ácidos graxos poli-insaturados, com consequente formação de aldeídos (n-pentanal e n-hexanal) responsáveis pelo sabor desagradável dos derivados da soja.

Nesse sentido, também foi avaliado se o tratamento térmico (95 °C/14 min) empregado na produção do "leite" de soja produzido na Unisoja/FCF/Unesp estava sendo suficiente para garantir um percentual adequado de inativação dessa enzima.

O resultado encontra-se demonstrado na Figura 4.3, na qual se observa que cerca de 86% da lipoxigenase foi inativada. Vários resultados encontrados na literatura evidenciam que o aquecimento dos grãos a 100 °C, por 7 minutos, resulta em um residual de LOX, especificamente do tipo 1, em torno de 14%. É válido salientar que tratamentos térmicos mais intensos poderiam levar a valores residuais menores, tanto dos fatores antinutricionais quanto da atividade da LOX. Entretanto, a insolubilização das proteínas da soja é diretamente proporcional ao tempo e à temperatura de aquecimento, fato que determinaria um teor proteico muito baixo no "leite" de soja.

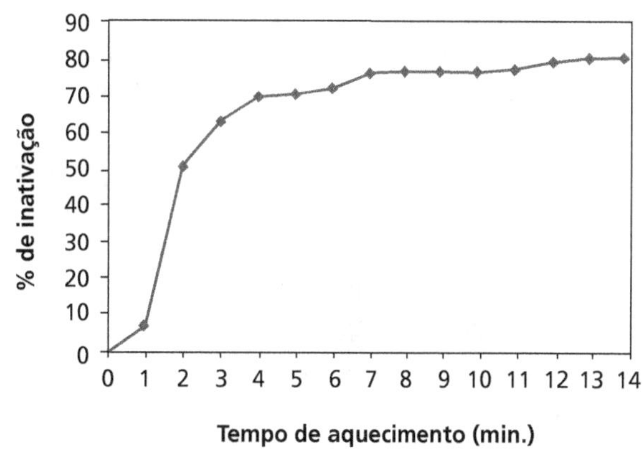

Figura 4.3 Porcentagens de inativação da lipoxigenase dos grãos de soja durante o tratamento térmico a 95 °C.

Fonte: Maia et al. (2005).

4.3 "IOGURTE" DE SOJA

Apesar de a denominação não ser adequada, uma vez que a palavra "iogurte" é reservada ao produto obtido a partir de leite de vaca fermentado com cultivos de *Lactobacillus delbrueckii* ssp. *bulgaricus* e *Streptococcus thermophilus*, tem sido cada vez mais comum a utilização dessa palavra para designar o produto resultante da fermentação do extrato hidrossolúvel de soja por bactérias láticas.

É evidente, que os produtos fermentados de soja não se restringem ao "iogurte". Existe uma gama considerável de produtos dessa natureza, mas que são pouco conhecidos e, consequentemente, pouco consumidos nos países ocidentais, inclusive no Brasil.

Portanto, abordaremos neste item, exclusivamente, o "iogurte" de soja, procurando destacar, além de seu processamento, suas propriedades funcionais, ou seja, sua capacidade de reduzir o risco de uma série de doenças crônico-degenerativas, principalmente quando produzido a partir de cultivos bacterianos especiais.

Apesar de os produtos fermentados de soja serem conhecidos há muito tempo nos países orientais, estes são pouco consumidos no ocidente, pois são, na sua grande maioria, fermentados por fungos, ao contrário do "iogurte" de soja, um produto relativamente recente, desenvolvido por nosso grupo de pesquisadores no início da década de 1980.

A proposta do desenvolvimento do "iogurte" de soja foi sustentada por vários fatores: primeiramente, pelo fato de os produtos fermentados de leite serem de custo relativamente alto, o que os torna pouco consumidos pela população brasileira; logo após, pelo apelo probiótico que os produtos funcionais podem apresentar e, finalmente, pela importância econômica que a soja passou a ter para o Brasil, desde o final da década de 1960.

É sabido que o processo fermentativo, além de desempenhar a função de conservar, pode também aumentar a biodisponibilidade dos nutrientes e melhorar, sensivelmente, as características sensoriais das matérias-primas empregadas.

Por tudo isso, a proposta do desenvolvimento do "iogurte" de soja foi uma tentativa de oferecer à população um produto de baixo custo, com bom valor nutricional e que representasse mais uma forma viável de utilização da soja, matéria-prima tão abundante em nosso país.

Na literatura, são encontrados trabalhos anteriores ao nosso, descrevendo a fermentação do extrato hidrossolúvel de soja por bactérias láticas como *Lactobacillus acidophilus, lactobacillus bifidus, Lactobacillus casei, Lactobacillus plantarum*, entre outros. Alguns pesquisadores suplementavam o "leite" de soja com sacarose, glicose e extrato de levedura, enquanto outros empregavam cepas de bactérias láticas com capacidade de utilizarem os oligossacárides naturalmente presentes na soja.

Entretanto, a nossa proposta visava utilizar o cultivo convencional dos iogurtes (*Streptococcus thermophilus* e *Lactobacillus delbrueckii* ssp. *bulgaricus*) em uma base de soja suplementada com soro de leite desidratado como fonte de lactose. Esse processo foi utilizado até meados da década de 1990, tendo sido posteriormente alterado.

Atualmente, o processo de obtenção do "iogurte" de soja é realizado segundo o fluxograma apresentado na Figura 4.4.

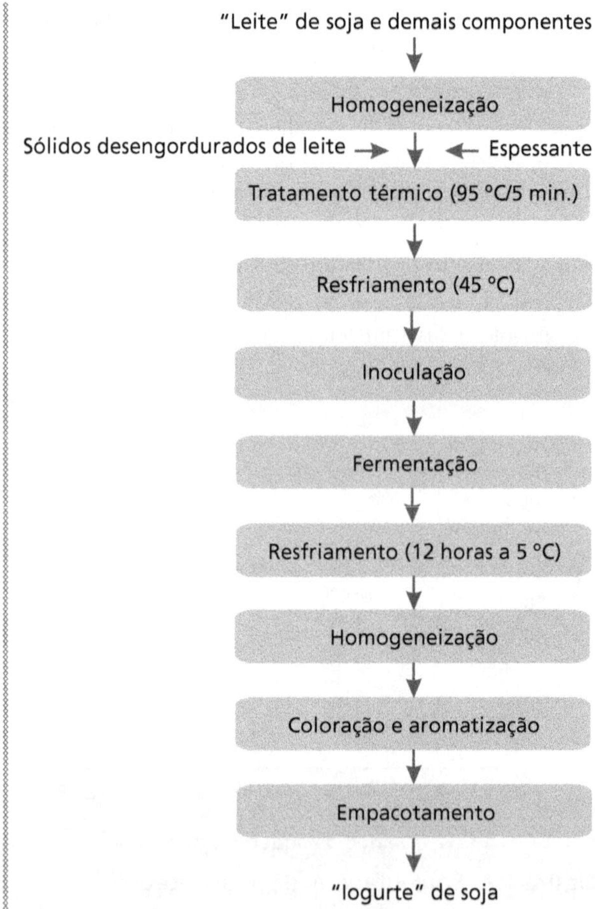

Figura 4.4 Fluxograma do processo de obtenção do "iogurte" de soja.

4.3.1 Descrição das etapas de processamento

A matéria-prima é representada pelo extrato hidrossolúvel de soja ("leite" de soja proveniente da Unisoja/FCF/Unesp, processado na proporção de uma parte de soja para seis partes de água) que é misturado com 0,8% (v/v) de óleo de soja, 0,3% (p/v) de emulsificante Recodan®, 1,0% (p/v) de lactose como carboidrato fermentável pelos microrganismos e 6% (p/v) de sacarose, a fim de conferir o grau de doçura desejável. Todos esses constituintes são homogeneizados por cinco minutos em agitador mecânico de pás em velocidade máxima. Em seguida, é iniciado o tratamento térmico da mistura, sendo que a 80 °C é adicionado o espessante (gelatina) na proporção de 0,5% (p/v) e mais 2,5% (p/v) de sólidos desengordurados de leite com a finalidade de melhorar a textura e de fornecer ao produto acabado um leve sabor e aroma de produto lácteo. O aquecimento é elevado até 95 °C e mantido nessa temperatura por 5 minutos. Em seguida, a mistura é resfriada a 45 °C e inoculada com 3% (p/v) de cultivo bacteriano que pode ser constituído por microrganismos convencionais dos iogurtes (*Lactobacillus delbrueckii* ssp. *bulgaricus* e *Streptococcus thermophilus*) ou por microrganismos especiais, como é o caso da associação entre o *Enterococcus faecium* e o *Lactobacillus helveticus* ssp. *jugurti*, que tem permitido a obtenção de um "iogurte" de soja com propriedades funcionais bastante específicas, as quais serão descritas no decorrer deste capítulo.

Após a inoculação, a mistura é incubada a 37 °C por um período suficiente para que o pH diminua de 6,7 para 4,3. Normalmente, esse tempo corresponde, aproximadamente, a seis horas de fermentação.

Finalmente, o produto é resfriado e mantido sob refrigeração por 12 horas, período importante para que o estabilizante exerça o seu papel, podendo, depois, ser corado, aromatizado (com aromas artificiais ou naturais) e homogeneizado para, então, ser embalado.

Do ponto de vista nutricional, o "iogurte" de soja é um produto um pouco mais rico do que o "leite" de soja, principalmente em relação ao valor calórico, decorrente do óleo de soja e da sacarose adicionados ao produto e também em relação ao seu valor proteico. No entanto, é considerado um produto pobre em ferro e cálcio, razão pela qual o "iogurte" foi submetido ao processo de enriquecimento com essas substâncias, por meio do mesmo processo utilizado para o "leite", descrito anteriormente.

Também, da mesma forma que já foi mencionado para o "leite", o "iogurte" de soja apresenta-se praticamente sem isoflavonas, fato este decorrente das etapas do processamento e, principalmente, do fator de diluição empregado na obtenção do "leite". A seguir, são apresentadas na Tabela 4.5 as concentrações das diversas isoflavonas nas diferentes etapas do processamento do "iogurte" de soja. Esse efeito do processamento pode ser mais bem visualizado na Figura 4.5.

Tabela 4.5 Concentração de isoflavonas (mg/100 g de amostra integral) em diversas etapas do processamento do "iogurte" de soja.

Tratamento	Daidzina	Glicitina	Genistina	Daidzeína	Gliciteína	Genisteína	Total
1	12,44^{a} ± 2,27	8,35^{a} ± 0,31	43,38^{a} ± 0,31	0,52^{a} ± 0,03	1,17^{a} ± 0,23	0,74^{a} ± 0,20	66,60^{a} ± 8,30
2	14,30^{a} ± 0,47	7,71^{a} ± 0,54	46,98^{a} ± 1,72	0,62^{a} ± 0,09	1,39^{a} ± 0,29	0,82^{a} ± 0,06	71,82^{a} ± 3,60
3	8,54^{b} ± 0,72	3,73^{b} ± 0,13	30,11^{b} ± 0,39	0,37^{b} ± 0,02	0,39^{b} ± 0,06	0,94^{a} ± 0,14	44,08^{b} ± 1,38
4	2,22^{c} ± 0,04	0,98^{c} ± 0,04	4,49^{d} ± 0,08	0,03^{d} ± 0,00	0,03^{c} ± 0,00	0,02^{b} ± 0,00	7,77^{d} ± 0,10
5	3,53^{c} ± 0,08	1,70^{c} ± 0,03	8,44^{c} ± 0,91	0,27^{bc} ± 0,04	0,24^{b} ± 0,03	0,09^{b} ± 0,00	14,27^{c} ± 1,11
6	1,47^{d} ± 0,19	1,10^{c} ± 0,08	4,41^{d} ± 0,48	0,02^{d} ± 0,00	0,34^{b} ± 0,01	0,05^{b} ± 0,01	7,05^{d} ± 0,73
7	0,89^{e} ± 0,02	1,31^{c} ± 0,31	4,45^{d} ± 0,46	0,02^{d} ± 0,00	0,40^{b} ± 0,04	0,07^{b} ± 0,00	7,15^{d} ± 0,70
8	1,07^{e} ± 0,03	0,33^{d} ± 0,01	3,56^{d} ± 0,12	0,05^{d} ± 0,00	0,02^{c} ± 0,00	0,07^{b} ± 0,00	5,10^{e} ± 0,22
9	1,06^{e} ± 0,04	0,33^{d} ± 0,01	3,69^{d} ± 0,12	0,04^{d} ± 0,00	0,03^{c} ± 0,00	0,07^{b} ± 0,01	5,22^{e} ± 0,21
10	0,98^{e} ± 0,03	0,37^{d} ± 0,03	3,72^{d} ± 0,06	0,04^{d} ± 0,00	0,04^{c} ± 0,01	0,09^{b} ± 0,04	5,24^{e} ± 0,11

Fonte: Rossi et al. (2004).

- Os valores apresentados referem-se às médias ± desvios padrões de três determinações.

- Médias com letras iguais em uma mesma coluna não diferem significativamente entre si (p ≤ 0,05).

1 = soja com casca;
2 = soja sem casca;
3 = soja cozida;
4 = água de cozimento;
5 = resíduo ("okara");
6 = "leite" não pasteurizado;
7 = "leite" pasteurizado;
8 = mistura básica (antes do tratamento térmico);
9 = mistura básica (após o tratamento térmico);
10 = "iogurte" de soja.

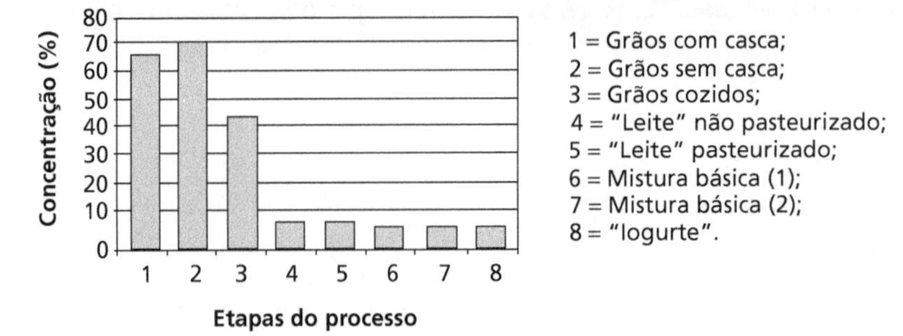

Figura 4.5 Concentração total de isoflavonas (mg/100 g) nas amostras integrais correspondentes as diferentes etapas do processamento do produto fermentado ("iogurte" de soja).

Fonte: Rossi et al. (2004).

Figura 4.6 Esquema ilustrativo das etapas de preparo da farinha de soja enriquecida com isoflavonas.

Fonte: Rossi (2002).

Em decorrência dessa baixa concentração de isoflavonas no produto acabado, foi desenvolvido, também por pesquisadores do Labtec/FCF/Unesp, um processo de suplementação utilizando um produto comercial denominado de Isoflavin®, procedente da Galena, contendo 40% de isoflavonas. Quantidades apropriadas foram dissolvidas em sorbitol e incorporadas ao "iogurte" depois de pronto e resfriado, o qual passou a apresentar uma concentração de isoflavonas semelhante à observada no grão de soja *in natura*.

Uma forma de suplementação indireta também foi desenvolvida a partir de uma farinha do resíduo de soja ("okara") que, conforme mostrado na Tabela 4.5, apresenta cerca de 21% das isoflavonas naturalmente presentes na soja. Essa farinha, depois de processada, foi suplementada com Isoflavin®, também dissolvido em sorbitol. Na Figura 4.6, é apresentado um esquema ilustrativo do preparo da farinha. Nesse caso, a farinha só foi adicionada ao produto fermentado no momento do consumo.

Embora as isoflavonas apresentem um sabor amargo e fortemente adstringente, o processo de suplementação, nas concentrações utilizadas, não interferiu nas características sensoriais do produto, independentemente da forma de suplementação empregada. Nos testes sensoriais realizados, foram avaliados parâmetros como sabor, odor, textura, cor e impressão global.

Não especificamente ao "iogurte", mas a outros produtos fermentados de soja, vários estudos já foram realizados no sentido de identificar microrganismos e componentes produzidos durante a fermentação, que afetam diretamente a aceitação. O emprego do *Lactobacillus delbrueckii* ssp. *bulgaricus* fornece produto de melhor aceitação do que aqueles fermentados apenas com o *Streptococcus thermophilus*. Tal fato deve-se à capacidade dos microrganismos em produzir diferentes concentrações de aldeídos, tais como o n-pentanal e o n-hexanal, os quais são responsáveis por um sabor bastante desagradável.

Alguns microrganismos empregados no processo fermentativo da soja podem apresentar uma atividade considerável da enzima α-galactosidase, atribuindo ao produto uma característica interessante, como, por exemplo, a de reduzir os níveis de oligossacárides, normalmente presentes na soja, os quais atuam como agentes causadores de flatulência.

4.3.2 Efeitos funcionais

Em se tratando de efeitos funcionais, torna-se importante apresentar, primeiramente, algumas considerações a respeito dessa propriedade que alguns alimentos possuem.

Os alimentos funcionais são estudados e desenvolvidos para, além de cumprir sua função nutricional básica, resultar em benefícios à saúde, como auxiliar na redução de doenças crônico-degenerativas.

O Brasil é um dos poucos países que apresentam uma legislação específica para alimentos funcionais. Trata-se da portaria 398 do Ministério da Saúde, publicada em 30/04/1999. Entre outros itens, a portaria define alimentos funcionais como: "São alimentos consumidos como parte da dieta usual, que produzem efeitos metabólicos ou fisiológicos e/ou capacidade de reduzir o risco de doenças crônico-degenerativas, além das suas funções nutricionais básicas. Tais propriedades têm que ser comprovadas junto às autoridades competentes, quando do registro do alimento ou do novo rótulo".

Outro aspecto importante da legislação refere-se a uma condição que determina que "as alegações podem fazer referências à manutenção geral da saúde, ao papel fisiológico dos nutrientes e à redução de risco a doenças. Não são permitidas alegações de saúde que façam referência à cura ou prevenção de doenças".

Como já mencionado anteriormente, a soja possui um grande número de componentes bioativos, o que a classifica como um alimento funcional. Nesse sentido é que muitos estudos foram realizados, visando demonstrar a capacidade do "iogurte" de soja em reduzir o risco de uma série de doenças crônico-degenerativas. É válido ressaltar que os efeitos observados não são decorrentes, exclusivamente, dos componentes bioativos da soja, mas também da ação dos microrganismos utilizados no processo fermentativo, em particular do *Enterococcus faecium*.

Pesquisadores do Labtec/FCF/Unesp já demonstraram os seguintes efeitos do "iogurte" de soja:

- efeito hipocolesterolemiante;
- efeito estimulador do sistema imune;
- efeito preventivo da osteoporose;
- efeito inibidor do câncer de mama;
- efeito inibidor do câncer de cólon.

4.3.2.1 Efeito hipocolesterolemiante

A soja, por si só, apresenta uma série de componentes que atuam favoravelmente na redução dos níveis do colesterol sérico. Um deles refere-se à presença do ácido fítico que é capaz de quelar o zinco, permitindo, dessa forma, uma maior absorção do cobre, mineral que apresenta a capacidade de auxiliar na redução do colesterol. Outros componentes auxiliares, as fibras, também atuam nessa redução de dois modos: por meio do aumento do trânsito intestinal fazendo, dessa forma, com que haja a diminuição na absorção de alguns constituintes da dieta, entre eles o colesterol e, por meio da presença de um tipo específico de fibra, as beta-glucanas, que estimulam a síntese de ácidos biliares às custas do colesterol circulante, reduzindo, assim, a sua concentração. Outro fator diz respeito à composição dos aminoácidos – a soja possui um teor mais elevado de lisina e mais baixo de arginina –, condição que favorece a redução do colesterol, sendo esta também auxiliada pelos inibidores de tripsina, que, embora sejam considerados como um dos fatores antinutricionais da soja, sabe-se, hoje, que são capazes de estimular a síntese de colecistoquinina que, por sua vez, estimula a vesícula biliar, aumentando, assim, a secreção de bílis por conta de um consumo maior do colesterol circulante. Portanto, atualmente, já se recomenda que a inativação desses fatores em produtos de soja não seja total. A presença das proteínas da soja, especialmente as frações 11S e 7S (globulinas), são apontadas como possivelmente capazes de promover um estímulo dos receptores hepáticos de alta afinidade pelo LDL-colesterol. Em animais hipercolesterolêmicos, já se constatou o efeito positivo na redução do colesterol ao se utilizar uma dieta adicionada de globulina 7S. Finalmente, a presença das isoflavonas também contribui para o abaixamento do colesterol total e, principalmente, inibindo a oxidação da fração LDL e, consequentemente, a formação de placas de ateroma.

Aliado a todos esses efeitos inerentes à soja, a presença de bactérias láticas, como ocorre nos produtos fermentados de soja, em particular no "iogurte", pode desempenhar um papel importante na redução do colesterol sérico. Nesse sentido, tem sido amplamente investigada a capacidade de certas bactérias láticas em "assimilar", *in vitro,* o colesterol, ou mesmo de reduzir seus níveis séricos, tanto em animais de experimentação como em humanos, ao consumirem produtos por elas fermentados. Contudo, verificam-se também estudos que não comprovam tal capacidade. Diferenças quanto aos delineamentos experimentais, características dos indivíduos estudados, cepas utilizadas e doses empregadas, podem explicar as conclusões conflitantes entre o grande número de estudos já realizados nesse sentido.

A habilidade do *Lactobacillus acidophilus, do Lactobacillus delbrueckii* ssp. *bulgaricus* (microrganismo presente nos iogurtes) e do *Bifidobacterium bifidum* tem sido demonstrada em ensaios *in vitro*. Com relação ao *L. acidophilus,* foi constatada, também, a sua efetividade em ensaios *in vivo*.

Outras bactérias láticas, como cepas específicas do *L. johnsonii* e *L. reuteri*, todas com alta atividade de hidrolase, tolerantes a valores baixos de pH e resistentes a sais biliares, têm se mostrado eficazes na redução dos níveis séricos de colesterol em porcos.

Foi demonstrada, por pesquisadores do Labtec/FCF/Unesp, a capacidade de redução *in vitro* do colesterol por várias cepas do *Enterococcus faecium*, um microrganismo comumente encontrado no trato intestinal do homem. As cepas com maior atividade redutora de colesterol estão apresentadas na Figura 4.7.

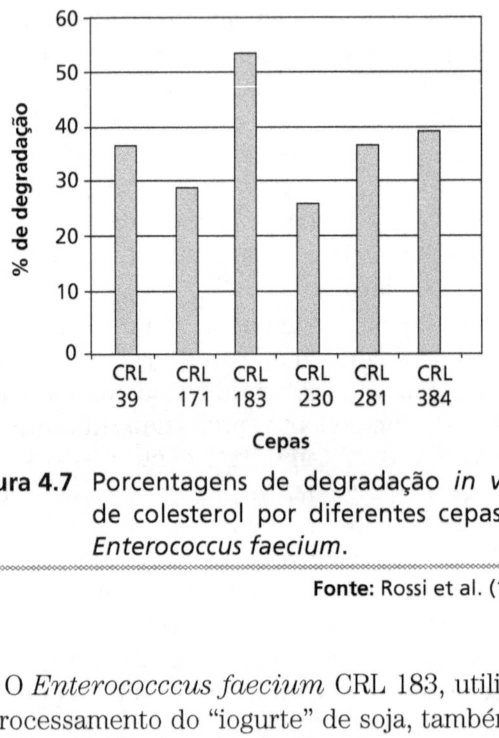

Figura 4.7 Porcentagens de degradação *in vitro* de colesterol por diferentes cepas de *Enterococcus faecium*.

Fonte: Rossi et al. (1994).

O *Enterococccus faecium* CRL 183, utilizado no processamento do "iogurte" de soja, também foi capaz de reduzir os níveis séricos do colesterol total em 18,5% e de aumentar a fração HDL em 18% em coelhos hipercolesterolêmicos. Resultados semelhantes foram também observados pelos mesmos pesquisadores em ratos hipercolesterolêmicos. Já em indivíduos do sexo masculino, normocolesterolêmicos e com idade entre 40 a 55 anos, o mesmo produto foi eficaz na elevação da fração HDL em 10%, mantendo inalterados os níveis do LDL – colesterol e do colesterol total. As Figuras 4.8, 4.9, 4.10 e 4.11, mostram a evolução desses parâmetros lipídicos, inclusive dos triglicerídeos, durante o período de estudo de seis semanas em humanos.

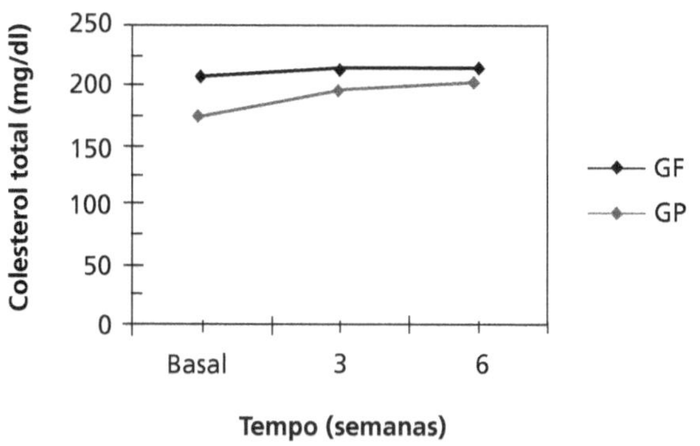

Figura 4.8 Efeito do produto fermentado e placebo sobre os níveis de colesterol total.

Fonte: Rossi et al. (2003).
GF = grupo que consumiu produto fermentado;
GP = grupo que consumiu placebo (produto não fermentado, ou seja, sem o *E. faecium* CRL 183).

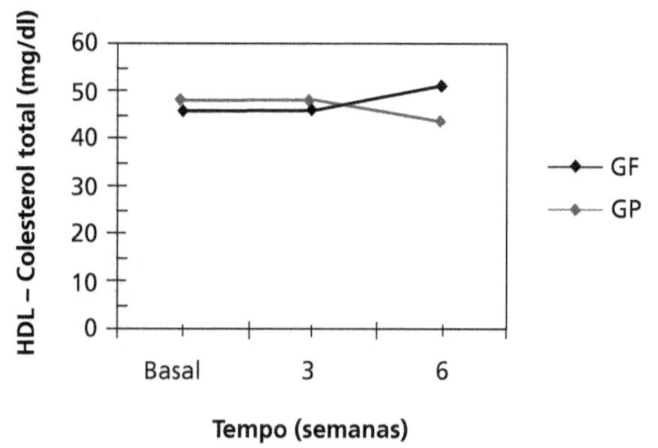

Figura 4.9 Efeito do produto fermentado e placebo sobre os níveis de HDL-colesterol.

Fonte: Rossi et al. (2003).
GF = grupo que consumiu produto fermentado;
GP = grupo que consumiu placebo (produto não fermentado, ou seja, sem o *E. faecium* CRL 183).

A eficácia na redução do colesterol sérico tem sido demonstrada como sendo cepa-específica, isto é, o efeito é restrito a algumas cepas de determinadas bactérias láticas. Também já se sabe da necessidade dessas bactérias serem resistentes à ação dos sais biliares e ao meio de anaerobiose (condições verificadas no trato intestinal), para que possam impedir a absorção de pelo menos parte do colesterol ingerido na dieta.

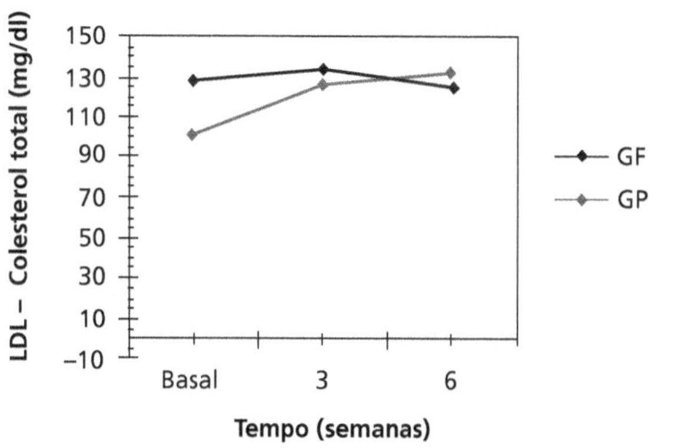

Figura 4.10 Efeito do produto fermentado e placebo sobre os níveis de LDL-colesterol.

Fonte: Rossi et al. (2003).
GF = grupo que consumiu produto fermentado;
GP = grupo que consumiu placebo (produto não fermentado, ou seja, sem o *E. faecium* CRL 183).

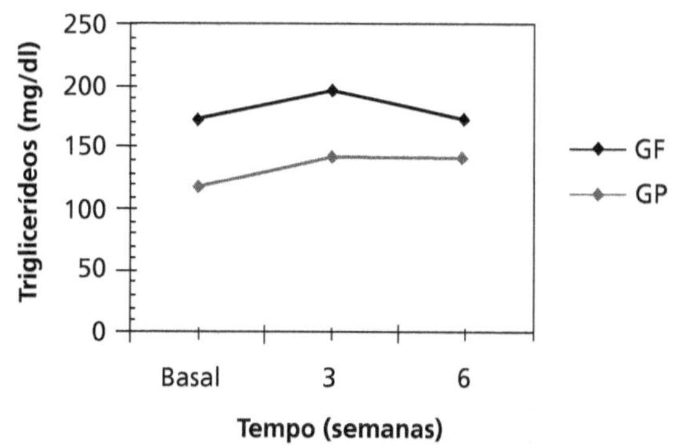

Figura 4.11 Efeito do produto fermentado e placebo sobre os níveis de triglicerídeos.

Fonte: Rossi et al. (2003).
GF = grupo que consumiu produto fermentado;
GP = grupo que consumiu placebo (produto não fermentado, ou seja, sem o *E. faecium* CRL 183).

Alguns compostos, como o ácido orótico, ácido úrico e ácido hidroximetilglutárico, já foram identificados em pequenas quantidades em produtos fermentados por bactérias láticas, os quais seriam responsáveis por parte da ação hipocolesterolemiante observada em tais produtos.

Outro possível mecanismo proposto para explicar a capacidade de determinadas bactérias láticas em reduzir o colesterol seria a habilidade desses microrganismos em desconjugar sais biliares, tornando-os insolúveis e provocando a coprecipitação do colesterol ingerido por meio da dieta. Por outro lado, uma maior excreção de sais biliares, decorrente da desconjugação por ação da hidrolase presente em determinadas bactérias láticas, pode levar a uma maior utilização do colesterol, determinando uma redução nos níveis desse esterol circulante no sangue.

Embora vários estudos indiquem que certas bactérias láticas apresentam capacidade de reduzir os níveis de colesterol, os mecanismos pelos quais esse efeito é alcançado não estão ainda totalmente esclarecidos. Por outro lado, uma diminuição do colesterol deve ser avaliada biologicamente, isto é, quais níveis de redução são necessários para se obter um efeito significativo sobre a saúde.

4.3.2.2 Efeito estimulador do sistema imune

Dentre as várias ações benéficas apresentadas pelos produtos probióticos (aqueles contendo células viáveis de microrganismos probióticos), pode-se destacar a imunoestimulação e a imunomodulação. Nesse sentido, muitos estudos já foram realizados demonstrando a capacidade das bactérias láticas em aumentar a resposta imune não específica mediante o aumento da fagocitose de patógenos e, também, da modificação na produção de citocinas.

Também são verificados na literatura, estudos que relatam a migração de macrófagos do peritônio para os linfonodos, resultando em aumento da capacidade de responder a microrganismos invasores, como uma consequência da administração de bactérias láticas.

Os macrófagos constituem-se na segunda maior população celular do sistema imune. Eles são provenientes da medula óssea, como monócitos, e, após maturação, migram para diversos tecidos na forma de macrófagos. Dentre as principais funções dos macrófagos pode-se destacar a fagocitose de partículas estranhas, a apresentação de antígenos e a produção de citocinas e de compostos intermediários do nitrogênio (NO) e do oxigênio (H_2O_2), sendo esses dois últimos de grande importância na destruição ou inibição do desenvolvimento de bactérias, fungos, parasitas e células tumorais. De maneira geral, pode-se afirmar que os macrófagos exercem importante função na defesa do hospedeiro contra infecções e formação de tumores.

Estudos sobre o efeito de bactérias láticas específicas, como o *Lactobacillus casei* e o *Lactobacillus delbrueckii* ssp. *bulgaricus,* sobre o sistema imune, especialmente sobre a ativação de macrófagos, foram realizados em camundongos. Já se verificou que a atividade enzimática e a capacidade de fagocitose dos macrófagos foram muitas vezes superiores quando tais bactérias foram administradas por via intraperitoneal e por via oral em relação ao grupo controle (sem administração das bactérias). Com base nesse tipo de estudo, atualmente, vem sendo sugerido que a ingestão de lactobacilos, por exemplo, pode representar uma via de estimulação não específica capaz de aumentar a resposta imune, sistêmica ou modular, às funções de células imunocompetentes.

Muitos outros estudos semelhantes são encontrados na literatura, apenas mudando o gênero, a espécie ou mesmo a cepa das bactérias láticas utilizadas na obtenção de bebidas fermentadas. Nesse sentido, juntamente com as duas bactérias anteriormente citadas, o *L. acidophilus* e o *S. thermophilus* têm sido as mais estudadas quanto à capacidade de modular o sistema imune.

O "iogurte" de soja fermentado com o *Enterococcus faecium* CRL 183 e o *Lactobacillus helveticus* ssp. *jugurti* 416 foi avaliado também por nosso grupo de pesquisadores quanto ao efeito sobre a resposta imune decorrente de sua ingestão diária por camundongos Balb/c machos (estudo desenvolvido no Labtec/FCF/Unesp em conjunto com o Laboratório de Imunologia Clínica/FCF/UNESP). Foram determinadas as citocinas liberadas por macrófagos (IL-1; IL-6; IL-12 e TNF-α), os intermediários reativos do nitrogênio (NO) e do oxigênio (H_2O_2), além do IFN-γ. O estudo, que teve duração de dez dias, com administração diária de 1 mL do "iogurte" de soja, estabeleceu como parâmetros de referência um grupo sem administração do "iogurte" e outro com administração de um produto não fermentado, isto é, uma bebida também à base de soja, com todos os constituintes do "iogurte", exceto os microrganismos, portanto, um produto não fermentado. A acidificação foi feita por meio da adição direta de ácido lático, até que o mesmo valor de pH (4,4) do "iogurte" fosse alcançado.

Os resultados evidenciaram que o "iogurte" de soja apresentou uma maior capacidade de indução na liberação de todas as citocinas avaliadas, inclusive do IFN-γ, quando estimuladas com LPS (lipopolissacarídeo de *E. coli*), em relação ao produto não fermentado. Efeito semelhante também foi observado nas avaliações do óxido nítrico (NO) e do peróxido de hidrogênio (H_2O_2), evidenciando que a bebida fermentada, contendo células viáveis de *Enterococcus faecium* CRL 183 e *Lactobacillus helveticus* ssp. *jugurti* 416, foi realmente capaz de promover a estimulação do sistema imune.

4.3.2.3 Efeito preventivo da osteoporose

A osteoporose é caracterizada como um distúrbio causado pela diminuição de massa óssea e deterioração da microarquitetura do tecido ósseo, provocado por diversos fatores, dentre eles, mecânicos, genéticos, nutricionais e hormonais.

As mulheres na fase da menopausa, em decorrência da falta dos hormônios estrogênicos, representam a população mais vulnerável à osteoporose, uma vez que esses hormônios desempenham papel importante na diminuição da reabsorção óssea.

Somente em 2003, cerca de um milhão de mulheres tornaram-se inválidas em decorrência da osteoporose, o que representou para o governo um gasto de aproximadamente R$ 30 milhões. Tal situação demonstra, claramente, a importância em investir na prevenção dessa doença.

A Terapia de Reposição Hormonal (TRH) tem sido apresentada como uma das alternativas mais eficazes no combate à osteoporose, mostrando-se capaz de reduzir a taxa de perda óssea e diminuir, portanto, o risco de fraturas, especialmente as de quadril. Entretanto, segundo um grande número de pesquisadores, essa terapia vem acompanhada de vários efeitos indesejáveis como, por exemplo, o aumento do risco de câncer de mama e de endométrio.

Ultimamente, as isoflavonas, por apresentarem estrutura química semelhante a dos estrógenos, têm sido caracterizadas como moduladores seletivos de receptores estrogênicos (SERMs) naturais com benefícios para os ossos semelhantes aos dos hormônios estrogênicos.

A baixa incidência de osteoporose em mulheres asiáticas, aliada ao efeito hormonal das isoflavonas, tem despertado o interesse dos pesquisadores no sentido de demonstrar a eficácia desses fitoestrógenos e, sobretudo, de entender o mecanismo de ação exercido por eles.

Nesse sentido, muitos estudos têm sido conduzidos com roedores ovariectomizados, portanto, sem produção de estrógenos, demonstrando que as isoflavonas, isoladas ou associadas às proteínas da soja, são eficazes na redução da perda de massa óssea decorrente da ausência de estrógenos.

Frente à grande quantidade de resultados favoráveis, as isoflavonas estão sendo consideradas como uma alternativa eficaz a TRH, inclusive por não apresentarem nenhum risco à saúde ou efeitos colaterais indesejáveis.

Recentemente, foram desenvolvidos, no Labtec/FCF/Unesp, dois estudos com o objetivo de evidenciar uma provável ação do consumo do "iogurte" de soja fermentado com *Enterococcus faecium* CRL 183 e *Lactobacillus helveticus* ssp. *jugurti* 416 e suplementado com isoflavonas. No primeiro estudo, o "iogurte" foi suplementado, também, com cálcio, uma vez que a concentração desse mineral é relativamente baixa nesse tipo de produto.

Para a suplementação de isoflavonas, foi utilizado o produto Isoflavin® (Galena) em concentração de 0,7 mg/mL do "iogurte" e para a suplementação do cálcio, utilizou-se o citrato tribásico na concentração de 0,6 mg/mL do produto.

O "iogurte" de soja, devidamente suplementado, foi administrado, durante três meses, a vários grupos de ratas ovariectomizadas, cujas tíbias e fêmures foram avaliadas em relação a vários parâmetros.

Os resultados mostraram que o "iogurte" em estudo foi capaz, não só de exercer um efeito protetor sobre a largura das trabéculas de fêmures, como também de prevenir o ganho de peso corpóreo dos animais, condição normalmente observada nas mulheres em menopausa.

De acordo com vários autores, a genisteína (uma das isoflavonas encontradas na soja) é capaz de exercer uma redução da lipogênese e um aumento da lipólise em adipócitos isolados de ratos. Por outro lado, também já foi demonstrado em mulheres, que as isoflavonas são capazes de controlar o metabolismo lipídico e a obesidade.

Entretanto, o mais importante desse estudo foi a observação de que nem as isoflavonas, nem o cálcio, de forma isolada, foram responsáveis pelos efeitos observados, mas sim o produto como um todo, evidenciando o papel dos constituintes do "iogurte", principalmente dos microrganismos (*E. faecium*) e do processo de fermentação.

A seguir, são apresentadas as Figuras 4.12 e 4.13 que ilustram a microarquitetura de uma região do fêmur de animais submetidos a diferentes tratamentos.

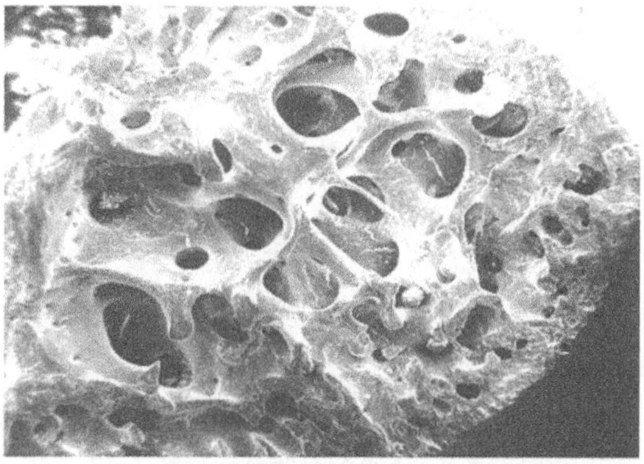

Figura 4.12 Micrografia eletrônica de varredura (aumento de 35 vezes) de fêmur esquerdo de animal ovariectomizado e que ingeriu diariamente o "iogurte" de soja fermentado com o *E. faecium* CRL 183 e suplementado com isoflavonas e cálcio.

Fonte: Bedani (2005).

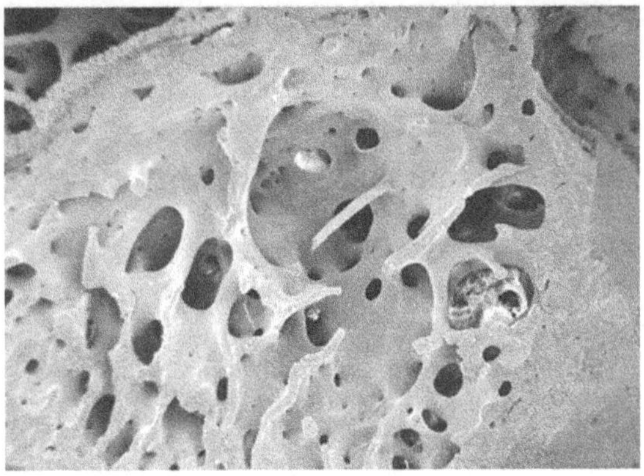

Figura 4.13 Micrografia eletrônica de varredura (aumento de 35 vezes) de fêmur esquerdo de animal ovariectomizado, sem a ingestão do "iogurte" de soja.

Fonte: Bedani (2005).

No segundo estudo relativo à osteoporose, os animais, também ovariectomizados, receberam dose diária do "iogurte" de soja suplementado apenas com isoflavonas e foram submetidos a um procedimento de exercício físico resistido. Tanto as tíbias como os fêmures foram avaliados quanto à densitometria óssea e o sangue quanto à atividade da enzima fosfatase alcalina, a qual se encontra sempre aumentada nos processos de formação óssea.

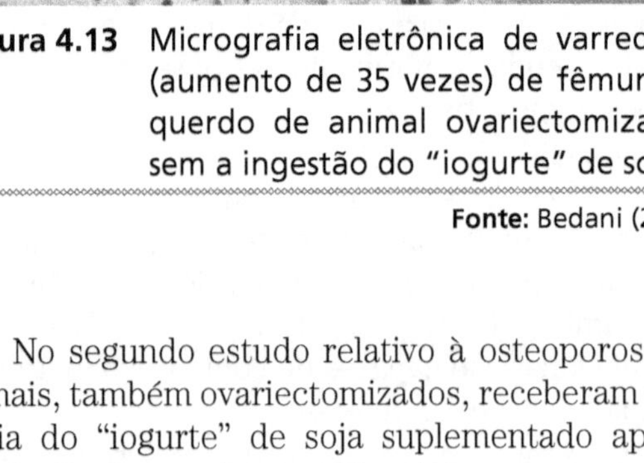

Figura 4.14 Valores médios da Densidade Mineral Óssea (DMO – mg/cm^2) de fêmures pertencentes a animais submetidos a diferentes tratamentos.

Fonte: Shiguemoto (2005).

G1 = grupo ovariectomizado + "iogurte" suplementado;
G2 = grupo ovariectomizado + "iogurte" suplementado + exercício resistido;
G3 = grupo ovariectomizado + exercício resistido;
G4 = grupo ovariectomizado;
G5 = grupo não ovariectomizado.

Os resultados mostraram que o "iogurte" de soja fermentado com *E. faecium* CRL 183 e suplementado com isoflavonas, quando associado ao exercício físico resistido, foi mais eficaz sobre o metabolismo ósseo das ratas ovariectomizadas, indicando efeito sinérgico entre os tratamentos no sentido de inibir a atividade osteoclástica e de estimular a osteoblástica. O "iogurte" suplementado, por si só, foi capaz de manter a massa óssea das ratas ovariectomizadas, demonstrando a capacidade de manter um equilíbrio entre atividade osteoclástica e osteoblástica.

Na Figura 4.14, são apresentados os resultados da densitometria óssea nos diferentes grupos estudados.

4.3.2.4 Efeito inibidor do câncer de mama

Dentre todos os tipos de câncer, o de mama é, sem dúvida, um dos que mais levam mulheres a óbito. Segundo o Instituto Nacional do Câncer – Inca (Brasil), no ano de 2005, ocorreram cerca de 45.000 novos casos e, destes, aproximadamente 10.000 foram a óbito.

De acordo com muitos estudos epidemiológicos, as mulheres asiáticas são as que apresentam o menor índice de câncer de mama, um tipo de câncer hormônio-dependente.

O ciclo menstrual das mulheres ocidentais é, em média, de 28 a 29 dias, enquanto o das japonesas é de 32 dias, e estas apresentam de 29 a 30% menos estrogênio no plasma, demonstrando que o prolongamento do ciclo menstrual diminui em 4-5% o risco de câncer de mama.

O estrogênio tende a promover a divisão celular (mitose), particularmente em tecidos sensíveis aos hormônios, como o da mama e do útero. O risco de câncer de mama pode ser aumentado com a maior exposição a esse hormônio, razão pela qual a Terapia de Reposição Hormonal (TRH) para mulheres na menopausa, como forma de prevenir a osteoporose, tem sido motivo de controvérsias.

Estudos epidemiológicos também têm demonstrado que o consumo de alimentos fermentados está relacionado com a diminuição de câncer. Pesquisadores franceses estudaram mulheres com câncer de mama e mulheres saudáveis, e encontraram associação positiva entre o consumo de gordura e o risco de câncer de mama, e associação negativa entre o uso frequente de iogurte e risco de câncer de mama.

Pesquisadores do Laboratório de Imunologia Clínica/FCF/Unesp e do Labtec/FCF/Unesp concluíram, recentemente, um estudo que teve por objetivo avaliar o efeito do consumo do "iogurte" de soja fermentado com *Enterococcus faecium* CRL 183 e *Lactobacillus helveticus* ssp. *jugurti* 416 por animais com tumor de mama murino. Foram utilizados camundongos fêmeas Balb/c, inoculadas com linhagem tumoral de adenocarcinoma murino LM3. Os animais iniciaram o consumo do "iogurte" de soja (1 mL/dia) dez dias antes da inoculação tumoral e prosseguiram com o produto até o momento de serem sacrificados.

Os resultados evidenciaram que os animais que consumiram o "iogurte" de soja apresentaram uma maior contenção dos tumores em relação ao grupo-controle e um número menor de vasos sanguíneos no local dos tumores, isto é, uma menor angiogênese – processo biológico onde novos vasos sanguíneos originam-se por brotamento ou germinação de vasos preexistentes, fator envolvido em processo patológico como crescimento de tumor e metástase. Também foi observada uma menor proliferação celular nos tumores encontrados nesses animais que consumiram o "iogurte".

Na Figura 4.15, são apresentados os valores médios dos números de novos vasos sanguíneos (angiogênese ou neovascularização) nos tumores desenvolvidos nos animais que consumiram e não consumiram o "iogurte" de soja, e foram induzidos ao câncer de mama.

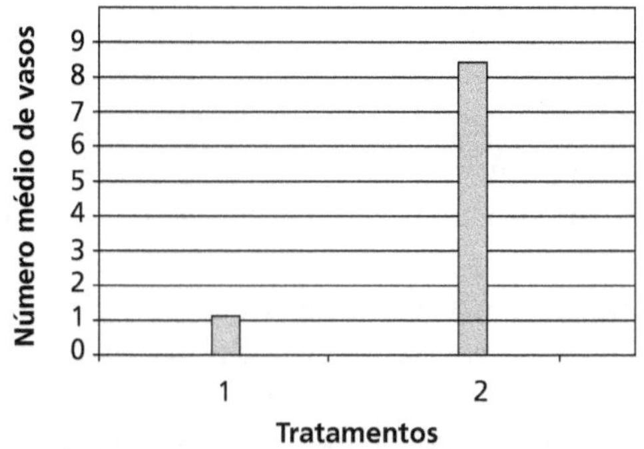

Figura 4.15 Média dos vasos sanguíneos no tumor.

Fonte: Kinouche (2006).

Os vasos foram observados no microscópio óptico em aumento de 400 x e contados, em cada campo visual, em 5 lâminas, em cada grupo analisado. Foi calculada a média do número de vasos por grupo. Os grupos 1 (animais que consumiram o "iogurte" de soja) e 2 (animais que não consumiram o "iogurte" de soja) apresentaram diferença significativa ($p < 0,001$).

4.3.2.5 *Efeito inibidor do câncer de cólon*

Atualmente, o câncer de cólon (intestino grosso) é considerado um sério problema de saúde pública. Dados recentes mostram a liderança do câncer de estômago, pulmão e mama, estando o câncer de cólon em quarta posição. Quando descoberto precocemente, mais de 90% dos pacientes são curados.

Essa doença inicia-se no revestimento das células do cólon. Trata-se de um câncer hereditário, passando de pais para filhos. Os genes, dentro de cada célula, têm estruturas hereditárias que determinam o comportamento e o crescimento da célula. Quando esses genes não têm controle, há uma tendência para o crescimento dos pólipos. As células dentro do pólipo, eventualmente, tornam-se descontroladas, podendo levar ao câncer. O câncer de cólon também pode se desenvolver em outras condições, como, por exemplo, na colite crônica.

Estima-se que em todo mundo haja, aproximadamente, um milhão de novos casos diagnosticados de câncer cólon-retal a cada ano e que meio milhão de pessoas morram anualmente em virtude dessa doença.

A carcinogênese é um processo constituído basicamente por três etapas: iniciação, promoção e progressão, sendo, no câncer de cólon, a primeira fase representada, principalmente, pela formação de focos de criptas aberrantes.

Ao contrário dos humanos, animais como ratos e camundongos raramente desenvolvem câncer de cólon espontaneamente. Com base neste conceito, a carcinogênese química tem sido utilizada para criar alternativas de estudo de câncer de cólon em modelos animais.

Inúmeros compostos químicos, estruturalmente semelhantes à cicasina, têm sido sintetizados, dentre eles a 1,2 dimetilhidrazina (DMH) e o azometano, para a indução química do câncer de cólon em modelos animais.

Para produção de adenomas e adenocarcinomas em roedores, costuma-se injetar doses que variam de 10 a 20 mg/Kg de DMH durante, em média, cem dias. O período de latência é de, aproximadamente, seis meses. A redução de 7 mg/Kg/semana aumenta o período de latência para um ano e reduz o número de tumores. Entretanto, uma única dose de DMH (10 mg/Kg) produz neoplasias no cólon após um período de latência de 15 a 20 meses.

A evolução morfológica das colônias neoplásicas já foi bem estudada em ratos sacrificados em diversos tempos, após o início da administração do DMH. Após cinco a 12 semanas da indução química, inicia-se uma hiperplasia nas células do cólon, e depois de dez a 15 semanas começa o aparecimento de criptas aberrantes. Adenocarcinomas só iniciam seu desenvolvimento depois de 12 a 18 semanas, sendo que entre 18 a 30 semanas estão visíveis e presentes na maioria dos animais induzidos.

Vários pesquisadores têm proposto que a transformação do epitélio normal do cólon a carcinoma envolve uma inibição progressiva da apoptose. Assim, é comum encontrar estudos que determinam a apoptose como um possível biomarcador na avaliação do desenvolvimento do processo de carcinogênese.

Ultimamente, muitos estudos têm sido realizados com a finalidade de verificar os efeitos anticarcinogênicos das culturas láticas e de produtos fermentados, principalmente na supressão e na redução de tumores em animais de laboratório, e na redução dos níveis de enzimas fecais em humanos.

Existem evidências que apoiam a possibilidade de que determinadas bactérias láticas reduzem ou, ao menos, retardam o desenvolvimento de tumores, particularmente os de cólon. Em humanos, esse efeito tem sido observado, mas de maneira indireta. Essa observação pode ser devida à capacidade das bactérias láticas alterarem a atividade de enzimas fecais como a azorredutase e a nitrorredutase, ambas provenientes do metabolismo da microflora intestinal, as quais podem catalisar a conversão de compostos pró-carcinogênicos a carcinogênicos, sendo consideradas, pois, importantes no desenvolvimento do câncer de cólon.

Alguns resultados de pesquisas têm demonstrado que o *L. acidophilus* é capaz de retardar o desenvolvimento de câncer de cólon quimicamente induzido em ratos. A partir da vigésima semana de indução, apenas 40% dos animais que receberam doses diárias de leite fermentado com o microrganismo em questão desenvolveram tumores no cólon, contra 77% dos animais do grupo controle.

Outros estudos demonstraram, também, a capacidade do *Lactoccocus lactis*, do *Lactobacillus casei* e do *Lactobacillus delbrueckii* spp. *bulgaricus* na redução do número de tumores de cólon em ratos quimicamente induzidos. Alguns pesquisadores sugerem que determinados metabólitos produzidos por esses microrganismos durante o processo fermentativo ou mesmo determinados componentes de suas paredes celulares, como glicopeptídeos, atuariam como fator antitumoral, com ação direta sobre as células cancerígenas ou por meio de uma ação estimuladora sobre o sistema imune, com consequente efeito sobre o desenvolvimento do tumor.

Além das bactérias láticas, o cálcio aparece como outro fator de prevenção do câncer de cólon. Há muitos trabalhos que contribuem para a teoria de que a suplementação de cálcio na alimentação pode inibir o desenvolvimento desse tipo de câncer. Dentre eles, vários estudos epidemiológicos evidenciaram que regiões onde o consumo de cálcio é grande há um baixo índice de câncer de cólon.

Uma das hipóteses do mecanismo de ação do cálcio prevenindo o aparecimento do câncer de cólon é a de que ele possa se ligar aos ácidos biliares e ionizar os ácidos graxos, promovendo assim a proliferação das células epiteliais no cólon.

Recentemente, pesquisadores do Labtec/FCF/Unesp concluíram um estudo cujo objetivo foi investigar o potencial funcional do "iogurte" de soja fermentado com *Enterococcus faecium* CRL 183 e *Lactobacillus helveticus* ssp. *jugurti* 416 e suplementado com cálcio no desenvolvimento do câncer de cólon quimicamente induzido em ratos. O experimento foi considerado de longo termo (oito meses) e avaliou vários aspectos relativos ao desenvolvimento do câncer de cólon, dentre eles o histológico, o bioquímico e o imunomodulador. Quanto ao planejamento experimental, foram constituídos seis grupos de animais: I – controle (animais sadios); II – animais com câncer de cólon induzido; III – animais com câncer de cólon + ingestão do "iogurte" de soja; IV – animais com câncer de cólon + ingestão do "iogurte" de soja suplementado com cálcio; V – animais com câncer de cólon + ingestão de produto a base de soja não fermentado; e VI – animais com câncer de cólon + ingestão de suspensão do cultivo puro de *Enterococcus faecium* CRL 183.

Os resultados evidenciaram que os animais que consumiam o "iogurte" de soja suplementado com cálcio apresentaram uma incidência menor de tumores de cólon em relação aos que consumiram o "iogurte" sem suplementação com cálcio. Entretanto, os melhores resultados foram obtidos com os animais que consumiram a suspensão do cultivo puro do *Enterococcus faecium* CRL 183. Tais observações confirmam a capacidade do "iogurte" de soja para inibição do câncer de cólon, principalmente quando associado ao cálcio. A ação benéfica do *Enterococcus faecium* CRL 183 e do cálcio ficou bem evidente nos resultados obtidos nas análises de Focos de Criptas Aberrantes (FCA), demonstrando um efeito protetor na etapa de iniciação da carcinogênese. Nas outras etapas do desenvolvimento do câncer, promoção e progressão, as demais análises histológicas também demonstraram o mesmo efeito protetor do

Enterococcus faecium CRL 183. Esses efeitos, de certa forma, podem ser explicados pelos resultados imunológicos que demonstraram a existência de uma estreita relação entre consumo do *Enterococcus faecium* utilizado na fermentação do "iogurte" de soja, aumento da concentração de citocinas como a IL-4, TNF-α e IFN-γ, inibição da liberação de H_2O_2 e diminuição da incidência de adenocarcinomas.

Na Tabela 4.6, apresentada a seguir, constam os resultados das análises dos FCA (fase inicial do processo de desenvolvimento do câncer) para os diferentes grupos estudados.

Tabela 4.6 Efeito do "iogurte" de soja contendo *E. faecium* CRL 183 sobre Focos de Criptas Aberrantes (FCA).

Grupo	Número total de FCA	Total FCA/ mm²	Número de Criptas/FCA
Grupo I	0,0 ± 0,0	0,0 ± 0,0	0,0 ± 0,0
Grupo II	310,42 ± 120,1[a]	0,1 ± 0,04[a]	3,49 ±1,63[a]
Grupo III	228,72 ± 158,7[ad]	0,1 ± 0,09[ad]	2,91 ± 0,68[a]
Grupo IV	41,60 ± 71,6[bc]	0,02 ± 0,13[bc]	2,96 ± 0,52[a]
Grupo V	267,34 ± 190,5[a]	0,1 ± 0,07[a]	3,05 ± 0,56[a]
Grupo VI	147,00 ± 111,4[cd]	0,06 ± 0,05[cd]	2,97 ± 0,04[a]

Fonte: Sivieri et al. (2006).

Grupo I: animais sadios que não receberam o produto fermentado;

Grupo II: animais induzidos quimicamente e que não receberam o produto fermentado;

Grupo III: animais induzidos quimicamente e que receberam o produto fermentado não suplementado;

Grupo IV: animais induzidos quimicamente e que receberam o produto fermentado suplementado com cálcio;

Grupo V: animais induzidos quimicamente e que receberam o produto placebo (produto não fermentado);

Grupo VI: animais induzidos quimicamente e que receberam o cultivo puro de *E. faecium* CRL 183.

Médias com letras minúsculas iguais na mesma coluna não diferem estatisticamente entre si (p0 < 05).

A seguir, são apresentadas as Figuras 4.16 e 4.17 que retratam cortes histológicos de cólons de animais não induzidos e induzidos quimicamente com DMH à carcinogênese.

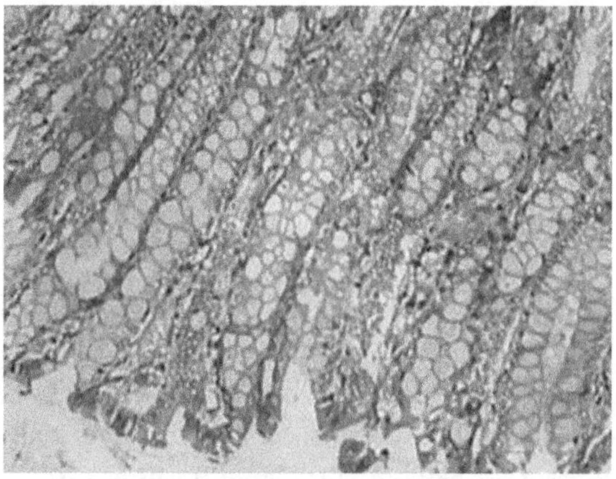

Figura 4.16 Corte histológico (coloração hematoxilina-eosina) do cólon de ratos não induzidos quimicamente.

Fonte: Sivieri et al. (2006).

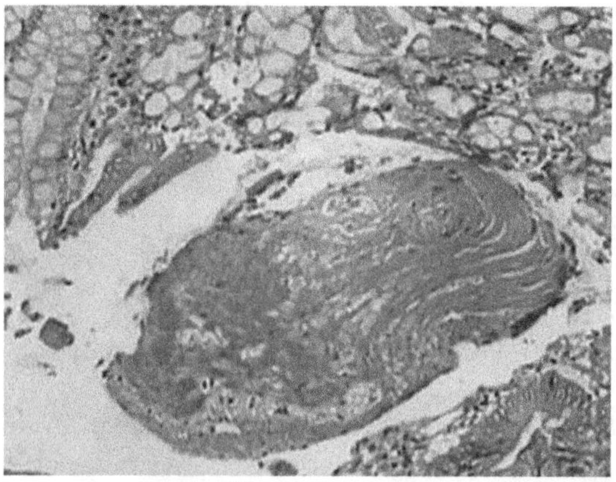

Figura 4.17 Corte histológico (coloração hematoxilina-eosina) do cólon de ratos induzidos quimicamente mostrando a presença de adenocarcinoma.

Fonte: Sivieri et al. (2006).

As Figuras 4.18, 4.19, e 4.20 mostram, respectivamente, cólons de animais pertencentes ao grupo-controle negativo (sem indução química da carcinogênese), de animais do grupo-controle positivo (apenas com a indução química do câncer de cólon) e de animais que tiveram o câncer de cólon induzido quimicamente, mas receberam, diariamente, 1 ml do "iogurte" de soja fermentado com o *Enterococcus faecium* CRL 183 e suplementado com cálcio.

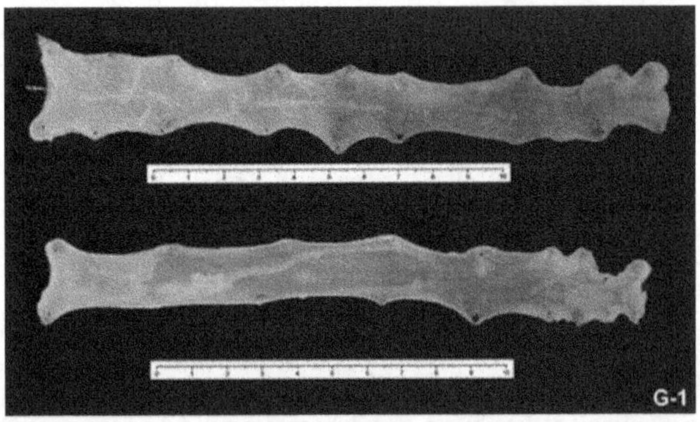

Figura 4.18 Fotografia de cólons distendidos longitudinalmente, de dois animais pertencentes ao grupo-controle: animais sadios e que não receberam o produto fermentado, com ausência de pólipos ou tumores ao final do período de oito meses de estudo.

Fonte: Sivieri et al. (2006).

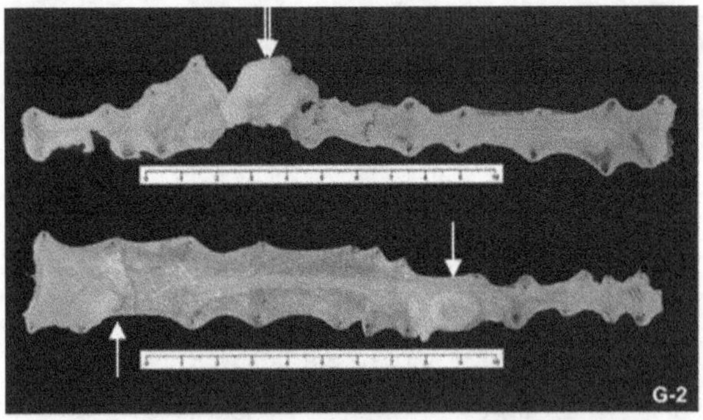

Figura 4.19 Fotografia de cólons distendidos longitudinalmente, de dois animais pertencentes ao grupo-controle positivo: animais induzidos quimicamente e que não receberam o "iogurte" de soja, com presença de múltiplos tumores ou pólipos ao final do período de oito meses de estudo.

Fonte: Sivieri et al. (2006).

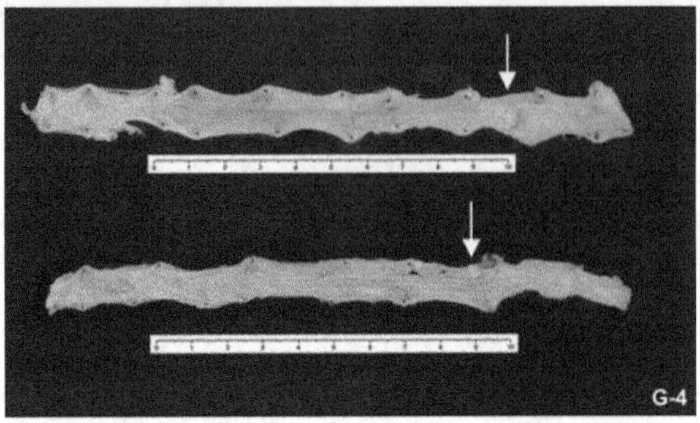

Figura 4.20 Fotografia de cólons distendidos longitudinalmente, de dois animais pertencentes ao grupo induzido quimicamente e que receberam o "iogurte" de soja suplementado com cálcio, com presença de poucos e pequenos tumores ou pólipos ao final do período de oito meses de estudo.

Fonte: Sivieri et al. (2006).

Interessante, também, destacar que os animais pertencentes ao grupo-controle positivo (induzidos quimicamente e que não tomaram o "iogurte" de soja), ao contrário dos demais grupos, apresentaram o desenvolvimento de lesões na Glândula de Zymbal, consequência da ação do indutor químico DMH. Nos demais grupos, também induzidos, os produtos administrados ("iogurte" de soja, "iogurte" de soja suplementado com cálcio e suspensão de cultivo puro de *Enterococcus faecium* CRL 183) foram capazes de inibir o desenvolvimento desse tipo de lesão (Figura 4.21).

Figura 4.21 Estágio final da lesão na Glândula de Zymbal em animal do grupo-controle positivo e que não recebeu o "iogurte" de soja fermentado com *E. faecium* CRL 183 e suplementado com cálcio.

Fonte: Sivieri et al. (2006).

4.4 CONSIDERAÇÕES FINAIS

Frente aos vários relatos apresentados neste capítulo, pode-se afirmar que as bebidas à base de soja, particularmente as fermentadas do tipo "iogurte", sem sombra de dúvidas, apresentam, além do considerável valor nutricional, ações benéficas à saúde, sendo capazes de reduzirem o risco de várias doenças crônico-degenerativas, se caracterizando, dessa forma, como bebidas funcionais.

É evidente que mais estudos envolvendo técnicas e modelos experimentais cada vez mais refinados são necessários, principalmente para se compreender melhor o mecanismo das ações já demonstradas e, mais do que isso, poder estabelecer quantidades recomendadas para consumo e eventuais efeitos de interação com outros alimentos. Perguntas do tipo: "Os microrganismos utilizados no processo fermentativo podem apresentar efeitos indesejáveis?"; "A soja exerce um sinergismo à ação das bactérias láticas?"; "Por quanto tempo o efeito benéfico é evidenciado após a interrupção da ingestão desses produtos?"; e tantas outras deverão ser respondidas muito em breve, uma vez que essa linha de pesquisa se constitui em uma vertente muito forte dentro do campo de alimentos e nutrição, e representa a possibilidade de fornecer uma importante contribuição para a grande área da saúde, permitindo, cada vez mais, a adoção de medidas preventivas às doenças simplesmente por meio da inserção de alguns alimentos especiais aos hábitos alimentares.

BIBLIOGRAFIA

AGNER, A. A. et al. DNA damage and aberrant crypt foci as putative biomarkers to evaluate the chemopreventive effect of annatto (Bixa orellana L.) in rat colon carcinogenesis. **Mutatation Research**, Amsterdam, v. 582, p. 146-154, 2005.

AZEDO S. Suco de soja dispara em vendas. **Gazeta Mercantil**, São Paulo, 22 nov. 2005. p. 1/C-6.

BANERJEE, A. et al. Experimental models of colorectal cancer. **Diseases of the colon and rectum**, Philadelphia, v. 41, n. 4, p. 490-505, 1998.

BAZO, A. P. **Estudo do potencial antimutagênico e anticancerígeno da própolis em ratos Wistar**. 2000. 85f. Dissertação (Mestrado em Ciências Biológicas/Genética) – Instituto de Biociências, Universidade Estadual Paulista, Botucatu, 2000.

BEDANI, R. **Efeito do consumo de "iogurte" de soja suplementado com isoflavonas e cálcio sobre o tecido ósseo de ratas maduras ovariectomizadas**. 2005. 115f. Dissertação (Mestrado em Ciência dos Alimentos) – Faculdade de Ciências Farmacêuticas, Universidade Estadual Paulista, Araraquara, 2005.

BEDANI, R.; ROSSI, E. A. Efeitos da ingestão de "iogurte" de soja suplementado com isoflavonas e cálcio no tecido ósseo de ratas adultas ovariectomizadas. In: SIMPÓSIO LATINO AMERICANO DE CIÊNCIA DE ALIMENTOS, 5., 2003, Campinas. **Resumos**... Campinas: Unicamp, 2003, p. 1.

BEDANI, R. et al. Efeito de um novo produto fermentado de soja, enriquecido com isoflavonas e cálcio, sobre o tecido ósseo de ratas. **Archivos Latinoamericanos de Nutrición**, Caracas, v. 56, p. 146-152, 2006.

BENEDETTI, A. C. E. P. **Monitoramento microbiológico na produção do "leite" de soja na unidade de produção e desenvolvimento de derivados de soja – UNISOJA – FCF – UNESP**. 2001. 82f. Dissertação (Mestrado em Ciência de Alimentos) – Faculdade de Ciências Farmacêuticas, Universidade Estadual Paulista, Araraquara, 2001.

BRASIL. Agência Nacional de Vigilância Sanitária. Ministério da Saúde. Institui, junto à Câmara Técnica de Alimentos, comissão de assessoramento de alimentos funcionais e novos alimentos. Portaria n. 15, de 30 de abril de 1999. **Diário Oficial da União**, Brasília, DF, 03 de maio 1999. Seção 2.

CARÃO-PANIZZI, M. C.; MANDARINO, J. M. G. **Soja**: potencial de uso na dieta brasileira. Londrina: Embrapa, CNPSo, 1998. 16p. (Documento, 113).

FULLER, R. History and development of probiotics. In: FULLER, R. **Probiotics**. New York: Chapman & Hall, 1994, p. 1-8.

GALLEAZZI, M. A. M.; SGARBIERI, V. C. Inactivation and reactivation of trypsin inhibtors in different bean varieties. In: ORGANIZATION OF THE AMERICAN STATES. **Advances in bean research**: chemistry, nutrition, technology. São Paulo: Ed. Universidade de São Paulo, 1988, p. 15-37.

GOLDIN, B. R.; GORBACH, S.L. The effect of milk and lactobacillus feeding on human intestinal bacterial enzyme activity. **The American Journal of clinical nutrition**, Bethesda, v. 39, p. 756-761, 1984.

GORBACH, S. L. Lactic acid bacteria and human health. **Annals of medicine**, Helsinki, v. 22, p. 37-41, 1990.

HAMBLY, R. J. et al. Influence of dietary components associated with high or low of colon cancer on apoptosis in the rat colon. **Food and chemical toxicology**, Oxford, v. 40, p. 801-808, 2002.

HENDERSON, B; BERSTAIN, L. The international variation in breast cancer rates: an epidemiological assessment. **Breast cancer research and treatment**, Boston, v. 18, p. 11S-17S, 1991.

HOLT, P. Dairy foods and prevention of colon cancer human studies. **Journal of the American College of Nutrition**, New York, v. 18, n. 5, p. 379-391, 1999.

KAWAMORI, T. et al. Suppression of azoxymethane-induced rat colon aberrant crypt foci by dietary protocatevhuic acid. **Japonese Journal of cancer research**, Tokio, v. 85, p. 686-691, 1994.

KEY, T. J.; PIKE, M. C. The role of estrogens and progestagens in the epidemiology and prevention of breast cancer. **European journal of câncer & clinical oncology**, New York, v. 1, p. 29-43, 1988.

KINOUCHE, F. L. **"Iogurte" de soja como coadjuvante no tratamento do câncer de mama**. 2006. 85f. Tese (Doutorado em Análises Clínicas) – Faculdade de Ciências Farmacêuticas, Universidade Estadual Paulista, Araraquara, 2006.

KULKARNI, N.; REDDY, B. S. Inhibitory effect of Bifidobacterium longum cultures on the azoxymethane-induced aberrant crypt foci formation and fecal bacteria β-glucorinase. **Proceedings of the Society for Experimental Biology and Medicine**, Malden, v. 207, p. 278-283, 1994.

KUMAR, V.; CONTRAN, R. S.; ROBBINS, S. L. **Patologia básica**. Rio de Janeiro: Guanabara-Koogan, 1994. 608p.

LA MONT, J. T.; GORMAN, T. A. Experimental colon cancer. **Gastroenterology**, Philadelphia, v. 75, p. 1157-1169, 1978.

LAQUER, G. L. The induction of intestinal neoplasm in rats with the glycoside cycasin and its aglycone. **Virchows Archiv für pathologische Anatomie und Physiologie und für Anatomie**, Berlin, v. 340, p. 151-163, 1965.

LAQUER, G. L. et al. Carcinognic properties of nuts from Cycas circinalis L. indigenous to guam. **Journal of the Ntional Cancer Institute**, Bethesda, v. 31, p. 919-951, 1963.

LE, MONIQUE. G. et al. Consumption of dairy produce and alcohol in case-control study of breast cancer. **Journal of the Ntional Cancer Institute**, Bethesda, v. 77, n. 3, p. 633-636, 1986.

LI, W.; LI, C. B. Lack of inhibitory effects of lactic acid bacteria on 1,2-dimethylhydrazine-induced colon tumor. **World journal of gastroenterology**, Beijing, v. 9, n. 11, p. 2469-2473, 2003.

LIFSHITZ, S. et al. Apoptosis (programmed cell death) in colonic cells: from normal to transformed stage. **Cancer letters**, Amsterdam, v. 163, p. 229-238, 2001.

LIU, K. **Soybean**: chemistry, technology and utilization. Gaithersburg, Maryland: Aspen, 1999, p. 137-165.

LORIEN, E. N.; HEDDLE, J. A. The potent colon carcinogen, 1,2-dimethylhydrazine induces mutations primarily in the colon. **Mutation research**, Amsterdam, v. 564, p. 1-7, 2004.

MAIA, M. J. L. **Qualidade e rendimento do "leite" de soja da Unidade de produção e desenvolvimento de derivados de soja** – Unisoja – FCF/Unesp. 2005. 59f. Dissertação (Mestrado em Ciência dos Alimentos) – Faculdade de Ciências Farmacêuticas, Universidade Estadual Paulista, Araraquara, 2005.

MANZONI, M. S. J. et al. Fermented soy product supplemented with isoflavones affected fat depots in juvenile rats. **Nutrition**, Los Angeles, v. 21, p. 108-1024, 2005.

MARQUES, S. **Sete razões básicas para o consumo de leite de soja**. Disponível em: <www.hasilvestre.org.br/nutricao/materias.asp?contador=25>. Acesso em: 18 nov. 2004.

MERCENIER, A.; PAVAN, S.; POT, B. Probiotics as biotherapeutic agents: Present Knowledge and future prospects. **Current pharmaceutical design**, Schipol the Netherlands, v. 8, p. 99-110, 2003.

MESSINA, M. J.; BARNES, S. The role of soy products in reducing risk of cancer. **Journal of the National Cancer Institute**, Bethesda, v. 83, n. 8, p. 541-546, 1991.

MESSINA, M.; BARNES, S.; SETCHELL, K. D. R. Phytooestrogens and breast cancer. **Lancet**, London, v. 350, p. 971-972, 1997.

MORAES, A. A. C.; SILVA, A. L. **Soja**: suas aplicações. Rio de Janeiro: Medsi, 1996. 259p.

PAIVA, K. C. **Efeito da digestão enzimática na reativação dos inibidores de tripsina em grãos de feijão e soja tratados termicamente**. 2000. 69f. Dissertação (Mestrado em Ciência de Alimentos) – Faculdade de Ciências Farmacêuticas, Universidade Estadual Paulista, Araraquara, 2000.

PERDIGON, G. et al. An effect of perorally administred lactobacilli on macrophage activation in mice. **Infection and immunity**, Bethesda, v. 53, p. 404-410, 1986.

______. An enhancement of immune response in mice fed with Streptococcus thermophilus and Lactobacillus acidophilus. **Journal of Dayry Science**, Lancaster, v. 70, p. 919-926, 1987.

______. Role of original yogurt in prevention of colon cancer. **European journal of clinical nutrition**, London, v. 56, p. 65-68, 2002.

PITARI, G. M. et al. Bacterial enterotoxins are associated with resistance to colon cancer. **Proceedings of the National Academy of Sciences of the United State of America**, Washington, v. 100, n. 5, p. 2695-2699, 2003.

ROSSI, E. A. Alimentos funcionais. In: DAMASO, A. **Nutrição e exercícios na prevenção de doenças**. Rio de Janeiro: MEDSI, 2001, p. 337-362.

______. **Desenvolvimento e avaliação biológica do potencial hipocolesterolêmico de um novo produto de soja**. 2000. 154f. Tese (Livre Docência) – Faculdade de Ciências

Farmacêuticas, Universidade Estadual Paulista, Araraquara, 2000.

———. **Quantificação de isoflavonas ns diversas etapas de processamento de "iogurte" de soja e sua suplementação com ginesteína e dadzeína.** Araraquara: Unesp, 2002. 75p. Relatório de pesquisa.

ROSSI, E. A.; REDDY, K. V.; SILCA, R. S. F. S. Formulation of soy-whey-yogurt using response surface methodology. **Arquitos de Biologia e Tecnologia**, Curitiba, v. 7, p. 387-389, 1984.

ROSSI, E. A. et al. Determinação de isoflavonas nas diversas etapas do processamento do "iogurte" de soja. **Alimentos e Nutrição**, Araraquara, v. 15, p. 93-99, 2004.

———. Development of a novel fermentad soymilk product with potential probiotic properties. **European food research and technology**, Berlin, v. 209, p. 305-307, 1999.

———. Efeito de um novo produto fermentado de soja sobre lípides séricos de homens adultos normocolesterolêmicos. **Archivos latinoamericanos de nutrición**, Caracas, v. 53, n. 1, p. 47-51, 2003.

———. Effects of a novel fermented soy product on the serum lipids of hypercholesterolemic rabbits. **Arquivo brasileiro de cardiologia,** São Paulo, v. 74, p. 213-216, 2000.

———. In vitro effects of Enterococcus faecium and Lactobacillus acidophilus on cholesterol. **Microbiologie-Aliments-Nutrition**, Paris, v. 12, p. 267-270, 1994.

SANDERS, M. E. Lactic acid bacteria as promoters of human health. In: GOLDBERG, I. **Functional foods, designer foods, pharmafoods, nutraceuticals.** New York: Chapman & Hall, 1994, p. 294-322.

SARANTINOPOULOS, P. et al. Biochemical properties of enterococci relevant to their technological performance. **International Dairy Journal**, Barking, v. 11, p. 621-647, 2001.

SCUTTI, L. F.; ROSSI, E. A. Propriedades profiláticas e terapêuticas das culturas láticas. **Cadernos de Nutrição**, São Paulo, v. 12, p. 9-18, 1996.

SETCHELL, K. D. R.; CASSIDY, A. Dietary isoflavones: biological effects and relevance to human health. **American Society for Nutrition Sciences**, Washington, v. 22, p. 3166-3199, 1999.

SEVA PEREIRA, A. Milhões de brasileiros adultos não toleram um copo de leite. **GED.**,Campinas, v. 15, n. 6, p. 196-200, 1996.

SHIGUEMOTO, G. E. et al. Isoflavone-supplemented soy yoghurt associated with resisitve physical exercise increse boné mineral desnsity of ovariectomized rats. **Maturitas.** Amsterdam. v. 57, p. 261-270, 2007.

SIVIERI, K.; ROSSI, E. A. A influência do consumo do iogurte de soja fermentado com *Enterococcus faecium* e suplementado com cálcio na prevenção do câncer de cólon em ratos. Araraquara: Unesp, 2006. 128p. Relatório de Pesquisa.

TALAMANI, R.; LA VECCHIA, C.; DECARLI, A. Social factors, diet and breast cancer in a northern Italian population. **British Journal Cancer**, London, v. 49, p. 723-729, 1984.

TRADECOS: toda la fruta. Disponível em: <http://www.tradecos.com.ar>. Acesso em: 09 jan. 2007.

TRUCON, C. **Soja:** nutrição e saúde. São Paulo: Alaúde, 2005. 136p.

UMBELINO, D. C. **Aspectos tecnológicos e sensoriais do "iogurte" de soja enriquecido com ferro e cálcio.** 1999. 108f. Dissertação (Mestrado em Ciência de Alimentos) – Faculdade de Ciências Farmacêuticas, Universidade Estadual Paulista, Araraquara, 1999.

VENDRAMINI, A. P. **Efeito da ingestão de um produto de soja fermentado com *Enterococcus faecium* e *Lactobacillus helveticus* na produção de citocinas, óxido nítrico e peróxido de hidrogênio.** 2002. 96f. Dissertação (Mestrado em Análises Clínicas) – Faculdade de Ciências Farmacêuticas, Universidade Estadual Paulista, Araraquara, 2002.

WARGOVICH, M. J.; NEWMARCK, V. W. Calcium inhibits the damaging and compensatory proliferative effects of fatty acids on mouse colon epithelium. **Cancer Letters**, Amsterdam, v. 23, p. 253-258, 1984.

5

BEBIDAS INDÍGENAS NÃO ALCOÓLICAS

ROSANE FREITAS SCHWAN
CLAUDIA CRISTINA AULER DO AMARAL SANTOS
CINTIA LACERDA RAMOS

5.1 INTRODUÇÃO

Os povos indígenas produziam seus próprios alimentos e bebidas muito antes da chegada dos colonizadores no território brasileiro. Muitos alimentos de origem indígenas foram adotados pelos colonizadores e atualmente fazem parte da alimentação básica da maioria da população. Alguns exemplos são produtos obtidos a partir da mandioca, tais como farinha de mandioca, polvilho, farinha de puba e beiju, contribuindo com boa parte da dieta da população brasileira e também da América Latina. Entretanto, existe uma variedade de alimentos e bebidas produzidos pelos índios que são ainda desconhecidos pela população nacional e estrangeira.

Através de gerações os índios têm aplicado e aperfeiçoado, o conhecimento empírico utilizado nas fermentações rudimentares de diversos substratos. Hoje, sabe-se que a fermentação é uma tecnologia de baixo custo, que preserva os alimentos, melhora o seu valor nutricional, suas propriedades sensoriais, além de levar à desintoxicação, à destruição dos fatores indesejáveis presentes nos alimentos crus, tais como cianeto, fitatos, taninos, e polifenóis. Estudos têm sido direcionados à caracterização de processos e da diversidade microbiana de alimentos e bebidas fermentados indígenas, principalmente na Ásia, na África e em alguns países da América (Brasil, Bolívia, Peru, México e Colômbia, entre outros). Porém, dados na literatura sobre esses alimentos, especialmente aqueles produzidos pelos índios brasileiros, são ainda escassos.

Nesse sentido, o trabalho de revisão bibliográfica das tecnologias utilizadas pelos povos indígenas, de modo especial para o preparo e conservação de bebidas, é extremamente relevante para a preservação da identidade cultural dessas populações bem como para uma melhor difusão dessa cultura. A identificação dos princípios químicos, biológicos e físicos envolvidos nessas técnicas rudimentares auxilia no resgaste das tecnologias alimentares específicas desenvolvidas por esses povos.

5.1.1 Histórico

A alimentação das populações humanas é uma complexa prática cultural que abrange múltiplas dimensões da vida social, destacando-se as escolhas do que seja comestível e não comestível, do que é desejável, ou do que é consumido apenas para aplacar a fome. As estratégias de produção dos alimentos compreendem as etapas do plantio, da caça, da pesca e do preparo da comida, e as técnicas de elaboração. Para os grupos indígenas, o consumo de bebidas fermentadas alcoólicas e não alcoólicas é tão antigo quanto à própria humanidade. Essas bebidas são usadas para a construção da coletividade, para a manifestação das atividades constitutivas do grupo social, expressando sensações, valores particulares e suas relações com o universo cosmológico. A maneira de beber e de como ou quanto beber, nas culturas indígenas, tem sido definido pela própria etnia, sendo unânime nessas sociedades, o fato de que as bebidas fermentadas são parte integrante da dieta e importante fonte de nutrientes essenciais (SOUZA et al., 2010).

A produção e o consumo de alimentos e bebidas fermentados é comum em muitas culturas. A fermentação é uma das maneiras mais antigas para preservação de alimentos, e consiste em modificações bioquímicas desejáveis do substrato, mediadas por microrganismos e suas enzimas, resultando em alimentos com melhores características sensoriais e nutricionais (STEINKRAUS, 1996). As bebidas fermentadas de origem indígena são produzidas a partir de uma variedade de matérias-primas (geralmente cultivado pelos próprios indígenas) e microrganismos (naturalmente presentes nesses substratos ou provenientes do ambiente). Esses processos são, geralmente, empíricos, produzidos em pequena escala e fortemente ligados à cultura e à tradição desses povos (BATTCOCK; AZAM-ALI 1998; MINAMIYAMA et al. 2003).

5.1.2 Composição e valor nutritivo

As bebidas fermentadas desempenham importante papel no padrão de vida indígena, sobretudo como fornecedor de vitaminas, compensando parcialmente as deficiências da dieta alimentar (COUTO, 1997). Em geral, a fermentação natural leva à redução no nível de carboidratos e de alguns oligossacarídeos não digeríveis, além da síntese de certos aminoácidos. Alimentos fermentados por bactérias do ácido lático e bactérias pertencentes ao gênero *Bacillus* apresentam melhores valores nutricionais, em função da digestão parcial de proteínas, gorduras e carboidratos, e aumentam as vitaminas do complexo B, além de produzirem a β-D-galactosidase e compostos fenólicos antioxidantes. Efeitos indiretos dessa fermentação constituem a inibição de fatores antinutricionais, produção de toxinas e produção de compostos antimicrobianos (DEMIATE et al., 1994).

A Tabela 5.1 mostra a composição centesimal de frutos, frutos de palmeiras e tubérculos encontrados nas regiões Norte, Nordeste e Centro-Oeste do Brasil, que são utilizados como substrato pelos indígenas para o preparo de bebidas tradicionais.

Tabela 5.1 Composição nutricional de frutos brasileiros utilizados para preparo de bebidas indígenas.

	Análise química (em 100 g)												
	Energia (kcal)	Ptn (g)	Lip (g)	Carb (g)	Fibra (g)	Cálcio (mg)	Fósforo (mg)	Ferro (mg)	Retinol (mg)	Vit. B1 (mg)	Vit. B2 (mg)	Niacina (mg)	Vit. C (mg)
Açaí	262	3,6	2,0	57,4	32,7	118,0	58,0	1,1	11,8	0,36	0,01	0,4	9,0
Bacaba	212	3,1	19,8	6,6	–	–	–	–	–	–	–	–	–
Bacuri	105	1,9	2,0	22,8	7,4	20,0	36,0	2,2	30,0	0,04	0,04	0,5	33,0
Banana-pacovã	150	36,4	0,08	0,98	–	–	–	–	–	–	–	–	
Buriti	145	1,8	8,10	10,20	9,6	156,0	54,0	5,0	4104,0	0,03	0,23	0,7	26,0
Guaraná em pó	374	16,46	2,76	70,98	–	–	–	–	–	–	–	–	-
Taperebá	70	0,8	2,1	13,8	1,0	26,0	31,0	2,20	23,0	0,08	0,06	0,5	28,0
Tucumã	474	5,5	47,2	6,8	19,2	–	–	–	5.170,0	–	–	–	–
Caju	46	0,8	0,2	11,6	1,5	4,0	18,0	1,0	40,0	0,03	0,03	0,4	319,0
Batata-doce	116	1,3	0,3	28,6	0,9	31,0	37,0	1,0	300,0	0,11	0,04	0,8	31,0
Mandioca	149	0,8	0,3	36,0	1,0	35,0	46,0	1,10	2,0	0,06	0,04	0,7	39,0
Murici	66	0,9	1,3	14,4	2,2	33,0	17,0	2,0	7,0	0,02	0,04	0,4	84,0
Pequi	89	1,2	0,9	21,6	5,5	14,0	10,0	1,2	20.000,0	0,03	0,46	0,4	12,0
Umbu	44	0,6	0,4	10,6	1,5	20,0	14,0	2,0	30,0	0,04	0,04	0,5	33,0

Fonte: Adaptado de Ministério da Saúde. Alimentos regionais brasileiros (2002).

5.1.3 Legislação

Bebidas supostamente não fermentadas feitas de milho, mandioca, seiva de palmeira, suco de frutas, mel, abacaxi, framboesas, dentre outras, foram assinaladas na maior parte do continente sul americano. Tanto as fontes recentes, como as mais antigas, não esclarecem se essas bebidas são fermentadas ou não, em particular no caso de bebidas feitas à base de seiva de palmeira e mel; portanto há uma dificuldade inerente em enquadrá-las na legislação, principalmente pela falta de critério e detalhes nos relatos encontrados na literatura.

A bebidas indígenas citadas neste capítulo podem ser enquadradas no artigo 12 do Decreto n. 6.871, de 4 de junho de 2009, ou seja, são isentas ou apresentam pequenas concentrações de etanol (valores inferiores a 0,5% v/v, podendo ser descritas como: a) bebida não fermentada não alcoólica; ou b) bebida fermentada não alcoólica (BRASIL, 2009).

Os "vinhos indígenas" podem se enquadrar no artigo 13 para as "bebidas não alcoólicas" como "suco tropical": bebida não fermentada obtida pela dissolução, em água potável ou em suco clarificado de fruta tropical, da polpa de fruta polposa de origem tropical, por meio de processo tecnológico adequado, devendo ter cor, aroma e sabor característicos da fruta, submetido a tratamento que assegure a sua apresentação e conservação até o momento do consumo (BRASIL, 2009).

5.2 MATÉRIAS-PRIMAS

A agricultura e a alimentação indígena dependem, em grande parte, de plantas nativas que se adaptam às condições climáticas localizadas. Esses povos utilizam como matéria-prima para a produção de suas bebidas uma variedade de frutas e cereais por eles cultivados. De maneira empírica, os índios produzem alimentos e bebidas a partir de uma planta venenosa como a mandioca. A mandioca (*Manihot esculenta*) é uma raiz da família das *Euphorbiaceae*, originária da América do Sul. Existem diversas espécies da planta, que se dividem em mandioca doce (macaxeira) e mandioca-brava[1].

Também as frutas nativas são matérias-primas utilizadas para a elaboração das bebidas indígenas. Estes produtos possuem alto teor de açúcares e são facilmente encontrados nas regiões Centro-Oeste e Norte do Brasil. O Pequi (*Caryocar brasiliense camb*) é uma fruta muito encontrada nos arredores das aldeias xavantinas; é considerada uma excelente fonte de vitaminas (vitamina A, vitamina C, tiamina, riboflavina e niacina) e possui alto valor calórico (CERQUEIRA, 2007). Muito importante também é o caju (*Anacardium occidentale* L.), fruta brasileira, que, além de ser ingerida *in natura*, serve para fazer suco, doce, "vinho", licor, farinha e bolo com suas castanhas.

As árvores frutíferas, distribuídas por grandes áreas, eram tanto cultivadas quanto nativas, como o caraguá (*Bromelia fastuosa*); o ingá, shirada ou pacay (*Inga vera, Inga lateriflora, Inga bahiensis, Inga fevillei*); o maracujá (*Passiflora quadrangularis, Passiflora alata, Passiflora edulis*) e o abacaxi (*Ananas comosus*). As seguintes fruteiras e seus usos são registrados no Chaco, sul do Brasil, sul da Bolívia, e norte da Argentina: a algaroba ou aloja (*Prosopis alba*), é muito apreciada e consumida, principalmente como bebida; guabiroba (*Myrtus mucronata* e *Psidium multiflorum, Psidium corymbosum, Psidium cinerium, Psidium guazumaefolium*); guavira (*Campomanesia*); tamarindo (*Tamarindus indica*), tusca (*Acacia aroma*) e tarumã (*Vitex montevidensis*).

As espécies de palmeiras nativas são utilizadas na alimentação e na forma de bebidas, como os frutos de *Mauritia flexuosa* L. (buriti ou meriti), *Oenocarpus distichus* Mart. (bacaba), *Mauritiella armata* (Mart.) *Burret, Mart.* (juçara), dentre outras (NASCIMENTO, 2010; FRIEDRICH, 2010). A maioria das palmeiras nativas usadas como alimento pelos povos indígenas possui mesocarpo com óleo em diferentes proporções. Todas as palmeiras mencionadas como oleaginosas também são usadas como alimentos, em razão da presença de amido, proteínas e vitaminas. As palmeiras usadas como alimentos são preparadas como sucos (geralmente chamados de "vinho" na Amazônia), cozidas (pupunha) ou até frescas (tucumã).

Os frutos de diversos gêneros de palmeira são usados apenas para preparar beberagens ou papas. Os mais importantes são o açaí (*Euterpe oleraceae, Euterpe precatoria*), o manicol (*Euterpe edulis*), a bacaba ou turu (*Oenocarpus distichus, Oenocarpus bacaba*), o patuá ou patauá (*Oenocarpus bataua*), o kokerit ou inajá (*Maximiliana regia*), o awarra ou

[1] A mandioca-brava possui alto teor de ácido cianídrico, substância tóxica, que pode provocar náuseas, vômitos, sonolência e levar ao óbito. A macaxeira possui um menor teor de glicosídeos cianogênicos, que podem ser eliminadas do alimento quando este é submetido ao sol ou a altas temperaturas. Do processamento da mandioca são obtidos a farinha, a goma e o polvilho, produtos muito utilizados na alimentação indígena (CAMARGO, 1989).

jawari (*Astrocaryum tucumoides*) e o marajá (*Bactris minor*). Na maioria dos casos, o fruto maduro é colocado de molho em água morna. Na preparação de "vinhos" de frutos de palmeiras, os indígenas imergiam os frutos em água fria, pois, de acordo com alguns relatos, "a água fervente os endurecia, ao invés de amaciá-los – e a polpa era então separada da casca e preparada sob a forma de uma bebida espessa, oleosa e aromática que tem alto valor nutritivo" (RIBEIRO, 1997). Essas bebidas podem ser consumidas imediatamente ou um dia após o preparo, o que lhes dá um sabor ligeiramente azedo em virtude da fermentação, principalmente por bactérias láticas. Às vezes, adiciona-se a estas bebidas farinha de mandioca.

5.3 BEBIDAS NÃO ALCOÓLICAS INDÍGENAS

Em virtude da falta de critério e observações superficiais, há vários problemas na nomenclatura de bebidas e alimentos indígenas brasileiros. Um dos maiores exemplos refere-se ao que, usualmente, os indígenas chamam de "vinho" – líquido extraído por maceração de frutas regionais, podendo ou não ser cozido para estar pronto para o consumo. Este "vinho", logo após o preparo, se apresenta como suco com baixo ou até mesmo inexistente teor alcoólico, o que geralmente é chamado de "vinho doce". Pode ser deixado em repouso por algumas horas ou até mesmo por alguns dias, dando origem aos "vinhos fortes", com fermentação alcoólica e, algumas vezes, aos "vinhos azedos", que passam por fermentação lática dando origem a produtos acidificados, porém com baixos teores alcoólicos (LIMA, 1975).

Para a cultura indígena a expressão "vinho" não implica qualquer intenção específica de atribuir um caráter de líquido fermentado, pois ao tratar dos *Ipurocotó*, Lima (1975) relata que eles preparavam "vinhos que não embriagam, como o de *meriti*, pupunha (*Bactris gasipaes*), e *pequi*". Para uma melhor convenção, neste capítulo vamos denominar as bebidas conhecidas por "vinho" pelos indígenas como "bebida". Dessa maneira, podemos dividir as bebidas não alcoólicas indígenas em bebidas de frutas, bebidas de palmeiras, bebidas à base de plantas hidróforas, bebidas estimulantes, bebidas alucinógenas e bebidas à base de substratos amiláceos.

5.3.1 Bebidas de frutas

Como já descrito na Seção 5.2 sobre matérias-primas, várias são as frutas utilizadas pelos povos indígenas para o preparo de bebidas refrescantes. Um exemplo é a bebida elaborada à base buriti, preparada e consumida pelos índios da etnia *Baniwa*. Primeiramente, os frutos são separados dos cachos e deixados de molho em água fria para amolecimento. Após amolecimento, os buritis são transferidos para uma panela, socados para formação da polpa e, então, acrescenta-se água. Os caroços de buriti ainda presentes junto com a polpa são lavados esfregando-se bem para total retirada da polpa. A mistura é coada numa peneira e servida (GARNELO; BARÉ, 2009).

Outro exemplo de bebida utilizando frutas, descrita por Garnelo e Baré (2009), é o *awinã*, preparada a partir de uacu (*Monopterix uaucu*) pela etnia *Dzawinai*. No campo, os homens sobem nas árvores e colhem os galhos com os frutos maduros, enquanto as mulheres os separam dos galhos cortados, quebram o uacu e tiram as sementes. Para o preparo da bebida de uacu, as sementes são colocadas em uma panela e cozidas por aproximadamente 15 minutos. Esse cozimento amolece a testa das sementes, permitindo sua remoção com as mãos. Após o descascamento, as sementes são transferidas para uma nova panela com água e novamente cozidas por maior tempo para seu amolecimento. Após o cozimento, as sementes são mergulhadas em água (na beira do rio) durante toda noite, para eliminar o gosto amargo do uacu. No outro dia, de manhã, as sementes são retiradas da água e amassadas contra uma peneira. A polpa obtida é recolhida e misturada com *manicuera*[2] doce cozida, e pode ser servida.

Bebidas à base de pequi são também consumidas pelos índios. A etnia *Kamayurá* prepara a bebida de pequi da seguinte maneira: os frutos são abertos, retira-se a polpa que é então transportada em cestos à aldeia. Na aldeia, a polpa é cozida e

[2] Manicuera: sf (tupi manikuéra) 1. Variedade de mandioca. 2. Sumo doce dessa planta. 3. Bebida doce, feita desse suco cozido. Bebida feita do tucupi da mandiocaba (tipo de mandioca). De acordo com artigo publicado na **Revista Eletrônica Raiz e Cultura** (http://raizculturablog.wordpress.com/2008/01/22/mandiocaba/), a manicuera pode ser uma bebida e é preparada da seguinte forma: "Deve-se ferver o tucupi da mandiocaba (tipo de mandioca doce), depois deixar descansar por 2 horas; após esse descanso, leva-se ao fogo junto com o arroz e cubos cortados de macaxeira, até transforma-se em xarope. Após 12 horas de feita, a mandiocaba tende a azedar, alterando-se o seu sabor e, por conseguinte, sendo prejudicial à saúde de quem a ingerir. Isso ocorre pela diversidade da mistura de amidos: o da própria mandiocaba, o do arroz e o da macaxeira. Importante detalhe dessa bebida é que não pode ser ingerida após 12 horas preparada".

macerada. O líquido obtido é separado da massa para ser usado como base na pintura que adorna o corpo nos cerimoniais *Kamayurá*. A massa é transferida para um grande recipiente cilíndrico que é enterrado no fundo de lagoa, permitindo que ocorra fermentação. Depois de fermentada, a massa do pequi é dissolvida em água e está pronta para o consumo (FOERTHMANN, 1966).

Bebida de tucumã, fruto obtido de uma palmeira (*Astrocarium tucuman, Astrocaryum aculeatum*), apresenta complicada elaboração. Os frutos são primeiramente submetidos a inumação (operação de puba[3]), isto é, a imersão em água para pré-digestão, a fim de amolecê-los convenientemente para pilá-los e separar o pericarpo. A massa obtida é coberta com folhas de musácea e deixada ao sol, permitindo que ocorra um processo fermentativo envolvendo microrganismos microaerofílicos e fungos filamentosos. Esta técnica é conhecida como *tupi* da moqueca[4] pelos povos indígenas. Após fermentação, a massa é diluída em água como é feito para o preparo da *tiquara*[5]. É uma bebida que contém metabólitos microbianos (bacteriano e micológico), aproximando-se do *masato*[6], e, desta, maneira um alimento parcialmente pré-digerido. O emprego da técnica do amolecimento pela inumação (semelhante a pubagem), é um processo fermentativo altamente eficaz no qual ocorre a quebra de amido do tecido vegetal duro, liberando carboidratos mais simples.

[3] O método de puba ou pubagem é geralmente aplicado à mandioca, consistindo em solução rápida para eliminação do princípio tóxico. Permite o amolecimento uniforme do tecido vegetal, resultando em produto muito estimado pelas populações indígenas do Brasil sendo comumente adotado no Norte e Nordeste do Brasil. Compreende as seguintes etapas: as raízes de mandioca (com casca ou não) são lavadas, cortadas em pedaços e submersas por um período de três a sete dias à temperatura ambiente, em grandes vasos com água fresca; alternativamente podem ser colocadas em sacos de linho e deixadas às margens de rios e igarapés. Durante este período de maceração, ocorre o amolecimento da mandioca. As raízes são removidas da água e forçadas à mão através de uma malha fina para remover os materiais fibrosos e é então prensada em sacos de pano ou de palha (tipiti); o excesso de água é retirado (ALMEIDA et al., 1983; SANTOS et al., 2012).

[4] Stradelli (1929) afirma que a mukeca ou pupéca tem o significado de "envolvido, coberto".

[5] Tiquara: farinha de mandioca ou de tapioca dispersa simplesmente em água ou misturada com bebidas de frutas ou de palmeiras.

[6] Masato: massa de mandioca insalivada pelos povos indígenas.

5.3.2 Bebidas de palmeiras

Além da utilização dos frutos de algumas palmeiras, a própria árvore é utilizada pelos povos indígenas para extração de bebidas refrescantes. Um exemplo é o buriti (descrita na seção anterior), do qual a palmeira também é empregada para obtenção de bebidas. A bebida da palmeira de buriti é recolhida em uma cavidade em forma de cocho escavada no tronco de uma árvore abatida, do qual se obtém uma bebida relatada com "excelente, eupéptica e refrigerante" (RIBEIRO, 1997).

Os índios da etnia *Guaicuru*, habitantes do sul do Estado de Mato Grosso, utilizam as palmeiras bocaiuva (*Acrocomia aculeata*) para obtenção de bebida. A parte lenhosa do tronco é raspada, separando as fibras da massa; essa massa é, então, mastigada similarmente como é feito com a cana-de-açúcar (RIVASSEAU, 1936). Segundo Rivasseu (1936), o sabor não é muito doce, mas bastante refrescante.

5.3.3 Plantas hidróforas

Na falta ou insuficiência de água, os índios costumam saciar a sede com o sumo de diversas trepadeiras. Mesmo nas regiões de clima tropical úmido, como na Amazônia, é possível, em certas épocas do ano, em terrenos mais elevados, destituídos de cursos d'água ou poços, o indígena descobrir a planta hidrófora que lhe convém. A seiva assemelha-se à água pura e cristalina, sendo facilmente recolhida em cabaças. Embora clara e fresca, apenas o primeiro sorvo pode ser ingerido, porque em seguida a seiva assume uma cor branco-leitosa, tornando-se tóxica (LIMA, 1975). As mais conhecidas dessas trepadeiras são a *Cissus sp., Entada polystachya* e a salisali (*Lonchocarpus rufescens* ou *Lonchocarpus nicou*).

Nos sertões de Pernambuco e Alagoas, constatou-se a existência de água nas rosetas foliares dos gravatás, pertencentes à família das *Bromeliaceae* em época de estio. A água pode apresentar um aspecto turvo, resultado de detritos orgânicos e crescimento microbiano. Viajantes, apesar disso, apreciam o benefício da água dos gravatás. Mesmo na zona da mata úmida do Nordeste, os caçadores se servem frequentemente da água dos gravatás, e, para bebê-las, utilizam "canudos de taquari" (*Panicum* spp.), succionando o líquido. Na mesma região existe também a taquaraçu (*Guadua tagoara* Kunth; *Guadua superba* Hub.), que produz, nas hastes novas, um líquido quase insípido e inodoro também apreciado pelos índios. Além dos gravatás, as raízes do umbu (*Spondias tuberosa*) e as do tamboril (*Enterolobium contortisiliquum*) são também fontes de líquidos usados como bebidas. O líquido extraído da raiz do umbu foi analisado, em 1940, e oferece a seguinte composição (Tabela 5.2).

Tabela 5.2 Composição centesimal do líquido extraído da raiz do umbuzeiro.

Análise	Concentração (%)
Resíduo seco	2,65
Açúcares redutores	1,9
Cinzas	0,31
SiO_2	0,0049
Fe_2O_3	0,0017
Al_2O_3	0,0050
CaO	0,0132
MgO	0,0122
K_2O	0,0164
Na_2O	0,1720
Cl	0,066
S (em SO_3)	0,017
Mn	0,0009
pH	5,7 a 18 °C

Fonte: Lima, 1975.

5.3.4 Bebidas estimulantes

5.3.4.1 Guayusa

Das folhas de várias espécies silvestres e cultivadas do gênero *Ilex (Ilex paraguariensis* e *Ilex guayusa*), preparam-se as bebidas estimulantes mate (erva-mate, *caá guazú*, chá paraguaio) e *guayusa*, ricas em cafeína. Ao tempo dos primeiros contatos com os brancos, o mate, segundo fontes disponíveis, parece ter sido usado principalmente – ou unicamente – pelos índios *Guaranis* da região banhada pelos rios Paraná, Paraguai e Uruguai. O mate era consumido com duas finalidades básicas: como erva curativa e como meio de entrar em comunicação com os espíritos. Após o começo do século XVII, o seu uso difundiu-se entre os brancos da região. Desde então, espalhou-se pelo sul do Brasil, do Paraguai, do Uruguai, da Argentina, da Bolívia, do Chile e parte do Peru (RIBEIRO, 1997).

A bebida é preparada por meio da adição de água fervente a uma porção de folhas do gênero *Ilex*. Antigamente, a bebida era ingerida através de um canudinho de madeira ou de um bambu fino. Os índios da etnia *Xamakoko* usavam um canudo feito de osso de pássaro com um coador de fibra na extremidade distal (RIBEIRO, 1997). A erva-mate atualmente é consumida sob outras formas, como o tererê, que constitui a bebida obtida pela maceração da erva em água fria ou gelada, forma como é ingerida, principalmente na região Centro-Oeste do Brasil, como chimarrão, em que o mate é macerado com água fervente numa cuia e sorvido por meio de uma bomba, bebida bastante conhecida na Região Sul do Brasil, Paraguai, Uruguai e Argentina, ou ainda, sob a forma de chá-mate que é produzida a partir da infusão da erva-mate que sofreu processo de torrefação (BASTOS; TORRES, 2003).

A ingestão de bebidas à base de erva-mate pode ser extremamente benéfica à saúde, visto sua comprovada atividade antioxidante *in vitro* e *in vivo* e outros efeitos fisiológicos já relatados pela literatura científica, que suportam a crença popular em algumas das atividades relacionadas ao consumo dessa planta (BASTOS; TORRES, 2003).

5.3.4.2 Çapó

Çapó é o nome dado pelos índios *Sateré-Mawé* à bebida preparada a partir de guaraná ralado. O guaraná é uma planta nativa da região das terras altas da bacia hidrográfica do rio Maués-Açu, que coincide precisamente com o território tradicional *Sateré-Mawé* (AM). Toma-se o *çapó*, em geral, pela manhã, como estimulante suave, sendo consumido por adultos e crianças em grandes quantidades. O preparo e o consumo do *çapó* seguem uma série de práticas que, somadas, resultam em uma sessão ritual[7]. As índias

[7] Uma sessão de *çapó* foi descrita por Anthony Henman (1986): "... Cabe à mulher do anfitrião ralar o guaraná, operação feita com uma língua de pirarucu ou uma pedra lisa e quadrada de basalto. Uma cuia aberta é colocada em cima de um suporte chamado *pataui* e enchida de água até um quarto do seu volume total. Antes, molha-se o guaraná para que se forme uma baba, uma viscosidade que adere ao ralo e ao pedaço do bastão em uso, sendo dissolvida n'água mediante a periódica submersão dos dedos da raladora. Depois de preparado, o *çapó* é de novo diluído com água e colocado em uma cabaça. A cuia é entregue pela mulher ao seu marido, que toma apenas um pequeno gole antes de passá-la aos outros presente, normalmente prestigiando os mais velhos ou alguns visitantes importantes, se os houver. Durante o intervalo em que a cuia circula entre as pessoas presentes, a mulher do anfitrião continuará esfregando o pedaço de guaraná contra o ralo, juntando uma baba que será prontamente

Sateré-Mawé utilizam também o *çapó* durante a menstruação, gravidez, pós-parto e luto, e os índios no luto e quando acompanham suas mulheres durante o resguardo do pós-parto (BEAUFORT; WOLF, 2008).

5.3.5 Bebidas alucinógenas

Investigações etnobotânicas demonstram que o emprego de plantas alucinógenas por populações indígenas vem de longa data e constitui parte integrante de sua cultura; seu uso remonta à pré-história, existindo indícios de que até mesmo a ideia de divindade pode ter surgido como resultado do efeito psicofarmacológico provocado por essas plantas. Nesse contexto, as plantas alucinógenas adquirem o *status* de sagradas, destinando-se, geralmente, a fins médicos-religiosos (LA BARRE, 1972; SCHULTES, 1969).

A bebida mais explorada é conhecida como *caapi, ayahusca, yagé, hayac-huasca, cadána, natéma, iyona, nepe, pinde, honi, iagé*, utilizada por diversos grupos indígenas da Amazônia e também em seitas religiosas como Santo Daime e União do Vegetal. É uma bebida composta de duas plantas, o cipó jagube ou mariri (*Banisteriopsis caapi, Banisteriopsis inebrians* e *Banisteriopsis quitensis*) e a rubiácea, folha conhecida como chacrona ou rainha (*Psychotria viridis*), fervidos juntos durante muitas horas. Esses substratos são comuns nas florestas do Vale do Juruá (AM), sendo a bebida "consumida ritualmente por índios, vegetalistas, além de religiões e grupos urbanos" (ARAÚJO, 1999).

A combinação do caule com as folhas forma uma associação sinérgica, pois a *B. caapi* possui β-carbolinas: harmalina (HRL), harmina (HRM) e tetraidro-harmina (THH), inibidoras reversíveis da enzima monoaminoxidase (MAO) e a *P. viridis*, contém a N,N-dimetiltriptamina (DMT), que é um potente alucinógeno, também metabolizada pela MAO. Dessa forma, a ingestão da bebida proporciona aumento nas concentrações de serotonina e torna biodisponível a DMT por via oral, provocando ação alucinógena (CALLAWAY; GROB, 1998). Durante muito tempo não se valorizou a adição de espécies com derivados triptamínicos a essa beberagem, acreditando-se serem esses compostos inativos por via oral. A ação alucinógena era atribuída aos alcaloides. Os relatos dos índios enfatizavam que a mistura era mais forte que a planta isolada. Hoje, se sabe que esses alcaloides são inibidores de enzimas, tornando os derivados triptamínicos ativos por via oral. A mistura dos dois tipos de substância permite, portanto, a soma de seus efeitos, o que comprova as afirmações das populações usuárias (RIBEIRO, 1997). A descoberta dessa combinação sinérgica entre duas plantas é uma das realizações etnobotânicas mais significativas das culturas indígenas e um dos fatos que mais intrigou os cientistas. Já houve até mesmo tentativas de patenteamento, nos Estados Unidos, dessa fórmula do saber fitoquímico dos povos amazônicos. Tais tentativas foram impedidas pela reação das comunidades indígenas (LABATE; ARAÚJO, 2004).

Outro exemplo de planta que possui ação fisiológica incluindo algum princípio alucinógeno é a jurema. A partir dessa planta, os indígenas *Pancaru* do sertão de Pernambuco produzem o *ajucá*, uma bebida considerada especial, sagrada e utilizada em rituais religiosos por eles. Substâncias alucinógenas, como o alcaloide denominado "nigerina" identificado também como DMT, foram isoladas das raízes da jurema preta (*Mimosa hostilis* Benth) (LIMA, 1975). Vários têm sido os estudos sobre os usos de jurema preta (*Mimosa hostilis* ou *M. tenueflora)* entre os indígenas do nordeste, assim como fora do contexto das aldeias indígenas, e suas práticas religiosas.

Uma bebida do mesmo gênero do *ajucá* foi utilizada até recentemente pelos indígenas da etnia *Xucuru*, remanescentes *Cariri,* da serra de Ororubá, em Pernambuco. Seu hidromel chamado *veuêka* se fortificava por cascas de jurema. Outro hidromel "fortificado" é usado pelos mesmos *Xucuru* e designado "gedoê dos gentios", cujo componente vegetal são as cascas da árvore cabraíba (*Myrospermum erythroxilum*) deixadas em maceração em água, em panela nova de barro, durante três dias, quando então se utiliza a mistura com mel da abelha uruçu ou mandaçaia (LIMA, 1975).

5.4 BEBIDAS À BASE DE SUBSTRATOS AMILÁCEOS

O hábito das mães primitivas de pré-mastigarem e, consequentemente, insalivarem os alimentos, no trabalho de nutrir os filhos, foi observado como atividade ainda vivente entre as mães indígenas do Brasil. A insalivação das papas e mingaus assim praticada nos cuidados maternos pelo sustento dos

dissolvida na água assim que a cuia voltar às suas mãos. Cabe observar que cada sessão da *çapó* tem várias rodadas da bebida, ou seja, a mulher do dono da casa (ou sua filha, ou sua neta) irá preparar várias cuias de *çapó,* conforme a disposição dos visitantes e familiares para tomar *a bebida* e conversar".

filhos foi a etapa inicial para o emprego dulcificante do cuspe sobre o amido. Existe uma série de preparados líquidos e pastosos, não alcoólicos elaborados a partir do milho e da mandioca, que claramente precedem, bioquímica e evolutivamente, aos fermentados etílicos.

Embora sejam escassos os informes sobre os usos de bebidas não alcoólicas obtidas pela técnica da sacarificação pela amilase da saliva humana, é de admitir que essas bebidas foram precursoras do *cauim* brasileiro, da *chicha* andina e das cervejas de cereais maltados. Estas bebidas são caldos ou mingaus, como o *chibé*, descritos pelo naturalista alemão George Marcgrave, em sua obra *História naturalis brasiliae*, de 1648, como "uma bebida alvacenta como leite desnatado; é de agradável sabor, um pouco ácida, é servida morna". Assim também, é possível que certos mingaus doces referidos por observadores de grupos indígenas sul-americanos, resultassem de prévia sacarificação salivar das índias que discretamente os preparavam (LIMA, 1975). A Figura 5.1 mostra o ato da mastigação da batata-doce seguida pelo esputo do líquido para o preparo de *calugi* de arroz e milho por mulheres da etnia *Javaé*.

Figura 5.1 Insalivação e esputo na produção de mingaus não alcoólicos.

Crédito: C. C. A. A. Santos.

Fernandes (2002) afirma que a técnica de salivação produz bebidas de baixo teor alcoólico, ao mesmo tempo em que chama a atenção para a sua qualidade nutritiva. Dessa maneira, é costume dos povos indígenas consumirem essas bebidas nutritivas substituindo certas refeições, tais como o café da manhã. São consumidas por toda tribo, incluindo as crianças.

5.4.1 *Masato, sakurá* e *tarubá*

O *masato* é a designação dada à massa de mandioca insalivada pelos povos indígenas da vertente norte-oriental dos Andes, na área correspondente ao Alto Amazonas[8]. Esse tipo de alimento deve ter surgido a partir do hábito das mulheres nativas de oferecer alimentos mastigados às crianças. Parte da massa insalivada, preparada pelas mulheres, é mantida em lugares altos da maloca, geralmente envoltas em folhas de musáceas como uma moqueca, ocorrendo dessa maneira uma fermentação pela ação de bactérias e fungos[9]. O teor de umidade o transforma, por fim, em um tipo de fermento conservado, a ser usado na preparação de bebidas, não só na comunidade indígena, como também para ser levado em viagens. É então, considerado um pão de viagem a ser diluído para preparo de bebidas como *tiquara* ou *chibé*.

O *sakurá* é uma massa fermentada de mandioca, envolvida em folhas, semelhante ao *masato*, também utilizada pelos índios de muitas regiões América do Sul. São descritos como uma massa de mandioca, em formato de bola, sendo fortemente tostados e fragmentados em uma grande gamela de madeira (os *beijus*), onde são tratados com água fresca. Para acelerar a fermentação, os *beijus* são mastigados e rejeitados pelas mulheres e, em algumas tribos, também pelos homens. A mistura obtida é cuidadosamente amassada pelas mulheres e deixada em descanso para fermentação em cochos cobertos com folhas frescas de bananeira. Os cochos são colocados próximos ao fogo, durante toda noite para que ocorra a fermentação (LIMA, 1975). O *beiju-açu* é também preparado a partir do *beiju* diluído em água, morna ou fria, formando uma espécie de mingau, mais ou menos ralo, conforme o gosto. Este tipo de mingau é consumido pela manhã, com água morna, e, no decorrer do dia, com água fria.

Outra bebida, consumida pelos índios habitantes do Estado do Amazonas no Brasil, proveniente do *beiju* é o *tarubá*. Para obtenção da bebida, o beiju é fermentado por aproximadamente 8 dias, diluído em água e coado. Não é um fermentado alcoólico, mas uma bebida-alimento de amido em parte sacarificado. Também é de se destacar o fato de os índios

[8] O *masato* é preparado a partir da mandioca ralada e enterradas em buracos embaixo da terra, e dele fazem pão e bebida (LIMA, 1975).

[9] À bebida fermentada obtida do *masato*, se aplica, na região, o mesmo nome da massa.

*munduruc*u da vila de Itaituba, no Amazonas, usarem a técnica a sacarificação dos *beiju-açu* em um cesto, onde se dispõem umedecidos por aspersão sobre folhas de açaí ou de outras palmeiras, tendo entre, estas, as referidas folhas de *curumi-caá* (Figura 5.2). Após três dias, a massa é depositada em potes dos quais se vai retirando, à medida da necessidade, quando se dilui em água e se passa em peneira para uso imediato (não alcoólico) (LIMA, 1975).

Figura 5.2 Beiju-açu em processo de sacarificação com folhas de *curumi-caá*.

Crédito: M. Abegg.

5.4.2 *Cauim* e *yakupa*

O *cauim* (*kawí*) é uma bebida não alcoólica produzida por diferentes tribos indígenas a partir de vários substratos, como arroz, mandioca, milho, amendoim, semente de algodão, bacaba, buriti, banana, abóbora, semente de bananeira-brava e demais frutas fermentescíveis. O *cauim*, de acordo com os procedimentos de preparação, pode ser denominado "cauim cozido" e/ou "cauim fermentado". No preparo do cauim, os diferentes substratos são cozidos e deixados resfriar a temperatura ambiente (cauim cozido), quando então é adicionado o inóculo para iniciar a fermentação (cauim fermentado). O inóculo é obtido a partir da mastigação da batata-doce por uma índia da tribo (SCHWAN et al., 2007; RAMOS et al., 2010). Ambos são consumidos pelos índios, especialmente por crianças com idade inferior a dois anos. A bebida *kawió* também é produzida por fermentação, mas é utilizada somente nos festivais de preparação para o cargo de cacique da tribo Tapirapé (MT). O processo de preparação da bebida é bem rudimentar e tradicional. A adição do inóculo desencadeia o processo fermentativo, pois a saliva contém a enzima amilase que age sobre os componentes do amido, principal componente do substrato. A amilase age quebrando esses açúcares complexos, liberando açúcares simples, que são utilizados pelos microrganismos iniciadores de fermentação. Estudos mostram que há predomínio de bactérias láticas nessas fermentações, o que confere o sabor levemente ácido, desencadeado pela presença do ácido lático (ALMEIDA et al., 2007; RAMOS et al., 2010; 2011). A Figura 5.3 apresenta os *cauins* preparados a partir de mandioca, amendoim e semente de algodão.

Figura 5.3 *Cauins* de arroz com mandioca (A), amendoim (B) e semente de algodão (C).

Crédito: Euziclei Gonzaga de Almeida.

Yakupa é uma bebida fermentada espontaneamente, produzida por índios Juruna, que habitam o Parque Indígena do Xingu (MT). Essa bebida não alcoólica. É consumida diariamente por crianças e adultos, e está dentro da classe de cauins refrescantes (LIMA, 2005). Para preparar o *yakupa*, raízes de mandioca são primeiramente deixadas de molho em água por 2-3 dias. Esse passo permite uma pré-fermentação do substrato. Após essa etapa, as raízes pré-fermentadas, chamadas de *puba*, são desidratadas e trituradas. Adiciona-se água à essa mistura que é, então, peneirada em uma peneira chamada *tipiti* (Figura 5.4), obtendo-se um líquido branco que é cozido e misturado com batata-doce ralada. A bebida é consumida, logo que preparada, ou deixa-se fermentando por 24-48 h, tornando-se levemente ácida, em virtude da presença de bactérias láticas (FREIRE et al., 2014).

Figura 5.4 Mulher espremendo a massa de mandioca puba, com auxílio do tipiti.

Crédito: C. C. A. A. Santos.

Estudos sobre a microbiota desses alimentos fermentados indígenas, *cauins* e *yakupa*, demonstram a presença de comunidades microbianas complexas compostas por bactérias e leveduras que agem simbioticamente durante a fermentação desses produtos e caracterizam o sabor e a textura da bebida final (ALMEIDA et al., 2007; FREIRE et al., 2014; RAMOS et al., 2010; 2011; SCHWAN et al., 2007).

5.4.4 *Chibé, tiquara* e *calugi*

O *chibé* e as *tiquaras* são bebidas preparadas geralmente a partir da mistura de farinha com água fria ou com polpas de frutas como açaí, bacaba, pupunha, buriti, umarí, dentre outras (GARNELO; BARÉ, 2009). Para preparação dessas bebidas com água, uma porção de farinha d'água, é colocada em um recipiente e misturada com água. Os caroços da farinha que ficam boiando na água são removidos. Ao fim, mais água é adicionada e a bebida está pronta para consumo. Para preparar o *chibé* ou a *tiquara* a partir de polpas de frutas, as frutas devem estar bem maduras e macias. Estas são lavadas e transferidas para panela ou pilão, onde são piladas para separação da polpa das sementes. Em seguida, a polpa obtida é misturada com água e novamente pilada. Todas sementes são retiradas, e a mistura é passada em peneira bem fina para separação do bagaço e do líquido. Em uma cuia mistura-se uma porção de farinha de mandioca ou farinha de tapioca e o líquido da fruta passado pela peneira. O *chibé* é geralmente consumido durante ou após as refeições. O tipo de *chibé* a ser preparado depende da época em que cada fruta aparece (GARNELO; BARÉ, 2009). Caldos do tipo *chibé* ou *tiquara*, se deixados a descansar por alguns dias, fermentam, formando a puba, base de uma série de utilizações da farinha de mandioca, como os vários tipos de beijus (RIBEIRO, 1997).

O *calugi* é um mingau fermentado não alcóolico, preparado a partir de milho e arroz (Figura 5.5) pelos índios da etnia Javaé, que vivem próximos à montanha Formoso do Araguaia (TO). É consumido por adultos e crianças. Para preparação desse mingau, milho seco e arroz são deixados de molho por aproximadamente 30 minutos e, então, macerados em pilão. A farinha obtida é diluída em água e peneirada para remoção das cascas. Adiciona-se água à essa massa e cozinha-se por, aproximadamente, duas horas. Assim como para o preparo dos *cauins* inoculados, utiliza-se o inóculo proveniente da mastigação da batata-doce pelas índias da tribo. A mistura é deixada para fermentação a temperatura ambiente (aproximadamente 30 °C) (MIGUEL et al., 2012). Estudos mostram a predominância de bactérias pertencentes ao gênero *Lactobacillus* e leveduras *Saccharomyces* durante a fermentação do *calugi,* bem como uma queda do pH de 6,0 para 3,5 após 48h de fermentação (MIGUEL et al., 2012). A produção de ácidos orgânicos em alimentos e bebidas fermentados geralmente reduz o pH para valores inferiores a 4,0, o que garante a segurança microbiológica do produto final (BLANDINO et al., 2003). As mudanças físico-químicas ocorridas na fermentação do *calugi* podem ser observadas na Tabela 5.3.

Figura 5.5 *Calugi* preparado a partir de milho (A) e mandioca (B) pelos índios da etnia Javaé (Tocantins, Brasil).

Crédito: C. C. A. A. Santos.

Tabela 5.3 Caracterização físico-química do *calugi*.

	Tempo de fermentação (horas)				
	0	**12**	**24**	**36**	**48**
Amido (%)	3,51	3,46	3,35	3,14	2,97
Proteínas (%)	13,38	15,13	15,31	15,75	16,36
Glicose	0,60	1,29	0,17	0,38	0,53
Frutose	0,40	2,11	0,79	0,70	0,32
Sacarose	2,79	0,71	nd	nd	nd
Maltose	38,00	55,70	37,81	53,44	49,01
Glicerol	0,02	0,13	2,53	2,83	2,98
Metanol	0,14	0,23	0,09	0,09	0,10
Etanol	0,26	0,26	0,36	0,38	0,40
Ácido acético	1,70	1,47	0,66	0,61	0,66
Ácido lático	0,00	0,07	2,74	3,20	3,54

Fonte: Adaptado de Miguel et al. (2012).

5.4.5 Giroba

A bebida principal dos índios *Tupinambá* é a *giroba* preparada a partir de mandioca com finalidade medicinal[10]. Eles dizem que a *giroba* é um "remédio", que "dá saúde" e "fortalece a pessoa" especialmente, para prevenção ou cura de doenças do fígado e do estômago. São conhecidos os efeitos medicinais de preparados fermentados, porém esse efeito de "remédio" é atingido apenas quando a *giroba* é tomada em grandes quantidades até provocar o vômito e, consequentemente, esvaziar o estômago "limpando o corpo" (VIEGAS, 2006). A preparação dessa bebida inicia-se com a raspagem da mandioca, que é, em seguida, colocada em uma panela a cozer no fogo, até que amoleça. Deixa-se esfriar e verte-se em um pilão ou recipiente de alumínio. A quantidade mínima de *giroba* que se faz de cada vez é de cerca de vinte litros. À medida que se vai pilando a mandioca, junta-se água. A massa obtida é novamente cozida e, após isso, vertida em vasilha. Esse é o momento crucial do processo, pois é nesse repouso que a bebida irá fermentar. Os indígenas *Tupinambá* de Olivença (BA) associam a maior fermentação da bebida ao sabor mais amargo, isto é, "azedo" e por isso falam em "*giroba* doce" e "*giroba* azeda". A etapa final da preparação da *giroba* consiste em aquecer a bebida antes de beber (VIEGAS, 2006).

A velocidade com que a bebida fermenta, além da temperatura, depende do recipiente onde é deixada para a fermentação. No passado os *Tupinambá* de Olivença usavam certas cabaças para guardar a bebida que aceleravam o processo, de tal forma que se conseguia obter, apenas em um dia, o mesmo nível de fermentação do que em três dias quando a bebida é guardada num recipiente de alumínio.

Até o final do século XIX, os *Tupinambá* de Olivença acrescentavam ao processo de preparação da *giroba* a "mastigação" ou "salivação", associada à fermentação. Atualmente, não se mastiga a mandioca no processamento da *giroba* (VIEGAS, 2006). Apesar de ser uma bebida, para os *Tupinambá* de Olivença é "bebida como um alimento, uma alimentação". As expressões usadas para descrever o seu consumo são, literalmente, "comer *giroba*". De fato, o valor nutritivo e fortificante da *giroba* pode ser explicado pelo fato de ser a bebida que substitui o leite materno no período de desmame. O teor nutritivo da mandioca aumenta com a fermentação. Buhner (1998) afirmou que a mandioca não fermentada possui 1,5% de proteínas, enquanto, na fermentada, as proteínas aumentam para 8%. O aumento nos níveis de proteínas é provavelmente proveniente dos microrganismos presentes durante a fermentação e suas atividades.

Existem diferenças entre o processo usado hoje pelos *Tupinambá* de Olivença e o procedimento descrito por Hans Staden para a preparação da bebida de mandioca pelos *Tupinambá* do Rio de Janeiro, no século XVI, como pode ser visto na Figura 5.6:

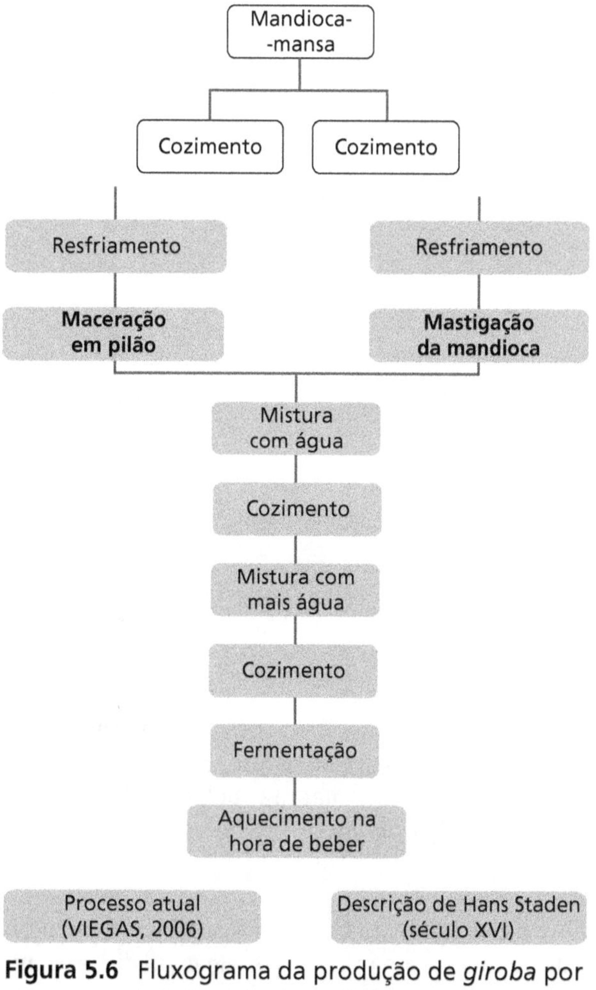

Figura 5.6 Fluxograma da produção de *giroba* por técnicas atuais e antigas.

[10] Do ponto de vista comparativo, a *giroba* é uma bebida fermentada ou, mais ainda, inscrita como uma bebida-alimento que é ingerida em contextos não rituais nem festivos. As etnografias americanistas normalmente associam as bebidas–comidas a preparados de baixa ou nula fermentação, de consumo doméstico.

5.4.6 Mingaus de frutas e de farinha

José Veríssimo (1887) destaca as formas de preparo das "papas moles", conhecidas em todo império brasileiro pelo nome indígena de *mingáo*, que era elaborado levando as frutas ao fogo e misturando-lhes outros ingredientes, como arroz, farinha de mandioca, tapioca etc.

Atualmente, na região do Alto Rio Negro (AM), as mulheres indígenas ainda preparam alimentos tradicionais, preocupadas com os altos preços dos alimentos e com a substituição das comidas tradicionais por alimentos de baixo valor nutricional. O receio está ligado à noção de prejuízos à saúde, e também à indesejada mudança cultural intimamente ligada à adoção indiscriminada de comidas industrializadas (GARNELO; BARÉ, 2009). Garnelo e Baré (2009) fazem uma abordagem etnográfica e a descrição detalhada de métodos culinários praticados hoje em dia pelas mulheres indígenas da região. As Figuras 5.7, 5.8, 5.9 e 5.10 mostram o fluxograma de preparo de diferentes tipos de mingaus.

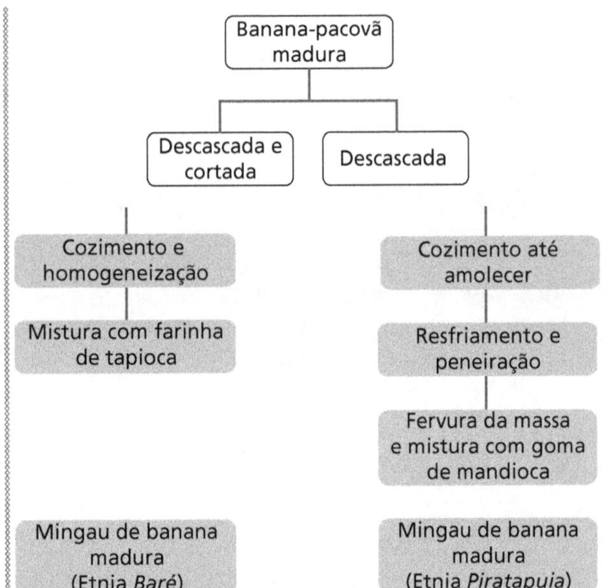

Figura 5.7 Fluxograma de preparo de mingau de banana madura pelas etnias *Baré* e *Piratapuia*.

Esses mingaus são servidos preferencialmente pela manhã, como primeira refeição do dia, acompanhado de bebidas de bacaba, açaí ou outras frutas. O mais comum é servir o *chibé* de frutas, porque rende mais, e todos podem beber à vontade (GARNELO; BARÉ, 2009). Também merece atenção a referência feita por Robert Southey (1862) aos indígenas *Suboris*, os quais tinham grande carência de água, e por isso, em épocas de seca, faziam de uma raiz chamada *mandepore* (espécie de mandioca doce) uma bebida, a qual preparavam triturando a raiz em pilão, resultando em uma seiva descrita como "branca como o leite" e que bebiam como água.

Figura 5.8 Fluxograma de preparo de mingau de banana verde pelas etnias *Baré* e *Kubeo*.

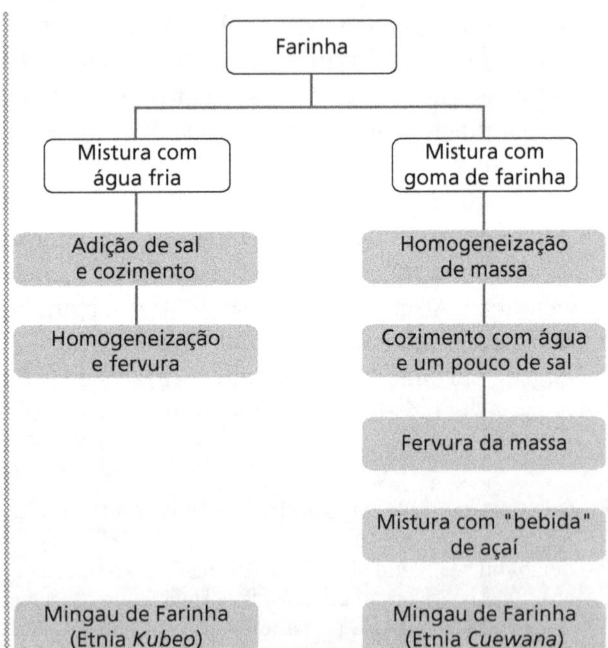

Figura 5.9 Fluxograma de preparo de mingau de farinha pelas etnias *Kubeo* e *Cuewana*.

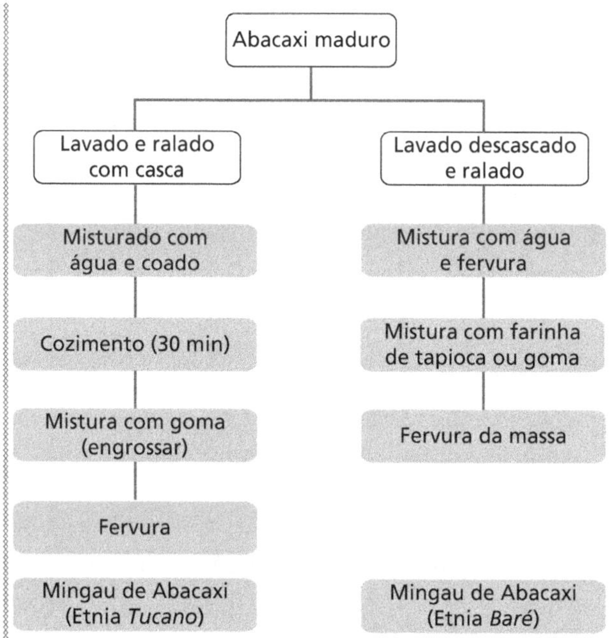

Figura 5.10 Fluxograma de preparo de mingau de abacaxi pelas etnias *Tucano* e *Baré*.

As bebidas tradicionais aqui descritas, bem como seus modos de preparo, expressam a rica síntese que marca as vidas dos indígenas. São bebidas em que o aspecto nutricional, de bebida-alimento, transparece com maior nitidez. O registro das tecnologias alimentares utilizadas pelas populações indígenas sobreviventes é de suma importância na preservação da identidade cultural desse povo, pois, a bibliografia existente é escassa e pouco específica, não identificando e valorizando as peculiaridades. Hoje, na redescoberta das tradições, as bebidas fermentadas estão voltando à moda e pesquisadores têm realizados estudos mais amplos sobre o tema, no entanto, ainda são escassos estudos abordando a segurança alimentar e a qualidade nutricional dessas bebidas.

BIBLIOGRAFIA

ALMEIDA, E. G.; RACHID, C. C. T. C.; SCHWAN, R. F. Microbial population present in fermented beverage 'cauim' produced by Brazilian Amerindians. **International Journal of Food Microbiology**, Grugliasco, v. 120, n. 1-2, p. 146-151, 2007.

ALMEIDA, P. F. et al. Fermentação de mandioca para a produção de carimã. **Ciência e Tecnologia dos Alimentos**, Campinas, v. 13, n. 2, p. 113-120, 1993.

ARAÚJO, W. S. Fundamentos históricos do uso da ayahuasca. In: ______. **Navegando sobre as ondas do Daime**: história, cosmologia e ritual da Barquinha. Campinas: Editora da Unicamp/Centro de Memória, 1999. p. 31-42. (Coleção Tempo e Memória, 11).

BASTOS, D. H. M.; TORRES, E. A. F. Bebidas a base de erva-mate (*Ilex paraguariensis*) e saúde pública. **Nutrire**: Revista Brasileira da Sociedade de Alimentação e Nutrição, São Paulo, v. 26, p. 77-89, 2003.

BATTCOCK, M.; AZAM-ali, S. **Fermented fruits and vegetables, a global perspective**. Cidade: FAO, 1998. (Agricultural Service Bulletin, 134).

BEAUFORT, B.; WOLF, S. Le Guarana, trésor des Indiens Sateré-Mawé: Mythes fondateurs, biodiversité, commerce equitable. Paris: Yves Michel, 2008. p. 175.

BLANDINO, A. et al. Review: cereal based fermented foods and beverages. **Food Research International**, Campinas, v. 36, n. 6, p. 527-543, 2003.

BUHNER, S. H. **Sacred and herbal healing beers**: the secrets of ancient fermentation. Boulder: Siris Books, 1998.

BRASIL. Ministério da Agricultura, Pecuária e Abastecimento. Decreto n. 6.871, de 04 de junho de 2009. Regulamenta a Lei n. 8.918, de 14 de julho de 1994, que dispõe sobre a padronização, a classificação, o registro, a inspeção, a produção e a fiscalização de bebidas. **Diário Oficial da União**, Brasília, DF, 05 jun. 2009. Disponível em: <http://extranet. agricultura.gov.br/sislegisconsulta/consultarLegislacao.do?operacao=visualizar&id=20271>. Acesso em: 05 jan. 2013.

CALLAWAY, J. C.; GROB, C. S., Ayahuasca preparations and serotonin reuptake inhibitors: a potential combination for severe adverse interactions. **Journal of Psychoactive Drugs**, São Francisco, v. 30, n. 4, p. 367-369, 1998.

CAMARGO, R. Produtos da Mandioca. In: CAMARGO, R. **Tecnologia dos produtos agropecuários**. São Paulo: Nobel, 1989, p. 258-267

CERQUEIRA, M. V. V. **A cultura e as técnicas alimentares primitivas utilizadas pela etnia xavante**: revisão bibliográfica. 2007. 44f. Monografia (Especialização em Tecnologia dos Alimentos) – Centro de Excelência em Turismo, Universidade de Brasília, Brasília, 2007.

COUTO, J. A. **Construção do Brasil**. 2. ed. Lisboa: Cosmos, 1997.

DEMIATE, I. M.; OETTERER, M.; WOSIACKI, G. A fermentação como processo de enriquecimento nutricional. **Boletim da Sociedade Brasileira de Ciência e Tecnologia de Alimentos**, Campinas, v. 28, n. 2, p. 170-181, 1994.

FERNANDES, J. A. Cauinagens e bebedeiras: os índios e o álcool na história do Brasil. **Revista Anthropológicas**, Recife, v. 13, n. 2, p. 39-59, 2002.

FOERTHMANN, H. **Jornada Kamayurá**. Rio de Janeiro: Embrafilme – Empresa Brasileira de Filmes S.A., 1966. 1 VHS NTSC colorido.

FREIRE, A. L. et al. Study of the physicochemical parameters and spontaneous fermentation during the traditional production of yakupa, an indigenous beverage produced by Brazilian Amerindians. **World Journal of Microbiology and Biotechnology**, Hull, v. 30, n. 2, p. 567-577, 2014.

FRIEDRICH, A. H. S. **A cultura indígena Kaingang como referência para a criação de joias**. 2010. 113p. Trabalho de Conclusão de Curso (Graduação em Design) – Universidade Regional do Noroeste do Estado do Rio Grande do Sul, 2010.

GARNELO, L.; BARÉ, G. B. **Comidas tradicionais indígenas do Alto Rio Negro** – AM. Manaus: Fiocruz – Centro de Pesquisa Leônidas e Maria Deane, 2009, p. 113.

HENMAN, A. O guaraná: sua cultura, propriedades, formas de preparação e uso. **Cadernos de Vida Natural**, São Paulo, v. 10, n. 2, p. 77, 1986.

LA BARRE, W. Hallucinogens and the shamanistic origins of religions. In: Fürst, P.T (ed.). **Fresh of the Gods**. New York: Praeger, 1974, p. 261-278.

LABATE, B. C.; ARAÚJO, W. S. **O uso ritual da ayahuasca**. Campinas: FAPESP, 2004.

LIMA, O. G. **Pulque, Balchê e Pajauaru na etnobiologia das bebidas dos alimentos fermentados**. Recife: Universidade Federal de Pernambuco, 1975.

LIMA, T. S. **Um peixe olhou para mim**: o povo Yudjá e a perspectiva. São Paulo: Editora Unesp, 2005, p. 294-295.

MIGUEL, M. G. C. et al. Physico-chemical and microbiological characterization of corn and rice 'calugi' produced by Brazilian Amerindian people. **Food Research International**, Campinas, v. 49, n. 1, p. 524-532, 2012.

MINAMIYAMA, Y. et al. Fermented grain products, production, properties and benefits to health. **Pathophysiology**, Kuopio, v. 9, n. 4, p. 221-227, 2003.

NASCIMENTO, A. R. T. Riqueza e etnobotânica de palmeiras no território indígena krahô, Tocantins, Brasil. **Floresta**, Curitiba, v. 40, n. 1, p. 209-220, jan./mar. 2010.

RAMOS, C. L. et al. Diversity of bacteria and yeast in the naturally fermented cotton seed and rice beverage produced by Brazilian Amerindians. **Food Microbiology**, Illinois, v. 28, n. 7, p. 1380-1386, 2011.

RAMOS, C. L. et al. Determination of dynamic characteristics of microbiota in a fermented beverage produced by Brazilian Amerindians using culture-dependent and culture-independent methods. **International Journal of Food Microbiology**, Grugliasco, v. 140, n. 2-3, p. 225-231, 2010.

RIBEIRO, D. **Suma Etnológica Brasileira**. 3. ed. Belém: Editora da Universidade Federal do Para (UFPa), 1997.

RIVASSEAU, E. **A vida dos índios Guaycurús**. São Paulo: Companhia Editora Nacional, 1936.

SANTOS, C. C. A. A. et al. Microbiological and physicochemical characterisation of caxiri, an alcoholic beverage produced by the indigenous Juruna people of Brazil. **International Journal of Food Microbiology**, Grugliasco, v. 156, n. 2, p. 112-121, 2012.

SCHULTES, R. E. Hallucinogens of plant origin. **Science**, Whasington, v. 163, n. 3864, p. 245:254, 1969.

SCHWAN, R. F.; ALMEIDA, E. G.; JERPERSEN, L. Yeasts diversity in rice-cassava fermentations produced by indigenous Tapirapé people of Brazil. **FEMS Yeast Research**, Oxford, v. 7, n. 6, p. 966-972, 2007.

SOUTHEY, R. **História do Brasil**. Rio de Janeiro: B. L. Garnier, 1862.

SOUZA, M. L. P.; DESLANDES, S. F.; GARNELO, L. Modos de vida e modos de beber de jovens indígenas em um contexto de transformações. **Ciência & Saúde Coletiva**, Rio de Janeiro, v. 15, n. 3, p. 709-716, 2010. Disponível em: <http://www.scielo.br/pdf/csc/v15n3/v15n3a13.pdf>.

STEINKRAUS, K. H. Introduction to indigenous fermented foods. In: STEINKRAUS, K. H. (Ed.). **Handbook of indigenous fermented foods**. New York: Marcel Dekker, 1996, p. 1-6.

STRADELLI, E. Vocabularios da lingua geral portuguez-nheêngatú e nheêngatú-portuguez, precedidos de um esboço de Grammatica nheênga-umbuê-sáua mirî e seguidos de contos em lingua geral nheêngatú poranduua. **Revista do Instituto Histórico e Geográfico Brasileiro**, Rio de Janeiro, v. 158, n. 104, p. 9-768, 1929.

VERISSIMO, J. As populações indigenas e mestiças da Amazonia. **Revista do Instituto Histórico e Geográfico Brasileiro**, Rio de Janeiro, n. 50, p. 295-390, 1887.

VIEGAS, S. D. M. Nojo, prazer e persistência: beber fermentado entre os Tupinambá de Olivença (Bahia). **Revista de História**, São Paulo, v. 154, n. 1, p. 151-188, 2006.

6

BEBIDAS ISOTÔNICAS

MAGALI MONTEIRO
RENATA DE MARCHI

6.1 INTRODUÇÃO

As bebidas isotônicas são assim denominadas em virtude da equivalência entre sua pressão osmótica e as condições de pressão osmótica sanguínea, o que favorece sua ação de reposição hidroeletrolítica rápida, aumentando a velocidade de absorção dos nutrientes. São bebidas formuladas especialmente para atletas e pessoas que praticam exercícios por mais de uma hora, principalmente em climas quentes e úmidos. O seu uso possibilita uma recuperação mais rápida do corpo fatigado e um melhor rendimento, além de prevenir a desidratação.

As bebidas isotônicas se constituem em mais uma alternativa entre aquelas disponíveis no mercado de bebidas não alcoólicas, já que, por serem refrescantes, são consumidas em substituição à água, refrigerantes, sucos etc. No entanto, é necessário enfatizar que, em razão de seu conteúdo de sódio, devem ser consumidas apenas em situações de sudorese intensa. Além disso, existem restrições para o consumo dessas bebidas no caso de indivíduos portadores de enfermidades, tais como hipertensos e diabéticos, além de idosos, crianças e gestantes.

6.1.1 Mercado de isotônicos no Brasil

O crescimento constante do setor de bebidas, baseado tanto no aumento do volume da produção quanto no aumento do consumo *per capita*, tem despertado o interesse da indústria de bebidas para a produção de novos tipos de produtos. O Brasil se destaca como terceiro maior mercado mundial de bebidas, estando atrás dos Estados Unidos e da China.

As bebidas não alcoólicas industrializadas, que incluem refrigerantes, sucos, água mineral, isotônicos, bebidas energéticas, chás e infusões etc., constituem um dos segmentos mais importantes do setor de bebidas.

O mercado brasileiro de bebidas não alcoólicas está em expansão. De 2010 a 2015 as vendas cresceram em ritmo anual médio de 14% (BLOOMBERG, 2015). O destaque fica para as bebidas não carbonatadas, que vêm atraindo consumidores de refrigerantes nos últimos anos. O aumento na renda da população, a inserção da mulher no mercado de trabalho, e o aumento da escolaridade têm despertado no consumidor brasileiro maior interesse por nutrição e saúde, impulsionando o consumo de alimentos naturais e bebidas saudáveis (bebidas naturais, orgânicas e funcionais). O mercado brasileiro de bebidas saudáveis cresceu 89% de 2009 a 2014, quando movimentou mais de R$ 27 bilhões (ABRASNET, 2014).

Além da preferência por alimentos e bebidas saudáveis, os brasileiros se destacam na lista de populações que mais praticam atividade física. O país ocupa a segunda posição em número de academias de ginástica no mundo, estando atrás apenas dos Estados Unidos. De acordo com a pesquisa Vigitel

(2013) conduzida com 53.000 brasileiros e divulgada pelo Ministério da Saúde, o número de pessoas que usam as horas de lazer para praticar atividade física saltou de 30%, em 2009, para 34%, em 2013 (BRASIL, 2014).

Influenciado pela mudança de comportamento dos consumidores brasileiros, o mercado de bebidas esportivas apresentou crescimento médio, em volume, de 19% ao ano, entre 2008 e 2013. O consumo desse tipo de bebida esteve em torno de 97 milhões de litros em 2010, passando a 106 milhões de litros em 2011, e a 109 milhões de litros em 2012, quando o setor movimentou cerca de R$ 685 milhões. Apesar disso, o consumo *per capita* no Brasil ainda é baixo (apenas 0,6 litros ao ano) comparado ao dos Estados Unidos (15,6 litros ao ano por habitante), maior consumidor mundial (BRASIL ECONÔMICO, 2014).

Gatorade, da PepsiCo, e Powerade, da Coca-Cola, são as marcas comerciais líderes, com participação de 74% e 19%, respectivamente, no mercado brasileiro de isotônicos em 2013 (VALOR ECONÔMICO, 2012).

Apesar do crescente consumo na categoria, as marcas líderes precisam vencer os obstáculos da competição com novas marcas, assim como o alto valor agregado do produto. Sensorialidade, saudabilidade, conveniência, qualidade, e sustentabilidade são tendências essenciais para a inovação no setor, a fim de assegurar competitividade. Sobretudo, a indústria de bebidas esportivas precisa investir na educação do consumidor, o qual, para ser conquistado e fidelizado, precisa saber, com clareza, sobre os reais benefícios e indicações do produto.

6.1.2 Definição legal

A Portaria 222 do Ministério da Saúde, de 24/03/98, estabelece o Regulamento Técnico para Fixação de Identidade e Qualidade de Alimentos para Praticantes de Atividade Física. Os isotônicos são designados repositores hidroeletrolíticos, classificados como alimentos destinados a praticantes de atividade física e definidos como produtos formulados a partir de concentração variada de eletrólitos (sódio e cloreto), associada a concentrações variadas de carboidratos, com o objetivo de reposição hídrica e eletrolítica decorrente da prática de atividade física. Opcionalmente, podem conter potássio, vitaminas e outros minerais. As vitaminas e os minerais podem ser adicionados até o limite de 7,5% a 15% da ingestão diária máxima recomendável (IDR) em 100 mL e de 15% a 30% da IDR em 100 g, desde que o consumo diário não ultrapasse 100% da IDR, em qualquer situação. É permitida a utilização de aditivos e coadjuvantes de tecnologia nos mesmos limites previstos para os alimentos convencionais similares, desde que não alterem a finalidade a que o alimento se propõe. Possíveis contaminantes devem estar em consonância com os níveis toleráveis nas matérias-primas empregadas, estabelecidos pela legislação em vigor. Além da informação nutricional obrigatória, na rotulagem desses produtos devem estar contidos, em negrito, os seguintes dizeres: "Recomenda-se que os portadores de enfermidades consultem um médico e/ou nutricionista antes de consumirem este produto".

6.1.3 Composição química

Os isotônicos são constituídos de açúcares, sais minerais, edulcorantes, acidulantes, corantes, aromatizantes e conservadores. A água é o componente predominante, seguida por açúcar, sais minerais e aditivos. Essas bebidas podem conter aromatizantes e corantes artificiais ou polpa e/ou suco de fruta.

As bebidas isotônicas são, de um modo geral, formuladas com 6-8% de carboidratos e concentrações variadas de sódio, cloreto e potássio, dependendo da marca comercial (Tabela 6.1).

Tabela 6.1 Composição de isotônicos de diferentes marcas comerciais.

Ingredientes	Quantidade (%)	
	Marca 1	Marca 2
Carboidratos*	6	7
Sódio**	45	47
Potássio**	12,5	35
Cloreto**	42	61

Fonte: Gatorade Sports Science Institute – www.gssi.com.br; Global Bev Ltda – www.globalbev.com.br.
(*) g/100 mL; (**) mg/100 mL.

O conteúdo de carboidratos nas bebidas isotônicas deve estar entre 6 e 8% para cumprir a função de melhorar o desempenho do atleta e, ao mesmo tempo, diminuir o tempo de esvaziamento gástrico, contribuindo para uma hidratação mais rápida. Glicose, maltodextrinas e sacarose, que estimulam a absorção intestinal, são os carboidratos mais comumente utilizados.

O tipo e a quantidade de sais minerais empregados em bebidas isotônicas variam muito. Sódio e cloreto são os eletrólitos imprescindíveis, podendo as bebidas, eventualmente, conter potássio, magnésio, cálcio, fosfatos e carbonatos.

Acidulantes, antioxidantes, corantes e conservadores podem, também, ser adicionados à formulação de bebidas isotônicas.

Tradicionalmente, as bebidas isotônicas têm sido preparadas utilizando-se aromatizantes para conferir aroma e sabor. O emprego de polpa e/ou suco de fruta na produção dessas bebidas aponta para uma nova perspectiva, agregando vantagens nutricionais, além de responder ao forte apelo por produtos naturais e de contribuir para uma maior aceitação sensorial da bebida. Nesse caso, o conteúdo de sais minerais presente na polpa e/ou suco de fruta deve ser levado em consideração. No exemplo de formulação de isotônico apresentado na Tabela 6.2, foi empregada polpa de maracujá (13 °Brix) com elevado conteúdo de sódio (0,24 g/100 g polpa) que, somado ao sal de sódio adicionado à bebida, totalizou 0,11 g/100 mL.

Tabela 6.2 Composição de isotônico à base de fruta.

Ingredientes	Quantidade (g/100 mL)
Polpa de fruta	11,00
Carboidratos	6,55
Sódio	0,11
Potássio	0,02
Cloreto	0,07

Fonte: De Marchi (2001).

6.1.4 Função dos isotônicos no organismo

As bebidas isotônicas são especialmente formuladas para suprir as necessidades relacionadas à atividade física, ou seja, para facilitar a hidratação durante ou após a prática de exercícios intensos, de forma que o organismo possa exercer adequadamente suas funções e prevenir a diminuição do rendimento físico.

Durante a atividade física, os músculos produzem grande quantidade de calor, que deve ser dissipado para o ambiente a fim de que a temperatura interna do organismo não aumente. A resposta fisiológica de regulação térmica do organismo é a sudorese. Essa perda intensa de líquido é acompanhada de uma perda de eletrólitos, em especial sódio, cloro, potássio, cálcio e magnésio que, quando não compensada, pode levar o organismo a um estado de hipohidratação (baixo nível de líquido corporal). Tal estado exerce impacto negativo sobre o desempenho da atividade física, aumentando os riscos de exaustão e choque térmico, complicações da função renal, e câimbras musculares associadas ao exercício.

A fim de manter um nível adequado de hidratação, praticantes de atividade física devem ingerir quantidade adequada de líquidos antes, durante e após atividade física. Isso é alcançado por meio da ingestão regular de pequenos volumes de líquidos (125 a 500 mL) a cada quinze minutos, em média. A quantidade e a frequência exatas, entretanto, podem ser ajustadas de acordo com as taxas de suor individual e tolerância à ingestão de líquidos. A reidratação do organismo e a restauração do equilíbrio eletrolítico são essenciais para o processo de recuperação após a atividade física.

Para a restauração do equilíbrio hídrico e eletrolítico, devem ser considerados o esvaziamento gástrico, o conteúdo energético e a absorção intestinal.

Uma vez que o líquido é ingerido, ele deve ser esvaziado do estômago. O esvaziamento gástrico pode ser influenciado por vários fatores, tais como estado emocional do atleta, ciclo menstrual, condições ambientais etc. A taxa de esvaziamento gástrico é controlada pelo volume de líquido presente no estômago: um grande volume durante a atividade física promove o esvaziamento rápido e consequente reidratação; à medida que o líquido é esvaziado e o volume do estômago diminui, a taxa de esvaziamento diminui. Entretanto, a presença de grandes volumes de líquido no estômago durante a atividade física não é bem tolerada por todos os indivíduos, pois causa desconforto. A restauração do equilíbrio hídrico com água pura não é considerada uma solução eficaz, pois a água é eliminada rapidamente pelo organismo, arrastando eletrólitos e podendo causar diferentes transtornos como, por exemplo, as câimbras musculares.

A necessidade de ingestão de carboidratos para manter o desempenho durante o exercício físico é tão importante quanto a de água. Bebidas contendo menos de 5% de carboidratos não fornecem energia suficiente para melhorar a eficiência do exercício físico; níveis maiores que 10% retardam o esvaziamento gástrico; e bebidas com 6% a 8% de carboidrato entram para a corrente sanguínea mais rapidamente do que a água.

As características das bebidas influenciam sua absorção intestinal. A osmolaridade e o fluxo de soluto são os principais fatores que determinam o transporte de água no duodeno. Soluções hipertônicas resultam em menor absorção de água, enquanto soluções isotônicas favorecem sua absorção. A pressão osmótica das bebidas isotônicas, em torno de 300 mOsm/L, é próxima à do sangue, o que favorece a absorção mais rápida de água e de eletrólitos perdidos na transpiração. Além disso, os isotônicos são bem tolerados durante o estresse físico.

A quantidade e o tipo de carboidrato influenciam fortemente a absorção de água no intestino. Glicose, maltrodextrinas e sacarose estimulam a absorção de água, ao contrário da frutose que, por ser absorvida mais lentamente, não apresenta tal efeito.

Quando absorvidos, os eletrólitos previnem a queda rápida da osmolaridade plasmática para níveis abaixo do limiar da sede, ajudando a preservar o estímulo de beber, além de favorecerem a reidratação rápida e completa.

É importante enfatizar que o uso das bebidas isotônicas deve ser restringido e orientado pelo médico no caso de indivíduos hipertensos, diabéticos, crianças, idosos e gestantes.

6.1.5 Características sensoriais

Além de propriedades funcionais adequadas ao processo de reidratação rápida, as bebidas isotônicas devem apresentar características sensoriais que garantam sua aceitação por parte dos consumidores. Características de aparência, aroma, sabor e textura dessas bebidas determinam sua qualidade final e, portanto, influenciam o consumidor no momento da escolha e da compra. Assim, o uso da análise sensorial torna-se crucial desde a etapa de formulação até aquela de estudo de vida de prateleira de bebidas isotônicas. O uso de métodos adequados possibilita ao profissional da área identificar o protótipo de produto que melhor atende as expectativas do consumidor, compará-lo com produtos concorrentes, obter seu perfil, identificar alterações decorrentes de estocagem, mudança de ingredientes e/ou processamento, determinar sua vida de prateleira etc. Enfim, métodos sensoriais possibilitam a detecção de particularidades que não podem ser detectadas por quaisquer procedimentos analíticos. Ressalta-se ainda, entre as várias finalidades de seu uso, que a análise sensorial vem sendo cada vez mais usada em colaboração com o setor de *marketing*. O emprego, em análise sensorial, de técnicas antes utilizadas apenas em *marketing*, tem garantido maior eficiência à etapa de desenvolvimento de novos produtos, contribuindo significativamente para o sucesso das empresas de alimentos e bebidas.

6.2 MATÉRIAS-PRIMAS

A água é o ingrediente de maior participação na composição das bebidas isotônicas. Deve atender aos padrões de potabilidade, de acordo com os critérios microbiológicos estabelecidos pela legislação vigente. Deve, também, apresentar características físico-químicas, tais como alcalinidade e teor de cloro residual etc., dentro de limites aceitáveis, e características sensoriais adequadas, tais como ausência de cor, odor e sabor estranhos.

Os açúcares são um importante componente do sabor de muitas bebidas, contribuindo para o aumento de densidade, viscosidade e conteúdo energético, e para a redução da atividade de água no produto.

A sacarose é o açúcar mais utilizado. É um dissacarídeo obtido predominantemente a partir da cana-de-açúcar, e comercializado principalmente na forma cristalizada. É também comercializado na forma líquida, como xarope, contendo concentrações preestabelecidas de sacarose e como açúcar invertido, constituído de uma mistura de glicose e frutose. Glicose, frutose e maltodextrinas também podem ser usadas na produção de bebidas isotônicas. O emprego de misturas de açúcares pode reduzir problemas de solubilidade, viscosidade e escurecimento, além de promover maior absorção de água.

Os eletrólitos imprescindíveis na composição das bebidas isotônicas são sódio e cloreto, comercializados na forma de sais como cloreto de sódio, citrato de sódio e cloreto de potássio. Pode também ser adicionado potássio – geralmente na forma de fosfatos e cloretos –, além de outros minerais.

Os acidulantes intensificam o sabor das bebidas isotônicas e auxiliam na sua conservação, aumentando a vida de prateleira, já que reduzem o pH das bebidas e, portanto, minimizam o crescimento microbiano. O ácido cítrico é o mais utilizado, pois atua como intensificador de sabor, conservador e agente sequestrador de metais.

Os conservadores são usados com a finalidade de impedir ou retardar alterações provocadas por microrganismos. Os mais empregados são os ácidos orgânicos e seus sais, dependendo de suas propriedades físico-químicas e das propriedades do alimento. A forma salina dos ácidos orgânicos é a preferida quando a solubilidade em água é importante. Para as bebidas isotônicas, que apresentam acidez elevada, sais de ácido benzoico e sórbico são os conservadores mais utilizados.

Os corantes naturais, idênticos aos naturais, ou artificiais, são ingredientes particularmente importantes para as bebidas isotônicas que não contém polpa ou suco de fruta, conferindo cor e indicando o sabor. Os corantes aprovados para uso em alimentos são classificados, de acordo com a Anvisa, em: corante orgânico natural (C.I), corante orgânico sintético artificial (C.II), corante sintético idêntico ao natural (C.III) e corante inorgânico (C.IV).

Os aromatizantes são utilizados a fim de conferir ou intensificar o aroma e/ou sabor dos alimentos. De acordo com a legislação brasileira, podem ser empregados em bebidas isotônicas, aromatizantes naturais, artificiais e idênticos aos naturais.

Vitaminas também podem ser adicionadas à formulação das bebidas isotônicas, embora não sejam de uso corrente. O ácido ascórbico é a vitamina mais comumente utilizada, proporcionando também proteção antioxidante e conservadora.

Polpa e/ou suco de frutas também podem ser adicionados aos isotônicos. Seu emprego é particularmente importante, na medida em que proporciona à bebida características de cor, aroma e sabor próprios, dispensando o uso de aromatizantes e corantes, além de responder ao forte apelo por produtos naturais. No entanto, o emprego desses ingredientes requer cuidados durante o processamento e/ou estocagem, visando à manutenção das características nutricionais e sensoriais originais das frutas.

No caso de bebidas *light* e *diet* são usados os edulcorantes, em baixas concentrações em razão de seu elevado poder adoçante. O tipo e a quantidade utilizados variam de acordo com a intensidade de doçura, gosto residual, velocidade de aparecimento e desaparecimento do gosto doce, entre outras características. A substituição de açúcares por edulcorantes deve ser realizada com base nos valores de equivalência em doçura, que são altamente dependentes do sistema ao qual são adicionados, além de sofrerem influência da temperatura e da acidez. Os edulcorantes empregados em bebidas isotônicas, naturais e/ou artificiais, devem ser aprovados para uso em alimentos e bebidas de acordo com a legislação vigente.

6.3 MICROBIOLOGIA

As bebidas isotônicas apresentam elevada acidez e pH próximo a 3,5, condição que favorece o crescimento de bolores e leveduras. Os bolores são, geralmente, aeróbios obrigatórios e mesófilos, resistem à desidratação e toleram baixa atividade de água. Além disso, apresentam uma baixa resistência térmica, de forma que em produtos pasteurizados a sua presença é facilmente evitada. As leveduras são mesófilas, aeróbias ou anaeróbias facultativas e, em geral, apresentam as mesmas características dos bolores. Esses microrganismos toleram níveis variados de acidez e baixa atividade de água, e são eliminados em temperaturas usuais de pasteurização.

Não foram, ainda, estabelecidos padrões microbiológicos para repositores hidroeletrolíticos. Entretanto, a Resolução – RDC n. 12, de 2 de janeiro de 2001 (Anvisa), que estabelece os padrões microbiológicos para refrigerantes e outros compostos líquidos prontos para o consumo, exige ausência de coliformes a 35 °C em 50 mL de amostra.

6.4 PROCESSAMENTO

A produção de bebidas isotônicas envolve a fabricação do produto básico, seu acondicionamento e sua distribuição, além da aquisição de matérias-primas e embalagens, exigindo pouca capacitação tecnológica. Assim, a competitividade ocorre com base na qualidade, preferência do consumidor e eficiência da rede de distribuição.

As bebidas isotônicas disponíveis comercialmente são, predominantemente, prontas para beber. Existem, ainda, isotônicos na forma de pós e concentrados.

O fluxograma típico do processamento das bebidas isotônicas está apresentado na Figura 6.1.

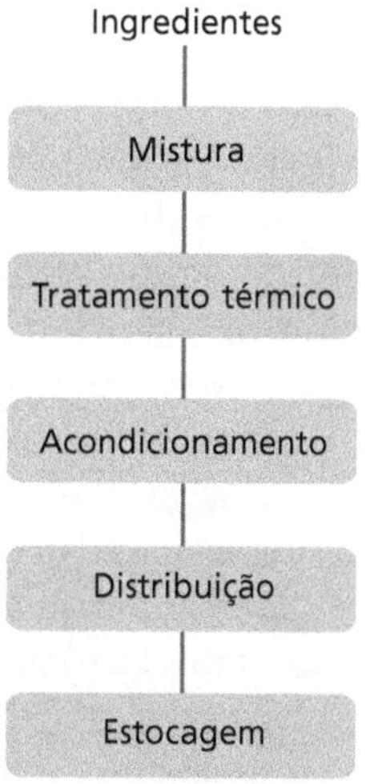

Figura 6.1 Processo de obtenção de repositores hidroeletrolíticos.

Inicialmente, os ingredientes são misturados no tanque de formulação. Em seguida, a bebida formulada é submetida ao tratamento térmico, após o qual é acondicionada podendo, então, seguir para a distribuição e estocagem. Os tipos de acondicionamento compreendem o enchimento a quente (*hot fill*), sistema asséptico, e acondicionamento à temperatura ambiente com adição de conservador.

Na pasteurização, com sistema de enchimento a quente, a bebida é submetida a um tratamento térmico usando trocadores de calor a temperaturas geralmente acima de 90 °C durante 45 a 60 segundos. O enchimento das embalagens é feito imediatamente após a saída do produto do trocador de calor. Logo após o enchimento, as embalagens são invertidas para a esterilização das tampas. Finalmente, faz-se um resfriamento rápido. Tal procedimento garante a estocagem da bebida à temperatura ambiente.

O sistema asséptico de acondicionamento consiste no tratamento térmico da bebida seguido de resfriamento rápido e acondicionamento em embalagens assépticas dentro de uma sala de envase asséptico. A sala asséptica consiste de área limpa, cujo ambiente é rigorosamente controlado para pureza e esterilidade do ar, além de ter pressão positiva. Tal sistema visa aumentar a vida de prateleira da bebida sem a necessidade de refrigeração ou o uso de conservadores, reduzir custos de distribuição e estocagem, e preservar sua qualidade sensorial.

O acondicionamento à temperatura ambiente requer adição de conservador. Após o tratamento térmico, a bebida é resfriada e adicionada de conservador. Os conservadores mais comuns são os ácidos sórbico e benzoico ou seus derivados de sais de sódio e potássio. A quantidade utilizada deve estar em concordância com os limites permitidos pela Anvisa.

As bebidas isotônicas podem ser acondicionadas em garrafas de vidro e de PET, embalagens flexíveis, latas de alumínio, copos de polipropileno e laminados cartonados. No enchimento a quente e no acondicionamento à temperatura ambiente com adição de conservadores, as garrafas de PET e vidro são as embalagens mais utilizadas. No sistema asséptico de acondicionamento, as embalagens longa vida vêm sendo cada vez mais empregadas. De maneira geral, essas embalagens oferecem praticidade e conveniência, atendendo às necessidades dos consumidores.

Durante o processamento e a estocagem, podem ocorrer alterações nas bebidas isotônicas decorrentes de reações químicas, que podem produzir mudanças em suas características físico-químicas e sensoriais capazes de influenciar sua aceitação pelos consumidores. Os fatores responsáveis pela conservação de bebidas isotônicas, e que devem ser considerados quando de sua produção, são a alta acidez, o tratamento térmico (pasteurização), a adição de conservadores, a assepsia e a adequação da embalagem, bem como as condições de estocagem.

BIBLIOGRAFIA

ABRASNET. Mercado de bebidas saudáveis movimenta R$ 27.6 bi no Brasil. Disponível em: <http://www.abrasnet.com.br/clipping.php?area=10&clipping=48213>. Acesso em: 11 dez. 2014.

A NEW age of growth. **Beverage World Internationl**, New York, v. 16, p. 38-41, Jan./Feb. 1998.

AGÊNCIA NACIONAL DE VIGILÂNCIA SANITÁRIA. Condições gerais de elaboração, classificação, apresentação, designação, composição e fatores essenciais de qualidade dos corantes empregados na produção de alimentos (e bebidas). Resolução CNNPA n. 44, de 1 de janeiro de 1978. **D.O.U.-Diário Oficial da União**, Poder Executivo, Brasília, DF, 28 abr. de 1978. Disponível em: <http://e-legis.anvisa.gov.br/leisref/public/showAct.php?id=10347&word=>. Acesso em: 06 jul. 2008.

———. Regulamento técnico de avaliação de matérias macroscópicas e microscópicas prejudiciais à saúde humana em alimentos embalados. Resolução RDC 175, de 8 de julho de 2003. **D.O.U.-Diário Oficial da União**, Poder Executivo, Brasília, DF, 9 jul. 2003. Disponível em: <http://e-legis.anvisa.gov.br/leisref/public/showAct.php?id= 7957&word=>. Acesso em: 12 jun. 2008.

———. Regulamento técnico para fixação de identidade e qualidade de alimentos para praticantes de atividade física. Portaria n. 222, de 24 de março de 1998. **D.O.U.-Diário Oficial da União**, Poder Executivo, Brasília, DF, 24 mar. 1998. Disponível em: <http://e-legis.anvisa.gov.br/leisref/public/showAct.php?id=56&word=>. Acesso em: 27 jun. 2008.

———. Regulamento técnico que aprova o uso de aditivos alimentares, estabelecendo suas funções e seus limites máximos para a categoria de alimentos. Resolução-RDC n. 34, de 9 de março de 2001. **D.O.U.-Diário Oficial da União**, Poder Executivo, Brasília, DF, 12 mar. 2001. Disponível em: <http://e-legis.anvisa.gov.br/leisref/public/showAct.php?id=171&word=>. Acesso em: 27 jun. 2008.

———. Regulamento técnico que aprova o uso de aditivos alimentares, estabelecendo suas funções e seus limites máximos para a categoria de alimentos 16: bebidas – subcategoria 16.2.2 – bebidas não alcoólicas gaseificadas e não gaseificadas. Resolução-RDC n. 389, de 5 de agosto de 1999. **D.O.U.-Diário Oficial da União**, Poder Executivo, Brasília, DF, 9 ago. 1999. Disponível em: <http://e-legis.anvisa.gov.br/leisref/public/showAct.php?id=123&word=>. Acesso em: 27 jun. 2008.

———. Regulamento Técnico sobre Atribuição de Aditivos e seus Limites Máximos para a Categoria de Alimentos 16.2: Bebidas Não Alcoólicas, Subcategoria 16.2.2: Bebidas Não Alcoólicas Gaseificadas e Não Gaseificadas. Resolução-RDC n. 5, de 15 de janeiro de 2007. **D.O.U.-Diário Oficial da União**, Poder Executivo, Brasília, DF, 17 jan. 2007. Disponível em: <http://e-legis.anvisa.gov.br/leisref/public/showAct.php?id=25816&word=>. Acesso em: 27 jun. 2008.

———. Regulamento Técnico sobre Aditivos Aromatizantes. Resolução-RDC n. 3, de 15 de janeiro de 2007. **D.O.U.-Diário Oficial da União**, Poder Executivo, Brasília, DF, 17 jan. 2007. Disponível em: <http://e-legis.anvisa.gov.br/leisref/public/showAct.php?id=25815&word=>. Acesso em: 27 jun. 2008.

———. Regulamento Técnico sobre Aditivos Aromatizantes. Resolução-RDC n. 2, de 15 de janeiro de 2007. **D.O.U.-Diário Oficial da União**, Poder Executivo, Brasília, DF, 17 jan. 2007. Disponível em: <http://e-legis.anvisa.gov.br/leisref/public/showAct.php?id=25812&word=>. Acesso em: 27 jun. 2008.

———. Regulamento técnico que aprova o uso de aditivos edulcorantes, estabelecendo seus limites máximos para os alimentos. Resolução-RDC n. 3, de 2 de janeiro de 2001. **D.O.U.-Diário Oficial da União**, Poder Executivo, Brasília, DF, 5 jan. 2001. Disponível em: <http://e-legis.anvisa.gov.br/leisref/public/showAct.php?id=3181&word=>. Acesso em: 07 jul. 2008.

———. Regulamento técnico sobre padrões microbiológicos para alimentos. Resolução-RDC n. 12, de 2 de janeiro de 2001. **D.O.U.-Diário Oficial da União**, Poder Executivo, Brasília, DF, 10 jan. 2001. Disponível em: <http://e-legis.anvisa.gov.br/leisref/public/showAct.php?id=144&word=>. Acesso em: 07 jul. 2008.

———. Regulamento técnico para o funcionamento de bancos de leite humano. Resolução RDC 171, de 4 de setembro de 2006. **D.O.U.-Diário Oficial da União**, Poder Executivo, Brasília, DF, 5 set. 2006. Disponível em: <http://e-legis.anvisa.gov.br/leisref/public/showAct.php?id=237488&word=>. Acesso em: 12 jun. 2008.

BARUFFALDI, R.; OLIVEIRA, M. N. de. **Fundamentos de tecnologia de alimentos**. São Paulo: Atheneu, 1998, v. 3. 317p.

BERTO, D. Mercado de bebidas apresenta grande potencial de crescimento. **Food Ingredients**, São Paulo, v. 23, p. 32-33, 2003.

BEVERAGES lead the way. **Beverage World International**. New York, v. 20, n. 2, p. 13, June 2002.

BLENFORD, D. Food and drink for modern living and sporting activities. **Food Technology Europe**, Copenhagen, p. 18-22, June/July 1996.

BLOOMBERG. Britvic comprará líder brasileira de bebidas não alcoólicas para sua expansão internacional. Disponível em: <http://www.bloomberg.com/news/articles/2015-07-23/britvic-to-buy-brazilian-soft-drinks-leader-amid-overseas-push>. Acesso em 25 jul. 2015.

BRASIL. Ministério da Agricultura e do Abastecimento. Regulamento técnico geral para identificação e qualidade gerais para a bebida dietética e a de baixa caloria. Instrução Normativa SDA n. 30, 27 de setembro de 1999. **D.O.U.-Diário Oficial da União**, Poder Executivo, Brasília, DF, 29 set. 1999. Seção 1, página 60. Disponível em: <http://extranet.agricultura.gov.br/sislegis-consulta/consultarLegislacao.do?operacao=visualizar&id=17680>. Acesso em: 27 nov. 2006.

BRASIL. Pesquisa revela aumento na prática de atividades físicas. Disponível em: <http://www.brasil.gov.br/saude/2014/05/pesquisa-revela-aumento-na-pratica-de-atividades-fisicas>. Acesso em: 02 maio 2014.

BRASIL ECONÔMICO. Ambev e Coca agitam mercado de isotônicos. Disponível em: <http://www.brasil.gov.br/saude/2014/05/pesquisa-revela-aumento-na-pratica-de-atividades-fisicas>. Acesso em: 15 set. 2014.

COLEMAN, E. Sports drink research. **Food Technology**, Chicago, p. 104-108, mar. 1991.

DE MARCHI, R. **Desenvolvimento de uma bebida à base de maracujá (*Passiflora edulis* Sims. f. *flavicarpa* Deg.) com propriedades de reposição hidroeletrolítica**. 2001. 93f. Dissertação (Mestrado em Ciências de Alimentos) – Faculdade de Ciências Farmacêuticas, Universidade Estadual Paulista, Araraquara, 2001.

DE MARCHI, R.; MONTEIRO, M.; CARDELLO, H. M. A. B. Avaliação da vida de prateleira de um isotônico natural de maracujá (*Passiflora edulis* Sims. f. *flavicarpa* Deg.). **Brazilian Journal of Food Technology**, Campinas, v. 6, n. 2, p. 291-300, 2003.

DE MARTIN, K. J. et al. Processamento: produtos, características e utilização. In: MEDINA, J. C. et al. **Manga.** Campinas: Editora do Ital, 1981. p. 293-354. (Série frutas tropicais, 8).

DÈCOMBAZ, J. et al. Acceptance of isotonic and hypotonic rehydrating beverages by athetes during training. **International Journal of Sports Medicine**, New York, v. 13, p. 40-46, 1992.

EVANGELISTA, J. **Tecnologia de alimentos**. São Paulo: Atheneu, 2001. 664p.

FRATA, M. T.; VALIM, M. F.; MONTEIRO, M. Prefference mapping of commercial orange juice. **Fruit Processing**, Strassenhaus, v. 16, n. 2, p. 116-121, 2006.

GATORADE. **Hidratação.** Disponível em: <http://www.gatorade.com.br/gatorade.php?m=hidratacao>. Acesso em: 10 set. 2007.

GATORADE SPORTS SCIENCE INSTITUTE. **Hydration.** Disponível em: <http://www.gssiweb.com/Article_List.aspx?topicid=1>. Acesso em: 10 maio 2008.

———. **Sports Nutrition.** Disponível em: <http://www.gssiweb.com/Article_List.aspx?topicid=5>. Acesso em: 10 maio 2008.

———. **Sports Performance.** Disponível em: <http://www.gssiweb.com/Article_List.aspx?topicid=3&subtopicid=112>. Acesso em: 10 maio 2008.

GIESE, J. H. Developments in beverage additives. **Food Technology**, Chicago, p. 64-72, Sept. 1995.

———. Hitting the spot: beverages and beverage technology. **Food Technology**, Chicago, p. 70-80, July 1992.

KICKUTH, R. Market report: Germany. **Beverage World International**, New York, v. 16, n. 4, p. 18-20, 1998.

LÓPEZ, L. et al. Desarrollo y optimización de un jugo isotónico para deportistas. **Archivos Latinoamericanos de Nutrición**, Caracas, v. 44, p. 256-263, 1994.

LÓPEZ, R. Energia potencial. **Engarrafador Moderno**, São Caetano do Sul, n. 100, p. 12-16, set. 2002.

———. Perspectivas animadoras dinamizam mercado de sucos. **Engarrafador Moderno**, São Caetano do Sul, n. 132, p. 6-14, maio 2005.

———. Preferência por hábitos saudáveis gera excelentes oportunidades para o mercado. **Engarrafador Moderno**, São Caetano do Sul, n. 120, p. 8-14, 2004.

MARTINO, D. B. Eficiência, rapidez e inovação, devem nortear os rumos do setor de bebidas. **Engarrafador Moderno**, São Caetano do Sul, n. 34, p. 48-51, 2001.

MEILGAARD, M.; CIVILLE, G. V.; CARR, B. T. **Sensory evaluation techniques.** 2. ed. Florida: CRC Press, 1999. 354p.

MITCHELL, J. B. et al. Gastric emptying: influence of prolonged exercise and carbohydrate concentration. **Medicine and Science in Sports and Exercise**, Indianapolis, v. 21, n. 3, p. 269-274, 1998.

MUÑOZ, A. M.; CIVILLE, G. V.; CARR, B. T. **Sensory evaluation in quality control.** New York: Van Nostrand Reinhold, 1992. 240p.

NIELSEN, B. et al. Fluid balance in exercise dehydration and rehydration with different glucose-electrolyte drinks. **European Journal of Applied Physiology**, Berlin, p. 318-325, Feb. 1986.

PETRUS, R. R. **Desenvolvimento de processo e avaliação de estabilidade de bebida isotônica acondicionada em garrafa asséptica.** 2000. 115f. Dissertação (Mestrado em Tecnologia de Alimentos) – Faculdade de Engenharia de Alimentos, Universidade Estadual de Campinas, Campinas, 2000.

PETRUS, R. R.; FARIA, J. A. F. F. Processamento e avaliação de estabilidade de bebida isotônica em garrafa plástica. **Ciência e Tecnologia de Alimentos**, Campinas, v. 25, n. 3, p. 512-524, 2005.

REHRER, N. J. et al. Effects of electrolytes in carbohydrate beverages on gastric emptying and secretion. **Medicine and Science in Sports and Exercise**, Indianapolis, v. 25, p. 42-51, 1992.

REINOLD, M. R. O mercado mundial de bebidas não-alcoólicas. **Engarrafador Moderno**, São Caetano do Sul, n. 74, p. 16-23, 2000.

ROMANO, M. A.; FARIAS, J. A.; ANJOS, C. A. Sistemas assépticos para alimentos em embalagens plásticas. **Boletim da SBTCA**, Campinas, v. 32, n. 2, p. 180-8, set./dez. 1998.

SILVA, J. A. **Tópicos da tecnologia dos alimentos.** São Paulo: Varela, 2000. 229p.

SOLLER, P. S.; RADOMILLE, L. R.; TOCCHINI, R. P. Processamento. In: ———. **Industrialização de frutas.** Campinas: Instituto de Tecnologia de Alimentos, 1991, p. 53-115 (Manual técnico, n. 8).

STONE, H.; SIDEL, J. L. **Sensory evaluation practices.** New York: Academic Press, 1993. 338p.

TEIXEIRA NETO, R. O. et al. **Reações de transformação e vida de prateleira de alimentos processados.** Campinas: Instituto de Tecnologia de Alimentos, 1991, p. 65-83. (Manual técnico, n. 6).

VALOR ECONÔMICO Econômico. Cervejaria Petrópolis entra no mercado de isotônicos. Disponível em: <http://www.valor.com.br/empresas/2913486/cervejaria-petropolis-entra-no-mercado-de-isotonicos>. Acesso em: 22 nov. 2012.

VANDERZANT, C.; SPLITTSTOESSER, D. F. (Eds.). **Compendium of methods for the microbiological examination of foods.** 3. ed. Washington, DC: Apha, 1992. 1219p.

7

BEBIDAS LÁCTEAS

ANA LÚCIA BARRETTO PENNA
SABRINA NEVES CASAROTTI

7.1 INTRODUÇÃO

No final da década de 1990 houve um aumento notável no consumo de bebidas lácteas, que se caracterizam por produtos de baixa viscosidade, suaves e refrescantes. Durante alguns anos, o mercado de produtos lácteos passou por algumas oscilações, ora com uma fase marcada por sucessivas altas nos preços do leite, tanto no Brasil quanto no mercado externo, ora com dificuldades, pela alta na cotação dos grãos e insumos agrícolas usados na dieta dos animais, e redução de vendas no varejo. Atualmente, observa-se expansão na produção e no consumo de produtos lácteos, porém em ritmo menos acelerado do que se observou nos últimos 10-15 anos.

Por outro lado, a mudança de hábitos alimentares do consumidor brasileiro, que procura produtos saudáveis, inovadores, seguros e de prática utilização, contribuíram para o crescimento da indústria de bebidas lácteas, fazendo com que estas ganhassem popularidade.

Além disso, pela necessidade de se criar alternativas para a utilização do soro proveniente da crescente produção de queijos no Brasil, a produção de bebida láctea utilizando soro de queijo se expandiu rapidamente, facilitando sua consolidação no mercado. Esse crescimento se deveu, também, ao maior nível de informação sobre os benefícios nutricionais das proteínas do soro, menor custo de produção comparado a outros produtos lácteos, e preço final acessível para o consumidor. Também foi desenvolvida uma grande variedade de bebidas lácteas formuladas com leite, soro, polpas ou sucos de frutas, cereais, proporcionando uma gama de produtos com características e sabores variados.

Para os laticínios, a conversão de soro líquido em bebidas lácteas, fermentadas ou não, é uma das mais atrativas opções para utilização do soro para consumo humano, em razão da simplicidade do processo, utilizando, em grande parte, os equipamentos disponíveis nas indústrias lácteas para o beneficiamento do leite, ou demandando pequeno investimento, além de se explorar as excelentes propriedades funcionais das proteínas do soro.

As bebidas lácteas podem ser classificadas em quatro grupos, de acordo com características específicas: bebidas refrescantes (bebidas com baixo valor agregado e curta vida de prateleira), bebidas destinadas a dietas de esportistas ou outras dietas específicas (produtos com elevado valor agregado e média vida de prateleira), bebidas fermentadas similares aos leites fermentados (possuem ação sobre a microbiota intestinal, propriedades metabólicas e grande aceitação pelos consumidores) e as bebidas nutritivas (produtos com longa vida de prateleira e alto valor nutritivo).

Nos últimos anos, a expectativa dos consumidores por produtos saudáveis também impulsionou a indústria a desenvolver bebidas lácteas diferenciadas, utilizando diversos tipos de ingredientes, tais como os substitutos de gordura, edulcorantes para substituir o açúcar, vitaminas, fibras, proteínas de soja, prebióticos, microrganismos probióticos, além de compostos bioativos, a fim de se produzir bebidas lácteas específicas para cada público-alvo. Também têm sido produzidas bebidas lácteas utilizando-se matérias-primas e ingredientes orgânicos para atender às expectativas desse nicho de mercado.

7.1.1 Histórico e mercado

O mercado brasileiro de alimentos refrigerados é extremamente competitivo, com indústrias de alto nível, com posicionamento relativamente bem distribuído. A demanda dos consumidores por produtos saudáveis ou simplesmente seguros impulsionou a expansão de produtos como iogurtes líquidos, bebidas à base de soja, bebidas isotônicas ou energéticas (ACNIELSEN, 2004).

O setor de bebidas lácteas está entre aqueles com mais rápido crescimento. Entre 1999 a 2004, a taxa de crescimento de vendas foi superior a 10% para iogurtes líquidos e bebidas lácteas (excluindo-se o leite). O lançamento de diversos novos produtos, sabores e embalagens inovadoras, e mais opções de bebidas lácteas e de soja entrando no mercado contribuíram para esse crescimento. Os fatores primários de expansão global foram: conveniência e praticidade, saúde e segurança, novos produtos e inovação da categoria (ACNIELSEN, 2004).

O relatório da Associação Brasileira das Indústrias de Refrigerantes e de Bebidas Não Alcoólicas (Abir) que avaliou o mercado de bebidas não alcoólicas no Brasil, no período de 2005 a 2010, que inclui água, sucos e néctares, refrescos, refrigerantes, chás, bebidas quentes e produtos lácteos, mostrou que durante esses cinco anos, as bebidas não alcoólicas nitidamente ganharam espaço, subindo de 51,6% para 53,2% de participação com todas bebidas vendidas no país. No entanto, as bebidas lácteas tiveram uma redução na participação em razão da concorrência das outras bebidas não alcoólicas, sucos e bebidas a base de soja. Por outro lado, houve um aumento da ordem de 3,5% no consumo *per capita* de produtos lácteos, entre 2009 e 2010 (ABIR, 2011).

No ano de 2011, a penetração das bebidas lácteas no Brasil chegou a quase 50% (FOOD INGREDIENTS BRASIL, 2011) e o mercado global de bebidas, em 2012, mostrou que a demanda mundial por bebidas de proteínas e funcionais impulsionou significativamente a criação de novos produtos. Além disso, a convergência entre os setores de refrigerantes e bebidas lácteas continua atraindo companhias globais de bebidas, tais como Coca-Cola, PepsiCo, Suntory e Danone (MILKPOINT, 2012).

Adicionalmente, os consumidores desejam novos produtos associados com melhorias na saúde, e, se possível, usando tecnologias sustentáveis, tal como a produção de alimentos orgânicos. O leite orgânico é produzido em sistemas agroindustriais nos quais o uso de aditivos sintéticos ou artificiais e organismos geneticamente modificados são proibidos. A produção orgânica difere principalmente no sistema de alimentação dos animais, uso de antibióticos, tratamentos quimioterápicos e manejo dos animais (FLORENCE et al., 2012a). Na literatura estão disponíveis alguns trabalhos sobre a produção de lácteos orgânicos.

De uma maneira geral, o mercado de produtos lácteos apresentou crescimento nos últimos anos, impulsionado pelo aumento do poder aquisitivo das famílias. Em 2013, a produção leiteira foi de 35 bilhões de litros, sendo 35% a mais que os 26 bilhões contabilizados em 2007. Em 2014, com um dos maiores ganhos de produção no mundo, apresentou 7% de aumento em relação ao ano anterior, sendo que algumas indústrias apontaram até 12% de aumento na captação. Para 2015, a perspectiva é de que crescimento anual da produção seja reduzido para 3 a 4% (CEPEA, 2014; IEA, 2015; MILKPOINT, 2013, 2015).

Diferentemente dos outros continentes, na América Latina consome-se mais leite e bebidas lácteas *per capta* do que bebidas quentes e alcoólicas. A indústria de laticínios é a quarta em importância na indústria de alimentos no Brasil e estima-se que sua participação no faturamento total da indústria de alimentos seja de aproximadamente 10% (CARVALHO, 2010).

Uma pesquisa realizada em 2010 nas principais capitais dos estados brasileiros aponta que o brasileiro consome aproximadamente dois litros de bebidas não alcoólicas por dia. No caso específico de lácteos, a penetração chega a 46% dos brasileiros no verão, e reduz para 43% no inverno. As principais razões de consumo de lácteos pelos brasileiros estão ligadas aos cuidados com a saúde, a gratificação gerada pelo sabor e para acompanhar as refeições ou digestão de alimentos (CONSUMIDOR MODERNO, 2010).

A produção de queijo no Brasil cresceu de aproximadamente 468 mil toneladas em 2001 para aproximadamente 675 mil toneladas em 2012, sendo que a maioria do soro gerado foi indevidamente descartada. As estimativas de produção de queijos para 2014 devem ultrapassar 700 mil toneladas (MERCÊS; PINHO; SIQUEIRA, 2012), assim, o soro gerado pode ser utilizado para a produção de alimentos ou ingredientes alimentícios.

Para cada mil litros de leite utilizados na fabricação do queijo, são produzidos aproximadamente 820 litros de soro. Entretanto, no Brasil, o soro de leite não é reconhecido como uma matéria-prima com excelentes propriedades nutricionais, uma vez que grande parte do volume produzido, não é tratado adequadamente, podendo ser desprezado na sua forma *in natura*, em efluentes, gerando prejuízos sociais, econômicos e ambientais. Uma importante fonte de proteínas e lactose a um baixo custo poderia ser bem aproveitada gerando empregos, aumentando a renda de empresários, proporcionando maior capital de circulação, além de minimizar os custos com tratamento de efluentes e danos ambientais.

Uma análise detalhada no mercado de bebidas lácteas mostra que este é potencialmente lucrativo, surgindo muito interesse em todos os desenvolvimentos nessa área.

7.1.2 Definição legal

De acordo com o Regulamento Técnico de Identidade e Qualidade de Bebidas Lácteas (BRASIL, 2005), entende-se por bebida láctea o produto lácteo resultante da mistura do leite (*in natura*, pasteurizado, esterilizado, UHT, reconstituído, concentrado, em pó, integral, semidesnatado ou parcialmente desnatado e desnatado) e soro de leite (líquido, concentrado e em pó) adicionado ou não de produto(s) ou substância(s) alimentícia(s), gordura vegetal, leite(s) fermentado(s), fermentos lácteos selecionados e outros produtos lácteos. A base láctea representa pelo menos 51% (m/m) do total de ingredientes do produto.

As bebidas lácteas são produtos formulados contendo leite *in natura* ou fermentado, soro de leite, pedaços, polpa ou suco de frutas, mel, cultivos de bactérias láticas, outras matérias primas, conforme o tipo de produto, e aditivos permitidos, tais como acidulantes, aromatizantes, reguladores de acidez, estabilizantes, espessantes, emulsificantes, corantes e conservantes (LIMA; MADUREIRA; PENNA, 2002). Esses produtos foram os responsáveis pelo crescimento do mercado de produtos lácteos. Essa nova combinação foi resultado da constatação de que cerca de 50 a 60% do consumo de leite no Brasil é modificado, e sendo assim, as bebidas lácteas apresentam-se como uma boa alternativa ao leite, com a vantagem de apresentar maior vida de prateleira (ALMEIDA; BONASSI; ROÇA, 2000).

7.1.3 Classificação

O Regulamento Técnico de Identidade e Qualidade de Bebidas Lácteas (BRASIL, 2005) faz a classificação do produto de acordo com a adição de outras substâncias, tratamento térmico ou fermentação.

a) De acordo com a adição ou não de outro(s) produto(s) alimentício(s) ou substâncias alimentícias, classifica-se em:
   - *Bebida láctea sem adição* – é o produto sem a adição de produto(s) ou substância(s) alimentícia(s), gordura vegetal, leite(s) fermentado(s) e outros produtos lácteos. A base láctea representa 100% (m/m) do total de ingredientes do produto.
   - *Bebida láctea com adições* – é o produto adicionado de produto(s) ou substância(s) alimentícia(s), gordura vegetal, leite(s) fermentado(s) e outros produtos lácteos. A base láctea representa, pelo menos, 51% (m/m) do total de ingredientes do produto.

b) De acordo com o tratamento térmico, a bebida láctea classifica-se em:
   - *Bebida láctea pasteurizada* – é o produto submetido à temperatura de pasteurização lenta de 62 a 65 °C por 30 minutos e pasteurização de curta duração de 72 a 75 °C durante 15 a 20 segundos, em aparelhagem própria, resfriada entre 2 e 5 °C e, em seguida, envasada.
   - *Bebida láctea esterilizada* – é o produto embalado, submetido a vácuo direto ou indireto e convenientemente esterilizado pelo calor úmido e imediatamente resfriado, respeitada a peculiaridade do produto. A esterilização do produto embalado obedecerá a diferentes graduações de tempo e temperatura, segundo a capacidade da embalagem do produto.
   - *Bebida láctea UAT ou UHT* – é o produto submetido, durante dois a quatro segundos, a uma temperatura entre 130 °C a 150 °C, mediante um processo térmico de fluxo contínuo, imediatamente resfriado a uma temperatura inferior a 32 °C e envasado sob condições assépticas em embalagens estéreis e hermeticamente fechadas.

- *Bebida láctea tratada termicamente após fermentação* – é o produto adicionado de cultivo de microrganismos ou de produtos lácteos fermentados e posteriormente submetido a tratamento térmico adequado. Quando em sua elaboração tenham sido adicionados ingredientes opcionais não lácteos e cuja base láctea represente pelo menos 51% (m/m), o produto se classifica como *bebida láctea tratada termicamente após fermentação com adição*.

c) De acordo com a fermentação lática, a bebida láctea se classifica em:

- *Bebida láctea fermentada* – é o produto fermentado mediante a ação de cultivo de microrganismos específicos e/ou adicionado de leite(s) fermentado(s) e que não poderá ser submetido a tratamento térmico após a fermentação. A contagem total de bactérias láticas viáveis deve ser, no mínimo, de 10^6 UFC/g no produto final, para o(s) cultivo(s) lático(s) específico(s) empregado(s), durante todo o prazo de validade. No caso em que os ingredientes opcionais sejam exclusivamente açúcares, acompanhados ou não de glicídios (exceto polissacarídeos e polialcoóis) e/ou amidos ou amidos modificados e/ou maltodextrina e/ou se adicionam substâncias aromatizantes/saborizantes, classificam-se como *bebida(s) láctea(s) fermentada(s) com açúcar, açucaradas ou adoçadas e/ou aromatizadas/saborizadas*. Esse produto pode, ainda, ser subdividido em sem ou com adição.

7.1.4 Composição

Para a elaboração de bebidas lácteas são obrigatórios os ingredientes: leite (*in natura*, pasteurizado, esterilizado, UHT, reconstituído, concentrado, em pó, concentrado, integral, semidesnatado ou parcialmente desnatado e desnatado), soro de leite (líquido, concentrados e em pó), e para as bebidas lácteas fermentadas (isoladamente ou em combinação), os cultivos de bactérias láticas, cultivos de bactérias láticas específicas e/ou leite(s) fermentado(s). São ingredientes opcionais lácteos: creme, sólidos de origem láctea, manteiga, gordura anidra do leite ou *butter oil*, caseinatos alimentícios, proteínas lácteas, leitelho e outros produtos de origem láctea. São ingredientes opcionais não lácteos (isoladamente ou em combinação): açúcares e/ou glicídios, maltodextrina, edulcorantes nutritivos e não nutritivos, frutas em pedaços, polpa ou suco e outros preparados à base de frutas, mel, cereais, vegetais, gorduras vegetais, chocolate, frutas secas, café, especiarias e outros alimentos aromatizantes naturais e inócuos e/ou sabores, amidos ou amidos modificados, gelatina ou outros ingredientes – produto(s) ou substância(s) alimentícia(s).

Recentemente, as bebidas têm recebido adição de compostos bioativos, que são ingredientes que desempenham alguma função fisiológica no organismo humano, com o objetivo de tornar as bebidas lácteas alimentos funcionais. Esses alimentos constituem uma das grandes prioridades de pesquisa na área de nutrição e saúde em todo o mundo, que busca elucidar suas propriedades e demonstrar seus efeitos na promoção da saúde e do bem-estar.

Atualmente, são considerados alimentos funcionais aqueles que, além de fornecerem a nutrição básica, promovem a saúde e/ou que possuem potencial para promover a saúde por meio de mecanismos não previstos pela nutrição convencional, sendo que esse efeito restringe-se à promoção da saúde e não à cura de doenças.

Na Lista de Alimentos com Alegações de Propriedades Funcionais e ou de Saúde, Novos Alimentos/Ingredientes, Substâncias Bioativas e Probióticos aprovada pela Agência Nacional de Vigilância Sanitária (BRASIL, 2008a) constam as alegações e requisitos específicos dos seguintes ingredientes alimentícios: ácidos graxos (ômega 3), carotenoides (licopeno, luteína e zeaxantina), fibras alimentares (beta glucana, dextrina resistente, frutooligossacarídeo – FOS, goma guar parcialmente hidrolisada, inulina, lactulose, polidextrose, psillium ou psyllium e quitosana), fitoesteróis, polióis (manitol, xilitol, sorbitol), probióticos (*Lactobacillus acidophilus, Lactobacillus casei shirota, Lactobacillus casei* variedade *rhamnosus, Lactobacillus casei* variedade *defensis, Lactobacillus paracasei, Lactococcus lactis, Bifidobacterium bifidum, Bifidobacterium animallis* (incluindo a subespécie *B. lactis*), *Bifidobacterium longum* e *Enterococcus faecium*) e proteína de soja (proteína da soja).

7.1.5 Características sensoriais

Os produtos apresentam consistência líquida, com variações de viscosidade, segundo sua composição, cor branca ou de acordo com o(s) ingrediente(s) alimentício(s) e/ou corante(s) adicionado(s), odor e sabor característicos ou de acordo com o(s) ingrediente(s) alimentício(s) e/ou substância(s) aromatizante(s) ou saborizante(s) adicionados.

7.1.6 Requisitos físico-químicos

As bebidas lácteas devem cumprir os requisitos físico-químicos indicados na Tabela 7.1 (BRASIL, 2005).

As bebidas lácteas devem ser envasadas em materiais adequados para as condições de armazenamento e que confiram uma proteção apropriada contra a contaminação. As bebidas lácteas pasteurizadas e as fermentadas deverão ser conservadas e comercializadas em temperatura não superior a 10 °C.

Tabela 7.1 Requisitos físico-químicos para bebidas lácteas.

Produto	Teor de proteínas de origem láctea (g/100 g)
Bebida láctea sem adição ou bebida láctea sem produto(s) ou substâncias alimentícias*	1,7
Bebida láctea com adição ou bebida láctea com produto(s) ou substâncias alimentícias**	1,0
Bebida láctea com leite(s) fermentado(s)	1,4
Bebida láctea fermentada sem adições ou bebida láctea fermentada sem produto(s) ou substância(s) alimentícias	1,7
Bebida láctea fermentada com adições ou bebida láctea fermentada com produto(s) ou substância(s) alimentícias	1,0
Bebida láctea fermentada com leite(s) fermentado(s)	1,4
Bebida láctea tratada termicamente após fermentação	1,2

* Bebida láctea sem adição deve ter, no mínimo, 2 g/100 g de matéria gorda láctea.

** Bebida láctea com adições, que apresente características organolépticas iguais ou semelhantes à bebida láctea sem adição, deve ter, no mínimo, 1,7 g/100 g de proteína de origem láctea e 2 g/100 g matéria gorda de origem láctea.

Para a elaboração das bebidas lácteas UHT (UAT) e bebidas lácteas esterilizadas sem adição só são permitidos espessantes e estabilizantes constantes na Tabela 7.2. Em todos os casos, admitir-se-á a presença dos aditivos transferidos por meio dos ingredientes opcionais em conformidade com o princípio de transferências de aditivos alimentares, conforme a Portaria n. 540 da Agência Nacional de Vigilância Sanitária – Anvisa (BRASIL, 1997). A sua concentração no produto final não deverá superar a proporção que corresponda à concentração máxima admitida no ingrediente opcional e, quando se tratar de aditivos indicados nas Tabelas de 7.2 a 7.5, não deverá superar os limites máximos autorizados na legislação.

Tabela 7.2 Espessantes e estabilizantes permitidos para uso em bebidas lácteas.

Número INS	Tipo de produto	Concentração máxima no produto final g/100 mL
Espessante	Todos os aprovados como BPF*	*quantum satis*
Estabilizantes	Todos os aprovados como BPF*	*quantum satis*
339 i	Fosfato monossódico, fosfato de sódio monobásico, monossódio dihidrogênio monofosfato	0,10 (como P_2O_5)
339 ii	Fosfato dissódico, fosfato de sódio dibásico, dissódio hidrogênio monofosfato.	0,10 (como P_2O_5)
339 iii	Fosfato trissódico, fosfato de sódio tribásico, trissódio monofosfato	0,10 (como P_2O_5)
340 i	Fosfato monopotássico, monofosfato Monopotássico	0,10 (como P_2O_5)
340 ii	Fosfato hidrogênio dipotássico, monofosfato dipotássico	0,10 (como P_2O_5)
481 i	Estearoil lactilato de sódio	0,10
482 i	Estearoil lactilato de cálcio	0,10
491	Monoestearato de sorbitana	0,15
492	Triestearato de sorbitana	0,15
495	Monopalmitato de sorbitana	0,15

* Aditivos alimentares autorizados para uso segundo as Boas Práticas de Fabricação – BPF, conforme RDC 45 da Anvisa (BRASIL, 2010).

Tabela 7.3 Emulsificantes permitidos para uso em bebidas lácteas.

Número INS	Tipo de emulsificante	Concentração máxima no produto final g/100 g
481 i	Estearoil lactilato de sódio	0,10
482 i	Estearoil lactilato de cálcio	0,10
491	Monoestearato de sorbitana	0,15
492	Triestearato de sorbitana	0,15
495	Monopalmitato de sorbitana	0,15

Tabela 7.4 Conservantes permitidos para uso em bebidas lácteas.

Número INS	Tipo de conservante	Concentração máxima no produto final g/100 g
200	Ácido sórbico	0,03
201	Sorbato de sódio	0,03 (como ác. sórbico)
202	Sorbato de potássio	0,03 (como ác. sórbico)
203	Sorbato de cálcio	0,03 (como ác. sórbico)

Tabela 7.5 Corantes permitidos para uso em bebidas lácteas.

Número INS	Tipo de corante	Concentração máxima no produto final g/100 g
1000 i	Curcumina, cúrcuma	0,008
101 i	Riboflavina	0,003
101 ii	Riboflavina 5 fosfato de sódio	0,003
110	Amarelo crepúsculo	0,005
120	Carmin, cochonilha, ácido carmínico	0,01 (como ác. carmínico)
122	Azorrubina	0,005
124	Ponceau 4R	0,005
129	Vermelho 40	0,005

(*continua*)

Tabela 7.5 Corantes permitidos para uso em bebidas lácteas. (*continuação*)

Número INS	Tipo de corante	Concentração máxima no produto final g/100 g
131	Azul Patente V	0,005
132	Indigotina	0,005
133	Azul Brilhante FCF	0,005
140 i	Clorofila	*quantum satis*
141 i	Clorofila cúprica	0,005
141 ii	Clorofilina cúprica	0,005
143	Verde rápido FCF	0,005
150 a	Caramelo I simples	*quantum satis*
150 b	Caramelo II processo sulfito caústico	*quantum satis*
150 c	Caramelo III processo amônia	0,05
150 d	Caramelo IV processo sulfitoamônia	0,05
160 a i	Caroteno: betacaroteno sintético	0,005
160 a ii	Carotenos naturais (alfa, beta e gama)	0,005
160 b	Urucum, bixina, norbixina	0,001 (como bixina)
162	Vermelho de beterraba, betanina	*quantum satis*

Como coadjuvante opcional de tecnologia, podem ser utilizadas as enzimas β-galactosidase (lactase) e transglutaminase, desde que a fonte seja a mesma prevista na Resolução RDC n. 348 da Anvisa (BRASIL, 2003a).

Na elaboração das bebidas lácteas com adição ou bebida láctea com produto ou substância(s) alimentícia(s), bebida láctea com leite(s) fermentado(s), bebidas lácteas fermentadas com adição ou bebidas lácteas fermentadas com produto(s) ou substância(s) alimentícia(s), bebidas lácteas fermentadas com leite(s) fermentado(s) e bebidas lácteas tratadas termicamente após a fermentação, é permitido o uso dos aditivos relacionados nas Tabelas de 7.2 a 7.5, nas concentrações máximas indicadas no produto final. Podem também ser utilizados acidulantes, aromatizantes, reguladores de acidez e espessantes. A Tabela 7.5 mostra a relação dos corantes permitidos nas bebidas lácteas, assim como a concentração máxima no produto final.

7.1.7 Requisitos microbiológicos

As Tabelas de 7.6 a 7.9 (BRASIL, 2005) mostram os requisitos microbiológicos da bebida láctea UAT ou UHT, bebida láctea pasteurizada, bebida láctea fermentada e bebida láctea esterilizada. Os parâmetros devem ser obtidos no produto imediatamente após sua fabricação, a partir de amostras colhidas no estabelecimento produtor.

Nas bebidas lácteas fermentadas a contagem total de bactérias láticas viáveis deve ser no mínimo de 10^6 UFC/g no produto final, durante todo o prazo de validade. No caso em que mencione um ou mais cultivo(s) lático(s) específico(s), este(s) também deve(m) atender a esse(s) requisito(s).

Tabela 7.6 Requisitos microbiológicos de bebida láctea UAT ou UHT.

Microrganismos	Critério de aceitação	Situação	Método de análise
Aeróbios mesófilos/mL (ou /g)	n = 5 c = 0 m = 100	10	Instrução Normativa n. 62, de 26 de agosto de 2003 (BRASIL, 2003b).

Em que: n – número de unidades amostrais a serem testadas, c – número de aceitação (número de unidades que podem estar acima de m), m – limite de rejeição.

Tabela 7.7 Requisitos microbiológicos de bebida láctea pasteurizada.

Microrganismos	Critério de aceitação	Situação	Método de análise
Aeróbios mesófilos/mL (ou /g)	n = 5 c = 2 m = $7{,}5 \times 10^4$; M = $1{,}5 \times 10^5$	4	Instrução Normativa n. 62, de 26 de agosto de 2003 (BRASIL, 2003b).
Coliformes/mL (ou/g) (30/35 °C)	n = 5 c = 2 m = 5 M = 10	4	Instrução Normativa n. 62, de 26 de agosto de 2003 (BRASIL, 2003b).
Coliformes/mL (ou/g) (45 °C)	n = 5 c = 2 m = 2 M = 5	4	Instrução Normativa n. 62, de 26 de agosto de 2003 (BRASIL, 2003b).

Em que: n – número de unidades amostrais a serem testadas, m – limite inferior da classe marginal, M – limite superior da classe marginal, c – número máximo de amostras que podem estar entre m e M.

Tabela 7.8 Requisitos microbiológicos de bebida láctea fermentada.

Microrganismos	Critério de aceitação	Situação	Método de análise
Coliformes/mL (ou/g) (30/35 °C)	n = 5 c = 2 m = 10 M = 100	4	Instrução Normativa n. 62, de 26 de agosto de 2003 (BRASIL, 2003b).
Coliformes/mL (ou/g) (45 °C)	n = 5 c = 2 m < 3 M = 10	4	Instrução Normativa n. 62, de 26 de agosto de 2003 (BRASIL, 2003b).

Em que: n – número de unidades amostrais a serem testadas, m – limite inferior da classe marginal, M – limite superior da classe marginal, c – número máximo de amostras que podem estar entre m e M.

Tabela 7.9 Requisitos microbiológicos de bebida láctea esterilizada.

Microrganismos	Critério de aceitação	Situação	Método de análise
Aeróbios mesófilos/mL (ou /g)	n = 5 c = 0 m = 100	10	Instrução Normativa n. 62, de 26 de agosto de 2003 (BRASIL, 2003b).

Em que: n – número de unidades amostrais a serem testadas, c – número de aceitação (número de unidades que podem estar acima de m), m – limite de rejeição.

7.2 MATÉRIAS-PRIMAS E INGREDIENTES

As matérias-primas e os ingredientes deverão ser cuidadosamente avaliados por meio de análises sensoriais, físico-químicas e microbiológicas, devendo apresentar, de maneira geral, ausência total ou a presença mínima de substâncias estranhas, ausência de microrganismos patogênicos, de resíduos de antibióticos e sanitizantes, sabor e odor normais e extrato seco elevado (REIS, 2012).

7.2.1 Leite

O leite é uma emulsão de matéria gordurosa em um líquido que contém numerosos elementos, formando uma solução verdadeira, com elementos na forma coloidal e em suspensão, necessários à manutenção e desenvolvimento de um indivíduo: o maior constituinte do leite é a água, e ele ainda contém quantidades variáveis de lipídios, proteínas e carboidratos, que são sintetizados na glândula mamária. Também se encontram no leite pequenas quantidades de minerais e outros componentes lipo e hidrossolúveis.

7.2.1.1 Composição do leite

A composição do leite determina sua qualidade nutritiva, seu valor como matéria-prima para fabricar produtos alimentícios e muitas de suas propriedades (Tabela 7.10). O leite orgânico apresenta composição química semelhante a do leite convencional, com exceção da alta quantidade de alguns ácidos graxos poli-insaturados (PUFA) e menores teores de ureia (FLORENCE et al., 2012b).

Tabela 7.10 Principais constituintes do leite.

Componentes	Características	Conteúdo médio %
Água		87,4
Gordura	Composta de uma mistura de triglicerídeos, contém mais de 17 ácidos graxos. Substâncias lipossolúveis incluem as vitaminas A, D, E e K, caroteno, colesterol, lecitina e cefalina.	3,5
Proteínas	Cada proteína contém 20 ou mais aminoácidos incluindo-se aminoácidos essenciais.	3,3
Lactose	O açúcar do leite.	4,9
Minerais	Cálcio, fósforo, ferro, iodo, cobre, manganês e zinco.	0,8
Vitaminas	A, tiamina (B_1), C, D, E, riboflavina, ácido nicotínico, ácido pantotênico, piridoxina, B_6, biotina e ácido fólico.	
Enzimas	Fosfatase, amilase, lipase, catalase, peroxidase e galactase.	
Gases	CO_2, O_2, N_2.	

Proteínas

As proteínas do leite são de dois tipos: caseínas e proteínas do soro. A caseína se encontra na forma de sal de cálcio coloidal, formada por micelas, que junto com a gordura dão a cor branca do leite e constituem mais de 80% das proteínas totais do leite, porém a proporção relativa de proteínas do soro frente à caseína varia segundo o estado de lactação. O leite produzido nos primeiros dias após o parto e o do final da lactação tem um conteúdo de proteínas do soro maior que o leite da metade da lactação.

As caseínas podem se subdividir basicamente em cinco tipos, caseínas α_{s1}, α_{s2}, β, γ e κ. As proporções de caseína α, β e κ estão sujeitas as variações genéticas dentro dos rebanhos (WALSTRA; WOUTERS; GEURTS, 2006). Quando o pH do leite diminui para 4,6, precipita as caseínas, e o sobrenadante contém as proteínas do soro, que compreendem: β-lactoglobulina, α-lactoalbumina, albumina sérica bovina (BSA), imunoglobulinas, lisozima e lactoferrina (SGARBIERI, 2005).

Gordura láctea

A gordura do leite tem uma composição complexa. Entre os componentes, predominam os triglicerídeos, que constituem 98% da gordura láctea, e se encontram em pequenas quantidades os di e monoglicerídios e ácidos graxos livres. Também contém quantidades mensuráveis de fosfolipídios, colesterol, ésteres de colesterol e cerebrosídios. Outros componentes se encontram em quantidades muito pequenas, porém são muito importantes para as propriedades sensoriais, tais como aldeídos, cetonas, lactonas, carotenoides e vitaminas lipossolúveis – A, D, E e K (BARŁOWSKA et al., 2011). Os produtos ricos em gordura láctea, como o creme de leite e a manteiga, têm, muitas vezes, textura e aroma definidos e apreciados. No entanto, a gordura láctea é predisposta a alteração, com o aparecimento de odores e sabores muito desagradáveis, e são maiores quanto mais alto o conteúdo de gordura no produto. Essas alterações reduzem a aceitabilidade do produto e o seu valor nutricional (NADEEM; ABDULLAH; HUSSEIN, 2014).

Lactose

A lactose é o principal constituinte sólido do leite, sua concentração varia entre 4,2 e 5%, sendo mais baixa no final da lactação. É um dissacarídeo constituído por duas moléculas: α-D-glucose e β-D-galactose. A lactose é um dos açúcares mais comuns e menos solúveis, com solubilidade de somente 17,8% a 25 °C.

Esse açúcar é lentamente hidrolisado e consequentemente permanece por mais tempo no intestino humano, reduzindo o valor de pH fecal, o qual é fator de proteção de carcinogênese do cólon (SAMELSON; NELSON; NYHUS, 1985). Esse açúcar é também conhecido por modificar favoravelmente a microbiota intestinal, podendo aumentar a síntese bacteriana de vitaminas hidrossolúveis, melhorar a sobrevivência de bactérias benéficas, aumentar a absorção do cálcio e inibir o crescimento de bactérias putrefativas.

Como outros açúcares, a lactose se decompõe quando aquecida, originando uma mistura de compostos cujas proporções dependem da concentração de açúcar, do tempo, da temperatura de aquecimento e do pH. Esses compostos são muito reativos e podem originar diversos polímeros, alguns dos quais apresentam coloração marrom e possuem aromas distintos (Reação de Maillard) (NEWTON et al., 2012).

Esse açúcar é utilizado como ingrediente alimentício em razão de sua propriedade de estabilizar proteínas e por possuir baixo poder edulcorante; pode ainda ser usado como substituto da sacarose em produtos gelados e coberturas para melhorar a textura sem que sejam excessivamente doces. A lactose é uma importante fonte de energia na dieta e pode facilitar a absorção de cálcio (VARNAM; SUTHERLAND, 1994).

Minerais

O leite possui todos os minerais (macroelementos e microelementos) necessários para a espécie humana. Estes desempenham muitas funções no metabolismo; por exemplo, zinco, magnésio, ferro, manganês e molibdênio são ativadores enzimáticos, o cobalto é um componente essencial da vitamina B_{12}, e o ferro, da hemoglobina (WALSTRA; JENNESS, 1987).

Os minerais mais importantes do leite são os bicarbonatos, cloretos e citratos de cálcio, magnésio, potássio e sódio. Todos os minerais se distribuem entre a fase solúvel e a fase coloidal, enquanto os íons monovalentes encontram-se, em grande parte ou na sua totalidade, na fase solúvel. Até 66% do cálcio e 55% do fósforo podem estar na fase coloidal (VARNAM; SUTHERLAND, 1994).

O leite é uma importante fonte de cálcio na dieta e considera-se que a associação com as caseínas pode melhorar a absorção no trato gastrointestinal. O cálcio assegura o bom estado ósseo e o desenvolvimento dental em jovens (VARNAM; SUTHERLAND, 1994).

Vitaminas

O leite é fonte de vitaminas lipossolúveis: A (na forma de precursor β-caroteno), D, E e K e de vitaminas hidrossolúveis: tiamina, riboflavina, nicotinamida, ácido pantotênico, piridoxina, ácido fólico, biotina, cobalamina e ácido ascórbico (vitamina C). O leite é especialmente rico em vitaminas A, D, B_2 e biotina (COMINETTI; BORTOLI; COZZOLINO, 2009). O conteúdo de vitaminas no leite se modifica muito em virtude das perdas durante o processamento e o armazenamento (BARŁOWSKA et al., 2011).

Enzimas

O leite contém um grande número de enzimas, algumas têm considerável importância na estabilidade do leite durante o armazenamento. As proteases e lipases podem afetar o aroma, o sabor e a estabilidade das proteínas do leite, enquanto as oxi-redutases afetam o aroma e o sabor da fração lipídica (WALSTRA; WOUTERS; GEURTS, 2006)

7.2.2 Soro de queijo

O soro é um subproduto da indústria de queijo e de caseína e pode ser definido como a parte líquida, resultante da coagulação do leite por ácido ou enzimas proteolíticas. Sua composição varia substancialmente, dependendo da variedade de queijo produzido ou do método empregado na fabricação da caseína.

Em geral, soros obtidos a partir de queijos coagulados por renina apresentam menores teores de acidez, enquanto a produção de queijos frescos ácidos, como a Ricota ou queijo Cottage, resulta em soro meio ácido ou ácido. O soro obtido da coagulação da caseína por adição de ácido é considerado altamente ácido, enquanto o soro obtido pelo uso de renina é soro doce. Típicos valores de pH e acidez titulável para alguns tipos de soro são mostrados na Tabela 7.11.

Tabela 7.11 Valores de pH e acidez de soro obtido de diferentes tipos de queijos.

	pH	Acidez % ac. lático
Tipo renina		
Edam	6,5-6,6	0,09
Gouda	6,5-6,6	0,10-0,12
Tilsit	6,5	-
Gruyère	6,5	0,07
Mozzarella	6,3	0,11
Emmental	6,2-6,5	-
Camembert	5,7-6,3	0,18-0,25
Cheddar	5,7-6,3	0,15-0,19
Tipo fresco		
Ricota (à base de leite integral)	5,3	0,14
Ricota (à base de soro)	5,3	-
Cottage	4,5-4,6	0,50-0,55
Creme - Neufchatel	4,5	0,60
Quarg	4,5	0,70
Caseínas		
Renina	6,5	0,10
Ácido lático	4,5	0,64
Ácido clorídrico ou sulfúrico	4,0-4,4	-

Fonte: Zadow (1986).

O soro contém mais da metade dos nutrientes do leite, representados por proteínas, vitaminas, minerais, enzimas e lactose. As características nutricionais e funcionais das proteínas do soro estão relacionadas à sua composição, estrutura e função biológica (LUIZ, 2008).

As proteínas presentes no soro de leite apresentam excelente composição em aminoácidos essenciais, alta digestibilidade e biodisponibilidade, portanto com elevado valor nutritivo. Além disso, apresentam também excepcionais propriedades funcionais de solubilidade, formação e estabilidade de espuma, emulsificação, gelatinização, retenção e/ou incorporação de água ou gordura, modificação de textura, realce de sabor, formação de filmes e cápsulas protetoras, dependendo da classe de produto em que é utilizado (SGARBIERI, 2005).

As proteínas desse grupo (α-lactoalbumina, β-lactoglobulina, albumina sérica bovina – BSA, imunoglobulinas, lactoferrina e lisozima) apresentam características estruturais bem diferentes (SGARBIERI, 2005). As proteínas de soro apresentam quase todos os aminoácidos essenciais em excesso às recomendações, exceto pelos aminoácidos aromáticos (fenilalanina, tirosina), que não aparecem em excesso, mas atendem às recomendações para todas as idades. Apresentam elevadas concentrações dos aminoácidos triptofano, cisteína, leucina, isoleucina e lisina (SGARBIERI, 2004).

O soro é muito indicado para dietas incompletas ou inadequadas em função de sua riqueza nutricional, pela presença de aminoácidos essenciais que são facilmente digeridos, assim como as vitaminas hidrossolúveis (tiamina, riboflavina, ácido pantotênico, e vitaminas B_6 e B_{12}) e aos minerais (cálcio, magnésio, zinco, potássio e fósforo) (FERREIRA, 2003). As proteínas do soro também são recomendadas em dietas para atletas que desejam aumentar o ganho de massa muscular, sendo empregadas em diversas formulações existentes no mercado (SANTOS; FERREIRA, 2001).

Apesar de suas propriedades nutritivas, por muito tempo, o soro foi usado para o consumo humano, ração animal ou simplesmente eliminado através dos esgotos, causando um sério problema de poluição ambiental, e, ainda, desprezando-se a elevada quantidade de nutrientes que poderiam ser usados economicamente.

O desenvolvimento de várias tecnologias de separação sólido–liquido permitiu a produção de um grande número de produtos de soro com boas propriedades funcionais, nutricionais e sensoriais. Atualmente os componentes do soro podem ser recuperados e fracionados. Uma grande variedade de produtos comerciais, tais como concentrado proteico de soro (CPS) e isolado proteico de soro (IPS), frações proteicas (α-lactalbumina e β-lactoglobulina, glicomacropeptideo de caseina, lactoferrin, e lactoperoxidase) e hidrolisados de proteína (*whey protein hidrolisate* – WPH) estão disponíveis no mercado (EL-SALAM, EL-SHININY; SALEM, 2009), oferecendo uma ampla gama de possibilidades e opções para o desenvolvimento de produtos alimentícios.

Além disso, o soro contém vários peptídeos bioativos, que apresentam efeitos terapêuticos positivos em diversas doenças, tais como: redução do colesterol, capacidade imunoestimulante, propriedades anticarcinogênicas, atividade anti-hipertensiva, antitrombótica e opioide (SZWAJKOWSKA et al., 2011).

As alternativas de utilização dos constituintes do soro têm aumentado a cada ano. As proteínas do soro têm sido usadas em ampla faixa de formulações, como na produção de bebidas lácteas fermentadas e não fermentadas, queijos e correlatos, iogurtes e outros leites fermentados, lactose, ácido lático, álcool e vinagre, produtos de panificação e produtos similares, alimentos infantis, produtos dietéticos para ganho ou redução de peso, sopas, sucos de frutas fortificados com proteínas, bases para molhos, chocolates e sorvetes (OLIVEIRA, 2006; CALDEIRA et al., 2010).

O soro é considerado um ingrediente com elevada flexibilidade e adaptabilidade, e em função disso, está presente em vários alimentos processados. Adicionalmente, em virtude da crescente preocupação com a saúde, é também considerado um ingrediente atraente, pois é um produto natural e com elevado valor nutritivo.

7.2.3 Proteínas de soja

A utilização da soja, seja em forma de extrato aquoso ou de proteínas isoladas, em formulações de diversos produtos tem como principal finalidade a substituição de produtos lácteos, pois apresenta baixo custo de produção e alto retorno para indústrias. Tais produtos, como a bebida láctea fermentada, proporcionam, além de sabor diferenciado, uma alternativa viável e promissora para consumidores que não consomem produtos lácteos (KLEIN; RICHARDS, 2003).

A adição de proteínas de soja às bebidas está aumentando, uma vez que os consumidores se adaptaram à sua imagem saudável e ao seu sabor. As proteínas de soja são reconhecidas como saudáveis para o coração, porém novos estudos estão fornecendo evidências adicionais de seus benefícios nutricionais, tais como ajuda na prevenção do risco de hipertensão arterial e redução do risco de câncer de próstata em homens (VITALE et al., 2013).

Os grãos de soja contêm 35-40% de proteínas, contendo todos os aminoácidos essenciais, que a tornam nutricionalmente equivalente à proteína animal, porém uma fonte proteica mais barata, com baixo teor de gordura e sem colesterol. A soja também representa uma fonte rica em isoflavonas, um tipo de fitoestrógeno, que pertence ao grupo dos flavonoides. A proteína de soja e as isoflavonas têm recebido muita atenção em relação às suas potenciais atividades biológicas (GIL-IZQUIERDO et al., 2012).

O isolado proteico de soja (IPS) é a forma mais refinada entre os derivados protéicos mais comuns da soja (entre eles farinha de soja, proteína texturizada e concentrada). Com mais de 90% de proteínas, o IPS é preparado a partir da fração proteica dos grãos de soja separada dos demais componentes não proteicos, sendo utilizada em uma grande variedade de produtos (RAMIREZ-ORTIZ; MARTÍN-MARTÍNEZ; MARTÍNEZ PADILLA, 2008). Além disso, o IPS possui perfil de sabor mais neutro que as proteínas concentradas e texturizadas, sendo mais indicado quando não se deseja alterar o sabor intrínseco dos alimentos. No processamento para obtenção do IPS, os inibidores de tripsina se encontram na fração solúvel, sendo descartados após a precipitação ácida das proteínas do extrato bruto (GENOVESE; LAJOLO, 1998).

O IPS contém macromoléculas de tamanhos e estruturas variadas que são denominadas globulinas e são formadas principalmente por dois tipos de moléculas de tamanho diferentes: a beta-con-glicinina e a glicinina. Essas moléculas são responsáveis pelas propriedades funcionais da proteína isolada de soja (YUAN et al., 2013).

Na fabricação de produtos fermentados com soja (bebidas fermentadas com proteínas de soja), os microrganismos fermentadores devem ser capazes de utilizar os açúcares típicos da soja, como sacarose, estaquiose e rafinose, a menos que sejam adicionados açúcares ao extrato de soja que possam ser utilizados por esses microrganismos e, assim, obter a acidez e aroma ideal no produto fermentado de soja (WANG; MARINHO; CARVALHO, 1994). *L. acidophilus e S. thermophilus* crescem bem no extrato de soja sem suplemento de carboidratos, promovendo abaixamento de pH e aumento de acidez titulável. O mesmo não ocorre com *L. delbrueckii* subsp. *bulgaricus*, para o qual, o enriquecimento com glicose ou lactose ao extrato de soja é necessário para a produção de ácido (WANG; ASCHERI, 1991).

Comparações entre o extrato de soja e o leite bovino fermentado indicam maior teor proteico e de gordura no produto vegetal; porém os teores de cálcio e fósforo são bem menores. A fermentação do extrato de soja por culturas mistas de *L. acidophilus, L. delbrueckii* subsp. *bulgaricus* e *S. thermophilus* aumenta os teores de aminoácidos essenciais, sendo notável o acréscimo de lisina, histidina e de fenilalanina; também há acréscimo nos teores de metionina, o que é muito importante, visto ser este o aminoácido limitante na soja (SILVA; STAMFORD, 2000).

A adição de leite em pó desnatado ao extrato de soja acentua a produção de ácido pelas bactérias láticas e melhora o paladar e a consistência do produto (SOUZA; OLIVEIRA, 1988). Nos últimos anos, tem surgido o interesse pela adição de okara na fabricação de produtos fermentados. A okara é um subproduto resultante do processamento da soja, que consiste das partes insolúveis do grão de soja. Apesar de ser frequentemente tratada como um resíduo industrial, pode ser uma boa fonte de nutrientes para o consumo humano, já que contém proteínas, lipídios, fibras e minerais, isoflavonas e componentes antioxidantes (MATEOS-APARICIO et al., 2010). Bedani et al. (2014) desenvolveram produto probiótico fermentado de soja e adicionado de farinha de okara e inulina. Os resultados mostraram que a adição de farinha de okara e o armazenamento aumentaram a firmeza dos fermentados de soja. A aceitabilidade não foi afetada pela incorporação de inulina ou de farinha de okara. Estes resultados sugerem que a okara, descartada como lixo industrial, pode ser utilizada em produto de soja probiótico, ajudando a aumentar as propriedades nutricionais e funcionais, sem alterar a sua aceitabilidade.

7.2.4 Bactérias láticas (BAL)

As primeiras definições de bactérias láticas como um grupo restringiram-se à capacidade que essas bactérias tinham de coagular ou fermentar o leite, provocando alterações orgânicas com o objetivo de aumentar a vida de prateleira dos produtos. A lactose presente no leite é fermentada pelas bactérias láticas em ácidos orgânicos, favorecendo a redução do pH, e, consequentemente, a precipitação das proteínas do leite, dando origem aos vários produtos fermentados (FERREIRA, 2001).

As BAL são descritas usualmente como microrganismos Gram-positivos, bacilares ou cocoides, desprovidos de citocromo, não esporulantes e catalase-negativos. Compõem um grupo bastante heterogêneo quando se refere à capacidade de assimilar oxigênio, podendo ser anaeróbias, anaeróbias facultativas, aeróbias ou microaerófilas. São consideradas bactérias extremamente exigentes, pois necessitam de nutrientes específicos, como aminoácidos e vitaminas (WALSTRA; WOUTERS; GEURTS, 2006). Caracterizam-se por apresentar alta tolerância a ácidos e incapacidade de sintetizar porfirinas. De acordo com a temperatura ótima de desenvolvimento, são definidos como microrganismos mesofílicos (20-30 °C) ou termofílicos (35-45 °C). São microrganismos estritamente fermentadores, produzindo ácido lático como o principal produto metabólico (BROADBENT; STEELE, 2005) e pequenas quantidades de outros subprodutos que influenciam profundamente as características sensoriais dos produtos lácteos.

São considerados pertencentes ao grupo das BAL as bactérias dos gêneros *Carnobacterium*, *Enterococcus*, *Lactobacilus*, *Lactococcus*, *Lactosphaera*, *Leuconostoc*, *Melissococcus*, *Oenococcus*, *Pediococcus*, *Streptococcus*, *Tetragenococcus*, *Vagococcus* e *Weissella* (CHERIGUENE et al., 2007).

A principal função das BAL nos alimentos é a acidificação desses produtos, o que impede o desenvolvimento de microrganismos indesejáveis (FORSYTHE, 2002). Além dos ácidos orgânicos, as BAL apresentam a capacidade de produzir uma série de outras substâncias com potencial antimicrobiano, peróxido de hidrogênio, dióxido de carbono, diacetil, acetaldeído e substâncias de natureza proteica, denominadas de bacteriocinas. O ácido lático resultante da fermentação contribui para a desestabilização da micela de caseína, provocando sua coagulação no ponto isoelétrico (pH 4,6 – 4,7) e conduzindo à formação de um gel. Algumas linhagens de BAL produzem vitaminas, exopolissacarídeos (EPS), enzimas e peptídeos bioativos (DE DEA LINDNER et al., 2013).

As BAL tradicionais usadas para a fabricação de bebidas lácteas e iogurtes são *S. thermophilus* e *L. delbrueckii* subsp. *bulgaricus*. Ambos microrganismos são termofílicos e homofermetativos. O crescimento associado dessas duas culturas resulta em menor tempo de coagulação do leite, maior produção de ácido lático e um maior desenvolvimento de sabor e aroma do produto.

A bactéria *S. thermophilus*, pertencente ao grupo dos cocos Gram-positivos, é móvel, suas células têm formato que varia de esférico a ovoide, < 1 μm de diâmetro e, normalmente, encontram-se agrupadas em pares ou em longas cadeias. Esses microrganismos são altamente adaptados ao leite, sendo esse o melhor meio para o seu crescimento. Tanto a temperatura quanto o valor nutricional do meio influenciam na morfologia. Apresentam ausência de crescimento a 15 °C, enquanto a 45 °C podem formar células irregulares e segmentos; a maioria das linhagens é capaz de crescer a 50 °C ou sobreviver ao aquecimento por 30 min. a 60 °C. Assim como muitas espécies de bactérias láticas, *S. thermophilus* é anaeróbico, homofermentativo, transformando 85 a 98% da lactose em ácido lático, além de produzir pequenas quantidades de outros metabólitos. Quando cultivada em leite, produz ácidos voláteis, tais como: fórmico, acético, propiônico, butírico, isovalérico e caproico, além de acetoína, pequenas quantidade de acetaldeído, cetona, etanol e butanona-2.

O *Lactobacillus delbrueckii* subsp. *bulgaricus* é descrito como bacilo ou coco-bacilo, geralmente de 0,5-0,8 × 2-9 μm, ocorrendo só em pares ou formando pequenas cadeias. É um lactobacilo obrigatoriamente homofermentativo, Gram-positivo e não esporulado. As colônias são geralmente brancas ou cinzas claras. Esse organismo fermenta poucos açúcares, produz d(+) lactato e acetaldeído a partir da lactose do leite, e algumas linhagens produzem EPS. O crescimento < 10 °C é raro e muito lento, e a maioria das linhagens é capaz de crescer a 50-55 °C (TAMIME; ROBINSON, 2007).

O crescimento associado dessas duas culturas resulta em menor tempo de coagulação do leite, maior produção de ácido lático e um maior desenvolvimento de sabor e aroma. O *S. thermophilus* é muito menos acidificante que o *L. bulgaricus,* que pode produzir até 2,7% de ácido lático no leite, enquanto o *L. delbrueckii* subsp. *bulgaricus* possui mais enzimas proteolíticas do que *S. thermophilus* (TAMIME; ROBINSON, 2007).

7.2.4.1 Bactérias probióticas

O termo probiótico, derivado do grego, significa "para a vida" (LOURENS-HATTING; VILJOEN, 2001). Segundo o Regulamento Técnico de Substâncias Bioativas e Probióticas Isolados com Alegações de Propriedades Funcionais e/ou de Saúde da Resolução RDC n. 02, de janeiro de 2002, os probióticos são definidos como "micro-organismos vivos capazes de melhorar o equilíbrio microbiano intestinal, produzindo efeitos benéficos à saúde do indivíduo" (BRASIL, 2002). De acordo com a definição da *Food and Agriculture Organization/World Health Organization* (FAO/WHO, 2002), os probióticos são "micro-organismos que quando administrados em quantidades adequadas, conferem efeitos específicos e benéficos no consumidor".

Nos últimos anos tem havido um importante aumento no marketing de produtos fermentados contendo bactérias viáveis originárias da biota intestinal humana. Novos produtos têm sido desenvolvidos considerando-se aspectos desejáveis na saúde, bem como boas características de sabor, aroma e textura. A partir desse ponto de vista, novas linhagens têm sido selecionadas usando outros critérios além daqueles utilizados para os leites fermentados tradicionais.

Embora várias cepas de bactérias acidoláticas sejam descritas como probióticas, relativamente poucas atendem aos requisitos necessários para produzir os efeitos terapêuticos. Bactérias pertencentes aos gêneros *Lactobacillus* e *Bifidobacterium* são as mais frequentemente empregadas como probióticos em alimentos. Outros microrganismos empregados em produtos probióticos pertencem aos gêneros *Enterococcus* (*E. faecium*) e *Saccharomyces* (*S. boulardii*) (OLIVEIRA, 2007).

As espécies atualmente consideradas probióticas pela legislação brasileira são pertencentes aos gêneros *Lactobacillus* (*L. acidophilus, L. casei* shirota, *L. casei* var. *defensis, L. casei* var. *rhamnosus, L. paracasei*), *Lactococcus* (*Lc. lactis*), *Bifidobacterium* (*B. bifidum, B. longum* e *B. animallis,* incluindo a subespécie *lactis*) e *Enterococcus* (*E. faecium*). *L. delbrueckii* (subespécie *bulgaricus*) e *S. salivarius* (subespécie *thermophillus*) foram retirados da lista, pois embora sejam espécies necessárias para produção de iogurte, não possuem efeito probiótico cientificamente comprovado (BRASIL, 2008). No entanto, essas bactérias possuem efeitos positivos e funcionais, como melhora da digestão da lactose, em razão da capacidade de síntese da enzima β-galactosidase (LOURENS-HATTING; VILJOEN, 2001; FERREIRA, 2008).

A sobrevivência e a contagem de células viáveis das bactérias probióticas nos produtos fermentados varia, dependendo da linhagem e de seu fabricante. A legislação brasileira, por meio da Comissão de Assessoramento Técnico-Científico em Alimentos Funcionais e Novos Alimentos (CTCAF), recomenda uma porção diária de microrganismos probióticos viáveis que deve ser ingerida, sendo o mínimo estipulado em 10^8 a 10^9 UFC de microrganismos por porção diária do produto (BRASIL, 2008a).

Alguns critérios usados na seleção de uma boa linhagem de probióticos incluem os requisitos: ser de origem humana, ter habilidade de sobreviver ao trânsito pelo trato gastrointestinal, aderir à mucosa intestinal, produzir substâncias antimicrobianas contra os patógenos, equilibrar a microbiota intestinal, estimular as defesas imunológicas, ter propriedades antigenotóxicas, possuir curto tempo de geração, apresentar boa estabilidade nos alimentos ou preparações em pó e não ser patogênica ao ser humano (REIS et al., 2011).

Vários fatores podem reduzir a viabilidade do probiótico no produto, e consequentemente, as suas propriedades probióticas, tais como: conteúdo de sólidos totais do leite, o tipo de matriz alimentícia, a presença de conservantes e outros microrganismos contaminantes, disponibilidade de nutrientes no leite, concentração de açúcar, concentração do inóculo, interações entre os microrganismos presentes, temperatura de incubação e de armazenamento, pós-acidificação e peróxido de hidrogênio devido ao metabolismo microbiano durante a estocagem, concentração de oxigênio no produto e permeabilidade de oxigênio pela embalagem (OLSON; ARYANA, 2008; ALMEIDA; TAMIME; OLIVEIRA, 2009; SACCARO et al., 2009; RAMCHANDRAN; SHAH, 2010; MOHAMMADI; SOHRABVANDI; MORTAZAVIAN, 2012).

Para se tentar minimizar esse tipo de problema, podemos citar a suplementação do leite com ingredientes de diferentes origens (CRUZ et al., 2012; ESPIRITO SANTO et al., 2012; BEHESHTIPOUR et al., 2013), a adição de prebióticos (inulina, fruto-oligossacarídeos) para aumentar a viabilidade dos probióticos, a utilização da técnica de microencapsulação (SOUSA et al., 2012), ou ainda, utilizar a tecnologia da engenharia genética para desenvolver linhagens mais específicas para cada aplicação.

7.3 QUALIDADE MICROBIOLÓGICA

Os iogurtes líquidos e as bebidas lácteas são produtos competitivos e de elevado desempenho no mercado, com grande número de lançamentos, apresentados em diversos tipos de embalagens, visando oferecer ao consumidor maior variedade de opções. No entanto, apesar de inovações técnicas, estes produtos podem estar sujeitos à contaminação microbiana, quando não são atendidas elementares condições de higiene e sanidade. Tal contaminação pode estar representada por bactérias (grupo coliforme), fungos filamentosos e leveduriformes. A contaminação durante o processo de fabricação de bebidas lácteas fermentadas pode estar relacionada a práticas inadequadas de higiene durante o preparo e envase do produto, assim como à adição de frutas e demais ingredientes da formulação. Os produtos lácteos, de maneira geral, oferecem condições adequadas para o desenvolvimento e predominância desses microrganismos (REIS, 2008; REIS, 2012).

Sob o aspecto microbiológico, o baixo valor de pH das bebidas fermentadas favorece a inibição de patogênicos, possibilitando inclusive que os coliformes, se presentes, sejam também inibidos rapidamente. Os fungos leveduriformes podem constituir um problema, pois muitos não são afetados pelo ácido lático e se desenvolvem associados à cultura do produto, resultando em decomposição manifestada pelo aparecimento de sabores estranhos e produção de gás (REIS et al., 2006).

Fazio et al. (1997) realizaram um levantamento das características microbiológicas em sete amostras de bebidas lácteas de diferentes marcas comerciais, sabor morango. A grande maioria das amostras apresentou elevadas contagens de bactérias aeróbias mesófilas e termófilas, além de baixa contagem de bactérias aeróbias psicrotróficas. Nenhuma das sete amostras apresentou coliformes totais, fecais (*Escherichia coli*) e *Salmonella sp*, mas duas amostras apresentaram contagens de 1,0 × 10^1 UFC/mL de *Staphylococcus aureus*. Cinco amostras (71,4%) apresentaram bolores e leveduras, sendo que uma dessas (20%) estava em desacordo com a legislação brasileira, e, portanto, não deveria ser consumida.

A resistência térmica de esporos de bactérias em bebidas lácteas suplementadas com nisina foi estudada por Beard, Sheldon e Foegeding (1999). O estudo verificou que a nisina na forma de nisaplin adicionada às bebidas lácteas achocolatadas, ou em outros alimentos submetidos ao calor, reduz a resistência térmica de esporos de bactérias selecionadas, tais como *B. stearothermophilus* e *B. liqueniformis*. A aumentada sensibilidade ao calor pode permitir aos processadores de alimentos redução nos processos térmicos e custos, enquanto mantém a qualidade, funcionalidade e estabilidade do produto.

Madureira e Penna (2004) estudaram os efeitos dos teores de soro (45, 50 e 55%), sacarose (6, 7 e 8%) e oligofrutose (1, 2 e 3%) nas características microbiológicas e sensoriais de bebidas lácteas funcionais. Houve predominância do *Streptococcus thermophilus* sobre os demais microrganismos em todos os tratamentos. Dentre os probióticos, as contagens de *L. acidophilus* foram maiores que as de *Bifidobacterium*, cujos valores ficaram próximos do limite mínimo estabelecido pela legislação brasileira em vigor (10^6 UFC/mL). Aparentemente, o desenvolvimento dos probióticos não foi afetado pela adição de oligofrutose. Amostras com maior aceitabilidade sensorial foram preparadas com os maiores teores de sacarose e de sólidos totais (variação de regular a bom).

O efeito da temperatura de armazenamento sobre a qualidade de bebidas lácteas comerciais foi estudado por Rino, Trabuco e Penna (2004). O número de células viáveis dos microrganismos sofreu uma diminuição significativa, nas duas temperaturas de estocagem (7 e 37 °C), em virtude da baixa tolerância das bactérias láticas ao pH ácido da bebida. No entanto, a 7 °C, o número de células viáveis atendeu, em todo o período, aos critérios exigidos pela legislação brasileira. Segundo o Regulamento

Técnico de Identidade e Qualidade de Bebidas Lácteas da Instrução Normativa n. 36, o número total de bactérias láticas deve ser no mínimo de 10^6 UFC/g no produto final, durante todo o prazo de validade (BRASIL, 2005). A 37 °C, os altos níveis de acidez titulável provocaram uma queda mais acentuada nos números de células viáveis das bactérias láticas; e a partir do 21° dia o produto não mais atendeu aos critérios estabelecidos pela legislação.

Reis et al. (2006) avaliaram as condições higiênico-sanitárias de bebidas lácteas fermentadas, com adição de polpa de frutas, e obtiveram, para bolores e leveduras, contagens variando de < 1 a $3,7 \times 10^9$ UFC/mL. Considerando-se o padrão em vigor para coliformes a 45 °C e *Salmonella sp*, respectivamente, número mais provável máximo de 10/mL e ausência em 25 mL (BRASIL, 2001), todas as amostras apresentaram-se de acordo com o limite estabelecido pela legislação.

Reis (2012) avaliou a evolução da microbiota em amostras coletadas em dois laticínios, durante as etapas do processamento de bebidas lácteas fermentadas, assim como do produto acabado em diferentes tempos de estocagem, por meio da contagem total das BAL e da enumeração de fungos filamentosos e leveduriformes, além de ter efetuado a identificação dos fungos leveduriformes isolados de todas as amostras. Foram encontrados elevados índices populacionais de fungos filamentosos e leveduriformes, em todas as amostras coletadas em um dos laticínios, em virtude das condições estruturais e sanitárias deficientes durante o processamento, assim como a utilização de matérias-primas excessivamente contaminadas, comprometendo a qualidade do produto final. Além disso, as amostras desse laticínio apresentaram contaminantes até os 60 dias de estocagem. As espécies identificadas foram: *C. krusei*, *C. pseudotropicalis*, *C. guilliermondii*, *Candida tropicalis* e *Geotrichum candidum*.

7.4 PROCESSAMENTO

O processo de fabricação das bebidas lácteas segue um fluxograma básico de pré-tratamento das matérias-primas (leite, soro, açúcar etc.), homogeneização, tratamento térmico, resfriamento e envase, como mostra a Figura 7.1. No caso das bebidas fermentadas, as etapas de inoculação e incubação são incluídas.

Para a produção de bebidas lácteas, estudos têm mostrado a viabilidade da utilização do soro em diferentes concentrações (30-70%), dependendo do tipo de produto. O aumento do teor de soro reduz o desperdício dos nutrientes e a poluição ambiental, e, principalmente, aumenta o valor nutricional desse produto elaborado.

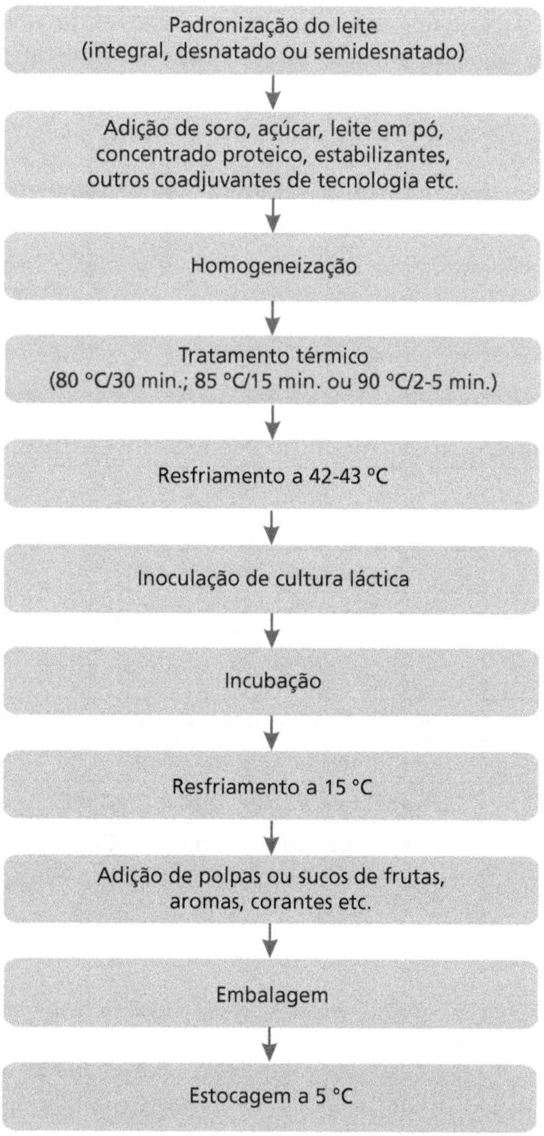

Figura 7.1 Processo de fabricação de bebida láctea fermentada adicionando soro ao leite.

7.4.1 Seleção e pré-tratamento do leite

O leite é um produto altamente perecível e facilmente sujeito à contaminação microbiana, sendo as bactérias os microrganismos mais importantes. A prevenção da contaminação e o subsequente crescimento dos microrganismos podem variar largamente em razão das práticas na produção, no manuseio, no transporte e na industrialização.

Os cuidados na obtenção higiênica do leite devem começar na fonte de produção, desde a vaca, as instalações, a ordenha, o acondicionamento, o transporte, até mesmo no controle do produto durante a industrialização. É na fonte de produção, curral e estábulo, onde o leite é obtido e manipulado, que recebe as maiores contaminações. Na obtenção do leite de qualidade higiênica pretende-se: produzir leite sem microrganismos patogênicos ou substâncias nocivas ou tóxicas, obter leite sanitariamente higiênico, isento de substâncias estranhas, oferecer condições às vacas para secretar leite de composição normal, garantir um produto de alta qualidade sensorial e de baixa contagem microbiana.

Estudos têm demonstrado que a adição de dióxido de carbono (CO_2) ao leite cru refrigerado controla o desenvolvimento de microrganismos psicrotróficos, o que pode afetar positivamente a qualidade e a vida de prateleira do leite e dos derivados lácteos. A adição de CO_2 manteve a qualidade físico-química e microbiológica do leite cru refrigerado por seis dias e observou-se redução da proteólise e da lipólise durante o armazenamento refrigerado (VIANNA et al., 2012; VIANNA; GIGANTE, 2010).

A legislação brasileira, por meio da Instrução Normativa 62 (BRASIL, 2011), estabeleceu o Regulamento Técnico da Coleta de Leite Cru Refrigerado e seu Transporte a Granel, cujos requisitos físico-químicos e microbiológicos estão apresentados na Tabela 7.12.

Tabela 7.12 Composição e requisitos físicos, químicos e microbiológicos do leite cru refrigerado.

Requisitos	Valores
Gordura (g/100 g)	Mín. 3,0
Acidez (g ác. lático/100 mL)	0,14 a 0,18
Densidade relativa, 15/15 °C, g/mL	1,028 a 1,034
Índice crioscópico máximo:	– 0,530°H a –0,550°H (equivalentes a –0,512 °C e a –0,531 °C)
Sólidos não gordurosos (g/100 g)	Mín. de 8,4
Proteína total (g/100 g)	Mín. 2,9
Contagem padrão em placas (UFC/mL)	*Máx. 6×10^5
Contagem de células somáticas (CS/mL)	*Máx. 6×10^5

* Requisitos estabelecidos na Instrução Normativa 62, a partir de 01/01/2012 para as regiões Sul, Sudeste e Centro-Oeste e a partir de 01/01/2013 para as regiões Norte e Nordeste (BRASIL, 2011).

A composição do leite fresco varia em função de diversos fatores, como raça e seleção do animal, fase de lactação, idade do animal, estado sanitário do úbere etc. O leite possui pressão osmótica idêntica à do sangue. Os componentes que mais variam são a gordura e as proteínas, justamente por influenciarem pouco a pressão osmótica. Os minerais e a lactose encontrados em solução no leite variam pouco em conteúdo.

O teor de gordura é influenciado por características individuais de cada animal, raça, período de lactação, gestação, alimentação, temperatura, estações do ano, saúde do animal, idade, exercício físico, ordenha e ambiente. Entretanto, as principais variações se devem às características individuais de cada vaca. À medida que se mistura leite procedente de indivíduos distintos, diversos rebanhos, ou na fábrica, a composição se torna cada vez mais constante e as variações são menos significativas. Para evitar essas variações intrínsecas da composição do leite é preciso recorrer à padronização (TAMIME; ROBINSON, 2007).

7.4.2 Clarificação

A clarificação é um processo de eliminação de impurezas extremamente necessário, removendo células epiteliais, eritrócitos e leucócitos ou qualquer partícula em suspensão no leite superior a 10 µm de diâmetro. Essas impurezas são procedentes da glândula mamária ou da falta de cuidados durante a obtenção do leite (TAMIME; ROBINSON, 2007). Essa operação é realizada por uma centrífuga clarificadora, como mostra a Figura 7.2.

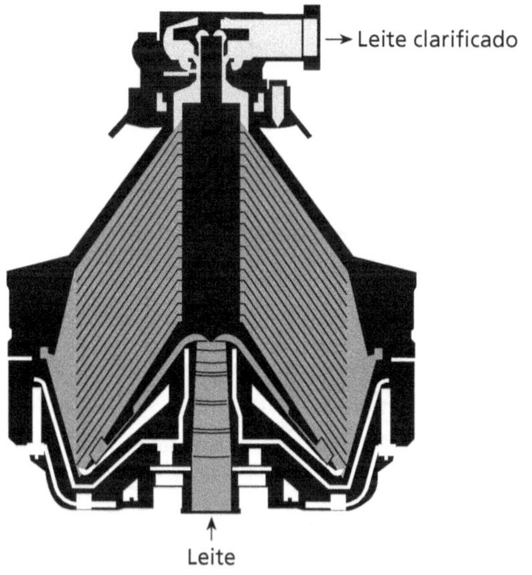

Figura 7.2 Esquema de funcionamento da clarificadora centrífuga, que é dotada de discos curtos para aumentar o espaço disponível no tambor para a deposição das impurezas (lodo) que acompanham o leite. O leite entra pela parte inferior e sai clarificado pela parte superior. Esses equipamentos não dispõem de dispositivo para separar o creme do leite.

Fonte: Bylund (1995).

7.4.3 Padronização do teor de gordura

O conteúdo de gordura dos diferentes tipos de bebidas lácteas elaboradas em diversas partes do mundo varia de 0,1 a 10%, sendo necessário padronizar a composição do leite para cumprir as especificações fixadas pelas normas legais. De acordo com o Regulamento Técnico de Identidade e Qualidade de Bebidas Lácteas (BRASIL, 2005), as bebidas devem apresentar, no mínimo, 2 g/100 g de matéria gordurosa de origem láctea. Essa padronização pode ser efetuada de diversas formas: pela eliminação de parte da gordura do leite por meio da centrifugação, na qual o excesso é obtido na forma de creme com cerca de 40 a 50% de gordura; pela mistura do leite integral com o leite desnatado; pela adição de creme ao leite integral ou leite desnatado; ou pela utilização de uma combinação dos métodos anteriores.

A separação da gordura deve ser rápida, não se realizando a operação nas condições de temperatura favoráveis à formação de glóbulos aglomerados (7-8 °C), pois estes se rompem com a grande velocidade angular. A maior diferença de densidade entre o meio não gorduroso, a gordura e a viscosidade do plasma se encontra entre 32 e 38 °C, portanto é feito o aquecimento do leite nessa faixa de temperatura para aumentar a eficiência de separação. Se for feita a centrifugação do leite a 4 °C, deve ser usada uma centrífuga apropriada para leite refrigerado para garantir a obtenção de leite desnatado com 0,07 a 0,1% de gordura (WALSTRA; WOUTERS; GEURTS, 2006).

A gordura estabiliza a contração do gel proteico, prevenindo a separação do soro no produto final, resultando no aumento da viscosidade do leite e, consequentemente, na estabilidade do produto durante a estocagem (WALSTRA; WOUTERS; GEURTS, 2006).

7.4.4 Padronização de sólidos não gordurosos (SNG)

As propriedades físicas da bebida láctea, tais como a consistência e viscosidade, são de grande importância, pois quanto maior o conteúdo de sólidos da mistura destinada à elaboração da bebida, maior a consistência e viscosidade do produto final. Além disso, é necessário padronizar o teor de SNG a fim de atender a especificação de qualidade do produto. O teor de sólidos também afeta a acidez titulável em virtude da ação tamponante dos outros constituintes, como proteínas, citratos, fosfatos e lactatos.

7.4.5 Adição de açúcar e/ou edulcorantes e outros coadjuvantes de tecnologia

A principal finalidade da adição de açúcares ou agentes edulcorantes é atenuar a acidez do produto (TAMIME; ROBINSON, 2007). O açúcar normalmente é adicionado na forma sólida antes da pasteurização, e deve preferencialmente ser refinado para evitar a incorporação de impurezas (REIS, 2008).

Os métodos usuais de adição de agentes edulcorantes ou açúcar são a adição de até 5% de sacarose, ou a adição de um preparado de frutas já edulcorado ou açucarado para obter a doçura desejada no produto acabado.

De acordo com a definição da Portaria n. 540 da Anvisa, edulcorantes são substâncias diferentes dos açúcares que conferem gosto doce ao alimento (BRASIL, 1997). Quando o açúcar é retirado de um alimento, novas substâncias devem ser colocadas em seu lugar para devolver o gosto doce ao produto e, entre outras funções, servir de agente de volume. Para dar o gosto doce são usados os edulcorantes e para servir de agentes de volume podem ser usados os espessantes, tais como os hidrocoloides e polióis.

Os edulcorantes como o aspartame, sacarina, acesulfame e a sucralose são alternativas para a substituição da sacarose. Esses adoçantes contribuem com pouca ou nenhuma caloria na dieta. Com o uso de edulcorantes, um produto lácteo pode ter uma redução de até 52% de suas calorias. Os edulcorantes permitidos em alimentos e bebidas são: sorbitol, xarope de sorbitol, D-sorbita, manitol, acesulfame de potássio, aspartame, ácido ciclâmico e seus sais de cálcio, potássio e sódio, isomaltitol, sacarina e seus sais, de cálcio, potássio e sódio, sucralose, taumatina, glicosídeos de esteviol, neotame, maltitol, xarope de maltitol, lactitol, xilitol e eritritol. Os limites de uso para tipo de aplicação estão apresentados na Resolução RDC n. 18 da Anvisa (BRASIL, 2008b).

Além de açucares e/ou edulcorantes, podem ser utilizados, conforme o tipo de produto, ingredientes funcionais, tais como inulina, fruto-oligossacarídeos, ácidos graxos insaturados do tipo ômega, ácido linoleico conjugado – CLA, entre outros ingredientes, para obter características e produtos específicos.

7.4.6 Homogeneização

Homogeneização é a redução de tamanho e o aumento do número de partículas sólidas ou líquidas na suspensão coloidal, por meio da aplicação de uma pressão elevada que força a passagem do leite por um pequeno orifício, denominado válvula de homogeneização. Sua função não está apenas relacionada com a obtenção de um produto homogêneo, e sim com sua manutenção nesta forma. Uma representação esquemática da operação de homogeneização em dois estágios está apresentada na Figura 7.3.

O leite deve ser preaquecido, pois a homogeneização do leite frio, na qual os lipídios se encontram cristalizados, é pouco eficaz. Em seguida, o leite é submetido à homogeneização em um só estágio, em temperaturas entre 50 e 60 °C, velocidade de cerca de 50 m/s e pressões superiores a 3 MPa (WALSTRA; WOUTERS; GEURTS, 2006).

O efeito principal se constitui em reduzir o tamanho dos glóbulos de gordura e impedir a formação de uma camada lipídica na superfície do leite, permitindo maior integração da gordura com as micelas de caseína, resultando no aumento da viscosidade do leite e, consequentemente, na estabilidade do produto durante a estocagem (WALSTRA; WOUTERS; GEURTS, 2006).

Essa operação também promove a dispersão homogênea dos constituintes, principalmente a gordura, melhorando sabor, consistência, apresentação e digestibilidade do produto. Reduz também a susceptibilidade de sinérese e a formação de grânulos. Entretanto, é necessária a definição de uma pressão ótima para cada tipo de produto, para evitar um aumento na separação do soro (REIS, 2012).

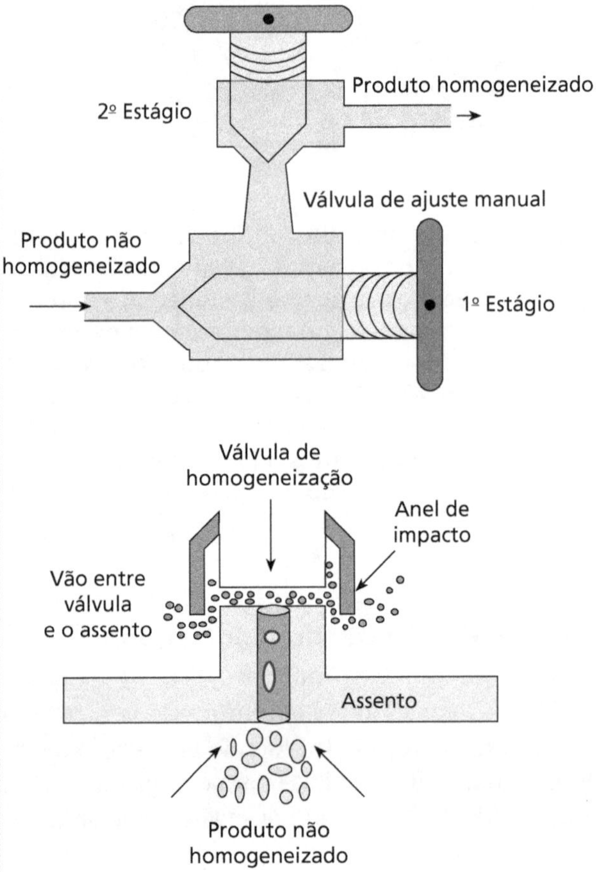

Figura 7.3 Esquema de funcionamento do homogeneizador.

7.4.7 Tratamento térmico

O pré-tratamento do leite, incluindo a padronização do teor de sólidos e o tratamento térmico, pode ser observado na Figura 7.4.

A escolha do tratamento a ser aplicado depende da inativação microbiana para assegurar a segurança, do tempo de prateleira necessário e da intensidade das mudanças químicas, físicas e sensoriais aceitáveis no produto. A extensão dessas modificações depende da temperatura e da duração do tratamento. As diferentes condições e efeitos microbiológicos podem ser observados na Tabela 7.13.

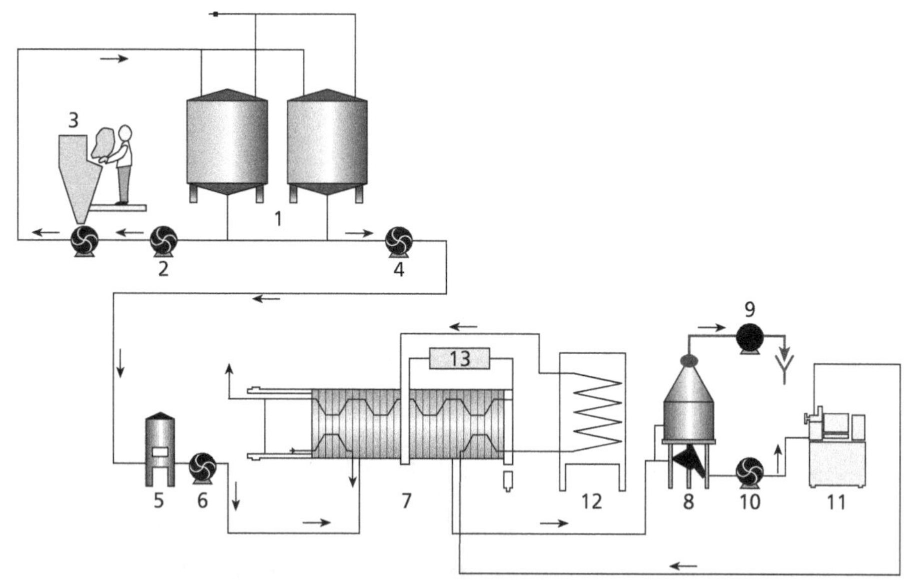

1. Tanque de mistura
2. Bomba
3. Funil de mistura
4. Bomba
5. Tanque de equilíbrio
6. Bomba
7. Trocador de calor de placas
8. Desaerador
9. Bomba de vácuo
10. Bomba
11. Homogeneizador
12. Tubo de retenção
13. Aquecimento de água

Figura 7.4 Fluxograma do processo de pré-tratamento, padronização do teor de sólidos e tratamento térmico do leite para a preparação de bebidas lácteas.

Tabela 7.13 Tipo de tratamento térmico aplicado ao leite, e seus efeitos microbiológicos.

Processo	Condição típica	Efeito microbiológico	Qualidade microbiológica típica
Pasteurização lenta	63 °C por 30 min	Destrói patógenos e células vegetativas	Contagem total em placa <100.000 UFC/mL
Pasteurização rápida	72-74 °C por 15-30 seg	Destrói patógenos e células vegetativas	Contagem total em placa <100.000 UFC/mL
Aquecimento da mistura para a produção de leites fermentados e bebidas lácteas	85-95 °C por 2-30 min	Destrói todos patógenos e a maioria dos esporos	
Pasteurização a alta temperatura	120-130 °C por < 1-5 seg	Destrói células vegetativas e a maioria dos esporos	
UHT (indireto)	135-140 °C por 3-5 seg	Destrói todas as bactérias incluindo os esporos	Contagem total em placa <100 CFU/mL depois de 15 d a 30 °C
UHT (direto)	135-140 °C por 3-5 seg	Destrói todas as bactérias incluindo os esporos	Contagem total em placa <100 CFU/mL depois de 15 d a 30 °C

O tratamento térmico do leite ou da mistura tem como objetivos principais: destruir os microrganismos patogênicos e melhorar a consistência e a viscosidade do produto, por meio da desnaturação das proteínas do soro, que reduzem a contração do coágulo da caseína, diminuindo, consequentemente, a sinérese (TAMIME; ROBINSON; LATRILLE, 2001; REIS, 2012).

Para produtos fermentados, o aquecimento da mistura a 80 °C por 30 minutos desnatura aproximadamente 90% da β-lactoglobulina e 60% da α-lactoalbumina (TAMIME, ROBINSON, 2007). Este tratamento térmico é consideravelmente mais severo do que o normalmente usado na pasteurização do leite fluido e, em alguns casos, pode ser suficiente para esterilizar completamente o leite. Enquanto o tratamento térmico certamente destrói bactérias indesejáveis, é também essencial para o desenvolvimento da estrutura característica dos produtos lácteos fermentados. Muitos trabalhos se dedicaram a estudar a relação entre o tratamento térmico e a qualidade tecnológica dos leites fermentados, especialmente do iogurte.

A estrutura do gel de caseína formado durante a fermentação é influenciada pela natureza do tratamento térmico do leite. A associação da β-lactoglobulina desnaturada com a caseína conduz à formação de apêndices na superfície da micela. Esse complexo a protege da excessiva fusão durante a fermentação, e favorece a formação de uma fina rede de gel com estrutura firme e menor susceptibilidade de separação de soro, quando comparado a uma rede em que as micelas estão fundidas em grande aglomerado, resultado de insuficiente interação de β-lactoglobulina e κ-caseína (KALAB; ALLAN-WOJTAS; PHIPPS-TODD, 1983).

A máxima hidratação das proteínas se observa quando o leite é aquecido a 85 °C e diminui gradualmente com o aumento da temperatura. Essa diminuição das propriedades hidrofílicas dos complexos caseína/β-lactoglobulina pode ter um efeito não desejável sobre a qualidade da bebida láctea fermentada, possivelmente aumentando a sinérese.

Dependendo do processo de aquecimento e da intensidade do calor, uma proporção de β-lactoglobulina e α-lactoalbumina é ligada à caseína (MOTTAR et al., 1989). O tempo de residência em cada tratamento térmico tem grande influência na firmeza do coágulo formado durante a fermentação. Benezech e Maingonnat (1994) verificaram que a fusão e a hidratação das micelas de caseína, durante a posterior fermentação, determinam as propriedades reológicas do produto.

A viscosidade aparente é função do estado de agregação, influenciado por interações covalentes sulfidrílicas (SH/SS) originadas da desnaturação ou do desdobramento de proteínas globulares do soro. Por outro lado, a firmeza pode ser causada pelos efeitos cumulativos das interações responsáveis pela viscosidade e também por forças inespecíficas entre agregados, tais como interações com hidrogênio, eletrostáticas e hidrofóbicas, as quais mantêm simultaneamente a matriz do gel (PARNELL-CLUNIES et al., 1986).

7.4.8 Processo de fermentação

Após o tratamento térmico, a mistura é resfriada na faixa de 40-45 °C para a inoculação da cultura lática (TAMIME; ROBINSON, 2007). Essa faixa de temperatura corresponde à média daquelas ótimas dos microrganismos que são mais comumente utilizados em bebidas lácteas fermentadas: *Streptococcus thermophilus* (39 °C) e *Lactobacillus delbrueckii* subsp. *bulgaricus* (45 °C). Na obtenção de bebidas lácteas probióticas, geralmente são utilizados *Lactobacillus acidophilus* (38 °C) e/ou *Bifidobacterium* spp. (39 °C). A Figura 7.5 ilustra uma cultura mista composta por esses microrganismos.

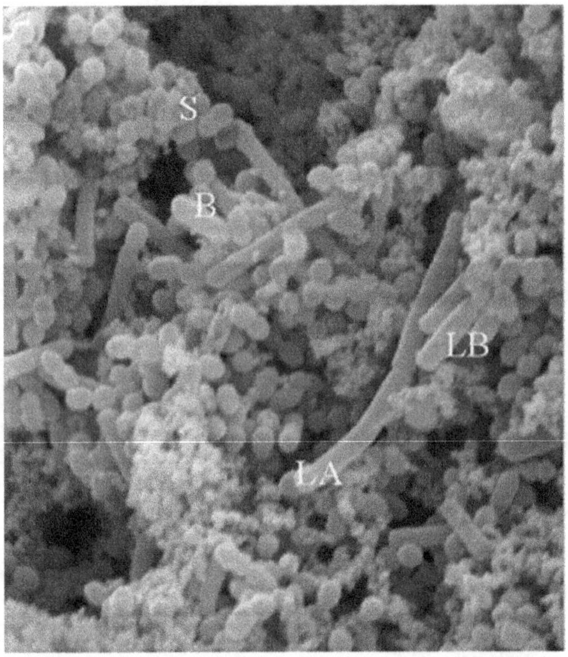

Figura 7.5 Cultura lática probiótica YO-236 (Rhodia Inc., Madison, WI, USA). Bactérias do iogurte e probióticas obtidas em microscópio eletrônico de varredura.

S – *Streptococcus thermophilus*;
LA – *Lactobacillus acidophilus*;
LB – *Lactobacillus delbrueckii subsp. bulgaricus*;
B – *Bifidobacteria*.

O *S. thermophilus* e o *L. delbrueckii* subsp. *bulgaricus* crescem melhor em conjunto do que separadamente, efeito denominado de protocooperação (Figura 7.6). No começo da fermentação o *L. delbrueckii* subsp. *bulgaricus*, espécie proteolítica, hidrolisa as proteínas em pequenos peptídeos e aminoácidos (principalmente a valina) aumentando o crescimento do *S. thermophilus*, que é pouco proteolítico. O *Streptococcus thermophillus*, por sua vez, inicia o desenvolvimento de ácido lático ao fermentar a lactose e cresce rapidamente até atingir pH 5,5. Ocorre o consumo do oxigênio dissolvido e a formação de pequenas quantidades de ácido fórmico, que estimulam o crescimento do *Lactobacillus delbrueckii* subsp. *bulgaricus* (LOURENS-HATTINGH; VILJOEN, 2001). Em virtude dessa estimulação mútua, o ácido lático é produzido mais rapidamente do que se houvesse somente uma espécie participando do processo de fermentação. Esses microrganismos formam diversos metabólitos, tais como ácido lático, acetaldeído, diacetil e polissacarídeos. Os tipos e concentrações desses metabólitos dependem das espécies bacterianas utilizadas, e contribuem para o sabor, a estrutura e a consistência típicos do produto (WALSTRA; WOUTERS; GEURTS, 2006).

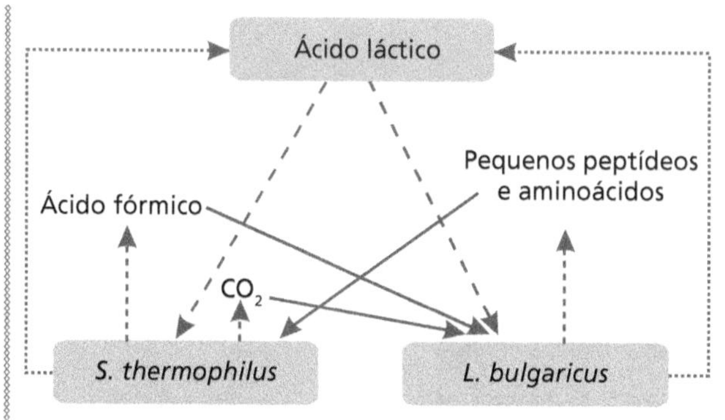

Figura 7.6 Esquema de protocooperação entre *S. thermophilus* e *L. delbrueckii* subsp. *bulgaricus* durante o processo de fermentação.

Fonte: Adaptado de Walstra, Wouters e Geurts (2006).

Durante o processo de fermentação, ocorre uma redução do pH até um ponto em que a caseína se torna insolúvel e o leite mais viscoso (WALSTRA; JENNESS, 1987). A produção gradual de ácido lático começa por desestabilizar os complexos de caseína-proteínas do soro desnaturadas, por solubilização do fosfato de cálcio e dos citratos. Os agregados de micelas de caseína e/ou micelas isoladas vão se associando e coalescem parcialmente, à medida que o valor de pH se aproxima do ponto isoelétrico, ou seja, 4,6 a 4,7 (TAMIME; ROBINSON, 2007).

Para um bom desenvolvimento do processo de fermentação do leite, as culturas devem ser resistentes à degradação, apresentar um poder acidificante, capacidade de desenvolvimento em simbiose e de produzirem substâncias responsáveis pela viscosidade, sabor e aroma do produto.

A proporção entre cocos e bacilos na cultura mista a ser empregada mudou ao longo dos anos, principalmente para atender as necessidades específicas de cada produto e dos consumidores. Segundo Spreer (1998), a relação entre *Streptococcus thermophillus* e *Lactobacillus delbrueckii* subsp. *bulgaricus* depende da temperatura de incubação, do tempo de fermentação, da linhagem dos microrganismos, da porcentagem de inóculo, da acidez do leite, da intensidade do tratamento térmico do leite e da qualidade desejável no produto final.

Para a produção de leites fermentados, torna-se cada vez mais comum o uso de culturas láticas altamente concentradas, congeladas ou liofilizadas. Esses cultivos são dotados de características definidas, de elevada atividade específica e de alta resistência bacteriológica. Há alguns anos, era comum utilizar culturas em que a relação entre cocos e bacilos era 1:1. Entretanto, atualmente, as culturas comerciais diferem das anteriores por apresentarem uma relação diferenciada entre os microrganismos, podendo chegar a, aproximadamente, 13:1 entre *Streptococcus thermophillus* e *Lactobacillus delbrueckii* subsp. *bulgaricus*, o que contribui para um menor tempo de fermentação e baixo grau de pós-acidificação no produto final.

A concentração de inóculo utilizada geralmente era de 2 a 3%, variando de 1 a 5%. Entretanto, desde a década de 1970, já se recomendava inoculações mínimas para impedir uma acidificação intensa, como por exemplo, 0,5 a 1% de cultura, pois a percentagem de semeadura dependente de vários fatores, como, o poder acidificante das culturas, o tempo de incubação desejado, a riqueza em células bacterianas, a fase de desenvolvimento na qual se encontra a cultura, a relação lactobacilos/estreptococos e o extrato seco do leite. As empresas que comercializam culturas recomendam inoculações que variam de 0,1 a 0,5%; dependendo do tipo de cultura e das características desejadas no produto final. Essa redução ocorreu em função do desenvolvimento de novas técnicas de produção e concentração das culturas, utilizando-se baixos teores de inóculo para culturas *starter* com elevada viabilidade celular.

Para culturas termofílicas, a temperatura de incubação da cultura lática deve estar na faixa de 40 a 45 °C, por um período variável entre 2,5 a 5 horas, que lhe proporcionará condições ótimas de crescimento (TAMIME; ROBINSON, 2007).

Como a elaboração produtos fermentados é um processo biológico, é necessário o uso da refrigeração para controlar a atividade metabólica dos microrganismos e suas enzimas. O resfriamento do coágulo começa imediatamente após alcançar a acidez ótima do produto, em um pH próximo de 4,6 ou uma concentração de ácido lático de 0,9%. O objetivo básico do resfriamento é diminuir a temperatura do coágulo de 40-45 °C para menos de 10 °C tão rapidamente quanto seja possível, para cessar a atividade metabólica dos microrganismos de suas enzimas e controlar a acidez final do produto (TAMIME; ROBINSON, 2007).

7.4.9 Manuseio pós-fermentação

Após a fermentação, é necessário o uso de certos equipamentos que podem afetar a consistência dos produtos. Perdas estruturais no coágulo podem ocorrer em diversos pontos entre o tanque de incubação e a máquina de envase.

O tanque de fermentação deve ser dotado de um agitador para incorporar a cultura lática ao leite e quebrar o coágulo após a fermentação. A velocidade de agitação é crítica. Baixas velocidades de agitação (manuseio suave) são usadas para maximizar a eficiência da mistura e diminuir perdas de consistência do produto antes do resfriamento.

As operações pós-fermentação, como resfriamento, transporte, manuseio e envase incluem equipamentos como bombas, resfriadores de placas ou tubulares, tubos, reduções, acessórios, dosadores de fruta, máquinas de mistura e unidades de envase, que são prejudiciais à manutenção da textura (ver Figura 7.7). O coágulo deve ser bombeado por meio de uma bomba de deslocamento positivo (Figura 7.8), que são aquelas menos prejudiciais ao coágulo, e resfriamento a 12-15 °C (BYLUND, 1995). O esvaziamento do tanque não deve ultrapassar 20 a 30 minutos de modo a evitar um aumento significativo da acidez e da estrutura granulosa do produto entre o início e o término do esvaziamento.

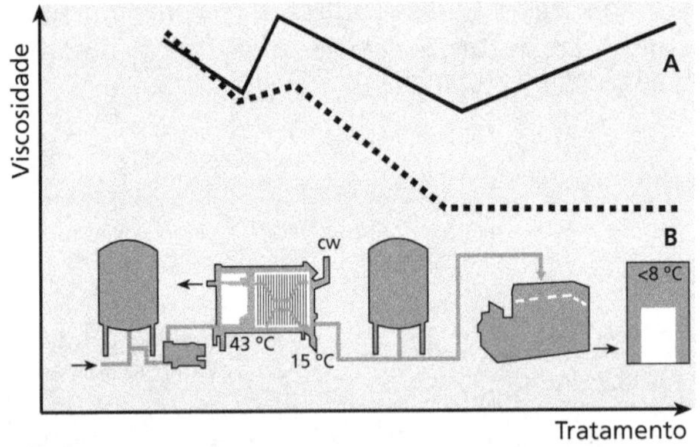

A Planta bem desenhada
B Planta mal desenhada

Figura 7.7 Desenvolvimento da viscosidade em iogurtes durante resfriamento, envase e estocagem refrigerada.

Fonte: Bylund (1995).

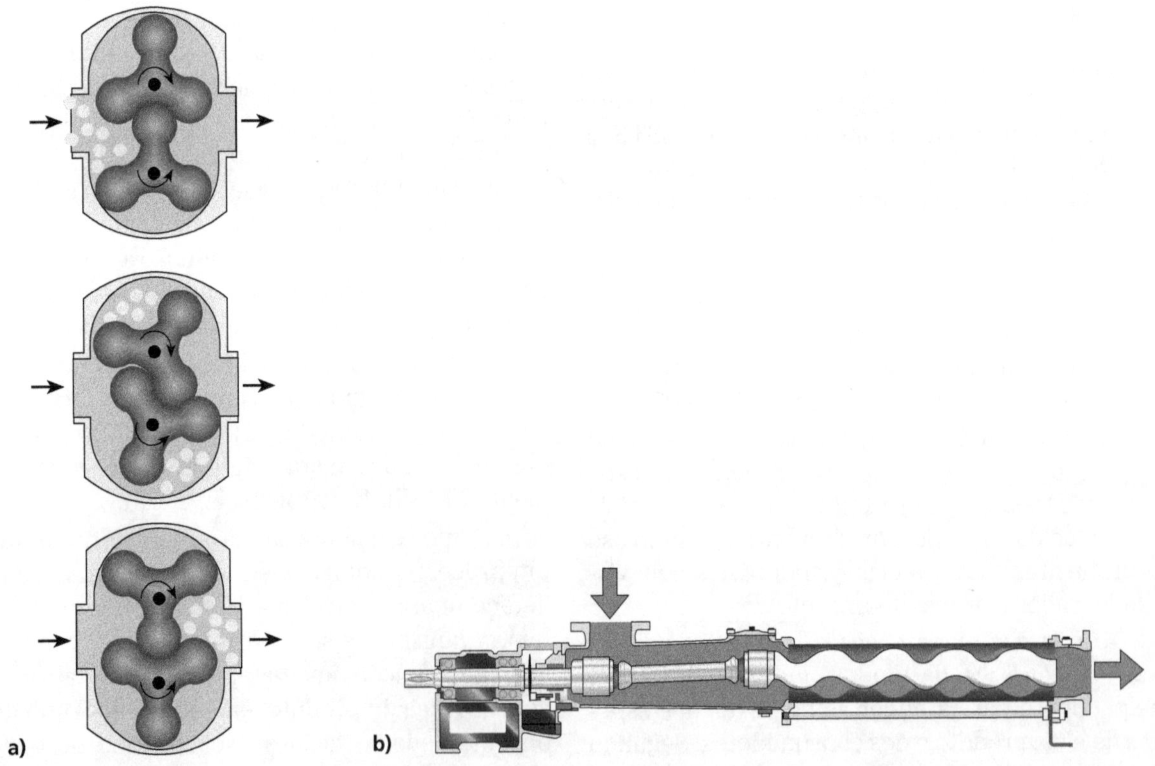

Figura 7.8 Bomba de deslocamento positivo, com rotor de lóbulos (a) e helicoidal (b).

Fonte: Bylund (1995).

7.4.10 Adição de polpas, aromas, corantes, estabilizantes e outros coadjuvantes tecnológicos

Dependendo do tipo de produto e da formulação estabelecida, a adição de polpas, aditivos e/ou compostos bioativos, tais como fibras prebióticas, FOS, ácidos graxos do tipo ômega, fitoesteróis etc., pode ser feita após o processo de fermentação.

Para a adição de polpa, podem-se utilizar frutas frescas, porém seu caráter sazonal de produção e a variabilidade de sua qualidade limitam consideravelmente sua utilização pelas indústrias, sendo mais populares as conservas de frutas, especialmente pela possibilidade de padronizar a mistura de frutas com o objetivo de satisfazer as especificações desejadas pelos consumidores (TAMIME; ROBINSON, 2007).

Para a dosagem da polpa no produto, utiliza-se um misturador contínuo de polpa que consta de três unidades distintas. Primeiro, um dispositivo medidor de fluxo para a dosagem da quantidade correta de polpa; segundo, um dispositivo para medir a quantidade correta de produto e terceiro, um dispositivo de mistura que permite uma distribuição homogênea da polpa de fruta (TAMIME; ROBINSON, 2007). Um esquema do misturador pode ser visualizado na Figura 7.9.

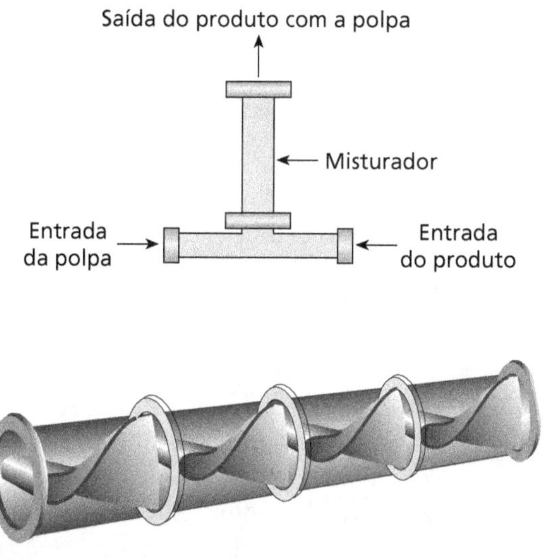

Figura 7.9 Esquemas de misturadores contínuos de polpa.

O sabor e aroma típicos do produto fermentado se devem principalmente à presença de acetaldeído e outros componentes. Os lactobacilos produzem aldeído acético, que confere aroma, enquanto os estreptococos, pelo menos algumas cepas, têm capacidade de produzir diacetil. A formação de substâncias aromáticas pode ser desprezada para a fabricação de bebidas com adição de frutas, porém é indispensável para a fabricação de bebidas lácteas sem adição (naturais).

O tratamento térmico em preparados de frutas pode originar uma diminuição da intensidade do aroma, motivo pelo qual frequentemente se adicionam agentes aromatizantes para compensar essas perdas. Os aromatizantes se dividem em função de sua origem em três grupos: naturais, idênticos aos naturais e sintéticos ou artificiais (TAMIME; ROBINSON, 2007).

O objetivo da adição de corantes nas bebidas com frutas é de aumentar a atração do produto. As substâncias utilizadas podem ser corantes naturais ou sintéticos. O Regulamento Técnico de Identidade e Qualidade de Bebidas Lácteas estabeleceu quais os corantes e as concentrações que podem ser utilizados na fabricação (Tabela 7.5).

A finalidade da adição de estabilizantes na mistura base é de melhorar e manter as características desejáveis do produto, como textura, viscosidade ou consistência, aspecto e corpo. O uso dos estabilizantes tem basicamente duas finalidades: evitar a separação do soro e favorecer o aumento da viscosidade (TAMIME; ROBINSON, 2007).

Os hidrocoloides neutros, tais como o amido, a goma-guar, a goma xantana e a pectina, são agentes estabilizantes, cuja função principal é proporcionar uma maior retenção de água no sistema, aumentando a viscosidade e melhorando o corpo e a textura, uma vez que atuam também como espessantes. Nas Tabelas 7.2 e 7.3 (ver item 7.1.6) estão relacionados os tipos de estabilizantes e espessantes permitidos pela legislação brasileira.

7.4.11 Envase

Em geral, os materiais de embalagem que entram em contato direto com os alimentos devem ser atóxicos, quimicamente inertes e não reagir com o produto. Por esta razão, os plásticos são amplamente utilizados pela indústria láctea e, em virtude da natureza ácida do produto, o material mais adequado para as tampas são as lâminas de alumínio, ou, ainda, os materiais plásticos para sistemas de fácil abertura (TAMIME; ROBINSON, 2007).

7.4.12 Armazenamento refrigerado, transporte e distribuição

A refrigeração do produto em temperaturas inferiores a 10 °C e o seu armazenamento a esta temperatura até o momento de sua venda diminui as reações bioquímicas e biológicas, que são resultado das atividades metabólicas das culturas láticas e possivelmente de microrganismos contaminantes que resistem ao tratamento térmico. Para o transporte, é necessário recorrer a veículos com refrigeração. As bebidas lácteas devem ser expostas em câmaras frigoríficas para a venda, e conservadas sob refrigeração até seu consumo. A temperatura ideal para que o produto seja ingerido é de 10 °C, já que em temperaturas inferiores não se aprecia convenientemente o sabor e aroma em razão do frio, e em temperaturas superiores perde seu frescor e pode apresentar diminuição de viscosidade.

7.4.13 Higienização das instalações

Após o processamento, os equipamentos, utensílios, pisos, paredes e o ambiente de maneira geral, passam a apresentar uma carga elevada de resíduos com alto valor nutritivo, com a presença de carboidratos, gorduras, proteínas e minerais passíveis de multiplicação microbiana (GERMANO; GERMANO, 2011). Com o intuito de impedir possíveis contaminações posteriores, toda área de manipulação, equipamentos e utensílios, devem ser frequentemente limpos e desinfetados (REIS, 2012).

A pré-lavagem, lavagem com detergentes e aplicação de sanificantes é um aspecto importante, pois após o enxágue normalmente os equipamentos e utensílios ficam à espera de um novo turno para serem utilizados. Se tomados os procedimentos corretamente, estes impedem a aderência de microrganismos às superfícies, ou seja, evitam a formação de biofilmes microbianos. Além disso, quando a sanitização é empregada de forma eficiente, previne contaminações posteriores, diminuindo a possibilidade de descarte de produtos (REIS, 2012).

Existem alguns pontos importantes que devem ser observados na higiene e sanitização dos equipamentos, tais como: o tipo de material utilizado para a limpeza, a qualidade e concentração dos produtos químicos utilizados, a temperatura e o tempo de emprego, a natureza da superfície que sofrerá higienização, o tipo de sujidade, além da educação e do treinamento corretos dos funcionários encarregados da limpeza (GERMANO; GERMANO, 2011).

Além da eficiência em eliminar os microrganismos de equipamentos e instalações, o processo de higienização não deve interferir nas propriedades nutricionais e sensoriais do alimento e, deve garantir a preservação da integridade e das características microbiológicas naturais e benéficas do alimento (GERMANO; GERMANO, 2011).

7.5 TIPOS DE BEBIDAS LÁCTEAS

Em todo o mundo, o número de novos produtos lácteos está crescendo a uma taxa muito superior em comparação a qualquer outra categoria de alimentos. Isto porque os derivados de leite se encaixam com perfeição na tendência atual de valorização da saúde. Os produtos lácteos podem ser adaptados para atender às exigências de praticamente qualquer tendência: produtos de baixo ou de alto valor calórico, de elevado valor nutricional, identificados como produtos “naturais” pelos consumidores, produtos com efeitos benéficos para a saúde, e que apresentam, ao mesmo tempo, sabor agradável, preço acessível e facilidade de consumo.

As tendências e inovações em bebidas lácteas indicam principalmente o desenvolvimento de produtos específicos para diferentes nichos do mercado: bebidas funcionais contendo probióticos, prebióticos, peptídeos bioativos, produtos com ácido linoleico conjugado (CLA) ou ácidos graxos do tipo ômega, produtos com fitoesteróis, entre outros. Nos itens a seguir estão descritos diferentes tipos de bebidas lácteas.

7.5.1 Bebidas lácteas não fermentadas

Bebidas lácteas de diferentes sabores para consumo direto estão presentes em diversos países. Suas características nutricionais e sensoriais, assim como sua conveniência, favorecem o consumo por diversos grupos de consumidores: crianças, jovens, adultos ou idosos.

No Brasil, as bebidas lácteas não fermentadas são muito comuns e a maioria recebe adição soro de queijo e de outras substâncias alimentícias, sendo a bebida achocolatada a mais popular. Também são produzidas bebidas lácteas preparadas com uma mistura de leite, soro e sucos de fruta, e bebidas à base de soro, extrato de soja e sucos de fruta.

Bebidas lácteas *light* podem ser produzidas utilizando uma combinação de modificações: a redução do conteúdo de gordura e de sólidos não gordurosos, o uso de agentes estabilizantes ou agentes de volume de baixa caloria, o emprego de adoçantes de baixa caloria e a substituição de gordura (SIVIERI; OLIVEIRA, 2002).

7.5.1.1 Bebida láctea achocolatada

A bebida láctea achocolatada é uma suspensão de partículas concentradas, com uma fase contínua composta por leite, manteiga de cacau e gordura de leite, e uma fase dispersa composta por partículas de cacau, açúcar e partículas sólidas de leite sem gordura

(FULL et al., 1996). Basicamente, este produto é formulado com leite, soro, cacau em pó, açúcar, maltodextrina, vitaminas e minerais, aromatizantes, estabilizantes e emulsificantes, para melhorar a consistência e prevenir a sedimentação do cacau em pó. Características particulares dos diferentes ingredientes, tais como teor de gordura do leite, alcalinidade e cor do cacau em pó, tipo e concentração dos estabilizantes, podem produzir diferenças notáveis na composição final e nas propriedades físicas e sensoriais dos produtos formulados. Um fluxograma básico do processo de fabricação está apresentado na Figura 7.10.

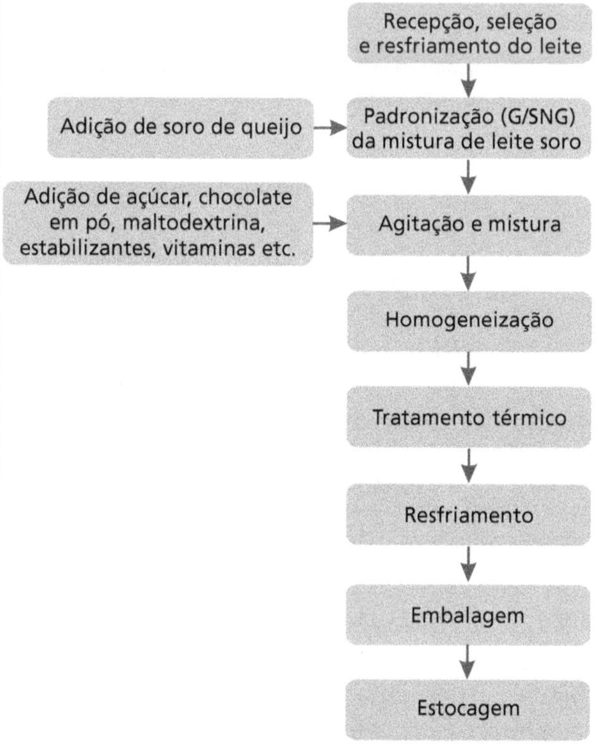

Figura 7.10 Processo de fabricação de bebida láctea achocolatada.

G – gordura; SNG – sólidos não gordurosos.

Por muitos anos o consumo de achocolatados esteve associado à maior ingestão de gorduras saturadas, com consequente elevação do colesterol e aumento do risco de doenças crônicas. Contudo, nos últimos anos verifica-se uma tendência a valorização dos produtos contendo chocolate, com realizações de estudos comprovando seus benefícios à saúde e estimulando o seu consumo diário (SUZUKI, 2009).

A categoria de bebidas lácteas achocolatadas cresceu consideravelmente nos últimos anos, apesar de bastante tradicional, revela ainda uma força de crescimento grande, pois o Brasil ainda é um país extremamente jovem em seu perfil demográfico. O consumo está mais concentrado nas regiões Centro-oeste, Sudeste e Sul.

Esse aumento de consumo de bebidas à base de cacau, chocolate e malte está relacionado ao seu conteúdo de antioxidante, pela presença de polifenóis. Nos últimos anos, os polifenóis foram muitos estudados, sendo associados com a prevenção de doenças que envolvem o estresse oxidativo, como o câncer, doenças cardiovasculares e neurodegenerativas. Além da atividade antioxidante, os polifenóis têm diversas outras atividades biológicas ainda não esclarecidas (SUZUKI, 2009).

A bebida láctea achocolatada é um produto lácteo amplamente consumido e que pode ser enriquecido com nutrientes essenciais, como forma de reforçar o seu valor nutricional e prevenir ou corrigir carências específicas na população, especialmente em crianças (RIBEIRO et al., 2012).

Diversas pesquisas têm sido realizadas para a caracterização da composição de macro e micronutrientes e para o desenvolvimento de novas formulações de bebidas lácteas achocolatadas. Albuquerque, Nikaedo e Penna (1999) avaliaram oito amostras de bebidas lácteas achocolatadas UHT, disponíveis no comércio, e notaram grande variabilidade nas características físico-químicas. Os valores de pH oscilaram entre 6,10 e 6,66; o teor de proteína variou de 1,80 a 3,00%; o teor de lipídeos variou de 1,20 a 2,70%; o teor de sólidos totais oscilou entre 19,01 e 22,30%; o teor de cinzas variou de 0,10 a 2,19%.

Albuquerque, Nikaedo e Penna (2000) estudaram o uso de concentrado proteico de soro e a quantidade necessária de carragena para a estabilização e espessamento de bebidas lácteas achocolatadas. Dez diferentes formulações de bebidas lácteas achocolatadas foram preparadas em laboratório utilizando-se a metodologia de superfície de resposta. O concentrado proteico de soro (5,5; 6,25 ou 7,0%) foi usado juntamente com o leite em pó integral, conforme o experimento, totalizando 12,5% de sólidos totais lácteos. A quantidade de açúcar foi fixada em 7,5% e a de chocolate em 2,8%, em todos os experimentos. Os ingredientes secos (leite em pó, concentrado proteico de soro, açúcar, chocolate e carragena (0,03; 0,05 ou 0,07%) necessários para formulação, foram pesados e misturados. A seguir, foram dissolvidos em água aquecida a 40 °C, e mantidos sob agitação durante 15 minutos para a perfeita dissolução dos ingredientes e hidratação da goma. Essa mistura foi aquecida a 85 °C por 5 minutos para a pasteurização do produto. Em seguida, o produto foi resfriado e distribuído nas embalagens. Posteriormente, transferido para um refrigerador à temperatura de 5 °C, aproximadamente. Após 12 horas de refrigeração, foram realizadas as análises físico-químicas e sensoriais. As amostras apresentaram, em geral, características semelhantes às das bebidas lácteas disponíveis no comércio. A bebida preparada contendo 7,0% de concentrado proteico de soro (CPS) e 0,07% de carragena foi a que demonstrou maior semelhança, apesar de seu maior conteúdo de proteínas, comparado com o produto comercial. No entanto, a bebida láctea achocolatada preparada com 7,00% de concentrado proteico de soro e 0,03% de carragena foi considerada pelos provadores a melhor delas, demonstrando que é possível fazer a substituição do leite em pó por concentrado proteico de soro, usando-se 7,00% de CPS e 5,25% de leite em pó (totalizando 12,5% de sólidos lácteos) para compor a mistura básica para elaboração da bebida láctea achocolatada.

Suzuki (2009) avaliou a composição química e a quantificação de ácidos graxos em chocolate e produtos achocolatados, incluindo as bebidas lácteas achocolatadas. Entre os ácidos graxos, nas amostras de bebidas achocolatadas, nas formas normais e *lights*, destacaram-se os ácidos palmítico (16:0), esteárico (18:0), variando de 50,00 a 670,00 mg/100 g de bebida e 30,00 a 260,00 mg/100 g de bebida, para os produtos *light* e normal, respectivamente. Dos ácidos graxos monoinsaturados, destaca-se o ácido oleico (18:1n-9), com quantidades que variaram de 40,00 (*light*) a 580,00 (normal) mg/100 g de bebida. As quantidades de ácidos graxos polinsaturados variaram de 10,00 mg (*light*) a 300,00 mg (normal) por 100 g de bebida, tendo como destaque o ácido linoleico (18:2n-6). Os ácidos graxos *trans* identificados e quantificados foram o ácido elaídico (18:1-9*t*) e o CLA (C18:2c9*t*11), variando de 4,13 (*light*) a 80 mg (normal) e 1,07 (*light*) a 10,00 mg (normal) por 100 g de bebida, respectivamente.

Recentemente, Lopes et al. (2011) desenvolveram uma bebida achocolatada adicionada de CLA. Muitas funções fisiológicas no organismo têm sido atribuídas a esse composto, tais como: efeito anticarcinogênico, controle do diabetes, melhora do sistema imunológico, ação do metabolismo dos ossos, redução do nível de lipoproteína de baixa densidade (LDL) e do desenvolvimento de aterosclerose. Além disso, o CLA age como um nutriente distribuidor, reduzindo os depósitos de gordura e aumentando a massa muscular. Como o CLA é um óleo, sua adição em bebidas requer tecnologia apropriada para evitar desestabilização da emulsão, com separação de fases. A Figura 7.11 mostra o fluxograma básico de preparação da bebida láctea achocolatada adicionada de CLA, elaborada a partir de soro de leite em pó, leite em pó desnatado, açúcar, chocolate em pó, amido, conservante e CLA.

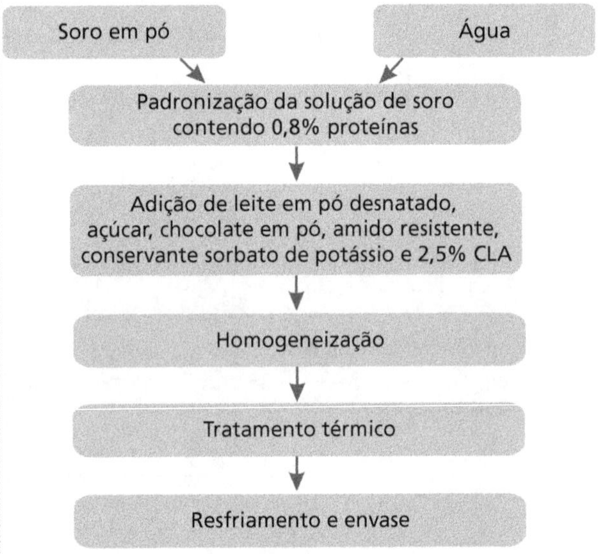

Figura 7.11 Fluxograma básico do processo de fabricação de bebida achocolatada adicionada de CLA.

Fonte: Adaptado de Lopes et al., 2011.

7.5.1.2 *Bebida láctea fortificada com ferro*

Atualmente, a anemia ferropriva é um dos problemas nutricionais de maior magnitude, apesar dos compromissos e esforços das organizações nacionais e internacionais para sua redução. Segundo estimativas da Organização Mundial da Saúde, nos países não industrializados, essa doença atinge cerca de 50% das crianças menores de quatro anos, pois representa um dos grupos mais vulneráveis da população, em decorrência do crescimento acelerado dos tecidos, que impõe maior necessidade orgânica do mineral, aliado ao baixo consumo de ferro (LACERDA et al., 2009).

No Brasil, de acordo com um relatório da divulgado pela Unicef, 45% das crianças brasileiras menores de 5 anos têm anemia causada pela falta de ferro na alimentação. Isto se explica, por que estão em fase de crescimento acelerado e não recebem uma alimentação adequada. Em geral, crianças de 0 a 2 anos, são alimentadas basicamente por leite, fator que inibe a absorção do ferro no organismo. Outro ponto é a ausência de carne, uma das mais importantes fontes do mineral.

O desenvolvimento de bebidas lácteas fortificadas torna-se uma alternativa para o aproveitamento do soro, assim como uma maneira de prevenir distúrbios nutricionais. Os alimentos fortificados com ferro, disponíveis no mercado nacional, não solucionam o problema da subnutrição causada pela deficiência de micronutrientes, pois a maioria são produtos com preços diferenciados, impossibilitando sua aquisição pela população de menor poder aquisitivo. Entretanto, estudos mostraram a possibilidade de usar as bebidas lácteas fortificadas com ferro como alternativa para o combate à anemia ferropriva.

Almeida et al. (1999) desenvolveram uma bebida láctea, à base de soro de queijo, fortificada com ferro e vitaminas A e D, com aroma de morango ou de chocolate, para uso em um programa de intervenção nutricional de tratamento de portadores de anemia ferropriva. Foram avaliados três níveis de concentração de polpa (12, 15 ou 18%) para a bebida sabor morango e dois níveis de açúcar (8 ou 10%) na bebida sabor chocolate. Foi feita a avaliação sensorial (teste de aceitação) das bebidas contendo soro, por provadores não treinados, usando-se um teste de aceitação e fichas contendo a identificação de faixa etária e sexo do provador. Os resultados mostraram maior aceitação para a bebida de sabor morango contendo 15% de polpa e para a bebida sabor chocolate contendo 8% de açúcar.

Lima, Penna e Hoffmann (2002) estudaram diversas formulações para o desenvolvimento de uma bebida de soro de queijo fortificada com ferro. O fluxograma básico do processo de fabricação está ilustrado na Figura 7.12. A variação dos valores de pH das bebidas (3,5 ou 5,5), das concentrações de açúcar de (13 ou 16%) e as diferentes fontes de ferro (sulfato ferroso, ferro amino quelato e ferro amino quelato com vitaminas A e D) não interferiram nas características físico-químicas e na aceitabilidade sensorial, demonstrando que o soro é um veículo alimentar adequado para a suplementação com ferro, podendo ser utilizado em programas de intervenção nutricional para controle da anemia ferropriva. Além disso, a produção industrial da bebida fortificada, realizada na linha de produção do leite pasteurizado, demonstrou ser viável, sem a necessidade de aquisição de novos equipamentos (LIMA et al., 2003).

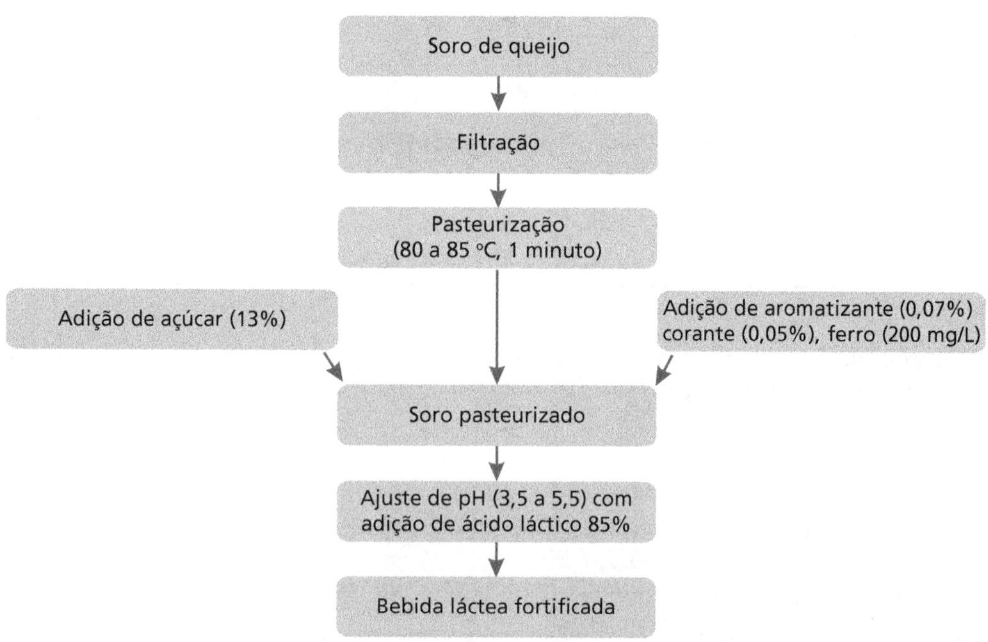

Figura 7.12 Fluxograma de produção da bebida láctea fortificada com ferro.

7.5.2 Bebidas lácteas fermentadas

As bebidas lácteas fermentadas industrializadas são produtos formulados contendo iogurte ou leites fermentados, soro de leite, polpa ou suco de frutas, outras matérias-primas e aditivos permitidos. O produto final deve apresentar os microrganismos de forma viável e abundante. Geralmente, o processo de fabricação é baseado na mistura de soro ao leite antes do processo fermentativo (ver Figura 7.1), ou o soro pasteurizado pode ser adicionado após o término da fermentação, como mostra a Figura 7.13.

As bebidas lácteas fermentadas apresentam baixa acidez e se adaptam bem ao paladar do brasileiro. Além disso, essas bebidas apresentam a vantagem de ter cerca de 30 dias de vida de prateleira.

O uso do soro em bebidas lácteas fermentados é de fundamental importância, em virtude da elevada solubilidade das proteínas do soro em baixo valor de pH. Além disso, as proteínas do soro apresentam propriedades funcionais, tais como solubilidade, capacidade de absorção de água, gelatinização e emulsificação (ver item 7.2.2), importantes para a produção de bebidas lácteas fermentadas. O valor nutricional de leites fermentados é superior ao do leite fresco, em razão do maior conteúdo de vitaminas do complexo B. Os teores de niacina, ácido pantotênico, ácido fólico e vitamina B_{12} são, geralmente, citados como sendo superiores nos diferentes tipos de produtos lácteos fermentados (FERREIRA, 1997).

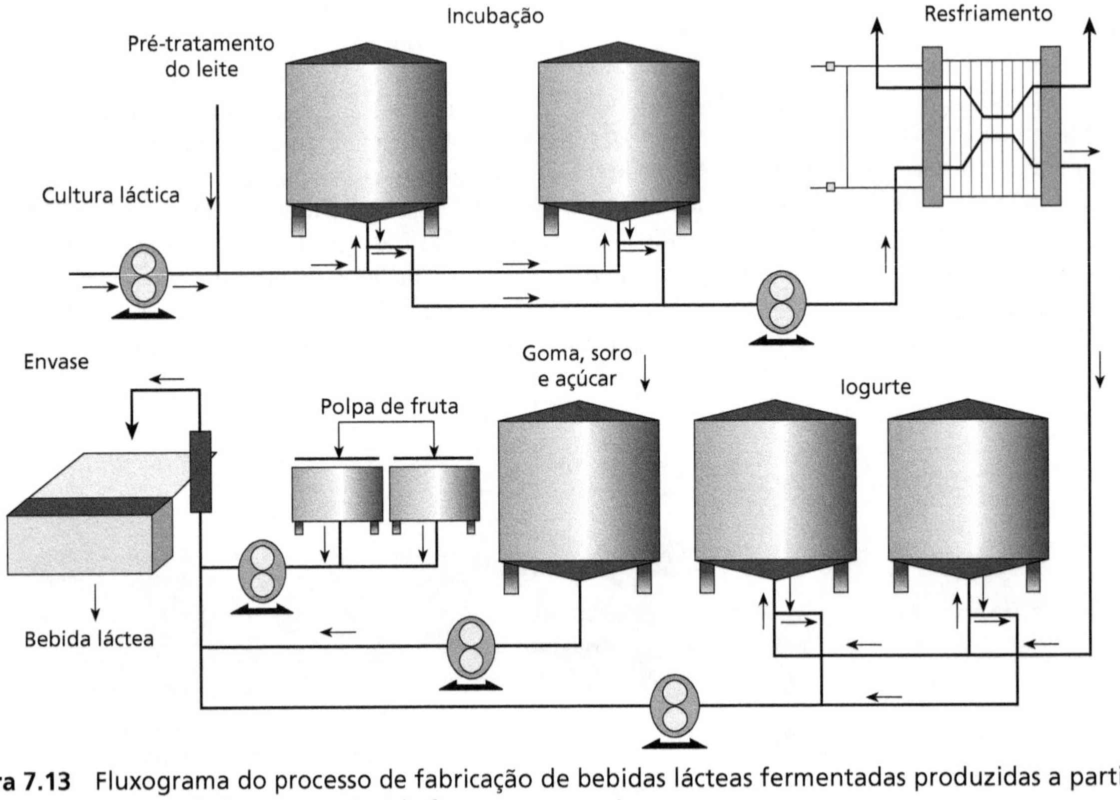

Figura 7.13 Fluxograma do processo de fabricação de bebidas lácteas fermentadas produzidas a partir da mistura de iogurte, polpa de frutas, soro e açúcar.

Em 2011 foram produzidos 867,1 mil toneladas de queijos no país, 9,4% mais que em 2010. Em 2012 a produção de queijos foi de 890 mil toneladas, representando um aumento de cerca de 10% em relação a 2011, e em 2013 deve ultrapassar 1 milhão de toneladas (SCOT CONSULTORIA, 2013). Considerando em média a geração de nove litros de soro por kg de queijo, foram produzidos aproximadamente 7 bilhões de litros de soro de queijo. As indústrias de grande porte o utilizam para a produção de bebidas lácteas e principalmente no enriquecimento de seus próprios produtos, gerando em contrapartida, um bioproduto de interesse econômico. Entretanto, esse tipo de reaproveitamento atinge apenas 15% do total de soro produzido, necessitando de alternativas economicamente viáveis para o reaproveitamento desse subproduto (TONI; IMAMURA; DORTA, 2012). O descarte do soro, além de ser uma prática antieconômica gera um gravíssimo problema de poluição ambiental, uma vez que o soro contribui de maneira significativa para o aumento da demanda bioquímica de oxigênio (DBO) do efluente industrial e, consequentemente, dos rios (VIEIRA, 2000).

7.5.2.1 Bebidas formuladas com leite e soro

A popularidade das bebidas lácteas está crescendo de forma acentuada, tanto por constituir um alimento saudável de alto valor nutritivo, quanto por ser uma bebida refrescante. A tendência ao aumento de consumo para os próximos anos é ainda maior, em virtude do desenvolvimento de novos produtos, com as mais diferentes formulações: adição de sucos ou polpas contendo antioxidantes, minerais, vitaminas ou compostos bioativos.

Na literatura encontramos diversos estudos sobre a fabricação de bebidas à base de soro. Gonçalves et al. (1994) desenvolveram uma bebida láctea com soro de queijo Minas frescal, acrescido de 10% de açúcar refinado e cerca de 2% de uma cultura de *L. delbrueckii* subsp. *bulgaricus* e *S. thermophillus*. As bebidas lácteas foram embaladas e a armazenadas sob refrigeração, durante 30 dias. Foi verificada sua estabilidade por meio de análises físico-químicas e microbiológicas. O pH da bebida pronta foi de 4,29 e a acidez média de 3,82%. Os resultados sensoriais demonstraram o potencial de industrialização desse produto.

Almeida, Bonassi e Roça (2001) elaboraram uma bebida láctea preparada com três concentrações de soro de queijo Minas frescal (30, 40 e 50%), empregando dois tipos de culturas láticas: uma tradicional para iogurte, contendo *S. thermophilus*, *L. delbrueckii* subsp. *lactis* e *L. delbrueckii* subsp. *bulgaricus*, e outra, contendo *L. delbrueckii* subsp. *bulgaricus*, *L. acidophillus*, *Bifidobacterium* e *S. thermophilus*. Foram feitas análises para verificar as características físicas e químicas das bebidas lácteas e sua estabilidade durante 28 dias. O pH das bebidas probióticas (5,07 a 5,14) foi maior que o pH do iogurte tradicional (4,56 a 4,63), pois algumas espécies de *Bifidobacteria* não se desenvolvem em pH entre 4,50 e 5,00. Houve diminuição do teor de gordura e extrato seco à medida que aumentava a proporção de soro em relação ao leite.

Silva et al. (2001) desenvolveram uma bebida láctea fermentada à base de soro de queijo, fortificada com ferro aminoácido quelato, e avaliaram as características físico-químicas, microbiológicas, nutricionais e sensoriais. O produto apresentou-se estável, com elevado valor nutritivo, teor de ferro de 4,1 mg/80 mL (a porção é de 80 mL) e uma média de 78% de aceitação na análise sensorial. Portanto, o produto apresentou-se como um adequado veículo para suplementação com ferro.

Santos e Ferreira (2001) desenvolveram uma bebida láctea fermentada, sabor cravo e canela, a fim de criar alternativas para o aproveitamento do soro pelos laticínios. O produto final apresentou 2% de gordura, acidez titulável de 0,70% e pH 4,25. A acidez do produto, bem como o aroma de cravo e canela, teve elevada aceitação pelos provadores, sendo o produto adequado para ser lançado no mercado pelos pequenos e médios laticínios.

Barbosa et al. (2003) elaboraram uma bebida láctea fermentada, em que ao soro líquido foi adicionada uma mistura composta de estabilizantes, açúcar, soro em pó, cultura lática (*L. delbrueckii* subsp. *bulgaricus* e *S. thermophilus*), polpa e aroma. Os produtos foram submetidos a análises físico-químicas (pH e acidez) e sensoriais. As bebidas apresentaram acidez final variando entre 0,66% e 0,73% de ácido lático e pH entre 4,35 e 3,70. O produto apresentou boas características sensoriais, e recebeu pontuação entre gostei muito e gostei moderadamente (médias entre 7 e 8) na avaliação sensorial.

Thamer e Penna (2005; 2006) estudaram o efeito do teor de soro, açúcar e de frutooligossacarídeos sobre as características físico-químicas e população de bactérias láticas de doze formulações de bebidas fermentadas simbióticas, ou seja, com probióticos e prebióticos. O fluxograma do processo de fabricação está ilustrado na Figura 7.14. Com o aumento dos teores de soro e FOS, houve aumento na população de *Streptococcus thermophilus*, entretanto, o teor de açúcar não teve efeito significativo. As maiores populações de microrganismos probióticos foram observadas nas bebidas com mais baixa acidez e elevado teor de sólidos, além de haver predominância de *Streptococcus thermophilus* sobre os demais microrganismos. As amostras atenderam à legislação brasileira em vigor, independentemente das formulações, pela presença de, no mínimo, 10^6 UFC/mL de bactérias láticas.

Cruz et al. (2009) produziram três formulações de bebidas lácteas sabor acerola, a partir de soro de queijo manteiga. As formulações continham 50% de soro e 50% de suco de acerola, 70% de soro e 30% de suco e 30% de soro e 70% de suco de acerola. Todas as bebidas foram adicionadas de 12% de açúcar e 0,5% de pectina, aquecidas a 85 °C por 10 minutos após o envase em garrafas de 250 mL e armazenadas a 5 °C. A formulação contendo 70% de suco de acerola foi a melhor combinação, com elevado teor de vitamina C e notas médias superiores a 6 (gostei ligeiramente) para todos os atributos avaliados (aparência, aroma, sabor e consistência). Porém, como a formulação que continha 50% de soro também foi bem avaliada sensorialmente, esta foi sugerida como formulação comercial por utilizar maior quantidade de soro de queijo manteiga.

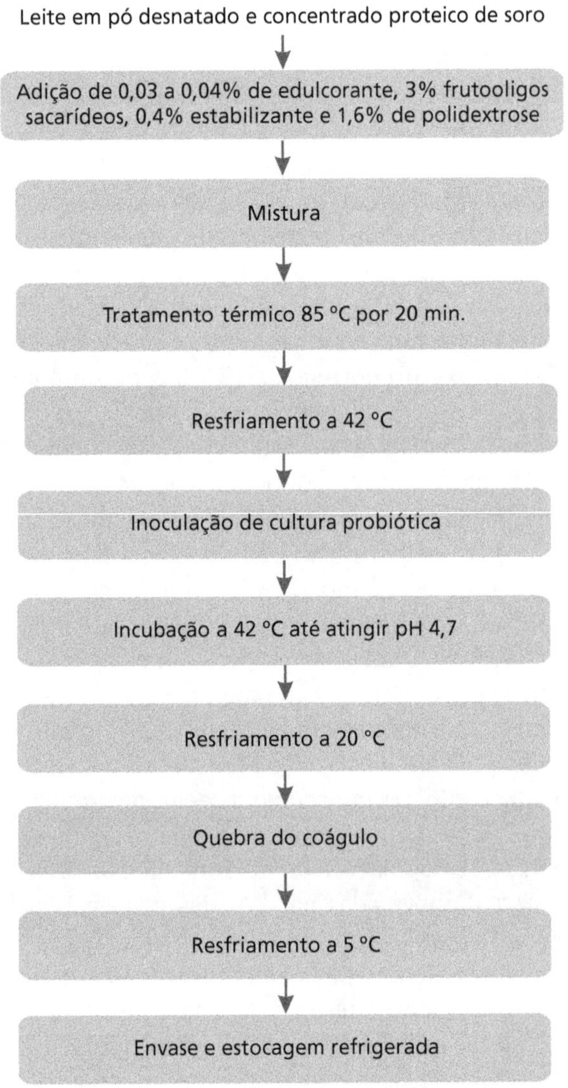

Figura 7.14 Fluxograma do processo de fabricação de bebida láctea simbiótica.

Matos (2009) elaborou seis formulações de bebida láctea com 25% de polpa de graviola, variando a proporção de açúcar (12%, 14% e 16%) e espessante (0,4%, 0,8% e 1,2%). O soro foi utilizado em proporções suficientes para totalizar 100% em cada formulação. Os resultados mostraram que mais de 12% de açúcar nas bebidas diminuiu a preferência pelos consumidores, pois a doçura sobressai ao sabor e aroma da graviola, mas o uso de espessante aumenta a sua preferência. O estudo mostrou que a bebida láctea de graviola é considerada mais nutritiva que a bebida láctea fermentada e o leite fermentado sem adição de frutas, pois apresentou maior fonte de proteínas, carboidratos e minerais, além de mais saudável, em função do menor teor de gordura.

Em pesquisa com o objetivo avaliar o potencial comercial de uma bebida láctea probiótica de soro de queijo e polpa de açaí, Zoellner et al. (2009) verificaram que a bebida láctea controle (sem polpa de açaí) mostrou redução de um ciclo de log na população de *Bifidobacterium longum* Bl-05 e *Lactobacillus acidophilus* La-14, após 21 dias de armazenamento, enquanto a bebida com polpa de açaí apresentou populações significativamente mais elevadas para ambos os microrganismos estudados. A análise sensorial também demonstrou a existência de potencial comercial da bebida probiótica proposta.

Costa et al. (2013) desenvolveram bebidas lácteas com cinco diferentes espessantes/estabilizantes (concentrado proteico de soro, gelatina em pó, goma guar, amido de milho e carboximetilcelulose), em duas concentrações (0,50% e 1,00% em relação à formulação final). As bebidas lácteas fermentadas foram avaliadas quanto a pH, acidez em ácido lático, umidade, cinzas, lipídios, proteína, viscosidade, sinérese, aceitação sensorial (escala hedônica de nove pontos) e contagem de coliformes a 35 °C e 45 °C. Dos tratamentos estudados, aqueles contendo concentrado proteico de soro (1,00%), goma guar (1,00%) e gelatina (0,50%) apresentaram viscosidade/consistência similar/compatível com iogurte e bebidas lácteas fermentadas comerciais e não apresentaram sinérese, após processamento. Sob o ponto de vista microbiológico, todas as amostras estavam aptas para serem consumidas, segundo a legislação vigente. O tratamento com 0,50% de gelatina destacou-se pelos melhores resultados de aceitação para a aparência, aroma, cor e textura.

Bebidas lácteas fermentadas com cepas probióticas de *Lactobacillus acidophilus* e *Bifidobacterium lactis*, contendo diferentes concentrações de soro de leite (0, 20, 35, 50, 65, e 80%), foram elaboradas e avaliadas quanto a pH; proteólise; teores de glicose, lactose, etanol, ácido acético, ácido lático, diacetil e acetaldeído, população dos probióticos, propriedades reológicas e aceitação sensorial. Em geral, as bebidas lácteas elaboradas com diferentes teores de soro de leite exibiram bom potencial como matriz carreadora de bactérias probióticas, com a produção de compostos característicos de produtos lácteos fermentados, tais como produtos voláteis e ácidos orgânicos (CASTRO et al., 2013a). O aumento do teor de soro aumentou a fragilidade da estrutura do gel, provavelmente em função da substituição de caseína por proteínas do soro de leite. O conteúdo de soro também teve um efeito significativo na aceitação das bebidas lácteas probióticas. Bebidas com teor de soro de leite superiores a 65% tiveram menor aceitação pelos consumidores (CASTRO et al., 2013b).

7.5.2.2 *Bebida láctea adicionada de proteínas de soja*

Na literatura estão disponíveis diversas pesquisas envolvendo o uso de soja em bebidas lácteas. Um fluxograma do processo de fabricação de bebidas lácteas com a adição de isolado proteico de soja está ilustrado na Figura 7.15.

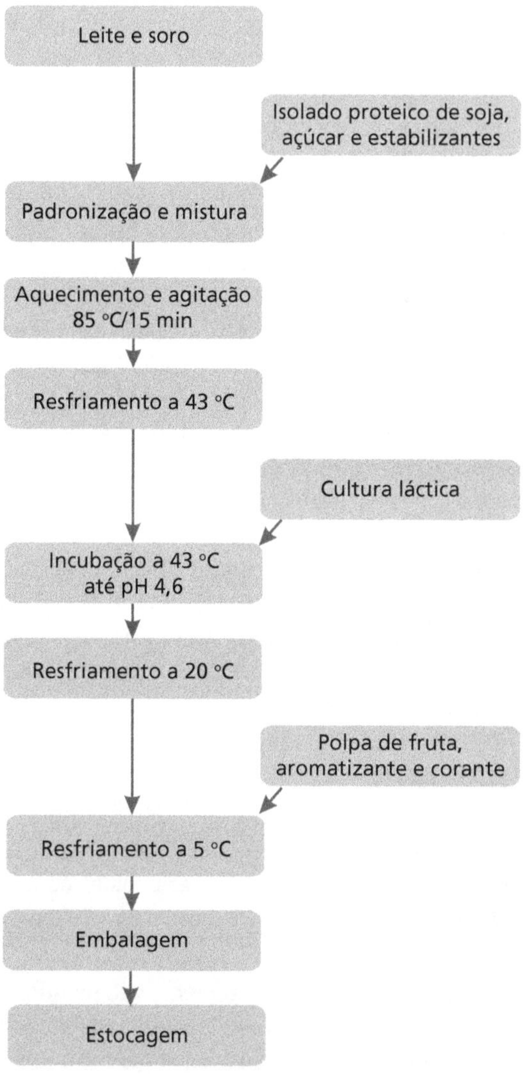

Figura 7.15 Fluxograma básico do processo de fabricação de bebida láctea com proteína de soja.

Nos Estados Unidos, principalmente, é expressivo o emprego de proteína de soja em alguns tipos de bebidas lácteas. Essa tendência é muito promissora em nosso mercado, uma vez que o Brasil é um grande produtor de soja, possibilitando uma ampla variedade de inovações na área de iogurtes. Com seu uso em composição com o soro de leite, é possível desenvolver bebidas nutritivas e com ótimo sabor e textura, além de uma excelente relação custo/benefícios.

Prudêncio et al. (2002) produziram uma bebida a partir de extrato de soja adicionado de antioxidantes e soro de queijo ou água. As bebidas à base de extrato hidrossolúvel de soja apresentaram diferença quanto à preferência dos provadores quando o soro de queijo substituía a água e não entre as amostras adicionadas de antioxidantes (ácido ascórbico e ácido cítrico). Não houve diferença significativa quanto ao tipo de antioxidante utilizado. A adição de ácido cítrico e ascórbico não influenciou o sabor das amostras.

Gomes (2005) estudou o efeito dos teores de soro de leite em pó (3,0, 3,5, 4,0%), leite em pó desnatado (4,0, 5,0, 6,0%) e isolado proteico de soja (1,5, 2,0, 2,5%) na caracterização físico-química, microbiológica, reológica e avaliação sensorial de doze formulações de bebidas lácteas funcionais. O fluxograma de processo está apresentado na Figura 7.15. Os produtos apresentaram características reológicas de fluido não Newtoniano, com a presença de tixotropia. As bebidas lácteas funcionais preparadas contendo 3,0% de soro de leite em pó, 6,0% de leite em pó desnatado e 1,5 ou 2,5% de isolado proteico de soja, respectivamente, obtiveram os maiores valores para os atributos sensoriais ou as maiores populações de microrganismos probióticos.

A adição de proteínas de soja ao leite também pode reduzir o tempo de fermentação. Zare et al. (2012) adicionaram proteína de soja concentrada e farinha de soja ao leite e verificaram se esses ingredientes aumentaram a capacidade acidificante dos microrganismos da cultura tradicional do iogurte e dos probióticos *L. rhamnosus* AD200 e *L. acidophilus* AD200 durante a fermentação do leite. Esse trabalho mostra a viabilidade de incorporação de proteínas de soja à bebida láctea, que pode ser explorada pela indústria de alimentos, contribuindo para a formulação de um produto com propriedades benéficas adicionais.

Em virtude do aumento da produção de soja a partir de sementes geneticamente modificadas, produtos elaborados com soja passaram a receber atenção especial. No Brasil, o Decreto 4680 de 24 de abril de 2003 (BRASIL, 2003c) estabelece que alimentos e ingredientes alimentares que contenham mais de 1% de organismo geneticamente modificado (OGM) no produto deverão dispor de informação sobre a natureza da transgenia desse produto. No Japão foi estabelecido o nível de 5%, na China, o limite estabelecido foi de 1% e em Hong Kong 5% e na União Europeia está em vigor legislação determinando que alimentos contendo uma porcentagem superior a 0,9% de organismos geneticamente modificados devem ser rotulados. Em outros países, como Rússia, Argentina, Canadá e África do Sul, a rotulagem dos produtos transgênicos é voluntária. Os Estados Unidos consideram que o DNA recombinante não apresenta um risco inerente e que a regulamentação deve concentrar-se sobre os riscos dos produtos, e não sobre os processos utilizados para desenvolvê-los; portanto os produtos de DNA recombinantes não precisariam de nenhuma regulamentação nova ou especial. Em vez disso, a atual legislação e os regulamentos concebidos para os produtos atuais poderiam ser adaptados para lidar com produtos da biotecnologia. As agências reguladoras também reconheceram o conceito de que os organismos geneticamente modificados (GM) não apresentam maior risco intrínseco do que os não GM (COSTA; MARIN, 2011). À medida que a discussão sobre as questões de comércio internacional relacionadas à biotecnologia se intensifica, observa-se a crescente necessidade de se distinguir alimentos geneticamente modificados daqueles que não foram geneticamente modificados. Em vários países, a legislação para a rotulagem de alimentos estabelece limites permissíveis de organismos GM, os chamados *threshold levels*. Assim, alimentos que contêm ingredientes GM em níveis superiores ao limite devem ser rotulados como "geneticamente modificados" (NUTTI, 2002).

7.6 TENDÊNCIAS DE PRODUÇÃO E CONSUMO

A busca pela qualidade de vida tem levado um número cada vez maior de consumidores a modificar seus conceitos de nutrição e seus hábitos alimentares. Embora possuam um restrito conhecimento sobre a Ciência da Nutrição, suas preocupações com este assunto e sua relação com a saúde aumentou consideravelmente durante a última década.

A possibilidade do uso dos alimentos como veículos de promoção de bem-estar e saúde, e, ao mesmo tempo, como redutores dos riscos de algumas doenças, tem incentivado as pesquisas de novos componentes naturais e o desenvolvimento de novos ingredientes, possibilitando a inovação em produtos alimentícios e a criação de novos nichos de mercado.

Diante desta realidade e perspectivas de crescimento de mercado, as indústrias lácteas podem buscar alternativas como o desenvolvimento de produtos com baixas calorias (com a redução simultânea ou isolada do teor de gordura ou açúcar) e de produtos funcionais. No caso dos produtos de baixas calorias, o açúcar e a gordura têm sido substituídos por estabilizantes à base de gomas, proteínas do soro ou agentes edulcorantes entre outros, com o objetivo de prevenir a sinérese, melhorar a consistência, aumentar a vida de prateleira e também agregar valor nutricional. No caso dos produtos funcionais, observa-se o desenvolvimento de diversos produtos, com o emprego de culturas probióticas para as bebidas lácteas fermentadas ou adição de compostos bioativos, tais como ácidos graxos, peptídeos, fitoesteróis, para a obtenção das bebidas lácteas funcionais não fermentadas.

Além disso, ocorrem alterações substanciais nas escolhas e preferências do consumidor, em pequenos intervalos de tempo, em função dos amplos e complexos movimentos econômicos, sociais, culturais e políticos, que resultam em constante influência na vida das pessoas. Com base em uma análise de relatórios estratégicos produzidos por institutos de referência, o Brasil Food Trends 2020 aponta que as recentes exigências e tendências dos consumidores mundiais de alimentos estão agrupadas em cinco categorias: sensorialidade e prazer, conveniência e praticidade, qualidade e confiabilidade, saudabilidade e bem-estar, além de sustentabilidade e ética (FIESP – ITAL, 2010). Estas informações são altamente estratégicas para as empresas competitivas que buscam o pioneirismo e a inovação no desenvolvimento de seus produtos.

BIBLIOGRAFIA

ABIR – Associação Brasileira das Indústrias de Refrigerantes e de Bebidas Não Alcoólicas. ABIR – BNA Brasil Relatório 2011. **Consumo de todas as bebidas comerciais 2005-2010.** Disponível em: <www.bir.org.br>. Acesso em 14 out. 2012.

ACNIELSEN. Os produtos mais quentes do mundo. Informações sobre o crescimento de alimentos e bebidas. 2004. Disponível em: <http://br.acnielsen.com/reports/reportesejecutivosglobales.shtml>. Acesso em: 06 dez. 2006.

ALAIS, C. **Ciência de la leche.** Barcelona: Editorial Reverté, 1985. p. 243-250.

ALBUQUERQUE, C. M.; NIKAEDO, P. L.; PENNA, A. L. B. Avaliação de bebidas lácteas achocolatadas comerciais. In: COLÓQUIO DE INCENTIVO À PESQUISA, 26., 1999, São José do Rio Preto. Livro de Resumos. São José do Rio Preto: Ibilce – Unesp, 1999.

ALBUQUERQUE, C. M.; NIKAEDO, P. L.; PENNA, A. L. B. Efeito do uso de concentrado protéico de soro (CPS) e de carragena nas características físicas e sensoriais de bebidas lácteas achocolatadas. In: CONGRESSO BRASILEIRO DE CIÊNCIA E TECNOLOGIA DE ALIMENTOS, 27., 2000, Fortaleza. Livro de resumos. Fortaleza: Universidade Federal do Ceará, 2000. p. 6.168.

ALMEIDA, K. E.; BONASSI, I. A. ROÇA, R. O. Características físicas e químicas de bebidas lácteas fermentadas e preparadas com soro de queijo minas frescal. **Ciência e Tecnologia de Alimentos**, Campinas, v. 21, n. 2, p. 187-192, 2001.

ALMEIDA, K. E.; BONASSI, I. A.; ROÇA, R. O. Avaliação sensorial de bebida láctea preparada com diferentes teores de soro, utilizando-se dois tipos de cultura láctea. **Revista do Instituto de Laticínios Cândido Tostes**, Juiz de Fora, v. 55, n. 315, p. 7-13, 2000.

ALMEIDA, K. E.; TAMIME, A. Y.; OLIVEIRA, M. N. Influence of total solids contents of milk whey on the acidifying profile and viability of various lactic acid bacteria. LWT – Food Science and Technology, v. 42, n. 2, p. 672-678, 2009.

ALMEIDA, L. B. et al. Bebida láctea fortificada com ferro e vitaminas A e D. **Revista do Instituto de Laticínios Cândido Tostes**, Juiz de Fora, v. 54, n. 309, p. 125-128, 1999.

BARBOSA, I. N. et al. O aproveitamento do soro na elaboração de bebidas fermentadas. **Revista do Instituto de Laticínios Cândido Tostes**, Juiz de Fora, v. 58, n. 392, p. 194-197, 2003.

BARŁOWSKA, J. et al. Nutritional value and technological suitability of milk from various animal species used for dairy production. **Comprehensive Reviews in Food Science and Food Safety**, v. 10, n. 6, p. 291-302, 2011.

BEARD, B. M.; SHELDON, B. W.; FOEGEDING, P. M. Thermal resistance of bacterial spores in milk-based beverages supplemented with nisin. **Journal of Food Protection**, Des Moines, v. 62, n. 5, p. 484-491, 1999.

BEDANI, R. et al. Incorporation of soybean by-product okara and inulin in a probiotic soy yoghurt: texture profile and sensory acceptance. **Journal of the Science of Food and Agriculture**, London, v. 94, n. 1, p. 119-125, 2014.

BEHESHTIPOUR, H. et al. Supplementation of *Spirulina platensis* and *Chlorella vulgaris* algae into probiotic fermented milks. **Comprehensive Reviews in Food Science and Food Safety**, v. 12, n. 2, p. 144-154, 2013.

BENEZECH, T.; MAINGONNAT, J. F. Characterization of the rheological properties of yoghurt: a review. **Journal of Food Engineering**, New York, v. 21, n. 4, p. 447-472, 1994.

BRASIL. Agência Nacional de Vigilância Sanitária. Resolução n. 18, de 30 de abril de 1999. Aprova o regulamento técnico que estabelece as diretrizes básicas para análise e comprovação de propriedades funcionais e ou de saúde alegadas em rotulagem de alimentos. **Diário Oficial da República Federativa do Brasil**, Brasília, DF, 03 nov. 1999b.

BRASIL. Agência Nacional de Vigilância Sanitária. **Alimentos com alegações de propriedades funcionais e ou de saúde, novos alimentos/ingredientes, substâncias bioativas e probióticos**: lista de alegações de propriedade funcional aprovadas. Brasília, DF, atualizado em julho 2008a. Disponível em: <http://www.anvisa.gov.br/alimentos/comissoes/tecno_lista_alega.htm >. Acesso em: out. 2013.

BRASIL. Agência Nacional de Vigilância Sanitária. Ministério da Saúde. Portaria 540 de 27 de outubro de 1997. Aprova o Regulamento Técnico: Aditivos Alimentares – definições, classificação e emprego. **Diário Oficial da República Federativa do Brasil**, Brasília, DF 28 out. 1997.

BRASIL. Agência Nacional de Vigilância Sanitária. Portaria n. 398, de 30 de abril de 1999. Regulamento técnico que estabelece as diretrizes básicas para análise e comprovação de propriedades funcionais e ou de saúde alegadas em rotulagem de alimentos. **Diário Oficial da República Federativa do Brasil**, Brasília, DF, 03 maio 1999a.

BRASIL. Agência Nacional de Vigilância Sanitária. Portaria n. 540, de 27 de outubro de 1997. Aditivos alimentares. **Diário Oficial da República Federativa do Brasil**, Brasília, DF, 28 de outubro de 1997. Disponível em: <http://www.anvisa.gov.br/e-legis/>. Acesso em: 03 jun. 2007.

BRASIL. Agência Nacional de Vigilância Sanitária. Resolução n. 19, de 30 de abril de 1999. Aprova o regulamento técnico de procedimentos para registro de alimento com alegação de propriedades funcionais e ou de saúde em sua rotulagem. **Diário Oficial da República Federativa do Brasil**, Brasília, DF, 10 dez. 1999c.

BRASIL. Agência Nacional de Vigilância Sanitária. Resolução RDC n. 2, de 7 de janeiro de 2002. Regulamento técnico de substâncias bioativas e probióticos isolados com alegação de propriedades funcional e ou de saúde. **Diário Oficial da República Federativa do Brasil**, Brasília, DF, 09 jan. 2002. Disponível em: <http://www.anvisa.gov.br/e-legis/>. Acesso em: 03 jun. 2007.

BRASIL. Agência Nacional de Vigilância Sanitária. Resolução RDC n. 45, de 03 de novembro de 2010. Dispõe sobre aditivos alimentares autorizados para uso segundo as Boas Práticas de Fabricação (BPF). **Diário Oficial da República Federativa do Brasil**, Brasília, DF. 03 nov. 2010.

BRASIL. Agência Nacional de Vigilância Sanitária. Resolução RDC n. 12, de 2 de janeiro de 2001. Aprova o Regulamento técnico sobre padrões microbiológicos para alimentos. **Diário Oficial da República Federativa do Brasil**, Brasília, DF, 10 jan. 2001. Disponível em: <http://www.anvisa.gov.br/e-legis/>. Acesso em: 03 jun. 2007.

BRASIL. Agência Nacional de Vigilância Sanitária. Resolução RDC n. 18, de 24 de março de 2008. Dispõe sobre o "Regulamento Técnico que autoriza o uso de aditivos edulcorantes em alimentos, com seus respectivos limites máximos". **Diário Oficial da República Federativa do Brasil**, Brasília, DF, 25 mar. 2008b.

BRASIL. Agência Nacional de Vigilância Sanitária. Resolução RDC n. 348, de 2 de dezembro de 2003. Aprova de forma complementar ao Anexo da Resolução CNNPA n. 24 de 1976, a utilização de enzimas na indústria de alimentos. **Diário Oficial da República Federativa do Brasil**, Brasília, DF, 3 dez. 2003a. Disponível em: <http://www.anvisa.gov.br/e-legis/>. Acesso em: 03 jun. 2007.

BRASIL. Decreto n. 4680, de 24 de abril de 2003. Regulamenta o direito à informação, assegurado pela Lei n. 8.078, de 11 de setembro de 1990, quanto aos alimentos e ingredientes alimentares destinados ao consumo humano ou animal que contenham ou sejam produzidos a partir de organismos geneticamente modificados, sem prejuízo do cumprimento das demais normas aplicáveis. **Diário Oficial da República Federativa do Brasil**, Brasília, DF, 28 abr. 2003c. Seção 1, p. 1.

BRASIL. Ministério da Agricultura, Pecuária e Abastecimento. Instrução Normativa n. 62, de 29 de dezembro de 2011. Altera a Instrução Normativa n. 51/2002. **Diário Oficial da República Federativa do Brasil**, Poder Executivo, Brasília, DF, 30/12/2011 – Seção 1.

BRASIL. Ministério da Agricultura, Pecuária e Abastecimento. Instrução Normativa n. 62, de 26 de agosto de 2003. Oficializa os métodos analíticos oficiais para análises microbiológicas para controle de produtos de origem animal e água. **Diário Oficial da República Federativa do Brasil**, Poder Executivo, Brasília, DF, 26 ago. 2003b. Seção 1, p. 14.

BRASIL. Ministério da Agricultura, Pecuária e Abastecimento. Instrução Normativa 16, de 23 de agosto de 2005. Regulamento Técnico de Identidade e Qualidade de Bebida Láctea. **Diário Oficial da República Federativa do Brasil**, Brasília, DF, 24 ago. 2005. Seção 1, p. 7.

BROADBENT, J. R.; STEELE, J. L. Cheese flavor and the genomics of lactic acid bacteria. **American Society for Microbiology News**, Washington, v. 71, n. 3, p. 121-128, 2005.

BYLUND, G. **Dairy processing handbook**. Lund: Tetra Pak Processing Systems AB, 1995. 436 p.

CALDEIRA, L. A. et al. Desenvolvimento de bebida láctea sabor morango utilizando diferentes níveis de iogurte e soro lácteo obtidos com leite de búfala **Ciência Rural**, Santa Maria, v. 40, n. 10, p. 2193-2198, 2010.

CARVALHO, G. R. **A Indústria de laticínios no Brasil: passado, presente e futuro**. Circular Técnica 102. Juiz de Fora: Embrapa, 2010. 12p.

CASTRO, W. F. et al. Development of probiotic dairy beverages: Rheological properties and application of mathematical models in sensory evaluation. **Journal of Dairy Science**, Champaign, v. 96, n. 1, p. 16-25, 2013b.

CASTRO, W. F. et al. Short communication: Effects of different whey concentrations on physicochemical characteristics and viable counts of starter bacteria in dairy beverage supplemented with probiotics. **Journal of Dairy Science**, Champaign, v. 96, n. 1, p. 96-100, 2013a.

CEPEA. Centro de estudos avançados em economia aplicada. Perspectivas para o agronegócio em 2015. Disponível em: <http://www.cepea.esalq.usp.br/comunicacao/Cepea_Perspectivas%20Agroneg2015_relatorio.pdf>. Acesso em: 18 ago. 2015.

CHAVES, A. C. S. D. **Engenharia metabólica de *Streptococcus thermophilus* para produção de acetaldeído (via treonina aldolase) em leites fermentados**. 2000. 123f. Dissertação (Doutorado em Tecnologia de Alimentos) – Faculdade de Engenharia de Alimentos, Universidade de Campinas, Campinas, 2000.

CHERIGUENE, A. et al. Enumeration and identification of lactic microflora in Algerian goats' milk. **African Journal of Biotechnology**, Abraka, v. 6, n. 15, p. 1854-1861, 2007.

COMINETTI, C.; BORTOLI, M. C.; COZZOLINO, S. M. F. Leite: fonte de proteínas, minerais e vitaminas. In: ANTUNES, A. E. C.; PACHECO, M. T. B. **Leite para adultos**: mitos e fatos frente à ciência. São Paulo: Varela, 2009. 457p.

CONSUMIDOR MODERNO. Metade dos brasileiros consomem bebidas lácteas, aponta estudo. Disponível em: <http://consumidormoderno.uol.com.br/pesquisas/metade-dos-brasileiros-consomem-bebidas-lacteas-aponta-estudo>. Acesso em: 08 dez. 2010.

COSTA, A. V. S. et al. Desenvolvimento e caracterização físico-química, microbiológica e sensorial de bebida láctea fermentada elaborada com diferentes estabilizantes/espessantes. **Semina: Ciências Agrárias**, Londrina, v. 34, n. 1, p. 209-226, 2013.

COSTA, T. E. M. M.; MARIN, V. A. Rotulagem de alimentos que contém organismos geneticamente modificados: políticas internacionais e legislação no Brasil. **Ciência & Saúde Coletiva**, Rio de Janeiro, v. 16, n. 8, p. 3571-3582, 2011.

CRUZ, A. G. et al. Probiotic yogurts manufactured with increased glucose oxidase levels: postacidification, proteolytic patterns, survival of probiotic microorganisms, production of organic acid and aroma compounds. **Journal of Dairy Science**, v. 95, n. 5, p. 2261-9, 2012.

CRUZ, A. G. et al. Milk drink using whey butter cheese (queijo manteiga) and acerola juice as a potencial source of vitamin C. **Food and Bioprocess Technology**, v. 2, n. 4, p. 368-373, 2009.

DE DEA LINDNER, PENNA, A. L; B.; DEMIATE, I. M.; YAMAGUISHI, C. T.; PRADO, M. R. M.; PARADA, J. L. Fermented foods and human health. Benefits of fermented functional foods. In: SOCCOL, C. R.; PANDEY, A.; LARROCHE, C. **Fermentation Process Engineering in the Food Industry**. Boca Raton: CRC Press, 2013. 486 p.

EL-SALAM, M. H. A.; EL-SHIBINY, S.; SALEM, A. Factors affecting the functional properties of whey protein products: A Review. **Food Reviews International**, New York, v. 25, p. 251-270, 2009.

ESPIRITO SANTO, A. P. et al. Fibers from fruit by-products enhance probiotic viability and fatty acid profile and increase CLA content in yoghurts. **International Journal of Food Microbiology**, v. 154, n. 3, p. 135-144, 2012.

FAZIO, M. L. S. et al. Qualidade microbiológica de bebidas lácteas – sabor morango. In: CONGRESSO DE INICIAÇÃO CIENTÍFICA DA UNESP, 11., **Anais**. Jaboticabal: Unesp, 1997.

FAO/WHO – Food and Agriculture Organization/World Health Organization. **Guidelines for the evaluation of probiotics in food.** Report of a joint FAO/WHO working group on drafting guidelines for the evaluation of probiotics in food. London; Ontário, 2002.

FERREIRA, A. C. Evolução e realidade da indústria de laticínios no Brasil. **Revista Leite e Derivados**, São Paulo, v. 12, n. 74, p. 80-82, 2003.

FERREIRA, A. C. Tendências mercadológicas de produtos lácteos fermentados e bebidas lácteas. In: LERAYER, A. L. S., SALVA, T. J. G. (Coord.). **Leites fermentados e bebidas láticas**. Campinas: Ital, 1997, p. 21-40.

FERREIRA, C. L. L. F. Microrganismos probióticos e de ação probiótica. **Leite & Derivados**, São Paulo, ano XVII, n. 103, p. 17-20, 2008.

FERREIRA, C. L. L. F. **Produtos lácteos fermentados**: aspectos bioquímicos e tecnológicos. Viçosa, Universidade Federal de Viçosa, 2001.112p.

FIESP – ITAL. **Brasil Food Trends 2020**. São Paulo: Gráfica Ideal. 2010. 176p.

FIGUEIREDO JÚNIOR, I. Açúcar e gordura: substitutos à altura. **Engenharia de Alimentos**, São Paulo, n. 14, p. 18-23, 1997.

FLORENCE, A. C. R. et al. Fatty acid profile, trans-octadecenoic, a-linolenic and conjugated linoleic acid contents differing in certified organic and conventional probiotic fermented milks. **Food Chemistry**, London, v. 135, p. 2207-2214, 2012b.

FLORENCE, A. C. R. et al. Organic milk improves *Bifidobacterium lactis* counts and bioactive fatty acids contents in fermented milk. **LWT – Food Science and Technology**, London, v. 49, p. 89-95, 2012a.

FOOD INGREDIENTS BRASIL. **News & Trends:** bebidas lácteas são consumidas por quase metade dos brasileiro, n. 16, p. 8, 2011. Disponível em: <http://www.revista-fi.com/materias/162.pdf>. Acesso em: 03 nov. 2013.

FORSYTHE, S. J. **Microbiologia da segurança alimentar**. Porto Alegre: Artmed, 2002. 424p.

FULL, N. A. et al. Physical and sensory properties of milk chocolate formulated with anhydrous milk fat frations. **Journal of Food Science**, Chicago, v. 61, n. 5, p. 1068-1072, 1996.

GENOVESE, M. I.; LAJOLO, F. Atividades inibitória de tripsina em produtos derivados de soja (*Glycine max*) consumidos no Brasil. **Ciência e Tecnologia de Alimentos**, Campinas, v. 8, n. 3, p. 18-26, 1998.

GERMANO, P. M. L.; GERMANO, M. I. S. Higiene e vigilância sanitária de alimentos. 4. ed. São Paulo: Manole, 2011. 1034p.

GIL-IZQUIERDO, A. et al. Soy isoflavones and cardiovascular disease epidemiological, clinical and omics perspectives. **Current Pharmaceutical Biotechnology**, Chennai, v. 13, p. 624-631, 2012.

GOMES, R. G. **Efeitos dos teores de leite, soro e proteínas de soja nas características físico-quimicas, microbiológicas, reológicas e sensoriais de bebidas lácteas probióticas**. 2005. 159f. Dissertação (Mestrado em Engenharia e Ciência de Alimentos) – Instituto de Biociências, Letras e Ciências Exatas, Universidade Estadual Paulista, São José do Rio Preto, 2005.

GONÇALVES, E. B. et al. Elaboração de bebidas lácteas a partir do soro de queijo minas frescal. In: **CONGRESSO BRASILEIRO DE CIÊNCIAS E TECNOLOGIA DE ALIMENTOS**, 14., 1994, [S.l.]. 90 p., 1994.

IEA. Instituto de economia agrícola. **Mercado de lácteos em 2014 e perspectivas para 2015**. Disponível em: <http://www.iea.sp.gov.br/out/LerTexto.php?codTexto=13604>. Acesso em: 18 ago. 2015.

JARDIM, F. B. B. et al. Desenvolvimento de bebida láctea carbonatada. **Alimentos e Nutrição**, Araraquara, v. 23, n. 2, p. 275-286, 2012.

KALAB, M.; ALLAN-WOJTAS, P.; PHIPPS-TODD, B. E. Development of microstructure in set-style nonfat yogurt – a review. **Food Microstructure**, Chicago, v. 2, n. 1, p. 51-66, 1983.

KLEIN, K. L.; RICHARDS, N. S. P. S. Elaboração de iogurte sabor morango utilizando leite em pó, soro de leite e whey protein concentrate (WPC-35%) e uma bebida fermentada à base de extrato aquoso de soja (P30): Parte I: Avaliação físico-químicas e sensoriais. **Revista do Instituto de Laticínios Cândido Tostes**, Juiz de Fora, v. 58, n. 333, p. 171-174, 2003.

LACERDA, A. P. F. et al. Anemia ferropriva em crianças. **Revista Rede de Cuidados em Saúde**. Rio de janeiro, v. 3, n. 3, p. 1-13, 2009.

LIMA, S. M. C. G. et al. Iron fortification of lactic beverages based on whey. In: 2003 IFT Annual Meeting, 2003, Chicago. **Book of abstracts**. v. 1. Chicago: Institute of Food Technologists, 2003. p. 21-21.

LIMA, S. M. C. G.; MADUREIRA, F. C. P.; PENNA, A. L. B. Bebida láctea: nutritiva e refrescante. **Revista Milkbizz Tecnologia Temático Laticínios**, São Paulo, n. 3, p. 4-11, 2002.

LIMA, S. M. C. G; PENNA, A. L. B.; HOFFMANN, F. L. Desenvolvimento de uma bebida de soro de queijo, fortificada com ferro. **Revista do Instituto de Laticínios Candido Tostes**, Juiz de Fora, v. 57, n. 327, p. 196-198, 2002.

LOPES, D. C. F. et al. Evaluation of conjugated linoleic acid addition to a chocolate milk drink. **International Journal of Food Engineering**, Rowland Heights, v. 7, n. 2, p. 2011.

LOURENS-HATTINGH, A.; VILJOEN, B. C. Yogurt as probiotic carrier food. **International Dairy Journal**, Barking, v. 11, n. 1/2, p. 1-17, 2001.

LUIZ, L. M. P. **Avaliação do envase à quente de uma bebida láctea na conservação a temperatura ambiente**. 2008. 70f. Dissertação (Mestrado) – Programa de Pós-Graduação em Ciência e Tecnologia de Alimentos, Universidade Federal de Viçosa, Viçosa, 2008.

MADUREIRA, F. C. P.; PENNA, A. L. B. Influência dos teores de soro, sacarose e oligofrutose nas características microbiológicas e sensoriais de bebidas lácteas funcionais. **Revista do Instituto de Laticínios Cândido Tostes**, Juiz de Fora, v. 59, n. 339, p. 375-378, 2004.

MATEOS-APARICIO, I. et al. Multifunctional antioxidant activity of polysaccharide fractions from the soybean by-product okara. **Carbohydrate Polymers**, Barking, v. 82, n. 2, p. 245-250, 2010.

MATOS, R. A. **Desenvolvimento e mapa de preferência externo de bebida láctea à base de soro e polpa de graviola (*Annona muricata*)**. 2009. 79f. Dissertação (Mestrado em Engenharia de Processos de Alimentos) – Curso de Pós-graduação em Engenharia de Alimentos, Universidade Estadual do Sudoeste da Bahia, BA, 2009.

MERCÊS, E. S.; PINHO, M. C.; SIQUEIRA, K. B. Análise do comércio de lácteos do Brasil com Argentina e Uruguai. **Panorama do leite**, Juiz de Fora, v. 6, n. 70, 2012.

MILKPOINT. **Convergência de "mega-tendência" unirá refrigerantes a lácteos em 2012, diz Rabobank.** Fev. 2012. Disponível em: <http://www.milkpoint.com.br/cadeia-do-leite/giro-lacteo/convergencia-de-megatendencia-unira-refrigerantes-a-lacteos-em-2012-diz-rabobank-78011n.aspx>. Acesso em: 03 nov. 2013.

MILKPOINT. **Produção de leite no Brasil deve ser de 37 bilhões de litros em 2014**. 2013. Disponível em: <http://www.milkpoint.com.br/cadeia-do-leite/giro-lacteo/producao-de-leite-no-brasil-deve-ser-de-37-bilhoes-de-litros-em-2014-86951n.aspx>. Acesso em: 18 ago. 2015.

MILKPOINT. **Rabobank revela perspectiva para o leite e agronegócio brasileiro em 2015**. 2015. Disponível em: <http://www.milkpoint.com.br/industria/cadeia-do-leite/giro-de-noticias/rabobank-revela-perspectiva-para-o-leite-e-agronegócio-brasileiro-em-2015-92937n.aspx>. Acesso em: 18 ago. 2015.

MOHAMMADI, R.; SOHRABVANDI, S.; MORTAZAVIAN, A. M. The starter culture characteristics of probiotic microorganisms in fermented milks. **Engineering in Life Sciences**, Weinheim, v. 12, n. 4, p. 399-409, 2012.

MOTTAR, J. et al. Effect of heat-induced association of whey proteins and casein micelles on yogurt texture. **Journal of Dairy Science**, Champaign, v. 72, n. 9, p. 2247-2256, 1989.

NADEEM, M.; ABDULLAH, M.; HUSSAIN, I. Improvement of the oxidative stability of butter oil by blending with *Moringa oleifera* oil. **Journal of Food Processing and Preservation**, Westport. v. 38, n. 4, p. 1491-1500, 2014.

NEWTON, A. E. et al. The role of the Maillard reaction in the formation of flavour compounds in dairy products – not only a deleterious reaction but also a rich source of flavour compounds. **Food & Function**, Cambridge, v. 3, n. 12, p. 1231-1241, 2012.

NUTTI, M. R. Rotulagem de alimentos geneticamente modificados: situação no Brasil e no mundo. In: SEMINÁRIO NOVOS ASPECTOS DE LEGISLAÇÃO SOBRE ROTULAGEM DE ALIMENTOS FUNCIONAIS, TRANSGÊNICOS, MEIO AMBIENTE E COMÉRCIO EXTERIOR, 2002, Campinas. Instituto de Tecnologia de Alimentos, Campinas, 2002, p. 19-37.

OLIVEIRA, M. N. Probióticos: seus benefícios à saúde humana. **Revista Nutrição em Pauta**, São Paulo, v. 7, n. 87, p. 1-6, 2007.

OLIVEIRA, V. M. **Formulação de bebida láctea fermentada com diferentes concentrações de soro de queijo, enriquecida com ferro: caracterização físico-química, análises bacteriológicas e sensoriais**. 2006. 78f. Dissertação

(Mestrado) – Programa de Pós-graduação em Medicina Veterinária, Universidade Federal Fluminense, Rio de Janeiro, 2006.

OLSON, D. W.; ARYANA, K. J. An excessively high *Lactobacillus acidophilus* inoculation level in yogurt lowers product quality during storage. **LWT – Food Science and Technology**, London, v. 41, n. 5, p. 911-918, 2008.

PARNELL-CLUNIES, E. M. et al. Physical properties of yogurt – A comparison of vat versus continuous heating systems of milk. **Journal of Dairy Science**, Champaign, v. 69, n. 10, p. 2593-2603, 1986.

PRUDÊNCIO, E. et al. Elaboração de uma bebida a partir de extrato de soja (*Glycine Max*) adicionada de soro de queijo e antioxidantes. In: CONGRESSO BRASILEIRO DE CIÊNCIA E TECNOLOGIA DE ALIMENTOS, 18., 2002, Porto Alegre. **Anais**... Porto Alegre: SBCTA, 2002. p. 3055-3058.

RAMCHANDRAN, L.; SHAH, N. P. Characterization of functional, biochemical and textural properties of synbiotic low-fat yogurts during refrigerated storage. **LWT – Food Science and Technology**, London, v. 43, n. 5, p. 819-827, 2010.

RAMIREZ-ORTIZ, M. E.; MARTÍN-MARTÍNEZ, E. S.; MARTÍNEZ PADILLA, L. P. Rheological and thermal properties of extruded mixtures of rice starch and isolated soy protein. **Starch/Stärke**, Weinheim, v. 60, p. 577-587, 2008.

REIS, J. A. **Bebidas lácteas fermentadas: evolução da microbiota durante a fabricação, identificação de fungos leveduriformes e ação de culturas probióticas sobre os leveduriformes.** 2012. 163 f. Tese (Doutorado) – Programa de Pós-Graduação em Engenharia e Ciência de Alimentos, Instituto de Biociências, Letras e Ciências Exatas, Universidade Estadual Paulista, São José do Rio Preto, 2012.

REIS, J. A. **Qualidade microbiológica e ocorrência de leveduras em bebidas lácteas fermentadas, adição de polpas de frutas, comercializadas na região de São José do Rio Preto – SP.** 2008. 95f. Dissertação (Mestrado) – Programa de Pós-Graduação em Engenharia e Ciência de Alimentos, Instituto de Biociências, Letras e Ciências Exatas, Universidade Estadual Paulista, São José do Rio Preto, 2008.

REIS, J. A. et al. **Probióticos e seus efeitos terapêuticos na saúde humana**. São José do Rio Preto: Cultura Acadêmica Editora. 2011. 96p.

REIS, J. A. et al. Qualidade microbiológica de bebidas lácteas fermentadas com polpa de fruta, comercializadas em São José do Rio Preto – SP. In: CONGRESSO BRASILEIRO DE CIÊNCIA E TECNOLOGIA DE ALIMENTOS – CBCTA, 9., Curitiba – PR, 2006. **Anais**. Curitiba – PR, SBCTA, 2006, v. 1, p. 322.

RIBEIRO, P. P. C. et al. Concentração de retinol em bebidas lácteas achocolatadas enriquecidas em comparação às quantidades declaradas no rótulo. **Segurança Alimentar e Nutricional**, Campinas, v. 19, n. 1, p. 82-88, 2012.

RINO, T. M. H.; TRABUCO, E.; PENNA, A. L. B. Avaliação da vida de prateleira de uma bebida láctea fermentada armazenada em diferentes temperaturas. **Revista do Instituto de Laticínios Cândido Tostes**, Juiz de Fora, v. 59, n. 339, p. 447-451, 2004.

SACCARO, D. M. et al. The viability of three probiotic organisms grown with yoghurt starter cultures during storage for 21days at 4°C. **International Journal of Dairy Technology**, Huntingdon, v. 62, n. 3, p. 397-404, 2009.

SAMELSON, S. L.; NELSON, L. R.; NYHUS, L. M. Protective role of fecal pH in experimental colon carcinogenesis. **Journal of the Royal Society of Medicine**, London, v. 78, n. 3, p. 230-233, 1985.

SANTOS, J. P. V.; FERREIRA, C. L. L. F. Alternativas para o aproveitamento de soro de queijo nos pequenos e médios laticínios. **Revista do Instituto de Laticínios Cândido Tostes**, Juiz de Fora, v. 56, n. 321, p. 44-50, 2001.

SCOT CONSULTORIA. Produção de queijos no Brasil deve ultrapassar 1,0 milhão de toneladas em 2013, 2013. Disponível em: <http://www.scotconsultoria.com.br/noticias/artigos/28592/producao-de-queijos-no-brasil-deve-ultrapassar-10-milhao-de-toneladas-em-2013.htm>. Acesso em: 03 nov. 2013.

SGARBIERI, V. C. Propriedades fisiológicas-funcionais das proteínas do soro de leite. **Revista de Nutrição**, Campinas, v. 17, n. 4, p. 397-409, 2004.

SGARBIERI, V. C. Revisão: propriedades estruturais e físico químicas das proteínas do leite. **Brazilian Journal of Food Technology**, Campinas, v. 8, n. 1, p. 43-56, 2005.

SILVA, L. L.; STAMFORD, T. L. M. Alimentos probióticos: uma revisão. **Higiene Alimentar**, São Paulo, v. 14, n.68-69, p. 41-50, 2000.

SILVA, M. R. et al. Elaboração e avaliação de uma bebida láctea fermentada à base de soro de leite fortificada com ferro. **Revista do Instituto de Laticínios Cândido Tostes**, Juiz de Fora, v. 56, n. 321, p. 7-14, 2001.

SIVIERI, K.; OLIVEIRA, M. N. Avaliação da vida-de-prateleira de bebidas lácteas preparadas com "fat replacers" (litesse e dairy-lo). **Ciência e Tecnologia de Alimentos**, Campinas, v. 22, n. 1, p. 24-31, 2002.

SOUSA, S. et al. Encapsulation of probiotic strains in plain or cysteine-supplemented alginate improves viability at storage below freezing temperatures. **Engineering in Life Sciences**, Weinheim, v. 12, n. 4, p. 457-465, 2012.

SOUZA, G.; OLIVEIRA, A. J. Fermentação lática do "leite de soja". **Coletânea do Instituto de Tecnologia de Alimentos**, Campinas, v. 18, n. 1, p. 1-8, 1988.

SPREER, E. **Milk and milk product technology**. New York: Marcel Dekker, 1998. 481p.

SUZUKI, R. M. **Composição química e quantificação de ácidos graxos em chocolates, achocolatados em pó, bebidas achocolatadas e sorvetes de chocolate**. 2009. 130f. Tese (Doutorado) – Programa de Pós-Graduação em Química do Departamento de Química do Centro de Ciências Exatas da Universidade Estadual de Maringá, Maringá, 2009.

SZWAJKOWSKA, M. et al. Bovine milk protein as the source of bioactive peptides influencing the consumers´ immune system – a review. **Animal Science Papers**, Jastrzebiec, v. 29, n. 4, p. 269-280, 2011.

TAMIME, A. Y.; ROBINSON, R. K. **Tamime and Robinson's Yoghurt – Science and Technology**. 3. ed. Cambridge: Woodhead Publishing. 2007. 834p.

TAMIME, A. Y.; ROBINSON, R. K.; LATRILLE, E. Yoghurt and other fermented milks. In: TAMIME, A. Y.; LAW, B. A. **Mechanization and Automation in Dairy Technology**. Reading: Sheffield Academic, 2001. cap. 11, p. 296-317.

THAMER, K. G., PENNA, A. L. B. Efeito do teor de soro, açúcar e de frutooligossacarídeos sobre a população de bactérias láticas em bebidas fermentadas. **Revista Brasileira de Ciências Farmacêuticas**, São Paulo, v. 41, n. 3, p. 393-400, 2005.

THAMER, K. G.; PENNA, A. L. B. Caracterização de bebidas lácteas funcionais fermentadas por probióticos e acrescidas de prebiótico. **Ciência e Tecnologia de Alimentos**, Campinas, v. 26, n. 3, p. 589-595, 2006.

TONI, J. C. V.; IMAMURA, K. B.; DORTA, C. Reaproveitamento do soro de leite bovino para produção de biomassa por *Kluyveromyces marxianus* 229. **Revista Alimentus**, Marília, v. 2, p. 36-57, 2012.

VIANNA, P. C. B.; GIGANTE, M. L. Qualidade microbiológica e físico-química do leite cru refrigerado adicionado de dióxido de carbono. **Revista do Instituto de Laticínios Cândido Tostes**, Juiz de Fora, v. 375, p. 51-59, 2010.

VIANNA, P. C. B. et al. Effect of addition of CO_2 to raw milk on quality of UHT-treated milk. **Journal of Dairy Science**, Champaign, v. 95, n. 8, p. 4256-4262, 2012.

VIEIRA, P. Legislação e mercado apressam a implantação de sistemas de gestão ambiental. **Leite & Derivados**, São Paulo, n. 52, p. 26-36, 2000.

VITALE, D. C. et al. Isoflavones: estrogenic activity, biological effect and bioavailability. **European Journal of Drug Metabolism and Pharmacokinetics**, Paris, v. 38, n. 1, p. 15-25, 2013.

WALSTRA, P.; JENNESS, R. **Quimica y fisica lactologica**. Zaragoza: Acribia, 1987. 423p.

WALSTRA, P.; WOUTERS, J. T. M.; GEURTS, T. J. **Dairy science and technology**. 2. ed. New York: CRC Press, 2006. 782p.

WANG, S. H.; ASCHERI, J. L. R. Iogurte de soja: fermentação lática e avaliação sensorial. **Ciência e Tecnologia de Alimentos**, Campinas, v. 11, n. 2, p. 221-238, 1991.

WANG, S. H.; MARINHO, C.; CARVALHO, E. P. Produção de iogurte de soja com diferentes associações de bactérias láticas. **Pesquisa Agropecuária Brasileira**, Brasília, v. 29, n. 10, p. 1593-1601, 1994.

YUAN, Y. et al. Characterization of complexes of soy protein and chitosan heated at low pH. **LWT – Food Science and Technology**, London, v. 50, p. 657-664, 2013.

ZADOW, J. G. Utilization of milk, components: whey. In: ROBINSON, R. K. (ed.). **Modern dairy technology**. London: Elsevier Applied Science, 1986, v. 1, p. 273-316.

ZARE, F. et al. Effect of the addition of pulse ingredients to milk on acid production by probiotic and yoghurt starter cultures. **LWT – Food Science and Technology**, London, v. 42, n. 2, 155-160, 2012.

ZOELLNER, S. S. et al. Whey beverage with açai pulp as a food carrier of probiotic bacteria. **Australian Journal of Dairy Technology**, Highett, v. 64, n. 2, p. 165-169, 2009.

8

CAFÉ

PAULO CESAR CORRÊA
GABRIEL HENRIQUE HORTA DE OLIVEIRA
GUSTAVO LANA SOARES
URGEL DE ALMEIDA LIMA

8.1 INTRODUÇÃO

Da mesma forma como acontece na língua inglesa e francesa, o termo "café" na língua portuguesa apresenta vários significados: o fruto do cafeeiro; o grão depois de seco e torrado; a bebida escura e aromática, de propriedades tônicas e estimulantes, preparada por infusão, decocção ou percolação dos grãos secos, torrados e moídos ou socados do cafeeiro (HOUAISS, 2001). Neste capítulo, será abordada a tecnologia de produção, tanto do grão como da bebida. Serão estudados os métodos empregados na produção e na colheita dos grãos, acrescido dos procedimentos pós-colheita (processamento via úmida/seca, secagem, armazenamento, transporte), além das variedades em uso, pois esses fatores interferem diretamente na qualidade da bebida e, por conseguinte, em seu valor e aceitação no mercado interno e externo.

8.1.1 Importância e mercado

Inicialmente, a importância econômica do café se refletiu na sua expansão geográfica, promovendo a ocupação territorial no Brasil Imperial. Rapidamente sua cultura foi adaptada ao Vale do Paraíba (Rio de Janeiro e São Paulo), Sul de Minas e Espírito Santo. Após esse impacto inicial, sua expansão atingiu o oeste de São Paulo e chegou ao Paraná e a Mato Grosso.

Atualmente, os principais estados produtores são Minas Gerais (1,33 milhão de toneladas), Espírito Santo (694 mil toneladas), São Paulo (187 mil toneladas), Bahia (137,4 mil toneladas), Paraná (110,5 mil toneladas) e Rondônia (86 mil toneladas), de um total de cerca de 2,6 milhões de toneladas de café beneficiado, de acordo com dados da ABIC (2011). O Brasil é o maior produtor de café cru do mundo com cerca de 47,9 milhões de toneladas, seguido por Vietnam, Colômbia e Indonésia (FAO, 2010). Dessa produção, o Brasil consome ao redor de 19,7 milhões de sacas de café cru (ABIC, 2011), correspondendo a um consumo *per capita* de 81 litros de café por habitante, ao ano.

De acordo com a OIC (2010), o Brasil ocupa a liderança de consumo *per capita* dentre os países exportadores, com 5,64 kg hab^{-1}. Porém ainda está longe do patamar de alguns países europeus, em que o consumo chega a 27,4; 11,92 e 8,92 kg hab^{-1}, respectivamente para Luxemburgo, Finlândia e Noruega.

O agronegócio do café representou, em 2009, cerca de 6,6% de todo o agronegócio brasileiro, atrás da soja (26,6%), carne (18,2%), complexo sucroalcooleiro (15%) e produtos florestais (11,2%) (ABIC, 2009). Com relação aos empregos gerados, a cadeia do café é responsável pela geração de oito milhões de empregos, diretos e indiretos. Essa grande participação do café na economia nacional resultou em grandes variações no seu modo de comercialização e preparo, nas últimas décadas, impulsionadas pela pressão dos consumidores, relativa à responsabilidade social e ambiental das empresas, bem como na melhoria contínua da qualidade do café (grão e bebida).

Muitas empresas brasileiras têm utilizado como estratégia empresarial destinar uma parcela de sua produção para um mercado mais exigente e também para exportação. Essas empresas optam pelos cafés especiais, também conhecidos como *gourmet*, que possuem qualidade superior. Atualmente, mais de 50 empresas possuem cafés especiais certificados pela Brazil Specialty Coffee Association (BSCA). Os atributos de qualidade desses cafés cobrem uma ampla gama de conceitos, que vão desde suas características físicas, origem, variedade, cor e tamanho, até preocupações de ordem ambiental e social, como os sistemas de produção e as condições de trabalho da mão de obra cafeeira (BSCA, 2011).

8.2 LEGISLAÇÃO

A legislação relativa à qualidade da bebida, bem como às normas e padronizações acerca dos processos pós-colheita de café, pode ser visualizada na Tabela 8.1.

Dentre os documentos citados na Tabela 8.1, destaca-se a Instrução Normativa n. 16, em vigor desde o dia 22 de fevereiro de 2010, com foco na regulamentação e fiscalização do teor de impurezas nos cafés torrados e/ou moídos, cujo limite máximo é de 1%, além da umidade que deve ser igual ou inferior a 5% (BRASIL, 2010).

Tabela 8.1 Legislação do Café.

Categoria	Documento	Órgão	Data da Publicação	Assunto
Regulamento Técnico	Instrução Normativa 16	MAPA	24/05/10	Estabelece o regulamento técnico para o café torrado em grão e o café torrado e moído
Identidade e Qualidade de Café	Resolução 277/05	ANVISA	22/09/05	Regulamento técnico para o café torrado e o torrado moído
	Instrução Normativa 08/03	MAPA	11/06/03	Aprova o regulamento técnico de identidade e de qualidade para a classificação do café beneficiado grão cru
Metrologia	Portaria 153/08	INMETRO	19/05/08	Define as quantidades permitidas para comercialização de café em embalagens
Registro	Resolução 278/05	ANVISA	22/09/05	Mantém a dispensa da obrigatoriedade de registro para o café
Certificação	Portaria 219/02	MDIC	19/12/02	Trata sobre a emissão dos Certificados de Origem do Café
Acordo Internacional do Café	AIC 2007	OIC	28/09/07	Acordo Internacional do Café
	Decreto n.806	ANVISA	21/12/10	Aprova o texto do acordo internacional do café de 2007

MAPA – Ministério da Agricultura, Pecuária e Abastecimento; INMETRO – Instituto Nacional de Metrologia, ANVISA – Agência Nacional de Vigilância Sanitária; MDIC – Ministério do Desenvolvimento, Indústria e Comércio; OIC – Organização Internacional do Café.

Essa mesma Instrução Normativa define que a bebida do café é o líquido obtido por infusão, percolação, decantação ou outro processo de preparo, a partir do café torrado e moído, e classifica a bebida em diferentes tipos. Essa classificação é realizada pelo teste da *prova de xícara*, que deve ser conduzido em uma sala com uma mesa apropriada, circular e giratória, conforme a Figura 8.1.

Figura 8.1 Mesa indicada para realizar prova de xícara.

O classificador avalia as características sensoriais da bebida da seguinte forma:

1º Café em grão cru deve ser torrado (torração clara) e, em seguida, moído em moinhos que permitem obter uma granulação maior;

2º Colocar 10 g do café moído em uma xícara e acrescentar 100 mL de água pura em ponto de primeira fervura;

3º Realizar a mistura do café com a água e sentir o aroma, para fazer um julgamento preliminar do tipo de bebida do café;

4º Retirar o material sobrenadante com auxílio de uma concha e fazer a sucção do líquido com a boca. Deve-se permanecer com o líquido na boca apenas o tempo suficiente para sentir o sabor da bebida, quando então deverá expeli-lo, em uma cuspideira, colocada ao lado da mesa de prova (Figura 8.1).

Segundo Matiello (1991), na degustação são detectados os possíveis sabores estranhos, tais como os de terra, os de mofo, o azedo, o *chuvado*, o avinagrado, o fermentado e o esfumaçado.

A Figura 8.2 mostra toda sequência descrita acima:

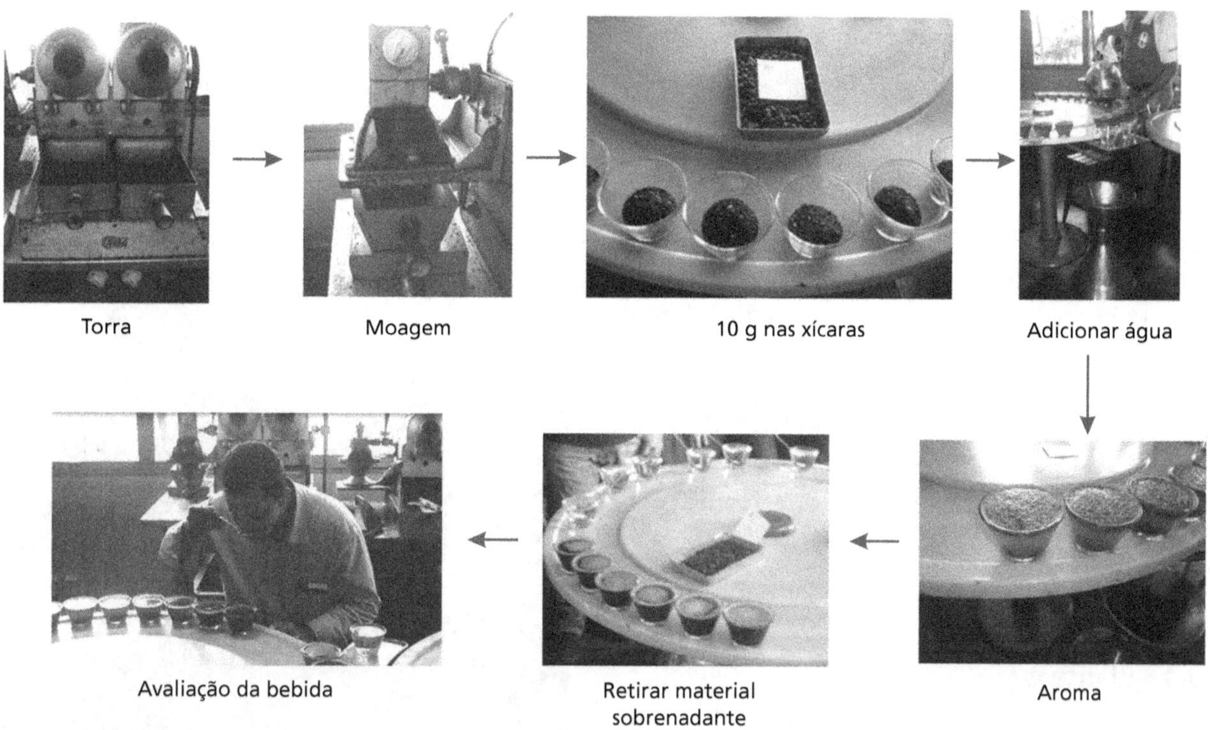

Figura 8.2 Prova de xícara.

Cada lote de café recebe uma classificação, em função da bebida resultante, de acordo com a Instrução Normativa 16, de 24 de maio de 2010, do Ministério da Agricultura, Pecuária e Abastecimento:

a) **Estritamente Mole**: a que apresenta, em conjunto, todos os requisitos de aroma e sabor *mole* mais acentuado;

b) **Mole**: a que apresenta aroma e sabor, agradáveis, brandos e adocicados;

c) **Apenas Mole**: a que apresenta sabor levemente doce e suave, mas sem adstringência ou aspereza de paladar;

d) **Duro**: a que apresenta sabor acre, adstringente e áspero, porém não apresenta paladares estranhos;

e) **Riado**: a que apresenta leve sabor típico de iodofórmio;

f) **Rio**: a que apresenta sabor típico e acentuado de iodofórmio; e

g) **Rio Zona**: a que apresenta aroma e sabor muito acentuado, assemelhado ao iodofórmio ou ao ácido fênico.

Além da classificação da bebida, há parâmetros fixados para a amostragem, modo de apresentação e rotulagem dos produtos provenientes dos frutos de café.

8.3 MATÉRIA-PRIMA

No Brasil, a espécie *Coffea arabica* (café arábica) é tradicionalmente a mais explorada comercialmente, correspondendo a cerca de 75% do total produzido no país (ABIC, 2010). Isso se deve ao fato de os grãos dessa espécie produzirem bebida de melhor aceitação e serem mais valorizados comercialmente que os das cultivares robusta (FERNANDES et al., 2003). Entretanto, nos últimos anos, a espécie *Coffea canephora* (café robusta ou conilon) vem aumentado sua participação no mercado interno, por apresentar maior produtividade, menor susceptibilidade a doenças e ser adequada a regiões de baixa altitude e de temperaturas relativamente mais elevadas (PARTELLI et al., 2006). Ademais, o café robusta produz uma bebida mais *encorpada*, sendo muito utilizado em misturas (*blends*) com o café arábica, na industrialização dos cafés torrados e moídos e na produção de café solúvel (ILLY; VIANI, 1996).

8.3.1 Planta

A primeira descrição botânica de uma planta de café data de 1713. Em 1737, Linnaeus a classificou em um gênero separado, que foi chamado *Coffea*, que continha a única espécie *Coffea arabica*. Muitas outras espécies desse gênero foram identificadas durante explorações nas florestas tropicais da África, a partir da segunda metade do século XIX.

Os cafeeiros foram reunidos em dois gêneros, *Psilanthus* Hook e *Coffea* L. (BRIDSON; VERDCOURT, 1988; BRIDSON, 1994) que diferem por particularidades apresentadas nas estruturas florais. O gênero *Coffea* é subdividido nos subgêneros *Coffea* (representado por mais de 80 espécies) e *Baracoffea* (constituído por sete espécies). São duas as principais espécies de cafeeiro: *Coffea arabica* L. e *Coffea canephora* Pierre. As demais espécies, embora não apresentem expressão comercial, são importantes para o melhoramento genético, pois constituem reservas gênicas de resistência a pragas, doenças e condições adversas de ambiente (MEDINA FILHO et al., 1984; CARVALHO; FAZUOLI, 1993).

O *Coffea arabica* é a espécie que se cultiva há mais tempo, que produz café fino e aromático, necessitando de clima mais fresco. Sua produtividade, em comparação ao café robusta é menor, e suas áreas de produção estão reservadas a terras altas, entre 900 e 2.000 metros. Já a espécie *Coffea canephora* oferece uma bebida mais rica em cafeína e ácida, comparada ao café arábica. Ela é adaptada a terrenos planos, com rendimentos mais elevados, além de apresentar maior resistência às pragas, em relação ao café arábica.

A planta do café pode atingir até dez metros de altura. Cultivado, o cafeeiro é podado na altura de dois a quatro metros e cresce mais na largura (Figura 8.3).

Figura 8.3 Cafeeiro (*Coffea arabica L.*).

Após cerca de três a quatro anos do plantio, ocorre a emergência dos frutos no cafeeiro, sendo que seu rendimento decai após 20 a 25 anos. Geralmente a florescência dura de três a quatro dias e decorrem nove meses para a flor se transformar em fruto maduro; entretanto atualmente se encontram variedades clonadas da planta em que a espera pela maturação dos frutos é menor.

8.3.2 Fruto

O fruto desenvolvido do cafeeiro é dividido em exocarpo, mesocarpo e endocarpo, que formam o pericarpo. A semente é recoberta pelo pericarpo. A Figura 8.4 apresenta essa divisão do pericarpo dos grãos de café.

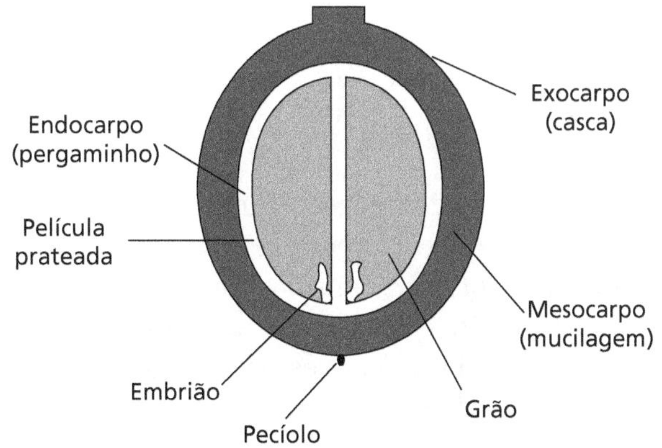

Figura 8.4 Estrutura morfológica do fruto do cafeeiro.

O exocarpo (ou casca) é o tecido mais externo do fruto, cuja coloração é determinada pela presença de antocianina (vermelho) (SALAZAR et al., 1994) ou luteolina, responsável pela coloração amarelada (LOPES et al., 1984). As células do exocarpo são estreitas e muito juntas entre si, de paredes delgadas, com presença de estômatos entre elas. Durante toda a fase de maturação do fruto, o exocarpo exibe coloração verde, tornando-se amarelo ou vermelho quando o fruto atinge a maturação.

O mesocarpo é carnoso, rico em mucilagem (açúcares e pectinas), sendo, muitas vezes, tratado apenas como mucilagem em razão do alto teor desse componente. É uma região extensa formada por mais de 20 camadas de células parenquimatosas, grandes, frequentemente encerrando um conteúdo de cor escura, que é considerado um material tanífero. Ele pode representar entre 22 e 31% da massa do fruto seco (ZULUAGA, 1990). De acordo com Vidal e Vidal (1995), o mesocarpo é a camada intermediária entre o exocarpo e o endocarpo e provém do mesófilo carpelar.

O endocarpo (pergaminho) é a estrutura mais interna do pericarpo, responsável por cerca de 12% da massa do grão de café seco (MATOS, 2003). É representado por cinco a sete camadas de células menores, formando um envoltório para as sementes, que se apresenta menos colorido, e irá constituir no fruto maduro o pergaminho da semente (DEDECCA, 1957). Esse componente é constituído principalmente de celulose (50%), hemicelulose (20%) e lignina (20%).

As sementes de café são formadas pela película prateada, pelo endosperma e pelo embrião. A manutenção da película prateada, que é o envoltório mais externo da semente, no processo de torrefação resulta nos grãos denominados *fox beans*; que são grãos com coloração caramelo, muito apreciado em algumas regiões. Entretanto, sua presença pode acarretar perda de qualidade com relação aos grãos imaturos: estes, na presença da película prateada adquirem coloração mais clara, deixando um aspecto ruim, além de poderem comprometer todo o lote do produto, pois os grãos imaturos, mascarados pela película, conferem adstringência à bebida.

A composição do endosperma (tecido de reserva) é importante porque contém a maior parte dos compostos responsáveis pelo sabor e aroma na bebida. O endosperma possui frações solúveis e insolúveis em água, apresentando importantes componentes, tais como a cafeína, ácidos, proteínas e minerais, além de lipídeos.

8.3.3 Desenvolvimento

O desenvolvimento do fruto de café arábica e conilon requerem, respectivamente, de seis a oito meses e nove a 11 meses, para seu completo amadurecimento (CANNEL, 1985). A Figura 8.5 mostra algumas etapas do desenvolvimento do fruto.

A maturação dos frutos do cafeeiro é caracterizada pelo aumento da atividade respiratória, síntese de etileno, metabolismo de açúcares e ácidos, degradação da clorofila e a síntese de pigmentos responsáveis pela alteração da coloração da casca dos frutos.

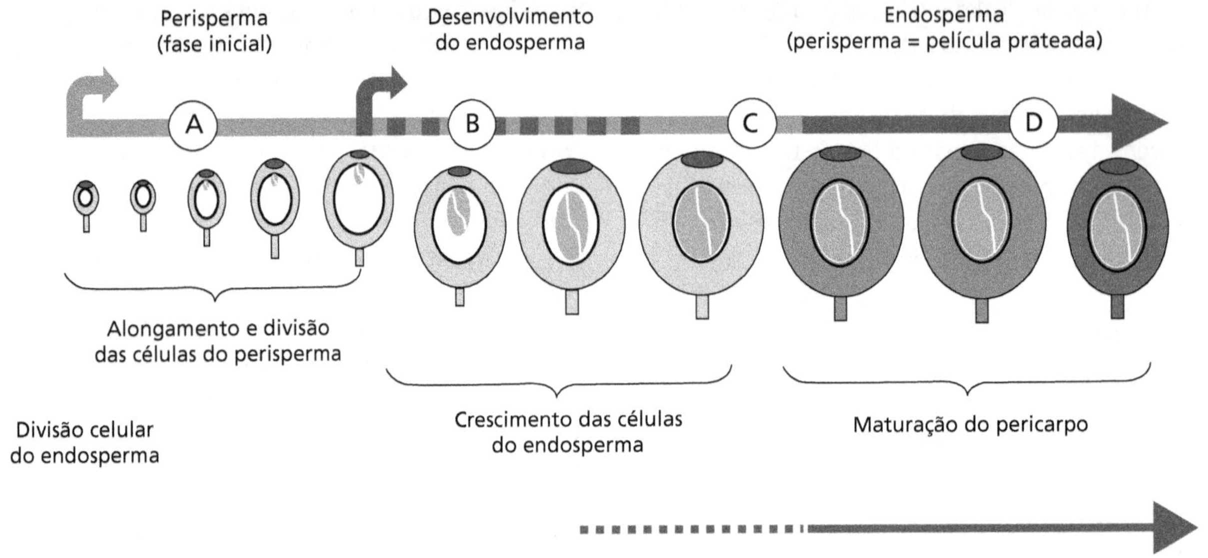

Figura 8.5 Desenvolvimento dos tecidos durante a formação do fruto do cafeeiro. Ovário antes da antese (A), fruto imaturo: 90 dias após a floração (DAF) (B), entre 120 e 150 DAF (C), entre 230 e 240 DAF (D).

Fonte: De Castro e Marracini (2006).

8.4 COMPOSIÇÃO QUÍMICA

Acredita-se que o consumo de café reduz o risco de alguns tipos de câncer em virtude da presença de substâncias antioxidantes, anticarcinogênicas e antiteratogênicas (ALMEIDA et al., 2003). O seu consumo em quantidades moderadas (entre três e quatro xícaras diárias) possibilita maior atenção, estimulando a memória e a concentração, diminuindo a incidência de apatia e depressão (ARRUDA et al., 2009).

A qualidade da bebida do café está diretamente relacionada à composição química dos grãos de café. Os constituintes químicos conferem as características específicas da bebida de café, tão apreciadas ao redor do mundo. Dentre os diversos compostos químicos voláteis e não voláteis do café destacam-se cafeína, lipídios, açúcares, ácidos, aminoácidos, compostos fenólicos, aldeídos, proteínas, bem como enzimas que agem sobre esses constituintes (MENEZES, 1994).

A composição química complexa dos grãos de café depende de fatores genéticos, ambientais e condições de manejo pré e pós-colheita (PRETE, 1992). A composição química do grão de café cru está apresentada na Tabela 8.2.

As principais características sensoriais atribuídas à bebida do café advêm do processo de torrefação, no qual os constituintes presentes no grão cru sofrem alterações durante a torra. As proteínas contribuem para o sabor da bebida do café, em decorrência de sua degradação durante o processo de pirólise na torrefação, liberando carbonilas, aminas e sulfeto de dimetila. Além disso, as partículas insolúveis da proteína ligam-se às substâncias graxas, sendo essa combinação a responsável pela turbidez da bebida no café coado.

A cafeína é um alcaloide, pertencente ao grupo das xantinas. Ela possui gosto amargo, contribuindo para o sabor e o aroma da bebida. Possui também a característica de controlar o crescimento microbiano e, por conseguinte, inibe a presença de micotoxinas no café. Ela está incluída entre os excitantes psicomotores que têm, principalmente, a propriedade de estimular a atividade mental.

Trigonelina é um derivado da piridina, conhecido por contribuir indiretamente para a formação, durante a torra, de aromas desejados à bebida do café (KY, 2001).

Assim como em outros componentes químicos, o teor de açúcar nos grãos de café pode diferir em virtude das variações de cultivares e estádios de maturação, bem como as condições climáticas e as características da região produtora. Os açúcares formam compostos com coloração caramelizada escura durante a torra, em decorrência da reação de Maillard. Maiores valores de açúcar total e açúcar não redutor estão relacionados com maior qualidade do café (RIBEIRO et al., 2003).

Tabela 8.2 Composição química do café cru.

Componente	Café Arábica[a]	Café Robusta[a]
Cafeína	1,2	2,2
Trigonelina	1,0	0,7
Cinzas (41% de K)	4,2	4,4
Ácidos:		
Clorogênico total	6,5	10,0
Alifáticos	1,0	1,0
Quínico	0,4	0,4
Açúcares:		
Sacarose	8,0	4,0
Redutores	0,1	0,4
Polissacarídeos	44,0	48,0
Lignina	3,0	3,0
Pectina	2,0	2,0
Proteína	11,0	11,0
Aminoácidos livres	0,5	0,8
Lipídeos	16,0	10,0

[a] Valores expressos em g 100 g^{-1} em base seca.

Fonte: Clarke (2003).

A acidez é um importante indicativo da qualidade da bebida de café, uma vez que está diretamente relacionada com o grau de fermentação empregado durante o processamento dos grãos de café. Caso a fermentação seja realizada de forma imprópria, os açúcares presentes na mucilagem podem vir a produzir ácido acético, lático, propiônico e butírico, sendo que estes acarretam prejuízo à qualidade. É necessário o controle da fermentação para que os ácidos málico e cítrico sejam os principais ácidos presentes no café, uma vez que conferem o sabor ácido característico do produto. Segundo Maier (1987), o grão de café contém diversos ácidos orgânicos, incluindo os ácidos clorogênicos (7%), oxálico (0,2%), málico (0,3%), cítrico (0,3%) e tartárico (0,4%). O amargor, a adstringência e o gosto de mofo da bebida de café se devem ao nível de concentração de ácidos clorogênicos e das proporções em que diferentes deles se encontram no café cru (SALVA; LIMA, 2007). Menores teores de ácidos clorogênicos nos grãos de café proporcionam bebidas menos adstringentes.

A polpa dos frutos de café é a parte carnuda do fruto, constituída pelo mesocarpo. A Tabela 8.3 sumariza o teor médio de minerais na fração de cinzas da polpa de café. O alto teor de potássio pode inviabilizar o uso da polpa de café para a alimentação animal.

Tabela 8.3 Teores médios de cinzas e minerais na polpa de café.

Constituinte	Teor
Cinzas (g %)	8,3
Ca (mg %)	554
P (mg %)	116
Fe (mg %)	15
Na (mg %)	100
K (mg %)	1765
Mg	Traços
Zn (ppm)	4
Cu (ppm)	5
Mn (ppm)	6,25
B (ppm)	26

Fonte: Bressani et al. (1972).

Amorim (1978) relata que os piores cafés, em termos de qualidade de bebida, possuem menores teores de proteínas solúveis, fenóis hidrolisáveis, carboidratos e lipídeos insaponificáveis e maiores teores de aminoácidos, ácidos clorogênicos e ácidos graxos livres.

8.5 PROCESSAMENTO

Como citado no início deste capítulo, os métodos utilizados na colheita e na pós-colheita (processamento, secagem, tempo e condições de armazenamento) dos grãos de café influenciam diretamente a qualidade de sua bebida.

8.5.1 Colheita

O elevado número de defeitos e a presença de grãos imaturos (verde, verde-cana) interferem na composição química e, por consequência, comprometem a qualidade da bebida (MAZZAFERA, 1998). A aplicação de técnicas adequadas de colheita pode proporcionar a separação dos grãos imaturos e grãos defeituosos dos grãos sadios e maduros, proporcionando cafés com bebida de qualidade superior. Dentre essas técnicas, destaca-se a época de colheita e o tipo de colheita.

O café que possui melhor qualidade de bebida é proveniente de frutos de café do estágio cereja, que ocorre quando os frutos estão maduros. Segundo Borges et al. (2002), deve-se tomar os seguintes cuidados na ocasião da colheita: iniciá-la quando, em sua maioria, os frutos estiverem maduros e antes que se inicie a queda dos frutos secos; evitar a incidência de grãos ardidos (grão ou pedaço de grão que apresenta a coloração marrom, em diversos tons, devidos à ação de processos fermentativos) e pretos, que são resultantes da permanência prolongada dos frutos no cafeeiro; evitar ao máximo a colheita de grãos verdes; e efetuar a separação dos frutos em vários estágios de maturação, com o auxílio de lavadores e separadores, evitando-se matéria-prima heterogênea. Para Pimenta e Vilela (2003), a colheita antecipada incrementa a concentração de polifenóis e confere ao café o sabor adstringente proveniente dos frutos verdes. Assim, a colheita de café deve ser realizada de modo a se obter a maior percentagem de frutos no estágio cereja; entretanto, cuidados devem ser tomados durante a colheita, pois, quanto maior o tempo de permanência do café na lavoura após a sua maturação, maior é a incidência de grãos ardidos e pretos, comprometendo-se a qualidade final da bebida.

No Brasil, é comum a colheita por derriça, pela qual a retirada dos frutos se dá quando a maioria se encontra madura. No entanto, frutos verdes, verde-amarelados, passa e secos também são colhidos. Entre estes frutos, os verdes acarretam maiores prejuízos à qualidade do produto. Para prevenir esse tipo de problema, existe a colheita a dedo, pela qual é realizada colheita seletiva, em que somente os frutos maduros de café são retirados das plantas, necessitando maior disponibilidade de mão de obra.

Segundo Carvalho e Chalfoun (1985), a presença de 2% de grãos verdes em um lote de café classificado como "bebida mole", torna-o bebida "apenas mole", reduzindo, desta forma, o valor comercial do produto, de acordo com a classificação oficial da bebida. Com 10% de grãos verdes, o lote é classificado como bebida "dura", caracterizada por um sabor adstringente.

A colheita por derriça pode ser realizada manualmente ou mecanicamente. São conhecidas as vantagens e desvantagens de cada sistema em relação ao tempo de colheita, ao custo e à sistematização. Especificamente para a qualidade de bebida, o uso de máquinas na colheita pode danificar os frutos do cafeeiro.

Os danos provenientes da colheita mecânica podem ser internos e representados por pequenas rupturas, difíceis de serem detectadas. Elas predispõem o produto ao ataque de insetos e microrganismos, além de incrementar o processo de respiração dos grãos, afetando a qualidade final do produto. A integridade das membranas celulares é responsável, dentre outras coisas, pela manutenção dos atributos sensoriais e aromáticos desejáveis no café, e sua ruptura pode expor óleos e gotas lipídicas à oxidação, o que, por sua vez, leva à formação indesejável de compostos que alteram o aroma e o sabor do café (BORÉM et al., 2008; MARQUES et al., 2008). A danificação mecânica, causada pelo pré-processamento do café, foi avaliada por Afonso Júnior et al. (2004) que observaram que a adoção de cuidados e tecnologias adequadas durante as etapas de pré-processamento contribui para a obtenção de café de qualidade.

8.5.2 Pós-colheita

A qualidade da bebida é afetada também por procedimentos de pós-colheita, como o processamento (via úmida ou seca), secagem e armazenamento dos frutos ou grãos. Para acelerar esses processos, recomenda-se a separação dos frutos de café, uma vez que, como explanado anteriormente, no Brasil a colheita é realizada majoritariamente por derriça, obtendo-se frutos maduros, verdes, verde-amarelados, passa e secos. Para isso, são utilizados lavadores ou tanques, em que o conceito de densidade é utilizado. Frutos mais densos (cereja e verdes) acabam por se posicionar ao fundo destes equipamentos e os frutos menos densos boiam, denominados assim por café-boia.

8.5.2.1 Processamento via úmida e via seca

Segundo Borém (2008), pode-se dizer que três aspectos são fundamentais na escolha do método de processamento do café: a relação custo/benefício; a necessidade de atendimento à legislação ambiental e o padrão desejado de qualidade.

Na forma de preparo por via seca, o fruto é seco na sua forma integral (com casca, polpa e mucilagem), originando os cafés denominados coco, de terreiro ou natural. Esse processo consiste em direcionar os frutos de café ao terreiro ou ao secador, podendo ou não passar pelo lavador, de modo a realizar a secagem do produto. A secagem deve ser realizada da maneira mais rápida possível, uma vez que a velocidade de deterioração do produto está relacionada ao teor de água dos frutos, à temperatura, à umidade relativa do ar e ao período de tempo no qual o café permanece úmido. Caso essa etapa não seja realizada de forma eficaz, poderão ocorrer processos de fermentação, denegrindo a qualidade do produto.

Na forma de preparo por via úmida, originam-se os cafés despolpados, descascados e desmucilados.

Durante esse processo, retira-se a casca e a mucilagem do fruto maduro, que são substratos propícios ao desenvolvimento de microrganismos que podem provocar a ocorrência de fermentações prejudiciais à qualidade final do produto. A Figura 8.6 demonstra os passos que cada processamento requer para o preparo do café.

Atualmente vem crescendo no Brasil o número de produtores que estão empregando o processo por via úmida. Esse processo favorece a secagem, tendo em vista o menor volume processado, o menor tempo de secagem e a redução do consumo de energia (BORÉM, 2008). Ainda, segundo Silva (2003), a qualidade do café é influenciada pelo sistema de preparo pós-colheita e, por meio do processamento por via úmida, obtém-se uma bebida de qualidade superior, mantendo as características de corpo, doçura e aroma. A retirada da casca e da mucilagem diminui a quantidade de açúcar em torno do grão e as fermentações indesejáveis, originando uma avaliação favorável quanto à acidez.

Recentemente, foi aplicado um novo processamento para o preparo do café. O processamento por via úmida foi alterado, excluindo-se a fase de fermentação, possibilitando a produção de café cereja descascado e desmucilado mecanicamente. Nesse novo processo, a casca e a polpa do fruto são removidas de forma mecânica, e a mucilagem é secada juntamente com o pergaminho, em um processo conhecido como intermediário entre o natural (via seca) e o despolpado ou desmucilado (via úmida) (AFONSO JÚNIOR et al., 2001). A grande vantagem desse processo é sua simplificação e a transferência das substâncias da mucilagem para o grão, incorporando melhores características à qualidade de bebida do café.

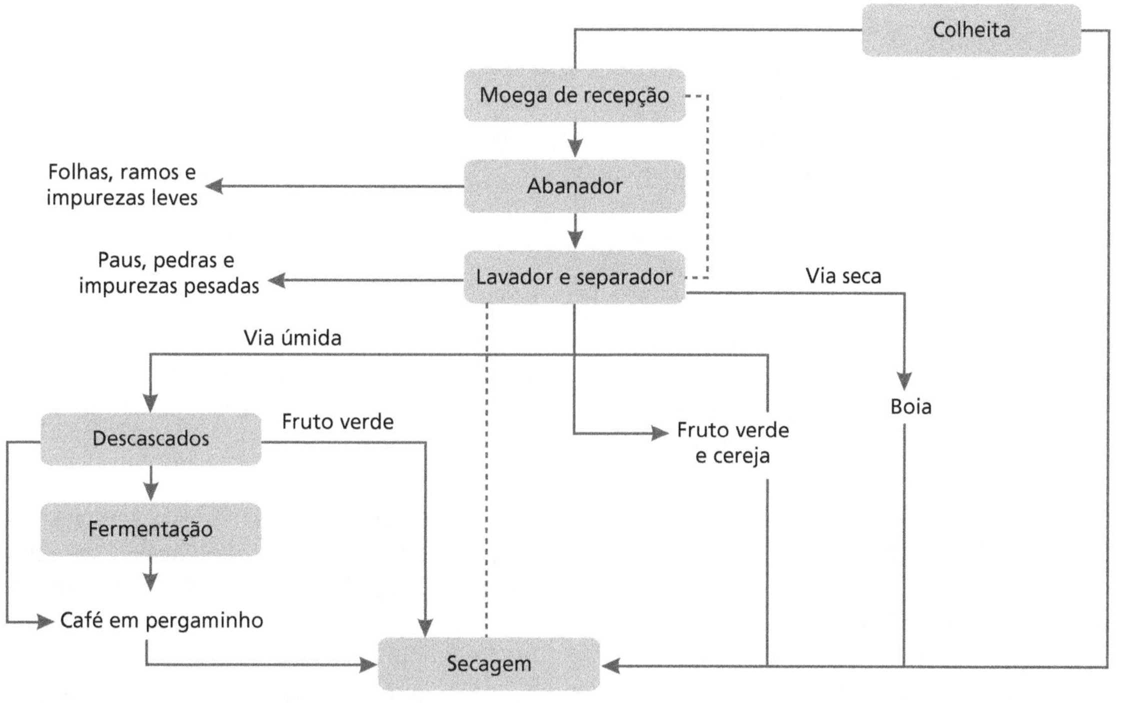

Figura 8.6 Processamento do café via seca e úmida.

Fonte: Borém (2008).

8.5.2.2 *Secagem*

A importância da secagem de produtos agrícolas aumenta, à medida que cresce a produção, por causa das seguintes vantagens: antecipação da colheita, minimização da perda do produto no campo, permite a armazenagem por períodos mais longos e minimiza o desenvolvimento de microrganismos e insetos (SILVA, 2008).

Há dois métodos mais comumente utilizados no Brasil para a secagem do café: secagem em terreiros e secagem em secadores. No primeiro, utilizam-se terreiros de cimento, tijolo, chão batido ou asfalto, em que o produto é depositado e secado por convecção natural. No segundo método, são utilizados secadores, em que ar aquecido é forçado a atravessar a massa de grãos. A diferença entre os dois métodos é basicamente o tempo e ao custo de secagem; a secagem em terreiro requer maior tempo e tem menor custo, ao passo que a secagem em secadores demanda menor tempo e maior custo.

Mais recentemente, a secagem em combinação vem sendo estudada e aplicada em localidades específicas. Segundo Silva (2008), nesse método de secagem faz-se uma pré-secagem em terreiro e a secagem complementar em silo ou tulha secadora, com ar natural ou levemente aquecido (até 10 °C acima da temperatura ambiente).

Segundo Ribeiro (2003), durante o processo de secagem do café, ocorrem modificações na composição química e física dos grãos. Em alguns estudos, observou-se que a secagem, quando mal conduzida, compromete a qualidade do produto. O efeito da secagem pode ser evidenciado quando o produto é armazenado por longos períodos (AFONSO JÚNIOR, 2001).

Para obter café de boa qualidade e um produto de bebida suave, é necessário manter a temperatura máxima de secagem de 45 °C na massa do café (FINZER et al., apud SFREDO et al., 2005). Segundo Coradi et al. (2008), temperaturas do ar de secagem superiores a 80 °C favorecem o surgimento de grãos de cor amarelada e podem provocar branqueamento irregular.

O teor de umidade do café é variável, de acordo com o estado de maturação dos seus diferentes componentes. Assim, um café colhido pelo processo de derriça pode apresentar os seguintes teores de umidade: verde, 60 a 70%; cereja, 45 a 55%; passa, 30 a 40%; secos, 20 a 30% (ALEMAR, 1986). Segundo Teixeira et al. (2004), o processo de secagem deve reduzir a umidade do grão de café para aproximadamente 12%, que é a umidade adequada para o armazenamento do café, sem riscos de deterioração do produto.

8.5.2.3 *Armazenamento*

O principal objetivo da armazenagem de grãos é propiciar meios de manutenção, durante o período de estocagem, das características biológicas, químicas e físicas que eles possuíam imediatamente após a secagem.

Os fatores mais importantes que afetam a estabilidade e a qualidade dos grãos no armazenamento são a temperatura, a umidade relativa do ar e o teor de umidade dos grãos. Valores altos desses fatores acarretam maior quociente respiratório do produto, além de permitir, com maior facilidade, o desenvolvimento de microrganismos e insetos na massa de grãos, fatos responsáveis pela maior velocidade de deterioração do café.

O armazenamento do café no Brasil é tradicionalmente efetuado em sacos de juta de 60 kg, que são dispostos em armazéns onde se exerce pouco ou nenhum controle sobre o ambiente. Dessa forma, condições ambientais externas podem eventualmente afetar as condições de temperatura e umidade.

A qualidade comercial do café está associada a um conjunto de fatores que variam desde o aspecto físico até a análise sensorial, os quais dependem também das condições de armazenagem (AFONSO JÚNIOR, 2001). Nos últimos anos, diferentes trabalhos concluíram que a operação de secagem, relacionada com maior tempo de armazenamento e umidades relativas mais elevadas, pode influenciar negativamente a qualidade do café. Coradi et al. (2008) observaram perda de qualidade na bebida, principalmente quanto à elevação da acidez, quando o café foi armazenado em ambiente com umidade relativa de 80%.

Das características físicas dos grãos de café, a cor tem grande importância econômica e interfere decisivamente no processo de comercialização. Sua variação pode ser um indicativo de problemas ocorridos durante o processo de preparo, condições e tempo de armazenamento (AFONSO JÚNIOR, 2001).

Vilela et al. (2000), estudando a alteração da cor de grãos de café durante o armazenamento em quatro condições de temperatura (10, 20, 30 e 40 °C) e quatro umidades relativas (52, 67, 75 e 85%), verificaram que, sob condições constantes, somente à temperatura de 10 °C e umidade relativa do ar de até 67 %, os grãos de café mantiveram a cor original durante oito meses de armazenamento.

8.5.2.4 *Beneficiamento*

É a operação efetuada nas máquinas de beneficiamento ou pilas, que transforma pela eliminação das cascas e pela separação dos grãos, o café coco seco, ou em pergaminho, em café beneficiado ou também chamado de café cru (MATIELLO, 1991).

O beneficiamento deve ser realizado pouco antes de o café ser comercializado, pois o café coco armazenado com os teores de umidade recomendados, mantém cor original e as qualidades organolépticas durante meses. O beneficiamento consiste nas seguintes operações: pré-limpeza, descascamento e classificação (ALEMAR, 1986).

Nessa etapa, também são eliminados os defeitos que ainda estão presentes junto aos grãos. Na pré-limpeza ocorre a retirada de impurezas leves, terra e torrões. Os descascadores trabalham por fricção ou pancada. As cascas são eliminadas por meio de ventiladores. Deve-se ter muito cuidado na regulagem destes equipamentos para evitar excesso de grãos quebrados e presença de grãos não descascados. Após eliminação das cascas, os grãos são classificados pelas dimensões e forma por um conjunto de peneiras.

A Instrução Normativa n. 8 de junho de 2003 aprova o Regulamento Técnico de Identidade e de Qualidade para a Classificação do Café Beneficiado Cru. Nesse Regulamento, há a classificação do grão cru em categoria (*Coffea arabica* e *Coffea canephora*), em subcategoria (grão chato e grão moca), em grupos e subgrupos (tipo de bebida – classificação realizada por meio da *prova de xícara*). O café também é classificado quanto ao tipo, que pode ser de 2 a 8. Para essa classificação, são avaliados os defeitos e impurezas. Cafés *tipo 2* possuem até quatro defeitos, enquanto cafés *tipo 8* possuem até 360 defeitos, ambos em uma amostra de 300 g (BRASIL, 2003).

8.5.2.5 *Blend*

O *blend* (mistura) consiste na combinação de diferentes cafés, visando obter uma bebida com características exclusivas e custo do produto mais competitivo. É feito antes da torrefação, de forma criteriosa; recomenda-se realizar a prova de xícara para todos os tipos de cafés antes de definir o *blend*, visando manter o padrão de bebida definido pela empresa.

Para se obter um ótimo *blend*, não há um método ou fórmula, mas, sim, deve-se realizar uma pesquisa de mercado na região de venda do produto e conhecer quais características sensoriais da bebida são consideradas adequadas por aquele público.

Outro fator a ser considerado para o *blend* é o sigilo, pois os tipos e proporção de cada grão são o diferencial de uma torrefadora para outra, tonando-se segredo industrial.

8.5.2.6 *Torrefação*

Esta etapa tem por objetivo transformar o grão cru no produto final para o consumo. É considerada uma das principais etapas da industrialização do café, pois é durante a torrefação que sabores e aromas são desenvolvidos.

É realizada em torradores, geralmente cilíndricos e giratórios que transferem calor aos grãos de café promovendo sua torração. A 100 °C, os grãos do café tornam-se amarelados, perdendo grande parte da água. A 120-130 °C, sua cor passa a ser castanha. A 150 °C, ocorre desprendimento de um odor de óleo. A 180 °C, já começam a se desenvolver os gases de combustão, que aparecem sob uma forma de fumaça branco-azulada. Há desprendimento de CO_2 e CO, a cor muda para marrom e o volume dos grãos aumenta. A zona de torração é atingida entre 185 e 240 °C, sendo ideal entre 210 e 230 °C, quando o aroma se forma totalmente (MATIELLO, 1991).

A partir de 204 °C, a absorção de calor pelo grão é acentuadamente aumentada pela liberação de calor produzido nas reações de pirólise que se processam no interior dele. É pela pirólise que ocorre o desenvolvimento de sabor do café. A pirólise é uma reação química na qual ocorrem simultaneamente degradações e sínteses de compostos. Os produtos da pirólise são os açúcares caramelizados, carboidratos, ácido acético e seus homólogos, aldeídos, cetonas, furfural, ésteres, ácidos graxos, aminas, CO_2, sulfetos, e outros. Todos esses constituintes contribuirão para um bom desenvolvimento do sabor do café (PIMENTA, 2003).

O tempo de torração varia de 10 a 30 minutos, em função do tipo de torrador, da quantidade de grãos a ser torrado e do ponto de torra desejado. O produto final deve ter sempre a mesma cor, garantida pelo mesmo ponto de torra. Podem-se usar padrões de cores como o conjunto de discos Agtron-SCAA ou uso de colorímetro (PINTO E LOPES, 2004).

Para Pereira (2003), a torração se caracteriza por três tipos, de acordo com o ponto de torra:

- **Torração clara ou americana**: obtenção de café com aroma e sabor suaves, menor amargor e acidez acentuada, ótima para máquinas de café expresso;
- **Torração média**: cafés com aroma e sabor acentuados, ótima para preparo da bebida com coador de pano ou filtro de papel;
- **Torração escura**: cafés com pouca acidez, sabor amargo acentuado, bebidas mais escuras.

Recomenda-se observar com cuidado o grau de torra, pois é muito importante e define a melhor ou pior aceitação do produto pelo mercado consumidor. Nota-se que essa característica tem se mostrado diferente, de acordo com as regiões, onde se buscam grãos com maior ou menor intensidade de torra. Essa observação é muito importante para o sucesso na implantação de torrefações (PIMENTA, 2003).

Para que a torração dos grãos seja bem conduzida é importante verificar os seguintes fatores: a) movimentação dos grãos, para que haja exposição uniforme ao calor; b) eliminação rápida da umidade e da fumaça desprendidas; c) controle da temperatura dentro do torrador; d) dispositivo para facilitar a tomada de amostras, no acompanhamento do processo de torração; e) a descarga e o resfriamento devem ser rápidos, tão logo o ponto de torra seja atingido (MATIELLO, 1991).

8.5.2.7 Resfriamento

Ao atingir o ponto de torra desejado, deve-se interromper a reação de pirólise pelo resfriamento dos grãos. Esse resfriamento tem por objetivo evitar a carbonização dos grãos e pode ser realizado por meio de injeção de ar frio ou aspersão de água (FRANÇA et al., 2001). Segundo Pimenta (2003), o resfriamento com água provoca uma maior absorção de umidade pelos grãos, que pode chegar a teores de 7% causando seu amolecimento e reduzido o número de partículas finas na etapa seguinte de moagem. O resfriamento com corrente de ar, apesar de ser mais lento, é mais indicado, pois não há absorção de umidade pelos grãos.

8.5.2.8 Moagem

Após o resfriamento, os grãos são conduzidos para silos metálicos suspensos, onde permanecem por um período mínimo de quatro horas para que os gases formados durante a torrefação sejam eliminados. Feito esse descanso, os grãos são encaminhados para unidade de moagem.

O objetivo da moagem é reduzir os grãos a partículas menores para permitir o preparo da bebida. A granulometria dessas partículas deve ser rigorosamente controlada para que se obtenha uma boa bebida, já que o tempo de preparo e o sabor da bebida são influenciados pela moagem. Isso se deve ao fato de a granulometria afetar a extração de sólidos totais, definindo a composição química e o rendimento do produto (MORAES; TRUGO, 2001).

É sabido que moagens mais finas propiciam aos cafés sabores diferentes das moagens mais grossas. Os cafés de moagens finas desprendem componentes solúveis mais rapidamente, originando bebidas mais fortes que partículas maiores (PIMENTA, 2003). Porém, Pereira (2003) relata que, como o tempo de filtração é maior com partículas de moagem fina, ocorre também uma maior perda de substâncias voláteis responsáveis pelo sabor e aroma.

Segundo Matiello (1991), a moagem grossa resulta em cafés de melhor aroma e sabor, embora com menor rendimento aparente em número de xícaras por quilograma de grãos. Já a moagem mais fina possibilita desprendimento maior de gás carbônico (CO_2), retido nos grãos, deteriorando-se mais rapidamente em virtude da exposição ao ar (oxigênio). Esse mesmo autor indica a moagem de granulometria média como ótima, pois proporciona bom desprendimento de princípios aromáticos e rendimento melhor que a moagem grossa.

Se uma grande quantidade de calor for gerada durante o processo de moagem, ocorrerá perda de compostos voláteis imprescindíveis na composição do aroma da bebida.

8.5.2.9 Embalagem

Segundo Labuza (1982), citado por Alves et al. (2003), o café torrado e moído é susceptível à perda de qualidade pela exposição a oxigênio, umidade e pela estocagem em temperaturas elevadas. A oxidação das substâncias responsáveis pelo aroma e sabor e oxidação de lipídeos contidos nos café levam à perda do sabor e de odor característico e ao desenvolvimento do sabor de ranço. A umidade, além de acelerar o processo de deterioração do café, pode ocasionar, a partir de um determinado teor, aglomeração do café e, posteriormente, desenvolvimento microbiano.

Holscher et al. (1990), citado por Moreira et al. (2000), destacam que o café processado contém mais compostos voláteis do que qualquer outro alimento ou bebida (aproximadamente mil compostos voláteis já foram identificados no café torrado).

Desta forma, o café torrado em grão ou torrado e moído requer embalagens que o proteja, a fim de preservar suas características sensoriais, físicas e químicas. De maneira geral, a velocidade de perda de qualidade de café torrado e moído é de cinco a dez vezes maior do que em café em grão (CRUM, 1996).

O café torrado e moído tem um teor de umidade em torno de 3 a 5%, e possui baixa atividade de água, cerca de 0,2. Um alto teor de umidade acelera a reação de oxidação do aroma. Após o processo de torrefação, uma grande quantidade de CO_2 fica retida no interior do grão de café e esse gás é liberado ao longo da estocagem, podendo estufar ou mesmo estourar as embalagens se o café for imediatamente acondicionado após a torra. Para se evitar tais problemas, é sugerido um tempo de espera de duas a 48 horas, sob atmosfera isenta de oxigênio, dependendo do grau de torrefação e granulométrica do café (OLIVEIRA; ALVES, 2004).

Segundo Oliveira e Alves (2004), novas tecnologias de embalagem têm permitido o acondicionamento imediato do café torrado, como o uso de válvulas desgaseificadoras, absorvedores de O_2 e CO_2, associados ou não à tecnologia de atmosfera inerte, que evitam/reduzem e contato do café com o oxigênio e permitem uma maior vida útil ao produto. As válvulas desgaseificadoras são acessórios que permitem a saída de CO_2, produzido durante a torrefação e impedem a entrada de O_2 do ar ambiente, graças a uma membrana seletiva unidirecional.

Oliveira e Alves (2004) destacam três sistemas de acondicionamento para cafés torrados:

- Em atmosfera normal: amplamente utilizado no Brasil. Se o acondicionamento ocorrer logo após os processos de torrefação e moagem é necessário fazer microfuros próximos às termossoldagens das embalagens flexíveis (evitar o estufamento devido à liberação de CO_2), mas essa operação não é indicada, pois desperdiça as características de barreira a gases do material de embalagem. Com esse sistema, a vida útil é menor, pois permite interações com o meio externo e há presença de oxigênio;
- Pela redução do teor de oxigênio por meio de vácuo: antes do acondicionamento, o produto passa por uma etapa de desgaseificação. A estrutura do material de embalagem deve ser projetada para não permitir trocas gasosas com o meio externo. Com esse sistema, a vida útil do produto é maior do que em atmosfera normal, pois as interações com o meio e o teor de oxigênio são reduzidas;
- Pela redução do teor de oxigênio por substituição do ar atmosférico do espaço livre por nitrogênio: durante a formatação da embalagem, a retirada do oxigênio é feita em equipamento automático que realiza a termossoldagem da embalagem e o ar do espaço livre é substituído por nitrogênio por meio de um fluxo contínuo desse gás. Nesse sistema, a diminuição do O_2 do espaço-livre promove um retardamento na deterioração do café e confere uma vida útil ao produto intermediária em relação à atmosfera normal e a vácuo.

8.6 CAFÉ BEBIDA

A bebida café é feita por escalda do pó obtido pela moagem do grão torrado. É considerada bebida estimulante porque contém o alcaloide cafeína em sua composição.

De maneira simplista, pode-se afirmar que há três tipos de café bebida: a) infusão obtida depois da torra do café cru e moagem; b) infusão obtida depois da torra do café descafeinado e moagem; c) bebida obtida pela adição de água ao pó oriundo da desidratação da infusão. O pó pode ser obtido com grãos normais e com grãos descafeinados. A Figura 8.7 ilustra a afirmação.

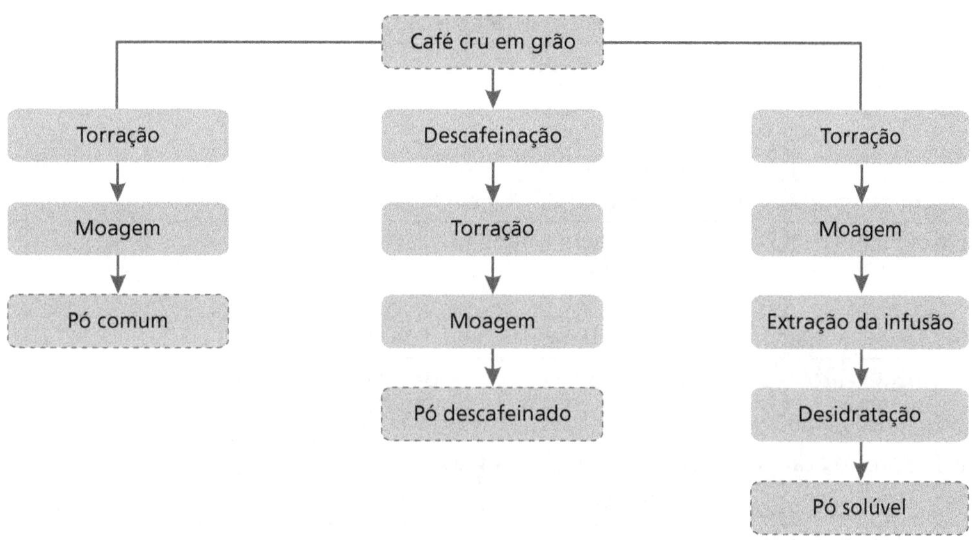

Figura 8.7 Tratamentos do café para obter a infusão.

Em seu opúsculo *De salubérrima potione cahve sev cafe nuncupata discvrsvs* (Discurso sobre a salubérrima bebida chamada caue ou café) publicado em 1671, Fausto Naironi Banesio, salienta as propriedades terapêuticas da infusão de café: "conforta os membros, purifica a pele, seca suas exsudações, melhora o odor do corpo e é boa para o estômago". Também ensina como preparar a bebida: "Adicionar uma libra e meia (681 g) de café torrado e moído em vinte libras (9,08 kg) de água, ferver em vasilha de estanho ou de barro vidrado até evaporar a metade da água. Retirar a vasilha duas ou três vezes do fogo para o pó esquentar e misturar com a água; provavelmente para a mistura em ebulição não derramar. Depois de pronto, beber muito quente, rejeitando as borras" (Departamento Nacional do Café, 1945).

Há diversas formas de preparar uma infusão de café. Pela tradicional brasileira, ferver água, desligar quando em ebulição, adicionar o pó, agitar a mistura e vertê-la sobre um coador feito manga de algodão desengomado ou de flanela. Há quem preconize adicionar o pó à água antes de entrar em ebulição afirmando que esse proceder resulta bebida de melhor qualidade, pois não se perde o ar ocluso, ou porque a água em ebulição extrai outros componentes, que prejudicam o aroma e o sabor. Também, afirma-se que a infusão feita com o grão moído no momento de seu preparo tem melhor qualidade organoléptica. A granulometria do café moído influi na capacidade de extração da água quente.

A modernidade trouxe modificações à maneira de preparar a infusão. A disponibilidade do café moído e empacotado é uma facilidade para quem quer o conforto da rapidez e não deseja o trabalho da moagem. Outras variantes foram a introdução do filtro descartável de papel, que evita a lavagem dos coadores de pano, e a introdução comercial das máquinas elétricas de diversos tipos, que são um sucesso comercial. Elas possuem um reservatório para água, uma resistência elétrica e um porta-filtro que suporta o papel, no qual é colocado o pó de café, em quantidade variável, de acordo com o gosto do consumidor. A água ferve, sobe por um conduto, verte sobre o pó e o lixivia por percolação à pressão normal.

Outra maneira de fazer a infusão é usar as máquinas de café expresso. Providas de uma caldeira, geram vapor d'água que é passado sob pressão por uma camada de pó de café, recém-moído, sustentado por uma tela metálica muito fina. De acordo com a pressão do vapor e da quantidade de pó no porta-pó, a infusão fica mais ou menos forte. Essas máquinas de café expresso têm grande sucesso nas casas de café.

A Tabela 8.4 ilustra as diferenças de concentração de infusões preparadas de diferentes maneiras, medidas por um dos autores. As infusões foram preparadas com 18 g de pó, quantidade média comumente usada nas máquinas de café expresso.

A composição da infusão de café varia de conformidade com a quantidade de pó, da quantidade de água usada na sua preparação, com a espécie de café e com a granulometria do pó.

Tabela 8.4 Concentração de sólidos solúveis em diferentes infusões de café.

Modo de preparar, com 18 g de pó de café	Sólidos na infusão (°Brix)
Café coado após escalda em água em ebulição – 18 g em 50 mL	12,0 (aparência de xarope)
18 g em 100 mL	9,0
18 g em 500 mL	1,8
Café coado após escalda em água a 90 °C 18 g em 100 mL	6,0
Café coado em máquina comercial com passagem de água em pressão normal	
* 35 mL de infusão	4,0
70 mL de infusão	2,0
Café coado em máquina elétrica doméstica 18 g em 500 mL	2,0
Café expresso curto – 30 mL de infusão ** em xícara de 50 mL	5,8
Café expresso comum – xícara de 50 mL ** 18 g em 50 mL	3,8
Café expresso "carioca" – extrato com pó mais lavado **	2,3
Café preparado à moda denominada turca 18 g em 500 mL	1,8
Café expresso preparado em máquina com café em cápsulas: volume 40 mL	4,2 – 4,7
Café expresso em máquina doméstica – curto 18 g em 15 mL	5,4
Extrato de café, para preparo do café solúvel (SIVETZ; FOOTE, 1963)	32 a 35

* Grão de café moído no momento da preparação da infusão

** Os cafés expressos foram preparados com 18 g de pó obtido no momento da preparação do café

A quantidade de água quente usada influi na diluição dos sólidos e, consequentemente, no teor de alcaloides na infusão.

A torrefação aumenta o volume aparente do café em 1/3 do primitivo, diminui o peso de 17 a 21% e altera a composição do grão por causa da desidratação, da oxidação e da carbonização. Água, açúcares, cafeína e taninos diminuem, enquanto outros componentes aumentam, como mostra a Tabela 8.5.

Tabela 8.5 Composição dos grãos de cafés crus e torrados.

Componentes	% sobre a matéria úmida	
	Grãos crus	Grãos torrados
Umidade	11,35	1,73
Albuminas	11,89	13,77
Cafeína	1,29	1,27
Matéria graxa e extrato etéreo	12,34	13,02
Açúcares	8,39	1,23
Ácido tânico	6,42	4,69
Extrativos não nitrogenados	18,11	32,39
Celulose	26,16	26,31
Cinzas	4,04	4,69

Fonte: Nosti Nava (1953).

8.7 CAFÉ SOLÚVEL

O café solúvel, em definição muito simples, é a matéria seca contida em uma infusão de café separada da água. Ela se apresenta na forma de pó ou de produto granulado e, como é um material do qual se retirou a água, ao ser-lhe de novo adicionada refaz-se a infusão, ou seja, a bebida café. A alta solubilidade refaz o extrato de imediato, motivo por que esse material seco também se denomina *café instantâneo*. A bebida obtida encerra sólidos solúveis em concentração proporcional à quantidade de matéria seca usada em sua preparação.

Seu uso está difundido pela facilidade de preparação, embora seu sabor seja diferente da infusão por escalda ou do café expresso.

O sabor e o aroma da bebida decorrem da presença de substâncias voláteis e não voláteis. São voláteis: aldeídos (acetaldeído, propionaldeído, butiraldeído, valerialdeído, furfural), cetonas (acetoína ou acetil metil carbinol, metil etil cetona), alcoóis (metanol), ésteres (metil formiato, etil formiato, metil acetato, compostos heterocíclicos – furano e metil furano), piridinas, trigonelina, niacina (ácido nicotínico), vitaminas (tiamina no café cru, nada no torrado, riboflavina, ácido pantotênico, colina, ácido fólico, vitamina B_6 e traços de B_{12}, todos sem importância dietética), compostos sulfurados (dimetil sulfeto, metil mercaptana, ácido sulfídrico, dissulfeto de carbono) e hidrocarboneto (pentadieno). Não são voláteis: cafeína, ácido clorogênico, oxálico, málico, cítrico, tartárico, pirúvico (deste, 0,05% no grão torrado), fenóis, proteína, açúcares, açúcares caramelizados (4% no torrado e 14% no café solúvel), óleo e cinzas (4% no grão cru, com predominância de K_2O, MgO, CaO, SiO_2 e Fe_2O_3).

8.7.1 Preparo industrial

A rigor, pode-se dizer que há três tipos de café solúvel, um líquido e dois desidratados. Em qualquer caso, a obtenção industrial inicia pela obtenção de uma infusão e segue pela sua simples concentração para produzir um líquido espesso como um licor. Esse tipo não tem sucesso comercial, embora teoricamente seja possível obter bebida apenas por diluição do concentrado com água.

Os dois tipos desidratados são sucesso comercial. Um é obtido pela secagem da infusão em câmaras de atomização por injeção de ar seco e aquecido, e o outro pela liofilização, que é a desidratação sob vácuo de infusão congelada. Este processo faz o melhor produto, com o mínimo de alteração nas qualidades organolépticas.

De acordo com relatos históricos, as tentativas para obter café instantâneo tiveram início no século XVI, na Inglaterra, depois houve produção comercial durante a Guerra Civil americana, mas apenas em 1903 teria sido conseguido um método de sucesso no Japão.

Na década de 1930, teria sido estimulada a sua produção no Brasil, para compensar as grandes perdas de matéria-prima, por consequência da crise econômica mundial de 1929. Em 1938, a Cia. Suíça Nestlé obteve o Nescafé e, daí em diante, muitas foram as invenções, até o produto instantâneo obtido pela desidratação em baixíssima temperatura e alto vácuo.

Em todos os casos, a preparação industrial segue um protocolo que se descreve a seguir.

8.7.1.1 Extração

Inicia pelo preparo de uma infusão de café torrado e moído após seleção de bons grãos crus. O grão é moído e enviado a percoladores montados em baterias de seis a oito vasos (Figura 8.8) e submetido à passagem de água superaquecida a 140-160 °C. A água é introduzida sob pressão (variável de 10 a 42 kgf/cm^2, com média de 21 kgf/cm^2), e passa por uma carga de café torrado e moído, com granulometria adequada para formar camada que permita a passagem uniforme do líquido extrator, sem formar canais ou sem compactá-la. A formação de canais entre os grãos moídos causa a passagem livre da água entre eles, sem boa extração, e a compactação reduz a eficiência da passagem. Em ambos os casos, há prejuízo do desempenho da percolação e da extração dos sólidos solúveis do café.

Nos extratores, a água flui através da carga de café na primeira coluna e forma um extrato que passa para o percolador seguinte e, sucessivamente, até o último. Sua passagem sucessiva pelas colunas conduz a um extrato de concentração crescente da primeira à última coluna, de onde é extraído com 25 a 35% de sólidos solúveis, como um xarope ou licor. O processo começa quando a água é injetada na primeira coluna até que o café nela contido fique esgotado. A borra residual é retirada e a coluna é recarregada com novo café moído, passando a ser a última coluna extratora. A passagem da água e do extrato entre as colunas é feita por intermédio de um sistema de tubulação complexo, com muitos registros, que permitem a troca de fluxos, reversões, enfim, todas as operações necessárias para o funcionamento como uma bateria.

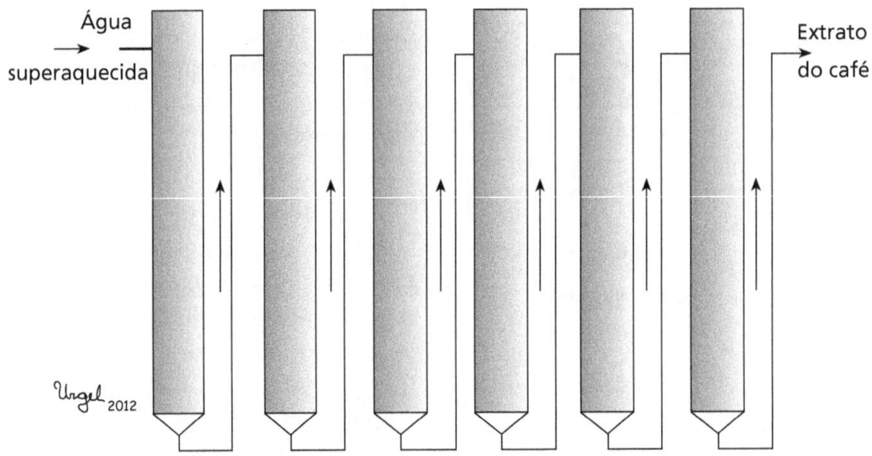

Figura 8.8 Esquema de bateria de percoladores.

O extrato resultante é uma infusão que, a seguir, pode ser concentrada até 40% de sólidos em aparelhos de múltiplo efeito para maior rendimento, ou é imediatamente resfriada a 5° C e congelada, o que concentra a solução. O congelamento é feito de forma muito rápida para evitar a formação de grandes cristais de gelo.

8.7.1.2 Secagem

O extrato final é enviado para desidratação em secadores atomizadores ou em liofilizadores.

Por meio da pulverização ou atomização (Figura 8.9), a desidratação segue marcha simples. Sem detalhamento, o extrato é pulverizado (atomizado) em uma alta e ampla câmara, injetado por cima com grande pressão, contra uma corrente ascendente de ar aquecido com temperatura em torno de 200 °C.

As dimensões da câmara são estabelecidas de forma que as minúsculas partículas do extrato sequem quase instantaneamente em contato com o ar quente e caiam como pó na parte inferior da câmara, de onde é retirado para embalagem e expedição.

Embora a temperatura do ar de secagem seja muito alta, a velocidade da contracorrente é tal que as partículas do extrato secam em baixa temperatura e não prejudicam a sua qualidade.

Por meio da liofilização, o extrato obtido na bateria de percoladores é resfriado em trocadores de calor até 5 °C e, a seguir, congelado rapidamente (–50 a –80 °C), para que não se formem grandes cristais de gelo, e encaminhado a uma câmara de alto vácuo, correspondente à coluna de alguns milímetros de mercúrio (4,5 mm Hg ou 4,5 torr) e temperatura muito baixa (–40 a –50 °C) onde se mantém nas condições de ponto triplo (equilíbrio das fases sólida, líquida e vapor da água congelada), esquematizado na Figura 8.10.

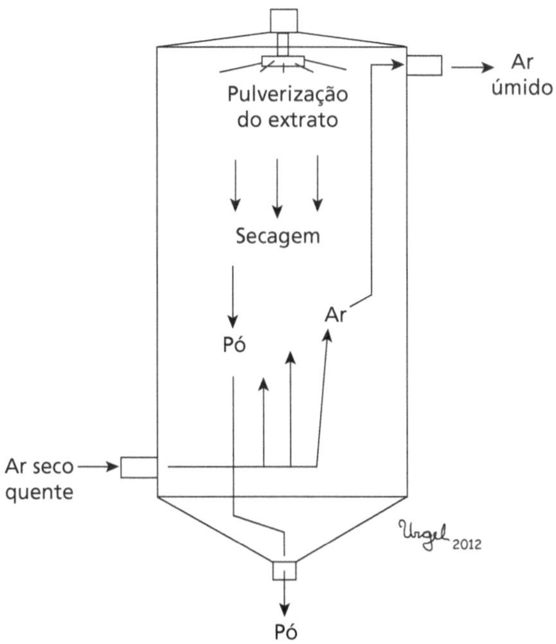

Figura 8.9 Desidratação por atomização.

A seguir, é aplicado aquecimento suficiente para causar a sublimação do gelo; nessa fase, que é bem lenta, perto de 95% do gelo é sublimado; o vácuo acelera a sublimação e age como agente de secagem. É a primeira secagem.

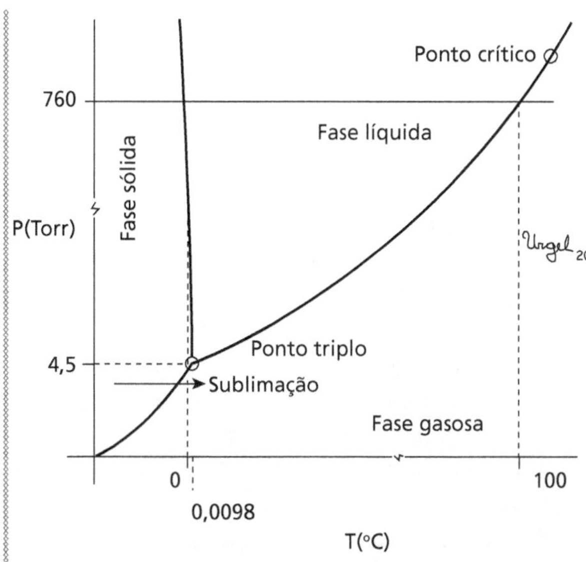

Figura 8.10 Ponto triplo da água.

Na liofilização, a secagem do material congelado se mantém nos limites do ponto triplo, distante da passagem da fase líquida para a gasosa, como é normal em uma secagem comum.

A água sublimada é condensada em condensador mantido em baixa temperatura, ao redor de –50 °C, para evitar que o vapor d'água atinja a bomba de vácuo e prejudique seu desempenho. O calor fornecido é radiante, sendo negligenciável o calor de convecção pela baixa densidade do ar.

Depois da sublimação, o aquecimento pode ser mais intenso e mesmo acima de 0 °C, para causar a evaporação da água não congelada contida no material. A partir desse ponto, o aquecimento não prejudica as características intrínsecas do material. É a segunda secagem.

O material desidratado se solubiliza imediatamente em água (de preferência quente). Para garantir sua conservação pode ser adicionado de antiumectantes que mantêm o produto seco desde que conservado em recipientes herméticos e rapidamente manuseado no momento da preparação da bebida. Ele costuma ser protegido pela adição de açúcares, polissacarídeos ou polialcoóis.

8.8 CAFEÍNA

Seu teor varia nos grãos de acordo com a espécie. Os cafés da espécie arábica geralmente contêm 1% e os da espécie robusta 2%.

A cafeína (1, 3, 7 trimetilxantina – $C_8H_{10}N_4O_2$), de massa molecular 194, também denominada dioxipurina, teína, guaranina e metilteobromina, é substância branca, cristalina, amarga, sem aroma, de solubilidade variável em água. Varia de ligeiramente solúvel em água a 20 °C, a 18% em água a 80 °C e 40% em água a 100 °C. Sublima a 178 °C, acumula-se nos torradores e ocasionalmente pode ser vista cristalizada sobre o café torrado. É um alcaloide, base nitrogenada identificada por Ruge em 1820. Nessa época, além da cafeína, vários alcaloides foram identificados na seguinte ordem: morfina (primeiro isolado), marcotina, estricnina, veratrina, brucina, quinina, cafeína, siropina, coniina, nicotina e atropina.

A cafeína é obtida pura, como subproduto da descafeinação do café.

Uma xícara de café, de aproximadamente 150 mL de infusão contém de 100 a 200 mg de cafeína, massa variável de acordo com a quantidade de pó de café usado para fazer a infusão e com a forma como é preparada.

Sua estrutura química é relacionada com a da teobromina, como se depreende de suas composições, representadas na Figura 8.11.

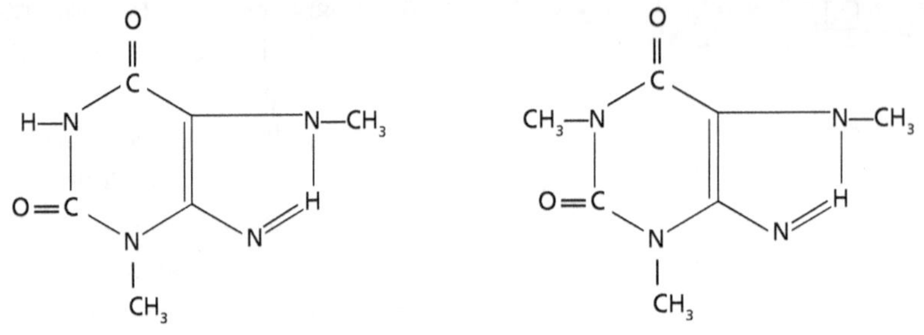

Teobromina Cafeína

Figura 8.11 Teobromina e cafeína.

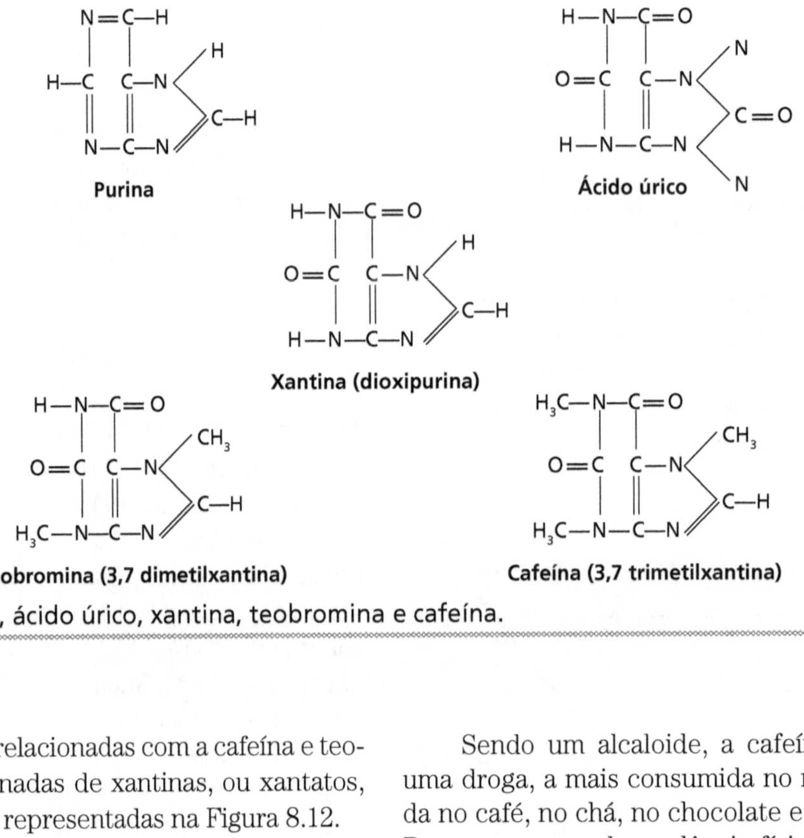

Purina

Ácido úrico

Xantina (dioxipurina)

Teobromina (3,7 dimetilxantina)

Cafeína (3,7 trimetilxantina)

Figura 8.12 Purina, ácido úrico, xantina, teobromina e cafeína.

As substâncias relacionadas com a cafeína e teobromina são denominadas de xantinas, ou xantatos, purina e ácido úrico, representadas na Figura 8.12.

8.8.1 Efeitos da cafeína

De acordo com as informações bibliográficas, o café possui propriedades terapêuticas, mas há opiniões contrárias devidas à presença de cafeína.

A cafeína é um alcaloide, produto nitrogenado com marcante atividade fisiológica, mas menos ativa que outros alcaloides como nicotina, atropina, cocaína e adrenalina. Entretanto, segundo Coe e Coe (1996), instituições de saúde norte-americanas classificam os efeitos da cafeína sobre o organismo em segundo lugar, em uma ordem em que heroína fica em primeiro e a maconha em terceiro lugar.

Sendo um alcaloide, a cafeína é considerada uma droga, a mais consumida no mundo, encontrada no café, no chá, no chocolate e em refrigerantes. Para uns, causa dependência física e psicológica e, segundo os mais extremados, os fabricantes de refrigerantes a adicionam em seus produtos para conseguir um mercado seguro. Para outros, os efeitos da cafeína aparecem em longo prazo, e há quem afirme que não causa dependência.

A cafeína alivia dores de cabeça causadas por pressão sanguínea alta e fadiga, aumenta o fluxo urinário, é leve estimulante do coração e rins, estimula muitas funções do corpo humano, sem efeito depressivo posterior, como ocorre com outros alcaloides (SIVETZ; FOOTE, 1963).

A ingestão excessiva de café pode ter efeito superestimulante e até tóxico, mas outras substâncias presentes na infusão, voláteis ou não, também têm efeitos fisiológicos, o que permite deduzir que os efeitos do café talvez não devam ser atribuídos somente à cafeína.

Segundo Coe e Coe (1996), em estado puro, a cafeína causa estímulo ao sistema nervoso central, causa nervosismo, ansiedade, insônia, e pode levar a ataques do coração. Em geral, os efeitos tóxicos das substâncias são estudados com produtos puros, mas seus efeitos são certamente diferentes quando elas são componentes de bebidas e alimentos preparados. Cafeína em estado puro afeta o homem, mas não são precisos os conhecimentos sobre os seus efeitos quando se encontra como componente de alimento que inclui açúcares, leite e aromatizantes, ou sob a forma de bebida preparada por infusão do pó em água, ou por cozimento com leite, açúcar e aromatizantes.

A maneira da cafeína e dos outros alcaloides atuar é característica de cada um. No café o teor de cafeína varia de acordo com a maneira de preparar a infusão, além da variedade e grau de torração.

Se a cafeína pode causar efeitos considerados maléficos, por outro lado há quem lhe atribua uma série de vantagens, como ser antiestressante, redutora de fadiga, estimulante das faculdades intelectuais e da secreção gástrica, o que pode ser inadequado para portadores de úlceras gástricas. Os estudos sobre ela são constantes desde sua identificação, mas as conclusões são, em certos casos, conflitantes.

A sensibilidade aos componentes do café varia de acordo com os indivíduos, e há muito a estudar sobre seus efeitos sobre o corpo humano.

Quanto à cafeína e à teobromina, alguns autores admitem que atuam nos centros nervosos, favorecem as faculdades mentais, diminuem a sensação de cansaço, estimulam os sistemas circulatório e respiratório, favorecem a circulação do sangue, aumentam a diurese, mas induzem a insônia.

Para Zipperer (1903), cafeína e teobromina têm ação fisiológica e podem ser tóxicas em grandes doses. A teobromina produz efeitos semelhantes aos da cafeína, mas, sendo menos solúvel, sua ação é menos intensa.

Antes de julgar como benéfico ou maléfico um alimento ou uma bebida que contém alcaloides é preciso saber que quantidade do princípio ativo será ingerida. Os efeitos estimulantes são dependentes do indivíduo, de sua resistência, e do grau de diluição do estimulante na bebida ou no alimento.

Segundo a bibliografia, os teores de cafeína nas infusões variam muito. Para um autor, uma xícara da infusão contém de 15 a 325 mg de cafeína, dependendo da espécie e da forma como é preparada a infusão. Para outro, uma xícara de café coado ou passado pela máquina extratora de café expresso contém de 50 a 175 mg de cafeína. Para um terceiro, uma xícara de 150 mL de café contém de 60 a 100 mg de cafeína.

Outros autores informam que uma xícara de café coado contém 150 mg de cafeína, uma xícara de café expresso, 350 mg, uma de café instantâneo, 100 mg, e uma xícara de café descafeinado, 4 mg. Estas informações não são completas porque não citam o volume das xícaras nem a quantidade de pó usada para preparar as infusões, e nem relacionam com o teor de sólidos solúveis em uma infusão.

Resumindo, várias são as opiniões sobre os efeitos da cafeína. O efeito mais decantado é sobre o sono, impedindo-o ou reduzindo-o, porque bloqueia a recepção de adenosina, substância importante para o sono profundo.

Nos receptores de adenosina das células nervosas, a cafeína inibe o hormônio e sua capacidade redutora de frequência cardíaca, da pressão arterial e de temperatura do corpo. Ela afeta a pituitária e libera adrenalina, causadora de taquicardia, aumento da pressão arterial e abertura dos canais respiratórios, comunica sensação de bem-estar porque libera dopamina, substância relacionada com sensação de prazer, e aumenta sua concentração no sangue.

Quanto ao mal de Parkinson, é aceito que o consumo regular de café e, por decorrência, de cafeína, pode reduzir o risco de sua aquisição, talvez por causa do aumento de dopamina.

Um estudo com mulheres após a menopausa, habituadas ao álcool, ao fumo e à reposição hormonal, mesmo as que ingeriam cálcio, confirmou que o hábito regular de consumir café não afetou a densidade óssea, nem acrescentou risco de osteoporose.

Muitos estudos indicam que tomar café reduz o risco de formação de cálculos biliares, formação de colesterol e não conduz a infarto do miocárdio. Nesses estudos, entre os consumidores de café, houve redução do risco de câncer colo retal, não houve relação do consumo com a ocorrência de refluxo ácido e, entre as mulheres, não houve evidência do risco de aborto espontâneo por consumo de café no primeiro trimestre da gravidez.

O café tem atividade antioxidante, maior do que o chá verde, atividade que não se reduz com a descafeinação. Ela decorre da ocorrência de antioxidantes do tipo polifenóis, dos quais o principal representante é o ácido clorogênico, em teor de 5 a 7% nos cafés da espécie arábica e de 7 a 10% nos da espécie robusta. De acordo com a palestra "O café pode ser bom para a saúde", do médico Prof. Dr. Darcy Roberto de Lima, em um Congresso sobre Pesquisas Cafeeiras, em 2002, são infundadas as contraindicações sobre a ingestão moderada de cafeína, considerada moderada a ingestão de até 500 mg por dia (500 mL de infusão), dose equivalente à ingestão de quatro a cinco xícaras médias. Essa quantidade é inócua ou ineficaz para os sistemas cardiovascular, digestivo, reprodutor, endócrino e como carcinogênico.

Após entrar na corrente sanguínea, a cafeína se distribui por todas as células do organismo. Uma pequena parcela da cafeína circulante do sangue liga-se às proteínas plasmáticas que atuam como depósito da substância. À medida que a cafeína das células vai sendo destruída pelo organismo e eliminada, a cafeína ligada às proteínas é liberada para suprir a que foi eliminada, até a completa excreção pelo organismo. A principal rota de eliminação da cafeína e das demais metilxantinas é o fígado. Nas células hepáticas, a cafeína é transformada em dois metabólitos principais, o ácido 1, metil-úrico e a 1, metil xantina. Também são formadas pequenas quantidades do ácido 1,3 dimetil-úrico, a 7metil xantina e a 1,7dimetil-xantina. Esses metabólitos mais uma pequena parcela da cafeína intacta são excretados pela urina. O fígado leva algum tempo para metabolizar a cafeína. O tempo gasto para degradar 50% da quantidade existente no organismo é denominada de meia-vida, cujo símbolo é t½. Em uma meia-vida são eliminados 50% da cafeína, permanecendo 50%. Em outra meia-vida são eliminados outros 50% do remanescente (25%) persistindo 25%. Na terceira meia-vida são eliminados outros 50% do que ficou no organismo (12,5%) e na quarta meia-vida é eliminado outro tanto (6,25%). Após quatro a cinco meias-vidas a cafeína terá sido quase que completamente eliminada do organismo (50%, 25%, 12,5%, 6,25%, 3,125% e assim sucessivamente até seu esgotamento). A meia-vida da cafeína apresenta uma grande variação individual, oscilando entre 3 a 7,5 horas em indivíduos normais. É mais rápida em crianças, em que a meia-vida está em torno de 3,5 horas e mais lenta em gestantes, em que a meia-vida pode estar em torno de 10 a 15 horas.

A nicotina acelera o metabolismo e estimula o consumo de cafés pelos fumantes. As gestantes metabolizam mais lentamente os anticoncepcionais com estrógenos e progesterona e diminuem a metabolização hepática da teofilina. A insuficiência cardíaca, cirrose hepática e do coração e a desnutrição aumentam a meia-vida da cafeína.

Por esse motivo, enquanto pessoas desnutridas, com doenças hepáticas ou cardíacas, mulheres que fazem uso de anticoncepcionais e gestantes podem apresentar menor tolerância à ingestão de quantidades regulares de café, um fumante crônico pode tolerar maior quantidade.

É importante repetir que, antes de julgar como benéfico ou maléfico um alimento ou uma bebida que contém cafeína, é preciso saber que quantidade do princípio ativo será ingerida. Os efeitos estimulantes são dependentes de cada indivíduo, de sua resistência e do grau de diluição do estimulante na bebida ou no alimento.

8.9 DESCAFEINAÇÃO DO CAFÉ

A insônia, que se acreditava ser causada pela ingestão de cafeína na infusão de café antes da hora de dormir, e até mesmo com muito tempo de antecedência, despertou o interesse da comunidade científica pela remoção do alcaloide, no início do século XX. Vale lembrar que a cafeína não é o principal componente do café (Tabela 8.2 e 8.3).

Segundo a Wikipédia, o primeiro processo de descafeinação de sucesso se deve a Ludwig Roselius e Wimmer Karl em 1903. Roselius teria procurado encontrar uma forma de remover a cafeína, porque estava convencido de que seu genitor estava sendo envenenado por beber café em excesso. Em seus trabalhos, ele observou que solventes como clorofórmio e benzeno eram capazes de dissolver a cafeína natural dos grãos de café.

Considera-se descafeinado o café com 0,1% de cafeína, ou menos, nos grãos de café torrado, e 0,3%, ou menos, no café solúvel. É o produto que consomem os que desejam desfrutar do sabor e do aroma da bebida, sem se sujeitar aos efeitos estimulantes do alcaloide. Na xícara, suas características organolépticas se comparam ao do café comum. Entretanto, há afirmações de que o sabor e o aroma do café descafeinado modificam e perdem pontos na avaliação qualitativa e comparativa com a infusão de café integral. Se há modificação, talvez seja por imperfeições do método de eliminação da cafeína.

A descafeinação é a remoção da cafeína dos grãos crus por ação da água, ou de solventes específicos que não afetem a matéria-prima. Por uma técnica de descafeinação, os grãos crus são submetidos a lixiviação com água a 90-95 °C em percoladores. A água é injetada quente e permanece por certo tempo em contato com os grãos crus. Após tempo de residência de até oito horas, os grãos úmidos apresentam ao redor de 50% de umidade e, aproximadamente, 0,5% de cafeína. O extrato aquoso, efluente dos percoladores, é saturado de sólidos solúveis e acusa ao redor de 0,5% de cafeína. A extração é feita lentamente e varia com o tipo e tamanho dos grãos de café.

A remoção da cafeína dos extratos aquosos ricos em sólidos solúveis pode ser feita com solventes como benzeno, clorofórmio, tricloroetileno, diclorometano e acetato de etila. No processo pioneiro de Roselius, era usado o benzeno. A partir de 1930, os solventes mais usados passaram a ser o diclorometano e o acetato de etila. O diclorometano que era usado na década de 1980 foi substituído pelo acetato de etila em 1990. Em equipamentos especiais, a cafeína é transferida seletivamente do extrato aquoso para o solvente, por extração líquido–líquido em contracorrente.

Essa extração é realizada sob condições controladas de temperatura, pressão e tempo. Em outras palavras, é a difusão da cafeína da estrutura do grão cru para um solvente por diferença de concentração, até que a concentração de cafeína no solvente seja a mesma no interior do grão e no líquido extrator.

O processo industrial distingue quatro fases: umedecimento dos grãos crus, extração da cafeína, remoção dos solventes residuais dos grãos tratados e secagem dos grãos processados.

Quando o grão cru é imerso em água, a cafeína se dissolve e é removida, mas com isso pode-se perder grande parte aroma do café. Para superar este problema, procura-se saturar o líquido extrator com os componentes hidrossolúveis do café. A cafeína é removida da solução pelo uso de carvão ativado ou outros adsorventes, que a retêm, e o extrato já sem a cafeína é reciclado para retornar aos grãos os sólidos solúveis que garantem as características de aroma e sabor.

Quando é usado acetato de etila, sua mistura com água na maceração do grão cru causa a dissolução da cafeína e sua migração para o líquido. Por meio de adsorvente separa-se a cafeína da mistura de água e o solvente que é regenerado. A água é reciclada sobre os grãos algumas vezes para aumentar o rendimento da extração e, ao final, após secagem, os grãos continuam com suas qualidades normais de aroma e sabor. A operação termina quando o material resta com o mínimo de cafeína admitido legalmente, ou inferior a 0,1%.

Quando se usa o diclorometano, o solvente é passado várias vezes pelos grãos umedecidos e extrai a cafeína seletivamente. A operação é repetida até que o teor de cafeína nos grãos atinja 0,1%. Em seguida é feita a separação do alcaloide, cuidando para que contenha mínimo resíduo do solvente.

Modernamente, os solventes considerados tóxicos e suspeitos de ação carcinogênica foram substituídos por fluido supercrítico de dióxido de carbono, à pressão de 72,8 atm e temperatura de 31 °C. Sob alta pressão, o dióxido de carbono supercrítico lixivia os grãos de café, dissolve a cafeína em até 99% e a arrasta.

A Figura 8.13 esquematiza um equipamento para a extração com dióxido de carbono.

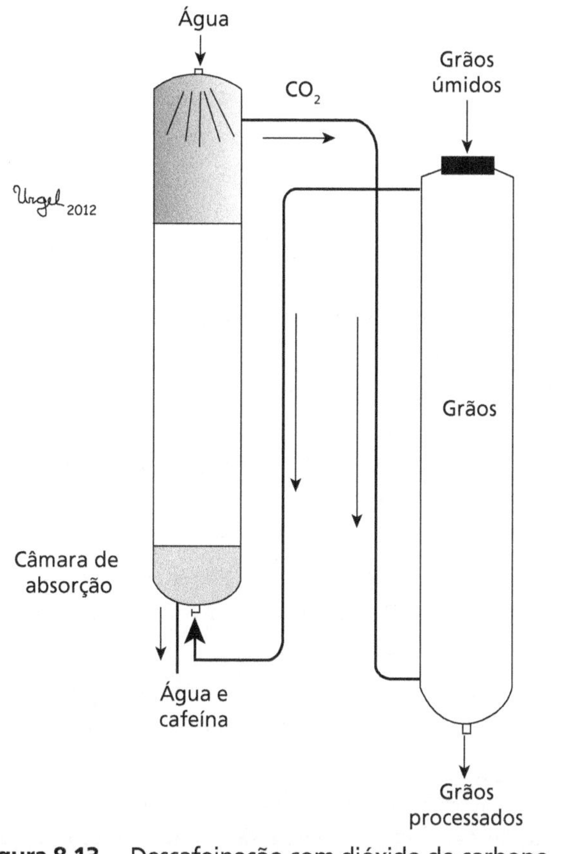

Figura 8.13 Descafeinação com dióxido de carbono.

Silvarolla et al. (2004) observaram que entre as plantas de café arábica do banco de espécies e variedades do Centro de Café do Instituto Agronômico de Campinas, três variedades legalmente procedentes da Etiópia, produziram grãos com 0,61% de teobromina e mínimo teor de cafeína, 0,06% contra 1-1,2% normalmente encontrado na espécie. As plantas parecem ser deficientes em cafeína sintase, que preside a síntese da cafeína a partir da precursora teobromina. Desde então, pesquisas vêm sendo feitas para melhorar a produtividade dessas variedades ou para transferir biotecnologicamente essa característica genética para outras variedades de café exploradas economicamente.

O termo *descafeinação* se generalizou por causa da remoção do alcaloide dos grãos de café cru, mas tem a mesma significação quando se trata da sua eliminação de qualquer outra planta que a encerre em sua composição, como o chá, por exemplo.

BIBLIOGRAFIA

AFONSO JÚNIOR, P. C. **Aspectos físicos, fisiológicos e da qualidade do café em função da secagem e do armazenamento.** 2001. 373f. Tese (Doutorado em Engenharia Agrícola) – Universidade Federal de Viçosa, Viçosa, 2001.

AFONSO JÚNIOR, P. C. et al. Avaliação da qualidade de grãos de café preparados por "via seca" e "via úmida" em função da condição e período de armazenamento. **Revista Brasileira de Armazenamento,** Viçosa, v. 23, n. 3, p. 46-53, 2001. Especial Café.

AFONSO JÚNIOR, P. C. et al. Contribuição das etapas de pré-processamento para a qualidade do café. **Revista Brasileira de Armazenamento,** Viçosa, n. 8, p. 46-53, 2004. Especial Café.

ALEMAR, B. R. Cultura do cafeeiro: fatores que afetam a produtividade do cafeeiro. In: SIMPÓSIO SOBRE FATORES QUE AFETAM A PRODUTIVIDADE DO CAFEEIRO, 1., 1984, Poços de Caldas. **Anais...** Piracicaba: Associação Brasileira para Pesquisa da Potassa e Fosfato, 1986. 447p.

ALMEIDA, A. A. P. et al. Café e saúde: três décadas de estudos. **Revista Brasileira de Armazenamento,** Viçosa, n. 7, p. 56-63, 2003. Especial Café.

ALVES, R. M. V. et al. Café torrado e moído em embalagens inertizadas. **Ciência e Tecnologia de Alimentos,** Campinas, v. 23, p. 22-27, dez. 2003. Suplemento.

AMORIM, H. V. **Aspectos bioquímicos e histoquímicos do grão de café verde relacionados com a deterioração de qualidade.** 1978. 85f. Dissertação (Livre Docência) – Escola Superior de Agricultura "Luiz de Queiroz", Universidade de São Paulo, Piracicaba, 1978.

ARRUDA, A. C. et al. Justificativas e motivações do consumo e não consumo de café. **Ciência e Tecnologia de Alimentos,** Campinas, v. 29, n. 4, p. 754-763, 2009.

ASSOCIAÇÃO BRASILEIRA DA INDÚSTRIA DE CAFÉ. **Exportações do Agronegócio Brasileiro – Total 2009.** Rio de Janeiro, 2010.

ASSOCIAÇÃO BRASILEIRA DA INDÚSTRIA DE CAFÉ. **Café beneficiado safra 2011:** parque cafeeiro, produção e produtividade. Rio de Janeiro. Disponível em: <http://www.abic.com.br/publique/cgi/cgilua.exe/sys/start.htm?sid=48>. Acesso em: 27 mar. 2012.

BORÉM, F. M. et a. Processamento e secagem dos frutos verdes do cafeeiro. **Revista Brasileira de Armazenamento,** Viçosa, n. 9, p. 19-24, 2006. Especial Café.

BANESIO, F. N. **Discurso sobre a salubérrima bebida chamada cahve ou café.** Rio de Janeiro: Departamento Nacional do Café. 1945. 23p.

BUDAVARI, S. (Ed.). **The Merck Index.** 11. ed. Rahway: Merck Co. 1989.

BORÉM, F. M. **Pós-colheita do café.** Lavras: UFLA, 2008. 631p.

BORÉM, F. M.; MARQUES, E. R.; ALVES, E. Ultrastructural analysis of drying damage in parchment Arabica coffee endosperm cells. **Biosystems Engineering,** London, v. 99, p. 62-66, 2008.

BORGES, F. B.; JORGE, J. T.; NORONHA, R. Influência da idade da planta e da maturação dos frutos no momento da colheita na qualidade do café. **Ciência e Tecnologia de Alimentos,** Campinas, v. 22, n. 2, p. 158-163, 2002.

BRASIL. Ministério da Agricultura, Pecuária e Abastecimento. Instrução normativa n. 8, de 11 de Junho de 2003. **Regulamento técnico de identidade e de qualidade para a classificação do café beneficiado grão cru.** Brasília, 2003.

BRASIL. MINISTÉRIO DA AGRICULTURA, PECUÁRIA E ABASTECIMENTO. Instrução normativa n. 16, de 24 de Maio de 2010. **Regulamento técnico para o café torrado em grão e café torrado e moído.** Brasília, 2010.

BRAZIL SPECIALTY COFFEE ASSOCIATION – BSCA. **Cafés Especiais.** Disponível em: <http://bsca.com.br >. Acesso em: 21 dez. 2011.

BRESSANI, R.; ESTRADA, E.; JARQUIN, R. Pulpa y pergamino de café. I. Composición quimica y contenido de aminoácidos de Ia protelna de Ia pulpa. **Turrialba,** San José, v. 22, n. 3, p. 229-304, 1972.

BRIDSON, D. M. Additional notes on *Coffea* (Rubiaceae) from tropical East Africa. **Kew Bulletin,** London, v. 49, n. 2, p. 331-342, 1994.

BRIDSON, D. M.; VERDCOURT, B. **Flora of tropical East Africa:** Rubiaceae. (Part 2). Cape Town: Iziko Museums of Cape Town, 1988. p. 415-747.

CANNELL, M. R. G. Physiology of the coffee crop. In: CLIFFORD, M. N.; WILSON, K. C. (Eds.). **Coffee:** botany, biochemistry and production of beans and beverage. London: Croom Helm, 1985. p. 108-134.

CARVALHO, V. D., CHALFOUN, S. M. Aspectos qualitativos do café. **Informe Agropecuário**, Belo Horizonte, v. 11, n. 126, p. 79-92, jul. 1985.

CARVALHO, A.; FAZUOLI, L. C. Café. In: FURLANI, A. M. C.; VIEGAS, G. A. (Eds.). **O melhoramento de plantas no Instituto Agronômico.** Campinas: Instituto Agronômico, 1993, p. 29-76.

CLARKE, R. J. **Encyclopedia of food sciences and nutrition.** In: CABALLERO, B.; TRUGO, L. C.; FINGLAS, P. (Eds.). London: Academic Press, 2003. v. 3, p. 1486.

COE, S. E.; COE, M. E. **The true history of chocolate.** London: Thames & Hudson, 1996. 280p.

CORADI, P. C.; BORÉM, F. M.; OLIVEIRA, J. A. Qualidade do café natural após diferentes tipos de secagem e armazenamento. **Revista Brasileira de Engenharia Agrícola e Ambiental,** Campina Grande, v. 12, n. 2, p. 181-188, 2008.

CRUM, J. **Roast & ground coffe.** Macedon: Mobil Chemical Company, 1996. 23p.

DE CASTRO, R. D.; MARRACINI, P. Cytology, biochemistry and molecular changes during coffee fruit development. **Brazilian Journal of Plant Physiology,** Campos dos Goytacazes, v. 18, n. 1, p. 175-199, 2006.

DEDECCA, D. M. Anatomia e desenvolvimento ontogenético de *Coffea arabica* L. var. Typica Cramer. **Bragantia,** Campinas, n. 16, p. 315-355, 1957.

OLIVEIRA, P. A. P. L. V.; ALVES, R. M. V. Embalagem para café torrado: uma alternativa para a agregação de valor ao produto. **Boletim de Tecnologia e Desenvolvimento de Embalagens,** Campinas, v. 16, n. 1, p. 5-8, jan./fev./mar. 2004. Disponível em: <http://www.cetea.ital.org.br/cetea/informativo/v16n1/>. Acesso em: 13 dez. 2011.

FAO – Food and Agriculture Organization. **Top production** – coffee, green. Rome, 2010.

FERNANDES, S. M. et al. Constituintes químicos e teor de extrato aquoso de cafés arábica (*Coffea arabica* L.) e conilon (*Coffea canephora* Pierre) torrados. **Ciência e Agrotecnologia,** Lavras, v. 27, n. 5, p. 1076-1081, 2003.

FRANÇA, A. S. et al. Evolução da composição do extrato aquoso de café durante o processo de torrefação. **Revista Brasileira de Armazenamento,** Viçosa, n. 2, v. 2, p. 37-47, 2001. Especial Café.

HOUAISS, A. **Houaiss da língua portuguesa**: dicionário eletrônico. Rio de Janeiro: Objetiva, 2001. 1 CD-ROM.

ILLY, A.; VIANNI, R. **Espresso coffee**: the chemistry of quality. San Diego: Academic Press, 1996. 253p.

INSTANT coffee. Wikipedia: the free encyclopedia, 2012. Disponível em: <http://en.wikipedia.org/wiki/;instant_coffee>. Acesso em: 25 mar. 2012.

INSTITUTO BRASILEIRO DE GEOGRAFIA E ESTATÍSTICA. **Séries estatísticas & históricas:** PA9 – Lavoura permanente – quantidade produzida. Rio de Janeiro: IBGE, 2009.

KY, C. L. Caffeine, trigonelline, chlorogenic acids and sucrose diversity in wild *Coffea arabica* L. and *C. canephora* P. accessions. **Food Chemistry,** Oxford, v. 75, p. 223-230, 2001.

LIMA, U. A. Bebidas estimulantes. In: VENTURINI FILHO, W. G. (Coord.). **Tecnologia de bebidas.** São Paulo: Blucher, 2005. p. 119-140.

LOPES, C. R.; MUSCHE, R.; MIROSLAWA, H. Identificação de pigmentos flavonóides e ácidos fenólicos nos cultivares Bourbon e Caturra de *Coffea arabica.* **Revista Brasileira de Genética,** Ribeirão Preto, v. 7, p. 657-669, 1984.

MAIER, H. G. Les acides du café. **Café Cacao Thé,** Paris, v. 31, n. 1, p. 49-57, 1987.

MARQUES, E. R. et al. Eficácia do teste de acidez graxa na avaliação da qualidade do café arábica (*Coffea arabica* L.) submetido a diferentes períodos e temperaturas de secagem. **Ciência e Agrotecnologia,** Lavras, MG, v. 32, n. 5, p. 1557-1562, 2008.

MATIELLO, J. B. **O café:** do cultivo ao consumo. São Paulo: Globo, 1991. p. 304-312.

MATOS, A. T. Tratamento e destinação final dos resíduos gerados no beneficiamento do fruto do cafeeiro. In: ZAMBOLIN, L. **Produção integrada de café.** Viçosa: UFV, 2003. p. 648 a 695.

MAZZAFERA, P. Chemical composition of defective coffee beans. **Food Chemistry,** London, v. 64, p. 547-554, 1998.

MEDINA FILHO, H. P. et al. Coffee breeding and related evolutionary aspects. In: JANICK, J. (Ed.). **Plant breeding reviews.** v. 2. Westport: AVI, 1984. p. 157-193.

MENEZES, H. C. Relationship between the state of maturity of raw coffee beans and the isomers of caffeoylquinic acid. **Food Chemistry,** London, v. 50, p. 293-296, 1994.

MORAES, R. C. de P.; TRUGO, L. C. Efeito da torrefação e da granulometria na composição química do café. In: SIMPÓSIO BRASILEIRO DE PESQUISA DOS CAFÉS DO BRASIL, 2., 2001, Vitória. **Anais...** Brasília, DF: Embrapa Café, 2001. p. 1511-1517.

MOREIRA, R. F. A.; TRUGO, L. C.; MARIA, C. A. B. Componentes voláteis do café torrado. Parte II. Compostos Alifáticos, Alicíclicos e Aromáticos. **Química Nova,** São Paulo, v. 23, n. 2, p. 195-203, abr. 2000.

NOSTI NAVA, J. **Cacao, café y té.** Barcelona: Salvat Editores S. A., 1953. 687p.

ORGANIZAÇÃO INTERNACIONAL DO CAFÉ. **Relatório mensal sobre o mercado cafeeiro.** London, 2010. 7p.

PARTELLI, F. L. et al. Produção e desenvolvimento radicular de plantas de café 'Conilon' propagadas por sementes e por estacas. **Pesquisa Agropecuária Brasileira**, Brasília, v. 41, n. 6, p. 949-954, 2006.

PEREIRA, R. G. F. A. **Tecnologia e qualidade de café, raízes e tubérculos.** Lavras: UFLA, 2003. 55p.

PIMENTA, C. J. **Qualidade de café.** Lavras: UFLA, 2003. 304p.

PIMENTA, C. J.; VILELA, E. R. Efeito do tipo e época de colheita na qualidade do café (*Coffea arabica* L.). **Acta Scientiarum: Agronomy**, Maringá, v. 25, n. 1, p. 131-136, 2003.

PINTO, M.; LOPES, J. D. S. **Como montar e operar uma torrefadora de café.** Viçosa: Centro de Produções Técnicas, 2004. 172p.

PRETE, C. E. C. **Condutividade elétrica do exsudado de grãos de café (Coffea arabica L.) e sua relação com a qualidade da bebida.** 1992. 125f. Tese (Doutorado em Agronomia) – Escola Superior de Agricultura "Luiz de Queiroz", Universidade de São Paulo, Piracicaba, 1992.

RIBEIRO, D. M. et al. Taxa de redução de água do café cereja descascado em função da temperatura da massa, fluxo de ar e período de pré-secagem. **Revista Brasileira de Armazenamento,** Viçosa, MG, n. 7, p. 94-107, 2003. Especial Café.

RIBEIRO, D. M. **Qualidade do café cereja descascado submetido a diferentes temperaturas, fluxos de ar e períodos de pré-secagem.** 2003. 86f. Dissertação (Mestrado em Ciências dos Alimentos) – Universidade Federal de Lavras, Lavras, 2003.

SALAZAR, G. M. R. et al. Estudio morfológico, anatômico y ultraestrutural del fruto de café *Coffea arabica* L. **Cenicafe,** Chinchina, v. 45, n. 3, p. 93-105, 1994.

SALVA, T. J. G.; LIMA, V. B. A composição química do café e as características da bebida e do grão. **O Agronômico,** Campinas, v. 59, n. 1, p. 57-59, 2007.

SFREDO, M. A.; FINZER, J. R. D.; LIMAVERDE, J. R. Heat and mass transfer in coffee fruits drying. **Journal of Food Engineering,** Amsterdan, v. 70, p. 15-25, 2005.

SILVA, R. F. **Qualidade do café cereja descascado produzido na região Sul de Minas Gerais.** 2003. 78f. Dissertação (Mestrado em Ciências dos Alimentos) – Universidade Federal de Lavras, Lavras, 2003.

SILVA, S. J. **Secagem e armazenagem de produtos agrícolas.** Viçosa: Aprenda Fácil, 2008. 560p.

SILVAROLLA, M. B.; MAZZAFERA, P.; FAZUOLI, L. Plant biochemistry: a naturally decaffeinated arabica coffee. **Nature,** London, v. 429, p. 826, June 2004.

SIVETZ, M.; FOOTE, H.E. **Coffee processing technology.** Westport: Avi, 1963. 2v.

TEIXEIRA, M. M. et al. **Passo a passo para se obter café de qualidade.** Viçosa: Centro de Produções Técnicas, 2004. 168p.

ULLMANN, F. **Enciclopédia de química industrial.** Barcelona: Gustavo Gili, 1933, v. XI, seção 6.

VIDAL, W. N.; VIDAL, M. R. R. **Botânica organografia.** 3. ed. Viçosa: UFV, 1995. 114p.

VILELA, E. R.; PEREIRA, R. G. F. A. Armazenamento e processamento de produtos agrícolas: pós-colheita e qualidade do café. In: CONGRESSO BRASILEIRO DE ENGENHARIA AGRÍCOLA, 27., 1998, Poços de Caldas. **Anais...** Poços de Caldas: SBEA, 1998, p. 219-274.

VILELA, E. R.; CHANDRA, P. K.; OLIVEIRA, G. A. Efeito da temperatura e umidade relativa no branqueamento de grãos de café. **Revista Brasileira de Armazenamento,** Viçosa, n. 1, p. 31-37, 2000. Especial Café.

ZIPPERER, P. **La fabrication du chocolat.** 2. ed. Paris: Librairie Polytechnique Ch. Béranger, 1903. 314p.

ZULUAGA, J. Los factores que determinan la calidad del café verde. In: FEDERACIÓN NACIONAL DE CAFETEROS. **50 años de cenicafé 1938-1988**: conferencias conmemorativas. Chinchiná, Caldas, 1990. p. 167-183.

9

CAJUÍNA

FERNANDO ANTONIO PINTO DE ABREU

9.1 INTRODUÇÃO

O caju (*Anacardium occidentale L*), frutífera originária do Nordeste brasileiro, foi descoberto pelos nativos destas terras, que o utilizavam das mais diversas formas, seja como o fruto *in natura*, seja como suco extraído por prensagem manual ou como uma bebida fermentada (*caoi* ou *caoim*), a qual era utilizada em comemorações e em ocasiões especiais.

Seu aproveitamento atualmente se dá tanto em escala industrial, como em escala doméstica, gerando os mais diversos produtos, indo desde a consagrada castanha torrada em óleo comestível ou em gordura de suínos, passando por doces e compotas, pedúnculos secos, sucos integrais e concentrados, néctar, polpa congelada e a nossa cajuína, cantada em versos como uma bebida "cristalina em Teresina".

Nas regiões produtoras de caju, principalmente nos estados do Ceará, Piauí e Rio Grande do Norte, a cajuína é um produto bastante apreciado pelo seu sabor bastante característico e por ser uma bebida refrescante, que deve ser consumida, de preferência, gelada. Há um grande potencial de exploração de mercado desse produto na região Sudeste, principalmente na cidade de São Paulo, onde há uma grande concentração de habitantes de origem nordestina.

A cajuína é um suco de caju puro, clarificado, sem adição de açúcar e conservantes, acondicionado em garrafas para adquirir uma coloração âmbar e um sabor característico, por meio de um longo cozimento em banho-maria. Esse cozimento, muitas vezes efetuado sob rigorosas condições de temperatura e tempo de processo, associado a uma acidez relativamente alta do suco de caju, leva o produto à estabilidade por período de até um ano (entressafra). Por falta de estudos mais detalhados e difusão de tecnologias apropriadas, a cajuína é fabricada, geralmente, de forma artesanal e os produtores muitas vezes adotam cozimentos das garrafas contendo o suco clarificado, por períodos entre três e cinco horas, tornando o produto comercialmente estéril e estável a temperatura ambiente.

Existem tantos tipos de cajuína sendo ofertados no mercado, quantas são as variedades de caju plantadas, pois, para cada tipo de pedúnculo utilizado, o produto assim obtido é diferente em relação ao seu teor natural em açúcares, vitaminas, acidez e outros componentes. A variedade de caju utilizado para a extração do suco é fator determinante para a qualidade final da cajuína obtida.

Outro aspecto que deve ser observado na qualidade da cajuína é o tipo de prensagem empregada para a extração do suco, bem como o estádio de maturação dos frutos utilizados. Uma prensagem mais rigorosa, com dilacerações das fibras, irá gerar um suco mais adstringente ou "travoso", o que acarretará um sabor diferente daquele produto obtido com suco obtido com uma prensagem mais branda. Porém, essa prensagem deve ser realizada de forma racional, na qual um bom rendimento possa ser conseguido e com uma qualidade do suco satisfatória, livre de excesso de taninos.

O aproveitamento de pedúnculos de caju durante a safra, que é realizada durante três meses do ano, é, atualmente, insignificante em relação ao volume dessa matéria-prima perdido a cada ano. Essa perda, segundo dados do IBGE, pode chegar a cifras de até um milhão de toneladas desperdiçadas nos campos de produção de caju, em toda a região produtora. Ela pode estar relacionada a um volume muito elevado de produção em um espaço de tempo muito curto, associado a uma alta perecibilidade do pedúnculo após a retirada da planta e a sua separação da castanha. Tal problema é hoje um desafio para os cajuicultores, que estão partindo para o emprego de técnicas agronômicas mais modernas e racionais, tais como o uso de variedades anãs e precoces, a fertirrigação e o manejo integrado de pragas e doenças, possibilitando, dessa forma, uma produção bem mais elevada de frutos, com melhor qualidade e eliminando o fator safra, com uma produção distribuída durante quase todo o ano.

Dessa forma, considerando o pedúnculo de caju como uma matéria-prima rica em certos nutrientes essenciais, que pode ser manuseada de maneira a se obter produtos com maior valor agregado e de menor perecibilidade, como é a cajuína, neste capítulo visa-se levar ao leitor uma metodologia de como fazer essa bebida, usando técnicas simples, porém modernas e de acordo com critérios técnicos, quebrando alguns tabus, tais como o uso de "cola de marceneiro" para clarificar o suco e outras técnicas ultrapassadas de manuseio e tratamento térmico excessivamente prolongado do suco de caju para, que este venha a se transformar em cajuína.

9.2 FUNDAMENTOS

O fruto do cajueiro é, na verdade, a castanha, e a parte da qual se extrai o suco de caju é o pedúnculo floral, ou simplesmente pedúnculo. É também conhecido como o pseudofruto do cajueiro, podendo apresentar-se de várias formas, tamanhos e em tonalidades de cores, que vão desde o amarelo-claro, passando pelo alaranjado e indo até um vermelho-vivo. A tonalidade de cores não tem interferência nem está relacionada ao gosto mais ou menos doce, dependendo esta característica, portanto, da variedade e de outros fatores, tais como clima e estádio de maturação.

Os pigmentos vermelhos são, geralmente, do grupo das antocianinas, as quais somente colorem a película e não interferem na cor do suco obtido. O sabor e o aroma característico do caju também não sofrem influências dos pigmentos da película.

O sabor "travoso" do caju é conferido por um grupo de substâncias naturais do próprio fruto do cajueiro, também presente em uma infinidade de outros tecidos vegetais e responsáveis por um sistema de defesa natural da planta contra o ataque de insetos e pequenos animais que venham se alimentar das suas folhas, caules, flores e frutos. Essas substâncias são conhecidas por uma denominação genérica de *taninos* e possuem capacidade de interagir com proteínas, formando precipitados ou flocos. Inúmeras outras plantas são também fonte desse componente, que possui inúmeras aplicações para finalidades não alimentícias, não sendo, portanto, assunto de abrangência deste capítulo.

Os taninos são também conhecidos como compostos fenólicos, e entre os principais deles está o ácido tânico (daí o nome taninos). Esses compostos, dependendo do tipo e do tamanho de suas moléculas, podem ou não causar o "travo", conhecido tecnicamente por adstringência. Apesar de os taninos serem responsáveis por mecanismos vitais à planta, inúmeras pesquisas estão sendo realizadas visando a obtenção de variedades com menores teores desse componente para a obtenção de um caju de mesa mais saboroso e com menos adstringência.

Os taninos são substâncias que interagem com compostos de origem proteica, provocando uma floculação por interação molecular baseada em um sistema de cargas elétricas existente em cada composto em questão. Quando em contato com a boca, os taninos interagem o tecido da mucosa bucal e das papilas da língua, causando uma sensação de enrugamento da parte interna da boca, pois, na verdade ocorre uma floculação dessas proteínas, e como resultado sente-se o característico "travo do caju", que avança até a garganta e provoca, algumas vezes, tosses e irritações, uma sensação "arenosa" sentida na região da garganta.

Muitos autores de artigos e livros sobre caju e seus produtos derivados atribuem a esse fator a grande causa da rejeição do suco de caju no mercado internacional, devida à falta de costume dos povos de países distantes com o sabor travoso do caju.

Felizmente, para a fabricação de cajuína, os taninos são um fator indispensável, já que estes serão os responsáveis pela floculação da polpa presente no suco quando da adição do agente clarificante, a gelatina comercial, operação que será adiante detalhadamente descrita.

Quando há um contato entre taninos e gelatina, um natural do próprio pedúnculo e o outro adicionado intencionalmente, ocorre uma desestabilização do suco, com uma consequente floculação e separação da polpa, deixando uma fase sobrenadante incolor e uma outra decantada de coloração amarela. Essa desestabilização do suco de caju ocorre em virtude da interação de cargas elétricas e forças eletrostáticas entre os taninos ali presentes e a cadeia proteica da gelatina aplicada na forma de uma solução.

Segundo os Padrões de Identidade e Qualidade (PIQ) do Ministério da Agricultura, Pecuária e do Abastecimento, gerenciados pela Agência Nacional de Vigilância Sanitária (Anvisa), para a produção da cajuína não é permitido o uso de açúcar comercial, sendo apenas o açúcar natural do pedúnculo responsável pela doçura do produto final. Muitas vezes, toma-se uma cajuína bastante doce, outras vezes bastante ácida e, em outros casos, esta apresenta-se com um sabor bem agradável, nem muito doce nem muito ácida. Isto se deve somente à qualidade do suco que se trabalha inicialmente, que por sua vez está diretamente relacionada à variedade da fruta. Cabe aqui salientar que não é permitido o uso do termo de rotulagem "NÃO CONTÉM ADIÇÃO DE AÇÚCAR" ou "NÃO CONTÉM AÇÚCAR". Em todos os sucos de frutas, há açúcares (frutose, glicose e sacarose) e, no caso do suco de caju, a sua concentração pode atingir até 14%. Esses açúcares (glicose e sacarose), apesar de naturais, se ingeridos por pessoas com problemas de diabetes, podem causar sérios riscos à saúde. Em caso de consumo de cajuína e outros sucos de frutas por pessoas diabéticas, recomenda-se o aconselhamento médico ou nutricionista, para saber as quantidades recomendadas, de acordo com vários fatores de saúde.

Os açúcares presentes no pedúnculo de caju são aqueles naturalmente encontrados em outras frutas tropicais: a frutose, a glicose e a sacarose, em menores proporções. A presença de maior proporção de frutose pode ser preponderante sobre o sabor adocicado, pois esta é, em uma escala comparativa, mais doce que a sacarose, que por sua vez é mais doce que a glicose.

Esses açúcares, associados a outros componentes solúveis em água, tais como os sais minerais, ácidos orgânicos, vitaminas hidrossolúveis etc., são responsáveis pelo teor de sólidos solúveis do suco. Este é medido por meio de aparelhos especiais, os refratômetros e os densímetros de Brix, e é um dos principais fatores de qualidade de uma cajuína. O teor de sólidos solúveis em pedúnculos de caju está faixa de 8,0 a 16,0 °Brix, dependendo de vários fatores, tais como o estádio de maturação, a região em que foi colhido, o nível de insolação que recebeu o fruto ainda na planta, a variedade plantada e outros fatores de natureza agronômica, como adubação ou níveis de irrigação.

O sabor ácido do pedúnculo de caju deve-se à elevada concentração de ácidos orgânicos, que quando combinada com um baixo teor de açúcares, confere ao suco um sabor ácido ou "azedo", que poderá ser motivo de sua rejeição.

A vitamina C, ou ácido ascórbico, é um dos principais ácidos encontrados no suco de caju, o qual pode ser encontrado em valores médios de 200 a 300 mg/100 mL do suco integral. Isso coloca o caju como uma fonte muito importante de vitamina C, destacando-se entre as frutas consagradas como fontes dessa vitamina, como a laranja, a goiaba e a acerola.

9.3 PROCESSAMENTO

São várias as etapas de fabricação da cajuína, sendo, a seguir, discutida cada etapa do fluxograma de produção descrito na Figura 9.1.

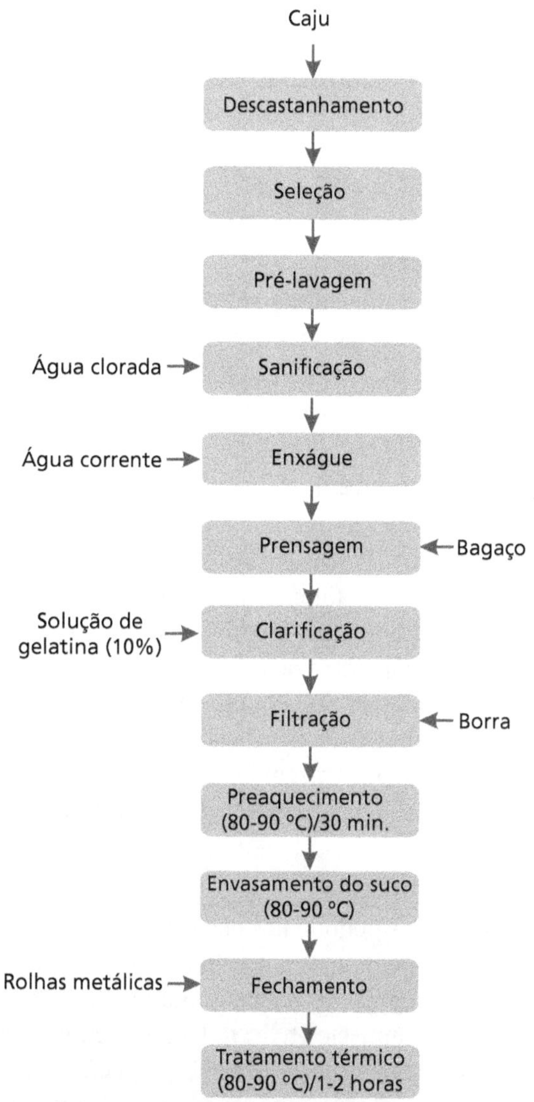

Figura 9.1 Processamento da cajuína.

9.3.1 Matéria-prima

Os pedúnculos de caju destinados à fabricação de cajuína devem estar sãos e maduros, não impregnados de areia e material do solo, com um teor de sólidos solúveis entre 10,5 e 11,5 °Brix, e não devem ser do tipo azedo, não importando se são do tipo vermelho ou amarelo.

9.3.2 Descastanhamento

Essa operação pode ser realizada de duas formas: uma com o uso de um fio de *nylon* transpassado na região de inserção da castanha com o pedúnculo, dando uma volta completa (360°) e posteriormente tensionado até que a castanha solte sem a dilaceração do pedúnculo; a outra, com uso de um pequeno equipamento de acionamento manual, que extrai a castanha por meio de um corte preciso na inserção com o pedúnculo. Se essa operação for realizada por torção da castanha, ocorrerá a exposição da região dilacerada do pedúnculo ao ataque de microrganismos que depreciarão a qualidade do mesmo, ocasionando, ainda, uma perda de suco durante a operação de lavagem e sanificação.

9.3.3 Seleção

Aqueles pedúnculos verdes ou em estado de deterioração avançado deverão ser descartados, caso contrário haverá perda de qualidade do suco e, consequentemente, a produção de cajuína de baixa qualidade.

9.3.4 Pré-lavagem

Nesta operação, visa-se a eliminação de sujidades (galhos, grãos de areia, insetos etc.) que, porventura, venham a contaminar a matéria-prima a partir do campo e que podem acarretar problemas de desgaste de equipamentos de extração do suco e de presença de sujidades no produto final. Essa operação tem ainda a finalidade de aliviar o "calor de campo" que os pedúnculos trazem consigo, desde a hora da colheita até a entrada no setor de beneficiamento.

9.3.5 Sanificação

Quando os pedúnculos chegam do campo, estão muitas vezes com uma carga microbiana elevada, devida à espera dentro de caixas contaminadas, contato com o chão, manuseio etc. A redução da carga microbiana é feita por meio de sanificação, com o uso de uma solução de hipoclorito de sódio, ou água sanitária, em uma proporção de 50 ppm (0,005%) de cloro ativo. Esta concentração pode ser obtida com a adição de 60 mL de hipoclorito de sódio (com 8% de cloro ativo) ou ainda com 300 mL de água sanitária (sem aromatizante) para cada 100 litros de água, em um tanque azulejado ou de aço inoxidável.

9.3.6 Enxágue

Após a sanificação, há necessidade de se retirar o excesso de cloro presente nos pedúnculos, e isso é conseguido com o uso de água corrente. A presença de cloro no fruto pode vir a conferir sabor de cloro ao produto final.

9.3.7 Prensagem

Na fabricação da cajuína, a extração de suco dos pedúnculos é realizada em prensas. Essas prensas podem ser do tipo contínuo ou do tipo descontínuo.

As prensas descontínuas são aquelas dotadas de um dispositivo de aperto gradual, por meio de um eixo helicoidal ("tipo parafuso") ou por pressão mecânica/hidráulica e operam por lotes ou bateladas. Essas prensas possuem uma menor capacidade em retirar os taninos da película, porém são mais lentas e têm menor produtividade.

As prensas do tipo contínuo, dotadas de uma rosca que gira e promove a prensagem dos pedúnculos, são mais eficientes e conseguem melhores rendimentos, tendo, porém, o inconveniente de serem operadas com pressões mais baixas e com mais baixos rendimentos para evitar a extração de excesso de taninos, devida à força de abrasão que provocam entre os pedúnculos e as paredes do fuso helicoidal.

Essas prensas são conhecidas como *prensas expeller* e devem ser completamente construídas em aço inoxidável, existindo, em algumas das marcas disponíveis no mercado, pequenas partes feitas em latão. O aço carbono ("ferro") não pode ser utilizado como material de construção dessas prensas, pois provoca uma reação entre os taninos e o ferro livre desse material, ocasionando uma coloração preto-azulada do suco obtido em seu contato.

O rendimento em suco, a partir dos pedúnculos, pode oscilar entre 60 e 80%, sendo recomendado trabalhar com rendimentos em torno de 70% para a obtenção de um suco de melhor qualidade.

Após a prensagem dos pedúnculos em prensas *expeller*, recomenda-se uma filtração preliminar para a eliminação de resíduos de fibras de maior tamanho, antes da operação seguinte.

9.3.8 Clarificação do suco

A limpidez do suco, do qual se originará a cajuína, é um fator determinante da qualidade final que se deseja obter, devendo esse suco ser tratado com agentes clarificantes que possuam ação efetiva na floculação da polpa em suspensão, quando em contato com os taninos.

A gelatina comercial com grau alimentício é, atualmente, o produto de melhor eficácia para tal procedimento, devendo esta ser adicionada na forma de uma solução aquosa, na proporção de 100 gramas de gelatina para 900 mL de água aquecida, a uma temperatura de aproximadamente 50-60 °C. Esse aquecimento facilita a dispersão da gelatina na água, já que as proteínas são insolúveis em água fria. O fato de chamarmos essa mistura de "solução de gelatina a 10%", tem a intenção de facilitar a compreensão do leitor deste capítulo; na verdade, é uma dispersão proteica.

O preparo da solução de gelatina deve ser realizado, de preferência, em paralelo à extração do suco, caso não seja possível, este deve ser realizado após essa operação. Isso se deve ao fato de que a gelatina em solução a 10%, a uma temperatura abaixo de 30 °C, apresenta-se sólida e mais difícil de ser aplicada como agente clarificante de suco de caju. Temperaturas muito elevadas para a dispersão da gelatina em água podem acarretar uma desnaturação da cadeia proteica e diminui a eficiência do processo de clarificação. Jamais se pode utilizar a gelatina granulada direto dentro do suco, pois, nessa forma, não terá ação.

Um ponto importante a ser observado é que dosagem de gelatina sobre o suco não segue uma regra rígida de um determinado percentual de solução sobre o volume de suco disponível. Isso é devido às características físico-químicas de cada suco e é função do teor de taninos ali presente, o qual varia, como já foi citado, em cada variedade de caju e devido a outros fatores.

Para se adicionar a gelatina necessária à floculação do suco de caju, faz-se uma agitação relativamente vigorosa, sem formar espuma, vertendo a solução aos poucos, em filete para dentro do suco, agitando constantemente até que se observe uma formação de flocos bem definidos e que se separem bem da parte sobrenadante, que já é o suco clarificado. Em pequenas escalas de produção, recomenda-se o uso de uma concha com capacidade de, aproximadamente, meio litro. Essa concha deve ser submergida no suco, em que está sendo dosada a solução de gelatina e agitada com movimentos de baixo para cima, gerando um fluxo contínuo de suco da parte inferior para a parte superior do recipiente. Dessa forma, há uma distribuição uniforme da gelatina dentro do suco, favorecendo o processo de floculação e interferindo na velocidade de reação, bem como na determinação do tamanho dos flocos formados. Atenção! Neste ponto, deve ser observado que a formação de muita espuma não é desejável, pois isso acarretará problemas no momento da filtração e verificação da eficiência da floculação.

Nos primeiros momentos da adição da solução de gelatina sobre o suco bruto, há uma modificação da coloração deste, passando para uma tonalidade "esbranquiçada" ou "leitosa". Esse aspecto leitoso persiste até uma fase em que os primeiros flóculos vão aparecendo e, logo após a adição de um pouco mais de gelatina, ocorre a formação de flocos grandes, semelhantes ao leite "talhado" quando se usam gotas de limão. Nessa etapa, deixa-se o suco em repouso por um período de, aproximadamente, uma hora, com o tanque ou recipiente devidamente tampado.

Os recipientes de clarificação de suco devem, de preferência, ser altos e com um diâmetro pequeno. Recomenda-se um tanque de aço inoxidável com uma altura de 1,5 metro e com um diâmetro de 0,6 a 0,8 metro. Esse tanque deve possuir um fundo cônico, com uma torneira na parte central mais baixa (também de material inoxidável: aço inox, latão ou plástico).

Para a agitação desse suco dentro do tanque, deve-se utilizar uma concha grande, com movimentos bruscos de cima para baixo, conforme já descrito, provocando uma grande turbulência no suco agitado, o que irá provocar um máximo de contato entre o suco e a gelatina, não deixando que esta flocule por ação da acidez do suco de caju. Se o produtor possuir melhores condições, aconselha-se o uso de tanques dotados de agitadores elétricos com conformação de hélice central.

Em caso de o aspecto "esbranquiçado" persistir, isso pode ser um sinal de clarificação malconduzida: ou passou do ponto ou ainda não chegou ao ponto de clarificação. Em caso de ter passado do ponto, recomenda-se a adição de um pouco mais de suco integral e recondução de uma leve agitação para colocá-lo em contato com a gelatina. Em caso da gelatina ainda não ter sido suficiente para clarificar o suco, recomenda-se a continuidade do processo até se obter o efeito desejado.

Para um perfeito controle desse processo, fundamental na obtenção da cajuína, o "teste de jarra" é um procedimento muito eficaz. Esse teste consta de uma verificação preliminar do conteúdo de gelatina a ser utilizado antes do processo geral ser executado, minimizando erros como esses aqui comentados. O teste de jarra é um ensaio preliminar, no qual alíquotas do suco em processo são testadas. Amostras do suco em processo são colocadas dentro de recipientes de vidro – de preferência cônicos e com graduação –, para que sejam adicionadas alíquotas diferentes da solução de gelatina, a fim de verificar a quantidade de solução a ser utilizada. Há necessidade de uma análise de correlação entre o volume gasto de solução de gelatina para um determinado volume de suco. Recomenda-se um volume proporcional desses recipientes de teste com o volume do tanque ou recipiente de processo; por exemplo: se o tanque de clarificação for de 100 litros, os recipientes de teste devem ser de um litro. Sendo assim proporcionais, para facilitar as contas de correlação entre o volume de melhor resultado no teste de jarra e o volume a ser adicionado no tanque de processo.

Mesmo com esse teste, ainda podem ocorrer pequenas variações e isso é normal, pois o teste de jarra é uma simulação da operação em maior escala, visando uma minimização de erros e desperdícios de materiais.

A Figura 9.2 ilustra um teste de jarra realizado em escala de produção industrial ou semi-industrial. O material a ser utilizado consta de béqueres (ou copos de laboratório) de vidro, com capacidade de 1,0 litro e uma pipeta graduada de 10 mL. Neste teste, os procedimentos de agitação deverão ser semelhantes ao processo industrial, bem como as temperaturas do suco e da solução de gelatina.

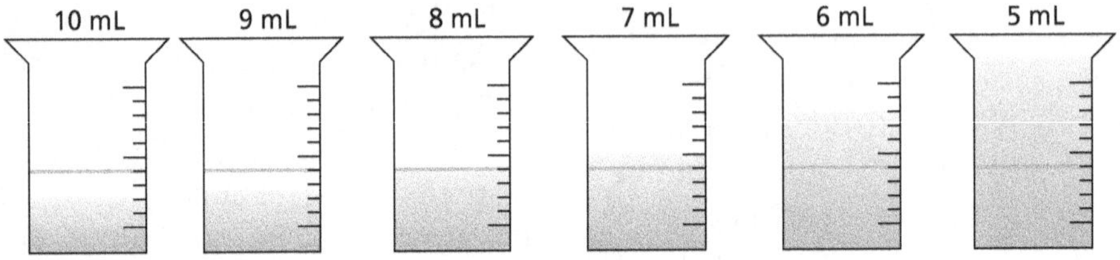

Figura 9.2 Teste de jarra usado na clarificação do suco de caju.

Neste caso, nota-se que praticamente não há diferença entre 10 e 9 mL de solução de gelatina adicionada e o resultado final deverá ser observado, no momento da clarificação de todo o material estocado no tanque de processo. Nota-se que estes valores são hipotéticos e que a realidade somente será observada com o próprio suco de caju. Os valores da Figura 9.2 são apenas ilustrativos.

O material do teste de jarra deve ser o mesmo a ser utilizado para o processo geral, devendo este ser descartado ao final do teste.

Outro aspecto importante quanto à clarificação é o uso de uma gelatina com licença para uso em produtos alimentícios, isto é, com grau alimentício e com certificado sanitário expedido pelos órgãos de fiscalização. O uso de cola, que originou o termo "colagem" da cajuína, é uma atitude inescrupulosa quanto a esse aspecto, pois a cola que antigamente era utlilizada consiste em um produto de natureza proteica, que flocula o suco de caju. Essa cola é obtida a partir de aparas de couros ou de resíduos de peixes, porém com um alto índice de impurezas e, muitas vezes, rica em metais pesados, como o cromo, que causa sérios danos à saúde humana. Não se deve, em hipótese alguma, fazer uso de produtos dessa natureza como insumo ou matéria-prima para produção de alimentos e bebidas.

Após esse procedimento, obtém-se o suco de caju clarificado, límpido e com coloração levemente amarelada, o que somente pode ser observado em grande volume. É um líquido transparente com coloração de um vinho branco. É também conhecido nas regiões produtoras com a denominação de "água-colada". Esse suco é altamente perecível e necessita de tratamento térmico para adquirir estabilidade bioquímica e microbiológica.

9.3.9 Filtração

A filtração do suco de caju após a clarificação deve ser criteriosa, pois disso dependerá um bom produto final e um bom rendimento.

Inicialmente, faz-se uma sifonação da parte sobrenadante (sem polpa) do suco que foi tratado com gelatina, tomando-se sempre o cuidado de não agitar os sedimentos formados durante o tempo de espera. Esse suco isento parcialmente de polpa deverá ser bombeado para um outro tanque ou diretamente para a superfície de filtragem inicial.

A operação de filtração deve obedecer a gradientes de fechamento da malha filtrante, sendo primeiramente peneirado em uma malha fina (tela ou peneira), e, após isso, filtra-se em materiais do tipo "pena", que é um polímero plástico de fácil aquisição em casas especializadas (utilizado para a confecção de colchas de cama do tipo *matelassê,* ou *edredom,* como forramento interno). Após essa operação, o suco já está quase límpido e deve, então, ser filtrado em feltro ou em uma camada de algodão disposta sobre uma peneira.

Outra forma de se proceder à filtração é usando um método tradicional, em que o suco, adicionado de solução de gelatina, é vertido sobre uma malha de feltro esticada sobre um tanque e faz-se uma realimentação com suco filtrado até que este forme uma pré-capa sobre o feltro e possibilite a obtenção de um suco límpido e brilhante. Essa operação é mais lenta, porém eficiente, obtendo-se um rendimento muito bom em suco clarificado, passando da faixa de 80% do suco integral.

Terminada a filtração, o suco deve ser aquecido em um recipiente ou tanque, até que atinja uma temperatura entre 80 e 90 °C, sem deixar que ocorra evaporação com perdas de vapor e aromas. Essa operação deve ser realizada em um período de aproximadamente 30 minutos, podendo ocorrer uma leve caramelização de açúcares e mudanças de sabor e cor, favoráveis à qualidade da bebida final.

9.3.10 Enchimento das garrafas

As garrafas, devidamente lavadas e sanificadas, devem receber o suco ainda quente, na temperatura em que foi retirado do tanque (70-80 °C). Esse procedimento não provoca quebra das garrafas, que resistem muito bem a essa temperatura, e tem a finalidade de provocar uma formação de vácuo, já que, quando o suco é colocado a quente dentro delas, está expandido e, ao se resfriar e contrair, provoca a formação de vácuo, que vai ajudar na conservação do produto. Dessa forma, não há incorporação de oxigênio e o produto quente está desaerado.

Sempre que houver perdas de suco por evaporação, deve-se adicionar água na quantidade exata para repor a água perdida na fervura. Para essa finalidade, deverá ser adicionada apenas a água de reposição da evaporação, sendo que essa água deverá ter uma qualidade adequada, devendo ser previamente fervida e adicionada fervente ao suco em processo. O correto é não deixar evaporar com uso de um recipiente fechado com tampa semi-hermética. A adição de água deve ser evitada sob todos os aspectos e somente ser utilizada em casos de evaporação.

9.3.11 Fechamento das garrafas

Após a operação de enchimento, as garrafas, ainda quentes, devem ser fechadas com rolhas metálicas, por meio de um capsulador próprio, disponível no comércio especializado, ou ainda com rolhas plásticas do tipo utilizado para garrafas PET.

Para se verificar a eficiência de fechamento das garrafas, deve-se apertar bem a tampa entre os dedos indicador e polegar e torcer, verificando se esta gira com facilidade. Algumas vezes, ela pode girar, porém, se for realizado um esforço muito grande, isso deve ser considerado como um bom fechamento. Outra verificação seria por meio de uma inspeção mais técnica no ângulo da aba das tampas com um calibrador do tipo *passa–não passa* (gabarito), para o caso das rolhas metálicas.

Com as garrafas devidamente fechadas, leva-se todo o lote à operação de tratamento térmico para promover a "esterilização comercial" da bebida.

9.3.12 Tratamento térmico

Em um caldeirão ou tanque, a água de aquecimento do banho-maria deve estar fervente no momento de término do fechamento das garrafas (100 °C).

As garrafas, ainda quentes, são submersas no banho-maria e submetidas à fervura, até que se atinja a coloração desejada por cada produtor, podendo variar de 30 minutos a duas horas de cocção. É nessa etapa que se define a coloração do produto, e cabe a cada produtor definir se este será mais ou menos escuro, baseando-se somente no tempo de cozimento. Sabe-se que maiores tempos de cozimento são favoráveis a uma melhor estabilização microbiológica da cajuína.

Essa operação é crítica no fabrico de cajuína, pois é aí que ocorrem as maiores perdas de garrafas por choque térmico. Porém, se são obedecidas as regras gerais do processo, não permitindo choque térmico em materiais quebradiços, os prejuízos são minimizados.

Uma regra básica: nunca colocar diretamente garrafas com produto frio em água quente e nunca colocar garrafas com produto quente diretamente em água fria, pois, fatalmente, ocorrerão estouros de garrafas e os prejuízos e os riscos de acidentes poderão ser altos.

Fazendo-se o enchimento a quente das garrafas e colocando-as quentes dentro da água quente do banho-maria, não haverá choque térmico.

O tratamento térmico da cajuína possui duas finalidades específicas: proporcionar o aparecimento de uma coloração e sabor característicos do produto e eliminar a flora microbiana presente no suco de caju, deixando o produto final livre de microrganismos patogênicos e deteriorantes que possam crescer na faixa de pH do suco de caju (abaixo de 4,5).

9.3.13 Resfriamento

Para retirar as garrafas de dentro da água quente há necessidade de se realizar um resfriamento lento e gradual, caso contrário ocorrerão explosões e trincamentos devidos ao choque térmico. Dessa forma, é conveniente se iniciar uma injeção de água corrente à temperatura ambiente dentro do tanque e uma retirada de parte da água quente simultaneamente, na mesma proporção, sem que se seque o tanque.

Quando a água do banho estiver em uma temperatura próxima a 45-50 °C, indicada pelo fato de suportarmos colocar a mão dentro por um tempo prolongado, pode-se iniciar a retirada das garrafas, sem riscos de quebras e estouros. Deixam-se as garrafas secarem e fazem-se a rotulagem e estocagem em local adequado.

9.4 DEFEITOS DA CAJUÍNA

Quando se estoca a cajuína para consumo em períodos de entressafra, pode surgir uma série de defeitos, os quais têm sua origem em diversos fatores relacionados ao próprio pedúnculo que deu origem ao suco, bem como a outros fatores de natureza tecnológica, que a seguir serão descritos.

9.4.1 Turvação

Esse problema pode ter sido originado em diversas fases do processamento, sendo os fatores de maior importância a intensa contaminação do suco e um tratamento térmico ineficiente para eliminar a flora de microrganismos contaminantes, principalmente leveduras.

Outra causa da turvação da cajuína é a higienização malfeita das embalagens, deixando resíduos de sujeira e microrganismos em seu interior, que irão se proliferar quando em contato com o suco.

Uma alta contaminação do suco e/ou das embalagens é um fator de negligência do produtor com a higiene, e o problema somente será sanado se forem adotadas as boas práticas de fabricação recomendadas para produtos alimentícios, com um controle de qualidade rigoroso em todas as etapas de produção.

Existe, ainda, uma terceira causa de turvação da cajuína, que é ocasionada pelo uso incorreto da gelatina na fase de clarificação, em que foi observado o uso excessivo de gelatina, o qual torna o suco turvo – defeito de difícil remoção. Nesse caso, pode-se diluir esse suco com mais suco sem clarificar e filtrar novamente, podendo-se também fazer uso de um auxiliar de clarificação, a bentonita, com uma filtração secundária.

9.4.2 Sedimentação após estocagem prolongada

Quando ocorre esse problema na cajuína, há uma indicação de clarificação incorreta, juntamente com uma filtração ineficiente. Os sedimentos "coriáceos" observados em muitas cajuínas é resultado de ação retardada da gelatina sobre os taninos do suco. Isso geralmente ocorre quando o suco é embalado a frio e, durante o banho-maria, forma-se esse precipitado que deprecia a qualidade do produto final.

Para se evitarem problemas dessa natureza, recomenda-se que se preste bastante atenção no momento exato de formação dos flocos com a colocação de gelatina, principalmente no final do processo de clarificação. Após a floculação, uma filtração bem conduzida reterá as partículas insolúveis no suco, do qual vai-se produzir a cajuína, usando-se uma malha fina o suficiente para reter as menores partículas do complexo gelatina–tanino formadas.

9.4.3 Falta de coloração característica

A coloração característica de uma cajuína é o âmbar, ou marrom transparente. Essa cor é conferida, em razão da caramelização dos açúcares do suco de caju, provocada pela alta temperatura e pelo longo tempo de cozimento.

Quando se "cozinha" pouco a cajuína, a caramelização é muito branda e isso acarreta uma pequena taxa de escurecimento. Quando se têm cajuínas "pálidas", o problema será resolvido com um aumento gradativo do tempo de "cozimento", até que se obtenha a coloração desejada. Esse fator está diretamente ligado à quantidade natural de açúcares presentes no suco trabalhado, isto é, quanto mais alto o teor de açúcares, mais alta a taxa de caramelização e menor será o tempo de tratamento térmico, e vice-versa.

9.4.4 Cajuína sem sabor de caju

Esse problema pode estar relacionado a fraudes, com adição de água ao suco antes de se iniciar a etapa de transformação deste em cajuína. Porém, algumas vezes pode ser que o próprio suco seja pobre em açúcares, daí recomenda-se a não fabricação de cajuína a partir dessa matéria-prima e verifiquem-se quais as razões que estão levando o cajueiro a produzir um fruto de baixa qualidade.

Nesse caso, podem estar incluídas as cajuínas ácidas ou ainda as pouco ácidas. Este parâmetro de qualidade é fundamental para conferir sabor ao suco de caju, pois a relação Brix/acidez é determinante para a definição do sabor dos sucos de frutas, onde se enquadra a cajuína. Essa relação segue uma regra geral de que sucos ácidos requerem mais açúcares para proporcionar um sabor agradável e sucos menos ácidos requerem menos açúcares para esse mesmo efeito.

9.5 SALA DE PROCESSAMENTO

A produção de cajuína deve ser realizada em instalações adequadas, obedecendo aos requisitos básicos para instalação de indústrias alimentícias.

A sala onde se processa a cajuína deve possuir paredes revestidas com material impermeável e piso resistente a impactos, ambos devem ser de fácil lavagem. O piso deve possuir inclinação para uma canaleta central, visando o escoamento dos resíduos líquidos.

A limpeza e a sanificação do ambiente e dos equipamentos devem ser realizadas de acordo com a seguinte sequência:

- Uma lavagem inicial com água corrente para retirada de sujidades de pequena aderência às superfícies. Esta primeira etapa visa um “amolecimento” dos resíduos de pedúnculos que restam em todas as partes que entram em contato com o suco ou seus resíduos.
- Uma sanificação com solução de hipoclorito de sódio (água clorada) na concentração de 100 ppm de cloro ativo, obtido pela dissolução de 120 mL de hipoclorito de sódio (com 8% de cloro ativo) para cada 100 litros de água. Essa solução deve permanecer em contato com os equipamentos, paredes e pisos por, pelo menos, 15 minutos para uma perfeita ação bactericida do cloro.
- Enxágue final, com água corrente de boa qualidade para retirada do excesso de cloro e preparo para as atividades de processamento. Todo o cloro deve ser retirado nessa operação.
- Para os equipamentos, tubulações e acessórios, há necessidade de que a água clorada tenha maior ação, com um contato mais prolongado, – acima de 30 minutos –, possibilitando sua penetração em áreas de difícil acesso de esponjas e escovas.

Obs: as máquinas do tipo *lava-jato* disponíveis no mercado são de alta eficiência e de baixo custo, sendo, dessa forma, recomendadas para usos em geral, nas atividades de limpeza e sanificação das áreas de processamento e equipamentos.

9.6 EQUIPAMENTOS

Para a produção comercial de cajuína, há necessidades de investimentos iniciais em instalações e equipamentos adequados, construídos dentro das normas gerais de indústrias alimentícias.

Todos os equipamentos e tanques deverão ser construídos em aço inoxidável, podendo-se permitir, em alguns casos, materiais do tipo *nylon* e *teflon* que se apresentam adequados à confecção de utensílios do tipo palhetas de agitadores e buchas de eixos.

O aço carbono (“ferro”) não pode ser utilizado em partes que entram em contato direto com o suco ou a matéria-prima. Este somente pode ser usado como material de estruturas e bases de equipamentos e, devidamente protegidos com uma pintura esmaltada ou epóxi de cor clara (branca, de preferência, por possibilitar a identificação de sujeira com facilidade).

Os seguintes equipamentos e utensílios são fundamentais e indispensáveis a uma pequena fábrica de cajuína:

- Prensa para extração do suco, podendo ser do tipo *expeller* ou, ainda, do tipo hidráulica. As prensas *expeller* proporcionam uma operação mais rentável em termos de aproveitamento do suco (rendimento em torno de 70%), porém devem ser operadas de forma a promover uma pressão mediana, deixando o bagaço ainda com um certo teor de suco para reduzir possíveis problemas de altos teores de taninos. As prensas do tipo pistão (hidráulica ou de parafuso) permitem um menor teor de taninos, porém com um rendimento na faixa de 50% de suco. Comparando-se os preços, as do tipo *expeller* podem ser mais caras, porém estas trabalham em regime contínuo, enquanto as do tipo pistão são descontínuas e possuem menor produtividade.
- Tanque de clarificação, com fundo cônico e em dimensões que permitam uma fácil decantação

do suco tratado com gelatina, para posterior filtração. A dimensões mais adequadas variam de acordo com a capacidade a ser instalada, devendo obedecer a uma proporção de altura igual ou superior a duas vezes o diâmetro e com uma válvula de descarga na parte inferior do cone.

- Filtros de fácil manutenção e com eficiência necessária à retirada de todo o material em suspensão no suco. Tecidos de fibras sintéticas e naturais, tais como o feltro e a "pena", podem ser usados em conjunto como elemento filtrante, com a "pena" nas primeiras seções. Para produções maiores, recomendam-se os filtros do tipo prensa, com placas filtrantes em celulose.
- Tanque para tratamento do suco após a filtração. Esse tanque deve possuir a mesma capacidade do tanque de clarificação, porém não há necessidade de possuir as mesmas dimensões, devendo ser mais baixo para um melhor manuseio da operação de preaquecimento do suco. Esse tanque deve possuir um sistema de aquecimento, mediante a instalação de um queimador do tipo fogão industrial, para que se possa realizar a operação de preparo do suco em seu interior. Nesse tanque, deve-se instalar uma ou mais válvulas de enchimento das garrafas. As válvulas são do tipo "fecho rápido". A altura ideal depende do *layout* da unidade e, de preferência, devem-se aproveitar desníveis entre os dois tanques, visando minimizar o uso de bombas. Uma tampa é necessária para minimizar perdas de suco por evaporação durante o cozimento.
- Capsulador, manual ou semiautomático para fechamento das garrafas. Esse equipamento é de construção simples e não há necessidade de ser em aço inox. Possui capacidades variáveis e seu preço é relativamente barato.
- Tanque para banho-maria. Consta de um tanque com aquecimento e instalação para alimentação com água fria para resfriamento, após o processamento térmico. Esse tanque deve possuir, pelo menos, dois cestos em chapa telada, para que se coloquem as garrafas dentro do banho-maria.
- A rotulagem e o encaixamento devem ser feitos em operações manuais, pois equipamentos para esta finalidade custam caro e fogem ao objetivo desta proposta.
- Devem existir, no setor de recepção da matéria-prima, tanques de alvenaria revestidos com azulejos para lavagem e seleção dos pedúnculos e das caixas plásticas, do tipo contentor vazado, para imersão e manuseio da matéria-prima na água.

No processamento da cajuína, a extração do suco de caju não pode ser realizada em equipamentos que dilaceram a polpa, tais como as despolpadeiras e liquidificadores industriais, pois estes incorporam muita polpa ao suco e impossibilitam sua clarificação e posterior filtração.

O custo total de equipamentos para uma unidade de produção de cajuína depende da capacidade produtiva e, para isso, o futuro produtor deve procurar um técnico com conhecimentos específicos para dimensionamento e orçamento.

A Figura 9.3 mostra o *layout* geral de uma pequena unidade de produção de cajuína.

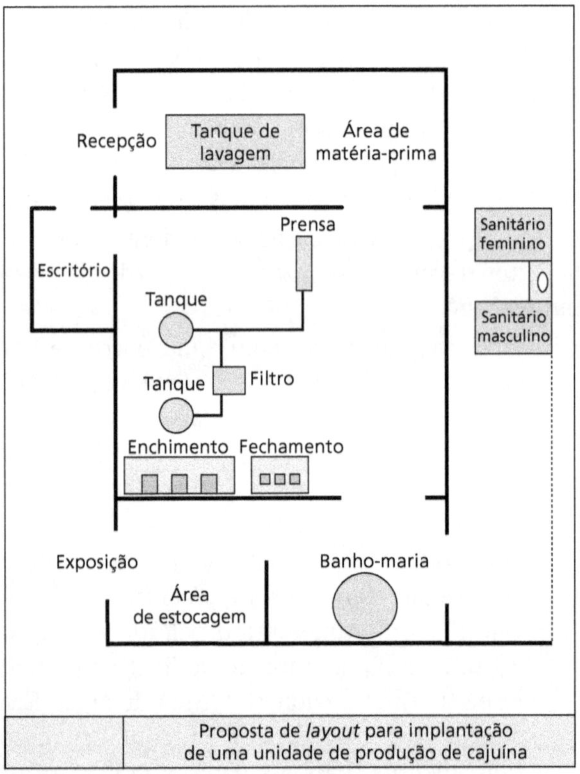

Figura 9.3 *Layout* de uma pequena unidade de produção de cajuína.

BIBLIOGRAFIA

ABREU, F. A. P. **Aspectos tecnológicos da gaseificação do vinho de caju** – *Anacardium occidentale L.* 1997. 86f. Dissertação (Mestrado Tecnologia de Alimentos) – Departamento de Tecnologia de Alimentos, Universidade Federal do Ceará, Fortaleza.

ALVES, R. E.; BEZERRA, F. C.; ABREU, F. A. P. Alterações físicas, físico-químicas e químicas durante o desenvolvimento e maturação de pedúnculos de cajueiro anão-precoce, CCP-076. In: CONGRESSO BRASILEIRO DE FISIOLOGIA VEGETAL, 1995, Lavras. **Resumos**... Sociedade Brasileira de Fisiologia Vegetal, 1995, p. 424.

ALVIN JUNIOR, F.; ANDRADE, M. E. O caju que um dia foi brasileiro. **Ciência Hoje**, São Paulo, v. 3, n. 18, p. 66-72, 1985.

ARAUJO, J. P. P. de; SILVA, V. V. **Cajucultura**: modernas técnicas de produção. Fortaleza: Embrapa-CNPAT, 1995, p. 23-41.

CASIMIRO, A. R. S.; AGUIAR, L. M. B. A.; MEDEIROS, M. das C. **Vinho de caju**. Fortaleza: Fundação Núcleo de Tecnologia Industrial, 1989. 27p.

DIAS, A. L. M. **Influência de diferentes cepas de leveduras e mostos na formação de compostos voláteis majoritários em vinho de caju** *(Anacardium occidentale, L)*. 1996. 94f. Dissertação (Mestrado em Tecnologia de Alimentos) – Departamento de Tecnologia de Alimentos, Universidade Federal do Ceará, Fortaleza.

EMBRAPA / Centro Nacional de Pesquisa do Caju. **Relatório técnico anual do Centro Nacional de Pesquisa do Caju**: 1991/1992. Fortaleza: Centro Nacional de Pesquisa do Caju. 1993. 129p.

FARIA, F. S. E. D. V.; DIAS, A. L. M.; CASIMIRO, A. R. S. Vinificação do suco de caju (*Anacardium occidentale, L*). In: CONGRESSO BRASILEIRO DE CIÊNCIA E TECNOLOGIA DE ALIMENTOS, 14., 1994, São Paulo. **Comunicação oral**... São Paulo: SBCTA, 1994, v. 5, p. 133.

MEDEIROS, M. das C. **Contribuição ao estudo da fermentação alcoólica do suco de caju** *(Anacardium occidentale, L)* **para produção de aguardente**. 1990. 88f. Dissertação (Mestrado em Engenharia de Alimentos) – Escola Politécnica, Universidade de São Paulo, São Paulo.

MENESES, J. B. Pós-colheita do pedúnculo do caju: qualidade pós-colheita de frutos II. **Informe Agropecuário**, Belo Horizonte, v. 17, n. 180, p. 13-17, 1994.

MENESES, J. B.; ALVES, R. E. **Fisiologia e tecnologia pós-colheita de pedúnculos de caju**. Fortaleza: Embrapa/ Centro Nacional de Pesquisa de Agroindústria Tropical, 1995. 20p. (Documentos, 17).

PIMENTEL, C. R. M. **Castanha de caju**: produção e consumo internacional. Fortaleza: Embrapa/Centro Nacional de Pesquisa de Caju, 1992. 18p.

SILVA, V. V. **Caju**: Coleção 500 perguntas 500 respostas – o produtor pergunta, a Embrapa responde. Brasília, 1998. 220p.

SOARES, J. B. **O caju**: aspectos tecnológicos. Fortaleza: BNB, 1986. 256p. (Monografias, 24).

SOUZA FILHO, M. de S. M. **Aspectos da avaliação física, química, físico-química e aproveitamento industrial de diferentes clones de caju** *(Anacardium occidentale, L.)*. 1987. Dissertação (Mestrado em Tecnologia de Alimentos) – Departamento de Tecnologia de Alimentos, Universidade Federal de Ceará, Fortaleza.

TREVAS FILHO, V. Tecnologia dos produtos do pedúnculo do caju. In: SEMANA DO CAJU, 1., 1971. Fortaleza. p. 25-31. (mimeografado).

10

CALDO DE CANA

RODRIGO RODRIGUES PETRUS
MARIANA TOMIE KUNITAKE

10.1 INTRODUÇÃO

O Brasil é o maior produtor mundial de cana-de-açúcar, com mais de oito milhões de hectares plantados; tendo produzido, aproximadamente, 595 milhões de toneladas na safra de 2011/2012. Este feito coloca o país na liderança mundial em tecnologia de produção de etanol e açúcar, além de subprodutos utilizados para cogeração de energia elétrica, fabricação de ração animal e fertilizante para lavouras, como o bagaço, a torta de filtro, o melaço, a vinhaça, entre outros. Portanto, a cana-de-açúcar pode ser integralmente aproveitada.

Essa matéria-prima, de grande versatilidade e viabilidade econômica, é produzida em quase todo o território nacional, sendo 51,87% em São Paulo, seguido por Goiás (8,52%), Minas Gerais (8,47%), Paraná (7,17%), Mato Grosso do Sul (6,37%), Alagoas (5,23%) e Pernambuco (3,84%). Nos demais estados produtores as áreas são menores com bons índices de produtividade. Esse êxito produtivo deve-se à disponibilidade de terras cultiváveis para o plantio da cana, justificado pela fácil adaptação ao clima e solo, tecnologia de produção e logística de distribuição.

A cana-de-açúcar, pertencente ao gênero *Saccharum*, foi introduzida no Estado de São Paulo no período colonial e transformou-se em uma das principais culturas da economia brasileira. As variedades existentes atualmente são originadas da seleção e do cruzamento entre espécies e híbridos do gênero, para a obtenção de uma planta mais resistente a pragas e doenças, mais produtiva e de boa adaptação ao solo e clima, no local de cultivo.

As características físico-químicas e microbiológicas dessa matéria-prima podem afetar significativamente a qualidade do produto final e são influenciadas por fatores intrínsecos e extrínsecos, a saber:

- Os *fatores intrínsecos* relacionam-se aos teores de sacarose, açúcares redutores, fibras, compostos fenólicos, amido, ácido aconítico e minerais; influenciados pela variedade da cana, variações de clima, solo e tratos culturais.
- Os *fatores extrínsecos* estão associados à presença de materiais estranhos no colmo (terra, pedra, resíduos de cultura, plantas invasoras etc.) ou compostos produzidos por microrganismos em virtude de sua ação sobre os açúcares do colmo.

O caldo de cana é uma bebida comumente encontrada no sudeste e sul da Ásia, na América Latina e em alguns países onde a cana-de-açúcar é comercialmente cultivada, sendo bastante popular no Brasil e na Índia, embora pouco industrializada para consumo direto. Por ser altamente perecível, recomenda-se o seu consumo ou processamento imediatamente após a extração. A perecibilidade da bebida pode ser atribuída às precárias condições higiênico-sanitárias durante a extração do caldo, à sua elevada concentração de sacarose, alta atividade de água e baixa acidez. Assim, as tecnologias de conservação são extremamente relevantes no que concerne à proteção contra agentes físicos (luz, calor), químicos (O_2), bioquímicos (enzimas) e biológicos (microrganismos e insetos) responsáveis por alterações que comprometem as características químicas, físicas, sensoriais e nutricionais da bebida, influenciando sua vida de prateleira.

A venda de caldo de cana em quiosques localizados em áreas litorâneas, lanchonetes, padarias e em *shopping centers* do país é crescente. No entanto, essa prática tem exigido a instalação de moendas nos pontos de venda, frequentemente mal higienizadas; gerando a necessidade de descontaminação da cana-de-açúcar antes da moagem (procedimento muitas vezes omitido), além de grande volume de resíduo (bagaço). Neste cenário, as vantagens proporcionadas pela industrialização da bebida relacionam-se à disponibilização de um produto seguro e de elevada qualidade, em qualquer época do ano, independentemente do período de safra; ao aumento da vida útil e extensão do consumo a locais distantes da região de plantio, com a diminuição do volume de matéria-prima transportado, resultando na diminuição de custos de transporte.

10.2 MERCADO DE CALDO DE CANA

O caldo de cana é uma bebida consumida frequentemente por pessoas de diferentes faixas etárias e classes sociais, especialmente nos períodos mais quentes do ano; sendo comercializado por vendedores ambulantes (denominados garapeiros), em vias públicas, parques, praças e feiras. O caldo é obtido por um processo físico de separação do bagaço por meio da moagem da cana em moendas (elétricas, à gasolina ou manuais), coado em peneiras metálicas e servido com gelo, podendo ser consumido puro ou adicionado de suco de frutas ácidas (abacaxi, limão e maracujá). Considerando-se que a comercialização do caldo de cana destinado ao consumo humano é praticada, predominantemente, no mercado informal; a obtenção de dados estatísticos acerca de seu consumo é dificultada.

O caldo comercializado em vias públicas apresenta algumas vantagens, como preço inferior e conveniência; no entanto, reúne aspectos negativos no que tange às questões higiênico-sanitárias. Os pontos de venda apresentam uma grande diversidade de formas, dimensões e materiais de construção. Em geral, as instalações são precárias, não dispondo de sanitários, rede elétrica e sistema de abastecimento de água potável, o que dificulta a higienização das mãos e dos utensílios utilizados no preparo da bebida, bem como a manutenção da temperatura adequada à conservação da matéria-prima. A água residuária e o lixo muitas vezes são descartados próximo ao ponto de venda, o que atrai insetos e roedores.

É importante destacar que as precárias condições higiênico-sanitárias do local de comercialização da bebida, aliadas à falta de treinamento e conhecimento dos vendedores, acerca das boas práticas de manipulação de alimentos, trazem consigo sérios riscos à saúde pública, decorrentes da presença de perigos de natureza biológica e física.

Pesquisas que investigaram a qualidade e segurança de alimentos comercializados em vias públicas, em vários países na América Latina, identificaram a ocorrência de distúrbios gastrointestinais em razão da incidência de microrganismos patogênicos, em virtude das más condições higiênico-sanitárias, associadas à temperatura ambiente elevada.

No Brasil, estudos realizados em diversas regiões, envolvendo alimentos comercializados em vias públicas, demonstraram que esse tipo de produto pode representar um severo risco à saúde da população. Uma avaliação da qualidade microbiológica de caldo de cana *in natura* comercializado por ambulantes no interior de São Paulo constatou que 25% das amostras apresentaram-se insatisfatórias, com níveis de coliformes termotolerantes superiores aos permitidos pelos padrões legais brasileiros.

A ocorrência do mal de Chagas em 2005, no estado de Santa Catarina, ocasionado pela ingestão de caldo de cana contaminado por *Trypanossoma cruzi*, motivou a Resolução RDC 218 de 29/07/2005 da Agência Nacional de Vigilância Sanitária (Anvisa) que dispõe sobre o regulamento técnico de procedimentos higiênico-sanitários para manipulação de alimentos e bebidas preparados com vegetais, incluindo o caldo de cana.

Os microrganismos presentes no caldo extraído podem ser originados não só da cana como também de focos de contaminação nas moendas e em outros equipamentos e utensílios. Nesse contexto, os manipuladores assumem importante papel ao atuarem como potencial fonte de disseminação de microrganismos patogênicos.

10.3 CARACTERIZAÇÃO DO CALDO DE CANA

O caldo de cana, popularmente conhecido como garapa, é caracterizado como uma bebida energética não alcoólica de gosto doce e agradável, opaca, de baixa acidez (pH 5,0 – 5,5), com coloração que varia de parda a verde escura, composição variável em função da variedade, idade e sanidade da cana, solo, condições climáticas e práticas agrícolas. A Tabela 10.1 mostra a composição centesimal do caldo de cana *in natura*.

Tabela 10.1 Composição centesimal do caldo de cana *in natura*.

	IBGE (1999)	Oliveira (2007)	Rezzadori (2010)
Valor calórico (kcal/100 mL)	82,00	73,80	80,82
Umidade (%)	78,80	81,14	79,47
Carboidratos (%)	20,50	18,20	19,95
Açúcares totais (%)	–	17,68	–
Proteínas (%)	0,30	0,21	0,26
Cinzas (%)	0,30	0,41	0,33
Sólidos solúveis (°Brix)	–	22,74	19,35
Vitamina C (mg/100 mL)	2,00	2,98	5,64

A sacarose responde por 70 a 91% do total de sólidos solúveis; atuando na preservação de micronutrientes presentes na cana, como ferro, cálcio, potássio, sódio, fósforo, magnésio, vitaminas do complexo B e vitamina C.

A Tabela 10.2 apresenta algumas características do caldo de cana *in natura* recém-extraído, em planta piloto.

A Tabela 10.2 revela uma ampla faixa de variação dos parâmetros avaliados, que pode ser atribuída às alterações na composição da matéria-prima, em virtude de diferentes períodos de plantio, época de colheita, condições climáticas, cultivar e estágio de maturação.

Os ácidos orgânicos presentes no caldo de cana, além do ácido cítrico, incluem os ácidos aconítico, málico, oxálico, glicólico, succínico e fumárico, entre outros.

É importante destacar que um rendimento superior é, normalmente, obtido em escala industrial, em que a cana é picada, desfibrada e o bagaço lavado com água (para elevar o rendimento na extração). Uma vez que o rendimento é um importante critério para avaliação econômica do negócio, recomenda-se a estocagem refrigerada da matéria-prima quando esta não for destinada ao processamento rapidamente após a colheita, com a finalidade de evitar perdas no rendimento e manter a qualidade do caldo extraído. Nesse contexto, a cana-de-açúcar pode ser armazenada a 10 °C por até dez dias antes do processamento.

Tabela 10.2 Parâmetros físico-químicos de caldo de cana *in natura* recém-extraído em planta de processamento piloto.

Rendimento[1] (% m/m)	46 – 61
pH	5,0 – 5,6
Teor de sólidos solúveis (°Brix)	15,2 – 23,6
Acidez titulável (% ácido cítrico)	0,04 – 0,07
Ratio[2]	337 – 380

[1] em relação à massa da cana raspada.
[2] razão entre o teor de sólidos solúveis e acidez titulável.
Fonte: Kunitake (2012).

Salienta-se que o caldo de cana não é considerado uma boa fonte de vitamina C, mas esse nutriente pode ser adicionado a fim de enriquecer o produto e atrair o consumidor; além de atenuar a oxidação do caldo.

O caldo de cana é considerado um ótimo substrato para o desenvolvimento de amplo espectro microbiano, por conter nutrientes orgânicos e inorgânicos, apresentar alta atividade de água e pH entre 5,0 e 5,5. Os microrganismos mais importantes identificados na bebida são essencialmente oriundos do solo e do ambiente atmosférico, dentre os quais destacam-se as leveduras, bolores, bactérias láticas e esporuladas.

10.3.1 Caldo de cana adicionado de polpa de fruta

A adição de suco ou polpa de fruta ácida ao caldo de cana, como limão, abacaxi e maracujá, tem sido apreciada pelos consumidores, por conferir à bebida um sabor diferenciado e suavizar sua doçura, promovendo uma alteração na relação entre o teor de sólidos solúveis e a acidez titulável. Além disso, o aumento da acidez favorece a estabilidade microbiológica da bebida, permitindo o emprego de temperaturas mais brandas durante um eventual tratamento térmico.

A determinação da razão entre o teor de sólidos solúveis e acidez titulável (SS/AT), denominada *ratio*, é um método prático para avaliar o sabor e a palatabilidade de uma bebida. Do ponto de vista industrial, uma acidez elevada diminui a necessidade de adição de acidulantes propiciando maior segurança e qualidade sensorial à bebida.

Contudo, a identificação do teor de polpa ou suco de fruta ácida a ser adicionado ao caldo de cana, que resulta em um produto final de elevada qualidade sensorial, deve ser investigada. É importante considerar que teores elevados de polpa poderá mascarar o sabor do caldo de cana.

10.4 MECANISMOS DE DETERIORAÇÃO DE CALDO DE CANA

A qualidade e estabilidade de bebidas de origem vegetal são afetadas por reações oxidativas que dependem das condições do processo, presença de oxigênio no espaço livre da embalagem ou dissolvido no produto, presença de catalisadores, taxa de permeabilidade a gases e barreira à radiação da embalagem, tempo e temperatura de estocagem.

O caldo de cana *in natura* sofre deterioração de sabor e aparência poucas horas após a sua extração, mesmo sob refrigeração. Essa perda de qualidade é ocasionada pela fermentação do caldo, resultando em produtos ácidos de origem microbiana.

Pigmentos escuros são formados durante o processamento da cana-de-açúcar, iniciando-se com a etapa de extração do caldo. Os mecanismos responsáveis pelo escurecimento são de natureza enzimática, por oxidação de compostos fenólicos, culminando com a formação de melaninas, e de natureza não enzimática, via reação de Maillard, oxidação de ácido ascórbico, degradação térmica, alcalina e condensação de açúcares.

10.4.1 Reações enzimáticas

A degradação do caldo de cana deflagrada por ação enzimática resulta no escurecimento e na alteração da viscosidade com possível separação de fase, iniciando-se imediatamente após a sua extração.

Destacam-se as enzimas peroxidase (POD/EC 1.11.1.7) e polifenoloxidase (PPO/EC 1.10.3.1) responsáveis por reações oxidativas e biodegradação, que podem ocasionar alterações no sabor, na cor, no corpo e nas propriedades nutricionais da bebida durante o processamento e estocagem, se não forem rapidamente inativadas.

O escurecimento do caldo de cana é iniciado pela oxidação enzimática dos compostos fenólicos catalizada pelo sistema PPO. O produto intermediário da oxidação é a quinona, que rapidamente se condensa, formando pigmentos escuros insolúveis, denominados melaninas. Portanto, a ação dessa enzima no caldo de cana ocasiona mudanças indesejáveis nas propriedades sensoriais do produto, com consequente diminuição da vida útil e do valor de mercado.

Embora a peroxidase apresente atividade no caldo de cana e seja mais termorresistente que a polifenoloxidase, considera-se esta a principal enzima responsável pelo escurecimento da bebida; sugerindo a possibilidade de aplicação de um tratamento térmico mais brando, proporcionando maior qualidade e estabilidade ao produto final.

Outra enzima atuante no caldo de cana é a pectinesterase, sendo sua inativação desejável; pois ao hidrolisar as pectinas em ácidos pécticos e pectínicos ocorre alteração da viscosidade e separação de fases da bebida.

10.4.2 Reações não enzimáticas

O escurecimento do caldo de cana também pode derivar da polimerização ou reação de radicais carbonila com grupos amino provindos da oxidação do ácido ascórbico, causando perdas nutricionais. A reação de Maillard ou a oxidação de açúcares que formam aldeídos ativos são mecanismos de escurecimento não enzimático que podem ocorrer na bebida, além da perda de cor característica do produto decorrente da oxidação de pigmentos, como clorofila, xantofila, caroteno e antocianina.

A formação de cor amarela pode ocorrer por causa da oxidação de carboidratos, tendendo frequentemente para uma tonalidade ligeiramente parda/amarelada ao marrom, durante a estocagem do produto.

Outro fator que concorre para a degradação da qualidade do caldo de cana é a floculação de coloides presentes na bebida. A solução coloidal é composta por substâncias de elevada massa molar, como o caramelo, as melanoidinas e as melaninas, podendo ocorrer separação de fases, prejudicando a aceitação sensorial da bebida, notadamente a aparência.

10.4.3 Degradação microbiológica

Por ser uma bebida altamente perecível, o caldo de cana é vulnerável à deterioração microbiana durante as etapas de pré-processamento, processamento, envase, distribuição e estocagem; o que impacta diretamente na segurança e nas características do produto final. Contudo, a utilização de uma matéria-prima de elevada qualidade, aliada a um rigoroso controle higiênico-sanitário na etapa de extração do caldo, com a aplicação racional de tecnologias de processamento e envase, garantem um produto seguro, de boa qualidade e vida útil estendida.

Microrganismos deteriorantes presentes no caldo de cana são os principais responsáveis pela alteração do produto estocado, resultando em sensível degradação das características químicas, físicas e sensoriais da bebida.

A deterioração microbiológica do caldo de cana pode ser acelerada se as condições de estocagem forem abusivas, ocorrendo variações significativas na acidez titulável, no pH e no teor de gomas, resultado da ação de bactérias, bolores e leveduras que têm habilidade de transformar açúcares em ácidos e gomas. O aumento da viscosidade durante a estocagem refrigerada tem sido atribuído à produção de dextrana, substância gomosa sintetizada pela bactéria *Leuconostoc mesenteroides*. Outras espécies de bactérias láticas podem degradar o caldo de cana, sintetizando diacetil e originando odor forte e sabor desagradável, além de CO_2 e ácido lático.

A estabilidade e a segurança do caldo de cana são baseadas em muitos fatores, os quais visam evitar o desenvolvimento dos microrganismos contaminantes impedindo a deterioração e a veiculação de doenças de origem alimentar.

A presença de nutrientes e a alta atividade de água do caldo de cana favorecem o desenvolvimento de fungos e bactérias deteriorantes. O oxigênio gera um potencial de oxirredução positivo ($Eh > 0$), proporcionando o desenvolvimento de bolores na superfície da bebida.

O caldo de cana adicionado de suco de frutas ácidas oferece um obstáculo ao desenvolvimento de espécies patogênicas e deteriorantes; a exemplo da germinação de esporos de *Clostridium botulinum* e produção de toxina, devida à redução do pH em níveis inferiores a 4,6. Entretanto, em meio ácido, verifica-se o desenvolvimento de bolores, leveduras e bactérias láticas.

Os grupos de microrganismos potencialmente deteriorantes do caldo de cana incluem:

- Bactérias esporogênicas, anaeróbias facultativas, mesófilas, produtoras de ácidos butírico e acético, CO_2 e H_2.
- Bactérias não esporogênicas, como as bactérias láticas e acéticas que são microaerófilas e mesófilas.
- Bolores e leveduras aeróbias, mesófilos com baixa resistência térmica.

O resultado imediato da deterioração da bebida é a redução de sua vida de prateleira. Neste sentido, técnicas de conservação são desenvolvidas juntamente com a conscientização da importância do correto manuseio, da higienização da matéria-prima e do local de processamento, para a criação de obstáculos ao desenvolvimento microbiano. Essas metodologias impactam na segurança, no aumento da vida útil e na manutenção da integridade física, química e microbiológica do produto final.

Padrões microbiológicos

A resolução RDC n. 12 de 2 de janeiro de 2001 da Anvisa apresenta os padrões microbiológicos para caldo de cana (puro) pasteurizado e refrigerado, segundo os quais a contagem de coliformes a 45 °C não deve ultrapassar 10 NMP/mL. A mesma resolução estabelece a ausência de *Salmonella sp* em 25 mL de amostra. Outros grupos de microrganismos não foram incluídos na referida RDC.

10.5 TECNOLOGIAS DE PROCESSAMENTO

As tecnologias aplicadas ao processamento de alimentos visam à obtenção de um produto inócuo ao consumidor, com atributos nutricionais e sensoriais próximos ao alimento *in natura* e vida útil estendida. Para este fim, o processamento deve assegurar a destruição de microrganismos e a inativação de enzimas que catalisam a degradação do alimento, além de apresentar uma relação custo/benefício vantajosa. Aspectos relativos à conveniência e praticidade também são bastante valorizados pelo mercado consumidor.

As tecnologias de processamento compatíveis com o caldo de cana, puro ou adicionado de polpa de fruta, incluem métodos térmicos convencionais, como a pasteurização, e métodos não convencionais ou emergentes, a exemplo da irradiação (raios gama), separação por membranas, campo magnético, entre outras; embora a aplicação dessas últimas tenha se limitado ao âmbito da pesquisa. É importante ressaltar que a combinação de métodos (térmicos e não térmicos) resulta, frequentemente, em um produto de qualidade superior.

Acrescentam-se às tecnologias citadas, o branqueamento da cana antes da extração do caldo e a adição de ácido ascórbico, com a finalidade de inibir o escurecimento e reduzir a população microbiana inicial.

A Figura 10.1 ilustra a descontaminação da matéria-prima em água clorada e a extração do caldo de cana em moenda elétrica, realizadas em planta de processamento piloto.

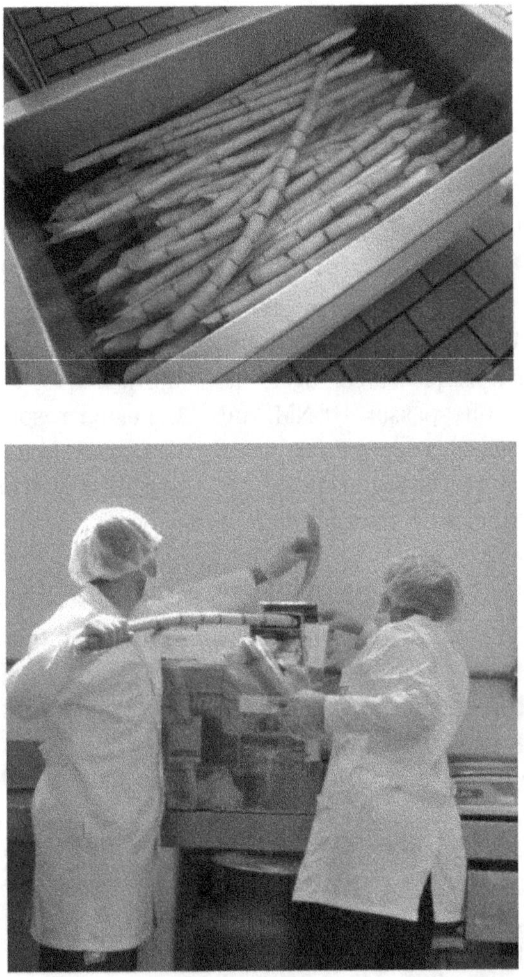

Figura 10.1 Higienização da matéria-prima e extração de caldo de cana em planta de processamento piloto.

Foto: Rodrigo Petrus.

10.5.1 Métodos convencionais

Uma das tecnologias de processamento mais difundidas é a pasteurização (T < 100 °C), cujo binômio tempo/temperatura é delineado de acordo com os parâmetros de resistência térmica do microrganismo ou enzima-alvo que se pretende inativar. Neste processo, alguns microrganismos são destruídos e outros injuriados. Contudo a população microbiana remanescente limita o tempo de estocagem do alimento quando comparado aos produtos comercialmente esterilizados. Por esta razão, a pasteurização é frequentemente combinada com outros métodos de preservação, como estocagem refrigerada, redução do pH, incorporação de aditivos químicos, complementados pelo emprego de embalagens herméticas de alta barreira, no intuito de aumentar a vida útil do alimento.

A Figura 10.2 apresenta um exemplo de fluxograma de processamento, baseado na tecnologia dos obstáculos, visando à obtenção de caldo de cana comercialmente esterilizado.

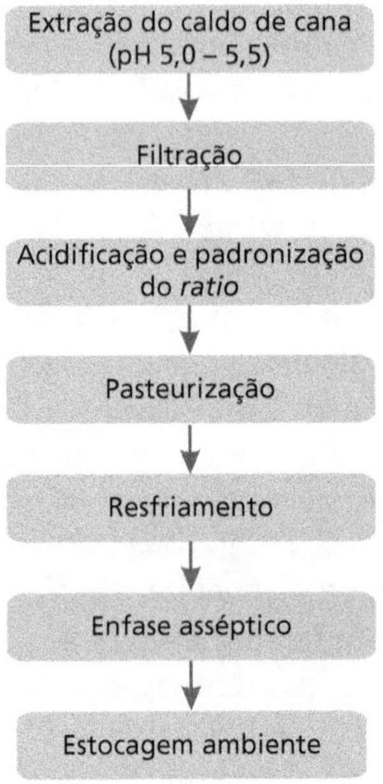

Figura 10.2 Fluxograma de processamento de caldo de cana comercialmente esterilizado.

Tratamentos térmicos mais severos (T > 100 °C) podem causar efeitos colaterais indesejáveis ao produto final, afetando suas propriedades sensoriais e nutricionais, consequência da degradação de componentes termossensíveis, que resulta na rejeição da bebida pelo consumidor final. Notadamente, em caldo de cana, observa-se o surgimento de um sabor "cozido", devido à grande quantidade de açúcar presente na bebida. Em contrapartida, a aplicação do tratamento *high temperature short time* (HTST) minimiza a formação de produtos de degradação.

10.5.2 Métodos não convencionais ou emergentes

A fim de preservar a qualidade sensorial e nutricional do produto, estudos de novas tecnologias que utilizam métodos não convencionais vêm crescendo promissoramente. Salienta-se a relevância do desenvolvimento de pesquisas relacionadas ao mecanismo e à cinética de destruição de microrganismos e inativação de enzimas que permitam um delineamento preciso dos parâmetros de processo.

Irradiação

Raios gama são radiações eletromagnéticas emitidas pelo núcleo instável de elementos radioativos (^{60}Co e ^{137}Cs) para fim de conservação dos alimentos. A inativação microbiana pode ocorrer por meio da interação direta da radiação com os componentes celulares e da ação indireta de produtos radiolíticos, tais como os radicais da água H^+ e OH^-. Esta tecnologia apresenta ótimo poder de penetração, sendo os íons, os átomos e as moléculas gerados, inócuos aos seres humanos, quando utilizados na dose permitida de até 10 kGy.

A interação entre o tratamento térmico brando e a radiação gama tem se revelado eficaz na inativação do sistema PPO em caldo de cana, sem alterar significativamente a composição físico-química, o aroma e o sabor da bebida. No entanto, o teor de vitamina C no caldo de cana puro é afetado pelo processo de irradiação isolado e combinado com o tratamento térmico. A Figura 10.3 mostra um fluxograma de processamento com a aplicação de radiação isolada e combinada com a pasteurização.

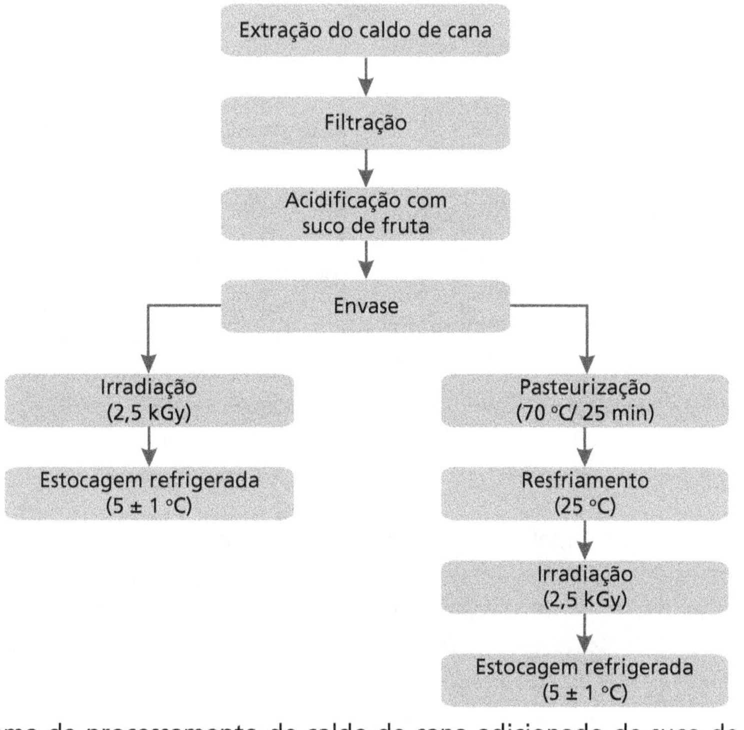

Figura 10.3 Fluxograma de processamento de caldo de cana adicionado de suco de limão submetido ao tratamento térmico e à radiação.

Fonte: Adaptado de Oliveira et al. (2007).

Processos de separação por membranas

Outra opção de processamento para caldo de cana baseia-se nos processos de separação por membranas (PSM), que elimina as etapas da clarificação convencional, não requer a aplicação de calor, mudança de fase ou pH, tampouco a incorporação de conservadores químicos ao produto. Assim, separações envolvendo compostos termolábeis, como vitaminas, são favorecidas, minimizando os efeitos colaterais causados às propriedades sensoriais e nutricionais da bebida *in natura*. Além disso, os PSM são sistemas compactos, de fácil ampliação, com possibilidade de emprego em sistemas contínuos e podem ser combinados com outros processos de separação.

A clarificação é o processo que permite a remoção de impurezas em suspensão no caldo, como minerais, proteínas e polissacarídeos, visando à obtenção de um caldo clarificado com alto grau de pureza e baixa turbidez.

A microfiltração, a ultrafiltração e a osmose inversa, chamadas também de pasteurização a frio, podem ser utilizadas para substituir os processos térmicos tradicionais. Normalmente, aquelas tecnologias são empregadas para a remoção de microrganismos empregando-se temperaturas brandas (T < 50 °C). A microfiltração pode ser aplicada à clarificação de caldo de cana com resultados satisfatórios no que tange à preservação das propriedades físico-químicas e sensoriais do produto, resultando em menores custos energéticos e na manutenção do valor nutricional da bebida.

Ultrassom

A tecnologia de ultrassom gera energia por ondas sonoras de até 20.000 Hz/s, sendo seu efeito bactericida atribuído à cavitação intracelular. Durante o tratamento, choques micromecânicos induzidos criam e quebram bolhas microscópicas pelas flutuações de pressões, que perturbam os componentes estruturais celulares e funcionais até a sua lise.

O emprego de ondas ultrassônicas pode ser visto como um método alternativo para reduzir a população microbiana em caldo de cana, além de favorecer a inativação enzimática e a manutenção da qualidade sensorial do produto.

Aquecimento ôhmico

O aquecimento ôhmico é um método térmico alternativo, que consiste em passar correntes elétricas através do alimento, com o objetivo de aquecê-lo de forma rápida e uniforme, reduzindo a severidade da aplicação do calor no produto. Estudos da Food and Drug Administration (FDA) sugerem que o mecanismo de eletroporação contribui para a inativação celular durante o aquecimento ôhmico, devido ao uso de baixa frequência (50-60 Hz) que causa mudanças na permeabilidade da membrana celular do microrganismo, inativando-o. Os efeitos sobre a destruição microbiana e inativação enzimática são semelhantes aos processos térmicos convencionais.

O aquecimento ôhmico também pode ser empregado como um pré-tratamento visando ao aumento do rendimento na extração de sucos e maior eficiência energética durante o processamento, com a utilização de uma temperatura moderada e baixa frequência. Entretanto, antes de considerar a implementação do aquecimento ôhmico como um método de conservação, pesquisas devem ser feitas para avaliar a influência combinada da temperatura e do campo elétrico na cinética de destruição de microrganismos patogênicos e para a avaliação do impacto dos projetos específicos de aquecedores ôhmicos assim como os métodos de controle de temperatura no interior do equipamento para monitorar as zonas de aquecimento mais lento.

Campo elétrico pulsado

A aplicação do campo elétrico pulsado em sucos é geralmente praticada visando à inativação enzimática e ao aumento do rendimento na extração, além de apresentar uma relação custo/benefício favorável. Associada ao emprego de temperaturas moderadas, essa tecnologia de processamento é eficiente na inativação de esporos, microrganismos patogênicos e enzimas, além de preservar a qualidade nutricional e sensorial do produto.

Alta pressão hidrostática

O processamento por alta pressão hidrostática (APH) consiste em submeter o produto às pressões variando de 100 a 600 MPa, que é transmitida de maneira uniforme e instantânea por todo o alimento, independentemente da sua forma, tamanho ou volume. Essa tecnologia promove a destruição de microrganismos sem a ação de calor; porém, apresenta um custo elevado. Os teores de vitaminas, de compostos voláteis e a cor do alimento não são afetados.

A combinação de APH com temperaturas amenas gera um produto seguro, com boas qualidades nutricionais e sensoriais e de vida de prateleira estendida. Essa associação de tecnologias promove a destruição de bactérias altamente resistentes à pressão, como *Staphylococcus aureus* e *Escherichia coli* O157: H7, isolados de sucos de fruta.

10.6 SISTEMAS DE EMBALAGEM

As opções de sistemas de embalagem para caldo de cana são múltiplas e devem considerar os requisitos de proteção do produto, o tempo de vida de prateleira pretendido, as condições de distribuição, estocagem e comercialização, assim como o impacto no custo final da bebida. Alguns exemplos incluem o sistema de envase asséptico, o enchimento a quente, desde que a bebida seja acidificada e atinja um valor de pH final inferior a 4,6; e o envase do produto pasteurizado a temperatura ambiente, com prévia incorporação de conservadores químicos.

A embalagem deve proteger a bebida da exposição ao oxigênio e à luz, apresentando baixa taxa de permeabilidade a esses agentes, uma vez que são promotores dos mecanismos de escurecimento enzimático e da oxidação de pigmentos e vitaminas.

O caldo de cana pode ser acondicionado em garrafas plásticas, como polietileno tereftalato (PET), polietileno de alta densidade (PEAD) e polipropileno (PP), frascos de vidro, laminados cartonados, latas de alumínio, *bag-in-box* (mais difundido no segmento institucional) e filmes flexíveis tipo "almofada". As possibilidades de incorporação de pigmentos e/ou camadas de alta barreira à luz e oxigênio são igualmente múltiplas, a exemplo da utilização de folha de alumínio e nanocompósitos, em estruturas multicamadas e rótulos tipo *sleeve* com barreira à luz, aplicados em embalagens transparentes.

10.6.1 Envase asséptico

Uma das tecnologias de embalagem para alimentos fluidos de maior destaque nas últimas décadas, em escala global, é o sistema de envase asséptico, que consiste no acondicionamento do produto comercialmente esterilizado em uma embalagem previamente esterilizada. O grau de eficiência do envase depende da qualidade do ar; que deve ser rigorosamente controlado, seguido do fechamento asséptico e hermético. As principais vantagens atribuídas à aplicação de sistemas assépticos incluem o aumento da vida de prateleira, prescindindo da cadeia do frio para conservação do produto e da utilização de conservadores químicos; controle de processo mais confiável e obtenção de um alimento processado de qualidade superior.

O sistema asséptico destaca-se por permitir o uso de embalagens termossensíveis, como os termoplásticos, que são leves e podem ser moldados em diversos formatos. Os principais termoplásticos utilizados incluem o polietileno de baixa densidade (PEBD), polietileno de alta densidade (PEAD) e polietileno tereftalato (PET), constituindo estes os chamados sistemas de embalagem asséptica de segunda geração. Esses frascos podem utilizar rótulos opacos ou ser pigmentados na tentativa de impedir a interação do produto com a luz, aumentando a barreira de proteção. A garrafa de PET é uma opção interessante ao atraente mercado atual porque permite o envase de praticamente qualquer tipo de bebida, incluindo caldo de cana.

A Figura 10.4 ilustra o envase asséptico de caldo de cana com maracujá, em cabina de fluxo de ar unidirecional (ISO classe 5), com dosagem gravimétrica.

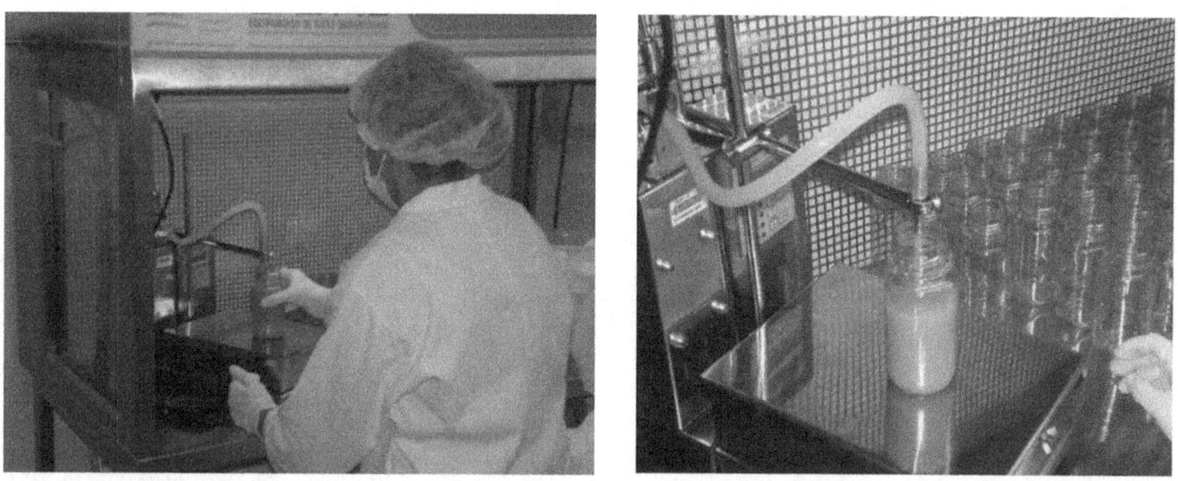

Figura 10.4 Envase asséptico de caldo de cana adicionado de polpa de maracujá, em planta piloto.

Foto: Rodrigo Petrus.

10.7 VIDA DE PRATELEIRA

O tempo de vida útil do caldo de cana é amplamente variável, sendo dependente das características físico-químicas e microbiológicas da matéria-prima, da tecnologia de processamento e sistema de envase empregados, das propriedades de barreira do material de embalagem e fundamentalmente, das condições de distribuição, estocagem e comercialização, com destaque para a temperatura.

A estabilidade do caldo de cana recém-extraído e mantido a temperatura ambiente é limitada a poucas horas. Por isso, a escolha de uma cultivar de cana-de-açúcar com menor propensão ao escurecimento enzimático, aliada à aplicação de tecnologias, visando à estabilização da bebida imediatamente após a extração do caldo são ações altamente recomendáveis.

O tempo de vida útil de um produto é basicamente determinado por meio de testes físico-químicos, enzimáticos, microbiológicos e sensoriais. No caldo de cana, o escurecimento e o surgimento de sabores estranhos são os principais fatores associados à rejeição do produto, deflagrado por mecanismos de natureza química, enzimática e microbiológica.

Pesquisas desenvolvidas na Índia revelaram que a combinação de radiação gama (5 kGy) com a incorporação de conservadores químicos, resultou em um caldo de cana com vida de prateleira de 15 e 35 dias, sob estocagem a 26 e a 10 °C, respectivamente, sem efeito adverso na qualidade do produto final. Contudo, o caldo de cana *in natura* alcançou uma vida útil de apenas quatro dias, quando estocado a 5 °C.

Trabalhos de pesquisa sugerem que o caldo de cana acidificado com ácido cítrico a um valor de pH próximo a 4,3; pasteurizado e envasado a quente em garrafa de vidro pode atingir uma vida de prateleira de até quatro meses, sem refrigeração.

É importante ressaltar que a combinação de métodos fundamentada na tecnologia dos obstáculos pode estender consideravelmente a vida de prateleira do caldo de cana. Exemplificando, o emprego da pasteurização, associada à incorporação de acidulantes/antioxidantes e à irradiação, pode resultar na obtenção de uma bebida com vida útil próxima a 60 e 90 dias, sob estocagem ambiente e refrigerada, respectivamente.

O caldo de cana industrializado tornou-se uma realidade no país, no ano de 2012. Produzido no interior paulista, a bebida padronizada, acondicionada em garrafas de vidro com tampas metálicas, pasteurizada e resfriada tem uma vida de prateleira, anunciada pelo fabricante, de seis meses sem refrigeração.

10.8 SUBPRODUTOS

A indústria processadora de cana-de-açúcar gera subprodutos que têm grande potencial de aproveitamento, a citar:

- Geração de vapor e eletricidade por meio da queima do bagaço.
- Produção de biocombustível.
- Incorporação ao polietileno tereftalato (PET) para fabricação de garrafas plásticas.
- Produção de enzimas lignocelulolíticas para utilização em processos industriais e biotecnológicos.

Neste sentido, a indústria processadora de cana apresenta sustentabilidade e viabilidade econômica no longo prazo.

10.9 CONSIDERAÇÕES FINAIS

Conforme apresentado neste capítulo, o rendimento e a composição físico-química do caldo de cana são bastante variáveis e influenciados por clima, solo, cultivar, práticas agrícolas, época de plantio e colheita, o que sugere a necessidade e a importância da padronização da bebida, principalmente em relação aos teores de sólidos solúveis e acidez. Tal procedimento visa, primordialmente, a obtenção de um produto de qualidade padronizada, de grande relevância para a indústria.

Outro aspecto a considerar refere-se à necessidade de desenvolvimento de pesquisas no que concerne à combinação de métodos convencionais, a exemplo da pasteurização térmica, com tecnologias não convencionais, como ultrassom, pulso elétrico, campo magnético etc.; com a finalidade de obter de um produto seguro, com maior retenção das propriedades sensoriais e nutricionais, com características similares à bebida *in natura* e vida de prateleira estendida, prescindindo da adição de conservadores químicos e refrigeração.

BIBLIOGRAFIA

BHUPINDER, K.; SHARMA, K. P.; HARINDER, K. Studies on the development and storage stability of ready to serve bottled sugarcane juice. **International Journal of Tropical Agriculture**, New Delhi, v. 9, n. 2, p. 128-134, 1991.

BUCHELI, C. S.; ROBINSON, S. P. Contribution of enzymic browning to color in sugarcane juice. **Journal of Agricultural and Food Chemistry**, Washington, v. 42, p. 257-261, 1994.

CONAB. Companhia Nacional de Abastecimento. **Acompanhamento de safra brasileira: cana-de-açúcar, terceiro levantamento, dezembro/2012.** Disponível em: <http://www.conab.gov.br/OlalaCMS/uploads/arquivos/12_12_12_10_34_43_boletim_cana_portugues_12_2012.pdf>. Acesso em: 10 fev. 2013.

COOMBS, J.; BALDRY, C. W. Formation of color in cane juice by enzyme-catalyzed reactions. Part 1. Mechanism and chemical inhibition. **International Sugar Journal**, London, v. 80, p. 291-294, 1978.

COOMBS, J.; GOODACRE, B. C.; VANE, G. W. Process advantages and disadvantages associated with the inhibition of enzyme catalyzed color formation in sugarcane juice. **International Society of Sugar Cane Technologists**, Quatre-Bornes, v. 17, p. 2098-2117, 1980.

ECKNER, K. F.; ZOTTOLA, E. A. Potential for the low temperature pasteurization of dairy fluids using membrane. **Journal of Food Protection**, Chicago, v. 54, n. 10, p. 793-797, 1991.

INSTITUTO BRASILEIRO DE GEOGRAFIA E ESTATÍSTICA (IBGE). **Estudo nacional da despesa familiar**: tabela de composição de alimentos. 5. ed. Rio de Janeiro: Varela, 1999. 137p.

KUNITAKE, M. T. **Processamento e estabilidade de caldo de cana acidificado**. 2012. 129f. Dissertação (Mestrado em Ciências da Engenharia de Alimentos) – Faculdade de Zootecnia e Engenharia de Alimentos, Universidade de São Paulo, Pirassununga, 2012.

MAO, L. C.; XU, Y. Q.; QUE, F. Maintaining the quality of sugarcane juice with blanching and ascorbic acid. **Food Chemistry**, Reading, v. 104, n. 2, p. 740-745, 2007.

OLIVEIRA, A. C. G. **Efeitos do processamento térmico e da radiação gama na estabilidade físico-química, microbiológica e sensorial de caldo de cana puro e adicionado de suco de frutas, armazenado sob refrigeração**. 2007. 105f. Dissertação (Mestrado em Ciência e Tecnologia de Alimentos) – Esalq/USP, Piracicaba, 2007.

OLIVEIRA, A. C. G. et al. Efeitos do processamento térmico e da radiação gama na conservação de caldo de cana puro e adicionado de suco de frutas. **Ciência e Tecnologia de Alimentos**, Campinas, v. 27, n. 4, p. 863-873, 2007.

PALOU, E.; LOPEZ-MALO, A.; WELTI-CHANES, J. Innovative fruit preservation methods using high pressure. In: WELTI-CHANES, J.; BARBOSA-CANOVAS G.V.; AGUILERA, J. M. **Engineering and Food for the 21st Century**. Boca Raton: Crc Press., 2002. p. 715-725.

PRATI, P.; MORETTI, R. H.; CARDELLO, H. M. A. B. Elaboração de bebida composta por mistura de garapa parcialmente clarificada-estabilizada e sucos de frutas ácidas. **Ciência e Tecnologia de Alimentos**, Campinas, v. 25, n. 1, p. 147-152, 2005.

RASO, J.; PAGÁN, R.; CANDÓN, A. Nonthermal technologies in combination with other preservation factors. In: BARBOSA-CÁNOVAS, G. V.; TAPIA, M.S.; CANO, M. P. **Novel food processing technologies**. New York: Crc Press, 2005. Cap. 21, p. 453-475.

REZZADORI, K. **Pasteurização térmica e com membranas de caldo de cana adicionado de suco de maracujá**. 2010. 161f. Dissertação (Mestrado em Engenharia de Alimentos) – UFSC, Florianópolis, 2010.

RIENER, J. et al. Combined effect of temperature and pulsed electric fields on apple juice peroxidase and polyphenoloxidase inactivation. **Food Chemistry**, Reading, v. 109, n. 2, p. 402-407, 2008.

RIFFER, R. The nature of colorants in sugarcane and cane sugar manufacture: In: CLARKE, M. A.; GODSHALL, M. A. **Chemistry and processing of sugar beet and sugarcane**. New York: Elsevier Science Publishers, 1988. Cap. 13, p. 186-207.

WELTI-CHANES, J. et al. Fundamentals and applications of high pressure processing to foods. In: BARBOSA-CÁNOVAS, G. V.; TAPIA, M.S.; CANO, M. P. **Novel food processing technologies**. New York: Crc Press, 2005, p. 157-181.

YUSOF, S. et al. Changes in quality of sugar-cane juice upon delayed extraction and storage. **Food Chemistry**, Reading, n. 4, p. 395-401, 2000.

11

CHÁ

URGEL DE ALMEIDA LIMA
ALESSANDRA SANTOS LOPES

11.1 INTRODUÇÃO

É comum denominar de chá as infusões feitas com qualquer parte de uma planta. No entanto, este capítulo se dedica a uma planta apenas, específica, de alto valor econômico e às suas folhas, com as quais se preparam diferentes e apreciadas infusões. Essa planta é a *Camellia sinensis* (L) Kuntze, arbusto de origem asiática, espontânea na Índia, Vietnan e Mianmar (Birmânia) que foi levada para o sul da China, possivelmente pela via dos rios Bramaputra, Irawada e Mekong (Laos). Sua origem exata é incerta, se em Mianmar, Índia, Vietnan, Paquistão, Sri Lanka, China ou Japão. Chá é denominação para a planta, para suas folhas beneficiadas de diferentes maneiras e, também, para as infusões obtidas com elas. São sinônimos: *Camellia sinensis* – (L) Kuntze, *Camellia bohea* – L., *Camellia thea* – Link., *Camellia theifera* – Griff., *Thea bohea* – L., *Thea sinensis* – L., *Thea viridis* – L.

Segundo lenda chinesa, o chá surgiu há perto de três mil anos na China, com o Imperador Shen Nung, estudioso dos efeitos de ervas medicinais. Um dia, repousando sob um arbusto, sentiu um aroma agradável e especial causado pela queda de algumas folhas em um recipiente em que se fervia água para beber. A imersão das folhas deu origem a uma infusão que foi provada e apreciada pelo imperador, ao ponto de ele passar a consumi-la costumeiramente. Surgira o chá, que hoje é considerado a bebida de maior consumo mundial.

Em verdade, os primeiros registros históricos sobre a bebida datariam de 300 a.C., porém o plantio dos arbustos de chá, o desenvolvimento de sua produção e processamento são mais recentes, ao redor do terceiro século d.C. A primeira obra sobre o chá teria sido elaborada na China no século VIII, e no século seguinte monges budistas o introduziram no Japão. A partir dessa época, nos dois países se desenvolveram o conhecimento e as técnicas para sua produção, com reflexos econômicos e mesmo religiosos, mas a China é considerada a grande disseminadora de seu uso.

Na Europa, ficou conhecido pelos relatos de Marco Polo nos meados do século XVI, mas foi difundido no século XVIII, principalmente após as Grandes Navegações e a instalação de companhias de comércio.

Entre muitas das informações deste capítulo, que procedem do Google, Ana Maria Ströbele conta que o chá foi introduzido na Inglaterra em 1662, pela princesa portuguesa Catarina de Bragança, após se casar com o rei Charles II. Desse matrimônio resultou a cessão de direitos à Inglaterra e a autorização para navegar no ultramar português, o que propiciou o início da expansão do império britânico.

Em sua bagagem, Catarina de Bragança levou o chá, procedente da China e de consumo usual na corte portuguesa, e o introduziu na corte inglesa. Iniciado na corte, o costume de seu consumo se tornou popular, ao ponto de identificá-lo com os ingleses e se tornar praticamente um símbolo.

O ideograma chinês para *chá* indicado a seguir,

茶

é pronunciado como *Tchá* em mandarim e em japonês, e como *Tê*, em um dialeto regional de Fujian, na China. A denominação do chá nos diferentes países e idiomas depende da região de onde foram feitas as importações pelos países europeus. Um grupo de países foi influenciado pela pronúncia *Tê*, como em *tee* alemão, *tea* em inglês, *te* em italiano, *té* em espanhol e *thé* em francês. Outro grupo se baseia na pronuncia *Tchá*, como em japonês, persa, russo, árabe, grego e romeno. Em português, *chá*, por consequência do domínio colonial de Portugal em Macau.

Há muitas regiões produtoras de chá no mundo, e em especial, **Índia**, **China**, **Japão**, **Taiwan**, **Quênia**, **Camarões**, **Tanzânia** e **Malawi**. Na China, a província de Fujian é famosa e grande produtora.

11.2 O CULTIVO DE CHÁ NO BRASIL

Originado em montanhas no trópico de Cancer e estendendido pelo sudeste da Ásia em latitudes próximas de 20°, o chá é plantado em altitudes de 100 a 2.400 m. No hemisfério Sul, em latitudes próximas ao trópico de Capricórnio, a *Camellia sinensis* é cultivada no Brasil, e seus chás (folhas e infusões) são de boa qualidade.

Em 1812, foi plantado no Jardim Botânico do Rio de Janeiro, de onde foram obtidas sementes para seu plantio em São Paulo, Minas Gerais e Paraná.

Em Minas Gerais, a cidade de Ouro Preto, foi centro de produção de chá no século XIX. Na cidade de São Paulo houve plantações de chá no vale do Rio Anhangabaú, no local identificado pelo Viaduto do Chá, no centro da Capital.

A indústria do chá no Brasil atingiu o máximo de produção em 1852. Sua boa qualidade era reconhecida internacionalmente, tendo sido classificado como segundo melhor em 1873, em uma exposição de Viena. Perdeu apenas para os chás chineses, considerados os melhores. A abolição da escravatura em 1888 prejudicou a agricultura em geral, estendendo efeito negativo sobre a cultura do chá que quase se extinguiu.

Em Minas Gerais houve expansão e, depois, queda da produção até quase desaparecer, mas voltou ao mercado durante a primeira guerra mundial (1914-1918). Houve expansão do cultivo, porém sua qualidade não era das melhores. A partir de 1920, a tecnologia agrícola racional e os processos de beneficiamento devolveram a importância às plantações.

No Estado de São Paulo, nas proximidades do litoral sul, onde há notável presença de colônia japonesa, à qual a plantação de *Camellia sinensis* comumente está associada, há condições de clima e solo semelhantes às dos países asiáticos. A cultura do chá se concentrou na região paulista do Vale do rio Ribeira de Iguape, mormente nos municípios de Registro e Pariquera-Açú. Cerca de 95% da produção paulista de chá-preto eram destinados aos mercados externos, e utilizados na composição de misturas oferecidas por empresas multinacionais.

No início da década de 1920, durante o período da colonização japonesa próxima ao Rio Ribeira de Iguape, Torazo Okamoto, técnico em produção de chá no Japão levou mudas para Registro, plantou-as, mas não teve o sucesso esperado. Isso, porque as variedades eram chinesas e mais adequadas à produção de chá-verde. Voltou ao Japão em 1935 para adquirir máquinas e aproveitou para trazer sementes da variedade Assâmica originária do Sri Lanka. Diz-se que transportou 100 sementes embutidas no miolo do pão que lhe era servido, para escapar da fiscalização. Plantou-as e conseguiu 60 plantas produtivas (Figura 11.1).

Figura 11.1 Foto da plantação original da época de introdução do chá em Registro.

Fonte: Sociedade Produtora de Chá do Vale do Ribeira (Registro).

Na placa, os dizeres: *Primeiras plantas de chá da espécie Assâmica, cujas sementes foram trazidas do Sri Lanka dentro do miolo do pão, por Torazo Okamoto em 03 de março de 1935.*

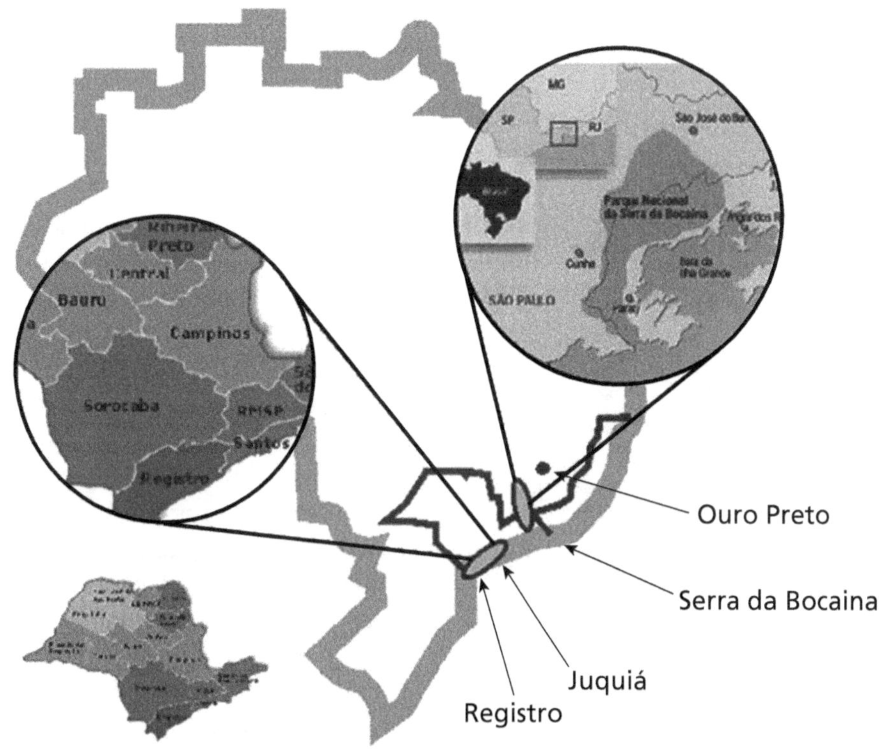

Figura 11.2 Locais de produção de chá no Brasil.

A produção de chá-preto foi uma das principais atividades econômicas de Registro, mas tem sido abandonada pelos antigos plantadores, por motivos econômicos.

A maior parte da produção de chá-preto era exportada para clientes da Bolívia, Chile, Argentina, Uruguai, Estados Unidos, Inglaterra, Índia, Kenya, Alemanha e Japão. Quase a totalidade das exportações brasileiras de chá era originária do Estado de São Paulo, mas houve decréscimo crescente, em função do desinteresse à teicultura.

De acordo com produtores e técnicos, há carência de demanda interna dos chás preto e verde, tanto pela cultura como pela fabricação. Para re-estimular sua produção é necessário adotar política cambial justa para o produto nacional, exercer fomento para obtenção de novas cultivares e medidas de estímulo aos produtores rurais. Seria positivo, para manter a atividade atrativa, capacitá-los a aumentar a produtividade e a aceitar novas tecnologias, incluindo a mecanização da colheita, modernização de equipamentos e do processamento. Medidas para reduzir custos e enfrentar a oferta do produto exterior, mais barato.

11.3 PLANTA

Foi descrita por Lineu que a classificou como *Thea sinensis*, denominação substituída por *Camellia sinensis* quando se verificou que os gêneros *Thea* e *Camellia* não eram diferentes. Pela classificação botânica ela se vincula ao Reino Plantae, Divisão Magnoliophyta, Classe Magnoliopsida, Ordem Ericales, Familia Theaceae, Gênero *Camellia* e Espécie *Camellia sinensis*.

É um arbusto perene e permanentemente verde, que pode atingir mais de dez metros em estado nativo. Em cultivo agrícola é mantida em altura de 1,5 m aproximadamente, por meio de podas periódicas e, nessa condição, raramente floresce.

A baixa altura favorece a colheita das folhas, que, quando adultas, são oblongas, verde-escuro, de margens serreadas, com nervuras bem delineadas; as folhas novas e os brotos são pubescentes, com curtos tricomas brancos. A Figura 11.3 mostra um ramo, folhas, frutos e sementes. Os **frutos** são cápsulas pequenas, trígonas, com três sementes globosas, ricas em óleo comestível.

Figura 11.3 Ramo, folhas, flores, frutos e sementes do chá.

Fonte: Google.

As flores são pequenas (Figura 11.4), isoladas ou aos pares, de pétalas brancas, perfumadas, têm vários estames e um pistilo com três estigmas. Embora hermafroditas, não se autofecundam; a fecundação depende de insetos, principalmente das abelhas.

Figura 11.4 Flores e folhas adultas do chá.

Fonte: Google.

A *Camellia sinensis* é a planta mais cultivada, mas na Índia se planta a *Camellia sinensis* var. *assamica*, de maior porte, de folhas maiores e muito rica em cafeína.

11.3.1 Clima e solo

O clima precisa ser úmido, pouco ensolarado. Nas baixas altitudes, exige-se estação seca bem definida para um período de repouso depois das podas e colheitas, a fim de garantir um rebrotamento vigoroso. O chá é cultivado a pleno sol, mas se desenvolve bem em calor não muito intenso (14 a 27 °C). As temperaturas médias de 18 a 21 °C são as mais indicadas. Em alguns países, é cultivado em ambiente sombreado.

Em regiões quentes, se desenvolve bem, mas o período de vida da planta é mais curto e a qualidade da bebida é inferior. Resiste a temperaturas inferiores a 0 °C, mas prefere verão úmido a inverno muito frio. Os ventos devem ser evitados, principalmente os ventos dominantes que secam o solo e prejudicam a transpiração. Se a região não tem árvores, é aconselhável plantá-las, para agir como quebra-ventos, de preferência árvores características da região.

Exige solo fértil, ácido (pH ótimo entre 4,2 e 5,5), bem irrigado, mas permeável para garantir boa penetração das raízes e aeração adequada. Solos muito compactos prejudicam a longevidade da planta. A bibliografia informa que a precipitação pluvial é adequanda entre 700 a 3.100 mm anuais.

Os melhores solos para cultivo do chá são argilo arenosos profundos, ricos em fósforo e potássio e menos ricos em cálcio, porque a *Camellia sinensis* é planta calcífuga. Nitrogênio e fósforo influem no desenvolvimento e na qualidade da bebida.

11.3.2 Propagação

A propagação do chá é feita por mudas ou por meio de sementes. Por meio de sementes (multiplicação sexuada), é mais demorada. As sementes, previamente mergulhadas em água, são plantadas em canteiros de viveiros sombreados, onde germinam. Daí, são transplantadas para um terreno definitivo, de preferência sombreados, com quebra-ventos, onde recebem fertilização e tratos culturais próprios para garantir sua sobrevivência e crescimento.

A reprodução dita vegetativa (assexuada), é feita por estaquia, em viveiros onde são assistidas como as plantinhas originadas de semeação. As estacas são fixadas no solo e aí permanecem até que raízes adventícias garantam a suplementação nutricional. Após o enraizamento e bom desenvolvimento, as mudas são transplantadas para seus locais definitivos.

Atualmente há processo de clonagem.

11.3.3 Podas

A poda é operação que controla o crescimento de uma planta e consiste no corte racional de ramos que crescem durante seu desenvolvimento. Para o chá, de maneira geral pode ser descrita como segue: não é executada antes de três anos, durante os quais são mantidos os ramos que crescem até 1 a 1,2 m do solo. Aos três anos recebe poda corretora para manter a altura de 1 a 1,2 m no topo dos arbustos, em plano horizontal, paralelo ao solo (Figura 11.1). Com ela, são eliminados os ramos mal dirigidos e secos. Uma vez ao ano, pode ser feita uma intervenção que permita o crescimento de apenas 8 cm por ano até os cinco anos de idade. Quando atinge 1,4 m nova poda para reduzir a 1 m de altura.

Aos seis anos a planta atinge a plena produção que se estende até próximo de 15 anos. Se a produção decai e a planta se torna muito fina, ela é renovada com poda enérgica, curta, e em seis meses vem nova brotação vigorosa.

11.3.4 Pragas e doenças

Como qualquer cultura, o chá é suscetível a doenças, produzidas por fungos e bactérias que atacam ramos e raízes. As raízes são afetadas por bactérias causadoras de podridão e o mal vermelho; ramos e troncos por fungos causadores de ferrugem e as folhas por antracnose.

As pragas são representadas por lagartas que atacam as folhas, térmitas, formigas cortadeiras, nematoides das raízes e hemípteros que incidem sobre tronco e ramos.

11.3.5 Colheita

Normalmente, a primeira colheita é feita após três anos, mas o rendimento é pequeno.

São tradicionais as representações de folhas colhidas manualmente e atiradas para dentro de um cesto que vai preso às costas do lavrador, mas há colheita mecânica que foi usada em Registro e é empregada na Argentina.

Em primeiro lugar, são colhidas as folhas mais delicadas, denominadas de "pekoe", constituídas da gema terminal e mais duas folhas imediatamente inferiores. Depois, outras quatro folhas inferiores são colhidas. Na colheita, a gema terminal é cortada, mas novas gemas brotam de gemas axilares inferiores.

A colheita exerce importante influência na qualidade do chá, complementando a influência da altitude, dos fertilizantes, da estação do ano e das podas.

As folhas colhidas nas horas de maior iluminação e calor produzem bebida de maior qualidade; é quando apresentam maior atividade fisiológica e armazenam mais quantidade de fatores de qualidade.

Figura 11.5 Colheita manual (1) e mecânica das folhas de chá.

Fonte: Google.

11.3.6 Composição do chá

As folhas encerram taninos, cafeína, carboidratos, óleos essenciais, aminoácidos, enzimas, antocianinas, flavonoides, ácidos orgânicos, pectina, vitaminas e polifenóis.

As flores possuem aroma que favorecem a qualidade das infusões. As sementes encerram de 26 a 30% de óleo de sabor amargo e aroma não agradável. Entre os ácidos, foram identificados oxálico (0,05-0,22%), succínico (0,03-0,06%), gálico (0,02%) e péctico.

A composição das folhas varia com as variedades da planta, fisiologia, data da amostragem e com a idade; os brotos e as primeiras folhas encerram mais tanino e cafeína do que as folhas secundárias, terciárias e adultas, nessa ordem. No verão há maior concentração de tanino. A composição do chá beneficiado é afetada pela composição das folhas e pelo processo de beneficiamento.

De maneira geral, os chás comerciais produzem de 36 a 40% de extrato aquoso e contêm 8 a 9% de taninos, 5 a 15% de cinzas, 3 a 4% de solúveis em água e de 2 a 2,5% de cafeína. Análises de chás brasileiros mostraram dados de extratos aquosos inferiores, porém teores de cafeína e de tanino comparáveis aos de análises de chá de outras procedências (Tabela 11.1).

Tabela 11.1 Composição do chá, folhas, ramos, e nervuras das folhas.

	Chás de São Paulo e Minas Gerais			Chá** %	Folhas %	Ramos %	Nervuras %	Chá*** %
	Mínimo %	Máximo %	Média %					
Água	5,0	8,7	6,7	6,9-7,5	6,9-7,1	6,9-7,5	6,75-7,5	8,0-10,0
Extrato aquoso	27,0	41,2	34,0	40,1-49,0	45,0-48,5	36,0-47,0	5,0-15,0	–
Tanino	9,0	14,0	11,8	12,3-12,8	12,4-13,3	11,6-12,5	12,2-12,9	5,0-15,0
Cafeína	2,56	3,15	2,86	2,5-3,1	2,2-3-2	2,2-2,9	2,8-3,1	1,1-3,6
N total	3,6	3,6	4,2	3,8	–	–	–	
Fibra	11,9	13,8	–	–	–	–	–	–
Cinza	4,8	5,8	5,2	6,2-7,8	7,6-8,4	4,6-5,0	4,6-5,0	–
Cinza solúvel	3,3	3,9	–	–	–	–	–	–

Campos (1950); ** Campos & Rocha (1952).
A amostra de Ouro Preto, MG, apresentou ligeira diferença, para menos, em cafeína e cinzas;
*** Schimidt (1952).
Fonte: Lima (2001).

Taninos – os taninos encontrados nos brotos e folhas da planta são compostos fenólicos complexos que compreendem pirocatequina, epigalato de catequina, galacto catequina, catequinas e produtos de condensação, que sofrem escurecimento durante o processo de "fermentação" e são responsáveis pela obtenção do chá-preto.

As catequinas que são incolores e solúveis em água, são responsáveis pelo amargor e adstringência dos chás-verdes e lhes atribuem qualidade.

O teor de tanino nos chás-pretos é inferior ao dos chás-verdes, como resultado do beneficiamento. Os chás obtidos com folhas adultas e ramos têm maior teor de fibra e menores teores de cafeína e tanino e são considerados como de qualidade inferior.

Cafeína – As folhas de chá contêm mais cafeína do que os grãos de café verde; seu teor pode atingir 5%, mas as infusões são mais pobres do que o café, porque em geral são mais diluídas, de 1/4 a 2/3 mais fracas. As folhas jovens de chá são mais ricas em cafeína do que as adultas, em proporção de 4% e 3%, respectivamente. Comparando infusões de café, mate e chá a de café acusou 116 mg de cafeína em 100 mL, a de chá-preto 50 mg e a de mate 21 mg. Esta comparação não informa quanto de material foi usado na preparação da infusão; variando sua quantidade no preparo da infusão os resultados são diferentes. Em uma comparação entre infusões, é preciso ser informada a massa de material usado para prepará-las, e ser a mesma para todas, tornando os resultados plenamente confiáveis.

A cafeína é uma metilxantina, como a teobromina e a teofilina, também encontradas nas folhas de *Camellia sinensis*, embora em pequena quantidade. Outros alcaloides como xantina, hipoxantina e ácido tetrametilúrico são encontrados nas folhas de chá.

Carboidratos – Açúcares livres (sacarose, glicose e frutose), glicosídeos e polissacarídeos solúveis em água são detectados nas folhas. Os componentes dos polissacarídeos são glicose, frutose, galactose, arabinose, xilose, ácido galacturônico e ácidos urônicos.

Aminoácidos – O chá encerra 19 aminoácidos que são precursores do aroma. Ácidos aspártico e glutâmico, serina, asparagina, lisina, treonina, arginina, histidina, tirosina, triptofano, valina, leucina e fenilalanina foram encontrados em folhas recém-colhidas, em murchas e no chá-verde. O teor encontrado nas folhas murchas é mais alto por causa da menor umidade.

A teanina é um aminoácido que parece ser específico do chá e seu teor representa até 50% do teor de aminoácidos livres, ou 2% da massa seca.

Óleo essencial – Essência de chá obtida com chá fermentado contém salicilato de metila e um álcool produtor de aroma na proporção de 0,5 a 0,9%. A presença de glicosídeos terpênicos leva a geraneol e linoleol.

Enzimas – As folhas encerram várias enzimas, também designadas por teases, em teor mais elevado nas mais ricas em tanino. Entre elas, as fenoloxidases e polifenoloxidases, que têm papel importante no beneficiamento dos chás-pretos, contribuindo para o escurecimento.

Outros componentes – Além dos componentes já mencionados, as folhas de chá contêm elementos minerais como potássio, cálcio, fósforo, ferro, zinco, alumínio, magnésio, manganês, selênio, cromo, ferro e flúor. Também são encontrados vitaminas A, B_2, C, E e ácido fólico. Esses componentes constituem um conjunto antioxidante, complementado por aproximadamente 3% de polifenóis.

Ácido clorogênico participa da composição do chá e da erva-mate, em maior teor no mate que também possui flavonoide diferente do chá.

As folhas frescas de chá contêm pigmentos, como clorofila e carotenoides, entre os quais neoxantina, luteína e β-caroteno. Os chás ricos em aroma e sabor contêm alto teor de carotenoides.

11.4 PROCESSAMENTO DE CHÁS

O beneficiamento das folhas transforma-as de acordo com o processo a que são submetidas. A Figura 11.6 mostra folhas ao natural e processadas sob a forma de chá-preto e verde.

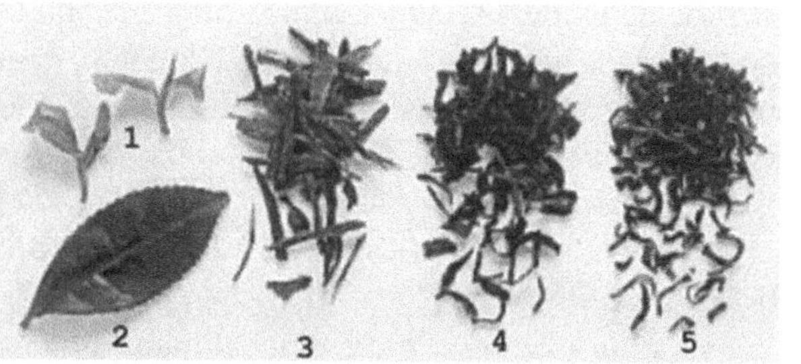

Figura 11.6 Folhas de chá: verdes e beneficiadas. 1 – Primeiras folhas, 2 – folhas terciárias ou adultas, 3 – folhas enroladas de chá-verde, 4 – folhas enroladas de chá-preto, 5 – Chá-preto.

11.4.1 Chá-preto

O processamento do chá-preto consiste basicamente de uma série de operações na seguinte ordem:

- Remoção parcial da umidade (*murchamento*);
- Desintegração das folhas em pequenos pedaços (*corte ou enrolamento*);
- Oxidação ou bioprocesso;
- Secagem;
- Separação das frações por tamanho (classificação) e limpeza;
- Embalagem.

Numerosas modificações químicas ocorrem durante as etapas de murchamento, bioprocesso e secagem; a principal alteração física do processo é a remoção da umidade (TAKEO, 1992; VARNAM; SUTHERLAND, 1994).

Murchamento

Nessa etapa, ocorre a redução da umidade das folhas de chá de 75-80% para 55-70%. Esse processo é uma condição prévia para as etapas subsequentes de desintegração e bioprocesso, e deve ser realizado em temperatura ambiente a fim de que possam ocorrer algumas modificações químicas desejáveis no sabor do chá (VARNAM; SUTHERLAND, 1994).

Durante esse processo, é necessária a efetiva circulação de ar sobre as folhas, e para isto podem ser utilizados longos cochos perfurados feitos de concreto, madeira ou metal, apresentando formato retangular (Figura 11.6). Usualmente pode-se combinar o fluxo de ar e aquecimento, desde que seja evitado o sobre aquecimento das folhas e a temperatura seja mantida próxima da ambiente. As folhas são colocadas no cocho perfurado até espessura média de 200 mm, o que corresponde a uma carga de 30 kg/m^2. Caso a umidade ambiente seja elevada, devem ser colocadas cargas inferiores, de 25-28 kg/m^2, a fim de garantir a qualidade do processo (HAMPTON, 1992; TOMLINS; MASHINGAIDZE, 1997; VARNAM; SUTHERLAND, 1994).

Embora essa fase seja essencial para obtenção de um produto final de qualidade, seu controle é deficiente e sujeito a consideráveis variações. Os tempos de murchamento entre 12-16 horas são bastante comuns em diversas fábricas. No entanto, algumas empregam ciclos de 24 horas para esta etapa. Pesquisas têm sido realizadas a fim de determinar o tempo ótimo do murchamento, e mostram que esse processo não deve exceder 14 horas, para obter produto de alta qualidade. Esta decresce significativamente quando o tempo ultrapassa 20 horas (HAMPTON, 1992).

O fluxo ascendente de ar através das folhas de chá em cocho aberto (Figura 11.7), resulta em maior remoção da umidade das folhas localizadas na parte inferior, porém causa desuniformidade no processo de secagem em todas as fases. Esse sistema, convencional, evoluiu com a introdução dos aparelhos denominados de cocho fechado, representado na Figura 11.8, onde o fluxo de ar aquecido circula em várias direções (ascendente e descendente) (HAMPTON, 1992).

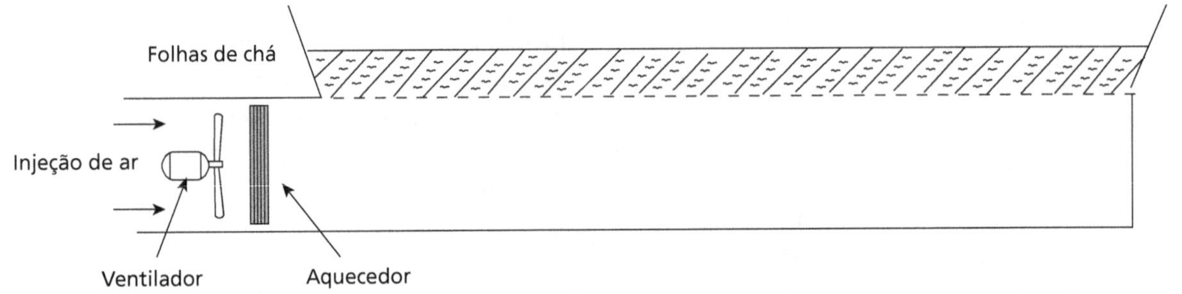

Figura 11.7 Processo para remoção parcial da umidade das folhas de chá em cocho aberto.

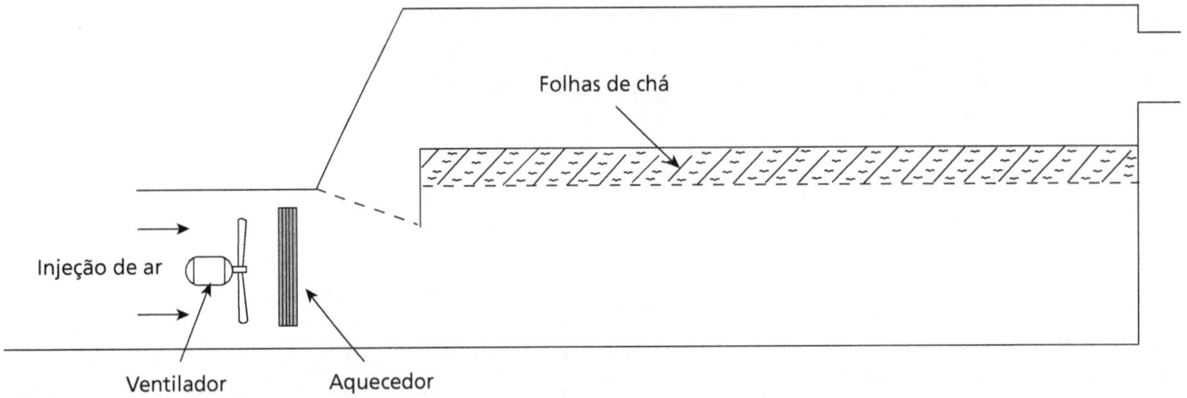

Figura 11.8 Processo para remoção parcial da umidade das folhas de chá em cocho fechado.

11.4.1.1 Desintegração das folhas (corte ou enrolamento)

Essa etapa do processamento pode ser realizada segundo diversos procedimentos de corte e esmagamento, mas a exigência básica é a desintegração das folhas para causar o rompimento das células, a exsudação do suco celular e sua exposição ao ar na fase seguinte do bioprocesso, a oxidação (VARNAM; SUTHERLAND, 1994).

No enrolamento, a folha amassada libera o suco celular, contendo enzimas (polifenoloxidases), catequinas e polifenois, que, em contato com o ar, sofre mudança de cor; o verde passa a castanho ou acobreado. A temperatura, que é importante para o bioprocesso, não deve se elevar demasiadamente; o ótimo se situa entre 27 °C e 32 °C.

A escolha do tipo de equipamento utilizado na desintegração das folhas de chá depende principalmente do teor de umidade após o processo de murchamento. O equipamento denominado LTP (*Lawrie tea processor* – processador de chá Lawrie) opera de forma mais eficiente quando a umidade se situa por volta de 71%, e consiste de um eixo rotatório central com facas ou martelos. Esse equipamento é relativamente simples, mas nem sempre é obtida boa eficiência no corte, pois a manutenção da máquina é frequentemente negligenciada. Essa máquina é ineficaz quando a umidade excede 71%, pois o superaquecimento das folhas de chás causa alteração de qualidade durante o processo (HAMPTON, 1992; VARNAM; SUTHERLAND, 1994).

Outro equipamento denominado CTC (*crush, tear and curl* – esmaga,rasga e enrola) pode operar em uma larga faixa de umidade, mas geralmente utiliza folhas com umidade entre 68-70%. A máquina CTC (Figura 11.9) é constituída de um ou mais pares de rolos que giram em movimento contrário. Esse processo tornou-se bastante conhecido, especialmente para fabricação de chá em sachês, porque produz partículas menores quando comparadas com outros processos. O uso de ar frio evita o sobreaquecimento das folhas (HAMPTON, 1992).

O equipamento de desintegração das folhas de chá, denominado processo ortodoxo (*orthodox process*), opera com a umidade das folhas em torno de 60%, e consiste de um sistema em que as folhas são colocadas em um cilindro rotativo instalado acima de uma mesa circular constituída de saliências na superfície. Na parte superior do cilindro é realizada pressão para forçar as folhas para baixo, e provocar sua desintegração. A intensidade de desintegração varia de acordo com a pressão empregada. Como desvantagem, gera grande quantidade de partículas grandes, mas que podem ser novamente desintegradas. Também é possível recorrer ao uso do equipamento em combinação com outros processos (HAMPTON, 1992; VARNAM; SUTHERLAND, 1994).

O sobreaquecimento das folhas de chá durante a desintegração é um fator que afeta diretamente a qualidade do produto final, e pode ocasionar turvação na bebida. Esse inconveniente pode ser resolvido com aquecimento por condução ou por remoção do ar confinado no equipamento. O método de condução é relativamente lento e menos efetivo do que por remoção do ar, bem mais rápido e eficiente. No caso das folhas apresentarem elevados teores de umidade devem ser empregados, obrigatoriamente, métodos que reduzam o superaquecimento das folhas, como, por exemplo, o processo CTC (HAMPTON, 1992; VARNAM; SUTHERLAND, 1994).

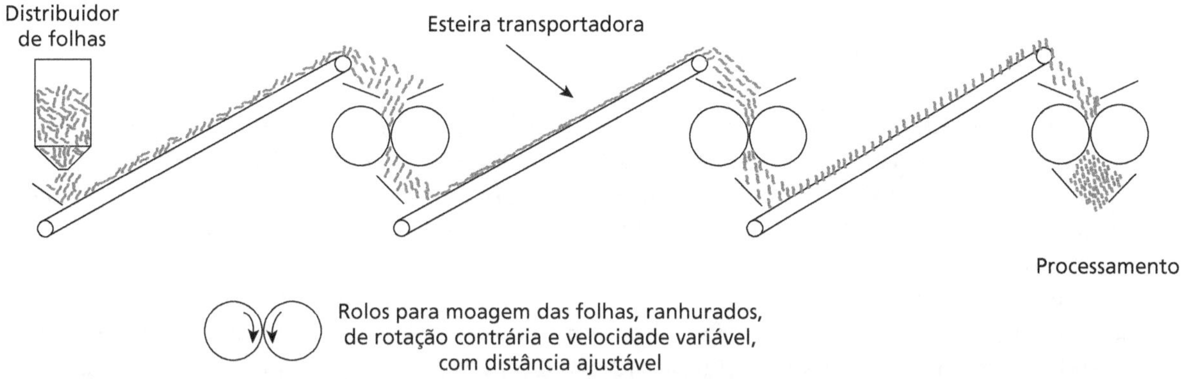

Figura 11.9 Esquema de funcionamento dos rolos do equipamento CTC.

11.4.1.2 Fermentação ou bioprocesso

O uso do termo "fermentação" no beneficiamento do chá, tal como aplicado e difundido, incluída a bibliografia em outros idiomas, pode induzir erroneamente ao envolvimento de microrganismos nesse processo.

Pelo fato de haver escurecimento pela ação de enzimas, portanto, por uma ação biotecnológica, é hoje preferível usar a expressão bioprocesso em lugar de fermentação que se mostra inadequada.

Neste capítulo, serão usadas as expressões bioprocesso, bioprocessamento e oxidação para a ação enzimática que causa o escurecimento das folhas beneficiadas. É a ação das oxidases e polifenol oxidases. Não existe qualquer evidência sobre a participação de microrganismos na formação do sabor e do aroma de chás, embora alguns microrganismos possam estar presentes na fabricação de vários tipos de chás, em razão da falta de higiene, temperatura inadequada e processo "fermentativo" prolongado. O crescimento de microrganismos deterioradores, incluindo fungos dos gêneros *Aspergillus* e *Penicillium*, durante o bioprocessamento é considerado causa de má qualidade do chá manufaturado (VARNAM; SUTHERLAND,1994).

Entretanto, há uma preparação com folhas de chá pouco conhecida, citada por Varnam e Sutherland (1994), em que as folhas recém-colhidas sofrem ação de microrganismos, como se fosse uma fermentação lática. As folhas são tratadas com vapor e colocadas em uma escavação, em um gomo de bambu ou um cesto, e deixadas em repouso por longo período, às vezes, adicionadas de um pouco de sal.

Bactérias naturais, comumente Enterobactérias, se desenvolvem e modificam a estrutura vegetal e comunicam aroma e sabor ácido. A essa preparação, os autores denominam de *picles de chá*. Nesse caso, há fermentação, porém uma ação totalmente diferente da ação das enzimas sobre o suco celular exsudado no decorrer do bioprocesso do chá-preto e outros. Não confundir.

O bioprocesso consiste em manter as folhas de chá desintegradas em contato com o ar por período de 40 minutos a 3 horas. Durante esse tempo, numerosas reações químicas e bioquímicas ocorrem, principalmente as que são dependentes do oxigênio.

Um adequado suprimento de ar a cada partícula de chá é pré-requisito básico para a obtenção de um produto final de qualidade. A temperatura também deve ser controlada para evitar reações secundárias indesejáveis (HAMPTON, 1992; VARNAM; SUTHERLAND, 1994).

Originalmente, o bioprocessamento era realizado espalhando-se uma fina camada de folhas sobre uma superfície. Esse método é eficiente, porém envolve a utilização de grandes áreas, sendo somente usado em pequena escala. As tentativas de processar grandes quantidades de chá, ou seja, camadas mais espessas, somente tiveram sucesso com o auxílio da aeração das camadas inferiores. Esse processo emprega um complexo sistema, tal como o sistema *Williamson*, em que o bioprocesso é desenvolvido em tanques conectados a uma tubulação com fornecimento de ar (HAMPTON, 1992).

Inicialmente, alguns sistemas contínuos foram desenvolvidos com base no fornecimento de ar através de uma camada de folhas de chá, que se movem sobre uma esteira rolante. Desta forma, modernos sistemas de bioprocessamento contínuos foram projetados para grandes quantidades de chá; ou seja, em camadas espessas, com fornecimento intermitente de ar (HAMPTON, 1992).

11.4.1.3 Secagem

Invariavelmente, a secagem do chá envolve o uso de ar quente. Nos estágios iniciais desse processo, é observada a continuidade das reações enzimáticas, algumas de grande importância nas características sensoriais do chá manufaturado. No entanto, com a elevação da temperatura ao longo do processo, as enzimas são inativadas ou destruídas pelo calor e há redução da atividade de água (VARNAM; SUTHERLAND, 1994).

O teor de umidade, que, ao final da oxidação, fica entre 60 e 72%, é reduzido a 2,5-3,5%, após a secagem. Diversos tipos de secadores descontínuos são utilizados nesta etapa de fabricação de chá-preto; atualmente, esses equipamentos têm sido substituídos por secadores tipo esteira e de leito fluidizado (VARNAM; SUTHERLAND, 1994).

Secadores de esteira são equipamentos de alto desempenho, nos quais a aplicação do princípio de aquecimento auxiliar traz grandes vantagens. Uma configuração clássica na indústria de chás é a sobreposição de oito esteiras no interior da câmara de secagem. O material é alimentado por uma entrada no topo do secador e o ar injetado pela base, em contracorrente. O produto é levado de uma esteira para outra, sem aglomeração do material (HAMPTON, 1992; VARNAM; SUTHERLAND, 1994).

Os secadores de leito fluidizado são utilizados na indústria de chás e outros alimentos. Nesse tipo de secador, as partículas de chá são arrastadas ao longo de um tambor perfurado ou outro tipo de câmara adequada. O ar aquecido é soprado perpendicularmente ao fluxo de produto, a uma velocidade adequada para manter a transferência de calor à massa em operação (HAMPTON, 1992).

Durante a secagem, ou tostadura, ocorrem modificações finais e a ação enzimática é interrompida. Nessa operação são formados mais de 140 compostos, que contribuem para a formação de aroma. A intensidade da secagem é importante; chás tostados em temperaturas muito elevadas perdem a pungência, qualidade e características de aroma e sabor, porém têm ótima conservação.

O chá é muito higroscópico e, se deixado em contato com o ar, adquire umidade que, quando superior a 13%, favorece o aparecimento de mofo.

11.4.1.4 Classificação e limpeza

Após a secagem, as folhas de chá desintegradas consistem de uma mistura com diferentes tamanhos de folhas, com presença de hastes e material fibroso. Por essa razão, o material é classificado por tamanho, através de uma série de peneiras vibratórias montadas umas sobre as outras. Os diferentes tamanhos são determinados pela abertura de cada malha. Hastes, talos e outros materiais fibrosos são removidos por atração eletrostática, com a utilização de rolos carregados eletricamente (VARNAM; SUTHERLAND, 1994).

Os locais onde se realizam as etapas de classificação e limpeza devem apresentar baixa umidade a fim de minimizar sua incorporação ao chá, e assegurar efetiva operação de limpeza no equipamento eletrostático. Caso o ambiente apresente elevada umidade, é exigida a instalação de aquecedores próximos aos rolos carregados eletrostaticamente (HAMPTON, 1992).

11.4.1.5 Embalagem

Para grandes volumes de chá, uma tradicional caixa de madeira permaneceu em uso durante muitos anos; no entanto, não é reconhecida como ótima, pois retém umidade durante o transporte e causa quebra de qualidade do produto. Embalagens de papel *kraft* multicamadas também foram desenvolvidas para essa finalidade, e, atualmente, seu uso é crescente, especialmente por exportadores de países africanos (VARNAM; SUTHERLAND, 1994).

Cada camada pode agir como barreira e, em conjunto com um adequado sistema de fechamento, proporciona um efetivo controle da absorção de umidade.

Reações químicas indesejáveis ocorrem mesmo quando não há absorção da umidade ambiente, e alguns atributos de qualidade podem ser perdidos no período entre a embalagem e o consumo do chá.

Esse inconveniente pode ser consideravelmente reduzido com um processo de embalagem a vácuo e emprego de embalagens laminadas de alumínio-poliéster-polieteno que apresenta baixa permeabilidade ao oxigênio e umidade. Também pode ser feita a incorporação de nitrogênio aos tanques de armazenamento, durante a etapa de mistura (*blend*) até a embalagem.

O chá é comumente comercializado em sachês dentro de uma caixa de papel cartão, diferentes pela ausência ou presença de um cordel e uma etiqueta. De forma mais restrita ao mercado de presentes, diversos tipos de chás podem ser encontrados embalados em caixas metálicas decoradas. Uma inovação recente é a utilização de embalagens plásticas em substituição a caixa de papel-cartão, proporcionando boa proteção do sabor e aroma do produto.

11.4.1.6 Composição química do chá-preto

Na composição dos chás-pretos são distinguidos compostos denominados de voláteis e de não voláteis.

11.4.1.6.1 Compostos não voláteis

A maioria dos constituintes não voláteis do chá-preto é de compostos polifenólicos, tais como: catequinas, leucoantocianinas, ácidos fenólicos e flavonóis. Os polifenois estão diretamente relacionados com a qualidade do chá manufaturado, contribuindo para o brilho, o sabor, a intensidade de cor e o corpo da bebida (ROBERTSON, 1992).

Chás preparados com brotos da planta apresentam alto teor de polifenois, e mais que 30% do peso seco consistem de catequinas (flavon-3-ol). Outros compostos polifenólicos estão presentes em concentrações menores, e não são significativos para as características organolépticas do chá-preto (VARNAM; SUTHERLAND, 1994).

Variações climáticas e práticas agronômicas podem afetar a composição dos polifenois nas folhas de chá. Modificações nas proporções relativas dos diversos compostos polifenólicos podem ser resultantes da prática do sombreamento e da aplicação de diferentes dosagens de nitrogênio como fertilizante (VARNAM; SUTHERLAND, 1994).

A desintegração das folhas provoca o rompimento celular, ocasionando o início da reação de oxidação entre os polifenois e a enzima polifenoloxidase. O bioprocesso nas folhas de chá consta da oxidação das catequinas para a formação de pigmentos marrons, que são especificamente as teaflavinas e as tearrubiginas (ROBERTSON, 1992; VARNAM; SUTHERLAND, 1994).

As teaflavinas são formadas por oxidação enzimática e condensação das catequinas com aneis di-hidroxilados e tri-hidroxilados, e são responsáveis por atributos como brilho e corpo da bebida no chá-preto (ROBERTSON, 1992).

No chá-preto são encontradas pequenas quantidades dos ácidos epiteaflávico, theflávico e flávico. Estes compostos são formados pela oxidação e condensação do ácido gálico, presente nas folhas frescas, com diferentes catequinas. Os teores desses ácidos dependem da extensão e procedimento utilizado no bioprocesso (ROBERTSON, 1992; VARNAM; SUTHERLAND, 1994).

As tearrubiginas representam de 10 a 20% da matéria seca do chá-preto, e por apresentar alta solubilidade em água quente constituem de 30 a 60% dos sólidos presentes no extrato de chá ou na bebida final. Esses compostos participam significativamente das características de cor e corpo da infusão do chá-preto (ROBERTSON, 1992).

11.4.1.6.2 Compostos voláteis

Numerosos compostos voláteis têm sido identificados no complexo aroma do chá (ROBINSON; OWUOR, 1992). Esses compostos podem ser produtos primários, formados pela biossíntese na planta; ou secundários, produzidos durante o processamento.

No chá-preto, os produtos primários têm menor importância que os secundários na avaliação de seu aroma. Muitos compostos têm sido identificados nas folhas frescas de chá, e dentre os principais destacam-se diversos alcoóis, incluindo o linalol. A quantidade desses compostos depende de fatores agronômicos como o clima, o solo e a altitude. Quando cultivado em regiões de elevada altitude, o chá apresenta alta concentração de compostos responsáveis pelo aroma, além de sabor superior. Esse efeito é observado também quando há sombreamento na plantação.

Aminoácidos, carotenos, ácidos graxos insaturados e terpenos são os principais produtos secundários encontrados no aroma do chá-preto. A concentração de aminoácidos aumenta durante o murchamento e, possivelmente nos estágios iniciais do bioprocesso. Nesse momento, os aminoácidos são convertidos a aldeídos, tais como 2-metibutanal (derivado da leucina), pentanal (derivado da isoleucina) e fenilacetaldeído (derivado da fenilalanina).

Folhas frescas de chá contêm quantidades significantes de carotenos que são considerados importantes precursores dos componentes do aroma. O elevado teor de carotenos é considerado um índice de qualidade do aroma da bebida do chá-preto.

11.4.2 Chá-verde

O chá-verde difere tecnológica e quimicamente do chá-preto. A etapa de oxidação é completamente omitida no processamento, pois a atividade enzimática nas folhas de chá é inibida imediatamente após a colheita pelo seu aquecimento a vapor ou calor seco. O calor seco pode ser obtido por radiação, através de chapas, chapas perfuradas ou telas, e por condução, por contato direto das folhas com uma chapa quente, como aquecimento em tacho rotativo (*pan firing*). O sabor característico e a qualidade do chá-verde são determinados basicamente pela composição das folhas de chá no momento da colheita. Existem dois tipos de processamento de chá-verde: *Sen-cha* e *Kamaira-cha* (VARNAM; SUTHERLAND, 1994).

O processo *Sen-cha* (Figura 11.9) é conduzido utilizando-se folhas de plantas não sombreadas, embora existam duas variantes que utilizam folhas de plantas sombreadas. Basicamente, a manufatura do chá-verde envolve uma série de operações de aquecimento, secagem e desintegração das folhas. De acordo com esse processo, as folhas frescas são aquecidas com vapor durante 45-60 segundos, em seguida, desintegradas em um equipamento constituído de rolos paralelos e aquecidas a 100 °C, por 40-50 minutos. Após essa etapa, a umidade das folhas fica reduzida de 76% para 50%. As folhas são desintegradas por mais 15 minutos sem aplicação de calor, e então levadas à segunda etapa de secagem com ar quente (50-60 °C) por 30-40 minutos, reduzindo-se a umidade a cerca de 30%. Uma terceira etapa de secagem é realizada durante 40 minutos à temperatura entre 80-90 °C. Repetitivamente, até o final do processamento, são intercaladas etapas de secagem e de desintegração das folhas, que devem apresentar umidade final de 6% (TAKEO, 1992; VARNAM; SUTHERLAND, 1994).

O processo *Kamaira-cha* é usado para produção do chá-verde chinês, e difere do *Sen-cha*, pela utilização do calor seco em lugar do vapor. Esse procedimento é realizado em um tacho rotativo aquecido a fogo (*pan firing*) em temperatura entre 250 e 300 °C por 10 a 15 minutos. Durante o aquecimento, desenvolve-se o aroma característico desse tipo de chá. Em seguida, as folhas são desintegradas sem aquecimento em equipamentos idênticos ao utilizado no processo *Sen-cha*. A etapa final de secagem é realizada em um tacho rotativo em temperaturas de 100-150 °C. Para ambos os processos, é necessária a realização das etapas de classificação e limpeza antes do acondicionamento (TAKEO, 1992; VARNAM; SUTHERLAND, 1994).

Os principais compostos responsáveis pelo sabor adstringente e amargo do chá-verde são os polifenois, predominantemente as catequinas. Elas correspondem a 75% da adstringência e amargor do chá-verde. A cafeína também contribui para o sabor amargo pela formação de complexos com as catequinas (VARNAM; SUTHERLAND, 1994).

O aroma do chá-verde consiste de notas florais, derivadas dos componentes das folhas verdes, e do aroma torrado, derivado dos compostos produzidos durante o aquecimento a fogo (TAKEO, 1992; VARNAM; SUTHERLAND, 1994).

Linalol, geraniol e ésteres são os compostos responsáveis pelas notas florais do aroma do chá-verde. Estes compostos são formados por degradação oxidativa dos lipídios presentes nas folhas. O aroma torrado é caracterizado por compostos pirrólicos e pirazínicos, formados *pela* reação de Maillard e degradação de Strecker (VARNAM; SUTHERLAND, 1994).

WANG et al. (2000) conduziram uma pesquisa referente aos efeitos do processo de aquecimento e da estocagem do chá-verde por aquecimento com vapor e estocagem. Folhas frescas de chá foram submetidas a aquecimento com vapor e a torração. Os produtos obtidos foram extraídos com água quente (80 °C) em proporção de 1:160 (chá-verde/água, em peso). O extrato de chá-verde, em seguida, foi aquecido a 121 °C durante um minuto e estocado a 50 °C com o objetivo de acelerar reações químicas. Foram medidas modificações na composição de flavonóis e na qualidade sensorial durante os processamentos e o armazenamento. Oito principais flavonóis (catequina, epicatequina, gallocatequina, epigallocatequina, epicatequina gallato, catequina gallato, epigallocatequina gallato e gallocatequina gallato) foram identificados nos extratos de chá-verde.

A importância da presença de epigallocatequina e epigallocatequina gallato foi evidenciada nas mudanças da qualidade sensorial das folhas de chá-verde processada. De acordo com este estudo o aquecimento com vapor forneceu bebida de melhor qualidade sensorial que o processo de torração.

11.4.3 Chá semiprocessado ou semioxidado

Dois tipos de chás podem ser caracterizados como semiprocessados; o *oolong* (Figura 11.9) e o *pouchong*, que se diferenciam basicamente pela intensidade do bioprocesso. Alguns clones são especialmente selecionados como matéria-prima para a fabricação desses produtos, que apresentam características florais (VARNAM; SUTHERLAND, 1994).

O primeiro estágio do processamento envolve a secagem das folhas ao sol em cestos de bambu, em temperatura entre 35 e 40 °C, por 30-60 minutos. Nesta etapa, são iniciadas reações bioquímicas que promovem características específicas de sabor e aroma dos chás semiprocessados. Em seguida, as folhas são expostas em ambientes cobertos por tempo variável, de seis a oito horas, para o *oolong* e de três a quatro horas para o *pouchong*. Durante essa exposição, as folhas devem ser manualmente agitadas de hora em hora.

A secagem final é realizada em tachos rotativos aquecidos de 250 a 300 °C, durante 15 minutos, provocando a inativação enzimática e término das mudanças bioquímicas. O restante do processo obedece às mesmas etapas seguidas na produção de chá-verde tipo *Kamaira-cha* (VARNAM; SUTHERLAND, 1994).

O sabor dos chás semi-processados é caracterizado pela teaflavina, produzida durante a curta etapa de oxidação. Compostos formados durante a oxidação, como o e-2-hexenal e *z*-3-hexenol, estão presentes em pequenas quantidades, no entanto, apresentam grandes quantidades de linalol, geraniol, indol, nerolidol, jasmim lactona e metil-jasmonato. O intervalo de tempo do processo de oxidação reflete nas concentrações de compostos do aroma. Chá *oolong* contém elevados teores de linalol, geraniol e 2-feniletanol, e baixas concentrações de nerolidol, indol, lactona jasmim e metil-jasmonato (TAKEO, 1992; VARNAM; SUTHERLAND, 1994).

11.5 DESCAFEINAÇÃO DE CHÁS

A utilização de solventes orgânicos, como o acetato de etila, na descafeinação de chás, ainda é o principal método utilizado para esse fim. No entanto, esse método apresenta algumas desvantagens, como a presença de traços de solvente no produto final e a remoção de outros compostos.

A extração com fluidos pressurizados, principalmente CO_2, tem sido bastante utilizada na indústria de alimentos, para descafeinação de chá e café (HOYER, 1985; SUTTER et al., 1994). Vitzhum et al. (1975) extraíram compostos voláteis de folhas secas de chá-preto com CO_2 supercrítico, em pressões de 100-300 bar e temperatura de 40 °C. Foram detectados mais de 56 novos compostos de aromas por cromatografia em fase gasosa e espectroscopia de massa.

Em comparação com solventes líquidos, o fluido supercrítico tem alta difusividade e baixa densidade e viscosidade, o que permite rápida extração e separação de fase. O custo do investimento é alto, mas os custos operacionais são mais baixos em razão da regeneração do solvente (WILLIAMS, 1981;

SOVOVÁ, 1994). O processo de extração com fluidos sob altas pressões apresenta numerosas aplicações e algumas vantagens como processo de separação na indústria de alimentos, como explica Moretti (1995): baixa temperatura de extração, controle do poder de solvatação do solvente, completa separação entre soluto e solvente e baixo consumo de energia.

Não obstante o enorme potencial que o processo de extração subcrítico e supercrítico apresenta para a indústria de processamento de alimentos, há restrições ou desvantagens que dificultam sua comercialização, como emprego de altas pressões, alto custo de investimento, baixa aceitação e complicado comportamento das fases (MORETTI, 1995).

11.6 CHÁ INSTANTÂNEO

A origem do chá instantâneo é centenária, mas sua fabricação comercial se tornou viável depois da criação dos secadores atomizadores, que permitem secagem rápida dos concentrados de chás, sem causar danos significantes às qualidades organolépticas do produto (SALTMARSH, 1992; VARNAM; SUTHERLAND, 1994).

Atualmente, são produzidos chá-preto e chá-verde instantâneos. Em muitos casos, o chá instantâneo é manufaturado com folhas de chá que foram submetidas às etapas para obtenção de diversos tipos de chás (preto, *oolong* e verde), ou terem sido parcialmente bioprocessadas ou secas, de acordo com as necessidades ou especificações do fabricante (SALTMARSH, 1992).

O processamento do chá instantâneo segue uma série de operações: extração, recuperação do aroma, eliminação do chá leitoso (em inglês *tea cream*), concentração, secagem e adição de ingredientes.

O chá leitoso ou chá turvo ocorre quando o extrato de chá é resfriado. Além de ficar turvo, sua cor é levemente modificada. Esse fato é devido à formação de substância coloidal que contém os mesmos compostos do extrato original e que pode ser removida por precipitação ou centrifugação, após o resfriamento. Esse método é eficiente, porém afeta a qualidade do produto, em virtude da perda dos componentes do sabor e aroma do chá, além de reduzir o rendimento em sólidos. Para evitar a turvação, a alternativa é manter a temperatura do extrato de chá por volta de 65 °C, mas resulta em sabor a "cozido" em virtude da polimerização dos compostos polifenólicos (VARNAM; SUTHERLAND, 1994).

11.6.1 Extração

Técnicas de extração industrial são planejadas para otimizar o rendimento da extração dos sólidos das folhas de chá. Existem diversos sistemas de extração, contínuos e descontínuos, de diversas patentes, que têm por base a lixiviação das folhas com água quente, comumente em contracorrente. O processo recomenda passar a água em temperatura de 90 a 100 °C, de maneira que o extrato seja mantido em temperatura mais baixa, por volta de 70 °C. A água flui em diversos vasos de forma sequencial, primeiramente, sobre folhas frescas e, depois, pelas folhas já submetidas a extração. Quando as folhas do último vaso estão esgotadas, são substituídas por folhas novas, e esse passa a ser o primeiro vaso do sistema, e assim sucessivamente.

A água é adicionada em proporção de seis a 15 vezes o peso seco das folhas de chá, e a concentração do extrato contido no primeiro vaso deve ser de 3 a 5% de sólidos.

Alguns processos empregam vapor e água em dois estágios. O chá é extraído em uma primeira fase com água em temperatura entre 15-50 °C por 5-100 minutos, em razão de chá:água entre 1:5 a 1:30. O mesmo chá é novamente extraído com água em temperaturas entre 50 e 100 °C. Os dois extratos são concentrados separadamente, e, depois, combinados. De acordo com Blogg e Long (1980), o rendimento da extração dos sólidos das folhas de chá registra de 25 a 35%.

Pintauro (1977) descreve diversos processos químicos para aumentar o rendimento no processo de extração. Por exemplo, o uso de peróxido de hidrogênio em resíduos de extrações, proporcionando um rendimento final de 42%.

Recentemente, foi desenvolvido um método de extração que preconiza o uso de água acidulada com pH entre 2 e 3, por quatro minutos, para obter aumento do rendimento em sólidos para 47-51%, sem efeitos adversos ao sabor e aroma do chá.

Enzimas também têm sido utilizadas a fim de melhorar o rendimento do processo de extração. Segundo Takeo (1992), duas patentes americanas empregam tanase e polissacaridase solúvel antes da extração, com aumento significativo do rendimento.

Nos últimos anos, vem crescendo o interesse nos processos de extração com fluido supercrítico, bem como a sua importância na indústria alimentícia. Essa técnica apresenta vantagens quando comparada com métodos clássicos de extração que requerem altas temperaturas e resultam na decomposição ou degradação de compostos termolábeis. Há pesquisas sobre o uso de enzimas para aumentar a extração.

11.6.2 Recuperação do aroma

O aroma do chá é um dos fatores importantes na aceitabilidade do produto, portanto diversas pesquisas têm enfoque na sua preservação no chá instantâneo. A recuperação do aroma é obtida pela passagem de vapor, nitrogênio e CO_2 através do extrato, ou em processo inverso, em que o extrato é arrastado por um fluxo de gás ou vapor. O emprego de gases inertes, tais como o nitrogênio, e o aquecimento com vapor, proporcionam melhor desempenho na recuperação do aroma. Os compostos do aroma são adicionados diretamente, de volta ao extrato concentrado de chá (SALTMARSH, 1992).

11.6.3 Chá turvo ou chá leitoso

Quando resfriado, o extrato de chá torna-se turvo e sua cor levemente modificada pela formação de uma substância coloidal leitosa, em inglês, identificada como *tea cream*. Essa substância contém os mesmos compostos do extrato original e pode ser removida por resfriamento, seguido de precipitação ou centrifugação. Esse método é eficiente, porém afeta a qualidade do produto pela perda de componentes do sabor e aroma, além de reduzir o rendimento em sólidos. Uma alternativa, comumente usada, é manter a temperatura do extrato de chá por volta de 65 °C; no entanto, resulta em sabor a "cozido" devido a polimerização dos compostos polifenólicos (VARNAM; SUTHERLAND, 1994).

A turvação causa inconvenientes na produção de chá instantâneo para o mercado norte-americano, que requer bebida de aspecto claro e brilhante quando reconstituído com água resfriada (VARNAM; SUTHERLAND, 1994). Alguns métodos físicos, químicos ou enzimáticos para sua remoção são mostrados na Tabela 11.2.

Lunder e Switzerland (1985) patentearam um processo para o preparo de um extrato de chá-preto com água quente, separação das folhas, concentração até 5% a 12,5% de sólidos, e resfriado a temperaturas de 5 °C a 15 °C para formar a turvação insolúvel. Essa substância é separada do concentrado, e novamente submetida a extração com água quente em temperatura de 40 °C a 70 °C para obtenção de um segundo extrato. Este é separado dos compostos insolúveis remanescentes, e misturado ao primeiro; em seguida a mistura é seca.

Tabela 11.2 Processos utilizados na remoção e solubilização da turvação em chás instantâneos.

Processo	Inconvenientes
1. Remoção	
Precipitação Centrifugação	Remoção dos compostos responsáveis pelo sabor e aroma
2. Solubilização	
Manter a temperatura a 65 °C	Polimerização dos taninos
Tratamento com tanase	–
Remoção dos compostos de elevado peso molecular por ultrafiltração	–
Tratamento a 70 °C /pH 9-10	Requer branqueamento com SO_2 para restaurar a cor

Há informações sobre métodos para separar o material precipitado (leitoso) com uso de oxigênio molecular, ou por ultrafiltração, para manter as características de sabor do produto final.

Nagalakshmi et al. (1984) mostraram que a adição de carboidratos de baixo peso molecular durante o bioprocesso ocasionou decréscimo da turvação formada durante o resfriamento do extrato de chá-preto.

11.6.4 Concentração

Antes da secagem, o extrato de chá deve ser preferencialmente concentrado a teores entre 40 e 45% de sólidos, embora possam ser utilizadas concentrações abaixo de 20% e acima de 51%. Nessa etapa, são utilizados evaporadores do tipo filme descendente e de placas, em pressão reduzida, que permitem evaporação em temperaturas abaixo de 45 °C (VARNAM; SUTHERLAND, 1994).

O processo de osmose inversa também é aplicado para concentração de extratos de chás, e oferece como vantagem a redução dos danos causados pela temperatura, na evaporação. Segundo Ramteke et al. (1993), a osmose inversa é essencialmente um processo de concentração, em que a água é separada de solutos de baixo peso molecular.

A crioconcentração é um processo de concentração aplicado a alimentos líquidos termolábeis, tais como chás, sucos de frutas e café, baseado na retirada da água em solução na forma de gelo. O futuro comercial da crioconcentração é incerto, mas o processo deverá prosperar, pois, em geral, os processos baseados no uso de frio quase sempre são superiores aos que requerem calor. Nestes, em geral há prejuízos em relação aos compostos voláteis.

11.6.5 Secagem

A maior parte dos chás instantâneos comercializados é seca por atomização do extrato concentrado, em corrente de ar quente com 240 °C. A evaporação se processa e a temperatura do produto não ultrapassa 70 °C. Partículas de maior tamanho são removidas na base do secador, enquanto as partículas menores remanescentes são removidas por uma série de ciclones e filtros. A umidade final no produto deve estar no intervalo de 3 a 5% (VARNAM; SUTHERLAND, 1994).

A perda do aroma durante a secagem pode ser minimizada com a utilização de extratos com alto teor de sólidos e adição de maltodextrina na alimentação do sistema (SALTMARSH, 1992).

O uso de aditivos em chá instantâneo, tais como aromatizantes, acidulantes, antioxidantes e antiespumantes, visa a melhoria da cor e sabor da bebida reconstituída. O aroma das folhas de chá (obtido por destilação) é utilizado como ingrediente para melhorar a qualidade da bebida, sobretudo quando o produto não apresenta sabor frutado e/ou floral (VARNAM; SUTHERLAND, 1994).

11.7 QUALIDADE DO CHÁ

Em relação ao chá, a qualidade se refere a características de aroma, pungência, cor, sabor e densidade das infusões, avaliadas e definidas por degustadores capacitados. As provas são realizadas em locais apropriados, isentos de aromas estranhos e sob condições adequadas de luminosidade. As bebidas a provar são preparadas por infusão de quantidades definidas de chá em água, temperatura e tempo determinados.

A qualidade é caracterizada por vocabulário próprio que se refere a parâmetros definidos pelos provadores e relacionados com determinados tipos de chá. A análise química indica parâmetros exigidos pela comercialização, mas não define qualidade.

Tabela 11.3 Exigências para a comercialização do chá-preto.

Característica	Teor em %	Característica	Teor em %
Extrato aquoso	Máximo de 32,0	Alcalinidade da cinza total	–
Cinza total	4,0 a 8,0		
Cinza solúvel em água	Mínimo de 45% da cinza total	Solúvel em água	1,0 a 3,0 como KOH*
Cinza insolúvel em ácido	Máximo de 1,0	Fibra crua	Máximo de 16,5

*Para alcalinidade expressa em termos de mM de KOH/100 g de amostra moída os limites são 17,8 a 53,6 mM.

Fonte: Owuor e Robinson (1993a).

A qualidade da infusão se relaciona com o teor de taninos nas folhas; as mais ricas são as mais jovens. As gemas e a primeira folha contêm 12%, as segundas folhas 8,5%, a terceira 8%, a quarta e a quinta 5% e as adultas 3,5%. Entre outros fatores, a hora da colheita influi na composição das folhas.

O teor de taninos varia durante o ano; no verão aumenta a fração polifenol-catecol, importante no processamento das folhas verdes para obtenção dos chás-pretos. A qualidade do chá-preto também é afetada pelo teor de taninos precipitáveis por ácido, que respondem pela cor escura e pela redução da adstringência; nos chás-pretos do comércio esse teor varia de 9 a 15%.

Impurezas diversas afetam a qualidade dos chás beneficiados. São elas: a presença de folhas de outras plantas, ramos da própria planta do chá e folhas não especificadas para um determinado tipo de chá. A adulteração que pode ser detectada por meios físicos e químicos, e altera aroma, aparência e cor das folhas. O brilho e a transparência das infusões podem ser avaliados fisicamente, mas odor, sabor e adstringência só por degustação.

A cor está relacionada com o alto teor de tanino e os chás de boa qualidade, de bom aroma, contêm pequenas quantidades de compostos carbonílicos gerados durante a oxidação.

Durante o amassamento das folhas verdes, há aumento de acidez e, na oxidação, aumento de ésteres. A temperatura de secagem que influi na preparação deve ser feita a 90 °C para evitar o desenvolvimento de fungos.

11.8 NOMENCLATURA DAS FOLHAS DE CHÁ

A nomenclatura mais usada deriva das denominações chinesas, que se baseiam no tipo de folhas. Os importadores acrescentam designações para indicar procedência, uso, maneira de obter, tipo de aroma, granulometria, tipo de secagem e outras.

A Tabela 11.4 ilustra a classificação segundo as designações chinesas, e a Tabela 11.5, as denominações usadas na Índia e no Japão. Ambas as tabelas são classificações adequadas, mas a classificação internacional segue a chinesa, independentemente do país produtor.

Os chás-verdes recebem denominações de acordo com a forma de preparar, com a origem das folhas e do seu uso, como se percebe na Tabela 11.6.

Tabela 11.4 Classificação chinesa dos chás.

Tipo de chá: PRETO			
	Origem	**Denominação**	**Qualidade**
Pekoe	Gema terminal	*Orange pekoe* ou *Flowery pekoe*	"Chá de ponta"
Pekoe	Primeira folha	*Pekoe Suchong*	"Chá de ponta"
Suchong	Duas folhas terminais	–	Vários subtipos
Congons	Três folhas terminais de um ramo	–	Qualidade inferior à dos anteriores
Tipo de chá: INTERMEDIÁRIO ENTRE CHÁS-VERDES E PRETOS			
Oolongs: Beneficiamento especial			
Tipo de chá: VERDE (Ver Tabela 11.6) – mais classes, porque são levadas em conta: granulometria, classe e idade das folhas e outros			
Hysons	Folhas jovens ainda em gema, inclui o *Hyson-hays-wen* e o *Hyson-schu-tang*		
Grande Pérola			
Cheu-cheu ou Pólvora de canhão	Em pequenos glomérulos inclui o "Chá Imperial"		
Hyson Skin	Resíduos de *Hyson* formados durante a preparação manual		
Jonkay	Folhas rasgadas durante a colheita ou durante o beneficiamento		

Fonte: Nosti Nava (1953).

Tabela 11.5 Denominações comuns para os chás da Índia e japão.

Países	**Denominação**	**Características**
ÍNDIA	*Assams*	Produzem infusões fortes
	Doars	De fino aroma, suaves e de bela coloração
	Cachars	Menos ásperos, produzem infusões menos densas
	Darjeelings	Os mais finos; aroma delicado e característico
	Sul da Índia	De aroma suave, produzem infusões fortes
	Sylhet	Provenientes do Paquistão, de tipo médio
JAPÃO	*Gyokuro*	Um dos mais finos chás-verdes, cultivado à sombra, de folhas verde-escuras
	Tencha	Os chás mais finos, moídos, usados apenas em cerimônias
	Sencha	Chá produzido sem sombreamento, de qualidade inferior aos *Tencha*
	Bancha	Chá produzido sem sombreamento, também de qualidade inferior aos *Tencha*

Fonte: Nosti Nava (1953).

Tabela 11.6 Descrição de chás-verdes de diversas origens.

Tipo	Descrição
Sencha	O chá-verde mais consumido no Japão, de plantas não sombreadas
Kamairicha	Feito com folhas novas, mas diferente do *sencha*, porque as folhas são tostadas e não submetidas a vapor
Bancha	Feito de folhas de menor qualidade e ramos
Gyokuro	É um dos chás-verdes mais finos, cultivado sob sombreamento total, colhido e selecionado manualmente. Folhas verde-escuro enroladas
Matcha	Chá em pó, feito com folhas cultivadas também sob sombreamento
Tencha	A infusão é uma suspensão de folhas finamente moídas. É o chá dos cerimoniais
Pólvora (*gunpowder*)	Chá-verde sob a forma de pequenos péletes compactos
Pilo chun	Chá chinês feito com pequeninas folhas do primeiro brotamento de primavera

Fonte: Taylor e Mc Dowel (1993a)

Tabela 11.7 Classificação dos chás segundo Nosti Nava (1953).

Tipo de folha	Países		
	Índia	**Java**	**Ceilão**
Folhas inteiras	*Flowery Pekoe* *Orange Pekoe* *Pekoe* *Pekoe Suchong* *Suchong* *Congon*	*Flowery Pekoe* quebrado *Pekoe* *Pekoe Suchong* *Suchong* *Congon* *Bohea*	*Orange Pekoe* *Pekoe* *Pekoe Suchong* *Suchong* *Congon*
Folhas partidas	*Pekoe* quebrado Pó de *Pekoe* Chá misturado *Suchong* quebrado Chá pulverulento Pó de chá	*Flowery Pekoe* quebrado *Pekoe* quebrado Pó de *Pekoe* Peneirado de chá Chá quebrado Pó	*Orange Pekoe* quebrado *Pekoe* quebrado *Pekoe Suchong* quebrado Peneirado de *Pekoe* Pó de *Pekoe*

11.9 OUTROS PROCESSAMENTOS

Além dos chás-verdes e pretos, há os parcialmente oxidados, entre os quais os *oolong* e *pouchong*, de aparência entre a dos verdes e dos pretos.

Há chás comercializados com aromatização pela adição de óleos essenciais como de tangerina, de limão, de hortelã, ou adição de pedaços de frutas, de folhas, peças florais e flores, como crisântemos, rosas, e de jasmim. Essa prática altera as características de aroma e de sabor natural do chá. O chá *Lapsang Souchong,* usado na China, tem aroma de fumaça.

Os chás em blocos são folhas de chá-verde ou preto prensadas, produto que é consumido em algumas regiões cozido em manteiga.

11.10 SUCEDÂNEOS DO CHÁ

Internacionalmente, chá é entendido como o produto manufaturado com brotos terminais e folhas jovens da planta *Camellia sinensis.* O produto que não se enquadrar nessa definição é um sucedâneo.

São sucedâneos, as infusões de flores, folhas ou outras peças vegetais que não têm origem no verdadeiro chá: chá de laranjeira, de boldo, de maçã, de pêssego, de hortelã, de erva-cidreira, de sálvia, capim-limão, camomila, orégano e grande número de outras folhas, frutos como pêssego e maçã e cascas como canela. Rigorosamente, os chás aromatizados também são sucedâneos, pois não são folhas únicas do chá *Camellia sinensis.*

Pela legislação, sucedâneos são as infusões de outras espécies vegetais, que recebem denominação genérica de "chá". De acordo com a Portaria 519 de 26 de junho de 1998 (DOU 29/06/98), chás são produtos constituídos de partes de vegetais, inteiras, fragmentadas ou moídas, obtidos por processos tecnológicos adequados a cada espécie, utilizados exclusivamente na preparação de bebidas alimentícias por infusão ou decocção em água potável, não podendo ter finalidades fármaco terapêuticas, nem as embalagens comerciais a elas aludir. Os diversos tipos de chás devem obedecer a designação, como segue:

Quando o produto for simples:

- *Camellia sinensis*: pela expressão "Chá...", seguida dos termos "Verde" ou "Preto";
- *Ilex paraguarienses*: pela expressão "Chá Mate...", seguida dos termos "Verde", "Tostado" ou "Queimado";
- Outra espécie vegetal: pela expressão "Chá de ...." seguida do nome popular da espécie.

Quando o produto for misto:

- Pela expressão "Chá de ..." seguido dos nomes populares das espécies que o caracterizam em ordem decrescente das quantidades empregadas, ou "Chá Misto..." seguido do nome fantasia.
- Quando for(em) utilizada(s) outra(s) espécie(s) vegetal(ais) complementar(es) para conferir sabor definido diferente da(s) espécie(s) vegetal(ais) utilizada(s), deve constar na designação do produto a expressão "com..." seguido do(s) nome(s) do(s) ingrediente(s) complementar(es) que conferiu(ram) o sabor. No caso do uso de especiarias poderá ser utilizada a expressão "com especiarias".
- Quando for(em) utilizado(s) aroma(s) natural(ais) diferente(s) da(s) espécie(s) vegetal(ais) utilizada(s), deve constar na designação do produto a expressão "sabor ..." ou "sabor de ..." seguido do(s) nome(s) do(s) aroma(s) que conferiu(ram) o sabor.

Existe uma imensa variedade de chás (Tabela 11.8) provenientes de folhas de outras plantas, sementes e frutas, tais como: camomila, canela, baunilha, rosa silvestre e outras. A tecnologia utilizada na manufatura desses chás é simples, e usualmente envolve as etapas de secagem e redução do tamanho de partículas. A adição de aromatizantes, tais como essências de frutas e extrato vegetal de outras plantas, é mais usada em chá-verde do que em chá-preto (VARNAM; SUTHERLAND, 1994).

Tabela 11.8 Algumas espécies vegetais utilizadas para o preparo de chás.

Espécie	Nome popular	Uso
Baccharis genistelloides, (L.) P.	Carqueja	Folhas
Cymbopogon citratus, S.	Capim-cidreira	Folhas
Foeniculum vulgare, L	Erva-doce nacional	Frutos
Ilex paraguariensis	Erva-mate	Folhas e outras partes do ramo
Matricaria recutita	Camomila	Capítulos florais
Melissa officinalis, L.	Melissa/Erva-cidreira	Folhas e outras partes do ramo
Mentha arvensis, L.	Hortelã/Menta/Hortelã Doce/Menta doce	Folhas e outras partes do ramo
Mentha piperita, L.	Hortelã/Menta/Hortelã pimenta	Folhas e outras partes do Ramo
Pneumus boldo, M.	Boldo/Boldo-do-chile	Folhas
Pimpinella anisum, L.	Erva-doce/Anis	Frutos

Pela tradição popular, há "ervas para desintoxicar, desinchar, acelerar o metabolismo, baixar a ansiedade e queimar gordurinhas. Aprenda a combinar essa turma para emagrecer rapidinho, sem passar fome".

O Ministério da Agricultura Pecuária e Abastecimento (Mapa) registra 47 ervas como chás.

No Brasil e na América do Sul, o principal sucedâneo é a erva-mate (*Ilex paraguariensis*), constituída de folhas e ramos secos verdes ou tostados.

11.11 CHÁ PRONTO PARA CONSUMIR

Chá pronto para consumir é uma infusão preparada com denominação comercial, vendida engarrafada, e preparada com denominação empresarial, para ser consumida como tal, ao natural ou refrigerada.

De modo geral a atração é criada pela denominação comercial de "chá gelado".

A qualidade da água para sua fabricação é fundamental, pois é o principal constituinte da bebida. A água deve ser submetida a tratamentos químicos e filtração em filtros específicos, carvão ou resinas, além da utilização do processo de osmose reversa. Todo esse tratamento garantirá as características desejadas, como água límpida, clara, inodora, livre de microrganismos, ideal para utilização na fabricação de chá. A etapa seguinte é a produção do xarope simples, que consiste da dissolução de açúcar refinado em água quente, recebendo, em seguida, um tratamento com carvão ativo a temperatura de 85 °C para eliminar odores, sabores estranhos e impurezas. Além disso, o xarope simples passa por um filtro de terra diatomácea que o torna límpido e confere qualidade final de bebida refrescante. O xarope simples, filtrado, é resfriado em trocador de calor até atingir 20 °C, antes da adição do extrato de chá-preto, suco concentrado (limão, pêssego, maçã e outros), e aditivos tais, como antioxidantes, aromatizantes e acidulantes.

11.12 TIPOS DE CHÁ

Há quatro tipos de chá, dos quais os mais conhecidos são o verde e o preto. Os quatro tipos são: o *branco*, o *não oxidado*, o *semi-oxidado* e o de *bioprocesso completo.*

Branco é de produção limitada. Não é bioprocessado. As gemas novas são colhidas antes de desabrochar, são murchas e depois secas. Têm aspecto prateado e produzem infusão de cor palha bem pálida. São os brotos de chá do início da primavera, colhidos antes que desabrochem, de cor verde esmaecida, recobertos de pelos muito finos que lhes conferem coloração branca; são muito tenros.

O chá branco, de folhas muito jovens e de brotos, é frequentemente considerado outro tipo, embora se possa classificá-lo entre os verdes por causa do mínimo processamento.

Depois de colhidos são postos a secar ao ar livre. Não sofrem esmagamento e tampouco processo enzimático, o que lhe dá a característica de chá-verde, mas muito mais delicado em sabor e aroma. Em resumo, é um chá-verde de qualidades superiores às do chá-verde tradicional. Seu teor de polifenois é maior e o de cafeína menor do que nos verdes comuns.

Os chás brancos são considerados os mais raros e os mais caros, pois em sua quase totalidade é colhido a mão e mesmo assim em um único e especial tempo de vida da planta. É encontrado em lojas especializadas.

Não bioprocessado é o *chá-verde*, com aproximadamente 30% de polifenois. As folhas recém-colhidas são submetidas a aquecimento para impedir a ação enzimática.

Semibioprocessado ou *Oolong* tem 20% de polifenois (China e Taiwan) e fica entre o chá-verde e o preto. Obtido por secagem ao ar livre em 30 a 60 minutos, em barracão fechado, tratamento com vapor, secagem ao fogo com distensão das folhas e, finalmente, novo aquecimento para impedir qualquer oxidação.

Completamente bioprocessado, ou *chá-preto.* Descrito no item 11.4, encerra 10% de polifenóis.

11.13 CLASSIFICAÇÃO DOS CHÁS-PRETOS

As folhas *Pekoe* são divididas em termos de qualidade, cada uma determinada pelo número de folhas jovens adjacentes (uma, duas ou nenhuma) colhidas com as gemas. O máximo de qualidade é atribuído às folhas que constituem a gema, colhidas com a ponta dos dedos sem toque das unhas, para não injuriá-las.

Quando esmagadas para fazer sachês, as folhas produzem o chá denominado quebrado, como em *orange pekoe* quebrado e folhas de classificação inferior, como os "assoprados" (*fannings*) e o pó, minúsculas partículas que sobram no processo de escolha e moagem.

Orange pekoe é comumente citado como OP, e há categorias superiores, determinadas pela inteireza da folha e tamanho.

Chás quebrados, "assoprados" e pó de chás ortodoxos têm graduações ligeiramente diferentes. Os chás CTC que são folhas conduzidas mecanicamente a "abanados" uniformes, têm outros sistemas de classificação.

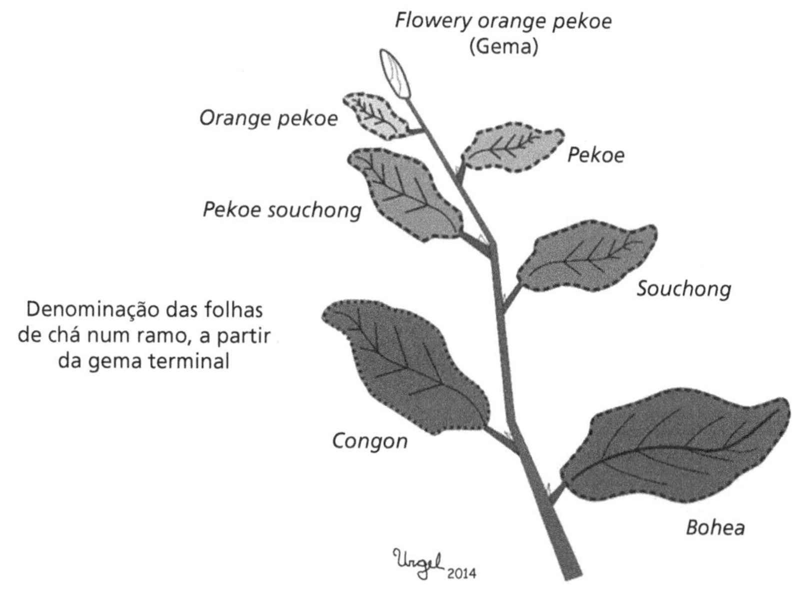

Figura 11.10 Denominação das folhas de chá.

BIBLIOGRAFIA

AOKI, S. Improvement of quality of Green tea by deep--pruning and root – pruning. **Japan Agricultural Research Quarterly**, Tokyo, v. 18, n. 2, p. 118-121, 1984.

BLOGG, M. J.; LONG, V. D. Aqueous extraction of black tea leaf. IV – Pilot-scale- batch – simulated continuous counter-current extraction. **Journal of Food Technology**, Tokyo, v. 15, p. 369-382, 1980.

BRASIL. Portaria n. 519, de 26 de junho de 1998. Aprova o Regulamento Técnico para Fixação de Identidade e Qualidade de "Chás – Plantas Destinadas à Preparação de Infusões ou Decocções". Disponível em: <http://portal.anvisa.gov.br/wps/wcm/connect/8fc7c080474593a59b75df3fbc4c6735/PORTARIA_519_1998.pdf?MOD=AJPERES>. Acesso em: 17 nov. 2014.

CAMPOS, M. A. P. Composição de chá cultivado e manufaturado em São Paulo. **Anais da Faculdade de Farmácia e Odontologia da Universidade de São Paulo**, São Paulo, v. 9, p. 143-157, 1950.

CAMPOS, M. A. P.; ROCHA, L. Composição de alguns chás de Ouro Preto. **Anais da Faculdade de Farmácia e Odontologia da Universidade de São Paulo**, São Paulo, v. 10, p. 121-124, 1952.

CAMPOS, M. A. P.; SILVA, L. F. Riboflavina de chá cultivado e manufaturado em São Paulo. **Anais da Faculdade de Farmácia e Odontologia da Universidade de São Paulo**, São Paulo, v. 9, p. 143-157, 1950.

CLOUGHLEY, J. B. Production of an edible oil from tea seed. **Tropical Agriculture**, London, v. 60, n. 2, p. 139-140, 1983.

DEVCHOUDHURY, M. N. Effect of potassium on nitrogen and carbohydrat e contents of tea leaves (*Camellia sinensis* (*L*) O. Kuntze) and quality of made teas. **Journal of Food Science and Technology**, Mysore, v. 25, n. 2, p. 105-107, 1988.

EDEN, T. **Tea**. 3. ed. London: Longman Group, 1958. 236p. (Tropical Agricultural Series).

GOKHALE, H. G.; B ATTACHARYYA, N. G. Mineral composition of clonal tea leaf from North East India. **Journal of the Science of Food and Agriculture**, London, v. 11, p. 526-528, 1960.

GULATI, A.; RAVINDRANATH, S. D. Seasonal variations in quality of Kangra tea (*Camellia sinensis* (*L*) O. Kuntze) in Himachal Pradesh. **Journal of the Science of Food and Agriculture**, London, v. 71, n. 2, p. 231-236, 1996.

HALDER, J.; BHANDURI, A. Glycosidases in tea-leaf (*Camellia sinensis* L.) and characterization of beta-galactosidase. **Journal of Nutritional Biochemistry**, Stoneham, v. 8, n. 7, p. 378-384, 1997.

HAMPTON, M. G. Production of black tea. In: WILSON, K. C.; CLIFFORD, M. N. **Tea**: cultivation to consumption. London: Chapman and Hall, 1992. p. 459-511.

HOYER, G. G. Extraction with supercritical fluids: Why, how, and so what. **Chemtech**, Washington, v. 7, p. 440-448, 1985.

KAWAKAMI, M.; KOBAYASHI, A. Volatile compounds of green mate and roasted mate. **Journal of Agricultural and Food Chemistry**, Easton, v. 39, n. 7, p. 1275-1279, 1991.

KAWAKAMI, M.; UCHIDA, H.; KOBAYASHI, A. Correlation between caffeine and total nitrogen in small tea leaf species (var. *assamica*). **Nippon Nogeikagaku Kaishi**, Tokyo, v. 61, p. 365-367, 1987.

LIMA, J. D. et al. Chá: aspectos relacionados à qualidade e perspectivas. **Ciência Rural**, Santa Maria, v. 39, n. 4, p. 1270-1278, 2009.

LIMA, U. A. Chá. In: AQUARONE, E. et al. (Coord.). **Biotecnologia na produção de alimentos**. São Paulo: Blucher, 2001. p. 507-523. (Biotecnologia Industrial, 4).

MENDES-FERRÃO, J. E. Sementes de chá (*Camellia sinsnsis*) como semente oleaginosa. **Boletim do Instituto do Azeite e Produtos Oleaginosos**, Lisboa, v. 6, n. 2, p. 5-12, 1978.

MORETTI, R. H. **Processos não convencionais de concentração**. Campinas: FEA Unicamp, 1995. 100p.

NAGALAKSHMI, S. et al. The role of added carbohydrates in tea cream solubilization. **Food Chemistry**, Barking, v. 13, p. 69-77, 1984.

NAKAGAWA, M. Relations of catechins with the qualities of green and black teas. **Bulletin of the Tea Research Station**, Kanaya, v. 6, p. 65-166, 1970.

NOSTI NAVA, J. **Cacao, café y té**. Barcelona: Salvat, 1953. 687p.

OWUOR, P. O; ROBINSON, J. M. Tea: analysis and tasting. In: MACRAE, R.; ROBINSON, R. K. SADLER, M. J. **Encyclopaedia of food science, food technology and nutrition**. v. 7. London: Academic Press, 1993a. p. 4537-4541.

OWUOR, P. O; ROBINSON, J. M. Tea processing. In: MACRAE, R.; ROBINSON, R. K. SADLER, M. J. **Encyclopaedia of food science, food technology and nutrition**. v. 7. London: Academic Press, 1993b. p. 4533-4537.

OWUOR, P. O. et al. Studies o the use of shade in tea plantations in Kenya: effects on chemical composition and quality of made tea. **Journal of the Science of Food and Agriculture**, London, v. 46, n. 1, p. 63-70, 1988.

PINTAURO, N. D. Tea and soluble tea products manufacture. **Food Technology Review**, Park Ridge, v. 38, 1977.

RAMTEKE, R. S. et al. Methods for concentration of fruit juices: a critical evaluation. **Journal of Food Science and Technology**, Mysore, v. 30, p. 391-402, 1993.

RAVICHANDRAN, R.; PARTHIBAN, R. The impact of processing techniques on tea volatiles. **Food Chemistry**, Barking, v. 62, p. 347-353, 1997.

ROBERTS, E. A. H.; WOOD, D. J. Amino-acids and amids of fresh and wittered tea leaf. **Current Science**, New Delhi, v. 20, p. 1561-1563, 1952.

ROBERTSON, A. The chemistry and biochemistry of black tea production: the non-volatiles. In: WILSON, K. C.; CLIFFORD, M. N. **Tea**: cultivation to consumption. London: Chapman and Hall, 1992. p. 555-601.

ROBINSON, J. M.; OWUOR, P. O. Tea aroma. In: WILSON, K. C.; CLIFFORD, M. N. **Tea**: cultivation to consumption. London: Chapman and Hall, 1992. p. 603-647.

SAKTO, Y.; IGA, T.; MATUMURA, T. Chemical constituents of tea leaves. VI. Acidic constituents of tea leaves. **Nippon Nogeikagaku**, Tokyo, v. 29, p. 769-770, 1955.

SALTMARSH, M. Instant tea. In: WILSON, K. C.; CLIFFORD, M. N. **Tea**: cultivation to consumption. London: Chapman and Hall, 1992. p. 535-554.

SOVOVÁ, H.; KUSERA, J.; JEZ, J. Rate of the vegetable oil extraction with supercritical CO_2. II. Extraction of grape oil. **Chemical Engineering Science**, New York, v. 49, p. 415-420, 1994.

TAKEO, T. Green and semi-fermented teas. In: WILSON, K. C; CLIFFORD, M. N. **Tea**: cultivation to consumption. London: Chapman and Hall, 1992. p. 413-457.

TAYLOR, R. S.; MCDOWELL, I. Tea: types, production and trade. In: MACRAE, R.; ROBINSON, R. K.; SADLER, M. J. **Encyclopaedia of food science, food technology and nutrition**. v. 7. London: Academic Press, 1993a. p. 4521-4527.

TAYLOR, R. S.; MCDOWELL, I. Tea: chemistry. In: MACRAE, R.; ROBINSON, R.K.; SADLER, M. J. **Encyclopaedia of food science, food technology and nutrition**. v. 7. London: Academic Press, 1993b. p. 4527-4533.

TOMLINS, K. I.; MASHINGAIDZE, A. Influence of withering, including leaf handling, on the manufacturing and quality of black teas – a review. **Food Chemistry**, Barking, v. 60, p. 573-580, 1997.

TORII, H.; KAMAZAWA, J. The carbohydrates in ea leaves. I. Detection of sugars by paper chromatography. **Journal of the Agricultural Chemical Society of Japan**, Tokyo, v. 28, p. 34-38, 1954.

TSUJIMURA, O. N. Amino-acids in green tea. **Jissen Joshi Dougaku Kijo**, v. 4, p. 5-8, 1957.

VAN DE MEEBERG, R. The world trade. In: WILSON, K. C.; CLIFFORD, M. N. **Tea**: cultivation to consumption. London: Chapman and Hall, 1992, p. 649-687.

VARNAM, A. H.; SUTHERLAND, J. P. **Beverages**: technology, chemistry and microbiology. London: Chapman and Hall, 1994. 464p.

VITZTHUM, O. G.; WERKHOFF, F.; HUBERT, P. New volatile constituents of black tea aroma. **Journal of Agricultural and Food Chemistry**, Easton, v. 23, p. 999-1003, 1975.

WANG, L. F., KIM, D. M.; LEE, C. Y. Effects of heat processing and storage on flavanols and sensory qualities of green tea beverage. **Journal of Agricultural and Food Chemistry**, Easton, v. 48, p. 4227-4232, 2000.

WICKIZER, V. D. **Coffee, tea and cocoa**. Stanford: Stanford University, 1951. 497p.

WILLIANS, D. F. Extraction with supercritical gases. **Chemical Engineering Science**, New York, v. 36, p. 1769-1788, 1981.

YUERONG-LIANG; JIANLIANG-LU, SHULING-SHANG. Effect of gibberellins on chemical composition and quality of tea (*Camellia sinensis* L.). **Journal of Agricultural and Food Chemistry**, Easton, v. 72, n. 4, p. 411-414, 1996.

12

INFUSÕES DE ERVA-MATE

AGENOR MACCARI JÚNIOR
KLEBER ALVES DOS SANTOS BERTÉ
URGEL DE ALMEIDA LIMA

12.1 INTRODUÇÃO

O consumo de infusões é um hábito presente em diversas culturas ao redor do mundo, preservado por razões nutricionais, religiosas, culturais ou sociais. O café e o chá podem ser citados como exemplos de produtos usados no preparo de infusões e consumidos ao redor do mundo. Porém, além desses, há outros produtos usados no preparo de infusões, e consumidos de modo mais restrito ou regional. É o caso específico da erva-mate, historicamente consumida na forma de infusões típicas, como o chimarrão e o tererê.

O consumo de chimarrão e de tererê, envolvendo o uso de um "aparato" específico (cuia e bomba), fez com que a erva-mate fosse vista durante muito tempo como um alimento exótico, restrito ao consumo regional. Um grande equívoco, tendo-se em conta que a erva-mate é um produto com propriedades nutricionais e funcionais muito interessantes e relativamente pouco exploradas. Até mesmo consumidores de chá-mate, via de regra, desconhecem o fato de que o chá-mate, o chimarrão e o tererê são elaborados a partir da mesma planta, a erva-mate.

Para superar esse aparente desconhecimento quanto ao produto, é importante conhecer um pouco mais sobre história, características e propriedades da planta. Neste caso, é interessante conhecer mais até sobre o nome do produto – erva-mate. A palavra "erva" é empregada para plantas arbustivas, não lenhosas. Mas, esse não é o caso da erva-mate. A planta de erva-mate ou *erveira* é uma árvore, e de porte relativamente desenvolvido. Esse equívoco quanto ao nome da planta tem origem histórica.

A primeira citação sobre o consumo do mate se deve ao general paraguaio Domingo Martínez de Irala, em 1554, que observou os índios guaranis consumirem, em pequenos porongos ou cabaças, uma bebida elaborada com folhas de erva-mate (LESSA, 1953). O produto consumido era constituído por folhas, que, tostadas e moídas, adquiriram aspecto que levou os colonizadores espanhóis a pensar que se tratava de uma planta de pequeno porte, que eram folhas de uma erva e, sem conhecerem a planta, mas só seu produto, denominaram-na de "erva do Paraguai".

Para Linhares (1969), foi esse engano dos espanhóis que teria originado o uso do termo "erva" para denominar a erva-mate. Quanto ao termo "mate", trata-se de uma palavra originária da língua indígena, do termo *mati*, que significa cabaça, cuia, porongo, em suma, o recipiente onde é preparada e bebida a infusão das folhas de erva-mate (SOUZA, 1947). Assim, por definição, erva-mate seria a *erva de cuia* ou a *erva para cuia*, mostrando, desde a origem, do nome da planta sua estreita relação com o chimarrão. Se originalmente *mate* se referia ao recipiente para consumo da erva, logo o termo passou a ser associado à planta e ao produto comercial.

Quanto à planta de erva-mate, o naturalista francês Auguste de Saint-Hilaire (cujo nome é oficialmente abreviado como A. St.-Hil.) fez a primeira descrição em 1822 e a publicou nas *MémoiresduMuséum d'HistoireNaturelle* de Paris (SAINT-HILAIRE, 1822). Assim, denominou a espécie como *Ilexparaguariensis*, embora tenha proposto posteriormente a alteração do nome para *Ilex mate,* mas sem sucesso. No período que esteve no Brasil (1816-1822) Saint-Hilaire estudou diversas plantas, entre as quais a *árvore-do-mate* ou *árvore-da-congonha*, planta que seria usada na elaboração do produto *erva do Paraguai* ou *mate* (SAINT-HILAIRE, 1995).

Outro ponto interessante é a origem do nome chimarrão, bebida que se tornou a principal forma de consumo da erva-mate. O termo chimarrão vem do espanhol *cimarron*, significando amargo, selvagem, sem dono (BERKAI; BRAGA, 2000), palavras que podem associar a infusão à cultura gaúcha. Porém, esta associação não contempla a gama de produtos e infusões que podem ser obtidos da erva-mate e que serão abordados neste texto.

12.2 PRODUTOS DE ERVA-MATE

12.2.1 Produtos tradicionais

Uma análise do consumo de erva-mate mostra que este se baseia em produtos tradicionais, fato relevante quando se considera o impacto da erva-mate na dieta da população brasileira e as perspectivas de mercado para novas formas de consumo do produto.

A erva-mate vem sendo consumida durante séculos pelos povos sul-americanos nas formas tradicionais: chimarrão, tererê e chá-mate. Os novos produtos de erva-mate empregam uma pequena parcela da matéria-prima produzida. A produção do chá-mate e da erva-mate para chimarrão consome mais de 90% da erva-mate colhida (PARANÁ, 1997), com destaque para o chimarrão. A maior parcela de erva-mate colhida se destina aos três estados da região Sul e ao Mato Grosso do Sul. Não por coincidência, esses estados são grandes consumidores de chimarrão, permitindo avaliar o papel da tradição no consumo da erva-mate.

Tal interação entre tradição cultural e consumo de chimarrão pode ser observada nos estados com forte presença de imigrantes do Sul, como no Mato Grosso do Sul e Rondônia. Nesses estados, como na própria região Sul, o chimarrão responde por mais de 90% da erva-mate consumida. Nos Estados do Rio de Janeiro e São Paulo, sem a marcante influência dos sulistas, nota-se um maior consumo de erva-mate na forma de chá-mate.

Se a tradição representa a garantia de clientes constantes, por outro lado limita a comercialização do produto. Assim, o predomínio do consumo na forma de chimarrão pode ser visto tanto como um aspecto favorável quanto como um dos fatores limitantes a serem superados pelo setor ervateiro. Embora de valor cultural (tradição) e alimentar, além de ser um hábito sociável, o *matear* (hábito de consumir chimarrão) restringe o consumo da erva-mate a um produto, a um segmento da população e a uma região geográfica, especificamente a região Sul do Brasil.

Os dados apresentados na Tabela 12.1 ratificam este predomínio do chimarrão nos estados do Sul, indicando por que é comum o apreciador da bebida ser chamado de gaúcho. O Rio Grande do Sul é responsável por 65% do consumo de erva-mate para chimarrão no Brasil e os três estados do Sul consomem 94% da erva-mate comercializada no Brasil. Dados de mercado fornecidos pela Associação Brasileira de Indústrias Exportadoras de Erva-Mate (Abimate), em 2013, mostram ainda que esse cenário permaneceu inalterado nos últimos 15 anos, indicando que, de fato, os novos produtos ainda não absorvem parte significativa da produção de erva-mate.

Apesar do predomínio do chimarrão, o mercado mostra demanda crescente para os outros produtos tradicionais da erva-mate. O consumo de chá-mate ou de erva-mate para tererê pode ampliar o consumo de erva-mate. O chá-mate vem ganhando mercado, aproveitando a tendência de maior consumo de bebidas naturais como sucos e polpas de frutas. O chá pode ser elaborado a partir da erva-mate a granel, em sachês ou na forma de erva-mate solúvel. A entrada de empresas multinacionais no setor de produção de chá-mate tem levado ao crescimento nas exportações e pode representar uma nova fase para a bebida.

Tabela 12.1 Consumo estimado de erva-mate para chimarrão nos Estados do Brasil.

Estado	Consumo estimado (%)
Rio Grande do Sul	65,0
Paraná	17,0
Santa Catarina	12,0
Mato Grosso do Sul	3,0
Outros	3,0

Fonte: Antoni (1998).

Informações fornecidas diretamente pelos industriais apontam também para um crescimento no consumo de tererê, principalmente pelos jovens. Este hábito pode representar importante diversificação no consumo, não apenas pela faixa etária dos consumidores, mas também pela distribuição geográfica. As informações obtidas mostram que o consumo de tererê abrange diversas regiões do Brasil (MACCARI JUNIOR, 2005).

12.2.2 Produtos e usos alternativos

Os componentes químicos presentes nas folhas de erva-mate têm permitido outras aplicações além de chimarrão, até mesmo usos alternativos em processos industriais (Tabela 12.2). Grande parte da população desconhece o emprego da erva-mate na elaboração de outros alimentos ou produtos industriais. Os rótulos não informam a presença da erva-mate na composição desses produtos, pois são usados componentes dela extraídos ou mesmo extratos da planta. Deste modo, os consumidores não atentam para as aplicações da erva-mate no seu dia a dia, em muitos casos, consumindo sem saber produtos com erva-mate.

Atualmente, a erva-mate tem chamado a atenção das indústrias de alimentos quanto ao seu consumo e as alegações de propriedades funcionais e de saúde, incluindo melhoras em funções fisiológicas, redução do risco de doenças e também da presença de nutrientes e não nutrientes. Toda função fisiológica, psicológica, metabólica ou celular, que explique a associação entre a ingestão alimentar e efeitos resultantes para a saúde, dá credibilidade a uma alegação funcional e oferece estratégias para o desenvolvimento de produtos com base em determinado alimento ou ingrediente. Muitos produtos alimentícios do mercado apresentam alegações funcionais extrapolando o simples fornecimento de nutrientes (AGGETT et al., 2005).

A erva-mate é utilizada em preparações herbáceas pela fitoterapia ocidental, como estimulante do sistema nervoso central, e também por suas propriedades antioxidantes. As substâncias bioativas responsáveis pelos efeitos funcionais no organismo são representadas por diversos grupos químicos, como as metilxantinas (cafeína, teobromina, teofilina), os compostos fenólicos (ácido cafeico, rutina, 5-CQA entre outros) e as saponinas (WICHTL, 1994; NEWALL; ANDERSON; PHILLIPSON, 1996; ALONSO, 1998).

Tabela 12.2 Aplicações para erva-mate.

Aplicação	Apresentação	Produtos
Alimentos	Bebidas	Chá solúvel, chimarrão, tererê, chá tostado, cerveja, vinho, sucos, bebida láctea, refrigerante, mate com café, bebidas energéticas e funcionais
	Sobremesas e outros	Gelatinas, sorvetes, cremes, pudins, barras de cereais, balas, goma de mascar, massas alimentícias, pães, biscoitos, chocolates
	Aditivos alimentícios	Aroma, antioxidante, conservante, corante
Cosméticos	Sólido	Pó facial, talcos, maquiagens, sabonetes e sabões
	Líquido	Soluções, loções de beleza, óleos cosméticos, desodorantes, águas perfumadas, odorizantes, xampus
	Semissólido	Creme, gel, emulsões, maquiagens, máscaras faciais
Medicamentos	Sólido	Pós, extratos, cápsulas, comprimidos
	Líquido	Tintura, infusão, extratofluído
	Aditivosfarmacêuticos	Antioxidante, corante, antimicrobiano

Fonte: Berté (2011).

Um trabalho executado com o apoio do Ministério da Ciência e Tecnologia do Brasil, sobre produtos potenciais e industrialização, levantou informações sobre diversas aplicações para a erva-mate. Foram encontrados patentes e artigos publicados sobre esse tema, revelando o uso da erva-mate como ingrediente na produção de medicamentos, cosméticos, saneantes, produtos de limpeza e insumos para a indústria de alimentos (MACCARI JUNIOR, 2000). Como parte desse trabalho, De Paula e Chociai (2000) realizaram um levantamento sobre as patentes e o uso da erva-mate em produtos cosméticos (Tabela 12.3).

Tabela 12.3 Aplicação de erva-mate em produtos cosméticos.

Origem	Forma cosmética	Finalidade	Função atribuída ao extrato
EUA	Gel para a pele	Redutor de celulite	Antioxidante, potencializador da ação de outros componentes
EUA	Gel para a face	Rejuvenescedor e protetor para a pele	Potencializador da ação da teofilina e antioxidante
EUA	Gel para a área ao redor dos olhos	Redutor de rugas	Antioxidante, potencializador da ação de outros componentes
Itália	Creme	Controle da celulite	Estimulante
*	Extrato de ervas para cosméticos e higiene	Não especificado	Não especificado
*	Extrato	Adstringente, redutor de celulite	Antioxidante e adstringente
*	Perfumes	Perfume	Corante

Fonte: De Paula e Chociai (2000).

12.2.3 Legislação

No Brasil, a erva-mate e os chás (infusões) são classificados como produtos alimentícios e devem obrigatoriamente seguir as exigências previstas na legislação de alimentos quanto a registro, controle, rotulagem, fiscalização e padrão de identidade e qualidade. Porém, há legislação específica para a erva-mate e seus produtos.

12.2.3.1 Erva-mate

A Agência Nacional de Vigilância Sanitária (Anvisa) publicou em 22 de setembro de 2005 a Resolução RDC n. 277, que estabelece a identidade e características mínimas de qualidade para chás, erva-mate, composto de erva-mate, café e produtos solúveis. Esse regulamento técnico descreve a definição e designação técnica que os produtos de sua abrangência devem atender, bem como requisitos específicos de qualidade. A resolução RDC n. 277 não estabelece limites para as características físico-químicas como o teor de umidade, cinzas e presença de matéria estranha na erva-mate.

Nesse sentido, o Código Alimentario Argentino (CAA) e a Farmacopeia Argentina (8° edição) definem os requisitos para o padrão de identidade e qualidade da erva-mate e estabelece as seguintes especificações: máximo de 10% de ramos (paus); máximo de 9% de cinzas totais; máximo de 9,5% de umidade; máximo de 1% de matéria estranha e no mínimo 0,8% de cafeína em base seca (ARGENTINA, 2011).

12.2.3.2 Outras infusões (Chás)

O chá é definido pela Resolução RDC n. 277/2005 como: "o produto constituído de uma ou mais partes de espécie(s) vegetal(is) inteira(s), fragmentada(s) ou moída(s), com ou sem fermentação, tostada(s) ou não, constantes de regulamento técnico de espécies vegetais para o preparo de chás. O produto pode ser adicionado de aroma e ou especiaria" (BRASIL, 2005d).

Para regulamentar a fabricação e o comércio de espécies vegetais alimentícias em todo território nacional, a Anvisa publicou a Resolução RDC n. 267 de 22 de setembro de 2005 e a Resolução RDC n. 219 de 22 de dezembro de 2006, contendo uma lista positiva de espécies vegetais permitidas como alimento e utilizadas no preparo de chás (infusões).

A utilização de espécie vegetal e partes de espécie vegetal diferente da constante das tabelas desses regulamentos, pode ser autorizada, desde que seja comprovada a segurança de uso do produto, em atendimento ao regulamento técnico específico (BRASIL, 2005a; BRASIL, 2006). Outras espécies vegetais utilizadas tradicionalmente como especiarias podem ser utilizadas para agregar sabor e aroma aos chás, conforme lista presente na Resolução RDC n. 276 de 22 de setembro de 2005 (BRASIL, 2005c). Para designação técnica dos produtos com erva-mate e chás, alguns critérios devem ser seguidos, conforme itens apresentados na Tabela 12.4.

Tabela 12.4 Designação técnica para produtos de erva-mate e chás.

Produto	Características
Erva-mate ou Mate Ingredientes: Folhas e ramos da *Ilex paraguariensis*	1. Produto designado de "Erva-mate" ou "Mate" seguido da expressão "Chimarrão" ou "Tererê" conforme a finalidade de uso. 2. Quando o produto for adicionado de açúcar deve ser designado como "Erva-mate" ou "Mate com açúcar".
Composto de erva-mate Ingredientes: folhas e ramos da *Ilex paraguariensis*, outra(s) espécie(s) vegetal(is)	1. Produto designado de composto de erva-mate seguido do(s) nome(s) comum(ns) da(s) espécie(s) vegetal(is) adicionada(s). 2. Quando o produto for adicionado de açúcar, deve ser incluída, na designação, a expressão "com açúcar".
Chá Ingredientes: Uma espécie vegetal.	1. Produto designado como chá de ...seguido do nome comum da espécie vegetal utilizada. Podem ser acrescidas na designação características especificas do vegetal ou do processo de obtenção e denominações consagradas pelo uso. 2. Quando o produto for adicionado de açúcar, deve ser incluída, na designação, a expressão "com açúcar".
Chá misto Ingredientes: Duas ou mais espécies vegetais.	1. Produto designado como chá misto de ...seguido dos nomes comuns das espécies vegetais utilizadas ou do nome consagrado pelo uso. 2. Quando o produto for adicionado de açúcar, deve ser incluída, na designação, a expressão "com açúcar".
Chá com especiaria Ingredientes: uma ou mais espécies vegetais com uma ou mais especiarias.	Produto designado como chá de ...com especiaria(s), devendo constar o(s) nome(s) comum(ns) da(s) espécie(s) vegetal(is) utilizada(s). A palavra especiaria(s) pode ser substituída pelo nome comum das especiarias utilizadas. Quando o produto for adicionado de açúcar, deve ser incluída, na designação, a expressão "com açúcar".
Chá solúvel Ingredientes: uma ou mais espécies vegetais e/ou uma ou mais especiarias.	1. Produto designado como chá de ... seguido do nome comum da espécie vegetal utilizada ou nome consagrado pelo uso, mais a expressão solúvel, podendo ainda constar expressões referentes ao processo de obtenção. 2. Produto designado como chá misto solúvel quando utilizar duas ou mais espécies vegetais ou; 3. Produto designado de chá de ... seguido dos nomes comuns das espécies vegetais utilizadas ou do nome consagrado pelo uso, mais a expressão "solúvel". 4. Produto adicionado de especiaria(s), deve ser designado de "Chá de .... com ...", constando o(s) nome(s) comum(s) da(s) espécie(s) vegetal(is) e das especiaria(s) utilizadas, mais a expressão "Solúvel". 5. Podem ser adicionados de aromas e aditivos

Fonte: Brasil (2005c).

O chá pronto para o consumo é regulamentado pela Portaria n. 544 de 16 de novembro de 1998, do Ministério da Agricultura, Pecuária e Abastecimento (MAPA) que fixa os padrões de identidade e qualidade para os produtos de sua abrangência. Por definição, o chá pronto para consumo é obtido por maceração, infusão ou percolação das folhas e brotos da espécie vegetal *Camelia sinensis*(chá-verde ou chá-preto) ou de folhas, hastes e pecíolos de erva-mate da espécie *Ilex paraguariensis*, ou de outras espécies vegetais, podendo ser adicionados de outras substâncias vegetais e de açúcares (BRASIL, 1998).

12.2.4 Composição e valor nutritivo

12.2.4.1 Aspectos gerais da composição da erva-mate

No século XIX foram realizados os primeiros estudos sobre a composição química da erva-mate e, desde então, muitos trabalhos foram publicados. Ainda assim, o número de pesquisas sobre este tema é muito menor do que o disponível sobre a composição química do café e do chá-verde. Associações entre consumo da erva-mate e inúmeros benefícios à saúde (BRACESCO et al., 2011) comprovam a necessidade de melhor se conhecer a composição química da planta e que este tema está longe de ser esgotado.

O desenvolvimento das técnicas de análise, o melhor controle na amostragem e os conhecimentos sobre fatores causadores de variações na composição química da planta têm originado importantes trabalhos. Ainda assim, há muito para se fazer, pois os resultados encontrados mostram variação, até para um mesmo parâmetro (Tabela 12.5).

Tabela 12.5 Composição química percentual da erva-mate chimarrão e erva-mate solúvel.

Constituintes	Erva-mate chimarrão	Erva-mate solúvel (não tostada)
Cafeína	0,56 – 1,0	1,8 – 3,6
Compostos fenólicos	5,1 – 9,6	17,8 – 23,9
Rutina	0,36 – 0,81	0,54 – 0,91
Ácido cafeico	0,02 – 0,07	0,03 – 0,15
Ácido 5-cafeoilquínico	1,3 – 2,7	3,8 – 9,1
Umidade	3,6 – 8,0	3,9 – 4,8
Cinzas totais	5,1 – 5,7	9,5 – 10,1
Proteínas	7.9 – 9,8	3,7 – 4,1
Gorduras totais	3,8 – 4,2	0,7 – 0,9
Fibra alimentar	52,9 – 59,1	nd
Carboidratos totais [a]	13,7 – 26,1	80,7 – 81,5

[a] Calculado por diferença, nd – não detectado

Fonte: Berté (2004); Vieira et al. (2008); Berté (2011).

Um dos principais fatores de variação diz respeito à parte da planta usada na elaboração do produto, na proporção entre folhas e ramos. As folhas da erva-mate são as mais utilizadas na elaboração dos produtos processados, em virtude de seu reconhecido conteúdo de nutrientes, maiores que os encontrados nos ramos (galhos), como mostram os dados da Tabela 12.6. Esta tabela apresenta dados da composição mineral de folhas e ramos, coletadas em duas estações, mostrando a variação na composição associada a tais fatores.

Tabela 12.6 Distribuição dos nutrientes na planta de erva-mate em diferentes épocas do ano.

Nutrientes	Inverno		Primavera		Variação (%)	
	Folhas	Ramos	Folhas	Ramos	Folhas	Ramos
Nitrogênio – %	1,92	1,01	2,20	1,21	14,6	19,8
Fósforo – %	0,17	0,06	0,12	0,10	–29,4	66,7
Potássio – %	1,59	0,98	1,86	1,70	17,0	73,5
Cálcio – %	0,61	0,88	0,43	1,19	–29,5	35,2
Magnésio – %	0,42	0,34	0,33	0,23	–21,4	–32,4

Fonte: Reissmann et al. (1985).

A variação sazonal pode ser observada nos valores percentuais, mostrando diferenças entre os nutrientes quanto à concentração no inverno e na primavera. Estas diferenças podem indicar variações na qualidade do produto elaborado em diferentes épocas. Além disto, os dados mostram uma maior concentração de nutrientes nas folhas, exceto para o cálcio, independentemente da época de amostragem. Isto justifica a escolha das folhas como parte de interesse comercial no processamento da planta.

Além da parte da planta e da época do ano, a variabilidade dos dados de composição química da erva-mate pode estar associada a outros aspectos, como sombreamento da planta, região de origem, forma de cultivo, solo, variedade/genética da planta, idade das folhas e tipo de processamento (ESMELINDRO et al., 2004; MACCARI JUNIOR, 2005).

A variação na composição química e na qualidade da erva-mate em função de características edafoclimáticas é um importante tema para estudo, embora existam trabalhos antigos sobre ele. O Instituto de Química Agrícola do Paraná publicou, em 1944, um trabalho relacionando clima e solo com características químicas do mate (extrato aquoso, cafeína, cinzas totais, cinzas insolúveis em ácido, e umidade). Coletando amostras em diferentes regiões ervateiras no sul do Brasil e no Mato Grosso do Sul foi possível apontar variações na composição química em função de diferenças no ambiente (INSTITUTO DE QUÍMICA AGRÍCOLA, 1944).

Estas variações na composição química associada a fatores ambientais (edafoclimáticos) e de manejo permite inferir potencial para produtos com indicação geográfica em determinadas regiões ou a possibilidade de sistemas de cultivo de erva-mate para fornecimento de matéria-prima especial, para produtos diferenciados. De todo modo, a variabilidade nos fatores apresentados mostra a necessidade de novos estudos sobre a composição química da erva-mate.

12.2.4.2 Compostos químicos de interesse

Há diversos trabalhos sobre composição química da erva-mate que avaliam compostos e grupos químicos específicos. Os carboidratos (açúcares) naturais presentes nas folhas de erva-mate foram analisados por Chlamtae (1955), que listou como principais açúcares presentes na erva-mate a sacarose (3,33%), a rafinose (0,44%), a glicose (0,27%) e a frutose (0,16%). Outros estudos foram realizados sobre os carboidratos presentes na erva-mate. Trabalhos realizados na Argentina por Paredes et al. (2000a e 2000b) mostraram que o teor de carboidratos é afetado pela idade da folha, época de colheita e variáveis operacionais de sapeco e secagem.

Os dados encontrados na literatura sobre cafeína e compostos fenólicos em erva-mate mostram variabilidade similar à observada nos outros parâmetros químicos. Segundo Alonso (1998) os teores de cafeína podem oscilar conforme a idade das folhas, variando de 0,5% (folhas maduras) a 2,2% (folhas jovens). Para Streit et al.(2007), a erva-mate apresenta teores de cafeína entre 0,8 e 1,6%. Enquanto isto, Cardozo Junior et al. (2007) encontraram teores médios 0,55% para cafeína e 8,75% para compostos fenólicos totais.

A cafeína é um estimulante do sistema nervoso central e cardiovascular, melhorando o tempo de vigilância e a sensação de bem-estar, bom humor e sociabilidade (SIMÕES et al., 2001). Baseado no uso tradicional da erva-mate, bem como em estudos *in vitro* e *in vivo*, a Commission E na Alemanha reconheceu, em 1988, o uso medicinal do mate para combater a fadiga física e mental (WICHTL, 1994; BLUMENTHAL, 1998). Para obter um efeito significativo sob a vigilância e desempenho cognitivo, é necessária uma dose de 60 mg de cafeína (princípio ativo da erva-mate), para uma ação que pode durar algumas horas.

Entretanto, a maioria dos consumidores de cafeína precisa de doses mais elevadas, 200 a 400 mg, em razão da tolerância desenvolvida pelo uso habitual. Uma xícara (150 mL) de chá-mate pode apresentar até 40 mg de cafeína, quantidade menor que uma xícara de chá-verde (40 – 80 mg) e similar a xícara de café (20 – 60 mg) (SIMÕES et al., 2001).A experiência demonstra por meio de ensaios clínicos o efeito da cafeína em contribuir para redução da sensação de sonolência e melhorar o estado de alerta cognitivo (CANADA, 2010).

A quantidade média de compostos fenólicos encontrados em folhas de erva-mate da Argentina foi de 0,023% para o ácido cafeico e 0,06% para a rutina (FILIP et al., 2001). Para a erva-mate de diferentes regiões brasileiras, a concentração encontrada de ácido 5-cafeoilquínico (5-CQA) variou de 1,31 a 2,47% e para a rutina variou de 0,24 a 0,80% (HOFFMANN-RIBANI, 2006).

O ácido 5-cafeoilquínico é o composto fenólico em maior concentração tanto na erva-mate folhas como na erva-mate solúvel. O conteúdo obtido para a erva-mate solúvel de 9,14%, quando comparado aos valores da literatura, foi superior aos relatados para erva-mate chimarrão (1,27 a 2,43%), folhas de erva-mate (0,57 a 2,02%), café em pó (0,19 a 2,79%) e café solúvel (0,24 a 1,78%) (CLIFFORD; RAMIREZ-MARTINEZ, 1990; NOGUEIRA; TRUGO, 2003; HOFFMANN-RIBANI, 2006; TOCI; FARAH; TRUGO, 2006).

A infusão de erva-mate é uma das bebidas que apresenta quantidades significativas de compostos fenólicos de interesse nutricional, como flavonoides, ácidos fenólicos e taninos (SIMÕES et al., 2001; BASTOS et al., 2006). A erva-mate apresenta altas concentrações de derivados cafeicos e não contém as catequinas que estão presentes no chá-verde (CHANDRA; MEJIA, 2004). A suplementação da dieta com frutas, legumes e infusões preparadas com erva-mate e outras plantas é benéfica para a saúde, pois esses alimentos apresentam substâncias químicas funcionais e responsáveis por proteger o organismo contra os danos oxidativos gerados pelos radicais livres (SCHINELLA et al., 2000).

Segundo a *American Association of Cereal Chemists* (AACC, 2001), as fibras alimentares são partes comestíveis de plantas na forma de carboidratos análogos que são resistentes à digestão e absorção no intestino delgado humano, com fermentação completa ou parcial no intestino grosso. Estão incluídos, assim, os polissacarídeos, oligossacarídeos, lignina e substâncias vegetais associadas. Os principais integrantes da parede celular das folhas são polissacarídeos não amiláceos insolúveis (celulose, hemicelulose e lignina). Pesquisas revelam que a erva-mate (tipo chimarrão) é uma importante fonte de fibra alimentar (VIEIRA et al. (2008). O consumo de 5 g de erva-mate em pó representa 10% do valor diário de fibra alimentar (25 g/dia) conforme recomendação do Ministério da Saúde e FAO (BRASIL, 2003). Dessa forma, a erva-mate desidratada parece ser uma alternativa de ingrediente funcional para o desenvolvimento de alimentos fonte de fibras.

A determinação direta de lipídeos em alimentos, feita pela extração com solventes adequados, denomina-se "extrato etéreo", por representar não somente o teor de lipídeos, mas também o teor de vários compostos como carotenoides, vitaminas lipossolúveis, esterois, clorofila e óleos essenciais, os quais são extraídos pelo solvente, nas condições do método (CECCHI, 2003). A erva-mate apresenta teores médios de lipídeos (extrato etéreo) variando de 3,8 a 4,2%, sendo de 0,8% para a erva-mate solúvel.

As cinzas de um alimento são consideradas como resíduo inorgânico que permanece após a queima da matéria orgânica. As cinzas são constituídas principalmente de grandes quantidades de K, Ca, Na e Mg, e pequenas quantidades de Al, Fe, Cu, Mg e Zn, bem como traços de iodo, flúor e outros elementos (CECCHI, 2003). Os elementos minerais de maior concentração na erva-mate chimarrão são N > P > Ca > Mg > P = S > Mn > Fe > Al > Zn > Na (HEINRICHS; MALAVOLTA, 2001). Dados de pesquisa mostram que o conteúdo de cinzas para a erva-mate solúvel é superior ao da erva-mate chimarrão.

12.2.4.3 *Valor nutritivo da erva-mate*

O valor nutritivo da erva-mate é um aspecto relevante que deve ser considerado na análise do produto, uma vez que o produto possui compostos orgânicos e minerais de grande importância nutricional. Além disso, o consumo da erva-mate atinge quantidades significativas em alguns países da América do Sul, conferindo importante participação do alimento na dieta da população local.

As análises dos minerais presentes nas folhas e na infusão, realizadas por Sanz e Isasa (1991), permitiram quantificar a presença de sódio, potássio, cálcio, magnésio, ferro, manganês e zinco na infusão da planta (Tabela 12.7), mostrando quantidades significativas de sódio, potássio, magnésio e manganês. Embora com algumas restrições[1], a tabela permite avaliar o valor nutritivo da erva-mate, comparando a concentração dos minerais na infusão com os valores da Ingestão Diária Recomendada (IDR). Os valores indicam que a erva-mate pode representar importante fonte de minerais para os consumidores das infusões chá e chimarrão.

Tabela 12.7 Concentração de minerais na infusão de erva-mate.

Minerais	Variações (mg/100 g)	Valores Médios (mg/100 g)	IDR[2]	(%)*
Sódio	14,32 a 19,09	16,7	2.400	0,7
Potássio	569,13 a 774,40	671,8	–	–
Cálcio	64,90 a 116,52	90,7	1.000	9,0
Magnésio	155,43 a 420,00	287,7	260	110,6
Cobre	0,81 a 1,15	1,0	0,9	111,1
Ferro	2,52 a 4,95	3,7	14	26,4
Manganês	32,45 a 63,02	47,7	2,3	2073,9
Zinco	2,77 a 4,99	3,9	7	55,7

* Valor fornecido no consumo de 100 g de infusão.

Fonte: Adaptado de Sanz e Isasa (1991).

1 Esta análise deve considerar que:
(1) os valores referem-se a 100 g de infusão, mas no caso do chimarrão seria necessário determinar o volume aproximado de infusão consumido por dia ou por *mateada* ou mesmo a cada cuia, visto ser este o recipiente de preparo é uma unidade de medida de consumo adotada pelos habituais consumidores.
(2) para uma análise mais criteriosa, seria importante determinar a forma química desses nutrientes na infusão, para se conhecer sua efetiva absorção pelo organismo.

2 Ingestão Diária Recomendada (IDR) para adultos, definida pela Resolução RDC n. 269, de 22 de setembro de 2005 do Ministério da Saúde. Nutrientes marcados com o sinal (-) não possuem valores definidos na Resolução (BRASIL, 2005b).

Além dos minerais, a erva-mate contém ainda vitaminas B_1, B_2, A, C, caroteno, riboflavina, colina, ácido pantotênico, inositol e aminoácidos. Em seu trabalho, Kawakami e Kobayashi (1991), detectaram onze polifenóis na erva-mate, compostos com reconhecida ação antioxidante. A presença de compostos fenólicos na erva-mate e o papel desses componentes na saúde humana também foram analisados por Bastos e Torres (2003). A presença de compostos fenólicos na infusão confirma as vantagens do uso da erva-mate na composição de uma dieta saudável.

Mesmo com a já comentada variação nos parâmetros químicos, o valor nutritivo da erva-mate é um ponto de destaque. Ramallo et al. (1998) analisaram infusões de erva-mate obtidas de modo a simular às formas tradicionais de consumo, usando infusão quente (70 °C), equivalente ao chimarrão, e infusão fria (5 °C), equivalente ao tererê.

Os resultados são apresentados na Tabela 12.8, mostrando a concentração de nutrientes nas duas infusões, bem como a Ingestão Diária Recomendada para os nutrientes citados na legislação brasileira[3]. Cabe destacar nesta tabela as diferenças na concentração de nutrientes e, consequentemente, na parcela (%) da IDR fornecida pelo mate quente e pelo mate frio.

Tabela 12.8 Conteúdo de nutrientes no extrato aquoso de erva-mate em diferentes formas de extração.

Componentes	Mate quente		Mate frio		IDR[3]	(%) Mate quente	(%) Mate frio
	Valor médio	Desvio Padrão	Valor médio	Desvio Padrão			
			Composição Geral – g				
Glicose	0,59+	0,41	0,15	0,04	–		
Sacarose	2,77+	0,53	1,19	0,5	–		
Proteínas	2,14+	0,39	1,24	0,52	50,0	4,3	2,5
Cafeína	0,85+	0,08	0,44	0,35	–		
			Vitaminas – mg				
Vitamina C	5,11	2,78	2,35	0,13	45,0	11,3	5,2
Tiamina (B_1)	1,48	1,86	0,15	0,10	1,2	123,3	12,5
Niacina	1,27+	0,68	n.d	---	16,0	7,9	
Piridoxina (B_6)	0,94	0,97	n.d	---	1,3	72,3	
			Minerais – mg				
Cálcio	80,94+	9,78	43,90	19,45	1.000,0	8,1	4,4
Fósforo	45,89+	6,31	21,27	8,70	700,0	6,6	3,0
Ferro	2,22+	0,34	1,10	0,46	14,0	15,9	7,9
Magnésio	58,58+	7,57	33,17	13,64	260,0	22,5	12,7
Potássio	100,59+	18,32	41,63	16,85	–	–	–
Sódio	14,04	2,45	11,07	4,11	2.400,0	0,6	0,5

n.d. = não detectado e + = diferenças significativas entre o mate quente e o mate frio. (P<0,5).

Fonte: RAMALLO et al. (1998).

Os dados apresentados sobre o valor nutritivo e a composição química da erva-mate mostram o importante papel da erva-mate na alimentação, mas ainda há enorme potencial para ser explorado. Kawakami e Kobayashi (1991) estudaram a composição química da planta e apresentaram mais de 250 compostos extraídos da erva-mate verde e do mate tostado. Dentre os compostos listados, a pesquisa foi a primeira a detectar 196 compostos no mate, mostrando enorme potencial para a pesquisa nesse campo.

[3] Ingestão Diária Recomendada (IDR) para adultos, definida pela Resolução RDC n. 269, de 22 de setembro de 2005 do Ministério da Saúde. Nutrientes marcados com o sinal (-) na tabela não possuem valores definidos na Resolução (BRASIL, 2005b).

12.3 MATÉRIA-PRIMA

12.3.1 Origem e distribuição da erva-mate

A erva-mate é nativa de região de clima temperado, resistindo às temperaturas baixas e tolerando solos com menor fertilidade. Sua área de ocorrência natural está restrita a três países da América do Sul: Brasil, Paraguai e Argentina (Figura 12.1).

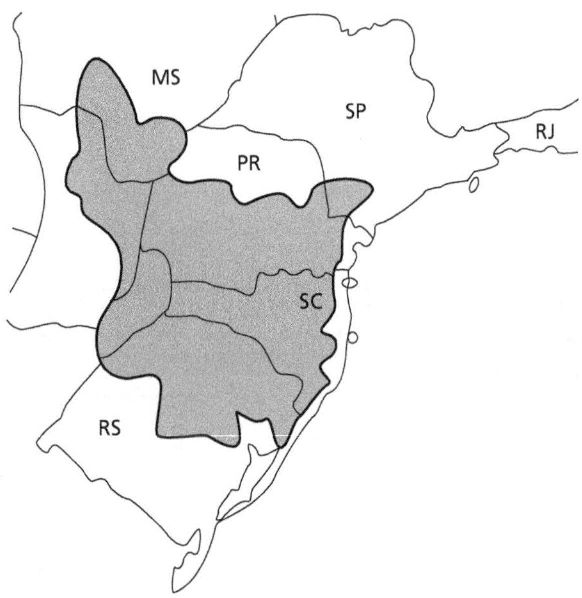

Figura 12.1 Área de ocorrência natural da erva-mate.

Fonte: Oliveira e Rotta (1985).

As matas e bosques naturais com erva-mate foram aos pouco eliminados, para uso das áreas com agricultura. O abastecimento de erva-mate tem sido garantido por reflorestamentos, com plantios adensados e a pleno sol. Tais mudanças nas condições de crescimento das plantas altera a composição química da erva-mate, afetando as características dos produtos derivados. Este fator vem sendo estudado por diversos pesquisadores.

A redução nos ervais também afetou o abastecimento do produto. A demanda crescente por matéria-prima e a menor área com ervais (queda na oferta) tem levado ao aumento de preços.

12.3.2 Aspectos botânicos e taxonômicos da erva-mate

A erva-mate (*Ilexparaguariensis*) pertence à família Aquifoliaceae, a qual possui cerca de 600 espécies, a maioria do gênero *Ilex*. No Brasil, de acordo com Gilberti (1995), existem 68 espécies pertencentes a esse gênero, mas, destas, apenas cinco se prestariam ao fabrico da erva-mate beneficiada.

A planta da erva-mate ou erveira possui características semelhantes à laranjeira, com caule de cor cinza, geralmente com 20 a 25 cm de diâmetro, podendo atingir 50 cm. A altura da árvore também é variável, sendo influenciada pelas condições do local, pelo manejo e pela idade da planta. Bragagnolo et al. (1980) afirmam que a altura pode chegar aos 15 metros em locais de mata fechada, quando as árvores crescem em condições naturais, sem manejo. Entretanto, quando a planta sofre condução pelo homem, sendo podada para exploração comercial, a altura não passa dos sete metros.

A exploração da erva-mate está baseada na colheita dos ramos da planta, para obtenção das folhas e ramos finos. Esse material, colhido e processado, dará origem aos principais produtos da erva-mate. As folhas são verde-escuro na parte de cima e mais claras na parte inferior, tendo comprimento médio de 5 a 8 cm e largura de 4 a 5 cm (REITZ et al., 1978). Entretanto, essas características são influenciadas por fatores, como genética, condições climáticas e manejo.

Como exemplo de tais influências, pode-se citar o comportamento das folhas em áreas de mata nativa, onde há menor intensidade de luz. Nessas áreas as folhas podem ter coloração verde mais intensa, atingindo maiores dimensões, chegando a 23 cm de comprimento, com 8 a 10 cm de largura (EMPRESA PARANAENSE DE ASSISTÊNCIA TÉCNICA E EXTENSÃO RURAL, 1991; COSTA, 1995).

Além disto, produtores e pesquisadores identificam diferenças morfológicas (fenótipo) entre as plantas de erva-mate, em particular nas características das folhas. Tais diferenças podem estar associadas ao ambiente ou a genética das plantas. De todo modo, para algunsautores, tais variações constituiriam diferentes morfotipos, com características químicas e sensoriais próprias (BORILLE et al., 2005; MACCARI, 2005).

12.4 MICROBIOLOGIA

A erva-mate pode conter um grande número de bactérias e fungos, provenientes do solo e pertencentes à microflora natural das plantas ou mesmo contaminadas durante as etapas de processamento. A colheita do produto é feita manualmente, o que pode favorecer a contaminação inicial do produto com microrganismos. Dependendo das condições de manejo, secagem e armazenamento, os microrganismos viáveis podem se desenvolver e intensificar essa contaminação, afetando os padrões microbiológicos do produto acabado.

O processamento tradicional da erva-mate apresenta temperaturas elevadas, fator positivo para redução da carga microbiana. Porém, uma carga microbiana pode sobreviver e seu desenvolvimento dependerá de diversos fatores. O desenvolvimento de microrganismos nos alimentos é condicionado por fatores extrínsecos, como temperatura e umidade relativa do ambiente, e fatores intrínsecos, como a composição química do alimento, atividade de água e pH (WHO, 1998; BERTÉ, 2004).

Os critérios e padrões microbiológicos para alimentos de consumo humano são fixados pela Resolução RDC n. 12, de 2 de janeiro de 2001, compatibilizada com os regulamentos harmonizados no Mercosul. Esse regulamento técnico considera os chás para infusão e os produtos de erva-mate (chimarrão e composto) como alimentos consumidos com adição de água e emprego de calor (bebida quente) e estabelece contagens microbiológicas de interesse sanitário e seus respectivos limites para amostras indicativas. Para microrganismos patogênicos viáveis como *Salmonella* sp., a regulamentação brasileira determina a ausência em 25 g de amostra analisada, enquanto, para os coliformes a 45 °C (anteriormente denominado de coliformes fecais), o limite tolerado é de 10^3 NMP/g (BRASIL, 2001).

A Organização Mundial da Saúde (OMS) também menciona limites relativos à qualidade microbiológica de espécies vegetais consumidas na forma de infusão ou decocção. Nesse sentido, a OMS é mais exigente que a legislação brasileira, e determina algumas contagens de contaminantes microbiológicos, estabelecendo as seguintes especificações: máximo de 10^7 UFC/g de bactérias aeróbicas; máximo de 10^4 UFC/g de bolores e leveduras; máximo de 10^2 UFC/g de *Escherichia coli;* máximo de 10^4 UFC/g de enterobactérias e ausência de *Salmonella* (WHO, 1998).

No Brasil, a erva-mate deve respeitar o padrão microbiológico fixado pela Resolução RDC n. 12, de 2 de janeiro de 2001, como padrão de qualidade. No entanto, o controle de qualidade para erva-mate pode ser mais rigoroso e adotar como padrão de referência as especificações recomendadas pela Organização Mundial da Saúde. Dessa forma, os fabricantes brasileiros de erva-mate poderiam abrir novos mercados e agregar valor ao produto erva-mate permitindo sua aplicação para área de fitoterápicos e cosméticos, além de ampliar as possibilidades de exportação.

12.5 PROCESSAMENTO

A tecnologia empregada para processar erva-mate sofreu poucas alterações nos últimos anos, se comparada à evolução observada no processamento de outros alimentos. Pouca coisa mudou no caso dos processos, equipamentos e embalagens empregados para erva-mate. Embora algumas novidades tenham surgido, sua adoção ainda é tímida pelo setor. A tradição observada nas formas de consumo da erva-mate, baseada no chimarrão, pode justificar esse certo conservadorismo na tecnologia de processamento. Além disso, o processamento da erva-mate é uma atividade relativamente simples.

A análise do processamento requer sua separação em duas etapas ou ciclos. Essa forma de separação pode ser justificada por razões técnicas, comerciais, legais e históricas. A resolução n. 485 do Instituto Nacional do Mate (INM, 1955) diferenciava e denominava os dois ciclos como ciclo do cancheamento e ciclo do beneficiamento. Essa resolução pode ser aplicada para a realidade atual, permitindo abordar, de modo simples, a tecnologia de processamento.

O cancheamento é o primeiro ciclo do processo, realizado nas unidades *cancheadoras*. Esse ciclo inclui as operações de corte da erva[4], sapeco, secagem, moagem (trituração) e tamisação (peneiração). Após passar por estas etapas, a erva-mate obtida é denominada de "erva-mate cancheada", matéria-prima para a segunda fase do processo, o ciclo de beneficiamento. As unidades cancheadoras podem armazenar o produto, a erva cancheada, e essa operação é chamada de estacionamento.

Nas indústrias beneficiadoras, a erva-mate cancheada passa pelas operações de retificação da secagem, limpeza, trituração, e separação de frações por meio de peneiras. A erva, assim elaborada, dá origem a dois grupos de produtos: o chá e o chimarrão. Estes grupos possuíam variações, antigamente denominadas tipos, obtidas por meio da mistura das frações separadas nas peneiras. A separação em tipos caiu em desuso.

Uma das poucas ressalvas à adoção da resolução n. 485 (INM, 1955) seria quanto à definição do local de realização de cada ciclo. A resolução define que o cancheamento seria realizado pelo produtor rural, com as unidades cancheadoras instaladas nas áreas de produção de erva-mate. A erva cancheada,

[4] A resolução n. 485 cita a colheita da erva-mate como uma operação da industrialização.

seria armazenada nas propriedades até sua venda às unidades beneficiadoras, chamadas de moinhos ou engenhos, localizadas nas cidades. Assim, o ciclo do cancheamento e o do beneficiamento difeririam quanto às operações executadas, os produtos gerados e, inclusive, por definição legal, quanto ao local onde seriam executados. Atualmente esta separação não se mostra tão clara.

Talvez seja mais fácil entender esta divisão em dois ciclos se usada a terminologia comum em outras indústrias de alimentos. Neste caso, o pré-processamento ou beneficiamento da erva-mate se daria no ciclo do cancheamento. O processamento propriamente dito seria realizado durante o ciclo do beneficiamento, resultando nos produtos do mate.

A Figura 12.3, ao final desta seção, ilustra os ciclos de cancheamento e beneficiamento e as operações realizadas para a produção da erva-mate cancheada, do chá-mate queimado (torrado) e da erva-mate para chimarrão. Apesar das diversas operações apresentadas, a conservação da erva-mate se deve em boa parte às operações de sapeco e secagem (VALDUGA et al., 2003).

A industrialização da erva-mate se restringe às folhas e ramos, pois estas dão origem aos principais produtos da erva-mate, o chá e o chimarrão. A composição química dos palitos ou ramos da erveira é inferior a das folhas, mas eles são adicionados à erva-mate para chimarrão, por melhorarem as propriedades físicas do produto, facilitando o preparo da bebida.

12.5.1 Ciclo do cancheamento

O ciclo do cancheamento é realizado pelas unidades cancheadoras, e tem como produto a erva-mate cancheada. Este ciclo por definição legal, como descrito anteriormente, envolve operações que se iniciam com o corte ou colheita da erva, passando pelo sapeco, secagem, trituração e tamisação nas ervateiras, terminando no armazenamento (INM, 1955).

12.5.1.1 Colheita da erva-mate

A colheita da erva-mate é um tema relativamente pouco abordado nas publicações sobre industrialização da erva-mate, pois é vista como uma etapa do cultivo, uma operação agrícola. Mas, muitas indústrias fazem a compra da matéria-prima ainda no campo e assumem a realização da colheita. Além disto, a colheita é uma operação com potencial influência na qualidade do produto final e alguns pontos podem ser destacados.

1. **material colhido**: a colheita é feita por meio da poda, com a coleta dos ramos para aproveitamento das folhas e galhos finos. A colheita de galhos grossos, se estes forem processados, pode mudar a composição química e os atributos sensoriais do produto (MACCARI JUNIOR, 2005).
2. **forma de colheita**: historicamente a erva-mate é colhida manualmente, usando foices e facões, com o corte de galhos mais grossos. Porém, essa operação tem evoluído, com o uso de ferramentas de corte mais preciso, como tesouras de poda e serras, que causam menor dano à estrutura da planta. Outro fato relevante é a colheita mecanizada, praticada em ervais com topografia adequada e de maior extensão/área, principalmente na Argentina, onde o uso da mecanização da colheita se iniciou há cerca de 50 anos (KRICUN; BELINGHERI, 2011).
3. **época de colheita**: no sistema tradicional de exploração, a erva-mate era colhida somente nos meses de inverno. Atualmente, a erva-mate é colhida durante o ano todo (EMBRAPA, 2010). Essa mudança se deve à preferência do mercado consumidor. Os consumidores de erva-mate para chimarrão preferem a erva-mate com cor verde mais intensa, característica que se perde durante o armazenamento. Isto torna necessária a colheita da erva-mate durante todo o ano, o que muda a composição química do produto.

Com a realização da colheita e o transporte da erva-mate até as indústrias tem-se o início das operações industriais no processamento da planta.

12.5.1.2 Sapeco

Após a colheita, as folhas de erva-mate devem ser logo processadas para evitar sua deterioração, pois o escurecimento enzimático pode afetar a qualidade do produto. A reação é causada pela ação da peroxidase e da polifenoloxidase, presentes nas folhas (PAULA, 1968; VALDUGA, 1995), que catalisam reações de oxidação de compostos fenólicos, causando mudança na cor das folhas.

A reação enzimática será mais intensa se as folhas murcharem ou houver incidência de luz solar e calor. Assim, para tentar minimizar a reação, da colheita até o momento do processamento, a erva-mate colhida deve ser protegida da incidência direta da luz solar e das altas temperaturas, além de se buscar rápido transporte e industrialização do produto.

Os cuidados aqui citados são usados para inibir a reação enzimática, mas o controle do problema envolve o branqueamento e a inativação das enzimas. No processamento da erva-mate o branqueamento é feito por meio do sapeco, operação de pré-processamento que emprega altas temperaturas. Durante o sapeco o produto é exposto diretamente à chama e ao seu calor sofrendo um branqueamento térmico das folhas. O branqueamento por meio do sapeco já era empregado pelos índios guaranis, que o executavam no próprio local da colheita (BERKAI; BRAGA, 2000).

O processo de sapeco continua empregando os mesmos princípios praticados pelos indígenas. A erva-mate é exposta ao calor direto da chama, obtida com a combustão de madeira. Embora o princípio do processo seja o mesmo, houve evolução no que se refere à forma de execução ou equipamentos empregados.

Processo manual: a colheita era realizada de modo a se ter galhos de maior dimensão, para o sapeco manual. O sapeco era realizado com o operador atrás de uma *murada* de troncos e os galhos de erva-mate expostos diretamente à chama de uma fogueira (FERREIRA FILHO, 1948).

Processo mecanizado: a erva-mate passa por "cilindro" (tronco de cone) giratório, feito com chapas perfuradas ou tela. Esse equipamento é chamado de sapecador e uma fogueira é feita sob o corpo do equipamento, onde a erva-mate verde entra em contato com as chamas (Figura 12.2)

Figura 12.2 Representação do sapecador mecânico.

Fonte: Ferreira Filho (1948).

Processo moderno: o sapecador moderno é uma evolução do antigo sapecador mecânico. O sapecador moderno pode ser descrito como um cilindro metálico giratório e inclinado. O cilindro tem, em média, o diâmetro de 1,8 a 2,4 m e o comprimento de 6 a 9 m. A carga é feita em uma das extremidades do equipamento, manualmente ou por esteira. Ao entrar no sapecador, as folhas e ramos caem e atravessam uma chama gerada por uma fornalha. Após atravessar as chamas, as folhas e ramos caem no interior do equipamento e são transportadas ao longo do cilindro, cujo giro promove a movimentação da massa e seu aquecimento. A erva-mate sapecada (branqueada) sai na extremidade oposta à entrada.

A erva-mate se move ao longo do sapecador em função da inclinação do cilindro, das aletas em seu interior, e do arraste dos gases de combustão (VALDUGA et al. 2003). As aletas localizadas na parte interna facilitam o transporte do material vegetal.

Os sapecadores são equipamentos simples e de fácil operação. Porém a falta de mecanismos de controle no processo pode dificultar a padronização do produto. O controle é feito pelo operador do equipamento, mas de forma empírica. Diversos trabalhos vêm sendo desenvolvidos para tentar compreender e melhorar esse processo (NABECHIMA, 2010; PERALTA; SCHMALKO, 2007; SCHAMALKO; ALZAMORA, 2001).

12.5.1.3 Secagem

O sapeco e a secagem são as duas operações mais importantes na elaboração da erva-mate cancheada e até mesmo dos produtos para consumo, se considerados os reflexos sobre sua qualidade e conservação. Como o sapeco, a secagem ainda detém pontos para serem pesquisados. Também é necessário sistematizar as informações disponíveis, permitindo melhor compreensão sobre este tema.

A erva-mate sofre uma redução no teor de umidade durante o sapeco (MACCARI JUNIOR, 2005; KÄNZIG, 1996), mas que seria insuficiente para garantir a conservação do produto. É necessário efetuar uma secagem da erva sapecada para reduzir os teores de umidade a valores que garantam estabilidade à erva-mate.

Como na secagem de todo material vegetal, deve-se ter cuidado com o binômio tempo e temperatura, evitando a exposição excessiva do produto às altas temperaturas. Para Muello (1946), as temperaturas ideais para secagem de erva-mate estariam entre 80 e 110 °C. As eventuais exposições às altas temperaturas deveriam persistir por apenas poucos minutos, e a erva-mate não deveria ser exposta a temperaturas superiores a 130 °C. Entretanto, naquela época a secagem da erva-mate era efetuada em secadores operando com menores temperaturas (secagem lenta). O desenvolvimento de novos modelos de secadores, de secagem rápida, faz com que sejam empregadas temperaturas de secagem muito superiores às citadas.

Outro ponto a ser avaliado na secagem de erva-mate diz respeito às características da matéria-prima processada. A erva-mate recém-colhida (erva verde) é um material heterogêneo, constituído por folhas e ramos de dimensões variáveis. Além das dimensões do material, a proporção folha/ramo também é um fator variável nos lotes de matéria-prima. Cada uma dessas partes da planta tem comportamento diferenciado durante o processo (PERALTA; SCHMALKO, 2003). Känzig (1996) trabalhou com a secagem de erva-mate em camadas finas, na temperatura de 90 °C. Os dados experimentais mostraram que os ramos levaram cerca de 3,5 horas para secar, atingindo umidade aproximada de 10%, enquanto, nas folhas, esse tempo foi de 20 min.

Se considerados os pontos listados, percebe-se que a secagem da erva-mate deveria ser uma operação de pleno domínio por parte do setor ervateiro. Mas, há muitos aspectos para serem estudados e caracterizados. Um dos pontos que merece atenção diz respeito à produção de contaminantes químicos durante a secagem e a contaminação dos produtos com compostos derivados da combustão. Camargo e Toledo (2002) estudaram a presença de Hidrocarbonetos Policíclicos Aromáticos (HPAs) em chá-mate e café, encontrando tais contaminantes em ambos os produtos, 0,70 µg/kg no chá-mate e 10,12 µg/kg no café.

A evolução da secagem da erva-mate

De forma semelhante ao sapeco, a estrutura e os equipamentos usados para a secagem da erva-mate também evoluíram. Os processos primitivos eram extremamente rudimentares.

As formas de secagem da erva-mate praticadas pelos índios estão entre as mais simples. Berkai e Braga (2000) citam que os índios elaboravam pequenos feixes de erva e os penduravam em varas sobre fogueiras brandas. O produto ficava secando por um dia e uma noite. Souza (1947) relata que os índios usavam ainda outro processo, no qual a erva-mate era beneficiada em um buraco cavado no chão, circundado por fogueiras. As folhas e galhos permaneciam dentro desse buraco até a completa secagem.

Com o tempo, processos rudimentares (carijos, furnas, barbaquás,...) foram substituídos por secadores mais eficientes e com maior produtividade, culminando com os secadores mecânicos.

Secadores de erva-mate

Uma boa descrição de modelos mais antigos de secadores de erva-mate pode ser encontrada nos trabalhos de Ferreira Filho (1948), Souza (1947) e Muello (1946). Os autores descrevem o carijo, a furna e o barbaquá, secadores mais empregados na época (meados do século passado) e todos de secagem lenta. A evolução do processo levou ao uso de novos modelos, como o secador de esteiras e os secadores giratórios.

Secagem no barbaquá

O termo barbaquá ou barbacuá tem origem guarani, de *boberaquá* (buraco que faz reluzir), e o primeiro barbaquá foi inventado no fim do século XVIII (BERKAI; BRAGA, 2000). Para Costa (1935) e Souza (1947), a diferença entre o carijo e o barbaquá estaria no fato de que no barbaquá o fogo não é direto, sendo usados túneis subterrâneos para transporte do calor, conferindo melhores atributos ao produto.

O barbaquá é uma construção com armações de madeira, onde a erva-mate recebe o calor que chega por um canal subterrâneo. Esse conduto, de acordo com Leprevost (1987), teria 10 a 20 metros de comprimento, sendo normalmente construído com tijolos, e suave inclinação (5%). Segundo Costa (1935), o túnel condutor de calor deve ser de alvenaria, tendo entre sete e 20 metros de comprimento, de diâmetro variando na mesma proporção, sendo tais medidas definidas em função da capacidade do secador.

O fogo é oriundo de uma fornalha, na extremidade do canal, e a saída do calor se dá através de uma ou mais boquilhas, dependendo do tamanho do barbaquá, dispostas de forma a garantir uma boa distribuição do calor. Souza (1947) lembra que a saída ou boquilha pode ser coberta com chapas de ferro, para evitar a ação direta do gases demasiadamente quentes e o contato da erva-mate com as fagulhas.

Para Leprevost (1987), a secagem no barbaquá demora de dez a 20 horas, enquanto Souza (1947) afirma que esta pode durar de cinco a 15 horas. A variação do tempo ocorreria em função do tipo e tamanho do barbaquá, mas ambos os autores afirmam que o ponto final era determinado manualmente, friccionando o material e observando sua fácil fragmentação.

Secagem com equipamentos modernos

O carijo e o barbaquá deram lugar aos secadores modernos, com movimentação do produto, visando uniformidade do produto e controle do processo.

Atualmente, a secagem é realizada em diferentes equipamentos, como já citado, possuindo uma ampla variação nas suas características.

Secador de grade ou barbaquá

Känzig (1996) destaca que a necessidade de maiores produções levou ao aumento na capacidade do barbaquá, originando um novo equipamento, o secador de grade, com maior capacidade e sistemas mecanizados.

O secador de grade representaria, então, a evolução do antigo barbaquá, mas agora se tratando de equipamentos com maior capacidade de secagem, de até 20.000 kg de erva/dia. O secador modernizado conta com sistema de carga e descarga que emprega esteiras de transporte e o ar aquecido é distribuído através de chaminés reguláveis, localizadas sob as grades (KÄNZIG, 1996). É recomendável o uso de estruturas metálicas nas saídas das chaminés, para diminuir os riscos de incêndio (COSTA, 1935).

Secador de esteiras

O secador de esteiras é descrito por Känzig (1996) como uma estrutura de alvenaria, com dois pavimentos de 4 m de altura, 3,5 a 5 m de largura e 25 a 30 m de comprimento, com uma esteira em cada pavimento. Entretanto, há inúmeras variações na construção desse equipamento, como na altura dos pavimentos e no número de esteiras (SCHIFFL, 2000, 1997).

A erva-mate é depositada sobre as esteiras, em camadas de 30 a 80 cm de espessura. A esteira se movimenta lentamente, transportando o material através do secador, em tempos que oscilam de três a seis horas. Na parte inferior, sobre o piso, estão as saídas de ar aquecido. O ar aquecido pela queima de madeira (150 a 300 °C) se encontra com o ar frio, na base do secador, resultando em uma mistura com temperatura de 80 a 130 °C.

O fluxo de material se dá em contracorrente, com a erva-mate entrando pela parte superior do secador, ponto em que o ar se encontra mais frio e úmido. Normalmente são duas esteiras, com o material sendo transferido para a esteira inferior, buscando-se o revolvimento da massa.

Analisando o tempo de residência e os perfis de umidade no comprimento do secador, Känzig (1996) considera que o tempo de secagem nestes secadores poderia ser menor. Entretanto, pode-se considerar a hipótese de que o uso de tempos maiores está associado à ocorrência de outras reações químicas, simultâneas à secagem, as quais seriam responsáveis pela formação de características sensoriais do produto, como cor e aroma.

Secador rotativo

Os secadores rotativos empregados na secagem de alimentos também são usados pelo setor ervateiro. Os secadores empregados seriam construídos na forma de cilindros metálicos com variações nas dimensões e na velocidade de rotação. Normalmente os secadores rotativos são dotados de aletas helicoidais para movimentação da erva-mate. Entretanto, o setor ervateiro emprega também secadores com formato de cilindros que não são rotativos. São secadores dotados de dispositivos internos para movimentação da erva-mate, mas cujo corpo do equipamento permanece imóvel.

O ar de secagem tem fluxo concorrente ao do produto e a temperatura se situa na faixa de 300 °C (SCHIFFL, 1997). Para este autor, a erva-mate deve passar por um processo de fragmentação antes da secagem no secador rotativo. Componentes de maior tamanho não secam de forma adequada nesse secador, em função da secagem rápida. Outra prática adotada é a separação dos materiais de maior tamanho, como os palitos, que passam por uma nova secagem.

O produto seco é retirado por sucção (transporte pneumático). O tempo de secagem é de 5 minutos para folhas e de 15 minutos para palitos, mas, pode ser alterado por meio de mudanças nas variáveis operacionais. De todo modo, são secadores para secagem rápida (DE BERNARDI; PRAT KRICUM, 2001).

12.5.1.4 Moagem

A moagem é a operação na qual é feita a trituração/fragmentação da erva-mate seca; operação que faz parte do ciclo de cancheamento. Na verdade, o termo “cancheamento” se originou da palavra “cancha”, equipamento usado para moagem da erva-mate. A erva era moída na cancha e o produto obtido era a erva-mate cancheada. Por isto, a própria operação de moagem passou a ser denominada cancheamento (LEPREVOST, 1987). Assim, o termo cancheamento pode ser usado para designar tanto a operação de moagem, quanto o ciclo inicial de beneficiamento da erva-mate.

Quanto ao equipamento em si, apesar da rusticidade, a cancha já pode ser considerada de uso industrial. De acordo com Leprevost (1987), as principais características da cancha seriam o diâmetro entre 4 a 5 metros e o tabique de cerca de 60 centímetros. A fragmentação da erva-mate era realizada com a passagem de um triturador cônico de madeira sobre o produto. O triturador possuía vários dentes, feitos com madeira de grande dureza como a imbuia, o conjunto era preso a um eixo vertical, chamado pião, com movimento giratório. O aparelho era movido por tração animal.

Além da cancha, a fragmentação da erva-mate foi realizada de distintas formas ao longo do tempo. Berkai e Braga (2000) citam o uso de facões de madeira, do pilão, do monjolo e do soque. Em seu trabalho, Valduga (1995) considera como normal em pequenas unidades industriais o uso do triturador, construído de madeira dura, e nas unidades maiores sendo empregados os cancheadores metálicos. Schiffl (2000) afirma que para moer o produto erva-mate são também utilizados o "soque", que promove a moagem com pilões, e o *atritor*, sistema que promove a moagem pelo rotor.

Após cancheada, a erva triturada segue para a tamisação, na qual passava por um jogo de peneiras vibratórias (tamis). Nessa fase, ocorria uma classificação por tamanho, com separação dos paus (palitos), da goma (pó) e das frações de folhas com diferentes tamanhos.

12.5.1.5 Estacionamento

Estacionamento é um termo empregado como sinônimo de armazenamento, sendo adotado nos casos de armazenamento da erva-mate visando maturação do produto. Assim, a erva cancheada pode ser ou não estacionada. As reações de oxidação que ocorrem durante o estacionamento alteram coloração e sabor do produto, lhe conferindo novos atributos.

De acordo com Andrade (1999), o mercado interno prefere a erva-mate de coloração verde, típica do produto não estacionado. Já o mercado externo busca produtos de coloração amarela, comum na erva estacionada por longos períodos, considerando ideal o estacionamento por dois anos. O mercado externo valoriza os produtos estacionados por maior período de tempo, mas isto representa um fator de custo para as indústrias. Com o objetivo de reduzir o tempo de estacionamento e os custos decorrentes, foram desenvolvidas as câmaras de estacionamento. As câmaras propiciam um estacionamento acelerado por meio do controle das condições de umidade, temperatura e ventilação (CASSETAI; KÄNZIG, 2003).

Deste modo, De Bernardi e PratKricum (2001) reportam que, no estacionamento natural, a erva-mate passa por um período de armazenamento de seis a 24 meses, no qual as reações ocorrem de forma espontânea, até se atingir as características de cor e sabor adequados. No estacionamento acelerado este período é de 30 a 60 dias. As câmaras de estacionamento vêm sendo melhoradas, sendo que Cassetai e Känzig (2003) descreveram sistemas de automação do controle das câmaras, desenvolvidos na Argentina, com bons resultados preliminares.

Deste modo, considerando as alterações no produto e a preferência do consumidor, a decisão de estacionar ou não a erva cancheada é tomada em função do mercado para o produto. É imprescindível destacar um aspecto do mercado consumidor brasileiro, pois há nichos regionais nos quais há preferência pela erva estacionada. Algumas empresas possuem, inclusive, duas linhas de produto, denominadas de "erva verde" e "erva amarela". Nesses nichos, o padrão de consumo é a erva estacionada.

Conforme já exposto, o ciclo do cancheamento era realizado por produtores de erva-mate. Isto ocorria quando do uso de tecnologia rudimentar, com o sapeco manual e a secagem em carijo ou barbaquá, operações realizadas próximas ao local de colheita. Com o surgimento de equipamentos maiores e de custo elevado, surgiram unidades industriais de pequeno e médio porte, aptas a processar a produção de toda uma região e de vários produtores.

Depois de passar pelo ciclo do cancheamento a erva-mate sofre uma redução de peso de 50 a 60%, conforme o estado de maturação das folhas e as condições do processo de beneficiamento. A perda de água, gás carbônico e outros compostos voláteis seria a causa de tal redução (LEPREVOST, 1987; MAZUCHOWSKI; RUCKER, 1993).

Com a conclusão dessa etapa, completa-se o ciclo do cancheamento. A erva cancheada, estacionada ou não, segue para ser beneficiada.

12.5.2 Ciclo do beneficiamento

O ciclo do beneficiamento se inicia com a erva cancheada e envolve a realização de novas operações até a obtenção do produto final. Assim sendo, o beneficiamento é composto por operações visando adequar o produto aos padrões de mercado. As principais operações para Souza (1947), Valduga (1995) e Valduga et al. (2003) executadas nas indústrias beneficiadoras, são:

- **secagem**: uma secagem adicional pode ser necessária, para retificação da umidade;
- **separação**: a erva é conduzida à limpeza por meio de peneiras, ventiladores, filtros e coletores

de pó, que permitem a separação entre a erva cancheada e o pó, talos e paus;

- **mistura**: as frações são misturadas para compor os produtos comerciais, enviados então para o setor de embalagem.

A erva, assim elaborada, dá origem a dois grupos de produtos: a erva-mate para chá e a erva-mate para chimarrão, os dois principais produtos obtidos da erva-mate. Estes grupos de produtos possuíam variações, antigamente denominadas *tipos*, obtidas por meio da mistura das frações separadas nas peneiras. A separação em tipos caiu em desuso.

Porém, novas operações ganharam destaque. Este é o caso da "soca" da erva-mate para chimarrão, onde pilões são usadas para reduzir o tamanho das partículas, resultando em um produto de menor granulometria. Do mesmo modo, o acondicionamento da erva-mate também evoluiu muito, do uso das embalagens de papel para as embalagens a vácuo da erva-mate para chimarrão.

A crescente diversidade de produtos obtidos da erva-mate leva à necessidade de adaptação das práticas e do processo de industrialização, no cancheamento e no beneficiamento, dando grande diversidade às operações e aos produtos obtidos.

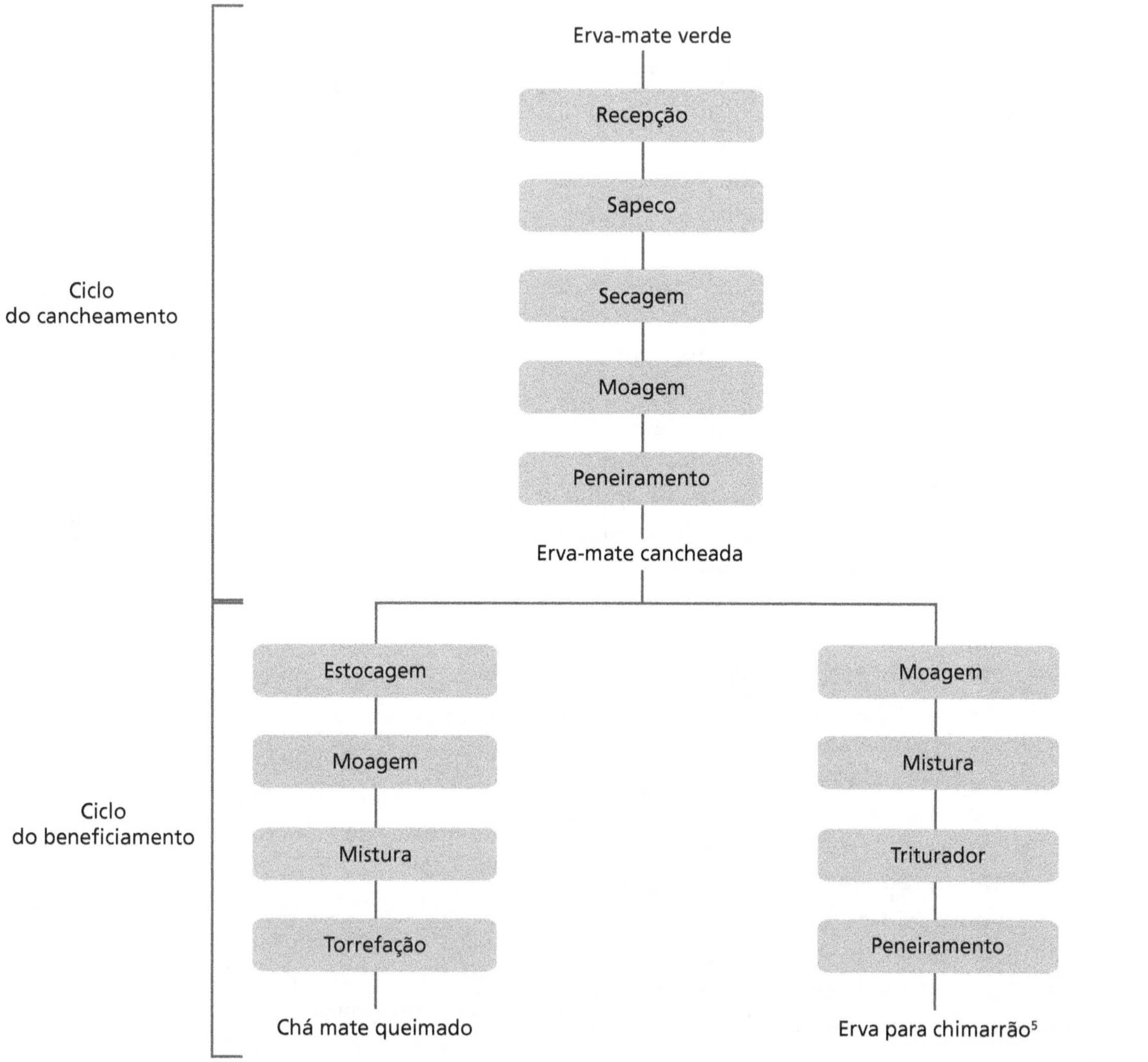

Figura 12.3 Fluxograma do processamento da erva-mate.

[5] Pelas similaridades na elaboração do produto e nas suas características finais, bem como pela forma de preparo da bebida, a erva-mate para chimarrão e a erva-mate para tererê podem ser agrupadas neste momento, analisando-as como um único produto.

12.6 GUARDA E CONSERVAÇÃO

A vida útil ou vida de prateleira (prazo de validade) da erva-mate pode ser definida como o período de tempo, sob determinadas condições de estocagem, que o produto leva para atingir uma condição imprópria para consumo. A vida útil da erva-mate depende basicamente de fatores como processamento, tipo de embalagem e as condições de estocagem. O fim da vida útil da erva-mate pode estar relacionado com a presença de microrganismos patogênicos e deteriorantes, alterações sensoriais, alterações físico-químicas, perda de valor nutricional e a presença de contaminantes provenientes da embalagem (FU; LABUZA, 1993; PADULA, 1996, BERTÉ, 2004).

As empresas mostram grandes variações quanto ao tempo de prateleira que estabelecem para os produtos da erva-mate, em particular da erva-mate para chimarrão. Há marcas que colocam o prazo de validade como sendo de seis meses, embora a maior parte das empresas adote o tempo de 24 meses.

Para determinar a vida de prateleira da erva-mate é necessário conhecer as principais reações de transformação e fatores envolvidos no processo de deterioração, como temperatura, umidade e luz (LABUZA, 1984; BERTÉ, 2004). Os principais fatores de deterioração da erva-mate são as reações de escurecimento enzimático, ganho de umidade e reações de oxidação de pigmentos, como clorofilas.

A análise de amostras comerciais de erva-mate mostra variações também nos valores de atividade da água, de 0,20 a 0,75. O ganho de umidade leva a alterações sensoriais (cor e sabor) e o crescimento microbiano, bem como favorece a degradação da clorofila e promove o escurecimento enzimático (SARANTÓPOULOS; OLIVEIRA; CANAVESI, 2001; BERTÉ, 2004). Essa mudança na qualidade sensorial da erva-mate para chimarrão faz com que produtos com padrões microbianos aceitáveis sejam descartados pelos consumidores, levando as empresas a alterarem seus padrões de secagem ou o prazo de validade do produto.

A previsão das mudanças na qualidade dos produtos alimentícios em função do tempo e das condições ambientais, muitas vezes, é de difícil entendimento e determinação em virtude de o alimento ser um sistema complexo com inúmeras reações químicas que estabelecem a qualidade do produto (VITALI; QUAST, 1996). A embalagem e as condições de estocagem devem ser definidas em função do período de vida de prateleira desejado. Dessa forma, as características de cada produto e a ação de deterioração que sofrem em função dos fatores de degradação, como luz, temperatura, umidade relativa, gases (O_2, CO_2, inertes, etileno), pressão e danos mecânicos, influenciam na especificação do material de embalagem (SARANTÓPOULOS; OLIVEIRA; CANAVESI, 2001).

BIBLIOGRAFIA

AACC. AMERICAN ASSOCIATION OF CEREAL CHEMISTS. Dietary Fiber Technical Committee. The definition of dietary fiber. **Cereal Foods World**, Minneapolis, v. 46, n. 3, p. 112-129, 2001.

AGGETT, P. J. et al. Process for the assessment of scientific support for claims on foods. **European Journal of Nutrition**, Berlim, v. 44, p. 5-36, 2005.

ALIKARIDIS, F. Natural constituents of Ilex species. **Journal of Ethnopharmacology**, Lausanne, v. 20, p. 121-144, 1987.

ALONSO, J. R. **Tratado de fitomedicina**. Buenos Aires: ISIS, 1998. 1039p.

ARGENTINA. Ministerio de salud de la nacion. **Farmacopea Argentina**. 8. ed. Buenos Aires: Anmat, 2011, v. III, 737p.

BASTOS, D. H. M. et al. Essential oil and antioxidant activity of green mate and mate tea (*Ilex paraguariensis*) infusions. **Journal of Food Composition and Analysis**, San Diego, v. 19, p. 538-543, 2006.

BERTÉ, K. A. S. et al. Chemical composition and antioxidant activity of yerba-mate (*Ilex paraguariensis* A.St.-Hil., Aquifoliaceae) extract as obtained by spray drying. **Journal of Agricultural and Food Chemistry**. Easton, v. 59, p. 5523-5527, 2011.

BERTÉ, K. A. S. **Estabilidade da erva-mate** (*Ilexparaguariensis St.-Hil.*) em embalagens plásticas. 2004. 109f. Dissertação (Mestrado em Tecnologia de Alimentos) – Setor de Tecnologia, Universidade Federal do Paraná, Curitiba, 2004.

BERTÉ, K. A. S. **Tecnologia da erva-mate solúvel**. 2011. 160f. Tese (Doutorado em Tecnologia de Alimentos) – Setor de Tecnologia, Universidade Federal do Paraná. Curitiba, 2011.

BORILLE, A. M. W., REISSMANN, B. C., FREITAS, R. J. S. Relação entre compostos fitoquímicos e o nitrogênio em morfotipos de erva-mate (*Ilexparaguariensis* St. Hil.). **Boletim do Centro de Pesquisa e Processamento de Alimentos**, Curitiba, v. 23, n. 1, p. 183-198, 2005.

BRACESCO, N. et al. Recent advances on *Ilex paraguariensis* research: Minireview. **Journal of Ethnopharmacology**. Lausanne, v. 136, n. 3, p. 378-384, 2011.

BRASIL. Ministério da Agricultura, Pecuária e Abastecimento. Portaria n. 544 de 16 de novembro de 1998. Regulamentos técnicos para fixação dos padrões de identidade e qualidade, para refresco, refrigerante, preparado ou concentrado líquido para refresco ou refrigerante, preparado sólido para refresco, xarope e chá pronto para o consumo. **Diário Oficial da República Federativa do Brasil**, Brasília, 17 nov. 1998.

BRASIL. Ministério da Saúde. Resolução RDC n. 12 de 2 de janeiro de 2001. Regulamento técnico sobre padrões microbiológicos para alimentos. **Diário Oficial da República Federativa do Brasil**, Brasília, 02 jan. 2001.

BRASIL. Ministério da Saúde. Resolução RDC n. 267 de 22 de setembro de 2005a. Regulamento técnico de espécies vegetais para o preparo de chás. **Diário Oficial da República Federativa do Brasil**, Brasília, 23 set. 2005.

BRASIL. Ministério da Saúde. Resolução RDC n. 269 de 22 de setembro de 2005b. "Regulamento Técnico Sobre a Ingestão Diária Recomendada (IDR) de Proteína, Vitaminas e Minerais. **Diário Oficial da República Federativa do Brasil**, Brasília, 23 set. 2005.

BRASIL. Ministério da Saúde. Resolução RDC n. 276 de 22 de setembro de 2005c. Regulamento técnico para especiarias, temperos e molhos. **Diário Oficial da República Federativa do Brasil**, Brasília, 23 set. 2005.

BRASIL. Ministério da Saúde. Resolução RDC n. 277 de 22 de setembro de 2005d. Regulamento técnico para café, cevada, chá, erva-mate e produtos solúveis. **Diário Oficial da República Federativa do Brasil**, Brasília, 23 set. 2005.

CANADA. Votre Santé et vous. **Aliments**. Caféine, mars 2010. Disponível em: <www.hc-sc.gc.ca>. Acesso em: 30 set. 2010.

CAMARGO, M. C. R.; TOLEDO, M. C. F.; Chá-mate e café como fontes de hidrocarbonetos policíclicos aromáticos (HPAs) na dieta da população de Campinas. **Ciência e Tecnologia de Alimentos**, Campinas, v. 22, n. 1, p. 49-53. 2002.

CARDOZO, E. L. et al. Methylxanthines and phenolic compounds in mate (*Ilex paraguariensis* St. Hil.) progenies grown in Brazil. **Journal Food Composition Analysis**. San Diego, v. 20, p. 553-558, 2007.

CECCHI, H. M. **Fundamentos teóricos e práticos em análise de alimentos**. 2. ed. Campinas: Unicamp, 2003.

CHLAMTAE, E. B. Sugars in Ilex paraguariensis. **Boletim do instituto de química**, Rio de Janeiro, v. 38. p. 17-24. 1955.

CHANDRA, S.; MEJIA, G. E. Polyphenolic compounds, antioxidant capacity, and quinone reductase activity of an aqueous extract of *Ardisiacompressa*in comparison to Mate (*Ilex paraguariensis*) and green (*Camellia sinensis*) teas. **Journal of Agricultural and Food Chemistry**, Easton, v. 52, p. 3583-3590, 2004.

CLIFFORD, M. N.; RAMIREZ-MARTINEZ, J. R. Chlorogenic acids and purine alkaloid content of maté (*Ilex paraguariensis*) leaf and beverage. **Food Chemistry**, v. 35, n. 1, p. 13-21, 1990.

COSTA, S. G. **A erva-mate**. Curitiba: Coleção Farol do Saber, 1995. 132p.

EMBRAPA, Empresa Brasileira de Pesquisa Agropecuária. **Cultivo da Erva-mate**. 2010. Disponível em: <http://sistemasdeproducao.cnptia.embrapa.br/FontesHTML/Erva-mate/CultivodaErvaMate_2ed/>. Acesso em: 11 ago. 2013.

ESMELINDRO, A. A. et al. Influence of agronomic variables on the composition of mate tea leaves (*Ilex paraguariensis*) extracts obtained from CO2 extraction at 30 °C and 175 bar. **Journal of Agricultural and Food Chemistry**, Easton, v. 52, p. 1990-1995, 2004.

FILIP, R. et al. Phenolic compounds in seven South American *Ilex* species. **Fitoterapia**, Milano,v. 72, p. 774-778, 2001.

FU, B.; LABUZA, T. P. Shelf-life prediction: theory and application. **Food Control**, Guildford,v. 4, n. 3, p. 125-133, 1993.

HEINRICHS, R.; MALAVOLTA, E. Composição mineral do produto comercial da erva-mate (*Ilexparaguariensis* St. Hil.). **Ciência Rural**, Santa Maria, v. 31, p. 781-785, 2001.

HOFFMANN-RIBANI, R. **Compostos fenólicos em erva-mate e frutas**. 2006. 137f. Tese (Doutorado em Ciência de Alimentos) – Faculdade de Engenharia de Alimentos, Universidade Estadual de Campinas, Campinas, 2006.

KAWAKAMI, M.; KOBAYASHI, A. Volatile constituents of green mate and roasted mate. **Journal of Agricultural and Food Chemistry**, Easton, v. 39, p. 1275-1279, 1991.

KRICUN, S. D. P.; BELINGHERI, Y.L.D.**Cosecha mecanizada y semimecanizada de layerba mate**. 2011. Disponível em: <http://http://inta.gob.ar/documentos/cosecha-mecanizada-y-semimecanizada-de-la-yerba-mate/at_multi_download/file/Cosecha_mecanizada_semimecanizada_yerbamate.pdf>. Acesso em: 10 ago. 2013.

LABUZA, T. P. Application of chemical kinetics to deterioration of foods. **Journal of Chemical Education**, Easton, v. 61, n. 4, p. 348-358, 1984.

LEPREVOST, A. **Química e tecnologia da erva-mate** (*Ilexparaguariensis*St. Hil.). Boletim técnico n. 53, Curitiba: Tecpar, 1987. 53p.

LESSA, L. C. **Chimarrão**. São Paulo: Departamento de Cultura, 1953. 460p.

LINHARES, T. **História Econômica do Mate**. Rio de Janeiro: Livraria José Olympio, 1969. 522p.

MACCARI JUNIOR, A. **Análise do pré-processamento da erva-mate para chimarrão**. 2005. 215f. Tese (Doutorado em Engenharia Agrícola) – Universidade Estadual de Campinas, Campinas, 2005.

MACCARI JUNIOR, A. Câmara Setorial da Cadeia Produtiva da Erva-Mate. **Produtos alternativos e desenvolvimento da tecnologia industrial na cadeia produtiva da erva-mate**. Curitiba: PADCT, 2000. Série PADCT III, n. 1, 160p.

NABECHIMA, G. H. **Inativação térmica das enzinas polifenoloxidase e peroxidase em forno esteira e efeitos sobre a cor da erva-mate (*Ilexparaguariensis*)**. 2010. 179f. Dissertação (Mestrado) – Universidade Federal de Santa Catarina, Programa de Pós-Graduação em Engenharia de Alimentos, Florianópolis, 2010. Disponível em: <http://www.tede.ufsc.br/teses/PEAL0134-D.pdf>. Acesso em: 12 jan. 2013.

NEWALL, C. A.; ANDERSON, L. A.; PHILLIPSON, J. D. **Herbal Medicines**. London: The Pharmaceutical Press, p. 189-190, 1996.

NOGUEIRA, M.; TRUGO, L. C. Distribuição de isômeros de ácido clorogênico e teores de cafeína e trigonelina em cafés solúveis brasileiros. **Ciência e Tecnologia Alimentos**, Campinas, v. 23, p. 296-299, 2003.

PARANÁ. Secretaria Agricultura e do Abastecimento do Paraná. **Erva-mate: prospecção tecnológica da cadeia produtiva**. Curitiba: SEAB, 1997. 121p.

PERALTA, J. M.; SCHMALKO, M. E. Modeling heat and mass transfer in the heat treatment step of yerba maté processing. **Brazilian Journal of Chemical Engineering**, São Paulo, v. 24, n. 1, p. 73-82. 2007.

REITZ, R.; KLEIN, R. M.; REIS, A. **Projeto madeira de Santa Catarina**. Itajaí: Sudesul, 1978.

ROTTA, E.; OLIVEIRA, Y. M. M. **Cultivo da erva-mate**. Colombo: Embrapa florestas, 2005 (Sistemas de produção n. 1).

PADULA, M. **Influência da embalagem na vida-de-prateleira de alimentos**. 2. ed. Campinas: Ital, 1996. (Manual técnico).

SAINT-HILAIRE, A. **Mémoires du muséum d'histoire naturelle**. v. 9. Paris 1822. p. 351.

SARANTÓPOULOS, C. I. G. L.; OLIVEIRA, L. M.; CANAVESI, E. **Requisitos de conservação de alimentos em embalagens flexíveis**. Campinas: Ital/Cetea, 2001. 213p.

SCHINELLA, G. R. et al. Antioxidant effects of an aqueous extract of *Ilex paraguariensis*. **Biochemical and Biophysical Research Communications**, Orlando, v. 269, p. 257-360, 2000.

SCHMALKO, M. E.; ALZAMORA, S. M.; Color, chlorophyll, caffeine, and water content variation during Yerba Mate processing. **Drying Technology**, New York, v. 19, p. 599-610, 2001.

SIMÕES, C. A. M. et al. **Farmacognosia da Planta ao Medicamento**. 3. ed. Porto Alegre/Florianópolis: UFRGS/UFSC, 2001. 833p.

SOUZA P. F. **Tecnologia de Produtos Florestais**. Rio de Janeiro: Imprensa Nacional, 1947.

STREIT, N. M. et al. Relation among taste-related compounds (phenolics and caffeine) and sensory profile of erva-mate (*Ilex paraguariensis*). **Food Chemistry**, London, v. 102, p. 560-564, 2007.

TOCI, A.; FARAH, A.; TRUGO, L. C. Efeito do processo de descafeinação com diclorometano sobre a composição química dos cafés arábica e robusta antes e após a torração. **Química Nova**, São Paulo, v. 29, p. 965-971, 2006.

VALDUGA, E. **Caracterização química e anatômica da folha de Ilexparaguariensis St. Hil. e de algumas espécies utilizadas na adulteração do mate**. 2005. 97f. Dissertação (Mestrado em Tecnologia Química) – Setor de Tecnologia, Universidade Federal do Paraná, Curitiba, 2005.

VALDUGA, A. T.; FINZER, J. R. D.; MOSELE, S. H. **Processamento de Erva-mate**. Erechim: Edifapes, 2003. 182p.

VIEIRA, M. A. et al. Chemicalcharacterizationofcandy-madeof erva-mate (*IlexparaguariensisA.* St. Hil.) residue. **Journal of Agricultural and Food Chemistry**, Easton, v. 56, p. 4637-4642, 2008.

VITALI, A. A.; QUAST, D. G. Vida-de-prateleira de alimentos. In: **Reações de transformação e vida-de-prateleira de alimentos processados**. Campinas: Ital, 1996. p. 3/1-3/10. (Manual técnico).

WHO. WORLD HEALTH ORGANIZATON. **Quality control methods for medicinal plant materials**. Geneva: WHO, 1998. 115p.

WICHTL, M. **Herbal Drugs and Phytopharmaceuticals**: a handbook for practice on a scientific basis. Stuttgart: Medpharm, p. 319-321, 1994.

13

POLPAS E SUCOS DE FRUTAS DA AMAZÔNIA

LÍLIAN PANTOJA
VIRGÍNIA MARTINS DA MATTA
RAFAELLA DE ANDRADE MATTIETTO
SÔNIA MARIA DA SILVA CARVALHO
ANGELA APARECIDA LEMOS FURTADO
KELLY DE OLIVEIRA COHEN

13.1 INTRODUÇÃO

As frutas e frutos da Amazônia têm despertado, cada vez mais, o interesse de pesquisadores e do mercado, que começam a ter acesso à grande diversidade de aromas e sabores que proporcionam, além da riqueza nutricional e da potencialidade dessas frutas como alimentos funcionais. Muitas frutas da Amazônia, antes conhecidas e consumidas apenas em nível regional, estão chegando às demais regiões do país e, em alguns casos, a mercados internacionais.

As tendências atuais, de um mercado globalizado e competitivo, impõem avanços tecnológicos e praticidade ao setor alimentício. Sendo assim, nem sempre há possibilidade de se usufruir de frutos *in natura*, o que leva à sua utilização na forma já processada. As polpas de frutos são amplamente utilizadas como matérias-primas pela indústria de alimentos para elaboração de vários produtos, dentre estes os sucos, um de seus principais derivados.

Outros produtos processados também permitem a comercialização em locais distantes das regiões produtoras, tais como suco integral ou em pó, doces e geleias, dentre outros.

Neste capítulo, serão apresentados dados relativos às características e ao processamento das polpas de açaí, araçá-boi, camu-camu, cupuaçu e graviola, que representam alguns dos produtos amazônicos que estão no patamar citado acima.

O açaí, fruto do açaizeiro, palmeira que compõe a paisagem da Amazônia, sendo parte integrante da cultura da região, é um pequeno fruto redondo arroxeado, cuja polpa é rica em compostos fenólicos, antocianinas e lipídeos, o que tem despertado interesse, em função do seu potencial poder antioxidante.

A cultura do açaí é de extrema importância social e econômica para a região Norte do Brasil, onde se concentra a sua produção, proporcionando a geração de grande número de empregos em toda a sua cadeia produtiva, já que, da palmeira, podem ser obtidos dois produtos principais de grande aceitabilidade e demanda crescente, que são o açaí e o palmito.

O araçá-boi, fruto originário da Amazônia e normalmente cultivado no Brasil, no Peru e na Bolívia, apresenta potencial qualitativo e produtivo para transformar-se em um atraente agronegócio. Apresenta propriedades agronômicas interessantes, como boa adaptação a solos de baixa fertilidade, precocidade e grande volume de produção por planta; e tecnológicas, como alto rendimento em polpa, sabor e aroma característicos e agradáveis. No entanto, seu uso ainda é pouco difundido, necessitando de um maior estímulo.

O camu-camu, fruto originário da Amazônia, mas ainda pouco conhecido e consumido no Brasil, destaca-se pelo seu elevadíssimo teor de vitamina C, que o coloca como um dos frutos mais promissores em termos de capacidade antioxidante.

O cupuaçu, fruto nativo da Amazônia, apresenta considerável potencial comercial, em função do seu inigualável sabor e aroma, sendo amplamente utilizado na elaboração de vários produtos alimentícios de destaque internacional.

A graviola, originária da América Central e norte da América do Sul, é uma cultura de exploração comercial, sendo consumida e comercializada na forma *in natura* ou processada, principalmente como polpa e suco.

13.2 BOTÂNICA

13.2.1 Açaí

O açaí (Figura 13.1), do Tupi-guarani, *yasa'i* – fruta que chora, é um fruto nativo da Amazônia brasileira, pertencente à familia Arecaceae e ao gênero *Euterpe*. No Brasil, encontram-se cinco espécies deste gênero: *Euterpe edulis* Martius (palmiteiro), *Euterpe catinga* Wallace (açaizinho), *Euterpe oleracea* Martius (açaizeiro), *Euterpe longibracteata* Barbosa Rodrigues (açaí da terra firme) e *Euterpe precatoria* Martius (açaizeiro). Tem-se registro de cerca de 28 espécies que se distribuem ao longo das Antilhas e da América do Sul, nas regiões com Florestas Tropicais, no entanto, a *Euterpe oleracea* Mart., conhecida como açaizeiro, é a que se destaca no país, sendo o Estado do Pará o principal centro de dispersão natural da planta.

A frutificação inicia entre três a quatro anos de idade e apresenta-se em cachos resultantes de sua inflorescência, que é formada por um conjunto de ramos contendo flores masculinas e femininas. Cada planta possui, em média, de três a oito inflorescências e cada uma irá originar um cacho com centenas de frutos que, quando maduros, apresentam coloração roxo escura.

A produção ocorre o ano inteiro, com picos mais acentuados em alguns períodos que variam de acordo com a região. Na região do estuário amazônico, por exemplo, a principal produção é da safra de verão, ou seja, do período de estiagem, entre julho e dezembro, quando é colhida uma quantidade duas a três vezes maior e com frutos de maior qualidade que aquele colhido durante a safra de inverno, que corresponde à época chuvosa. No Estado do Amazonas, a produção vai de janeiro a agosto e no Estado do Amapá, de janeiro a junho, com pico entre fevereiro e abril.

O fruto é uma drupa arredondada, que apresenta coloração roxo escura ou preto, exceto na variedade branca, que, mesmo quando madura, tem coloração verde.

Figura 13.1 Frutos de açaí (*Euterpe oleracea*) após a colheita.

Foto: Virgínia Matta.

Em relação à caracterização física de frutos de açaí, Rogez (2000) observou valores médios para o peso do fruto de 0,8 a 2,3 g, com diâmetro variando de 1,0 a 2,0 cm para frutos provenientes do Pará. Gazel Filho e Lima (2002), estudando a diversidade genética de matrizes de açaizeiro provenientes dos Estados do Amapá e Pará, observaram que um grupo apresentou maior peso médio de frutos (2,09 g), porém esse grupo era composto por apenas cinco indivíduos. Outro grupo, constituído de 20 indivíduos do total das 39 matrizes estudadas, que foi o maior dos agrupamentos formados, apresentou plantas com menor peso médio de frutos (1,22 g).

Carvalho e Muller (2005), com o objetivo de um estudo preliminar sobre a variabilidade fenotípica existente para o açaí, estudaram frutos oriundos de cinco plantas-matrizes e reportaram valores médios de $1{,}6 \pm 0{,}3$ g para o peso do fruto, obtendo um rendimento em polpa de $26{,}4 \pm 4{,}1$ %. As dimensões médias encontradas para o fruto foram: comprimento de 1,1 ± 0,1 cm e largura de 1,3 ± 0,1 cm.

Na análise de descritores morfo-agronômicos, utilizando dados de 87 acessos de açaizeiro (totalizando 247 plantas) no Estado do Pará, Oliveira (2005) observou que o valor médio para o peso do fruto foi de 1,41 g, o rendimento em polpa de 23,27%, o diâmetro de 1,36 cm e o comprimento de 1,18 cm.

Mattietto et al. (2007), ao avaliarem diferentes populações de açaí do arquipélago do Marajó, constataram que, para o município de São Sebastião da Boa Vista, o peso de um fruto de açaí foi, em média, 2,06 ± 0,21 g, enquanto os diâmetros horizontais e verticais variaram entre 1,44 a 1,65 cm e 1,27 a 2,08 cm, respectivamente. O rendimento em polpa para os frutos variaram na faixa de 10,28 a 30,69%, ficando a média em torno de 21,33%. No município de Breves, o peso médio foi de 1,97 ± 0,20 g e as dimensões de 1,38 a 1,70 cm para diâmetro horizontal e 1,27 a 1,4 7 cm para diâmetro vertical. O rendimento em polpa para os frutos provenientes dessa região variaram na faixa de 6,64 a 26,02%, ficando a média em torno de 17,48%.

Segundo Yuyama et al. (2002a), a grande variação encontrada nos valores de rendimento deve-se às características físicas dos frutos, provavelmente, à forma de separação da polpa, ao número de frutos analisados, assim como à variabilidade genética dos frutos coletados em diferentes ecossistemas. Esses autores, ao avaliarem frutos de açaí de diferentes localidades na Amazônia, encontraram uma variação de 0,83 a 2,04 g para o peso do fruto e 0,99 a 1,44 cm para o diâmetro.

13.2.2 Araçá-boi

Esse fruto tem origem na Amazônia ocidental e encontra-se distribuído por toda a região amazônica. Pertence à família Myrtaceae, gênero Eugenia e espécie *Eugenia stipitata* Mc Vaugh. Popularmente, é conhecido como araçá-boi, em português, e *arazá*, em espanhol.

A floração deste fruto se inicia aos 24-36 meses de idade, ou seja, entre 12 a 24 meses plantados em lugar definitivo. Cada planta pode produzir cerca de 20 a 35 kg de fruto/ano e atingir uma produtividade de 23 ton/ha/ano. A frutificação ocorre praticamente o ano inteiro, sendo mais intensa em períodos chuvosos (novembro-junho).

O araçá-boi (Figura 13.2) é uma baga esferoidal, geralmente achatada, com epicarpo delicado, fino e aveludado, de coloração verde quando imaturo e amarelo quando maduro. Sua polpa é espessa, suculenta e ácida. Pode medir até 15 cm de diâmetro e pesar até 800 g, sendo o peso médio, 200 g. Apresenta de 1 a 20 sementes, e cerca de 70% do peso do fruto é representado pela polpa. Seu rendimento em polpa, quando processado manualmente, é, em média, 73%, sendo superior quando o despolpamento é realizado em despolpadeira. Na Tabela 13.1 estão apresentadas as características físicas do araçá-boi.

Figura 13.2 Frutos de araçá-boi (*Eugenia stipitata*), Manaus-AM.

Foto: Lílian Pantoja.

Tabela 13.1 Características físicas de frutos de araçá-boi oriundos do Município de Careiro da Várzea-Amazonas.

Medidas	Valor médio
Peso (g)	217,82 ± 111,21
Diâmetro (cm)	7,20 ± 1,00
Comprimento (cm)	6,60 ± 1,30

Fonte: Pantoja (2006).

13.2.3 Camu-camu

O camu-camu é um fruto tipicamente amazônico, encontrado naturalmente nas margens de rios e lagos, com boa adaptação à terra firme. Pertence à família Myrtaceae, gênero *Myrciaria* e espécie *Myrciaria dubia* (H.B.K) McVaugh. Esse fruto apresenta algumas sinonímias, *Myrciaria divaricata* (Bentham) O. Berg, *Myrciaria paraensis* O. Berg, *Myrciaria spruceana* O. Berg e *Psidium dubium* H.B.K. Popularmente, recebe vários nomes de acordo com a sua localização geográfica, como apresentado na Tabela 13.2.

Tabela 13.2 Nomes populares do camu-camu de acordo com sua localização geográfica.

Nomes populares	Localização
Araçá-d'água	Nos rios Maçangana em Ariquemes e Urupá em Ji-Paraná (Brasil)
Araçá-de-igapó	Rio Negro, Madeira, Tocantins e Javari (Brasil)
Caçari	Amazônia Central brasileira
Camo-camo	Peru
Camu-camu	Amazônia Ocidental brasileira, Amazônia Central e Região do alto Solimões; Estado do Amazonas, Manaus, Manacapuru e nos rios Javari, Madeira e Negro; Região central do Estado do Pará, nos rios Tocantins e Trombetas; Estado de Rondônia, em Ariquemes e Ji-Paraná, nos rios Maçangana e Urupê, respectivamente; Roraima, nas margens de lagos naturais junto ao rio Cauamé. Sul da Flórida (EUA) e toda a região de selva da Amazônia peruana
Guayabito e/ou guayabato	Bacia do Orenoco (Venezuela)
Guayabo	Rio Orenoco (Colômbia)
Crista-de-galo	Maranhão, na região pré-amazônica tocantina (Brasil)

Fonte: Adaptado de Maeda (2004).

O fruto é uma baga (Figura 13.3), globosa, com epicarpo liso e brilhante de coloração verde, quando imaturo, rósea a vermelho-escuro quando maduro, e púrpuro-negra ao final da maturação.

Esse fruto, comumente, inicia sua produção três anos após o plantio e sua frutificação ocorre entre os meses de novembro a março.

Figura 13.3 Frutos de camu-camu (*Myrciaria dubia*).

Foto: Rafaella Mattietto.

De acordo com Villachica (1996) a quantidade de sementes por fruto de camu-camu varia de um a quatro e o peso dos frutos varia entre 9,2 a 11,7 g. Maeda et al. (2006), ao estudarem frutos de camu--camu do Município de Rio Preto da Eva – AM, observaram os seguintes valores médios: 9,21 ± 1,63 g para o peso do fruto, 2,57 ± 0,27 cm para o diâmetro e 2,59 ± 0,32 cm para o comprimento do fruto. Pinedo (2007) avaliou frutos de camu-camu provenientes da região de Iguape-SP em duas safras (2003 e 2004) e observaram a variação de 12,7 a 23,9 mm e 3,75 a 11,2 g; 14,6 a 24,3 mm e 3,83 a 12,3 g, respectivamente para o diâmetro e o peso do fruto. Lima (2009) observou em frutos de camu-camu provenientes do município de Moju-Pará as seguintes faixas para peso (g), comprimento (cm) e largura (cm), respectivamente: 1,02 a 8,53 g; 1,27 a 2,77 cm e 1,18 a 2,32 cm. O rendimento em polpa utilizando despolpador mecânico de pás variou de 41,77 a 48,64%. Alves et al. (2012), no estudo de duas populações de camu-camu oriundas de Roraima – RR, observaram valores de 2,63 e 2,45 cm para o diâmetro e de 8,99 e 11,9 g para o peso do fruto. O rendimento em polpa obtido foi de 53,39 e 54,75%.

Do mesmo modo que para outros frutos, a variabilidade de peso e tamanho dos frutos de camu-camu, deve-se, entre outros, a fatores edafoclimaticos.

13.2.4 Cupuaçu

O cupuaçu é um fruto originário da Amazônia brasileira, pertencente à família Sterculiaceae, gênero *Theobroma* e espécie *Theobroma grandiflorum* Willd. Ex. Spreng. Shum. Popularmente, em português, é denominado de cupuaçu, do tupi "cacao grande", e, em espanhol, copuasú. O período da colheita ocorre nos meses de dezembro a abril.

Esse fruto é uma baga com epicarpo duro, lenhoso, de coloração verde, recoberta por uma capa pulverulenta de cor de ferrugem (Figura 13.4). O mesocarpo também é duro, de consistência menos lenhosa e de coloração creme. O endocarpo é carnoso, envolvendo, em média, 32 sementes e firmemente aderido ao tegumento por fibras de coloração branca a creme aromático, tem sabor agradável e é levemente ácido. O cupuaçu pesa, em média, 300 g, podendo atingir até 4 kg e medir de 9 a 15 cm de diâmetro e de 10 a 40 cm de comprimento, e, dependendo do tamanho do fruto, pode apresentar de nove a 62 sementes. Na Tabela 13.3, encontra-se a caracterização física de frutos provenientes do Careiro da Várzea, Amazonas. O fruto, quando processado manualmente, pode apresentar um rendimento médio de 47% em polpa.

Figura 13.4 Frutos de cupuaçu (*Theobroma grandiflorum*), Careiro da Várzea - AM.

Foto: Lílian Pantoja.

Tabela 13.3 Características físicas do fruto cupuaçu proveniente do Careiro da Várzea, Amazonas.

Medidas	Valor médio
Peso do fruto (g)	1662,70 ± 581,00
Diâmetro (cm)	11,98 ± 1,01
Comprimento (cm)	19,56 ± 2,62

Fonte: Pantoja (2006).

13.2.5 Graviola

A gravioleira é uma planta tipicamente tropical, pertencente à família Annonaceae, gênero *Annona* e espécie *Annona muricata* L. possui algumas sinonímias como *A. bonplandiana* Kunth, *A. cearensis* Barb. Rord, *A. macrocarpa* Werckle, *A. muricata* var. *borinquensis* Morales e *Guanabanus muricatus* Gómez. Popularmente, de acordo com a origem, recebe vários nomes, conforme descrito na Tabela 13.4. Apesar dessa planta florescer e frutificar continuamente há estações típicas de frutificação. No Brasil, a floração ocorre geralmente no período chuvoso, entre novembro e fevereiro, e a frutificação no início do período de seca. Seus maiores produtores encontram-se nas Regiões Norte e Nordeste.

Tabela 13.4 Nomes populares da espécie *Annona muricata* de acordo com o idioma.

Nome vulgar	Idiomas (língua)
Graviola	Português
Guanábana	Espanhol
Mamon	Espanhol (Filipinas)
Corossolier	Francês
Zuurzak	Alemão
Munolla	Indiano
Mulluseeta, pullupala	Tâmul
Mullu ramaphala	Canadense (indígena)
Mullanchakka, vilathinura	Malaiala
Durian, belanda	Malásia
Soursop	Inglês

Fonte: Pinto et al. (2005).

A graviola (Figura 13.5) é um fruto composto (sincarpo), formado por um agregado de bagas, codiforme de epicarpo fino, verde-escuro, com terminações estilares (pseudo-acúleos) curvos, curtos, proeminentes e numerosos. Geralmente pesa entre 0,5 a 4,0 kg e apresenta de 127 a 170 sementes. A polpa é macia, fibrosa, de coloração branca, suculenta, sabor agradável de doce a levemente ácido e aroma característico. Quanto ao rendimento em polpa, em despolpa manual, o valor médio é de 71%. Na Tabela 13.5 encontra-se a caracterização física de frutos procedentes do Amazonas.

Figura 13.5 Frutos de graviola (*Annona muricata*), Manaus-AM.

Foto: Lílian Pantoja.

Tabela 13.5 Características físicas de frutos de graviola, oriundos do Município de Careiro da Várzea, Amazonas.

Medidas	Valor médio
Peso do fruto (g)	697,90 ± 255,55
Diâmetro (cm)	10,31 ± 1,23
Comprimento (cm)	14,41 ± 2,65

Fonte: Pantoja (2006).

13.3 DEFINIÇÃO LEGAL

13.3.1 Polpa de fruta

De acordo com o Art. 19 do Decreto n. 6871 de 4 de junho de 2009, do Ministério da Agricultura, Pecuária e do Abastecimento-Mapa (BRASIL, 2014a), que regulamenta a Lei n. 8.918, de 14 de julho de 1994, sobre a padronização, classificação, registro, inspeção, produção e fiscalização de bebidas, polpa de fruta é o produto não fermentado, não concentrado, obtido de fruta polposa ou por processo tecnológico adequado, atendido o teor mínimo de sólidos em suspensão.

Na Instrução Normativa n. 1, de 7 de janeiro de 2000, o MAPA aprovou o Regulamento Técnico que estabeleceu os Padrões de Identidade e Qualidade (PIQ) para polpas de frutas, cujo objetivo foi fixar os padrões de identidade e as características mínimas de qualidade gerais a que deverá observar o produto "polpa de fruta", destinado ao consumo como bebida. Esta norma não se aplica à polpa de fruta destinada para outros fins (BRASIL, 2014b).

Segundo a referida Instrução Normativa, polpas de frutas podem ser designadas como polpa de fruta simples, quando for originada de uma única fruta e polpa de fruta mista, quando originada de duas ou mais frutas, sendo assim necessária a designação "polpa mista", e os nomes dos dois frutos no rótulo, na mesma dimensão, além da declaração do percentual mínimo de cada polpa que compõe o produto (BRASIL, 2014b). Quanto ao emprego de aditivos, a polpa de fruta destinada à industrialização de outras bebidas, que não destinada ao consumo direto, poderá ser adicionada de aditivos químicos previstos para a bebida a que se destina. A polpa de fruta poderá ser adicionada de acidulantes como regulador de acidez, conservadores químicos e corantes naturais, nos mesmos limites estabelecidos para sucos de frutas, ressalvados os casos específicos (BRASIL, 2014b).

Na Instrução Normativa foi estabelecido ainda que a polpa de fruta deverá ser obtida de frutas frescas, sãs e maduras com características físicas, químicas e organolépticas características do fruto. Essas características deverão obedecer aos limites mínimos e máximos fixados para cada fruta, previsto nas normas específicas. Em caso de polpa mista, deverá ser mantida a mesma relação de proporcionalidade com as quantidades de cada polpa que compõe o produto. A polpa deve ser desprovida de terra, sujidades, parasitas e microrganismos que possam tornar o produto impróprio para o consumo.

Os PIQ das polpas de açaí, cupuaçu e graviola já foram estabelecidos pelo Mapa (BRASIL, 2014b) e encontram-se a seguir. As polpas de araçá-boi (*Eugenia stipitata)* e camu-camu (*Myrciaria dubia)* ainda não têm seus padrões definidos na legislação.

Açaí (*Euterpe oleracea*) – Polpa de açaí e o açaí são os produtos obtidos da parte comestível do fruto do açaizeiro (*Euterpe oleracea* Mart.), após amolecimento, por meio de processos tecnológicos adequados. De acordo com a adição ou não de água e a relação entre a quantidade de água e de açaí, o produto é classificado em:

- **Polpa de açaí**: polpa extraída do açaí, sem adição de água, por meios mecânicos e sem filtração, podendo ser submetido a processo físico de conservação.
- **Açaí grosso ou especial (tipo A)**: polpa extraída com adição de água e filtração, apresentando acima de 14% de sólidos totais e uma aparência muito densa.
- **Açaí médio ou regular (tipo B)**: polpa extraída com adição de água e filtração, apresentando acima de 11 a 14% de sólidos totais e uma aparência densa.

- **Açaí fino ou popular (tipo C)**: polpa extraída com adição de água e filtração, apresentando de 8 a 11% de sólidos totais e uma aparência pouca densa.

A água e acidulantes são ingredientes opcionais do açaí. A água usada para a extração da polpa deverá ser potável, obedecendo aos padrões de potabilidade estabelecidos em legislação específica e o acidulante, ácido cítrico, poderá ser adicionado, de acordo com as Boas Práticas de Fabricação (BPF), no caso do açaí pasteurizado a ser mantido à temperatura ambiente.

A polpa de açaí e o açaí deverão ter suas composições de acordo com as características do fruto que lhes deu origem, não devendo apresentar alterações, mistura com outros frutos de espécie diferente e práticas consideradas ilícitas. A polpa de açaí (grosso, médio e fino) deverá obedecer às características físicas, químicas e organolépticas fixadas nos PIQ. Quanto às características organolépticas, deve apresentar aspecto físico pastoso, apresentando pontos escuros acentuados, proveniente da casca que envolve a polpa do fruto, cor roxo-violácea característica da polpa de açaí roxo e verde-claro, característica da polpa de açaí verde, sabor não adocicado e não azedo e cheiro característico. Poderá conter partes não comestíveis do fruto, dentro dos limites que não alterem a qualidade e as características organolépticas do produto e do "granu teste" das partículas não comestíveis, que deve ser igual ou inferior a 0,6 mm (seis décimos de milímetros).

A polpa de açaí e o açaí deverão observar às demais características físicas, químicas, microscópicas, microbiológicas e organolépticas fixadas nos PIQ para polpa de fruta em geral. Quanto a aditivos, o açaí destinado ao consumo direto em embalagem comercial, de no máximo um quilo, deverá ser conservado por meio de processo físico, sendo proibido o uso de conservantes químicos ou de corantes, com exceção do corante obtido do próprio fruto do açaí.

Cupuaçu (*Theobroma grandiflorum*) – A polpa ou purê de cupuaçu é o produto não fermentado e não diluído, obtido da parte comestível do cupuaçu, exceto semente, por meio de processo tecnológico adequado, com teor mínimo de sólidos totais. De acordo com os PIQ, a polpa deverá apresentar cor branca ou branca-amarelada, sabor levemente ácido e aroma próprio.

Graviola (*Annona muricata*) – A polpa ou purê de graviola é o produto não fermentado e não diluído, obtido da parte comestível da graviola por meio de processo tecnológico adequado, com teor mínimo de sólidos totais. De acordo com o PIQ, a polpa de graviola deverá apresentar coloração variando do branco ao marfim, sabor ácido e aroma próprio.

13.3.2 Suco de fruta

De acordo com o Art. 18 do Decreto n. 6.871 de 4 de junho de 2009, do Ministério da Agricultura, Pecuária e Abastecimento (BRASIL, 2014c), que regulamenta a Lei n. 8.918 de 14 de julho de 1994, suco ou sumo de fruta é a bebida não fermentada, não concentrada e não diluída, destinada ao consumo, obtida da fruta madura e sã, ou parte do vegetal de origem, por processamento tecnológico adequado, submetida a tratamento que assegure a sua apresentação e conservação até o momento do consumo. Neste decreto é também estabelecido que:

> § 1° – O suco não poderá conter substâncias estranhas à fruta ou parte do vegetal de sua origem, excetuadas as previstas na legislação específica.
>
> § 2° – É proibida a adição, em sucos, de aromas e corantes artificiais;
>
> § 3° – O suco poderá ser adicionado de açúcar na quantidade máxima fixada para cada tipo de suco, observado o percentual máximo de dez por cento em peso, calculado em gramas de açúcar por cem gramas de suco, tendo sua denominação acrescida pela designação adoçado.
>
> § 4° O suco poderá ser adicionado de dióxido de carbono, podendo ser parcialmente desidratado ou concentrado.
>
> § 5° Quando adicionado de dióxido de carbono, o suco será denominado "suco de ...", acrescido do nome da fruta ou vegetal, gaseificado.
>
> A designação para suco desidratado é dada de acordo com o § 9, como sendo, suco no estado sólido, obtido pela desidratação do suco integral. Sua denominação deve ser dada como "suco desidratado de...", acrescido do nome da fruta ou vegetal.
>
> § 10 encontra-se preconizado a designação "integral", a qual será privativa do suco sem adição de açúcar e na sua concentração natural, sendo vedado o uso de tal designação para o suco reconstituído.
>
> As definições para suco misto, suco reconstituído, suco tropical e suco tropical misto, estão apresentados nos § 11, § 12, § 13 e § 14, respectivamente, a seguir.
>
> § 11 Suco misto é o suco obtido pela mistura de frutas, combinação de fruta e vegetal, combinação das partes comestíveis de vegetais ou mistura de suco

de fruta e vegetal, sendo a denominação constituída da expressão suco misto, seguida da relação de frutas ou vegetais utilizados, em ordem decrescente das quantidades presentes na mistura.

§ 12. Suco reconstituído é o suco obtido pela diluição de suco concentrado ou desidratado, até a concentração original do suco integral ou ao teor mínimo de sólidos solúveis estabelecido nos respectivos padrões de identidade e qualidade para cada tipo de suco integral, sendo obrigatório constar na sua rotulagem a origem do suco utilizado para sua elaboração, se concentrado ou desidratado, sendo opcional o uso da expressão reconstituído.

§ 13. Suco tropical é a bebida não fermentada obtida pela dissolução, em água potável ou em suco clarificado de fruta tropical, da polpa de fruta polposa de origem tropical, por meio de processo tecnológico adequado, devendo ter cor, aroma e sabor característicos da fruta, submetido a tratamento que assegure a sua apresentação e conservação até o momento do consumo.

§ 14. Suco tropical misto é a bebida obtida pela dissolução, em água potável ou em suco clarificado de fruta tropical, da mistura de polpas de frutas polposas de origem tropical, por meio de processo tecnológico adequado, não fermentada, devendo ter cor, aroma e sabor característicos das frutas, submetido a tratamento que assegure a sua apresentação e conservação até o momento do consumo.

Segundo o § 15 os teores de polpas de frutas utilizadas na elaboração do suco tropical deverão ser superiores aos estabelecidos para néctar das respectivas frutas.

A designação dada para suco tropical adoçado encontra-se no § 16 da referido Art. 18 o qual menciona que o suco tropical, quando adicionado de açúcar, deverá ser denominado suco tropical, acrescido do nome da fruta e da designação adoçado, podendo ser declarado no rótulo a expressão suco pronto para beber, pronto para o consumo ou expressões semelhantes.

De acordo com a Instrução Normativa n. 12, de 4 de setembro de 2003 (BRASIL, 2014d), Anexo II, o Padrão de Identidade e Qualidade (PIQ) estabelece que suco tropical de graviola é a bebida não fermentada, obtida pela dissolução, em água potável, da parte comestível da graviola (*Annona muricata*, L.), e açúcares, destinado ao consumo direto, podendo ser adicionado de ácidos. Quanto à sua composição deve-se obedecer às seguintes características: cor variando de branco a marfim, sabor característico e aroma próprio. Os sucos de araçá-boi e camu-camu, no momento, ainda não estão normatizados.

Dentre as várias bebidas não fermentadas oriundas de frutas ou vegetais, tem-se o néctar e o refresco, descritos a seguir, com o intuito de esclarecer do que se trata, pois, muitas vezes, são confundidos, de forma equivocada, com o suco. Conforme o Art. 21 do Decreto n. 6.871, de 4 de junho de 2009 que regulamenta a Lei n. 8.918 de 14 de julho de 1994, néctar é a bebida não fermentada, obtida da diluição em água potável da parte comestível do vegetal ou de extrato, adicionado de açúcares, destinado ao consumo direto. O néctar poderá ser gaseificado ou misto, como previsto nos parágrafos do referido Art. 21 apresentados a seguir (BRASIL, 2014d).

> § 1° Quando adicionado de dióxido de carbono, o néctar será denominado "néctar de..." acrescido do nome da fruta ou vegetal, gaseificado.
>
> § 2° Néctar misto é a bebida obtida da diluição em água potável da mistura de partes comestíveis de vegetais, de seus extratos ou combinação de ambos, e adicionado de açúcares, destinado ao consumo direto.

A quantidade de polpa de fruta ou do suco de fruta ou de vegetal a ser utilizada na elaboração de néctar está descrito na Instrução Normativa n. 12, de 4 de setembro de 2003 conforme descrito abaixo.

> Parágrafo único. O néctar cuja quantidade mínima da polpa de fruta ou de suco de fruta ou de vegetal não tenha sido fixada em Regulamento Técnico e o néctar misto devem conter, no mínimo 30% (m/m) (trinta por cento massa/massa) da respectiva parte comestível do vegetal, ressalvando o caso de vegetal com acidez muito elevada ou sabor muito forte e, neste caso, o conteúdo de fruta ou do suco de fruta ou de vegetal não deve ser inferior a 20% (m/m) (vinte por cento massa massa).

No Art. 22 do Decreto n. 6.871, de 4 de junho de 2009 que regulamenta a Lei n. 8.918 de 14 de julho de 1994 (BRASIL, 2014e), refresco ou bebida de fruta ou vegetal é a bebida não fermentada, obtida pela diluição, em água potável, do suco de fruta, polpa ou extrato vegetal de sua origem, com ou sem adição de açúcares.

> § 8° Refresco misto ou bebida mista de frutas, de extratos vegetais ou de frutas e extratos vegetais é a bebida obtida pela diluição em água potável da mistura de suco de frutas, da mistura de extratos vegetais, ou pela combinação de ambos.

13.4 COMPOSIÇÃO E VALOR NUTRITIVO

13.4.1 Açaí

Considerando estritamente a definição de polpa de açaí, descrita no item 13.3.1, não existe nenhum produto comercial que possa ser denominado dessa forma, já que este teria de ser um produto sem adição de água, o que não ocorre na prática. Entretanto, por hábito, e por similaridade com os demais produtos de fruta, é de uso comum o termo polpa de açaí. Desta forma, na Tabela 13.6 estão apresentadas as características físico-químicas dos diferentes tipos de açaí, conforme estabelecido no seu Padrão de Identidade e Qualidade.

Tabela 13.6 Padrão de Identidade e Qualidade do açaí quanto a suas características físico-químicas.

Parâmetro	Valor mínimo	Valor máximo
pH	4,0	6,2
Acidez total em ácido cítrico (g/100 g)	–	0,27 (fino) 0,40 (médio) 0,45 (grosso)
Proteína (g/100 g)*	60,0	–
Lipídios (g/100 g)*	20,0	60,0
Açúcares totais (g/100 g)*	–	40,0

*valores expressos em matéria seca.

Fonte: Brasil (2014b).

O açaí é um fruto bastante calórico em função do seu alto teor de lipídeos, contendo, entretanto, baixos teores de açúcares e de ácidos orgânicos (Tabela 13.7). Além de rico em antocianinas e compostos fenólicos (Tabela 13.8). Ao longo dos últimos anos, o açaí vem sendo muito estudado por pesquisadores do mundo inteiro e diferenças significativas são encontradas em sua composição, principalmente em relação aos teores de antocianinas e de compostos fenólicos totais. Sabe-se que múltiplos fatores influenciam a composição, tais como: condições agronômicas, fatores genéticos, colheita e estádio de maturação, tempo de transporte, métodos de análise, entre outros. Porém grande parte dessas diferenças se deve à falta de clareza sobre a forma de processamento desses frutos. Considerando que o açaí é um fruto que necessita de água para extração da sua polpa, a quantidade adicionada influencia diretamente na sua composição, sendo assim, sem a descrição do teor de sólidos totais, não é possível proceder a uma comparação entre os dados reportados por diferentes autores, apresentado na Tabela 13.7.

Tabela 13.7 Composição físico-química do açaí.

Parâmetro	ROGEZ (2000)*	ALEXANDRE et al. (2004)*	YUYAMA et al. (2011)**	CRUZ et al. (2011)**	GORDON et al. (2012)*
pH	5,23 ± 0,27	5,2 ± 0,1	---	4,5 ± 0,0	---
Acidez total titulável (%)	---	0,31 ± 0,0	---	0,25 ± 0,0	1,2 ± 0,0
Sólidos solúveis (°Brix)	---	3,2 ± 0,1	---	3,6 ± 0,2	---
Sólidos totais (%)	---	---	---	8,5 ± 0,5	---
Umidade (%)	---	86,01 ± 0,31	89,75 ± 0,02	---	---
Cinzas (%)	3,09 ± 0,84	3,04 ± 0,24	0,22 ± 0,00	---	4,0 ± 0,0
Proteínas (%)	10,05 ± 1,15	10,69 ± 0,66	0,79 ± 0,00	---	12,0 ± 0,0
Lipídeos (%)	52,64 ± 5,23	48,24 ± 0,12	4,88 ± 0,01	---	48,0 ± 4,0
Fibras totais (%)	25,22 ± 6,71	31,67 ± 2,06	2,37 ± 0,02	---	---
Carboidratos (%)	---	---	---	---	36,0 ± 4,0

* Base seca / ** Base úmida.

Tabela 13.8 Teores de antocianinas e compostos fenólicos do açaí, expressos em base úmida.

Parâmetro (mg/100 g)	KUSKOSKI et al. (2006)	DOS SANTOS et al. (2008)	SOUZA (2007)	CRUZ et al. (2011)
Antocianinas totais	22,8 ± 0,8	13,53-54,18	73,52-143,62	58,0±3,2
Compostos fenólicos totais	136,8 ± 0,4	182,95-598,55	528,03-691,21	331,3 ±19,5

13.4.2 Araçá-boi

O araçá-boi apresenta um alto teor de umidade. Em média, 93% da polpa é constituída de água com elevada acidez, o que se constitui em um fator interessante para fabricação de geleias, uma vez que este fato contribui para melhoria de sua consistência. Ressalta-se que, apesar de ácido, o teor de vitamina C, de 7,7 mg/100 g, não é expressivo. Este fruto tem baixos teores de açúcares e lipídeos e, consequentemente, baixo valor calórico, em média 24 kcal/100 g. Apresenta, em sua composição, vários minerais como potássio (K), cálcio (Ca), ferro (Fe), sódio (Na), zinco (Zn), entre outros (Tabela 13.9) e considerável teor de compostos fenólicos (Tabela 13.10).

Tabela 13.9 Concentração de minerais em 100 g da parte comestível do araçá-boi.

	Fonte	
Elementos minerais	**Yuyama et al. (1997) (*Eugenia stipitat*)**	**Pinedo et al. (1981) (*Eugenia stipitat Subg. Soria*)**
K (mg)	62,7	215,3
Ca (mg)	9,4	19,3
Na (ug)	144,7	–
Fe (µg)	619,2	8700,0
Zn (µg)	104,4	1100,0
Mn (ug)	39,6	1300,0
Mg (mg)	–	10,3
P (ug)	–	9,00
Se (ug)	0,6	–
Cu (mg)	–	0,5

Tabela 13.10 Caracterização físico-química de araçá-boi proveniente de Careiro da Várzea, Amazonas.

Parâmetro	Valor
Umidade (%)	93,96 ± 0,56
Matéria seca (%)	6,04 ± 0,56
Proteína (%)	0,61 ± 0,00
Lipídios (%)	0,11 ± 0,01
Cinza (%)	0,21 ± 0,00
pH	2,77 ± 0,00
Acidez total (%)	1,65 ± 0,02
Açúcares redutores (%)	0,56 ± 0,00
Açúcares não redutores (%)	0,21 ± 0,05
Açúcares totais (%)	0,70 ± 0,07
Compostos fenólicos (mg/100 g)	315,49 ± 3,22

Fonte: Pantoja (2006).

13.4.3 Camu-camu

Este fruto é citado como a maior fonte natural de ácido ascórbico (vitamina C), sendo reportado teores superiores a 6000 mg/100 g (Tabela 13.11). Há registro de uma grande variação na concentração desta vitamina, que se deve a condições edafoclimáticas, grau de maturação, entre outros. Yuyama et al. (2002) relataram concentrações na ordem de 5737 ± 216,1 mg/100 (polpa+casca) e 3571,00 ± 12,0 mg/100 (polpa) em populações provenientes dos rios Urubu e Maúa localizados no leste de Roraima, respectivamente.

Tabela 13.11 Concentração de vitamina C na polpa de camu-camu.

Fonte	Teor de vitamina C (mg/100 g)
Yuyama et al. (2002b)	6112,0 ± 137,5*
Maeda et al. (2006)	2585,4 ± 8,41*
Rufino et al. (2010)	1882,0 ± 43,2*
Chirinos et al. (2010)	2010,0 ± 34*
Fujita et al. (2013)	150,3 ± 0,2 mg/g**

*base úmida/** base seca.

O camu-camu, além da vitamina C, apresenta em seu conteúdo antioxidantes, como antocianinas e flavonoides, os quais apresentam propriedades de óxido-redução, desempenhando importante papel na absorção e neutralização de radicais livres. Várias pesquisas reportam sobre os benefícios ao organismo, de uma dieta rica em antioxidantes, uma vez que esses compostos apresentam propriedades terapêuticas, prevenindo enfermidades cardiovasculares, circulatórias, cancerígenas, além de estarem, ainda, ligados ao retardamento do envelhecimento.

Na Tabela 13.12 encontram-se os teores de compostos bioativos analisados nas frações do epicarpo, mesocarpo e polpa processada de camu-camu. Normalmente, no momento da despolpa parte dos componentes existentes na casca também são extraídos para polpa. Os resultados evidenciaram uma maior concentração dos compostos analisados na polpa extraída com a presença da casca.

A composição centesimal da polpa de camu-camu está apresentada na Tabela 13.13, onde se pode verificar sua elevada acidez e baixa concentração de açúcares. Na Tabela 13.14 encontram-se os valores para os teores de amido, pectina e carotenoides totais. Sua composição em minerais está mostrada na Tabela 13.15.

Tabela 13.12 Teor de ácido ascórbico, compostos fenólicos, antocianinas e flavonoides no epicarpo, mesocarpo e polpa de camu-camu de terra-firme. Valores expressos em 100 g de matéria fresca.

Composto / Fração (mg/100 g)	Epicarpo	Mesocarpo	Polpa
Ácido ascórbico	3092,62 ± 35,11	1640,57 ± 8,28	2588,40 ± 8,40
Compostos fenólicos	1344,72 ± 118,76	553,58 ± 5,10	861,73 ± 64,13
Antocianinas	181,38 ± 10,78	0,14 ± 0,01	9,98 ± 0,19
Flavonoides	143,27 ± 8,08	0,40 ± 0,02	6,53 ± 0,30

Fonte: Maeda (2004); Maeda et al. (2006).

Tabela 13.13 Composição físico-química da polpa de camu-camu *.

Parâmetro	Maeda et al. (2006)	Silva et al. (2006)	Fujita et al. (2013)
pH	2,64 ± 0,01	2,63 ± 0,02	2,62 ± 0,01
Acidez total titulável (%)	3,40 ± 0,06	2,30 ± 0,03	1,44 ± 0,02
Sólidos solúveis (°Brix)	6,20 ± 0,00	6,0 ± 0,1	6,97 ± 0,46
Sólidos totais (%)	---		---
Umidade (%)	92,65 ± 0,03	93,35 ± 0,04	92,9 ± 0,1
Cinzas (%)	---		---
Proteínas (%)	0,29 ± 0,00		---
Lipídeos (%)	0,05 ± 0,01		---
Fibras totais (%)	---		---
Carboidratos (%)	---		---
Açucares redutores (%)	2,96 ± 0,00	3,25 ± 0,03	---
Açucares total (%)	4,47 ± 0,03		1,54 ± 0,01

*Valores expressos em base úmida.

Tabela 13.14 Concentração de amido, pectina e carotenoides presentes em 100 g da parte comestível de polpa de camu-camu (valores expressos em base úmida).

	Fonte			
Composto	**Gutierrez Ruiz (1969)**	**Andrade (1991)**	**Zanatta e Mercadante (2007)**	**Rufino et al. (2010)**
Amido (g/100 g)	0,20	0,23	–	–
Pectina (mg/100 g)	–	224,58	–	–
Carotenoides (mg/100 g)	–	0,15	1,10	0,4

Tabela 13.15 Concentração de minerais essenciais e não essenciais em duas populações de camu-camu oriundas do Rio Uatumã, AM. Valores expressos em 100 g da parte comestível.

Minerais	**Populações**	
	9	**13(1)**
Ca (mg)	9,1	8,9
K (mg)	73,6	82,8
Na (μg)	95,2	207,6
Fe (μg)	380,9	373,7
Zn (μg)	472,0	131,0
Se (ng)	480,2	508,6
Br (μg)	17,4	26,5
Co (mg)	0,6	1,6
Cr (μg)	19,9	12,9
Mo (μg)	6,2	2,8
Ba (μg)	57,1	94,6
Rb (mg)	0,2	0,2
La (ng)	149,0	166,1
Sc (ng)	15,7	17,6
Cs (μg)	0,7	1,9
Sm (ng)	13,7	15,6
As (ng)	185,5	195,1
Ce (ng)	463,7	612,4

Fonte: Yuyama et al. (2003).

O néctar de camu-camu apresenta apreciável valor energético (80 kcal/100 g) em função do açúcar adicionado, uma vez que o fruto apresenta baixo valor calórico (21 kcal/100 g), e teor considerável de ácido ascórbico (Tabela 13.16), pois, mesmo após ser submetido à diluição e tratamento térmico, apresenta valores dessa vitamina superiores às doses recomendadas para ingestão diária.

Tabela 13.16 Composição físico-química do néctar de camu-camu elaborado com 17% de polpa.

Parâmetro	**Valor**
Valor energético (kcal/100 mL)	80,00 ± 0,11
Extrato seco (g/100 mL)	20,65 ± 0,13
Lipídios (g/100 mL)	0,008 ± 0,00
Proteína (g/100 mL)	0,049 ±0,00
Açúcares redutores (g/100 mL)	1,160 ± 0,09
pH	2,89 ± 0,03
Sólidos solúveis (°Brix)	19,93 ± 0,32
Ácido ascórbico (mg/100 mL)	382,07 ± 3,17
Compostos fenólicos (mg/100 mL)	192,04 ± 2,50
Antocianinas totais (mg/100 mL)	2,51 ± 0,24
Flavonoides (mg/100 mL)	1,11 ± 0,05

Fonte: Maeda (2004).

13.4.4 Cupuaçu

O PIQ para a polpa de cupuaçu, estabelecido na legislação brasileira, está apresentado na Tabela 13.17.

Nas Tabelas 13.18 e 13.19 estão apresentados valores referentes à composição química da polpa de cupuaçu, incluindo vitaminas e minerais. Esse fruto apresenta um alto teor de umidade (83%) e baixas concentrações de açúcares e lipídios e, consequentemente, de energia, em média 72 kcal/100 g. No entanto, apresenta valores consideráveis de minerais como cálcio, fósforo e ferro, bem como de vitamina C. Além destes, apresenta teor de compostos fenólicos apreciáveis, o que é interessante pelos efeitos benéficos na captura de radicais livres causadores do estresse oxidativo.

Tabela 13.17 Paramêtros físico-químicos da polpa de cupuaçu de acordo com o Padrão de Identidade e Qualidade.

Parâmetro	Valor mínimo (g/100g)
Sólidos solúveis em °Brix, a 20 °C	9,0
pH	2,60
Acidez total expressa em ácido cítrico (g/100 g)	1,50
Ácido ascórbico (mg/100 g)	18,0
Açucares totais naturais do cupuaçu (g/100 g)	6,0
Sólidos totais (g/100 g)	12,0

Fonte: Brasil (2014b).

Tabela 13.18 Caracterização físico-química do fruto cupuaçu proveniente do Careiro da Várzea, Amazonas.

Parâmetros	Valores
Umidade (%)	82,91 ± 0,08
Matéria seca (%)	17,09 ± 0,08
Proteína (%)	0,81 ± 0,01
Lipídios (%)	0,48 ± 0,01
Cinza (%)	0,93 ± 0,00
pH	3,64 ± 0,00
Acidez total (%)	2,17 ± 0,12
Açúcares redutores (%)	1,81 ± 0,02
Açúcares não redutores (%)	7,03 ± 0,39
Açúcares totais (%)	9,12 ± 0,42
Compostos fenólicos (mg/100 g)	253,23 ± 18,33

Fonte: Pantoja (2006).

Tabela 13.19 Composição de minerais e vitaminas presente na polpa de cupuaçu.

Componente (mg/100 g)	Carvalho et al. (1999)	Yuyama et al. (1997)
Cálcio (Ca)	23,00	7,30
Fósforo (P)	26,00	–
Ferro (Fe)	2,60	0,41
Potássio (K)	–	207,50
Sódio (Na)	–	0,13
Manganês (Mn)	–	0,17
Zinco (Zn)	–	0,29
Vitamina C	33,00	–
Niacina	0,50	–
Vitamina B1	0,04	–
Vitamina B2	0,04	–

13.4.5 Graviola

Na Tabela 13.20 estão apresentados valores referentes à composição físico-química estabelecidos no PIQ para polpa de graviola e na Tabela 13.21, o PIQ para suco de graviola. A graviola é um fruto que possui baixo valor energético, 65 kcal/100 g em média, e que apresenta compostos nutricionais (Tabela 13.22) interessantes, dentre estes, minerais e vitaminas (Tabela 13.23). A polpa de graviola possui em média 2,47 g/100 g de fibra alimentar, componente importante na prevenção e tratamento de doenças gastrintestinais e 352 mg/100 g de compostos fenólicos, importante antioxidante natural. Na Tabela 13.24 encontra-se a caracterização físico-química de um néctar de graviola durante o armazenamento.

Tabela 13.20 Valores da composição físico-química estabelecidos no Padrão de Identidade e Qualidade para a polpa de graviola.

Composição	Mínimo	Máximo
Sólidos solúveis em °Brix, a 20 °C	9,0	–
pH	3,5	–
Ácido ascórbico (mg/100 g)	10,0	–
Acidez total expressa em ácido cítrico (g/100 g)	0,60	–
Açucares totais naturais da graviola (g/100 g)	6,5	17
Sólidos totais (g/100 g)	12,5	–

Fonte: Brasil (2014b).

Tabela 13.21 Valores da composição físico-química estabelecidos no Padrão de Identidade e Qualidade (PIQ) para o suco tropical de graviola.

Composição	Não adoçado		Adoçado	
	Mínimo	Máximo	Mínimo	Máximo
Polpa de graviola (g/100 g)	50,00	–	35,00	–
Sólidos solúveis em °Brix, a 20 °C	8,00	–	11,00	–
Acidez total expressa em ácido cítrico (g/100 g)	0,40	–	0,20	–
Açúcares totais (g/100 g)	–	15,00	8,00	–

Tabela 13.22 Caracterização físico-química da graviola, em 100 g de polpa.

Parâmetros	Fonte			
	Salgado et al. (1999)	Pinto et al. (2005)	Cavalcanti Mata et al. (2005)	Pantoja (2006)
Umidade (%)	87,12 ± 0,62	81,00 ± 2,50	89,00	80,57 ± 0,45
Matéria seca (%)	nd	nd	nd	19,43 ± 0,45
Proteína (%)	nd	1,0 ± 0,55	nd	0,88 ± 0,00
Lipídios (%)	nd	0,6 ± 0,3	nd	0,15 ± 0,01
Cinzas (%)	nd	0,61 ± 0,20	nd	0,71 ± 0,00
pH	3,61 ± 0,02	nd	4,50	3,53 ± 0,00
Acidez total (%)	1,46 ± 0,03	1,00 ± 0,3	1,20	1,27 ± 0,06
AR (%)	7,31 ± 3,30	nd	nd	13,77 ± 0,24
ANR (%)	nd	nd	nd	0,21 ± 0,00
ART (%)	9,50 ± 2,60	nd	8,20	13,98 ± 0,54
SST (°Brix)	12,66 ± 2,08	nd	10,70	nd
CF (mg/100 g)	nd	nd	nd	352,01 ± 42,52
Taninos (mg/100 g)	nd	85,30	nd	nd

AR – Açúcares Redutores; ANR – Açúcares Não Redutores; ART – Açúcares Redutores Totais; SST – Sólidos Solúveis Totais; CF – Compostos Fenólicos.

Tabela 13.23 Concentração de minerais e vitaminas em 100 g da parte comestível da graviola.

Componente	Yuyama (1997)	Pinto et al. (2005)	Pantoja (2006)
K (mg)	313,20	nd	2,63
Ca (mg)	11,70	15,0 ± 7,0	0,74
Na (mg)	1053,00	nd	2,62
Fe (µg)	337,0	700 ± 0,1	230
Mg (mg)	–	–	1,71
Zn (µg)	181,3	nd	nd
Mn (µg)	81,30	nd	nd
Se (µg)	8,20	nd	nd
P (mg)	nd	28,0 ± 1,0	nd
Vit. A (mg)	nd	14,45 ± 5,45	nd
Vit. B1 (mg)	nd	0,07 ± 0,01	nd
Vit. B12 (mg)	nd	0,08 ± 0,03	nd
Vit. B5 (mg)	nd	1,2 ± 0,3	nd
Vitamina C (mg)	nd	19,4 ± 3,0	nd

Tabela 13.24 Caracterização físico-química de néctar de graviola no início e ao final de 150 dias de armazenamento.

Parâmetro	Tempo de Armazenamento (dias)	
	0	150
pH	3,80	4,10
Acidez Total (%)	0,20	0,16
SST (°Brix)	14,80	15,10
AR (%)	3,80	4,20
ANR (%)	8,10	10,50
ART (%)	11,90	14,70

AR – Açúcares Redutores; ANR – Açúcares Não Redutores; ART – Açúcares Redutores Totais; SST – Sólidos Solúveis Totais.

Fonte: Holanda et al. (1980).

13.5 ADITIVOS

O uso de aditivos na elaboração de alimentos é uma tecnologia comumente utilizada, no entanto, ainda polêmica e controversa. De acordo com a Portaria n. 540, de 27 de outubro de 1997 da Secretária de Vigilância Sanitária e Ministério da Saúde, aditivo alimentar é qualquer ingrediente adicionado intencionalmente aos alimentos, sem próposito de nutrir, com o objetivo de modificar as características físicas, químicas, biológicas ou sensoriais, durante as etapas de fabricação, processamento, preparação, tratamento, embalagem, acondicionamento, armazenagem, transporte ou manipulação de um alimento. Nesta definição não estão inclusos os contaminantes ou substâncias nutritivas que sejam incorporadas ao alimento para manter ou melhorar suas propriedades nutricionais (BRASIL, 2014f).

Dentre os vários aditivos alimentares, temos corantes, flavorizante, conservador, antioxidante, estabilizante, espumífero e antiespumifero, espessante, edulcorante, umectante e acidulante.

A Instrução Normativa n. 1, de 07 de janeiro de 2000, estabelece que a polpa de fruta destinada à industrialização de outras bebidas e não destinado ao consumo direto poderá ser adicionada de aditivos químicos previstos para a bebida a que se destina. Na polpa de fruta, poderão ser adicionados acidulantes como reguladores de acidez, conservadores químicos e corantes naturais, nos mesmos limites estabelecidos para sucos de frutas, ressalvados os casos específicos (BRASIL, 2014b).

Na RDC n. 8, de 6 de março de 2013, que dispõe sobre a aprovação e uso de aditivos alimentares para produtos de frutas e de vegetais e geleia de mocotó encontra-se, em documento anexo, o limite máximo permitido de alguns aditivos para polpas de frutas, suco e néctar conforme Quadro 13.1.

Os agentes sulfitantes são classificados como aditivos alimentares e atuam na inibição da deterioração provocada por bactérias, fungos e leveduras em alimentos ácidos, e na inibição de reações de escurecimento enzimático e não enzimático durante o processamento e a estocagem. Em virtude de suas múltiplas funções, os sulfitos são amplamente utilizados em alimentos, bebidas e produtos farmacêuticos.

A atividade antimicrobiana dos sulfitos é dependente de sua forma química, sendo mais pronunciada em valores de pH inferiores a 3, em razão da maior liberação de dióxido de enxofre molecular que é a única forma que pode atravessar as paredes celulares de leveduras e bactérias, possuindo ação antimicrobiana 500 vezes mais ativa contra leveduras e 1000 vezes contra bactérias se comparada ao íon bissulfito.

Apesar da utilidade e versatilidade dos agentes sulfitantes como aditivos alimentares, recomenda-se que métodos alternativos de conservação sejam utilizados pela indústria de alimentos e bebidas, particularmente nas aplicações em que seja necessária a adição de concentrações elevadas desses aditivos. Inúmeros efeitos adversos à saúde humana têm sido relacionados à ingestão de sulfitantes, tais como anafilaxia, urticária, angioedema, hipotensão, náusea, irritação gástrica local, diarreia e crise asmática em indivíduos asmáticos sensíveis a sulfitos.

Em regra, os sulfitos são empregados como conservadores temporários, em decorrência do intenso odor que pode ser aparente em alimentos; sendo adicionados inicialmente aos produtos crus ou semiprontos e removidos durante o processamento, pela ação do calor ou vácuo.

Quadro 13.1 Aditivos para suco, néctar, polpa de fruta, suco tropical.

<table>
<tr><th>Aditivo</th><th>Ação</th><th>Limite máximo
g/100 g ou g/mL</th></tr>
<tr><td>Ácido málico (D-, L-)</td><td rowspan="5">Acidulante/ Regulador da acidez</td><td>quantum satis (somente para suco, suco tropical e néctar)</td></tr>
<tr><td>Ácido cítrico</td><td>quantum satis</td></tr>
<tr><td>Citrato de sódio</td><td>quantum satis</td></tr>
<tr><td>Citrato de potássio</td><td>quantum satis</td></tr>
<tr><td>Ácido tartárico (L(+)-)</td><td>0,4 (somente para suco de uva e néctar de uva)</td></tr>
<tr><td>Dimetilsilicone, dimetilpolisiloxano, polidimetilsiloxano</td><td>Antiespumante</td><td>0,001</td></tr>
<tr><td>Dióxido de enxofre, anidro sulfuroso</td><td rowspan="8">Antioxidante</td><td>0,005(4) (como SO_2 residual) Sozinhos ou em combinação</td></tr>
<tr><td>Sulfito de sódio</td><td rowspan="7">0,005(4) (como SO_2 residual) Sozinhos ou em combinação</td></tr>
<tr><td>Bissulfito de sódio, sulfito ácido de sódio</td></tr>
<tr><td>Metabissulfito de sódio</td></tr>
<tr><td>Metabissulfito de potássio</td></tr>
<tr><td>Sulfito de potássio</td></tr>
<tr><td>Bissulfito de cálcio</td></tr>
<tr><td>Bissulfito de potássio</td></tr>
<tr><td>Ácido ascórbico</td><td></td><td>quantum satis</td></tr>
<tr><td>Ascorbato de sódio</td><td></td><td>quantum satis</td></tr>
<tr><td>Ascorbato de cálcio</td><td></td><td>quantum satis</td></tr>
<tr><td>Ascorbato de potássio</td><td></td><td>quantum satis</td></tr>
</table>

Fonte: Anexo da Resolução – RDC n. 8, de 6 de março de 2013 (Brasil, 2014 g).

13.6 MICROBIOLOGIA

Independentemente de sua origem, os alimentos vegetais e, principalmente, os frutos, podem apresentar uma microbiota de ocorrência natural extremamente variável. Normalmente, essa população microbiana está presente na região superficial desses vegetais e, eventualmente, nos tecidos internos.

Os frutos, em função de sua composição química, constituem-se em fontes potenciais de nutrientes para o desenvolvimento de microrganismos; em particular aqueles frutos que apresentam atividade de água (A_a) superior a 0,98, e são mais susceptíveis à deterioração por bactérias, fungos filamentosos (bolores) ou leveduras. O crescimento de bactérias é desfavorecido em função dos valores baixos de pH, comumente observados nos frutos, o que por si só explica a frequente ausência de bactérias nas primeiras etapas de deterioração de frutos e o aparecimento de fungos filamentosos e leveduras, que se desenvolvem bem em uma ampla faixa de pH.

Dentre as espécies de bactérias patogênicas encontradas em alimentos obtidos a partir de frutos estão *Shigella* sp., *Salmonella* sp., *Escherichia coli* patôgenica e *Clostridium botulinum*. A contaminação pode ocorrer durante as etapas de cultivo, colheita, processamento, armazenamento e distribuição.

A deterioração de vários produtos oriundos de frutos tem sido atribuída à ocorrência de fungos termorresistentes, principalmente os do gênero *Byssochlamys*. Estudos revelam que os fungos termorresistentes de maior ocorrência, além do *Byssochlamys fulva* e *Byssochlamys nivea*, são *Neosartorya fischeri* e *Talaromyces flavus*, tendo como forma anamorfa (assexuada), respectivamente, os seguintes microrganismos: *Paecilomyces fulvus, Paecilomyces niveus, Aspergillus fumigatus* e *Penicillium dangeardii*. Cabe mencionar que alguns fungos causadores de doenças em plantas como *Rhizopus stolonifer* também podem ser encontrados em polpas e sucos quando a seleção, sanitização e processamento não são realizados de forma adequada.

A observância das normas vigentes da legislação minimiza a contaminação do produto final por fungos filamentosos, leveduras e bactérias, normalmente encontradas na superfície externa dos frutos e no ambiente onde são colhidos.

Alguns frutos apresentam uma carga microbiana maior que a de outros em função da sua forma de colheita, como, por exemplo, o açaí, que, no momento da colheita, muitas vezes, é depositado diretamente no solo, propiciando maior nível de contaminação. Visando minimizar a contaminação é recomendado que essa etapa seja realizada sobre lona ou toalha de plástico (Figura 13.6). Além da colheita, há registro de problemas durante o processamento desse fruto, que, muitas vezes, é realizado de forma inadequada, sem os devidos cuidados de higiene. Estes podem estar relacionados com a limpeza e sanitização da área de processamento, equipamentos e dos utensílios a serem utilizados, bem como com a sanitização dos frutos e assepsia dos manipuladores durante o processamento.

Figura 13.6 Açaí colhido depositado sobre toalha plástica.

Foto: Virgínia Matta.

O fruto açaí é altamente perecível, tendo uma vida de prateleira de, no máximo, 12 horas, mesmo sob-refrigeração, quando não submetido a um processo de conservação como branqueamento, pasteurização ou congelamento, que podem ser aplicados de forma simples ou associados.

Análises microbiológicas realizadas em amostras de polpa de açaí coletadas em diferentes pontos de venda na cidade de Belém, PA, no ano de 2004, evidenciaram a baixa qualidade do produto no que diz respeito às suas condições sanitárias. Em dez amostras analisadas, houve ocorrência de coliformes a 45 °C maior que $1,1 \times 10^3$ NMP/g, além de contagens de fungos filamentosos e leveduras variando de $9,0 \times 10^2$ a $5,5 \times 10^5$ UFC/g. Nenhuma das amostras atendeu aos padrões requeridos pela legislação brasileira, quanto à ocorrência de coliformes, que é de 10^2 NMP/mL. A contagem máxima de $1,0 \times 10^3$ UFC/mL, para fungos filamentosos e leveduras, também foi ultrapassada, na maioria das amostras. Foi verificada a presença de *Salmonella* em duas amostras, para o qual a legislação estabelece ausência em 25 g.

Considerando os riscos do açaí, oriundos de problemas técnicos e higiênico-sanitários durante as diferentes etapas do seu beneficiamento, uma alternativa, para reduzir a carga microbiana, é submeter a polpa e o suco à fervura por 60 segundos ou à pasteurização por 10 minutos, a 90 °C. Testes revelaram que a fervura por 60 segundos e a pasteurização não afetam a qualidade do produto, mantendo o sabor e aroma, e reduzem significativamente a carga microbiana (Tabela 13.25).

O araçá-boi é um fruto de epicarpo delicado e sua colheita deve ser realizada antes de completar a maturação, pois, quando completamente maduro, cai ao solo, o que pode ocasionar danos à sua estrutura, tornando-o mais susceptível a contaminações microbiológicas. O transporte do araçá-boi geralmente é realizado em caixas de madeira ou plástico, sem cuidados higiênicos, e, assim como ocorre para outros frutos, o nível de contaminação é elevado.

O cupuaçu é um fruto de epicarpo duro, porém como é bastante manipulado, necessita de cuidados a fim de evitar a sua contaminação. As pesquisas de potencialidades regionais e viabilidade econômica realizadas pelo Instituto Superior de Abastecimento e Economia (Isae) em 2003, por solicitação da Superintendência da Zona Franca de Manaus (Suframa), nos estados do Amazonas, Acre, Rondônia e Roraima, apontam que os principais problemas microbiológicos para a comercialização de polpa de cupuaçu estão no despolpamento, tanto manual quanto mecânico, e nas condições inadequadas de armazenamento da polpa congelada, o que compromete a qualidade do produto.

Tabela 13.25 Análises microbiológicas de sucos de açaí procedentes da feira do Coroado Manaus, AM, *in natura* e tratados termicamente, armazenados sob-congelamento durante 120 dias.

Tratamento	Tempo (dias)	Coliformes totais (NMP/mL)	Coliformes fecais (NMP/mL)	Fungos filamentosos e leveduras (UFC/mL)
In natura	0	> 78,3	> 57,0	> $4{,}2 \times 10^4$
	30	> 110,0	> 110,0	>$2{,}6 \times 10^3$
	60	> 110,0	> 110,0	> $1{,}3 \times 10^3$
	90	> 110,0	> 110,0	> $4{,}7 \times 10^4$
	120	> 110,0	> 110,0	> $2{,}6 \times 10^3$
Pasteurização	0 – 120	0	0	0
Fervura	0 – 120	0	0	0

Fonte: Souza et al. (2006).

De acordo com a Instrução Normativa n. 1, de 7 de janeiro de 2000, do Ministério da Agricultura, Pecuária e do Abastecimento que regulamenta os Padrões de Identidade e Qualidade para polpa de fruta, anexo 1, item 13.8, a polpa de fruta deverá observar os limites máximos microbiológicos abaixo fixados:

- Bolores e leveduras: máximo 5×10^3/g para polpa *in natura*, congelada ou não, e 2×10^3/g para polpa conservada quimicamente e/ou que sofreu tratamento térmico.
- Coliforme fecal: máximo 1/g
- *Salmonella*: ausente em 25 g

Por outro lado, o Regulamento Técnico sobre padrões microbiológicos para alimentos, publicado pela Agência Nacional de Vigilância Sanitária (Anvisa), em 10 de janeiro de 2001, por meio da Resolução RDC n. 12, de 2 de janeiro de 2001, estabelece que os padrões microbiológicos devem obedecer aos limites mencionados a seguir:

- polpas de frutas concentradas ou não, com ou sem tratamento térmico, refrigeradas ou congeladas – ausência de coliformes a 35 °C/50 mL.
- refrescos, sucos e néctares, adicionados ou não de conservadores, congelados ou não – ausência de coliformes a 35 °C/50mL.
- sucos concentrados adicionados ou não de conservadores, congelados ou não – ausência de coliformes a 35 °C/50 mL e de *Salmonella* sp em 25 mL.
- sucos desidratados, incluindo açaí e similares – máximo de 10 NMP de coliformes a 35 °C/g e ausência de *Salmonella* sp. em 25 mL.
- sucos e refrescos *in natura*, incluindo água de coco, caldo de cana, de açaí e similares, isolados ou em misturas – máximo de 10^2 NMP de coliformes a 45 °C/mL e ausência de *Salmonella* SP em 25 mL.
- sucos pasteurizados e refrigerados, incluindo água de coco, caldo de cana, de açaí e similares, isolados ou em mistura – máximo de 10 NMP de coliformes a 45 °C/mL e ausência de *Salmonella* SP em 25 mL.

13.7 PROCESSAMENTO

O conhecimento da composição química da matéria-prima, o estádio de maturação, a sanidade, sua forma de tratamento, transporte e armazenamento são pontos fundamentais para a obtenção de produtos processados de qualidade. A matéria-prima destinada à elaboração de produtos como sucos, néctares e refrescos, deve atender a alguns parâmetros de rendimento em polpa, relação °Brix/acidez (*ratio*) e características sensoriais desejáveis.

13.7.1 Açaí

O processamento do açaí pode ser artesanal, muito comum nos estados da região Norte, onde a polpa é extraída e comercializada em curto prazo e industrial, onde se visa a obtenção de um produto com vida útil maior. No fluxograma da Figura 13.7 tem-se as etapas do pré-processamento para os dois casos.

O açaí, após a colheita, é debulhado e pré-selecionado quanto ao grau de maturação e sanidade, ainda no campo. O acondicionamento, geralmente é feito em cestos de palha (rasas) ou caixas de plástico com aberturas laterais que oferecem boa aeração. O fruto pode, ainda, ser transportado em sacos plásticos, cobertos por camadas de gelo, quando o tempo de processamento for superior a 48 horas. É importante, ressaltar, entretanto, que a forma adequada e que atende às Boas Práticas Agrícolas e de Fabricação, é com o uso de caixas ou engradados plásticos, que podem ser lavados após o uso e que permitem o empilhamento sem danificar os frutos. O transporte é geralmente feito pela parte da manhã, a fim de evitar temperatura alta, que provoca uma maior degradação dos frutos.

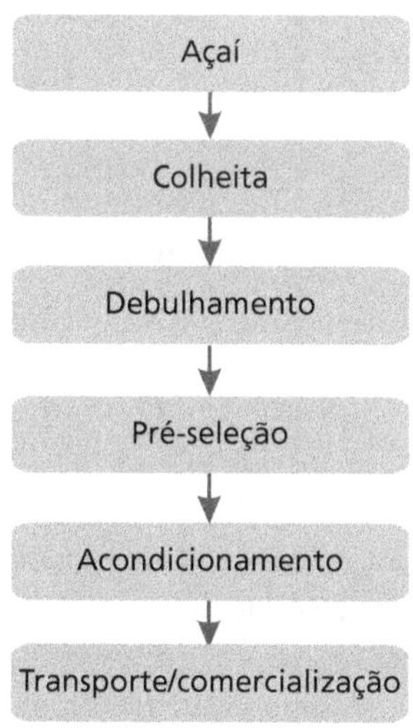

Figura 13.7 Fluxograma do pré-processamento do açaí.

O fluxogramas da Figura 13.8 mostra as etapas de obtenção da polpa de açaí no processo artesanal.

O governo do Pará, maior estado produtor de frutos e consumidor de açaí de processadores artesanais, lançou em 2012 um decreto visando a melhoria da qualidade do açaí (BRASIL, 2012). Nesse decreto, os estabelecimentos devem obedecer práticas fixas no processamento dos frutos, as quais são mencionadas a seguir:

- 1°. Os frutos devem ser peneirados para eliminação de sujidades e, nesse momento, deve ser realizada a inspecção visual para retirada dos frutos verdes e/ou estragados, insetos vivos ou mortos e de qualquer corpo estanho que não seja retido pela peneira;
- 2°. A higienização do fruto deve ser realizada em três etapas: primeira lavagem, onde se retiram as sujidades mais grosseiras, uma segunda lavagem, onde se faz a imerção do fruto em uma solução de de hipoclorito de sódio a uma concentração de 150 ppm de cloro ativo por 15 minutos e, por fim, a terceira lavagem, para remoção dos resíduos do hipoclorito;
- 3°. Branqueamento: imersão dos frutos já higienizados com o auxílio de um cesto vazado em água potável aquecida a uma temperatura de 80 °C por 10 segundos;
- 4°. Resfriamento e/ou Amolecimento: após o branqueamento, deve-se mergulhar imediatamente os frutos em água fria para realizar o resfriamento rápido. Caso necessário, os frutos podem ficar imersos nessa água para amocelimento;
- 5°. Despolpamento: deve ser realizado em maquinário próprio, previamente higienizado, utilizando água potável;
- 6°. Envase: o açaí extraído deve ser acondicionado em embalagens adequadas, preferencialmente em sacos plásticos atóxicos, próprios para alimento;
- 7°. A produção excedente, que não for comercializada imediatamente, deverá ser acondicionada e refrigerada à temperatura de 4 a 7 °C, não devendo ser comercializada após 24 horas.

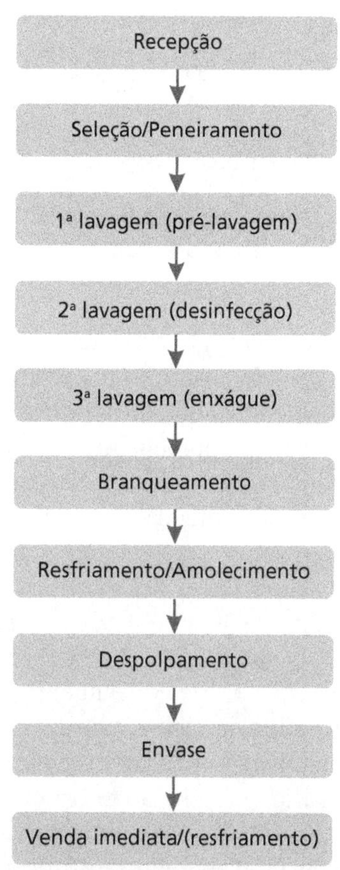

Figura 13.8 Fluxograma do processo de obtenção artesanal do açaí.

O fluxograma da Figura 13.9 mostra as etapas do processo industrial comumente realizado para obtenção de polpa de açaí.

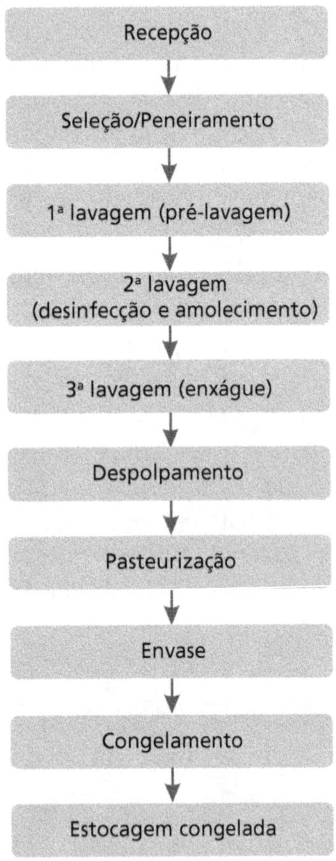

Figura 13.9 Fluxograma do processo de obtenção industrial do açaí.

O processamento industrial do açaí segue o mesmo esquema inicial de seleção, peneiramento e lavagens já mencionado aqui, porém em proporções maiores e utilizando equipamentos específicos para tal. Na segunda lavagem, a maioria das agroindústrias realizaram a desinfecção e o amolecimento dos frutos simultaneamente. Atualmente, as agroindústrias utilizam hipoclorito de sódio em quantidade que proporcione de 40 a 50 mg/L de cloro livre por 20 a 30 minutos nos tanques de imersão. Muitas vezes, essa etapa não utiliza aquecimento, sendo realizada à temperatura ambiente, porém, em alguns casos, uma etapa posterior de imersão em água morna se faz necessária (maceração entre 40 a 60 °C). O tempo de imersão em água morna vai depender da variedade e/ou grau de maturação do fruto, geralmente entre 10 a 60 minutos. Cabe mencionar que quanto maior o grau de maturação menor o tempo de imersão. Essa prática é utilizada a fim de amolecer o fruto (epicarpo e mesocarpo) para facilitar a obtenção da polpa.

Na etapa de despolpamento, as despolpadeiras são alimentadas com os frutos, com adição de água potável, que varia em função do tipo de produto final pretendido, conforme a legislação vigente que classifica o açaí em tipo A, B e C, em relação ao seu teor de sólidos totais, que depende da quantidade de água adicionada durante a extração. A polpa extraída passa para um tanque de homogeneização, devendo então ser pasteurizada em um trocador de calor. Por causa da viscosidade, a pasteurização é realizada em pasteurizadores do tipo tubular à temperatura de, no mínimo, 80 °C por 10 segundos, sendo a polpa imediatamente resfriada no próprio trocador de calor, saindo com uma temperatura média inferior a 20 °C.

Posteriormente, o produto é envasado em diferentes tipos de embalagens, de acordo com o objetivo proposto pela empresa. Geralmente a agroindústria possui embalagens em grande escala, como tambores de capacidade de 180 Kg , assim como também contam com um sistema de envase para embalagens plásticas de 100 g, 250 g, 500 g e 1.000 g.

Imediatamente após o envase, os produtos são congelados em câmaras a – 40 °C. O congelamento rápido é o método recomendado, por garantir a segurança do produto. Em seguida, o armazenamento é realizado em câmaras frias, com temperatura entre –18 a –20 °C, ou freezer, a uma temperatura em torno de –18 °C.

13.7.2 Araçá-boi

O araçá-boi é um fruto delicado, perecível, com textura frágil ao manuseio e de fácil extração da polpa. O transporte desse fruto deve ser realizado cuidadosamente a fim de não ocasionar danos e injúrias.

As etapas do processamento industrial da polpa de araçá-boi estão mostradas no fluxograma da Figura 13.10, podendo-se observar que são as etapas padrão do processamento da maioria das polpas de frutas.

Os frutos devem ser selecionados quanto à sanidade, injúrias e grau de maturação. Ressalta-se que frutos semimaduros, além de serem demasiadamente ácidos, dificultam a extração da polpa, motivo pelo qual é importante que os frutos estejam maduros para o despolpamento. O despolpamento é realizado em despolpadeira com malha de 1 mm, e o refino pode ser feito utilizando-se peneiras com malha de 0,6 mm. A polpa é, então, pasteurizada, envasada, resfriada e armazenada.

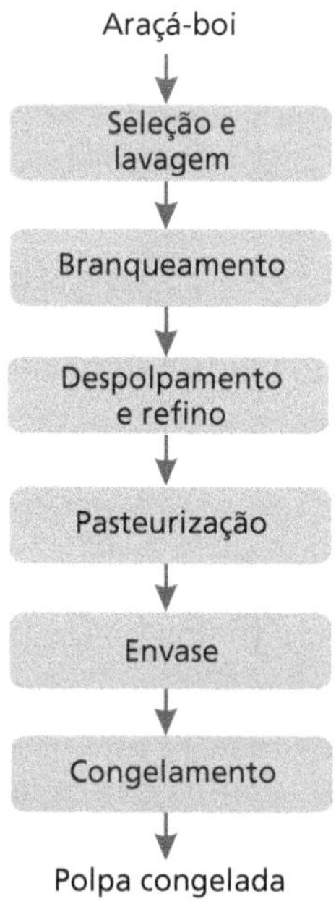

Figura 13.10 Fluxograma de obtenção da polpa de araçá-boi por processo industrial.

Fonte: Ferreira e Gentil (1999).

Considerando-se a elevada acidez do fruto, o suco é mais utilizado no preparo de produtos como doces, sorvetes, cremes, geleias e néctar.

O néctar de araçá-boi pode ser obtido por processo artesanal, cujas etapas básicas são as apresentadas na Figura 13.11. O néctar pode ser preparado utilizando-se 22 ou 33% de polpa, ajustando-se o teor de sólidos solúveis para 14 °Brix. Após homogeneização, deverá ser realizado o envase, seguido de pasteurização a 80 °C por três minutos, resfriamento em banho de água com gelo e armazenamento sob-refrigeração.

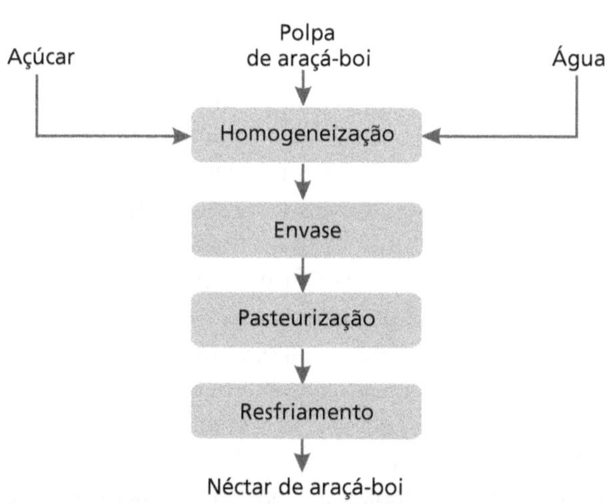

Figura 13.11 Processo artesanal de obtenção da néctar de araçá-boi.

No processamento artesanal, a remoção de sujidades pode ser realizada em água corrente com auxílio de uma esponja, com movimentos delicados (Figura 13.12), o que certamente contribui para redução da carga microbiana. O despolpamento é feito de forma manual, descascando-se os frutos, cortando-os ao meio e retirando as sementes. Em seguida, a polpa com casca é triturada em liquidificador semi-industrial e passada em peneira de aço inoxidável com malha de 1 mm. A polpa obtida deve ser acondicionada em sacos plásticos, pasteurizada a 80 °C, por dois minutos, e armazenada a –18 °C.

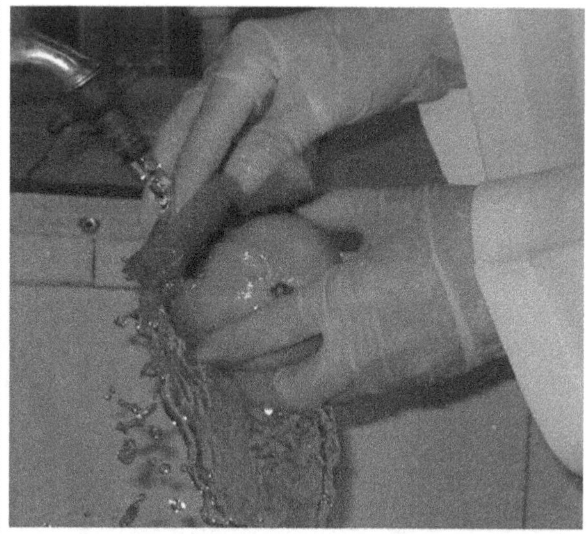

Figura 13.12 Lavagem dos frutos de araçá-boi em água corrente com auxílio de uma esponja para remoção das sujidades.

Foto: Lílian Pantoja.

13.7.3 Camu-Camu

As etapas para obtenção da polpa de camu-camu também são as mesmas utilizadas para outras frutas de fácil extração (Figura 13.13). As frutas devem ser selecionadas, sanitizadas com água clorada, enxaguadas com água potável e despolpadas em despolpadeiras com malha de 1 mm. A polpa deve, então, ser pasteurizada, acondicionada nos sacos plásticos e congelada a uma temperatura de, pelo menos, –18 °C. Em alguns casos, antes do despolpamento, as frutas podem ser submetidas a um branqueamento a 70 °C por dois minutos, para inativar enzimas oxidativas que ocasionam o escurecimento e o sabor amargo da polpa. Cabe mencionar que um tratamento térmico eficiente contribui também para a estabilidade do ácido ascórbico.

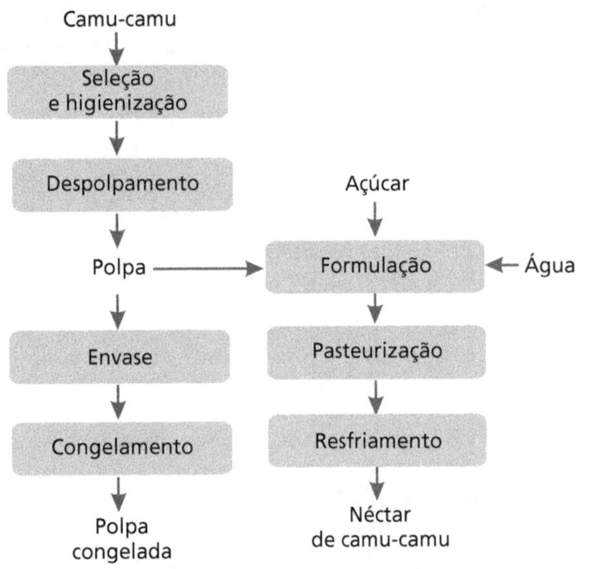

Figura 13.13 Processo de obtenção da polpa e néctar de camu-camu.

Durante o processamento da polpa, há necessidade de cuidados para evitar o esmagamento das sementes e trituração do epicarpo, em função da maior concentração de compostos fenólicos ali presentes, o que acarreta aparecimento de sabor amargo e/ou adstringência.

Recomenda-se, caso o processamento da polpa não possa ser realizado no mesmo dia da colheita, que os frutos sejam armazenados, já selecionados e higienizados, em lugar fresco e limpo. Se houver necessidade de armazenamento a granel, não se devem ultrapassar quatro camadas de frutas. Pesquisas realizadas mostraram uma vida útil do fruto do camu-camu de até oito dias, quando embalados e armazenados adequadamente.

O consumo de camu-camu, na forma de polpa ou suco, não é uma prática comum, em virtude de sua acentuada acidez. Comumente, é utilizado no preparo de produtos como sorvetes, geleias, picolés, néctar, refresco, entre outros.

Para obtenção do néctar, a polpa deve ser adicionada de água e açúcar. Altas concentrações de polpa apresentam um maior índice de rejeição, em virtude de elevada acidez e ligeira adstringência e amargor. Dados mostram que formulações elaboradas com 17% de polpa e 17,5% de açúcar apresentam boa aceitação e concentrações maiores que 30% de polpa apresentam um alto índice de rejeição. O néctar pode ser pasteurizado a 75 °C, por cinco minutos, porém sugere-se o emprego de métodos como UHT (*ultra high temperature*) que, certamente, afetariam menos a estabilidade não só da vitamina C, como também das antocianinas, responsáveis pela coloração vermelha do fruto. Para um maior tempo de vida de prateleira, o néctar deve ser armazenado sob-refrigeração. A obtenção do néctar de camu-camu também está mostrada na Figura 13.11. Ressalta-se que em processos empregando o método UHT, a pasteurização da polpa é feita antes do acondicionamento nas embalagens tanto para o suco, quanto para o néctar.

13.7.4 Cupuaçu

O beneficiamento do cupuaçu para obtenção da polpa inicia-se com a seleção dos frutos, eliminando aqueles que apresentarem injúrias, seguido de lavagem, a qual pode ser realizada com auxílio de uma escova, jatos de água ou, ainda, chuveiros. Recomenda-se que os frutos sejam imersos em água clorada com 30 a 50 ppm de cloro ativo para descontaminação, seguidos de uma nova lavagem em água potável. Após essa etapa, os frutos serão partidos ao meio para separação da polpa e da semente. O despolpamento pode ser realizado manual ou mecanicamente.

O despolpamento manual é realizado com auxílio de tesoura ou manuseando as sementes uma a uma (realizado principalmente para consumo próprio). O despolpamento mecânico se faz em despolpadeira. Antes de iniciar o despolpamento, deve-se remover a placenta (fibrosa) do fruto ou "talo" como chamado popularmente, uma vez que este, além de causar aspecto desagradável à polpa, obstrui a malha da peneira, prejudicando a passagem da polpa.

O rendimento em polpa depende do método utilizado, por exemplo, no despolpamento manual com auxílio de tesouras, o rendimento é, em média, de 47%. O envasamento da polpa geralmente é feito em sacos plásticos e pode ser realizado utilizando-se dosadoras semiautomáticas ou automáticas. No envasamento semiautomático, o enchimento das embalagens é automático e o reabastecimento do tanque de equilíbrio, fechamento e acomodação das embalagens, fica por conta do operador. No envasamento automático, a polpa é bombeada e elevada, desde o reservatório da despolpadeira até o tanque de equilíbrio da envasadora e, então, se conclui, por ação de ar comprimido, que injeta o produto em embalagem pré-esterilizada, em volumes exatos, com fechamento termo-soldável. A embalagem geralmente utilizada é a plástica, em função da praticidade no manuseio, do fechamento hermético, da boa apresentação e do menor custo. O congelamento pode ser feito usando-se freezer (método geralmente utilizado para uso doméstico) ou utilizando-se congelamento rápido em túneis de congelamento rápido com injeção de ar à temperatura de –25 °C. É importante submeter o produto ao congelamento o mais rápido possível, e assim ele deve ser mantido até o momento do uso. A vida de prateleira da polpa congelada vai depender do método de congelamento empregado, podendo chegar a 12 meses, sem afetar as características físico-químicas e sensoriais do produto.

A partir da polpa de cupuaçu vários produtos são elaborados, como suco, néctar, doces e geleias, entre outros. Na Figura 13.14, está representado o fluxograma para obtenção de polpa de cupuaçu.

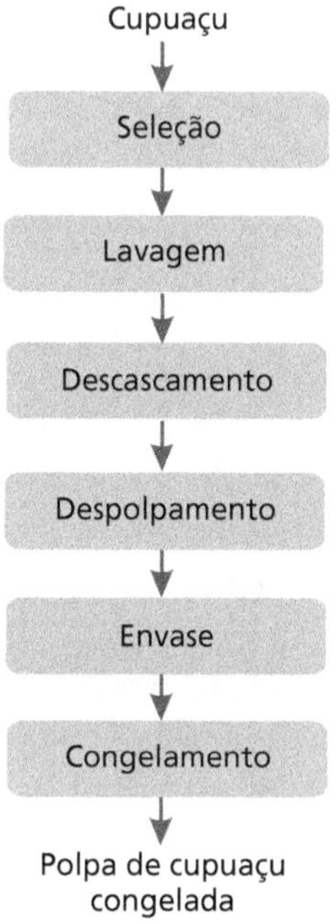

Figura 13.14 Processo de obtenção da polpa de cupuaçu.

Fonte: Adaptado de Carvalho et al. (1999).

13.7.5 Graviola

A graviola pode ser consumida na forma *in natura* ou processada. A polpa é amplamente comercializada e utilizada para elaboração de vários produtos, dentre estes, bebidas, como néctar.

Para obtenção da polpa os frutos devem ser colhidos em estádio de maturação adequado, ainda imaturo, e transportados cuidadosamente, pois, quando maduros, a casca pode se romper facilmente, acelerando o processo de decomposição. A graviola colhida na maturidade fisiológica, mantida sob temperatura ambiente (23 ± 1 °C), amadurece em cinco dias. Para acelerar o processo de amadurecimento, os frutos devem ser climatizados por 72 horas em câmara de maturação contendo o gás acetileno, mantida a uma temperatura de 16 °C e umidade relativa do ar de 80%.

Em geral, o processo para obtenção de uma polpa de boa qualidade segue as etapas descritas na Figura 13.15. Os frutos são selecionados, eliminando-se os que apresentarem qualquer tipo de injúria e, então, imersos em água clorada a 400 ppm, por 15 minutos, seguidos de lavagem em água potável. No caso de despolpamento mecânico, o fruto deve ser colocado na despolpadeira sem a casca, a fim de manter a qualidade da polpa. As etapas seguintes ocorrem de forma semelhante ao descrito para a polpa de cupuaçu. A embalagem mais comum utilizada para o envase da polpa é o saco de polietileno, de 100 mL ou 1 L. A pasteurização pode ser realizada em tachos encamisados, em pasteurizadores tubulares ou de placas, à temperatura, em média, de 85 °C por dois minutos.

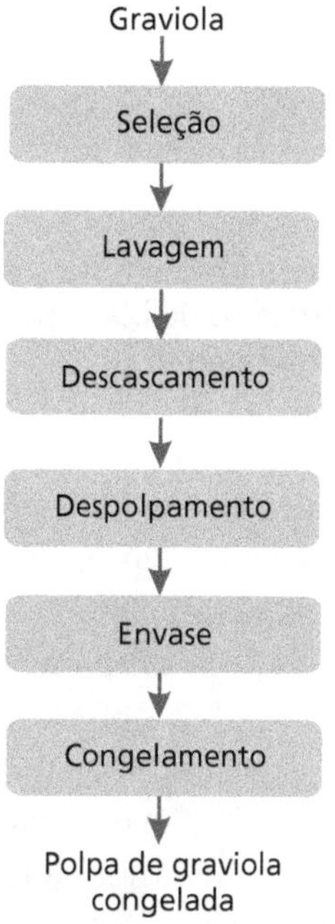

Figura 13.15 Etapas básicas para obtenção da polpa de graviola.

Como para as frutas de uma forma geral, o uso de congelamento rápido é o ideal, em razão de sua eficiência na manutenção da qualidade da polpa. O armazenamento poderá ser realizado em câmaras à temperatura de –18 a –22 °C ou em freezers a

–10 a –18 °C. A polpa de graviola congelada pode ser estocada por um período de, no mínimo, oito meses, sem alteração na sua qualidade físico-química e sensorial.

Um dos produtos de graviola encontrados no mercado é o suco tropical, cujo fluxograma de processamento está mostrado na Figura 13.16. Algumas indústrias processadoras de sucos tropicais e de néctares de frutas utilizam como matéria-prima a própria polpa congelada. Quando o processamento é feito a partir dos frutos *in natura*, as etapas iniciais são as mesmas já apresentadas na Figura 13.15 até a obtenção da polpa.

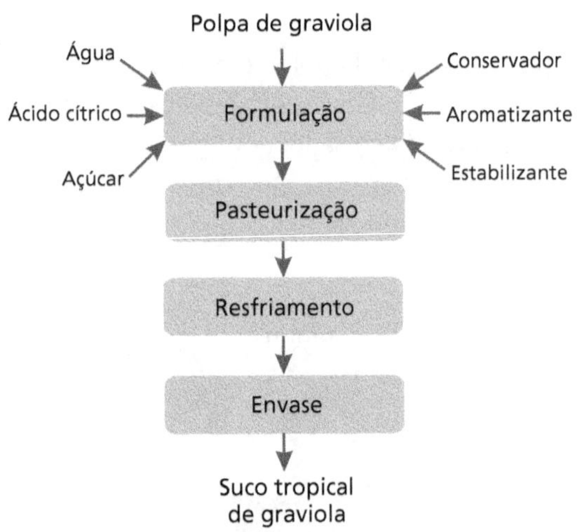

Figura 13.16 Processo de obtenção do suco tropical de graviola.

A polpa é formulada com os demais ingredientes, ácido cítrico e água, açúcar ou edulcorantes, no caso dos produtos com calorias reduzidas (*light*), ressaltando-se que o produto deve conter um teor mínimo de polpa, de 35 a 50%, em função de ser adoçado ou não. O produto é, então, pasteurizado a temperaturas ultra-altas e tempos curtos (UHT) e envasado assepticamente, normalmente em latas ou embalagens cartonadas, o que permite a sua preservação à temperatura ambiente.

BIBLIOGRAFIA

ANDRADE, J. S.; GALEAZZI, M. A. M. **Curvas de maturação e caracteristicas nutricionais do camu-camu Myrciaria Lubia (H.B.K.) Mc Vaugh cultivado em terra firme na amazonia central brasileira.** Campinas: Universidade Estadual de Campinas – Unicamp, 1991.

ALEXANDRE, D.; CUNHA, R. L.; HUBINGER, M. D. Conservação do açaí pela tecnologia de obstáculos. **Ciência e Tecnologia de Alimentos**, v. 24, n. 1, p. 114-119, 2004.

ALVES, J. K. B. et al. Caracterização biométrica e química de frutos de populações de camu-camu, Caracaraí, Roraima/RR – Brasil. In: CONGRESSO BRASILEIRO DE FRUTICULTURA, 22., 2012. Disponível em: <http://www.alice.cnptia.embrapa.br/bitstream/doc/951423/1/Bil1caracterizacaobiometricacamucamu.pdf>. Acesso em: 06 dez. 2013.

BARUFFALDI, R.; OLIVEIRA, M. N. **Fundamentos de tecnologia de alimentos.** São Paulo: Atheneu, 1998. v. 3, 317p.

BEUCHAT, L. R. Pathogenic microrganisms associated to fresh produce. **Journal of Food Protection**, Iowa, v. 59, p. 204-216,1996.

BRASIL. Ministério da Agricultura, Pecuária e Abastecimento. Art. 19 do Decreto n. 6871 de 4 de junho de 2009, que regulamenta a Lei n. 8.918 de 14 de julho de 1994, que dispõe sobre a padronização, a classificação, o registro, inspeção, a produção e a fiscalização de bebidas. Disponível em: <http://www.agricultura.gov.br>. Acesso em: 12 abr. 2014a.

BRASIL. Ministério da Agricultura, Pecuária e Abastecimento. Instrução Normativa n. 1, de 7 de janeiro de 2000. Regulamento técnico geral para fixação dos Padrões de Identidade e Qualidade para polpa de fruta. Disponível em: <http://www.agricultura.gov.br>. Acesso em: 12 abr. 2014b.

BRASIL. Ministério da Agricultura, Pecuária e Abastecimento. Art. 18 do Decreto n. 6871 de 4 de junho de 2009, que regulamenta a Lei n. 8.918 de 14 de julho de 1994, que dispõe sobre a padronização, a classificação, o registro, inspeção, a produção e a fiscalização de bebidas. Disponível em: <http://www.agricultura.gov.br>. Acesso em: 12 abr. 2014c.

BRASIL. Ministério da Agricultura, Pecuária e Abastecimento. Instrução Normativa n. 12, de 4 de setembro de 2003. Regulamento técnico para fixação dos Padrões de Identidade e Qualidade Gerais para Suco Tropical. Disponível em: <http://www.agricultura.gov.br>. Acesso em: 12 abr. 2014.

BRASIL. Ministério da Agricultura, Pecuária e Abastecimento. Art. 21 do Decreto n. 6871 de 4 de junho de 2009, que regulamenta a Lei n. 8.918 de 14 de julho de 1994, que dispõe sobre a padronização, a classificação, o registro, inspeção, a produção e a fiscalização de bebidas. Disponível em: <http://www.agricultura.gov.br>. Acesso em: 12 abr. 2014d.

BRASIL. Ministério da Agricultura, Pecuária e Abastecimento. Art. 22 do Decreto n. 6871 de 4 de junho de 2009, que regulamenta a Lei n. 8.918 de 14 de julho de 1994, que dispõe sobre a padronização, a classificação, o registro, inspeção, a produção e a fiscalização de bebidas. Disponível em: <http://www.agricultura.gov.br>. Acesso em: 12 abr. 2014e.

BRASIL. Ministério da Saúde. Secretária de Vigilância Sanitária. Portaria n. 540, de 27 de outubro de 1997, que aprova o regulamento técnico: aditivos alimentares – definições, classificação e emprego. Disponível em: < http://www.anvisa.gov.br/alimentos/legis/especifica/aditivos.htm>. Acesso em: 18 nov. 2014f.

BRASIL. Ministério da Saúde. Secretária de Vigilância Sanitária. Resolução – RDC n. 8, de 6 de março de 2013, que dispõe sobre a aprovação de uso de aditivos alimentares para produtos de frutas de vegetais e geleia de mocotó. Disponível em: <http://www.anvisa.gov.br/alimentos/legis/especifica/aditivos.htm>. Acesso em: 18 nov. 2014g.

BRASIL. Ministério da Saúde. Portaria 451, de 19 de setembro de 1997, que aprova o regulamento técnico de princípios gerais para o estabelecimento de critérios e padrões microbiológicos para alimentos. **Diário Oficial da República Federativa do Brasil**, Brasília, DF, 22 set. 1997. p. 2005.

BRASIL. Decreto n. 326, de 20 de janeiro de 2012. Estabelece os procedimentos de Boas Práticas para manipulação do açaí. Diário Oficial do Estado do Pará de 24/01/1012, Caderno 1, página 5. Disponível em: <http://www.sagri.pa.gov.br/files/pdfs/D%20E%20C%20R%20E%20T%20O%20N%C2%BA%20326-2012.pdf>. Acesso em: 18 fev. 2013.

BUENO, S. M. et al. Avaliação da qualidade de polpas de frutas congeladas. **Revista do Instituto Adolfo Lutz**, São Paulo, v. 62, n. 2, p. 121-126, 2002.

CARVALHO, J. E. U. de.; MULLER, C, H. Biometria e Rendimento Percentual de Polpa de Frutas Nativas da Amazônia. Belém, Embrapa Amazônia Oriental, **Comunicado Técnico** n. 139, 3p. 2005.

CAVALCANTE, P. B. **Frutas comestíveis da Amazônia**. 5. ed. Belém: Museu Paraense Emílio Goeldi, 1991. 279p. (Coleção Adolfo Ducke).

CHIRINOS, R. et al. Antioxidant compounds and antioxidant capacity of Peruvian camu-camu (*Mirciaria dubia (H.B.K.) McVaugh*) fruit at different maturity stage. **Food Chemistry**, v. 120, p. 1019-1024, 2010.

COHEN, K. O.; ALVES, S. M. Processamento embalagem e conservação. **Sistema de Produção Embrapa Amazônia Oriental**, Belém, n. 4, dez. 2006. 2. ed. Disponível em: <http://sistemasdeproducao.cnptia.embrapa.br/FontesHTML/Acai/SistemaProducaoAcai_2ed/>. Acesso em: 23 fev. 2007.

COHEN, K. O.; ALVES, S. M. Sistema de Produção do Açaí. **Sistemas de Produção Embrapa Amazônia Oriental**, Belém, n. 4, dez. 2006. 2. ed. Disponível em: <http://sistemasdeproducao.cnptia.embrapa.br/FontesHTML/Acai/SistemaProducaoAcai_2ed/paginas/processamento.htm>. Acesso em: 23 fev. 2007.

CRUZ, A. P. G. et al. Effect of microfiltration on bioactive components and antioxidant activity of açaí (Euterpe oleracea Mart.). **Desalination and Water Treatment**, v. 27, p. 97-102, 2011.

DEGÁSPARI, C. H.; WASZCZYNSKYJ, N. Propriedades antioxidantes de compostos fenólicos. **Visão Acadêmica**, Curitiba, v. 5, n. 1, p. 33-40, jan./jun. 2004.

DOS SANTOS, G. M. et al. Correlação entre atividade antioxidante e compostos bioativos de polpas comerciais de açaí (*Euterpe oleracea* Mart). **Archivos Latinoamericano de Nutricion**, v. 58, n. 2, p. 189-192, 2008.

ESTUDOS sobre o Mercado de Frutas: Estratificação do Consumo de Frutas. cap. 7. Disponível em: <http://www.agricultura.gov.br/pls/portal/docs/page/mapa/menulateral/agricultura_pecuaria/estudos_publicacoes/estudo_mercado_frutas/capitulo_7.pdf>. Acesso em: 23 fev. 2007.

FERREIRA, S. A. N.; GENTIL, D. F. O. **Araza (Eugenia stipitata) cultivo y utilizacion**. Tratado de Cooperación Amazónica. Caracas: Secretaria Pro Tempore, 1999. 107p. (Manual Técnico).

FRUTOS tropicais silvestres e polpas de frutas congeladas: atividade antioxidante, polifenóis e antocianinas. **Ciência Rural**, Santa Maria, v. 36, n. 4, p. 1283-1267, jul./ago. 2006.

FUJITA, A. et al. Impact of spouted bed drying on bioactive compounds, antimicobial and antioxidant activities of commercial frozen pulp of camu-camu (Myrciaria dubia Mc. Vaugh). **Food research international**, v. 54, p. 495-500, 2013.

GAVA, A. J. Processamento asséptico de suco de frutas. **Alimentação**, São Paulo, v. 76, n. 1, p. 32-37, 1985.

GAZEL FILHO, A. B.; LIMA, J.A de S. Diversidade genética de matrizes de açaizeiro (*Euterpe oleracea* Mart.). In: CONGRESSO BRASILEIRO DE FRUTICULTURA, 17., 2002, Belém, PA. **Anais**... Belém: SBF, 2002. 1CDROM.

GENTIL, D. F. O.; CLEMENT, C. R. The araza (*Eugenia stipitata*): results and reserch directions. **Acta Horticulturae**, Wageningen, v. 452, p. 9, 1997.

GORDON, A. et al. Chemical chaacterization and evaluation of antioxidante properties of Açaí fruits (Euterpe oleraceae Mart.) during ripening. **Food Chemistry**, v. 133, p. 256-263, 2012.

HOLANDA, L. F. F.; MAIA, G. A.; MARTINS, C. B.; FÉ, J. A. M. Estudo do processamento e estabilidade da polpa e néctar da graviola (*Annona muricata*, L.). **Revista Ciência Agronômica**, Ceará, v. 10, n. 1/2, 1980.

JAY, J. M. **Microbiologia moderna de los alimentos**. 2. ed. Zaragoza: Acribia, 1978. 491p.

JUNQUEIRA, K. P. **Cultura da gravioleira (*Annona muricata*)**. Disponível em: <http://www.editora.ufla.br/Boletim/pdfextensao/bol_28.pdf>. Acesso em: 23 fev. 2007.

KUSKOSKI, E. M. et al. Aplicación de diversos métodos químicos para determinar actividad antioxidante en pulpa de frutos. **Ciência Tecnologia Alimentos**, Campinas, v. 25, n. 4, p. 726-732, out./dez. 2005.

KUSKOSKI, E. M. et al. Frutos tropicais silvestres e polpas de frutas congeladas: atividade antioxidante, polifenóis e antocianinas. **Ciência Rural**, v. 36, p. 1283-1287, 2006.

LIMA, M. A. C. O cultivo da gravioleira. **Revista Brasileira de Fruticultura**, Jaboticabal, v. 26, n. 3, p. 385-566, 2004.

LIMA, E.C.E.R. Elaboração e Caracterização de um suco tropical misto de camu-camu (Myrciaria dubia H.B.K. Mc Vaugh) e Graviola. 81f. Trabalho de conclusão de curso – Universidade do Estado do Pará, 2009.

LIMA, M. A. C.; ALVES, R. E.; FILGUEIRAS, H. A. C. Avaliação da qualidade e da suscetibilidade ao escurecimento oxidativo de graviola (*Annona muricata* L.) durante a maturação pós-colheita. In: THE INTERAMERICAN SOCIETY FOR TROPICAL HORTICULTURE, **Proceedings...**, Miami, v. 46, p. 23-26, Oct. 2003.

LIMA, M. A. C.; ALVES, R. E.; FILGUEIRAS, H. A. C. Mudanças relacionadas ao amaciamento da graviola durante a maturação pós-colheita. **Pesquisa Agropecuária Brasileira**, Brasília, DF, v. 41, n. 12, p. 1707-1713, dez. 2006.

LIMA, V. L. A. G.; MÉLO, E. A.; LIMA, L. S. Avaliação da qualidade de suco de laranja industrializado. **Boletim do CEPPA**, Curitiba, v. 18, n. 1, p. 95-104, jan./jun. 2000.

LOPES, R. L. T. **Fabricação de geléias**. Belo Horizonte: Fundação Centro Tecnológico de Minas Gerais, 2007. 30p.

LUCK, E.; JAGER, M. Sulfur Dioxide. In: LUCK, E.; JAGER, M. **Antimicrobial food additives**: characteristics, uses, effects. 2. ed. Berlin: Springer Verlag, 1997. p. 102-113.

MACHADO, R. M. D.; TOLEDO, M. C. F. Sulfitos em Alimentos. **Brazilian Journal of Food Technology**, Campinas, v. 9, n. 4, p. 265-275, out./dez. 2006.

MAEDA, R. N. **Estabilidade de ácido ascórbico e pigmentos presentes no néctar de camu-camu (*Mrciaria dubia* (H.B.K.) McVaugh) armazenados em diferentes condições de luminosidade e temperatura**. 2004. 97f. Dissertação (Mestrado em Ciência de Alimentos) – Universidade Federal do Amazonas, Manaus, 2004.

MAEDA, R. N. et al. Determinação da formulação e caracterização do néctar de camu-camu (*Myrciaria dubia* McVaugh). **Ciência Tecnologia Alimentos**, Campinas, v. 26, n. 1, p. 70-74, jan./mar. 2006.

MATA, M. E. R. M. C. et al. Obtenção de graviola em pó pelo processo de liofilização. **Revista Brasileira de Produtos Agroindustriais**, Campina Grande, v. 7, n. 2, p. 165-172, 2005.

MATTIETTO, R. A. et al. Caracterização física de frutos de açaí procedentes do arquipélago do Marajó-PA. In: SIMPOSIO LATINO AMERICANO DE CIÊNCIAS DE ALIMENTOS, 7., 2007. Campinas, SP. **Anais...** Campinas: FEA, 2007. CDROM.

NASCIMENTO, A. R. et al. Incidência de microrganismos contaminantes em polpas de frutas comercializadas *in natura* em feiras livres da cidade de São Luís/MA. **Boletim do CEPPA**, Curitiba, v. 24, n. 1, p. 249-258, jan./jun. 2006.

NOGUEIRA, O. L. Sistema de produção do açaí: introdução e importância econômica. **Sistemas de Produção Embrapa Amazônia Oriental**, Belém, n. 4, dez. 2006. 2. ed. ISSN 1809-4325. Disponível em: <http://sistemasdeproducao.cnptia.embrapa.br/FontesHTML/Açaí/SistemaProducaoAcai_2ed/paginas/apresentacao.htm>. Acesso em: 29 mar. 2007.

OLIVEIRA, M. S. P. **Caracterização molecular e morfo-agronômica de germoplasma de açaizeiro**. 2005. 182f. Tese (Doutorado em Genética e Melhoramento de Plantas) – Universidade Federal de Lavras, Lavras, 2005.

PANTOJA, L. **Seleção e aproveitamento biotecnológico de frutos encontrados na Amazônia para elaboração de bebida alcoólica fermentada utilizando leveduras imobilizadas**. 2006. 196f. Tese (Doutorado em Biotecnologia) – Universidade Federal do Amazonas, Manaus, 2006.

PARENTE, V. M.; OLIVEIRA JÚNIOR, A. R.; COSTA, A. M. **Projeto potencialidades regionais estudo de viabilidade econômica cupuaçu**. Manaus: Suframa, 2003. 71p.

PANDURO, M. P. Notas preliminares sobre o araza (*Eugenia stipitata*), frutal nativo de la Amazonia Peruana. Minist. Agric. Aliment, Lima, 1981. 58p. In: Publicacion Miscelanea, n. 229, 1981.

PINEDO, R. A. **Estudo da estabilização da polpa de camu-camu congelada visando a manutenção de ácido ascórbico e de antocianinas**. 2007. 180f. Tese (Doutorado em Engenharia Química) – Universidade Estadual de Campinas, Campinas, 2007.

PINTO, A. C. Q. et al. *Annona species*. Southampton: International Center for Underutilised Crops, University of Southampton, 2005. 284p.

PITT, J. I.; HOCKING, A. D. **Fungi and spoilage**. [S.I.] Academic Press, 1985. 412p.

RIBEIRO, G. D. et al. **Cultivo do cupuaçu em Rondônia**. Anexo I – Beneficiamento do Cupuaçu. Dez. 2005. Disponível em: <http://sistemasdeproducao.cnptia.embrapa.br/Fontes HTML/Cupuacu/CultivodoCupuacuRO/index. htm>. Acesso em: 21 fev. 2007.

ROGEZ, H. **Açaí**: Preparo, composição e melhoramento da conservação. Belém: Edufpa, 2000. 313p.

RUFINO, M. S. M. et al. Bioactive compounds and antioxidant capacities of 18 non-traditional tropical fruits from Brazil. **Food Chemistry**, v. 121, p. 996-1002, 2010.

SALGADO, S. M.; GUERRA, N. B.; MELO FILHO, A. B. Frozen fruit pulps: Effects of the processing on dietary fiber contents. **Revista de Nutrição**, Campinas, v. 12, n. 3, p. 303-308, set./dez. 1999.

SANTOS, F. A. et al. Análise qualitativa de polpas congeladas de frutas, produzidas pelo Sufruts, MA. **Revista Higiene Alimentar**, São Paulo, v. 15, n. 119, p. 14-22, abr. 2004.

SCHOENINGER, E. R.; KIRCHNER, F. F. Quantificação e avaliação de parâmetros quali-quantitativos do palmiteiro (*Euterpe edulis* Martius), ao longo de um gradiente altimétrico em um sistema de informação geográfica. **Floresta**, Curitiba, v. 33, n. 2, p. 183-200, 2003.

SETE Ervas Artigos para Horta e Jardim Ltda. **Camu-camu**. Disponível em: <http://www.seteervas.com.br>. Acesso em: 20 fev. 2007.

SILVA, M. A.; SOBRAL, P. J. A.; KIECKBUSCH, T. G. State diagrams of freeze-dried camu-camu (Myrciaria dubia (HBK) Mc Vaugh) pulp with and without maltodextrin addition. **Journal of Food Engineering**, v. 77, p. 426-432, 2006.

SOUSA, M. A. C. et al. Suco de açaí (*Euterpe oleracea* Mart.): avaliação microbiológica, tratamento térmico e vida de prateleira. **Acta Amazônica**, Manaus, v. 36, n. 41, p. 483-496, 2006.

SOUZA FILHO, M. S. M. et al. Physico-chemical and sensory characterization of nectars from native fruits from the North and Northeast of Brazil: Exploratory Study. **Brazilian Jounal Food Technology**, Campinas, v. 5, p. 139-143, 2002.

SOUZA FILHO, M. S. M. et al. Formulações de néctares de frutas nativas das regiões norte e nordeste do Brasil. **Boletim do Ceppa**, Curitiba, v. 18, n. 2, p. 275-283, jul./dez. 2000.

SOUZA, A. G. C. et al. **A cultura do cupuaçu (Theobroma grandiflorum (Willd. ex Spreng.) Schum.)**. Manaus: Embrapa Amazônia Ocidental, 1999. 39p.

SOUZA, M.C.S. **Qualidade e atividade antioxidante de frutos de diferentes progênies de açaizeiro** (*Euterpe oleracea* **Mart**). 2007. 132f. Dissertação (Mestrado em Tecnologia de Alimentos) – Faculdade de Ciências Agrárias, Universidade Federal do Ceará, Fortaleza, 2007.

VASCONCELOS, M. A. M.; ALVES, S. M. Colheita e pós-colheita. **Sistemas de Produção Embrapa Amazônia Oriental**, Belém, n. 4, dez, 2006. 2. ed. Disponível em: <http://sistemasdeproducao.cnptia.embrapa.br/FontesHTML/Acai/SistemaProducaoAcai_2ed/paginas>. Acesso em: 23 fev. 2007.

VILLACHICA, H. **El cultivo del camu camu (Myrciaria dubia H.B.K. Mc Vaugh) en la Amazonia peruana**. Lima: Tratado de Cooperación Amazónica, 1996. 95p.

VILLACHICA, H. et al. **Frutales y hortalizas promissorios de la Amazônia**. Lima: Tratado de Cooperación Amazonica, 1996. 367p.

YUYAMA, L. K. O. et al. Açaí como fonte de ferro: mito ou realidade? **Acta Amazônica**, v. 32, n. 3, p. 521-525, 2002a.

YUYAMA, K.; AGUIAR, J. P. L.; YUYAMA, L. K. O. Camu-camu: um fruto fantástico como fonte de vitamina C. **Acta Amazônica**, Manaus, v. 32, n. 1, p. 169-174, 2002b.

YUYAMA, L. K. O. et al. Teores de elementos minerais em algumas populações de camu-camu. **Acta amazônica**, Manaus, v. 33, n. 4, p. 549-554, 2003.

YUYAMA, L. K. O. et al. Determinação dos Teores de Elementos Minerais em Alimentos Convencionais e Não Convencionais da Região Amazônia pela Técnica de Análise por Ativação com Nêutrons Instrumental. **Acta amazônica**, Manaus, v. 27, n. 3, p. 183-196, 1997.

YUYAMA, L. K. O. et al. Caracterização físico-química do suco de açaí de Euterpe precatoria Mart. oriundo de diferentes ecossistemas amazônicos. **Acta Amazonica**, v. 41, n. 4, p. 545-552, 2011.

ZANATTA, C. F.; MERCADANTE, A. Z. Carotenoid composition from the Brazilian tropical fruit camu-camu (Myrciaria dubia). **Food Chemistry**, v. 101, n. 4, p. 1526-1532, 2007.

14

POLPAS E SUCOS DE FRUTAS DO CERRADO

LÍLIAN PANTOJA
ALEXANDRE SOARES DOS SANTOS
NÍSIA ANDRADE VILLELA DESSIMONI PINTO

14.1 INTRODUÇÃO

O Cerrado, segundo maior bioma do território brasileiro, ocupa uma área aproximada de 2,0 milhões de km^2 (cerca de 25% do território nacional) e corta diagonalmente o país no sentido nordeste-sudoeste. Estima-se que exista cerca de 1.000 espécies arbóreas distribuídas pelas várias fitofisionomias do Cerrado (Cerrado, Cerradão, Mata de Galeria, Campo, Vereda e outras). Pelo menos 20 dessas espécies são frutíferas com potencial econômico, e têm sido exploradas em sistemas extrativistas tradicionais. Essa diversidade demanda ações racionais de manejo e produção, que priorizem sua conservação e tornem viável a exploração em escala dos frutos do Cerrado.

O uso de frutos típicos da região do Cerrado, na forma de compotas, geleias, bolos, licores, sorvetes, refrescos e sucos, sempre fez parte de cultura local, restrita à apreciação do povo da região e eventuais turistas. Com um mercado de polpas e sucos ávido por novos sabores e aromas, começa existir uma disseminação, principalmente nos grandes centros urbanos, dos chamados frutos exóticos. Essa tendência, que já tornou conhecidos alguns frutos típicos da região amazônica, como o cupuaçu e o açaí, poderá levar ao mercado nacional alguns dos sabores característicos do Cerrado. Com tal expectativa, apresentamos, no presente capítulo, informações sobre alguns frutos com excelentes propriedades nutricionais e organolépticas, próprias para o consumo e comercialização na forma de polpas e sucos.

Entre as muitas possibilidades oferecidas pelo bioma Cerrado, este capítulo tratará do aproveitamento dos frutos araticum, buriti, cagaita, gabiroba e mangaba. Com exceção da mangaba, fruto que tem sido produzido em grande escala (677 toneladas em 2012), principalmente no litoral do nordeste brasileiro, as frutíferas do Cerrado não são cultivadas de forma sistemática para fins comerciais e, portanto, a produção existente é exclusivamente extrativista. Pelo motivo exposto, embora haja alguns movimentos de caráter regional para a exposição da biodiversidade do Cerrado e seu valor cultural e econômico, não existe ainda uma indústria nacional ou regional de polpas e sucos que explore os frutos desse bioma.

14.2 BOTÂNICA

14.2.1 Araticum (*Annona crassiflora* Mart.)

O araticunzeiro é nativo do Cerrado e pertence à família *Annonaceae*. O araticum (Figura 14.1), nome de origem indígena que significa "fruta mole", também é conhecido popularmente como pinha do cerrado, panã, cortiça-de-comer, fruta-do-conde-pequena, imbira, anona, coração de boi, cabeça-de-negro, bruto e marolo. Encontra-se distribuído pelos seguintes estados: Bahia, Goiás, Maranhão, Mato Grosso, Mato Grosso do Sul, Minas Gerais, Pará, Piauí, São Paulo e Tocantins. O período de frutificação inicia em novembro e se estende até o mês de abril.

Figura 14.1 Fruto do araticunzeiro.

Foto: Alexandre S. dos Santos.

O aratincuzeiro é uma árvore que pode chegar a oito metros de altura, seu fruto é glabro, de forma subglobosa, epicarpo tuberculado (recoberto por escamas carnosas), papiloso, de coloração verde quando imaturo passando para castanho esverdeado com o amadurecimento. O fruto pode pesar de 0,5 a 4,5 kg e conter de 90 a 190 gomos, a maioria com sementes. A polpa é firme com coloração creme-amarelada, com sabor e aroma acentuado e característico. Há descrição de uma variedade com polpa avermelhada e sabor mais doce. Na Tabela 14.1 estão apresentados dados das características físicas de frutos do araticunzeiro.

Tabela 14.1 Características físicas do fruto araticum.

Medidas	Ribeiro e Pasqual (2005)	Lima-Brito et al. (2006)
Peso (kg)	0,5-4,5	0,836 ± 0,273
Diâmetro Longitudinal (cm)	-	11,79 ± 3,82
Diâmetro transversal (cm)	-	12,2 ± 3,94
Nº de sementes/fruto	-	125 ± 33,95

14.2.2 Buriti (*Mauritia flexuosa* L.)

O buriti (Figura 14.2), denominação tupi-guarani que significa "aquele que contém água", pertence à família Palmae (Arecaceae), sendo considerada a palmeira mais abundante do país. Das 11 espécies disseminadas no Brasil, as mais importantes são *Mauritia flexuosa* L. e *Mauritia vinifera* Mart.

Figura 14.2 Frutos do buritizeiro.

Foto: Lílian Pantoja.

Essa palmeira é encontrada em regiões alagadas e de solo ácido distribuídas pelos estados do Acre, Amazonas, Bahia, Goiás, Mato Grosso, Maranhão, Minas Gerais, Pará, Piauí, Rondônia, São Paulo e Tocantins. De acordo com a localização geográfica, esse fruto recebe vários nomes: buriti, carandá-guaçu, miriti, muriti, palmeira-buriti, palmeira-dos-brejos; buriti-do-brejo, coqueiro-buriti, buritizeiro, muritim, muritizeiro, muruti, carandaguaçu e carandaiguaçu. O período de frutificação do buriti ocorre entre outubro e junho.

O buritizeiro frutifica formando cachos, e seus frutos são bagas piriformes a ovais, com epicarpo revestido de escamas triangulares castanho-vinácea. A polpa do fruto, amarelo-alaranjada e aderida à semente, apresenta sabor adocicado ligeiramente ácido e aroma característico. Esse fruto é constituído por 50% de polpa, 45,2% de sementes e 7,8% de casca. Na Tabela 14.2 estão apresentadas as características físicas do buriti.

Tabela 14.2 Características físicas do fruto do buritizeiro.

Medidas	Pantoja (2006)	Tavares et al. (2003)
Peso (g)	37,20 ± 4,13	32,60
Comprimento (cm)	5,07 ± 0,26	3,70 a 5,30
Largura (cm)	3,71 ± 0,17	3,00 a 5,20

14.2.3 Cagaita (*Eugenia dysenterica* DC.)

A cagaita ou cagaiteira (*Eugenia dysenterica.*) (Figura 14.3) pertence à família das Myrtaceae. É uma árvore frutífera com até dez metros de altura, de tronco e ramos tortuosos, casca grossa, fissurada. Os frutos têm formato globoso, bagáceo, cor amarelo-clara, levemente ácido, epicarpo membranoso. Ocorre no cerradão, no cerrado e em campo sujo do Distrito Federal, bem como em Goiás, Minas Gerais, São Paulo, Tocantins e Bahia. O período de frutificação ocorre de setembro a outubro. Na Tabela 14.3 estão apresentadas as características físicas da cagaita.

Tabela 14.3 Características físicas do fruto cagaita.

Medidas	Silva et al. (2001)	
	Distribuição	Valor médio
Peso do fruto (g)	2,95 a 41,95	12,67
Polpa + Casca (g)	2,03 a 36,03	10,61
Diâmetro longitudinal (mm)	12,00 a 38,06	24,05
Diâmetro transversal (mm)	17,60 a 46,45	28,88
Número de sementes	1 a 6	1,7

Figura 14.3 Cagaita em diferentes estádios de maturação: a) fruto de vez; b) fruto verde; c) fruto maduro caído do pé.

Fonte: ttp://www.biologo.com.br/plantas/cerrado/cagaita.html. **Foto:** Fernando Tatagiba.

14.2.4 Gabiroba (*Campomanesia* spp.)

A gabiroba (*Campomanesia* spp.) (Figura 14.4) pertence à família Myrtaceae, e apresenta 15 espécies nativas do Brasil. Popularmente também é conhecida por gabiroba-do-mato, guabiroba-miúda, guabiroba, guavirova e guavira. É um fruto de ocorrência nas regiões Centro-Oeste e Sudeste do Brasil. O período de frutificação ocorre de setembro a dezembro, podendo estender-se a fevereiro.

Figura 14.4 Frutos de gabiroba do cerrado.

Fonte: http://heltonsaputa.vilabol.uol.com.br/campomanesiapubes_arquivos/image001.jpg.

A planta se desenvolve de forma arbustiva, atingindo até dois metros de altura, muito ramificada e com ramos delgados. Suas folhas são simples, opostas, ovais ou elípticas, membranáceas ou cartáceas, com base aguda à obtusa, apresentando ápice agudo com cerca de quatro centímetros de comprimento e dois centímetros de largura. O fruto é uma baga arredondada, com epicarpo membranoso de coloração que varia do verde ao amarelo. A polpa suculenta é amarelada de sabor ácido e aroma cítrico e agradável. Na Tabela 14.4 estão apresentadas as características físicas da gabiroba.

Tabela 14.4 Características físicas do fruto da gabiroba.

Medidas	Melchior et al. (2006)		Silva et al. (2001)
	Mínimo-Máximo	Maior frequência	
Peso (g)	0,83 a 6,11	2,42	1 a 3
Comprimento (cm)	–	–	1 a 3
Largura (cm)	1,33 a 2,24	1,61	2 a 3

14.2.5 Mangaba (*Hancornia speciosa* Gomez)

A mangaba (*Hancornia speciosa*) (Figura 14.5) pertence à família Apocynaceae e é conhecida popularmente como mangabeira-do-norte e fruta-

-de-doente. O nome mangaba é de origem indígena e significa "coisa boa de comer". Essa fruta é nativa do Brasil e ocorre nas regiões Centro Oeste, Sudeste, Norte e Nordeste, nas áreas de Cerrado, Cerradão e Caatinga. A frutificação ocorre entre outubro e dezembro. Cabe mencionar que a quase totalidade da produção nacional desse fruto se encontra nas áreas de tabuleiros e baixadas litorâneas do Nordeste.

Figura 14.5 Frutos de mangaba.

Fonte: http://www.kurma.net/travel/sa-p4/images/mangaba.jpg.

O fruto é do tipo baga, carnoso com formato variado, geralmente elipsoide ou arredondado. O epicarpo apresenta coloração amarelada ou esverdeada com ou sem pigmentação vermelha. A polpa é cremosa, sucosa, com sabor ligeiramente ácido. Na Tabela 14.5 estão apresentadas as características físicas da mangaba.

Tabela 14.5 Características físicas da mangaba.

Medidas	Souza et al. (2007)	Carvalho et al. (2002)	Araújo et al. (2003)
Peso (g)	25,74 ± 8,37	22,08	14,14 ± 1,16
Comprimento (cm)	3,47 ± 0,44	3,2	2,68 ± 0,05
Largura (cm)	3,83 ± 0,46	3,6	3,34 ± 0,13
Polpa %		81,52	
Polpa + Casca %	84,94		
Semente %	15,06	6,8	
Casca %		10,4	

14.3 DEFINIÇÃO LEGAL

A produção comercial de polpas e sucos de frutas e outros vegetais é regulamentada pelo Ministério da Agricultura, Pecuária e do Abastecimento (MAPA). Assim, de acordo com o Decreto n. 6.871 de 4 de junho de 2009, do MAPA, que regulamenta a Lei n. 8.918 de 14 de julho de 1994, que dispõe sobre a padronização, a classificação, o registro, a inspeção e a fiscalização da produção e comércio de bebidas, têm-se as seguintes definições:

> Polpa de fruta (Art. 19.) é o produto não fermentado, não concentrado, obtido de frutas polposa, por processos tecnológicos adequados, atendido o teor mínimo de sólidos em suspensão.
>
> Suco ou sumo (Art. 18.) é a bebida não fermentada, não concentrada, ressalvados alguns casos específicos, e não diluída, destinada ao consumo, obtida da fruta madura e sã, ou parte do vegetal de origem, por processamento tecnológico adequado, submetida a tratamento que assegure a sua apresentação e conservação até o momento do consumo. O suco não poderá conter substâncias estranhas à fruta ou parte do vegetal de sua origem, excetuadas as previstas na legislação específica. É proibida a adição, em sucos, de aromas e corantes artificiais. O suco que for parcialmente desidratado deverá ser denominado de "suco concentrado". Ao suco poderá ser adicionado açúcar na quantidade máxima fixada para cada tipo de suco, observado o percentual máximo de dez por cento em peso, calculado em gramas de açúcar por cem gramas de suco, tendo sua denominação acrescida pela designação adoçado.
>
> Néctar (Art. 21.) é a bebida não fermentada, obtida da diluição em água potável da parte comestível do vegetal ou de seu extrato, adicionado de açúcares, destinada ao consumo direto.
>
> Refresco ou bebida de fruta ou de vegetal (Art. 22.) é a bebida, não fermentada, obtida pela diluição, em água potável, do suco de fruta, polpa ou extrato vegetal de sua origem, com ou sem adição de açúcares.

Conforme previsto pelo Decreto n. 6.871 e seus Artigos, descritos acima, para a produção e comercialização de polpas, sucos, néctares e refrescos de frutas e outros vegetais há a necessidade de regulamentação técnica que defina os teores adequados dos componentes que caracterizarão cada bebida.

Essa definição leva em consideração as características físicas, químicas e sensoriais de cada fruta ou vegetal e é estabelecida por meio de um Padrão de Identidade e Qualidade (PIQ).

Entre os frutos aqui escolhidos para representar o bioma Cerrado, a mangaba é o único que possui regulamentação específica. Conforme o PIQ para polpas de frutas, atribuído pelo MAPA, na Instrução Normativa n. 1 de 7 de janeiro de 2000, polpa ou purê de mangaba é o produto não fermentado e não diluído, obtido da parte comestível da mangaba (*Hancornia speciosa*), por meio de processo tecnológico adequado. A polpa de mangaba deve obedecer às seguintes características: cor creme ao amarelo, sabor ácido e aroma próprio. Quanto à composição, os limites permitidos estão apresentados na Tabela 14.6.

Tabela 14.6 Limites permitidos pela Instrução Normativa n. 1, de 7 de janeiro de 2000, do MAPA, para polpa de mangaba.

Parâmetros	Mínimo	Máximo
Sólidos solúveis em °Brix, a 20 °C	8,00	–
pH	2,80	–
Acidez total expressa em ácido cítrico (g/100 g)	0,70	–
Açúcares totais naturais da mangaba (g/100 g)	–	10,00
Sólidos totais (g/100 g)	8,50	–

O suco de mangaba é regulamentado pela Instrução Normativa n. 12 de 04 de setemnbro de 2003 que aprova o regulamento técnico para fixação dos Padrões de Identidade e Qualidade gerais para Suco Tropical, atribuído pelo MAPA. De acordo com esse regulamento, o suco tropical de mangaba é a bebida não fermentada, obtida pela dissolução, em água potável, da polpa da mangaba (*H. speciosa*), por meio de processo tecnológico adequado. O suco tropical de mangaba deve obedecer às seguintes características: a cor deve variar de creme a amarela e o sabor e aroma devem ser próprios. Na Tabela 14.7 encontram-se os limites permitidos pela legislação.

Já para o néctar de mangaba não há Padrão de Identidade e Qualidade previsto pela Instrução Normativa n. 12 de 4 de setembro de 2003. No entanto, a mesma Instrução Normativa prevê quantidade mínima de polpa de frutas que não tenham regulamentos técnicos específicos. Nesses casos, deve haver, no mínimo, 30% (m/m) da respectiva polpa compondo o néctar. Exceção se faz para o caso de frutas com acidez ou conteúdo de polpa muito elevado, ou sabor muito forte, em que o conteúdo de polpa no néctar não deve ser inferior a 20% (m/m).

O refresco de mangaba também é regulamentado pelo MAPA. Segundo Instrução Normativa n. 19, de 19 de junho de 2013 que estabelece em todo território nacional a complementação dos padrões de identidade e qualidade para as seguintes bebidas: refresco, refrigerante, bebida composta, chá pronto para consumo e soda, a quantidade mínima em mililitros de suco de fruta, suco de vegetal, polpa de fruta, quantidade de suco de fruta, suco de vegetal, polpa de fruta, extrato padronizado e extrato de fruta para mangaba deve ser de no mínimo 15 mL.

Tabela 14.7 Limites permitidos pela Instrução Normativa n. 12 de 04 de setembro de 2003 do MAPA para suco tropical de mangaba.

Parâmetros	Não adoçado		Adoçado	
	Mínimo	Máximo	Mínimo	Máximo
Polpa de mangaba (g/100 g)	50,00	–	30,00	–
Sólidos solúveis em °Brix, a 20 °C	7,00	–	11,00	–
Acidez total em ácido cítrico (g/100 g)	0,70	–	0,20	–
Açúcares totais (g/100 g)	–	10,00	8,00	–

De acordo com Art. 17 da Instrução Normativa n. 23, de 8 de julho de 2014, o refresco de fruta cuja matéria-prima não conste no Anexo do caput desse artigo nem no Decreto n. 6.871, de 2009, deve conter uma quantidade mínima de 10% v/v (dez por cento volume por volume) de suco ou polpa da fruta.

No Brasil, a classificação e padronização dos sucos e polpas de frutas é estabelecida de acordo com as normas do MAPA. Para a especificação e a elaboração de parâmetros de qualidade e identidade, o órgão leva em consideração as normas técnicas da Agência Nacional de Vigilância Sanitária (Anvisa), o Codex Alimentarius, os padrões internacionais estabelecidos pelo Food and Drug Administration (FDA) americano e a legislação da Comunidade Européia.

Como não há normatização técnica específica nessas legislações para os frutos araticum, buriti, cagaita e gabiroba, o MAPA demanda por estudos nacionais que possam balizar os PIQ. Dessa forma, as bebidas elaboradas a partir desses frutos devem seguir as definições gerais para polpas, sucos, néctares e refrescos estabelecidas pela Lei n. 8.918 de 14 de julho de 1994, do MAPA. A composição de bebidas de frutas (percentual de polpa, °Brix, acidez total titulável e açúcares totais), cuja elaboração não está normatizada, deve ser definida na prática, por meio do desenvolvimento de formulações que cumpram os critérios gerais estabelecidos para cada tipo de bebida e passem por testes de preferência e aceitabilidade.

14.4 COMPOSIÇÃO E VALOR NUTRITIVO

A composição química dos alimentos em nutrientes e substâncias não nutritivas indica seu valor nutricional. Todavia, a proporção em que os nutrientes são utilizados pelo organismo depende de interações químicas absortivas e pós-absortivas. Tais interações dependem da forma química e da quantidade do nutrientes presente no alimento, da presença de outras substâncias químicas, e do estado nutricional do indivíduo.

Embora o reduzido percentual de proteínas presentes nas frutas, e o baixo valor biológico dessas proteínas, visto que são incompletas quanto à composição de aminoácidos, esse tipo de alimento é fonte privilegiada de vitaminas e minerais que ajudam a regular as funções do organismo. Além disso, de modo geral, as frutas contêm pouquíssima gordura.

Os principais macroelementos encontrados nas frutas são o cálcio, o fósforo e o ferro. O cálcio dietético é fundamental para a saúde óssea. Tanto o teor quanto a biodisponilidade do elemento nos alimentos devem ser considerados. As necessidades diárias de cálcio são de 800 mg (MINISTÉRIO DA SAÚDE, 1998; OMS, 2004) para adultos de 25 a 50 anos. Vale ressaltar que a biodisponibilidade de cálcio é variável nos diversos alimentos, aqueles ricos em ácidos fítico e oxálico apresentariam uma menor absorção, enquanto os ricos em carboidratos e vitamina C teriam uma maior absorção. A ingestão diária de fósforo, 800 mg preconizados pela OMS (2004), é de fundamental importância, visto que ele integra a estrutura dos ossos e dentes, atua na contração muscular e participa ativamente do metabolismo de carboidratos. Já a ingestão diária recomendada (IDR) de ferro é de 14 mg (MINISTÉRIO DA SAÚDE, 1998; OMS, 2004).

As principais vitaminas encontradas em frutos são a C (ácido ascórbico), B1 (Tiamina), B2 (Riboflavina), A (Retinol) e a Niacina. Especialistas dos Institutos Nacionais de Saúde (National Institutes of Health) sugerem o aumento das atuais necessidades diárias recomendadas de vitamina C de 60 mg para 100-200 mg por dia. Eles enfatizam que, sempre que possível, a vitamina C deve ser obtida de frutas e vegetais, e que as pessoas podem ingerir a quantidade recomendada comendo cinco porções de frutas e vegetais por dia. A vitamina B1 é necessária em quantidade de 1,5 mg por dia ou 0,5 mg para cada 1.000 kcal ingeridas por dia. Dentre suas funções destaca-se a participação no metabolismo dos glicídios. Quanto maior a atividade física do indivíduo, maior o metabolismo de glicídios e maiores os gastos de vitamina B1. A vitamina B2 possui requisitos diários de 1,7 mg ou 0,44 mg por cada 1.000 kcal ingeridas. Possui funções de regular o metabolismo das proteínas, lipídios e glucídios em nível celular. Suas necessidades são diretamente proporcionais à quantidade de calorias da dieta. A vitamina A, cuja deficiência é responsável pela xeroftalmia, tem papel importante também na proteção da pele e mucosa, além de estar envolvida na capacidade funcional dos órgãos reprodutores. A dose diária recomendada de vitamina A é de 1.000 µg, e pode ter por precursor para sua síntese em humanos o β-caroteno. A Niacina exerce importante papel na regulação metabólica de glicídios, proteínas e ácidos graxos. As doses diárias recomendadas de niacina são de 15 a 20 mg para adultos.

14.4.1 Araticum

A polpa do araticum representa cerca de 55% do peso do fruto e possui baixo valor calórico (52 kcal/100 g). Na sua composição (Tabela 14.8) destaca-se o teor de Niacina (2,67 mg/100 g), o que corresponde, para uma porção de 100 g, a cerca de 25% da dose diária recomendada para crianças entre 1 e 10 anos de idade.

Tabela 14.8 Composição química do araticum, por 100 g.

Parâmetros	Roesler et al. (2007)	Franco (2007)	Villela et al. (2013)
Proteína total (%)	1,80 ± 0,06	0,4	1,38 ± 0,01
Lipídeos (%)	3,22 ± 0,73	1,6	1,39 ± 0,02
Cinzas (%)	0,77 ± 0,01	nd	1,59 ± 0,32
Umidade (%)	67,85 ± 0,59	nd	78,92 ± 2,65
Carboidratos (%)	19,05 ± 1,50	10,30	13,22 ± 2,36
pH	4,8	nd	nd
Acidez (%)	4,66 ± 0,22	nd	0,34 ± 0,03
Fibra solúvel			0,55 ± 0,03
Fibra insolúvel			2,95 ± 0,11
Energia (kcal)	nd	52	70,91 ± 4,28
Cálcio (mg/100 g)	nd	52,0	27,92 ± 4,12
Fósforo (mg/100 g)	nd	24,0	14,76 ± 4,03
Ferro (mg/100 g)	nd	2,30	0,49 ± 0,02
Zinco	nd	nd	0,81 ± 0,02
Tiamina (Vit. B1) (mg/100 g)	nd	0,453	nd
Riboflavina (Vit. B2)(mg/100 g)	nd	0,10	nd
Niacina (mg/100 g)	nd	2,675	nd
Flavonoides (mg/100 g)			63,14 ± 0,58
Vitamina C (mg/100 g)			21,34 ± 3,58
Fenólicos totais (g GAE/Kg ms)*	20,31 ± 3,52	nd	4,24 ± 0,12

*Gramas de ácido gálico equivalente/ Kg de massa seca.

14.4.2 Buriti

O buriti é um fruto calórico, rico em lipídeos (10%), e com considerável teor de proteínas (3%). A polpa do buriti equivale a cerca de 20% do peso do fruto (Tabela 14.9). Destaca-se pelo elevado teor de vitamina A (6.000 µg/ 100 g) (Tabela 14.10), e alto teor de vitamina C (20 mg/100 g). Além disso, possui quantidades consideráveis de Ca, P e Fe, além de quantidade significativa de fibra alimentar. Na Tabela 14.11 encontram-se os valores da composição química da polpa de buriti.

Tabela 14.9 Componentes do fruto do buritizeiro.

Partes do fruto	Chaves e Pechnik (1946, 1949)	FAO (1986)	Altman e Cordeiro (1964)
Fruto íntegro (g)	50	50	40-55
Exocarpo (%)	30	23	23
Mesocarpo (%)	10	21	20,5
Endocarpo (%)	20	12	12
Endosperma (%)	40	44	44,5

Tabela 14.10 Vitamina A (equivalentes de retinol) (µg/100 g) no buriti.

	Chaves e Pechnik (1949)	IBGE (1977)	Rizzini e Mors (1976)	Franco (2007)	Lima (1987)	Mariath et al. (1989)
Mesocarpo	5.000	6.000	nd	6.000	nd	4.104
Óleo do mesocarpo	50.000	nd	50.000	50.000	50.667	nd

Tabela 14.11 Composição química da polpa fresca de buriti (mesocarpo).

Parâmetros	Chaves e Pechnik (1946, 1949)	Bohorquez (1977)	FAO (1986)	Altman e Cordeiro (1964)	Tavares et al. (2003)	Mariath et al. (1989)	Franco (2007)
Energia (kcal)	120,0	143,0	nd	nd	88,4 ± 14,8	145	114,9
Umidade (%)	71,8	72,8	nd	68,0	67,2 ± 2,9	69,6	
Proteínas (%)	2,9	3,0	5,5	5,2	1,5 ± 0,4	1,8	2,95
Lipídeos (%)	10,5	10,5	31,0	26,2	3,8 ± 1,0	8,1	10,50
Extrato livre de N (%)	2,2	12,5	38,0	38,2	12,2 ± 1,3	19,8	2,16
Fibras (%)	11,4	11,4	23,0	27,5	14,0 ± 1,3	9,6	nd
Cinzas (%)	1,2	1,2	2,4	2,9	1,4 ± 0,3	0,7	nd
pH	nd	nd	nd	nd	0,3	nd	nd
Cálcio (mg/100 g)	158,0	113,0	nd	nd	120,1 ± 25,04	nd	158
Fósforo (mg/100 g)	44,0	19,0	nd	nd	nd	nd	44
Ferro (mg/100 g)	5,0	3,5	nd	nd	nd	nd	5
Vit. A (mg/100 g)	30, 0	12,0	30,0	nd	nd	nd	6
Tiamina (Vit. B1)(mg)	nd	0,3	0,1	nd	nd	nd	0,03
Riboflavina (Vit. B2) (mg/100 g)	nd	0,23	nd	nd	nd	nd	0,23
Niacina (mg/100 g)	nd	0,7	nd	nd	nd	nd	0,7
Ácido ascórbico (Vit. C) (mg/100 g)	50,5	26,0	52,5	nd	19,8 ± 0,8	nd	20,8

14.4.3 Cagaita

A cagaita é um fruto ácido, com 90% de suco. Com baixíssima caloria, a cagaita destaca-se pelo seu elevado teor de vitamina C (72 mg/100 g) (Tabela 14.12), quantidade em 100 g de suco superior à dose diária recomendada para adultos.

Tabela 14.12 Composição química da cagaita.

Parâmetros	Roesler et al. (2007)	Franco (2007)
	Polpa + Casca	
Proteína total (%)	2,09 ± 0,48	nd
Lipídeos (%)	0,32 ± 0,07	nd
Cinzas (%)	0,23 ± 0,04	nd
Umidade (%)	89,71	nd
Açúcares totais (%)	20,47 ± 0,59	nd
pH	2,8	nd
Acidez (% ácido cítrico)	26,4 ± 0,20	nd
Retinol (ug/100 g)	nd	0,0
Riboflavina (Vit. B1) (mg/100 g)	nd	0,421
Niacina (mg/100 g)	nd	0,37
Ácido ascórbico (Vit. C) (mg/100 g)	nd	72

Após o processamento da cagaita para produção de polpa e refresco, há oxidação continuada da vitamina C do fruto, mesmo armazenada sob refrigeração (Tabela 14.13).

Tabela 14.13 Características físico-químicas da polpa e refresco de cagaita com diferentes tempos de armazenamento.

Parâmetros	Polpa		Refresco	
	Tempo (meses) –18 °C		Tempo (horas) 5 °C	
	0	4	0	24
Umidade (g/100 g)	95,00 ± 0,05	94,33 ± 0,13	–	–
Acidez titulável (mL/g)	10,01 ± 0,05	8,66 ± 0,56	3,06 ± 0,09	3,49 ± 0,15
pH	3,06	3,17	3,18	3,15
Sólidos solúveis (°Brix)	7,00	7,00	11,50	12,00
Vit. C (mg/100 g)	26,97 ± 0,23	17,88 ± 3,84	18,22 ± 1,68	7,98 ± 2,16

Fonte: Silva et al. (2008).

14.4.4 Gabiroba

A gabiroba é fruto de baixo valor calórico. Destaca-se pelo elevado valor de vitamina C (Tabela 14.14).

Tabela 14.14 Composição química da polpa da gabiroba.

Parâmetros	Vallilo et al. (2006)	Franco (2007)
Umidade a 105 °C	75,9 ± 0,1	82,8
Resíduo mineral fixo a 550 °C	0,45 ± 0,01	0,7
Lipídios %	1,5 ± 0,0	1,0
Carboidratos totais %	11,6 ± 0,3	13,90
Proteínas %	1,6 ± 0,1	1,60
Fibra alimentar %	9,0 ± 0,0	0,8
Ácido ascórbico (mg/100 g)	234 ± 2	33,0
Riboflavina (mg/100 g)	0,17 ± 0,01	0,04
Retinol (µg/100 g)	nd	30,0
Niacina (mg/100 g)	nd	0,5
Tiamina (mg/100 g)	nd	0,04
ATT (% em ácido cítrico)	1,2 ± 0,1	nd
pH em solução aquosa	4,3 ± 0,1	nd
Valor calórico (kcal/100 g)	66,3 ± 0,6	64
Óleo essencial, % (v/p).	0,06	nd
Cálcio (mg/100 g)	16,5 ± 0,1	38,0
Fósforo (mg/100 g)	17,0 ± 0,3	30,0
Ferro (mg/100 g)	1,13 ± 0,05	3,2

14.4.5 Mangaba

A Mangaba é fruto de baixo valor calórico e destaca-se pelo elevado teor de vitamina C (Tabela 14.15). Na Tabela 14.16 encontra-se valores da composição química do néctar de mangaba.

Tabela 14.15 Composição química da mangaba.

Parâmetros	Carvalho et al. (2002)	Macedo et al. (2003)	Souza et al. (2007)	Franco (2007)	Moura (2005)
Umidade (%)	nd	80,79	nd	nd	nd
Proteínas (%)	nd	0,72	nd	0,70	nd
Lipídeos (%)	nd	0,88	nd	0,30	nd
Cinzas (%)	nd	0,29	nd	nd	nd
Carboidratos (%)	nd	17,74	nd	10,50	nd
pH	3,6	nd	2,99	nd	3,04
Acidez total titulável (% ác. cítrico)	1,48	1,67	1,77	nd	1,70
SST (°Brix)	13,8	17,63	17,23	nd	19,07
Açúcar redutor (%)	7,4	nd	8,94	nd	6,08
Ácido ascórbico (mg/100 g)	103,5	nd	160,4	33,0	223,28
Retinol (µg/100 g)	nd	nd	nd	30	nd
Tiamina (µg/100 g)	nd	nd	nd	40	nd
Riboflavina (µg/100 g)	nd	nd	nd	40	nd
Niacina (mg/100 g)	nd	nd	nd	0,5	nd
Energia (kcal/100 g)	nd	80,06	nd	47,5	nd
Açúcares solúveis totais (%)	9,3	nd	16,8	nd	10,57
Fenólicos totais (%)	nd	0,37	nd	nd	nd
Cálcio (mg/100 g)	nd	nd	nd	41	nd
Fósforo (mg/100 g)	nd	nd	nd	18	nd
Ferro (mg/100 g)	nd	nd	nd	2,8	nd

Tabela 14.16 Características físico-químicas do néctar de mangaba formulado com 30% de polpa.

Parâmetros	Valores médios ± DP
Sólidos solúveis totais (°Brix)	14,10 ± 0,17
Acidez (%)	0,46 ± 0,02
°Brix/Acidez	30,7
Vitamina C (mg/100 g)	47,27 ± 4,40
pH	3,19 ± 0,01
Açúcares totais (%)	14,09 ± 0,32
Açúcares redutores (%)	3,88 ± 0,12

Fonte: Souza Filho et al. (2002).

14.5 ADITIVOS

Segundo a Portaria n. 540, de 27 de outubro de 1997, da Agência de Vigilância Sanitária e Ministério da Saúde - SVS/MS, o termo aditivos alimentar é definido como qualquer ingrediente adicionado intencionalmente aos alimentos, sem propósito de nutrir, com o objetivo de modificar as características físicas, químicas, biológicas ou sensoriais, durante a fabricação, processamento, preparação, tratamento, embalagem, acondicionamento, armazenagem, transporte ou manipulação de um alimento. Ao agregar-se poderá resultar em que o próprio aditivo ou seus derivados se convertam em um componente de tal alimento. Esta definição não inclui os contaminantes ou substâncias nutritivas que sejam incorporadas ao alimento para manter ou melhorar suas propriedades nutricionais.

Alguns aditivos têm ação não apenas sobre microrganismos, mas também sobre a atividade enzimática, inibindo ou retardando sua ação como no escurecimento enzimático. Entre os vários aditivos podemos citar, como exemplo, o dióxido de enxofre (SO_2), um antioxidante cujo uso, de acordo com a legislação estabelecida pelo MS/ Anvisa. (RDC n. 8, de 6 de março de 2013) é limitado, sendo permitidas doses máximas para produtos de fruta de 0,005%. A ação conservante é devida às moléculas de H_2SO_3 não dissociadas (formadas quando SO_2 ou bissulfito são dissolvidos em água), assim pHs baixos favorecem seu uso. Alguns aditivos utilizados como conservantes são utilizados de forma associada com baixas temperaturas, ação que ajuda a prolongar a vida útil de produtos como sucos processados.

Conservantes como ácido benzoico, ácido sórbico e, em menor medida, o CO_2 podem ser utilizados individualmente ou sinergicamente. No Tabela 14.17 encontram-se listados alguns aditivos utilizados em sucos.

Tabela 14.17 Preservativos e aditivos comuns em sucos.

Substâncias	Função
Dióxido de enxofre	Retarda a atividade microbiana e enzimática
Benzoato	Atividade antimicrobiana (pH <4,5)
Sorbato	Atividade antimicrobiana (pH <6,5)
Dióxido de carbono	Redução de pH e atmosfera anaeróbica
Ácido ascórbico	Retarda o escurecimento enzimático
Dimetilpirocarbonato	Atividade antimicrobiana

No Regulamento Técnico Geral para fixação dos PIQ para polpa de fruta estabelecidos na Instrução Normativa n. 1, de 7 de janeiro de 2000, a polpa de fruta destinada à industrialização de outras bebidas, e não destinada ao consumo direto, poderá ser adicionada de aditivos químicos previstos para a bebida a que se destina. Na polpa de fruta poderão ser adicionados acidulantes como reguladores de acidez, conservadores químicos e corantes naturais, nos mesmos limites estabelecidos para sucos de frutas, ressalvados os casos específicos. Segundo a Instrução Normativa n. 12, de 4 de setembro de 2003, para suco de frutas podem ser utilizados os aditivos aprovados pela legislação específica para sucos de frutas.

Um aditivo a destacar, por se tratar de um dos mais utilizados na indústria de alimentos, é o ácido cítrico. Trata-se de um ácido tricarboxílico, relativamente barato, que apresenta versatilidade e inocuidade. Tem ação acidulante, ou seja, é capaz de comunicar ou intensificar o gosto ácido dos alimentos.

Ressalta-se que todos os aditivos a serem empregados em alimentos devem ser utilizados obedecendo aos limites estabelecidos na legislação vigente para cada produto.

14.6 MICROBIOLOGIA

Entre os diversos parâmetros que determinam a qualidade de um alimento, os mais importantes são aqueles que definem as características microbiológicas. O desenvolvimento microbiano nos alimentos é condicionado por diversos fatores, como a temperatura e umidade relativa, denominados fatores extrínsecos, e por fatores intrínsecos, sendo os principais a atividade da água, o pH, o potencial redox e a composição química do alimento. As frutas apresentam uma microbiota natural extremamente variável, e condições adequadas ao desenvolvimento de bactérias, bolores ou leveduras.

A manutenção dos atributos qualitativos sensoriais, nutricionais e, sobretudo, da segurança microbiológica é um dos quesitos importantes na qualidade de sucos e polpas de frutas. A qualidade microbiológica dos alimentos em geral é fundamental, uma vez que deles dependerão o atendimento aos Padrões de Identidade e Qualidade, o que possibilitará ou não a sua comercialização.

A contaminação de polpas e bebidas de frutas geralmente é decorrente da exposição do fruto *in natura* ou das formas processadas a microrganismos presentes nos ambientes de colheita, armazenamento, transporte e processamento. Frutos coletados após caírem ao chão apresentam maior carga microbiana aderida à casca e, portanto, maior susceptibilidade à contaminação no processamento. Frutos íntegros são praticamente estéreis em seu interior, no entanto, rupturas e lesões na casca os tornam suscetíveis à contaminação. A higienização dos equipamentos e utensílios empregados no processamento e as condições higiênico-sanitárias dos manipuladores são fundamentais para obtenção de produtos com boa qualidade microbiológica.

A Anvisa, por meio do Regulamento Técnico sobre padrões microbiológicos para alimentos, instituídos na resolução RCD n. 12, de 2 de janeiro de 2001, estabelece que os limites microbiológicos para polpa de frutas concentradas ou não, com ou sem tratamento térmico, refrigeradas ou congeladas é de 10^2 coliformes por grama de polpa a 45 °C. Para refrescos, sucos e néctares adicionados ou não de conservadores, congelados ou não, não deve existir crescimento de coliformes em 50 mL do produto a

35 °C; para os sucos concentrados adicionados ou não de conservadores, congelados ou não, além de estarem ausentes de coliformes a 35 °C/50 mL, devem ainda, estar ausentes de *Salmonella sp.*/25 mL; para os sucos desidratados, incluindo açaí e similares (buriti), devem apresentar no máximo 20 NMP de Coliformes a 35 °C/g e ausência de *Salmonella sp.*/25mL; para os sucos e refrescos *in natura*, incluindo água de coco, caldo de cana, suco de açaí e similares, isolados ou em misturas, devem apresentar no máximo 10^2 NMP de Coliformes a 45 °C/mL e ausência de *Salmonella sp.*/25mL.

O MAPA regulamenta os Padrões de Identidade e Qualidade para Polpa de Fruta na Instrução Normativa N. 1, de 7 de janeiro de 2000, que normatiza os limites máximos microbiológicos, em que a soma de bolores e leveduras máxima deve ser de 5×10^3/g para polpa *in-natura*, congelada ou não, e de 2×10^3/g para polpa conservada quimicamente e/ou que sofreu tratamento térmico; coliforme fecal: máximo 1/g e *Salmonella*: ausente em 25 g.

14.7 PROCESSAMENTO

O processamento é uma forma de preservar ou prolongar o tempo de consumo de determinados alimentos. Além disso, tal prática permite disponibilizar determinados alimentos por um período de tempo mais longo, evitando a escassez de matéria-prima decorrente da sazonalidade ou entressafra.

Para garantir a qualidade da matéria-prima a ser processada, e a conformidade do produto à legislação vigente, alguns cuidados devem ser tomados. Segundo a Instrução Normativa n. 1 de 7 de janeiro de 2000, do MAPA, processos para o preparo de polpas e sucos devem ser conduzidos com frutas sãs, limpas, isentas de matéria terrosa, de parasitas e detritos de animais ou vegetais. Não deverão conter fragmentos das partes não comestíveis da fruta, nem substâncias estranhas à sua composição normal. Devem-se também observar as características microscópicas, como ausência de sujidades, parasitas e larvas. Segundo a mesma Instrução Normativa, as características físicas, químicas, sensoriais e microbiológicas deverão ser as provenientes do fruto de sua origem, observando-se os limites mínimos e máximos fixados para cada polpa de fruta e sucos, previstos na legislação vigente. Essas características não deverão ser alteradas pelos equipamentos, utensílios, recipientes e embalagens utilizadas durante o seu processamento e comercialização. Para tanto, a colheita, que depende das características e particularidades de cada fruto, deverá levar em consideração características como o grau de maturação e o padrão respiratório de amadurecimento (climatérico ou não climatérico). Tais elementos influenciam na qualidade do produto final. Frutos maduros melhoram a coloração da polpa e do suco. De forma geral, os frutos coletados antes da queda natural ao chão apresentam melhor qualidade por não sofrem rachaduras ou esmagamento e, portanto, apresentarem menor susceptibilidade a contaminação microbiana e ausência de sujidades decorrentes do contato com o solo.

O **araticum** pode ser colhido diretamente na árvore quando apresentar casca com coloração marrom e sinais de abertura na casca, ou após sua queda ao solo. A coleta no pé evita o esfacelamento do fruto e o consequente ataque de insetos, ou a exposição da polpa a microrganismos do solo. O **buriti** é coletado após sua queda ao solo, o que ocorre quando maduro, facilitando a retirada das escamas, normalmente aderidas à polpa do fruto. Se colhidos no cacho, os frutos devem ser imersos em água ou colocados em sacos plásticos, mantidos em ambiente fechado durante alguns dias, para amolecimento da polpa. Na indústria, podem-se usar câmaras climatizadas para o amadurecimento adequado do fruto. A **cagaita e gabiroba**, frutos com epicarpo delicado, são coletadas diretamente do pé. A colheita da mangaba pode ser realizada com o fruto ainda na planta, quando a cor do epicarpo mudar a tonalidade de verde para amarelo claro, ou após caírem ao chão. No entanto, considerando seu alto grau de perecibilidade, é recomendado realizar a coleta quando os frutos estiverem semimaduros. Após serem colhidos, os frutos devem ser lavados abundantemente para eliminação do látex, após 48 a 72 horas estarão maduros.

No **transporte** dos frutos até a unidade processadora devem ser consideradas suas características morfológicas. A forma como é realizado o transporte influencia na qualidade do fruto e, consequentemente, do produto a ser elaborado. Frutos com epicarpo delicado, como a **cagaita**, ou moles, como o **araticum**, devem ser transportados cuidadosamente para evitar seu rompimento ou esmagamento. Destacam-se que nessa operação fatores como o tempo de transporte e a temperatura, que podem afetar a qualidade do fruto. O transporte deve ser realizado, preferencialmente, nos horários de temperaturas mais amenas. O manuseio dos frutos deve ser realizado cuidadosamente, a fim de evitar choques mecânicos.

Embora existam pequenas diferenças e intervenções no processamento de frutos para a obtenção de polpas, decorrentes das peculiaridades de cada fruto, pode-se sintetizar as etapas do processo conforme mostrado na Figura 14.6.

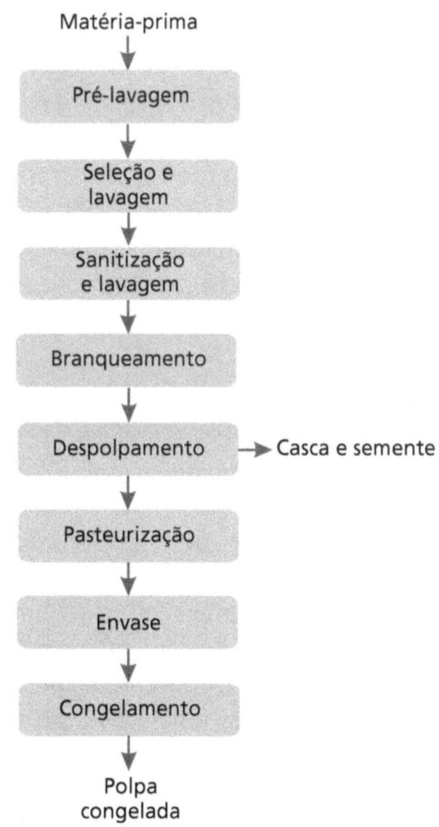

Figura 14.6 Processamento de frutas do Cerrado para obtenção de polpa.

Para manter a qualidade dos produtos durante o processamento deve-se seguir criteriosamente os princípios básicos de higiene. Para tanto, é necessário o emprego de luvas de procedimento, máscaras, touca e bata manga longa.

A **seleção** de frutos é uma etapa importante que visa melhorar a qualidade do produto. Nessa etapa, sujeiras visíveis e não visíveis serão removidas. De modo geral, os frutos passam por uma **pré-lavagem** a qual tem por objetivo eliminar as sujeiras mais grosseiras decorrentes da colheita (principalmente em frutos coletados no chão) e do transporte, e permitir uma melhor visualização dos defeitos das frutas durante o processo de seleção. Os frutos são imersos em água, a qual facilita o amolecimento das sujeiras aderidas a sua superfície e a remoção de partes de folhas. Na seleção, são eliminados os frutos estragados, aqueles em estádio de maturação avançado ou ainda verdes. Frutos com baixa qualidade influenciam nas propriedades do produto final.

Após a seleção deve-se realizar a **lavagem** e a **sanitização**, seguida de uma nova **lavagem**. A água utilizada deve ser de boa qualidade. A sanitização pode ser realizada com água clorada, cuja concentração e o tempo de contato, deverão ser definidos levando-se em consideração algumas particularidades do fruto como o tipo de epicarpo; coleta dos frutos; frutos sem pedúnculo com parte do endocarpo exposto. Após o uso de água clorada, os frutos devem ser lavados novamente a fim de eliminar o cloro residual livre. O excesso de cloro pode ser eliminado também por aspersão, a qual é feita através de bicos atomizadores que pulverizam a água tratada sobre as frutas.

O **branqueamento** é um tratamento térmico geralmente aplicado a frutas e hortaliças com a principal finalidade de inativar enzimas responsáveis por escurecimento, sabor desagradável e alteração na textura do alimento, e ainda eliminar parcialmente possíveis microrganismos. O tempo e a temperatura de branqueamento são aplicados de acordo com as características de cada fruto.

A **despolpa**, em geral, ocorre retirando-se a casca e a semente. O processo de extração da polpa também é realizado de acordo com o tipo de fruto:

- **Araticum** – abre-se a fruta, separam-se os gomos e retira-se a polpa que cobre as sementes, com auxílio de uma faca ou uso de processador de alimentos.
- **Buriti** – os frutos que apresentarem as escamas (casca) aderidas à polpa devem ser imersos em água e deixados por um período de até 12 horas para amolecer o fruto (epicarpo e mesocarpo). Cabe mencionar que quanto maior o grau de maturação menor o tempo de imersão em água. Outra forma empregada é colocar os frutos em sacos plásticos fechados e deixá-los por um período de 48 a 96 horas. A polpa geralmente é retida com auxílio de faca ou colher.
- **Cagaita** e **gabiroba** – a despolpa pode ser realizada macerando os frutos e pressionando-os sobre uma peneira onde ficarão retidas a casca e as sementes.
- **Mangaba** – os frutos maduros apresentam casca muito fina e a polpa mole, sendo assim o processo de despolpa é realizado macerando-se o fruto e, em seguida, passando em peneira.

Em todos os casos citados anteriormente, a polpa pode ser extraída em despolpadeiras, principalmente quando se trabalha na escala industrial ou semi-industrial.

A **pasteurização** é um tratamento térmico que elimina grande parte da flora microbiana existente no alimento e que permite preservar as principais características, como cor, sabor e aroma próprios da fruta. Geralmente a temperatura aplicada para a polpa é de 90 ± 2 °C por 60 segundos.

O **envase** artesanal da polpa deve ser feito em saquinhos plásticos seguindo os princípios básicos de higiene. O **armazenamento** deve ser feito sob congelamento (–18 °C).

De modo geral, as etapas de obtenção de suco, néctar ou refresco podem ser descritas como apresentado na Figura 14.7.

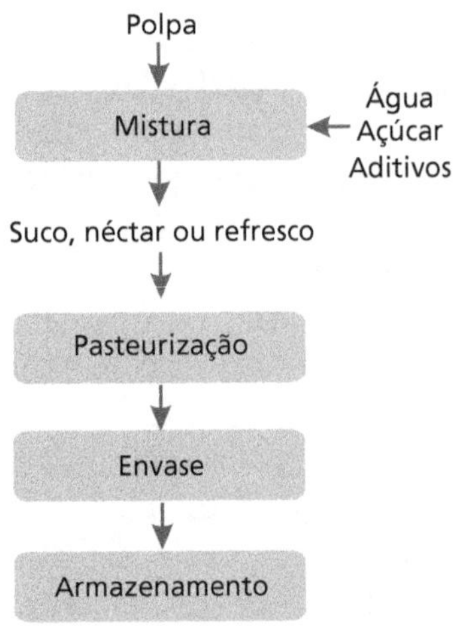

Figura 14.7 Processamento geral de frutas do Cerrado para obtenção de suco, néctar e refresco.

Não existe regulamentação específica para o fabrico de polpas, sucos, néctares e refrescos de araticum, buriti, cagaita e gabiroba. No entanto a Instrução Normativa N. 12 do MAPA, de 4 de setembro de 2003, estabelece que o suco tropical, cuja quantidade mínima de polpa de uma determinada fruta não tenha sido fixada em Regulamento Técnico específico, deve conter um mínimo de 50% (m/m) da respectiva polpa, ressalvado o caso de fruta com acidez alta ou conteúdo de polpa muito elevado ou sabor muito forte que, neste caso, o conteúdo de polpa não deve ser inferior a 35% (m/m). No caso do néctar, a mesma Instrução Normativa estabelece que a quantidade mínima de polpa de uma determinada fruta que não tenha sido fixada em Regulamento Técnico específico deve ser de, no mínimo, 30% (m/m) da respectiva polpa, ressalvado o caso de fruta com acidez ou conteúdo de polpa muito elevado ou sabor muito forte e, neste caso, o conteúdo de polpa não deve ser inferior a 20% (m/m). Dessa maneira o preparo de polpas, sucos, néctares e refrescos dos frutos avaliados, com exceção da mangaba deverão atender a normas gerais.

Na elaboração artesanal do suco de araticum, utiliza-se a proporção de uma xícara e meia de polpa de araticum (300 g) para três xícaras de água (720 mL) e uma xícara de açúcar (180 g). Essa relação mássica garante um suco com 25% de polpa. Considerando a Instrução Normativa N. 12 do MAPA, de 4 de setembro de 2003, esse produto pode ser considerado como néctar.

A elaboração artesanal de refresco de buriti, chamado de "vinho de buriti" na região da Amazônia brasileira, utiliza 250 g de polpa de buriti e 90 g açúcar para um litro de água.

O refresco artesanal de cagaita utiliza a proporção de uma xícara e meia de polpa de cagaita (330 g), três xícaras de água (720 mL) e uma xícara de açúcar (180 g). No processamento de refresco de cagaita (Figura 14.8), os frutos passam pelas etapas características de seleção e lavagem, são centrifugados em processador de alimentos, e, em seguida, passados em uma peneira. A polpa obtida é utilizada na proporção de 2,5:1 (água:polpa), adicionada de 10% de açúcar.

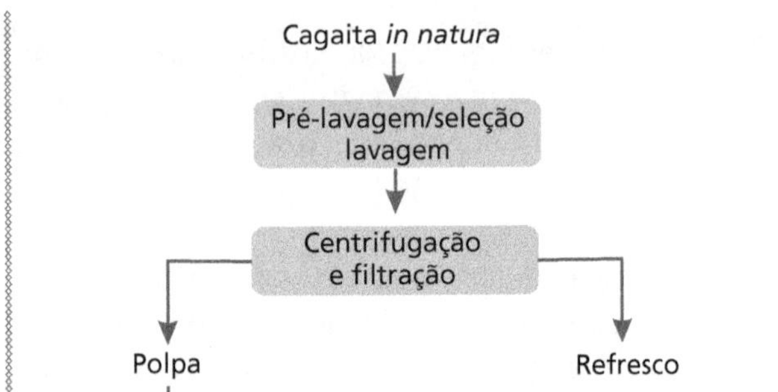

Figura 14.8 Fluxograma de obtenção de polpa e refresco de cagaita (*Eugenia dysenterica*).

Fonte: Silva et al. (2008).

O refresco de mangaba deve ser elaborado segundo a legislação, que estabelece o uso de 15% (v/v) de polpa com no mínimo 7 °Brix e 0,15% de acidez titulável em ácido cítrico.

O Néctar de mangaba não possui normatização específica. Pesquisa de elaboração e aceitabilidade para produção de néctar de mangaba chegou a formulação com 30% de polpa e adição de açúcar na quantidade suficiente para atingir 14 °Brix.

BIBLIOGRAFIA

BRASIL. Ministério da Agricultura, Pecuária e Abastecimento. Decreto n. 6871 de 4 de junho de 2009, que regulamenta a Lei n. 8.918 de 14 de julho de 1994, que dispõe sobre a padronização, a classificação, o registro, inspeção, a produção e a fiscalização de bebidas. Disponível em: <http://www.agricultura.gov.br>. Acesso em: 11 maio 2015.

BRASIL. Ministério da Agricultura, Pecuária e Abastecimento. Instrução Normativa n. 1, de 7 de janeiro de 2000. Regulamento técnico geral para fixação dos Padrões de Identidade e Qualidade para polpa de fruta. Disponível em: <http://www.agricultura.gov.br>. Acesso em: 12 abr. 2014.

BRASIL. Ministério da Agricultura, Pecuária e Abastecimento. Instrução Normativa n. 12, de 4 de setembro de 2003. Regulamento técnico para fixação dos Padrões de Identidade e Qualidade Gerais para Suco Tropical. Disponível em: <http://www.agricultura.gov.br>. Acesso em: 12 abr. 2014.

BRASIL. Ministério da Agricultura, Pecuária e Abastecimento. Instrução Normativa n. 23, de 8 de julho de 2014 que dispõe a Lei n. 8.918 de 14 de julho de 1994, no Decreto 1, de 4 de junho de 2009. Disponível em: <http://www.agricultura.gov.br>. Acesso em: 29 nov. 2014.

BRASIL. Ministério da Agricultura, Pecuária e Abastecimento. Instrução Normativa n. 17, de 19 de junho de 2013 que dispõe a Lei n. 8.918 de 14 de julho de 1994, no Decreto 1, de 4 de junho de 2009. Disponível em: <http://www.agricultura.gov.br>. Acesso em: 29 nov. 2014.

BRASIL. Ministério da Agricultura, Pecuária e Abastecimento. Instrução Normativa n. 19, de 19 de junho de 2013 que dispõe a Lei n. 8.918 de 14 de julho de 1994, no Decreto 1, de 4 de junho de 2009. Disponível em: <http://www.agricultura.gov.br>. Acesso em: 29 nov. 2014.

BRASIL. Ministério da Saúde. Secretária de Vigilância Sanitária. Portaria n. 540, de 27 de outubro de 1997 que aprova o regulamento técnico: aditivos alimentares – definições, classificação e emprego. Disponível em: < http://www.anvisa.gov.br/alimentos/legis/especifica/aditivos.htm>. Acesso em: 18 nov. 2014.

BRASIL. Ministério da Saúde. Secretária de Vigilância Sanitária. Resolução – RDC n. 8, de 6 de março de 2013 que dispõe sobre a aprovação de uso de aditivos alimentares para produtos de frutas de vegetais e geleia de mocotó. Disponível em: <http://www.anvisa.gov.br/alimentos/legis/especifica/aditivos.htm>. Acesso em: 18 nov. 2014.

Brasil. Ministério da Saúde. Ingestão Diária Recomendada (IDR) para adultos, portaria n. 33, de 13 de janeiro de 1998, da Secretaria de Vigilância Sanitária. Disponível em: <http://e-legis.anvisa.gov.br/leisref/public/showAct.php?id=66&word=>. Acesso em: 20 jun. 2008.

BRASIL. Ministério da Saúde. Portaria 451, de 19 de setembro de 1997, que aprova o regulamento técnico de princípios gerais para o estabelecimento de critérios e padrões microbiológicos para alimentos. **Diário Oficial da República Federativa do Brasil**, Brasília, DF, 22 set. 1997. p. 2005.

BUENO, S. M. et al. Avaliação da qualidade de polpas de frutas congeladas. **Revista Instituto Adolfo Lutz**, São Paulo, v. 62, n. 2, p. 121-126, 2002.

CASTRO, A. Buriti Related species description and phenology distribution, abundance and ecology uses and economic potential. Collection methods and yields propagation and cultivation methods. Research contacts. Disponível em: <http://www.fao.org/docrep/V0784E/v0784e0c.htm. Acesso em: 03 jul. 2008.

CAVALCANTE, T. R. M. et al. Diferentes ambientes e substratos na formação de mudas de araticum. **Revista Brasileira Fruticultura**, Jaboticabal, v. 30, n. 1, p. 235-240, 2008.

CLAY, J. W.; CLEMENT, C. R. (Coord.). **Selected species and strategies to enhance income generation from Amazonian forests.** Food and Agriculture Organization of United Nations – FAO, 1993. Disponível em: <http://www.fao.org/docrep/V0784E/v0784e00.htm#Contents>. Acesso em: 26 ago. 2008.

CORLETT, P. A., Jr.; BROWN, M. H. pH and acidity. In: INTERNATIONAL COMMISSION ON MICROBIOLOGICAL SPECIFICATIONS FOR FOODS. **Microbial ecology of foods:** factors affecting life and death of microorganisms. New York: Academic Press, 1980, v. 1, p. 92-111.

EPSTEIN, L. Mangaba: coisa boa de comer. **Bahia Agrícola**, v. 6, n. 2, p. 1-22, 2004.

FRANCO, B. D. G. M.; LANDGRAF, M. **Microbiologia de alimentos.** São Paulo: Atheneu, 1996. 182p.

FRANCO, G. **Tabela de composição química dos alimentos.** 9. ed. São Paulo: Atheneu, 2007. 307p.

GAVA, A. J. Processamento asséptico de suco de frutas. **Alimentação**, São Paulo, v. 76, n. 1, p 32-37, 1985.

IBGE. **Produção da extração vegetal e da silvicultura**. Rio de Janeiro, 2012, v. 27, p. 1-54.

INTEC. Assessoria e Consultoria em Gestão Estratégica. **Estudo de Viabilidade técnica e econômica para a abertura de uma agroindústria de polpas de frutas no município de Aimorés-MG.** Viçosa, 2005. 103p.

LEITÃO, M. F. de F. Microbiologia de sucos, polpas e produtos ácidos. In: SOLER, M. P. et al. **Industrialização de frutas.** Campinas: Instituto de Tecnologia de Alimentos, 1991, p. 3352. (Manual Técnico, 8).

LIMA-BRITO, A. et al. Morfologia de fruto, semente e plântula de três espécies de *Annona* (Annonaceae). Sitientibus. **Série Ciências Biológicas**, Feira de Santana – BA, v. 6, n. 2, p. 119-128, 2006.

MACHADO, L. de L. et al. Seleção de matrizes e clones de mangabeira para o cultivo *in vitro*. **Pesquisa Agropecuária Brasileira**, Brasília, v. 39, n. 5, p. 431-435, 2004.

MARIATH, J. G. R. et al. Vitamin A activity of buriti *(Mauritia vinifera* Mart) and its effectiveness in the treatment and prevention of xerophthalmia. **American Journal of Clinical Nutrition**, Houston, n. 49, p. 849-53, 1989.

MELCHIOR, S. J. et al. Colheita e armazenamento de sementes de gabiroba (*Campomanesia adamantium* Camb. – *Myrtaceae*) e implicações na germinação. **Revista Brasileira de Sementes**, Brasília, v. 28, n. 3, p. 141-150, 2006.

Organização Mundial da Saúde. **Manual das necessidades nutricionais humanas**. São Paulo: Atheneu, 2004. 69p.

PANTOJA, L. **Seleção e aproveitamento biotecnológico de frutos encontrados na Amazônia para elaboração de bebida alcoólica fermentada utilizando leveduras imobilizadas**. 2006. 196f. Tese (Doutorado em Biotecnologia) – Universidade Federal do Amazonas, Manaus, 2006.

RIBEIRO, M. N. O.; PASQUAL, M. **Tecnologia da produção do marolo**. **Boletin de Extensão**. Lavras, Ano XI, n. 129. 2005. 53p. Disponível em: < http://www.editora.ufla.br/BolExtensao/pdfBE/bol_104.pdf>. Acesso em: 20 jun. 2008.

ROESLER, R. et al. Antioxidant activity of *Annona crassiflora*: Characterization of major components by electrospray ionization mass spectrometry. **Food Chemistry**, Oxford. v. 104, p. 1048-1054, 2007.

ROESLER, R. et al. Atividade antioxidante de frutas do cerrado. **Ciência e Tecnologia de Alimentos**, Campinas, v. 27, n. 1, p. 53-60, 2007.

ROSA, O. O.; CARVALHO, E.P. Características microbiológicas de frutos e hortaliças minimamente processados. **Boletim da SBCTA**, Campinas, v. 34, n. 2, p. 84-92, 2000.

RUIZ, R. et al. Industrialización primaria del aguaje (*Mauritia flexuosa* l. f.) en Iquitos (Perú). **Folia Amazónica**, Iquitos, v. 12, n. 1-2, p. 107, 2001.

SETE ERVAS ARTIGOS PARA HORTA E JARDIM. **Araticunzeiro**. Sorocaba. Disponível em: <http://www.seteervas.com.br/download/SeteErvas_Araticunzeiro.pdf>. Acesso em: 14 jun. 2008.

SILVA JUNIOR, J. F. A cultura da mangaba. **Revista Brasileira Fruticultura**, Jaboticabal, v. 26, n. 1, p. 1-192, 2004.

SILVA, M. R.; SANTOS JÚNIOR, R. T. de O.; FERREIRA, C. C. da C. Estabilidade da vitamina c em cagaita *in natura* e durante a estocagem da polpa e refresco. **Pesquisa Agropecuária Tropical**, Goiânia-GO, v. 38, n. 1, p. 53-58, 2008.

SILVA, N.; JUNQUEIRA, V. C. A.; SILVEIRA, N.F.A. **Manual de métodos de análise microbiológica de alimentos**. São Paulo: Varela, 2001. 317p.

SILVA, R. S. M.; CHAVES, L. J.; NAVES, R. V. Caracterização de frutos e árvores de cagaita (*Eugenia dysenterica* dc.) no sudeste do estado de Goiás, Brasil. **Revista Brasileira Fruticultura**, Jaboticabal, v. 23, n. 2, p. 330-334, 2001.

SIQUEIRA, R. S. de; BORGES, M. de F. Microbiologia de frutas e produtos derivados. In: TORREZAN, R. (Coord.). **Curso de processamento de frutas**. Rio de Janeiro: Embrapa, CTAA, 1997, p. 2-13.

SOARES JÚNIOR, M. S.; VERA, M. C. R.; MELO, C. S. Filmes plásticos e ácido ascórbico na qualidade de araticum minimamente processado. **Ciência Rural**, Santa Maria, v. 37, n. 6, p. 1779-1785. 2007.

SOARES, F. P.; et al. Cultura da mangabeira (*Hancornia speciosa* Gomes). **Boletim Agropecuário.** UFLA, Lavras, MG, n. 67, p. 1-12. Disponível em: <http://www.editora.ufla.br/BolTecnico.htm>. Acesso em: 03 jul. 2008.

SOUSA, C. da S. et al. Descrição botânica e correlações entre caracteres relacionados a folhas e frutos de mangabeiras nativas da Bahia. **Magistra**, Cruz das Almas, BA, v. 19, n. 4, p. 386-392, out./dez. 2007.

SOUZA FILHO, M. de S. M. de et al. Avaliação físico-química e sensorial de néctares de frutas nativas da região Norte e Nordeste do Brasil: Estudo exploratório. **Brazilian Journal of Food Technology**, Campinas, v. 5, p. 139-143, 2002.

SOUZA, F. G. de. Qualidade pós-colheita de frutos de diferentes clones de mangabeira (*Hancornia speciosa* Gomes). **Ciência Agrotecnologia**, Lavras, v. 31, n. 5, p. 1449-1454, 2007.

SOUZA, F. G. et al. Qualidade Pós-Colheita de Frutos de Diferentes Clones de Mangabeira (*Hancornia speciosa* GOMES). **Ciência e Agrotecnologia**, Lavras, v. 31, n. 5, p. 1449-1454, 2007.

TAVARES, M. et al. Composição química e estudo anatômico dos frutos de buriti do Município de Buritizal, Estado de São Paulo. **Revista do Instituto Adolfo Lutz**, São Paulo, SP, v. 62, n. 3, p. 227-232, 2003.

TAVARES, M. et al. Composição química e estudo anatômico dos frutos de buriti do Município de Buritizal, Estado de São Paulo. **Revista Instituto Adolfo Lutz**, São Paulo, v. 62, n. 3, p. 227-232, 2003.

TELLES, M. P. C. et al. Caracterização genética de populações naturais de araticunzeiro (*Annona crassiflora* Mart. – Annonaceae) no Estado de Goiás. **Revista Brasileira de Botânica**, São Paulo, v. 26, n. 1, p. 123-129, 2003.

THATCHER, F. S.; CLARK, D. S. **Analisis microbiologico de los alimentos**. Zaragoza: Acribia, 1973. 271p.

VALLILO, M. I. et al. Composição química dos frutos de *Campomanesia adamantium* (Cambessédes) O.BERG. **Ciência e Tecnologia de Alimentos**, Campinas, v. 26, n. 4. p. 805-810, 2006.

VILLELA, P., BATISTA, A. G., DESSIMONI-PINTO, N. A. V. Nutritional composition of *Annona crassiflora* pulp and acceptability of bakery products prepared with its flour. **Food Science and Technology**, Campinas, v. 33, n. 3, p. 417-423, 2013.

15

REFRIGERANTES

DANIELA BARNABÉ
VALTER MARZAROTTO
WALDEMAR GASTONI VENTURINI FILHO

15.1 INTRODUÇÃO

O Brasil é um dos maiores produtores de refrigerantes do mundo. As indústrias brasileiras produziram em 2014 mais de 16 bilhões de litros de refrigerantes, o que representou um faturamento superior a R$ 47 bilhões. A participação do refrigerante no mercado de bebidas não alcoólicas foi de 44,7% e o consumo *per capita* do brasileiro, 80,6 litros/habitante/ano (ABIR, 2015). Estes índices estão em queda contínua no decorrer dos últimos anos, provavelmente em função da preocupação da população brasileira com a saúde, que busca consumir bebidas mais nutritivas, como os sucos de frutas, já que o percentual de frutas ou extratos vegetais nos refrigerantes é extremamente baixo.

O setor de refrigerantes no Brasil é fortemente oligopolizado. Três grandes multinacionais detêm 84% do mercado: Coca-cola 60%, Ambev 18% e Kirin 6%. O mercado restante (16%) é compartilhado por 180 empresas regionais distribuídas pelo território brasileiro. A participação das empresas regionais no mercado brasileiro de refrigerantes vem caindo, já que no final da década de 1990, eram responsáveis por 33% da produção (AFREBRAS, 2015).

15.1.1 Histórico

Os precursores das bebidas carbonatadas, em particular os refrigerantes, foram as águas minerais gasosas provenientes de fontes naturais na Europa. Antes da manufatura organizada dos refrigerantes, a população percorria grandes distâncias em direção às estâncias hidrominerais, em busca de seu conceituado efeito terapêutico.

Gabriel Venel, em 1750, obteve gás carbônico pela reação do ácido clorídrico com carbonato de sódio em um vaso fechado e, a partir disto, foi o primeiro a produzir uma "água gasosa artificial". Em 1775, J. M. Nooth desenvolveu o primeiro equipamento para produção de água mineral e derivados em escala comercial, aperfeiçoado posteriormente por Thomas Henry. Nascia de uma forma organizada, ainda que incipiente, a indústria de água mineral, berço histórico dos refrigerantes.

Townseed Speakman, em 1870, preparou o primeiro refrigerante, por meio da adição de flavorizantes e sucos de frutas com água carbonatada, apesar de existirem registros de que David McBride produzira uma bebida carbonatada à base de frutas em 1767, adicionando sais alcalinos ao suco de limão.

Uma análise histórica permite concluir que a bebida esteve, em dado momento, estreitamente associada à manipulação farmacêutica, com insinuações médicas curativas e/ou tonificantes. Essa característica é herdada dos efeitos terapêuticos atribuídos às águas minerais. É notório, entretanto, que alguns grandes fabricantes, associados a marcas de grande valor, iniciaram seus negócios calcados nessas bases, alcançando inegável sucesso. No entanto, a aparente simplicidade do produto abriga complexas formulações, manufatura, controle de qualidade, embalagem, tecnologias de inspeção e envase, movimentação de carga etc., caracterizando-se como um segmento altamente interdisciplinar e dinâmico inserido em uma realidade de mercado enormemente exigente e competitiva.

A primeira indústria brasileira de refrigerantes foi fundada em 1904 e o mercado foi sendo ampliado gradativamente por empresas de característica familiar e regional. Em maio de 1921, na cidade de São Paulo, foi montada a primeira grande fábrica de refrigerantes do país pela Companhia Antarctica Paulista.

15.1.2 Legislação

Os itens referentes à legislação brasileira para refrigerantes foram fundamentados em normas publicadas pelo Ministério da Agricultura (Decreto n. 6.871, de 4 junho de 2009; Instruções Normativas n. 18 e n. 19, de 19 de junho de 2013) e pelo Ministério da Saúde (Anvisa Resoluções n. 12, de 2 janeiro de 2001 e n. 5, de 15 de janeiro de 2007).

A partir do segundo semestre de 2014, de acordo com a IN n. 19 de 2013, passa a ser obrigatória a declaração da quantidade de polpa de fruta e de suco de fruta ou de vegetal (em porcentagem volume por volume) utilizada na composição do refrigerante. Essa informação deverá ser declarada no painel principal do rótulo e, opcionalmente, na lista de ingredientes.

15.1.2.1 Definição

Refrigerante é a bebida gaseificada, obtida pela dissolução, em água potável, de suco ou extrato vegetal de sua origem, adicionada de açúcar.

O refrigerante deve apresentar gaseificação igual ou superior a 2,5 V (dois e meio volumes) de gás carbônico. O refrigerante que for adicionado de até 2,5 V de gás carbônico deve ter a inscrição levemente gaseificado no rótulo.

15.1.2.2 Classificação

O refrigerante deve ser classificado e denominado de acordo com o ingrediente obrigatório constante da sua composição:

- Refrigerante de fruta, aquele obtido de suco de fruta ou de polpa de fruta, ou da combinação destes.
- Refrigerante de vegetal, aquele obtido de vegetal.
- Refrigerante de extrato, aquele obtido de extrato padronizado.
- Refrigerante misto, aquele obtido da mistura de dois ou mais ingredientes característicos.

É proibida a especificação do nome da fruta, do vegetal e do extrato padronizado na denominação de qualquer refrigerante, salvo quando se tratar dos refrigerantes previstos nos §§ 2º (refrigerantes de laranja, de tangerina e de uva), 3º (soda limonada ou refrigerante de limão), 4º (refrigerante de guaraná), 5º (refrigerante de cola) e 6º (refrigerante de maçã) do art. 23 e no art. 25 (água tônica de quinino) do Decreto n. 6.871, de 2009.

15.1.2.3 Ingredientes

Todo ingrediente utilizado na elaboração de refrigerantes deve atender ao respectivo regulamento técnico que o rege. As quantidades mínimas de suco de fruta, suco de vegetal, polpa de fruta, extrato padronizado e extrato de fruta para refrigerante são especificadas pela legislação (Tabela 15.1).

Tabela 15.1 Quantidades de suco de fruta, suco de vegetal, polpa de fruta, extrato padronizado e extrato de fruta para cem mililitros de refrigerante.

Fruta (quantidade mínima em mililitros)	
Abacaxi	10,0
Açaí	1,25 a 5,0 (varia de acordo com o tipo de açaí utilizado)
Cajá	5,0
Caju	5,0
Juçara (*Eutherpe edulis*) clarificado	2,5
Goiaba	5,0
Manga	5,0
Maracujá	3,0
Morango	2,5
Pera	5,0
Pêssego	5,0
Tomate, suco	10,0
Duas ou mais frutas	5,0

(continua)

Tabela 15.1 Quantidades de suco de fruta, suco de vegetal, polpa de fruta, extrato padronizado e extrato de fruta para cem mililitros de refrigerante *(continuação)*.

Vegetal (quantidade mínima em gramas)	
Caju, castanha	2,5
Cana-de-açúcar, suco de cana/caldo de cana	20
Soja, em proteína de soja	1,0
Dois ou mais vegetais	5,0
Extrato padronizado (quantidade mínima em gramas)	
Gengibre, extrato padronizado, mínimo de 0,03% de gingerol	0,02
Guaraná, semente de guaraná ou equivalente em extrato padronizado, mínimo de 1,2% de cafeína	0,02
Açaí, extrato padronizado, mínimo de 0,025% de antocianinas	0,5
Extrato de frutas (quantidade mínima em gramas)	
Cereja a 20 °Brix	0,5
Framboesa a 19 °Brix	0,5
Kiwi a 10 °Brix	0,5

Fonte: Brasil IN n.19/2013.

O refrigerante de fruta cuja matéria-prima não conste da Tabela 15.1 deve conter uma quantidade mínima de 5% v/v de suco ou polpa da fruta. O refrigerante de vegetal cuja matéria-prima não conste da Tabela 15.1 deve conter uma quantidade mínima de 5% m/v (cinco por cento massa por volume) de suco do vegetal enquanto a soma dos ingredientes característicos que compõem o refrigerante misto, com exceção do extrato padronizado e do extrato de fruta, deve ser de, no mínimo, 5% m/v (cinco por cento massa por volume).

São considerados ingredientes opcionais: vitaminas, sais minerais, fibras e outros nutrientes, em conjunto ou separadamente, desde que em conformidade com o estabelecido em legislação específica da Anvisa.

15.1.3 Composição e valor nutritivo

O refrigerante é uma bebida que fornece basicamente calorias, as quais são obtidas do açúcar utilizado para a sua produção. Um refrigerante a 11 °Brix fornece aproximadamente 450 calorias/litro. Em virtude das pequenas quantidades de suco e/ou de extrato padronizado que entram em sua formulação, os refrigerantes podem ser considerados pobres, sob o ponto de vista nutricional.

Pesquisa realizada nos Estados Unidos indica que o consumo de bebidas carbonatadas está negativamente associado com a ingestão de vitaminas A, B e C, cálcio e magnésio em crianças e adolescentes entre 2 e 17 anos de idade. O consumo de bebidas carbonatadas aumentou 41% entre 1989 e 1995, naquele país, enquanto o consumo de leite entre as crianças e adolescentes diminuiu de 25% para 30% no mesmo período.

Vartanian et al. (2007) realizaram a revisão de 88 estudos sobre o consumo de refrigerantes, encontrando associações entre a ingestão de refrigerantes e o aumento na quantidade de energia ingerida e aumento de peso. O consumo de refrigerantes também foi associado à diminuição na ingestão de leite, cálcio e outros nutrientes.

No Brasil, Monteiro et al. (2000) analisaram a composição e adequação nutricional da dieta familiar praticada nas áreas metropolitanas do Brasil, e verificaram que a participação relativa dos refrigerantes, na disponibilidade calórica total, cresceu em todas as áreas metropolitanas. A participação relativa dos refrigerantes passou de 0,8% em 1988, para 1,3% em 1996.

Frente aos estudos que relacionam o consumo de refrigerantes a problemas de saúde, associações de produtores de refrigerantes em diversos países contestam as informações negativas, salientando que a bebida constitui boa fonte de hidratação e que a falta de atividade física é mais importante que a ingestão de alimentos para o ganho de peso.

A utilização de frutas ricas em vitamina C é uma alternativa na busca por refrigerantes com melhores características nutricionais. Refrigerantes produzidos experimentalmente com acerola, no Laboratório de Bebidas da Unesp – Botucatu, apresentaram elevado teor de vitamina C e tiveram boa aceitação sensorial. A fruta foi testada na forma de polpa integral (254 a 308 mg ácido ascórbico/100 mL de refrigerante), suco desidratado (12 mg /100 mL refrigerante) e extrato desidratado (277 mg ácido ascórbico/100 mL de refrigerante).

Refrigerantes adicionados de fibras e aqueles adoçados com estévia são outros exemplos da preocupação com as características nutricionais da bebida.

15.2 MATÉRIAS-PRIMAS

15.2.1 Água

A água é o ingrediente de maior participação na composição dos refrigerantes (90%). Portanto, deve apresentar as características adequadas e não contribuir com substâncias que possam alterar a aparência, a estabilidade ou o sabor da bebida.

A água participa do balanço químico entre os ingredientes dos refrigerantes, pois é o veículo da dissolução de açúcar, conservantes, ácidos, antioxidantes, essências, corantes e gás carbônico.

A água deve apresentar as seguintes características:

a) Ser incolor.
b) Ser insípida.
c) Ser inodora.
d) Ser livre de íons ferro, pois estes podem provocar precipitados de seus sais ou compostos formando depósitos ou anéis de hidróxido de ferro; reagir com substâncias aromáticas, resultando na formação de compostos de sabor desagradável e com corantes formando precipitados semelhantes a gomas.
e) Ser livre de cloro residual, que pode reagir com compostos fenólicos encontrados nos refrigerantes, formando clorofenóis, que têm sabor característico de medicamento.
f) Ser livre de microrganismos contaminantes, pois o aumento da população bacteriana pode propiciar o crescimento de microrganismos patogênicos, determinando risco à saúde e comprometendo a qualidade do produto.
g) Ter reduzido teor de sais de cálcio e magnésio (< 85 ppm $CaCO_3$), responsáveis pela dureza da água. A água com dureza elevada provoca a precipitação de substâncias corantes do refrigerante; aumenta o consumo de detergentes na lavagem dos equipamentos e provoca incrustações em superfícies onde há troca de calor, podendo causar o bloqueio de tubulações de caldeiras e de trocadores de calor de sistemas de refrigeração.
h) Ter baixa alcalinidade (50-100 ppm de $CaCO_3$), para manter a acidez, evitando o desenvolvimento de microrganismos deteriorantes e obter refrigerantes uniformes em cor, sabor, aroma e qualidade. A alcalinidade ocorre em virtude da presença de bicarbonatos, carbonatos e hidróxidos; provoca os mesmos problemas da dureza nos sistemas de produção de vapor, lembrando-se que os bicarbonatos têm o inconveniente de liberar gás carbônico, quando submetidos a temperaturas elevadas.
i) A turbidez não deve ultrapassar 1 NTU; acima desse valor, pode causar cor e sabor estranhos.
j) Ser livre de sulfeto de hidrogênio, forma reduzida solúvel de enxofre, característica de ambientes redutores, como os vigentes em mananciais substerrâneos e nas camadas mais profundas de reservatórios de água, onde os sulfatos são reduzidos a sulfeto por atividade bacteriana. O sulfeto de hidrogênio tem odor característico de ovo podre, perceptível em concentrações entre 0,05 e 0,1 mg/L, o qual tem a capacidade de modificar negativamente as características sensoriais dos refrigerantes.

Sendo assim, os refrigerantes devem ser produzidos com água que obedeça aos padrões de potabilidade, embora alguns parâmetros apresentem maior rigor (dureza, alcalinidade e determinados íons), em razão das alterações que podem provocar nas características organolépticas do produto.

Porém, é muito raro obter uma fonte de água que preencha todas as necessidades estabelecidas para a produção de bebidas, sendo assim, a água normalmente deve sofrer tratamentos que a tornem apropriada para a produção de refrigerante.

15.2.2 Açúcar

O açúcar é adicionado em uma proporção de 8 a 12% do produto final formado, sendo a sacarose o principal açúcar utilizado, na forma cristalizada ou líquida. Nos refrigerantes, o açúcar é empregado para transmitir gosto doce, realçar o sabor dos componentes e para dar corpo, além de ajudar na estabilização do CO_2 e fornecer valor energético.

A sacarose, carboidrato de fórmula molecular $C_{12}H_{22}O_{11}$, é um dissacarídeo produzido pela condensação da glicose com a frutose, obtido comercialmente a partir da cana-de-açúcar ou da beterraba. A sacarose deve possuir um padrão mínimo de pureza para não comprometer o padrão de sabor da bebida.

O açúcar adicionado a um produto alimentar não permanece necessariamente sob forma de sacarose. Nos refrigerantes, principalmente nos do tipo cola, o xarope utilizado inicialmente pode ser sacarose, mas a forte acidez no produto final conduz a uma inversão da sacarose em glicose e frutose.

O açúcar cristal para uso em refrigerantes deve apresentar polarização entre 99,5 e 100%. Se o açúcar cristal não atender às especificações da Tabela 15.2, deverá passar por um tratamento durante a produção do xarope simples, que envolverá calor e carvão ativado, para que se enquadre aos limites propostos.

Tabela 15.2 Especificação do açúcar para refrigerantes.

Características	Limites máximos
Polarização	99,5-100%
Cor (Unidade ICUMSA)	60 unidades
Turbidez (Unidade ICUMSA)	45 unidades
Cinzas condutimétricas	0,035%
SO_2	20 mg/kg
Arsênio	1 mg/kg
Cobre	2 mg/kg
Chumbo	1 mg/kg
Mercúrio	0,05 mg/kg
Pontos pretos	20 unidades/100 g de amostra
Odor-sabor	Nenhum
Presença de flóculos	Nenhum

As indústrias de refrigerantes são as maiores consumidoras de açúcares no mercado nacional. Muitas usinas açucareiras estão comercializando "açúcar líquido" (xarope de sacarose ou xarope de sacarose parcialmente invertida com concentrações preestabelecidas). Neste caso, a fábrica de refrigerante já obtém o seu xarope simples pronto, não necessitando proceder às etapas de dissolução do açúcar, tratamento térmico e filtração do xarope. Assim, pode-se dispensar do processo alguns equipamentos (tanques, válvulas, tubulações, trocadores de calor, agitadores, filtro etc.), materiais coadjuvantes de fabricação (auxiliares de filtração), economiza-se energia térmica e elétrica, racionaliza-se a mão-de-obra, melhoram-se as condições de higiene e segurança, reduz-se a produção de resíduo a ser descartado no meio ambiente e, consequentemente, tem-se a redução no custo industrial e a uniformização do produto. Entre as desvantagens da utilização do açúcar líquido, pode-se citar: o produto é microbiologicamente mais sensível, são necessários investimentos em tanques de armazenamento e sistema de proteção microbiológica; podem ocorrer problemas no abastecimento do xarope, dependendo da distância do fornecedor.

O açúcar na forma líquida pode ser comercializado também como açúcar invertido. Neste caso, a sacarose é invertida para glucose e frutose. A presença da frutose torna o açúcar invertido mais doce que os produtos à base de sacarose. Da mesma forma que o açúcar líquido, o açúcar invertido é vendido na forma de xarope.

O açúcar líquido pode ter até 67 °Brix, pois valores superiores podem provocar a cristalização. Já o açúcar invertido pode chegar a 76 °Brix, sem problemas de cristalização, dependendo da sua composição.

Uma área crescente no mercado é a de bebidas com baixa caloria. Bebida dietética ou de baixa caloria é definida como a bebida que apresentar até 10 kcal/100 mL, sendo permitido o emprego de edulcorantes. Os edulcorantes são substâncias orgânicas, não glicosídicas, capazes de conferir gosto doce aos alimentos e bebidas. As bebidas de baixa caloria seguem, com as devidas adequações, os padrões de identidade e qualidade das bebidas correspondentes, com exceção do teor calórico.

Na produção de um refrigerante diet, a sacarose é substituída por sacarina, aspartame, acessulfame K, sucralose ou estévia, tornando o produto consumível por diabéticos, ou por pessoas que fazem regime; pois os edulcorantes, exceto o aspartame, não possuem valor calórico e todos apresentam elevado poder adoçante, quando comparados com a sacarose (Tabela 15.3).

Tabela 15.3 Poder adoçante e valor calórico dos edulcorantes em relação à sacarose.

Adoçantes	Poder adoçante	Valor calórico (kcal/g)
Acessulfame K	200	0
Aspartame	200	4
Ciclamato	40-60	0
Esteviosídeo	300-400	0
Sacarina	300-400	0
Sacarose	1	4
Sucralose	600-800	0

15.2.3 Suco e extrato padronizado

O suco (de fruta ou vegetal) e/ou extrato padronizado, a água e o açúcar formam a base de um refrigerante. O uso de extrato de fruta é permitido somente de forma complementar na bebida pronta para consumo, sendo proibida a substituição total ou parcial dos ingredientes característicos por este extrato.

Os sucos de frutas concentrados são utilizados em lugar do suco simples, pois na diluição com água carbonatada obtém-se maior autenticidade do aroma da fruta. Além disto, o suco concentrado apresenta outras vantagens: facilidade de transporte e armazenagem, em virtude do volume reduzido, e melhor conservação.

O sabor de refrigerantes preferido em todo o mundo é o sabor cola. As exceções são a China e Taiwan, onde a preferência é laranja e salsaparrilha, respectivamente. A segunda preferência de sabor na costa do Pacífico é para lima-limão; na Europa, para laranja, com poucas exceções; e na América Latina, para uma variedade de sabores. No Brasil, os sabores preferidos são, respectivamente: cola (52,2%), guaraná (22,6%), laranja (10,8%), limão (6,6%), uva (3,4%) e outros sabores (4,4%).

Os sabores tradicionais como cola, laranja e limão continuam dominando o mercado de bebidas mundial, mas nos anos recentes tem aumentado a viabilidade da "nova geração de alternativos" como pêssego, pomelo, frutas vermelhas e frutas tropicais.

15.2.4 Conservantes

São as substâncias que impedem ou retardam as alterações dos alimentos e bebidas, provocadas por microrganismos (fungos, leveduras e bactérias) ou enzimas.

A eficiência dos conservantes está relacionada com a composição e o pH do produto, assim como com a população de microrganismos presentes. Outro fator importante é o teor de água disponível para o crescimento dos microrganismos.

Alguns conservantes, que deveriam inibir o crescimento microbiano, podem ser metabolizados pelos microrganismos, quando forem utilizados em baixas concentrações. Portanto, o uso de conservantes não resolve o problema de más condições de sanidade de ingredientes e equipamentos.

Fatores, como o tipo do microrganismo a ser inibido, a facilidade de manuseio do conservante, o impacto no paladar e o custo são de grande relevância. Não existe um conservante que seja eficaz para todos os tipos de alimentos e o número deles, cujo uso é permitido, é pequeno.

Os conservantes, por serem produtos excessivamente higroscópicos, devem ser armazenados em ambientes e condições adequadas à preservação integral de suas características, isto é, ambiente seco, longe de paredes ou tetos e sob temperatura amena.

Entre os conservantes utilizados no Brasil, estão o ácido benzoico e o ácido sórbico, além dos seus respectivos sais de sódio, cálcio e potássio. Os benzoatos e sorbatos são agentes bacteriostáticos, logo, não eliminam os microrganismos, apenas não permitem que se proliferem. Dessa forma, serão tão eficientes quanto menor for a contaminação inicial.

Ácido benzoico e benzoatos – trata-se dos conservantes mais antigos, sendo que a sua utilização tem como finalidade inibir o desenvolvimento de microrganismos nos alimentos e bebidas. O ácido benzoico ocorre na natureza, na forma glicosídica, em diversas frutas e vegetais. Sendo naturalmente encontrado em ameixas, no cravo e na canela.

O ácido benzoico tornou-se um dos conservantes mais utilizados no mundo, em razão de seu baixo custo, da facilidade de incorporação nos produtos, da ausência de cor e da toxicidade relativamente baixa.

O benzoato de sódio é mais solúvel (66 g/100 mL de água) que o ácido benzoico (2,2 g/100 mL de água), sendo preferido para a conservação de refrigerantes e outros produtos. Apesar de sua solubilidade ser relativamente alta, recomenda-se pré-diluí-lo em água declorada na temperatura ambiente, para depois incorporá-lo à formulação do refrigerante.

O benzoato de sódio, grânulo branco ou pó cristalino, inodoro ou de leve odor balsâmico e de sabor levemente adocicado, é apropriado para uso em alimentos e bebidas com pH abaixo de 4,5. Sua solução aquosa é neutra ou fracamente alcalina; e quando em solução de pH baixo, o sal se converte na forma ácida, que é a forma ativa.

É utilizado no controle de fungos e leveduras, mas seu uso não é recomendado para controle de bactérias, em virtude de baixa atividade em pH igual ou maior que 4,5, em que o principal tipo de deterioração é a bacteriana.

O benzoato de sódio precipita em meio ácido; por isso, durante a fabricação de refrigerante, na preparação do xarope composto, ele deve ser o primeiro componente a ser adicionado, ou seja, em casos de adição após o ácido (cítrico, málico, tartárico, fosfórico etc.), forma-se uma floculação irreversível.

O uso do benzoato de sódio é limitado, pois de acordo com a legislação, o teor máximo permitido no Brasil é de 0,05 g/100 mL de refrigerante, expresso em ácido benzoico. Quando utilizado em maiores concentrações, acarreta efeito adverso, como sensação de queimação das mucosas bucais.

O ácido benzoico não se acumula no organismo, pois combina-se com a glicina e transforma-se em ácido hipúrico, que é facilmente excretado por via renal, sendo este um dos motivos da ausência de efeitos tóxicos. Porém, recomendam-se cuidados e uso de proteção adequada na sua manipulação, pois pode provocar irritações na pele das pessoas mais sensíveis.

Ácido sórbico e sorbatos – os sorbatos são usados, principalmente, contra leveduras e fungos, sendo menos eficientes contra bactérias. O emprego do ácido sórbico como conservador de alimentos é bastante amplo, em virtude do fato de não interferir no sabor e ser fisiologicamente inócuo.

A exemplo do ácido benzoico, a molécula não dissociada parece ser a forma mais ativa, razão pela qual a eficiência do conservante aumenta em meios ácidos ou acidificados. A quantidade máxima de sorbato permitida em refrigerantes é de 0,03 g/100 mL (expressos como ácido sórbico). A principal desvantagem dos sorbatos é o custo relativamente maior que o dos benzoatos. O ácido sórbico é metabolizado no organismo por β-oxidação, resultando em CO_2, H_2O e energia.

15.2.5 Acidulantes

Acidulante, na sua mais sucinta definição, é qualquer substância dotada da capacidade de intensificar o gosto ácido dos alimentos. O grau de acidez é muito importante nas propriedades dos diversos alimentos, como refrigerantes, sucos de frutas, laticínios, maioneses, geleias e doces.

Um acidulante tem a função de controlar o valor do pH; atuar como enaltecedor de sabor e aroma; agir como sequestrante de íons metálicos (ferro, manganês, cobalto, cromo e cobre); ou ainda ter ação antimicrobiana, auxiliando na conservação dos alimentos e aumentando a vida de prateleira; além de causar a inversão de açúcares, evitando a sua cristalização, aumentar a efetividade dos conservantes e estabilizar o ácido ascórbico.

Os acidulantes são considerados importantes na determinação da qualidade sensorial e devem ser levados em consideração durante a formulação da bebida, para se obter um equilíbrio exato de açúcar e ácido. O gosto ácido está estritamente relacionado à doçura, sendo inverso a esta. A bebida mais doce é percebida sensorialmente como menos ácida.

Os principais fatores que são levados em consideração na escolha de um acidulante são os efeitos sobre o sabor e aroma do produto, a solubilidade e a higroscopicidade do ácido.

Os acidulantes mais utilizados na produção de refrigerantes são:

a) **orgânicos**: ácido cítrico (para refrigerantes com sabor limão, laranja, abacaxi e maracujá), ácido málico (caju e maçã) e ácido tartárico (uva);
b) **inorgânico**: ácido fosfórico, empregado na produção de refrigerantes do tipo "cola".

Ácido cítrico – é o acidulante mais utilizado e mais consumido na indústria de alimentos por ser relativamente barato e por se tratar de um ácido forte, além de apresentar característica de agente quelante de metais pesados.

O ácido cítrico é obtido a partir da fermentação de soluções açucaradas, por meio do *Aspergilus niger* que transforma diretamente a glicose em ácido cítrico, podendo também ser obtido do suco de limão. É composto por cristais brancos, de gosto fortemente ácido e facilmente decomposto em temperaturas acima de 150 °C. Sua solubilidade é da ordem de 181 g/100 mL de água, 50 g/100 mL de etanol e praticamente insolúvel em óleos (0,005 g/100 mL). Por tratar-se de produto bastante higroscópico, o ácido cítrico deve ser armazenado em local seco e bem ventilado, em temperatura amena. Recomenda-se pré-diluir o ácido cítrico em água declorada na temperatura ambiente para facilitar sua adição ao xarope composto.

O ácido cítrico é um aditivo multifuncional apropriado para vários tipos de aplicação: acidificante, flavorizante, tamponante e sequestrante.

a) **Acidificante**: comumente utilizado na acidificação de alimentos não ácidos, até que se obtenha o pH final de 4,6 ou menor para produtos processados termicamente. Baixos valores de pH (4,6 ou menos) previnem o crescimento e o desenvolvimento do *Clostridium botulinum* (agente do botulismo), além da redução do tempo e da temperatura de processamento do alimento.
b) **Tamponante**: usado em combinação com seus sais, produz um ótimo efeito tampão (índice tamponante = 3,53), utilizado para estabilizar o pH durante os vários estágios de processamento do alimento, bem como da formulação do produto final.
c) **Flavorizante**: é muito empregado na indústria de bebidas, conferindo a sensação ácida de frutas, assim como intensificando o sabor dos flavorizantes naturais e artificiais utilizados no produto.
d) **Sequestrante**: é utilizado para inibir o efeito catalisador dos metais sobre as reações de oxidação e o escurecimento de frutas e vegetais du-

rante o processamento, mediante a formação de complexos, que não possuem efeito catalítico. Na manufatura de bebidas carbonatadas e não gaseificadas, sequestrantes ácidos prestam duplo papel: são acidulantes e complexantes de metais.

Ácido málico – é encontrado comercialmente na forma de cristais sólidos brancos ou incolores, sendo bastante solúvel em água. É naturalmente encontrado na maçã, no pêssego, no caju e no abacaxi, sendo produzido sinteticamente a partir do vapor de benzeno. O ácido málico é recomendado para uso em refrigerantes de maçã, mas, em razão de seu elevado preço, é geralmente substituído pelo ácido cítrico.

Ácido tartárico – é constituído por cristais incolores e translúcidos de gosto fortemente ácido, sendo bastante solúvel em água. É obtido a partir de sais precipitados durante a estabilização de vinhos. Por ser o principal ácido encontrado em uvas, é o ácido utilizado em refrigerantes de uva.

Ácido fosfórico – é o segundo acidulante de maior emprego na indústria de bebidas e o único ácido inorgânico usado na indústria de alimentos. É um ácido que fornece acidez mais adstringente e cujo valor do pH é o menor de todos os acidulantes. O ácido fosfórico é utilizado apenas nos refrigerantes tipo cola, pois causam modificação organoléptica e do aspecto nos refrigerantes produzidos com polpa de frutas.

O ácido fosfórico de grau alimentício é fornecido sob a forma de soluções aquosas a 75%, 80% e 85%. O uso do ácido fosfórico é limitado, pois, de acordo com a legislação, o teor máximo permitido no Brasil é de 0,07 g/100 mL de refrigerante.

15.2.6 Antioxidantes

A oxidação é um dos principais fatores envolvidos na deterioração dos alimentos. Os mecanismos de ativação do processo de oxidação variam consideravelmente, mas todos têm em comum a presença de oxigênio. Os produtos da oxidação são extremamente potentes sob o ponto de vista organoléptico e, assim, mesmo que presentes em pequenas quantidades, afetam de modo sensível os atributos sensoriais dos produtos.

A deterioração da qualidade organoléptica causada pela oxidação é frequentemente acompanhada de perda de valor nutritivo e possivelmente acompanhada de compostos potencialmente tóxicos. Outros problemas causados pela oxidação são: o desenvolvimento de sabores desagradáveis em sucos de frutas, pela oxidação de óleos essenciais; pela alteração de cor em cerveja e em produtos cárneos.

Há vários tipos de oxidação, sendo que, na maioria dos casos, elas ocorrem simultaneamente: oxidação de carboidratos, de proteínas e lipídica. O mecanismo de oxidação inicia-se de uma causa externa, como calor, luz ou presença de uma substância reativa (metais pesados, peróxidos e oxigênio). Como a luz acelera a oxidação, a exposição de produtos em embalagens transparentes induz a reação.

Os antioxidantes são, na maioria das vezes, substâncias mais suscetíveis de oxidação que o alimento considerado. Podem ser definidos como substâncias que previnem a reação de vários constituintes do alimento com o oxigênio. Esse efeito protetor é desejável porque muitos alimentos tornam-se descoloridos ou deteriorados, quando a oxidação ocorre.

O efeito do antioxidante consiste na inativação dos radicais livres, na complexação dos íons metálicos ou na redução dos hidroperóxidos para produtos incapazes de formar radicais livres e produtos de decomposição.

Alguns dos fatores que devem ser levados em consideração na escolha do antioxidante são: as substâncias devem apresentar potência adequada, não devem interferir no sabor e no odor da bebida ou alimento, devem ser vantajosas economicamente, apresentar características físico-químicas compatíveis, não devem mascarar os efeitos do armazenamento, e devem estar de acordo com a legislação competente.

Os antioxidantes melhoram a estabilidade dos aromas, aumentando assim a vida de prateleira do produto final. O antioxidante mais utilizado na fabricação de refrigerantes é o ácido ascórbico.

Ácido ascórbico – é uma substância cristalina, de cor branca ou ligeiramente amarelada, inodora e de gosto fortemente ácido. Sua solubilidade em água a 20 °C é de 30 g/100 mL, em álcool é de 3 g/100 mL. É praticamente insolúvel em óleos e gorduras, não sendo utilizado como antioxidante nesse meio.

O ácido ascórbico é um potente agente antioxidante, pois interage com oxigênio e metais pesados, podendo reduzir os produtos da oxidação. O ácido ascórbico é oxidado para ácido dehidroascórbico. Este é um composto relativamente instável, sendo rapidamente hidrolisado em soluções aquosas, dando origem ao ácido dicetogulônico.

Os compostos aromáticos (aldeídos, ésteres e outros componentes do sabor) combinam-se com o oxigênio, produzindo modificações no sabor, até o ponto de não haver mais condições de consumo. O ácido ascórbico, quando adicionado à bebida, é oxidado preferencialmente, aumentando o tempo de vida do refrigerante, prevenindo contra a influência negativa do oxigênio dissolvido na bebida e contido no espaço vago das embalagens. Sabe-se que 3,5 mg de ácido ascórbico sequestram o oxigênio presente em 1 cm^3 de espaço livre.

A adição de ácido ascórbico (vitamina C) nos refrigerantes não tem como objetivo o aumento do seu valor nutritivo, já que a quantidade utilizada é muito pequena.

Para a manutenção das suas propriedades, o ácido ascórbico deve ser estocado em ambiente refrigerado entre 5 e 10 °C. A solução de ácido ascórbico deve ser usada imediatamente após o seu preparo, pois, caso fique muito tempo exposta, o ácido ascórbico perde totalmente suas propriedades antioxidantes. A fim de facilitar a sua preparação, recomenda-se pré-diluí-lo lentamente em água declorada na temperatura ambiente.

15.2.7 Aromatizantes e/ou flavorizantes

Aromatizante é a substância que confere e intensifica o aroma dos alimentos e flavorizante é a substância que confere ou intensifica o sabor e o aroma dos alimentos.

O sabor não é uma simples definição de sensação, mas a combinação de gostos básicos, tais como doce, ácido, salgado e amargo, associados aos odores emanados pelos alimentos e bebidas. Outras sensações, as quais contribuem para o sabor são: temperatura, corpo, textura e cor.

Os flavorizantes e os aromatizantes, quando adicionados aos alimentos, exercem as mais diversas funções, como criar sabores inexistentes, reforçar, substituir, repor ou mascarar aqueles presentes. Os aromatizantes/flavorizantes utilizados em refrigerantes são sucos naturais, extratos naturais, óleos essenciais, emulsões e aromas (naturais ou sintéticos).

Os principais aromas utilizados na indústria de refrigerantes são obtidos de extratos alcoólicos ou essências, soluções aquosas ou emulsões, soluções aromáticas em glicerol ou propilenoglicol e suco da fruta concentrado.

As essências cítricas naturais são, em grande parte, compostas por óleos essenciais (aroma de laranja, limão e pomelo) retirados da casca das frutas. Praticamente, todos os óleos essenciais consistem de mistura de hidrocarbonetos (terpenos), compostos oxigenados (aldeídos, ésteres e alcoóis) e pequenas quantidades de sólidos não voláteis. Os compostos oxigenados são os que formam o sabor e aroma principal, são relativamente estáveis e solúveis em solução alcoólica; e os terpenos são relativamente instáveis e insolúveis.

As emulsões são preparadas pela completa mistura de óleos essenciais com uma quantidade calculada de agentes emulsificantes e adição de água até a consistência desejada. As emulsões transferem à bebida o sabor dos óleos essenciais. Sua utilização resulta em bebidas turvas, em virtude de o material não estar solúvel, mas sim em suspensão. Em refrigerantes de sabor laranja, a turbidez vem a ser vantajosa, por ser uma característica mais próxima ao suco da fruta.

A natureza do aromatizante varia de acordo com a do produto. Aromatizantes à base de frutas são os mais usados, com exceção dos refrigerantes tipo cola, os quais são aromatizados pelo extrato da noz de cola com até 10% de cafeína e uma mistura de essências. O aroma da fruta pode ser adicionado como suco, mistura (no caso de frutas cítricas) ou essência, as quais podem ser preparadas de fontes naturais ou artificiais.

O aromatizante sintético é normalmente mais puro (quimicamente), mais estável e por ser concentrado, possui alto rendimento, além de ser mais barato que os naturais.

O uso de aromas e essências em refrigerantes deve seguir alguns critérios de: a) solubilidade; b) fidelidade do aroma; c) resistência à acidez; d) não ser veículo de contaminação; e) resistência à temperatura, caso se exponha o produto a tratamento térmico, como, por exemplo, a pasteurização.

A presença de aromatizantes deve ser indicada no rótulo principal do refrigerante, de acordo com a sua origem:

- Aromatizanrtes artificiais: **aromatizado artificialmente.**
- Aromatizantes idênticos aos naturais: **contêm aromantizante sintético idêntico ao natural.**
- Aromatizantes naturais: **contêm aromatizante.**

15.2.8 Corantes

Os corantes conferem ou intensificam a cor dos alimentos, e são utilizados para restituir, melhorar ou padronizar a coloração dos produtos.

Na maioria das bebidas, a adição de corantes é inevitável. De forma genérica, os corantes podem ser classificados como naturais e artificiais. Uma das escolhas feita, durante a fabricação de bebidas, é decidir qual corante usar, natural ou artificial. Quando o enfoque maior é dado à saúde do consumidor, o uso de corantes naturais é recomendado.

Corantes naturais são aqueles que ocorrem em frutas e vegetais, tais como β-caroteno (cenoura), antocianinas (beterraba), entre outros. Os corantes naturais de origem animal ou vegetal são apresentados sob as formas de pó, pasta, tintura, extratos e outras. São utilizados na fabricação de refrigerantes na Europa, porém pouco utilizados no Brasil. Algumas desvantagens dos corantes naturais são: a) baixa solubilidade em água; b) menor poder corante; c) instabilidade à luz solar (facilidade de descoloração); d) dificuldade de obtenção; e) alto custo.

Os diferentes tipos de caramelo são obtidos a partir do simples aquecimento do açúcar ou do aquecimento associado ao tratamento químico.

Os corantes artificiais são mais satisfatórios do ponto de vista tecnológico, em razão de sua estabilidade no produto final e sua alta força tintorial. São sintetizados a partir de derivados de petróleo e do carvão mineral. Os corantes obtidos a partir do carvão mineral são utilizados em baixas concentrações e com autorização governamental.

O uso de corantes artificiais é limitado e controlado pela legislação. Os mais conhecidos são: o amarelo tartrazina (amarelo), amarelo crepúsculo (alaranjado), amaranto ou *bordeaux* (vermelho) e azul brilhante (azul).

Aproximadamente, 70 a 80% dos consumidores decidem comprar uma bebida com base na sua aparência. Uma cor atrativa e natural, uma aparência agradável da bebida, transparência ou turbidez adequadamente homogênea e uma embalagem atrativa desempenham um papel decisivo na escolha do consumidor. A inclusão de corantes em refrigerantes depende do mercado para o qual o produto está sendo direcionado. As bebidas para crianças deverão ter uma cor mais forte e brilhante, enquanto bebidas para adultos deverão apresentar consideravelmente menos cor.

Os corantes não têm nenhum efeito direto nas propriedades gustativas das bebidas, mas são usados para reforçar a percepção do aroma pelos consumidores. Em alguns casos, a cor é de maior importância do que o sabor, em razão da impressão causada ao consumidor; por exemplo, vermelho invoca o aroma associado com groselha e framboesa; alaranjado e amarelo com frutas cítricas; verde e azul com hortelã e ervas, enquanto o marrom é associado aos refrigerantes tipo cola e as cervejas.

15.2.9 Dióxido de carbono (CO_2)

O CO_2 é um gás incolor com odor ligeiramente picante; quando dissolvido em água apresenta sabor ácido resultante da formação do ácido carbônico.

$$H_2O + CO_2 \rightarrow H_2CO_3$$

Nas bebidas carbonatadas, o dióxido de carbono é armazenado principalmente na forma de dióxido de carbono dissolvido [$CO_{2\,(aq)}$] e não de ácido carbônico [$H_2CO_{3(aq)}$].

Em virtude da facilidade de dissolução em água, é utilizado para promover a efervescência das bebidas carbonatadas, não é tóxico, é inerte, e pode ser liquefeito em temperaturas e pressões moderadas, permitindo um volume adequado para o transporte e armazenamento.

Sua pureza é de suma importância, pois pode ser um veículo de deterioração aromática. Exige-se usualmente a pureza mínima de 99,9% e total inexistência de óleo. Apresenta a solubilidade em água como função inversa à temperatura, ou seja, quanto mais baixa a temperatura maior será a solubilidade do gás na água.

A solubilidade do CO_2 em ambos os produtos, água e refrigerante, permite uma aceitável retenção do gás na solução à pressão atmosférica e temperatura ambiente, sendo que uma ligeira agitação provocará a formação de bolhas de gás proveniente do corpo da bebida, criando um efeito efervescente atrativo.

O volume de CO_2 no refrigerante é um fator importante na qualidade do produto. A variação desse volume afeta diretamente o sabor e o aroma do refrigerante, pois o gás carbônico proporciona vida à bebida e realça o seu sabor, conferindo ao refrigerante uma impressão sensorial de gasoso/efervescente e sabor característico na boca do consumidor.

O gás carbônico tem efeito sobre as bactérias gram-negativas aeróbias e psicrófilas, funcionando como conservante e inibindo o crescimento dos microrganismos aeróbios.

15.3 MICROBIOLOGIA

Visto que os refrigerantes são considerados produtos alimentícios, os ambientes da produção, seus equipamentos e utensílios devem ser tratados, de forma a não permitir qualquer tipo de contaminação física, química ou microbiológica. Pelo mesmo motivo, as pessoas que trabalham nesses ambientes devem ser conscientizadas da importância do asseio pessoal e dos cuidados que devem ter na manipulação dos ingredientes e na operação dos equipamentos. Os limites máximos de contaminação microbiana aceitáveis são definidos pela Anvisa (RDC 12/2001).

Os primeiros cuidados com a microbiologia dos refrigerantes devem recair sobre a água. As bactérias que se encontram na água são dos gêneros *Pseudomonas, Chromobacterium, Proteus, Achromobacter, Micrococcus* e *Bacillus*; além destas, pertencentes à sua flora normal, a presença de *E. coli, Streptococcus* e *Aerobacter* no refrigerante indica contaminação da água utilizada na fabricação. A *E. coli* indica contaminação fecal e também a possibilidade da existência de outros microrganismos patogênicos, como a *Salmonella typhosa*.

Outras matérias-primas, como o açúcar, podem apresentar bactérias, bolores e leveduras. O açúcar pode conter esporos, pois oferece oportunidade ao crescimento de termófilos em certos estágios de sua fabricação; se estocado em local úmido, pode também permitir o desenvolvimento de leveduras. O manuseio (descarregamento, transporte dentro da indústria etc.) pode ser outra fonte de contaminação microbiológica.

O xarope simples é um meio propício para o desenvolvimento de certos tipos de microrganismos, devido ao seu alto teor de açúcares. Normalmente, para a dissolução e tratamento do açúcar, utilizam-se temperaturas elevadas (80 a 85 °C), que eliminam quase a totalidade dos microrganismos. Somente alguns esporos ou mofos termorresistentes conseguem sobreviver nessa faixa de temperatura, mas eles normalmente não representam perigo para os refrigerantes.

A maior possibilidade de contaminação acontece após o resfriamento do xarope, ou seja, na tubulação entre o resfriador de xarope e o tanque de preparo do xarope composto, quando o xarope está a uma temperatura próxima de 20 °C. Nessa etapa do processo, não se recomenda o armazenamento do xarope por muito tempo, por causa da possibilidade de crescimento microbiano. Algumas fábricas têm o costume de adicionar o conservante e o acidulante ao xarope simples recém-preparado, de forma a preservá-lo por mais tempo.

A sala de preparo do xarope não deve ser usada para estocar açúcar e outros materiais. Um controle rigoroso deve ser exercido sobre o xarope, pois pode haver resíduos na tubulação, podendo ocorrer leveduras dos gêneros *Zygosaccharomyces* e *Saccharomyces cerevisiae*, e fungos dos gêneros *Aspergillus* e *Penicillium*.

Durante o preparo do xarope composto, o cuidado maior é com a etapa de adição dos ingredientes ao xarope simples. Normalmente, o concentrado aromático não representa um perigo de contaminação, pois a maioria possui um teor elevado de álcool. Porém, os sucos naturais e os concentrados utilizados nos refrigerantes podem apresentar elevada concentração de microrganismos provenientes do processamento anterior. Deve-se então exercer um controle microbiológico nessas matérias-primas, antes que entrem na linha de processamento.

Os sucos concentrados, geralmente, são conservados com benzoato de sódio e/ou sorbato de potássio que, aliados a sua elevada concentração de açúcares, dificulta o desenvolvimento de microrganismos. O perigo consiste na presença de microrganismos no suco concentrado que, embora não tivessem se multiplicado antes, em decorrência das condições restritivas, poderão fazê-lo no momento em que o suco for dissolvido na mistura (água, xarope e aditivos), contaminando o refrigerante.

Aromatizantes, corantes, acidulantes e outros aditivos, que não contenham preservativos ou não tenham sido pasteurizados, podem ser fontes de microrganismos transferíveis ao produto. É importante manter um estrito controle sanitário dos materiais utilizados no processamento dos refrigerantes. Os equipamentos utilizados devem ser de aço inox, com superfície lisa (porosidade mínima) para não reter microrganismos.

Embora os refrigerantes constituam um meio pouco propício ao crescimento microbiano, em função da elevada concentração de CO_2, da alta acidez e do pH relativamente baixo, a adição de conservantes é necessária para prevenir contaminações durante armazenamento prolongado na temperatura ambiente.

Os tipos de deterioração mais comuns em refrigerantes são: turvação, sedimentação, floculação, alterações de odor e sabor, presença excessiva de gases, estufamento de latas/garrafas PET, estouro de garrafas.

Os principais causadores de deterioração de refrigerantes são inegavelmente os microrganismos. Embora uma variedade de microrganismos possa ser encontrada em refrigerantes, somente um pequeno grupo é significativo: 90% das contaminações são causadas por leveduras e 10% por bactérias e fungos.

As leveduras são mais importantes, porque toleram a acidez e podem se multiplicar sob condições anaeróbias. Já as bactérias láticas e acéticas podem se desenvolver em certos níveis de pH ácido. Os fungos, classificados como aeróbios obrigatórios, são resistentes à acidez, porém são poucos importantes, pois não se desenvolvem na ausência de oxigênio, como é o caso dos refrigerantes que são saturados de CO_2.

Algumas características químicas relacionadas com a conservação dos refrigerantes são dadas abaixo:

a) pH – quanto mais baixo o pH da bebida, mais difícil o desenvolvimento dos microrganismos. As bebidas de cola, que utilizam o ácido fosfórico em sua composição, possuem o pH em torno de 2,4-2,5 e são mais resistentes do que aquelas produzidas com ácido cítrico, como o guaraná ou laranja, que têm um pH na faixa de 2,8 a 3,5. O pH baixo dos refrigerantes não permite a multiplicação de bactérias patogênicas.

b) CO_2 – por causa da carbonatação, os microrganismos anaeróbicos, como por exemplo as leveduras e algumas bactérias, são mais comuns em refrigerantes. O crescimento de mofos pode ser um indicativo de que o refrigerante já perdeu o gás. Também pode acontecer o aparecimento do mofo sobre a superfície da bebida, em forma de anel, nesse caso, por causa do excesso de oxigênio durante o envase.

c) Nutrientes – normalmente quanto maior a oferta de açúcares e outros nutrientes como proteína, por exemplo, maior a possibilidade de contaminação.

d) Conservantes – a utilização de conservantes ou a pasteurização dos refrigerantes inibe o crescimento dos microrganismos.

15.4 PROCESSAMENTO

15.4.1 Tratamento da água

A qualidade da água usada na produção de refrigerantes tem implicações diretas na qualidade do produto final, assim seu tratamento é obrigatório e varia de acordo com a fonte e a composição química da água. O tratamento da água na indústria de refrigerantes tem como objetivos a eliminação de microrganismos, eliminação de matéria orgânica, remoção de partículas em suspensão, correção da dureza e do sabor.

As impurezas presentes na água sob a forma de partículas grandes e pesadas podem ser removidas por sedimentação simples. No entanto, invariavelmente, as água brutas apresentam impurezas finamente divididas e em estado coloidal, as quais necessitam passar por um processo de clarificação. Essa clarificação, que compreende a coagulação, a floculação, a decantação e a filtração, produz normalmente uma água com padrão adequado para uso potável, desde que se faça uma cloração final, enquanto, para uso industrial, quase sempre há necessidade de um pós-tratamento constituído de uma das seguintes alternativas quer isoladamente ou combinando: abrandamento, desalcalinização, desmineralização etc.

De modo geral, as principais etapas de tratamento da água na indústria de refrigerantes incluem: cloração, abrandamento, floculação e posterior separação das partículas (por decantação ou flotação), filtração em filtro de areia, supercloração, filtração por carvão ativado e polimento final.

O cloro adicionado à água tem como objetivo destruir os microrganismos, reduzir a matéria orgânica, além de auxiliar na etapa de floculação (oxida o agente floculante formando o flóculo). O hipoclorito de sódio, o hipoclorito de cálcio e o cloro gasoso são as fontes de cloro mais utilizadas nesse processo. A forma mais ativa de cloro no processo de cloração é o ácido hipocloroso que predomina em pH ácido.

O abrandamento é o tratamento utilizado para remover ou reduzir a dureza da água, além de contribuir para a redução da alcalinidade. A técnica mais utilizada consiste na adição de substância alcalina (hidróxido de cálcio) à água, que forma precipitados insolúveis ao reagir com a alcalinidade dissolvida. O abrandamento também pode ser realizado, utilizando-se resinas de troca iônica e osmose reversa.

A floculação é um processo, no qual as impurezas que se encontram em suspensão na água, tais como partículas de sujidade, matéria orgânica e substâncias insolúveis formadas na redução da alcalinidade, são capturadas por flocos volumosos, formando partículas de maior tamanho e de densidade suficiente para precipitar lentamente. Os agentes floculantes normalmente empregados são o sulfato ferroso ou férrico, sulfato de alumínio ou cloreto férrico. Nessa fase, há a diminuição da turbidez e da cor.

O filtro de areia tem a função de remover partículas em suspensão e flocos que não precipitaram na etapa de floculação. O filtro de areia é formado por várias camadas de areia sobrepostas e pode operar por gravidade ou pressão.

Após essa etapa, ocorre nova adição de cloro à água (supercloração) para assegurar a desinfecção e promover a oxidação da matéria orgânica e a precipitação de matéria inorgânica, que ainda estejam presentes. A água deve receber cloro na quantidade de 6 a 8 ppm, com tempo de contato mínimo de 30 minutos (ideal 2 horas). A partir dessa etapa, a água pode ser armazenada por longos períodos, desde que permaneça com a quantidade mínima de 0,5 ppm de cloro residual.

O filtro de carvão ativo (declorador) tem como principal objetivo a remoção do cloro e de substâncias residuais que possam causar alterações de sabor e odor no refrigerante. A água declorada deve ser imediatamente utilizada, pois não apresenta mais a ação residual protetora do cloro.

O último estágio de filtração da água é o polimento, no qual geralmente se utilizam como elemento filtrante cartuchos de celulose (com diâmetro de poro de 5 μm) ou polipropileno. O polimento consiste em um processo de filtração, no qual são retidas micropartículas, tanto de carvão quanto outras quaisquer.

Quando necessário, realiza-se a desmineralização, um processo no qual se removem os sais minerais da água por troca iônica por meio de resinas catiônicas e aniônicas. A desmineralização de uma água faz-se por meio de sua passagem por colunas de resinas catiônicas na forma de H^+ e aniônicas na forma OH^-.

Se a água possuir pouca quantidade de sólidos e ótimas qualidades físico-químicas e microbiológicas, bastará o tratamento por supercloração com retenção de duas horas, filtração por areia, purificação pelo carvão e filtração final de polimento.

Periodicamente, devem ser coletadas amostras de água de diversos pontos da rede, para proceder a análises completas. Essas análises servem para detectar alterações na qualidade da fonte abastecedora e/ou desvios na operação do tratamento da água.

Após o tratamento da água, inicia-se o processo de produção de refrigerantes propriamente dito. A seguir, encontra-se um fluxograma de produção (Figura 15.1) e a descrição das etapas envolvidas no processo produtivo.

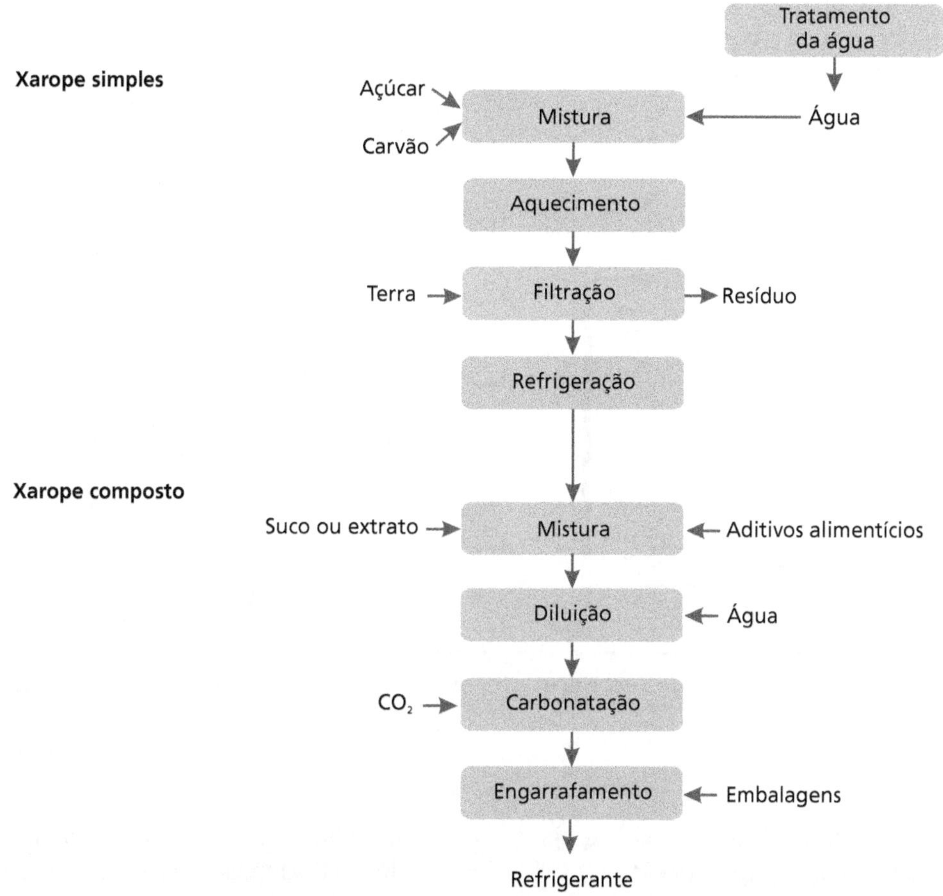

Figura 15.1 Fluxograma do processamento de refrigerante.

15.4.2 Produção de xarope simples

Denomina-se *xarope simples* o produto da diluição do açúcar cristal em água. A concentração usual para refrigerantes é de 60 °Brix, ou seja, 60 gramas de sacarose em 100 gramas de solução. Sua densidade nessa concentração é de 1,2864 g/cm^3 (20 °C).

O xarope simples pode ser obtido de acordo com os seguintes métodos:

a) **processo a frio** – consiste na dissolução do açúcar em água na temperatura ambiente. Por não ser aquecido, esse xarope é mais viscoso, necessitando de agitadores mais potentes e dificultando o processo de filtração, além de possibilitar fácil contaminação microbiana. As vantagens desse processo são: uso de equipamentos mais simples e menor gasto de energia, já que não necessita de resfriamento subsequente.

b) **processo a frio acidificado** – o produto é obtido com a adição de ácido ao xarope simples frio, o qual fica menos sujeito ao ataque de microrganismos.

c) **processo a quente** – a mistura de água e açúcar é aquecida para facilitar a dissolução do carboidrato e eliminar os microrganismos presentes. Dá-se preferência a esse processo quando a estocagem do produto é necessária. Existem dois métodos de preparo: método da ebulição (fervura por 1-2 minutos) e processo de pasteurização (85 °C/5 minutos);

d) **processo a quente acidificado** – é adicionado ácido ao xarope antes ou durante o aquecimento, obtendo-se a inversão total ou parcial do açúcar (sacarose). Com a acidificação, a suscetibilidade ao ataque microbiano é diminuída;

e) **xarope de alta densidade** – possui concentração de no mínimo 67 °Brix, mais apropriado para estocagem.

Industrialmente, a elaboração do xarope simples é efetuada em uma sala isolada, denominada xaroparia, utilizando os seguintes equipamentos: tanque dissolvedor/fervedor (dotado de agitador que permite a perfeita homogeneização dos componentes), filtro de placas e trocador de calor. Esses equipamentos devem ser construídos em aço inoxidável.

O tanque dissolvedor/fervedor (Figura 15.2) é utilizado para dissolver o açúcar cristal, nas proporções indicadas pela fórmula de cada xarope, para formar o xarope simples. Para tanto, deve estar provido de um sistema vigoroso de agitação e de um sistema de aquecimento. É utilizado também para promover a mistura do carvão ativado e do coadjuvante de filtração ao xarope simples.

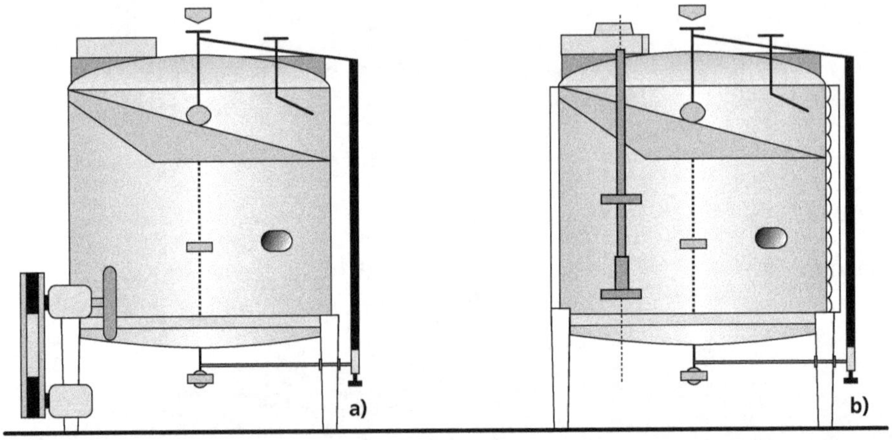

Figura 15.2 Tanques para produção de xarope, a) com agitação lateral, b) com agitação vertical.

Fonte: Refrinox (2004).

Nos processos a quente (Figura 15.3), a água utilizada deve estar previamente aquecida a 60 °C para a dissolução do açúcar. Essa água geralmente é oriunda do primeiro estágio do resfriamento do xarope, aproveitando-se assim sua energia calorífica. A dissolução do açúcar deve ocorrer gradativamente e sob constante agitação, visando uma mistura homogênea. Após a dissolução completa do açúcar, a temperatura é elevada para 85 ± 5 °C, e adiciona-se carvão ativado em pó, na proporção que pode variar de dois a cinco gramas por kg de açúcar, para clarificação do xarope. O tempo de contato é de 20 a 30 minutos, mantendo-se a temperatura constante. O carvão ativado purifica misturas, adsorvendo impurezas responsáveis pela existência de cor, odor, sabor e turvação. Além do carvão ativo, é adicionado um coadjuvante de filtração (terra infusória ou diatomácea) na mesma quantidade do carvão, para facilitar a operação de filtração do xarope.

A etapa seguinte é a filtração do xarope simples em filtro de placas, usando terra diatomácea como auxiliar de filtração. Essa operação tem por finalidade separar o carvão ativado e outras partículas, do xarope preparado no tanque misturador, resultando na clarificação do xarope mediante a remoção de partículas em suspensão, que lhe conferem turbidez.

O filtro de placas opera sob pressão, de forma descontínua, utilizando-se de pré-capa. As placas filtrantes podem ser verticais ou horizontais e são constituídas basicamente pelo tecido metálico, fabricado com fios de aço inoxidável. A pré-capa é formada por uma fina camada de terra diatomácea sobre as placas filtrantes, constituindo o meio filtrante inicial para o xarope. Sua formação é obtida por circulação de uma suspensão de terra diatomácea em água ou xarope, através das placas filtrantes. A pré-capa é utilizada para evitar que a placa filtrante se obstrua com impurezas, facilitar a limpeza e permitir rápida clarificação do xarope.

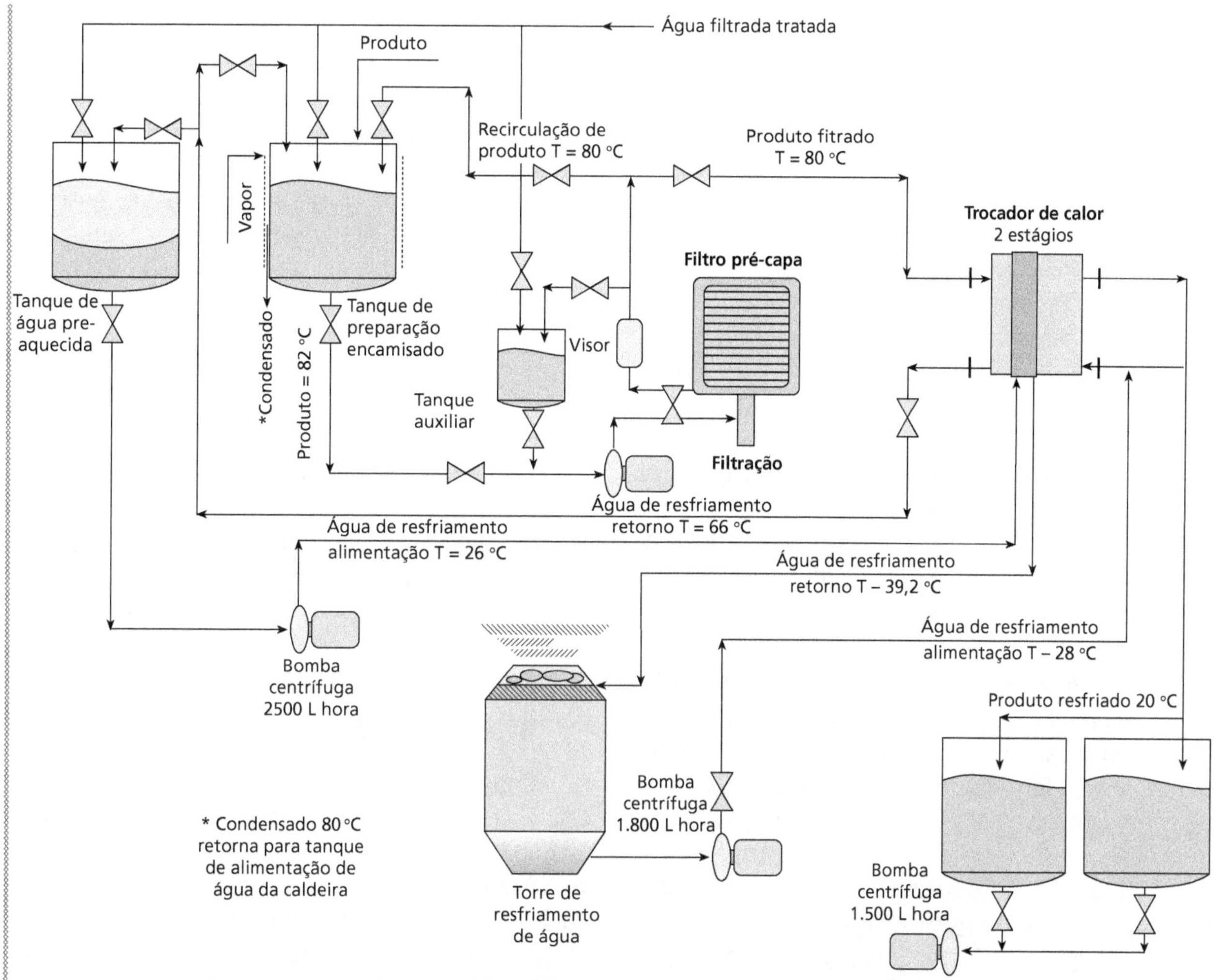

Figura 15.3 Fluxograma da produção de xarope simples.

Fonte: Refrinox (2004).

Normalmente, a quantidade de terra é de aproximadamente 1 quilo por metro quadrado de área filtrante, sendo 70 a 80% de terra grossa e 20 a 30% de terra fina. Esta proporção pode variar, em função do tipo de filtro, da qualidade do açúcar e das terras utilizadas no processo.

Durante a filtração, o xarope simples deve circular entre o tanque fervedor e o filtro até que se torne límpido (aproximadamente 10-15 minutos). Imediatamente após a filtração, o xarope simples é resfriado até 15 e 20 °C, a fim de evitar a inversão da sacarose, o escurecimento do xarope e perdas de aromas no xarope composto. O equipamento utilizado para esse processo é o trocador de calor de placas, de dois ou três estágios.

No primeiro estágio, utiliza-se normalmente água de recirculação por torre de arrefecimento ou água tratada, a qual pode ser utilizada na dissolução do açúcar na batelada seguinte. No segundo e terceiro estágios, utiliza-se água ambiente e gelada, ou outro meio refrigerante.

A estocagem do xarope simples deve ser efetuada em tanques de aço inoxidável. Esses tanques devem ser isolados termicamente, providos de serpentinas trocadoras de calor ou instalados em sala climatizada, de forma a manter a temperatura do xarope baixa. O desejável seria preparar o xarope simples e utilizá-lo imediatamente na produção do refrigerante, porém como isto nem sempre ocorre, o ideal é que o tempo de armazenamento não ultrapasse 12 horas.

O calor necessário para produção do xarope simples é obtido por meio de vapor produzido em caldeira. Esse equipamento realiza a geração de vapor saturado, obtido da queima de combustíveis gasosos, líquidos ou sólidos. O vapor é enviado aos equipamentos que necessitam de temperaturas de trabalho elevadas (xaroparia, lavadora de garrafas, processos de limpeza e sanitização).

15.4.3 Produção do xarope composto

Denomina-se *xarope composto* o produto obtido da mistura do xarope simples com os ingredientes usados na formulação dos refrigerantes. O xarope composto deve ser preparado em tanques de aço inoxidável, equipados com o agitador apropriado, de forma a garantir a perfeita homogeneização dos componentes e evitar a admissão de ar.

No preparo do xarope composto, o xarope simples deve ter o volume e o °Brix ajustados; a adição dos ingredientes deve ocorrer, de forma lenta e cuidadosa, sob agitação. A sequência de preparo deve ser obedecida, não se alterando a ordem de entrada dos ingredientes para evitar precipitações e turvações: xarope simples, conservante, acidulante, antioxidante, suco de fruta, aromatizante, corante. Em alguns casos, os preparados líquidos, principalmente de guaraná e limão, podem proporcionar turvações irreversíveis nos refrigerantes, caso não sejam adicionados lentamente ao xarope. Para garantir a completa homogeneização dos componentes, a agitação deve ser mantida por 15 minutos, após a adição de todos os componentes da bebida, e retomada por alguns instantes a cada meia hora, com o cuidado de se evitar a incorporação de ar.

Durante a fabricação do xarope composto, para a produção de refrigerantes *diet*, algumas normas devem ser seguidas, tais como: o tanque de preparação do xarope deve ser específico para refrigerantes dietéticos; os edulcorantes devem ser guardados em compartimentos exclusivos; o procedimento de "pré-dosagem" não pode ser utilizado; o controle da proporção xarope/água, pelo fato de não conter açúcar, deve ser efetuado por meio da determinação da acidez do refrigerante. A dissolução da sacarina sódica e do ciclamato de sódio, pode ser feita diretamente no tanque de preparo, exceto para o aspartame, que deve ser preparado à parte na concentração de 10% (p/v). É comum a adição de espessante para fornecer corpo à bebida, o mais utilizado é a carboximetilcelulose (CMC), a qual deve ser preparada à parte na concentração de 0,5% (p/v).

Ao ser concluída a preparação do xarope composto, uma amostra deverá ser retirada para análise de °Brix, acidez, relação °Brix/acidez (*ratio*), turvação, cor e degustação (controle da qualidade). O *ratio* deve permanecer constante para garantir o equilíbrio de sabor do refrigerante, portanto, pequenas diferenças de °Brix ou acidez não serão percebidas pelo consumidor, desde que o *ratio* permaneça inalterado. Somente após essas análises, o xarope poderá ser liberado para o envasamento que deverá ser feito imediatamente, com exceção de algumas colas que necessitam de 24 horas de repouso.

O processamento do refrigerante deve ser planejado, evitando-se sobra de xarope composto no tanque de guarda. Em casos de total impossibilidade de consumo na mesma data, antes do reinício da fabricação, deve-se repetir as análises completas do xarope composto e do refrigerante reconstituído. Somente após garantidas as características físico-químicas, microbiológicas e degustativas, o xarope composto poderá ser liberado para o processamento.

Caso seja necessário preparar o xarope para o dia seguinte, pode-se usar a "pré-dosagem", que consiste no xarope composto sem a adição do ácido ascórbico, suco natural ou preparado líquido. A "pré-dosagem" não deve ser um processo rotineiro, mais sim utilizado em casos excepcionais.

15.4.4 Carbonatação

O processo de carbonatação consiste na injeção de CO_2 nos refrigerantes, através de difusores localizados nas tubulações ou em tanques de carbonatação. A quantidade de CO_2 no refrigerante é um fator importante na qualidade do produto final. Uma variação dessa quantidade afetará diretamente o sabor e o aroma do refrigerante.

A unidade que mede o teor de CO_2, adotada como padrão pelos produtores de bebidas e engarrafadoras, é o *volume*, que é definido como o volume de CO_2 que um dado volume de água absorverá, à pressão atmosférica (760 mm Hg) e a 15,5 °C de temperatura.

O nível ótimo de carbonatação varia de acordo com o aroma e as características dos diferentes tipos de refrigerantes. Geralmente, as bebidas do tipo cola são mais carbonatadas (4,5 V) do que os demais sabores de refrigerantes (3,6-3,8 V).

Os equipamentos de carbonatação são constituídos, normalmente, por três partes distintas: desaerador (promove a retirada do oxigênio dissolvido da água usada na diluição do xarope composto), misturador (realiza a mistura da água e do xarope composto) e carbonatador (promove a dissolução do CO_2 na bebida).

A etapa de desaeração da água facilita a carbonatação, pois minimiza os problemas de formação de espuma causados pela liberação do gás carbônico na presença de oxigênio. Os equipamentos desaeradores podem ser de três tipos:

a) **A vácuo** – com base na diminuição de pressão do gás sobre a água, retirando o oxigênio dissolvido. Neste caso, a água passa por um tanque com "pressão negativa", que está conectado a uma bomba de vácuo, removendo o ar de dentro do líquido. Esse processo depende também da temperatura do líquido, pois, quanto mais baixa a temperatura, menor será a eficiência do processo de retirada do oxigênio.
b) **Por arraste de gás inerte** – utiliza-se um fluxo de gás inerte (CO_2 ou N_2) para remover o oxigênio. A água passa por um tanque com pressão positiva de gás carbônico ou nitrogênio, ocorrendo a troca molecular do oxigênio pelo gás inerte. Os tanques carbonatadores também atuam como desaeradores, desde que existam "drenos ou suspiros" nesses equipamentos para a retirada do oxigênio de seu interior.
c) **Térmico** – o aquecimento reduz a solubilidade dos gases dissolvidos, removendo-os.

Usualmente, um único processo de desaeração não é economicamente viável, dessa forma utiliza-se o processo a vácuo ou térmico combinado com o arraste de oxigênio por gás inerte.

Os misturadores podem ser do tipo contínuo ou de batelada. Os misturadores contínuos possuem orifícios calibrados e válvulas de controle de vazão muito precisas que dosam as quantidades a serem misturadas. Nos misturadores de batelada, o xarope é adicionado ao tanque até determinado nível e, em seguida, é adicionada água na quantidade desejada. Após a mistura, o xarope composto diluído é transferido para o carbonatador.

Os carbonatadores são equipamentos projetados para promover um contato íntimo entre o CO_2 e a bebida, que pode ocorrer pela formação de pequenas bolhas de gás no líquido ou pela aspersão do líquido em uma atmosfera de CO_2. Há dois métodos de carbonatação de refrigerante:

a) o xarope composto é dosado na garrafa, seguido da adição de água previamente carbonatada até completar o volume e do fechamento da garrafa;
b) a mistura do xarope composto com a água é efetuada em um pré-misturador (proporcionador ou *Carbo-Cooler*). Esse equipamento dosa automaticamente e mistura as quantidades predeterminadas de água resfriada e xarope composto. A seguir, é realizada a carbonatação (Figura 15.4).

A quantidade de gás carbônico que será assimilada pela bebida depende, entre outros fatores, da pressão de CO_2 no interior do recipiente e da temperatura da bebida (Tabela 15.4). Os fatores que determinam o grau de carbonatação são:

a) pressão do sistema: quanto maior a pressão no interior do carbonatador, maior a concentração do CO_2 no líquido;
b) temperatura do líquido: quanto mais baixa a temperatura, desde que acima do ponto de congelamento da bebida, maior a solubilidade do CO_2 no líquido. Assim, o uso de água ou mistura resfriada possibilita melhor carbonatação;

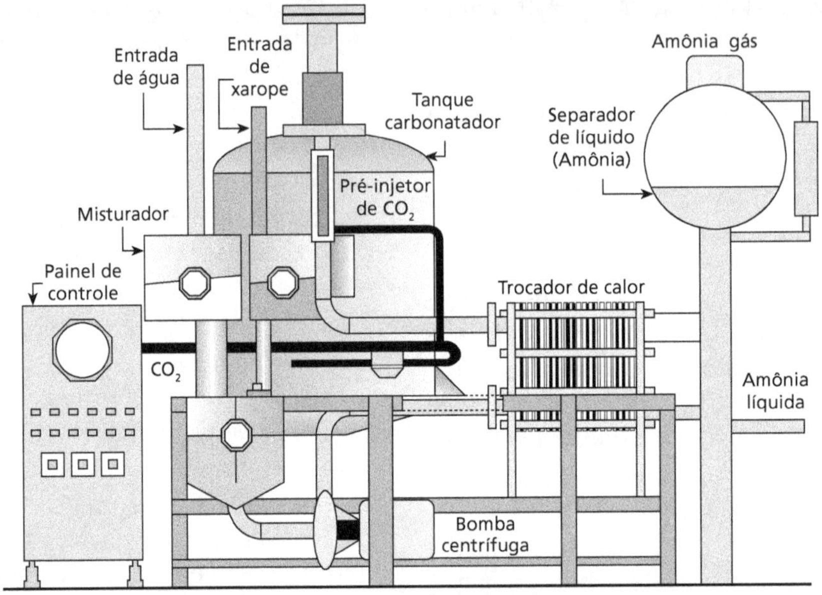

Figura 15.4 Sistema de mistura, resfriamento e carbonatação de refrigerantes.

Fonte: Refrinox (2004).

c) tempo durante o qual o líquido está em contato com o CO_2;
d) área de interface entre o líquido e o CO_2;
e) receptividade ou afinidade do líquido para o CO_2 – a água é mais receptiva para CO_2 do que soluções de açúcar ou sal; a afinidade diminui à medida que o conteúdo de açúcar aumente;
f) presença de outros gases misturados com CO_2 – a presença desses gases interferem negativamente na incorporação do CO_2 ao refrigerante.

Tabela 15.4 Quantidade de gás carbônico dissolvido em água na pressão atmosférica, em função da temperatura.

Temperatura (°C)	0	1	2	3	4	5	10	15	20	25	30
CO_2 (cm^3/100 cm^3)	171,3	164,6	154,8	152,7	147,3	142,4	119,4	101,9	87,8	75,9	66,5

Os principais fatores responsáveis pela perda de CO_2, após a carbonatação, são:

a) presença de núcleos ou partículas que atuam como ponto de descarga de CO_2;
b) excesso de ar – mais solúvel, tem maior tendência de se incorporar à bebida;
c) agitação excessiva;
d) armazenamento impróprio.

As pequenas imperfeições nos revestimentos de latas ou garrafas combinadas com partículas disformes e ásperas causam a liberação do CO_2 por nucleação, durante o processo de enchimento.

15.4.5 Engarrafamento

Após a etapa de carbonatação, a bebida é enviada para a máquina enchedora. Esse equipamento recebe as embalagens (garrafas ou latas) higienizadas, completa-as com a bebida (misturada e carbonatada) e realiza a lacração da embalagem. A enchedora opera em conjunto com as esteiras transportadoras de embalagens, que devem transportar as embalagens vazias e cheias entre os diversos pontos de operação.

É indispensável que a enchedora seja isobarométrica, a fim de reduzir a formação de espuma no engarrafamento, manter uma regularidade de enchimento (velocidade e nível) e reduzir a perda de gás.

O enchimento isobarométrico prevê as seguintes etapas principais:

a) Admissão da garrafa;
b) Pressurização da garrafa com ar, CO_2 ou outro gás inerte até igualar a pressão com a do refrigerante;
c) Enchimento com o refrigerante carbonatado;
d) Alívio da pressão em uma ou duas etapas até igualar com a pressão atmosférica;
e) Liberação da garrafa;
f) Fechamento.

A enchedora deverá estar equipada para permitir o saneamento adequado, a fim de não constituir uma fonte de contaminação para o produto em envase. Além disso, a enchedora deverá manter a qualidade da bebida, minimizando a incorporação de oxigênio ao refrigerante, para evitar a oxidação, e impedindo a perda de gás carbônico.

A linha de engarrafamento é complementada pelos seguintes equipamentos: sopradora, recravadora ou rosqueadora, rotuladora, codificadora, embaladora e paletizadora. A sopradora aquece a pré-forma de PET, que, em seguida, passa por um molde para ficar no formato de garrafa desejado. A recravadora (rosqueadora) enrosca a tampa na garrafa e aperta fechando-a corretamente. A rotuladora é responsável pela colocação do rótulo na garrafa. A máquina codificadora realiza a impressão do número de lote e da data de validade na embalagem. A embaladora agrupa as garrafas PET ou latas, em seis ou doze unidades, e as envolve em plástico termoencolhível. A paletizadora agrupa os pacotes formados na embaladora sobre paletes que, em seguida, são envoltos por uma camada de um filme plástico para garantir o transporte seguro das embalagens.

Os refrigerantes podem ser envasados em garrafas retornáveis de vidro de diversas capacidades. O vidro apresenta como vantagens o alto valor mercadológico de visualização, em virtude de sua transparência, e perfeita impermeabilidade. A fragilidade das garrafas, o peso relativamente grande e o preço elevado são fatores que colocam as garrafas de vidro em desvantagem, quando comparadas com as latas e garrafas PET. Entretanto, observa-se, na atualidade, um movimento de volta ao uso de garrafas de vidro retornável, em razão da melhor preservação da qualidade dos refrigerantes.

A garrafa de vidro é reutilizada cerca de 30 a 35 vezes, sendo renovada à base de 3 a 4% ao ano, sendo 1% devido a quebras na própria indústria. Esses vasilhames necessitam passar por uma lavagem com água aquecida (50 a 80 °C) e soda cáustica (1,5 a 3,0%), antes do engarrafamento. A lavagem das garrafas compreende três etapas: imersão e aspersão das garrafas em solução de soda cáustica, em combinação com outros agentes de limpeza (por pelo menos cinco minutos), lavagem com escovas no interior e exterior e lavagem final com água potável. A lavagem das garrafas é realizada em máquinas lavadoras específicas, envolvendo custos de investimento e operacionais elevados.

As latas para refrigerantes são produzidas em alumínio e formadas por duas peças (corpo e tampa). A utilização de latas de alumínio apresenta como vantagens: a) são leves e resistentes; b) excelente barreira contra a luz e água; c) gelam mais rapidamente, portanto economizam energia elétrica; d) de fácil pintura, podem ser impressas em várias cores, garantindo ao produto final um visual de grande impacto; e) propiciam custos menores com transporte em função do peso reduzido; f) menor custo de estocagem, pois é possível ganhar 17% mais espaço na armazenagem, sendo que o empilhamento é simples e seguro, pois o fundo de uma lata se encaixa perfeitamente na tampa da outra; g) por serem menores e mais fáceis de serem carregadas, têm maior giro que as demais embalagens.

As latas de alumínio apresentam vantagens quanto à reciclagem em relação às demais embalagens utilizadas para refrigerantes, em razão do preço mais elevado da sucata de alumínio e do fato de o alumínio permitir sua reciclagem indefinidamente para o mesmo uso inicial, o que não acontece com os outros materiais que resultam em reciclados mais impuros, utilizados para fabricação de produtos de qualidade inferior. O benefício da reciclagem reduz o consumo de energia para a produção do alumínio em 95%, preserva o meio ambiente e movimenta a economia, gerando empregos e fonte de renda na coleta, e promovendo a educação dos cidadãos para o desenvolvimento sustentável.

As garrafas PET (polietileno tereftalato) são utilizadas em 80% da produção de refrigerantes do país e substituem o vidro, com grandes vantagens: menor investimento do engarrafador com máquinas de lavar vasilhames, fim do frete de retorno de vasilhames, embalagens resistentes a impactos, reduzem o custo operacional dos pequenos fabricantes de bebidas; agilizam a distribuição dos produtos (por serem mais leves proporcionam maior capacidade no transporte); são descartáveis, dispensando o inconveniente da troca de vasilhame pelo consumidor no ato da compra.

Porém, o uso de embalagens PET requer um nível ligeiramente maior de carbonatação comparado com o vidro, para compensar a perda de CO_2 pelas paredes do recipiente durante o armazenamento e, a cada abertura sucessiva, durante o consumo. A perda de gás carbônico, também, implica menor prazo de validade dos refrigerantes envasados em PET.

Sobre o uso das garrafas PET na indústria de bebidas são possíveis as seguintes situações:

a) comprar a garrafa pronta;
b) comprar a pré-forma e realizar o sopro internamente (máquina sopradora)
c) comprar a resina pet, injetar a pré-forma e realizar o sopro (máquina injetora-sopradora)

Em virtude do alto consumo de refrigerantes, ocasionado pela excelente relação custo/benefício na área de embalagens descartáveis, o PET representa hoje um dos principais resíduos urbanos. Por possuir biodegradabilidade muito lenta, a reciclagem torna-se o meio mais viável no combate à poluição do meio ambiente. Já estão em uso no país, garrafas feitas de PET reciclado na indústria de refrigerante, assim como PET de origem vegetal. A Resolução RDC n. 20/2008, da Anvisa, permite o uso de embalagens fabricadas com PET pós-consumo reciclado descontaminado para alimentos. A descontaminação, física e/ou química, deve ser comprovada por processo validado e as embalagens devem ser registradas na Anvisa.

15.5 CONTROLE NA PRODUÇÃO DE REFRIGERANTES

Durante a produção de refrigerante, devem ser realizados o monitoramento das operações unitárias (tempo e temperatura de processo) e análises físico-químicas visando garantir os padrões de identidade e qualidade da bebida.

- **água**: cloro, alcalinidade, dureza, ferro e microbiologia;
- **xarope simples (ou açúcar líquido)**: observação visual, °Brix, cor, turbidez e microbiologia;
- **xarope composto**: °Brix, acidez, *ratio*, cor, análise sensorial, microbiologia;
- **bebida formulada**: °Brix, acidez, *ratio*, cor, análise sensorial, microbiologia;
- **refrigerante**: °Brix, acidez, *ratio*, cor, carbonatação, análise sensorial e microbiologia.

BIBLIOGRAFIA

ABIR – Associação brasileira das indústrias de refrigerantes e de bebidas não alcoólicas. **O setor**. 2015. Disponível em: <http://abir.org.br/categoria/o-setor/>. Acesso em: 14 ago. 2015.

ACONTECEU em São Paulo a principal feira da América Latina para a indústria de bebidas. Produtos para empresas que aderiram ao PET foram destaque da TecnoBebida. **Jornal de Plásticos**, São Paulo, ago. 1999. Disponível em: <http://www.jorplast.com.br/Jpago99/ago999.html>. Acesso em: 28 jan. 2003.

AFREBRAS – Associação dos fabricantes de refrigerantes do Brasil. **Composição do mercado**. 2015. Disponível em: <http://afrebras.org.br/setor/refrigerante/composicao-de-mercado-refil/>. Acesso em: 14 ago. 2015.

ALMEIDA, P. G. Água: principal matéria-prima dos refrigerantes. **Engarrafador Moderno**, São Bernardo do Campo, v. 2, n. 23, p. 6-9, set./out. 1992.

ALMEIDA, P. G. A produção de refrigerantes. **Engarrafador Moderno**, São Bernardo do Campo, v. 3, n. 26, p. 8-19, mar./abr. 1993.

ALMEIDA, P. G. Açúcar líquido é opção para refrigerantes. **Engarrafador Moderno**, São Bernardo do Campo, v. 10, n. 63, p. 44-46, mar. 1999.

ANDRADE, M. L. A. de; VIEIRA, J. R. M.; CUNHA, L. M. da S. **Latas para cervejas e refrigerantes**: o desafio do alumínio e do aço. Disponível em: <http://www.bndes.gov.br/conhecimento/bnset/setlatas.pdf>. Acesso em: 04 ago. 2004.

ANTUNES, A. J.; CANHOS, V. P. **Aditivos em alimentos**. São Paulo: Coordenadoria da Indústria e Comércio, Secretaria da Indústria, Comércio, Ciência e Tecnologia, s.d. p. 3-161.

ARAÚJO, J. M. A. **Química de alimentos: teoria e prática.** 2. ed. Viçosa: Universidade Federal de Viçosa, 2001. 416p.

AZEVEDO, A. R. **Refrigerantes**. Órbita Starmedia. Disponível em: <http://orbita.starmedia.com/andre.azevedo/page7.html>. Acesso em: 25 out. 2003.

BARNABÉ, D. **Refrigerantes de acerola produzidos a partir de suco desidratado e extrato seco da fruta: análise química, sensorial e econômica.** 2003. 151f. Dissertação (Mestrado em Agronomia / Energia na Agricultura) – Faculdade de Ciências Agronômicas, Universidade Estadual Paulista, Botucatu, 2003.

BARUFFALDI, R.; OLIVEIRA, M. N. **Fundamentos de tecnologia de alimentos.** São Paulo: Atheneu, 1998. 3v. 317p.

BERNARDINO, I. A. **Produção de refrigerante a partir da acerola (*Malpighia glabra* L.).** 2002. 104f. Dissertação (Mestrado em Agronomia / Energia na Agricultura) – Faculdade de Ciências Agronômicas, Universidade Estadual Paulista, Botucatu, 2002.

BEVTECH – **Beverage technologies.** Disponível em: <http://www.bevtech.com.br/infotec.htm>. Acesso em: 19 abr. 2003.

BLENFORD, D. Soft drink. **Food Ingredients and Analysis International**, Hertsfordshire, v. 19, n. 2, p., 1997.

BRAHMA. **Curso sobre tecnologia de refrigerantes.** Curitiba: Brahma, 1995. Paginação irregular.

BRAHMA. **Manual de preparo de refrigerantes.** Curitiba: Brahma, 1991. 132p. Apostila.

BRASIL. Decreto n. 6.871, de 4 de junho de 2009. Ministério da Agricultura. Regulamenta a Lei n. 8.918, de 14 de julho de 1994, que dispõe sobre a padronização, a classificação, o registro, a inspeção, a produção e a fiscalização de bebidas. **Diário Oficial da União**, Brasília, DF, p. 20, 05 jun. 2009. Seção 1.

BRASIL. Instrução normativa n. 18, de 19 de junho de 2013. Ministério da Agricultura. Regulamenta a Lei n. 8.918, de 14 de julho de 1994, e o que consta do Processo n. 21000.009967/2010-15. **Diário Oficial da União**, Brasília, DF, 20 jun. 2013. Seção 1.

BRASIL. Instrução normativa n 19, de 19 de junho de 2013. Ministério da Agricultura. Regulamenta a Lei n. 8.918, de 14 de julho de 1994, e o que consta do Processo n. 21000.009965/2010-18. **Diário Oficial da União**, Brasília, DF, 20 jun. 2013. Seção 1.

BRASIL. Resolução RDC n. 5, de 15 de janeiro de 2007. Agência Nacional de Vigilância Sanitária. Regulamento técnico sobre Atribuição de Aditivos e seus Limites Máximos para a Categoria de Alimentos 16.2: Bebidas Não Alcoólicas, Subcategoria 16.2.2: Bebidas Não Alcoólicas Gaseificadas e Não Gaseificadas. **Diário Oficial da União**, Brasília, DF, 17 jan. 2007.

BRASIL. Resolução RDC n. 12, de 02 de janeiro de 2001. Agência Nacional de Vigilância Sanitária. Regulamento técnico sobre padrões microbiológicos para alimentos. **Diário Oficial da União**, Brasília, DF, 10 jan. 2001.

BRASIL. Resolução RDC n. 20, de 26 de março de 2008. Agência Nacional de Vigilância Sanitária. Regulamento Técnico sobre embalagens de polietilenotereftalato (PET) pós-consumo reciclado grau alimentício (PET-PCR grau alimentício) destinados a entrar em contato com alimentos. **Diário Oficial da União**, Brasília, DF, 27 mar. 2008.

CASTAÑEDA, D. M. A. Remoção de sulfeto de hidrogênio, ferro e manganês de águas de abastecimento, através dos processos de dessorção gasosa, nanofiltração e oxidação com permanganato de potássio. 2010. 109f. Dissertação (Programa de Pós-graduaçção em Saneamento Ambiental e Recursos Hídricos) – Instituto de Pesquisas Hidráulicas, Universidade Federal do Rio Grande do Sul, Porto Alegre, 2010. Disponível em: <https://www.lume.ufrgs.br/bitstream/handle/10183/31781/000764827.pdf?sequence=1>. Acesso em: 12 out. 2015.

CASTRO, I. Como controlar a espuma no envase de bebidas carbonatadas. **Engarrafador Moderno,** São Bernardo do Campo, v. 10, n. 72, p. 30-35, fev. 2000.

CRUZ, G. F. B. Fabricação de refrigerantes. **Dossiê Técnico – Serviço Brasileiro de Respostas Técnicas.** Rio de Janeiro, outubro/2012. Disponível em: <http://sbrt.ibict.br/dossie-tecnico/downloadsDT/Mjc2NTQ>. Acesso em: 03 fev. 2014.

CURTE, C. N. PET: a vedete do mercado! **Pack – Tecnologia em Embalagem, Logística, Processos Industriais e Design,** São Paulo, ano 6, n. 61, p. 12-14, set. 2002.

DE MARTINO, D. B. Garrafas plásticas conquistaram novos mercados. **Engarrafador Moderno,** São Bernardo do Campo, v. 10, n. 62, p. 66-71, jan./fev. 1999b.

DE MARTINO, D. B. Embalagens do século XXI: versões inovadoras com alto valor agregado. **Engarrafador Moderno,** São Bernardo do Campo, v. 10, n. 77, p. 42-50, jul. 2000a.

DE MARTINO, D. B. Fabricantes de refrigerantes regionais criam associação independente. **Engarrafador Moderno,** São Bernardo do Campo, v. 10, n. 80, p. 10-12, out. 2000b.

EVANGELISTA, J. **Tecnologia de alimentos.** São Paulo: Atheneu, 2008. 652p.

GAVA, A. J. **Princípios de tecnologia de alimentos.** São Paulo: Nobel, 1978. 284p.

GIESE, J. Developments in beverage additives. **Food Technology,** Chicago, v. 49, n. 9, p. 64-72, 1995.

KRASOVC, D.; PRISLAN, B. Bases and flavorings in the drink industry. **Fruit Processing,** Schoenborn, v. 3, p. 90-97, 1997.

MASSA, S. et al. Survival of indicator / pathogenic bacteria in orange soft drink. **Food Microbiology,** London, v. 15, n. 3, p. 253-257, 1998.

MITCHELL, A. J. Carbonation and filling. In: **Formulation and production of carbonated soft drinks.** London: Blackie, 1990. Chapter 11, p. 203-230.

MONTEIRO, C. A.; MONDINI, D.; COSTA, R. B. L. Mudanças na composição e adequação nutricional da dieta familiar nas áreas metropolitanas do Brasil (1988 – 1996). **Revista de Saúde Pública,** São Paulo, v. 34, n. 3, p. 251-58. 2000.

NATURAL colours in beverages – a question of choice. **The European Food & Drink Review,** London, p. 61-63, autumn 1998.

PARRA, C. D. O consumo de bebidas no mundo. **Engarrafador Moderno**, São Bernardo do Campo, v. 8, n. 53, p. 12-16, set./out. 1997.

PHILLIPS, G. F.; WOODROOF, J. G. Beverage acids, flavors, colors, and emulsifiers. In: **Beverages: carbonated and noncarbonated.** Westport: Avi, 1974. Chapter 5, p. 130-178.

PRADO FILHO, H. R. PET e embalagens cartonadas. **Pack – Tecnologia em Embalagem, Logística, Processos Industriais e Design**, São Paulo, ano 6, n. 61, p. 3, set. 2002.

PSZCZOLA, D. E. (Ed.). Antioxidants: from preserving food quality to quality of life. **Food Technology**, Chicago, v. 55, n. 6, p. 51-59, june 2001.

RECICLAGEM do PET. **Engarrafador Moderno**, São Bernardo do Campo, v. 10, n. 63, p. 52-53, 1999.

REFRINOX – Indústria e Comércio de Máquinas Ltda. **Nossos Produtos.** Disponível em: <http://www.refrinox.com.br/>. Acesso em: 06 ago. 2004.

REXAMCAN – **Saiba mais sobre...** Disponível em: < http://www.rexamcan.com.br/>. Acesso em: 08 ago. 2004.

SENAI. Centro de Tecnologia de Alimentos e Bebidas. **Tecnologia de fabricação de refrigerantes.** Vassouras: Senai, 2002. 81p.

SIMÃO, A. M. **Aditivos para alimentos sob o aspecto toxicológico.** 2. ed. São Paulo: Nobel, 1986, p. 41-59.

SINKI, G. Soft drink flavor preferences. **Perfumer & Flavorist**, Wheaton, v. 19, n. 6, p. 19-23, 1994.

STILLMAN, J. A. Color influences flavor identification in fruit-flavored beverages. **Journal of Food Science**, Chicago, v. 58, n. 4, p. 810-812, 1993.

TALBOT, A.; MACDONALD, H. S. A study of the release of carbon dioxide gas from carbonated beverages. **Microscope**, Chicago, v. 46, n. 3, p. 161-167, 1998.

TFOUNI, S. A. V.; TOLEDO, M. C. F. Conservadores ácido benzóico e ácido sórbico – uma revisão. **Boletim da Sociedade Brasileira de Ciência e Tecnologia de Alimentos**, v. 35, n. 1/2, p. 41-53, jan./dez. 2001.

TOCCHINI, R. P.; NISIDA, A. L. A. C. (Coord.). **Aspectos relevantes na industrialização de refrigerantes** – seminário. Campinas: Instituto de Tecnologia de Alimentos, 2000. Paginação irregular.

TOCCHINI, R. P.; NISIDA, A. L. A. C. **Industrialização de refrigerantes.** Campinas: Ital/Fruthotec, 1995. 50p. (Manual).

UCKO, D. A. **Química para as ciências da saúde:** uma introdução á química geral, orgânica e biológica. São Paulo: Manole, 1992. 646p.

VARNAM, A. H.; SUTHERLAND, J. P. Soft Drinks. In: **Beverages: technology, chemistry and microbiology.** London: Chapman & Hall, 1994. v. 2, Chapter 3, p. 73-125.

VARTANIAN, L. R.; SCHWARTZ, M. B.; BROWNELL, K. D. Effects of soft drink consumption on nutrition and health: a systematic review and meta-analysis. American Journal of Public Health, v. 97, n. 4, p. 667-675, april 2007. Disponível em: <http://ajph.aphapublications.org/doi/pdf/10.2105/AJPH.2005.083782>. Acesso em: 09 fev. 2014.

VETTORAZZI, G.; MACDONALD, I. Produção, usos e fontes da sacarose. In: **Sacarose: aspectos nutricionais e de segurança no uso do açúcar.** São Paulo: Hucitec, 1989. Cap. 3, p. 45-60.

16

SUCO DE ABACAXI

LOURDES MARIA CORRÊA CABRAL
MURILLO FREIRE JÚNIOR
VIRGÍNIA MARTINS DA MATTA

16.1 INTRODUÇÃO

O abacaxi ou ananás, nomes pelos quais são conhecidos tanto a planta como o fruto, pertence à família *Bromeliaceae* (subclasse das monocotiledôneas), que compreende, aproximadamente, 46 gêneros e cerca de 1.700 espécies de plantas herbáceas, a maioria, epífitas. O abacaxizeiro *Ananas comosus* (L.) Merrill é um fruto composto, formado de 100 a 200 frutos simples do tipo baga, inseridos sobre uma haste central ou miolo, em disposição espiralada e intimamente soldados entre si. A parte comestível do fruto é a polpa suculenta formada pelas paredes das lojas dos frutilhos e pelo tecido parenquimatoso que se ligam entre si.

Apesar da grandeza da família, excetuando-se o valor ornamental de muitas das suas espécies, apenas se destaca, pela sua importância econômica, o gênero *Ananas* Mill., por suas infrutescências carnosas ou sincarpos, de alto valor frutífero, seja *in natura* ou industrializado.

O gênero *Ananas* Mill., originário da região compreendida entre 15 °N e 30 °S de latitude e 40 °L e 60 °W de longitude, que abrange as regiões da zona central do Brasil, nordeste da Argentina e o Paraguai, está vastamente distribuído nas regiões tropicais por meio da espécie *Ananas comosus* (L.) Merrill. Foi disseminado a partir da América Central, antes de ser introduzido na Europa. Atualmente, é cultivado em países de clima tropical e subtropical, destacando-se o Brasil, Havaí, Malásia, Austrália, Filipinas, Tailândia e alguns países da África.

A produção mundial de abacaxi em 2012 foi de 23 milhões de toneladas, sendo Tailândia, Brasil, Filipinas e Índia, os quatro maiores produtores mundiais. Com essa produção, o abacaxi fica em sétimo lugar entre todas as frutas produzidas no mundo, e em quarto lugar entre as frutas tropicais, sendo a contribuição do Brasil, para a produção mundial, de 10,6%. Nesse mesmo ano, o abacaxi contribuiu com 7,5% do volume total produzido pela fruticultura brasileira.

As variedades de maior valor comercial são Smooth Cayenne, Red Spanish, Queen, Singapore Spanish, Pérola e Perolera. Entretanto, estima-se que 70% da produção mundial sejam da cultivar *Smooth Cayenne*.

No Brasil, são cultivadas, principalmente, as variedades Smooth Cayenne, Pérola ou Pernambuco e Amarelo Comum, sendo a Pérola mais doce e voltada para o mercado interno, e a Smooth Cayenne destinada ao mercado externo e à industrialização.

A produção brasileira de abacaxi, em 2010, foi de 1.470.391 toneladas em uma área de 58.507 hectares, o que significa uma produtividade média de 25 t/ha. Os principais estados produtores são Paraíba e Pará, seguidos por Minas Gerais, Bahia e Rio Grande do Norte (Figura 16.1). A maior área plantada, de 6.500 hectares, encontra-se no município de Floresta do Araguaia, no estado do Pará, cuja produção estimada em 2013 foi de 227 milhões de frutos.

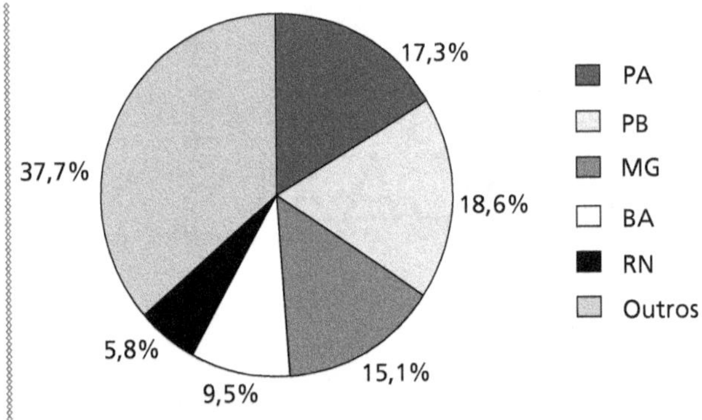

Figura 16.1 Principais estados produtores de abacaxi.

Fonte: IBGE.

O crescimento da produção brasileira se deve, em grande parte, à industrialização do suco de abacaxi, que garante a comercialização de boa parte da produção, gerando emprego, renda e desenvolvimento. Apenas na unidade industrial de Floresta do Araguaia, são produzidas 120 toneladas de suco de abacaxi concentrado por dia. A implantação de novas indústrias de transformação da fruta em suco, contribuindo para o desenvolvimento agrícola, tem ocorrido, também, em outros regiões do Pará, como na Ilha de Marajó, e em outros estados do país, como Rio de Janeiro e Tocantins.

16.1.1 Histórico

Por volta de 1500, o navegador Cristóvão Colombo relatava a presença de abacaxi cultivado por comunidades indígenas no litoral do Panamá. O seu nome indígena era "Anana", que significa fragrante, cheiroso, e deu origem ao seu nome científico *Ananas comosus*. Mais tarde, os espanhóis o chamaram de "Piría", pelo seu formato de pinha e os ingleses de *pineapple* (formato de pinha e suculência de maçã).

O abacaxi foi disseminado no mundo pelos espanhóis e portugueses, durante o século XVI. Os navegadores carregavam os frutos durante as viagens e os consumiam como fonte de vitamina C e prevenção de escorbuto. O abandono das coroas nos vários portos de desembarque da África e da Ásia fez com que elas se tornassem material de multiplicação natural. Assinala-se, assim, a sua presença em Santa Helena, desde 1505; e em Madagascar, em 1548. Na Ásia, a introdução dessa cultura ocorreu, ao que parece, na segunda metade do século XVI.

Atualmente, o abacaxi é um autêntico fruto-símbolo das regiões tropicais e subtropicais, cabendo-lhe este título, com muita justiça, em razão de seus singulares atributos de sabor e aroma; e o seu suco é usado em bebidas à base de frutas, individualmente, ou combinado com outros sucos de frutas. Como um ingrediente, o suco de abacaxi concentrado mistura-se bem com outros aromas de frutas, formando um produto agradável, com preço competitivo e disponível para consumidores de todas as idades.

16.1.2 Definição legal

De acordo com a legislação brasileira vigente, suco de fruta é o líquido límpido ou turvo extraído da fruta fresca, madura e lavada, por meio de processo tecnológico adequado, não fermentado, de cor, sabor e aroma característicos, submetido a tratamento que assegure a sua apresentação e conservação até o momento do consumo. O suco não deve conter fragmentos das partes não comestíveis da fruta, nem substâncias estranhas à sua composição normal, excetuadas as previstas na legislação específica. Não pode estar fermentado e deve apresentar características de cor, sabor, aroma e valor nutritivo iguais aos das frutas originais. Os sucos de frutas podem ser obtidos por meio da maceração ou esmagamento por equipamentos apropriados ou apenas espremidos, como é o caso do suco de laranja.

Suco de abacaxi é a bebida não fermentada e não diluída, obtida da parte comestível do abacaxi, por meio de processo tecnológico adequado, que assegure a sua apresentação e conservação até o momento do consumo. O teor de sólidos solúveis totais, expresso em °Brix, a 20 °C, não deve ser inferior a 11 °Brix. A acidez, expressa em ácido cítrico, deverá apresentar, no mínimo, 0,30 g/100 g e, no máximo, 1,35 g/100 g.

Suco tropical é o produto obtido pela dissolução, em água potável, da polpa de fruta polposa de origem tropical, por meio de processo tecnológico adequado, não fermentado, de cor, aroma e sabor característicos da fruta, submetido a tratamento que assegure sua conservação e apresentação até o momento do consumo.

Suco tropical de abacaxi é a bebida não fermentada, obtida pela dissolução, em água potável, da polpa do abacaxi (*Ananas comosus* L.), por meio de processo tecnológico adequado. Deve apresentar cor variando de branca a amarelada, sabor e aroma próprios. O suco tropical de abacaxi adoçado deve conter, no mínimo, 50 g de polpa de abacaxi em 100 g de suco, 11 °Brix (a 20 °C), acidez total de 0,20 g/100 g (expressa em ácido cítrico) e concentração de açúcares totais de 8,0 g/100 g. Por outro lado, o suco tropical de abacaxi não adoçado deve conter, no mínimo, 60 g de polpa em 100 g de suco, 6 °Brix (a 20 °C) e 0,16 g/100 g de ácido cítrico.

Néctar é o produto formulado não fermentado, obtido pela dissolução da polpa ou suco da fruta integral em água, adicionado de açúcares, acidulantes e/ou conservadores, e que se destina ao consumo direto. O néctar de abacaxi deve apresentar cor variando de branca a amarelada, sabor característico e aroma próprio. Deve conter um mínimo de 40 g de suco ou polpa de abacaxi em 100 g de néctar, 11 °Brix, acidez mínima de 0,12 g/100 g (expressa em ácido cítrico) e 8,0 g/100 g de açúcares totais.

Os refrescos são bebidas não gaseificadas, não fermentadas, obtidas pela diluição em água potável, do suco de fruta, polpa ou extrato vegetal de sua origem, adicionada de açúcares. O refresco de abacaxi deve conter, no mínimo, 30% (v/v) de suco natural (a 10 °Brix) e acidez titulável mínima igual a 0,2 g/100 g (expressa em ácido cítrico).

16.1.3 Composição e valor nutritivo

A composição química do suco de abacaxi é similar à da fruta *in natura* da qual ele é obtido e difere dos demais frutos pelo alto teor de sacarose, em média 66% em matéria seca, e pelo baixo teor de amido, cerca de 0,002% na matéria fresca. A composição química do suco apresenta variações entre as cultivares, entre frutos de uma mesma cultivar e entre as diferentes seções do fruto (Tabela 16.1), em decorrência de diversos fatores, entre eles, fatores climáticos, práticas culturais, nutrição mineral, local e época de plantio, estação da colheita, grau de maturação e presença de defeitos.

Tabela 16.1 Características físico-químicas e químicas do abacaxi das cultivares *Smooth Cayenne* e Pérola.

Parâmetros	Smooth Cayenne		Pérola	
	Fruta verde	Fruta madura	Fruta verde	Fruta madura
pH	3,2	3,7	3,6	4,5
Sólidos solúveis totais (°Brix)	11,6	18,2	11,6	16,2
Acidez total (% ácido citrico)	1,0	0,5	0,8	0,4
Açúcares redutores(%)	4,2	5,4	2,8	5,1
Açúcares totais (%)	9,9	16,2	9,7	15,0
Vitamina C (ac. ascórbico mg/100 g)	17,0	10,0	32,0	9,0
Fibras (% p/p)	1,63*			

Fonte: Medina, (1978); * Bartolomé; Rupérez; Fúster (1995).

O suco de abacaxi contém, aproximadamente, 85% de água, 13% de carboidratos, 0,3% de proteínas, 0,1% de lipídios, 0,1% de fibras, e contribui com cerca de 50 kcal de energia por 100 gramas de parte comestível.

Sacarose, glicose e frutose são os principais açúcares solúveis presentes no abacaxi. O teor de sacarose supera em muito os teores de glicose e frutose, variando de 5,9% a 16,0%, podendo chegar a valores em torno de 19,0% para a cv. Smooth Cayenne, o que corresponde, em média, a 66,0% dos açúcares totais, nos frutos maduros. A concentração de glicose e frutose está na faixa de 1,0% a 3,2% e 0,6% a 2,6%, respectivamente (Tabela 16.2). Esses três açúcares representam uma fração muito importante da parte comestível do fruto e são responsáveis pela percepção da sua qualidade, pela doçura, pelo *flavor* e também pela firmeza dos frutos, quando combinados com os polissacarídeos estruturais, representados, principalmente, pela celulose, hemicelulose e pectina.

O abacaxi contém um alto conteúdo de galactomananas, que é um polissacarídeo neutro com alta capacidade de solubilização em água fria. A presença destas galactomananas, uma goma natural no suco de abacaxi, provoca uma diminuição da capacidade de filtração e o aumento da sua viscosidade e das suas propriedades de formação de espuma. A parede celular do abacaxi contém 21% de pectina, 35% de hemicelulose, 27% de celulose e 12% de glicoproteína.

Os ácidos orgânicos predominantes no abacaxi são o cítrico, málico e oxálico, sendo encontrados também o tartárico, malônico, glicólico, galacturônico, adípico e ascórbico (Tabela 16.2). Assim como para os açúcares, a acidez aumenta da base para o ápice do fruto, sendo que no decorrer da maturação, ao mesmo nível de altura do fruto, a concentração é mais acentuada na região próxima à casca do que ao cilindro central.

Tabela 16.2 Carboidratos e ácidos presentes na polpa de abacaxi maduro cv. *Smooth Cayenne*.

Constituinte (% em peso de polpa)	Dull, 1971	Bartolomé; Rupérez; Fúster, 1995
Sacarose	5,0-12,0	4,5
Glicose	1,0-3,2	1,45
Frutose	0,6-2,6	2,2
Amido	< 0,002	
Celulose	0,43-0,54	
Pectina	0,06-0,16	
Ácido cítrico		0,80
Ácido málico		0,38

As vitaminas e os minerais no abacaxi estão presentes em bom número, porém em pequenas quantidades. Entre as vitaminas, contém a pró-vitamina A (carotenos), que confere a cor da polpa de algumas cultivares, particularmente a *Smooth Cayenne*, e a vitamina C, cuja função no fruto é conferir resistência a distúrbios fisiológicos (Tabela 16.3). Os minerais mais encontrados são potássio, cálcio, ferro, fósforo, sódio e magnésio, sendo o potássio o mais representativo.

O abacaxi contém, também, um teor apreciável de fenólicos totais, compostos que contribuem para a atividade antioxidante. O suco de abacaxi da variedade *Smooth Cayenne* apresenta um teor de fenólicos da ordem de 90 mg/100 g (eq. ácido gálico). Recentemente, usando como modelo a oxidação de lipoproteínas de baixa densidade LDL + VLDL, descobriu-se que vários fenóis e polifenóis possuem atividade antioxidante superior à das vitaminas. Uma porção de 78 gramas de abacaxi (fruta fresca) apresenta uma quantidade de 52 mg de compostos fenólicos totais expressos em equivalente de catequina. As frutas possuem alta quantidade e qualidade antioxidante em fenólicos, que podem enriquecer as lipoproteínas de baixa densidade (LDL), protegendo-as, assim, da oxidação.

Tabela 16.3 Concentração de vitaminas em abacaxi (mg/100 g de polpa).

Vitamina	Dull (1971)	Medina (1978)	Franco (1987)
A (carotenos)	0,13-0,29	0,01	4[(a)]
B1	0,07-0,12	0,07	0,05
B2	0,02-0,09	0,02	0,02
B6	0,01-0,14	0,07	–
C	10-25	13	11
Ácido fólico	0,002-0,005	0,001	–
Ácido pantotênico	0,75-1,63	0,12	–

(a) – μg/100 g de retinol.

O sabor e o aroma característicos do abacaxi são atribuídos à presença de diversos constituintes químicos, principalmente os açúcares, os ácidos e os compostos voláteis responsáveis pelo sabor, os ésteres e outros voláteis ligados ao aroma.

Diversos autores reportam que os primeiros componentes voláteis do suco de abacaxi consistem em doze ésteres alifáticos, etanol, acetaldeído, ácido acético, 2-pentanona e 3-tiopropanoato de metila. Os frutos colhidos no verão apresentam maiores teores de voláteis e maiores quantidades de ésteres etílicos do que os frutos colhidos no inverno, que apresentam maiores quantidades de ésteres metílicos.

De 1945 a 1989, foram identificadas 197 substâncias voláteis no suco de abacaxi, pertencentes, principalmente, aos grupamentos químicos ésteres, ácidos, alcoóis, aldeídos, cetonas e lactonas.

Os principais ésteres identificados são: acetato de etila, acetato de metila, 1-acetato de propila, 2-metil-1-propil acetato, acrilato de etila, butanoato de etila, butanoato de metila, 3-metil butanoato de etila, 3-metil butanoato de metila, hexanoato de etila, hexanoato de metila, 3-acetoxihexanoato de etila, 3-acetoxihexanoato de metila, 5-acetoxihexanoato de metila, 3-hidroxihexanoato de metila, malonato de dimetila, octanoato de etila, octaetanoato de metila, pentanoato de metila, propanoato de etila, 2-propil2--metil propanoato e 3-metiltiopropanoato de etila.

Outros componentes identificados foram ácido acético, etanol, 2-etil hexanol, 1-propanol, acetaldeído, acetona, gama-hexalactona e gama-octalactona.

Os três maiores componentes isolados e identificados em extratos de abacaxi *Smooth Cayenne* são:

a) 2,5-dimetil-4-hidroxi-2-3dihidrofurano, que apresenta odor semelhante ao caramelo, e cuja instabilidade contribui para a perda do aroma do suco de abacaxi durante o processamento.
b) Chavicol ou para-alilfenol, odor "fenólico", indesejável para os provadores.
c) Gama-hexalactona, que confere um odor de sobremaduro, característico de outras lactonas.

Os teores de proteína e lipídio no abacaxi são muito baixos. Destaca-se a bromelina, enzima proteolítica, com ação coadjuvante na digestão dos alimentos.

16.2 MATÉRIAS-PRIMAS

Para o processamento de suco, o abacaxi da cultivar *Smooth Cayenne* é o mais utilizado e é o que tem a preferência das indústrias. Apresenta características de cor, acidez e formato mais adequados à industrialização.

O suco tropical, o néctar e o refresco de abacaxi podem ou não ser adoçados. Para adoçar, são utilizadas a sacarose, a glicose e a frutose, na forma de caldas ou xaropes, obtidos por meio da dissolução e aquecimento dos açúcares em água. A quantidade de calda ou xarope utilizada na etapa de formulação é função do teor de sólidos solúveis desejado no produto final.

Conservadores são aditivos químicos intencionais utilizados na indústria alimentícia em substituição total ou parcial aos tratamentos de preservação física do alimento. Têm ação inibidora no desenvolvimento da microbiota, sendo, desse modo, agentes fungistáticos ou bacteriostáticos.

Os conservadores derivados do dióxido de enxofre (sais de sulfito de sódio e potássio, bissulfito e metabissulfito), em geral, evitam o escurecimento (enzimático e não enzimático) e inibem o crescimento de microrganismos indesejáveis. O ácido benzoico, o ácido sórbico e os seus sais de sódio ou potássio são os conservadores com a mais longa história de utilização em alimentos. São ativos contra bolores e leveduras, mas, normalmente, apresentam menor ação para o controle de bactérias, em razão da baixa atividade acima de pH 4,5, em que o principal tipo de deterioração é de origem bacteriana. A legislação brasileira permite a utilização desses aditivos para a conservação da maioria dos sucos nas concentrações máximas de 0,05% para o ácido benzoico, e de 0,004% para o dióxido de enxofre.

Os acidulantes agem mediante a redução do pH, minimizando o crescimento microbiano. Entre os acidulantes utilizados, o ácido cítrico é o mais empregado e tem aplicações em refrigerantes, sucos de frutas, bebidas alcoólicas, entre outros.

Os antioxidantes, outro grupo de aditivos químicos, são frequentemente usados para prevenir ou retardar a deterioração dos alimentos. Especificamente, o ácido ascórbico age como agente redutor na eliminação do oxigênio e como agente quelante de metais. Sua função é basicamente ceder elétrons e agir na redução dos processos oxidativos e dos produtos de oxidação indesejáveis. Outro importante papel do ácido ascórbico refere-se à inibição do escurecimento enzimático e não enzimático de frutas e vegetais, onde estão envolvidas as enzimas polifenol oxidases e peroxidases. Exerce, ainda, ação protetora sobre componentes do sabor, evitando a ação oxidativa do oxigênio durante o armazenamento e a distribuição do produto. Em polpas e sucos de frutas, refrescos etc., o ácido ascórbico tem sua adição permitida como agente antioxidante.

16.3 MICROBIOLOGIA

A qualidade microbiológica de um suco de fruta é um fator determinante no seu padrão de qualidade e, consequentemente, na sua conservação e aceitação pelo consumidor. Os microrganismos presentes podem ser responsáveis por uma série de alterações físico-químicas, sendo capazes de deteriorar completamente o suco processado. Embora os sucos possuam, em geral, pH baixo, minimizando o crescimento de uma série de microrganismos, principalmente os patogênicos, outros fatores, tais como o conteúdo de nutrientes e uma alta atividade de água, favorecem o crescimento da microbiota deteriorante.

As frutas podem sofrer contaminação, tanto no estado *in natura* quanto na sua industrialização. Parte da microbiota, que normalmente está presente nas frutas, pode contaminar a polpa e o suco, outra parte pode ser introduzida por condições higiênicas insatisfatórias dos manipuladores e das instalações industriais. Portanto, a limpeza e a sanificação dos frutos, manipuladores e equipamentos são pontos fundamentais, que auxiliam no controle microbiológico.

A maioria dos sucos de frutas é suficientemente ácida e tem a quantidade de açúcar necessária para favorecer o crescimento das leveduras dentro do intervalo de temperatura ideal, principalmente de 15,6 a 35 °C. As classes de leveduras que podem se desenvolver dependem do tipo que predomina no suco e da temperatura, mas, geralmente, as que levam a cabo a fermentação inicial são leveduras silvestres, tais como as apiculadas, que só produzem quantidades moderadas de álcool e quantidades consideráveis de ácidos voláteis. Em temperaturas superiores a 35 °C, é possível que se desenvolvam os lactobacilos que produzirão ácido lático e alguns ácidos voláteis. Em temperaturas inferiores a 15,6 °C, o crescimento de bactérias e fungos filamentosos é favorecido em relação ao de leveduras. A acidez do suco pode ser reduzida pelas leveduras formadoras de películas e os mofos que crescem na superfície.

Além das fermentações alcoólicas habituais, os sucos de frutas podem sofrer outras alterações produzidas por microrganismos: (1) fermentação lática dos açúcares, quase sempre por bactérias láticas heterofermentativas, como *Lactobacillus pastorianus*, *Lactobacillus brevis* e *Leuconostoc mesenteroides* em suco de pera e maçã, e por bactérias láticas homofermentativas, como *Lactobacillus arabinosus*, *Lactobacillus leichmannii* e *Microbacterium*; (2) fermentação dos ácidos orgânicos do suco por bactérias láticas, por exemplo, *Lactobacillus pastorianus*: o ácido málico pode gerar ácido lático e ácido succínico, o ácido quínico gerando ácido desidróxidoquínico e o ácido cítrico gerando ácido lático e acético.

Os sucos de frutas concentrados, em virtude de sua elevada acidez e concentração de açúcar, favorecem o crescimento de leveduras e de espécies ácido e açúcar tolerante de *Leuconostoc* e *Lactobacillus*. Esses concentrados são enlatados e, posteriormente, submetidos a tratamentos térmicos ou congelados.

O suco de abacaxi, apresentando um pH ácido, permite o desenvolvimento de fungos filamentosos que podem crescer em sua superfície se estão expostos ao ar, e sua alta atividade aquosa favorece o crescimento das leveduras e bactérias que crescem mais rapidamente que os bolores.

Foram isoladas as seguintes bactérias durante um estudo sobre a produção de vinho a partir de resíduos de abacaxi: *Bacillus spp.*, *Escherichia coli*, *Lactobacillus spp.*, *Leuconostoc spp.*, *Micrococcus spp.*, *Pediococcus spp.*, *Proteus spp.* e *Pseudomonas spp.* Os fungos isolados foram *Aspergillus niger*, *Geotrichum candidum*, *Penicillium spp.*, *Rhizopus spp.*, *Candida spp.* e *Saccharomyces spp.*

Leveduras esporulantes, identificadas como *Candida pelliculosa* e *Kloeckera apis*, foram isoladas de suco de abacaxi pasteurizado fermentado. *Candida pelliculosa* demonstrou ser mais resistente ao tratamento térmico do que a *Kloeckera apis*.

Fungos termorresistentes, formadores de esporos, causam deterioração em diversos sucos concentrados de frutas, inclusive o de abacaxi. Alguns fungos, como *Byssoclamys spp.* e *Saccharomyces spp.*, são capazes de produzir patulina, uma micotoxina importante, já detectada em abacaxis.

Originária do solo, a espécie *Byssoclamys fulva* causa problemas no processamento térmico de produtos ácidos, já que seus esporos não são destruídos nas temperaturas normalmente utilizadas (100 °C ou menos). O aumento da severidade do processo não é indicado, pois resulta em um produto final de baixa qualidade. A sanitização das frutas e dos equipamentos é a maneira mais eficiente para controlar esse microrganismo.

Em 1987, foi reportado o isolamento do fungo termorresistente *Talaromyces flavus* em suco concentrado de abacaxi, causando deterioração em bebidas elaboradas a partir desse suco.

16.4 PROCESSAMENTO

O abacaxi é uma das frutas mais industrializadas no mundo. A sua industrialização consome 2/3 de toda a produção mundial do fruto, sendo os principais produtos o fruto em pedaços em calda ou compota e o suco. No Brasil, onde a produção é praticamente toda destinada ao mercado interno, apenas 35% dos frutos são destinados à industrialização (compotas, sucos, geleias, doces, vinho etc.), predominando o consumo da fruta *in natura*.

As características de qualidade da matéria-prima, frente aos parâmetros de classificação e padronização, determinam a sua utilização, obtendo-se diferentes produtos como fatias, metades, *tidbits*, *chunks*, *spears*, cubos e polpas (Figura 16.2).

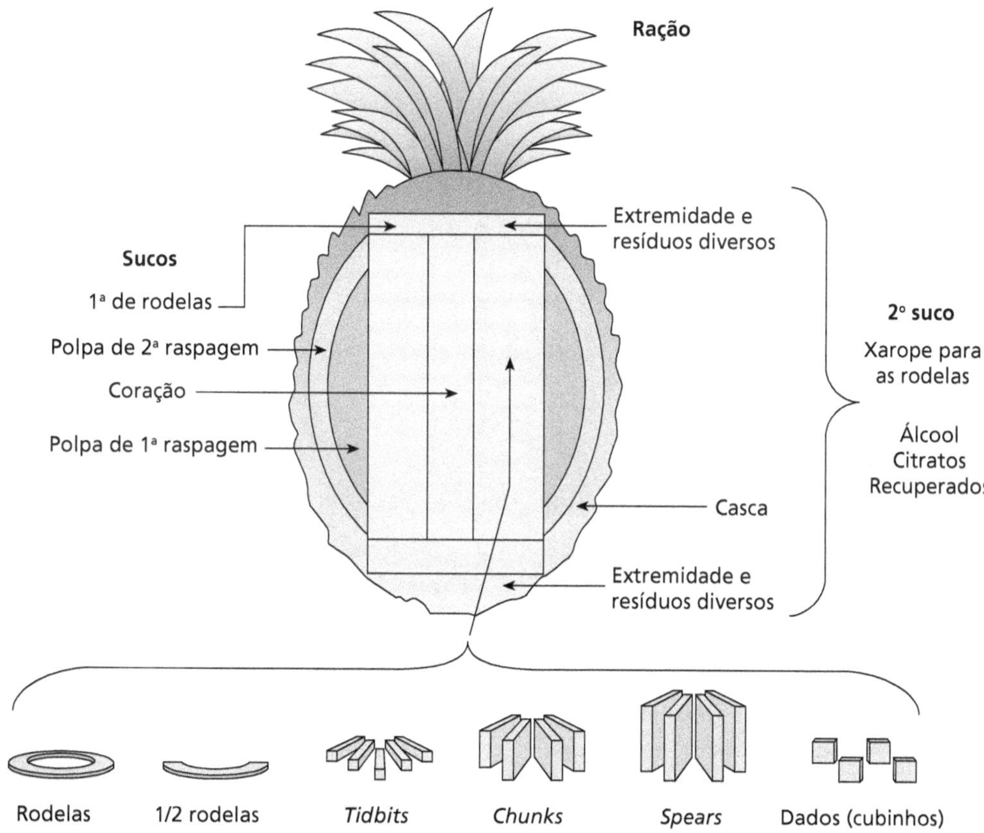

Figura 16.2 Produtos e subprodutos do abacaxi.

Fonte: Adaptada de Py et al. (1984).

O suco de abacaxi integral pode ser produzido diretamente do refino e processamento de sua polpa ou como um subproduto da industrialização do abacaxi, na forma de doce em calda (Figura 16.3).

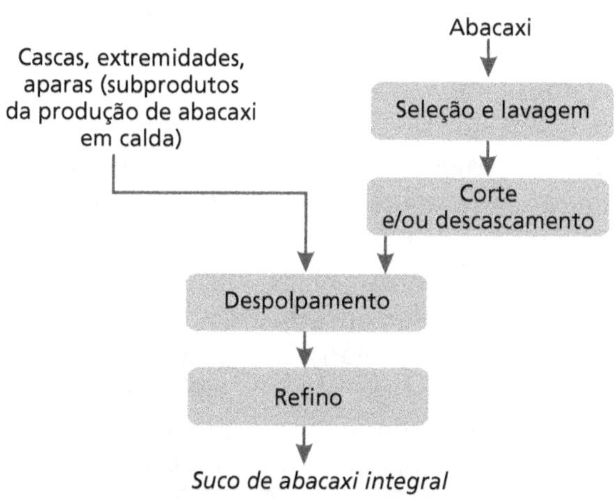

Figura 16.3 Processo de obtenção de suco de abacaxi integral.

No processo tradicional, a matéria-prima utilizada é considerada um subproduto da produção de conservas em calda, utilizando-se a polpa proveniente da prensagem e despolpamento da casca, da aparagem das fatias, dos *tidbits*, dos *chunks* e do cilindro central. Frutas pequenas ou inadequadas à produção de fatias também são destinadas à produção de suco.

A linha de processamento de suco de abacaxi também pode ser alimentada a partir de frutos inteiros, que devem estar completamente maduros. Nesse caso, após a seleção e lavagem dos frutos, estes são despolpados, previamente descascados ou não. Se despolpados com casca, os frutos devem passar por um processo de lavagem drástica com água clorada. Esse controle é de suma importância, pois a casca é um foco de contaminação do suco. O abacaxi, quando despolpado em processo centrífugo, incorpora ar à sua polpa, o que é prejudicial à sua qualidade. Além disso, no processo centrífugo, a quantidade de polpa extraída é, aproximadamente, metade da extraída na prensa. Tanto a despolpadeira como a prensa extraem a polpa de abacaxi, porém a prensa apresenta melhor desempenho, tanto na qualidade do produto como em relação ao seu rendimento.

Enzimas pectinolíticas têm sido utilizadas pelas indústrias de suco de abacaxi, no tratamento da casca, da polpa ou do fruto inteiro, com a finalidade de aumentar o rendimento de extração do suco, melhorar as características de clarificação e diminuir a viscosidade.

A polpa do abacaxi é composta por grande número de fibras e resíduos sólidos de um material bastante resistente (pectina e celulose), que deve ser removido para se obter um produto mais homogêneo. O acabamento do suco ou operação de refino (*finishing*) tem por objetivo a remoção da polpa grosseira, que pode diminuir a eficiência do tratamento térmico, prejudicar a qualidade da bebida e o aspecto visual do produto. A intensidade da operação de refino é função do tipo de produto desejado. Para tal, podem ser utilizados filtros ou despolpadeiras com peneiras de pequena abertura (*finisher*). Dependendo do tipo de produto desejado, o suco pode ser também centrifugado, visando uma maior remoção da polpa, bem como de partículas de casca, caso o fruto não tenha sido descascado.

O suco integral de abacaxi é utilizado na obtenção de diferentes produtos, tais como o suco concentrado congelado ou envasado assepticamente (Figura 16.4), e o suco integral pasteurizado conservado quimicamente (Figura 16.5).

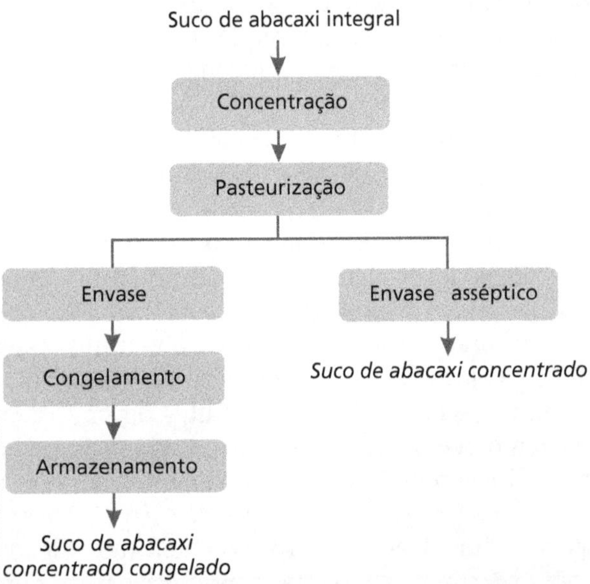

Figura 16.4 Processos de obtenção de suco de abacaxi concentrado congelado ou envasado assepticamente.

Figura 16.5 Processo de obtenção de suco de abacaxi integral pasteurizado e conservado quimicamente.

O oxigênio, incorporado ao suco nas etapas de despolpamento e refino, causa oxidação, destruindo algumas vitaminas e prejudicando a cor e o sabor do suco. O desaerador é, em geral, colocado em linha com o pasteurizador, para que o suco só atinja a temperatura de pasteurização após a eliminação do oxigênio. Geralmente, essa etapa é utilizada em grandes indústrias, para grandes volumes de produção.

O suco integral é pasteurizado em pasteurizador do tipo tubular. A relação tempo/temperatura de pasteurização utilizada varia de 30 a 60 segundos e 85-95 °C.

Diferentes métodos de preservação são utilizados combinados com a pasteurização para a conservação de suco de abacaxi integral, tais como a refrigeração, a adição de conservadores, o envase a quente e o envase asséptico.

O suco integral pasteurizado pode ser armazenado sob refrigeração em embalagens cartonadas ou ser envasado assepticamente, podendo ser armazenado à temperatura ambiente.

No enchimento a quente (*hot fill*), o suco é envasado, geralmente, em embalagens de vidro, imediatamente após a etapa de aquecimento, sendo, logo em seguida, resfriado até cerca de 35 °C. Esse processo, combinado com o uso de acidulantes e conservadores, possibilita que o suco seja armazenado à temperatura ambiente.

O suco de abacaxi pode ser concentrado em evaporadores a vácuo. No evaporador, o suco atinge temperaturas da ordem de 85 °C. Os componentes responsáveis pelo aroma podem ser recuperados e adicionados ao suco, ao final da etapa de concentração, mantendo, dessa forma, a sua qualidade sensorial original.

Nesse processo, o produto é bombeado para os evaporadores após a etapa de refino. Não há necessidade de desaeração, uma vez que no próprio evaporador o oxigênio é removido pelo vácuo. O suco concentrado é então pasteurizado em pasteurizadores tubulares de superfície raspada, por causa de sua alta viscosidade. O suco pasteurizado pode, então, ser envasado e congelado ou envasado asseptically camente e armazenado à temperatura ambiente, em embalagens do tipo *bags* (sacos multicamadas) de 200 litros, colocados em tambores metálicos.

O suco de abacaxi concentrado é comercializado na faixa de 65 a 70 °Brix, sendo matéria-prima para as indústrias de sucos, néctares e refrescos prontos para o consumo.

O suco de abacaxi pode, ainda, ser concentrado por meio dos processos com membranas, como osmose inversa e evaporação osmótica.

O processo de osmose inversa consiste em aplicar, sobre uma solução, uma pressão hidráulica maior que sua pressão osmótica, promovendo a passagem do solvente da região mais concentrada para a menos concentrada. Para a aplicação desse processo, visando à concentração de sucos de frutas, é necessária a utilização de altas pressões de operação, em razão da elevada pressão osmótica desses produtos (entre 13 e 102 bar). Um suco de abacaxi com 14% de sólidos totais apresenta uma pressão osmótica de, aproximadamente, 20 bar. A pressão osmótica aumenta com o aumento da concentração do produto, o que limita o valor da concentração atingida durante o processo de concentração de suco de abacaxi por osmose inversa (30 °Brix).

A evaporação osmótica é um processo de concentração por membranas conduzido à pressão atmosférica, sob condições brandas de temperatura, que apresenta a capacidade de evaporar água, em virtude da diferença de concentração entre uma solução salina concentrada (salmoura) e uma fase aquosa diluída (solução a ser concentrada). Por esse processo, é possível atingir concentrações bastante elevadas (até 60 °Brix), resultando em um concentrado de muito boa qualidade.

Sucos tropicais, néctares e refrescos são produtos obtidos a partir da diluição do suco integral ou do suco concentrado, nas proporções previstas na legislação, podendo ser adoçados ou não adoçados e formulados com conservadores, acidulantes, antioxidantes, estabilizantes, corantes e flavorizantes.

Na Figura 16.6, é apresentado um fluxograma do processo de obtenção de produtos à base de suco de abacaxi (suco tropical, néctar, refrescos), a partir do suco integral ou do suco concentrado.

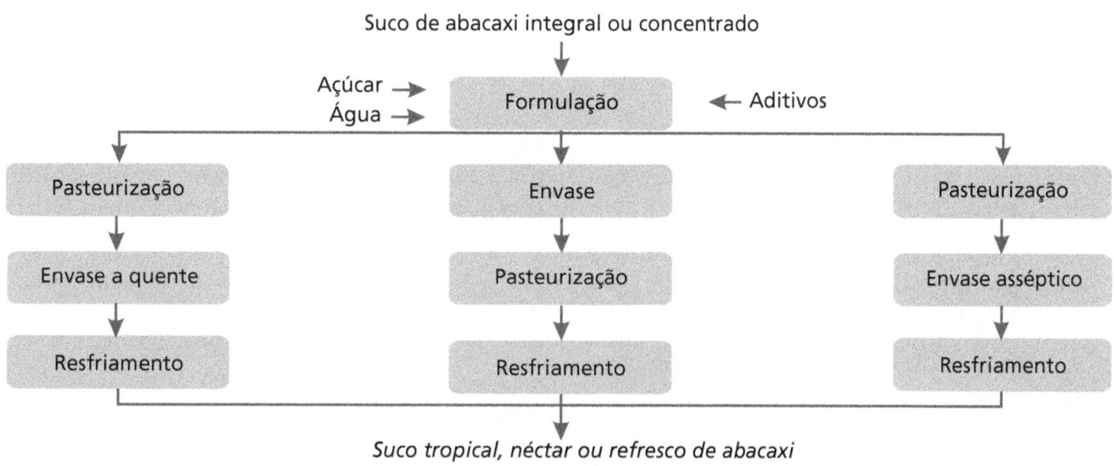

Figura 16.6 Processo de obtenção de sucos tropicais, néctares e refrescos de abacaxi.

No tanque de formulação, são adicionados os conservadores (por exemplo, benzoato de sódio e sorbato de potássio), acidulantes e antioxidantes (ácido cítrico e ácido ascórbico) e estabilizantes (gomas). A adição dessas substâncias deve estar de acordo com a legislação vigente, e constar do rótulo do produto.

Após a formulação final, o produto é pasteurizado e acondicionado sob condições higiênicas em embalagens apropriadas. Diferentes formas são usualmente utilizadas para a conservação:

1. **Enchimento a quente** (***hot fill***): envolve o aquecimento do produto em pasteurizador até 90 °C, o enchimento das embalagens a quente, e posterior resfriamento até cerca de 35 °C.
2. **Pasteurização na embalagem**: o suco é colocado nas embalagens a, aproximadamente, 60 °C, e estas são conduzidas continuamente para os sistemas de tratamento térmico. O tempo de processamento é função do teor de polpa do produto e do tamanho das embalagens utilizadas, mas a temperatura de pasteurização deve ser de, no mínimo, 87 °C. A seguir, o suco é resfriado a 38 °C.
3. **Processamento asséptico**: utiliza-se o tratamento com temperaturas muito altas, conhecido como UHT (*Ultra High Temperature*), seguido de resfriamento rápido e enchimento asséptico das embalagens.

BIBLIOGRAFIA

ACNIELSEN. **Serviços e produtos**. Disponível em: <http:/www.acnielsen.com.br/index.htm>. Acesso em: 25 mar. 2004.

BRASIL. Agência Nacional de Vigilância Sanitária Resolução – RDC n. 12, de 2 de janeiro de 2001. Regulamento técnico sobre padrões microbiológicos para alimentos. **Diário Oficial da União**; Brasilia, DF, 10 jan. 2001.

BRASIL. Agência Nacional de Vigilância Sanitária. Resolução n. 389, de 5 de agosto de 1999. **Diário Oficial da União**, Brasília, DF, 09 ago. 1999.

BRASIL. Agência Nacional de Vigilância Sanitária. Resolução n. 386, de 5 de agosto de 1999. **Diário Oficial da União**, Brasília, DF, 09 de ago. 1999.

ALVES, R. M. V.; GARCIA, E. E. C. Embalagem para sucos de frutas. **Coletânea do ITAL**, Campinas, v. 23, n. 2, p. 105-120, jul./dez. 1993.

ANDRADE, N. J.; MACÊDO, J. A. B. **Higienização na indústria de alimentos.** São Paulo: Varela, 1996. 182p.

BARTOLOMÉ, A. P.; RUPÉREZ, P.; FÚSTER, C. Pineapple fruit: morphological characteristics, chemical composition and sensory analysis of *Red Spanish* and *Smooth Cayenne* cultivares. **Food Chem.**, Barking, n. 53, p. 75-79, 1995.

BARUFALDI, R.; OLIVEIRA, M. N. Conservação de alimentos por tratamento térmico. In: BARUFALDI, R. et al. **Fundamentos da tecnologia de alimentos.** v. 3. São Paulo: Atheneu, 1992. p. 83-122.

BARUFALDI, R.; OLIVEIRA, M. N. Uso de operações e processos combinados na conservação de alimentos. In: BARUFALDI, R. et al. **Fundamentos da tecnologia de alimentos.** v. 3. São Paulo: Atheneu, 1992. p. 191-217.

BRASIL. Ministério da Agricultura Pecuária e Abastecimento. Instrução Normativa n. 12, de 4 de setembro de 2003.

BRASIL. Vice Presidência da República. Decreto n. 3.510, de 16 de junho de 2000.

BRASIL. Ministério da Agricultura, Pecuária e do Abastecimento. Instrução Normativa n. 1, de 07 de janeiro de 2000.

BRASIL. Ministério da Agricultura e Abastecimento. Lei n. 8.918, de 14 de Julho de 1994, aprovada pelo Decreto n. 2.314, de 4 de setembro de 1997.

CÂMARA AMERICANA DE COMÉRCIO. Pérola de Tocantins. **Revista Update**. Disponível em: <http://www.amcham.com.br/revista/revista2003-08-22a/materia2003-08-25n/pagina2003-08-25o>. Acesso em: 08 jun. 2004.

CÁMARA, M.; DÍEZ, C.; TORIJA, E. Chemical characterization of pineapple juices and nectars: principal components analysis. **Food Chemistry**, Barking, n. 54, p. 93-100, 1995.

CARNEIRO, L. C. et al. Cold sterilisation and clarification of pineapple juice by tangential microfiltration. **Desalination**, v. 148, p. 93-98, 2002.

CARVALHO, V. D.; CUNHA, G. A. P. Produtos e usos. In: CUNHA, G. A. P.; CABRAL, J. R. S.; SOUZA, L. F. S. (Org.). **O abacaxizeiro**: cultivo, agroindústria e economia. Brasília, DF: Embrapa Comunicação para Transferência de Tecnologia, 1999. p. 389-428.

CHENNCHIN, K.; YUGAWA, A.; YAMAMOTO, H. Y. Enzymic of pineapple and pineapple mil juices. **J. Food Sci.**, Chicago, v. 49, p. 1327-1329, 1984.

CHITARRA, M. F.; CHITARRA, A. B. **Pós-colheita de frutos e hortaliças**. Lavras, MG: Faepe, 1990. 293p.

COLLINS, J. L. **The pineapple, botany, cultivation and utilization.** New York: World Crops Books, 1960. 294p.

COUTO, D. S. **Avaliação da qualidade de suco de abacaxi (Ananas comosus L. merr cv.** ***Smooth Cayenne*****) concentrado por osmose inversa**. 2008. 73f. Dissertação (Mestrado em Ciência e Tecnologia de Alimentos) – UFRRJ, Seropédica, Rio de Janeiro, 2008.

CRUESS, W. V. **Produtos industriais de frutas e hortaliças**. São Paulo: Blucher, 1973. 2v.

CUNHA, G.A.P. Abacaxi no Brasil e no mundo. **Abacaxi** *on line*, v. 1, n. 4, agosto 2003. Disponível em: <http://www.cnpmf.embrapa.br>. Acesso em: 08 jun. 2004.

DULL, G.G. The pineapple: general. In: HULME, A. C. **The biochemistry of fruits and their products**. London: Academic Press, 1971, v. 2, p. 303-324.

EIROA, M. N. U. Microrganismos deteriorantes de sucos de frutas e medidas de controle. **Bol. SBCTA**, São Paulo, v. 3/4, p. 141-160, 1989.

EVANGELISTA, J. **Tecnologia de Alimentos**. 2. ed. Rio de Janeiro: Atheneu, 1992, p. 287-312.

FAIGH, J. G. Enzyme formulations for optimizing juice yields. **Food Technology**, Chicago, v. 9, p. 79-83, 1995.

FEITOSA, T. et al. Avaliação microbiológica e microscópica em polpa de frutas tropicais. **Bol. SBCTA**, São Paulo, v. 1, n. 33, p. 33-37, jan./jun. 1999.

FRANCO, B. D. G. M.; LANDGRAF, M. Microrganismos patogênicos de importância em alimentos. In: FRANCO, B. D. G. M.; LANDGRAF, M. **Microbiologia dos alimentos**. São Paulo: Atheneu, 1996, p. 33-81.

FRANCO, G. **Tabela de composição química dos alimentos**. 9. ed. São Paulo: Atheneu, 1992. 307p.

GARDNER, E.T.; ENABULELE, O. I.; AJERIO, K. O. Studies on the microbiology and production of pineapple (*Ananas comosus*) wine. **Microbios**, v. 59, n. 239, p. 85-92, 1989.

GAVA, A. J. **Princípios de tecnologia de alimentos**. 8. ed. São Paulo: Nobel, 1998. 284p.

GONÇALVES, N. B.; CARVALHO, V. D. Características da fruta. In: GONÇALVES, N. B (Org.). **Abacaxi**. Pós-colheita. Brasília, DF: Embrapa Comunicação para Transferência de Tecnologia, 2000. p. 13-27. (Frutas do Brasil, 5).

HOFFMANN, F. L. et al. Microrganismos contaminantes de polpas de frutas. **Ciência e Tecnologia de Alimentos**, Campinas, v. 17, n. 1, p. 32-37, jan./abr. 1997.

ITOUA GASSAYE, S. et al. Intérêt des techniques à membrane dans la production de jus de fruits tropicaux (cas des jus clarifiés d"ananas): a évolution des flux de filtration au cours du procédé. **Fruits**, v. 46, n. 3, p. 251-258, 1991.

ITOUA GASSAYE, S. et al. Intérêt des techniques à membrane dans la production de jus de fruits tropicaux (cas des jus clarifiés d'ananas): b évolution des composants à caractére organoleptique au cours du procédé. **Fruits**, v. 46, n. 4, p. 453-459, 1991.

JANSER, E. Enzyme applications for tropical fruits and citrus. **Fruit Processing**, v. 7, n. 10, p. 388-393, 1997.

LEITÃO, M. F. F.; JUNQUEIRA, V. C. A. Microbiologia aplicada à esterilização de alimentos. In: GERMER, S. P. M. et al. **Princípios de esterilização de alimentos**. 2. ed. Campinas: ITAL, 1995, p. 1-22. Manual técnico, 10.

MADRID, A.; CENZANO, I.; VICENTE, J. M. **Nuevo manual de industrias alimentarias** – AMV Espanha: Ediciones Mundi-Prensa, 1994.

MARRANCA, G. **Fruticultura comercial**: mamão, goiaba e abacaxi. 6. ed. São Paulo: Nobel, 1977. 118p.

MEDINA, J. C. et al. **Abacaxi**: da cultura ao processamento e comercialização. Campinas: ITAL, 1978. Frutos tropicais, 2.

NAGY, S.; CHEN, C. S.; SHAW, P. E. **Fruit juice processing technology**. Florida: AG Science, 1993.

PY, C.; LACOEUILHE, H. J. J; TEISSON, C. **L´ananas: sa culture, ses produits.** Paris: G. P. Maison Neuve et Larouse ACCT, 1984. 562p.

REINHARDT, D. H.; SOUZA, L. F. S.; CABRAL, J. R. S. (Org.). **Abacaxi**: produção: aspectos técnicos. Brasília, DF: Embrapa Comunicação para Transferência de Tecnologia, 2000. 75p. Frutas do Brasil, 7.

REINHARDT, D.H.R.C. Colheita e beneficiamento. In: GONÇALVES, N.B. (Org.). **Abacaxi**: pós-colheita. Brasília, DF: Embrapa Comunicação para Transferência de Tecnologia, 2000. Frutas do Brasil, 5.

SÁ, I. S.; MATTA, V. M.; CABRAL, L. M. C. Concentração de suco de abacaxi através dos processos com membranas. **Brazilian Journal of Food Technology**, v. 6, p. 53-62, 2003.

SHAW, P. E. et al. Pineapple juice concentrated by osmotic evaporation. **Journal of Food Quality**, Trumbull, v. 25, n. 1, p. 39-49, 2002.

SILVA. C. R. R. A cultura do abacaxizeiro: tecnologia de produção. In: SILVA, C. R. R. **A fruticultura tropical**. Lavras, MG: UFLA/Faepe, 1997, p. 151-239.

SOUSA, J. S; CARDOSO, C. E. L.; FILHO, P. T. Situação da cultura no Brasil e no mundo e importância econômica. In: CUNHA, G. A. P.; CABRAL, J. R. S.; SOUZA, L. F. S. **O abacaxizeiro**: cultivo, agroindústria e economia. Brasília, DF: Embrapa Comunicação para Transferência de Tecnologia, 1999, p. 403-428.

TCHANGO, J. et al. Heat resistance of the spoilage yeasts *Candida pelliculosa* and *Kloeckera apisand* pasteurization values for some tropical fruit juices and nectars. **Food Microbiology** (Londres), v. 14, n. 1, p. 93-99, feb. 1997.

THÉ, P. M. P.; CARVALHO, V. D.; ABREU, C. M. P. Efeito da temperatura de armazenamento e do estádio de maturação sobre a composição química do abacaxi *CV. Smooth Cayenne L.* **Ciência Agrotec.**, Lavras, v. 25, n. 2, p. 356-363, mar./abr. 2001.

TOCCHINI, R. P.; NISIDA, A. L. A. C.; MARTIN, Z. J. **Industrialização de polpas, sucos e néctares de frutas**: manual. Campinas: Ital, 1995. 85p.

TRESSLER, D. K.; JOSLYN, M. A. **Fruit and vegetable juice processing technology.** Westport, Connecticut: Avi Publishing, 1971.

VICENTE, A. M.; CENZANO, I.; VICENTE, J. M. **Manual de indústrias de alimentos**. São Paulo: Varela, 1996. 315p.

VINSON, J. A.; SU, X.; ZUBIK, L; BOSE, P. Phenol antioxidant quantity and quality in foods: fruits. **Journal of agriculture and food chemistry**, v. 49, p. 5315-5321, 2001.

VITALI, A. A. Novas tendências em processamento de alimentos. **Boletim da SBCTA**, Campinas, v. 30, n. 1, p. 15-16, jan./jun. 1997.

ZHOU, Y. et al. Enzymes associated with blackheart development pineapple fruit. **Food Chemistry**, Barking, v. 80, n. 4, p. 565-562, apr. 2003.

17

SUCO DE ACEROLA

VIRGÍNIA MARTINS DA MATTA
LOURDES MARIA CORRÊA CABRAL

17.1 INTRODUÇÃO

A acerola, cujo nome *West Indian cherry* foi dado pelos espanhóis (*cereza de las Indias Occidentales*), em função de sua semelhança com a cereja europeia, é conhecida também por diversos outros nomes, tais como *Barbados cherry*, cereja das Antilhas, *cereza*, *cerise ronde de Cayenne*, *seboruco*, entre outros, sendo que esta variação se dá tanto em função do idioma como da região dentro de um único país.

A aceroleira é originária da América tropical, na região banhada pelo mar das Antilhas e tem sido cultivada, desde a Segunda Guerra, naquela região, em países como Porto Rico, Cuba, Estados Unidos e em outros países da América, como México, Venezuela, Suriname e Colômbia.

No Brasil, essa cultura foi introduzida em 1955, no Estado de Pernambuco, porém, somente na década de 1980, houve expansão do seu cultivo comercial. Estima-se que o Brasil seja o principal produtor da fruta, com a maior parte da produção na região nordeste, destacando-se os estados da Bahia, Pernambuco, Rio Grande do Norte, Paraná e Rondônia como os principais produtores. A maioria dos pomares é de médios produtores, apesar de, na região Nordeste, a produção de acerola caracterizar-se por grandes plantações vinculadas às agroindústrias. Porém, não estão disponíveis dados oficiais sobre a produção e comercialização da fruta, e suas variedades ainda não estão definidas.

A cultura da acerola apresenta grande importância social e alimentar. O peso médio de uma fruta varia de 2 a 10 g. Com apenas três frutas por dia, em média, satisfazem-se as necessidades diárias de vitamina C de um adulto. Seu cultivo representa uma opção de diversificação viável para pequenos produtores, podendo ser produzida praticamente em todas as regiões do país, significando, ainda, geração de emprego, pelo uso intensivo de mão de obra, particularmente na colheita, que deve ser manual.

Algumas agroindústrias das regiões Norte e Nordeste destacam-se no processamento da acerola, sendo os produtos mais comercializados a fruta inteira congelada, a polpa congelada, o suco pasteurizado, os néctares e sucos tropicais. A fruta congelada e a polpa, integral ou concentrada, abastecem tanto o mercado interno quanto o externo, apesar de não ser um produto relevante na pauta de exportações.

O crescimento dos mercados, interno e externo, para a acerola se deu muito rapidamente, entre as décadas de 1980 e 1990, seguindo-se de uma estabilização. O consumo da fruta não acompanhou o aumento da produção. Assim, o incremento nesse mercado demanda uma divulgação adequada da fruta e o estímulo ao consumo, tendo como base as características nutricionais e funcionais da acerola, assim como o desenvolvimento de novos produtos e processos, que preservem os teores de vitamina C e atendam à demanda dos consumidores por produtos saudáveis, saborosos e seguros.

Nos últimos anos, com a valorização das frutas como fonte de substâncias antioxidantes e com possíveis propriedades funcionais de prevenção a doenças, a acerola tornou-se ainda mais atrativa como matéria-prima para polpas, sucos e uma enorme gama de produtos diferenciados.

17.1.1 Botânica

A acerola é o fruto da aceroleira (Figura 17.1), um arbusto frutífero, que tem como principal característica o elevado teor de ácido ascórbico (vitamina C). São reportados teores de vitamina C de 1.000 até 4.000 mg/100 g de polpa, dependendo das condições de cultivo e do estádio de maturação da fruta.

Figura 17.1 Aceroleira.

Foto: Virgínia Matta.

Em relação à nomenclatura científica, há controvérsias sobre a classificação da acerola. A aceroleira seria a *Malpighia emarginata* DC e as espécies *Malpighia glabra* L. e *Malpighia punicifolia* L. seriam a mesma espécie, porém diferentes da acerola (ASENJO, 1980). Entretanto, a maioria dos autores tem considerado a acerola como sendo a *M. glabra* L. (BURGUERA et al., 1992; CHAN Jr.; YAMAMOTO, 1994).

Os atuais pomares comerciais de acerola são, na sua maioria, formados por mudas oriundas de sementes, que é um tipo de plantio que possibilita muita variação e no qual o produto final não é uniforme. Assim, a produtividade e a qualidade do fruto, no que diz respeito à coloração, teor de vitamina C, acidez e teor de açúcares, podem variar muito. Além da não uniformidade dos plantios, os fatores ambientais como insolação e precipitações pluviais excessivas, e os fatores pré-colheita, como irrigação, adubação, controle de pragas e doenças, também afetam o tamanho e as características físico-químicas da acerola (ALVES, 1996).

A floração na aceroleira também não é uniforme, verificando-se a presença de flores e frutos em diversos estádios de desenvolvimento e maturação durante longo período (Figura 17.2), o que dificulta a determinação do ponto de colheita. O fator predominante para o ponto de colheita é o destino que se pretende dar aos frutos. Visando à produção de polpa e suco, os frutos devem ser colhidos com coloração vermelha, mas ainda firmes para suportar o manuseio. Nesse estádio de maturação, o fruto apresenta o máximo de qualidade sensorial, ou seja, elevado teor de açúcar e baixa acidez. Entretanto, é importante lembrar que, nesse ponto, o teor de vitamina C encontra-se mais baixo que no fruto verde (BLEINROTH et al., 1996).

Figura 17.2 Frutos de acerola em diferentes estádios de maturação.

Foto: Virgínia Matta.

A floração tem início entre 1 e 2,5 anos do plantio e a frutificação ocorre três a quatro vezes ao ano, com uma produção de frutos por planta de 20 a 30 kg ao ano. No Brasil, tem sido observada uma média de 27 dias entre a abertura das flores e o amadurecimento dos frutos.

A acerola é um fruto tipicamente climatérico, ou seja, os processos respiratórios continuam após o fruto ser colhido. A atividade metabólica do fruto é intensa e sua maturação se dá em um curto espaço de tempo.

Os frutos são pequenos, com uma variação de tamanho entre 0,5 e 2,5 cm de diâmetro e coloração que vai do verde ao vermelho-intenso, com a maturação.

17.1.2 Definição legal

Os padrões de identidade e qualidade (PIQ) para sucos de fruta, nas suas diferentes apresentações, foram fixados por Regulamentos Técnicos do Ministério da Agricultura, Pecuária e Abastecimento. A polpa de acerola, o suco tropical e o néctar têm seus padrões de identidade e qualidade definidos, como descritos a seguir.

17.1.2.1 Polpa de acerola

Polpa ou purê de acerola é o produto não fermentado e não diluído, obtido da parte comestível da acerola (*Malpighia* spp.), com teor mínimo de sólidos totais, apresentando cor variando do amarelo ao vermelho, sabor ácido e aroma próprio. A composição da polpa de acerola deve seguir os parâmetros apresentados na Tabela 17.1.

Tabela 17.1 Composição da polpa de acerola.

Parâmetro	Mínimo	Máximo
Sólidos solúveis (°Brix) a 20 °C	5,5	–
pH	2,80	–
Acidez total (g ác. cítrico/100 g)	0,80	–
Açúcares totais naturais da acerola (g/100 g)	4,00	9,50
Ácido ascórbico (mg/100 g)	800,0	–
Sólidos totais (g/100 g)	6,5	–

Fonte: Brasil (2000).

17.1.2.2 Suco tropical de acerola

Suco tropical de acerola é a bebida não fermentada, obtida pela dissolução, em água potável, da polpa da acerola (*Malpighia glabra*), por meio de processo tecnológico adequado, apresentando cor variando do amarelo ao vermelho, sabor e aroma próprios e composição de acordo com os parâmetros mostrados na Tabela 17.2.

Tabela 17.2 Composição do suco tropical de acerola.

Parâmetro	Não adoçado		Adoçado	
	Mínimo	Máximo	Mínimo	Máximo
Polpa de acerola (% p/p)	60,0	–	35,0	–
Sólidos solúveis (°Brix) a 20 °C	5,0	–	10,0	–
Acidez total (g ác. cítrico/100 g)	0,80	–	0,20	–
Açúcares totais (g/100 g)		8,50	7,00	–
Ácido ascórbico (mg/100 g)	600,0	–	200,0	–

Fonte: Brasil (2003).

17.1.2.3 Néctar de acerola

É a bebida não fermentada, obtida pela dissolução, em água potável, da polpa de acerola (*Malphigia* spp. L.) e açúcares, destinada ao consumo direto, podendo ser adicionada de ácidos. O néctar de acerola deve obedecer às seguintes características: cor variando de amarelada a vermelha, sabor característico e aroma próprio. A composição do néctar está mostrada na Tabela 17.3.

Tabela 17.3 Composição do néctar de acerola.

Parâmetro	Mínimo
Polpa de acerola (% p/p)	25,0
Sólidos solúveis (°Brix) a 20 °C	10,0
Acidez total (g ác. cítrico/100 g)	0,20
Açúcares totais (g/100 g)	6,0
Ácido ascórbico (mg/100 g)	160,0

Fonte: Brasil (2003).

17.1.3 Composição e valor nutritivo

Como pode ser observado pelo padrão de identidade da sua polpa (Tabela 17.1), a acerola é uma fruta de acidez elevada, baixo pH e baixo teor de açúcares. A acidez elevada, muitas vezes, faz com o que a acerola seja consumida misturada a outras frutas.

A composição da acerola, como de qualquer outra fruta, pode variar bastante em função das condições de clima, particularmente insolação e pluviosidade, solo da região produtora e também em função da própria variabilidade genética.

As características físico-químicas de uma polpa obtida a partir de acerolas maduras, adquiridas diretamente do produtor, no município do Rio de Janeiro, estão mostradas na Tabela 17.4.

Tabela 17.4 Características físico-químicas de polpa de acerola extraída de frutos provenientes do município do Rio de Janeiro.

Parâmetro	Valor
Sólidos solúveis (°Brix)	7,1
Acidez (g ac. málico/100 g)	1,02
pH	3,45
Viscosidade (mPa.s)	104,8
Densidade (g/cm³)	1,0264
Teor de polpa (%)	45
Proteínas (g/100 g)	1,20
Carboidratos (g/100 g)	5,62
Extrato etéreo (g/100 g)	0,12
Umidade (g/100 g)	92,6
Cinzas (g/100 g)	0,46
Fibras (g/100 g)	0,82
Valor calórico (kcal/100 g)	25,1
Vitamina C (mg/100 g)	1125

Fonte: Matta (1999).

O elevado teor de ácido ascórbico da acerola, cerca de 20 vezes o teor encontrado na laranja, é o principal responsável pelo seu alto valor nutricional e o seu principal apelo comercial. Os valores de vitamina C na acerola foram determinados por diversos autores (Tabela 17.5).

Ao determinarem os teores de ácido ascórbico em frutos maduros de diferentes matrizes de um pomar comercial em Pernambuco, em diferentes safras, França e Narain (2003) reportaram valores entre 0,94 e 2,00 g/100 g, sendo o maior valor verificado nos frutos colhidos no período de maior pluviosidade. Esses dados são contrários aos reportados por outros autores, que verificaram que a chuva, ou irrigação excessiva na acerola, na maioria das vezes, provoca diminuição não apenas do teor de sólidos solúveis como também do seu conteúdo em vitamina C (ALVES, 1996; NOGUEIRA et al., 2002). O teor de vitamina C de acerolas de uma mesma planta-matriz de um pomar comercial em Pernambuco, por exemplo, variou de 1.683 mg/100 g para 866 mg/100 g da estação seca para a estação chuvosa, respectivamente. Grandes variações também foram verificadas em função da região de produção. Acerolas produzidas em diferentes regiões do estado de São Paulo, também colhidas maduras, apresentaram teores de vitamina C bastante variáveis e inferiores aos comumente encontrados, com valores entre 243 a 818 mg/100 g (BRUNINI et al., 2004).

Tabela 17.5 Teores de vitamina C em polpa de acerola extraída de frutos maduros determinados por diversos autores.

Teor de vitamina C (mg/100 g)	Fonte
866-1798	Nogueira et al. (2002)
940-2000	França e Narain (2003)
1389-1595	Matta et al. (2004)
243-818	Brunini et al. (2004)

O conteúdo de vitamina C na acerola, assim como em vários outros frutos, diminui com a maturação, em função da maior atividade da enzima ascorbato oxidase. São reportados decréscimos nos teores de vitamina C de até 65%, quando o fruto passa do estádio verde para o maduro (ALVES, 1996; NOGUEIRA et al., 2002).

A fim de preservar o conteúdo vitamínico, bem como avaliar a obtenção de novos produtos, foi avaliada a clarificação e concentração de polpa de acerola utilizando processos de separação por membranas, por meio da microfiltração e da osmose inversa. A polpa foi submetida a uma hidrólise enzimática previamente à etapa de microfiltração. Na Tabela 17.6, podem ser observados os valores de alguns parâmetros físico-químicos analisados na polpa de acerola inicial e nas etapas do processamento, onde se verifica que não houve redução no teor de vitamina C durante a etapa de clarificação por microfiltração e que, na concentração por osmose inversa, esse nutriente concentrou proporcionalmente à concentração dos sólidos solúveis (MATTA et al., 2004a).

Tabela 17.6 Caracterização físico-química da polpa de acerola antes e após os processos com membranas.

Parâmetros	Polpa de acerola	Suco clarificado	Suco clarificado concentrado
Sólidos solúveis (°Brix)	7,0	7,1	29,2
Acidez (g ácido málico/100 g)	1,10	1,20	5,08
pH	3,42	3,36	3,34
Viscosidade (mPa.s)	29,30	1,04	2,84
Teor de polpa (%)	27,0	0,0	0,0
Proteínas (g/100 g)	1,15	0,83	3,05
Carboidratos (g/100 g)	4,91	4,20	16,51
Fibras (g/100 g)	0,32	Nd	Nd
Valor calórico (kcal/100 g)	24,2	20,8	79,3
Vitamina C (mg/100 g)	1239	1234	5229

Fonte: Matta et al. (2004a).
Nd – não detectado.

O potássio é o elemento mineral presente em maior quantidade na acerola. Contém, também, quantidades apreciáveis de magnésio e cálcio. Na Tabela 17.7, tem-se a composição em minerais de uma polpa de acerola extraída de frutos produzidos no município do Rio de Janeiro (valores expressos em base úmida), e da fração comestível de acerolas desidratadas colhidas na Venezuela (valores expressos em base seca). Considerando-se o teor de sólidos totais da polpa de acerola, de 7,4%, alguns minerais como sódio, cálcio e zinco, apresentam ordens de grandeza semelhantes apesar de serem provenientes de frutos de origens bem distintas.

Tabela 17.7 Composição em minerais de polpa de acerola obtida de frutos produzidos no Rio de Janeiro, Brasil, e da fração comestível de acerolas desidratadas da Venezuela.

Elemento	Teor (mg/100 g)	
	Polpa (em base úmida)[1]	Fração comestível (em base seca)[2]
Sódio	0,65	5,0
Potássio	142,2	825
Cálcio	6,14	74,2
Fósforo	9,87	10,6
Magnésio	9,83	50,1
Ferro	<0,01	25,5
Cobre	0,02	1,1
Zinco	0,10	3,1

Fonte: [1]Matta (1999); [2]Burguera et al. (1992).

Os teores de β-caroteno e de vitamina A em dois genótipos de acerola, colhidos em dois anos consecutivos, foram determinados por De Rosso e Mercadante (2005), quando foi observada uma grande variação na composição, tanto entre genótipos como entre as safras. Os maiores valores (1.669 µg/100 g de β-caroteno e 283 RE/100 g de vitamina A) foram determinados para o genótipo Oliver, na safra em que houve maior período de insolação. Os demais carotenoides presentes nesse genótipo da acerola também foram identificados pelos autores (Tabela 17.8).

A composição em carotenoides de acerolas produzidas em Santa Catarina foi avaliada por Mezadri et al. (2005), que determinaram um teor de 784 µg/100 g de β-caroteno e 145 RE/100g de vitamina A na fruta madura, verificando que os teores desses compostos diminuem tanto no fruto não totalmente maduro, quanto no fruto sobre maduro.

O tempo de estocagem da polpa congelada também afeta o teor dos carotenoides. No armazenamento de polpa de acerola madura, sob congelamento, durante 11 meses, foi verificada uma redução no teor de β-caroteno de cerca de 26% (AGOSTINI-COSTA et al., 2003).

Tabela 17.8 Composição em carotenoides de acerola do genótipo Olivier.

Carotenoide	Teor (μg/100 g)
Neoxantina	7,4 ± 3,6
Luteoxantina	10,1 ± 2,6
Luteína	37,6 ± 13,5
Zeaxantina	2,9 ± 0,3
5,8 epoxy β criptoxantina	2,5 ± 0,4
Zeinoxantina	2,7 ± 0,2
β criptoxantina	56,5 ± 25,6
5,8 epoxy β caroteno	40,1 ± 26,4
β caroteno	59,3 ± 41,2
β caroteno	1.669,4 ± 135,1
TOTAL	1.881,3 ± 219,8

Fonte: Adaptado de De Rosso e Mercadante (2005).

Os compostos fenólicos, provenientes do metabolismo secundário dos vegetais, estão atualmente entre as classes de compostos mais estudados nas frutas, por contribuírem fortemente para sua atividade antioxidante, e, possivelmente, para a redução de doenças crônico-degenerativas. Dentre os fenólicos, podem ser destacados os flavonoides e as antocianinas, que, por sua vez, também conferem coloração aos vegetais, que varia do vermelho ao roxo-azulado.

Com relação às antocianinas da acerola, são reportadas grandes variações em seus teores. Em seis diferentes seleções de acerola, foram determinados teores de antocianinas variando de 14 a 51 mg/100 g (LIMA et al., 2000). Em polpas de acerola provenientes do Banco Ativo de Germoplasma da UFRPE, foi reportada uma variação ainda maior no teor de antocianinas totais, de 3,8 a 60,0 mg/100 g (LIMA et al., 2003). Foi observado também que o armazenamento da polpa, sob congelamento, durante seis meses, provocou reduções de até 23% no teor desses compostos. Variações dessa ordem de grandeza, assim como grandes variações na cor do fruto, também estão reportadas na literatura especializada.

Algumas das antocianinas identificadas na acerola são a malvidina 3,5-diglicosilada, cianidina 3-monoglicosilada e pelargonidina. Foram identificados também outros polifenóis não antociânicos como os ácidos ferúlico, cafeico e clorogênico, além do kempferol e quercetina (VENDRAMINI; TRUGO, 2004).

Na avaliação dos constituintes voláteis do suco de acerola por destilação e extração simultâneas, os principais compostos identificados foram furfural, 3-metil-3-buten-1-ol, ac. 3-metil-3-butenila, (E)-2-hexenal, hexanal, butirato de etila, octanol, hexanoato de etila, 3-octen-1-ol e 1-pentanol.

17.2 MATÉRIAS-PRIMAS

Na industrialização do suco de acerola, em suas diferentes apresentações, além da própria fruta, principal matéria-prima, são utilizados ingredientes ou insumos, tais como água, açúcar, acidulantes, conservadores, antioxidantes, emulsificantes, espessantes, aromatizantes e corantes.

A água é utilizada tanto na reconstituição do suco, se a matéria-prima é a polpa concentrada, quanto na sua diluição, se o produto desejado é o suco tropical ou o néctar. Para estes, que são produtos prontos para o consumo, o açúcar (sacarose, glicose ou frutose) é também uma das matérias-primas, podendo ser utilizado na forma de caldas ou xaropes. Quando se trata de produtos de valor calórico reduzido (*light*), são utilizados edulcorantes em substituição ao açúcar. Os edulcorantes (também conhecidos como adoçantes) mais comuns são o aspartame, o ciclamato, a sacarina e a sucralose, sendo classificados como aditivos alimentares.

Aditivo alimentar é todo e qualquer ingrediente adicionado intencionalmente aos alimentos sem propósito de nutrir, com o objetivo de modificar as características físicas, químicas, biológicas ou sensoriais, durante a fabricação, o processamento, a preparação, o tratamento, a embalagem, o acondicionamento, a armazenagem, o transporte ou a manipulação de um alimento. Ao agregar-se, poderá resultar em que o próprio aditivo ou seus derivados se convertam em um componente de tal alimento (BRASIL, 1997).

Os acidulantes, como o ácido cítrico, têm a função de diminuir o pH, contribuindo para a preservação do suco, tanto pela inibição do crescimento microbiano, como pela diminuição da resistência dos microrganismos ao calor, quando submetidos ao processo de pasteurização.

Os conservadores, como os derivados do dióxido de enxofre (metabissulfito de sódio, sulfito de sódio e potássio), do ácido benzoico (benzoato de sódio e potássio) e do ácido sórbico (sorbato de sódio), inibem o desenvolvimento de microrganismos por seu poder redutor. A eficiência do dióxido de enxofre é mais alta em pHs mais baixos, assim, o uso de acidulantes permite diminuir a quantidade a ser adicionada deste conservador.

O dióxido de enxofre apresenta, também, ação antioxidante. Os antioxidantes, sendo o ácido ascórbico um dos mais utilizados em sucos, previnem as reações de oxidação, contribuindo para a preservação da cor dos produtos. Em alguns casos, são utilizados corantes naturais, como a cochonilha em suco de acerola, evitando-se o uso do antioxidante e, em alguns produtos, verifica-se a presença tanto de corantes quanto de antioxidantes.

Visando à estabilidade física dos sucos, que pode ser afetada tanto pela presença desses compostos quanto pela sua própria composição enzimática, podem ser adicionados emulsificantes e/ou espessantes, como a carboximetilcelulose e as gomas gelana ou xantana.

Aromatizantes também são aditivos que podem ser adicionados aos sucos industrializados, sejam eles sucos tropicais, néctares ou sucos reconstituídos, a fim de restaurar as características de aroma e sabor que são perdidos durante o processamento térmico a que esses produtos são, usualmente, submetidos. Somente podem ser utilizados aromas naturais ou idênticos ao natural. Não podem ser utilizados aromatizantes (nem corantes) artificiais. No produto denominado suco integral não podem ser adicionados água ou quaisquer aditivos.

17.3 MICROBIOLOGIA

Os microrganismos normalmente presentes em sucos de frutas são aqueles capazes de se desenvolver em meios ácidos, como os fungos (bolores e leveduras) e algumas bactérias, originários do solo ou da própria microbiota do fruto.

Diferentes fungos filamentosos, como *Alternaria, Fusarium, Aspergillus, Pennicilium e Rhizopus* já foram identificados em acerola, durante os procedimentos de pós-colheita.

As práticas inadequadas de manuseio durante a colheita, o transporte e o processamento das frutas também podem levar a contaminações, inclusive por microrganimos patogênicos, motivo pelo qual as etapas de seleção e lavagem dos frutos é extremamente importante, ainda mais nas indústrias de polpa de fruta congelada, quando o produto não é submetido a um tratamento térmico.

As alterações que ocorrem em sucos de frutas frescas decorrem, principalmente, da fermentação alcoólica, que é característica de leveduras e de bactérias do gênero *Zymomonas*. Pode ocorrer também fermentação por bactérias láticas.

O baixo pH da acerola faz com que não seja necessário um tratamento térmico drástico para a conservação do suco. Ainda assim, muitas vezes é necessário o uso de métodos combinados para a preservação, como a pasteurização e o uso de aditivos, por exemplo.

A ocorrência de fungos termorresistentes em sucos de frutas ácidos tem sido bastante estudada. Tais fungos têm sido isolados, tanto nos produtos de fruta *in natura* como nos processados, sendo citadas, em sucos, cepas de *Byssochlamys fulva* e *B. nivea*, *Neosartorya fischeri*, *Taloramyces flavus*, *T. bacillisporus* e *Eupenicillium brifeldianum*, cujos ascosporos são extremamente resistentes ao calor. Além das alterações que podem causar no produto, esses fungos podem produzir micotoxinas nocivas à saúde.

O procedimento de higiene adequado é fundamental também para evitar a possibilidade de contaminação da matéria-prima com tais fungos termorresistentes, o que garantirá a qualidade do produto final, não só no aspecto microbiológico, mas também sensorial, pela não utilização de tratamentos térmicos mais drásticos.

A legislação brasileira geral, que estabelece o Padrão de Identidade e Qualidade de polpas de frutas (Brasil, 2000), requer que as polpas, *in natura* ou congeladas, apresentem um valor máximo de fungos filamentosos e leveduras de 5×10^3 UFC/g, de 1 NMP/g de coliformes fecais e ausência de *Salmonella* em 25 g. Os padrões estabelecidos pela Anvisa (Brasil, 2001) exigem, como controles microbiológicos, a verificação de coliformes a 35 °C em 50 mL da amostra e de *Salmonella* em 25 mL, para sucos, néctares e sucos concentrados e de coliformes a 45 °C em 1 g de amostra, para polpas de frutas. Para ambos, o padrão é a ausência de Salmonella e 10^2 NMP de coliformes a 45 °C.

17.4 PROCESSAMENTO

17.4.1 Colheita

A colheita é manual e deve ser realizada diariamente, durante o período da safra, já que, em uma mesma árvore, são encontrados frutos em diferentes estádios de maturação. É importante que a colheita da acerola seja realizada nos horários com temperaturas mais amenas, ou seja, no início da manhã ou no final da tarde.

O principal critério para determinação do ponto de colheita da acerola é a coloração. O fruto destinado ao processamento de polpas e/ou sucos deve ser colhido maduro, ou seja, com a coloração vermelha, porém ainda firme para suportar o manuseio. Recomenda-se que, após a colheita, os frutos sejam processados em, no máximo, 24 horas, pois, como são muito frágeis, podem ter início processos de deterioração e fermentação do fruto.

O transporte do fruto deve ser realizado em caixas plásticas pequenas e com altura máxima de frutos de 15 cm, a fim de evitar danos.

17.4.2 Processamento de polpa e suco de acerola

O processamento da polpa e do suco de acerola, assim como de várias outras frutas, tem sido realizado, cada vez mais, em duas fases distintas e, muitas vezes, em indústrias diferentes. Na primeira, é obtida a polpa semi-industrializada, concentrada ou não, e na segunda, o produto final, que pode ser o suco pasteurizado preservado quimicamente, o suco tropical, o néctar ou o suco clarificado; ou seja, existem os mais diferentes perfis de indústrias, desde as que produzem a polpa congelada partindo do fruto *in natura,* para venda final ao consumidor ou como matéria-prima para outras indústrias; outras que produzem a polpa concentrada congelada como produto intermediário; há aquelas que compram a polpa beneficiada, normalmente congelada, concentrada ou não, e a reprocessam até o produto desejado; e há ainda as indústrias tradicionais, que, a partir do fruto *in natura*, fazem o seu processamento até o produto final, o suco integral ou o suco pronto para beber.

17.4.2.1 Obtenção da polpa integral ou concentrada

As etapas para a obtenção da polpa integral ou concentrada serão descritas a seguir, e apresentadas mediante um fluxograma esquemático (Figura 17.3).

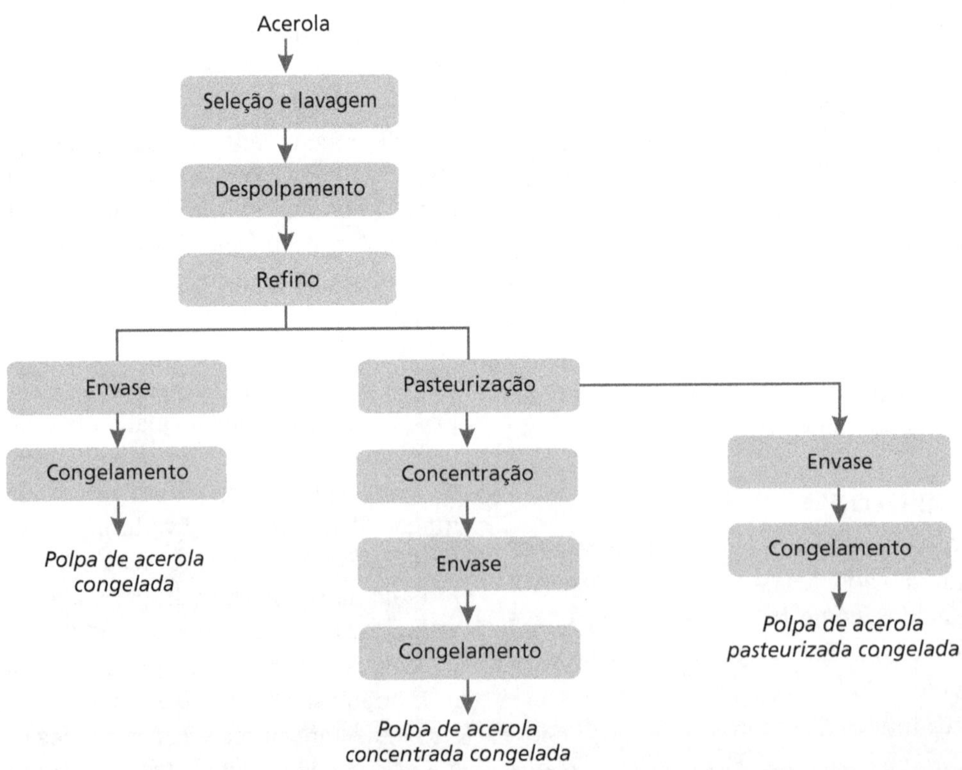

Figura 17.3 Fluxograma esquemático dos processos de obtenção de polpa de acerola integral e/ou concentrada congelada.

I. Recepção dos frutos

Na recepção, os frutos são pesados, sendo retiradas amostras para determinação das características físico-químicas do lote. Nesse momento, é feita também a primeira inspeção visual do lote. Este pode ser recusado caso não atenda aos requisitos de qualidade necessários para a obtenção do suco, como, por exemplo, se apresentar uma grande quantidade de frutos deteriorados, com fungos, verdes ou excessivamente maduros.

II. Lavagem e seleção

Inicialmente, efetua-se uma lavagem das frutas por imersão em água clorada, que pode ser feita em qualquer tipo de lavador com capacidade de remoção de sujeiras grosseiras, tais como terra e areia, que podem vir aderidas à superfície do fruto, reduzindo também a contagem microbiana na superfície da fruta. Como o pedúnculo afunda na água, quando são utilizados tanques de imersão, é necessária a utilização de peneiras ou outro dispositivo para retirada dos frutos da água.

Em seguida, é feita a seleção manual, por funcionários treinados, em local com iluminação adequada. Nas indústrias de maior porte, a seleção é feita em esteiras, onde os frutos com injúrias, atacados por insetos ou crescimento de bolores são descartados. Nessa etapa são retirados, também, os materiais estranhos, como folhas e caules, entre outros.

Por último, é realizado o enxágue com água limpa, por aspersão, para retirar o excesso de cloro.

III. Despolpamento

É o processo utilizado para separar as sementes e cascas da polpa da fruta. São utilizadas despolpadeiras, verticais ou horizontais, construídas em aço inox e providas de peneiras com diferentes tamanhos de furos.

O despolpamento consiste em fazer a fruta passar pela despolpadeira, devendo-se utilizar peneiras com malhas entre 0,8 e 0,6 mm, recolhendo-se separadamente a polpa, em baldes limpos (aço inox, PVC), e os resíduos (sementes e casca), em outro recipiente (Figura 17.4). Nas indústrias maiores, a polpa é bombeada diretamente para o refino.

Figura 17.4 Separação da polpa das cascas e sementes durante o despolpamento.

Foto (direita): Virgínia Matta; **Foto (esquerda):** Luiz Fernando Silva.

IV. Refino

Após a extração, a polpa pode ser refinada em despolpadeiras (*finisher*), com malhas decrescentes, sendo a mais fina em torno de 0,4-0,3 mm, efetuando-se, assim, o primeiro refino da polpa. Existem equipamentos no mercado que são constituídos por dois ou três corpos, permitindo que as operações de despolpamento e refino possam ser feitas continuamente. Após essa fase, o produto recolhido poderá ser transportado ou bombeado para a etapa seguinte. O material residual (bagaço e fibras) é enviado para fora da fábrica por uma rosca sem-fim ou esteira. O refinamento final da polpa, nas grandes indústrias, tem sido realizado em centrífugas de discos.

O rendimento do processo é em torno de 80 a 85%, em peso, dependendo da maturação do fruto e das condições de extração e refino.

V. Pasteurização

A polpa deve ser pasteurizada a fim de garantir a sua inocuidade com relação ao crescimento de microrganismos. O tratamento térmico tem por objetivo reduzir a carga microbiana e também inativar as enzimas presentes na fruta, que podem causar alterações físicas e bioquímicas indesejáveis na polpa processada.

Para a pasteurização, são utilizados trocadores de calor tubulares (Figura 17.5) ou de superfície raspada, com seções de aquecimento e de resfriamento, para que a temperatura da polpa na saída do pasteurizador esteja em torno de 35 °C. A relação tempo/temperatura utilizada deve ser tal que, além de garantir a destruição dos microrganismos contaminantes, preserve as características nutricionais e sensoriais da fruta original. Para produtos de baixo pH, como a acerola, são utilizadas temperaturas da ordem de 80 a 100 °C, por tempos de retenção de 20 a 40 s.

Figura 17.5 Pasteurizador tubular.

Foto: Virgínia Matta.

Em algumas indústrias de pequeno porte, após o refino, a polpa segue direto para o envase e congelamento, sem passar pela etapa de pasteurização.

VI. Envase da polpa integral

O envase da polpa é feito de diferentes maneiras, dependendo do porte da indústria e do destino final do produto.

A polpa integral, com teor de sólidos solúveis entre 6 e 8 °Brix, destinada ao mercado varejista, pasteurizada ou não, é acondicionada em sacos plásticos de polietileno de 100 g e de 1 kg, utilizando dosadoras manuais, semiautomáticas ou automáticas, seguindo imediatamente para o congelamento.

Quando a polpa integral destina-se à comercialização como um produto semi-industrializado, que será utilizado como matéria-prima em outra indústria, é envasada em tambores de 180 kg revestidos de sacos duplos de polietileno, por meio de dosadoras automáticas.

VII. Concentração

A polpa de acerola pode também ser comercializada concentrada a 20 ou 65 °Brix. Para obtenção do produto concentrado, utiliza-se evaporador de múltiplo efeito a vácuo. A polpa concentrada é resfriada até atingir a temperatura adequada para o envase (2 a 5 °C) em tambores de 180 kg.

VIII. Congelamento

A polpa de acerola, integral ou concentrada, é congelada em câmaras frigoríficas ou túneis de congelamento a –40 °C, podendo ser mantida a –18 °C. O congelamento da polpa deve ser realizado no menor espaço de tempo possível e devem existir câmaras frigoríficas separadas para o congelamento e para o posterior armazenamento da polpa congelada.

17.4.2.2 Obtenção dos sucos e/ou néctares

A partir da polpa integral ou concentrada, podem ser obtidos diferentes produtos, tais como o suco pasteurizado e preservado quimicamente, os sucos prontos para beber (suco tropical e/ou néctar) e o suco clarificado.

Suco pasteurizado e preservado quimicamente

Para a obtenção do suco, que pode ser integral ou reconstituído, a partir da polpa congelada, são realizadas as operações descritas a seguir (Figura 17.6).

Figura 17.6 Fluxograma do processo de obtenção de suco de acerola integral pasteurizado e preservado quimicamente.

I. Descongelamento da polpa

O descongelamento deve ser lento, em câmaras refrigeradas, minimizando os efeitos do congelamento sobre as características do produto.

II. Formulação

A polpa é bombeada para os tanques de mistura, onde é realizada a formulação do produto. Nessa etapa, são adicionados os conservadores, sendo o metabissulfito de sódio e o benzoato de sódio, os mais utilizados. Podem ser adicionados, ainda, acidulantes, como ácido cítrico, espessantes, como a goma xantana e corantes. Partindo-se do suco concentrado, é adicionada água para a reconstituição do teor de sólidos solúveis original.

III. Desaeração

Após a formulação, o suco é aquecido a, aproximadamente, 50 °C, em desaeradores, com o objetivo de reduzir o teor de oxigênio dissolvido no mesmo, minimizando as reações químicas e a oxidação do ácido ascórbico.

IV. Pasteurização

O suco formulado e desaerado é pasteurizado, sendo esta etapa realizada em pasteurizadores tubulares ou em placas, utilizando binômios tempo/temperatura na faixa de 20 s/90 °C.

V. Envase

O suco integral é normalmente envasado a quente, em garrafas de vidro ou de PET, seguindo para o túnel de resfriamento e, em seguida, por meio de esteiras, para as máquinas de rotulagem. O suco de acerola integral pasteurizado e preservado quimicamente é armazenado à temperatura ambiente, apresentando uma vida útil de 12 meses.

É comum este suco integral ser chamado de "suco concentrado", até pelos próprios fabricantes, pelo fato de ser necessária a sua diluição em água para o consumo. Isso, entretanto, é característico da própria fruta. O suco de acerola preparado em casa, direto da fruta, também necessita ser diluído em água, em razão de sua alta acidez. Nos rótulos, normalmente é sugerido quantas vezes o produto deve ser diluído para consumo.

Sucos prontos para beber

De acordo com a legislação brasileira (BRASIL, 2003), sucos de fruta prontos para beber são denominados sucos tropicais ou néctares, em razão da maior ou menor quantidade de polpa de fruta integral que o compõe. Na Figura 17.7, podem ser vistas as etapas de obtenção desses produtos que são similares às etapas de obtenção do suco pasteurizado. As diferenças residem basicamente na formulação do produto e no processo de pasteurização/esterilização e envase.

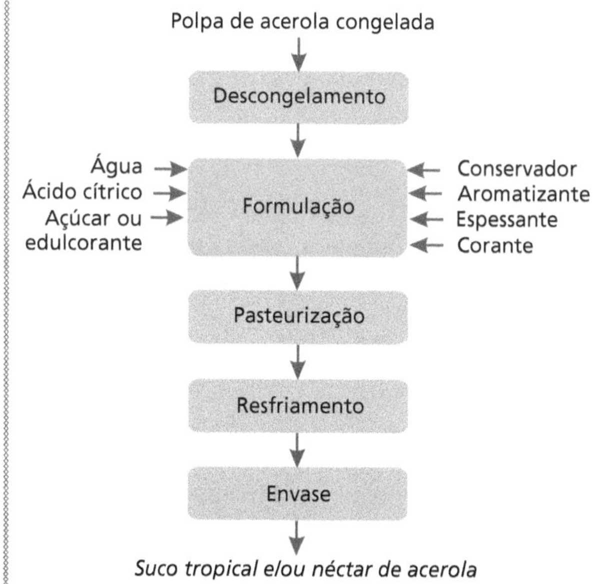

Figura 17.7 Fluxograma do processo de obtenção de suco tropical e/ou néctar de acerola.

I. Descongelamento

Realizado como descrito no item anterior.

II. Formulação

Para a obtenção desses produtos, que são prontos para o consumo, deve-se adicionar à polpa de acerola, água e, normalmente, açúcar, ou edulcorante quando se tratar de bebida *light ou diet*. A quantidade de água a ser adicionada deve atender aos padrões recomendados pela legislação vigente. Pode-se, ainda, adicionar acidulantes, espessantes e aromatizantes. Se o produto não for envasado assepticamente, devem ser utilizados conservadores químicos, até as concentrações máximas definidas pela legislação. A percentagem de cada uma das matérias-primas e a fórmula final do produto é um dos diferenciais de qualidade das empresas, sendo, normalmente, um segredo industrial.

III. Pasteurização/Esterilização

A relação tempo/temperatura utilizada para o tratamento térmico do suco de acerola está na faixa de 20 s/90 °C. Dependendo do tipo de embalagem, o resfriamento é feito ainda no pasteurizador, como é o caso das embalagens cartonadas, tipo *tetra pak*.

IV. Envase

O envase pode ser feito a quente, para garrafas de vidro ou latas, ou a frio, no caso de embalagens cartonadas, que usualmente são utilizadas em câmaras assépticas para o envase, permitindo que o produto seja armazenado à temperatura ambiente, sem a necessidade do uso de conservadores químicos. A maior parte dos sucos prontos para beber está disponível em embalagens cartonadas.

Suco clarificado

Na Figura 17.8, estão apresentadas as principais etapas do processo de obtenção do suco de acerola clarificado.

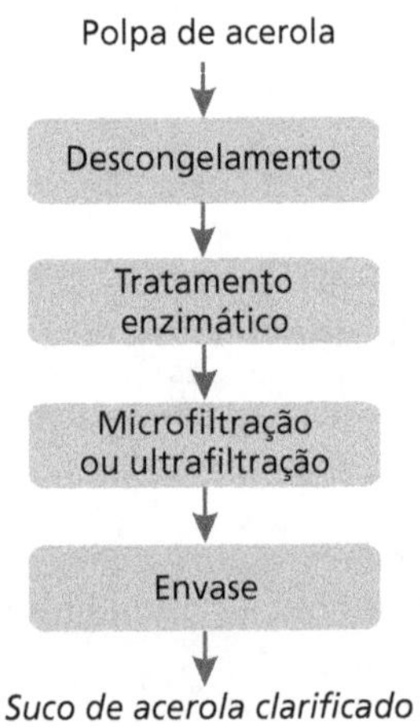

Figura 17.8 Fluxograma esquemático do processo de obtenção de suco de acerola clarificado.

O suco de acerola pode ser clarificado para ser utilizado como matéria-prima em diferentes produtos, tais como geleias finas, bebidas gaseificadas, bebidas repositoras de sais, entre outros. O suco clarificado (Figura 17.9) pode também ser concentrado para comercialização no mercado externo, com um teor de sólidos solúveis em torno de 40 °Brix.

O uso dos processos de separação por membranas como microfiltração ou ultrafiltração é uma alternativa aos processos convencionais de clarificação, pois reduz etapas e evita o uso de auxiliares de filtração, que, além de onerarem o processo, demandam ações específicas para o seu descarte. Nesse caso, as seguintes etapas são realizadas, partindo-se da polpa integral já refinada:

Figura 17.9 Suco de acerola clarificado.

Foto: Virgínia Matta.

I. Tratamento enzimático

O uso de enzimas com atividade pectinolítica pode ser necessário como um pré-tratamento da polpa, a fim de aumentar o rendimento do processo na membrana. O tratamento é feito em tanques com temperatura e agitação controladas, utilizando-se 100 ppm de um complexo pectinolítico comercial por 30 minutos.

II. Microfiltração/Ultrafiltração

O suco hidrolisado é passado através de uma membrana de microfiltração, cujo tamanho de poro pode variar entre 0,1 e 0,3 μm, a uma pressão transmembrana de 200 kPa. A membrana de microfiltração retém os microrganismos contaminantes, além de enzimas capazes de degradar o suco, obtendo-se, assim, um suco límpido e claro, isento de polpa, e pasteurizado a frio. Podem ser utilizadas, alternativamente, membranas de ultrafiltração com retenção nominal de 50 kDa.

III. Envase

O suco clarificado pode, então, seguir direto para o envase. Caso seja realizado um envase asséptico (Figura 17.10), em garrafas ou embalagens cartonadas, o suco clarificado por membranas pode ser armazenado à temperatura ambiente; caso contrário é necessário o seu armazenamento sob refrigeração (4 a 8 °C), condição em que o suco preserva suas características por até três meses.

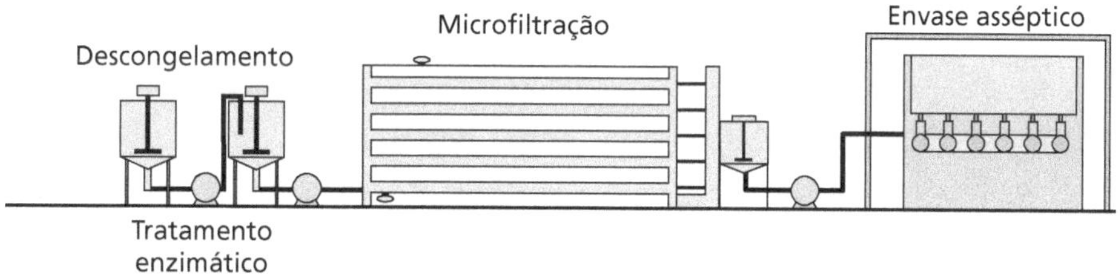

Figura 17.10 Desenho ilustrativo do processo de obtenção de suco de acerola clarificado por membranas.

17.4.2.3 Obtenção de repositor hidroeletrolítico à base de suco de acerola

O suco de acerola clarificado foi utilizado como base para a elaboração de um repositor hidroeletrolítico (WOLKOFF, 2004), ou seja, uma bebida com indicação de uso para atletas, praticantes de atividade física, trabalhadores expostos a temperaturas elevadas, entre outros, que apresentem sudorese excessiva e que necessitem repor os eletrólitos perdidos com o suor.

Na formulação do produto, foram utilizadas as polpas de acerola e caju, água, sais e açúcar. A bebida formulada foi microfiltrada, obtendo-se, assim, o repositor clarificado e pasteurizado a frio. A Figura 17.11 ilustra as etapas de formulação e clarificação por microfiltração do repositor hidroeletrolítico.

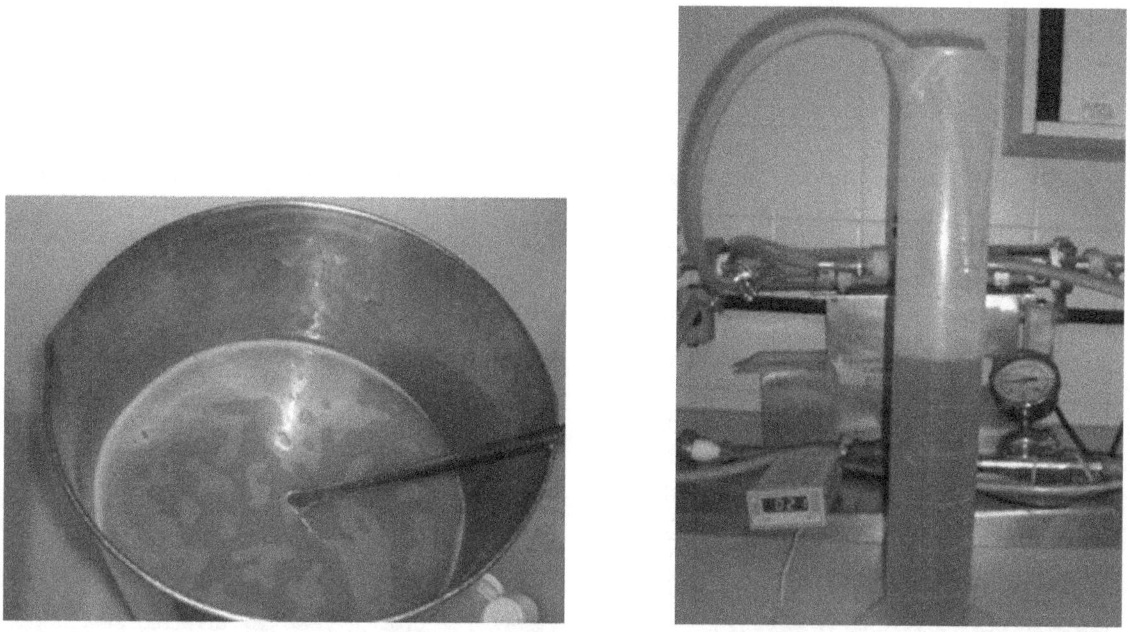

Figura 17.11 Formulação e microfiltração de bebida repositora hidroeletrolítica à base de acerola e caju.

Fotos: Virgínia Matta.

17.4.3 Aproveitamento de resíduos

O resíduo proveniente da extração da polpa de acerola pode ser utilizado na elaboração de ração animal por ser rico em vitaminas e compostos fenólicos, e, alternativamente, pode ser avaliada a sua utilização para extração desses compostos. Pode-se, também, utilizá-lo em compostagem, para produção de adubo orgânico.

BIBLIOGRAFIA

AGOSTINI-COSTA, T. S.; ABREU, L. N.; ROSSETTI, A. G. Efeito do congelamento e do tempo de estocagem da polpa de acerola sobre o teor de carotenoides. **Revista Brasileira de Fruticultura**, Jaboticabal, v. 25, n. 1, p. 56-58, abr. 2003.

ALVES, R. E. Características das frutas para exportação. In: ———. **Acerola para exportação**: procedimentos de colheita e pós-colheita. Brasília, DF: Embrapa, SPI, 1996, p. 9-12.

ASENJO, C. F. Acerola. In: NAGY, S.; SHAW, P. (Eds.). **Tropical and subtropical fruits**: composition, properties and uses. Westport: AVI, 1980. p. 341-374.

ASENJO, C. F.; GUZMAN, A. R. F. The high ascorbic acid content of the West Indian cherry. **Science**, Washington, n. 103, p. 219, 1946.

BLEINROTH, E. W.; MENEZES, J. B.; ALVES, R. E. Colheita e beneficiamento. In: ———. **Acerola para exportação**: procedimentos de colheita e pós-colheita. Brasília, DF: EMBRAPA, SPI, 1996. p. 13-21.

BLISKA, F. M. M.; LEITE, R. S. S. F. Aspectos econômicos e de mercado. In: SÃO JOSÉ, A. R.; REBOUÇAS, A.; ALVES, R. E. (Eds.). **Acerola no Brasil**: produção e mercado. Vitória da Conquista: UESB, 1995. p. 107-123.

BRASIL. Agência Nacional de Vigilância Sanitária. Aprova a tabela de aditivos constante do Anexo desta Resolução, em complementação à lista de aditivos utilizados segundo as Boas Práticas de Fabricação autorizada pela Resolução n. 386, de 5 de agosto de 1999. Resolução RDC n. 43, de 1 de março de 2005. Aprova tabela de aditivos. **Diário Oficial da União,** Brasília, DF, 2 mar. 2005. Disponível em: <http://e-legis.anvisa.gov.br/leisref/public/showAct.php?id=15139&word=Boas%20 Praticas>. Acesso em: 15 ago. 2008.

BRASIL. Agência Nacional de Vigilância Sanitária. Regulamento técnico sobre padrões microbiológicos para alimentos. Resolução RDC n. 12, de 2 de janeiro de 2001. **Diário Oficial da União,** Brasília, DF, 10 jan. 2001. Disponível em: <http://e-legis.anvisa.gov.br/leisref/public/showAct.php?id=144&word=padr%C3%B5es%20microbiol% C3%B3gicos>. Acesso em: 15 ago. 2008.

BRASIL. Ministério da Agricultura e do Abastecimento. Regulamento técnico geral para fixação dos padrões de identidade e qualidade para polpa de fruta. Instrução Normativa n. 1, de 7 de janeiro de 2000. **Diário Oficial da União,** Brasília, DF, 10 jan. 2000. Disponível em: <http://extranet.agricultura.gov.br/sislegis-consulta/consultarLegislacao.do?operacao=visualizar&id=7777>. Acesso em: 15 ago. 2008.

BRASIL. Ministério da Agricultura, Pecuária e Abastecimento. Regulamento técnico para fixação dos padrões de identidade e qualidade gerais para suco tropical. Instrução Normativa n. 12, de 4 de setembro de 2003. **Diário Oficial da União**. Brasília, DF, n. 174, p. 2-5, 9 set. 2003. Seção 1.

BROWN, B. I. Observations on chemical and physical properties of acerola fruit and puree. **Queensland Journal of Agriculture Animal Science**, Brisbane, v. 23, p. 599-604, 1966.

BRUNINI, M. A. et al. Caracterização física e química de acerolas provenientes de diferentes regiões de cultivo. **Revista Brasileira de Fruticultura**, Jaboticabal, v. 26, n. 3, p. 486-489, dez. 2004.

BURGUERA, J. L.; BURGUERA, M.; BECERRA, G. Mineral content of some fruits from Venezuela. **Revista Española de Ciencia y Tecnología de Alimentos**, Valencia, v. 32, n. 6, p. 667-672, 1992.

CHAN, H. T. Jr.; YAMAMOTO, H. Y. Kinetics of anthocyanin decomposition in acerola juice. **ASEAN Food Journal**, Kuala Lumpur, v. 9, n. 4, p. 132-135, 1994.

FONSECA, H.; NOGUEIRA, J. N.; MARCONDES, A. M. S. Ascorbic acid and β-carotene content of fruits and other vegetables from Brazil. **Archivos Latinoamericanos de Nutrición**, Caracas, v. 19, n. 1, p. 9-16, 1969.

FRANÇA, V. C.; NARAIN, N. Caracterização química dos frutos de três matrizes de acerola (*Malpighia emarginata* D.C.). **Ciência e Tecnologia de Alimentos**, Campinas, v. 23, n. 2, p. 157-160, maio/ago. 2003.

KORGO, A. Development of consumption and raw materials: till today and in the future. **Fruit Processing**, Strassenhaus, n. 12, p. 478-481, 1996.

LIMA, V. L. A. et al. Flavonoides em seleções de acerola (*Malpighia* sp L.). 1- teor de antocianinas e flavonóis totais. **Ciência Rural**, Santa Maria, v. 30, n. 6, p. 1063-1064, 2000.

LIMA, V. L. A. G. et al. Avaliação do teor de antocianinas em polpa de acerola congelada proveniente de frutos de 12 diferentes aceroleiras (*Malpighia emarginata* D.C.). **Ciência e Tecnologia de Alimentos**, Campinas, v. 23, n. 1, p. 101-103, jan./abr. 2003.

LIMA, V. L. A. G. et al. Total phenolic and carotenoid contents in acerola genotypes harvested at three ripening stages. **Food Chemistry**, Berlin, v. 90, p. 565-568, 2005.

MARINO NETTO, L. **Acerola**: a cereja tropical. São Paulo: Nobel; Dierberger, 1986. 94p.

MATTA, V. M. **Estudo da utilização dos processos de separação por membranas para obtenção de suco de acerola clarificado e concentrado**. 1999. 181f. Tese (Doutorado em Engenharia de Alimentos) – Faculdade de Engenharia de Alimentos, Universidade Estadual de Campinas, Campinas, 1999.

MATTA, V. M.; CABRAL, L. M. C; SILVA, L. F. M. Suco de acerola microfiltrado: avaliação da vida de prateleira. **Ciência e Tecnologia de Alimentos**, Campinas, v. 24, n. 2, p. 293-297, 2004.

MATTA, V. M.; CABRAL, L. M.; MORETTI, R. H. Microfiltration and reverse osmosis for clarification and concentration of acerola juice. **Journal of Food Engineering**, Dublin, v. 61, n. 3, p. 477-482, 2004.

MEZADRI, T.; PEREZ-GALVEZ, A.; HORNERO-MENDEZ, D. Carotenoid pigments in acerola fruits (*Malpighia emarginata* DC.) and derived products. **European Food Research and Technology**, Heidelberg, v. 220, p. 63-69, 2005.

MUSSER, R. M. Situação atual e perspectivas da acerola. In: SÃO JOSÉ, A. R.; REBOUÇAS, A.; ALVES, R. E. (Eds.). **Acerola no Brasil**: produção e mercado. Vitória da Conquista: UESB, 1995, p. 4-6.

NEVES, L. C. **Microfiltração e ultrafiltração de suco de acerola**. 1999. 116f. Dissertação (Mestrado em Tecnologia de Processos Químicos e Bioquímicos) – Escola de Química. Universidade Federal do Rio de Janeiro, Rio de Janeiro, 1999.

NOGUEIRA, R. J. M. C. et al. Efeito do estádio de maturação dos frutos nas características físico-químicas de acerola. **Pesquisa Agropecuária Brasileira**, Brasília, DF, v. 37, n. 4, p. 463-470, abr. 2002.

ROSENTHAL, A. et al. Suco de frutas. In: EMPRESA BRASILEIRA DE PESQUISA AGROPECUÁRIA. **Iniciando um pequeno grande negócio agroindustrial**: polpa e suco de frutas. Brasília, DF, 2003. p. 23-35.

ROSSO, V. V.; MERCADANTE, A. Z. Carotenoid composition of two Brazilian genotypes of acerola (*Malpighia punicifolia* L.) from two harvests. **Food Research International**, Toronto, v. 38, p. 1073-1077, 2005.

VENDRAMINI, A. L. A.; TRUGO, L. C. Phenolic compounds in acerola fruit (*Malpighia punicifolia* L.). **Journal Brazilian Chemical Society**, São Paulo, v. 15, n. 5, p. 664-668, 2004.

WOLKOFF, D. B. **Estudo da estabilidade de repositor hidroeletrolítico formulado à base de sucos clarificados de acerola e caju**. 2004. 183f. Tese (Doutorado em Tecnologia de Alimentos) – Universidade Estadual de Campinas, Campinas, 2004.

18

SUCO DE CAJU

VIRGÍNIA MARTINS DA MATTA
LOURDES MARIA CORRÊA CABRAL
SONIA COURI

18.1 INTRODUÇÃO

O caju, a parte carnosa e suculenta do fruto do cajueiro, rico em vitamina C e compostos fenólicos, consumido *in natura*, ou transformado em passa, doce, suco, cajuína etc., é o pseudofruto do cajueiro, sendo a castanha, a amêndoa comestível, o verdadeiro fruto. Em peso, o caju é composto por, aproximadamente, 10% de castanha e 90% de pedúnculo.

A cultura do caju apresenta grande importância social e econômica para a região Nordeste do Brasil, onde se concentra a sua produção, proporcionando a geração de grande número de empregos em toda a sua cadeia produtiva, já que é um fruto do qual podem ser obtidos diferentes produtos e subprodutos.

Da amêndoa, além da castanha, a parte comestível e amplamente consumida em todo o mundo, pode ser extraído o líquido da casca da castanha (LCC), composto basicamente pelo ácido anacárdico e o cardol, cujo principal uso industrial se dá na indústria de resinas fenólicas. O ácido anacárdico tem sido estudado em função da sua ação antimicrobiana e da sua possível ação anticarcinogênica. Do pedúnculo ou pseudofruto, são obtidos, em escala industrial e/ou artesanal, os mais diversos produtos, tais como suco integral, suco concentrado, cajuína, néctar, refrigerante, polpa congelada, doce em massa, doce em calda, rapadura, caju-passa e geleia. Outros produtos como o suco clarificado, o suco clarificado gaseificado, o vinho de caju e os *snacks* de fibra de caju encontram-se em fase de desenvolvimento.

Apesar de toda essa potencialidade, cerca de 90% da produção de caju é descartada todos os anos, correspondendo a 2,2 milhões de toneladas do pseudofruto ou pedúnculo, já que o grande negócio do caju é a comercialização da amêndoa, que movimenta em torno de meio bilhão de dólares por ano.

O mercado interno consome em torno de 40 mil toneladas de suco de caju, o que ainda é muito pouco em relação à produção. A presença de compostos fenólicos como os taninos, que conferem a adstringência característica do caju, sempre foi citada como um dos principais entraves ao aumento do consumo do suco de caju, mesmo no mercado interno. Assim, acredita-se que a conquista do mercado externo dependa da redução dos teores de taninos, da melhoria tecnológica dos processos de concentração e clarificação, da diminuição do uso de conservantes e de uma agressiva política mercadológica. O sistema de colheita usual, após a queda do fruto no chão, e a sua alta perecibilidade, associados à falta de métodos adequados para a preservação da matéria-prima, são fatores que impedem um maior aproveitamento do pedúnculo.

Com a aplicação e a utilização, pelos produtores, do sistema de produção integrada do caju, que estabelece um selo de qualidade para a fruta, estima-se que o consumo do pedúnculo *in natura* aumente, reduzindo o desperdício em quase 80%, nos próximos dez anos.

Nos últimos anos, com a descoberta da importância dos compostos fenólicos como substâncias antioxidantes e com possíveis propriedades funcionais de prevenção a doenças, o suco de caju tem despertado um forte interesse de diferentes grupos de pesquisa ao redor do mundo.

18.1.1 Histórico

O cajueiro (*Anacardium occidentale* Linn) é considerado uma planta originária do Brasil, cujo nome, derivado do tupi-guarani *acâ-yú*, significa "pomo amarelo". Mais da metade das espécies conhecidas são nativas da Amazônia brasileira. Historiadores citam que, desde a época do descobrimento, os indígenas do litoral consumiam o pedúnculo do caju, *in natura* ou sob a forma de bebida fermentada. O cajueiro era uma importante fonte de alimento para os índios, que, inclusive, contavam os anos pela floração da planta, gerando a expressão, muito comum no nordeste do Brasil, "de caju em caju". Eles utilizavam também a madeira e as folhas para a construção de abrigos e para fazer fogo.

Assim, quando os colonizadores chegaram ao país, já encontraram o cajueiro sendo utilizado pelos indígenas. São citadas guerras entre tribos indígenas pelo domínio de plantações de caju, e os jesuítas o consideravam refrescante, medicinal e nutritivo. Quando da invasão holandesa, no século XVII, foi criada uma lei para proteger as florestas de cajueiro, que estavam sendo derrubadas para o plantio da cana-de-açúcar.

Os portugueses levaram o cajueiro para a África, particularmente Moçambique, de onde se difundiu e chegou à Índia, na segunda metade do século XVI, tornando-se tão importante para esses dois países quanto para o Brasil.

O *Anacardium occidentale* L. pertence à família Anacardiaceae, da qual fazem parte várias outras frutíferas importantes, como a mangueira (*Mangifera indica* L.), o cajazeiro (*Spondias lutea* Linn.) e o umbuzeiro (*Spondias tuberosa* Arr. Cam.). O gênero *Anacardium* compreende cerca de 12 espécies de árvores de pequeno e grande porte, nativas da América tropical, das quais apenas uma não foi encontrada no Brasil.

O cajueiro, mesmo sendo uma planta rústica, prefere os solos areno-argilosos, com boa reserva de nutrientes, profundos e bem drenados. Cresce bem em temperaturas entre 22 e 32 °C, com boa luminosidade e precipitação acima de 1.200 mm/ano, com três a quatro meses de estiagem, quando se dá o florescimento e frutificação. O cajueiro comum é uma planta de porte médio a alto, tendo cerca de 6 a 12 m de altura, com copa ereta. A floração dura de quatro a cinco meses e a primeira ocorre entre o 3° e o 5° ano de vida.

Em meados dos anos 80, o Brasil iniciou o plantio de clones de cajueiro anão-precoce (*A. occidentale* L. var. *Nanum*), que permitiu a melhoria na produtividade, que passou de 2,2 t/ha, dos plantios tradicionais, para 13,0 t/ha, sendo reportados resultados, em nível de pesquisa, de até 40,0 t/ha a partir do 5° ano de produção em cultivos sob irrigação. O cajueiro precoce apresenta porte baixo, de 4 a 6 m, e copa compacta. A sua floração dura de seis a sete meses e a primeira pode ocorrer aos seis meses. Os clones de cajueiro anão-precoce têm sido levados do Brasil e plantados em vários países, futuros competidores, inclusive Austrália.

A área de caju colhido no Brasil, no ano de 2006, foi de 710 mil ha.

A produção nacional concentra-se na região Nordeste, sendo os maiores produtores o Ceará, com 51,0% da produção nacional, seguido por Rio Grande do Norte e Piauí, com 24,0% e 18,0%, respectivamente, no ano de 2008 (Figura 18.1).

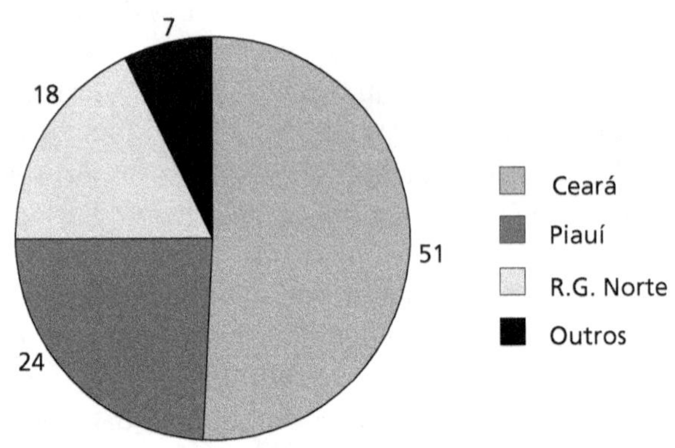

Figura 18.1 Principais estados produtores de caju em 2001.

Fonte: IBGE.

Atualmente, o cajueiro é cultivado em 28 países, embora, em termos de importância, sua exploração restrinja-se a Índia, Nigéria, Brasil, Tanzânia, Indonésia, Guiné-Bissau, Costa do Marfim, Vietnã e Moçambique. Em conjunto, esses países foram responsáveis por 89% da produção mundial média, no período de 1999 a 2001, com a produção brasileira correspondendo a 11% da produção mundial.

18.1.2 Definição legal

Os padrões de identidade e qualidade (PIQ) para sucos de fruta, nas suas diferentes apresentações, foram fixados por Regulamentos Técnicos do Ministério da Agricultura, Pecuária e Abastecimento. Para o suco/polpa de caju, são definidos os produtos descritos abaixo, cujas composições estão apresentadas nas Tabelas 18.1 a 18.5.

18.1.2.1 Suco de caju

Suco de caju é a bebida não fermentada e não diluída, obtida da parte comestível do pedúnculo do caju (*Annacardium occidentale* L.), por meio de processo tecnológico adequado, devendo obedecer às seguintes características: cor, variando do branco ao amarelado, sabor próprio levemente ácido e adstringente, aroma próprio.

Tabela 18.1 Composição do suco de caju.

Parâmetro	Mínimo	Máximo
Sólidos solúveis (°Brix) a 20 °C	10,0	–
Acidez total (g ác. cítrico/100 g)	0,30	–
Açúcares totais naturais do caju (g/100 g)	–	15,0
Ácido ascórbico (mg/100 g)	80,0	–

18.1.2.2 Suco de caju com alto teor de polpa

O suco de caju com alto teor de polpa tem a mesma definição e características que o suco de caju. A única diferença entre os dois está no limite mínimo fixado para sólidos totais, de 10,5 g/100 g, estabelecido para o suco com alto teor de polpa e não estabelecido para o suco de caju.

18.1.2.3 Polpa de caju

Polpa de caju é a bebida não fermentada e não diluída, obtida da parte comestível do pedúnculo do caju (*Annacardium occidentale* L.), por meio de processo tecnológico adequado, com teor mínimo de sólidos totais, devendo obedecer às seguintes características: cor, variando do branco ao amarelado, sabor próprio, levemente ácido e adstringente, aroma próprio.

Como se pode observar, a definição legal para polpa de caju também é a mesma que para o suco de caju e para o suco de caju com alto teor de polpa, só que, neste caso, foi ressaltada na própria definição a exigência quanto ao teor mínimo de sólidos totais.

Tabela 18.2 Composição da polpa de caju.

Parâmetro	Mínimo	Máximo
Sólidos solúveis (°Brix) a 20 °C	10,0	–
pH	–	4,6
Acidez total (g ác. cítrico/100 g)	0,30	–
Açúcares totais naturais do caju (g/100 g)	–	15,0
Ácido ascórbico (mg/100 g)	80,0	–
Sólidos totais (g/100 g)	10,5	

18.1.2.4 Suco de caju clarificado ou cajuína

Suco de caju clarificado é a bebida não fermentada e não diluída, obtida da parte comestível do pedúnculo do caju (*Annacardium occidentale* L.), por meio de processo tecnológico adequado, devendo obedecer às seguintes características: cor, variando do incolor ao amarelado translúcido, sabor próprio, levemente ácido e adstringente.

O suco de caju clarificado deverá ser submetido a um processo físico de clarificação, podendo ser utilizados coadjuvantes de tecnologia autorizados.

Tabela 18.3 Composição do suco de caju clarificado.

Parâmetro	Mínimo	Máximo
Sólidos solúveis (°Brix) a 20 °C	10,0	–
Acidez total (g ác. cítrico/100 g)	0,25	–
Açúcares totais naturais do caju (g/100 g)	–	15,0
Ácido ascórbico (mg/100 g)	60,0	–

18.1.2.5 Suco tropical de caju

De uma forma geral, o produto denominado suco tropical é aquele obtido pela dissolução, em água potável, da polpa da fruta polposa de origem tropical, por meio de processo tecnológico adequado, sendo não fermentado e apresentando cor, aroma e sabor característicos da fruta, submetido a um tratamento que assegure a sua conservação e apresentação até o momento do seu consumo.

O suco tropical de caju é a bebida não fermentada, obtida pela dissolução, em água potável, da polpa de caju, por meio de processo tecnológico adequado, que apresente cor amarelo-clara, sabor próprio, levemente adstringente e aroma próprio.

Tabela 18.4 Composição do suco tropical de caju.

Parâmetro	Não adoçado		Adoçado	
	Mínimo	Máximo	Mínimo	Máximo
Polpa de caju (% p/p)	60,0	--	25,0	–
Sólidos solúveis (°Brix) a 20 °C	5,0	–	11,0	–
Acidez total (g ác. cítrico/100 g)	0,15	–	0,12	–
Açúcares totais (g/100 g)		15,0	8,0	–
Ácido ascórbico (mg/100 g)	40,0	--	20,0	–

18.1.2.6 Néctar de caju

É a bebida não fermentada, obtida pela dissolução, em água potável, da polpa de caju e açúcares, destinada ao consumo direto, podendo ser adicionada de ácidos. O néctar de caju deve obedecer às seguintes características: cor amarelo-clara, sabor característico e aroma próprio.

Tabela 18.5 Composição do néctar de caju.

Parâmetro	Mínimo	Máximo
Polpa de caju (% p/p)	15,0	–
Sólidos solúveis (°Brix) a 20 °C	10,0	–
Acidez total (g ác. cítrico/100 g)	0,12	–
Açúcares totais (g/100 g)	7,0	–
Ácido ascórbico (mg/100 g)	15,0	–

18.1.3 Composição e valor nutritivo

A composição do caju varia bastante em função da variedade e da região produtora. É reportada uma variação no teor de taninos de cerca de 100% (entre 0,035% e 1,050%), apenas em função do tipo de caju, se vermelho ou amarelo. Nas Tabelas 18.6 e 18.7, são apresentados alguns dados de composição e teores de vitamina do pedúnculo do caju, de diferentes variedades e regiões, evidenciando a diferença entre os mesmos.

Uma dieta rica em frutas e vegetais, ou seja de antioxidantes, tais como vitaminas C e E, carotenoides e polifenóis, contribui para limitar o estresse oxidativo das células e, possivelmente, para reduzir os riscos de desenvolvimento de patologias, como o câncer, e doenças cardiovasculares.

Tabela 18.6 Composição química de caju proveniente de Pernambuco (PE) e do Ceará (CE) das variedades amarela e vermelha.

Parâmetros	Variedades de caju (PE)		Variedades de caju (CE)	
	amarela	vermelha	amarela	vermelha
Umidade (%)	84,50	86,40	87,13	86,24
pH	4,01	3,86	4,05	4,50
Acidez total titulável (% ác. cítrico)	0,32	0,47	0,38	0,46
Ácido ascórbico (mg/100 g)	171	190	200	178
Sólidos solúveis (%)	13,9	12,3	9,8	10,9
Açúcares redutores (%)	11,67	9,81	7,28	7,94
Açúcares totais (%)	12,60	11,12	7,75	8,16
Ca + Mg (mg/100 g)	20,00	20,00	15,34	15,66

Fonte: Adaptado de Ital (1978).

O valor nutritivo do caju destaca-se, principalmente, pelo seu elevado teor de ácido ascórbico, que pode chegar a quatro vezes o teor encontrado na laranja, e pelos compostos fenólicos presentes, os taninos, que podem ser encontrados nas suas duas formas, condensados ou hidrolisáveis. Possui também vitaminas do complexo B (tiamina e riboflavina) e PP (niacina). Apesar do baixo teor de proteínas, o suco de caju contém 14 diferentes aminoácidos, predominando a alanina, a valina e a leucina, seguidos de serina, ácido glutâmico, prolina e triptofano. Dessa forma, a presença, no suco de caju, de vitaminas, sais minerais, polifenóis, carboidratos e ácidos orgânicos, o torna um alimento importante, do ponto de vista dietético.

Por outro lado, a oxidação do ácido ascórbico e de compostos fenólicos provoca a formação de substâncias que causam o escurecimento do suco e a formação de aromas e sabores estranhos ao produto. A presença dos compostos fenólicos pode ocasionar, ainda, o escurecimento não enzimático, devido à complexação de metais, sendo esta uma das razões que exigem o uso de equipamentos de aço inoxidável para o processamento do suco de caju; podem provocar também separação de fases, alterando a aparência do produto durante a sua vida de prateleira. São, então, caracterizados como a "causa potencial da instabilidade" físico-química do suco de caju, uma vez que eles estão envolvidos na formação de sedimentos indesejáveis, em razão da combinação com proteínas e pectinas, e de pigmentos amarelos e marrons. Para minimizar ou evitar essas reações, podem ser realizadas operações de branqueamento do fruto, sendo, porém, a prática mais usual a adição de antioxidantes e estabilizantes na etapa de formulação do produto.

Tabela 18.7 Teores de carotenoides, vitamina A e ácido ascórbico de caju proveniente de São Paulo (SP) e do Piauí (PI) das variedades amarela e vermelha.

Parâmetros	Variedades de caju (SP)		Variedades de caju (PI)	
	amarela	vermelha	amarela	vermelha
Carotenoides totais (g/100 g)	175	204	99	155
Vitamina A (RE/100 g)	17	16	10	17
Ácido ascórbico (mg/100 g)	121	118	109	106

Fonte: Assunção e Mercadante (2003).

Algumas características do suco de caju, como o teor de taninos e a turbidez, são afetadas pela sua forma de extração e/ou processamento. Como o teor de taninos é maior na parte fibrosa do fruto (Tabela 18.8), quando se pretende obter um suco com menor quantidade de taninos, recomenda-se a utilização de prensa hidráulica para a sua extração, já que, com esse equipamento, é possível a obtenção de um suco com menor teor de polpa. Por meio da centrifugação, também é possível reduzir o teor de taninos do suco, como pode ser observado na Tabela 18.8, em que o termo suco refere-se à polpa após centrifugação. Da mesma forma, a clarificação em membrana de microfiltração altera algumas características físicas do suco, além de reduzir o seu teor de taninos (Tabela 18.9).

Tabela 18.8 Características da polpa e do suco centrifugado de caju.

Análise	Polpa	Suco
Vitamina C (mg/100 g)	142	142
Sólidos solúveis (°Brix)	12,0	12,0
pH	4,31	4,11
Acidez (g ác. málico/100 g)	0,42	0,42
Taninos condensados (mg/mL)	2,40	0,16
Taninos totais (mg/mL)	Nr	0,29
Pectina (mg ác. galacturônico/mL)	Nr	0,04
Turbidez (haze)	95,7	27,3
Valor calórico (kcal/100 g)	41	42

Fonte: Adaptado de Menezes (1999).
Nr – não realizado.

Tabela 18.9 Características do suco integral e do suco clarificado por microfiltração.

	Suco integral	Suco clarificado
Vitamina C (mg/100 g)	180	181
Sólidos solúveis (°Brix)	12,6	12,3
pH	4,18	3,54
Acidez (g ác. málico/100 g)	0,45	0,42
Taninos condensados (mg/mL)	3,86	0,40
Teor de polpa (% p/p)	16,7	0
Turbidez (NTU)	Nr	1,2

Fonte: Matta et al. (2003).
Nr – não realizado.

Na Tabela 18.10, são apresentados dados referentes a teores de taninos totais e condensados determinados em extratos de três frações do pedúnculo de caju, a película (casca), o suco e a fibra. As frações foram separadas, de forma que uma fração não contivesse resíduo da outra.

Tabela 18.10 Teores de taninos totais e condensados nos extratos da fibra, película e suco de cinco variedades de caju.

Variedade	Fração	Taninos totais (mg/mL)	Taninos condensados (mg/mL)
1	Fibra	1,13	0,03
1	Película	0,80	0,14
1	Suco	Nr	0
2	Fibra	0,21	0,01
2	Película	0,63	0,02
2	Suco	0,02	0
3	Fibra	1,21	0,11
3	Película	1,11	0,05
3	Suco	0,02	0
4	Fibra	0,24	0,01
4	Película	1,40	0,05
4	Suco	0,02	0
5	Fibra	0,08	0,04
5	Película	2,44	0,13
5	Suco	0,02	0

Fonte: Couri et al. (2003).
Nr – não realizado.

Os teores de taninos e a atividade antioxidante foram determinados nos extratos das frações do pedúnculo de cajus de diferentes variedades de cajueiro anão-precoce. A atividade antioxidante (Figura 18.2) foi definida pelo PI50, que exprime a quantidade de extrato necessária para neutralizar o radical ABTS em 50%, ou seja, mede-se a capacidade de captura ou a neutralização do radical ABTS (2,2-zinobis(3-ethylenebenzothiazoline-6-sulfonic acid)), pelos compostos fenólicos presentes nos extratos. Assim, quanto menor o volume de extrato utilizado, maior a atividade. Observa-se que os extratos das películas possuem atividade antioxidante mais elevada que os das fibras e sucos (Figura 18.2), e que cada variedade apresenta um perfil diferente.

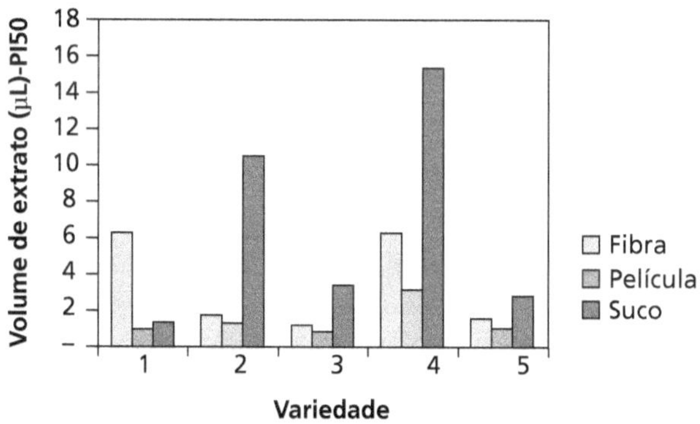

Figura 18.2 Atividade antioxidante dos extratos da fibra, película e suco de cinco variedades de caju.

Fonte: Couri et al. (2003).

Em suco de caju clarificado por um processo combinado utilizando tratamento enzimático com enzima tanase e microfiltração, foram identificados os seguintes ácidos fenólicos: gálico, p-cumárico, ferúlico e cinâmico.

Os dados obtidos para o caju são compatíveis com o que se observa em estudos feitos com maçã e uva, frutas que apresentam alta atividade antioxidante. Essas duas frutas foram bastante estudadas, atualmente, o perfil dessas substâncias é bastante conhecido. O caju, embora pouco estudado e pouco consumido fora dos países produtores, tem despertado o interesse de outros mercados, principalmente o europeu, que buscam alternativas por produtos naturais e para novas formulações com sucos de frutas, principalmente as frutas tropicais ricas em compostos fenólicos. O estudo mais aprofundado da composição dessas substâncias no pseudofruto do caju, associado à melhoria da sua qualidade, poderá contribuir para aumentar o seu potencial de uso e de exportação.

O caju é rico também em compostos voláteis, responsáveis por suas características de aroma e sabor. Mais de 90 constituintes voláteis foram detectados em extratos obtidos por meio das técnicas de *headspace* e de destilação e extração simultâneas, sendo 76 deles caracterizados por cromatografia gasosa acoplada à espectrometria de massas.

A avaliação da composição dos compostos voláteis de um clone de cajueiro anão-precoce, utilizando cromatografia gasosa e olfatometria Osme, mostrou que os compostos identificados como os mais importantes para a formação do aroma característico do caju foram agrupados em quatro grupos principais: ésteres relacionados às notas "doce", "fruta" e "caju"; cis-3-hexenol, 2-metil-2-pentenal e hexanal associados à nota "verde"; serquiterpenos responsáveis por aroma "floral" e "caju" e os compostos associados a odores desagradáveis, ácido-2--metil-butanoico, 3-metil-1-butanol.

Em extratos de suco de caju integral e clarificado por membranas, obtidos tanto por destilação e extração simultâneas, quanto por microextração em fase sólida, foram identificados cerca de 14 constituintes voláteis do aroma de caju, entre os quais estão os ésteres responsáveis pelas notas "doce", "fruta" e "caju", particularmente o 2-metil-butanoato de etila e o 3-metil-butanoato de etila.

Os compostos voláteis do suco de caju foram concentrados por pervaporação em dois tipos de membrana e a temperaturas de 25 e 35 °C. Utilizando microextração em fase sólida e análise por cromatografia gasosa, pôde-se observar um aumento de 2,5 vezes no número de picos da fração concentrada em relação ao suco original. Entre os compostos identificados por espectrometria de massas, a maioria era de ésteres (22), seguidos dos alcoóis (14), aldeídos e cetonas (7) e hidrocarbonetos (4).

18.2 MATÉRIAS-PRIMAS

Na industrialização do suco de caju, em suas diferentes apresentações, são utilizados como matérias-primas e/ou insumos: pedúnculo do caju, água, açúcar, acidulantes, conservadores, antioxidantes, espessantes e aromatizantes.

Além da polpa obtida a partir do pedúnculo do caju, que é a matéria-prima principal, são utilizados outros ingredientes com diferentes finalidades. O primeiro deles é a água, que é utilizada tanto na reconstituição do suco, se a matéria-prima é a polpa concentrada, quanto na sua diluição, se o produto desejado é o suco tropical ou o néctar. Para estes, que são produtos prontos para o consumo, o açúcar (sacarose, glicose ou frutose) é também uma das matérias-primas, podendo ser utilizado na forma de caldas ou xaropes.

Os aditivos químicos são insumos adicionados intencionalmente aos alimentos, com o objetivo de manter sua estabilidade físico-química, microbiológica e sensorial.

Os acidulantes, como o ácido cítrico, têm a função de diminuir o pH, contribuindo para a preservação do suco, tanto pela inibição do crescimento microbiano, como pela diminuição da resistência dos microrganismos ao calor quando submetidos ao processo de pasteurização.

Os conservadores, como os derivados do dióxido de enxofre (metabissulfito de sódio, sulfito de sódio e potássio), do ácido benzoico (benzoato de sódio e potássio) e do ácido sórbico (sorbato de sódio), inibem o desenvolvimento de microrganismos por seu poder redutor. A eficiência do dióxido de enxofre é maior em pHs mais baixos, assim, o uso de acidulantes permite diminuir a quantidade a ser adicionada desse conservador.

O dióxido de enxofre apresenta, também, ação antioxidante. Os antioxidantes, sendo o ácido ascórbico um dos mais utilizados em sucos, previnem as reações de oxidação, contribuindo para a preservação da cor dos produtos, o que é particularmente importante, no caso do suco de caju, em virtude das reações de escurecimento causadas pela presença dos compostos fenólicos.

Visando a estabilidade física dos sucos, que também pode ser afetada pela presença desses compostos, podem ser adicionados espessantes e/ou estabilizantes, como as gomas gelana ou xantana.

São muito utilizados, também, nas formulações de sucos, os aromatizantes, que podem ser um aroma natural ou aroma idêntico ao natural, a fim de compensar as perdas de aroma que ocorrem durante os tratamentos térmicos a que o suco é submetido.

No caso dos produtos com calorias reduzidas ou *light*, são utilizados os adoçantes artificiais ou edulcorantes, sendo os mais comuns o aspartame, o ciclamato e a sacarina.

18.3 MICROBIOLOGIA

Os microrganismos normalmente presentes em sucos de frutas são aqueles capazes de se desenvolver em meios ácidos, como os fungos e as bactérias, e têm origem no solo ou na microbiota natural do fruto.

O ataque de microrganismos ao pedúnculo do caju é, principalmente, de fungos filamentosos e leveduras, que podem crescer em ambientes ácidos, causando alterações indesejáveis e fermentação do fruto. Pode ocorrer também o crescimento de bactérias não esporogênicas, como as láticas dos gêneros *Lactobacillus* e *Leuconostoc*. Assim, o suco de caju pode sofrer deterioração por meio das fermentações alcoólica, lática ou acética.

O baixo pH do pedúnculo, não propício ao desenvolvimento de bactérias esporulantes do solo, faz com que não seja necessário um tratamento térmico drástico para a conservação do suco. Entretanto, a contaminação, muitas vezes elevada, em função da colheita no solo e da pouca proteção fornecida pela casca, pode requerer o uso de métodos combinados de preservação. Entre as bactérias esporulantes, importantes em produtos ácidos, estão o *Clostridium butyricum* e *C. pasteurianum*, ambas de metabolismo anaeróbico.

Sobre a casca do pseudofruto do caju há uma mucilagem propícia ao desenvolvimento de fungos, sendo o principal e de controle mais difícil, o *Rhizopus nigricans* Ehr, o que, por si só, já exige a lavagem do pedúnculo com água clorada, a fim de remover a mucilagem e impedir o desenvolvimento do fungo.

A ocorrência de fungos termorresistentes em sucos de frutas ácidos tem sido bastante estudada. Tais fungos têm sido isolados, tanto nos produtos de fruta *in natura* como nos processados, sendo citadas, em sucos, cepas de *Byssochlamys fulva* e *B. nivea*, *Neosartorya fischeri*, *Taloramyces flavus*, *T. bacillisporus* e *Eupenicillium brifeldianum*, cujos ascosporos são extremamente resistentes ao calor. Além das alterações que podem causar no produto, esses fungos podem produzir micotoxinas nocivas à saúde.

O procedimento de higiene adequado é fundamental também para evitar a possibilidade de contaminação da matéria-prima com tais fungos termorresistentes, o que garantirá a qualidade do produto final, não só no aspecto microbiológico, mas também sensorial, pela não utilização de tratamentos térmicos mais drásticos.

Para os sucos processados de caju, a legislação brasileira exige, como controles microbiológicos, a verificação de coliformes a 35 °C em 50 mL da amostra e de *Salmonella* em 25 mL. Para ambos, o padrão é a ausência dos referidos microrganismos.

18.4 PROCESSAMENTO

18.4.1 Colheita

A colheita do caju é feita diariamente durante o período da safra, 60 a 70 dias após o início da floração, o que, no Estado do Ceará, ocorre, normalmente, entre os meses de setembro e dezembro.

O pedúnculo do caju é colhido retirando-se aqueles que estejam a uma altura tal que possam ser alcançados com a mão ou aqueles caídos no solo de uma altura de aproximadamente cinco a oito metros. Estes, colhidos já no chão, não podem apresentar crescimento de bolores e devem estar em bom estado, pois, mesmo apresentando fissuras na sua superfície, os frutos não são atacados pela flora bacteriana predominante no solo, em função do seu pH ácido.

O pedúnculo é considerado não climatérico, apresentando uma baixa taxa de respiração e não amadurecendo após colhido, razão pela qual não pode ser colhido antes de estar totalmente maduro.

Isto, aliado à sua alta perecibilidade, requer que o processamento do caju seja realizado em, no máximo, 48 horas após a colheita.

18.4.2 Descastanhamento

A separação da castanha do pedúnculo tem sido realizada no campo, após a colheita, com o auxílio de um cordão, que reduz o risco de injúrias ao fruto. Essa é a prática corrente, já que a castanha é o produto principal, sendo o pedúnculo um subproduto. Além disso, outras vantagens são destacadas para justificar esse procedimento, tais como a redução do peso transportado e o menor custo, já que o descastanhamento na fábrica seria uma operação industrial e não rural.

Após o descastanhamento, o pedúnculo deve ser colocado em caixas de pouca altura, para evitar muita superposição dos frutos, e que estes sejam amassados e deteriorados. Podem ser utilizadas caixas com fundo perfurado, para permitir eventual drenagem do suco, caso ocorra algum amassamento. O pedúnculo é, então, encaminhado para as indústrias processadoras de polpa/suco.

18.4.3 Processamento do pedúnculo do caju

O processamento do suco de caju nas grandes indústrias tem sido, cada vez mais, realizado em duas fases distintas e, na maioria das vezes, em indústrias diferentes: na primeira, é obtida a polpa semi-industrializada, concentrada ou não, e, na segunda, o produto final, que pode ser o suco integral pasteurizado preservado quimicamente, o suco tropical, o néctar ou o suco clarificado. Assim, atualmente, existem empresas que fazem apenas o beneficiamento do caju até a polpa; outras, que compram a polpa beneficiada, normalmente congelada, concentrada ou não, e a reprocessam até o produto desejado; e, por último, aquelas, tradicionais, que chegam até o produto final, partindo do fruto *in natura*.

18.4.3.1 Polpa integral ou concentrada

As etapas para a obtenção da polpa integral ou concentrada estão descritas a seguir e apresentadas mediante um fluxograma esquemático (Figura 18.3). O desenho ilustrativo (Figura 18.4) mostra as etapas de obtenção da polpa integral congelada.

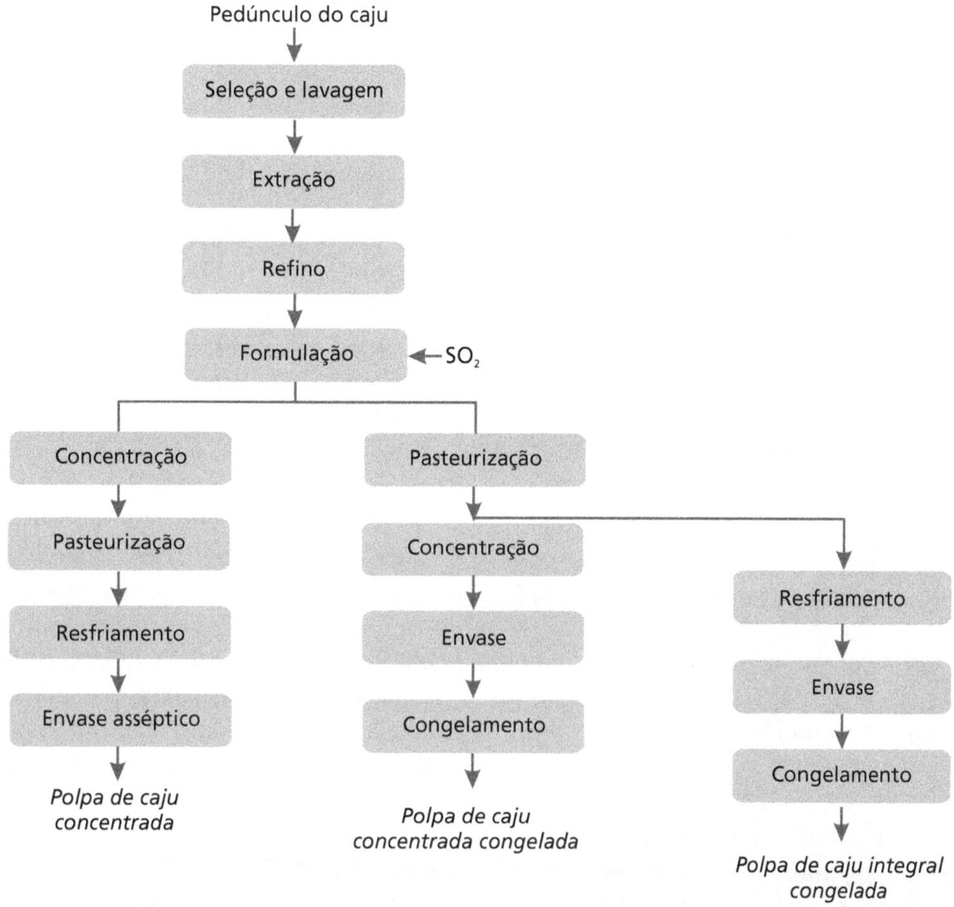

Figura 18.3 Fluxograma esquemático dos processos de obtenção de polpa de caju integral ou concentrada.

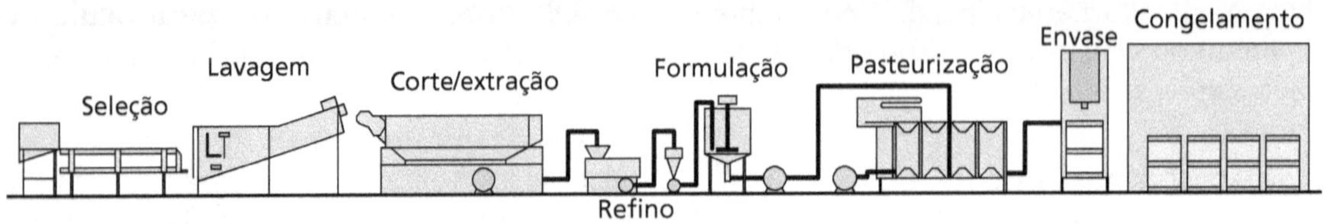

Figura 18.4 Desenho ilustrativo do processo de obtenção de polpa de caju congelada.

I. Recepção do pedúnculo

Na recepção dos pedúnculos, estes são pesados, sendo retiradas amostras para determinação das características do lote. Nesse momento, é feita também a primeira inspeção visual do lote. Esse pode ser recusado, caso não atenda aos requisitos de qualidade necessários para a obtenção do suco, como, por exemplo, se apresentar uma grande quantidade de frutos deteriorados, com fungos, ou excessivamente maduros.

II. Lavagem e seleção

Inicialmente, efetua-se uma pré-lavagem, que pode ser feita em qualquer tipo de lavador com capacidade de remoção de sujeiras grosseiras, tais como terra e areia, que podem vir aderidas à superfície do caju.

Em seguida, é feita a seleção manual dos pedúnculos, por funcionários treinados. A seleção é feita em esteiras, onde os frutos murchos, com injúrias ou crescimento de bolores são descartados.

A lavagem com água clorada visa reduzir a contagem microbiana na superfície e pode ser feita em tanques com agitação. No final, é feito o enxágue com água limpa, por aspersão, para retirar o excesso de cloro. Como o pedúnculo afunda na água, quando são utilizados tanques de imersão, é necessária a utilização de peneiras ou outro dispositivo para retirada dos frutos da água.

III. Desintegração/Corte

Esta etapa é opcional e visa otimizar o rendimento na etapa de extração. Podem ser usados desintegradores de facas ou trituradores. Em indústrias pequenas, o corte é feito manualmente, com facas, sobre tábuas de altileno.

IV. Extração

Para a extração da polpa, o mais usual é a utilização de prensas tipo parafuso ou despolpadeiras de palhetas. Em ambas, as frutas são pressionadas contra uma peneira com malha bem aberta. A polpa atravessa a peneira, enquanto as cascas e resíduos fibrosos são conduzidos para a saída do equipamento. Normalmente, o resíduo fibroso da despolpadeira passa pela prensa, onde é extraído o suco residual. Em fábricas de pequeno porte, são utilizadas apenas as despolpadeiras.

V. Refino

Após a extração, a polpa segue para um outro conjunto de despolpadeiras (*finisher*), com malhas decrescentes, sendo a mais fina em torno de 0,4-0,3 mm, efetuando-se, assim, o primeiro refino da polpa, e o material residual (bagaço e fibras) é enviado para fora da fábrica por uma rosca sem-fim ou esteira.

O refinamento final da polpa tem sido realizado em ciclones e em centrífugas de discos, quando são removidas a areia ainda presente e fibras.

O rendimento do processo pode variar de 65 a 80%, em relação ao peso do pedúnculo, dependendo das condições de extração e refino e do produto desejado.

VI. Formulação

Como a polpa de caju escurece rapidamente, em função das enzimas e compostos fenólicos presentes, e pela sua alta perecibilidade, muitos produtores adicionam, nesse momento, conservadores como metabissulfito de sódio, a fim de evitar reações oxidativas que alterem a cor da polpa, como também inibir o desenvolvimento microbiano. Os teores de dióxido de enxofre aprovados pela legislação brasileira para suco de caju foram fixados considerando-se as particularidades desse produto. Os limites máximos permitidos são de 33,3 mg/100 mL no produto pronto para o consumo e de 300 mg/100 mL no suco com alto teor de polpa, que é o suco integral comercializado e que sofrerá uma diluição 1:9 no momento do consumo.

VII. Pasteurização

A polpa é pasteurizada a fim de garantir a sua inocuidade com relação ao desenvolvimento de microrganismos. Para a pasteurização, são utilizados trocadores de calor tubulares ou de superfície raspada, com seções de aquecimento e de resfriamento, para que a temperatura do suco na saída do pasteurizador esteja em torno de 35 °C. As temperaturas utilizadas são da ordem de 90 a 100 °C, para tempos de retenção de 20 a 40 s.

VIII. Envase da polpa integral

Quando a polpa é comercializada na forma integral, ela passa por outro trocador de calor, onde é resfriada de uma temperatura na faixa dos 35 °C para cerca de 2 °C, a fim de ser envasada, já resfriada, em sacos duplos de polietileno e acondicionada em tambores de 200 kg, sendo, em seguida, congelada a –18 °C.

Nas empresas pequenas, a polpa é acondicionada em sacos plásticos de 100 g e de 1 kg, utilizando dosadoras manuais ou semiautomáticas, sendo imediatamente levada para os armários de congelamento e mantida a –18 °C, ou para *freezers* domésticos, onde é mantida entre –8 °C e –10 °C.

IX. Concentração

Para obtenção do produto concentrado, utiliza-se evaporador de múltiplo efeito, a vácuo, onde a polpa de caju integral, cujo teor de sólidos solúveis encontra-se na faixa de 10-12 °Brix, é concentrada até cerca de 30-35 °Brix. A polpa concentrada é também resfriada até atingir a temperatura adequada para o envase (2 a 5 °C).

X. Envase da polpa concentrada

A polpa concentrada é armazenada em tambores de 200 kg. Quando o envase é asséptico, são utilizados sacos laminados dentro do tambor e uma máquina de envase específica. No envase não asséptico, utilizam-se dosadoras convencionais e a polpa é acondicionada em dois sacos de polietileno.

XI. Congelamento

A polpa não envasada assepticamente é congelada em câmaras frigoríficas e mantida a –18 °C, e a asséptica é mantida à temperatura ambiente.

18.4.3.2 Obtenção dos sucos e/ou néctares

Diferentes produtos podem ser obtidos a partir da polpa integral ou concentrada. Serão descritas aqui, as etapas para a obtenção do suco pasteurizado e preservado quimicamente (Figuras 18.5 e 18.6), do suco tropical e néctar (Figura 18.7) e do suco clarificado (Figuras 18.8 e 18.9).

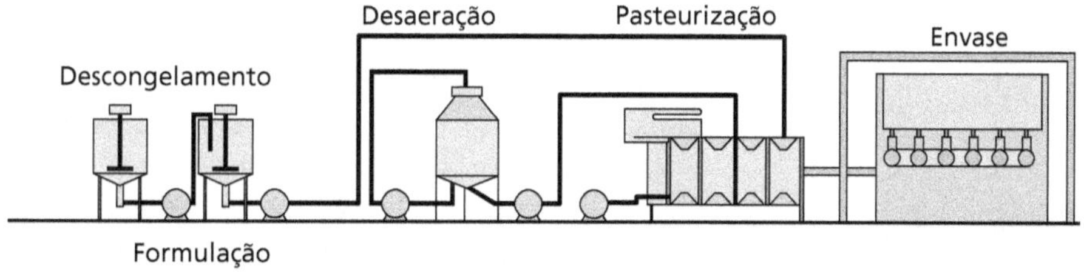

Figura 18.5 Desenho ilustrativo das etapas de obtenção de suco pasteurizado, suco tropical ou néctar de caju.

18.4.3.3 Suco pasteurizado e preservado quimicamente

Para a obtenção do suco pasteurizado a partir da polpa congelada ou do suco concentrado, são realizadas as operações descritas a seguir:

I. Descongelamento da polpa

É uma etapa que pode ser realizada ou não, dependendo da matéria-prima utilizada. O descongelamento deve ser lento, em câmaras refrigeradas, minimizando os efeitos do congelamento sobre as características da polpa ou suco.

II. Formulação

O suco ou polpa é bombeado para os tanques misturadores, onde é feita a formulação do produto. Nesse momento, são adicionados os conservadores, sendo o metabissulfito de sódio e o benzoato de sódio, os mais utilizados. Podem ser adicionados, ainda, acidulantes, como ácido cítrico, estabilizantes, como as gomas gelana e xantana e aromatizantes. Partindo-se do suco concentrado, é adicionada água para a reconstituição do teor de sólidos solúveis original.

III. Desaeração

Após a formulação, o suco é aquecido a, aproximadamente, 50 °C, em desaeradores, com o objetivo de reduzir o teor de oxigênio dissolvido, minimizando as reações químicas e a oxidação do ácido ascórbico.

IV. Pasteurização

O suco, formulado e desaerado, é pasteurizado, sendo essa etapa realizada em pasteurizadores tubulares ou a placas, utilizando binômios tempo/temperatura na faixa de 30 s/95 °C.

V. Envase

O suco pausterizado e preservado quimicamente é normalmente envasado a quente, em garrafas de vidro ou de PET, seguindo para o túnel de resfriamento e, em seguida, por meio de esteiras, para as máquinas de rotulagem. O suco de caju pasteurizado e preservado quimicamente é armazenado à temperatura ambiente, apresentando uma vida de prateleira de 12 meses.

Figura 18.6 Fluxograma do processo de obtenção de suco de caju pasteurizado e preservado quimicamente.

18.4.3.4 Néctar e suco tropical

Para a obtenção do suco tropical, ou do néctar pronto para beber, são seguidas as mesmas etapas realizadas para o suco integral, estando as diferenças restritas à formulação do produto e ao tipo de envase.

Figura 18.7 Fluxograma esquemático do processo de obtenção de suco tropical e néctar de caju.

I. Descongelamento

II. Formulação

Para a obtenção desses produtos, que são prontos para o consumo, deve-se adicionar à polpa de caju, água e açúcar, ou edulcorante quando se tratar de bebida *light*. A quantidade de água a ser adicionada deve atender aos padrões recomendados pela legislação vigente. Pode-se, ainda, adicionar acidulantes, espessantes e aromatizantes. Se o produto não for envasado assepticamente, devem ser utilizados conservadores químicos, até as concentrações máximas definidas pela legislação. A percentagem de cada uma das matérias-primas e a fórmula final do produto são diferenciais de qualidade das empresas, sendo, normalmente, um segredo industrial.

III. Pasteurização

Para o suco de caju, utiliza-se uma relação tempo/temperatura em torno de 30 s/95 °C. Dependendo do tipo de embalagem, o resfriamento é feito ainda no pasteurizador, como é o caso das embalagens cartonadas, tipo *tetra pak*.

IV. Envase

O envase pode ser feito a quente, para garrafas de vidro ou latas, ou a frio, no caso de embalagens cartonadas, que usualmente são utilizadas em câmaras assépticas para o envase, permitindo que o produto seja armazenado à temperatura ambiente, sem a necessidade do uso de conservadores químicos.

18.4.3.5 Suco clarificado

O suco de caju é tradicionalmente clarificado, visando-se a sua utilização na elaboração da cajuína, podendo, entretanto, ser utilizado para diversos fins, tais como no preparo de geleias finas, bebidas gaseificadas, entre outros. Os métodos tradicionais de clarificação envolvem as operações descritas a seguir, podendo-se utilizar como matéria-prima a polpa integral já refinada ou o suco integral extraído diretamente em prensas.

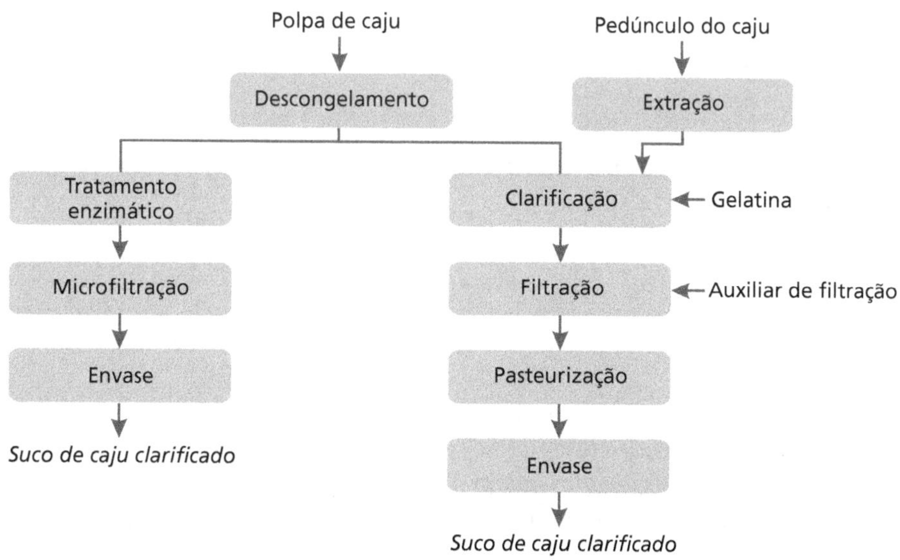

Figura 18.8 Fluxograma esquemático dos processos de obtenção de suco clarificado.

I. Clarificação

É realizada em tanques, nos quais se adiciona ao suco um agente clarificador, mantendo-o em suspensão por um período variável, até a decantação da polpa floculada. A gelatina é o mais importante auxiliar para a floculação da matéria em suspensão em sucos de frutas. A quantidade de gelatina a ser adicionada depende da composição do suco, principalmente do seu teor de taninos, que pode variar bastante. A falta da gelatina resulta em uma floculação incompleta e causa problemas durante a filtração e/ou armazenamento do produto, e o excesso causa turbidez no suco filtrado, em razão da presença de proteína.

II. Filtração

Após a decantação no tanque, o suco segue para a filtração, utilizando-se terra diatomácea como auxiliar de filtração. Nessa etapa, são removidos sólidos em suspensão, coloides, proteínas e polifenóis condensados.

III. Pasteurização/Envase

O suco clarificado final pode ser pasteurizado antes do envase, utilizando-se pasteurizador de placas e temperatura na faixa de 90-95 °C. O envase é, então, realizado a quente, sendo o produto resfriado na embalagem.

No caso de o produto ser pasteurizado na embalagem, efetua-se uma pasteurização lenta do produto já embalado.

18.4.3.6 Suco clarificado por membranas

O uso dos processos de separação por membranas como micro ou ultrafiltração é uma alternativa aos processos convencionais de clarificação, pois reduz etapas e evita o uso de auxiliares de filtração, que, além de onerarem o processo, demandam ações específicas para o seu descarte. Nesse caso, as seguintes etapas são realizadas, partindo-se da polpa integral já refinada:

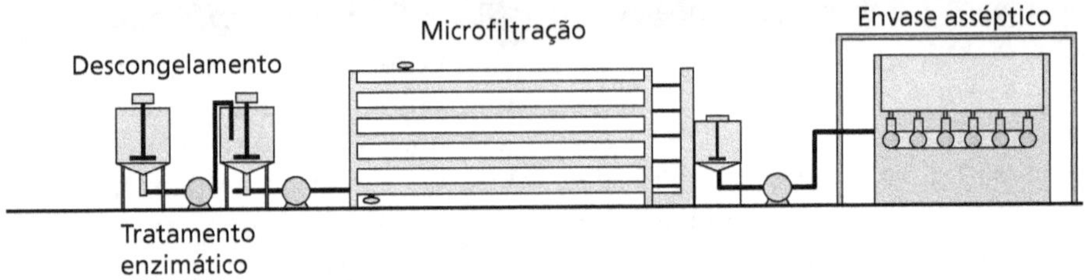

Figura 18.9 Desenho ilustrativo do processo de obtenção de suco de caju clarificado por membranas.

I. Tratamento enzimático

O uso de enzimas com atividade pectinolítica é importante como um pré-tratamento do suco, a fim de aumentar o rendimento do processo. O tratamento é feito em tanques com temperatura e agitação controladas, utilizando-se 250 ppm de um complexo pectinolítico comercial por uma hora.

II. Microfiltração

O suco hidrolisado é passado através de uma membrana de microfiltração, cujo tamanho de poro pode variar entre 0,1 e 0,3 µm, a uma pressão transmembrana de 220 kPa. A membrana de microfiltração retém os microrganismos contaminantes, além de enzimas capazes de degradar o suco, obtendo-se, assim, um suco límpido e claro, isento de polpa, e pasteurizado a frio.

III. Envase

O suco clarificado pode, então, seguir direto para o envase. Caso seja realizado um envase asséptico, em garrafas ou embalagens cartonadas, o suco clarificado por microfiltração pode ser armazenado à temperatura ambiente; caso contrário, é necessário o armazenamento sob refrigeração (4 a 8 °C), condição em que o suco preserva suas características por até três meses.

18.4.3.7 Suco clarificado concentrado por osmose inversa

O suco de caju clarificado por microfiltração pode ser concentrado por osmose inversa até cerca de 28 °Brix, o que significa um fator de concentração volumétrica de 2,8. Na Tabela 18.11, podem ser observadas as características do suco de caju nas diferentes etapas do processamento, partindo-se do suco integral, que é submetido à hidrólise enzimática, seguido da clarificação por microfiltração e, por fim, a concentração por osmose inversa.

Tabela 18.11 Características do suco de caju durante as etapas do processo de clarificação e concentração por membranas.

Parâmetros	SI	SH	SC	SCC
Vitamina C (mg/100 g)	189	188	162	372
Sólidos solúveis (°Brix)	12,5	12,7	12,1	28,6
Acidez (g ac. málico/100 g)	0,43	0,43	0,37	0,84
pH	4,23	4,22	4,19	4,06
Taninos condensados (mg/100 g)	4,35	4,39	0	0
Teor de polpa (%)	19,6	19,1	0	0
Viscosidade (mPa.s)	17,7	17,2	1,3	Nr

Fonte: Cianci et al. (2006).

SI – suco integral; SH – suco hidrolisado; SC – suco clarificado; SCC – suco clarificado concentrado; Nr – não realizado.

18.4.4 Aproveitamento de resíduos

A utilização do bagaço fibroso, proveniente da extração da polpa de caju, na elaboração de biscoitos e salgadinhos extrusados tipo *snacks,* tem sido estudada, abrindo uma nova possibilidade de aproveitamento e agregação de valor a um resíduo que, atualmente, tem sido utilizado basicamente para ração animal. Em determinadas regiões, os fazendeiros recolhem o resíduo gratuitamente, para alimentação de animais. Há também a possibilidade de usá-lo em compostagem, para produção de adubo orgânico.

BIBLIOGRAFIA

BRASIL. Agência Nacional de Vigilância Sanitária. Resolução RDC n. 12, de 10 de janeiro de 2002. **Diário Oficial da União**, Brasília, DF, 14 jan. 2002.

BRASIL. Agência Nacional de Vigilância Sanitária Resolução – RDC n. 12, de 2 de janeiro de 2001. Regulamento técnico sobre padrões microbiológicos para alimentos. **Diário Oficial da União**; Brasilia, DF, 10 jan. 2001.

ASCHERI, J. L. R. et al. Utilização de pedúnculos de caju desidratados na elaboração de pellets e farinha pré-gelatinizada por extrusão. In: SIMPÓSIO LATINO AMERICANO DE CIÊNCIA DE ALIMENTOS, 3., 1999, Campinas, SP. **Anais**... Campinas: Unicamp, 1999, v. I. p. 215-215.

ASCHERI, J. L. R.; NASCIMENTO, R. E. Uso do bagaço de caju desidratado como complemento natural de minerais e aminoácidos na elaboração de pellets e farinha pré-gelatinizada por extrusão. In: CONGRESSO INTERNACIONAL DE NUTRIÇÃO, ALIMENTAÇÃO E TECNOLOGIA, 1., 2000, São Paulo, SP. **Anais**... São Paulo: SBAN, 2000.

ASSIS, A. R. et al. Recuperação dos componentes do aroma do suco de caju por pervaporação: influência da temperatura do processo. In: SIMPÓSIO LATINO-AMERICANO DE CIÊNCIA DE ALIMENTOS, 5., 2003, Campinas, SP. **Resumos**... Campinas: Unicamp, 2003. 1 CD-ROM.

ASSIS, A. R.; BIZZO, H. R.; MATTA, V. M.; CABRAL, L. M. C. Recuperação e concentração de componentes do aroma de caju (*Anacardium occidentale L.*) por pervaporação. **Ciência e Tecnologia de Alimentos**, Campinas, v. 27, n. 2, p. 349-354, 2007.

ASSUNÇÃO, R. B.; MERCADANTE, A. Z. Carotenoids and ascorbic acid from cashew apple (*Anacardium occidentale* L.): variety and geographic effects. **Food Chem.**, Oxford, v. 81, n. 4, p. 495-502, 2003.

BICALHO, B. **Caracterização de compostos voláteis relacionados ao aroma do pedúnculo floral do cajueiro** ***Anacardium occidentale*** **L.** 1999. 62f. Tese (Mestrado) – Instituto de Química, Universidade Federal do Rio de Janeiro, Rio de Janeiro, 1999.

BRASIL. Ministério da Agricultura, Pecuária e do Abastecimento. Instrução Normativa n. 12, de 4 de setembro de 2003.

BRASIL. Ministério da Agricultura e do Abastecimento. Instrução Normativa n. 1, de 7 de janeiro de 2000. **Diário Oficial da União**, Brasília, DF, 10 de janeiro de 2000. Seção 1.

CAMPOS, D. C. P. **Efeito do processo combinado de enzimas e membranas na estabilização do suco de caju clarificado (*Anacardium occidentale* L.)**. 2001. 130f. Dissertação (Mestrado em Ciência e Tecnologia de Alimentos) – Faculdade de Engenharia de Alimentos, Universidade Federal Rural do Rio de Janeiro, Rio de Janeiro, 2001.

CAMPOS, D. C. P. et al. Clarificación de jugo de anacardo utilizando tratamiento enzimatico y microfiltración. **Alimentaria**, Madrid, v. 2, n. 34, p. 121-124, 2002.

CAMPOS, D. C. P. et al. Cashew apple juice stabilization by microfiltration. **Desalination**, Amsterdam, v. 148, n. 5, p. 61-65, 2002.

CIANCI, F. C. et al. Clarificação e concentração de suo de caju por processos com membranas. **Ciência e Tecnologia de Alimentos**, Campinas, v. 25, n. 3, p. 579-583, 2005.

COURI, S. et al. Propriedade antioxidante de cinco variedades de pendúnculo de cajueiro anão-precoce. In: ENCONTRO NACIONAL DE ANALISTAS DE ALIMENTOS. 2003, Rio de Janeiro. **Anais**... São Paulo: SBAAl, 2003, v. 1. p. 214-214.

DUKE, J. A. *Anacardium occidentale* L. In. HANDBOOK of phytochemical constituents of GRAS herbs and other economic plants. Boca Raton: CRC Press, 1992.

GARRUTI, D. S. et al. Evaluation of volatile flavour compounds from cashew apple (*Anacardium occidentale* L) juice by the Osme gas chromatography/olfactometry technique. **Jounal of Science of Food and Agriculture**, Sussex, v. 83, n. 14, p. 1455-1462, 2003.

LEITE, J. B. V. Informações econômicas sobre o caju. Disponível em: <http://www.todafruta.com.br>. Acesso em: 02 fev. 2004.

LEITE, L. A. S. **A agroindústria do caju no Brasil**: políticas públicas e transformações econômicas. Fortaleza: Embrapa/CNPAT, 1994. 195p.

LOPES NETO, A. Importância socioeconômica da cajucultura. In: CARVALHO, A. R. de; TELES, J. A. (Org.). **Caju**: negócio e prazer. Fortaleza: Setur/Governo do Estado do Ceará, 1997, p. 49-68.

MATTA, V. M. et al. Microfiltração de suco de caju em membranas cerâmicas e poliméricas. In: CONGRESO IBEROAMERICANO DE INGENIERÍA DE ALIMENTOS, 4., Valparaíso, 2003. **Anais**... Valparaíso: UTFSM, 2003. p. 153.

MEDINA, J. C. et al. **Caju**: da cultura ao processamento e comercialização. Campinas: Ital, 1978. 178p. Série Frutas Tropicais, 4.

MENEZES, L. F. **Efeito da enzima tanase e gelatina sobre os taninos na clarificação do suco de caju (*Anacardium occidentale* L.)**. 1999. 109f. Dissertação (Mestrado em Ciência e Tecnologia de Alimentos) – Faculdade de Engenharia de Alimentos, Universidade Federal Rural do Rio de Janeiro, Rio de Janeiro, 1999.

MOURA, C. F. H. **Qualidade de pedúnculo de clones de cajueiro anão precoce (*Anacardium occidentale* L. var. nanum) irrigados**. 1998. 96f. Dissertação (Mestrado) – Universidade Federal do Ceará, Fortaleza, 1998.

OLIVEIRA, M. E. B. et al. Aminoácidos livres majoritários no suco de caju: variação ao longo da safra. **Rev. Brás. Frutic.**, Jaboticabal, v. 24, n. 1. Abr. 2002.

OLIVEIRA, V. H. et al. **Produtividade de clones comerciais de cajueiro anão-precoce (*Anacardium occidentale* L.) irrigados no município de Mossoró- RN**. Fortaleza: Embrapa/CNPAT, 1998. 6p. Comunicado Técnico, n. 14.

PAIVA, F. F. A.; GARRUTI, D. S.; SILVA NETO, R. M. **Aproveitamento industrial do caju.** Fortaleza: Embrapa/CNPAT, Sebrae, 2000. 85p.

PELLEGRINI, N. R. E, R. YANG, M.; RICE-EVANS, C. In: PACKER, Pt. A. L. **Oxidants and Antioxidants.** San Diego: Academic Press, 1999, p. 379-389.

PROGRAMA DE RECUPERAÇÃO E DESENVOLVIMENTO DA CAJUCULTURA (Natal, RN). Disponível em: <http://www5.prossiga.br/caju/>. Acesso em: 04 fev. 2004.

SILVA, V. V. **Caju.** O produtor pergunta, a Embrapa responde. Brasília, DF: Embrapa-SPI; Fortaleza: Embrapa/CNPAT, 1998. 220p. Coleção 500 perguntas 500 respostas.

SOARES, J. B. **O caju:** aspectos tecnológicos. Fortaleza: Banco Nordeste do Brasil, 1986. 256p.

VALIM, M. F.; ROUSEFF, R. L.; LIN, J. Gas chromatographic--olfatometric characterization of aroma compounds in two types of cashew apple nectar. **Jounal of Science of Food and Chemistry**, Washington, v. 51, n. 4, p. 1010-1015, 2003.

19

SUCO DE LARANJA

ELVIO CARDOSO QUEIROZ
HILARY CASTLE DE MENEZES

19.1 INTRODUÇÃO

O Brasil é o maior produtor mundial de laranja, sendo responsável por 80% do comércio mundial de suco de laranja concentrado congelado. A cadeia citrícola é uma das mais importantes no setor do agronegócio brasileiro, gerando emprego e divisas para o país e produzindo diversos produtos e subprodutos (Figura 19.1).

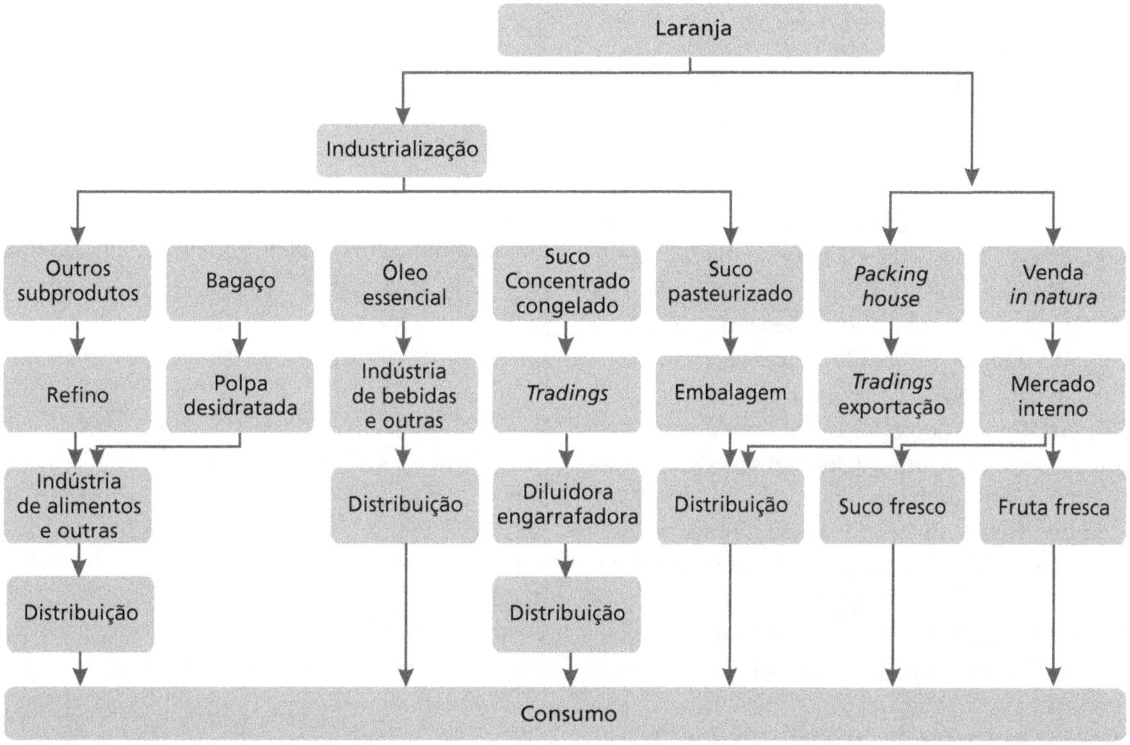

Figura 19.1 Cadeia citrícola.

Fonte: Neves e Marino (2002).

O consumidor, além da fruta *in natura*, depara-se com diferentes tipos de bebidas produzidas à base de laranja: suco concentrado, suco reconstituído, suco pasteurizado, suco fresco, néctar e bebida da fruta. Para o consumidor industrial, são produzidos a polpa desidratada, os óleos essenciais e o suco recuperado de polpa.

A produção e a distribuição de alimentos são uns dos problemas mais relevantes no abastecimento de uma população. Os alimentos líquidos assumem importância com o crescimento da renda de um país, quando as pessoas deixam de beber apenas água e passam a consumir outros produtos de maior valor nutritivo.

O consumo de suco industrializado no Brasil é pequeno, quando comparado com as demais bebidas de importância comercial, sendo que, apenas na década de 1990, a indústria de sucos passou a dar importância ao potencial do mercado nacional, isso em virtude da estabilidade econômica gerada a partir do "Plano Real" e das dificuldades no comércio internacional de suco concentrado e congelado.

No Brasil, o consumo *per capita* de suco de laranja é de 20 litros, dos quais apenas pouco mais de 1 litro é de suco industrializado, com o restante sendo de suco feito a partir da fruta (suco fresco de laranja). Considerando-se a renda *per capita* do brasileiro, o consumo de 20 litros *per capita* é alto, já que está bem próximo ao dos Estados Unidos (cujo consumo *per capita*/ano é de cerca de 21 litros), embora a renda *per capita* brasileira seja bem menor. Na Europa, o consumo médio *per capita* é de 11 litros.

Apesar da pequena participação no mercado interno, o suco industrializado de frutas pronto para beber, no Brasil, saltou de 30 milhões de litros em 1993 para 230 milhões de litros em 2000. No ano de 2006, o consumo de suco industrializado de frutas foi de 360 milhões de litros (Tabela 19.1).

Em um mercado de bebidas altamente competitivo, a indústria de suco aposta na diversificação de sua linha de produtos, em que os néctares e as bebidas de laranja vêm ganhando espaço, pois possuem em sua composição um teor menor de suco (ingrediente de maior custo), fazendo com que seus preços sejam menores, quando comparados com o suco de laranja pasteurizado ou com o reconstituído.

Seguindo uma tendência mundial, a indústria aposta em uma maior demanda por produtos saudáveis, que beneficia o consumo de sucos no Brasil. Como a imagem dos refrigerantes vem sendo vinculada a problemas de obesidade, os sucos (potenciais substitutos) encontram amplo espaço para se expandirem na preferência dos consumidores.

Porém, essa tendência de consumo, faz com que a concorrência pelos sabores das bebidas de frutas seja mais acirrada e, embora o sabor laranja seja o carro-chefe dor setor até o final da década de 1990, ainda possui local de destaque nos dias de hoje, sendo um dos sabores mais apreciado pelo consumidor brasileiro (Tabela 19.1).

Tabela 19.1 Participação de mercado por sabor de sucos, néctares e refrescos no Brasil.

Sabor	Percentual em 1998	Percentual em 2007
Laranja	48	14
Uva	12	21
Pêssego	2	14
Manga	1	10
Maracujá	7	11
Goiaba	1	6
Maçã	7	3
Caju	5	4
Demais	17	17

Fonte: Tetra Pak (2007).

19.1.1 Histórico

A laranjeira é a árvore frutífera mais conhecida e cultivada no mundo e, como todas as plantas cítricas, é nativa do leste da Ásia. Por meio de povos nômades, foi levada para o norte da África e, na Idade Média, chegou ao sul da Europa. Na época dos grandes descobrimentos, foi trazida para a América.

A laranja espalhou-se pelo mundo, dando origem a diversas variedades. A partir do início do século XX, iniciaram-se pesquisas para o desenvolvimento genético da laranjeira, visando melhorar, principalmente, aspectos relacionados a tamanho e sabor da fruta, cultivo em escala comercial, resistências a doenças e pragas e variações climáticas.

Os pomares mais produtivos do mundo estão geograficamente localizados em regiões de clima tropical e subtropical, destacando-se Brasil, Estados Unidos, Espanha, México, China e África do Sul, sendo que São Paulo no Brasil e Flórida nos Estados Unidos são as duas regiões produtoras mais importantes do mundo.

A primeira fábrica de processamento de suco concentrado e congelado de laranja, no Brasil, foi implantada na década de 1950 na de cidade Araraquara, interior do Estado de São Paulo. Em decorrência das grandes geadas nos Estados Unidos na década de 1960, houve um grande impulso para o desenvolvimento do polo citrícola brasileiro.

As sucessivas geadas ocasionaram enormes perdas, e a lenta recuperação dos pomares norte-americanos provocou uma falta de suco de laranja no mercado internacional, contribuindo, assim, para a proliferação de inúmeras pequenas indústrias no interior do Estado de São Paulo.

A partir da década de 1980, com mais de um milhão de hectares cultivados com plantas cítricas, o Brasil se firmou como o maior produtor mundial de laranja. A maior parte dessa produção é destinada às indústrias de suco, localizadas, principalmente, no Estado de São Paulo, o qual é responsável por 79% da produção de frutos e 95% do suco produzido no país (Tabela 19.2).

Tabela 19.2 Principais países produtores de laranja e suco de laranja concentrado congelado.

Países	Produção mundial de laranja		Produção mundial de SLCC (65 °Brix)	
	toneladas	%	toneladas	%
Brasil	15.953.000	34	1.106.000	47
EUA	11.980.000	25	1.064.102	44
México	3.100.000	7	44.000	2
Espanha	2.828.000	6	45.500	2
Outros	13.156.000	28	116.529	5
Total	47.017.000	100	2.376.131	100

Fonte: Neves e Marino (2002).

O setor agroindustrial da laranja atende cerca de 50% da demanda e 75% das transações mundiais, representando mais de US$ 1 bilhão em divisas para o Brasil, no centro de uma cadeia produtiva que gera PIB equivalente a US$ 5 bilhões de dólares.

19.1.2 Definição legal

A legislação brasileira define suco de laranja como sendo a bebida não fermentada e não diluída, obtida da parte comestível da laranja (*Citrus sinesis*), por meio de processo tecnológico adequado. O suco não poderá conter substâncias estranhas à fruta, sendo proibida a adição de aromas e corantes artificiais. Não será permitida a associação de açúcares e edulcorantes hipocalóricos e não calóricos na fabricação de suco. De acordo com a legislação brasileira, o suco de laranja integral deve apresentar as seguintes características químicas (Tabela 19.3).

Tabela 19.3 Características químicas de suco integral de laranja.

Constituintes	Mínimo	Máximo
Sólidos solúveis (°Brix)	10,5	–
Ratio (°Brix/acidez)	7,0	–
Açúcares totais de laranja (g/100 g)	–	13,0
Ácido ascórbico (mg/100 g)	25,00	–
Óleo essencial de laranja % (v/v)		0,035

Fonte: Ministério da Agricultura (1999).

A legislação brasileira ainda define as seguintes bebidas à base de laranja:

- **Suco integral**: suco sem adição de açúcar, e na sua concentração natural, sendo vedado o uso de tal designação para o suco reconstituído;
- **Suco concentrado**: suco parcialmente desidratado, podendo ser adicionado açúcar na quantidade máxima fixada para cada tipo de suco, por meio de ato administrativo, observado o percentual máximo de 10% (dez por cento) em peso, calculado em base de sólidos solúveis naturais do suco, e deve ser mencionado no rótulo;
- **Suco desidratado**: suco no estado sólido, obtido pela desidratação do suco integral, devendo conter a expressão "suco desidratado";
- **Suco reconstituído**: suco obtido pela diluição de suco concentrado ou desidratado, até a concentração original do suco integral ou ao teor de sólidos solúveis mínimo estabelecido nos respectivos padrões de identidade e qualidade para cada tipo de suco integral, sendo obrigatório constar de sua rotulagem a origem do suco utilizado para sua elaboração, se concentrado ou desidratado, sendo opcional o uso da expressão "reconstituído";
- **Néctar de laranja**: é a bebida não fermentada, obtida da diluição em água potável do suco de laranja e açúcares, podendo ser adicionada de ácidos, e destinada ao consumo direto;
- **Bebida ou refresco de laranja**: é a bebida não gaseificada, não fermentada, obtida pela diluição em água potável do suco de laranja, adicionada de açúcar, devendo conter, no mínimo, 30% de suco da fruta.

19.1.3 Composição química

O suco de laranja é composto por água, açúcares, ácidos orgânicos, pectina, minerais, óleos essenciais, fibras, proteínas e lipídios (Tabela 19.4).

Tabela 19.4 Composição aproximada de suco de laranja.

Constituintes	Porcentagem (%)
Água	85-90
Açúcares	6-9
Ácidos	0,5-1,5
Pectina	0,5-1,5
Minerais	0,5-0,8
Óleos essenciais	0,2-0,5
Fibra	0,5-1,0
Proteína	0,5-0,8
Lipídios	0,1-0,2

Fonte: Macrer et al. (1993).

19.1.3.1 Açúcares e ácidos

Os sólidos solúveis do suco de laranja são constituídos, principalmente, de açúcares e ácidos. Os açúcares são mais abundantes (70-80% dos sólidos), predominando a glicose, frutose e sacarose, em uma proporção de 1:1:2. O total de açúcares, especialmente a fração de sacarose, geralmente aumenta com o avanço da maturidade do fruto.

Esses três açúcares são importantes para a determinação da doçura do suco. Os açúcares galactose, heptilose, manose, xylose, raminose e trealose estão presentes em quantidades mínimas (traços).

O principal ácido presente no suco de laranja é o ácido cítrico. O total de acidez é expressa em gramas de ácido cítrico por 100 mL de suco. O ácido málico é o segundo ácido mais importante, mas presente numa quantidade muito menor que o ácido cítrico. Outros ácidos orgânicos como succínico, malônico, lático, oxálico, tartárico, adípico, isocítrico, etc. são detectados como traços.

O teor de sólidos solúveis do suco de laranja é geralmente expresso em °Brix. A faixa de 9 a 14 °Brix e de 0,5 a 1,5% de acidez no suco pode ser considerada adequada, em termos de maturação, para o processamento industrial da laranja. Os sucos comerciais são preparados através de mistura (*blending*) de diferentes variedades de laranja e diferentes graus de maturação, adquirindo uma menor variação de Brix e acidez.

A relação entre Brix e acidez, para indicar o grau de maturação da laranja, é conhecida no setor citrícola como *ratio* (razão). Em sucos comerciais, o *ratio* varia entre 12 e 14; valores inferiores demonstram baixa qualidade do suco. A importância do *ratio* como um indicador de qualidade depende da relação do equilíbrio entre o doce e o azedo, uma das mais apreciadas características sensoriais do suco de laranja.

19.1.3.2 Polissacarídeos

A laranja contém celulose, hemicelulose e substâncias pécticas, principalmente na casca. O suco contém somente pequenas quantidades desses componentes, embora eles sejam um importante constituinte do suco. Do ponto de vista nutricional, eles fornecem uma dieta de fibras. Em relação à qualidade, a pectina atua como estabilizador coloidal, mantendo a polpa suspensa no suco.

Pectinas são polímeros de ácido galacturônico e estão presentes nos sucos em torno de 0,5%. Umas das principais razões do tratamento térmico dos sucos comerciais não é somente a destruição de microrganismos, mas também a inativação enzimática da pectinesterase que produz a degradação da pectina.

A casca da laranja é uma importante fonte comercial de pectina. O grande interesse da indústria de alimento por esse polissacarídio se deve ao seu poder emulsificante.

19.1.3.3 Compostos nitrogenados

Aproximadamente 0,7% do suco de laranja consiste em compostos nitrogenados. Aminoácidos livres são a fração mais importante do nitrogênio presente (70%), o restante é constituído de vitaminas, proteínas (principalmente enzimas) e compostos inorgânicos.

Embora não importantes como nutrientes, em virtude de sua baixa concentração, os aminoácidos são extensivamente usados para a caracterização e para a detecção de adulteração no suco de laranja.

19.1.3.4 Sabor

O sabor característico do suco de laranja é facilmente modificado através do processamento. Seu sabor agradável é resultado de complexa mistura de muitos componentes voláteis em proporções características.

O óleo da casca é introduzido durante o processo de industrialização da fruta, contribuindo significativamente para o sabor único de cada suco. O balanço entre os componentes do óleo e os componentes do suco é necessário para a qualidade do sabor do suco.

Existe um grande número de flavonoides (polifenóis) que ocorrem naturalmente em laranja. Os três tipos principais de flavonoides presentes nessa fruta são:

- Flavononas: geralmente encontram-se como glicosídios, sendo a hespiridina a principal flavonona glicosídica nas laranjas.
- Flavonas.
- Antocianinas: são importantes somente para coloração vermelha de laranjas vermelhas.

Os flavonoides são mais abundantes na casca do que no suco; quando sua concentração aumenta no suco, isso está relacionado à pressão da extração. Consequentemente, esses componentes podem ser considerados um importante indicador da eficiência da extração.

19.1.3.5 Compostos amargos

A hespiridina e o *limonin* são os principais constituintes do amargor que ocorre no suco de laranja. A hespiridina é o responsável pelo gosto amargo típico da fruta e do suco fresco de laranja. O *limonin* é responsável por um gosto amargo extremamente negativo para a qualidade do suco de laranja, porém, esse composto não está presente na fruta e no suco fresco.

Entretanto, durante o tratamento térmico e a estocagem, ocorrem reações químicas com um precursor não amargo (ácido limonoico) originando o composto amargo *limonin*.

O gosto amargo do *limonin* é detectado em concentrações de 6 a 8 mg L^{-1} no suco de laranja. As indústrias de suco procuram evitar exceder esta concentração em sucos comerciais, utilizando somente frutas com menor teor de ácido limonoico.

A concentração do ácido limonoico na laranja depende da variedade da fruta, sendo extremamente alta na laranja Bahia, fazendo com que essa fruta seja inadequada para o processamento de suco. A maturidade do fruto também é muito importante para evitar a formação do *limonin*, pois, com a maturação, o ácido limonoico migra para a semente diminuindo sua concentração no suco.

As reduções de compostos amargos têm sido testadas de muitas maneiras, envolvendo mudanças nas práticas agronômicas de cultivo (adubação e novas variedades) e novos processos de industrialização. A análise de *limonin* é essencial no controle de qualidade do suco de laranja.

19.1.3.6 Minerais

A quantidade e proporção dos minerais presentes no suco de laranja são de interesse nutricional. Os minerais são expressos como cinzas, correspondendo a 0,4% da massa do suco. A composição das cinzas varia em relação às variedades, maturação do fruto e métodos de cultivo.

Os principais componentes inorgânicos do suco de laranja são o potássio e o nitrogênio, sendo responsáveis por 40% do total. Cálcio, magnésio e fósforo são menos abundantes, cerca de 5% cada. Sódio, ferro, enxofre e cloro estão presentes em menores quantidades. São detectados, ainda, mais 20 minerais em pequenas proporções ou somente traços. Alguns desses componentes têm sido encontrados em diferentes proporções, de acordo com a origem geográfica da laranja.

19.1.3.7 Aromas

O aroma típico da laranja está associado a inúmeros constituintes. A contribuição individual deles e suas relativas proporções, bem como suas interações proporcionam as características de odor para cada variedade. Esses componentes estão presentes nas vesículas de suco do endocarpo da fruta e, em maior quantidade, nas bolsas de óleo da casca. Quando ocorre a extração, as bolsas de óleo se rompem e parte desse óleo se incorpora ao suco.

Durante o processo industrial, a extração do suco de laranja ocorre de tal maneira que o mínimo de óleo contido na casca seja incorporado ao suco. Com processo tecnológico adequado, o óleo é recuperado para posterior reconstituição do aroma do suco de laranja. O excedente do óleo da casca é comercializado como aromatizante para indústrias de doces e refrigerantes.

Compostos aromáticos fazem parte da fração volátil do suco de laranja, a qual também possui componentes não aromáticos. A distinção entre os dois tipos de componentes e a avaliação de sua relativa importância no aroma do suco são importantes objetos de pesquisa (Tabela 19.5).

Tabela 19.5 Composição da fração volátil do suco de laranja.

Composto	Número de constituintes identificados	Exemplo
Álcool	54	Linalol — α-Terpineol — 4-Vinylguaicol — Citronelol — Nerol Octanol — Geraniol — Metanol — Etanol
Aldeídos	41	Acetaldeído — Hexanal — Citronelal — Geranial — Neral
Cetonas	16	Carvone — Nootkatone — Acetona
Ésteres	39	Etil butirato — Metil butirato — Acetato de etila — Acetato de linalil
Hidrocarbonetos	51	α-Pineno — Terpinoleno — Valenceno — Mirceno — Limoneno
Ácidos	10	Acético — Butílico
Outros	12	Éter etil butil — Óxido de linalol

Fonte: Macrer et al. (1993).

19.1.3.8 Outros constituintes

A coloração do suco de laranja é devida aos carotenoides, com exceção das laranjas vermelhas, nas quais as antocianinas, tipo de componente flavonoide, são responsáveis pela coloração típica. O betacaroteno está presente no suco de laranja em uma concentração de 0,5 mg L^{-1}, representando uma pequena, mas significante fonte de vitamina A. A cor é uma das principais qualidades do suco de laranja.

Os lipídios constituem aproximadamente 0,07% do suco de laranja e são constituídos, principalmente, por ácidos graxos, sendo que o palmítico, palmitoleico, oleico, linoleico e linolênico perfazem 90% do total.

19.1.4 Valor nutricional

Embora o suco de laranja não possa ser considerado como um alimento básico, ele é um excelente complemento alimentar. Durante o século XVIII, o suco de laranja era conhecido como fonte de vitamina C, capaz de prevenir o escorbuto nas longas jornadas oceânicas. Todavia, este suco é fonte de outras vitaminas, minerais e fibra alimentar.

O ácido ascórbico ou vitamina C é o nutriente mais importante no suco de laranja. O ácido ascórbico sofre perdas mínimas durante o processamento e apresenta boa estabilidade durante armazenagem à baixa temperatura, sendo que essa estabilidade depende da embalagem, na qual foi acondicionado: lata, garrafa, embalagem cartonada.

O ácido fólico é outro nutriente presente no suco de laranja em quantidades significativas. Essa vitamina ocorre em muitos alimentos, mas é bastante lábil, sendo que mais de 50% do ácido fólico pode ser destruído em alimentos tratados termicamente. No suco de laranja, sua presença é protegida durante o processamento pelo ácido ascórbico.

Riboflavina, niacina, ferro e vitamina A geralmente ocorrem no suco de laranja em quantidades menores que 2% da necessidade diária de um adulto. A composição química do suco de laranja fresco é dado na Tabela 19.6.

Tabela 19.6 Composição típica do suco de laranja fresco (100 g).

Composto	Valor
"Calorias"	64 cal
Glicídios	13,10 g
Proteína	0,60 g
Lipídios	0,40 g
Cálcio	18 mg
Ferro	0,35 mg
Fósforo	13 mg
Sódio	3 mg
Potássio	148 mg
Retinol	25 µg
Tiamina	78 µg
Riboflavina	50 µg
Pirodoxina	40 µg
Niacina	200 µg
Ácido pantotênico	200 µg
Ácido fólico	300 µg
Vitamina E	20 µg
Ácido ascórbico	50 mg

Fonte: Franco (2001); Macrer et al. (1993).

Considerando os minerais, o suco de laranja é rico em potássio, mas pobre em sódio, fazendo com que esse suco seja recomendado para pessoas que estão em tratamento com diuréticos.

A celulose, a hemicelulose e a pectina presentes no suco são fontes de fibras, mas fornecem uma pequena quantidade para as necessidades diárias da maioria das pessoas.

19.2 MATÉRIAS-PRIMAS

Dentre as frutíferas do gênero *Citrus* que possuem valor econômico, cinco grupos são importantes:

- **Laranja**: é o maior e mais importante grupo que inclui as laranjas doces, laranjas de umbigo e laranjas vermelhas.
- **Tangelo**: tangerinas.
- **Limão**: limões verdadeiros.
- **Limas**: limas ácidas e limas doces.
- **Pomelos**: este grupo reúne variedades oriundas de mutações ou hibridação e são caracterizados por produzir frutos grandes.

A laranja é cultivada no mundo todo entre as latitudes 40 °N e 40 °S, em regiões de diferentes climas, como o tropical úmido, o semiárido, o temperado e o subtropical. A laranjeira exige solos profundos, por ser uma árvore de grande porte, e índice pluviométrico mínimo de 1.200 mm, necessitando de irrigação na estação seca (Tabela 19.7).

Tabela 19.7 Composição aproximada da laranja *in natura*.

Composição	Porcentagem (%)
Suco	40-45
Casca externa (flavedo)	8-10
Casca interna (albedo)	15-30
Polpa e membranas	20-30
Semente	0-4

Fonte: Abecitrus (2004).

A descrição da anatomia da fruta é útil para se entender como as laranjas podem ser processadas para a produção de suco e de vários outros produtos.

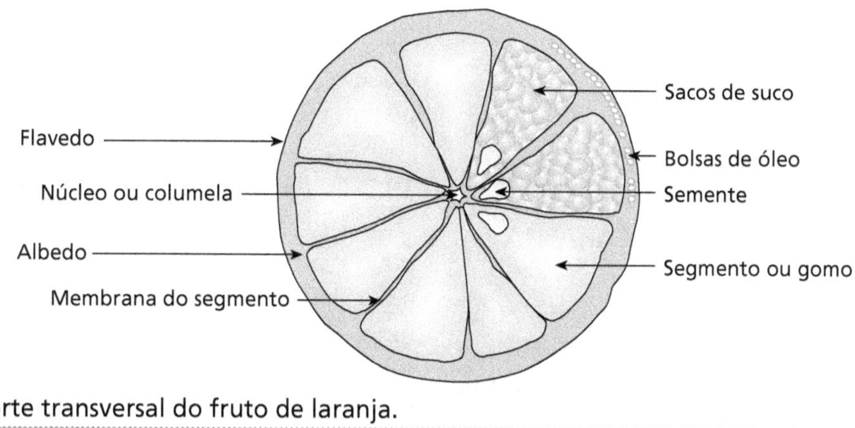

Figura 19.2 Corte transversal do fruto de laranja.

Fonte: Carter (1993).

A casca consiste de uma camada externa (flavedo) e uma camada interna (albedo) que protege a porção comestível ou polpa interna (endocarpo) da fruta. Dois componentes do flavedo podem afetar indiretamente a qualidade do suco processado: os cromoplastos e as bolsas de óleo. Os cromoplastos contêm carotenoides, que são parcialmente responsáveis pela cor do suco. Embora o suco contido nas vesículas do endocarpo possua uma fração oleosa, o óleo da casca prepondera no suco processado. Esse óleo "contamina" o suco durante a extração, mas pode ser recuperado e acrescentado a concentrados de laranja.

No albedo, estão presentes constituintes importantes, como as flavononas (hespiridina) que são responsáveis pelo sabor amargo característico da laranja; a pectina, que possui propriedade emulsificante no suco; fibras à base de celulose que podem ser incorporadas ao suco durante a extração.

O endocarpo é a fonte do suco de laranja que está contido nas vesículas dos segmentos ou gomos da fruta. As células do endocarpo são separadas durante o processamento da fruta e utilizadas como agentes de turvação no suco. O resíduo do endocarpo é comumente misturado com os resíduos da casca para produção de subprodutos como, por exemplo, a ração animal (Figura 19.2).

Além de considerar as características físico-químicas da laranja, a indústria realiza um planejamento agrícola com diversas variedades, a fim de garantir o pleno processamento de fruta durante a safra (Tabela 19.8).

Tabela 19.8 Características típicas das principais variedades de laranja no estado maduro.

Variedade	°Brix	Acidez (%)	Ratio	Cor	% de suco
Hamlin	12,0	0,96	12,5	Laranja	41
Lima	10,3	0,12	85,0	Alaranjado-claro	45
Piralima	10,0	0,10	83,0	Alaranjado-claro	45
Baianinha	13,0	0,92	14,1	Laranja-vivo	40
Barão	12,3	0,77	15,9	Alaranjado	37
Westin	12,2	0,93	13,1	Laranja-forte	50
Pera	11,8	0,95	12,5	Alaranjado	52
Valência	11,8	1,05	11,2	Laranja-forte	50
Natal	12	1,00	12,0	Alaranjado	50

Fonte: Fundecitrus (2004).

As principais variedades de laranja utilizadas industrialmente são:

- Hamlin, Lima e Piralina: como variedades precoces;
- Baianinha, Barão, Westin e Pêra: como variedades de meia estação;
- Valência e Natal: como variedades tardias.

19.3 QUALIDADE DO SUCO DE LARANJA

O suco de laranja constitui um produto complexo, formado por uma solução aquosa de vários componentes voláteis e instáveis, responsáveis por seu sabor e aroma, além de açúcares, ácidos, sais minerais, vitaminas e pigmentos.

O processamento de um alimento tem por finalidade básica a sua conservação, sendo importante realçar que nenhum processo pode melhorar a qualidade de um produto, podendo no máximo manter suas características originais.

Isso pode ser facilmente demonstrado a partir do conhecimento das transformações que ocorrem no produto a ser industrializado. Na maioria dos alimentos, as transformações se iniciam antes mesmo de sua entrada na linha de processamento.

A qualidade do suco de laranja é influenciada, basicamente, por fatores microbiológicos, enzimáticos, químicos e físicos, que comprometem suas características organolépticas (aroma, sabor, cor, turbidez e corpo) e nutricionais.

No processamento de sucos de frutas, o conhecimento do comportamento dos fatores que afetam a sua qualidade auxilia na adoção de medidas, que podem reduzir ou eliminar as alterações do produto.

19.3.1 Fatores microbiológicos

A deterioração microbiológica do suco de laranja restringe-se aos microrganismos tolerantes a meio ácido, com predomínio de bactérias láticas, fungos e levedura.

As bactérias do gênero *Lactobacillus* e *Leuconostoc* são as mais comuns no suco de laranja fresco, por serem bactérias tolerantes a pH baixos. Seu controle é fácil, pois são facilmente destruídas quando submetidas ao tratamento térmico (pasteurização).

Os principais produtos do metabolismo dessas bactérias são o CO_2, o ácido lático e o diacetil, sendo que esse último confere sabor desagradável e forte odor amanteigado.

Os fungos da microbiota natural das frutas são capazes de se desenvolver em ampla faixa de pH e de atividade de água, são fundamentalmente aeróbios e, em geral, apresentam baixa resistência térmica, de forma que nos produtos pasteurizados, são facilmente eliminados. Quando ocorre a presença desse tipo de microrganismo, é devida à falha de processamento e/ou recontaminação do produto. Em sucos pasteurizados, a sua presença não é tolerada. Porém, existem alguns fungos do gênero *Byssochlamys* que podem resistir à pasteurização e deteriorar o produto, pois são microrganismos termorresistentes.

A degradação por leveduras é a causa mais comum da deterioração dos sucos de frutas, em virtude de sua tolerância aos ácidos, de seu crescimento em meios anaeróbios, e de apresentarem maior resistência térmica que as bactérias láticas e a maioria dos fungos.

A sua presença no suco provoca a produção de CO_2 e álcool, mas também pode ocasionar a formação de películas e floculação que diminuem a turvação do produto. Podem produzir acetaldeído, que contribui para o odor de fermentado.

Temperaturas de 90 °C, normalmente empregadas no tratamento térmico para a preservação do suco, podem não ser suficientes para inativação de microrganismos termorresistentes. Temperaturas mais elevadas afetam as características físico-químicas dos sucos e, portanto, o controle da deterioração por microrganismos termorresistentes deve ser associado à adoção de práticas higiênico-sanitárias adequadas, visando diminuir a possibilidade de contaminação das matérias-primas.

19.3.2 Fatores enzimáticos

O suco de laranja possui, em sua composição, enzimas, podendo-se destacar a pectinesterase como uma das mais importantes, pois catalisa a hidrólise das ligações éster-metílicas na molécula de pectina formando ácido péctico e metanol (Equação 19.1). Essa reação é prejudicial à qualidade do suco de laranja, pois a pectina é um importante estabilizante de sua turbidez.

$$R\text{—}COO\text{—}CH_3 + H_2O \xrightarrow{\text{Pectinesterase}} R\text{—}COOH + CH_3OH \tag{19.1}$$

A pectinesterase age sobre as substâncias pécticas do suco de laranja, formando complexos insolúveis, que, por sua vez, precipitam-se e carregam consigo outros compostos coloidais suspensos, responsáveis pela turbidez do suco. Nos sucos concentrados, pode ocasionar a formação de gel, em razão da grande quantidade de pectina.

A turbidez do suco de laranja é um importante fator de qualidade para sua aceitação por parte dos consumidores. Ela é originada da mistura de várias partículas em suspensão contendo lipídios, proteínas, pectinas, celulose, hemicelulose, que são oriundas da ruptura das células da laranja durante a extração.

Na ausência de um tratamento estabilizante, a turbidez é perdida, resultando em um sistema de duas fases, com um líquido clarificado na parte superior e um precipitado na parte inferior.

Para solucionar os problemas de precipitação do material em suspensão, a indústria utiliza o calor para a inativação enzimática. Entretanto, o tratamento térmico deve ser cuidadoso para não ocorrer perda do sabor natural da fruta.

19.3.3 Fatores físicos e químicos

Os fatores químicos que influem na qualidade do suco de laranja, normalmente são reações de oxidação, responsáveis por perdas de vitamina C e dos compostos de aroma e sabor do suco, alterando sensivelmente as características sensoriais e nutricionais do produto.

Essas reações oxidativas dependem das condições de processamento utilizadas, tratamento térmico, presença de oxigênio, embalagem utilizada e relação de tempo e temperatura de estocagem.

19.3.3.1 Tratamento térmico

O processo de conservação térmica mais conhecido é a pasteurização, processo este que elimina parte dos microrganismos presentes no suco, principalmente os organismos deteriorantes e patogênicos ao homem. Outra finalidade importante é a inativação de enzimas.

Como a pasteurização não elimina todos os microrganismos presentes no suco, é necessária uma associação com outros sistemas de conservação (refrigeração, conservantes químicos, embalagens herméticas etc.) para evitar a deterioração do produto.

O tempo de exposição do suco ao calor na pasteurização depende, principalmente, da resistência térmica dos microrganismos, da sensibilidade do produto ao tratamento térmico e da inativação enzimática.

Os métodos envolvendo altas temperaturas e curto tempo de exposição são os mais utilizados na indústria, pois causam menor dano ao produto. Em sucos de laranja, as leveduras são os principais contaminantes, sendo que o tratamento a 85 °C por 20 segundos é suficiente.

Para inativação enzimática, o tratamento exigido é de 90 °C por 30 segundos, sendo que as principais enzimas que devem ser inativadas são a poligalaturonase, a pectinesterase, as polifenoloxidases e as peroxidases.

19.3.3.2 *Influência do oxigênio*

O oxigênio dissolvido no suco, presente no espaço livre da embalagem ou que permeia pela embalagem, é o principal agente de oxidação da vitamina C sob condições quase anaeróbias.

Além da perda de vitamina, a oxidação da vitamina C produz compostos com radicais carbonila que reagem com grupos amina e por polimerização produzem pigmentos escuros, os quais são responsáveis pelo escurecimento do suco.

A redução da concentração inicial de oxigênio dissolvido no suco de laranja, processo conhecido como desaeração, é realizado somente nos produtos de curta vida de prateleira. Os benefícios da desaeração do suco de laranja para a retenção de vitamina C, aroma e sabor, são obtidos, principalmente, durante o processo de industrialização da fruta, mas têm pouco efeito na retenção desses compostos durante a estocagem prolongada (1 ano) deste produto.

O espaço livre e a permeabilidade da embalagem estão sob constante atenção da indústria para aumentar a eficiência da desaeração no suco de laranja. A indústria procura, cada vez mais, as embalagens impermeáveis, bem como a remoção do ar no espaço livre durante o seu enchimento, por meio do uso de gases como o CO_2 e N_2.

19.3.3.3 *Embalagem e temperatura de estocagem*

A embalagem deve atender aos padrões da legislação vigente, bem como estar adequada ao ambiente de armazenamento, para garantir a vida de prateleira do produto.

A embalagem para suco de laranja deve ser livre de microrganismos deteriorantes, não permitir a permeação de odores estranhos que possam alterar as características do suco e proteger o suco da exposição ao oxigênio.

A temperatura de estocagem é considerada o fator mais importante na estabilidade e qualidade do suco de laranja. Geralmente, envolve temperaturas entre 0 e 15 °C, sendo muito utilizada como um complemento da pasteurização ou dos conservantes químicos.

19.3.3.4 *Concentração*

A água é o ingrediente predominante nos sucos de laranja, constituindo mais de 85% de sua massa. Este teor é frequentemente reduzido por razões de economia na embalagem, transporte e armazenamento.

No entanto, a principal razão da concentração do suco de fruta está na estabilidade microbiológica que este processo confere ao suco, pois os microrganismos apresentam limites de quantidade de água disponível para seu desenvolvimento.

A concentração do suco de laranja pode ser executada por:

- **Evaporação**: processo pelo qual se retira a água na forma de vapor.
- **Crioconcentração**: a água é retirada na forma de cristal de gelo por centrifugação.
- **Osmose reversa**: através de membranas, a água passa para um líquido menos concentrado.

O processo mais utilizado na indústria de sucos concentrados é a evaporação, que, sob pressão normal (1 atm), exige temperaturas em torno de 100 °C (ebulição da água), mas, utilizando evaporadores a vácuo, possibilita a evaporação da água em temperaturas mais baixas (30-50 °C).

A crioconcentração só é realizada quando o produto é sensível às temperaturas utilizadas no processo de evaporação. A osmose reversa é um processo que vem ganhando espaço na indústria de processamento, pois na concentração convencional ocorrem reações químicas indesejáveis, como o escurecimento não enzimático. Esses dois métodos de concentração de suco são mais caros, porém permitem a obtenção de produtos de melhor qualidade sensorial e nutritiva em relação ao processo convencional de evaporação, pelo fato de a concentração ocorrer em temperaturas mais baixas.

19.3.3.5 *Conservantes químicos*

A utilização de conservantes químicos é uma prática bastante difundida no país, sendo o ácido benzoico, o ácido sórbico e o dióxido de enxofre os mais comumente utilizados pela indústria. Geralmente, um conservante químico atua somente sobre um determinado grupo de microrganismos, fazendo com que a indústria lance mão de vários compostos químicos para atuar no maior número possível de microrganismos.

O ácido benzoico é empregado na forma de sal sódico ou de potássio (benzoato de sódio ou potássio), em virtude da baixa solubilidade do ácido livre. Quando em solução ácida (pH baixo), o sal se converte na forma ácida, que é a forma ativa. O benzoato de sódio atua, principalmente, contra leveduras e bactérias, sendo menos ativo contra fungos. Sua eficiência como conservante é dependente do pH do meio, pois em pH próximo à neutralidade, ele é ineficiente, já que o equilíbrio fica cada vez maior na forma de sal.

O ácido sórbico e os sais de sorbato (sorbato de sódio ou potássio) apresentam atividade contra leveduras e fungos, sendo menos eficientes contra bactérias. A exemplo do ácido benzoico, o ácido sórbico na forma não dissociada é a forma ativa, razão pela qual a eficiência do conservador cresce com a redução do pH do meio.

O dióxido de enxofre e os sais de sulfito inibem o desenvolvimento de leveduras, fungos e bactérias, mas as leveduras são mais resistentes do que as bactérias láticas e acéticas. Os vários sais, quando dissolvidos em água, formam o ácido sulfuroso (H_3SO_3), íon bissulfito (HSO_3) e íon sulfito (SO_3), sendo a proporção relativa de cada forma dependente do pH do meio.

O uso e os níveis de adição desses conservantes são regulamentados pela "Comissão Nacional de Normas e Padrões para Alimentos" ligada ao Ministério da Saúde, que estabelece limites rígidos na quantidade utilizada.

19.4 PROCESSAMENTO

19.4.1 Suco fresco de laranja

No Brasil, os sucos cítricos produzidos na forma concentrada e congelada destinam-se quase que exclusivamente à exportação. O mercado interno para esse produto é limitado, em decorrência do preço de comercialização e, principalmente, da disponibilidade de fruta fresca praticamente o ano todo.

O suco fresco de laranja mais familiarizado da população brasileira é aquele suco extraído em espremedores de castanha, muito frequentes em bares, restaurantes e padarias (Figura 19.3). Esse tipo de suco normalmente é consumido logo após o seu processamento, sendo que os principais fatores que interferem na sua qualidade sensorial são a variedade e o grau de maturação do fruto. Uma prática comum de consumo desse tipo de suco é a adição de açúcar para corrigir ou mascarar a acidez e a doçura dessa bebida.

A legislação brasileira permite a comercialização de suco refrigerado, com vida de prateleira curta, armazenado e distribuído sob refrigeração entre 4 e 8 °C. Porém, a inexistência de equipamentos adequados à industrialização desse tipo de produto fez com que esse segmento não se desenvolvesse até a década de 1990.

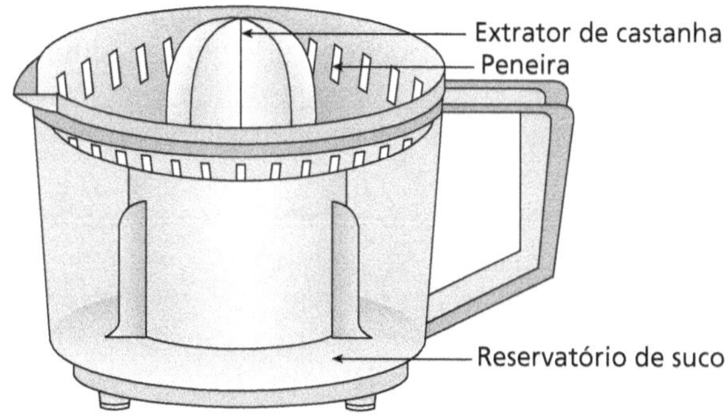

Figura 19.3 Extrator de laranja tipo castanha.

Com a introdução no mercado de equipamentos de pequeno porte para extração de suco de laranja, permitindo a comercialização de suco não pasteurizado por supermercados, quitandas e pequenos envasadores, o mercado, que era latente, despertou e vem crescendo gradativamente (Figura 19.4).

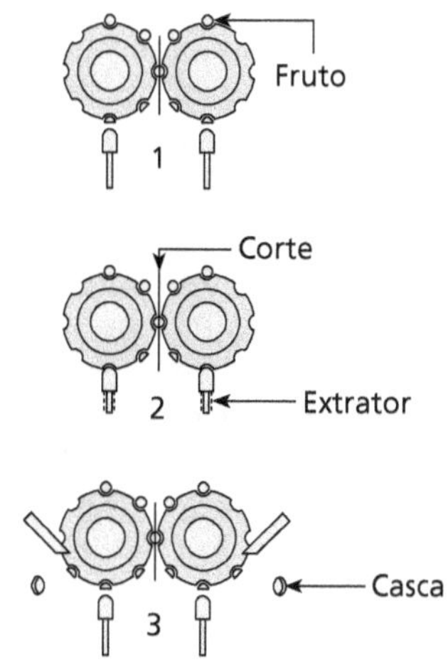

Figura 19.4 Extrator de laranja de pequeno porte.

Fonte: Shaw e Nagy (1993).

Os equipamentos de pequeno porte utilizam o mesmo processo de extração do equipamento industrial, tendo uma capacidade aproximada de 150 litros/hora, e a diferença básica reside nos copos de extração que foram projetados para incorporar ao suco uma menor fração de óleo essencial da casca e, consequentemente, possuem um menor rendimento de extração do suco. Enquanto na extração industrial, o teor de óleo incorporado ao suco é de cerca de 0,08%, os equipamentos de pequeno porte incorporam menos da metade, em torno de 0,03%.

Com o sucesso que esse tipo de equipamento alcançou, surgiram no mercado vários outros equipamentos de pequeno porte, utilizando ou não o mesmo processo de extração, sendo que, atualmente, não é difícil encontrar esses equipamentos em estabelecimentos comercias, como bares, restaurantes e quitandas, entre outros.

Sobre o suco fresco refrigerado, poucas informações estão disponíveis na literatura; sabe-se, porém, que o suco de laranja não pasteurizado é um produto de vida de prateleira muito curta. Além da perda de qualidade, devida ao desenvolvimento microbiológico, ainda ocorrem alterações sensoriais decorrentes de reações complexas de oxidação do produto. Por ser um produto perecível, o aspecto microbiológico está muito relacionado com a temperatura de estocagem e a higiene do equipamento e do ambiente. A estabilidade do produto pode ser relacionada com o aspecto sensorial, dada a exigência de se assemelhar ao produto fresco.

Em relação às embalagens para o acondicionamento do suco fresco, alguns trabalhos mostram que embalagens cartonadas com ou sem barreira de oxigênio, frascos de polietileno de alta densidade (PEAD) e filme de polietileno de baixa densidade (saco plástico) não apresentam diferenças nos produtos quanto ao seu aspecto microbiológico, enzimático e químico. As embalagens de polietileno de alta densidade (garrafas plásticas) são as mais utilizadas nesse segmento de mercado.

A estabilidade do suco fresco é influenciada, principalmente, pela temperatura de armazenamento, sendo que temperaturas entre 0 e –1,7 °C podem resultar em uma vida de prateleira de 20 dias, a temperatura de 4 °C oferece uma vida de prateleira de até cinco dias, já para temperatura de 8 °C o máximo de armazenamento aceitável é de 72 horas (Figura 19.5).

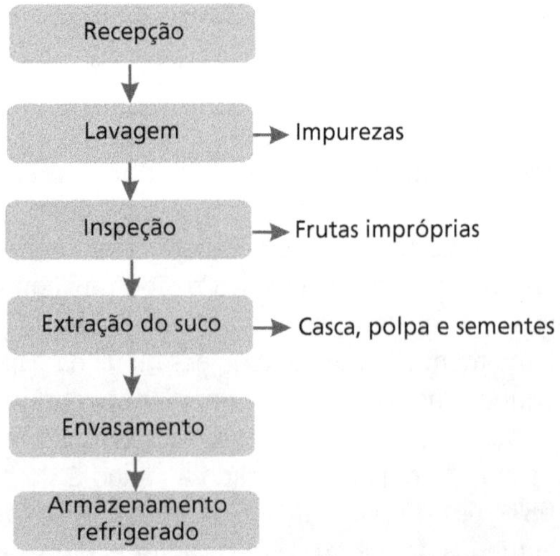

Figura 19.5 Fluxograma de processamento do suco de laranja fresco.

Apesar da curta vida de prateleira desse tipo de suco e das consequentes dificuldades associadas à distribuição e comercialização, esse mercado está presente no cotidiano de nossa sociedade, principalmente de maneira informal, sendo que a maioria das empresas processadoras não possui registro nos órgãos responsáveis e, consequentemente, não sofrem fiscalização.

19.4.2 Suco de laranja pasteurizado

A tecnologia de produção do suco pasteurizado baseia-se na inativação enzimática do suco de laranja por meio de aquecimento, seguida de imediato resfriamento até a temperatura em que o produto é armazenado. A estabilidade desse produto é dependente da temperatura de armazenamento, sendo que a 4 °C a vida de prateleira é de cerca de 20 dias (Figura 19.6).

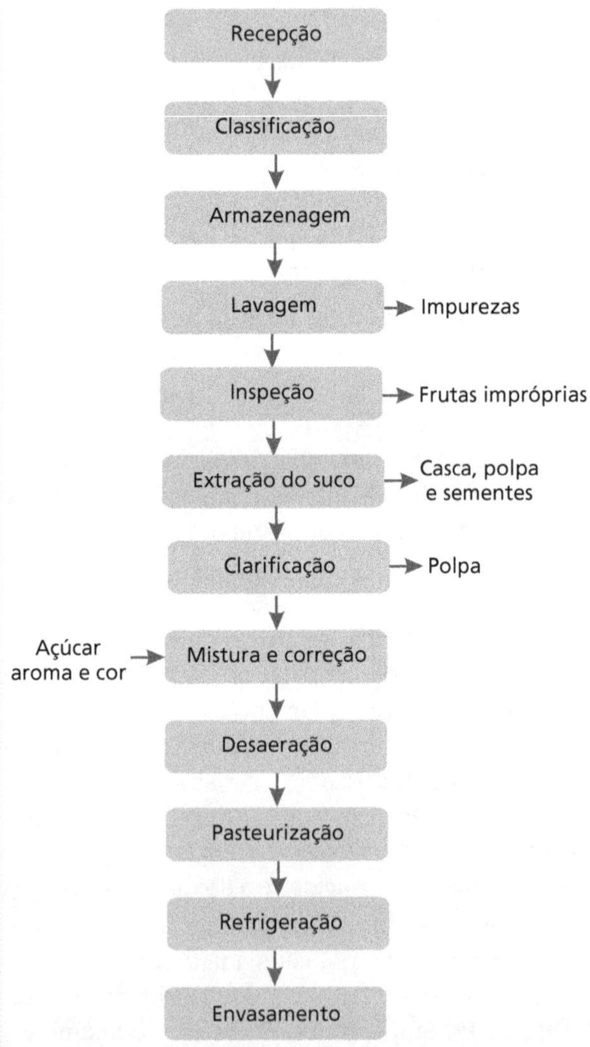

Figura 19.6 Fluxograma de processamento do suco de laranja pasteurizado.

Fonte: Tocchini et al. (1995).

No Brasil, o primeiro suco de laranja pasteurizado foi lançado no mercado, embalado em frascos de PEAD, no início da década de 1990; a partir de então, mais indústrias de bebidas entraram nesse mercado oferecendo suco de laranja pasteurizado envasado em frascos de vidro e, principalmente, em embalagens cartonadas.

19.4.2.1 Recepção e armazenamento

A laranja é transportada para a indústria por meio de caminhões que, ao entrarem e saírem do parque industrial, são pesados para quantificar a massa de fruta que entra no processo; essa determinação é usada para o cálculo do rendimento industrial. Em seguida, a fruta é descarregada sobre esteiras transportadoras que as direcionam para a estocagem.

Na esteira de recepção, é coletada uma amostra significativa de cada carga para que sejam realizadas as análises de sólidos solúveis (°Brix) e acidez, bem como a identificação de lote e variedade. Essas análises são importantes para selecionar a ordem dos lotes que serão processados.

O principal meio de se armazenar laranjas é em silos denominados de *bin*. Como a estocagem é por um curto período de tempo, não é requerido resfriamento nem controle de atmosfera. Os silos são simplesmente estruturas metálicas ou de madeira, subdivididas horizontal e verticalmente. Essas subdivisões têm como objetivo principal limitar o peso sobre as laranjas das camadas mais inferiores e possibilitar a identificação e acesso aos diferentes lotes, cujas análises químicas são conhecidas (realizadas na recepção da fruta). Cada subdivisão do silo tem uma saída de descarga independente, possibilitando que o processamento das frutas seja realizado de maneira a garantir o melhor aproveitamento de cada lote (Figura 19.7).

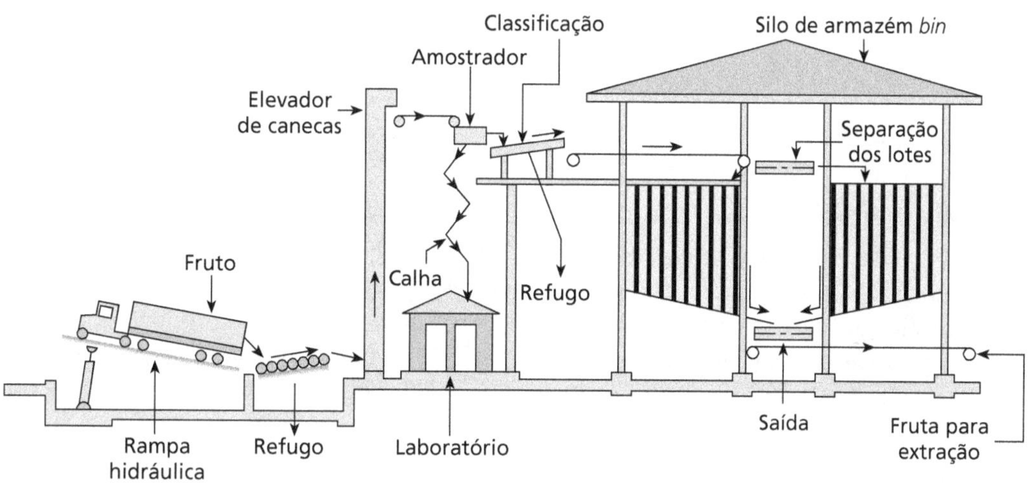

Figura 19.7 Recepção e armazenamento de frutas de laranja.

Fonte: Rebeck (1997).

19.4.2.2 Inspeção, lavagem e escovação

Dos silos de armazenagem, as frutas são transportadas para a linha de inspeção antes de serem encaminhadas para a extração. As laranjas sofrem uma inspeção manual para a remoção de frutas podres ou danificadas, pois, além de contaminarem o produto, podem causar danos ao andamento da extração, já que as extratoras, geralmente, são reguladas para operar com um determinado tamanho de fruta íntegra.

Em seguida, as frutas são lavadas para retirar as sujidades da casca. O sistema de lavagem está localizado na entrada da fábrica para evitar que essas sujidades constituam um foco de contaminação do produto. A lavagem é realizada com água e uma solução desinfetante, geralmente à base de cloro. Normalmente, bicos pulverizadores aspergem água e solução sobre a fruta. Nessa operação, a laranja é transportada sobre rolos de esteira para que gire em torno do seu eixo, fazendo com que toda a extensão da casca seja molhada.

A escovação é uma etapa complementar à lavagem para remover as sujidades não removidas pelo sistema de jatos de água. A laranja é transportada por meio de rolos de esteira, enquanto atuam sobre ela escovas rotativas de nylon sob pulverização de água quente e clorada (Figura 19.8).

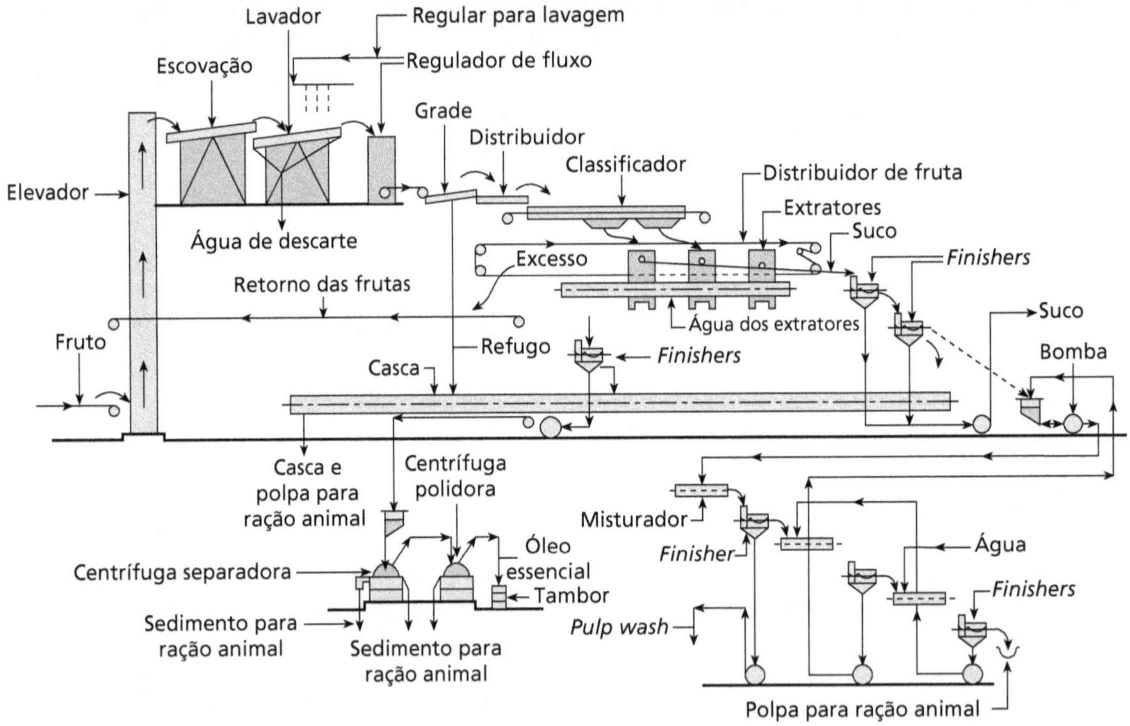

Figura 19.8 Representação esquemática de processamento industrial de extração de suco de laranja.

Fonte: Rebeck (1997).

19.4.2.3 Extração, finisher e centrifugação

Durante a extração, os componentes do tecido vegetal entram em contato com o suco, podendo alguns deles causar alterações indesejáveis. Por isso, as extratoras devem ser projetadas, de modo a extrair o máximo de suco, sem incorporar componentes da casca, nem óleo essencial.

Existem dois tipos de extratores utilizados nas indústrias de concentração de suco de laranja: *Brown Extractors* e *FMC Citrus Juice Extractors*.

Os extratores *Brown Extractors* cortam as frutas em duas metades, que são acondicionadas em copos de borracha. Essas meias laranjas são prensadas contra êmbolos plásticos que removem o suco da fruta. O suco é recolhido em uma tina, e a casca é removida. Esse tipo de extrator possui alto rendimento e obtém um suco de excelente qualidade. Estima-se que esse extrator é utilizado por metade das indústrias da Flórida e da Califórnia.

Os extratores *FMC Citrus Juice Extractors* são constituídos por dois copos ou canecas em forma de dedos que se interpenetram comprimindo a laranja inteira. O copo inferior é dotado de um tubo, através do qual escoa o suco. Esse tubo é constituído de tela perfurada que retém parte da polpa e demais partes sólidas, impedindo que estas venham a se incorporar ao suco. Um dispositivo comprime a parte da laranja contida dentro do tubo para completar a extração do suco (Figura 19.9).

A grande vantagem desse tipo de extrator é que evita o contato do suco com outros componentes da fruta, que são extraídos simultaneamente ao suco. Esses tipos de extratores são de alto custo, apresentam elevado rendimento e produzem suco de excelente qualidade, sendo o principal extrator utilizado pela indústria brasileira.

O suco extraído, que corresponde a cerca de 50% do peso da laranja, é conduzido a uma prensa contínua do tipo parafuso sem-fim, normalmente denominada de *finisher*, onde os componentes sólidos da laranja (polpa, bagaço, casca e sementes) são removidos.

Essa prensa é dotada de peneiras intercambiáveis e de sistema de regulagem de pressão que permitem o controle do teor de polpa no suco e da quantidade de suco arrastado pela polpa. A polpa removida deve arrastar o mínimo de suco possível, porém, a pressão não deve ser excessiva, a ponto de incorporar excesso de pectina e outros componentes que comprometerão a qualidade do suco.

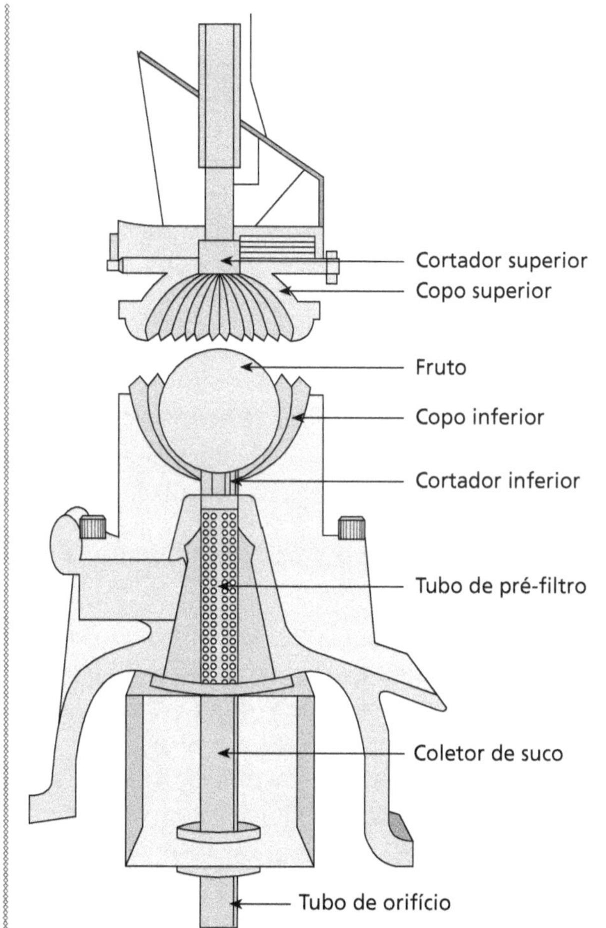

Figura 19.9 Extrator FMC.

Fonte: Shaw e Nagy (1993).

Após passar pelo *finisher*, o suco apresenta um teor de polpa aproximado de 12%. O suco é, então, passado por centrífuga de alta velocidade dotada de descarga automática de sólidos. Nessa operação, pode-se reduzir o teor de polpa para 1-6%. A polpa separada na centrífuga e nos extratores é encaminhada à linha de extração de suco de polpa lavada (*pulp wash*).

19.4.2.4 Mistura, correção e desaeração

Após a extração do suco dos diferentes lotes de laranja, são retiradas amostras para a realização de análises químicas e físicas (°Brix, acidez e cor). Os resultados dessas análises serão usados para determinar a proporção de mistura (blendagem) desses sucos, para obter um lote final dentro das especificações exigidas por cada cliente.

Essa mistura é realizada em um tanque de blendagem (*blender tank*) dotado de sistemas de agitação e refrigeração, além de válvulas pneumáticas, que possibilitam um controle completamente informatizado do processo.

A operação de desaeração tem como objetivo remover o oxigênio dissolvido no suco (Figura 19.10). O oxigênio ocasiona a oxidação do ácido ascórbico, produzindo compostos com radicais carbonila que reagem com grupos amino e, por polimerização, produzem pigmentos escuros, os quais são responsáveis pelo escurecimento do suco (*browning*).

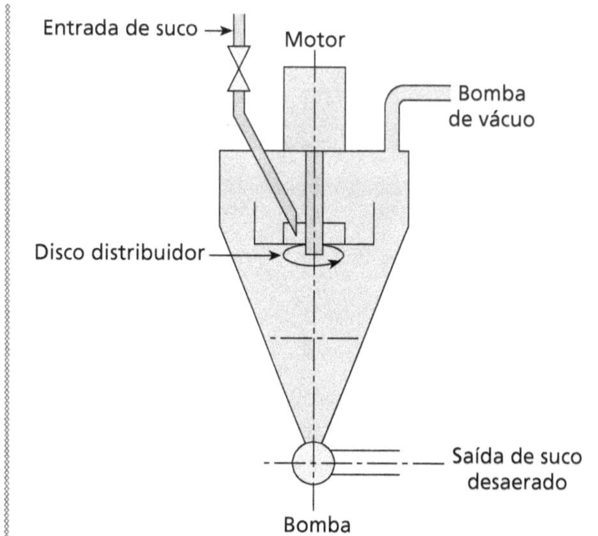

Figura 19.10 Desaerador contínuo a vácuo.

Fonte: Fredsted (1997).

19.4.2.5 Pasteurização, resfriamento e envase

A pasteurização é feita por meio de troca térmica entre o suco de laranja e o vapor d'água, em trocadores de calor do tipo placas ou tubulares (mono ou multitubular), nos quais o vapor transfere calor latente para o suco, que se aquece (calor sensível). Para o suco de laranja, normalmente é usada uma temperatura de 90-95 °C durante 30-60 segundos. A pasteurização praticamente não modifica o sabor do suco e afeta muito pouco o valor nutricional.

O suco de laranja também sofre um resfriamento no mesmo equipamento. Esse resfriamento é feito por meio de contato indireto do suco que está saindo do pasteurizador com o suco que está entrando, provocando, assim, uma redução na temperatura do produto de saída (Figura 19.11).

A refrigeração é uma operação unitária, na qual o suco de laranja é mantido a baixas temperaturas, inferiores a dez graus, sem que ocorra a formação de gelo. A refrigeração é empregada para a conservação do suco por um pequeno período de tempo, normalmente alguns dias. As baixas temperaturas são usadas para reduzir as taxas de alterações bioquímicas e microbiológicas, prolongado a vida útil do alimento.

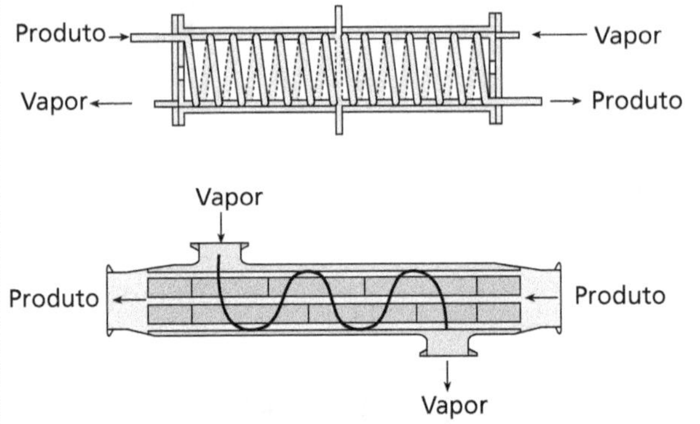

Figura 19.11 Pasteurizador tubular.

Fonte: Fredsted (1997).

O suco de laranja pode ser embalado de várias formas e em diferentes tipos de embalagens, sejam elas cartonadas, saco plástico, garrafa plástica ou de vidro, entre outras. Os tipos mais usados atualmente são as embalagens cartonadas e as garrafas plásticas (Figura 19.12).

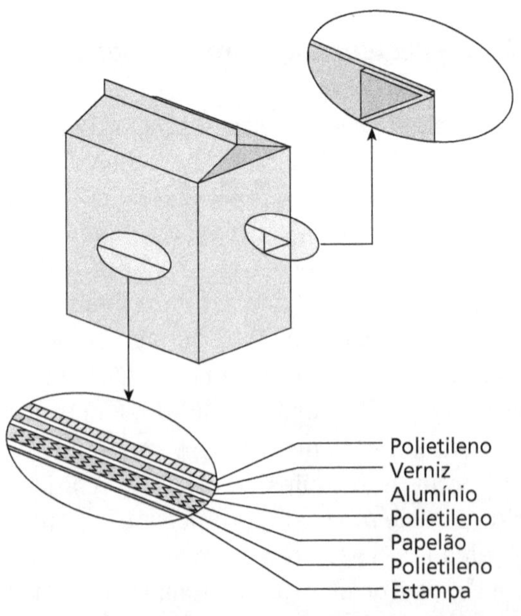

Figura 19.12 Embalagem cartonada.

Fonte: Castberg (1997).

19.4.3 Suco de laranja concentrado

O suco produzido no Brasil é praticamente todo destinado à exportação. Assim, para reduzir os custos de transporte e armazenamento, ele é concentrado. Além das vantagens de ordem econômica, a concentração aumenta a estabilidade microbiológica do suco.

O processamento do suco concentrado de laranja segue os mesmos passos do suco de laranja pasteurizado, nas operações dos itens 19.4.2.1, 19.4.2.2 e 19.4.2.3 anteriormente descritos.

19.4.3.1 Pasteurização e concentração

O suco de laranja em temperatura ambiente sofre rápida degradação em função de atividade microbiológica, enzimática e química. Os principais problemas da não pasteurização do suco estão relacionados à gelificação e fermentação.

Esses problemas podem ser prevenidos com a pasteurização, mas o tratamento com calor pode causar reações de escurecimento e mudanças no sabor do suco. Para minimizar esses inconvenientes, existem inúmeras propostas para regular a temperatura e o tempo de exposição do líquido com o calor.

Na indústria, a pasteurização é realizada na temperatura de 90 a 95 °C por 30 a 60 segundos. Tempo e temperatura variam em função do tipo de equipamento utilizado e das características do suco tratado, pois quanto maior o pH e o teor de polpa do suco, mais severo deverá ser o tratamento térmico.

A principal enzima presente no suco de laranja é a pectinesterase, que acelera a hidrólise na molécula de pectina formando ácido péctico e metanol. O pH ideal de atividade dessa enzima é de 7,0 a 7,5, sendo motivo de especial atenção no processamento de frutas cítricas, pois pode causar instabilidade no suco, como opacidade, gelificação e formação de compostos insolúveis que sedimentam no fundo da embalagem.

Após a pasteurização, o suco sofrerá a concentração (remoção de água) por meio de aparelhos chamados de evaporadores. Como estes funcionam sob vácuo e baixa temperatura, permitem a obtenção de um produto de alta qualidade com um mínimo consumo de energia. A economia de energia se dá mais em decorrência da reutilização do vapor.

Os evaporadores mais usados na concentração do suco de laranja são o *Taste* (*thermally accelerated short time evaporator*) e o *Wiegand TVR* (*thermal vapor recompression*).

As principais diferenças entre os dois evaporadores são a distribuição do suco no alimentador e a recompressão do vapor. O evaporador *TASTE* usa um cone invertido para a distribuição do suco no evaporador e produção convencional do vapor. O evaporador *Wiegand* usa um dispositivo mecânico para distribuição do suco no evaporador e a tecnologia de recompressão do vapor.

Os conjuntos de evaporadores a vácuo funcionam com até oito estágios (estágio é a designação industrial para um evaporador, referenciando as etapas do processo do suco) e sete efeitos (efeito é a designação industrial para a ação do vapor durante aquecimento do suco dentro do evaporador), sendo que para cada quilo de vapor utilizado para o aquecimento evaporam-se 5,3 quilos de água, quando se usam sete efeitos.

O suco sofre um preaquecimento a cada estágio, de modo que, quando de sua entrada no evaporador, sua temperatura é próxima à deste. Na saída de cada evaporador, existe um equipamento (separador de vapor e líquidos) com a função de separar a água na forma de vapor do suco de laranja.

O tempo de retenção do suco durante o processo de concentração é inferior a cinco minutos com a temperatura variando entre 40 e 85 °C e vácuo também variável (Figura 19.13).

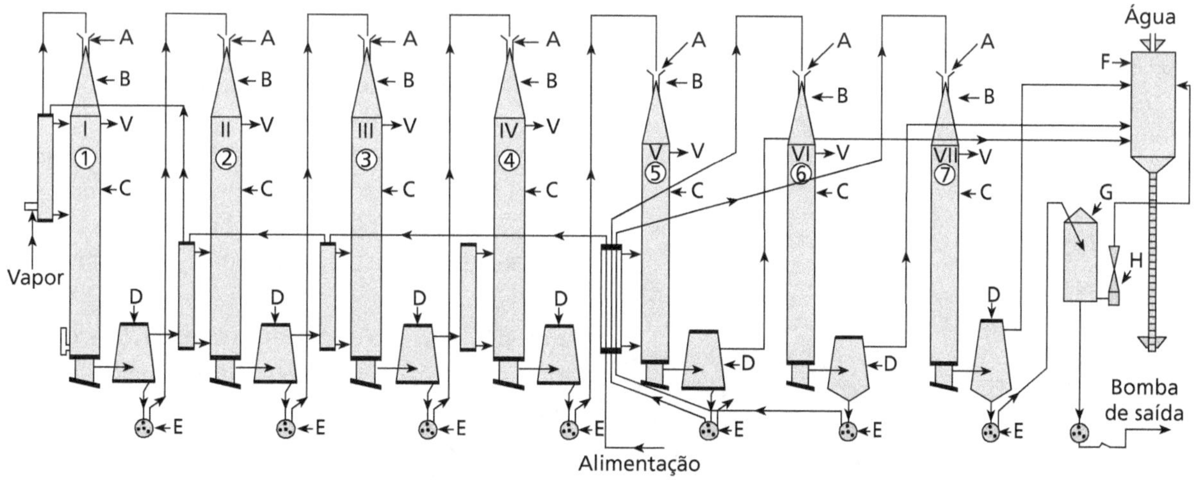

A – Alimentador venturi
B – Cone distribuidor
C – Corpo do evaporador
D – Separador
E – Bombas de transferência
F – Condensador barométrico
G – Resfriador *flash*
H – Ejetor de alto vácuo
V – Linhas de incondensáveis

Figura 19.13 Diagrama de evaporador *Taste* de cinco efeitos e sete estágios.

Fonte: Shaw e Nagy (1993).

O suco entra em ebulição na faixa de temperatura acima mencionada, em virtude do vácuo existente em cada estágio. A água na forma de vapor é separada do suco de laranja e serve para o aquecimento para os demais estágios que trabalham com temperaturas menores, mas com maior vácuo.

A água evaporada do suco, depois de condensada, é utilizada na indústria para a lavagem da fruta, visando economia de água. Porém, antes de sua reutilização, essa água passa por equipamentos de recuperação de aromas, visto que elementos de baixo ponto de ebulição responsáveis pelo aroma da laranja, como ésteres e éteres, são removidos junto com a água evaporada.

Por meio da destilação, os aromas são recuperados e adicionados ao suco, posteriormente. Tanto os equipamentos de evaporação como o recuperador de aromas necessitam funcionar em perfeita harmonia, para que possam obter um produto final de alta qualidade (Figura 19.13).

Após o último estágio de evaporação, o suco concentrado é encaminhado ao tanque de homogeneização, passando por trocadores de calor *flash cooler*, onde sua temperatura é reduzida de 40 °C para 22 °C.

Durante o processo de concentração, o suco que apresenta, aproximadamente, 11 °Brix passa a 65-66 °Brix. As determinações do grau de concentração são realizadas por meio do monitoramento do

°Brix, assim se controla o fluxo do suco em função do °Brix final desejado.

O processo de concentração exige uma especial atenção a determinadas espécies de microrganismos, como é o caso das bactérias láticas (geralmente do gênero *Leunconostoc* e *Lactobacillus*), que se desenvolvem em ambientes ácidos sob vácuo. O desenvolvimento de bactérias láticas produz, por meio de seu metabolismo, substância denominada diacetil, que, além de conferir odor forte e sabor desagradável, reage com a creatina, conferindo ao suco uma coloração rosada.

Um outro cuidado a ser tomado na concentração de suco é com o acúmulo de hespiridina, um flavonoide que confere gosto amargo e que pode acumular nas paredes dos equipamentos de evaporação, provocando uma depreciação no produto final. Esses problemas são facilmente solucionados com adoção de medidas de monitoramento e higienização periódica dos equipamentos.

19.4.3.2 *Homogeneização e resfriamento*

Após passar pelo *flash cooler*, que reduz sua temperatura para, aproximadamente, 22 °C, o suco é direcionado para tanques do tipo *blender tank* (descrito no item 19.4.2.4) para a obtenção de um lote homogêneo do produto concentrado. Nessa etapa, são feitas as adições de óleos essenciais para restaurar o aroma.

Dentro do tanque de homogeneização, o suco é circulado por meio de bombas para um trocador de calor de placas até ser resfriado a –5 °C; temperaturas inferiores dificultam o manuseio do líquido.

19.4.3.3 *Armazenagem e enchimento*

O suco resfriado é direcionado para tanques de armazenamento de grande capacidade, locados dentro de câmara frigorífica e chamados *farm tank*. Antes de o suco entrar nesses tanques, passa por um sistema de resfriamento para diminuir sua temperatura para –10 a –15 °C.

Esse sistema de armazenagem é muito utilizado pelas grandes indústrias de suco concentrado para garantir sua logística de transporte do suco a ser exportado. Por meio de caminhões-tanques, com capacidade de 22.500 litros (30.000 kg), esse suco é transportado para outros *farm tank* localizados no entreposto do porto marítimo, para, então, serem transferidos ao navio que fará o transporte para os países compradores do suco concentrado.

O suco resfriado a –5 °C também pode ser encaminhado diretamente à seção de enchimento, que deve ser um local asséptico, para ser embalado em tambores de 200 litros (270 kg), revestidos internamente com um plástico duplo de alta densidade para evitar o contato do suco com o metal do tambor. O controle de enchimento é feito por um sistema automático de balanças acopladas, que interrompe o fluxo quando se atinge o peso programado para a embalagem (peso líquido). Em seguida, há o fechamento automático da embalagem e armazenamento em câmaras frias na temperatura de –10 a –25 °C.

No mercado interno de varejo, o suco concentrado é comercializado em embalagens metálicas ou garrafas plásticas de 300 mL a 1 litro, para que o consumidor realize a diluição do produto antes de consumir.

19.4.4 Suco reconstituído, néctar e bebida de laranja

Essas categorias de bebidas estão previstas na legislação brasileira com um princípio comum entre elas: são produzidas a partir da diluição do suco concentrado de laranja com água potável e isenta de cloro.

19.4.4.1 *Suco de laranja reconstituído*

O suco reconstituído é obtido a partir da adição de água potável ao suco concentrado, reduzindo o °Brix de 65 para a concentração de sólidos solúveis que o fabricante deseja. Normalmente essa concentração fica próxima a 11 °Brix. À mistura podem ser adicionados aromas e essências de laranja.

Como a safra de laranja ocorre no período de julho a janeiro, a indústria armazena o suco de laranja na forma concentrada durante a safra e o dilui na entressafra, para a comercialização desse tipo de bebida.

Há também no mercado brasileiro, empresas que adquirem o suco concentrado diretamente das grandes indústrias citrícolas, para posterior processamento e comercialização, tal como ocorre com as empresas importadoras do suco de laranja concentrado brasileiro.

As indústrias diluidoras adquirem o suco concentrado congelado com características físico-químicas e sensoriais específicas, principalmente com relação ao °Brix, acidez (*ratio*), teor de polpa e óleo essencial.

Algumas empresas preferem, ainda, que o suco concentrado não sofra correção aromática, para que elas próprias possam realizar essas correções, desenvolvendo assim um produto característico de sua marca comercial.

Antes de ser diluído, o suco concentrado fica armazenado em câmaras frigoríficas com temperaturas de –10 a –15 °C.

Uma amostra do suco concentrado, é analisada em laboratório para o cálculo da quantidade de água, açúcar, aromas e ácido ascórbico. Então, o suco é bombeado para tanques dotados de agitadores, onde fica em agitação para homogeneização do lote.

Do tanque de homogeneização, o suco de laranja passa pelo desaerador, para reduzir o teor de oxigênio dissolvido, evitando, assim, a degradação do ácido ascórbico, e garantindo um teor mínimo de vitamina C no suco, durante sua vida de prateleira.

Em seguida, o suco é pasteurizado e resfriado até a temperatura ambiente, para, então, ser embalado de maneira asséptica em equipamentos próprios. Uma única máquina realiza a assepsia, sela, deposita o volume desejado, remove o ar interno e lacra a embalagem cartonada.

O envase pode ocorrer de três diferentes processos, o envase a quente, o envase a frio e o envase asséptico, sendo esse último o mais utilizado atualmente (Figuras 19.14 e 19.15).

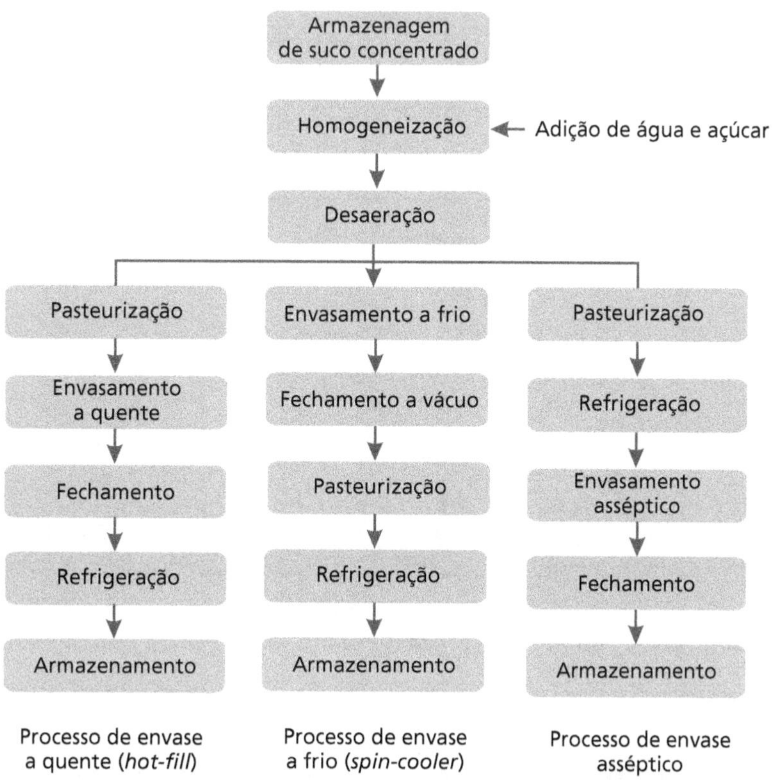

Figura 19.14 Fluxograma de processamento de suco reconstituído, néctar e bebida de laranja.

Fonte: Tocchini et al. (1995).

19.4.4.2 Néctar e bebida de laranja

As designações, néctar e bebida, são usadas pela indústria para designar o produto resultante da mistura do suco concentrado com água, xarope de açúcar e ácido cítrico, para produzir bebidas prontas para beber. Essas bebidas, embora se assemelhem sensorialmente ao suco de fruta, não podem ser tratadas como tal.

O processamento desses tipos de bebidas segue as mesmas etapas que o suco reconstituído, porém, em razão da menores quantidades de suco de laranja no néctar e na bebida, a indústria promove o enriquecimento dessas bebidas com vitamina C, essências aromáticas, ácido cítrico, pectinas e corantes durante o seu processamento, visando aproximar das características originais do suco de laranja (Figuras 19.14 e 19.15).

A água utilizada para o preparo do xarope de açúcar deve ser previamente tratada e isenta de cloro, pois este pode provocar a formação de clorofenóis no produto final, originando sabores desagradáveis.

A presença de íons de ferro também deve ser evitada, por causa de reações indesejáveis com os corantes e compostos aromáticos, formando precipitados avermelhados ou amarelados no fundo da embalagem.

O açúcar mais utilizado é o xarope de açúcar invertido proveniente da cana-de-açúcar, podendo ser utilizado, ainda, o cristal de cana. O açúcar refinado de cana não é recomendado, pois contém dióxido de enxofre que acelera a corrosão de constituintes metálicos da embalagem.

Geralmente, as empresas adquirem o xarope de açúcar invertido já desodorizado, das usinas de açúcar, evitando, assim, essa etapa de processamento dentro da empresa.

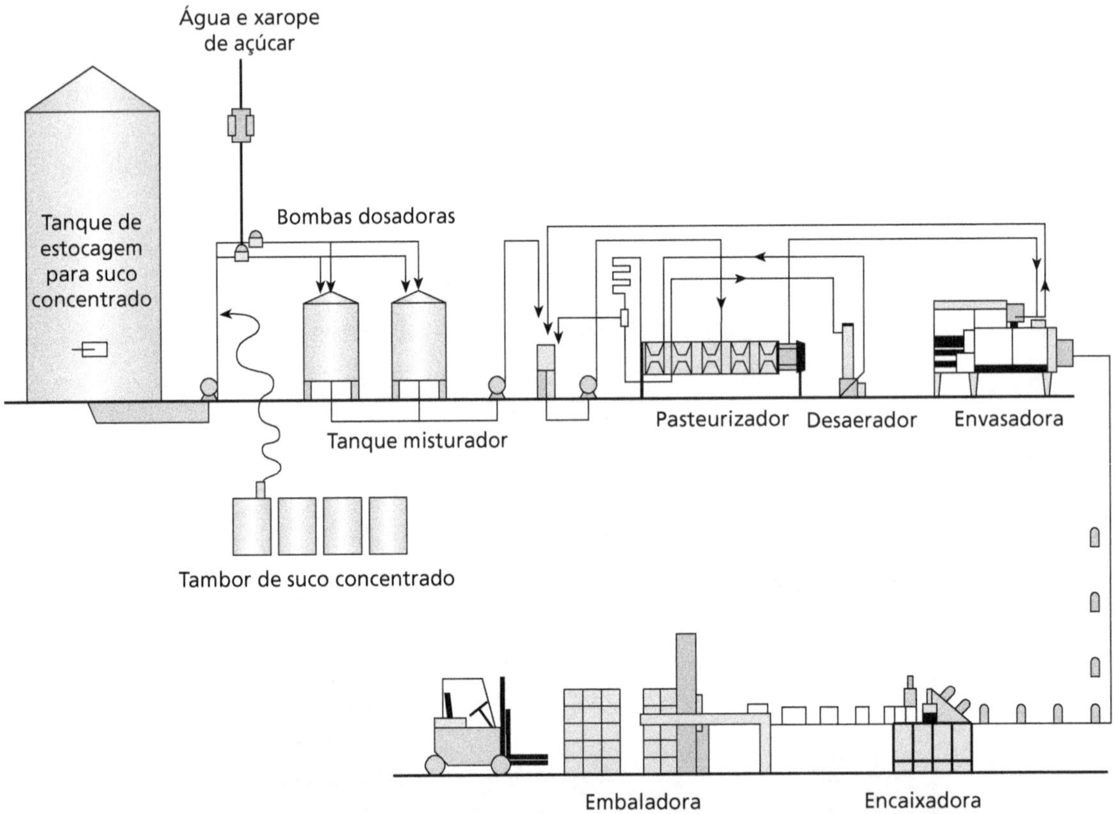

Figura 19.15 Representação esquemática do processamento industrial de bebida rediluída de laranja.

Fonte: Castberg et al. (1997).

19.5 SUBPRODUTOS DA INDUSTRIALIZAÇÃO DO SUCO DE LARANJA

O número de subprodutos da industrialização do suco de laranja concentrado congelado cresceu nos últimos anos e, em alguns casos, supera o valor comercial do suco de laranja, uma vez que são matérias-primas da indústria de química fina e farmacêutica.

A casca interna é usada para fabricação de produtos, como a marmelada, doces, bioflavonoides e aromas da casca; combinada com resíduos de polpa, pode ser convertida em ração animal, melaço, xarope e álcool; por ser rica em pectina, é utilizada como agente emulsificante em geleias, sobremesas, doces e na indústria farmacêutica.

A casca externa, de coloração amarelada, contém glândulas ou vesículas de óleo que, ao sofrerem prensagem a frio, liberam óleo e essências que são comercializados com indústrias de flavorizantes e aromas.

Carotenoides naturais podem ser extraídos e são utilizados na correção da coloração de suco concentrado e como corante para outras bebidas.

A polpa é originada da estrutura denominada vesícula ou saco, que armazena o suco na fruta. Durante o processamento industrial, haverá formação do resíduo que serve de matéria-prima para inúmeros subprodutos, podendo destacar-se o melaço cítrico, polpa seca, ácido cítrico e lático, vinhos cítricos, vinagre cítrico, xaropes e meio de cultura para leveduras.

As sementes, depois de separadas, podem produzir óleo, farinhas e fonte nitrogenada para ração animal.

19.5.1 Suco de polpa lavada (*pulp wash*)

A polpa resultante do processamento de extração do suco, proveniente principalmente das operações de acabamento (*finisher*) e clarificação, contém uma quantidade apreciável de suco retido. As indústrias lavam essa polpa para extrair o máximo de suco (sólidos solúveis), obtendo, assim, dois subprodutos: a polpa lavada e o suco de polpa lavada. A Figura 19.16 mostra o fluxograma de produção desses subprodutos.

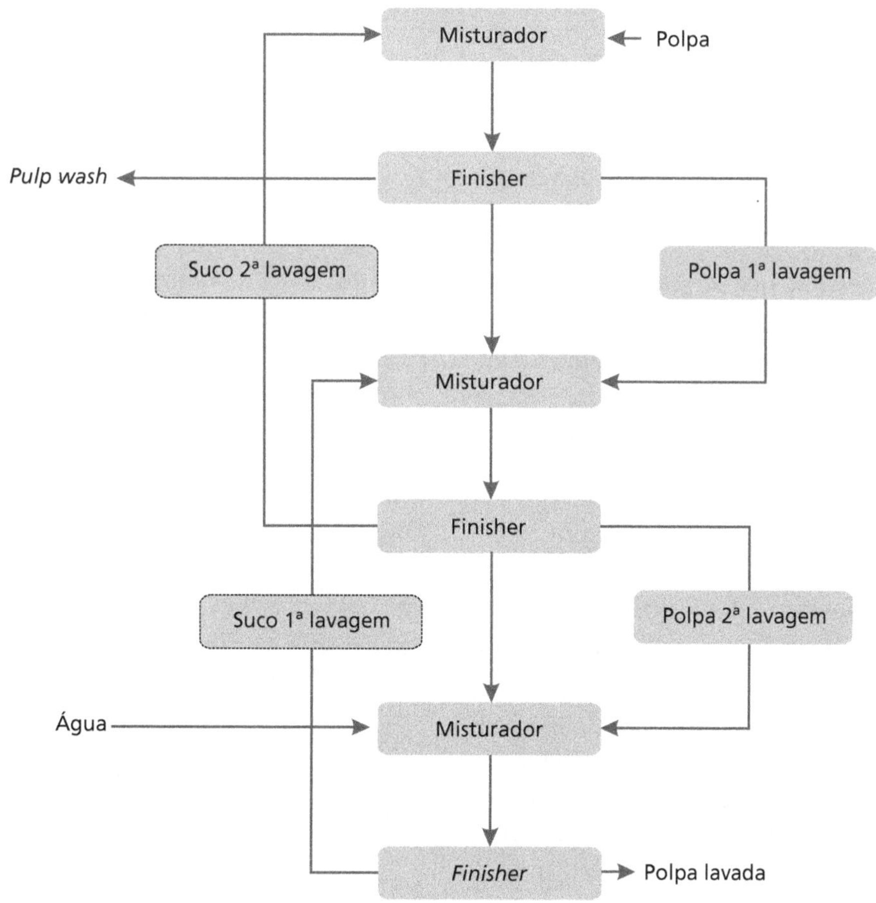

Figura 19.16 Fluxograma de produção de suco de polpa lavada (*pulp wash*).

O rendimento do processo de extração está relacionado com o número de estágios envolvidos; assim, com o aumento do número de estágios, eleva-se o rendimento de extração. Entretanto, o número de estágios é limitado pela relação do custo de investimento com o aumento na extração de suco.

O suco estocado do tanque de equilíbrio passará por um processo de clarificação, através de centrífugas, para estabelecer o teor final de polpa no suco desejado pela indústria.

O suco de polpa lavada será, então, concentrado em evaporadores de múltiplos estágios, como descrito no item 19.4.3.1. Inicialmente, o suco passa por um tratamento térmico (pasteurização) de 90 a 95 °C durante 30 segundos. Esse tratamento tem por finalidade a inativação de enzimas pectinolíticas e de microrganismos.

Durante o processo de concentração, o suco passa de, aproximadamente, 6 para 55 °Brix, podendo atingir até 65 °Brix. Entretanto, a indústria prefere concentrar até 55 °Brix, em virtude de uma maior tendência de gelificação desse tipo de suco com o aumento da sua viscosidade.

Problemas de gelificação do suco nos evaporadores causam a interrupção da linha de produção, uma vez que o produto sofre carbonização e fica retido internamente. Sendo necessária a desmontagem do equipamento para limpeza.

O suco de polpa lavada sai dos evaporadores com uma temperatura de 40 °C e rapidamente é resfriado para 22 °C, quando, então, será transportado para os tanques de homogeneização (*blended tank*), onde será refrigerado para –5 °C.

Após a obtenção de um lote homogêneo e caracterizado pelo controle de qualidade da indústria, o suco de polpa lavada pode ficar armazenado em tanques refrigerados (*farm tanks*) ou estocado em tambores de 200 litros, preservados em câmaras frigoríficas com temperaturas entre –10 e –15 °C.

Esse tipo de suco possui um valor comercial inferior ao suco de laranja da primeira extração, porém, em alguns países, como os Estados Unidos, o suco de polpa lavada pode ser misturado ao suco extraído da primeira extração.

Para esses clientes, normalmente, a indústria mistura esses dois tipos de suco para serem concentrados conjuntamente. Isso representa uma economia de equipamentos na concentração e armazenagem, quando comparados aos sucos industrializados separadamente, uma vez que o suco de polpa lavada representa, aproximadamente, 5% do total de suco extraído.

19.5.2 Óleo essencial

Na extração do suco de laranja pelo processo de compressão da fruta, a casca que possui inúmeras bolsas de óleo libera esse componente para o meio exterior. Essas bolsas, glândulas ou cavidades intercelulares, não possuem parede celular comum nos tecidos vegetais. Sua forma de bolsa ocorre em função da constituição das células vizinhas, que exercem pressão sobre as bolsas. Assim, com uma leve compressão, o óleo essencial é facilmente liberado.

Dessa forma, durante a compressão da fruta, o óleo liberado é separado do suco através da água pulverizada nos copos de extração da fruta (extratora FMC) e será conduzido à linha de extração de óleo essencial.

Essa emulsão óleo – água passa por peneiras para separar as partículas maiores da casca (bagaço grosso), em seguida, pelo *finisher* para remoção de partículas menores (bagacilho). Essas partículas são encaminhadas para a linha de fabricação de ração.

A emulsão, isenta daqueles sólidos insolúveis, é enviada para um tanque de equilíbrio; nesse tanque o líquido será centrifugado a 5.000 rpm, de onde se obtêm três frações distintas:

- Emulsão rica em óleo, que é estocada em um novo tanque de equilíbrio.
- Borra de descarte, que é encaminhada à linha de fabricação de ração.
- Água contendo óleo essencial residual.

Do tanque de equilíbrio, a emulsão rica em óleo passa por um processo de polimento em centrífugas (6.000 a 7.000 rpm) que separam o óleo da emulsão. Esse processo de centrifugação deve ser realizado, de forma que o produto não entre em contato com o ar, evitando, assim, oxidação indesejável. A água separada nessa operação segue o mesmo caminho da água separada na primeira centrifugação.

O óleo que sai do polimento é acondicionado em tambores e armazenado em câmaras refrigeradas (0-2 °C) por até uma semana. Esse processo de resfriamento tem a finalidade de separar a cera, proveniente da casca da fruta, que precipita e fica depositada no fundo dos tambores.

A cera decantada durante o resfriamento é separada do óleo por meio de sifão. Em virtude de sua quantidade desprezível, a cera é descartada pela indústria. O óleo límpido é acondicionado em tambores de 200 litros e mantido sob refrigeração a 0 °C, para evitar qualquer reação oxidativa do produto.

Parte da água residual (30%) é enviada à linha de concentração do licor cítrico e, posteriormente incorporada à ração animal. O restante dessa água (70%) é reaproveitada para extração de óleo na linha de extração de suco, onde se junta com água fresca usada nessa operação.

19.5.3 Licor cítrico

O líquido residual proveniente da prensagem do bagaço para produção de ração animal contém nutrientes (carboidratos, minerais, vitaminas etc.) que podem ser aproveitados. Esse líquido é concentrado em evaporadores de múltiplo efeito, dando origem ao licor cítrico que será utilizado em produção de álcool, ração animal etc.

Antes da concentração, o líquido é filtrado em peneiras para separar o bagaço nele contido. O bagaço retorna à linha de produção de ração, onde será incorporado à torta antes da secagem. O líquido isento de bagaço é direcionado a um tanque, onde será misturado à água separada nas centrífugas da extração de óleo essencial. Essa mistura, cuja concentração inicial é de, aproximadamente, 8 °Brix, passa para 45, após a sua concentração.

Durante a produção do licor cítrico, tem-se a transformação de efluentes poluentes em subprodutos de alto valor comercial, como o d-limoneno. Esse composto é um líquido incolor, com leve odor de citros.

O óleo do licor é removido durante a evaporação e condensado separadamente. O d-limoneno é a fração oleosa e é considerada uma das mais puras fontes de terpeno monocíclico. O d-limoneno é usado, por exemplo, em solventes de resinas, borracha, pigmentos, tintas, na fabricação de adesivos etc. Além disso, ele é usado pela indústria farmacêutica e alimentícia como componente aromático e para conferir sabor, sendo usado, por exemplo, na obtenção de sabores artificiais de menta e hortelã na fabricação de doces, balas e gomas de mascar.

19.5.4 Ração animal

Os descartes industriais desde as operações de pré-seleção e seleção da fruta, bem como o bagaço (casca, semente, polpa etc.) oriundo da linha de extração de suco nobre e suco de polpa lavada, são encaminhados para silos de armazenamento de bagaço e polpa da linha de produção de ração animal.

Do silo de armazenamento, o bagaço é encaminhado para um moinho de martelo, onde recebe 0,5% de cal virgem (CaO). Na reação de cura da cal virgem com o bagaço, há formação de pectato de cálcio, com liberação de água. Essa reação favorece a operação de prensagem e a correção do pH do material.

A utilização de roscas transportadoras é de fundamental importância para garantir a homogeneização do bagaço com a cal, sendo que o tempo de transporte deve ser suficiente para que a reação de cura da cal seja completada (cinco minutos), antes que ocorra a prensagem do material. Nesse processo, o material, antes de cor amarelo-brilhante, após as reações com os ácidos presentes, passa para a cor amarelo-palha.

O líquido residual da prensagem, rico em carboidratos e outros nutrientes, é encaminhado para a linha de concentração do licor cítrico e depois reincorporado à ração.

A torta resultante dessa operação é homogeneizada com o líquido residual concentrado e, posteriormente, desidratada. Por meio do vapor quente, oriundo do evaporador de líquido residual, é realizada a secagem do material até a umidade desejada.

O material, então, será peletizado em extrusoras para sua compactação, facilitando, assim, o seu transporte e armazenamento. Ao final dessa operação, o material compactado encontra-se em temperatura acima de 80 °C, sendo então submetido a resfriamento sob circulação de ar forçado até atingir temperatura ambiente.

O ar utilizado nesse processo é separado do pó que ele arrasta em equipamentos chamados *ciclone*, sendo, então, devolvido para a atmosfera. O material particulado é reconduzido para as extrusoras.

Os péletes são estocados em silos para futura comercialização. Um importante cuidado no armazenamento dos péletes é com a umidade, pois a ração é ligeiramente higroscópica e, se não houver um manuseio correto, o teor de umidade aumentará. Com isso, pode ocorrer o desenvolvimento de fungos com geração de calor, havendo possibilidade de acontecer combustão espontânea.

19.5.5 Álcool

Na produção de álcool, o concentrado do licor cítrico sofre uma diluição prévia com água, o pH é corrigido e nutrientes são adicionados (fósforo e nitrogênio) para a levedura, sendo o mosto fermentado pelo processo de batelada (fermentação descontínua). Com o término da fermentação, a levedura é separada do vinho (mosto fermentado) com auxílio de centrífugas. A levedura retorna para as dornas de fermentação e o vinho é direcionado para destilação.

Na destilação, o vinho passa por uma primeira coluna de destilação, na qual se obtém um destilado alcoólico de baixa concentração (45 °GL). Em seguida, esse destilado passa por uma segunda coluna de destilação, denominada *coluna de retificação* que concentra e purifica o destilado alcoólico, para produzir o álcool retificado (96 °GL). Esse produto é destinado, principalmente, ao mercado de álcool combustível, mas pode ser comercializado para as indústrias de vinagre e bebidas alcoólicas.

A levedura em excesso ou as células mortas, bem como a vinhaça desse processo, são direcionadas para a linha de produção de ração animal, sendo que a qualidade nutricional da levedura confere ganho nutricional ao produto.

BIBLIOGRAFIA

ASSOCIAÇÃO BRASILEIRA DOS EXPORTADORES DE CÍTRICOS, 2007. Industrialização da laranja. Disponível em: <http://www.abecitrus.com.br>. Acesso em: 07 jul. 2007.

ASSOCIAÇÃO BRASILEIRA DOS EXPORTADORES DE CÍTRICOS, 2007. Produção de Laranja. Disponível em: <http://www.abecitrus.com.br>. Acesso em: 07 jul. 2007.

BRASIL. Ministério da Agricultura e do Abastecimento. Coordenação de Inspeção Vegetal. Serviço de Inspeção Vegetal. Padrões de Identidade e Qualidade para Polpas de Frutas, Sucos Tropicais. Instrução normativa n. 12, de 10 de setembro de 1999. **Diário Oficial**, Brasília, DF, 1999.

BRASIL. Ministério da Agricultura e do Abastecimento. Coordenação de Inspeção Vegetal. Serviço de Inspeção Vegetal. Regulamentos Técnicos para Fixação dos Padrões de Identidade e Qualidade, para refresco, refrigerante, preparado ou concentrado líquido para refresco ou refrigerante, preparado sólido para refresco, xarope e chá pronto para o consumo. Portaria n. 544, de 16 de novembro de 1998. **Diário Oficial da União**, Brasília, DF, 1998.

BRASIL. Decreto n. 6.871, de 04 de junho de 2009. Regulamenta a Lei n. 8.918, de 14 de julho de 1994, que dispõe sobre a padronização, a classificação, o registro, a inspeção, a produção e a fiscalização de bebidas. Disponível em: <http://www.planalto.gov.br/ccivil_03/_Ato2007-2010/2009/Decreto/D6871.htm>. Acesso em: 08 dez. 2009.

BROWN, M. G.; KLIMER, R. L.; BEDIGIAN, K. Overview and trends in the fruit juice proessing industry. In: NAGY, S.; CHEN, C. S.; SHAW, P.E. **Fruit juice processing technology.** Florida: Agscience, 1993. Cap. 1, p. 1-22.

CARTER, B. A. Lemon and lime juices. In: NAGY, S.; CHEN, C. S.; SHAW, P. E. **Fruit juice processing technology.** Florida: Agscience, 1993. Cap. 7, p. 215-270.

CASTBERG, H. B.; OSMUNDSEN, J. I.; SOLBERG, P. Packaging systems for fruit juices and non-carbonated beverages. In: ASHURST, P. R. **Production and Packaging of non-carbonated fruit juices and fruit beverages.** London: Blackie Academic & Professional, 1997. Cap. 11, p. 290-309.

CHEN, C. S. Physical and rheological properties of fruit juices. In: NAGY, S.; CHEN, C. S.; SHAW, P. E. **Fruit juice processing technology.** Florida: Agscience, 1993. Cap. 3, p. 56-82.

CHEN, C. S. Physiochemical principles for the concentration and freezing fruit juices. In: NAGY, S.; CHEN, C. S.; SHAW, P. E. **Fruit juice processing technology.** Florida: Agscience, 1993. Cap. 2, p. 23-55.

CHEN, C. S.; SHAW, P. E.; PARISH, M. E. Orange and tangerine juices. In: NAGY, S.; CHEN, C. S.; SHAW, P.E. **Fruit juice processing technology.** Florida: Agscience, 1993. Cap. 5, p. 110-165.

CORRÊA NETO, R. S.; FARIA, J. A. F. Fatores que influem na qualidade do suco de laranja. **Ciência e Tecnologia de Alimentos**, Campinas, v. 19, n. 1, p. 153-160, 1999.

DELLA TORRE, J. C. M. et al. Perfil sensorial e aceitação de suco de laranja pasteurizado minimamente processado. **Ciência e Tecnologia de Alimentos**, Campinas, v. 23, n. 2, p. 105-111, 2003.

DONADIO, L. C.; FIGUEREDO, J. O.; PIO, R. M. **Variedades cítricas brasileiras.** Jaboticabal: Funep, 1995. 228p.

FEDERAÇÃO DE AGRICULTURA E PECUÁRIA DE ESTADO DE MINAS GERAIS, 2007. Mudanças no perfil do consumo da laranja no Brasil. Disponível em: <http://www.faemg.org.br>. Acesso em: 22 maio 2007.

FRANCO, G. **Tabela de composição química dos alimentos.** São Paulo: Atheneu, 2001. 307p.

FREDSTED, L. B. Processing systems for fruit juice and related products. In: ASHURST, P. R. **Production and Packaging of non-carbonated fruit juices and fruit beverages.** London: Blackie Academic & Professional, 1997. Cap. 10, p. 274-289.

FUNDAÇÃO DE DEFESA DA CITRICULTURA DO ESTADO DE SÃO PAULO. Industrialização da laranja. Disponível em: <http://www.fundecitrus.com.br>. Acesso em: 15 jan. 2004.

HENDLER, S. S. Vitaminas. In: HENDLER, S. S. **A enciclopédia de vitaminas e minerais.** Rio de Janeiro: Campus, 1994. Cap. 4, p. 23-108.

HENDRIX, C. M.; REDD, J. B. Chemistry and technology of citrus juices and by-products. In: ASHURST, P. R. **Production and packaging of non-carbonated fruit juices and fruit beverages.** London: Blackie Academic & Professional, 1997. Cap. 2, p. 53-87.

INSTITUTO BRASILEIRO DE FRUTAS, 2007. Estatística. Disponível em: <http://www.ibraf.org.br>. Acesso em: 20 maio 2007.

LARANJA BRASIL, 2004. Suco de laranja que não é suco de laranja. Disponível em: <http://www.laranjabrasil.com.br>. Acesso em: 05 jan. 2004.

LEWIS, D. C.; SHIBAMOTO, T. Shelf-life of fruits. In: CHARALAMBOUS, G. **Handbook of food and beverage stability.** London: Academic Press, 1986. Cap. 5, p. 354-390.

LUH, B. A.; EL-TINAY, A. H. Nectars, pulpy juices and fruit juices blends. In: NAGY, S.; CHEN, C. S.; SHAW, P.E. **Fruit juice processing technology.** Florida: Agscience, 1993. Cap. 14, p. 532-594.

MACRER, R.; ROBINSON, R.K.; SADLER, M.J. Citrus fruits. In: MACRER, R.; ROBINSON, R. K.; SADLER, M. J. **Encyclopedia of food science, food technology, and nutrition.** v. 2. San Diego: Academic Press, 1993. p. 994-1023.

McLELLAN, M. R.; RACE, E. J. Grape juice processing. In: ASHURST, P. R. **Production and packaging of non-carbonated fruit juices and fruit beverages.** London: Blackie Academic & Professional, 1997. Cap. 3, p. 88-105.

NAGY, S.; ROUSEFF, R. L. Citrus fruit juices. In: CHARALAMBOUS, G. **Handbook of food and beverage stability.** London: Academic Press, 1986. Cap. 14, p. 719-745.

NEVES, M. F. et al. Citricultura brasileira: efeitos econômico-financeiros, 1996-2000. **Ver. Brás. Frutic.**, v. 23, n. 2, p. 432-436, 2001.

NEVES, M. F.; MARINO, M. K. **Estudo da competitividade de cadeias integradas no Brasil: impactos das zonas de livre comércio**: cadeia: citros. Disponível em: <http://www.abecitrus.com.br/pesq_br.html>. Acesso em: 14 jan. 2004.

REBECK, H. M. Processing of citrus juices. In: ASHURST, P. R. **Production and Packaging of non-carbonated fruit juices and fruit beverages**. London: Blackie Academic & Professional, 1997. Cap. 8, p. 221-252.

REDD, J. B.; HENDRIX JUNIOR, C. M. Processing of natural citrus oil and flavors. In: NAGY, S.; CHEN, C. S.; SHAW, P. E. **Fruit juice processing technology**. Florida: Agscience, 1993. Cap. 4, p. 83-109.

SILVA, P. T. et al. Sucos de laranja industrializados e preparados sólidos para refrescos: estabilidade química e físico-química. **Ciência e Tecnologia de Alimentos**, Campinas, 2005, v. 25, n. 3, p. 597-602.

SHAW, P. E.; NAGY, S. Grapefruit juice. In: NAGY, S.; CHEN, C. S.; SHAW, P. E. **Fruit juice processing technology**. Florida: Agscience, 1993. Cap. 6, p. 166-214.

TETRA PAK, 2007. Área de imprensa. Disponível em: <http://www.tetrapak.com.br>. Acesso em: 16 out. 2007.

TOCCHINI, R. P.; NISIDA, A. L. A. C.; MARTIN, Z. J. **Industrialização de polpas, sucos e néctares de frutas**. Campinas: Manual Ital, 1995. 85p.

VARNAM, A. H.; SUTHERLAND, J. P. Fruit juices. In: VARNAM, A. H.; SUTHERLAND, J. P. **Beverages**: technology, chemistry and microbiology. London: Chapman & Hall, 1994. Cap. 2, p. 26-72.

20

SUCO DE MAÇÃ

GILVAN WOSIACKI
ALESSANDRO NOGUEIRA

20.1 INTRODUÇÃO

Em 1970, iniciou-se o processo de implantação da cultura de maçã no sul do Brasil. Em virtude de um novo crescimento da produção observado a partir da safra de 2008/2009, associada ao desenvolvimento socioeconômico e aos incentivos à pesquisa em ciência e tecnologia, a produção abastece grande parte do território nacional, tendo atingido cerca de 1.335.000 toneladas de frutas na safra de 2012/2013. Desta forma, como acontece com as grandes produções agrícolas, existe um excedente de safra que não é comercializado no mercado *in natura* que é representado pelas maçãs provenientes do processo de classificação para o comércio. Associada à exigência do consumidor, até 30% da produção nacional deve ser descartada sendo que destas, 20% são ainda aproveitáveis como matéria-prima para a indústria de bebidas, mas 10% são necessariamente expurgadas por sua condição microbiológica e química. Entretanto, a maçã é uma das frutas que oferecem as mais promissoras perspectivas para a industrialização, uma vez que apresenta características físicas e químicas favoráveis, e dela podem ser obtidos produtos de valor comercial. A maior parte da produção é transformada em suco que se destina ao processo de exportação. Entre a fruta *in natura* e o suco, a maçã já agrega mais de US$ 30 milhões anuais à receita cambial brasileira, segundo a Associação Brasileira de Produtores de Maçã (ABPM). Porém, a produção e a comercialização do suco de maçã no Brasil ainda são baixas, enquanto na Europa e nos Estados Unidos é um dos sucos mais populares, chegando a ser apontado como o segundo mais consumido no mundo.

20.1.1 Aspectos históricos e agronômicos

Originária das montanhas da Ásia, a macieira (*Malus domestica*, Borkh) é uma frutífera de clima temperado de história milenar, da família *Rosaceae*. Os primeiros registros na literatura sobre o uso da maçã para consumo humano datam de, pelo menos, 200 anos a.C., sendo que os principais centros de sua origem são o Cáucaso e o oeste da China (DENARDI; CAMILO, 1997). Essas regiões se caracterizam por ter clima temperado, com invernos de baixas temperaturas, importantes para o repouso hibernal da macieira. As cultivares comerciais de macieiras plantadas em regiões de clima frio originaram-se de espécies procedentes da Ásia, incluindo-se as cultivares Gala e Fuji, as quais compõem mais de 94,6% da produção brasileira de maçãs (DENARDI; CAMILO, 1997; FACHINELLO et al., 2011).

Existem mais de 20.000 variedades conhecidas de maçãs, mas apenas 60 delas são relevantes ao comércio, que demanda novas cultivares, pois algumas perdem sua importância em decorrência de oportunidades flutuantes de mercado (WOLTER et al., 2008).

A produção de sucos de frutas utiliza como matéria-prima, de forma tradicional, aquelas que não são comercializáveis para o consumo *in natura*, o que pode alterar as suas propriedades sensoriais, embora as frutas colhidas de árvores altas e sem tratos culturais, espalhadas pelo campo, e que tendem a ser variedades indefinidas, também possam ser usadas. Os pomares industriais são usados em regiões onde a cultura tem uma expressão socioeconômica mais relevante e estão sendo considerados mais interessantes para o setor de sucos de maçãs pois a qualidade da matéria-prima pode ser conduzida de acordo com a demanda do produto, sendo mais importante a rusticidade da cultivar, com menor custo de produção do que aparência do fruto. Assim, a relação açúcar total: a acidez deve ser baixa, privilegiando frutas ácidas, para contrabalancear os sucos extraídos de frutas de mesa. Em pomares industriais onde a colheita é mecanizada, as máquinas especiais balançam as árvores para derrubar as maduras, as frutas de árvores de menor porte apresentam menos injúrias.

Os países produtores distribuem-se nos dois hemisférios, de acordo com as características climáticas disponíveis. No Cone Sul da América do Sul destacam-se a República Argentina, o Chile e o Brasil como produtores e exportadores que se distinguem com as melhores condições de processo e de qualidade de produto, o que satisfaz as exigências dos países consumidores do Hemisfério Norte. Os países tradicionalmente produtores da Europa e os Estados Unidos caracterizam-se por apresentarem pequenos produtores que produzem e processam, de formas características e tradicionais, os seus produtos mais divulgados o *apple cider*, que é um suco natural e não pasteurizado, e o *hard cider* que é um produto sucedâneo à sidra.

20.1.2 A produção mundial de maçã

A produção mundial de maçã, com mais de 90 países produtores atingiu a marca de 76.378.738 toneladas métricas na safra 2012. A República Popular da China, maior produtor, com 48% do total, vem investindo cada vez mais em produtividade (FAOSTAT, 2014). Seu consumo interno bruto, que foi de 15.500.000 ton em 2007 foi para 25.600.000 ton, um aumento da ordem de 68% em duas safras apenas (APFELPRODUKTION, 2011). A produção europeia passou de 10.295.000 para 11.297.000 ton ou seja, houve uma variação de 10%. Os Estados Unidos, segundo maior país produtor, mantêm uma produção constante ao redor dos 4.200.000 ton nas últimas seis safras (2007 a 2012) (MAPA, 2013). O Brasil nestas últimas seis safras apresentando um aumento de produção de 17%, detém hoje a capacidade de produzir 1.500.000 ton o que representa 1,7 % da produção mundial de maçãs (FAOSTAT, 2014). Ao se visitar novamente a região catarinense de Fraiburgo pode-se constatar a veracidade no que diz respeito à qualidade de vida no local, com a criação de novos empregos e diversas oportunidades de negócios.

Com relação ao suco concentrado de maçã, pode ser observado que a distribuição da produção está mais densa na Eurásia, com 80% das 1.650.000 ton por ano. A China é o grande processador, com 820.000 ton, seguido de perto pela Europa (500.000 ton), e, como terceiro grupo produtor, os países da América do Sul, com 100.000 ton enquanto a do Norte apresenta 80.000 ton anuais. O Continente Africano mal chega a produzir 20.000 ton, assim como o Japão e a Austrália, e, como último lugar, a Sibéria apresenta apenas 10.000 ton. Um fato a constatar, todavia, é que o Hemisfério Sul, com ênfase na produção sul-americana, abastece o hemisfério norte com o suco de maçã concentrado (ASK WELTPRODUKTION, 2011).

Em 2001, estimava-se o consumo mundial de suco de maçã em 12 bilhões de litros, metade dos quais apenas na Alemanha e nos Estados Unidos, onde *apple schorles* (misturas de 50% de suco com água) explicam a metade do consumo *per capita* local. Os demais consumidores expressivos são os países da Europa, o Canadá e o Japão. O consumo total corresponde a 2 milhões de toneladas de suco concentrado a 70 °Brix (BRAUN, 2003).

20.1.3 A produção nacional de maçã

A produção de maçã no Brasil encontra-se ilustrada na Figura 20.1. Os dados estatísticos mostram uma produção incipiente em meados da década de 1970, que passa a um crescimento linear e gradativo entre as safras de 1979/1980 até 1993/1994, quando, por motivos econômicos, a pomicultura nacional apresentou certos reveses, reduzindo a taxa de crescimento até a safra de 2006/2007. Nesse período, podem ser observados que aos anos de supersafra, segue-se pelo menos uma safra difícil, com baixa produção e resultados econômicos negativos, consequência da resposta fisiológica da macieira ao esgotamento energético na estação anterior, também conhecida como "alternância de produção". Após a safra de 2006/2007 a pomicultura nacional voltou a apresentar o crescimento observado na década de 1990, atingindo a cada safra um novo recorde de produção (FAOSTAT, 2014).

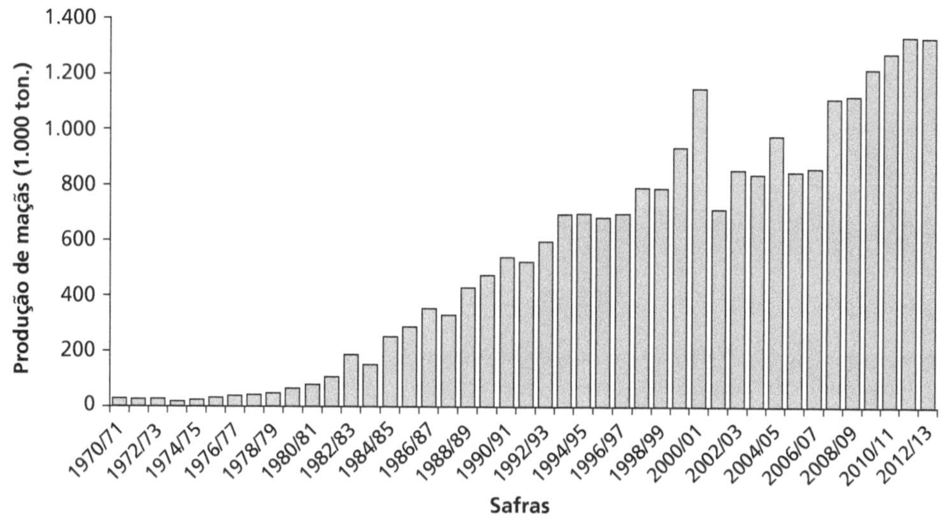

Figura 20.1 Evolução da produção nacional de maçã no período de 1971 a 2013.

Fonte: Faostat (2014).

20.2 PRODUTO AGRÍCOLA

O consumidor brasileiro tem preferência por maçãs de epiderme vermelha e polpa crocante com pouca acidez, doces e suculentas. As cultivares polinizadoras têm frutos de sabor impróprios para o mercado brasileiro e algumas, como a *Willie Sharp* e a *Granny Smith*, apresentam epiderme verde, pouco apreciadas pelo consumidor brasileiro. Em função desse tipo de demanda, há que se considerar dois aspectos. Primeiro, a necessidade de suprir o mercado interno com maçãs de mesa de alta qualidade e estimular o setor agroindustrial a utilizar as frutas desqualificadas para o consumo *in natura* na fabricação de produtos de alta qualidade, como sucos, néctares, sidras e bebidas alcoólicas destiladas. Segundo, mas não menos importante, dar continuidade aos processos de exportação de frutas de mesa e sucos concentrados para o mercado internacional.

20.2.1 Os pomares comerciais

A área coberta por pomares comerciais, de cerca de 38.457 ha com um rendimento de 34,68 ton/ha, suporta uma capacidade instalada de produção de maçãs superior a 1,5 milhão de toneladas (FAOSTAT, 2014). Nas condições climáticas brasileiras, as cultivares de maçã somente brotam e produzem satisfatoriamente em alguns locais da Região Sul com mais de 1.100 m de altitude (DENARDI; CAMILO, 1997). Nas demais regiões, mesmo havendo invernos bem definidos, as plantas dessas cultivares apresentam comportamentos insatisfatórios, com brotações e florescências prolongadas e não uniformes, baixa produtividade e baixa qualidade dos frutos (EPAGRI, 2002). O maior polo produtor de maçã no Brasil, Fraiburgo, na região serrana do estado de Santa Catarina, está inserido em clima, cujos invernos são frios, mas não tanto quanto o ideal para as variedades ali plantadas (DENARDI; CAMILO, 1997). É oportuno explicitar, que nesta segunda década do século XXI, está sendo cultivada maçã com características especiais relacionadas ao baixo grau de exigência de frio hibernal. As variedades Julieta, Carícia, Princesa e Eva estão sendo cultivadas em Juazeiro na Bahia e em Petrolina, em Pernambuco, em pleno Brasil Tropical (POMMER, BARBOSA, 2009).

A situação catarinense no tocante à pomicultura encontra-se descrita na literatura (WOSIACKI et al., 2002; BITTENCOURT et al., 2011). Neste aspecto, observa-se que a região manteve uma produção média de 59% da total brasileira e, de acordo com os dados históricos, o prognóstico compreende uma produção nacional de 1.335.000 ton em 2012, a fim de suprir o mercado com 932.000 ton de maçãs de boa qualidade e aumentar a exportação até 100.000 ton, restando assim 400.000 toneladas de maçãs destinadas à indústria.

De uma forma geral e segundo os dados estatísticos da Associação Brasileira de Produtores de Maçã (ABPM), as regiões produtoras são as de elevada altitude da Região Sul do Brasil, compreendendo o sul do Paraná, a região serrana de Santa Catarina e a Serra Gaúcha, esta em franca expansão de estabelecimento de novos pomares. Com dados estatísticos já consolidados, os valores relativos à produção (2011/2012), a área plantada (2011/2012) e a capacidade de armazenagem a frio (2011/2012) estão expressos na Figura 20.2.

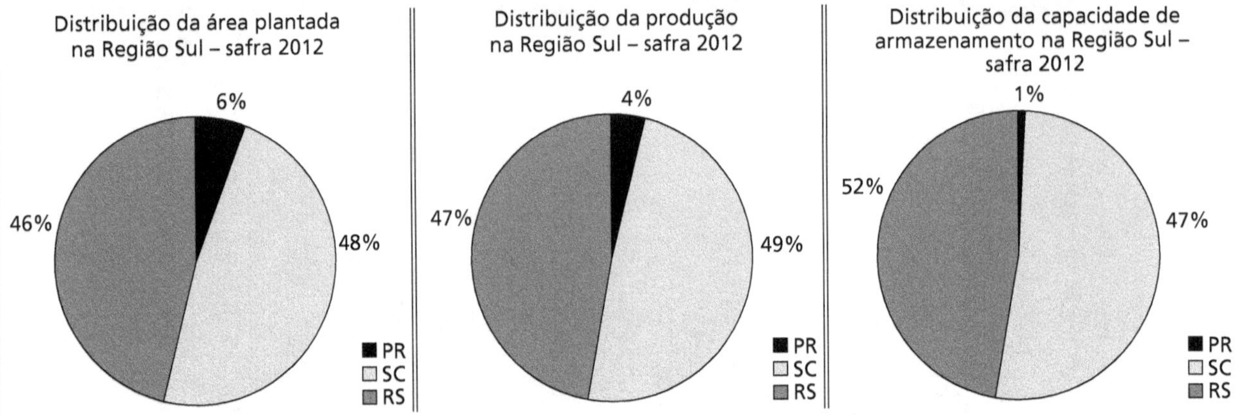

Figura 20.2 Contribuição dos estados da Região Sul em aspectos específicos da pomicultura.

Fonte: IBGE/Cepagro (2012); Mapa (2013).

20.2.2 As cultivares comerciais

As cultivares comerciais de maçãs são derivadas daquelas nativas em regiões de clima nitidamente temperado, que foram inicialmente selecionadas pelo seu grau de rusticidade e pelo aspecto alimentar, com certas qualidades nutricionais observadas pelos povos ainda nômades. As cultivares *Red delicious* e *Golden delicious* continuam a ser as dominantes na produção mundial. A maior expansão de produção é esperada com as cultivares *Gala* e *Royal Gala*, pois novos pomares encontram-se em fase produtiva em muitos países e distritos produtores, em ambos os hemisférios. A cultivar Gala ocupa certamente o 3º lugar em termos de produção, à frente da *Granny Smith*. A produção chinesa da *Fuji*, considerada ser sete vezes maior do que a dos demais países produtores, também contribuiu para desestimular potenciais e eventuais produtores. Há uma tendência acentuada pelo retorno às cultivares antigas, como a *Jonathan*, *Reinette* e *Rome Beauty*, e pouco melhoramento em cultivares como, *McIntosh*, *Cortland* e *Gloster*, dada sua participação no mercado internacional. A Figura 20.3 apresenta, com base nos prognósticos oficiais para a Europa em 2010, o posicionamento da *Gala* e da *Fuji* nos 3º e 4º lugares, respectivamente. A *Golden delicious* apresenta-se como a que tem maior participação no mercado, mas, do ponto de vista funcional, é a que tem menor poder antioxidante, relacionado aos compostos fenólicos; os maiores valores encontrados em maçãs desse importante marcador de qualidade é a variedade *Fuji* (LEE; SMITH, 2000), o que faz com que se possa considerar como uma fruta com apelo funcional, capaz de evitar os prejuízos à saúde causados por radicais livres, por exemplo.

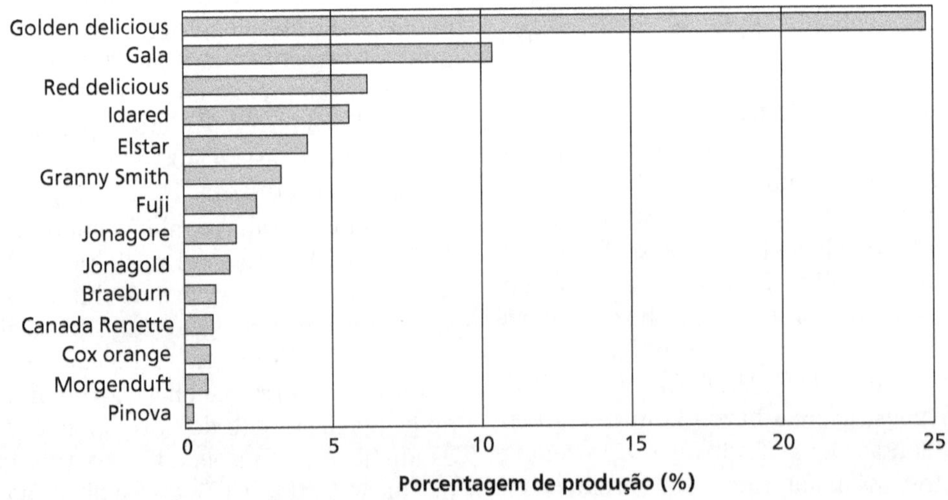

Figura 20.3 Participação das cultivares comerciais na produção europeia de maçã.

Fonte: Apfelproduktion (2010).

20.2.3 Sazonalidade e a safra

É oportuno lembrar que o período da safra depende diretamente das condições de frio hibernal da região, e quanto menos horas de frio a 7 °C durante o inverno tanto mais precoce é a safra. Assim, em São Paulo a safra começa em meados de novembro e finaliza em meados de dezembro, e, no Rio Grande do Sul, ocorre no início de abril até o final de maio, em um gradiente de produção que vai das regiões mais quentes para as mais frias. Em São Paulo, a safra de maçãs ocorre no período de escassez e, portanto, de altos preços no mercado. É, quase na totalidade, comercializada *in natura*, dada sua precocidade, pois a safra local praticamente termina em dezembro. Em Marilândia do Sul, no Paraná, termina na primeira quinzena de dezembro. A participação desses produtores é muito limitada, mas o grande mérito é que competem com frutas provenientes da Polônia e da Hungria, que estão disponíveis no mercado interno brasileiro nesse momento.

A macieira apresenta aspectos bem característicos de sazonalidade e safra, ao longo do ano. No inverno, quando está em uma situação fisiológica de dormência, podem ser conduzidos os procedimentos de poda e condução física da frutífera, retirando os galhos excessivos e mantendo aqueles mais fortes para a continuidade de produção de maçã na safra seguinte. Na primavera, a florescência é o fenômeno que ocorre logo após a quebra da dormência, e sua ocorrência é dependente do fenômeno anterior, menor a quantidade de frio hibernal, mais precoce será a safra da fruta. Portanto, é difícil uma previsão sobre a sazonalidade generalizada, pois depende das condições do clima ao longo do ano. A colheita ocorre em pleno verão, durando aproximadamente 60 dias.

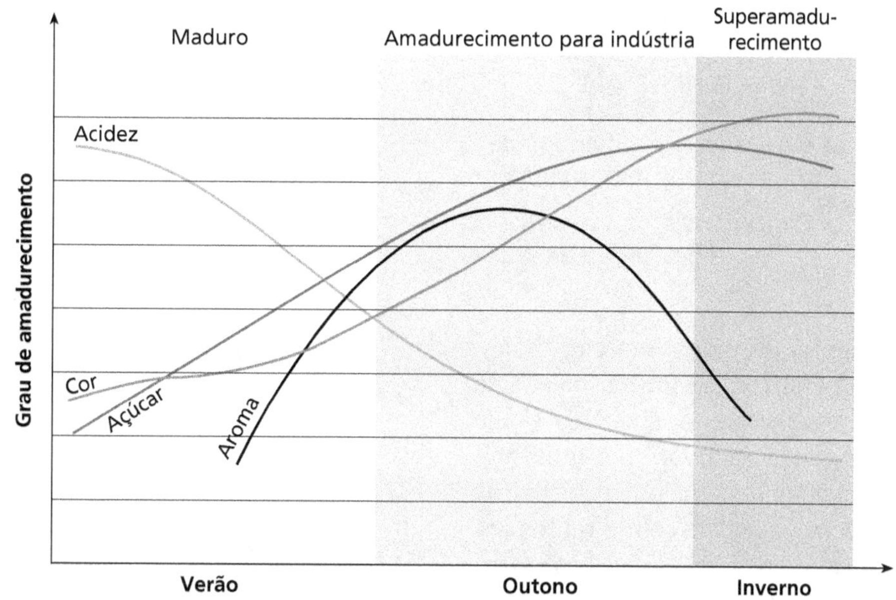

Figura 20.4 Curva de amadurecimento de maçã.

Fonte: Possmann (1999).

20.2.4 A colheita

O ponto de colheita de algumas cultivares pode ser reconhecido pelas características externas da fruta. Frutas imaturas são verdes e bem presas aos ramos pelo pedúnculo necessitando certa força de torque para desprendê-las. Frutas maduras apresentam típicos pigmentos coloridos e podem ser colhidas da árvore com facilidade, o que beneficia a colheita das frutas *in natura*, realizada manualmente. Em pomares industriais onde a colheita é mecanizada, por dois mecanismos distintos: no primeiro, as árvores são balançadas, a fim de que sejam derrubadas as frutas maduras e, no segundo, consiste na coleta das frutas do solo. Existem máquinas que fazem as duas operações, porém sem deixar a fruta entrar em contato com o solo. Esse contato, que aumenta a carga microbiana das frutas, também pode ser evitado com o uso de forrageiras ou com plásticos/lonas (NAGY et al., 1993). Entretanto, frutas em estádio avançado de senescência podem apresentar problemas na prensagem e na clarificação do suco, em decorrência de uma textura muito tenra, farinácea ou podre. A Figura 20.5 ilustra o momento de colheita por técnicos especializados em pomares comerciais com árvores relativamente altas.

Figura 20.5 Técnicos especializados colhendo manualmente as maçãs em pomares comerciais.

Foto: Agrícola Fraiburgo.

Os técnicos contratados para a tarefa, treinados no processo de colheita, fazem da coleta da maçã um procedimento altamente específico. Como a fruta pode ser removida da árvore por uma simples torção do pedúnculo, dependendo do seu grau de maturação, os técnicos podem colher tanto para armazenamento quanto para consumo *in natura* no local, apenas controlando a força aplicada com os dedos. A altura da árvore e a sua condução em termos de abertura da ramificação possibilitam que essa colheita manual seja feita diretamente ou com o uso de escadas de qualquer forma; o técnico as recebe em uma sacola de alça e, a seguir, o seu conteúdo é cuidadosamente colocado em *bins*, que são caixas de madeiras apropriadas para o transporte motorizado do pomar ao *packing house*.

Para estimar o estádio de maturação, podem ser usados indicadores, como peso específico, textura, sólidos solúveis, teor de amido, coloração e razão entre o teor de ácidos e açúcares (1:10 a 1:15 dependendo da cultivar).

As unidades de processamento da maçã devem utilizar matérias-primas sadias e íntegras. O número de germes contidos nas frutas encaminhadas para o armazenamento tem influência direta na sua qualidade (GOMES et al., 2014; NAGY et al., 1993).

20.3 A MAÇÃ

Quer se destine ao consumo *in natura*, quer se destine ao processamento de produtos nobres, a qualidade da maçã deve ser a mesma quanto aos parâmetros físico-químicos, microbiológicos e sensoriais.

- Aspectos físico-químicos. A Tabela 20.1 apresenta os resultados analíticos da composição de amostras de maçãs que têm sido avaliadas ao longo de 20 anos de pesquisa em frutas produzidas no país. Não se pretende, nesta tabela, estabelecer valores que sejam estatisticamente significativos, mas sim apresentar os números obtidos, utilizando-se técnicas consideradas oficiais na área de sucos de frutas, resultados estes passíveis de serem comparados ao *Code of Practice* (CoP) (AIJN, 2007) e ao Codex Alimentarius (2005), utilizados como suporte para o estabelecimento legal de qualidade de frutas e de sucos.
- Brix. Os teores de sólidos solúveis, que compreendem os dois maiores componentes das frutas, os açúcares e os ácidos orgânicos, dão uma ideia sobre o grau de maturação no momento do processamento, com um valor médio de 12,63 ± 1,40 o que indica um coeficiente de variação aceitável, sob o ponto de vista da análise física, próximo a 10%. O grau de maturação preconizado pela literatura e/ou legislação engloba valores de Brix que vão de 11 a 14, o que é confirmado nesses ensaios feitos com 187 amostras de maçãs.
- **Açúcares redutores totais.** Esse atributo já é determinado com maior precisão por uma técnica química que envolve a capacidade de açúcares, como glucose e frutose, de reduzir sais de cobre III (azul) a cobre II (vermelho); a sacarose, para ser analisada por esta técnica, é previamente hidrolisada por métodos químicos ou enzimáticos. O valor médio desse atributo, utilizando-se 223 amostras, foi de 11,65 ± 1,84 g/100 mL, ou seja, com um coeficiente de variação mais elevado, da ordem de 15%. Dado o número de análises e a competência dos técnicos que participaram dos ensaios, é possível aceitar o fato de que, certamente, há diferenças

entre alguns dos genótipos analisados; valores *outliers*, como 19,00 g/100 mL, podem ser desconsiderados, pois destacam-se como inviáveis – a fruta não tem a estrutura lamelar de que necessita para armazenar tanto açúcar solúvel, a menos que esteja desidratada, como ocorre com uvas atacadas por *Botrytis cinerea*, o que não é o caso.

Tabela 20.1 Estatística descritiva simples da composição físico-química de 152 cultivares (entre comerciais, polinizadoras e seleções avançadas) de maçãs brasileiras produzidas em 24 safras, entre o período de 1982 a 2007.

Atributos, g/100 mL	N**	Mínimo	Média	Máximo	Desvio Padrão	Variância	C.V.,%***
Brix	511	8,90	12,62	16,40	1,27	1,62	10,09
Açúcar redutor total	577	7,58	11,65	17,67	1,57	2,48	13,51
Açúcar redutor	585	3,80	8,55	15,31	1,86	3,45	21,72
Frutose	497	2,61	6,45	10,78	1,55	2,40	24,02
Glucose	510	0,80	1,90	5,20	0,70	0,50	37,03
Sacarose	576	0,15	3,36	9,87	1,71	2,92	50,92
Frutose total	386	5,05	8,26	11,56	1,22	1,49	14,78
Glucose total	137	1,67	3,43	5,94	0,73	0,54	21,40
Ratio	276	9,61	41,86	113,92	18,75	351,75	44,81
Fenóis	462	101,00	319	901,96	131,90	17.397,13	41,34
Cor	202	0,11	0,57	1,69	0,32	0,10	55,32
Acidez	586	0,09	0,36	1,38	0,17	0,03	47,52
pH	186	2,91	3,60	4,37	0,35	0,12	9,64
U Formol*	68	1,00	15,89	70,71	22,81	520,31	143,58

Nota: * ml NaOH 0,1N; ** número de amostras; ***coeficiente de variação.

- Açúcares redutores. Ainda menos homogênea é a amostragem com relação a esse atributo que atinge o coeficiente de variação da ordem de 20%. Revela, portanto, que algumas amostras são discriminadas de outras, sendo que o valor médio é 11,65 ± 1,88 g/100 mL. Os teores de açúcares redutores atingem a média de 75% em relação aos açúcares redutores totais, o que significa que a maior parte desta fração trata-se de açúcar redutor (frutose e glucose), inertes no suco da fruta, mas altamente reativos frente ao sistema enzimático das leveduras que se utilizam de glucoquinase e frutoquinase na via glicolítica.
- Sacarose. Calculada como diferença entre os valores de açúcares redutores totais e os de açúcares redutores, sem a correção relativa à molécula de água acrescida à estrutura dos monossacarídeos. O valor médio encontrado é de 3,23 ± 1,57 g/100 mL, expresso como glucose, sendo o atributo de maior amplitude com seu coeficiente de variação de quase 50%, indicando claramente que existem diferenças entre algumas amostras e que seus teores são específicos de cada genótipo.
- Glucose. Análise feita com kit enzimático de alta precisão, o valor médio de 2,07 ± 0,61 g/100 mL atesta também uma grande variabilidade (30%) desse monossacarídeo, o primeiro a ser ativado pela hexoquinase e glucoquinase, uma vez que os teores são relativamente baixos, o suficiente para não inibir a primeira enzima (maçãs com baixos teores de glucose) e ativar a segunda (maçãs com altos valores de glucose). Assim, esse atributo deixa claro que o extrato das células rompidas é altamente suscetível ao catabolismo fúngico, devendo ser estabilizado por algum tratamento físico ou químico.
- Frutose. Essa cetose já se apresenta com teores mais elevados, da ordem de 6,31 ± 1,55 g/100 mL, mas com uma dispersão menos evidente que os dois açúcares anteriores (25%).

Estes teores mais elevados e a ação correlata da sorbitol desidrogenase (WOSIACKI et al., 2004) fazem com que a frutose seja o açúcar mais estável metabolicamente, embora também necessite de um processo de estabilização especificamente para inativar a frutoquinase, uma vez que a hexoquinase não atua nessas concentrações de frutose. O valor relativo da frutose, tendo em vista os açúcares redutores totais, é de 54%, valor que indica certo apelo funcional das maçãs como frutas capazes de beneficiar o estado de saúde de pessoas propensas à obesidade ou portadoras de deficiências de insulina, haja vista seu metabolismo.

- **Compostos fenólicos**. Também denominados de fenóis totais, têm seus teores expressos como ácido clorogênico em mg/L, e apresentam as amostras de maçãs estudadas como um conjunto altamente heterogêneo, com um coeficiente de variação da ordem de 40%. Esse resultado é previsível, pois os compostos fenólicos distinguem aspectos qualitativos e quantitativos, mesmo em pequenas amostras em face de seu caráter de substrato de enzimas capazes de oxidar fenóis em quinonas, que podem se polimerizar formando produtos coloridos com boa ou má influência nos produtos processados. A cor do suco de maçã é atrativa de forma geral, porém, se for muito clara ou muito escura, certamente deixa a desejar e a aparência passa a ser um atributo de qualidade que dá suporte à aceitação ou ao desprezo. As maçãs de mesa apresentam teor de fenóis acima de 1.000 mg/L, porém no processo de trituração e prensagem, a reação de escurecimento enzimático é responsável por até 80% de redução dos compostos fenólicos no suco. Dessa forma, o teor final fica entre 200 a 350 mg/L (ZARDO et al., 2013).
- **Acidez total titulável**. Calculado com o fator do ácido málico, o conteúdo que possa ter de ácido cítrico, nunca superior a 5%, não influi nos resultados de forma significativa, em face da semelhança dos fatores de acidez do primeiro (0,67) e do segundo (0,65). O valor médio foi 0,376 ± 0,174 g/100 mL, com coeficiente de variação de 46%, indicando que as amostras têm um baixo nível de acidez, próprio para frutas de mesa. O teor de acidez para o processamento do suco de maçã deve ser superior a 0,45 g/100 mL.
- **Razão açúcar/ácido**. Trata-se de um índice adimensional que relaciona dois atributos importantes, e que serve para discriminar as frutas propícias para o processamento (valores próximos ou inferiores a 20) e para o consumo *in natura* (valores próximos ou superiores a 20).
- **Índice glicêmico**. Identificado pela notação GI, relaciona o alimento aos efeitos de seus carboidratos de forma direta no nível dos açúcares no sangue humano, e a Organização Mundial da Saúde, bem como a Organização de Agricultura e Alimentos, recomenda que as populações de nações industrializadas fundamentem sua alimentação em produtos com baixo impacto glicêmico. O Indice glicêmico de suco de maçã é 40 ± 1, enquanto o de laranja é 50 ± 4, e o de abacaxi, 46 ± 0.

A seguir, são apresentados (Tabela 20.2) os resultados da composição de minerais em diferentes cultivares de maçãs produzidas no Brasil. Nogueira et al. (2007) observaram que na extração do suco de maçã, em prensa vertical, apenas de 15 a 20% dos minerais eram extraídos para o suco – o restante ficava retido no bagaço de maçã.

Tabela 20.2 Estatística descritiva simples da composição de minerais em diferentes cultivares de maçãs.

Análises, ppm	N	Mínimo	Média	Máximo	Desvio padrão	Variança	C.V.,%
Cálcio	12	2,74	31,04	49,30	12,07	145,71	38,89
Ferro	9	2,10	3,81	7,10	2,07	4,28	54,29
Fósforo	12	22,46	38,43	63,00	13,06	170,61	33,99
Magnésio	12	4,78	22,81	36,30	11,34	128,53	49,70
Potássio	12	861,60	1.398,69	2.628,00	619,28	383.509	44,28
Sódio	9	42,70	58,56	87,50	14,37	206,41	24,54

Aspectos microbiológicos

Até os anos 1970, acreditava-se que o suco de maçã, em face de seu alto conteúdo de açúcares e de ácidos totais, era um produto que podia ser considerado estável do ponto de vista microbiológico, desde que tratamentos brandos com temperatura elevada diminuíssem sua microbiota; o pH baixo impediria naturalmente a proliferação de microrganismos patogênicos e os deletérios ao produto. Nas últimas décadas, todavia, começaram a aparecer relatos na literatura quanto à presença de *Alicyclobacillus terrestris* (EGUCHI et al., 2002; PODOLAK et al., 2009), de *Penicillium expansum* (KARLSHØJ et al., 2007) e de *Escherichia coli* (DUFFY; SCHAFFNER, 2002; QUINTERO-RAMOS et al., 2004).

A presença de metabólitos produzidos por microrganismos em frutas e sucos, tanto alcoóis quanto ácidos, causa defeitos de qualidade e perigo à saúde do consumidor. Segundo Daepp (1987), os teores de ácido lático superiores a 0,2 g/L são indicativos de contaminação microbiana durante o processamento. Algumas bactérias láticas podem converter açúcares e ácido L-málico em ácido L-lático, sendo esta uma conversão de um cetoácido dicarboxílico presente na maçã em um hidroxiácido monocarboxílico, denominada de bioconversão ou fermentação malolática. Vários microrganismos podem influenciar a concentração de ácido lático em suco de maçã, incluindo *Rhizopus stolonifer* e *Lactobacillus plantarum*. Os experimentos relatados por Gökmen et al. (2003) com estes dois microrganismos e com *Penicillium expansum* indicam o grande potencial de produção de ácido L-lático da linhagem de *Rhizopus stolonifer*, embora a temperatura usada no processamento de suco (50 °C) não seja a ideal para o seu metabolismo. A cepa de *Penicillium expansum* não causou maiores alterações nos teores de ácido L-lático, ficando no mesmo patamar do controle, ao passo que a de *Lactobacillus plantarum* praticamente dobrou os teores originais. Os autores concluíram que teores de ácido L-lático inferiores a 0,3 g/L não podem ser atribuídos unicamente à contaminação com microrganismos e que bolores e bactérias láticas que apresentem comportamento sinérgico podem aumentar os teores de ácido L-lático.

Contaminações com enterobactérias

A presença de microrganismos patogênicos em suco de maçã, como *Escherichia coli* 0157:H7, foi relatada nos Estados Unidos como responsável pelo menos por um caso de morte, o que moveu as autoridades sanitárias a tomarem providências cabíveis. Assim, o tradicional *apple cider* americano, que se constitui basicamente em um suco fresco não filtrado e não fermentado de maçã, passou a receber um tratamento para sua estabilidade microbiológica. O tratamento térmico proposto foi rejeitado pelo pequeno produtor americano, dado o custo elevado do trocador de calor, assim como muitos deles não queriam a alteração organoléptica do produto. Assim, começou a ser procurado um processo alternativo para a redução de 5 log nas Unidades Formadoras de Colônias (UFC) preconizados pelo Food and Drugs Administration (FDA). O advento da informática vinculada aos processos biológicos (bioinformática) possibilitou a emergência de uma técnica baseada em computação denominada Averiguação de Risco Microbiano Quantitativo (QRA), que pode estimar o risco de agressão à saúde causado por um tipo determinado de alimento. Um grupo de pesquisadores da Rutgers University, em New Brunswick, desenvolveu um QRA para o suco de maçã americano (DUFFY; SCHAFFNER, 2002).

Bactérias acidofílicas

De acordo com Eguchi et al. (2002), as bactérias acidotermofílicas estão presentes no solo em todo o mundo e os processos conhecidos de higienização de frutas não são eficientes para remover todos os microrganismos, sem afetar a qualidade da matéria-prima. Seus artigos compreendem métodos de detecção, ecologia e envolvimento com a deterioração dos sucos de frutas pelas bactérias acidotermofílicas formadoras de esporos.

Em 2003, Bahçeci et al., relataram uma avaliação de métodos de detecção e quantificação de *Alicyclobacillus acidoterrestris* no que diz respeito à sensibilidade e especificidade, levando em conta a sua importância na agroindústria de sucos cítricos. Dentre os métodos testados, o adotado pelos membros da Abecitrus no Brasil demonstrou a mais alta sensibilidade e desempenho na contagem para avaliação da presença dessa bactéria em sucos concentrados de laranja, embora sua especificidade tenha sido a mais baixa. Como uma segunda opção, o método fundamentado na produção do guaiacol teve um excelente desempenho, com 100% de especificidade e uma boa sensibilidade. Em razão do teor de ácido málico em sucos de maçãs, que lhes confere um pH da ordem de 2,5 a 4,5, existe um obstáculo intrínseco para a instalação de contaminantes microbianos capazes de causar danos ao produto final. Apenas microrganismos acidofílicos ou ácido-tolerantes podem se multiplicar e, assim, prejudicar bebidas obtidas a partir de frutas, que usualmente recebem um tratamento térmico brando (85-95 °C) capaz de eliminar as formas vegetativas de microrganismos. Esse tratamento, todavia, não elimina esporos de bactérias.

Nas últimas décadas, tem sido observada a contaminação de sucos parcialmente pasteurizados com bactérias em forma de bastonetes capazes de formar esporos (THELEN et al., 2003). A degradação de produtos de frutos era acompanhada com odores fortes, mas sem a formação de turvação ou de gases. A identificação dessas bactérias só foi possível pela análise de sua composição de ácidos graxos e dos genes rRNA 16S, revelando que se trata de *Alicyclobacillus*, sendo que o mais frequente é o *Alicyclobacillus acidoterrestris*. Como se trata de um microrganismo presente no solo, sua presença em produtos obtidos com frutas somente se explica por questões de higiene industrial.

Os métodos existentes para a identificação microbiana apresentam muitas desvantagens relacionadas ao tempo de trabalho, à falta de especificidade e ao custo operacional. Assim, foi proposto um novo e rápido sistema de detecção específico de *Alicyclobacillus acidoterrestris* que se fundamenta no uso de amostras de genes fluorescentes programados, que penetram na célula e se ligam a alvos no material genético. A presença de fluorescência verde identifica o *Alicyclobacillus* e de vermelha, *Alicyclobacillus acidoterrestris*; uma análise dura menos de dez minutos e dez análises, menos de 30 minutos, desconsiderando os procedimentos preliminares feitos de enriquecimento de bactérias por crescimento durante 48 horas (THELEN et al., 2003). Porém o assunto está longe de ter sido resolvido e Niwa e Kuriyama (2003) comentam que estudaram um método para detectar a presença de *Alicyclobacillus acidoterrestris* em sucos de maçãs, sendo que, no primeiro ano, estabeleceram um *kit*, e, nos dois seguintes, comprovaram a sua eficiência. Os fundamentos teóricos incluem o fato de que essas bactérias bastonetes se caracterizam por sua capacidade de formar guaiacol, que é o fator desagradável, e essa produção é induzida pelo ácido vanílico. Assim, o conjunto de dois *kits* parece resolver a detecção do *Alicyclobacillus acidoterrestris*. O primeiro induz a formação de guaiacol e o segundo, a sua detecção. Os autores demonstram que a formação de guaiacol antecede em muito a fase inicial do crescimento microbiano e discriminaram 14 amostras positivas de 48 *Alicyclobacillus* testados.

Bolores toxigênicos

A patulina é um composto carcinogênico produzido por uma variedade de bolores e que sua toxicidade desaparece após reagir com glutationa, um composto que contém grupamento sulfidrila em sua estrutura. As provas de sua presença são restritas ao solo e em maçãs infectadas por *Penicillium expansum*. A concentração de patulina em sucos de maçãs infestadas com este bolor variou de 0 a 240 µg/kg. O nível de patulina em sucos em repouso diminuiu 50% no período de duas semanas e que nos sucos em fermentação essa diminuição foi mais rápida, mas foi mais gradativa, não parecendo manter correlação com nenhuma fase do ciclo de crescimento, não havendo patulina residual ao final de 15 dias. As frutas com defeitos fitopatológicos, principalmente infestadas por fungos, não podem ser utilizadas no processamento de suco de maçã. Essas frutas podem conter certos microrganismos que produzem patulina (Figura 20.6), considerada um perigo para o ser humano, em virtude de sua relação com o câncer no esôfago. Essa micotoxina é normalmente encontrada, em maior concentração, não na parte espoliada da fruta, mas na sua parte não afetada, por ser hidrossolúvel. Estudos demonstram que a pasteurização não afeta a patulina, porém operações, tais como classificar, lavar, prensar, clarificar com enzimas, filtrações, tratamentos com carbono ativado, sulfito (SO_2), vitamina C e adição de cisteína, utilizadas durante o processamento de suco interferem na sua difusão e na sua estabilidade, reduzindo assim a quantidade nos produtos finais (VUKOWITZ, 1980).

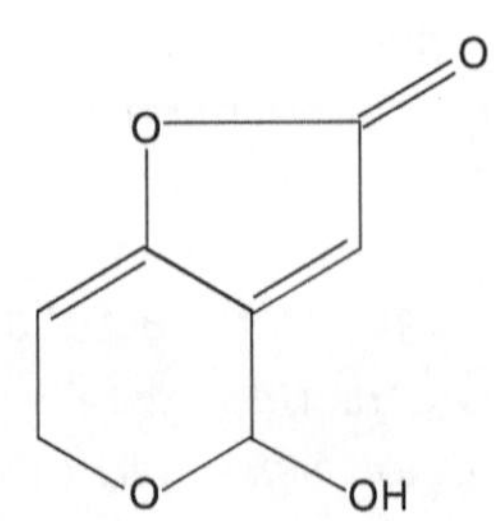

Figura 20.6 Estrutura da patulina.

Os fungos produtores são (NAGY et al., 1993): *Penicillium expansum, Penicillium urtiga, Byssochlamis nivea, Penicillium glaucum*, cepas de *Monilia, Botrytis cinerea*, cepas de *Gloeosporium, Physalospora obtusa* e cepas de *Fusicladium*. Desses microrganismos, o *Penicillium expansum* tem especial importância, uma vez que sua podridão apresenta manchas macias e aquosas e as partes deterioradas separam-se facilmente do tecido sadio. Maçãs processadas infectadas pelo *Penicillium expansum* apresentaram 150 mg/L de patulina, sendo que a dose letal para ratos é de 10 a 15 mg/kg. A patulina, tóxica aos animais superiores, carcinogênica em ratos se aplicada subcutaneamente e teratogênica a embriões de galináceos, tem sido isolada de maçãs infectadas e a sua prevalência em produtos processados acredita-se ser o resultado do uso de matéria-prima com algum grau de podridão (STINSON et al., 1978). Entretanto, a quantidade de patulina em sucos de maçãs comerciais é inferior a 50 ppb, em casos nos quais algumas maçãs podres foram utilizadas, os valores são inferiores a 100 ppb; porém, valores de 45.000 ppb foram encontrados em suco de maçãs de beira de estrada, nos Estados Unidos. A legislação de alguns países considera que 50 ppb (µg/L) é o limite máximo aceitável para sucos de maçãs e produtos que têm a maçã em sua constituição; para diabéticos e alimentos para crianças esse valor é de 10 ppb (SCUSSEL, 1998; NAGY et al., 1993; ASKAR, 1999). A contaminação de sucos de maçãs por patulina acontece, principalmente, em períodos de baixa produção e nas entressafras, quando a matéria-prima é escassa. Nessas condições, lamentavelmente são utilizadas maçãs de baixa qualidade, mesmo apresentando manchas ou podridões, juntamente com maçãs sadias na produção de sucos.

Kryger (2001) comentou os resultados de seus trabalhos sobre a volatilidade da patulina, aventando a hipótese de que essa toxina pudesse ser removida durante o processo de concentração. Mas com um peso molecular de 154 e sendo menos volátil do que a água, a patulina deverá permanecer no suco concentrado e não participar dos componentes da fração aroma. Até o momento, não foi constatada a presença de patulina no aroma.

Análises sensoriais

Os resultados de análises sensoriais de sucos despectinizados de diferentes cultivares de maçãs encontram-se expressos na Tabela 20.3. É possível verificar que os coeficientes de variação são relativamente baixos, aceitáveis, em se tratando de uma coletânea de dados que foram sendo obtidos ao longo de vários anos, com diferentes provadores não treinados e utilizando-se apenas valores relativos à escala hedônica que variou de 1 a 9, desde "gostei muitíssimo" a "desgostei muitíssimo". Assim, sem pretender fazer uma diferenciação entre amostras, o atributo aparência recebeu valores de julgamento, cuja média foi de 6,47 – ou seja, entre o "gostei ligeiramente" [6] e o "gostei regularmente" [7]. Já os atributos aroma e sabor receberam valores de julgamento mais próximos à aceitação gostei ligeiramente [6]. Estes valores são muito úteis, no sentido de se ter um panorama geral de análise sensorial de um produto nobre do processamento de maçã. A tendência é de uma aceitação positiva, embora baixa com relação aos atributos internos e mais elevados com relação aos atributos externos. Então, há uma justificativa grande para se trabalhar o processo de clarificação e acabamento do suco de maçã. Já os atributos aroma e sabor são mais inerentes às matérias-primas em si. O processo de seleção e escolha de cultivares mais adequadas a serem utilizadas na fabricação de sucos passa a ser mais importante. Não é possível fazer um produto bom em termos de aceitação pelo consumidor, se não for disponibilizada uma matéria-prima adequada.

Tabela 20.3 Estatística descritiva da análise sensorial de cultivares da maçã brasileira.

Análises	N	Mínimo	Média	Máximo	Desvio padrão	Variância	Coeficiente de variação, %
Aparência	149	4,10	6,47	8,00	0,81	0,66	12,55
Aroma	76	4,70	6,20	8,00	0,53	0,28	8,60
Sabor	149	3,00	6,16	7,70	0,83	0,69	13,45

Aspectos nutricionais

Maçãs contêm significativas quantidades de compostos fitoquímicos (Tabela 20.4). A epiderme, particularmente, é uma rica fonte de quercetina, a qual é reconhecidamente um forte fator antioxidante e, portanto, anticancerígeno. Diferentes cultivares de maçã apresentam quantidades apreciáveis de fitoquímicos – moléculas bioativas – com atividade antioxidante. Em face da elevada atividade antioxidante das maçãs, os autores (LEE; SMITH, 2000) sugerem que as pessoas devem consumir, pelo menos, uma por dia, a fim de aumentar o conteúdo antioxidante total de sua dieta. A cultivar Red delicious é uma das mais difundidas no mercado consumidor americano, sendo que Johnson et al. (1984) divulgaram a sua composição em termos de vitaminas hidrossolúveis e de minerais (Tabela 20.4).

Tabela 20.4 Composição físico-química da cultivar *Red delicious.*

Micronutrientes (mg/100 g)	*Red delicious*		Handbook 8 Referencial
	Valores médios	Amplitude	
Ácido ascórbico	5,51	1,69-6,12	5,7
Niacina	0,08	0,05-0,10	0,08
Ácido pantotênico total	0,07	0,05-0,10	0,06
Ácido pantotênico livre	0,06	0,05-0,09	–
Vitamina B6	0,03	0,02-0,04	0,05
Riboflavina	0,02	0,01-0,02	0,01
Tiamina	0,01	0,005-0,016	0,02
Ácido fólico total	0,85	0,60-1,06	2,80
Ácido fólico livre	0,21	0,21-0,30	–
K	114,49	100,76-126,67	115
Mg	8,46	7,23-9,77	5
P	7,02	5,88-8,63	7
Ca	4,68	3,28-5,77	7
Na	4,18	2,67-6,47	0
Fe	0,11	0,09-0,12	0,18
Cu	0,04	0,03-0,05	0,04
Mn	0,03	0,02-0,04	0,05
Zn	0,02	0,02-0,03	0,04

Fonte: Johnson et al. (1984).

O fluxograma apresentado na Figura 20.7 resume as operações envolvidas no processamento da maçã, quer seja considerada para consumo *in natura*, quer para procedimentos tecnológicos, incluindo o aproveitamento de subprodutos.

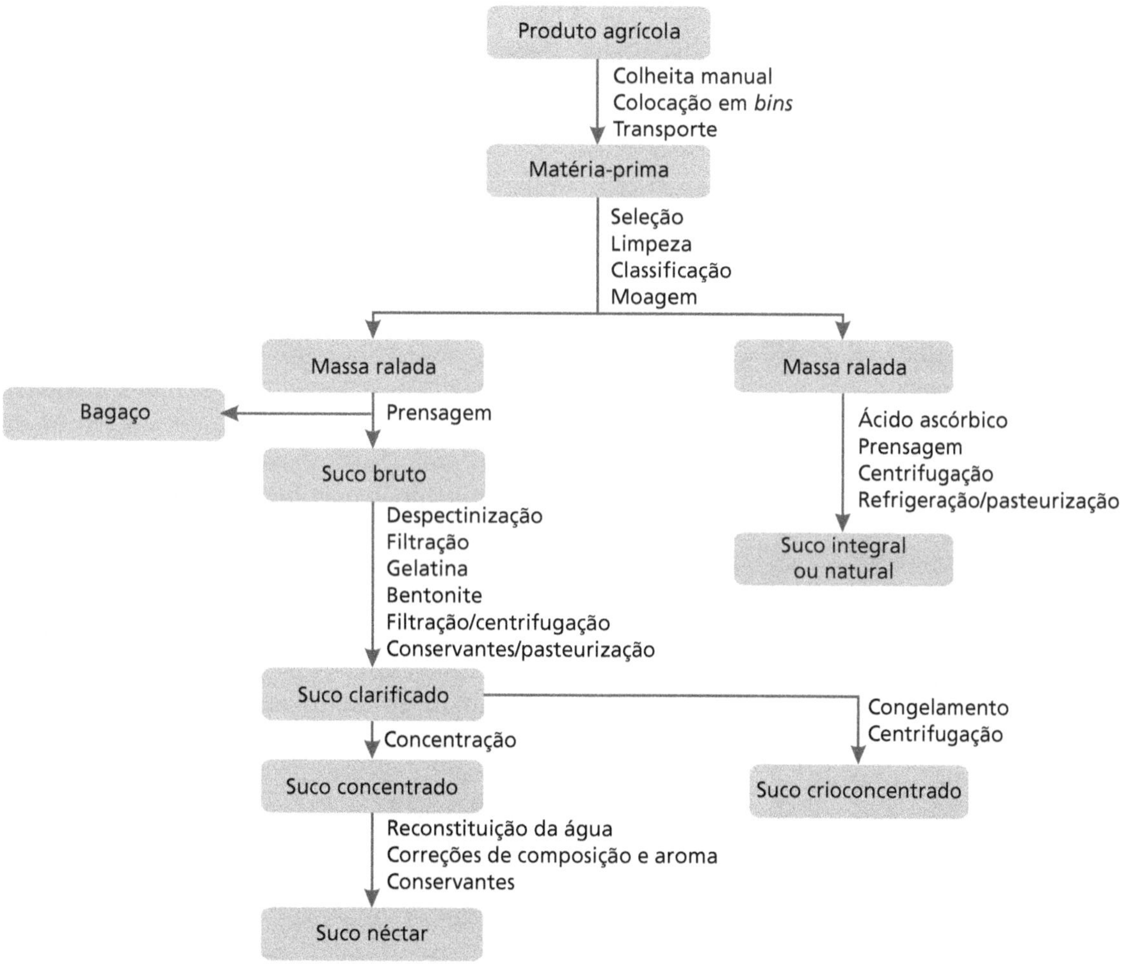

Figura 20.7 Fluxograma de processamento de sucos de maçã.

20.3.1 A maçã de mesa

A maçã para consumo *in natura* deve apresentar uma qualidade compatível com a exigência do mercado consumidor. Como no Brasil foi iniciado o processo de abastecimento do mercado consumidor já acostumado com maçãs de alta qualidade, provenientes da Argentina, qualidade essa que o consumidor pagava sem reclamações, pois as frutas eram elementos de *status* social e até mesmo para uso de recuperação de convalescentes, os procedimentos tecnológicos para a seleção e classificação das frutas instalados foram do maior rigor, com maquinário todo importado e com técnicos treinados para garantir a qualidade do processo e do produto, desde a colheita até o mercado.

20.3.1.1 O beneficiamento

Os pomares brasileiros estão ligados aos grandes produtores comerciais e todos vinculados às unidades de beneficiamento se não próprias, por contrato de venda de produção no mercado futuro. Do chão do pomar ao da fábrica, os *bins* cheios de maçãs (Figura 20.8) colhidas manualmente são transportados por tratores adaptados com recursos para rebocar unidades volantes na rústica estrada – carreadores – existentes na área de produção, entre leiras de árvores frutíferas. O caminho é tortuoso em alguns locais e as chuvas podem dificultar o transporte feito dessa forma, mas as distâncias são usualmente curtas; de pomares mais distantes, os *bins* são transportados por caminhões com carroceria simples, e o descarregamento é feito no setor de recepção da matéria-prima da unidade beneficiadora. O carregamento de caminhão a granel apenas é efetuado com maçãs desqualificadas para o comércio de frutas de mesa e consideradas matérias-primas para o processamento de sucos e mostos. Estas constituem as maçãs industriais.

Figura 20.8 Caixa de madeira (*bins*) com maçãs no início do beneficiamento.

O beneficiamento das frutas para o consumo *in natura* inicia com o recebimento na unidade industrial e com a participação da água de limpeza. Os *bins*, repletos de frutas colhidas manualmente, são conduzidos, via esteira, à linha de beneficiamento, sendo mergulhados em água, e, como as frutas apresentam densidade inferior a 1,0, emergem e inicia-se o transporte hidráulico na fábrica. Em seguida o bin é retirado e higienizado para o retorno à colheita.

Após essa etapa preliminar de limpeza, na qual são eliminadas as sujidades relativas à terra e seus contaminantes, assim como as frutas sem padrão comercial são eliminadas da linha por um processo de seleção manual. Em seguida, as demais frutas são transportadas por fluxo de água, em canaletas, até um cilindro com orifícios para a separação de frutas pequenas com valor comercial diferenciado. Em seguida, as frutas são higienizadas para as operações de seleção e classificação.

20.3.1.2 A seleção e a classificação

No primeiro processo, manual e de inspeção visual, as frutas que apresentam defeitos do tipo mecânico ou de formato são desqualificadas, sendo retiradas da linha de processamento e colocadas em esteiras laterais que as conduzem aos *bins* específicos, para serem transportadas para fora da unidade de beneficiamento, como maçãs industriais. Nessa fase de classificação, as frutas expurgadas apresentam sintomas de doenças e são sumariamente eliminadas como resíduo agroindustrial.

As frutas selecionadas continuam no processo de classificação, que é feito em transportadores unitários, passando por dispositivos eletrônicos que fazem a leitura da uniformidade da coloração, sendo separadas por peso e por coloração. As maçãs que chegam ao final da linha de beneficiamento sem terem sido classificadas passam a ser consideradas como subprodutos e denominadas de *frutas industriais*. Estas irão ser reunidas às desqualificadas pelo tamanho e conduzidas às unidades de transformação. Aquelas que forem selecionadas na linha de beneficiamento, sendo classificadas pela cor, peso ou tamanho, após uma inspeção ainda manual, podem ser encaixotadas em embalagens secundárias de papelão, sendo separadas internamente por camadas contendo depressões côncavas (Figura 20.9) e encaminhadas para a comercialização ou direcionadas para *bins* utilizados no armazenamento frigorificado em atmosfera controlada ou convencional, na dependência do fluxo de comercialização da safra. Essa fase do processo de beneficiamento é geradora de contratações, pois a mão de obra é necessária como coadjuvante do processo eletrônico, gravimétrico e automático de classificação, totalmente controlado por painéis específicos, operados por técnicos treinados.

Figura 20.9 Maçãs acondicionadas em embalagens primárias com separação de camadas.

Fonte: Agrícola Fraiburgo.

20.3.2 A maçã industrial

Se for levada em conta a perspectiva de uma produção de 1.355.000 ton na safra 2012/2013 no Brasil, será possível a destinação de cerca de 405.000 ton, ou mais, de maçãs classificadas como industriais, em um crescimento previsível por dados estatísticos acumulados nas últimas décadas (Figura 20.10).

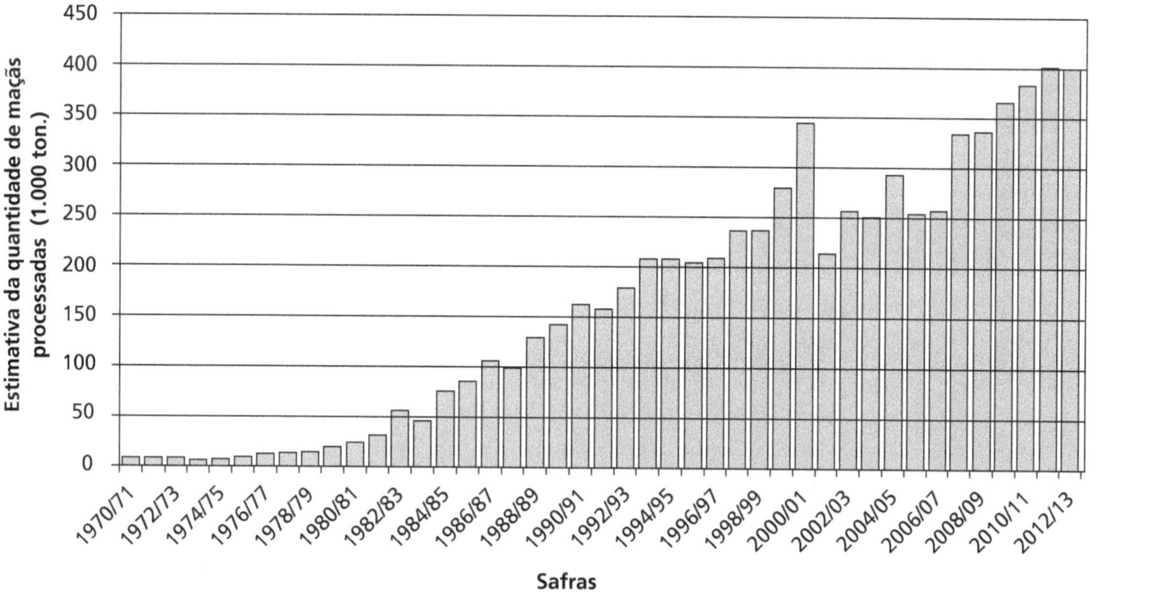

Figura 20.10 Evolução da disponibilização de maçãs industriais de 1973 a 2013.

Fonte: Faostat (2014).

A falta de aptidão ao processamento das atuais matérias-primas, constituídas de frutas das cultivares Gala e Fuji, já começa a preocupar os setores de pesquisa no sentido de obter variantes de cultivares de maçãs que apresentem teores mais expressivos de ácidos orgânicos e de compostos fenólicos. Algumas cultivares hoje utilizadas como polinizadoras apresentam estas características e já se pode antever o seu uso como "corte" (mistura) em sucos processados com variedades Gala e Fuji no sentido de dar "corpo" às bebidas produzidas, sejam elas alcoólicas ou não. As frutas utilizadas no processamento do suco são frescas, porém em alguns casos um período de estocagem de no máximo 14 dias na temperatura ambiente de 7 a 12 °C pode aumentar o rendimento em açúcares e melhorar a textura na prensagem por esteiras. Em países que possuem temperatura superior a 20 °C, a estocagem é inviável, como é o caso do Brasil, onde a principal colheita (>95%) é realizada durante os meses fevereiro a maio.

Na produção mundial de maçãs, 76 milhões de ton (FAOSTAT, 2014), 25-30% é destinada à indústria onde o principal produto é o suco de maçã (PAGANINI et al., 2004). No Brasil, as maçãs rejeitadas ou provenientes do descarte podem chegar a representar 30% da produção total (WOSIACKI et al., 2002).

A composição físico-química das frutas de descarte, que apresentam deformidades, tamanhos impróprios, manchas ou cicatrizes, é praticamente a mesma da maçã de mesa e, desta forma, estas frutas podem ser utilizadas pelas indústrias processadoras de suco, possibilitando ainda a oferta de um produto nobre ao longo de todo o ano. Há possibilidade, pois, de valorizar economicamente esta fração da produção comercial, até então sem muitas perspectivas (WOSIACKI et al., 1992). As frutas que apresentam problemas fitopatológicos ou aberturas na epiderme, verdadeiras portas de entrada para microrganismos, são encaminhadas para a fabricação de sidra, vinagre e destilados (BINNIG; POSSMANN, 1993; ASKAR, 1999). Além disso, maçãs com problemas fitopatológicos podem apresentar diferenças na composição físico-química, como é o caso da podridão amarga (*Glomerella cingulata*), que altera os valores de acidez da fruta (WOSIACKI et al., 1991). É oportuno salientar que, em razão da grande produção de Gala e Fuji, as maçãs industriais compreendem as frutas desqualificadas dessas cultivares e de todas as frutas utilizadas como comerciais polinizadoras, cujo sabor e aparência deixam a desejar para consumo *in natura*.

20.3.2.1 As maçãs desclassificadas

Em países como a França e a Espanha, existem cultivares de maçãs denominadas industriais. Essas frutas não apresentam características desejáveis para o consumo doméstico, porém são ideais para a qualidade do suco. Essas frutas apresentam elevados teores de ácidos orgânicos, taninos e açúcares que são desejados na formação do "corpo" da bebida.

No Brasil, porém, ainda se está na fase de aproveitamento das maçãs comerciais que foram rejeitadas como frutas de mesa, portando defeitos fenológicos, cicatrizes de granizo e ataque de insetos, mas não sintomas de doenças como a podridão amarga da *Glomerella* (WOSIACKI et al., 1992).

20.3.2.2 *Os defeitos mais importantes*

As maçãs industriais apresentam características que as tornam sem valor comercial, como formato ruim, tamanho pequeno e coloração desuniforme; cicatrizes provenientes de insetos, pássaros, granizo ou ferimentos resultantes de tratos culturais e transporte inadequados; sintomas de doenças (manchas de sarna e de podridões) e problemas fisiológicos (*'russeting', 'bitter pit'* e escurecimentos internos). Essas frutas eram, inicialmente, destinadas à alimentação animal, porém com o aumento da matéria-prima, as próprias indústrias classificadoras passaram a processá-las como forma de agregar valor. Cerca de 2/3 dos frutos rejeitados são ainda adequados para o processamento após a retirada daqueles portadores de doenças ou mesmo apodrecidos (WOSIACKI et al., 2002; PAGANINI et al., 2004).

20.4 A MASSA RALADA

20.4.1 A moagem

A moagem representa a operação na qual é diminuído o tamanho da matéria-prima, de tal maneira que a prensagem vertical na operação seguinte possa ser efetiva. Essa diminuição de tamanho tem como pressuposto fundamental a manutenção da estrutura tissular, a fim de que quando o material seja prensado, o suco possa percolar por meio da massa ralada que passa a ser um coadjuvante do processo de extração de um produto claro e límpido. Na prensagem vertical em batelada é desejável que as partículas sejam representadas por cubos com aresta entre 5 e 8 mm e precisa ser levado em consideração que a ruptura da integridade das células libera o líquido existente nos vacúolos misturando enzimas, açúcares, ácidos, compostos fenólicos e possibilitando o acesso de oxigênio atmosférico a essa suspensão. Na prensagem contínua ou por esteiras, a matéria-prima é ralada e o suco extraído sob diferentes condições de prensagem entre rolos, sendo um aumento gradativo em sete ciclos de prensagens, ao final de ambos os processos ficam criadas as condições para o escurecimento enzimático de fenóis e a degradação enzimática de hidrocoloides.

Os equipamentos disponíveis para a moagem incluem os moinhos de facas (Figura 20.11) e os de martelo. Os moinhos de faca são os conhecidos raladores (ralos) e constituem-se em um dos equipamentos do processo que definem a velocidade de produção, razão da necessidade do cálculo de sua eficiência dentro do contexto da unidade. Em função da característica essencialmente ácida da matéria-prima, há necessidade de que esses equipamentos sejam construídos com material que resista ao processo agressivo de corrosão, como é o caso do aço inoxidável.

Figura 20.11 Moinho de facas utilizado na moagem de maçãs.

Fonte: Birus (2001).

20.4.2 A prensagem

Feita a moagem, a massa ralada pode ser eficientemente processada de forma a que sejam extraídos todos os sólidos solúveis. Os equipamentos de prensagem para este tipo de material são de vários tipos (Figuras 20.12, 20.13 e 20.14): as prensas verticais, mais antigas, as horizontais, mais modernas, e as de esteira, exemplos de avanço tecnológico e as de melhor desempenho industrial.

Os melhores sucos são os retirados por pressão levemente superior à atmosférica, que é considerado o suco livre da maçã. A massa prensada, ao final, pode receber certa quantidade de água para extrair mais sólidos solúveis, sendo que, na prática, uma extração feita com o mesmo fluido por três vezes pode chegar a extrair a maior parte do conteúdo de açúcares e de ácidos. Este suco continua o processamento, enquanto o bagaço constitui o principal resíduo sólido desse tipo de unidade industrial e tem valor praticamente negativo.

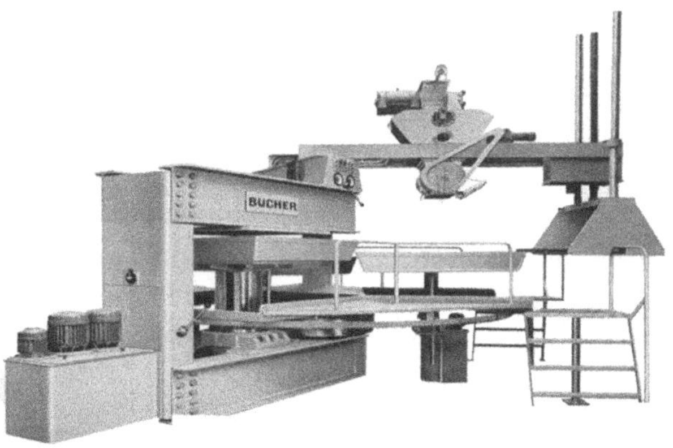

Figura 20.12 Prensa hidráulica vertical utilizada em processo descontínuo.

Foto: Laufer.

Figura 20.13 Prensa hidráulica horizontal utilizada em processo semicontínuo.

Foto: Bücher.

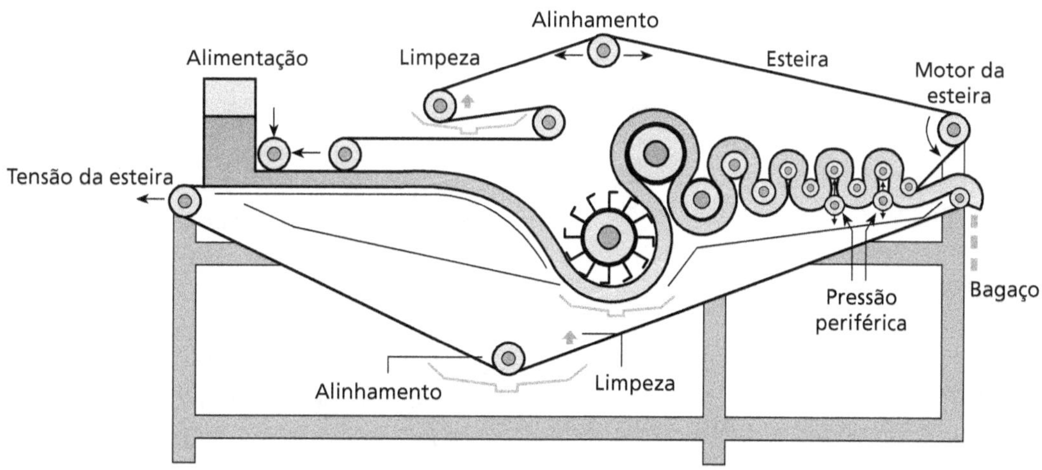

Figura 20.14 Prensa de esteira utilizada em processo contínuo.

Fonte: Birus (2001).

As prensas hidráulicas verticais (Figura 20.12) pressupõem um processo descontínuo, mesmo de elevado porte industrial, porém encontram-se cada vez mais em desuso, em função da entrada no mercado dos equipamentos contínuos (Figura 20.14). As horizontais (Figura 20.13) aparentemente tiveram seu espaço no processo tecnológico, mas, embora admitam a automação e a continuidade de fluxo industrial, também perdem em rentabilidade com relação às modernas de esteiras.

20.5 O SUCO DE MAÇÃ

A composição físico-química é pouco influenciada pelo tamanho da fruta, sendo que apenas a fração aroma, cujos componentes estão localizados, em sua maioria na epiderme, parece ser afetada, uma vez que a superfície das maçãs pequenas é relativamente mais ampla do que a das maçãs de grande tamanho. Esse fato já tem sido explorado comercialmente, pois é notório que as frutas pequenas (por exemplo, cv Gala) apresentam um aroma mais intenso que as frutas maiores (por exemplo, cv Melrose – que pode atingir 400 g).

A água é o principal componente da matéria-prima, com valores superiores a 80% da massa total, o que faria da maçã um produto agrícola essencialmente perecível, sob todos os aspectos. Sua epiderme faz uma barreira eficaz a processos de infestação e infecção, sendo seus componentes químicos intrínsecos uma série de obstáculos à deterioração química e biológica.

O primeiro obstáculo à deterioração é explicado pelo elevado teor de ácido málico, que pode ser superior a 1,0 g/100 mL, e que com sua característica de ácido orgânico dicarboxílico pode manter o pH bem abaixo do referencial de 4,5, que diferencia os alimentos ácidos dos fracamente ácidos, podendo chegar a valores tão baixos quanto 2,0 a 2,2. Associado ao málico está o ácido cítrico, tricarboxílico, que pode vir a explicar a acidez titulável em torno de 5% do total. Estas características ácidas inibem o crescimento de muitos microrganismos, favorecendo apenas algumas espécies de fungos leveduriformes.

A segunda barreira se constitui nos elevados teores de açúcares, com a predominância absoluta da frutose e com glucose e sacarose completando o estoque de carboidratos solúveis, porém inertes. Apenas aqueles microrganismos capazes de ativar estes açúcares adicionando-lhes radicais fosfatos, por meio das enzimas glucoquinase e frutoquinase, com *Ki* elevados e com resistência aos baixos valores de pH, serão capazes de ultrapassar mais essa barreira de resistência à deterioração.

A terceira barreira constitui-se nos compostos fenólicos que estão presentes em quantidades significativas e que são altamente reativos, inclusive no tocante a formar complexos com proteínas, inativando-as se forem enzimas ou se tiverem uma atividade biológica específica.

Outros componentes podem ser observados por prisma diferente, compreendendo os hidrocoloides e as enzimas do sistema das polifenoloxidases. Os primeiros consistem em um complexo de polissacarídios da lamela média e da estrutura da parede celular e podem ser representados, em seu significado tecnológico, pelas pectinas. São macromoléculas de caráter ácido, solúveis em água e de comportamento reológico característico: reduzem o fluxo de suco e impedem a sua filtração, causando inúmeros problemas tecnológicos. Mantidos no suco natural, consistem em uma malha de suporte químico capaz de revelar os produtos escurecidos das enzimas do sistema de polifenoloxidases, tornando-o uma bebida de aspecto desagradável e de qualidade duvidosa. O amido, composto característico de maçãs imaturas, pode alterar a qualidade de diferentes maneiras, em função do processo tecnológico empregado: pode ser um precipitado branco em sucos naturais não pasteurizados, à semelhança da *apple cider* americano, ou após tratamento térmico e enzimático aumentar o teor de carboidratos solúveis no produto final (WOSIACKI; DEMIATE; NOGUEIRA, 2004). As sementes, a casca e o material da região carpelar, todos inerentes à matéria-prima e vinculados a compostos fenólicos, antociânicos, celulósico e hemicelulósicos respondem por parcelas perdidas em nível tecnológico, causando baixas na produtividade, principalmente se a tecnologia for pouco avançada. As possibilidades de liquefação total da matéria-prima, divulgada por produtores de enzimas, tornam mais simples o processo, podendo dispensar equipamentos extratores, como prensas e filtros.

As duas possibilidades mais comuns de apresentação de um suco pronto para beber incluem o suco natural, obtido por prensagem da maçã ralada e parcialmente clarificado pelo próprio processo de extração, o que se consegue com o emprego de matérias-primas, não totalmente amadurecidas e com uma resistência tissular ao processo de prensagem vertical, feita por prensas hidráulicas.

Possibilidades de processamento

No Brasil, o setor agroindustrial da maçã segue lentamente os moldes europeus, no que diz respeito ao processamento de bebidas. Identificam-se aos poucos as unidades de processamento de sucos concentrados e de reconstituição do suco. Os próprios custos de investimento e circulação de mercadoria conduzem a processos de reconversão ou estabelecimento de indústrias sem maiores necessidades de estudos de mercado e de novos equipamentos. A demanda por sucos de maçãs já faz com que as maçãs industriais tenham seu preço ajustado e o valor agregado ao descarte comercial seja mais interessante.

20.5.1 O suco de maçã natural

De acordo com Braun (2003), o que define a qualidade e, consequentemente, o valor de suco de maçã é o teor de sólidos solúveis. A claridade e a cor é o segundo aspecto, quanto mais claro e límpido, melhor, embora exista um mercado em crescimento para sucos naturais ou integrais turvos. A acidez, quanto maior melhor. Isto enquanto os consumidores ou as especificações legais indicarem um valor mínimo de ácido, e enquanto houver uma oferta elevada de sucos de baixos teores de ácidos, como a China, Turquia, Irã e alguns países do Hemisfério Sul. O cultivo de frutas e sucos orgânicos estão alcançando boa parte do mercado, em especial nos Estados Unidos, no Reino Unido e na Alemanha.

20.5.2 O suco clarificado

No mundo moderno, o consumidor que aprecia uma bebida clara, límpida e brilhante não irá aceitar nunca um sedimento no fundo da garrafa, qualquer que seja a sua natureza. As possibilidades de prevenir a turvação de sucos de maçãs incluem a qualidade da matéria-prima, as condições de higiene, o tratamento térmico do suco, o tratamento enzimático do suco, o acabamento e a filtração.

O processo de clarificação inclui o tratamento enzimático de despectinização e o acabamento, com a retirada dos compostos instáveis (com carga positiva ou negativa) que prejudicam a boa aparência do produto final. O polimento final é obtido com o uso de filtros, dos quais o processo de ultrafiltração está cada vez mais sendo empregado, em face da eficiência e rendimento.

A produção de um suco de maçã claro, límpido e estável é um assunto que sempre está em pauta numa unidade industrial produtora de sucos. Desde que foi dado o início à transformação de sucos naturalmente turvos em produtos claros e brilhantes, as novas questões relacionadas a processos e técnicas são da mais alta importância. Mais do que nunca, o mercado internacional de sucos prontos para beber ou concentrados demanda produtos da mais alta qualidade, estáveis e claros, com garantia da qualidade do produto final e a manutenção do sabor original. Critérios, como intensidade de cor, claridade e estabilidade com relação à turvação tardia, também apresentam uma influência marcante na comercialização do produto final.

No caso de sucos de maçãs, existem muitos fatores que afetam essa comercialização. Na área de turvação de bebidas as causas podem ser de diferentes naturezas e o número de fatores intervenientes é elevado (Tabela 20.5).

Tabela 20.5 Motivos das turvações em sucos de maçã.

Orgânicos	Inorgânicos e orgânicos	Inorgânicos
Pectinas	Metal – polifenóis	*Kiesekghur*
Amidos	Metal – corantes	Fosfato ferroso
Polifenóis	Pectato de cálcio	Fosfato de cálcio
Proteínas	Malato de cálcio	Sulfato de cálcio
Componentes coloridos	Pectato de cobre	Cristais
Polissacarídeos	Proteínas – cobre	Partículas amorfas
Polifenóis-proteínas		
Microrganismos		
Produtos de Maillard		
Partículas de celulose		

Fonte: Reveridge e Wrolstad (1997).

20.5.2.1 A despectinização

O processo de clarificação, que compreende a despectinização e o acabamento, inicia com o emprego de enzimas de natureza microbiana disponíveis no mercado industrial.

- **As substâncias pécticas.** A fase de eliminação das substâncias pécticas propõe a transformação de um suco turvo de má aparência e de qualidade reológica inadequada a processos de transporte e de filtração em um suco claro e próprio para as operações unitárias seguintes. As substâncias pécticas, com a pectina como seu principal componente, constituem um conjunto de moléculas de natureza glicídica que se apresentam com um peso molecular elevado, classificando-se como hidrocoloides, quimicamente incolor. Com o inadequado nome de fibras solúveis, participam ativamente no processo de alimentação humana com implicações benéficas do equilíbrio hídrico e com a motilidade intestinal. Em sucos de maçãs, todavia, a presença de sua estrutura complexa é revelada por depósitos ou formações de complexos com outros compostos químicos como polifenóis oxidados, apresentando um produto de aparência desagradável, inaceitável comercialmente. Do ponto de vista técnico, a despectinização é uma etapa necessária do processamento de suco concentrado, pois as baixas concentrações no suco natural passariam a ser muito elevadas, potencializando negativamente todos as desvantagens de sua presença, além de impedir naturalmente o processo de evaporação da água.

O processo de despectinização compreende o emprego de enzimas despolimerizantes e a separação do sedimento/floculado formado. As enzimas compreendidas nas preparações disponíveis ao setor industrial incluem hidrolases e liases, e podem ser consideradas as primeiras enzimas a serem usadas em processos industriais de grande porte.

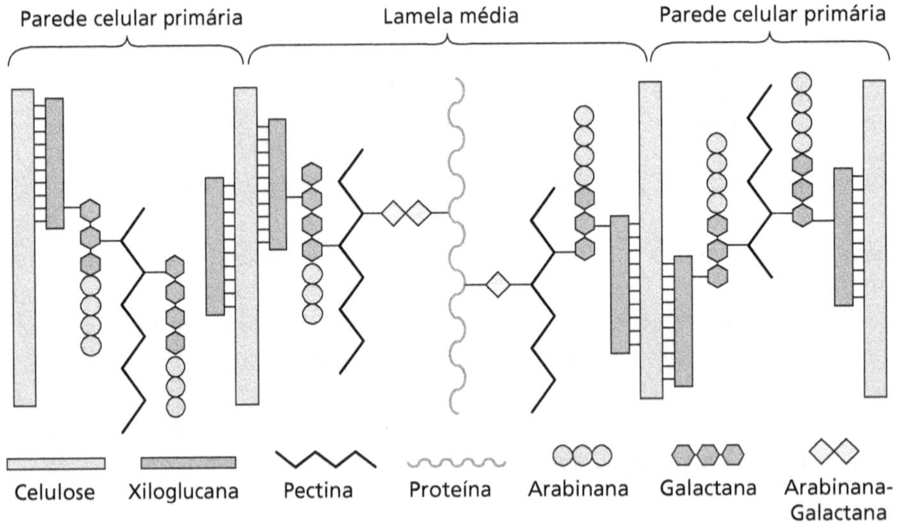

Figura 20.15 Estrutura da parede celular da Maçã.

Fonte: Birus (2001); Hasselbeck (2008).

- **Despolimerases.** Poligalacturonases ou polimetilgalacturonases são enzimas que hidrolisam as ligações α (1-4) entre resíduos de ácidos galacturônicos participantes da cadeia linear da pectina, cadeia esta entremeada de resíduos de uma metil-pentose denominada de *rhamnose*. Uma ligação que seja hidrolisada, teoricamente causaria a queda da viscosidade do suco em 50%, haja vista que a enzima é do tipo endo (hidrolisa ao acaso de preferência macromoléculas) e o complexo péctico estaria em uma faixa de peso molecular fora do tamanho coloidal, podendo flocular ou sedimentar. Poligalacturonatoliases ou polimetilgalacturonatoliases são enzimas que têm a capacidade de causar um rearranjo eletrônico na ligação glicosídica próxima a um resíduo de ácido galacturônico metoxilado, desfazendo a ligação α (1-4) liberando um polímero com carbono anomérico na forma α e outro com uma dupla ligação entre os carbonos 4 e 5 do último resíduo de ácido galactônico, metoxilado. O resultado físico é o mesmo: uma ligação que seja desfeita por transeliminação causa uma queda da ordem de 50%, pois a transeliminase também é do tipo endo.
- **Outras hidrolases.** A enzima pectinesterase atua sobre as carboxilas metoxiladas e sua hidrólise causa a liberação de uma molécula de metanol, que é fixado no suco de maçã e uma carboxila livre, aumentando o número de grupamentos com carga elétrica negativa, embora não apresente maiores vantagens ou desvantagens ao processo ou ao produto. Existem também nas preparações industriais de enzimas outras atividades menores, mas que vêm a multiplicar as vantagens técnicas de sua aplicação: é o caso das arabanases que passam a hidrolisar os arabanos ou arabinanos e que inibem a turvação posterior (*Nachtrübung*), aumentando o tempo de prateleira, ao liberar açúcares de baixo peso molecular e solúveis em água.
- **Os compostos fenólicos.** Imediatamente após a ruptura da integridade celular, esses componentes entram em contato com o oxigênio do ar atmosférico e com o sistema intrínseco das enzimas polifenoloxidases da fruta e as reações de escurecimento se processam imediatamente com a formação enzimática das quinonas e químicas de polimerização, levando à formação de pigmentos melanoidínicos de

estrutura complexa que se ligam às substâncias pécticas, em fração de minutos. Essas substâncias pécticas, escurecidas pelos compostos polifenólicos oxidados e agora em tamanho subcoloidal, passam a ser um conjunto de estruturas poliméricas de menor peso molecular com cargas negativas, que podem se combinar com substâncias de cargas positivas eventualmente presentes, no caso aminoácidos e proteínas do próprio suco. Por estarem abaixo do peso molecular que caracterizam os hidrocoloides, essas substâncias, combinadas com compostos fenólicos oxidados e com substâncias nitrogenadas com cargas positivas, tendem a deixar de ser solúveis e precipitam ou floculam. A ação das enzimas pectinametilesterases, aumentando o número de carboxílas livres, potencializa a formação de compostos eletrostaticamente combinados eliminando dos sucos de frutas mais compostos positivamente carregados. Os açúcares solúveis liberados pelas hidrolases aumentam o rol de carboidratos no meio, sem maiores consequências, dada a sua baixa concentração. Esse complexo de substâncias, após precipitado, tem uma estabilidade adequada para que seja retirada a fase líquida por filtração ou mesmo por centrifugação.

20.5.2.2 O acabamento

O processo de acabamento do suco de maçã inclui etapas de retirada de material que prejudica a aparência, ao mesmo tempo em que cria condições de valorizar as qualidades intrínsecas da fruta. As substâncias pécticas escurecidas pelos polifenóis impedem que se apresente um suco brilhante, havendo necessidade de promover a retirada de materiais poliméricos com cargas explícitas negativas e positivas, bem como de outros materiais de elevado peso molecular. Os teores de proteína em sucos de maçãs são excessivamente baixos, porém quando se adiciona gelatina para retirar principalmente substâncias pécticas, permanece ainda uma quantidade capaz de ser retirada com bentonitas e suspensões de silicatos. É conveniente observar que o excesso de agente de acabamento causa tanto prejuízo à aparência quanto a sua falta.

A seguir, são mencionados os coadjuvantes tecnológicos permitidos para uso em alimentos, considerados como seguros e que não permanecem no produto final, pois são retirados pelos equipamentos de polimento.

- Gelatina. O tratamento com gelatina é um método muito comum de acabamento e, na maioria dos casos, essa proteína apresenta cargas positivas no pH intrínseco do suco, sendo particularmente úteis na remoção de substâncias pécticas. O seu uso isolado pode levar a uma situação de hiper-refino, quando a turvação ocorre pelo excesso de agente de clarificação; isso acontece porque a gelatina dissolvida no suco pode levar a uma turvação posterior. Por isso, a utilização conjunta da gelatina com outros coadjuvantes é recomendável, como segue: com taninos, com sílica sol, com bentonita ou com sílica sol + bentonita. Os agentes de refino utilizados com a gelatina são todos negativos no pH do suco de maçã e, assim, após a estabilização das cargas eletrostáticas causada pela gelatina carregada positivamente, todos floculam.
- Sílica Sol. São soluções coloidais de ácido silícico contendo água, que são utilizadas para o acabamento dos sucos, em conjunção com gelatina ou bentonita. Com esse agente podem ser obtidos bons resultados, porém a turvação posterior tende a ocorrer, pois poucos compostos polifenólicos são adsorvidos. A sílica sol estabilizada em meio ácido pode ser usada isoladamente, em combinação com gelatina ou em conjunção com gelatina e bentonita. É negativamente carregada, em função do pH dos sucos e, assim, em consequência, o resultado é uma agregação com coloides carregados positivamente, o que leva, em seguida, a uma floculação.
- Bentonita. Trata-se de um material argiloso, cujo componente principal é a montmorilonita, argila composta de silicato, contendo metais, como ferro, alumínio e manganês, o que permite o seu papel de trocador de íons, com proteínas carregadas positivamente. Existem no mercado bentonitas com sódio e cálcio, que são usadas em conjunção com gelatina e gelatina-sílica sol.
- Caolim. Trata-se de uma argila ainda encontrada em seus sítios de formação, e que contém alumínio em sua estrutura. A formação típica de duas camadas de caolinite associadas por interações dipolo–dipolo e pontes de hidrogênio faz com que a sua capacidade de troca iônica seja inferior à da montmorilonita. Existem poucas experiências comprovadas pelo uso de caolim como agente clarificante e nada na literatura recente.

As possibilidades de um bom processo de acabamento do suco, proporcionando um produto límpido, claro e brilhante incluem o uso de carvão ativo, polivinilpirrolidona, ácido péctico, sílica, gelatina e argilas, como bentonita e caolim. A seguir, são relatados os agentes de acabamento menos usados ou pelo fato de serem tecnologicamente inadequados ou por falta de permissão legal.

- **Carvão ativo.** Não pertence à classe dos clarificantes clássicos, mas é utilizado na maioria dos casos para corrigir defeitos removendo cores, odores e sabores. Trata-se de uma remoção de compostos fundamentados em um processo de adsorção que leva em conta a grande superfície das partículas de carvão. Preferencialmente, são adsorvidas substâncias apolares e não há nenhuma particularidade com relação à troca iônica. Apesar dos efeitos de uma adsorção não específica, os diferentes tamanhos de poros de vários tipos de carvão ativados permitem aplicações definidas. A principal restrição ao uso desse tipo de adsorvente é a remoção dos componentes relacionados com a cor dos sucos de maçãs.
- **Polivinilpirrolidona.** Trata-se de um polímero orgânico que forma uma rede tridimensional de ligações constituídas de N-vinilpirrolidona. O PVPP não é legalmente um agente de acabamento permitido, embora possa ser considerado como um coadjuvante inerte de filtração. A rede quimicamente inerte de PVPP se distingue por apresentar uma habilidade específica e muito elevada de adsorver compostos polifenólicos. Não apresenta capacidade de troca iônica de qualquer categoria.
- **Ácido péctico.** A sugestão de seu uso como agente clarificante é antiga, data de 1981, e o processo implica a sua adição em conjunto com $CaCO_3$ a um suco previamente aquecido a 70 °C, o que acarreta uma rápida clarificação; o mesmo resultado pode ser obtido pela adição de pectato de potássio, sem necessidade de adição de Ca^{++}.

20.5.2.3 Polimento

A utilização de ultrafiltração no processo de clarificação de sucos de frutas e hortaliças foi preconizado por Bielig (WOSIACKI, 1985), em um momento em que o equipamento fazia parte da linha de processamentos de produtos lácteos. Trata-se de um processo de separação por meio de membranas (Figura 20.16), no qual as diferenças de pressão hidrostáticas são usadas como forças motoras. É um verdadeiro processo de filtração e assim as moléculas solúveis menores passam através dos poros, enquanto as macromoléculas são retidas. A diferença com a filtração tradicional é que se trata de uma filtração tangencial.

Figura 20.16 Equipamento de ultrafiltração.

Foto: Tecnovin.

Os processos convencionais de clarificação requerem duas etapas distintas: os sucos obtidos por prensagem de massa tratada com enzimas são usualmente filtrados a vácuo e depois polidos por um filtro prensa; ambos os processos requerem elevadas quantidades de terra diatomáceas como coadjuvante de filtração. Em comparação a esse processo, a ultrafiltração pode ser uma alternativa mais simples e menos dispendiosa (SHEU et al., 1987). A clarificação de suco de maçã com unidades de ultrafiltração traz benefícios à agroindústria de frutas, tais como: [1] a completa eliminação do uso de terras diatomáceas diminuindo os custos de produção e os problemas de resíduos industriais, [2] melhora a consistência do suco e a qualidade do produto, [3] aumenta o rendimento do produto, [4] reduz os custos operacionais, e [5] permite a recuperação de enzimas para potencial reutilização, diminuindo assim o consumo de enzimas. Como o assunto foi motivo de estudos por muitos pesquisadores, foi rapidamente constatado que a maior desvantagem residia na queda gradual de eficiência do processo, causada pelo entupimento da membrana, cuja melhor solução seria encontrar um procedimento adequado de limpeza para minimizar esse problema (SHEU et al., 1987). Esses autores relatam os resultados de seus experimentos utilizando diferentes membranas de ultrafiltração, explicitando que conseguiram recuperar os sólidos solúveis e os ácidos totais em níveis superiores a 99,0% e as enzimas, de 30 a 56%. Concluem comentando que sua unidade de ultrafiltração, que operava a 5 bar de pressão e tinha um *cut off* de 50 kDalton, foi tecnicamente adequada para os experimentos programados e, além das recuperações relatadas, o produto apresentou uma excelente claridade quando comparada com os sucos clarificados pelos métodos convencionais. Uma solução de ultrasil a 1% forneceu os melhores resultados na restauração do fluxo original do ultrafiltro higienizado, sendo mais eficiente do que NaOH 0,1%.

20.5.2.4 A estabilização do produto

O tratamento térmico para a estabilização de suco de maçã, dadas às condições intrínsecas da matéria-prima, pode ser relativamente brando; experimentos em laboratório demonstram que 20 minutos à temperatura de 80 °C são suficientes para inibir a atividade de escurecimento enzimático e o crescimento de microrganismos. Esse binômio tempo x temperatura é válido para processos descontínuos, quando o suco está envasado em embalagens de vidro. Cada vez mais comum, a embalagem feita com várias camadas de material flexível permite o envasamento a frio, após um tratamento térmico em trocador de calor, sistema que faz uso de temperatura elevada por curto tempo. O produto formado apresenta boa aparência, com uma coloração dependente do grau de oxidação alcançado pelo sistema endógeno de polifenoloxidases, límpido e claro, sem turvação aparente se o processo enzimático foi bem conduzido.

20.5.3 O suco concentrado

As unidades industriais que produzem suco concentrado têm a vantagem de atingir um rendimento maior na fase de extração do suco, pois irão evaporar o suco até 70 °Brix, em evaporadores com colunas de pratos teóricos com possibilidade de recuperação de aromas como um subproduto de relativo valor comercial. Esse suco concentrado atinge um valor de mercado maior em torno do mês de novembro, e com um acréscimo de, pelo menos, 20%, se for de elevada acidez. Destina-se ao mercado interno para reconstituição do suco com água e para exportações diretamente em Rotterdam, principal porto europeu receptor de suco concentrado de maçã (INTERNATIONALE WARENSTRÖME, 2011).

O processamento a partir de concentrados de suco de maçã permite operar com grandes quantidades durante o ano todo e apresenta as bases para a instalação de uma unidade de concentração do suco. O armazenamento de grandes quantidades requer amplos tonéis, cujo custo de construção é caro e o processo de concentração permite o estabelecimento de condições operacionais com um custo seis vezes mais baixo. Os custos de transporte a longas distâncias caem significativamente, pois se passa a transportar menos água, que pode ser utilizada no local de reconstituição e comercialização. Em razão do preço da matéria-prima, pode-se optar por um processamento direto com o produto agrícola recém-colhido ou armazená-lo em câmaras frigoríficas. Isto influi também em uma comparação do custo de armazenamento, capacidade de frigoconservação e rendimento de extração.

O sucesso do processo depende das características da matéria-prima empregada. Materiais relacionados à turbidez do suco, como partículas de parede celular ou hidrocoloides como pectinas, compostos com nitrogênio e polifenólicos influenciam negativamente. Assim o emprego de enzimas pectinolíticas deve ser cuidadosamente planejado para evitar problemas de hidrodinâmica e de formação de géis. Como se trabalha com altas temperaturas, deve ser bem observado o que pode ocorrer com os componentes do suco em concentração. Enzimas, como polifenoloxidases, peroxidases, glicosidases e ascorbato oxidases, são ativadas na faixa de 30 a 60 °C; assim torna-se necessária aplicação de tecnologias que permitam o aquecimento rápido até 85-95 °C, a partir de um suco à baixa temperatura.

O processo de concentração deve fornecer um suco claro com pouca turvação, teor de sólidos solúveis até 60-70% e a estabilidade química, nutricional, fisiológica e microbiológica é garantida pela composição do suco. Como desvantagem, perde-se a fração T típica do suco natural ou da fruta, além da perda de compostos carbonílicos mediante as reações de Maillard.

20.5.4 Características da fração aroma

Os componentes da fração aroma de maçãs se apresentam em um elevado número e se constituem em compostos reativos, que podem se modificar a cada etapa do processo (Figura 20.17).

Os compostos de aroma da fruta são diferentes quando esta fruta é descascada, quando é moída, quando a massa é prensada, após o tratamento térmico e assim por diante. As etapas do processamento, por mais brandas que possam ser, intervêm na composição da fração aroma, e esse fato pode, muitas vezes, modificar todo o protocolo de fabricação (JANZATTI et al., 2002).

O aroma de uma fruta ou de seus produtos passa a ser um importante critério de qualidade uma vez que, para o controle das normas legais de caracterização já existem metodologias desenvolvidas, como a cromatografia a gás, aceitas por órgãos oficiais. As maçãs podem ser classificadas de acordo com o tipo de álcoois e de ésteres. O conteúdo de ácidos e de aromas é inversamente proporcional durante o crescimento. Enquanto os teores de ácidos diminuem os componentes de aroma se intensificam. Essas observações já foram ratificadas na literatura (WOLTER et al., 2008).

O suco de maçã tipo *premium*, de diferentes variedades, compreendendo 105 amostras, foi analisado em seu conteúdo de compostos voláteis (WOLTER et al., 2008). Esses autores apresentam os seguintes resultados: Ésteres totais sem butilacetato, 629 µg/L (4,16%), álcool aldeídos totais 7339 µg/L (48,52%), componentes totais de aromas, 15126 µg/L (100%). Os componentes isolados encontrados em maiores quantidades foram butanol (3954 µg/L) e trans-2-hexenal (3687 µg/L).

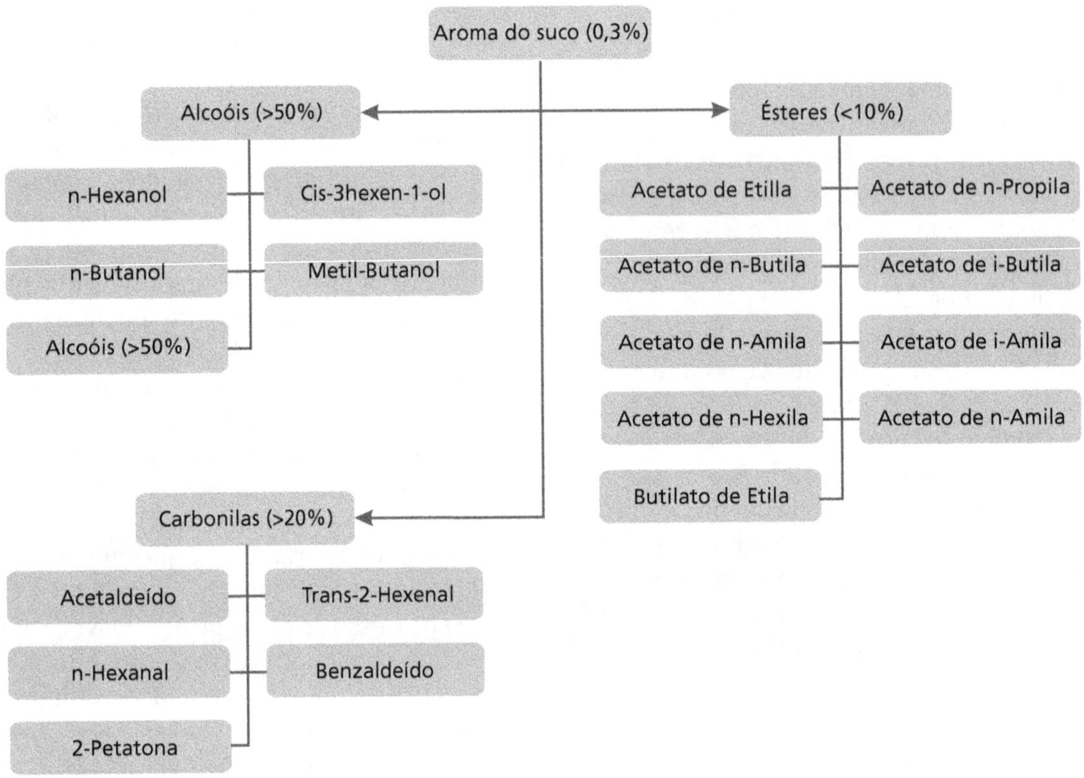

Figura 20.17 Compostos aromáticos da maçã.

Fonte: Birus (2001).

20.6 O BAGAÇO DE MAÇÃ

O bagaço de maçã, resíduo sólido da fabricação de suco de maçã, tem um conteúdo de água variável, de acordo com os procedimentos tecnológicos, podendo apresentar um conteúdo de água de 75 a 87 g/100 g e de 13 e 25% de matéria seca. No conjunto de componentes da massa seca, estão incluídos todos aqueles já nominados e que se encontram no suco de maçã em quantidades variáveis, mas mesmo assim com um grande significado tecnológico. A variação de sua composição se explica pelos equipamentos de extração de suco de maçã, tanto os moinhos quanto as prensas.

O resíduo de extração (bagaço) apresenta-se como o principal subproduto gerado na agroindústria da maçã (HANG, 1987). Consiste na torta resultante de prensagem das maçãs e compreendem as cascas e polpa (94,5%), as sementes (4,4%) e os centros (1,1%) (KENNEDY et al., 1999). As fibras da maçã compreendem 31% de celulose, 15% de lignina, 21% de pectinas (CHEN et al., 1988; PAGANINI et al., 2004).

A quantidade de bagaço produzida está diretamente relacionada com a tecnologia empregada na extração do suco e pode representar de 20-40% do peso das maçãs processadas (SATO et al., 2010). Esse subproduto contém 14% de sólidos solúveis, dos quais a maioria corresponde a uma mistura de glucose, frutose e sacarose, o que o torna muito susceptível à deterioração por microrganismos e, por esse motivo, a incorreta disposição do material pode acarretar problemas ambientais (DOWNING, 1989; CHEN et al., 1988). No Brasil, o bagaço é dispensado no solo como adubo orgânico ou utilizado como ração animal, porém a fermentação no rúmen provoca alcoolemia, com prejuízos à saúde do gado bovino (VILLAS BOAS; ESPOSITO, 2001; KENNEDY et al., 1999). A literatura descreve aplicações do bagaço que compreendem alimentação animal, modificação e/ou incorporação em alimentos, produção de etanol (fermentação em estado sólido), aromas, gás natural, ácido cítrico, pectinas, enzimas, cogumelos, extração de fibras e carvão vegetal (DOWNING, 1989; NGADI; CORREIA, 1992; CHEN et al., 1988; BEROVIC; OSTROVERSNIK, 1997; KENNEDY et al., 1999).

O esgotamento desse bagaço, pelo processo de difusão, é utilizado em países europeus para aumentar o rendimento de suco. Porém o custo é elevado, uma vez que necessita ser clarificado, filtrado e concentrado (GLUNK, 1981). Para efeitos de esgotamento dos açúcares, há que se definir qual a intenção do processo posterior. No caso de fermentação, precisa ser levada em conta a necessidade de agregação mínima de água, obtendo-se um extrato com o máximo de sólidos solúveis. No caso de se utilizar o bagaço como fonte para extração de pectina ou fibras alimentares, há que ser extraído todo sólido solúvel, sem levar em conta a água necessária, limitando-se o volume apenas em termos de custos operacionais.

O bagaço resultante do processamento está deixando de ser considerado como resíduo para ser alçado à situação de subproduto e, talvez, em breve futuro, venha a ser considerado uma matéria-prima para a obtenção de componentes com alegações funcionais. Nele, podem ser encontrados todos os componentes da fruta e do suco, sendo concentrados os níveis de açúcares invertidos e, pelo fato de se ligarem às fibras solúveis e insolúveis, ainda mais concentrados estão os compostos fenólicos.

A sua composição centesimal, com uma elevada atividade de água, o torna um material altamente instável, tanto química quanto biologicamente e, caso não seja imediatamente aproveitado após sua liberação das prensas extratoras do suco, deve ser beneficiado e estabilizado para utilização futura. O seu beneficiamento consiste em uma extração do excesso de açúcar que se encontra localizado na superfície das partículas, que dificulta o processo de secagem posterior, o que se faz com uma rinsagem ou imersão em água potável e subsequente centrifugação ou reprensagem. Assim lavado, o bagaço pode ser disposto em camadas finas, nas prateleiras de uma estufa de ar circulante, com dispositivos para manter a sua temperatura na faixa de 60 a 100 °C.

Em baixas temperaturas é promovido o fenômeno de escurecimento enzimático com a oxidação dos compostos polifenólicos e consequente perda de capacidade antioxidante, e em temperaturas altas, o fenômeno de escurecimento não enzimático, que modifica os teores de açúcares redutores pela sua reação catalítica com compostos nitrogenados levando à formação de pigmentos melanoidínicos de complexa estrutura macromolecular. De qualquer forma, a temperatura do ar circulante influencia a temperatura da massa e, durante a fase de calor latente, não ultrapassa 52,85 °C e, se considerar o processo de evaporação encerrado ao final dessa fase, o bagaço de maçã não terá sido submetido a uma temperatura superior a essa, o que sugere que seus sistemas enzimáticos, como polifenoloxidase e compostos de estruturas complexas, como pectinas, podem não ter sofrido dano muito extenso. Os produtos da secagem de bagaço de maçã de 50 a 60 °C, e de 90 a 100 °C, são significativamente mais escuros do que os obtidos com ar circulante de 70 a 80 °C.

A composição do bagaço desidratado de maçã está apresentada da Tabela 20.6, com características físico-químicas e atividade antioxidante, valores médios de produtos obtidos a 70 °C, situação que se pretende seja a que menos danifique os componentes funcionais e nutricionais.

Como o processo de secagem depende da forma em que se encontra o bagaço, do modo como foi processado e do manejo da desidratação, a sua composição não é comparável a menos que todas as amostras sejam processadas exatamente da mesma maneira e, mesmo assim, a comparação é dificultada pelas diferenças de variedades, de grau de maturação, de manejo de produção e muitas outras variáveis não controláveis. Dessa forma, a Tabela 20.6 ilustra uma composição de bagaço de maçã do ponto de vista físico-químico, explicitando, inclusive, a atividade antioxidante, uma vez que ela está associada aos compostos fenólicos, que, por se ligarem às fibras passam a ficar mais concentrados na fração insolúvel do que na fração solúvel, em uma proporção de 4.613/319, ou seja, 7,45:1. A umidade se encontra em um patamar que dá suporte a uma boa estabilidade microbiológica e biológica, enquanto o teor de cinzas acusa uma média de 1,80 g/100 g. Os ácidos orgânicos, expressos em termos de ácido málico, embora solúveis, mantêm um nível de 1,09 g/100 g, bem superior ao do suco de maçã brasileiro, com um valor médio de 0,36 g/100 mL.

Tabela 20.6 Características físico-químicas e atividade antioxidante de bagaço desidratado de maçã de variedades em estudos agronômicos visando sua designação como fruta de mesa ou verdadeiramente industrial.

Cultivares	Características físico-químicas de bagaço de maçã, g/100 g						
	Umidade*	Cinzas*	Lipídios*	Proteínas (N Kjedhal)*	Ácido málico*	Polifenóis totais (mg/Kg)	AAT TEAC (mmMol/g)
Cv 1	8,93	1,73	1,06	2,69	1,14	7.147	44,46
Cv 2	11,36	1,72	1,56	2,85	0,75	4.870	38,78
Cv 3	13,72	1,62	1,20	2,84	0,78	3.203	31,52
Cv 4	11,10	1,82	1,37	2,9	1,07	2.707	27,62
Cv 5	12,40	2,00	1,12	2,45	1,09	3.590	26,88
Cv 6	10,16	1,93	1,44	2,72	1,18	n.a.**	n.a. **
Cv 7	9,45	1,86	2,14	2,84	1,10	2.617	17,41
Cv 8	10,99	1,82	1,43	3,01	1,02	8.560	77,48
Cv 9	13,2	1,84	1,87	2,76	1,11	2.293	24,14
Cv 10	11,68	1,77	1,86	2,72	0,73	4.367	46,32
Cv 11	11,95	1,66	1,76	2,42	1,32	3.193	32,24
Média	11,43	1,80	1,53	2,74	1,09	4.613,7	36,69
DP***	1,47	0,11	0,35	0,18	0,19	2.078,81	16,92

Nota: *resultados em g/100g; ** não analisados; *** desvio padrão.

A Tabela 20.7 discrimina os açúcares totais e as fibras encontradas no bagaço desidratado. A forma de trituração utilizada para a matéria-prima prevê a manutenção de parte da estrutura para que exista uma resistência no processo mecânico de extração e, assim, os componentes solúveis que acompanham a água da fruta percolam a massa celular desestruturada que serve como um elemento de filtração, liberando um produto claro e límpido. O processo de rinsagem ou enxágue retira teoricamente apenas os açúcares residuais na superfície dos fragmentos, mas dentro desses fragmentos existe, ainda, muito açúcar solúvel retido, além de estruturas praticamente intactas de células com todos os seus componentes. Isso faz com que o bagaço desidratado apresente um elevado teor de açúcar e de fibras alimentares. Os teores de açúcar invertido, habitualmente explicitados como açúcares redutores totais, são elevados, da ordem de 40 g/100g, o que caracteriza o bagaço desidratado como uma fonte de carboidrato para a indústria de adoçantes naturais. O teor de fibras também é elevado, da ordem de 44%, sendo que a fração solúvel pode chegar a um valor máximo, no caso de 11 variedades, a 17%, sendo que a média do teor de pectinas foi de 14,4%. Chega-se à conclusão que esse material, que por tanto tempo tem sido tratado como resíduo a um custo negativo, ao ser beneficiado por um tratamento de estabilização, como a secagem, passa a ser uma matéria-prima para outros processos como extração de açúcar para a fabricação de adoçantes, de compostos polifenólicos com alegação funcional e de fibras alimentares ou dietéticas a serem adicionadas em alimentos com a finalidade de conferir uma característica pré-biótica.

Tabela 20.7 Teores de açúcares simples e fibras encontrados em 11 amostras de bagaço desidratado de maçã.

Cultivares	Compostos, em g/100 g						
	Glucose	Frutose	Sacarose	Açúcar total	Fibra alimentar	Fibra solúvel	Fibra insolúvel
Cv 1	14,07	18,00	4,86	36,93	44,50	17,65	26,85
Cv 2	N.d.	N.d.	N.d.	53,63	43,77	12,26	31,51
Cv 3	9,77	19,30	3,11	32,17	45,95	16,09	29,86
Cv 4	13,78	15,37	n.d.	28,83	48,48	13,26	35,22
Cv 5	17,35	18,23	5,16	40,74	46,05	17,11	28,94
Cv 6	13,78	21,16	11,78	46,72	40,89	14,48	26,41
Cv 7	9,92	12,02	7,28	29,21	46,52	15,07	31,45
Cv 8	6,15	22,31	3,13	31,59	33,40	14,79	18,61
Cv 9	11,85	16,72	16,13	44,71	51,85	14,9	36,95
Cv 10	18,62	15,90	5,84	41,79	34,19	14,66	19,53
Cv 11	10,36	20,31	13,41	44,08	45,24	15,22	30,02
Média	12, 57	17,93	7,04	39,35	43,63	14,78	28,85
Desvio padrão	3,74	3,06	5,17	8,45	5,91	1,34	5,96
Variação (%)	29,79	17,07	73,43	21,00	0,14	9,00	21,00

N.d. = não determinado.

20.7 LEGISLAÇÃO E COMERCIALIZAÇÃO

A legislação sobre sucos de frutas é dependente do local onde são comercializados e, como os grandes consumidores são os países europeus, parece ser adequada a inclusão de algumas informações a respeito das leis da atual Comunidade Europeia, que se fundamentam historicamente nas da Alemanha.

20.7.1 Aspectos de legislação

Os principais aspectos legais de sucos de frutas da Comunidade Europeia podem ser resumidos em fichas (Tabela 20.8).

Os aspectos legais de referência da Comunidade Europeia – ECRS – (Tabela 20.8) se fundamentam considerando os sucos de frutas como "obtidos de frutas colhidas em adequado grau de maturidade, podendo ser frescas ou frigo-conservadas, porém não podem apresentar sintomas de doenças, que foram obtidos por processos físicos e mecânicos de extração sem utilização de aditivos de conservação" (BIRUS, 2001).

No Brasil, a legislação é da alçada do Ministério da Agricultura, Pecuária e Abastecimento que define o suco de maçã como "bebida não fermentada e não diluída, obtida da parte comestível da maçã (*Pyrus malus*, L.), através de processo tecnológico adequado". Em relação, a sua composição deve apresentar cor variando de branco a translúcido e sabor e aromas próprios; os sólidos solúveis em °Brix, a 20 °C e o teor de ácido málico (g/100 mL) possuem apenas limites mínimos de 10,5 e 0,15, respectivamente; os açúcares totais, naturais da maçã (g/100 g) e o teor de acidez volátil em ácido acético (g/100 g) apresentam apenas os limites máximos de 13,5 e 0,04, respectivamente. As demais especificações estão citadas na normatização para suco de fruta (Instrução Normativa n. 01, de 7 de janeiro de 2000 DOU – 10/01/2000).

As frutas, no Brasil, estão sendo processadas seguindo a orientação do sistema de produção integrada de frutas (PIF) e recebem, por isto, a autorização de identificação dos produtos agrícolas com o selo de avaliação emitido de conformidade com o Instituto Nacional de Metrologia (Inmetro). O prazo final para atender ao mercado europeu com frutas de clima temperado ou subtropical foi o ano de 2003; após essa data, não haverá mais exportação para a Europa de frutas produzidas segundo os procedimentos do sistema convencional. Somente será possível exportar as frutas que foram produzidas de acordo com o crivo das certificadoras credenciadas, e esses crivos estão fundamentados em preceitos agronômicos com princípios de sustentabilidade, substituição de insumos poluentes e rastreamento de todas as etapas do processo de produção, de maneira a converter-se em uma atividade econômica viável, ambientalmente correta e socialmente justa. A Produção Integrada de Maçã (PIM) é uma tendência de características irreversíveis, tornando-se necessária a integração dos pomares, acatar as regras internacionais e passar pelo controle das *packing houses*, de forma a oferecer um produto saudável, agradável aos olhos e de paladar aceitável.

Tabela 20.8 Os principais aspectos legais de sucos de frutas da Comunidade Econômica Europeia.

Definição	
◆ Suco de maçã pode ser reconstituído a partir de um concentrado. ◆ Suco de maçã deve apresentar os seguintes marcadores de qualidade. ◆ Densidade mínima de 45 graus Oechsle. ◆ Acidez total mínima de 5,0 g/L.	
◆ Suco de maçã é fermentescível, mas não fermentado e deve conter, no máximo: ◆ 3,0 g/L de etanol; ◆ 0,4 g/L de ácidos voláteis; ◆ 0,5 g/L de ácido lático (a partir de 0,2 g/L deve ser tomado cuidado); ◆ Suco de maçã deve apresentar as propriedades características e típicas, como cor, aroma e sabor.	
Aspectos tecnológicos	
◆ A matéria-prima deve preencher os seguintes critérios: ◆ Frescor, armazenada apenas com frio e sem aditivos que mudem sua reologia; ◆ Sadias, nenhuma doença, nenhuma perda de aparência; ◆ Maduras, colhidas na fase mediana, com valores mínimos de Oeschle, acidez e açúcares.	
Processos e coadjuvantes	
◆ Obtenção: ◆ Mecânica; ◆ Térmica; ◆ Recuperação (aroma e concentrado); ◆ Mistura – coquetéis;	◆ Materiais de beneficiamento: ◆ Ácido ascórbico; ◆ Dióxido de carbono; ◆ Nitrogênio como gás de proteção; ◆ Mosto com enzimas; ◆ Gelatina, *kieselsol* e bentonita; ◆ Coadjuvantes inertes de filtração.
Adição de conservantes	
◆ Conservantes são proibidos, mas dois aditivos são permitidos: ◆ Dióxido de carbono; ◆ Açúcar para correção de teores até 15 g/L com açúcar natural.	
Declaração (no rótulo)	
◆ Firma e localidade; ◆ Período mínimo de conservação; ◆ Período mínimo de conservação de concentrado de maçã; ◆ Quantidade contida no recipiente; ◆ Valor nutritivo; ◆ Diversos, como 100% de suco, sem adição de açúcar, turvo, com polpa de frutas.	

20.7.2 Aspectos de comercialização

◆ As fontes de informação. Os dados a respeito de preços de sucos concentrados de frutas são de responsabilidade de uma firma alemã denominada Confructa medien GmbH, sucessora da Flüssiges Obst GmbH, cuja atuação em continuidade representa 71 anos de credibilidade em um mercado altamente competitivo. O levantamento é feito de um mínimo de cinco fontes para cada produto e, desde sua primeira publicação, mais de 35 companhias representando os setores de processamento e comercialização estão contribuindo, alguns deles representando os setores de envase e de armazenamento. A representação da evolução de preços é gráfica e consiste em uma sequência mensal de valores máximos e mínimos, com a indicação da mediana nos últimos anos. Esses valores, quando representados em dólares por kg, são entendidos como colocados no porto de Rotterdam e, quando representados em euros, estão já livres de taxas.

- **Sucos de frutas comercializados.** O mercado consumidor europeu é bastante exigente em qualidade do produto, assim como da diversidade dos sucos de frutas e de hortaliças. Na Figura 20.18, pode ser observado que o suco de maçã não é dos mais dispendiosos, podendo mesmo ser classificado como um dos mais baratos. Mesmo assim, existe uma diferença entre os produtos concentrados mais ácidos, que chegam a alcançar um valor máximo de 1,32 €/kg e os menos ácidos, que, no máximo, chegaram a atingir 1,24 €/kg entre 2007 a 2012.

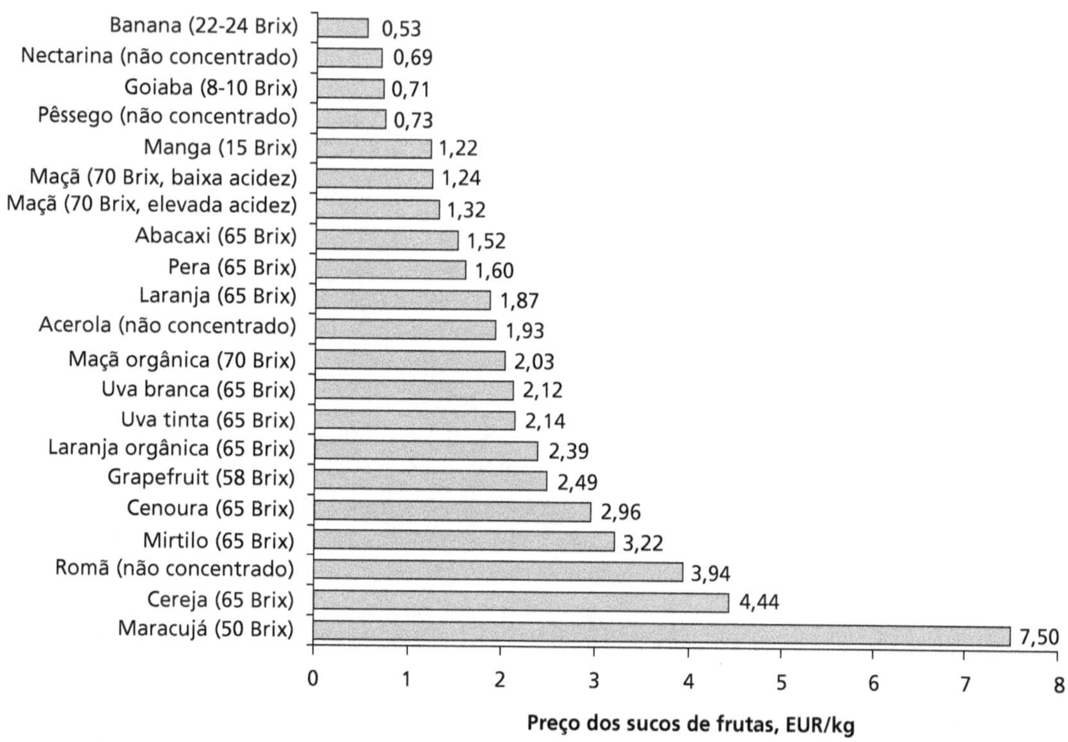

Figura 20.18 Preços de sucos concentrados comercializados no mercado europeu (2007-2012).

Fonte: Flüssiges Obst, (2014).

- **Evolução anual do preço de suco concentrado de maçã.** A evolução do preço de suco concentrado de maçã apresentada na Figura 20.19 ilustra a disponibilidade durante o ano, em função do período da safra. Em face da produção de maçã, tanto no hemisfério Sul quanto no Norte, devido à existência de regiões com condições edafoclimáticas adequadas à pomicultura, e às condições de frigoconservação instaladas, o período de entressafra não é tão desgastante quanto para outras frutas.

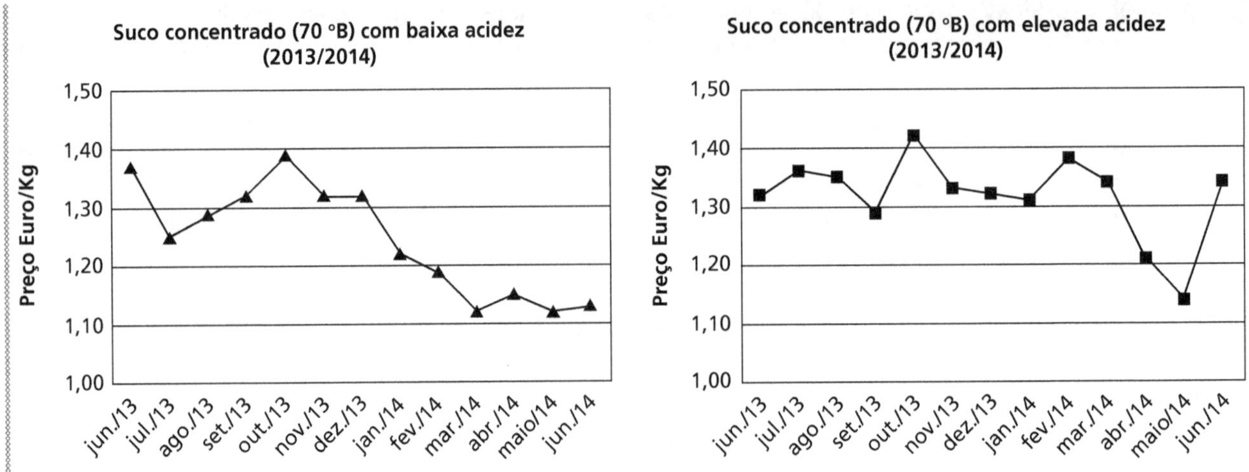

Figura 20.19 Evolução anual de preços de sucos concentrados de baixa e elevada acidez durante os períodos de 2002/2003 e 2003/2004, respectivamente.

Fonte: Flüssiges Obst (2014).

Em termos quantitativos, o gráfico apresentado ilustra os preços medianos de janeiro a agosto com um sensível aumento nos meses de agosto a dezembro, tendo atingido a marca dos 1,42 €/kg no mês de novembro, no caso de sucos concentrados a 70 ºBrix com características acentuadas de acidez. Os sucos pouco ácidos, na mesma concentração, apresentam uma instabilidade de preços ao longo do ano, atingindo a marca dos 1,38 €/kg durante o mês de novembro, com diminuição significativa de dezembro a março.

20.8 SITUAÇÃO E PROGNÓSTICO

O mercado internacional está em contínua movimentação, os sucos orgânicos e as bebidas com apelo funcional representam dois setores com maior tendência de crescimento e os consumidores são literalmente bombardeados com uma sobrecarga de orientações nutricionais e estratégias de marketing (BRENNICH, 2008). Esses consumidores ficam confusos sobre ofertas simples, como suco puro (100%), sucos-nfc, orgânicos, fortificados e funcionais contendo adição de fitonutrientes. De uma forma geral os limites dos produtos se tornam dia a dia mais efêmeros. Embora muitos consumidores considerem simples as informações nutricionais constantes nas etiquetas dos produtos, o cálculo da quantidade de carboidratos em bebida é considerado mais difícil do que em produtos de panificadoras. Em uma atitude de vanguarda, o Parlamento e o Conselho da União Europeia tomaram medidas de regulamentação dos apelos nutricionais e funcionais como *baixo teor de gordura*, *altos conteúdos de fibras* e *auxiliam a baixar o colesterol*. A regulamentação adotada pretende assegurar que cada apelo em um rótulo seja claro, acurado e substancial de maneira a dar subsídios ao consumidor para que seja capaz de fazer escolhas adequadas na compra de alimentos e bebidas. Isto certamente contribuirá para atingir um nível mais elevado de proteção à saúde humana uma vez que os compradores saberão exatamente. Isto conduz à uma clara competição promovendo a inovação tecnológica na área de alimentos e somente produtos oferecendo benefícios à nutrição e saúde poderiam manter essas alegações em seus rótulos. Sucos de maçãs são e sempre têm sido uma importante parte desses produtos benéficos à saúde e ao bem-estar social no Hemisfério Norte, e agora começam a aparecer nos mercados brasileiros. Têm, portanto, de ser atualizadas as normas e regulamentos que preconizem o que pode ou não ser explicitado nos rótulos uma vez que os conhecimentos sobre as aptidões funcionais estão sendo ampliados dia após dia, com modificações expressivas, muitas vezes passando a sabedoria popular pelo crivo da ciência.

BIBLIOGRAFIA

A. I. J. N. (2007) Code of practice for the evaluation of fruit and vegetable juice. European Fruit Juice Association. Disponível em: <http://www.aijn.org/>. Acesso em: 23 set. 2014.

ALBERTI, A. et al. Apple wine processing with different nitrogen contents. **Brazilian Archives of Biology and Technology**, n. 54, p. 551-558, 2011.

APFELPRODUKTION China. Fruchtwelten. Market International. **Flüssiges Obst**, Strassenhaus v. 78, n. 2, sp, 2011.

APFELPRODUKTION Nach Ländern Fruchtwelten. Market Intenational. **Flüssiges Obst**, Strassenhaus, v. 77, n. 11, sp, 2010.

ASKAR, A. Patulin in apple juice and children's apple food. Part I. Toxicological and legal aspects. **Fruit Processing**, Schönborn, v. 9, n. 3, p. 74-78, March, 1999.

ASK Weltproduktion. Fruchtwelten. Market Intenational. **Flüssiges Obst**, Strassenhaus v. 78, n. 2, sd., 2011.

BAHÇECI, K. A.; GÖKMEN, V.; SERPEN, A.; ACAR, J.; The effects of different technologies on Alicyclobacillus acidoterrestris during apple juice production; **European Food Research and Technology**, Beytepe, v. 217, p. 249-252, 2003.

BEROVIC, M.; OSTROVERSNIK, H. Production of *Aspergillus niger* pectolytic enzymes by solid state bioprocessing of apple pomace. **Journal of Biotechnology**, Amsterdam, v. 53, n. 1, p. 47-53, 1997.

BEVERIDGE, T.; WROLSTAD, R. E. Haze and cloud in apple juices. **Critical Reviews in Food Science and Nutrition**, v. 37, n. 1, p. 75-91, 1997.

BINNIG, R.; POSSMANN, P. Apple juice. In: NAGY, S., CHEN, C. S. ;SHAW, P. E. **Fruit juice processing technology**. Auburndale: Agscience, 1993. p. 271-317.

BIRUS, T. **Moderne apfelsaft-technologie: das fruchtsaft--fachbuch für den praktiker aus der fachbuchserie des fachverlages flüssiges obst**, Oberhonnerfeld: Flüssiges GmbH, 2001. 192p.

BRAUN, G. World market(s) for apple juice concentrate 2003 – missing apples? **Fruit processing**, Oberhonnerfeld, v. 13, n. 6, p. 422-425, nov./dez. 2003.

BRENNICH, E. Editorial. **Fruit Processing**, Strassenhaus, v. 18, n. 1, p. 3, 2008.

BITTENCOURT, C. C. et al. A cadeia produtiva da maçã em Santa Catarina: competitividade segundo produção e packing house. **Revista de Administração Pública**, v. 45, n. 4, p. 1199-1222, 2011.

CHEN, H.; RUBENTHALER, G.L.; SCHANUS, E.G. Effect of apple fiber and cellulose on the physical properties of wheat flour. **Journal of Food Science**, Chicago, v. 53, n. 1, p. 304-305, 1988.

CODEX ALIMENTARIUS. 2005. Standard for apple juice preserved exclusively by physical means. Codex Stan 247. FAO/WHO, Italy. Disponível em: <http: www.codexalimentarius.org/download/standards/.../CXS_247s.pdf>. Acesso em: 17 set. 2014.

DAEPP, H. U. Qualitätskontrolle der Fertigprodukte. In: SCHOBINGER, U. **Fruct- und Gemüsesäfte**. Stuttgart: Ulmerverlag, 1987, p. 519-534.

DENARDI, F.; CAMILO, A. P. Novas cultivares de macieira: proposta de nova composição de pomares com polinizadoras/produtoras. **Revista Agropecuária Catarinense**, Florianópolis, v. 10, n. 2, p. 25-30, jun. 1997.

DOWNING, D. L. Apple cider. In: DOWNING, D. L. **Processed apple products**. New York: Van Nostrand Reinhold, 1989, p. 169-187.

DUFFY, S.; SCHAFFNER, D. W. Monte Carlo simulation of the risk of contamination of apples with Escherichia coli O157:H7. **International Journal of Food Microbiology**, v. 78, n. 3, p. 245-255, 2002.

EGUCHI, S. Y. et al. Acidothermophilic sporeforming bacteria (ASTB) in orange juices; detection methods, ecology, and involvement in the deterioration of fruit juices. **Fruit Processing**, Oberhonnerfeld, v. 11, n. 1, p. 12-18, Jan. 2002.

EPAGRI. **A cultura da Macieira**. Florianópolis: GMC/EPAGRI, 2002. 743p.

FAOSTAT, Food Agriculture Organization of the United Nations. 2014. Statistical database. Disponível em: <http://faostat.fao.org/site/291/default.aspx>. Acesso em: 13 jul. 2014.

FACHINELLO, J. C. et al. Situação e perspectivas da fruticultura de clima temperado no Brasil. **Revista Brasileira de Fruticultura**, v. especial, p. 109-120, 2011.

GLUNK, K. Augmenter le rendement du pressurage en considerant particulierement l'extraction a chaud des pommes. **Flüssiges Obst**, Schönborn, v. 48, n. 8, p. 248-254, 1981.

GÖKMEN, V.; ACAR, J.; TAYDAS, E. E. Presence and formation of lactic acid in apples juices. **Fruit Processing**, Oberhonnerfeld, v. 13, n. 2, p. 114-117, 2003.

GOMES, T. et al. Microbial levels in apple must and their association with fruit selection, washing and sanitization. **Journal of Food Safety**, v. 34, p. 141-149, 2014.

HANG, Y. D. Production of fuels and chemicals from apple pomace. **Food Technology**, Chicago, v. 41, n. 3, p. 115-117, 1987.

HASSELBECK, G. Enzyme preparations for the manufacture of fruit juices. **Fruit Processing**, Strassenhaus, v. 18, n. 1, p. 82-86, 2008.

IBGE/CEPAGRO. *Levantamento Sistemático da Produção Agrícola*. **Maçã**. fevereiro, 2012, p. 64.

INTERNATIONALE WARENSTRÖME. Fruchtweltenn. Märkte international. **Flüssiges Obst**, Strassenhaus, v. 77, n. 05, 2011.

JANZATTI, N. S.; FRANCO, M. R. B.; WOSIACKI, G. Efeito do processamento na composição de voláteis de suco clarificado de maçã Fuji. **Ciência e Tecnologia de Alimentos**, Campinas, v. 23, n. 3, p. 523-528, 2003.

JOHNSON, C. D. et al. Composition of Red delicious apples. **Journal of Food Science**, Chicago, v. 49, s/n, p. 952-953, 1984.

KARLSHØJ, K.; NIELSEN, P. V.; LARSEN, T. O. Prediction of *Penicillium expansum* spoilage and patulin concentration in apples used for apple juice production by electronic nose analysis. **Journal of Agricultural and Food Chemistry**, n. 55, v. 11, p. 4289-4298, 2007.

KENNEDY, M. et al. Apple pomace and products derived from apple pomace: uses, composition and analysis. **Modern methods of plant analyses**: analysis of plant waste materials. Berlin: Springer Verlag, 1999. p. 75-119.

KRYGER, R. A. Volatility of patulin in apple juice. **Journal of Agriculture Food Chemistry**, v. 49, s/n. p. 4141-4143, 2001.

LEE, C. Y.; SMITH, N. L. Apples: an important source of antioxidants in the american diet. **New York Fruit Quartely**, New York, v. 8, n. 2, p. 15-18, 2000.

MAPA. Ministério da Agricultura, Pecuária e Abastecimento. Secretária de Política Agrícola. **Cenário da cadeia produtiva da maçã**, Informativo n. 54, ano 6, v. 54, 7p., 2013.

NAGY, S., CHEN, C. S.; SHAW, P. E. **Fruit Juice Processing Technology**. Auburndale: Agscience, 1993. p. 271-317.

NGADI, M. O.; CORREIA, L. R. Solid state ethanol fermentation of apple pomace as affected by moisture and bioreactor mixing speed. **Journal of food Science**, Chicago, n. 3, p. 667-670, 1992.

NIWA, M.; KURIYAMA, A. *A. acidoterrestris* rapid detection kit. **Fruit Processing**, Oberhonnerfeld, v. 13, n. 5, p. 328-332, 2003.

NOGUEIRA, A. et al. Influência do processamento no teor de minerais em sucos de maçãs. **Ciência e Tecnologia de Alimentos**, Campinas, n. 27, p. 259-264, 2007.

O'ROURKE, A. D. World apple market outlook. **Fruit Processing**, Oberhonnerfeld, v. 13, n. 5, p. 310-316, 2003.

PAGANINI, C. et al. Industrial fitness analysis of six apple cultivars, considering their physico-chemical evaluation. **Ciência e Agrotecnologia**, n. 28, p. 1336-1343, 2004.

PODOLAK, R. et al. Destruction of *Alicyclobacillus acidoterrestris* spores in apple juice on stainless steel surfaces by chemical disinfectants. **Journal of Food Protection**, v. 72, n. 3, 510-514, 2009.

POMMER, C. V.; BARBOSA, W. The impact of breeding on fruit production in warm climates of Brazil. **Revista Brasileira de Fruticultura**, n. 31, v. 2, 612-634, 2009.

QUINTERO-RAMOS, A. et al. Modeling of *Escherichia coli* inactivation by UV irradiation at different pH values in apple cider. **Journal of Food Protection**, n. 67, v. 6, p. 1153-1156, 2004.

SCHAFFNER, D.; DUFFY, S. A quantitative risk assessment approach to controling *Escherichia coli* 0157:H7 in apple cider. **Fruit Processing**, Oberhonnerfeld, v. 11, n. 3, p. 86-88, mar. 2001.

SCUSSEL, V. M. **Micotoxinas em alimentos**. Editora Insular: Florianópolis, 1998. 144p.

SHEU, M. J.; WILEY, R. G.; SCHLIME, C. V. Solutand enzyme recoveries in apple juice clarification using ultrafiltration. **Journal of Food Science**, Chicago, v. 52, n. 3, p. 732-736, 1987.

STINSON, E. E. et al. Disappearance of patulin during alcoolic fermentation of apple juice. **Applied and Environmental Microbiology**, Washington, v. 36, n. 4, p. 620-622, 1978.

SATO, M. F. et al. Apple pomace from eleven new cultivars: an approach to identify sources of bioactive compounds. **Acta Scientiarum. Agronomy**, v. 32, p. 29-35, 2010.

THELEN, K.; BEIMFOHR, C.; SNAIDR, J. Specific rapid detection of *Alicyclobacillus* by fluorescently-labeled gene probe in fruit juices. **Fruit Processing**, Oberhonnerfeld, v. 13, n. 6, p. 416-418, 2003.

VILLAS BOAS, S. G.; ESPOSITO, E. Bioconversão do bagaço de maçã. **Biotecnologia Ciência & Desenvolvimento**. Uberlândia, v. 14, p. 38-42, 2001.

WOLTER, C.; GESSLER, A.; WINTERHALTER, P. Aspects when evaluating apple juice aroma. **Fruit Processing**, Strassenhaus, v. 18, n. 1, p. 64-80, 2008.

WOSIACKI, G.; CHIQUETTO, N. C.; KIRCHNER, C. L. A industrialização de maçãs com podridão amarga. **Alimentos & Tecnologia**, São Paulo, v. 7, n. 38, p 52-55, 1991.

WOSIACKI, G.; CHIQUETTO, N. C.; KIRCHNER, C. L. Avaliação do uso da maçã nacional (*Malus domestica*) para fins industriais. Parte II – Características de qualidade de sucos clarificados de cinco variedades: Anna, Gala, Ohio Beauty, Pome-3 e Rainha, colhidas na safra 1989/90. **Ciência e Tecnologia de Alimentos**, Campinas, v. 12, n. 2, p. 99-202. 1992.

WOSIACKI, G.; NOGUEIRA, A.; SILVA, N. C. Brazilian Apple Production – A fews years later. **Fruit Processing**, Schönborn, v. 12, p. 472-475, 2000.

WOSIACKI, G.; NOGUEIRA, A. Apple varieties growing in subtropical áreas. The situation in Paraná – Brazil. **Fruit Processing**, Oberhonnerfeld, v. 11, n. 5, p. 177-182, May, 2001.

WOSIACKI, G. et al. Apple and the fructose content. Sansa – a case study. **Fruit Processing**, Oberhonnerfeld, v. 14, n. 3, p. 151-151. 2004.

WOSIACKI, G. et al. Apple varieties growing in subtropical áreas. The situation in Santa Catarina – Brazil. **Fruit Processing**, Oberhonnerfeld, v. 12, n. 1, p. 19-28, 2002.

WOSIACKI, G. et al. Avaliação da maçã (*Malus domestica*) variedade Anna para processamento de suco. **Alimentação**, São Paulo, v. 77, n. 2, p. 11-15, 1985.

ZARDO, D. M. et al. Phenolic profile and antioxidant capacity of the principal apples produced in Brazil. **International Journal of Food Science and Nutrition**, n. 64, p. 611-620, 2013.

21

SUCO DE MARACUJÁ

LOURDES MARIA CORRÊA CABRAL
MURILLO FREIRE JÚNIOR
VIRGÍNIA MARTINS DA MATTA

21.1 INTRODUÇÃO

Maracujá é a denominação geral do fruto de várias espécies do gênero *Passiflora*, da família *Passifloraceae*, ordem *Passiflorales*, originário da América Latina. Dentro desse gênero, existem cerca de 300 a 580 espécies, distribuídas em regiões tropicais e subtropicais no mundo. No Brasil, já foram encontradas aproximadamente 150 espécies, a maioria para fins ornamentais, e cerca de 60 produzindo frutos comestíveis.

Embora o gênero agrupe muitas espécies, poucas são de importância econômica, que é dada pela qualidade dos seus frutos, pelo aspecto ornamental ou pelas suas qualidades farmacológicas. Dessa forma, as espécies *Passiflora edulis* Sims. (maracujá-roxo); *Passiflora edulis. f. flavicarpa* Deg. (maracujá-amarelo); *Passiflora alata* Dryander (maracujá-doce); *Passiflora macrocarpa* (maracujá-melão); *Passiflora quadrangularis* L. (maracujá-açu); *Passiflora ligularis* Juss (maracujá-urucu); *Passiflora laurifolia* L. (maracujá-laranja); *Passiflora maliformis* L. (maracujá-maçã); *Passiflora caerulea* L. (maracujá-azul) são representantes do gênero que apresentam frutos comestíveis.

De todas as espécies citadas, o maracujá-amarelo (*P. edulis. f. flavicarpa* Deg.) é a mais importante e a mais cultivada no mundo, sendo conhecido por vários nomes, entre eles, maracujá-peroba, do norte, amarelo, azedo e mirim. A principal importância do maracujá se encontra, essencialmente, para extração de suco, podendo também serem aproveitadas suas sementes para extração do óleo utilizado em cosméticos, e sua casca para ração.

Atualmente, apenas duas espécies são aproveitadas comercialmente no país: o amarelo, ou azedo (*Passiflora edulis f. flavicarpa*) e o doce (*Passiflora alata*). O maracujá doce é consumido, na sua totalidade, *in natura*, caracterizando-se como fruta de mesa, enquanto cerca de 97% da área plantada e do volume comercializado em todo país é de maracujá azedo, utilizado tanto *in natura* como para industrialização.

A produção brasileira de maracujá foi de 920,2 mil toneladas em 2010, ocupando uma área de 62.019 ha, sendo a Bahia o principal estado produtor, com cerca de 50% da produção nacional. Em seguida, estão os estados do Ceará e do Espírito Santo, com 17,4% e 5,0% da produção, respectivamente.

Apesar de ser o maior produtor e consumidor mundial de maracujá, e também do grande aumento de produção verificado nos últimos anos – 29% entre 2009 e 2010, o Brasil, ainda importa a fruta para consumo interno, de países vizinhos como o Equador, por exemplo. Assim, em função da não disponibilidade da matéria-prima, a indústria de suco de maracujá tem trabalhado com apenas 40% de sua capacidade. Um dos principais fatores que contribuem para a oscilação no mercado de suco está relacionado ao suprimento de matéria-prima às indústrias.

No Brasil, o consumo de suco de maracujá continua crescendo, podendo ser encontrado como suco simples integral, na faixa de 11 a 16 ºBrix, ou como refresco ou néctar, pronto para beber. É geralmente consumido na sua forma diluída e em preparações prontas para beber. O produto concentrado pode servir de matéria-prima para a indústria de iogurtes, bebidas lácteas e refrigerantes. Nos Estados Unidos, o iogurte processado com suco de maracujá tem grande aceitação pelo mercado consumidor, principalmente por estar incluído na gama de produtos que contêm baixo teor de açúcar e de gordura.

21.1.1 Histórico

A origem do maracujá é bastante discutida. É citado como originário da América Tropical, com mais de 150 espécies nativas do Brasil. Entretanto, alguns pesquisadores o consideram uma planta nativa do Brasil, pois existem relatos do século XVI que mencionam um maracujá com frutos muito semelhantes aos que conhecemos hoje. Enquanto alguns dizem que a cultura foi introduzida na Austrália, por volta de 1900, outros dizem que surgiu na Austrália, por mutação do maracujá com frutos roxos. A palavra maracujá é de origem tupi e significa alimento em forma de cuia.

A história da sua introdução no Havaí data de 1880, onde se tornou popular em jardins, e onde muitas pesquisas foram desenvolvidas, contribuindo para a disseminação da cultura.

A primeira referência ao maracujá, no Brasil, foi em 1587 no Tratado Descritivo do Brasil como "erva que dá fruto". Porém, em 1569, foi descrita a primeira espécie do gênero *Passiflora*, *P. incarnata* L., sob o nome de Granadilla. Essa planta, considerada extraordinária pela conformação de suas flores vermelhas, foi mandada de presente ao Papa Paulo V, que mandou cultivá-la com grande carinho em Roma e divulgar que ela representava uma revelação divina. Em virtude da beleza e da característica física de suas flores, a planta foi relacionada com a "Paixão de Cristo". Desse detalhe, surgiu o nome do seu gênero botânico, sendo *passio* o equivalente à paixão e *flos oris* o equivalente à flor.

O maracujá contém vitaminas, especialmente A e C, sais minerais e fibras. Além do grande potencial para sucos, doces e geleias, apresenta propriedades calmantes e sedativas, sendo uma das plantas de uso medicinal mais conhecidas no Brasil, já que de seus frutos, folhas e sementes é possível extrair a Passiflorina, um sedativo natural. O chá preparado com as folhas tem efeito diurético. Possui valor ornamental, devido às suas belas flores. Seu uso principal, no entanto, está na alimentação humana, na forma de sucos, doces, geleias, sorvetes e licores.

O maracujazeiro prefere regiões tropicais e subtropicais, com temperatura média mensal de 20 a 32 °C, não suportando geadas e ventos frios. Para florescimento e frutificação, há necessidade de calor, umidade no solo e dias longos. A precipitação anual deve ser de 800 a 1.700 mm, bem distribuídos, pois o excesso de chuvas causa redução na polinização e secas prolongadas provocam a queda de frutos. Os solos devem ser areno-argilosos, profundos e bem drenados.

Por ser uma lavoura trabalhosa, o cultivo do maracujá propicia a geração de emprego e renda, sendo indicado para pequenos produtores. Dessa forma, o plantio do maracujá tem sido estimulado por meio de programas de governo, convênios entre associações, prefeituras e órgãos de assistência técnica, e vem sendo utilizado como incentivo para a fixação do homem ao campo, tendo se tornado uma boa opção de renda para pequenas propriedades rurais de diferentes regiões do país. E, através da parceria com as indústrias, os produtores de maracujá estão conseguindo, inclusive, aumentar as suas produções.

21.1.2 Definição legal

Suco de fruta é o líquido límpido ou turvo extraído da fruta, por meio de processo tecnológico adequado, não fermentado, de cor, sabor e aroma característicos, submetido a tratamento, que assegure a sua apresentação e conservação até o momento do consumo. Os sucos de frutas são obtidos a partir de frutas frescas, maduras e lavadas por um processo industrial tecnologicamente adequado. Não deve conter fragmentos das partes não comestíveis da fruta, nem substâncias estranhas à sua composição normal, excetuadas as previstas na legislação específica. O suco não pode estar fermentado, e deve apresentar características de cor, aroma e sabor iguais às da fruta. Os sucos devem conservar as características de sabor, aroma e valor nutritivo das frutas originais. Suco de maracujá é a bebida não fermentada e não diluída, obtida da parte comestível do maracujá (*Passiflora* spp.), por meio de processo tecnológico adequado. O suco de maracujá deverá apresentar cor variando de amarelo a alaranjado, sabor próprio e ácido, aroma próprio. Deve apresentar, no mínimo, 11,0 °Brix (a 20 °C), acidez total mínima (expressa em ácido cítrico) de 2,50 g/100 g e, no máximo, 18,0 g/100 g de açúcares totais naturais do maracujá.

Suco tropical é o produto obtido pela dissolução, em água potável, da polpa de fruta polposa de origem tropical, por meio de processo tecnológico adequado, não fermentado, de cor, aroma e sabor característicos da fruta, submetido a tratamento que assegure sua conservação e apresentação até o momento do consumo. Suco tropical de maracujá é a bebida não fermentada, obtida pela dissolução, em água potável, da polpa do maracujá (*Passiflora* spp.), por meio de processo tecnológico adequado. O suco tropical de maracujá deve apresentar cor variando de amarelo a alaranjado e sabor e aroma próprios. O suco tropical de maracujá adoçado deve conter, no mínimo, 12 g de polpa de maracujá por 100 g de produto, e apresentar, no mínimo, 11,0 °Brix (20 °C), acidez total mínima (expressa em ácido cítrico) de 0,27 g/100 g e concentração mínima de açúcares totais de 8,0 g/100 g. O suco tropical de maracujá não adoçado deve conter, no mínimo, 50 g de polpa de maracujá por 100 g de produto e apresentar os valores mínimos de 6,0 °Brix (20 °C) e acidez total (expressa em ácido cítrico) de 1,25 g/100 g, além de uma concentração de açúcares totais de, no máximo, 9,0 g/100 g.

Néctar é o produto formulado não fermentado obtido pela dissolução da polpa ou suco integral em água, adicionado de açúcares, acidulantes e/ou conservantes, e que se destina ao consumo direto. O néctar de maracujá deve apresentar cor variando entre amarelo e alaranjado, sabor característico e aroma próprio. Deve conter um mínimo de 10 g de suco ou polpa de maracujá em 100 g, mínimo de 11,0 °Brix (20 °C), acidez mínima de 0,25 g/100 g (expressa em ácido cítrico) e, no mínimo, 7,0 g/100 g de açúcares totais.

Refrescos são bebidas não gaseificadas, não fermentadas, obtidas pela diluição, em água potável, do suco de fruta, polpa ou extrato vegetal de sua origem, adicionadas de açúcares. O refresco de maracujá deve conter, no mínimo, 6% em volume de suco integral e acidez titulável mínima igual a 0,1 g/100 mL (expressa em ácido cítrico).

21.1.3 Composição e valor nutritivo

O suco de maracujá é composto por cerca de 83 a 85% de água, 0,3 a 0,7% de proteínas, 0,1 a 0,3% de lipídios, 13 a 22% de carboidratos e 0,04 a 0,17% de fibra. A composição é função tanto da variedade, quanto das condições de cultivo. O conteúdo de amido é maior na variedade roxo do que no maracujá-amarelo.

É um produto bastante ácido, com o pH do maracujá-amarelo variando de 2,6 a 3,4. O ácido cítrico é responsável por 93 a 96% da acidez total, enquanto o ácido málico é responsável por 4 a 7%. Os ácidos lático, malônico, succínico e múcico encontram-se também presentes. O suco de maracujá apresenta um alto conteúdo de ácidos orgânicos, o que lhe confere aroma distinto e uma importante característica na formulação e no processamento de produtos que o utilizam.

Os açúcares são o segundo maior constituinte do suco de maracujá. O maracujá-roxo apresenta uma maior quantidade de açúcares e menor quantidade de ácidos do que a variedade amarela. A distribuição dos açúcares frutose, glicose e sacarose, em relação aos açúcares totais, foi determinada, sendo bastante semelhante, em concentração, em ambos os tipos, roxo (33,5%, 37,1% e 29,4%, respectivamente) e amarelo (29,4%, 38,1% e 32,4%, respectivamente).

Em relação ao teor de sólidos solúveis no suco de maracujá, um estudo realizado no Brasil mostrou que o suco produzido com frutas cultivadas em épocas úmidas apresentou teores de sólidos solúveis menores (14,5-15,3 °Brix) que o produzido em estações secas (15,5-16,3 °Brix). Os autores ainda concluíram que a época de colheita é mais importante que o tipo de fertilização na determinação de qualidade do maracujá.

O suco de maracujá contém apreciáveis quantidades de amido. No suco extraído da variedade roxo, o teor é maior do que na variedade amarelo e varia de 1,0 a 3,7%. Em temperaturas maiores do que 55 °C, o amido presente no suco apresenta o fenômeno da gelatinização, podendo causar sérios problemas durante o seu processamento térmico. Esse alto conteúdo de amido causa acúmulo de depósitos gelatinosos nas superfícies dos trocadores de calor, diminuindo a sua eficiência térmica e causando a deterioração do aroma do suco processado.

Os principais aminoácidos livres encontrados no suco de maracujá-roxo são a leucina, valina, tirosina, prolina, treonina, glicina, ácido aspártico, arginina e lisina. O maracujá é uma fruta rica em vitamina A, niacina e outras vitaminas do complexo B. Contém, também, quantidade significativa de ferro, cálcio, fósforo e fibras. A composição química do maracujá está apresentada na Tabela 21.1.

Tabela 21.1 Composição química da polpa de maracujá-amarelo.

Parâmetro	Valor (em 100 g de polpa)
Umidade	84,21 g
Carboidratos	14,45 g
Proteínas	0,67 g
Gorduras	0,18 g
Fibras	0,17 g
Calorias	60 kcal
Vitamina A	2,4 U.I.
Vitamina B2 (Riboflavina)	1,1 mg
Vitamina B5 (Niacina)	2,24 mg
Vitamina C (Ác. ascórbico)	18,2 mg
Fósforo	25 mg
Cálcio	4 mg
Ferro	0,36 mg

Fonte: Nagy (1993).

Cerca de 300 compostos voláteis já foram identificados em diferentes extratos de maracujá, mas os principais componentes que contribuem para o aroma global desta fruta são o 3-hidroxi-2-butanona, o butirato de etila, o 2-heptanol hexanoato de etila, o linalol, o acetato isoamílico, o (Z)-3-hexenil hexanoato e o hexyl hexanoato, destacando-se o linalol (caracterizado pela sua contribuição aos aromas floral, citrus e limão), o octanol (aroma de gordura, citrus e verde), o hexanol (aroma herbáceo e doce) e o alfa-terpineol (aroma floral e lilás).

Já foi identificada no suco de maracujá a presença de quatro alcaloides: harman, harmol, harmin e harmalin. Testes farmacológicos demonstraram que esses compostos, presentes no suco, apresentam leves efeitos sedativos.

21.2 MATÉRIAS-PRIMAS

O maracujá-amarelo é um dos tipos comerciais de maracujá, que se apresenta de forma oval ou subglobosa, com grande variação de tamanho e coloração da polpa. Possui, em média, 6 a 8 cm de comprimento por 5 a 7 cm de largura e peso de 44 a 160 g. A polpa possui de 13 a 18% de sólidos solúveis, cujos principais componentes são os açúcares e o ácido cítrico. No ponto de colheita, o maracujá atinge peso máximo (50-130 g), rendimento máximo em suco (até 36%) e maior conteúdo de sólidos solúveis. O rendimento industrial no processamento para suco varia de 30% a 36%, em função, sobretudo, de chuvas na época da colheita.

Visando à conservação do suco, a legislação permite o acréscimo de aditivos, entre eles os conservadores, os acidulantes e os antioxidantes.

Conservadores são aditivos intencionais utilizados na indústria alimentícia em substituição total ou parcial aos tratamentos de preservação física do alimento. Têm ação inibidora da proliferação microbiana ou a evitam, sendo, desse modo, agentes fungistáticos ou bacteriostáticos. Os conservadores derivados do dióxido de enxofre (sais de sulfito de sódio e potássio, bissulfito e metabissulfito) evitam o escurecimento (enzimático e não enzimático) e inibem o crescimento de microrganismos indesejáveis. Ácido benzoico, ácido sórbico e seus sais, como o benzoato de sódio e sorbato de potássio, são os conservadores com a mais longa história de utilização em alimentos. São ativos contra fungos filamentosos e leveduras, mas, normalmente, não são recomendados para o controle de bactérias, em razão da baixa atividade acima de pH 4,5, em que o principal tipo de deterioração é a bacteriana. Os níveis máximos permitidos pela legislação para a adição desses conservadores em sucos são 0,08 g/100 mL para o ácido sórbico, 0,05 g/100 mL para o ácido benzoico e 0,004 g/100 mL para o dióxido de enxofre.

Os acidulantes agem por meio da redução do pH, minimizando o crescimento microbiano. Dos acidulantes utilizados em alimentos, o ácido cítrico é o mais utilizado e tem aplicações em refrigerantes, sucos de frutas, bebidas alcoólicas, entre outros, não havendo um limite máximo para a sua utilização.

Os antioxidantes são outro grupo de aditivos frequentemente usados contra a deterioração dos alimentos. Especificamente, o ácido ascórbico age na eliminação de oxigênio e como agente quelante de metais, atuando na redução de produtos de oxidação indesejáveis. Outro importante papel do ácido ascórbico refere-se à inibição do escurecimento enzimático de frutas e vegetais, em que estão envolvidas as enzimas oxidativas, como as peroxidases e polifenoloxidases. Exerce ação protetora de componentes do sabor, evitando a ação oxidativa do oxigênio durante o armazenamento e a distribuição do produto. Em bebidas não alcoólicas, o ácido ascórbico tem sua adição permitida como agente antioxidante, sendo o limite máximo determinado pela avaliação sensorial do produto.

Outros aditivos utilizados em suco de maracujá são os corantes, que podem ser naturais, idênticos aos naturais, ou sintéticos, e os estabilizantes, como as gomas.

21.3 MICROBIOLOGIA

Os microrganismos deteriorantes presentes em sucos de frutas podem ser originários do solo ou da microbiota natural do fruto, sendo que a contaminação se dá no campo. Eles podem ser veiculados pelo vento ou por aves ou outros animais ou, ainda, se desenvolver em decorrência de algumas falhas durante o processamento.

O fruto armazenado à temperatura ambiente começa a perder água e, na polpa, inicia-se o processo de fermentação, devido ao ataque de fungos, principalmente nos locais onde o pedúnculo foi desprendido.

Em virtude do baixo pH, poucos microrganismos conseguem se desenvolver no suco de maracujá. Os possíveis causadores de deterioração no suco são as bactérias láticas, leveduras e fungos filamentosos, sendo os mais importantes:

- **Bactérias não esporogênicas** – as mais importantes, com capacidade de se desenvolver em produtos ácidos, são representantes da família Lactobacillaceae, destacando-se:
  - *Lactobacillus* – bactérias na forma de bastonetes, imóveis, gram-positivas. Na sua grande maioria, são mesófilas apresentando atividade fermentativa sobre carboidratos, havendo variações quanto aos produtos finais da fermentação: (a) homofermentativas – produção de ácido lático, sem gás; (b) heterofermentativas – produção de ácido lático, álcool etílico e CO_2.
  - *Leuconostoc* – bactérias na forma de cocos isolados ou em cadeias; heterofermentativas.
  - *Streptococcus* – bactérias na forma de cocos em cadeias; homofermentativas.
  - *Pediococcus* – bactérias na forma de cocos em tétrades; homofermentativas.

Essas bactérias se desenvolvem melhor em ambiente com baixo potencial de oxirredução (microaerófilas) e são frequentemente associadas aos processos de fermentação de vegetais. Embora algumas espécies sejam termodúricas (*Streptococcus faecalis e Streptococcus thermophilus*), a grande maioria apresenta uma pequena resistência ao calor, sendo facilmente destruída pela pasteurização.

- **Fungos** – os fungos apresentam características que tornam viáveis o seu desenvolvimento em suco de maracujá. Dentre essas características, destaca-se a tolerância acentuada a diferentes níveis de acidez, pois são capazes de se desenvolver no intervalo de pH entre 2,0 e 8,5, embora o ótimo se situe entre 4,5 e 5,0; e a resistência à desidratação, tolerando a baixa atividade de água.

  Em sua maioria, os fungos são aeróbios obrigatórios e mesófilos (temperatura ótima de crescimento entre 20-30 °C), apresentando pequena resistência térmica, de forma que, em produtos pasteurizados, a sua presença é facilmente evitada. Porém, existem os fungos termorresistentes, cuja presença em produtos ácidos tem sido verificada.
- **Leveduras** – em virtude da pequena resistência térmica, raramente estão associadas com processos de deterioração. No entanto, sua presença pode ser constatada em produtos nos quais a conservação se baseia na elevada acidez ou baixa atividade de água, em vez de no tratamento térmico, como no caso de suco de frutas, geleias, xaropes etc. Apresentam, em geral, as mesmas características dos fungos, sendo mesófilas anaeróbias facultativas, tolerando níveis variados de acidez e baixa atividade de água. Algumas leveduras são oxidativas, estritamente aeróbias, sendo seu crescimento frequentemente evidenciado pela formação de películas (filmes) superficiais. Outras são fermentativas anaeróbias, facultativas, não formando películas superficiais e fermentando açúcares com produção de álcool etílico e CO_2.

21.4 PROCESSAMENTO

O suco de maracujá é o produto derivado da polpa do maracujá livre de sementes. O método de conservação mais usual desse suco é a pasteurização, porém, o alto conteúdo de amido dificulta a troca de calor e provoca a sua gelatinização. Além disso, a alta temperatura à qual o suco é submetido pode provocar a redução do sabor de fresco, devido à termossensibilidade dos compostos aromáticos.

O maracujá destinado à fabricação de suco deve estar são, livre de injúrias, maduro e não deve apresentar qualquer tipo de sujidade na casca ou ter sofrido ataques de insetos ou parasitas. Sucos de frutas não devem conter resíduos de cascas ou sementes e devem apresentar cor, aroma e sabor característicos.

Os principais produtos de maracujá produzidos no Brasil, atualmente, são o suco ou polpa de maracujá integral congelado (Figura 21.1) e o suco de maracujá concentrado e congelado ou concentrado e envasado assepticamente (Figura 21.2), que podem ser utilizados como matéria-prima para os demais produtos, tais como o suco de maracujá integral conservado quimicamente (Figura 21.3), o suco de maracujá pasteurizado e conservado quimicamente (Figura 21.4) e os produtos prontos para consumo, como o suco tropical, o néctar e o refresco (Figura 21.5).

As principais fases envolvidas no processo de obtenção do suco de maracujá, nas suas diferentes apresentações, estão descritas a seguir.

21.4.1 Polpa ou suco de maracujá integral congelado

A polpa ou suco de maracujá integral congelado tem dois grandes mercados, sendo um deles o da indústria de sucos prontos para beber, que utiliza o suco congelado como matéria-prima, evitando, assim, todas as etapas iniciais de manipulação da fruta perecível, e a dependência dos períodos de safra; e o outro, que é o da polpa congelada em embalagens plásticas, em pequenas quantidades, comercializada diretamente para o consumidor final. O processo de obtenção é o mesmo, diferindo, apenas, no final, na forma de envase, como descrito a seguir.

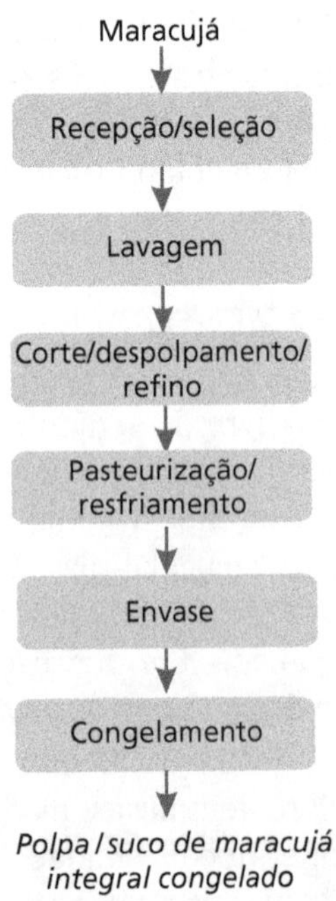

Figura 21.1 Processo de obtenção de polpa ou suco de maracujá integral.

21.4.1.1 Recepção e seleção da matéria-prima

As frutas, ao chegarem na indústria, são descarregadas, classificadas por tamanho, pesadas e enviadas diretamente para a linha de produção. As frutas que serão processadas passam por um processo de seleção, onde todas as frutas impróprias, os talos e as partes defeituosas para o processamento são descartados. Os frutos devem estar maduros, de modo que seja obtido o máximo de rendimento em termos de teor de sólidos solúveis e de aroma. Essa etapa é muito importante, pois a presença de frutas estragadas ou deterioradas pode comprometer a qualidade do produto final. Por outro lado, frutas não completamente maduras podem conferir ao suco características de sabor desagradáveis.

Quando é necessário o armazenamento do maracujá antes do seu processamento, é recomendado que as frutas sejam mantidas em ambiente limpo, isento de insetos e roedores, com temperatura na faixa de 4,5 °C a 10,0 °C, e umidade relativa entre 85-90%. O maracujá pode ser armazenado por até quatro semanas, ressaltando-se, porém, que podem ocorrer alterações no seu sabor.

21.4.1.2 Lavagem

Após a seleção, as frutas são lavadas, com o objetivo de se retirar terra e outras sujeiras aderidas ao produto e de diminuir os problemas relacionados com a contaminação microbiana. O sistema de lavagem deve incluir uma pré-lavagem, para retirada da sujeira mais grosseira, que pode ser feita por imersão em água clorada, seguida de aspersão com água clorada e escovamento com cerdas de nylon, e, por último, um enxágue com água limpa, para retirada do excesso de cloro.

Nas grandes indústrias, são utilizados sistemas automáticos de seleção e lavagem, constituídos por esteiras, elevadores e lavadores por escovamento e aspersão.

21.4.1.3 Corte/despolpamento/refino

No despolpamento, há a separação da polpa das cascas, fibras, sementes e outras partes não comestíveis, existindo diferentes métodos para extração da polpa de maracujá. Para aumentar o rendimento da extração em até 35%, podem ser utilizadas enzimas, que hidrolisam macromoléculas, facilitando a liberação do suco.

O sistema mais utilizado para a realização dessas etapas é constituído de três estágios: (i) um cortador, formado por discos de aço inox: (ii) um batedor ou centrífuga de cesto, formado por um cilindro perfurado, no qual a casca é separada do suco e das sementes; e (iii) duas despolpadeiras, onde a primeira separa o suco das sementes e a segunda, com aberturas menores, é responsável pelo primeiro refino do produto.

Uma última operação de refino é geralmente efetuada utilizando-se centrífugas de disco, onde é possível reduzir os teores de fibras, pectina e amido.

Em indústrias menores, muitas vezes o corte e a extração são realizados manualmente e o despolpamento é realizado em despolpadeira vertical ou horizontal, na qual ocorre a passagem da fruta por uma peneira de aço inox. A polpa é recolhida na parte inferior do equipamento, sendo bombeada para a etapa seguinte. Após o despolpamento, o produto é conduzido para sistemas de refino, podendo-se utilizar, para tal, despolpadeiras com peneiras de menor diâmetro (0,5-0,6 mm).

21.4.1.4 Pasteurização

O tratamento térmico tem por objetivo reduzir a carga microbiana e inativar as enzimas presentes, que podem causar alterações físicas e bioquímicas indesejáveis no suco. Deve ser utilizada uma combinação de tempo e temperatura de processamento térmico que, além de garantir a destruição dos microrganismos contaminantes, preserve as características físicas, químicas, físico-químicas, nutricionais e sensoriais da fruta original.

O uso do calor tanto na pasteurização como na concentração de suco de maracujá pode resultar em perdas na qualidade, pois as substâncias responsáveis pelo aroma e frescor da fruta são extremamente termossensíveis.

Outro problema que pode ocorrer durante o tratamento térmico do suco de maracujá é o aparecimento de depósitos gelatinosos nas superfícies de aquecimento, provocando perda na eficiência térmica, como consequência do seu alto teor de amido.

A pasteurização pode ser realizada em tacho encamisado, em pasteurizador tubular ou em trocadores de calor de superfície raspada. Para a polpa ou suco integral de maracujá, o equipamento mais utilizado é o pasteurizador tubular com seções de aquecimento e resfriamento, com temperaturas da ordem de 98 °C e 30 °C, respectivamente. O tempo de residência à temperatura do tratamento varia de 30 segundos a 1 minuto. Adicionalmente, podem ser agregadas mais seções de resfriamento, para que o suco atinja temperaturas da ordem de 2 a 5 °C, recomendadas para o envase, quando este é feito em tambores.

Na maioria das empresas de pequeno porte, a etapa de pasteurização não é efetuada e a polpa segue do despolpamento direto para o envase e posterior congelamento.

21.4.1.5 Envase

A polpa ou suco integral de maracujá é, então, transportada para uma dosadora, regulada para encher a embalagem em quantidades previamente definidas, que podem ser tambores de 200 kg, revestidos com sacos plásticos duplos, quando se trata de produto intermediário para outras indústrias, ou sacos plásticos de polietileno de 100 e 1.000 g, no caso de polpa congelada destinada ao consumidor final.

21.4.1.6 Congelamento

Essa operação deve ser realizada no menor espaço de tempo possível, a fim de se manter as características originais do suco, tanto no aspecto sensorial quanto no nutricional. Podem ser utilizados armários ou túneis de congelamento, com nitrogênio líquido.

É importante ressaltar que o suco deve ser mantido congelado até o momento do seu consumo ou reprocessamento. A temperatura recomendada para seu armazenamento, em câmaras frigoríficas, varia de –18 °C a –22 °C.

21.4.2 Suco de maracujá concentrado congelado ou envasado assepticamente

Na produção do suco concentrado, as etapas iniciais são as mesmas que para o suco integral, até a obtenção do suco refinado, que é, então, concentrado e, em seguida, pasteurizado, para posterior envase.

A concentração do suco pode ser conduzida em evaporadores de filme descendente, porém os equipamentos mais utilizados para o suco de maracujá são os evaporadores centrífugos do tipo *Centritherm*, que operam sob vácuo, a temperaturas relativamente baixas, com passagem única do produto e curtos tempos de residência. Embora as condições operacionais deste sistema propiciem uma menor perda dos componentes voláteis, aos evaporadores centrífugos também são acopladas colunas de recuperação de aroma. Os níveis de concentração dependem dos teores de amido do suco e da demanda, sendo produzidos sucos de maracujá concentrados a 40 °Brix e a 65 °Brix.

Após a concentração, o suco é pasteurizado em trocadores de calor de superfície raspada, que são os mais adequados para produtos com alto teor de sólidos solúveis e maiores valores de viscosidade aparente, sendo imediatamente resfriado até a temperatura de envase (cerca de 5 °C).

O suco concentrado pasteurizado pode ser envasado utilizando-se dosadoras automáticas, abertas, sendo, em seguida, congelado; como pode, também, seguir para um envase asséptico, o que permitirá o seu armazenamento à temperatura ambiente. O suco pode ser acondicionado em latas de 1 kg, quando direcionado para o mercado consumidor final, ou em tambores de 200 kg, revestidos com sacos plásticos duplos, quando se destina à indústria de sucos e néctares.

Para o produto congelado, deverá ser feito o mesmo procedimento que para o suco integral. O congelamento deve ser realizado no menor tempo possível, utilizando-se armários ou túneis de congelamento e o produto deve ser mantido entre –18 °C e –22 °C, até o momento do seu consumo.

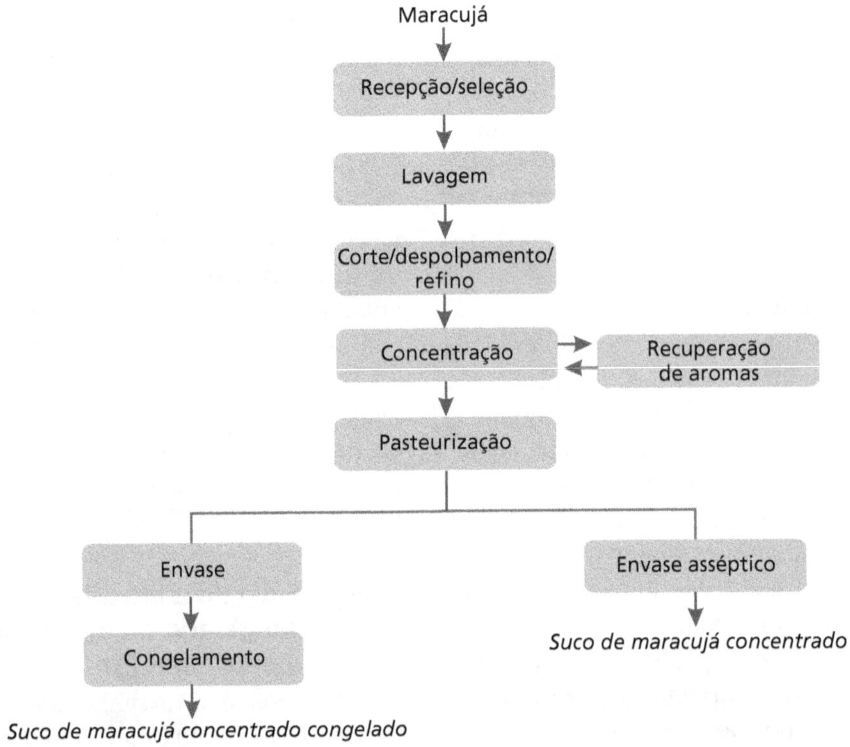

Figura 21.2 Processo de obtenção de suco de maracujá concentrado e congelado.

21.4.3 Suco de maracujá conservado quimicamente

A produção de suco de maracujá conservado apenas com o uso de aditivos químicos é feita, em geral, por micro e pequenos produtores, que desejam agregar valor à sua produção agrícola, sendo o produto direcionado para um mercado local e/ou regional. O processamento segue, então, as etapas descritas a seguir.

21.4.3.1 Seleção e lavagem

A seleção e a lavagem das frutas são etapas fundamentais para a garantia da qualidade do produto final, principalmente, ao se considerar que este será conservado apenas pelo uso de aditivos, que não eliminam, apenas reduzindo, contaminações já existentes. Essas etapas devem ser conduzidas como descrito nos itens 21.4.1.1 e 21.4.1.2, com bastante atenção, por funcionários treinados, e com o adequado controle dos teores de cloro durante a lavagem, por meio das trocas frequentes das soluções de água clorada.

21.4.3.2 Corte/extração/despolpamento

As frutas são cortadas ao meio, e a polpa é retirada com o auxílio de uma colher, seguindo para o despolpamento, em que são retiradas as sementes da polpa. A polpa é refinada passando mais uma vez pela despolpadeira, na qual é colocada uma peneira de malha mais fina (0,5 ou 0,6 mm).

21.4.3.3 Formulação

O suco de maracujá é, então, levado a um tanque de formulação, provido de misturadores, onde são adicionados os conservadores, sendo os mais utilizados o benzoato de sódio, o sorbato de potássio e o metabissulfito de sódio. Os sais devem ser previamente dissolvidos e adicionados sob agitação contínua, a fim de permitir a sua adequada mistura ao produto, garantindo uma distribuição uniforme. É essencial que os limites de adição estabelecidos na legislação sejam respeitados.

Como o maracujá já tem uma acidez elevada, normalmente, não são utilizados acidulantes. Podem ser adicionados, também, estabilizantes, como gomas, visando evitar a separação de fases do produto.

21.4.3.4 Envase

O suco é acondicionado em garrafas, previamente sanitizadas, à temperatura ambiente, utilizando-se dosadoras manuais ou automáticas, sendo mantido à temperatura ambiente.

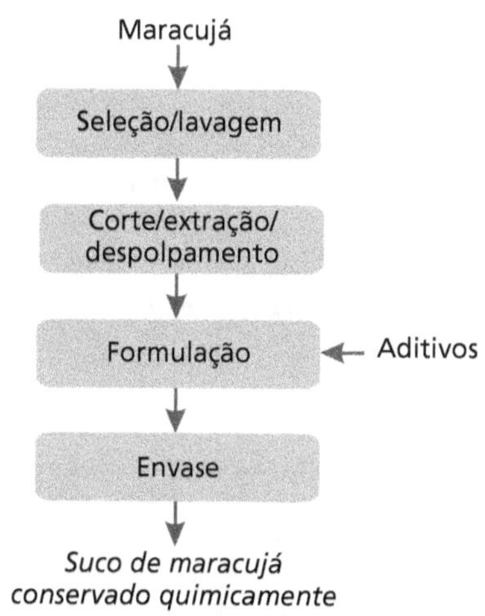

Figura 21.3 Processo de obtenção de suco de maracujá conservado quimicamente.

21.4.4 Suco de maracujá pasteurizado e conservado quimicamente

Para a obtenção do suco de maracujá pasteurizado e conservado quimicamente, são utilizados como matéria-prima tanto o suco integral congelado, quanto o suco concentrado, sendo a formulação do produto a primeira etapa do processamento.

Quando se parte do suco concentrado, é necessária a adição de água, até atingir o teor de sólidos solúveis original do suco, sendo adicionados também os aditivos químicos, tais como conservadores e corantes. A adição dessas substâncias deve seguir as recomendações descritas no item 21.4.3.3, visando não só atender a legislação, como também preservar a qualidade sensorial do produto.

Figura 21.4 Processo de obtenção de suco de maracujá pasteurizado conservado quimicamente.

Em algumas indústrias, o suco formulado segue para a etapa de desaeração, em que há uma redução do oxigênio disponível para as reações químicas, contribuindo para minimizar sua possível deterioração.

A pasteurização é realizada em trocadores de calor tubulares ou de placas, utilizando-se uma relação tempo/temperatura de 30 s/98 °C, sendo o suco envasado a quente e resfriado, em seguida, até cerca de 30 °C, utilizando-se túneis de resfriamento.

O suco pasteurizado e adicionado de conservadores químicos pode ser conservado à temperatura ambiente, por até um ano, sem que haja crescimento microbiano e alteração das suas características principais.

21.4.5 Suco tropical, néctar ou refresco de maracujá

Os produtos formulados e prontos para o consumo, tais como o suco tropical, o néctar e o refresco de maracujá, diferem entre eles, basicamente, pela quantidade de polpa ou suco integral da fruta presente em cada um.

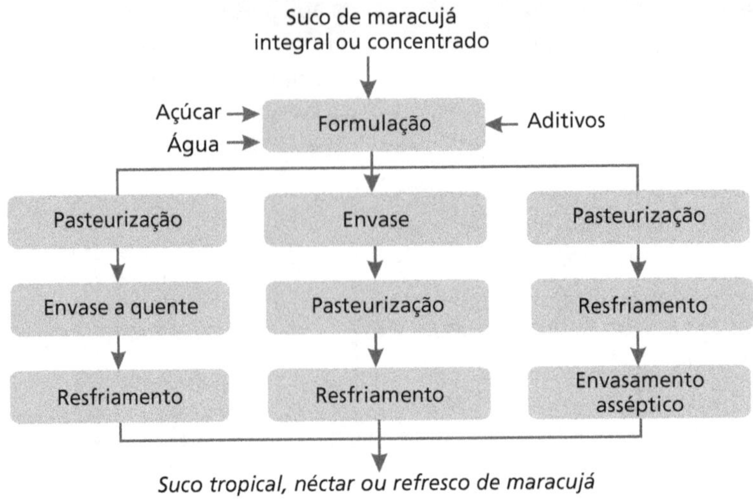

Figura 21.5 Processo de obtenção de suco tropical, néctar ou refresco de maracujá.

Para a obtenção desses produtos, normalmente se parte também do suco integral ou concentrado, iniciando-se o processo na etapa de formulação.

A adição de água e demais ingredientes, como açúcares e ácidos, é função do padrão definido para o produto e das características do lote da matéria-prima. A relação entre o teor de sólidos solúveis e a acidez é padronizada para cada tipo de produto. A formulação final, incluindo, quando for o caso, os aditivos químicos, como conservadores, corantes e aromatizantes é o grande segredo da indústria, pois é o que vai garantir a preferência do consumidor. Atualmente, as empresas mais modernas já têm esse controle automatizado, por meio do uso de sensores e computadores, que garantem que o produto final terá sempre o mesmo padrão de qualidade.

Este processamento está representado em um desenho esquemático (Figura 21.6). A partir do suco integral ou do suco concentrado, o produto é preparado no tanque de formulação, onde água, açúcar e aditivos são adicionados e misturados. Como o maracujá é uma fruta bastante ácida, em geral, não há necessidade de adição de acidulantes, como o ácido cítrico. Após a formulação, o produto pode ser desaerado e conduzido à seção de pasteurização e, posteriormente, à de enchimento das embalagens, que pode ser em um sistema asséptico ou não.

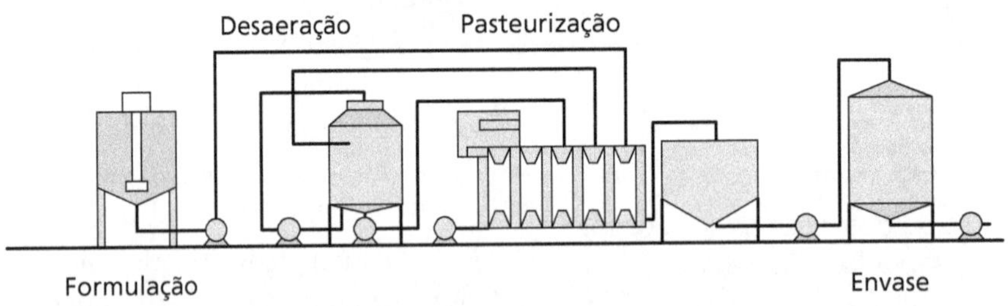

Figura 21.6 Processo de obtenção de suco tropical, néctar ou refresco de maracujá.

21.5 APROVEITAMENTO DE RESÍDUOS

A utilização dos resíduos do maracujá tem sido estudada por diferentes grupos de pesquisa, visando diferentes aplicações. A semente de maracujá é rica em ácido linoleico, um ácido graxo essencial, e da casca, rica em pectina, podem ser elaborados doces em massa e em calda, além de ser citado o seu uso como um potencial redutor da diabete.

BIBLIOGRAFIA

AMARO, A. C. P. **Características físico-químicas do maracujá-amarelo (*Passiflora edulis f. flavicarpa* Deg.) obtido por cultivo orgânico e convencional:** produção e avaliação da polpa pasteurizada e refrigerada. 2002. 121f. Dissertação (Mestrado em Farmácia) – Faculdade de Ciências Farmacêuticas, Universidade Paulista Estadual "Julio de Mesquita Filho", Araraquara, 2002.

BRASIL. Agência Nacional de Vigilância Sanitária. Resolução RDC n. 12, de 10 de janeiro de 2002. **Diário Oficial da União**, Brasília, DF, 14 jan. 2002.

BRASIL. Agência Nacional de Vigilância Sanitária Resolução – RDC n. 12, de 2 de janeiro de 2001. Regulamento técnico sobre padrões microbiológicos para alimentos. **Diário Oficial da União**; Brasilia, DF, 10 jan. 2001.

BRASIL. Ministério da Agricultura e do Abastecimento. Instrução Normativa n. 1, de 7 de janeiro de 2000. **Diário Oficial da União**, Brasília, DF. 10 jan. 2000. Seção 1.

BRASIL. Ministério da Agricultura, Pecuária e do Abastecimento. Instrução Normativa n. 12, de 04 de setembro de 2003.

BRASIL. Ministério da Integração Nacional. Maracujá: Distrito Federal. **FrutiSéries**, Brasília, DF, n. 2, mar. 2002.

BRIGNANI NETO, F. Produção integrada de maracujá. **Biológico**, São Paulo, v. 64, n. 2, p. 95-197, 2002.

CANÇADO JUNIOR, F. L.; ESTANISLAU, M. L. L.; PAIVA, B. M. Aspectos econômicos da cultura do maracujá. **Informe Agropecuário**, Belo Horizonte, v. 21, n. 206, p. 10, set./out. 2000.

CASIMIR, D. J.; KEFFORD, J. F.; WHITIFIELD, F. B. Technology and flavor chemistry of passion fruit juices and concentrates. **Advances in Food Research**, v. 27, n. 1, p. 243-295, 1981.

CASTRO, F. A. **Processamento de frutas no estado do Ceará**. Fortaleza: NUTEC, 1988.

CHEN, C. C. et al. Head space components of passion fruit juice. **Journal of Agricultural and Food Chemistry**, v. 30, p. 1211-1215, 1982.

DE MARCHI, R. et al. Caracterização físico-química do maracujá-amarelo *(Passiflora edulis f. flavicarpa* Deg.) em três estágios de cor de casca. In: SIMPÓSIO LATINO-AMERICANO DE CIÊNCIA DE ALIMENTOS, 3., 1999, Campinas. **Anais**... Campinas: Unicamp, 1999. p. 27.

DURIGAN, J. F. Colheita e conservação pós-colheita. In: SIMPÓSIO BRASILEIRO SOBRE A CULTURA DO MARACUJÁ , 5., 1998, Jaboticabal. **Anais**... Jaboticabal: Funep, 1998. p. 257-278.

EMBRAPA. **Maracujá**. Disponível em: <http:/www.cnpmf.embrapa.br/maracujá.htm>. Acesso em: 06 jun. 2004.

ENGEL, K. H.; TRESSI, H. Identification of new sulfur containing volatiles in yellow passion fruit (*Passiflora edulis f. flavicarpa*). **Journal of Agricultural and Food Chemistry**, v. 39, p. 2249-2252, 1991.

FAIGH, J. G. Enzyme formulation for optimizing juice yields. **Food Technology**, Chicago, n. 9, p. 79-83, 1995.

FERREIRA, N. D. L. et al. Estudo de maracujás obtidos a partir da agricultura orgânica e com agroquímicos. Parte II – Comparação físico-química. In: CONGRESSO BRASILEIRO DE CIÊNCIA E TECNOLOGIA DE ALIMENTOS, 18., 2002, Porto Alegre. **Anais**... Porto Alegre, 2002. 1 CD-ROM.

FRANCO, G. **Tabela de composição química dos alimentos**. 9. ed. São Paulo: Atheneu, 1997.

GAVA, A. J. **Princípios de tecnologia de alimentos**. São Paulo: NOBEL, 1984.

GAVA, J. R. **Clarificação de suco de maracujá** (*Passiflora edulis f. flavicarpa* **Deg.) por microfiltração e ultrafiltração e sua aplicação em refrigerante**. 1996. 124f. Dissertação (Mestrado em Processos Químicos e Bioquímicos) – Escola de Química, UFRJ, Rio de Janeiro, 1996.

GROSS, J. **Pigments in fruits**. London: Academic Press, 1987. 303p.

ITAL. **Aspectos tecnológicos de frutas tropicais**. São Paulo, 1980. Série Frutas Tropicais, 10.

JORDAN, M. J.; GOODNER, K. L.; SHAW, P. E. Characterization of the aromatic profile in aqueous essence and fruit juice of yellow passion fruit (*Passiflora edulis f. flavicarpa* Deg.) by GC-MS and GC/O. **Journal of Agricultural and Food Chemistry**, v. 50, n. 1, p. 1523-1528, 2002.

LEONEL, S. et al. Principais produtos e subprodutos obtidos do maracujazeiro. **Informe Agropecuário**, Belo Horizonte, v. 21, n. 206, p. 81-85, set./out. 2000.

MADRID, A.; CENZANO, I.; VICENTE, J. M. **Nuevo manual de industrias alimentarias**. Madrid: Ediciones Mundi-Prensa, 1994. 610p.

MATTA, V. M.; FREIRE JÚNIOR, M. **Manual de processamento de polpa de frutas**. Fortaleza: Banco de Nordeste do Brasil; Embrapa. Centro Nacional de Pesquisa de Tecnologia Agroindustrial de Alimentos, 1996.

NAGY, S.; CHEN, C. S.; SHAW, P. E. **Fruit juice processing technology**. Florida: AG Science, 1993. 713p.

NASCIMENTO, M. R. F.; OLIVEIRA, L. F.; BORGES, S. V. Estudo da conservação de doce de corte de casca de maracujá, à temperatura ambiente. In: CONGRESSO BRASILEIRO DE CIÊNCIA E TECNOLOGIA DE ALIMENTOS, 18., 2002, Porto Alegre. **Anais**...Porto Alegre: UFRGS, 2002. 1 CD-ROM.

PAULA, B. et al. Associação da hidrólise enzimática ao processo de microfiltração de suco de maracujá. **Revista Universidade Rural**, Série Ciências Exatas e da Terra, Rio de Janeiro, v. 21, n. 2, p. 45-48, 2002.

PAULA, B. et al. Melhoria na eficiência da clarificação de suco de maracujá pela combinação dos processos de microfiltração e enzimático – Ceppa, Curitiba, v. 22, n. 2, p. 199-424, 2004.

PESTRE, L. R. et al. Avaliação da fração retida durante a microfiltração de suco de maracujá. In: SIMPÓSIO LATINO AMERICANO DE CIÊNCIA DE ALIMENTOS, 5., 2003, Campinas. **Resumos**... Campinas: Unicamp, 2003. 1 CD-ROM.

ROSSI, A. D. et al. **O Grande Mercado do Maracujá**. Disponível em: <http://www.todafruta.com.br>. Acesso em: 02 maio 2004.

RUGGEIRO, C. et al. **Maracujá para exportação**: aspectos técnicos da produção. 2. ed. Brasília, DF: Embrapa-SPI, 1996. Frupex.

SATO, G. S.; CHABARIBERY, D.; BESSA JÚNIOR, A. de A. Panorama da produção e de mercado do maracujá. **Informações Econômicas**, São Paulo, v. 22, n. 6, p. 17-31, 1992.

SEPULVEDA, E. et al. Color parameters of passion fruit juice (*Passiflora edulis* Sims): influence of harvest season. **Ciencia y Tecnologia de Alimentos**, Santiago, v. 2, n. 1, p. 29-33, 1996.

SILVA, A. P.; DURINGAN, J. F. Colheita e conservação pós-colheita do maracujá. **Informe Agropecuário**, Belo Horizonte, v. 21, n. 206, p. 67-71, set./out. 2000.

SILVA, C. A. B. **Produção de polpa de fruta tratada termicamente e congelada**. Brasília: Ministério da Agricultura, 1995. Perfis Agroindustriais, 10.

SILVA, S. R.; MERCADANTE, A. Z.; SILVA, S. R. Composição de carotenoides de maracujá-amarelo (*Passiflora edulis flavicarpa*) *in natura*. **Ciência e Tecnologia de Alimentos**, Campinas, v. 22, n. 3, p. 254-258, 2001.

SZPIZ, R. R. et al. Estudo do óleo de maracujá. In: CONGRESSO BRASILEIRO DE CIÊNCIA E TECNOLOGIA DE ALIMENTOS. 13. 1992, São Paulo. **Resumos**... São Paulo: SBCTA, 1992. p. 90.

TRESSLER, D. K.; JOSLYN, M. A. 1028p.

WERKHO, P. et al. Vacuum headspace method in aroma research: flavor chemistry of yellow passion fruits. **Journal of Agricultural and Food Chemistry**, v. 46, p. 1076-1093, 1998.

22

POLPA E SUCO DE MORANGO

LÍVIA DE LACERDA DE OLIVEIRA PINELI
WILMA MARIA COELHO ARAÚJO

22.1 HISTÓRICO

O consumo de morangos é citado desde épocas remotas, quando se conhecia a fruta como *fragum* ou *fraga*, por seu gosto doce. Há relatos da cultura do morangueiro, das espécies *Fragaria vesca* e *Fragaria moschata*, no século XV, na França e na Inglaterra. Acredita-se que, a partir desse período, horticultores franceses, ingleses, alemães e italianos iniciaram o plantio e o cultivo desse produto, melhorando sua qualidade e aumentando seu tamanho, sem, contudo, alterarem suas características organolépticas. Outros estudos revelam que o cultivo do morangueiro ocorreu, também, nas civilizações indígenas da América pré-colombiana, que cultivavam as espécies *Fragaria chiloensis* e *Fragaria virginiana*, bases do híbrido hoje cultivado comercialmente e cuja origem está na Europa, no século XVIII (CUNHA JÚNIOR, 2011).

No início do século XX, o interesse comercial impulsionou as pesquisas relacionadas à produção de morango. Trabalhos de melhoramento genético e de cruzamentos de algumas espécies do gênero *Fragaria*, oriundas da Europa e das Américas, propiciaram a obtenção de morangos maiores, mais vermelhos e mais saborosos, que diferiam muito das espécies originais. A polinização cruzada deu origem a híbridos que foram rapidamente reconhecidos por suas características morfológicas e sensoriais únicas, sendo, por isso, conduzidos ao cultivo em escala comercial e ao melhoramento genético.

Nos últimos anos, a produção mundial de morangos cresceu em números absolutos e está centrada na Europa e nas Américas com 75% da produção mundial. A América do Norte é responsável por 81% da produção continental (Tabela 22.1) (FAO, 2011). O morango é largamente consumido, especialmente nos Estados Unidos, na Espanha, no Japão, na Itália, na Coreia do Sul e na Polônia, em sua forma *in natura*, ou como ingrediente de produtos industrializados, ou preparações alimentares. O Chile é o principal produtor na América do Sul, ocupando a 19.ª posição segundo o *ranking* da FAO de 2011. O Brasil encontra-se na 54ª colocação geral (FAO, 2011).

O início do cultivo do morangueiro no Brasil não é bem conhecido. Entretanto, a cultura começou a expandir-se desde a década de 1960, com o lançamento da cultivar Campinas. Trabalhos de pesquisa e melhoramento genético, desenvolvidos pelo Instituto Agronômico de Campinas (IAC) e pela Empresa Brasileira de Pesquisa Agropecuária (Embrapa) Clima Temperado, em coordenação com as diferentes Secretarias de Agricultura dos Estados, a partir da década de 1960, proporcionaram um grande incentivo para o desenvolvimento nacional da cultura em escala comercial, o que levou à introdução de cultivares mais adaptadas e a novas técnicas de cultivo, possibilitando a ampliação das lavouras. As características das cultivares determinam, em grande parte, o sucesso da lavoura do morangueiro. O ciclo, a produtividade, a qualidade do fruto e a resistência a doenças são os principais critérios de seleção nos programas de melhoramento genético.

A cultura do morangueiro é uma importante cadeia produtiva, do ponto de vista econômico e social e se destaca em cinco estados brasileiros: Minas Gerais (41,4%), Rio Grande do Sul (25,6%), São Paulo (15,4%), Paraná (4,7%), Distrito Federal (4,0%), mobilizando cerca de 3.500 hectares (FACHINELLO et al., 2011). Nessa crescente cadeia de produção predomina o cultivo em pequenas propriedades rurais, com mão de obra familiar, constituindo a base da economia de muitas cidades, em especial nas regiões Sul e Sudeste, que representam 90% da superfície cultivada no país.

Tabela 22.1 Indicadores de produtividade dos dez maiores países produtores de morango, segundo o *ranking* da FAO em 2011.

Países	Área ha	Rendimento ton/ha	Produção ton	Países	Área ha	Rendimento ton/ha	Produção ton
Estados Unidos	23.260	56,44	1.312.960	Rússia	27.000	6,81	184.000
Espanha	6.857	74,96	514.027	Japão	6.074	29,79	182.091
Turquia	11.967	25,27	302.416	Coreia do Sul	5.816	29,49	171.519
Egito	5.628	42,69	240.284	Polônia	50.522	3,29	166.159
México	6.978	32,80	228.900	Alemanha	13.848	11,15	154.418

Fonte: FAO (2011).

A produção nacional em 2006/2007 foi de aproximadamente 100 mil toneladas, distribuídas pelos estados de Minas Gerais, Rio Grande do Sul, São Paulo, Paraná, Espírito Santo, Santa Catarina, Goiás e Rio de Janeiro (CUNHA JÚNIOR, 2011) (Tabela 22.2).

Tabela 22.2 Produção brasileira de morango 2006/ 2007.

Estado	Produção (t)
Minas Gerais	33.000
São Paulo	31.000
Rio Grande do Sul	16.000
Paraná	9.000
Espírito Santo	7.000
Santa Catarina	1.370
Goiás	950
Rio de Janeiro	800
Outros	880

Fonte: Cunha Júnior (2011).

As principais cultivares utilizadas no Brasil provêm dos Estados Unidos, destacando-se a Aromas, Camarosa, Capitola, Diamante, Dover, Oso Grande e Sweet Charlie; da Espanha, a cultivar Milsei-Tudla; do programa de melhoramento genético da Embrapa Clima Temperado, as cultivares Bürkley, Santa Clara, Konvoy, Princesa, Cascata, Konvoy-Cascata, BR 1 e Vila Nova; do Instituto Agronômico de Campinas, as cultivares Campinas, Jundiaí, Piedade, Monte Alegre, Guarani e Princesa Isabel. Na Região Sul do Brasil, as cultivares mais utilizadas são Aromas, Camarosa, Diamante, Oso Grande e Ventana, da Universidade da Califórnia, e Dover e Sweet Charlie, da Universidade da Flórida. Além destas, foram ainda importadas as variedades W.M. Belt, Poça Hontas, Lassen, Tioga, Reiko, Alemanha, Sequóia, Pajaro, Chandler, Selva, Irvine, Fern (BORDIGNON JÚNIOR, 2008; SANTOS, 2005). Com tal diversificação de variedades e de sistemas de produção tem-se conseguido produzir morangos praticamente nos 12 meses do ano.

As cultivares são divididas em dois grupos, segundo suas finalidades: consumo *in natura* e uso industrial. Para consumo *in natura*, destacam-se a Tangi, Campinas, Oso Grande, Tudla, Selva e Seascape. Para uso industrial, Santa Clara, Bürkley, Dover. Com dupla finalidade, a Vila Nova. Na Tabela 22.3 estão descritas algumas das características dessas variedades.

Tabela 22.3 Algumas características das principais cultivares de morango plantadas no Brasil.

Variedades	Características organolépticas
Aromas	Frutos de tamanho grande, de coloração vermelho-escura, sabor agradável e qualidade excelente para o consumo *in natura* e para industrialização, considerada mais resistente do que a cultivar Diamante, em relação às variações nas condições ambientais.
Bürkley	Frutos grandes, de polpa de textura média e de coloração vermelho-clara; epiderme vermelha; sabor ácido, próprio para a industrialização.
Camarosa	Frutos de tamanho grande; com epiderme vermelho-escura e uniforme; polpa de textura firme e de coloração interna vermelho-brilhante, escura e uniforme; sabor subácido, próprio para consumo *in natura* e industrialização.
Campineiro/ Campinas	Fruto grande, em forma de cunha longa, de coloração externa vermelha, coloração interna rósea, polpa de consistência mole, sabor adocicado, aroma fraco e frutos em forma de leque.
Chandler	Fruto grande, cônico e alongado, epiderme e polpa apresentam coloração vermelho-escura, com sabor subácido e aroma ativo, utilizado para mesa e para a indústria, pois suas frutas primárias e secundárias são grandes, e as terciárias e quaternárias, pequenas.
Diamante	Frutos grandes, firmes e de excelente qualidade, a coloração do interior da fruta vermelho-clara, recomendados para consumo *in natura*.
Dover	Frutos com grande variabilidade de tamanho, formato variável, cônico-alongado, constituição firme, coloração vermelha intensa, sabor ácido e aroma pouco evidenciado.
Oso Grande	Frutos de tamanho grande, cônicos, com coloração vermelha intensa, polpa de textura firme, de coloração vermelho-clara e aromática; epiderme vermelho-clara; sabor subácido, próprio para consumo *in natura*; com boa conservação pós-colheita, resistentes ao manuseio e ao transporte
Santa Clara	Frutos de tamanho médio, formato irregular, com epiderme vermelho-escura; polpa de textura média e cor vermelha uniforme; sabor ácido e próprio para industrialização.
Seascape	Frutos grandes e de maior uniformidade, coloração interna dos frutos mais intensa, melhor sabor e polpa de textura firme.
Selva	Frutos de tamanho irregular, de coloração vermelho-clara; polpa de textura muito firme; sabor subácido
Tangi	Frutos de tamanho médio, polpa de textura média e de coloração rósea intensa; epiderme de coloração vermelho-clara; sabor semiácido, próprio para consumo *in natura*.
Tudla Milsey	Frutos de formato cônico ou de cunha alongado, de tamanho grande, polpa de textura firme e de coloração vermelha; epiderme vermelha; sabor subácido, aromático, próprio para consumo *in natura* ou congelamento em fatias ou cubos.
Vila Nova	Sabor subácido, aroma intenso, polpa de textura média e de coloração vermelha, epiderme vermelha.
Camino Real	Frutos grandes, firmes, com epiderme e polpa vermelho-escura, de bom sabor, sendo recomendados para consumo *in natura* e industrialização

Fonte: Adaptado de Santos (2005) e Shaw; Larson (2002).

Segundo dados do Instituto Brasileiro de Frutas, pouco mais de 50% do morango produzido ainda são consumidos *in natura*. O restante é utilizado para produção de suco, ou, como ingrediente, pelas indústrias de alimentos, ou congelado para fabricação de polpa. Em geral, o morango, vendido em forma de sucos ou geleias, obtém agregação de valor de até 1.000%. Além disso, boa parte da fruta utilizada como ingrediente pelas fábricas, em iogurtes, doces e bolos, é considerada inadequada para o consumo de mesa (PORTAL DO AGRONEGÓCIO, 2006).

22.2 ASPECTOS LEGAIS (PORTARIA N. 247/1981)

O morango destinado à industrialização procede da espécie *Fragaria ananassa Duch.*, podendo essa espécie ser ainda comercializada para o consumo *in natura*. Os frutos podem ser classificados como ***Fruta Boa***, quando fisiologicamente desenvolvidos, bastante firmes, com maturação apropriada, inteiros, sem ferimentos, livres de pragas e doenças e munidos de cálice e pedúnculo verde; ***Fruta Fisiologicamente Desenvolvida***, quando se apresentam com desenvolvimento completo, bastante firmes, com maturação apropriada e coloração própria do cultivar (variedade); *Fruta Bastante Firme*, quando não se apresentam moles, aguados ou fermentados; *Fruta com Maturação Apropriada*, quando atingiram a maturação e, quando, colhidos, não se deterioram durante o transporte, bem como asseguram a normal terminação do processo de maturação.

Por *Fruta Limpa*, entende-se aquela que não foi lavada e está isenta de impurezas, como vestígios de adubos, produtos de tratamentos e resíduos aderentes, enquanto a *Fruta Sã* deve estar livre de manchas, podridões, lesões e enfermidades. Os defeitos gerais da fruta estão descritos na Tabela 22.4.

Tabela 22.4 Defeitos gerais do morango destinado à industrialização ou ao consumo *in natura*.

Defeitos fisiológicos	Alterações da forma, textura e/ou coloração da fruta, como: escaldadura, defeito de polinização ou outro fator.
Lesões superficiais	Alterações causadas por agentes diversos, cicatrizadas ou não, sem que qualquer processo de evolução venha a comprometer a conservação e qualidade da fruta.
Manchas superficiais	Toda e qualquer alteração na coloração externa (epicarpo), sem que a polpa do morango seja afetada.

Fonte: Brasil. Portaria n. 247, de 3 de novembro de 1981.

Os frutos com defeitos graves se classificam em *Fruta Bichada*, quando apresentam larvas, lagartas ou galerias deixadas pelas larvas; *Fruta com Lesões Graves*, quando apresentam amassamentos ou ferimentos que alterem a integridade da fruta; *Fruta Passada*, quando estão flácidos, em decorrência do avançado estado de maturação; *Fruta Podre*, quando em processo de decomposição, *Fruta Suja*, quando contêm impurezas ou resíduos não removíveis pelo processo normal de lavagem; *Fruta Verde*, quando imaturos.

Quanto ao tamanho, o morango destinado à industrialização tem por base a medida em milímetros, definida pela maior secção horizontal (equatorial) do fruto. Quanto ao tipo, será classificado de acordo com o maior diâmetro horizontal; incidência dos fatores de qualidade (defeitos gerais e graves) e adequado estado de limpeza. O tipo Extra (Padrão) deve ter diâmetro mínimo igual a 15 mm, 10% de defeitos graves, 17% de defeitos gerais e 3% de matérias estranhas e impurezas. A legislação, contudo, prevê uma tolerância de até 10% de frutos com diâmetro inferior a 15 mm para o tipo Extra.

Os lotes de morango que não atenderem às especificações acima são considerados "abaixo do padrão"; contudo, é facultada a sua comercialização, considerando-se um desconto no valor do produto, proporcional ao "percentual de quebra", ou industrializado "a rendimento". Produtos com odor estranho e contendo substâncias nocivas à saúde serão desclassificados, sendo vedada sua comercialização.

Essa classificação é feita pelo produtor, mas está sujeita à fiscalização do Órgão Oficial competente, na indústria. As amostras deverão ser selecionadas, no prazo máximo de 8h, após a recepção do produto, e devem corresponder a 5% do peso do lote. O processo de classificação ocorre segundo a Figura 22.1.

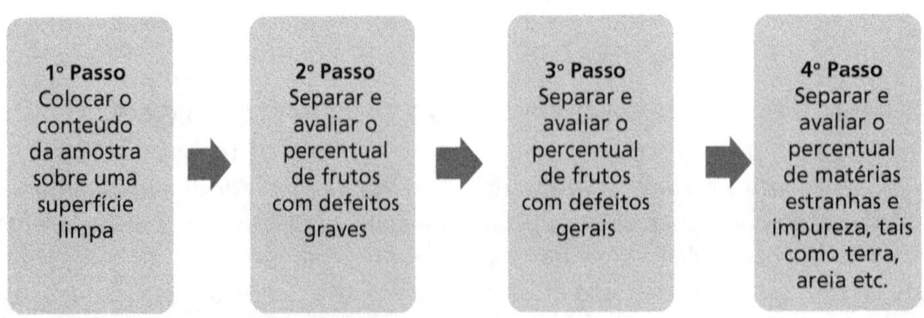

Figura 22.1 Etapas para classificação de morangos.

22.3 ASPECTOS BOTÂNICOS E AGRONÔMICOS

O morangueiro, *Fragaria spp*, é uma planta da Ordem *Rosales*, Família *Rosaceae*, subfamília *Rosideae,* tribo *Potentillae*, gênero *Fragaria L.*, (VIDAL; VIDAL, 2003). Foi tipificado por Linneu, em 1753, e reúne um grupo de plantas muito variadas, tanto do ponto de vista nutricional, como estrutural (HAMMER; PISTRICK, 2003). Há mais de 20 espécies do gênero *Fragaria* com o nome comum de morangueiro, com ampla distribuição nas zonas temperadas e subtropicais, e que se distinguem pelo grau de poliploidia que exibem (DARROW, 1966). Algumas espécies são diploides, isto é, têm dois conjuntos dos sete cromossomas básicos (14 cromossomas no total); outras são tetraploides (quatro conjuntos, 28 cromossomas); hexaploides (seis conjuntos, 42 cromossomas); octoploides (oito conjuntos, 56 cromossomas), ou decaploides (dez conjuntos, 70 cromossomas). De modo geral, as espécies de morangueiro com mais cromossomas tendem a ser mais robustas e maiores, produzindo, também, em geral, frutos de maior tamanho.

Como pode ser observado na Figura 22.2, a parte comestível do morangueiro, carnosa, suculenta, de cor rosada ou vermelha, conhecida vulgarmente como "morango", envolve, de fato, os verdadeiros frutos, que são aqueles pequenos pontos amarelos ou avermelhados, diminutos, superficiais, denominados botanicamente de aquênios, que têm um aspecto de semente (PBMH, 2009).

Segundo Sanhueza et al. (2005), as espécies comercialmente importantes são as europeias *Fragaria vesca* L.(diploide), *Fragaria moschata* Duch (hexaploide) e *Fragaria viridis* Duch (diploide); as americanas *Fragaria virginiana* Duch (octoploide) e *Fragaria chiloensis* L (octoploide); as híbridas *F. virginiana* x *F. chiloensis* = *F. ananassa* (octoploide) e as remontantes *F. ananassa* x *F. vesca.*

A cultura responde de formas diferentes às combinações de temperatura e de comprimento do dia. Assim, a formação de estolões e o desenvolvimento de folhas são favorecidos sob condições de dias longos e temperaturas elevadas, a indução floral ocorre com temperaturas baixas e dias curtos e, a frutificação, em dias longos e temperaturas amenas (SANHUEZA et al., 2005). A definição do ponto de colheita do morango é uma das operações mais importantes do seu ciclo cultural, pois influencia diretamente a durabilidade de pós-colheita. Os frutos do morangueiro são muito delicados e pouco resistentes, em virtude da epiderme delgada, da grande percentagem de água e do alto metabolismo, o que exige muitos cuidados durante a colheita. Colhidos muito maduros, poderão chegar ao mercado em estado de decomposição e com podridões; colhidos ainda verdes, terão alta acidez, adstringência e ausência de aroma. Em ambos os casos, o produto chega ao mercado com baixo valor comercial (DIAS et al., 2007).

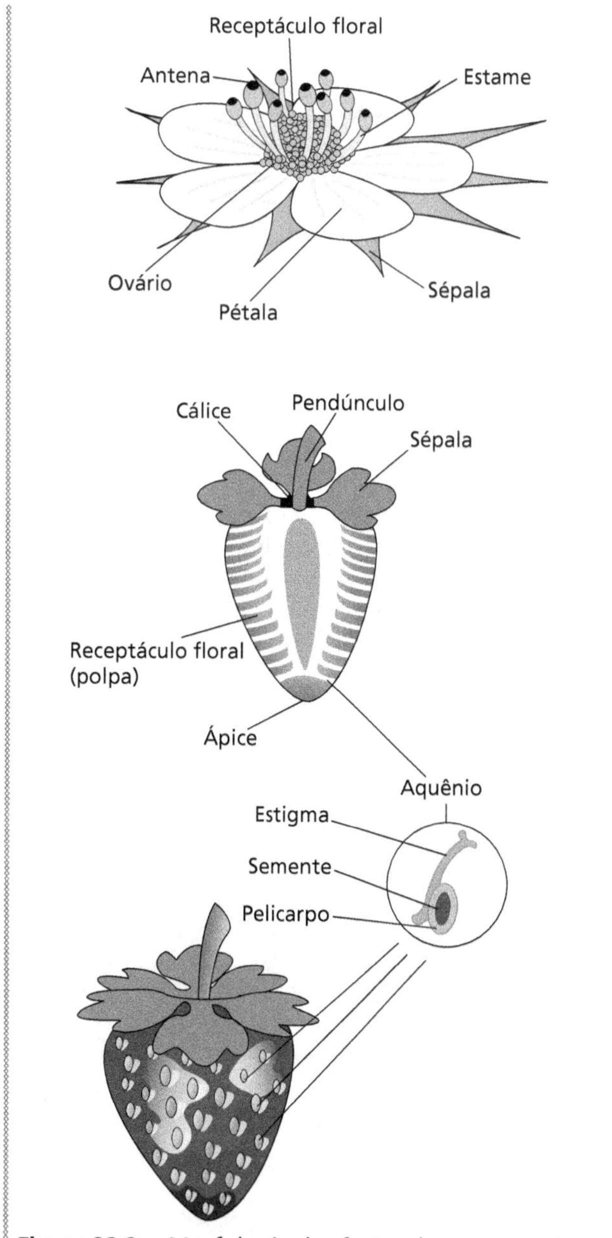

Figura 22.2 Morfologia dos frutos do morangueiro.

Fonte: PBMH (2009).

A colheita começa aproximadamente aos 60/80 dias após o plantio das mudas, quando as plantas já apresentam folhas e raízes suficientes para desenvolvimento dos frutos (Figura 22.3). Dependendo das condições climáticas, do tipo de solo, dos tratos culturais, do método de produção de mudas e do cultivar, pode prolongar-se por quatro a seis meses, de acordo com o fotoperíodo e da disponibilidade de água. A época de colheita vai de agosto a dezembro, em regiões mais frias, como o Sul do Brasil (BALBINO, 2006).

Figura 22.3 Lavoura de morango no início de colheita.

Fonte: Frutícula Dois Amigos, Brazlândia, DF, (2008).

A colheita se realiza de forma manual, no ponto de colheita "maduro", para fins industriais, e de ½ maduro a ¾ maduro, para comercialização *in natura*. A cor é o parâmetro mais importante para definição do ponto de colheita dos morangos. De modo geral, o fruto deve ter, no mínimo, 50% a 75% da superfície com cor vermelho-brilhante, quando destinado ao consumo fresco (Figura 22.4). O ponto de colheita pode variar em função da distância, do tempo de transporte, da temperatura ambiente, da cultivar e da finalidade do produto (CANTILLANO, 2006).

Dependendo das condições climáticas, a colheita pode ser realizada diariamente ou, no máximo, a cada três dias, para obtenção de um ponto de maturação uniforme. Isso é importante, pois, como o morango é um fruto de tipo não climatérico, não ocorre amadurecimento nem melhoram as características organolépticas após a colheita. Colhido verde, permanecerá como tal, sem que aconteça a melhoria de sua qualidade comestível (CANTILLANO, 2006).

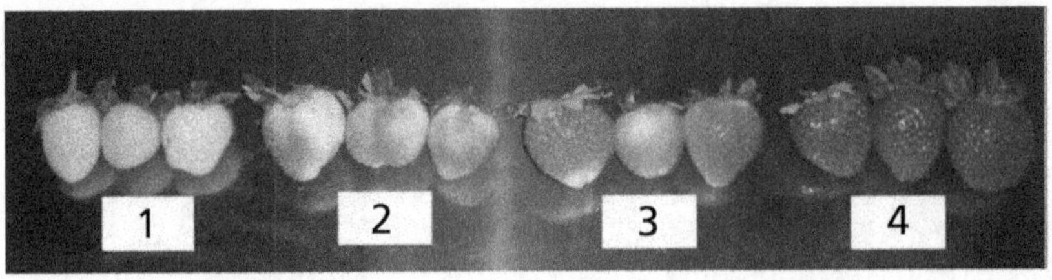

Figura 22.4 Fases de maturação do morango. 1 – fruto formado e imaturo, 2 – fruto com 50% de maturação, 3 – fruto com 75% de maturação e 4 – fruto com 100% de maturação.

Fonte: Frutícula Dois Amigos (Brazlândia, DF, 2008).

22.4 COMPOSIÇÃO E VALOR NUTRITIVO DE MORANGO

O consumo de morango exerce efeito antioxidante, anti-inflamatório, anticarcinogênico e antineurodegenerativo (HANNUM, 2004). Estudos revelam que as substâncias relacionadas a essas propriedades são o ácido ascórbico, abundantemente presente na polpa, e os compostos fenólicos. Esses compostos são produtos do metabolismo dos fenilpropanoides. Os processos de injúrias e o consequente aumento na evolução do etileno induzem a atividade da fenilalanina amônia liase (FAL), que catalisa a biossíntese de fenilpropanoides nas plantas (DIXON; PAIVA, 1995). O consumo do morango pode suprir a carência de minerais e vitaminas C e do complexo B (Tabela 22.5).

Tabela 22.5 Valor nutricional médio do morango *Fragaria ananassa*.

Tipo	Nutriente	Por 100 g
Composição centesimal	Água (g)	90,95
	Energia (kcal)	32
	Proteínas (g)	0,67
	Cinzas (g)	0,40
	Lipídios totais (g)	0,30
	Carboidratos (g)	7,68
	Fibras alimentares (g)	2
	Açúcares (g)	4,89
	Glicose (g)	1,99
	Sacarose (g)	0,47
	Frutose (g)	2,44
Minerais	Cálcio (mg)	16
	Ferro (mg)	0,41
	Magnésio (mg)	13
	Fósforo (mg)	24
	Potássio (mg)	153
	Sódio (mg)	1
	Zinco (mg)	0,14
	Cobre (mg)	0,048
	Manganês (mg)	0,386
	Selênio (µg)	0,4
Vitaminas	Vitamina C (mg)	58,8
	Tiamina (mg)	0,024
	Riboflavina (mg)	0,022
	Niacina (mg)	0,386
	Ácido pantotênico (mg)	0,125
	Vitamina B6 (mg)	0,047
	Folato (µg)	24
	Colina (mg)	5,7
	Betaína (mg)	0,2
	Vitamina B12 (µg)	0
	Vitamina A, RAE (µg)	1
	Luteína + Zeaxantina (µg)	26
	Vitamina E, α-tocoferol (mg)	0,29
	β-tocoferol (mg)	0,01
	γ-tocoferol (mg)	0,08
	δ-tocoferol (mg)	0,01
	Vitamina K, filoquinona (µg)	2,2

Fonte: Giampieri et al. (2012).

Na Tabela Brasileira de Composição de Alimentos – Taco (NEPA/UNICAMP, 2004), é apresentada a composição de frutos da espécie *Fragaria vesca* L., em que se declaram, entre os de outros componentes, os conteúdos de 64 mg de vitamina C, 184 mg de potássio, 1,7 g de fibras alimentares e valor energético de 30 kcal por 100 g de parte comestível.

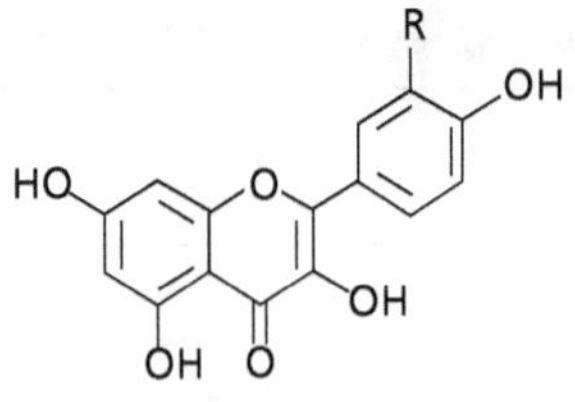

Flavanóis
Quercetina R = OH
Kaempferol R = H

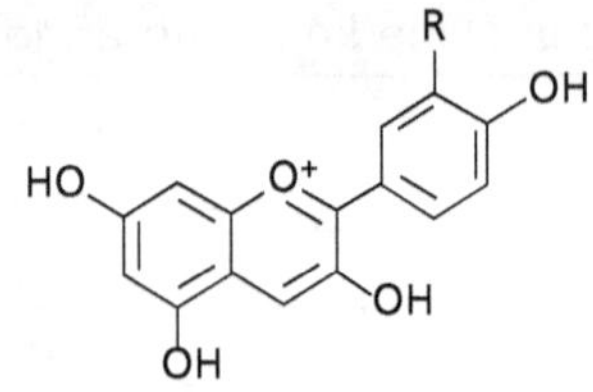

Antocianidinas
Cianidina R = OH
Pelargonidina R = H

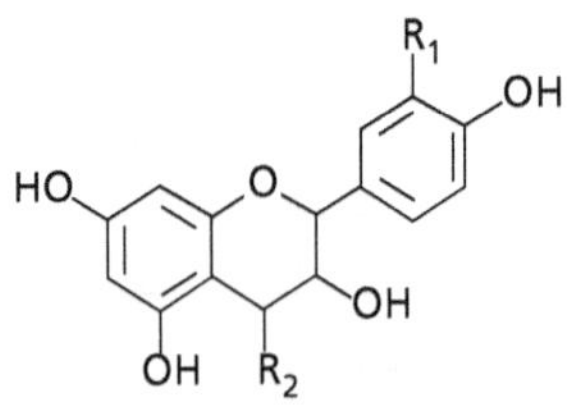

Flavanóis
(+) - Catequina (2R,3S) R1 = OH, R2 = H

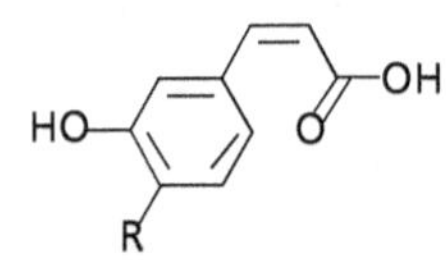

Ácido hidroxicinâmico
Ácido p-cumárico R = H

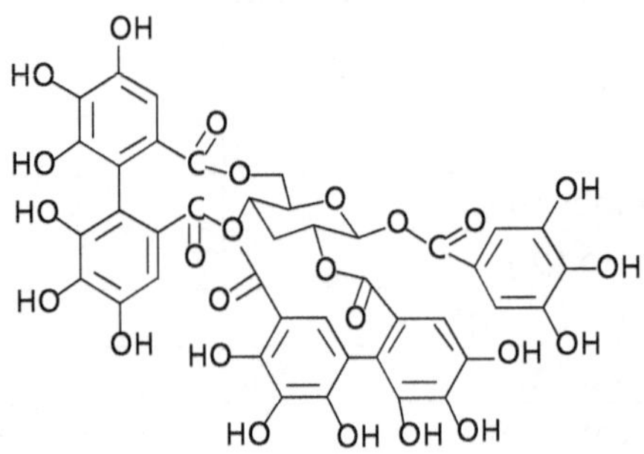

Elagitanino
Galoil-bis-HHDP-glicosidio

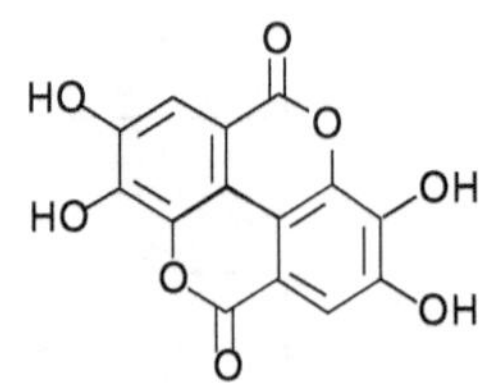

Ácido elágico

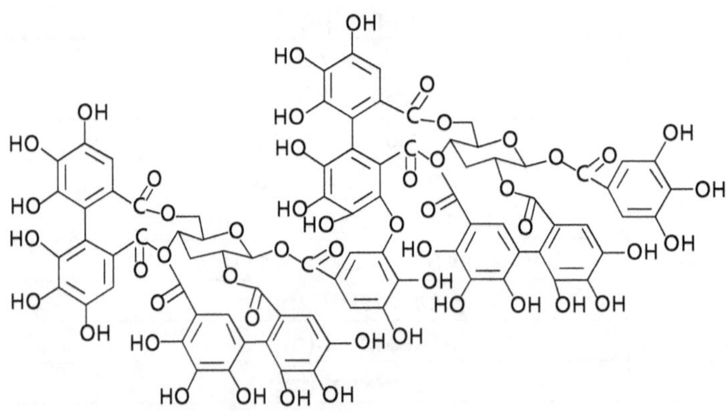

Elagitanino
Sanguiina H-6

Figura 22.5 Exemplos de compostos fenólicos encontrados no morango.

Fonte: Seeram et al. (2006).

Morangos são também fontes importantes de compostos fenólicos. De acordo com Hannum (2004), os principais fenólicos encontrados nos frutos são o ácido elágico e alguns flavonoides, como as antocianinas, a catequina, a quercetina e o kaempferol. Nas plantas, os compostos fenólicos atuam como componentes estruturais e pigmentantes, além de apresentarem atividade antioxidante (HANNUM, 2004) antimicrobiana e antiviral (KHANDUJA et al., 1999).

22.4.1 Principais compostos fenólicos em morangos

Em morangos, as antocianinas são os flavonoides mais abundantes. De acordo com Lopes da Silva et al. (2007), antocianinas de morango são derivadas da pelargonidina e da cianidina agliconas. A molécula mais comum é a pelargonidina-3-glicosídeo. Em menor proporção, a cianidina-3-glicosídeo é encontrada em todas as variedades.

Os conteúdos de flavan-3-óis (catequina, epicatequina) superam os de flavonóis (quercetina, kaempferol, miricetina) em morangos (HÄKKINEN et al., 1999). Os ácidos fenólicos, hidroxicinâmicos ou hidroxibenzoicos são pouco estudados, quando comparados aos demais fenólicos, embora se reconheça que essa classe se apresenta em maiores concentrações do que a dos flavonóis e flavan-3-óis.

Estudando compostos fenólicos em morangos (Figura 22.5), Seeram et al. (2006) identificaram, por cromatografia líquida de alta eficiência (Clae), o ácido elágico, o ácido elágico glicosilado, as elagitaninas, as galatotaninas, as antocianinas, os flavonoides e o cumaroil glicosilado.

Häkkinen et al. (1999) identificaram e quantificaram, por Clae, flavonoides e ácidos fenólicos em frutos e concluíram que o ácido elágico é o principal componente fenólico do morango, representando 51% do total de fenólicos analisados.

Segundo Daniel et al. (1989), 96% do ácido elágico total estão presentes, em morangos, na polpa e, quatro por cento, nas sementes. Por outro lado, Maas et al. (1991) reportaram que o teor de ácido elágico foi mais elevado em sementes (8.500 a 9.000 $mg.kg^{-1}$), do que na polpa (1.500 a 1.600 $mg.kg^{-1}$) de morangos maduros.

22.5 MICROBIOLOGIA DO MORANGO

Apesar das prováveis vantagens do consumo de morango, para a saúde, por seu conteúdo de polifenóis e de vitamina C, uma das dificuldades para aumento da oferta deste fruto reside na sua alta perecibilidade.

Os danos mecânicos, as feridas e os choques durante colheita, classificação, embalagem, transporte e comercialização deixam o fruto suscetível ao ataque de microrganismos, causando perdas nutricionais, qualitativas e econômicas (KADER, 1992).

A vida de prateleira não ultrapassa uma semana, mesmo em condições ideais de armazenamento, a 0 °C. Zhang e Quantick (1998) relatam que a vida de prateleira de morangos e framboesas, em armazenamento refrigerado (0-4 °C), é, usualmente, menor que cinco dias.

A vida de prateleira é frequentemente limitada pela infecção por fungos (GHAOUTH et al., 1991). Em experimentos preliminares, conduzidos no Laboratório de Pós-colheita da Embrapa Hortaliças, foi verificado rápido crescimento fúngico em morangos cv. *Festival*, coletados em dezembro de 2007, em Brazlândia – DF (Figura 22.6). A época chuvosa contribuiu para a aceleração da deterioração do produto, por aumentar a incidência de infecção do tipo *podridão mole* (PINELI, 2009).

Figura 22.6 Morangos cv. *Festival* com contaminação por *mofo cinzento* e *podridão mole*, após 4 dias de armazenamento em câmara fria a 5 °C.

Fonte: Pineli (2009).

O desenvolvimento de podridão causada por *Botrytis cinerea*, também conhecido como *mofo cinzento*, quando combinado com a perda de água, perda de firmeza e esmagamento durante a manipulação e o transporte, pode levar à perda de mais de 40% da produção, antes de chegar ao consumidor (WRIGHT; BILLETER, 1975).

Etileno pode ser sintetizado por *Botrytis cinerea,* desencadeando processos deteriorativos em frutos sensíveis como morango, mirtilo e kiwi (QADIR et al., 1997). Outro tipo de podridão, causada por *Rhizopus*, principalmente *Rhizopus stolonifer*, ocorre preferencialmente em pós-colheita, durante o processo de comercialização (ZHANG et al., 2007). Caracteriza-se pelo amolecimento do fruto, com extravasamento do conteúdo celular, razão pela qual a infecção é conhecida como *podridão mole*. *Rhyzopus* sintetizam poligalacturonases que quebram a estrutura das pectinas, acarretando a perda da firmeza. Apresentam micélios grossos, brancos e poucos esporângios pretos, cobrindo a superfície do fruto (TOURNAS; KATSOUDAS, 2005). A diminuição das perdas causadas por essa podridão é obtida com a proteção das plantas, com o manejo equilibrado dos nutrientes e com cobertura plástica, pois a incidência aumenta em frutos que sofreram o molhamento por chuva ou irrigação.

O alto grau de perecibilidade do morango, bem como o grande volume produzido na safra, pode acarretar grandes perdas pós-colheita. Por esta razão, o processamento é uma das alternativas mais indicadas, para consumo do produto durante todo o ano. A industrialização pode ocorrer na forma de fabricação de congelados, de enlatados, de processados na forma de polpa para uso em produtos lácteos (como matéria-prima ou aditivo de cor e sabor), ou na forma de sucos e geleias (FILGUEIRA, 2008). Na indústria, os frutos podem ser transformados em bebidas não alcoólicas – sucos, polpas, néctares.

O processamento de morango, feito imediatamente após a colheita, torna menos necessária a aplicação de fungicidas, o que contribui para o aspecto segurança sanitária do produto.

Quanto à qualidade higiênico-sanitária, a Resolução da Diretoria Colegiada (RDC) n. 12/2001 fixou que, para morangos *in natura* e similares, inteiros, selecionados ou não, a tolerância para amostras indicativas é: Coliformes, a 45 ºC, 2×10^3/g; *Salmonella*, ausência, em 25 g.

O morango destinado à industrialização deve ser acondicionado em caixas de madeira, de plástico ou de outro material aprovado, que configure segurança e proteção ao produto, e garanta a sua boa conservação e integridade. A embalagem deve estar limpa, ser resistente, ter boa aparência e receber medidas adequadas às peculiaridades regionais. O rótulo dessas caixas deve apresentar, minimamente, as seguintes informações: variedade, origem, nome ou número do produtor.

22.6 DEFINIÇÃO LEGAL: SUCO, NÉCTAR E POLPA DE MORANGO

A Instrução Normativa n. 1/2000 aprovou o Regulamento Técnico para a Fixação dos Padrões de Identidade e Qualidade (PIQ) de polpas de frutas, além de aprovar os PIQ de polpas e sucos de diversas frutas produzidas no Brasil.

Não existe PIQ para a polpa de morango. Assim, os produtos devem obedecer aos requisitos estabelecidos no PIQ geral para polpas de frutas. De acordo com esse regulamento, as polpas destinadas à produção de outras bebidas devem ser obtidas de frutas frescas, sãs e maduras, com características físicas, químicas e organolépticas do fruto. Podem ainda ser classificadas em *polpas de frutas simples* e *polpas de frutas mistas*.

As características físicas, químicas e organolépticas deverão ser as provenientes do fruto de sua origem, observando-se os limites mínimos e máximos, fixados pela legislação para cada polpa de fruta, previstos nas normas específicas. Para as polpas mistas, essas características deverão manter a mesma relação de proporcionalidade com as quantidades de cada polpa que compõe o produto.

Os produtos não deverão conter terra, sujidades, parasitas, fragmentos de insetos e pedaços das partes não comestíveis da fruta e da planta. A polpa de fruta, destinada à industrialização de outras bebidas, e não ao consumo direto, poderá receber adição de aditivos químicos previstos para a bebida a que se destina.

Quanto aos resíduos e contaminantes, a legislação prevê para os resíduos de agrotóxicos e outros agentes utilizados no tratamento, que os produtores devem observar os limites estabelecidos em legislação específica, assim como para contaminantes inorgânicos.

Sobre o padrão higiênico-sanitário, a polpa de fruta deverá observar os seguintes parâmetros microbiológicos: soma de bolores e leveduras – máximo

5×10^3/g, para polpa *in natura*, congelada ou não; e 2×10^3/g, para polpa conservada quimicamente e, ou, que sofreu tratamento térmico. Para coliforme fecal, máximo 1/g e, para *Salmonella*, ausência, em 25 g.

A Instrução Normativa n. 12/2003 aprova o Regulamento Técnico para Fixação dos PIQ dos Sucos Tropicais e Néctares. Os néctares e os refrescos são produtos obtidos a partir da diluição de sucos ou polpas de frutas. Diferentemente do suco tropical, os néctares podem ser obtidos a partir de frutos de quaisquer origens, tropicais ou não. A diferença entre eles está na concentração mínima, de suco ou polpa, utilizada na formulação do produto: os néctares devem ter teores de suco ou polpa superiores aos refrescos e estes variam com as características próprias de cada fruta, como acidez e sabor.

Da mesma forma que para as polpas de morango, a legislação brasileira não fixou o PIQ para néctares e refrescos desse fruto. Porém, segundo a legislação geral, o néctar, cuja quantidade mínima de polpa de um determinado fruto não foi fixada em regulamento específico, deve conter, no mínimo, 30%, em percentual mássico da respectiva polpa. Para frutos com acidez ou conteúdo de polpa muito elevados, ou sabor muito forte, o conteúdo de polpa não deve ser inferior a 20%, em percentual mássico.

Em relação aos padrões microbiológicos, a legislação estabelece, para sucos de frutas, ausência de coliformes totais (a 35 °C), em 50 mL, e ausência de *Salmonella sp.*, em 25 mL do produto.

22.7 PROCESSAMENTO

22.7.1 Polpa de morango integral congelada

A primeira etapa do processamento de morangos é a ***recepção*** dos frutos. Frutos com estágio de maturação inadequado ao processamento são retirados na etapa de ***pré-seleção***. Os frutos são limpos e sanitizados, por imersão, em água clorada (10 a 150 ppm de cloro ativo), com posterior aspersão com água tratada, removendo-se o cloro remanescente. Durante a aspersão, os frutos são selecionados, com a retirada dos impróprios para o processamento, principalmente por apresentarem podridões ou danos mecânicos. É a etapa de ***lavagem, sanitização*** e ***seleção***. Cálices, pedúnculos e sépalas podem, ou não, ser removidos na etapa de ***preparo***. Os frutos também podem ou não ser submetidos a branqueamento térmico, por imersão em água fervente, ou aspersão de vapor, por um a dois minutos (PAZINATO, 1999), para ***inativação enzimática*** e manutenção da cor de polpas congeladas. Nesse caso, o branqueamento tem como principal objetivo a inativação das enzimas polifenoloxidase e peroxidase, responsáveis por catalisar a oxidação dos compostos fenólicos e produzir escurecimento na polpa (FELLOWS, 2006), além de reduzir sua capacidade antioxidante. Icier e Ilicali (2005) relataram que o braqueamento de polpas é tão importante quanto a esterilização, para obtenção de produtos de boa qualidade, e recomendam a aplicação do aquecimento ôhmico como método de inativação enzimática dos frutos, com o objetivo de reduzir a quantidade de sólidos perdidos por lixiviação e a geração de águas residuárias.

A operação seguinte do processamento de polpa congelada de morango é o ***despolpamento*** (BATES et al., 2001). De acordo com Souza (2008), a despolpadeira realiza o esmagamento dos frutos contra uma peneira cilíndrica, com malha de abertura de 1 mm (Figura 22.7). Essa operação incorpora quantidade razoável de ar ao produto. A polpa pode ser, ainda, refinada. O ***refino*** consiste na passagem do produto por um sistema de peneiras de 0,3 a 0,6 mm, com a finalidade de remover fragmentos pequenos de aquênios e fibras.

Figura 22.7 Despolpamento de morango.

Fonte: Laboratório de Processamento de Produtos de Origem Vegetal das Faculdades Integradas da Terra de Brasília, Brasília, 2008.

Ao final do processo, a polpa é levada a um tanque de equilíbrio, para posterior ***envase***, em embalagens de polietileno de 100 g, ou em recipientes de 20 a 200 L (BATES et al., 2001), e posterior ***congelamento***, a −18 °C (Figura 22.8). Nessa operação, a temperatura é reduzida para abaixo de seu ponto de congelamento e uma proporção da água sofre a mudança de estado, formando cristais de gelo. A preservação é alcançada pela combinação de baixas temperaturas com a redução da atividade de água (Aa) do alimento (FELLOWS, 2006). A vida útil de polpas congeladas não pasteurizadas é de, aproximadamente, 24 meses. Todavia, informações do mercado varejista revelam que o produto, na prática, permanece por até quatro meses nas gôndolas, em virtude da alta rotatividade do comércio de polpas.

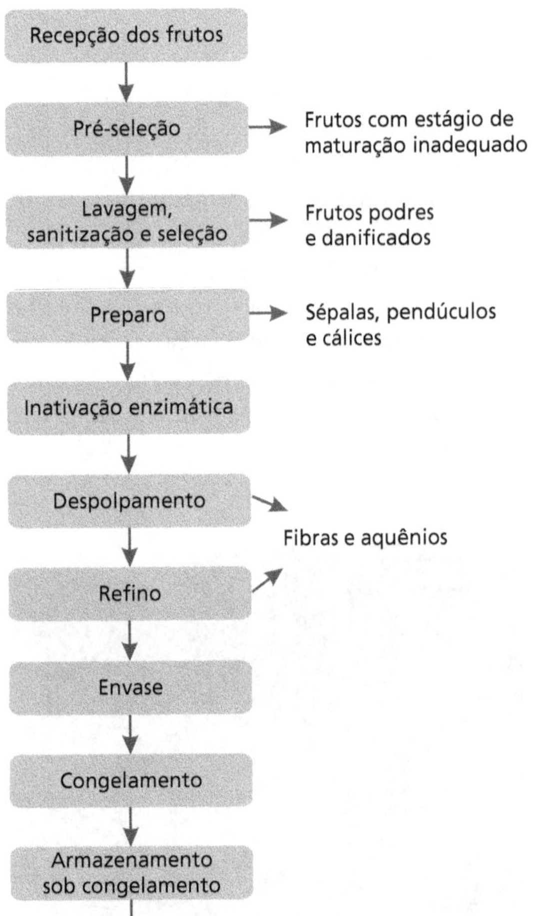

Figura 22.8 Fluxograma de processamento de polpa integral congelada de morango.

Fonte: Adaptado de Souza (2008).

Para polpas embaladas em volumes maiores, é recomendado, para que o congelamento seja mais rápido e os processos de deterioração sejam minimizados, que a embalagem não exceda 25 litros (BATES et al., 2001).

Quando a fruta é congelada na forma de polpa, o efeito do processo de congelamento resulta na alteração da consistência da polpa, gerando mudanças em sua composição, já que ocorrem reações químicas durante o armazenamento posterior. De acordo com Wang e Chang (1994), a consistência da polpa e a aparência global são mais bem mantidas quando a polpa é congelada rapidamente.

O fluxograma de processamento de polpa de morango congelada está representado na Figura 22.8.

22.7.2 Polpa de morango integral pasteurizada

Polpa de morango armazenada sob temperatura ambiente deve sofrer tratamento térmico, para destruição de microrganismos, como se observa pelo fluxograma da Figura 22.9.

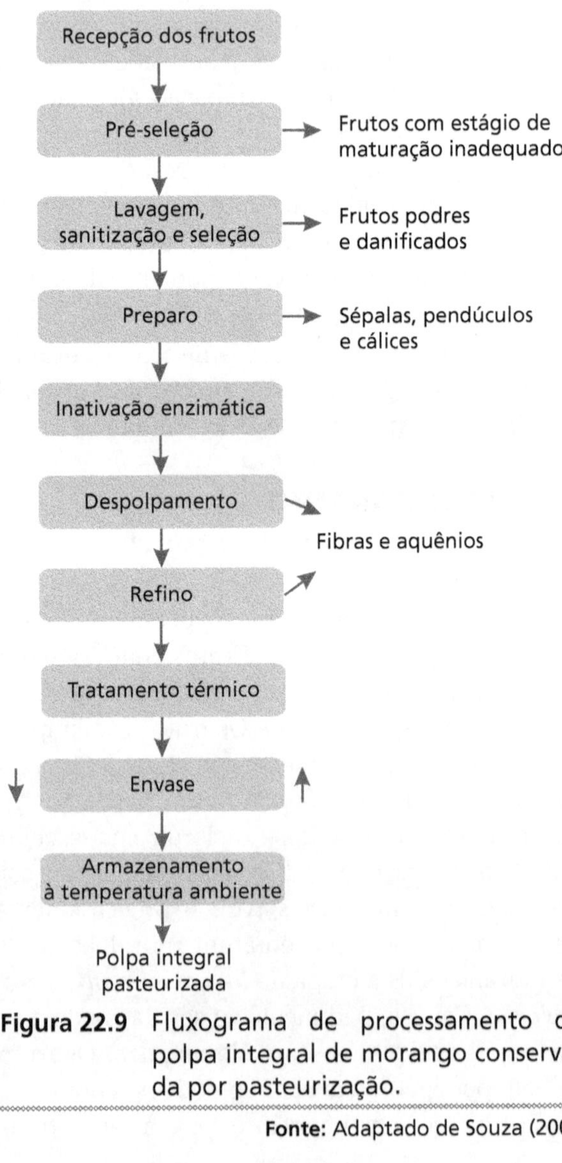

Figura 22.9 Fluxograma de processamento de polpa integral de morango conservada por pasteurização.

Fonte: Adaptado de Souza (2008).

Geralmente, quanto maior for a temperatura e menor o tempo de aquecimento, melhores são os resultados, seja na eliminação de microrganismos, seja na manutenção dos atributos sensoriais. Vendruscolo e Vendruscolo (2005) relatam que a pasteurização de polpa de morango pode ser feita pelo binômio 93-95 °C/60 segundos, operação realizada em trocadores de calor de superfície raspada, ou trocadores de calor tubulares, por causa da alta viscosidade das polpas. A polpa pasteurizada é envasada a quente (aproximadamente 85 °C), ou pode ser resfriada rapidamente, a 2 °C, e envasada, assepticamente, em tambores e latas (SOUZA, 2008). É possível pasteurizar as polpas de morango após o envase, geralmente, em latas, pelo processo de imersão das embalagens em água, em temperatura próxima à de ebulição, ou em pasteurizadores de túnel.

22.7.3 Polpa de morango integral conservada por métodos combinados

Métodos combinados são aplicáveis na conservação de alimentos, para minimização de alterações ocasionadas por tratamentos drásticos, aplicados isoladamente. A conservação de alimentos por métodos combinados consiste, simplesmente, na combinação adequada de parâmetros ou obstáculos, como pequena redução da atividade de água, decréscimo do pH, adição simples ou combinada de agentes antimicrobianos, branqueamento e tratamento térmico brando, entre outros (CHIRIFE; FAVETO, 1992). A redução do pH para 3,0, associada à aplicação de benzoato de sódio (500 ppm), metabissulfito de sódio (400 ppm) e tratamento térmico de 90 °C/1 a 2 minutos são exemplo de métodos combinados de conservação, aplicados a polpas de frutas (COSTA et al., 2003). Todavia, estudos mostram que a aplicação de aditivos, especialmente conservadores, em sucos de frutas, apresenta impacto negativo na intenção de compra dos consumidores (GADIOLI et al., 2013).

O Fluxograma de produção de polpa integral de morango conservada por métodos combinados pode ser visualizado na Figura 22.10.

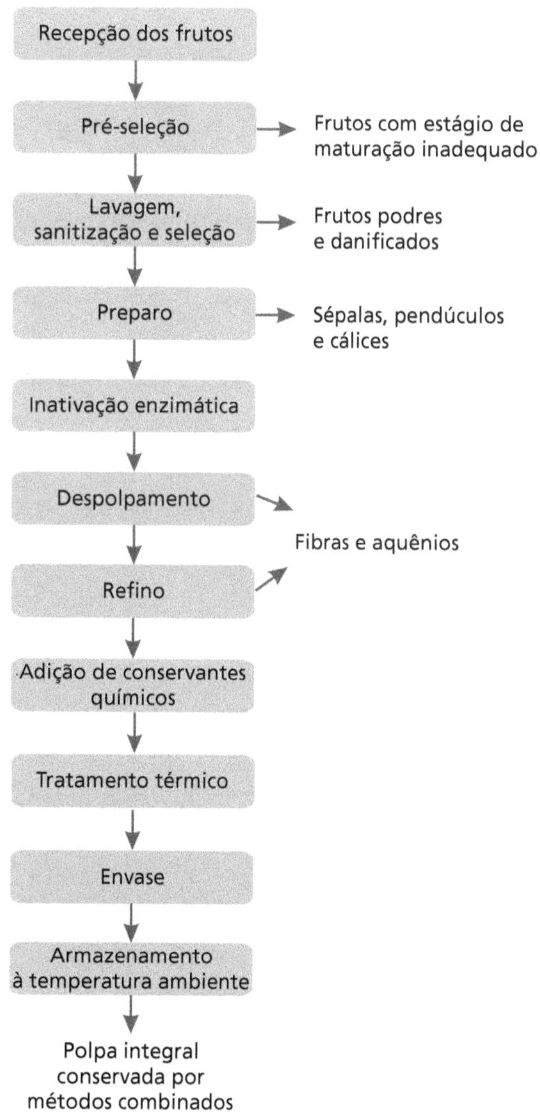

Figura 22.10 Fluxograma de processamento de polpa integral de morango conservada por métodos combinados.

Fonte: Adaptado de Souza (2008).

22.7.4 Polpa de morango concentrada pasteurizada

As polpas podem apresentar o mesmo teor de sólidos solúveis da fruta *in natura,* ou serem *concentradas* (Figura 22.11).

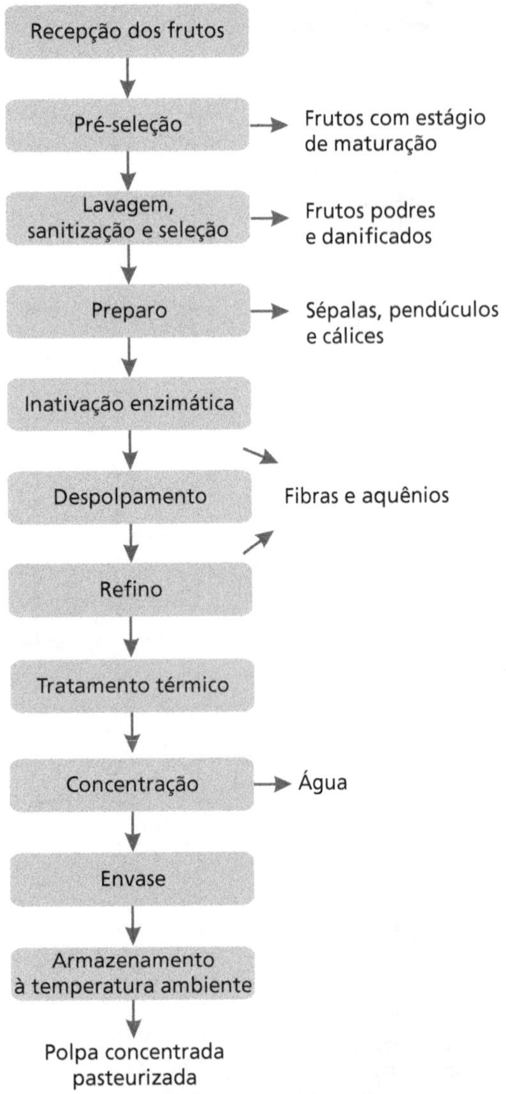

Figura 22.11 Fluxograma de processamento de polpa concentrada pasteurizada de morango.

Fonte: Adaptado de Souza (2008).

As polpas de fruta concentradas são muito utilizadas, pela indústria de sucos, na produção de néctares, sorvetes, geleias, vinhos e outros. Segundo Toralles e Vendruscolo (2007), a concentração de polpas promove o aumento da vida de prateleira, a redução de custo do transporte e a maior facilidade de comercialização. As polpas de frutas podem ser concentradas por evaporação ou concentração a frio, por meio de tecnologia de membranas e liofilização. As polpas concentradas são comercializadas, normalmente, com teores de sólidos solúveis de 30 a 35 °Brix. Geralmente, a concentração do produto é realizada por evaporação, mas o aumento do teor de sólidos solúveis, durante a concentração, é acompanhado do aumento da viscosidade aparente, principalmente em polpas de frutas com alto conteúdo de substâncias pécticas, como é o caso do morango. Esse aumento provoca redução da transferência de calor e de quantidade de movimento no interior dos tubos, que pode levar à degradação do material, nas superfícies mais quentes do meio de aquecimento.

22.7.5 Suco de morango

O suco de morango, concentrado e clarificado, é muito usado para elaboração de néctares ou *blends* de sucos. O processo de fabricação consiste, principalmente, na completa despectinização, controlada por teste de pectina, seguida de clarificação, filtração e concentração (Figura 22.12). A ***despectinização***, realizada em tachos encamisados abertos, minimiza os problemas relatados, anteriormente, no processo de concentração por evaporação da polpa. Por ser um fruto polposo, o suco não se separa facilmente no purê de morangos, seja fresco ou congelado e descongelado. Logo, é necessária a aplicação de tratamento enzimático sob maceração.

Segundo Hui et al. (2007), após as etapas de despolpamento e centrifugação para obtenção do suco, pectinases são adicionadas (por exemplo, Rapidase® Super BE 3 mL/kg; 50 °C por 2 horas). Kashiap et al. (2000) relatam a adição de Rapidase BE na proporção de 125 g/tonelada de polpa de morango, para produção de sucos concentrados. Bates et al. (2001) recomendam a aplicação de cerca de 50 a 100 g/tonelada da enzima pectolítica, em maceração, a 10-20 °C, por duas a três horas, ou 30 a 40 minutos a 55-60 °C, para produção de um suco com rendimento de 70 a 80% (em relação à massa de purê).

Como o morango possui grandes quantidades de substâncias pécticas, o tratamento enzimático requer grande quantidade de enzimas, para que se produza um suco concentrado clarificado e estável (Hui et al., 2007). Ao produzir suco de morango não clarificado, a despectinização pode ser dispensada, resultando sucos mais viscosos e com maior recobrimento da boca. As pectinases disponíveis para hidrólise total da pectina são aquelas com alta proporção de pectinesterase e poligalacturonase, e com baixas concentrações de pectina liase. A liquefação melhora a extração dos pigmentos e otimiza a performance da prensa, melhorando o rendimento do suco. Por outro lado, uma maceração e liquefação excessivas, atribuídas às atividades celulolíticas e hemicelulolíticas secundárias, devem ser evitadas, já que provocam maior quantidade de polissacarídeos ácidos indesejáveis, podendo apresentar efeito negativo na filtração e na estabilidade de sucos concentrados clarificados.

A despectinização é, usualmente, realizada com o mesmo tipo de pectinases do tratamento de despolpamento ou trituração, normalmente após a extração dos aromas do suco, quando aplicado.

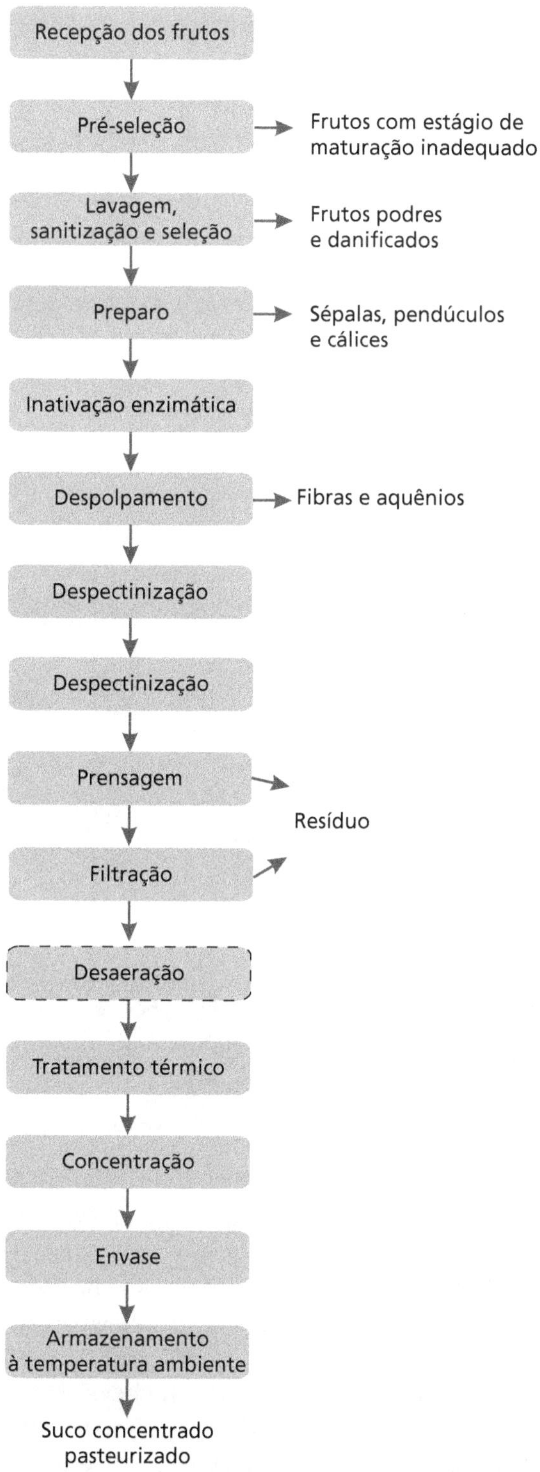

Figura 22.12 Fluxograma de processamento de suco concentrado pasteurizada de morango.

Fonte: Adaptado de Souza (2008).

A estabilidade em meio ácido é um critério importante para a seleção das pectinases, dado que morangos apresentam baixo pH (em torno de 3,2). Para a maioria das pectinases, a atuação nessas condições é lenta. Os pigmentos antociânicos do morango são sensíveis à oxidação e, por isso, recomenda-se que a despectinização seja realizada a temperaturas inferiores a 25 °C.

Após esse processo, a massa é prensada, em equipamentos de batelada, geralmente com pistões que pressionam a massa dentro de um saco, ou contra uma membrana. Para escalas maiores, as prensas contínuas de parafuso, do tipo *expeller*, são mais recomendadas (BATES et al., 2001). A prensagem a frio (10-20 °C) resulta em sabor de morango mais intenso. Por outro lado, na prensagem a quente (55-60 °C), mais utilizada, a intensidade de cor é mais elevada (HUI et al., 2007; BATES et al., 2001).

O aroma de morango é uma mistura complexa de ácidos, ésteres, alcoóis, aldeídos, cetonas, lactonas, acetais, furanos, compostos aromáticos, terpenos, glicosídeos e compostos sulfurados. Apesar da complexidade, um composto de grande importância é o dimetil-4-hidroxi- 2H-furan-3-ona (DMHF). Mura e Zabetakis (2002) avaliaram o efeito do pH, da concentração de enzimas pectolíticas e da temperatura, nas concentrações de DMHF e DMHF glicosídeo, e observaram um aumento desse componente do aroma, quando o tratamento enzimático era conduzido em pH mais baixo e temperaturas mais elevadas. Os mecanismos envolvidos e as rotas bioquímicas ainda estão sendo elucidados.

Para *clarificação*, podem ser usadas terras diatomáceas (VENDRUSCOLO; VENDRUSCOLO, 2005). Posteriormente, um suco límpido é obtido por *filtração* em membranas.

O suco pode ser pasteurizado (88 °C por 1 minuto, seguido de resfriamento a 2 °C), em trocadores de calor tubulares, de superfície raspada, ou placas, ou pode, ainda, ser concentrado, de acordo com a finalidade de uso. O suco pode, ainda, receber adição de açúcar, em uma proporção não superior a 10% em relação à massa (HUI et al., 2007).

A *concentração* pode ser realizada em evaporadores a vácuo, de múltiplo efeito, com temperatura máxima de 50 °C, no primeiro efeito. Alternativamente, pode ser usado um evaporador de filme descendente, apropriado para fluidos mais viscosos, e que pode trabalhar com gradientes de temperaturas menores, se comparado com os evaporadores de filme ascendentes (BATES et al., 2001). Outra opção para a concentração do suco de morango é a utilização do evaporador de pratos. Nesse equipamento, o fluido a ser concentrado passa por um lado de um prato, e um fluxo de vapor passa do outro lado. O fluido superaquecido, então, passa por uma câmera de expansão. A água se evapora, de modo que produto e vapor são separados. O suco de morango pode ser concentrado a mais de 60 °Brix, nessas condições. Os concentradores podem ser associados a um sistema de recuperação de aromas. Os sistemas de recuperação de aromas, geralmente, são colunas de carvão ativado, que adsorvem os compostos voláteis que formam o *bouquet* do suco e que foram carregados pelo vapor de água, na etapa de concentração. A posterior extração com vapor pode ser usada para remover seletivamente esses compostos e adicioná-los, novamente, ao suco (BATES et al., 2001).

O manuseio rápido e a ***desaeração*** são recomendados para estabilização dos pigmentos antociânicos. As operações unitárias de despolpamento, refino e prensagem provocam aeração considerável do produto. A inclusão de oxigênio contribui para o escurecimento enzimático, a degradação de nutrientes, e a modificação do sabor, prejudicando a qualidade. A desaeração pode ser adotada pela transferência do suco aquecido para um tanque a vácuo, ou pela saturação do suco com um gás inerte, como o nitrogênio, ou dióxido de carbono. A aplicação, ou não, do processo de desaeração e a sua extensão devem ser ponderadas pelo tecnologista, tendo em vista a remoção de compostos voláteis, que constituem o aroma do suco, durante esse processo.

Um problema adicional é a precipitação de ácido elágico no suco. Embora se trate de um fitoquímico de interesse, esse ácido forma um sedimento opaco e granuloso. O precipitado se forma lentamente, mesmo após a filtração, e é acelerado pela pasteurização (MUSINGO, et al., 2001). Uma solução é o aquecimento rápido do suco, a aproximadamente 80 °C, e seu resfriamento imediato, com sedimentação completa e filtração. Se o suco for submetido, posteriormente, a temperaturas elevadas durante a concentração e a pasteurização, a qualidade poderá ser comprometida (BATES et al., 2001).

22.7.6 Néctar de morango

De acordo com a legislação (BRASIL, 2003), a polpa de um determinado fruto, cujo teor não tenha sido fixado em regulamento técnico específico, deve conter, no mínimo, 30% (m/m) da respectiva matéria-prima. Para frutos com acidez ou conteúdo de polpa muito elevado, ou sabor muito forte, o conteúdo de polpa não deve ser inferior a 20% (m/m). O morango pode ser classificado dentro da primeira condição, já que não apresenta acidez muito elevada, como no caso de maracujá azedo e limão. Pineli et al. (2012) encontrou valores de acidez titulável entre 0,7 e 1,2 g ácido cítrico /100 g de fruta, para as cultivares de morango *Oso Grande* e *Camino Real*, nos estágios de maturação ¾ maduro e maduro, cultivados no Distrito Federal.

O processo de fabricação de néctar de morango pode ser representado pelo fluxograma da Figura 22.13, consistindo, basicamente, na mistura de matérias-primas, ingredientes e na pasteurização do produto. A água é o componente majoritário, seguido do suco ou polpa de morango. A indústria utiliza, na maioria das vezes, sucos e polpas concentrados, por causa das vantagens de menor custo e espaço de armazenamento.

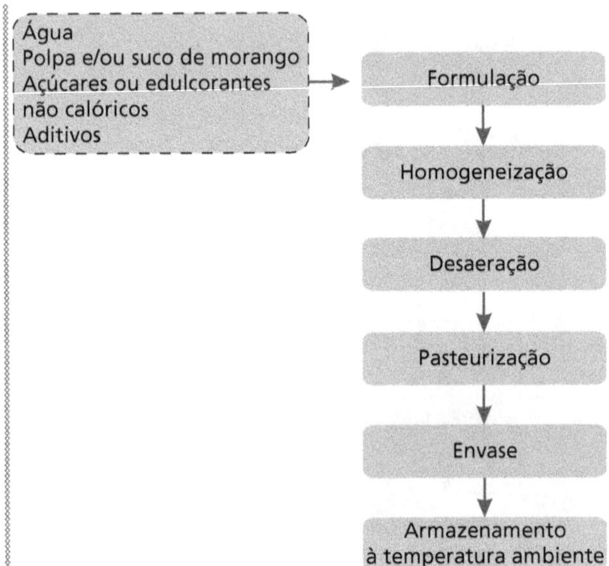

Figura 22.13 Fluxograma de processamento de néctar de morango.

Fonte: Souza (2008).

Na fabricação de néctar de morango pode-se utilizar um xarope composto por água e sacarose, com 30 °Brix. Caso seja desejada a redução da viscosidade do xarope, pode-se associar a sacarose e a dextrose na sua elaboração. Nas formulações dietéticas, são utilizados edulcorantes hipocalóricos e/ou não calóricos, como frutose, aspartame, sucralose, acessulfame de potássio, ciclamato de sódio, entre outros, como substitutos de açúcar.

A legislação brasileira não atribui limites máximos de açúcar, na formulação de néctares. Com o objetivo de se estabelecer uma referência, foi realizado, na Universidade de Brasília, com 35 provadores não-treinados, um teste sensorial, para avaliar a concentração ideal de açúcar em néctar de morango adoçado, com 30% de polpa de morango. Foi utilizada a escala do ideal, de acordo com o trabalho de Vickers (1988), em que: 1 – extremamente menos doce que o ideal; 5 – ideal; 9 – extremamente mais doce que o ideal. A concentração de açúcar de 9% foi determinada como a ideal nessa bebida (Figura 22.14).

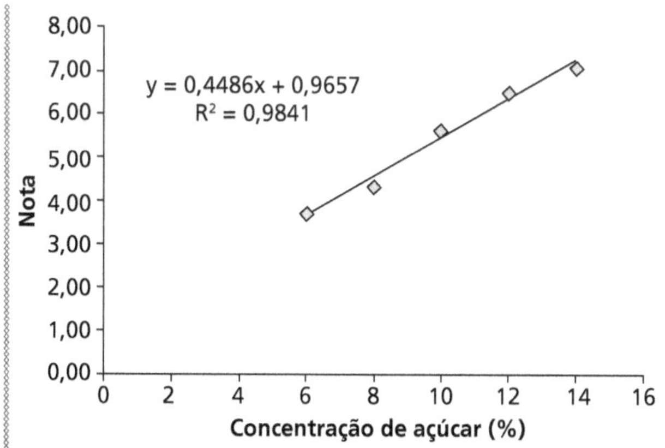

Figura 22.14 Determinação da doçura ideal em néctares de morango elaborados com 30% de polpa integral congelada. Escala do ideal (1 – muito menos doce que o ideal; 5 – ideal; 9 – muito mais doce que o ideal).

Fonte: Laboratório de Técnica Dietética, Departamento de Nutrição, Universidade de Brasília, Brasília, 2012.

Entre os aditivos utilizados em néctares de morango, comercializados no mercado brasileiro, podem ser citados o acidulante ácido cítrico, antioxidante ácido ascórbico, o corante natural carmim de cochonilha, o aroma natural ou sintético idêntico ao natural de morango, e, com menor frequência, o antiespumante dimetilpolisiloxana.

O ácido ascórbico é utilizado para minimizar os fenômenos oxidativos, que alteram o sabor, o aroma e a cor de néctar.

Embora não seja comum seu uso em néctares de morango, hidrocoloides, como goma guar, carragena, xantana e carboximetilcelulose podem ser eventualmente aplicados como agentes estabilizantes, na proporção de aproximadamente 0,1% (SOUZA, 2008).

Após a formulação e a homogeneização das matérias-primas, o produto é desaerado a vácuo, a -0,6 bar, por 15 minutos. Toralles e Vendruscolo (2007) relataram que a remoção do ar incorporado ao produto previne reações oxidativas, que provocariam a alteração de cor e sabor, além da perda de vitaminas. Em seguida, o produto é pasteurizado e envasado assepticamente, em condições similares às de pasteurização de polpa de morango, ou podem ser envasados em garrafas de vidro, ou em latas, e ser tratados termicamente (80 °C por 15 minutos, em pasteurizadores de túnel). Os néctares envasados em embalagens Tetrapack, garrafas de vidro ou latas de alumínio têm vida média de prateleira de 10 a 12 meses, quando armazenados a temperatura ambiente.

Gossinger et al. (2009) avaliaram o efeito das condições de armazenamento da matéria-prima e das etapas de processamento, na estabilidade da cor e no conteúdo de antocianinas de néctares de polpa de morango. Concluiu-se que o uso de morangos congelados por quatro meses, a –18 °C, em comparação com néctares elaborados com morangos frescos, melhorou a estabilidade da cor da bebida, mesmo por longos períodos, e permitiu a produção de néctares de morango com vida de prateleira de até 12 meses, sem aditivos. Além disso, o tempo de meia-vida de antocianinas monoméricas aumentou, significativamente, com a utilização dessa matéria-prima. Foi observado efeito negativo da temperatura de despolpamento de 20 °C, em comparação com a de 10 °C, no teor de antocianinas, após a pasteurização. Da mesma forma, a redução do pH para 2,0, com ácido ortofosfórico, durante o refinamento, afetou negativamente a cor e o conteúdo de antocianinas monoméricas. A atividade da peroxidase foi mais afetada pelo pH do que a atividade da polifenoloxidase.

22.8 EFEITO DO PROCESSAMENTO E DO ARMAZENAMENTO NA QUALIDADE DE POLPAS, SUCOS E NÉCTARES DE MORANGO

Fellows (2006) relata que o congelamento causa mudanças negligenciáveis em pigmentos, aromas ou componentes nutricionais importantes. De acordo com o autor, esses elementos podem ser perdidos nos procedimentos de preparo, ou deteriorados, durante a estocagem sob congelamento. As vitaminas hidrossolúveis são perdidas em temperaturas de subcongelamento. Perdas de vitamina C são mais dependentes da temperatura: um aumento de 10 °C causa aumento de 30 a 70 vezes na taxa de degradação da vitamina, em frutas.

Alguns autores relatam perdas consideráveis de vitamina C, em frutas e em suas polpas congeladas

(SILVA et al., 2008; MONTEIRO et al., 2005; LAVINAS et al., 2006; SALLES et al., 2004). A vitamina C é um dos nutrientes mais sensíveis às condições de processamento e armazenamento, sendo, por isso, grande o interesse, tanto para os produtores de alimentos, quanto para os consumidores. Os fatores que interferem na sua estabilidade são: oxigênio, pH, luz, temperatura, conteúdo de umidade, ou atividade de água (FENNEMA, 1996).

No processamento do morango, a desintegração celular aumenta a atividade oxidativa sobre a vitamina C, por elevar a taxa de degradação enzimática. Uma das enzimas de maior importância, nesse processo, é a ascorbato oxidase, que catalisa a oxidação do ácido L-ascórbico (forma biologicamente ativa), na presença de oxigênio molecular, produzindo o ácido deidroascórbico (DHAA) e água. O DHAA, por sua vez, sofre a reação de decomposição, por meio da abertura do anel, por hidrólise, com a formação do ácido 2,3-diceto-L-gulônico, reação irreversível, que pode formar uma grande variedade de outros produtos nutricionalmente inativos (FENNEMA, 1996). A oxidação do ascorbato pela ascorbato oxidase, aumenta, em condições de injúria e estresse metabólico no tecido, exposição a patógenos, temperaturas elevadas, agentes químicos e íons metálicos (LEE; KADER, 2000).

O próprio processo de despolpamento de frutas pode causar mudanças significativas nas características e valor nutricional do alimento. O rompimento das células e o aumento da área superficial resultante promovem a deterioração oxidativa e maiores taxas de atividade microbiana e enzimática. Alimentos úmidos, como é o caso das frutas e hortaliças, em especial, deterioram-se rapidamente, se outras medidas preservativas (refrigeração, congelamento ou processo térmico) não forem tomadas (FELLOWS, 2006).

Compostos fenólicos podem ser degradados, assim como a vitamina C, pela presença de oxigênio, luz, pH e temperatura. As enzimas envolvidas nessa degradação são a polifenol oxidase (PPO) e a peroxidase (POD), que causam o escurecimento em frutas e vegetais. O produto inicial da oxidação é a quinona que, rapidamente, se condensa, formando pigmentos escuros insolúveis, denominados melanoidinas, ou reage não enzimaticamente com outros compostos fenólicos, aminoácidos e proteínas, formando, também, melanoidinas. As reações de escurecimento enzimático ocorrem, no tecido vegetal, quando há ruptura da célula e a reação não é controlada, ou, também, no tecido intacto, quando, em situação de inibição da respiração, durante o armazenamento em atmosfera controlada, no uso de embalagens impróprias, na deficiência de ácido ascórbico no tecido vegetal, entre outros. Outra ação não desejável dessa enzima é a formação da o-quinona, que pode interagir com grupos amina e tiol, reduzindo a disponibilidade de lisina, metionina, tiamina e outros nutrientes essenciais. O pH do fruto é relevante para a atividade enzimática, tendo em vista que a enzima é inibida em pH menor do que 4,0 (ARAÚJO, 1999). No caso de morangos, cujo pH está entre 3,0 e 3,4, a ação dessa enzima é pouco relevante.

Quanto aos fenólicos, estudos têm sido recentemente conduzidos para avaliação da perda desses compostos, durante o armazenamento, ou após o processamento industrial de frutas e hortaliças. Com relação ao processamento de morango, estudos sobre a avaliação de polpas, purês, sucos e néctares, tratados termicamente, congelados, ou submetidos a tecnologias emergentes de conservação, foram recentemente publicados.

Tiwari et al. (2009a) avaliaram o efeito do tratamento, por ultrassom, na degradação da cor, das antocianinas e da vitamina C, em suco de morango. Foi observado que um aumento na amplitude e no tempo de tratamento resultou em decréscimo das concentrações de pelargonidina–3 glicosídeo, ácido ascórbico, a* [1]e b* [2], além do acréscimo de L*[3]. Todavia, um leve aumento no teor de pelargonidina-3-glicosídeo foi verificado, sob menores níveis de amplitude e menor tempo de processamento. Em outro estudo, Tiwari et al. (2009b) investigaram o efeito do processo de conservação por ozônio (1,6 – 7,8% m/m, 0-10 minutos), em sucos de morango. Reduções significativas nos teores de antocianinas (98,2%) e ácido ascórbico (85,8%) foram verificadas, quando o suco sofreu o tratamento mais extremo, de 7,8%, por 10 minutos.

Oszmianski e Wojdyio (2009) determinaram as concentrações de compostos fenólicos e a atividade antioxidante, em diferentes tipos de suco de morango (purê, suco prensado e suco clarificado), de três cultivares (Elkat, Kent e Senga Sengana). Os compostos fenólicos foram avaliados nos produtos frescos e,

1 Em colorimetria, o eixo a varia de –a (verde) até a (vermelho).

2 Em colorimetria, o eixo b varia de –b (azul) até b (amarelo).

3 Em colorimetria, o eixo L varia de 0 (preto) até 100 (branco).

após seis meses, a 4 e 30 °C. O processo de clarificação resultou em maior perda de fenólicos. A maior concentração de fenólicos e a maior atividade antioxidante foram observadas em purês, seguidos de suco prensado e suco clarificado, para todas as cultivares. Os processamentos tiveram menos efeito sobre a catequina, antocianinas, ácido p-cumárico, quercetina e derivados de kaempferol. O processamento exerceu menos efeito nas concentrações de antocianinas do que o armazenamento. Todas as amostras apresentaram perda elevada de antocianinas, durante o armazenamento a 30 °C, e perdas moderadas, quando armazenadas a 4 °C. A presença de pectina, em sucos não clarificados, parece proteger as antocianinas contra a degradação. Os processos de copigmentação com proantocianidinas também exercem efeito protetor.

Flutuações nos conteúdos de fenólicos e na atividade antioxidante de sucos de seis frutas vermelhas, durante 29 dias de armazenamento refrigerado, foram investigadas por Piljac-Zegarac et al. (2009). Um aumento de 7% nos teores de fenólicos totais foi observado em suco de morango. O suco de morango apresentou maior concentração de ácido ascórbico. Porém, foi observada, após 28 dias, redução de 58% nos teores dessa vitamina. Para todos os sucos, foi observada, após 29 dias, queda de 20 a 52% na atividade antioxidante por DPPH.

Patras et al. (2009) compararam os impactos do processamento por alta pressão (400, 500, 600 MPa/15 minutos/10–30 °C) e do tratamento térmico convencional (70°C/2 minutos), na atividade antioxidante total, compostos fenólicos, ácido ascórbico, antocianinas e cor de polpas de morango e *blackberry*. Diferentes tratamentos de alta pressão não afetaram o conteúdo de vitamina e antocianinas, ao contrário do processo térmico. A atividade antioxidante foi mais elevada e as alterações de cor mais reduzidas em purês tratados por pressão, indicando que esse tratamento foi mais eficaz na manutenção das características de qualidade avaliadas nos purês, em comparação com o tratamento térmico.

No estudo de Gossinger et al. (2009), foram avaliados os efeitos dos diversos tratamentos, na estabilidade da cor e no conteúdo de antocianina, de néctares preparados a partir de polpa de morango. Entre os fatores avaliados estão o tipo de matéria-prima (morangos congelados ou frescos), a temperatura do processo (10 ou 20 °C), o peneiramento (com ou sem a operação), o pH (3,0 ± 0,1 ou 2,0) e a temperatura de armazenamento (4 ou 20 °C). O uso de morangos congelados melhorou, significativamente, a estabilidade da cor dos néctares, mesmo por períodos longos, e permitiu a produção de néctares com 12 meses de vida de prateleira, sem aditivos. Observou-se o efeito negativo de altas temperaturas do processo sobre os conteúdos de antocianinas, bem como o da redução do pH sobre a cor e a estabilidade de antocianinas monoméricas. O peneiramento não ocasionou efeito sobre a estabilidade da cor e o teor de pigmentos antociânicos. Quanto mais elevada a temperatura de armazenamento, maiores eram os impactos sobre a estabilidade das variáveis analisadas, sendo que o néctar armazenado a 4 °C permaneceu aceitável por mais de 12 meses. Comparando-se o armazenamento de morangos a –80 °C e a –18 °C, por sete meses, nessa última temperatura as atividades de PPO e POD foram surpreendentemente menores. Não houve a inativação completa dessas enzimas em nenhuma das operações unitárias. A atividade da POD foi mais afetada pelo pH do que a da PPO.

Hartmman et al. (2008) investigaram os efeitos do tratamento enzimático, do despolpamento e da pasteurização em algumas características de qualidade antioxidante de sucos processados e de polpas de morango. A capacidade antioxidante decresceu em todas as etapas do processo, com exceção do tratamento térmico, em que a atividade antioxidante foi aumentada, provavelmente pela formação de produtos ativamente antioxidantes da Reação de Maillard. O conteúdo de ácido ascórbico foi reduzido em 77%, durante o processamento dos frutos em polpa. No suco prensado, a perda de ácido ascórbico foi de 37%. O declínio das concentrações de polifenóis e antocianinas foi menor (entre 30 e 40%), ao longo do processo. A prensagem e a pasteurização foram as etapas mais críticas para a redução observada nesses componentes. O tratamento enzimático, por 90 minutos, do resíduo de peneiragem, promoveu a liberação de produtos do metabolismo secundário vegetal e a redução, em 20%, da vitamina C.

O impacto do processamento de morango nas formas de suco clarificado pasteurizado (8 °Brix) e suco concentrado (65 °Brix), fortificados com derivados de pelargonidina, foi estudado por Garzón e Wrolstad (2002). Os produtos foram armazenados a 25 °C. As alterações degradativas de antocianinas e de ácido ascórbico seguiram a cinética de reação de primeira ordem. Com a fortificação, a meia-vida dos pigmentos foi elevada de 3,5 para 5 dias, para os sucos concentrados, e de 5 para 12 dias, para sucos clarificados pasteurizados. A meia-vida do ácido ascórbico foi de dois dias, nas amostras de suco, e variou de três para dez dias, no produto concentrado. Ambos os produtos sofreram alterações na saturação[4] e na tonalidade[5] da cor, mas mantiveram os valores de luminosidade.

Aaby et al. (2007) avaliaram composição e atividade antioxidante de polpa de morango, processada e armazenada, a 6 e 22 °C, durante oito e 16 semanas. Os autores observaram que, após o processamento, havia uma retenção de 55% do ácido ascórbico, 85% das antocianinas, 80% de elagitaninos e fenólicos totais, 76% da atividade antioxidante por FRAP e 88% da atividade antioxidante pelo método ORAC. Durante o armazenamento, houve redução nos teores de todos os antioxidantes, mas o ácido ascórbico foi o mais afetado, sendo totalmente degradado após oito semanas. Os elagitaninos foram os componentes fenólicos mais preservados em ambas as condições de armazenamento. Os teores de antocianinas totais e fenólicos totais foram mais afetados a 22 °C.

No estudo de Klopotek et al. (2005), morangos foram transformados em suco, néctar, vinho e polpa e foi investigado o conteúdo de ácido ascórbico e de fenólicos totais, para se determinarem os efeitos do processamento. Os autores concluíram que o teor de ácido ascórbico diminui nas etapas de processamento, mas não houve remoção de grandes quantidades de compostos fenólicos, nos diferentes produtos.

BIBLIOGRAFIA

AABY, K.; SKREDE, G.; WROLSTAD, R. E. Phenolic composition and antioxidant activities in flesh and achenes of strawberries (*Fragaria Ananassa*). **Journal of Agricultural and Food Chemistry**, v. 53, n. 10, p. 4032-4040, 2005.

ARAÚJO, J. M. **Química de alimentos**: teoria e prática. 2. ed. Viçosa: Editora UFV, 1999. 416p.

BALBINO, J. M. S. **Tecnologias para produção, colheita e pós-colheita de morangueiro**. Vitória: Incaper, 2006. 78p.

BATES, R. P.; MORRIS, J. R.; CRANDAL, P. G. Principles and practices of small and medium-scale fruit processing. **FAO Agricultural Service Bulletin 146**, 2001. Disponível em: <Ftp://Ftp.Fao.Org/Docrep/Fao/004/Y2515e/Y2515e.Pdf>. Acesso em: 10 out. 2012.

4 Saturação ou cromaticidade ou chroma, é o grau de pureza ou intensidade da cor. Segundo a Comissão Internacional de Iluminação (CIE- Comission Internationale de l'Eclairage) e o espaço colorimétrico CIELAB, a saturação é definida na colorimetria L*a*b* como $(a^2 + b^2)^{1/2}$.

5 Tonalidade ou Hue (°H) é definido na colorimetria L*a*b* como arc tan (b*/a*). A classificação da tonalidade é: 0 = vermelho-púrpura; 90 = amarelo; 180 =verde-azulado; 270 = azul.

BORDIGNON JÚNIOR, C. L. **Análise química de cultivares de morango em diferentes sistemas de cultivo e épocas de colheita**. 2008. 132f. Dissertação (Mestrado em Agronomia) – Universidade de Passo Fundo, Passo Fundo, 2008.

BRASIL. Instrução normativa n. 12, de 4 de setembro de 2003. **Regulamento técnico geral para fixação de identificação e qualidade gerais para suco tropical**. Disponível em: <http://extranet.agricultura.gov.br/sis>. Acesso em: 22 out. 2012.

BRASIL. Resolução RDC, n. 12, de 2 janeiro de 2001. **Princípios gerais para o estabelecimento de critérios e padrões microbiológicos para alimentos**. Disponível em: <http://www.vigilanciasanitaria.gov.br/anvisa.html> Acesso em: 22 out. 2012.

BRASIL. Instrução Normativa n. 1, de 7 jan. 2000. Regulamentos técnicos para fixação dos padrões de identidade e qualidade para polpas e sucos de frutas. **Diário Oficial da União**, Brasília, n. 6, 10 jan. 2000. Seção I, p. 54-58. Disponível em: <http://extranet.agricultura.gov.br/sis. Acesso em: 25 out. 2012.

BRASIL. Portaria n. 247 de 03 de novembro de 1981. **Normas e padrões de identidade, qualidade e embalagem para classificação e comercialização do morango para indústria**. Disponível em: <http://extranet.agricultura.gov.br/sis. Acesso em: 23 out. 2012.

CANTILLANO, R. F. F. Fisiologia e manejo na colheita e pós-colheita de morangos. In: CARVALHO, S. P. de (Coord.). **Boletim do morango: cultivo convencional, segurança alimentar, cultivo orgânico**. Belo Horizonte: FAEMG, 2006. p. 97-105.

CHIRIFE, J.; FAVETO, G. J. Some physico-chemical basis of food preservation by combined methods. **Food Research International**, v. 25, n. 5, p. 389-396, 1992.

COSTA, M. C. et al. Conservação de polpa de cupuaçu [Theobroma grandiflorum (Willd. Ex Spreng.) Schum] por métodos combinados. **Revista Brasileira de Fruticultura**, v. 25, n. 2, p. 213-215, 2003.

CUNHA JÚNIOR, L. C. **Atmosfera controlada na conservação de morango**. 2011 120f. Tese (Doutorado) – Escola Superior de Agricultura Luiz de Queiroz, Universidade de São Paulo, Piracicaba – SP. 2011.

DANIEL, E. M. et al. Extraction, stability and quantification of ellagic acid in various fruits and nuts. **Journal of Food Composition and Analysis**, v. 2, n. 4, p. 338-349, 1989.

DARROW, G. M. **The Strawberry. History, breeding and physiology**. New York: Holt, Rinehart and Winston, 1966. 447p.

DIAS. M. S. C. Morango. In: VENZON M.; DE PAULA JUNIOR, T. J. (Coords.). **101 Culturas – Manual de tecnologias agrícolas**. Belo Horizonte: Epamig, 2007. 800p.

DIXON, R. A.; PAIVA, N. L. Stress-induced phenylpropanoid metabolism. **The Plant Cell**, v. 7, n. 7, p. 1085-1097, 1995.

FACHINELLO, J. C. et al. Situação e perspectivas da fruticultura de clima temperado no Brasil. **Revista Brasileira de Fruticultura**, v. especial, n. E, p. 109-120, 2011.

FELLOWS, P. **Tecnologia do processamento de alimentos**: princípios e prática. 2. ed. Porto Alegre: Artmed, 2006. 602p.

FENNEMA, O. R. **Food chemistry**. 3. ed. New York: Marcel Dekker, 1996. 1069p.

FILGUEIRA, F. A. R. **Novo manual de olericultura**. 3. ed. Viçosa: Ed. UFV, 2008. 422p.

GADIOLI, I. L. et al. Evaluation of packing attributes of orange juice on consumers' intention to purchase by conjoint analysis and consumer attitudes expectation. **Journal of Sensory Studies**, v. 28, n. 1, p. 57-65, 2013.

GARZÓN, G. A.; WROLSTAD, R. E. Comparison of the stability of pelargonidin-based anthocyanins in strawberry juice and concentrate. **Journal of Food Science**, v. 67, n. 4, p.1288-1299, 2002.

GHAOUTH, A. et al. Chitosan coating effect on storability and quality of fresh strawberries. **Journal of Food Science**, v. 56, n. 6, p. 1618-1620, 1991.

GIAMPIERI, F. et al. The strawberry: composition, nutritional quality, and impact on human health. **Nutrition**, v. 28, n. 1, p. 9-19, 2012.

GÖSSINGER, M. et al. Effects of processing parameters on color stability of strawberry nectar from puree. **Journal of Food Engineering**, v. 90, n. 2, p. 171-178, 2009.

HÄKKINEN, S. H. et al. Content of the flavonols quercetin, myricetin, and kaempferol in 25 edible berries. **Journal of Agricultural and Food Chemistry**, v. 47, n. 6, p. 2274-2279, 1999.

HAMMER, K.; PISTRICK., K. New versus old scientific names in strawberries (Fragaria L.). **Genetic Resources and Crop Evolution**, v. 50, n. 7, p. 789-791, 2003.

HANNUM, S. M. Potential impact of strawberries on human health: a review of the science. **Critical Reviews in Food Science and Nutrition**, v. 44, n. 1, p. 1-17, 2004.

HARTMANN, A. et al. Influence of processing on quality parameters of strawberries. **Journal of Agricultural and Food Chemistry**, v. 56, n. 20, p. 9484-9489, 2008.

HUI, Y. H. et al. **Handbook of food products manufacturing**. New Jersey: Jonh Wiley, 2007. 1130p.

ICIER, F.; ILICALI, C. Temperature dependent electrical conductivities of fruit purees during ohmic heating. **Food Research International**, v. 38, n. 10, p. 1135-1142, 2005.

KADER, A. A. Postharvest biology and technology: an overview. In: KADER, A. A. **Postharvest technology of horticultural crops**. Oakland: University of California, 1992. p. 15-20. (Publication, 3311).

KASHYAP, D. R. et al. Production, purification and characterization of pectinase from Bacillus sp. DT7. **World Journal of Microbiology and Biotechnology**, v. 16, n. 3, p. 277-282, 2000.

KHANDUJA, K.L. et al. Prevention of N-nitrosodiethylamine-induced lung tumorigenesis by ellagic acid and quercetin in mice. **Food Chemistry and Toxicology**, v. 37, n. 4, p. 313-318, 1999.

KLOPOTEK, Y., OTTO K.; BOHM, V. Processing strawberries of different products alters content of vitamin C, total phenolics, total anthocyanins and antioxidant capacity. **Journal of Agriculture and Food Chemistry**, v. 53, n. 14, p. 5640-5646, 2005.

LAVINAS, F. C. et al. Estudo da estabilidade química e microbiológica do suco de caju *in natura* armazenado em diferentes condições de estocagem. **Ciência e Tecnologia de Alimentos**, v. 26, n. 4, p. 875-883, 2006.

LEE, S. K.; KADER, A. A. Preharvest and postharvest factors influencing vitamin C content of horticultural crops. **Postharvest Biology and Technology**, v. 20, n. 3, p. 207-220, 2000.

LOPES DA SILVA, F. et al. Anthocyanin pigments in strawberry. **Food Science and Technology**, v. 40, n. 2, p. 374-382, 2007.

MAAS, J. L.; WANG, S. Y.; GALLETTA, G. J. Evaluation of strawberry cultivars for ellagic acid content. **Hortscience**, v. 26, n. 1, p. 66-68, 1991.

MONTEIRO, M.; AMARO, A. P.; BONILHA, P. R. M. Avaliação físico-química e microbiológica da polpa de maracujá processada e armazenada sob refrigeração. **Alimentos e Nutrição**, v. 16, n. 1, p. 71-76, 2005.

MURA, E.; ZABETAKIS, I. The effect of exogenous pectinase on DMHF and derivatives in clarified strawberry juice (*Fragaria ananassa*, cv. Elsanta). **Flavour and Fragrance Journal**, v. 17, n. 5, p. 375-379, 2002.

MUSINGO, M. N. et al. Changes in ellagic acid and other phenols in muscadine grape (*Vitis rotundifolia*) juices and wines during storage. **American Journal of Enology and Viticulture**, v. 52, n. 2, p. 109-114, 2001.

NEPA – Núcleo de Estudos e Pesquisas em Alimentação. **Tabela brasileira de composição de alimentos** / Nepa--Unicamp. – Campinas: Nepa-Unicamp, 2004. 42p.

OSZMIANSKI, J.; WOJDYIO, A. Comparative study of phenolic content and antioxidant activity of strawberry puree, clear, and cloudy juices. **European Food Research and Technology**, v. 228, n. 4, p. 623-631, 2009.

PATRAS, A. et al. Impact of high pressure processing on total antioxidant activity, phenolic, ascorbic acid, anthocyanin content and color of strawberry and blackberry purées. **Innovative Food Science and Emerging Technologies**, v. 10, n. 3, p. 308-313, 2009.

PAZINATO, B. C. Processamento do morango. In: DUARTE-FILHO, J. et al. **Morango: tecnologia de produção e processamento.** Caldas: Epamig, 1999. p. 187-204.

PBMH – Programa Brasileiro para a Modernização da Horticultura. **Normas de classificação de morango.** São Paulo: Ceagesp, 2009. 4p. (Documentos, 33).

PILJAC-ZEGARAC, J. et al. Fluctuations in the phenolic content and antioxidant capacity of dark fruit juices in refrigerated storage. **Food Chemistry**, v. 113, n. 2, p. 394-400, 2009.

PINELI, L. L. O. **Qualidade e potencial antioxidante *in vitro* de morangos *in natura* e submetidos a processamentos.** 2009. 222f. Tese (Doutorado em Ciências da Saúde) – Faculdade de Ciências da Saúde, Universidade de Brasília, Brasília, 2009.

PINELI, L. L. O., MORETTI, C. L., CHIARELLO, M. D. Quality, bioactive compounds and antioxidant activity of strawberries grown in the Brazilian savannah and stored at different temperatures. **Journal of Food, Agriculture & Environment**, v. 10, n. 2, p. 165-171, 2012.

PORTAL DO AGRONEGÓCIO. **Morango processado dá mais lucro.** Disponível em: <www. portaldoagronegócio. com.br>. Acesso em: 22 out. 12.

QADIR, A., HEWETT, E.W., LONG, P. G. Ethylene production by *Botrytis cinerea*. **Postharvest Biology and Technology**, v. 11, n. 2, p. 85-91, 1997.

SALLES, J. R. J. et al. Efeito do congelamento na conservação pós-colheita da acerola (*Mapighia glabra* L), armazenada sob condições de refrigeração. **Higiene Alimentar**, v. 18, n. 120, p. 28-31, 2004.

SANHUEZA, R. M. V. et al. **Sistema de produção de morango para mesa na região da serra gaúcha e encosta superior do nordeste. Importância da cultura.** Sistema de Produção, 6 ISSN 1678-8761 Versão Eletrônica Dez./2005. Disponível em: <http://www.cnpuv.embrapa.br/publica/sprod/MesaSerraGaucha/> Acesso em: 10 jun. 2012.

SANTOS, P. E. T. **Características básicas das principais cultivares de morango plantadas no Brasil.** Sistemas de produção, 5. Embrapa Clima Temperado. ISSN 1806-9207 Versão Eletrônica. Nov./2005. Disponível em: <http://sistemasdeproducao.cnptia.embrapa.br/FontesHTML/Morango/SistemaProducaoMorango/cap02.htm>. Acesso em: 24 abr. 2006.

SEERAM, N. P. et al. Identification of phenolic compounds in strawberries by liquid chromatographic analysis of phenolic compounds in strawberries by liquid chromatography electrospray ionization mass spectroscopy. **Food Chemistry**, v. 97, n. 1, p. 1-11, 2006.

SHAW, D.; LARSON, K. **Strawberry plant named Camino Real.** United States Plant Patent Publication. Patent number: 2002/0152524 P1 Alexandria, 2002.

SILVA, M. R.; SANTOS JÚNIOR, R. T. O.; FERREIRA, C. C. Estabilidade da vitamina C em cagaita *in natura* e durante a estocagem da polpa e refresco. **Pesquisa Agropecuária Tropical**, v. 38, n. 1, p. 53-58, 2008.

SOUZA, D. **Estudo das propriedades físicas de polpas e néctares de pequenos frutos.** 2008. 191f. Dissertação (Mestrado) – Departamento de Engenharia Química. Universidade Federal do Rio Grande do Sul, Porto Alegre, 2008.

TIWARI, B. K. et al. Effect of ozone processing on anthocyanins and ascorbic acid degradation of strawberry juice. **Food Chemistry**, v. 113, n. 4, p. 1119-1126, 2009a.

TIWARI, B. K. et al. Stability of anthocyanins and ascorbic acid in sonicated strawberry juice during storage. **European Food Research and Technology**, v. 228, n. 5, p. 717-724, 2009b.

TORALLES, R. P.; VENDRUSCOLO, J. L. S. **Processamento de purê e néctar de pêssego.** Comunicado Técnico 159. Pelotas: Embrapa Clima Temperado, 2007. 8p.

TOURNAS; V. H.; KATSOUDAS, E. Mould and yeast flora in fresh berries, grapes and citrus fruits, **International Journal of Food Microbiology**, v. 105, n. 1, p. 11-17, 2005.

VENDRUSCOLO, J. L. S; VENDRUSCOLO, C. T. **Conservação de morango para a elaboração de produtos industrializados.** Sistemas de produção, 5. Embrapa Clima Temperado. ISSN 1806-9207 Versão Eletrônica. Nov./2005. Disponível em: <http://www.cpact.embrapa.br/publicacoes/catalogo/tipo/sistemas/morango/cap14.htm>. Acesso em: 12 fev. 2009.

VICKERS, Z. Sensory specific satiety in lemonade using a Just Right Scale for Sweetness. **Journal of Sensory Studies**, v. 3, n. 1, p. 1-8, 1988.

VIDAL, W. N.; VIDAL, M. R. N. Ordem Rosales. Família Rosaceae. In: ———. **Taxonomia Vegetal** (Caderno Didático 57, Departamento de Biologia Vegetal). Viçosa, UFV, 2003. 89p.

WANG, C. C. H.; CHANG, K. C. Beet pulp and isolated pectin physicochemical properties as related to freezing. **Journal of Food Science**, v. 59, n. 6, p. 113-1154, 1994.

WRIGHT, W. R., BILLETER, B. A. Marketing losses in selected fruits and vegetables at wholesale, retail, and consumer levels in the Chicago area. USDA. **Marketing Research Report No. 1017**, 1975. Disponível em: <http://ia701507.us.archive.org/13/items/marketinglosseso1017wrig/marketinglosseso1017wrig.pdf>. Acesso em: 10 jan. 2011.

ZHANG, D., QUANTICK, P.C. Antifungal effects of chitosan coating on fresh strawberries and raspberries during storage. **Journal of Horticultural Science and Biotechnology**, v. 73, n. 6, p. 763-767, 1998.

ZHANG, H. et al. Effect of yeast antagonist in combination with hot water dips on postharvest Rhizopus rot of strawberries. **Journal of Food Engineering**, v. 78, n. 1, p. 281-287, 2007.

23

SUCO DE PÊSSEGO

MARCO DI LUCCIO
MÁRCIA M. S. TRENTINI
HELEN TREICHEL
EUNICE VALDUGA
LOURDES MARIA CORRÊA CABRAL
VIRGÍNIA MARTINS DA MATTA

23.1 INTRODUÇÃO

A *Pesquisa sobre Orçamento Familiar* (IBGE, 2008) mostra um crescimento do consumo de sucos de frutas. Esse aumento pode ser relacionado a uma maior procura por produtos naturais para uma vida mais saudável, em substituição ao consumo de derivados de frutas, como doces, que são contrários à tendência anterior, e à necessidade de maior conveniência, substituindo o consumo da fruta *in natura* pelo seu equivalente processado.

Em geral, um indivíduo ingere cerca de 700 litros de líquidos por ano, dos quais cerca de 150 litros são de água, enquanto os 550 litros restantes correspondem a bebidas, como os sucos de frutas, bebidas lácteas, chás gelados, água mineral, bebidas isotônicas e refrigerantes.

O consumo anual *per capita* de sucos de frutas no Brasil é da ordem de 12 litros/hab/ano, enquanto na Europa, em média, consomem-se 24 litros/hab/ano. Os americanos consomem um pouco mais que a média europeia, chegando a 28 litros/hab/ano. Outro país com expressivo consumo de suco é a Alemanha, onde se consomem 34 litros/hab/ano. Na Holanda, a queda no consumo de bebidas alcoólicas, juntamente com um estilo de vida mais saudável e preços mais baixos, contribuíram para o aumento constante no consumo de suco de frutas, levando o país ao posto de terceiro maior consumidor europeu de sucos, com cerca de 28 litros *per capita* por ano.

O processamento de frutas para obtenção de polpas e sucos é uma atividade agroindustrial importante, uma vez que se agrega valor econômico à fruta, evitando desperdícios e minimizando perdas que podem ocorrer durante a comercialização do produto *in natura*. Paralelamente, cresce a demanda por produtos transformados, de fácil consumo e que mantenham ao máximo as características do produto *in natura*. Os sucos de frutas podem ser comercializados em suas diversas formas, tais como sucos integrais, reconstituídos, clarificados ou não, néctares, sucos compostos ou misturas, concentrados e congelados.

O pêssego, entre as frutas de clima temperado, é das mais perecíveis, em razão de seu elevado metabolismo pós-colheita (COELHO, 1994). Usualmente, o consumo de pêssegos é realizado *in natura*. No entanto, o consumo de pêssego na forma de sucos prontos, sucos concentrados, polpa congelada e como ingrediente em chás e preparados sólidos para refrescos instantâneos, vem aumentando nos últimos anos. A participação do suco de pêssego no mercado brasileiro é de 14%, estando ao lado do suco de laranja, e é ultrapassada somente pelo suco de uva, que domina 21% do mercado.

Segundo a FAO, a produção mundial de pêssegos e nectarinas em 2011 foi de, aproximadamente, 21,5 milhões de toneladas. Os maiores produtores mundiais são China, Estados Unidos, Itália e Espanha, sendo que a produção anual vem crescendo a uma taxa média de 2,5% ao ano.

A produção nacional de pêssegos é da ordem de 222.000 toneladas ao ano, segundo dados da FAO, de 2011. O sul do país é responsável por 60% da produção, sendo o maior produtor o estado do Rio Grande do Sul, concentrando na região da Serra Gaúcha a produção para consumo *in natura* e no sul do estado para a produção de conservas. A quantidade produzida chegou a 119.000 toneladas nessa região, em 2005, equivalendo a um valor de produção de, aproximadamente, R$ 107 milhões em uma área plantada de 15.700 hectares.

A diversidade das cultivares de pêssego é grande. Somente no Estado de São Paulo, são listados mais de 60 (IAC, 2007). Na safra 2004/2005, por exemplo, registrou-se forte predominância das cultivares "Aurora" e "Dourado", nas frutas originadas do Estado de São Paulo, e de "Chimarrita" e "Chiripá", dos estados da Região Sul.

A cultivar "Granada", de duplo propósito, destinada à indústria e ao consumo *in natura*, produz frutos de tamanho grande, de polpa firme, aderente ao caroço e de sabor levemente doce-ácido, e com mais de 40% da superfície de sua epiderme coberta pela cor vermelha.

23.1.1 Botânica

O pessegueiro (*Prunus persica* L. Batsch) é originário da China. Difundiu-se para a Pérsia e foi trazido ao Brasil nas expedições portuguesas. Pertence à família *Rosacea*, subfamília *Prunoidea*, gênero *Prunus* (L.) e subgênero *Amygdalus*.

Três variedades botânicas pertencentes à *Prunus persica* (L.) Batsch são relatadas: *Prunus persica* var. *vulgaris*, que inclui a maioria das cultivares de valor comercial, provenientes da raça europeia (frutos grandes com polpa de coloração amarela, sucosas e com caroço não aderido), norte da China (polpa amarela, firme e com caroço aderido) e sul da China (polpa branca, doce e sucosa); *Prunus persica* var. *nucipersica*, frutos denominados nectarina ou pêssego pelado; *Prunus persica* var. *platycarpa*, produz frutos achatados, conhecidos como "pêssegos chatos". O fruto possui pericarpo fino, mesocarpo polposo e endocarpo lenhoso. A cor da epiderme varia de amarelo claro a alaranjado e, sob essa pigmentação, muitas cultivares exibem uma rica coloração de rósea a vermelho. O pericarpo pode ser livre ou aderente à polpa. O sabor da polpa é geralmente doce acidulado.

Figura 23.1 Pessegueiro cultivado na Região Sul do Brasil.

23.1.2 Definição legal

Suco ou sumo é bebida não fermentada, não concentrada e não diluída, obtida da fruta madura e sã, ou parte do vegetal de origem, por processamento tecnológico adequado, submetida a tratamento que assegure a sua apresentação e conservação até o momento do consumo.

Os sucos são obtidos a partir de frutas frescas, maduras e lavadas, por meio de um processo industrial tecnologicamente adequado. Não devem conter fragmentos das partes não comestíveis da fruta, nem substâncias estranhas à sua composição normal, exceto as previstas na legislação específica. Não podem estar fermentados e devem apresentar características de cor, aroma e sabor iguais aos da fruta.

Refresco ou bebida de fruta ou de vegetal é a bebida não gaseificada, não fermentada, obtida pela diluição, em água potável, do suco de fruta, polpa ou extrato vegetal de sua origem, com ou sem açúcares.

Polpa pode ser definida como o produto obtido pelo esmagamento da parte carnosa comestível da fruta por processos tecnológicos adequados. As frutas destinadas à fabricação devem ser sãs, maduras e não apresentar nenhum tipo de sujidade na casca ou ter sofrido ataques de insetos ou parasitas. As polpas não devem conter resíduos de cascas ou sementes e devem apresentar cor, aroma e sabor característicos.

Na legislação brasileira, não há padrões para produtos como polpa de pêssego. A Instrução Normativa n. 1, de 7 de janeiro de 2000, trata do regulamento técnico geral para fixação dos padrões de identidade e qualidade para polpas de várias frutas destinadas somente ao consumo como bebida, mas nenhuma trata especificamente sobre polpa, purê ou suco de pêssego, simples ou concentrado.

23.1.2.1 Néctar de pêssego

Néctar de pêssego é a bebida não fermentada, obtida da dissolução, em água potável, da parte comestível do pêssego (*Prunus persica*, L.) e açúcares, destinada ao consumo direto, podendo ser adicionada de ácidos. A composição do néctar de pêssego (Tabela 23.1) deve conter um mínimo de 40% de polpa ou suco de pêssego, 11 °Brix, 7 g/100 g de açúcares totais, acidez total expressa em ácido cítrico de 0,15 g/100 g, além de coloração amarelada, sabor característico e aroma próprio.

Tabela 23.1 Composição do néctar de pêssego.

Parâmetro	Mínimo
Polpa de pêssego (% p/p)	40,0
Sólidos solúveis (°Brix) a 20 °C	11,0
Acidez total (g ác. cítrico/100 g)	0,15
Açúcares totais (g/100 g)	7,0

Fonte: Brasil (2003).

23.1.3 Composição e valor nutritivo

O tipo de fruta, bem como suas características varietais, maturidade, variação natural, clima e práticas culturais, influenciam na composição dos sucos, assim como o seu processamento. A maioria dos sucos de frutas contém entre 75 a 90% de água, de 9 a 25% de açúcares, de 0,1 a 5,0% de ácidos orgânicos, de 0,1 a 0,2% de fibra dietética e de 0,2 a 0,6% de proteína. Outros componentes estão presentes em traços, tais como sais minerais, vitaminas, constituintes de aroma, pigmentos, lipídios, nucleotídeos, amido e pectina.

O suco de pêssego é composto basicamente de carboidratos, ácidos orgânicos e compostos fenólicos. Esses compostos são úteis no monitoramento da qualidade dos frutos durante a maturação, e contribuem para a qualidade nutricional da fruta fresca e do suco. Alguns compostos fenólicos apresentam um efeito potencial benéfico à saúde em função de suas propriedades antioxidantes. Os açúcares majoritários nos sucos de pêssego são glicose, frutose e sacarose. O suco de pêssego pode conter, ainda, valores elevados de potássio, magnésio, vitamina A, B2 e PP, contudo apresenta baixos valores de cálcio e vitamina C.

A qualidade dos pêssegos *in natura* pode ser avaliada ainda pela cor da epiderme, pelo sabor, pelos componentes voláteis, pela textura, pelos sólidos solúveis (SS) e pela acidez total (AT). A aceitação do pêssego pelo consumidor está diretamente relacionada com o teor de sólidos solúveis e a acidez total. O teor de sólidos solúveis pode variar de 9 a 17 °Brix, a acidez total de 0,75 a 1,02 g/100 g (ácido cítrico), vitamina C de 4,81 a 12,0 mg/100 g e fenóis de 35 a 118 mg/100 g.

A Tabela 23.2 apresenta a caracterização de três sucos de pêssego obtidos de diferentes cultivares deste fruto.

Tabela 23.2 Composição de sucos de pêssego obtidos de diferentes cultivares.

Parâmetro	Cultivar		
	Redhaven	Suncrest	Maria Marta
Sacarose (g kg^{-1})	73 ± 4,8	67 ± 6,7	69 ± 8,4
Glicose (g kg^{-1})	10 ± 1,4	12 ± 1,4	8 ± 1,1
Frutose (g kg^{-1})	10-15	12-17	9-11
Sorbitol (g kg^{-1})	3,1 ± 0,9	4,8 ± 1,4	2,7 ± 0,9
Açúcar total (g kg^{-1})	98 ± 8,2	98 ± 6,8	90 ± 9,0
Sólidos solúveis (°Brix)	12 ± 0,8	13 ± 1,7	13 ± 1,7
Ácido cítrico (g kg^{-1})	3,7 ± 0,8	2,5 ± 0,8	3,7 ± 0,8
Ácido málico (g kg^{-1})	3,6 ± 0,8	5,4 ± 1,4	3,7 ± 1,2
Ácido quínico (g kg^{-1})	1,4 ± 2,5	0,1 ± 2,4	1,0 ± 2,7
Ácido succínico (g kg^{-1})	0,4 ± 0,2	0,3 ± 0,2	0,4 ± 0,1

(continua)

Tabela 23.2 Composição de sucos de pêssego obtidos de diferentes cultivares. (*continuação*)

Parâmetro	Cultivar		
	Redhaven	Suncrest	Maria Marta
pH	3,3 ± 3,6	3,3 ± 3,4	3,3 ± 3,6
TPP-UV (mg kg^{-1})	735 ± 57	754 ± 75	688 ± 166
TPP-FOL (mg kg^{-1})	733-1036	757-1040	316-1490
Catequina (mg kg^{-1})	20-34	20-25	20-32
Ácido clorogênico (mg kg^{-1})	19 ± 6,8	13 ± 2,9	1 ± 7,4
Ácido cafeico (mg kg^{-1})	1,3-1,8	1,0-1,8	0,5-1,5
Isoquercitina (mg kg^{-1})	7,1 ± 1,1	5,2 ± 1,4	6,0 ± 1,1

Fonte: Adaptado de Versari et al. (2002).

Estudos sobre a qualidade físico-química de pêssegos da cultivar Cerrito mostraram que a acidez titulável total (ATT) e o teor de sólidos solúveis totais (SST) variaram em função do tipo de manejo utilizado e do grau de maturação. Na colheita, a relação SST/ATT foi influenciada significativamente pelo sistema de manejo do solo. Pêssegos colhidos em pomar com manejo do solo tradicional apresentaram, na média dos três estádios de maturação, a relação SST/ATT superior (valor médio 15,4) aos colhidos em pomar com manejo do solo com cobertura vegetal (valor médio 14,4). Tanto na colheita como durante o armazenamento, o pH não foi influenciado pelo sistema de manejo do solo nem pelo estádio de maturação. Ao final do período de armazenamento, pêssegos produzidos em ambos os sistemas de manejo do solo apresentaram pH entre 3,50 e 3,66.

Vários aminoácidos podem ser detectados em sucos de pêssego. No entanto, durante a estocagem de suco concentrado, ocorre uma queda na concentração desses aminoácidos, como consequência das reações de escurecimento do produto. A concentração de aminoácidos decresce mais fortemente em temperaturas mais elevadas.

Mais de 80 compostos voláteis já foram identificados em suco de pêssego. Uma variedade de ésteres, alcoóis, terpenoides e lactonas pode ser encontrada. Entre os compostos mais relatados estão o benzaldeído, acetato de etila e metila, 2-butanona, decanoato de etila, γ-hexalactona e γ-decalactona.

O teor de carotenoides em pêssego já foi determinado por vários autores. No entanto, há controvérsia sobre os tipos e as concentrações de carotenoides encontrados, em razão da grande diversidade de cultivares. Alguns carotenoides predominantes são relatados, tais como a violaxantina, β-caroteno, neocaroteno e β-criptoxantina, entretanto, suas concentrações variam bastante em função da cultivar analisada.

23.2 MATÉRIAS-PRIMAS

As diversas cultivares de pêssego apresentam grandes variações nos valores de sólidos solúveis, acidez total, compostos de aroma e sabor, cor e faixa de escurecimento, em função do estádio de amadurecimento. O pêssego ideal para o processamento deve apresentar sabor e aroma característicos, teores de sólidos solúveis e acidez equilibrados, facilidade para o descascamento, descaroçamento e despolpamento mecânicos, sem produzir fragmentos de sementes, intensidade das cores amarelo e vermelho máximo e mínimo, respectivamente, resistência ao escurecimento, grau de maturação uniforme, além de dureza e estabilidade suficientes para resistir à manipulação após o amadurecimento. O pêssego *ideal* é bastante macio e polposo, quando completamente maduro. O melhor pêssego é obtido de pêssegos livres de putrefação, microrganismos patogênicos e danos de inseto.

Na industrialização do pêssego, a matéria-prima para obtenção de sucos e néctares é, na maioria das vezes, a polpa ou o purê concentrado congelado. São também utilizados outros produtos, como água, açúcar ou edulcorantes, acidulantes, conservadores, antioxidantes, espessantes, aromatizantes e corantes.

A água é utilizada tanto na reconstituição do suco, se a matéria-prima for o purê concentrado, quanto na sua diluição, se o produto desejado for o néctar.

Para produtos prontos para o consumo, o açúcar (sacarose) é também um dos insumos, podendo ser utilizado na forma de caldas ou xaropes. Para os produtos da linha *light* ou *diet* são utilizados edulcorantes em substituição ao açúcar. Os edulcorantes, mais conhecidos como adoçantes, são o aspartame, o ciclamato, a sacarina e a sucralose, que são classificados como aditivos químicos.

Os acidulantes, como os ácidos cítrico, lático ou ascórbico têm a função de diminuir o pH, contribuindo para a preservação do produto, pela inibição do desenvolvimento microbiano.

Os conservadores, como os derivados do dióxido de enxofre (metabissulfito de sódio, sulfito de sódio e potássio), do ácido benzoico (benzoato de sódio e potássio) e do ácido sórbico (sorbato de sódio), inibem o desenvolvimento de microrganismos por seu poder redutor. A eficiência do dióxido de enxofre é mais alta em pH mais baixos; assim, o uso de acidulantes permite diminuir a quantidade a ser adicionada desse conservador, que também tem ação antioxidante.

Os antioxidantes, sendo o ácido ascórbico um dos mais utilizados em sucos, previnem as reações de oxidação, contribuindo para a preservação da cor dos produtos. Em alguns casos, são utilizados corantes naturais, evitando-se o uso do antioxidante e, em alguns produtos, verifica-se a presença tanto de corantes quanto de antioxidantes.

Visando à estabilidade física dos sucos, que pode ser afetada tanto pela presença desses compostos, quanto pela sua própria composição enzimática, podem ser adicionados espessantes e/ou estabilizantes, como as gomas gelana ou xantana.

Aromatizantes também são aditivos que podem ser adicionados aos sucos industrializados, a fim de restaurar as características de aroma e sabor que são perdidos durante o processamento a que os sucos são, usualmente, submetidos. Podem ser utilizados aromas naturais ou idênticos ao natural.

23.3 MICROBIOLOGIA

O suco fresco, recém-extraído, é mais suscetível a contaminações microbiológicas do que a fruta inteira. Desprotegidos da casca, pele ou ainda pelas divisões celulares, os fluidos internos são misturados, expostos ao ar e aos microrganismos do ambiente. Assim, o suco não pasteurizado está sujeito a uma rápida deterioração microbiana, enzimática, química e/ou física. O baixo pH da maioria de sucos favorece o crescimento de leveduras, que inicia rapidamente uma fermentação incipiente. Além disso, a presença de aflatoxina produzida pela contaminação por bolores na superfície das frutas, em geral, termina no suco. De fato, até recentemente, a fermentação em sucos provocada pelo manuseio inadequado era considerada apenas como um desperdício, e não como um perigo. Entretanto, na última década, o suco fresco foi considerado como a causa de contaminações e de fatalidades sérias. Suco não pasteurizado foi relacionado à presença de Salmonela e de microrganismos patogênicos emergentes tais como *Escherichia coli* O157 H7. Esses incidentes resultaram em exigências sanitárias e de certificação de origem severas para produtos comerciais frescos a partir de frutas. Neste contexto, o objetivo do processamento é minimizar essas reações indesejáveis e, ainda, manter a qualidade intrínseca da fruta.

23.4 PROCESSAMENTO

Pêssegos têm sido usualmente processados para a obtenção de polpa ou purê (polpa concentrada), que, por sua vez, podem ser utilizados como matérias-primas para outros produtos, como sucos prontos, néctares e chás gelados, entre outros. O suco, que é a polpa tratada com enzimas pectinolíticas e refinada, apresenta cor, sabor e corpo mais suaves, se comparado com o purê. Néctares, sucos, polpas ou purês podem ser estabilizados por meio de algum tratamento físico ou químico, ou conter algum tipo de aditivo que garanta a sua conservação e características atrativas ao consumidor.

23.4.1 Polpa de pêssego

Para o processamento da polpa de pêssego, após a colheita, as frutas são transportadas à planta industrial em caixas plásticas com capacidade entre 18-22 kg (Figura 23.2). As etapas de obtenção da polpa de pêssego estão ilustradas na Figura 23.3 e descritas a seguir.

Figura 23.2 Pêssegos recebidos pela indústria em caixas plásticas.

Recepção, seleção e lavagem da matéria-prima

Na indústria, as frutas são descarregadas, pesadas e passam por um processo de seleção, no qual todas as frutas impróprias e as partes defeituosas são descartadas. Os frutos devem estar maduros, de modo que seja obtido o máximo de rendimento em termos de teor de sólidos solúveis e de aroma. Essa etapa é muito importante, pois a presença de frutas deterioradas pode comprometer a qualidade do produto final. Por outro lado, frutas não totalmente maduras podem conferir sabor desagradável à polpa.

As frutas são lavadas em dois estágios em um tanque com flotação, seguido de uma esteira com roletes rotativos com chuveiros. A água utilizada deve ser tratada (aproximadamente 8 a 12 ppm de cloro livre) e, eventualmente, pode conter algum fungicida.

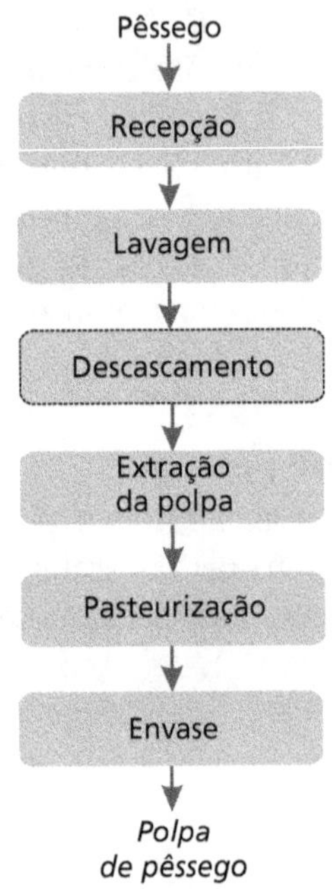

Figura 23.3 Fluxograma do processo de obtenção de polpa de pêssego.

Descascamento e extração da polpa

O pêssego pode ser descascado por descascamento químico, quando os frutos inteiros são submersos ou borrifados com uma solução de hidróxido de sódio (até 5% de concentração) a uma temperatura de, pelo menos, 99 °C, durante 15 a 20 segundos, sendo posteriormente lavados por aspersão de água fria. Algumas indústrias desconsideram a etapa de descascamento e despolpam a fruta inteira com a pele. Esse procedimento rende mais 13 a 15% de polpa integral. O aroma e a cor da polpa são influenciados pela introdução ou não da etapa de descascamento, além do tipo de cultivar e grau de maturação.

A obtenção da polpa, tradicionalmente, é realizada a quente, aquecendo-se as frutas em água quente ou vapor em um cozinhador horizontal, visando amolecer os tecidos e facilitar o despolpamento, que é realizado em despolpadeira/descaroçadora vertical ou horizontal, onde ocorre a prensagem da fruta contra uma tela de aço inox, com diferentes tamanhos de furos para o seu refinamento. A polpa é recolhida na parte inferior do equipamento em recipientes limpos de aço inox, e é transportada ou bombeada para a etapa seguinte.

O processamento a frio, desenvolvido pela empresa italiana *Bertocchi*, é mais moderno, mais simples e permite obter maior rendimento. Nesse processo, as frutas inteiras são conduzidas a um equipamento que executa, de uma forma integrada e contínua, as operações de corte, esmagamento e despolpamento. Nesse equipamento, o rotor tem aletas com um perfil especial que permite utilizar a força centrífuga para separar a polpa da casca, sem a necessidade de prensar os pedaços contra a tela das despolpadeiras. Isso garante um rendimento maior na extração e uma maior durabilidade das peneiras. O processo a frio, além de mais rentável, garante a manutenção das qualidades sensoriais das frutas, que, geralmente, são degradadas no processo de aquecimento. De acordo com o tamanho das fibras desejado, após a extração, a polpa poderá ser passada por peneiras com furos de diâmetros decrescentes. Para evitar a rápida oxidação do produto, é recomendado realizar a desaeração em tanque a vácuo.

Pasteurização

O tratamento térmico tem por objetivo reduzir a carga microbiana e inativar as enzimas presentes, que podem causar alterações indesejáveis na polpa. A pasteurização pode ser realizada em pasteurizador tubular ou em trocadores de calor de superfície raspada. Deve ser utilizada uma combinação de tempo de processamento térmico e temperatura, que além de garantir a destruição dos microrganismos contaminantes e a inativação das enzimas, preserve as características físicas, químicas, físico-químicas, nutricionais e sensoriais da fruta original. O produto deverá ser avaliado por meio do acompanhamento de análises microbiológicas, físico-químicas e sensoriais. Em seguida, o produto poderá ser envasado e armazenado sob refrigeração ou congelamento.

Envase e congelamento

Após a pasteurização da polpa, esta é resfriada e envasada, sendo imediatamente congelada. A operação de congelamento deve ser realizada no menor espaço de tempo possível, a fim de se manter as características originais das frutas. No caso da polpa de pêssego, resfria-se a polpa em trocadores de calor de superfície raspada, com água até 30 °C e com amônia até 0 °C, antes do acondicionamento em tambores, para, em seguida, congelá-la em câmaras frigoríficas à temperatura de –25 °C. É importante ressaltar que a polpa deve ser mantida congelada até o momento do seu consumo. A temperatura recomendada para seu armazenamento, em câmaras frigoríficas, varia de –18 °C a –25 °C.

23.4.2 Purê de pêssego concentrado

O purê de pêssego é uma *commodity*, usualmente comercializada no mercado internacional com teor de sólidos solúveis entre 30-32 °Brix, sendo usada para elaboração de néctares, sucos, sorvetes, geleias, espumantes, fermentados e produtos como chás gelados e bebidas à base de soja. A elevada concentração do purê visa aumentar a vida de prateleira, reduzir o custo de transporte e facilitar a comercialização. Na industrialização do purê de pêssego, a preservação da cor natural representa um dos maiores desafios. O escurecimento enzimático é uns dos principais fenômenos que induz mudanças de cor, sabores indesejáveis e perdas nutricionais. O seu controle, tradicionalmente, é feito por meio da combinação de tratamento térmico e inibidores, mas o problema é que esse controle pode ser acompanhado de reações de degradação paralelas, de origem não enzimática, que podem alterar a cor, o sabor e o aroma do purê de pêssego.

As etapas iniciais de obtenção do purê de pêssego são as mesmas descritas no item 23.4.1 para a polpa, partindo-se de frutas frescas e maduras. A polpa obtida segue para a etapa seguinte, de concentração (Figura 23.4).

Concentração

A concentração da polpa de pêssego, com um teor inicial de sólidos solúveis em torno de 11 °Brix, pode ser realizada em um evaporador de dois estágios, sendo o primeiro estágio de circulação forçada a vácuo, a uma temperatura em torno de 50 °C e o segundo estágio, de filme descendente com temperaturas entre 60-70 °C, onde o purê atinge a concentração final, entre 30 e 32 °Brix.

Pasteurização

O purê concentrado é bombeado para o pasteurizador tubular no qual são utilizadas temperaturas da ordem de 85-90 °C, sendo resfriado até 25-30 °C, para posterior envase. Pode-se, também, usar um trocador de calor de superfície raspada.

Envase

O purê concentrado é envasado, após a pasteurização, em tambores de 200 litros, revestidos por embalagens plásticas assépticas, por meio de um sistema de envase asséptico, o que permite a sua manutenção à temperatura ambiente.

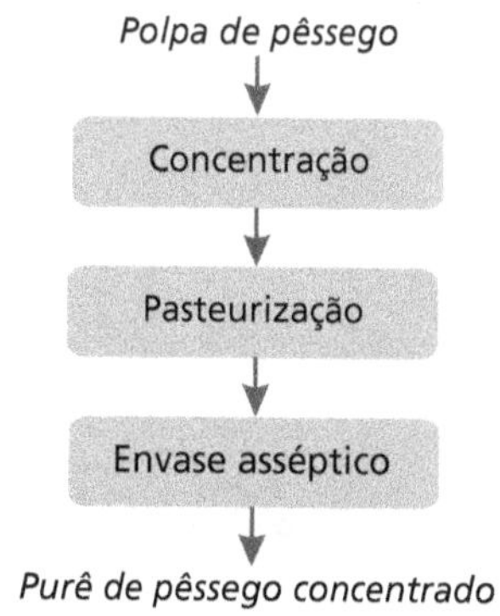

Figura 23.4 Fluxograma do processo de obtenção de purê de pêssego concentrado a partir da polpa.

23.4.2.1 *Processo alternativo para purê de pêssego concentrado*

Toralles & Vendruscolo (2007) propuseram um processo de obtenção do purê de pêssego concentrado, utilizando as seguintes etapas (Figura 23.5): descaroçamento e descascamento da fruta, utilizando solução de NaOH a 5%, seguidos de lavagem com jatos d´água; branqueamento da polpa em um termoinativador enzimático a 75 °C, por quatro minutos (a inativação térmica, entre outras vantagens, confere ao suco a estabilidade da cor e da consistência, parâmetros importantes para a qualidade visual do produto); refinamento em uma despolpadeira com telas de aço inox com 1 mm e 0,5 mm de abertura; adição de ácido ascórbico ao purê integral, em tanques, sob agitação; centrifugação a 8.380 rpm e homogeneização em homogeneizador Kirchfeld HL, a 10.000 kPa. Por fim, o purê homogeneizado é concentrado sob vácuo até 32 °Brix em um evaporador de filme descendente Wiegand, com circulação forçada e capacidade de remover 30 kg H_2O h^{-1}, envasado em latas e submetido a um tratamento térmico.

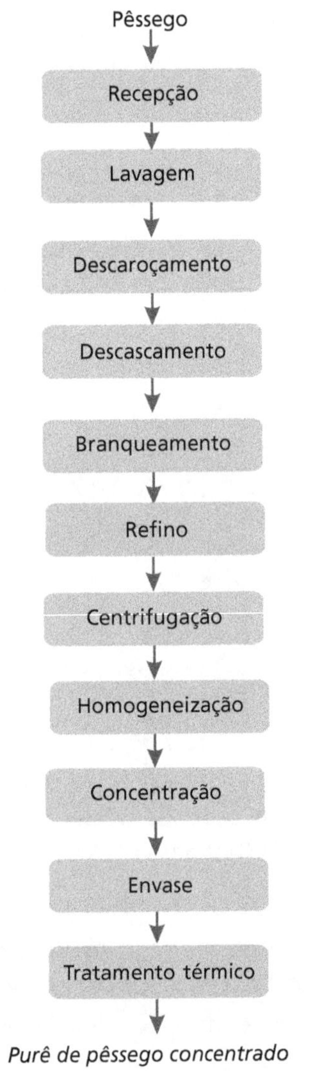

Figura 23.5 Fluxograma do processo alternativo proposto para obtenção de purê de pêssego concentrado.

Fonte: Toralles e Vendruscolo (2007).

23.4.3 Néctar de pêssego

O néctar é o único produto de pêssego para o qual já existe um padrão de qualidade e identidade (PIQ) estabelecido pelo Ministério da Agricultura, Pecuária e Abastecimento, conforme apresentado no item 23.1.2.1.

As indústrias processadoras de néctar de pêssego no Brasil, de um modo geral, utilizam o purê de pêssego concentrado como matéria-prima. As etapas para elaboração do néctar estão descritas a seguir e o fluxograma esquemático está mostrado na Figura 23.6.

Figura 23.6 Fluxograma do processo de obtenção de néctar de pêssego.

Formulação

Para a obtenção do néctar, que é um produto pronto para o consumo, deve-se adicionar ao purê de pêssego, água, ácido e açúcar, ou edulcorante, quando se tratar de bebida *light* ou *diet*, ou seja, com calorias reduzidas. A quantidade de água a ser adicionada deve atender aos padrões recomendados pela legislação vigente, a fim de manter quantidade mínima necessária de polpa da fruta no produto final. Podem ainda ser adicionados conservadores, aromatizantes, estabilizantes, e corantes naturais. Se o produto não for envasado assepticamente, devem ser utilizados conservadores químicos, até as concentrações máximas definidas pela legislação. A fórmula final do produto é um dos diferenciais de qualidade das empresas, sendo, normalmente, um segredo industrial. A formulação é realizada em tanques de aço inox, dotados de sistemas automáticos de dosagem dos ingredientes, bem como de pás agitadoras, que possibilitam sua adequada mistura.

Desaeração

O oxigênio incorporado à bebida durante as etapas anteriores causa oxidações, destruindo algumas vitaminas e prejudicando a cor e sabor. O desaerador, normalmente, é colocado em linha com o pasteurizador, para que o produto só atinja a temperatura de pasteurização após a eliminação do oxigênio, por meio de um sistema ejetor, operando a vácuo.

Pasteurização

O tratamento térmico, normalmente uma pasteurização, tem por objetivo reduzir o número de microrganismos e inativar enzimas. Cada produto apresenta características diferentes, e a relação tempo e temperatura do tratamento térmico difere de fruta para fruta, e será função também do processo a que o purê foi submetido anteriormente. Em razão das características próprias do processamento, essa combinação deverá ser avaliada por meio de análises microbiológicas, físico-químicas e sensoriais, durante a vida de prateleira do produto final. Os pasteurizadores são, preferencialmente, tubulares, mas também podem ser utilizados pasteurizadores de placas.

Envase

O produto é envasado em embalagens apropriadas como garrafas ou latas, normalmente a quente, em condições assépticas, a fim de possibilitar o seu armazenamento em temperatura ambiente. A presença de oxigênio no interior das embalagens gera transformações nos sucos e néctares durante o armazenamento, podendo resultar em perdas de sabor e aparecimento de sabores estranhos, devidos a outras reações oxidativas e possíveis contaminações por fungos. O néctar pasteurizado e envasado a quente é, em seguida, resfriado, para posterior armazenamento.

São utilizados, também, sistemas assépticos com embalagens cartonadas, nos quais a embalagem é sanificada e formada imediatamente antes do acondicionamento do produto que sai do pasteurizador.

23.4.4 Suco de pêssego clarificado

As etapas iniciais para obtenção de suco de pêssego clarificado são as mesmas já descritas anteriormente até a obtenção da polpa.

Partindo-se da polpa, a primeira etapa é o descongelamento, no caso da matéria-prima ser a polpa congelada.

O método tradicional de clarificação consiste, basicamente, na adição de um agente coagulante para, então, decantar ou filtrar o suco. A filtração convencional é usualmente realizada em filtros rotativos a vácuo. Entretanto, existem várias limitações nesses métodos, como o fato da decantação ser um processo lento que requer um grande número de tanques e o uso de auxiliares de filtração que podem alterar o sabor dos sucos. Além disso, o processo de clarificação convencional apresenta, em geral, custo elevado, em virtude do tempo e da necessidade de adição de enzimas e agentes coagulantes.

Processos de separação por membranas, como a microfiltração e ultrafiltração, têm sido utilizados comercialmente na clarificação de sucos, o que resulta em diversas vantagens, como a combinação das etapas de refino e filtração, a retenção de enzimas pectinolíticas e fenoloxidases, a possibilidade de operação contínua e automatizada, a redução dos custos com enzimas e tratamentos de efluentes, a não necessidade de adição de agentes de refino (terra diatomácea, gelatina e bentonita) e a possibilidade de se obter sucos estéreis ao longo do processo, sem utilizar processamento térmico, que, muitas vezes, modifica o sabor e aroma do suco.

Para a clarificação por membranas, normalmente é necessária a realização de um tratamento enzimático com enzimas pectinolíticas, por cerca de 30 a 60 min, a fim de facilitar o processamento na membrana.

A aplicação de enzimas na clarificação de suco de pêssego foi estudada recentemente (SANTIN et al., 2008). O tratamento enzimático da polpa de pêssego foi otimizado, visando diminuir o teor de polpa e sua viscosidade. Foram investigados os efeitos do tipo de enzima (Pectinex AFP L3 e ULTRA SP WOP, da Novozymes e Celulase R10 da Onozuka), quantidade de enzima (95 a 1100 mg/L), temperatura (18 a 52 °C) e tempo de reação (30 a 150 min) sobre o teor de polpa, viscosidade, perfil sensorial e parâmetros físico-químicos. A hidrólise utilizando Pectinex AFP L-3 a 25 °C por 60 minutos apresentou os melhores resultados na redução de viscosidade (68%) e na redução de polpa (48%), quando comparada com a enzima Pectinex Ultra SP WOP, cujas reduções foram de 56% e 48%, para a viscosidade e para o teor de polpa, respectivamente.

A clarificação de suco de pêssego por microfiltração e ultrafiltração já foi avaliada em escala de bancada e em escala piloto. Em escala de bancada, foram testadas membranas de ésteres de celulose de 0,2; 0,4 e 0,8 µm (Sartorius e Advantech MFS Inc) e uma membrana de ultrafiltração de polisulfona de massa molar de corte de 100 kDa (DDS GR40PP, Desal). A pressão de operação foi fixada em 0,5 bar, em função das limitações de escoamento do sistema e ao grande teor de material particulado da polpa. A influência do diâmetro de poro, da temperatura de processamento e da vazão de alimentação sobre o fluxo de permeado e o desempenho da membrana foi investigada por meio de um delineamento experimental completo.

A comparação do permeado ultrafiltrado em escala de bancada com os obtidos em escala piloto mostrou que o pH, os sólidos solúveis e o teor de açúcares não redutores não apresentaram diferenças. Pequenas diferenças na turbidez, teor de açúcares redutores e na viscosidade foram observadas, mostrando que o sistema é reprodutível em termos de qualidade do permeado, mesmo com a mudança de escala. A turbidez dos sucos clarificados é reduzida em cerca de 99% em relação às amostras da polpa *in natura*. Também é significativa a variação do atributo cor, para a qual o suco clarificado apresentou valores próximos ao extremo inferior da escala que variou de cor fraca a forte. O processo de clarificação mostrou-se eficiente em razão da grande redução da viscosidade e dos sólidos em suspensão no suco, mantendo boa parte das características físico-químicas e sensoriais do suco.

A Figura 23.7 apresenta o fluxograma do processo de obtenção de suco de pêssego clarificado por micro ou ultrafiltração.

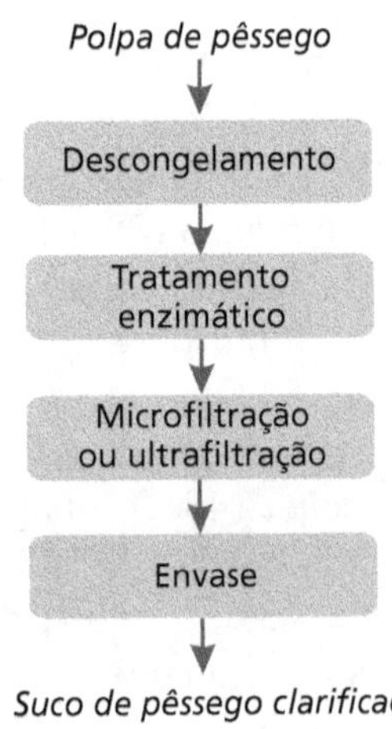

Figura 23.7 Fluxograma do processo de obtenção de suco de pêssego clarificado por micro ou ultrafiltração.

23.5 APROVEITAMENTO DE RESÍDUOS

Os resíduos da extração de suco de pêssego podem ter destinos variados. Usualmente, o bagaço mole, que inclui cascas e fibras, é vendido para fabricação de ração animal. Os caroços normalmente são usados como combustível.

BIBLIOGRAFIA

ASHURST, P. R. **The chemistry and technology of soft drinks and fruit juices**. Sheffield: Academic; CRC, 1998. 258p.

BATES, R. P.; MORRIS, J. R.; CRANDALL, P. G. Tree fruit: apple, pear, peach, plum, apricot and plums. In: ———. **Principles and practices of small- and medium-scale fruit juice processing**. Rome: FAO, 2001. xii, 226p.(FAO agricultural services bulletin, 146). Chap. 13.

BRASIL, I. M.; MAIA, G. A.; FIGUEIREDO, R. W. Estudo do rendimento do suco de goiaba extraído por tratamento enzimático. **Ciência e Tecnologia de Alimentos**, Campinas, v. 16, n. 1, p. 57-61, 1996.

BRASIL. Ministério da Agricultura, Pecuária e Abastecimento. Padrões de Identidade para Sucos e Néctares. Instrução Normativa n. 12, de 4 de setembro de 2003. **Diário Oficial da República Federativa do Brasil**, Brasília, DF, n. 174, p. 9, set. 2003.

BUEDO, A. P.; ELUSTONDO, M. P.; URBICAIN, M. J. Amino acid loss in peach juice concentate during storage. **Innovative Food Science & Emmerging Technologies**, Amsterdam, v. 1, p. 281-288, 2001.

BUTCHERMAKER, B. Membrane technology benefits the food processing industry. **Filtration and Separation**, Amsterdam, p. 32-33, Oct. 2004.

CASSANO, A. et al. A membrane-based process for the clarification and the concentration of the cactus pear juice. **Journal of Food Engineering**, Amsterdam, v. 80, p. 914-921, 2007.

CASTALDO, D. et al. Presence of residual pectin methylesterase activity in thermally stabilized industrial fruit preparations. **Lebensm.-Wiss. u.-Technol.**, Oxford, v. 30, p. 479-484, 1997.

COELHO, A. H. R. Qualidade pós-colheita de pêssegos. **Informe Agropecuário**, Belo Horizonte, v. 17, n. 180, p. 5-9, 1994.

CUPERUS, F. P. Membrane processes in agro-food state-of-the-art and new opportunities. **Separation and Purification Technology**, Amsterdam, v. 14, p. 233-239, 1998.

DOWNES, J. W. Equipos para la extracción y elaboración de zumo de frutas delicadas. In: ASHURST, P. R. (Ed.). **Producción y envasado de zumos y bebidas de frutas sin gás**. Zaragoza: Acribia, 2005, p. 191-213.

EMPRESA BRASILEIRA DE PESQUISA AGORPECUÁRIA. SERVIÇO DE APOIO AS MICROS E PEQUENAS EMPRESAS. **Curso de processamento de frutas**. Rio de Janeiro, 1997. 135p. Programa de capacitação tecnológica.

EMPRESA BRASILEIRA DE PESQUISA AGROPECUÁRIA. **Pêssego**: cultivares ideais para conserva. Pelotas: Embrapa, 1974. 16p. (Boletim técnico, 93).

FELLOW, P. **Tecnologia del processamento de los alimentos**: principios y prácticas. Zaragoza: Acribia, 1994. 195p.

FOOD AND AGRICULTURE ORGANIZATION. Rome, 2007. Disponível em: <http://www.fao.org>. Acesso em: 27 abr. 2007.

GIRARD, B.; FUKUMOTO, L. R. Membrane processing of fruit juices and beverages: a review. **Critical Reviews in Food Science and Nutrition**, London, v. 40, n. 2, p. 91-57, 2000.

GODOY, H. T.; RODRIGUEZ-AMAYA, D. B. Occurrence of cis-isomers of provitamin A in Brazilian fruits. **Journal Agriculture Food Chemistry**, Washington D.C., v. 42, n. 6, p. 306-1313, 1994.

INSTITUTO AGRONÔMICO DE CAMPINAS. Cultivares. Disponível em: < http://www.iac.sp.gov.br/Cultivares/Cultivares.htm>. Acesso em: 25 nov. 2007.

INSTITUTO BRASILEIRO DE GEOGRAFIA E ESTATÍSTICA. Sistema de busca de tabelas: SIDRA. Brasília, 2008. Disponível em: <http://www.sidra.ibge.gov.br> Tabela 2398. Acesso em: 04 maio 2015.

INSTITUTO DE TECNOLOGIA DE ALIMENTOS. **Industrialização de frutas.** Campinas: Ital, 1991. 206p. (Manual técnico, n. 8).

JACKIX, M. H. **Doces, geleias e frutas em calda**: teórico e prático. São Paulo: Editora da Unicamp; Ícone, 1988. 172p.

JOSLYN, M. A.; MIST, S.; LAMBERT, E. The clarification of apple juice by fungal pectic enzyme preparations. **Food Technology**, Chicago, v. 6, n. 4, p. 133-139, 1952.

KASHYAP, D. R. et al. Applications of pectinases in the commercial sector: a review. **Bioresource Technology**, Amsterdam, v. 77, p. 215-227, 2001.

KHACHIK, F.; BEECHER, G. R.; LUSBY, W. R. Separation, identification and quantification of the major carotenoids in extracts of apricots, peaches, cantaloupe and pink grapefruit by liquid chromatography. **Journal Agriculture Food Chemistry**, Washington D.C., v. 37, n. 6, p. 1465-1473, 1989.

LEA, A. G. H. Zumo de manzana. In: ASHURST, P. R. (Ed.). **Producción y envasado de zumos y bebidas de frutas sin gás**. Zaragoza: Acribia, 1995. p. 149-189.

MARTINELLI, S. Fabricantes de sucos têm sede de negócios. **Superhiper**, São Paulo, p. 46-55, dez. 1998.

MARTINS, C. R. et al. Influência do manejo do solo na conservação e na qualidade pós-colheita de pêssegos. **Revista Brasileira de Fruticultura**, Jaboticabal, v. 24, n. 2, p. 442-446, 2002.

MEDEIROS, A. R. M; RASEIRA, M. C. B. **A cultura do pessegueiro**. Brasília, DF: Embrapa, 1998. 352p.

MULDER, M. **Basic principles of membrane technology**. Enschede: University of Twente, Center for Membrane Science and Technology, 2000. 560p.

NOVOZYMES. Notas técnicas sobre enzimas para clarificação de sucos. Disponível em: <http://www.novozymes.com>. Acesso em: 10 jun. 2007.

OSZMIANSKI, J.; WOJDYŁO, A. Effects of various clarification treatments on phenolic compounds and color of apple juice. **European Food Research and Technology**, Berlin, v. 224, p. 755-762, 2007.

RIU-AMATELL, M.; LÓPEZ-TAMAMES, E.; BUXADERAS, S. Assessment of the Volatile Composition of Juices of Apricot, Peach, and Pear According to Two Pectolytic Treatments. **Journal of Agriculture and Food Chemistry**, Washington D.C., v. 53, p. 7837-7843, 2005.

SÁ, C. D.; CAIXETA FILHO, J. V. A importância do suco de frutas para o consumidor: um estudo de caso. **Qualidade de vida**, Piracicaba, v. 4, n. 33, p. 1-4, 28 fev. 2002.

SACHS, S. et al. Summary of peach breeding research in the south of Brazil. In: CHILDERS, N. F. (Ed.). **The peach**. v. 1. 3. ed. Piscataway, NJ, USA: Rutgers University Press, 1975. p. 340.

SACHS, S. et al. **A cultura do pessegueiro.** Pelotas: EMBRAPA, Centro Nacional de Pesquisa de Fruteiras de Clima Temperado, 1994. 156p.

SACHS, S.; RHEINGANTZ, O. L. O. A influência do tamanho do pêssego no rendimento, na mão de obra de enlatamento, no custo de produção e na qualidade da compota. **Pesquisa Agropecuária Brasileira**, Brasília, v. 1, p. 437, 1997.

SANTIN, M. M. et al. Evaluation of enzymatic treatment of peach juice using response surface methodology. **Journal of the Science and Food Agriculture**, Indianapolis, v. 88, p. 507-512, 2008.

SENTANIN, M. A.; RODRIGUEZ- AMAYA, D. B. Teores de carotenoides em mamão e pêssego determinados por cromatografia líquida de alta eficiência. **Ciência e Tecnologia de Alimentos**, Campinas, v. 27, n. 1, p. 13-19, 2007.

SIN, H. N. et al. Optimization of enzymatic clarification of sapodilla juice using response surface methodology. **Journal of Food Engineering**, Amsterdam, v. 73, p. 313-319, 2006.

SOUTHGATE, D. A. T.; JOHNSON, I. T.; FENWICK, G. R. Valor nutritivo y salubridad de los zumos de frutas elaborados. In: ASHURST, P. R. (Ed.). **Producción y envasado de zumos y bebidas de frutas sin gás**. Zaragoza: Acribia, 1995. p. 321-348.

TORALLES, R. P. et al. Um estudo para compreender a preferência e aceitação de consumidores de purês de pêssegos brasileiros. **Revista Brasileira de Fruticultura**, Jaboticabal, v. 28, n. 3, p. 397-401, 2006.

TORALLES, R. P.; VENDRUSCOLO, J. L. **Processamento de purê e néctar de pêssego**, Pelotas: Embrapa, 2007. 8p. (Comunicado técnico, 159).

UNIVERSIDADE FEDERAL DE LAVRAS. Pêssego (*Prunus pérsica (L.) Batsch*). Lavras, 2003. Disponível em: < http://www.todafruta.com.br/todafruta/mostra_conteudo.asp?conteudo=1355>. Acesso em: 14 ago. 2008.

VARNAN, A. H.; SUTHERLAND, J. P. **Bebidas**: tecnología, química y microbiología. Zaragoza, Acribia, 1994. 487p.

VERSARI, A. et al. Characterisation of peach juices obtained from cultivars Redhaven, Suncrest and Maria Marta grown in Italy. **Food Chemistry**, Amsterdam, v. 76, p. 181-185, 2002.

VILELA, P. S. Análise da oferta e demanda de frutas no Brasil para o decênio 2001/2010. Disponível em: <http://www.todafruta.com.br/todafruta/mostra_conteudo.asp?conteudo=9244>. Acesso em: 14 ago. 2008.

24

SUCO DE TANGERINA

ROGER DARROS-BARBOSA

24.1 INTRODUÇÃO

Dentre as frutas cítricas, as tangerinas aparecem em segundo plano em relação às laranjas e aos limões sob a perspectiva da industrialização. Mundialmente, as tangerinas também têm uso limitado para processamento industrial. Cabe destacar que, muitas vezes, em razão das dificuldades taxonômicas, as denominações de "tangerina" e "mandarina" são usadas indistintamente, designando frutos da mesma família, principalmente nos Estados Unidos e, em particular, no Japão, onde cerca de 15% da variedade Satsuma é processada industrialmente na forma de sucos e subprodutos. O principal produto da tangerina, o suco, é usado principalmente para melhorar a cor e sabor do suco de laranja, uma vez que a legislação americana, um dos principais destinos dos sucos cítricos brasileiros, permite a adição de até 10% de suco de tangerina ao suco de laranja sem necessidade de declaração explícita. Além de atender grande parte do mercado mundial de sucos cítricos e suas misturas, eventualmente contendo suco de tangerina, a indústria cítrica brasileira processa uma pequena parcela comercializada na forma de suco concentrado congelado de tangerina, o qual tem boa aceitação no mercado, e também para uso em bases para néctares, refrescos e bebidas de frutas. Consequentemente, a maior parcela das tangerinas é direcionada ao mercado de fruta fresca e apenas uma pequena parcela, ou a parte excedente acaba sendo direcionada para o processamento industrial.

A maioria dos processos industriais e equipamentos é similarmente aplicável às frutas cítricas em geral, incluindo laranjas, limões e tangerinas. Os princípios básicos para o processamento de frutos cítricos não se alteraram significativamente ao longo dos últimos anos, contudo, observam-se grandes melhorias nas tecnologias de processamento e acondicionamento e estocagem asséptica, bem como continuam a ser desenvolvidos diferentes tipos de produtos e subprodutos de melhor qualidade e equipamentos mais eficientes, com menores custos energéticos e reduzido consumo de insumos, principalmente água, que raramente apresenta-se sem custo. As tangerinas em particular, oferecem oportunidades tecnológicas interessantes e importantes economicamente. O suco de tangerina é geralmente visto como um produto mais instável o qual pode desenvolver compostos de sabor estranho durante a estocagem, requerendo, em decorrência, cuidados e técnicas especiais no processamento. A essência aquosa de tangerina, que também pode desenvolver odores estranhos, e a essência oleosa podem ser separadas durante a etapa de concentração do suco, porém com menor aplicabilidade que seus equivalentes extraídos da laranja. Por outro lado, o óleo essencial extraído da casca da tangerina é considerado um óleo de qualidade superior, bastante empregado em produtos onde se requer o aroma específico de tangerina e em produtos especiais (SHAW, 1986). Os compostos voláteis presentes no óleo essencial da casca da tangerina que a caracterizam são principalmente o timol, o antranilato de metil-N-metila, α- e β-sinensal, o τ-terpineno e o β-pineno (WILSON; SHAW, 1981). Embora haja esses compostos altamente aromáticos e típicos nos sucos de tangerina e seus híbridos, a quantidade de compostos aromáticos característicos de frutas cítricas aparece em proporção bem inferior aos níveis detectados na laranja. Atenção também deve ser dada às novas tecnologias de preservação e processamento, que apresentam vantagens do ponto de vista da manutenção das características naturais das frutas, em termos de sabor, aroma, coloração e compostos nutricionais, além do uso mais eficiente da energia e da água, como a alta pressão, pulso elétrico de alta voltagem, ultrassom de alta intensidade, aquecimento dielétrico e ôhmico, extração supercrítica, nanofiltração, entre outras (OGAWA et al., 1990; RIZVI, 1994; BIGNON; LEBAS, 1997; BRADDOCK et al., 1998; LINTON et al., 1999; DARROS-BARBOSA, 2000; YEON-LIM TEO et al., 2001; BALABAN; DARROS-BARBOSA, 2002; POLYDERA et al., 2003; BARBOSA-CANOVAS et al., 2005; CSERHALMI et al. 2006).

Os principais produtos e subprodutos que podem ser obtidos do processamento industrial de frutas cítricas são apresentados na Figura 24.1, produzidos a partir dos produtos intermediários da fruta, obtidos na proporção aproximada de 45 a 55% de suco e polpa, 45 a 55% de casca e bagaço e cerca de 0,2 a 0,5% de óleos essenciais. Na sequência, são descritas, sucintamente, as principais características da matéria-prima, os princípios básicos envolvidos nas diversas etapas dos processos industriais, as principais operações para produção dos produtos e subprodutos de maior relevância, resultantes do processamento do fruto, e os aspectos mais importantes do controle de qualidade.

Figura 24.1 Produtos e subprodutos obtidos das tangerinas.

24.2 VARIEDADES DE TANGERINA PARA INDUSTRIALIZAÇÃO

As dificuldades taxonômicas apontadas para a classificação botânica das variedades e cultivares de tangerineiras ou mandarineiras referem-se a similaridades de fenótipos, interfertilidade, diferentes formas híbridas e ausência da maioria das formas mais selvagens, após muitos anos de cultivo; fato que tem levado os especialistas a adotarem técnicas baseadas em DNA e caracterização química, além da classificação morfológica tradicional (MOORE, 2001; REEVE; ARTHUR, 2002; MERLE et al., 2004). Dentre as variedades cultivadas no Brasil, de importância para a industrialização, das principais espécies de tangerinas, *Citrus reticulata* Blanco e *Citrus tangerina* Hort. Ex Tanaka, destacam-se a Cravo e a Dancy. Os frutos dessas variedades de tangerinas são de tamanho médio, forma oblata, porém não uniforme, base com pescoço pequeno e ápice pouco rebaixado. Em geral, sua casca é fina, firme, variando de lisa a rugosa, com pouca adesão, de cor laranja a vermelha, contém de nove a 13 segmentos, facilmente separáveis com seu eixo médio e aberto. A polpa é de cor laranja, bom rendimento em suco e aromática. Essas tangerinas possuem poucas sementes, são de maturação variando de meia estação a tardia. Destaca-se, ainda, o híbrido de *Citrus reticulata* Blanco com *Citrus sinensis* Osbeck, Tangor-Murcott ou simplesmente Murcote, com frutos de coloração amarelo-alaranjada, tamanho médio, suco com alto conteúdo de sólidos solúveis e média acidez. Outras variedades de importância são a Ponkan (Brasil) e a Satsuma (Japão), ambas da espécie *Citrus unshiu* Marcovitch; a Mexerica do Rio e a Montenegrina (Brasil) e a Mediterranean nos países do Mar Mediterrâneo da espécie *Citrus deliciosa* Tenore e a King (*Citrus nobilis* Loureiro), que tem considerável importância no sul da Ásia. Os frutos da Mexerica do Rio e da Murcote são bastante aromáticos com casca de espessura fina, levemente rugosa e rica em glândulas com óleos essenciais; possuem tamanho médio; elevado número de sementes, pequenas e arredondadas. Assim como para as laranjas, é interessante planejar os pomares de tangerineiras visando obter estação mais longa de colheita, combinando-se variedades com diferentes épocas de maturação. A safra de tangerinas no Brasil se estende, normalmente, de março a setembro, com concentração nos meses de maio a agosto.

24.3 CARACTERÍSTICAS DOS COMPONENTES E QUALIDADE DA FRUTA E DOS PRODUTOS DERIVADOS

As frutas cítricas são compostas por uma camada externa denominada flavedo, que contém pigmentos externos da fruta e glândulas de óleo, onde está concentrada grande parte dos óleos essenciais que produzem o aroma e sabor característicos da fruta. Sob o flavedo, encontra-se o albedo, uma camada esponjosa branca. O flavedo solto ou a camada de albedo de fácil remoção e descascamento caracterizam muitas variedades de tangerinas. Essa casca solta das tangerinas torna as operações de extração do suco dos frutos mais difícil e com consequências para a separação dos seus diversos componentes, merecendo ajustes e atenção especial por parte do industrial. Por outro lado, no caso do uso de tangerinas para a produção de pedaços ou seções em gomos, essa característica passa a ser um facilitador no manuseio e nas operações e processos industriais requeridos. O albedo contém flavanonas, limonina, pectina e fibras, que estão relacionadas à qualidade e estarão presentes em quantidades variáveis no suco extraído da fruta, dependendo do processo adotado. Ambos, flavedo e albedo, constituem cerca de 25 a 40% da fruta.

Sob o albedo, encontram-se os segmentos ou gomos da fruta, separados por um material membranoso. Cada segmento contém muitas vesículas alongadas e conectadas à parte central (columela) da fruta e as sementes. Nas vesículas, estão contidas muitas células com o suco. Essas células são também alongadas e conectadas ao centro da fruta e consistem, principalmente, de grandes vacúolos que contêm o suco. Este suco, na sua forma original (ainda na fruta intacta) nos vacúolos, se mantém límpido e ausente de turbidez (material insolúvel), contrariamente ao suco obtido após a extração. Os núcleos dessas células e outras organelas são localizados na membrana dos vacúolos. À medida que a fruta amadurece, carboidratos, água e outros compostos migram da seiva e se acumulam nos vacúolos. As mitocôndrias, nas membranas das células de suco, são ativas na maturação, produzindo ácido cítrico por meio do ciclo de Krebs, o qual também se acumula nos vacúolos. Esse acúmulo de ácido cítrico durante a maturação da fruta é responsável pelas diferenças na acidez dos vários sucos obtidos. A tendência que pode ser observada é de se atingir altas concentrações de ácido nas frutas de início de safra, e posteriormente, observa-se o declínio em função de uma certa diluição com o amadurecimento da fruta ou por consumo do ácido devido ao aumento do metabolismo da fruta em climas mais quentes (SHAW; WILSON, 1983; BRADDOCK, 1999). Ao mesmo tempo, o teor de açúcares livres aumenta durante a maturação em tangerinas de meia-estação, principalmente em função de alterações no teor de sacarose (TING; ATTAWAY, 1971). A relação inversa entre aumento do teor de açúcares e diminuição da acidez constitui a base da relação Brix/acidez (*ratio*), empregada como um dos índices de maturação dos frutos. Nem todas as moléculas de ácidos orgânicos estão presentes na forma ionizada-livre; uma parcela se mantém na forma de sais conjugados total ou parcialmente dissociados, conferindo ao suco certa capacidade tamponante.

A combinação de água, açúcares (sacarose, glucose e frutose), ácidos orgânicos (cítrico e málico), polpa (celuloses, hemiceluloses, lignina e substâncias pécticas, constituídas pelas membranas que recobrem os gomos e parte da columela e do albedo, extraídas juntamente com o suco), pigmentos (carotenoides e antocianinas), óleos essenciais, e outros compostos em menor proporção (pectina solúvel, vitaminas, minerais, proteínas, enzimas, aminoácidos, compostos fenólicos, limonoides, lipídeos e compostos aromáticos), constituem o suco, perfazendo cerca de 40 a 50% da fruta, com cor, sabor, aroma, textura e viscosidade que caracterizam os frutos cítricos e seus subprodutos. O suco obtido das tangerinas contém cerca de 10 a 13% de sólidos solúveis totais (SST), notadamente açúcares simples, e acidez total titulável (ATT) variando entre 0,80 a 1,2 g de ácido cítrico/100 g de suco. A Tabela 24.1 apresenta valores médios aproximados dos teores dos principais componentes e alguns micronutrientes contidos na tangerina *in natura* (porção comestível da fruta) e no seu suco (variedade não mencionada), conforme dados de USDA (2008) e Chen et al. (1993).

Tabela 24.1 Composição química aproximada da tangerina *in natura* e do suco.

Componente	Unidade	Fruta	Suco
Água	g.100 g^{-1}	85,17	88,90
Proteínas (N x 6,25)	g.100 g^{-1}	0,81	0,50
Gorduras	g.100 g^{-1}	0,31	0,20
Minerais	g.100 g^{-1}	0,38	0,30
Carboidratos (por diferença)	g.100 g^{-1}	13,34	10,10
Fibras	g.100 g^{-1}	1,8	0,2
Açúcares totais	g.100 g^{-1}	10,58	9,90
Sacarose	g.100 g^{-1}	6,05	4,60
Glucose	g.100 g^{-1}	2,13	1,10
Frutose	g.100 g^{-1}	2,40	1,50
Ácido cítrico	g.100 ml^{-1}	–	1,04
Ácido málico	g.100 ml^{-1}	–	0,20
Ácido ascórbico	mg.100 g^{-1}	26,7	31,0
Cálcio, Ca	mg.100 g^{-1}	37	18
Potássio, K	mg.100 g^{-1}	166	178
Vitamina A	UI	681	253
Betacaroteno	micro-g.100 g^{-1}	155	38
Alfa-caroteno	micro-g.100 g^{-1}	101	14
Beta-criptoxantina	micro-g.100 g^{-1}	407	214
Luteína + Zeaxantina	micro-g.100 g^{-1}	138	166

Fonte: Adaptado de USDA (2008) e Chen et al. (1993).

A polpa, contendo uma fração solúvel e outra em suspensão, confere viscosidade, textura e turvação estável (*cloudiness*) proporcionada pela pectina em estado coloidal. A enzima pectinesterase, presente nas membranas, vesículas e bolsas da tangerina, liberada na extração, se não for inativada, pode alterar essa estabilidade, pois catalisa reação de hidrólise das ligações éster-metílicas da molécula de pectina, formando metanol e ácido péctico (pectina desmetoxilada), que precipita com o cálcio presente, reduzindo a viscosidade e deixando o suco clarificado, ou, ainda, produzindo agregados que poderão gelificar durante a estocagem, notadamente em sucos concentrados. Contrariamente em relação a outras frutas, a turvação é desejável em sucos cítricos, proporcionada por organelas e outros materiais citoplasmáticos encontrados nas células de suco, que são misturadas durante o processo de extração do suco. Os métodos para se determinar a turvação, ou sua perda em sucos, são baseados na medida da atividade da enzima pectinesterase, por meio da adição de amostras de suco em soluções concentradas de pectina, e medindo-se a mudança de pH, que vai diminuir rapidamente caso a enzima esteja ativa, em função da formação de ácidos galacturônicos (NIELSEN; CHRISTENSEN, 2002; KIMBALL et al., 2005; CARBONELL et al., 2006). Os sucos concentrados devem ser inspecionados para a possível formação de géis. A polpa suspensa é normalmente removida antes do processo de evaporação ou pasteurização para evitar sua aderência nas superfícies aquecidas ou evitar proporcionar entupimento das passagens hidráulicas restritas nos equipamentos. A polpa sedimentável pode ser quantificada pelo método de centrifugação usual; onde 50 ml de suco são colocados em tubo cônico de centrífuga e centrifugado por dez minutos, obtendo-se o percentual polpa/suco (v/v) (KIMBALL, 1999). Teores de polpa de 8 a 12% são comuns em sucos cítricos. O processo de evaporação pode proporcionar perdas de cerca de 40% dessa polpa, além de redução de tamanho, devida ao cisalhamento no bombeamento. No processamento industrial, é comum se remover parte da polpa e outros sólidos presentes no suco, para redução da viscosidade, e permitir a concentração em níveis mais elevados de sólidos solúveis. A polpa separada do suco e recuperada, após tratamento térmico em separado, pode ser congelada e, posteriormente, readicionada ao suco.

O suco concentrado congelado de tangerina, além da comercialização e consumo como tal, é normalmente empregado na indústria para melhorar a cor e proporcionar sabor adocicado por meio da mistura com sucos concentrados de laranja de alta acidez e baixa relação SST/ATT. Além do suco, o óleo essencial de tangerina alcança valores elevados no mercado por sua pigmentação avermelhada, atribuída aos compostos β-citraurina e β-criptoxantina, a qual é bastante útil para fornecer coloração natural em formulações para bebidas. Além do fato de as tangerinas conterem um teor mais elevado em carotenoides, estudos têm demonstrado a maior estabilidade dos carotenoides em suco de tangerina do que em suco de laranja, apesar de ambos, no entanto, apresentarem certa estabilidade térmica (PHILIP, 1973; STEWART, 1977; GROSS, 1987). A cor de sucos e óleos pode ser determinada de diversas formas; por comparação com padrões, com o uso de colorímetros, ou ainda por sistemas automatizados de aquisição, análise e processamento digital de imagem por computador (LUZURIAGA, 1999).

Os principais compostos aromáticos nas frutas cítricas estão distribuídos na casca (compostos lipossolúveis) e, em pequena proporção, no suco (componentes hidrossolúveis). Dentre os solúveis em óleo, da classe dos terpenos e sesquiterpenos e seus derivados, destaca-se, principalmente, o limoneno, e em menor quantidade compostos como valenceno, mirceno, α-pineno, acetaldeído, octanal, decanal, citronelal, geranial, etil acetato, etil butanoato, metil butanoato, etil 3-hidroxi-hexanoato, etanol, linalol, α-terpineol, e ácidos carboxílicos. Dentre os solúveis em água, destacam-se o acetaldeído, etanol, metanol, propanol e acetato etílico. A contribuição desses compostos para o sabor e aroma da fruta e do suco depende da razão entre sua concentração e seu potencial aromático, da origem, variedade, safra, e grau de maturação da fruta, da localização do composto na fruta, do modo de extração, do tratamento e do processamento do suco e subprodutos após a extração.

Um composto aromático presente em elevada concentração não se traduz necessariamente em maior potencial aromático, ou vice-versa. O d-limoneno, que tem pouco valor aromático, mas aparece como diluente de outros aromas, produz apenas uma sensação de queimação nas papilas degustativas; já o α-sinensal, que aparece com teores muito reduzidos, contribui significativamente para o aroma cítrico característico (SHAW, 1979; ROUSEFF; LEAHY, 1995; BAZEMORE, 1998). A composição dos óleos essenciais de tangerina, embora possua qualidade e característica ímpar, é semelhante aos óleos obtidos da laranja, porém, esta última é processada em muito maior quantidade. Tais características são devidas à composição e proporção de seus constituintes e à presença de determinados compostos em pequenas frações, especialmente na forma oxigenada. Foram identificados o antranilato de metil-N-metila, timol, alguns monoterpenos e sesquiterpenos, o α-sinensal e o β-sinensal, como sendo os compostos responsáveis, em parte, pelo aroma típico em tangerinas (SHAW, 1991; LAWRENCE, 2001).

A determinação do conteúdo total de óleos essenciais presentes em sucos cítricos, especialmente quando adicionados para melhorar o sabor, é conduzida na indústria, em geral, por meio do método denominado Scott. Esse método emprega a titulometria para quantificar o limoneno e outros terpenos presentes, com base na reação do brometo com as duplas ligações da molécula de d-limoneno. Nessa técnica, o óleo é destilado a partir de uma mistura em quantidades equivalentes de suco e álcool isopropílico até que todo óleo seja removido por condensação. O condensado é misturado com ácido diluído e indicador alaranjado de metila (1%), e titulado com uma mistura de brometo e bromato até ausência da coloração (AOAC, 1997).

A limonina, um composto derivado dos limonoides do grupo dos triterpenos tetracíclicos oxigenados, é considerada o principal precursor de compostos de sabor amargo residual adstringente, presente em sucos obtidos das frutas cítricas, e em particular na tangerina Murcote (HASEGAWA, 2000). A fruta fresca intacta não apresenta esse problema, pois, nela, os limonoides apresentam-se como monolactonas, que são compostos sem sabor; porém, há a formação de moléculas de dilactonas em meio ácido, como a limonina de sabor amargo intenso, uma vez que o suco é liberado após extração. No entanto, monolactonas podem ser convertidas, ainda no tecido e sementes, durante a última fase de desenvolvimento da fruta, na correspondente glucosídica, não sujeita a complexação, contribuindo para a redução do desenvolvimento do amargor, na medida em que as monolactonas estariam ausentes. Contudo, nas sementes, ambas as reações ocorrem (ligação com carboidratos e produção de dilactonas), consequentemente, as sementes podem, ainda, contribuir com compostos amargos, necessitando, pois, de cuidado adicional para não danificá-las durante a extração do suco (JUNGSAKULRUJIREK; NOOMHORM, 1998; SAIPETCH, 2004). O tratamento térmico empregado em sucos para pasteurização, inativação enzimática ou concentração por evaporação acelera essa reação. O limite de detecção sensorial do composto limonina em sucos, cuja determinação analítica é feita por HPLC, foi determinado como sendo próximo de 6 $mg.L^{-1}$ (MAIER et al., 1980; KIMBALL, 1999). Certos polifenóis, como a coniferina encontrada na tangerina Murcote, são compostos que também contribuem para a adstringência (HASEGAWA; MAIER, 1983). Outros polifenóis, como o furfural, o α-terpineol e o p-vinil-guaiacol, formados por degradação, contribuem para o escurecimento e para formação de sabores estranhos e de "cozido", sendo, portanto, indicativos de superprocessamento devido a altas temperaturas (FELLERS; CARTER, 1993; MARCOTTE et al., 1998). Tais polifenóis também podem provocar instabilidade, por acelerar a quebra da pectina.

A hesperidina, composto flavonoide solúvel presente no albedo, nas membranas dos gomos da fruta e na membrana das células que contêm o suco, ao entrar em contato com o meio ácido do suco, após extração, torna-se insolúvel. Os cristais de hesperidina assim formados têm formato alongado e precipitam na superfície dos equipamentos de processamento, podendo bloquear telas de filtros, reduzir o rendimento de suco e provocar a queima do produto nas superfícies a temperaturas elevadas, e se desprender no produto, constituindo um defeito em sucos (ROBARDS et al., 1997). Trata-se, no entanto, de defeito visual, não afetando o sabor e aroma, e não contribui para o amargor, a textura e as características nutricionais do suco. O teor de hesperidina diminui com a maturação da fruta, sendo mais comum a ocorrência de cristalização mais acentuada por hesperidina nas fases finais da safra, em virtude da redução da acidez.

Sucos concentrados de tangerina são também suscetíveis à formação de cristais de monocitrato de potássio, naturalmente presente, em função de sua elevada concentração (soluções supersaturadas). Os ácidos presentes em altas concentrações, principalmente ácido cítrico, participam desse processo por meio de pontes de hidrogênio com a água, reduzindo a solubilidade e acelerando a cristalização do monocitrato de potássio, bem como, em associação com a hesperidina, resultando em cristais ainda mais insolúveis e de difícil remoção. Esses problemas podem ser minimizados por meio de estocagem do suco em baixas temperaturas (<-10 °C) e por períodos mais curtos, pelo acabamento adequado do suco na etapa de filtração e evitando-se a estocagem de sucos com elevada acidez, especialmente a granel em *tank farms* (MANTHEY; GROHMANN, 1996; HASEGAWA, 2000).

Com relação aos aspectos nutricionais, os benefícios à saúde humana pelo consumo de frutas cítricas e seus derivados são devidos à vitamina C (ácido ascórbico), com atividade antioxidante, ácido fólico, com efeitos em doenças coronarianas e β-caroteno, como pró-vitamina A. No passado, havia indicações de que a pasteurização e a concentração por evaporação dos sucos cítricos não tinham efeito significativo sobre os carotenoides (HIGBY, 1963). No entanto, estudos posteriores indicam perda relativamente grande (30-40%) de carotenoides em sucos cítricos submetidos ao tratamento térmico, em relação aos teores de α-caroteno, β-caroteno e β-criptoxantina (LESSIN et al.,1997; LEE; COATES, 2002). O ácido ascórbico é considerado ainda mais suscetível, sendo decomposto com facilidade sob efeito da temperatura no processamento e na presença de oxigênio, luz e calor durante a estocagem (BURDURLU et al., 2006). A alguns limonoides cítricos, como a limonina e a nomilina, são atribuídos indicativos de atividade biológica como agentes protetores contra certos tipos de câncer. Há, ainda, evidências de atividade antioxidante, antiinflamatória, antialérgica, anticarcinogênica e antiviral atribuídas a certos flavonoides cítricos como a naringetina, hesperetina, tangeritina, quercitina, luteolina e nobiletina. Por outro lado, o consumo de alimentos ricos em fibras dietéticas, relacionadas à pectina, celulose, e hemicelulose contidos principalmente na polpa cítrica, é frequentemente associado aos benefícios à digestão e absorção de nutrientes (BAKER, 1994; BRACKE et al., 1994; LAM et al., 1994; MIDDLETON JR; KANDASWAMI, 1994; MILLER et al., 1994; ROUSEFF; NAGY, 1994; ERLUND et al., 2001; PETERSON et al., 2006).

24.4 SUCO CONCENTRADO E CONGELADO

A produção de suco concentrado congelado proporciona um produto bastante estável quanto a sua conservação, podendo ser utilizado ao longo de mais de uma safra, daí o suco de tangerina ser normalmente empregado para melhorar a cor e proporcionar sabor adocicado, por meio da mistura com sucos concentrados de laranja.

Outro fato que favorece esse uso diz respeito à remoção de parcela significativa dos compostos voláteis característicos da tangerina, durante a etapa de concentração à vácuo e com temperaturas relativamente elevadas por curtos períodos de residência no equipamento de processamento. O produto obtido tem características aromáticas pouco acentuadas, com baixa acidez e adocicado, denotando suco com alta relação SST/ATT, tornando-o especialmente indicado para mistura (*blending*) com sucos de laranja de alta acidez e baixo teor de SST. Extratores normais usados para outras frutas cítricas podem ser usados, porém devem ser ajustados para frutas menores, mais características das tangerinas. Após a operação de acabamento e ajuste do teor de polpa, o suco pode ser centrifugado para remover excesso de polpa, a qual pode contribuir para o desenvolvimento de sabores estranhos durante a estocagem.

O suco de tangerina tem sabor e aroma característicos, sendo preferido por muitos, no entanto tem também a característica da presença de cera, a qual suspeita-se ser responsável pelo rápido desenvolvimento de odores estranhos.

As áreas plantadas de tangerineiras, proporcionalmente menores em relação aos pomares de laranjeiras, também limitam a quantidade do suco processado. As características dos frutos colhidos variam bastante de uma safra para outra, o que traz consequências para a padronização dos sucos e subprodutos obtidos das tangerinas. Uma planta industrial preparada para operar usualmente com laranjas deverá operar com cerca de metade de sua capacidade quando operando com tangerinas. A Figura 24.2 apresenta a sequência das principais etapas envolvidas na obtenção de suco concentrado congelado de tangerina.

24.4.1 Recepção, estocagem, seleção e higienização da fruta

A operação de uma unidade industrial para processamento de frutas cítricas depende da disponibilidade de frutas ao longo da safra. O presente capítulo não trata, em profundidade, da questão da maturação do fruto e seu controle durante a safra para todas as variedades e localização geográfica; no entanto, tal como mencionado anteriormente, a safra das principais variedades de tangerineiras se estende desde março a maio (Cravo), abril a junho (Mererixa do Rio), maio a junho (Ponkan) e julho a setembro (Murcote); e colheitas menores que antecedem (variedades precoces) e avançam (variedades tardias) nesses períodos. De maneira geral, as plantas cítricas, pelas suas características de resistência ao desprendimento dos frutos e maturação não climatérica (na própria planta), proporcionam condições para um adequado planejamento das fases de colheita e pós-colheita. As frutas destinadas à industrialização têm maior exigência quanto à uniformidade na maturidade e atributos sensoriais. Dados usualmente analisados e que determinam o ponto de colheita, mediante amostragem representativa de frutos dos pomares, são o teor de acidez titulável, que diminui com a maturação, o teor de sólidos solúveis, que aumenta com a maturação, a relação entre ambos (SST/ATT), rendimento em suco e peso do fruto; esses últimos bastante influenciados pela disponibilidade hídrica do solo. Tais mudanças ao longo da maturação estão relacionadas ao metabolismo da fruta e também às condições edafoclimáticas que se alteram de uma safra para outra (CHITARRA; CHITARRA, 1990; POZZAN; TRIBONI, 2005).

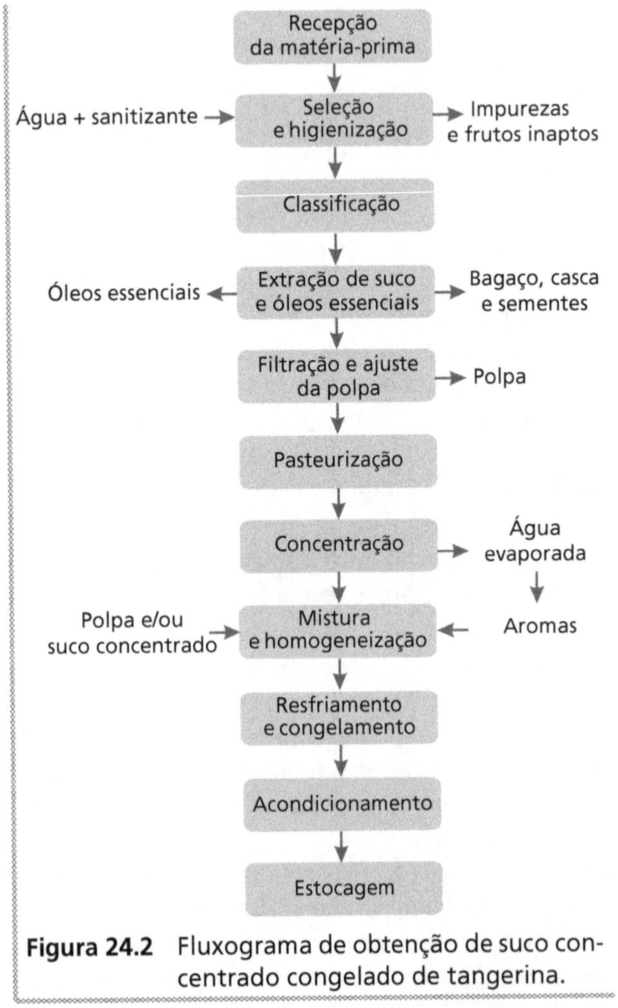

Figura 24.2 Fluxograma de obtenção de suco concentrado congelado de tangerina.

As tangerinas devem ser manuseadas com cuidado, por causa de sua natureza frágil, casca separada dos gomos em algumas variedades, aroma delicado e suscetível a reações oxidativas. As tangerinas não podem ser carregadas com a mesma profundidade de carga em caminhões e nem estocada em silos, e, dessa forma, são, geralmente, acondicionadas em caixas ou em camadas menos espessas em caminhões. As plantas industriais que processam frutas cítricas e que também operam com tangerinas, em geral, são dotadas de transportadores e lavadores especiais, de forma a manusear a fruta eficientemente e sem provocar danos excessivos.

A fruta colhida deve ser transportada, dos pomares até a unidade processadora, no menor espaço de tempo possível. A quantidade de detritos carregados, como folhas, partes do pecíolo e detritos do solo, depende da forma de colheita e do sistema pós-colheita, que vai determinar o tipo e a severidade do sistema de higienização e limpeza a ser submetida a matéria-prima. Com exceção da tangerina Murcote, que pode ser transportada a granel e descarregada por meio de rampas de acionamento hidráulico, por ter maior resistência mecânica, para tangerinas das variedades Cravo, Ponkan ou Mexerica do Rio se empregam caixas plásticas para o transporte para indústria (40,8 kg) ou sacos-caixa, (27,2 kg) ou, ainda, grandes sacos (*big bags*, de 540 kg) para os quais empregam-se descarregadores especiais.

A fruta pode ser descarregada diretamente na linha de produção para processamento imediato, procedimento adotado no caso das frutas transportadas em caixas, ou pode ser estocada em grandes silos de estocagem (*bins*), propiciando suprimento de carga contínua para assegurar, de forma mais eficiente, a operação da planta industrial, uma vez que a quantidade de fruta colhida e transportada durante a safra raramente coincide com a capacidade de processamento. Ainda em razão desse desequilíbrio, é comum durante a safra, os caminhões serem usados como capacidade adicional de estocagem nos períodos de pico, dependendo do tipo de contrato entre as partes envolvidas. Os silos de estocagem, em geral construídos com chapas metálicas perfuradas, possuem defletores internos visando a redução de choques mecânicos pela queda das frutas no enchimento, para a ventilação das frutas e para reduzir a pressão sobre as camadas inferiores (PASOS, 1987; MARTINS, 1993; FIDELIBUS, 2002).

A qualidade constitui um aspecto importante na recepção das cargas de frutas, as quais são avaliadas quanto à sanidade e à qualidade para produção de suco e/ou subprodutos. As frutas inaptas são aquelas indesejáveis para a produção de suco, por deficiência de rendimento ou qualidade do suco extraído, peso e/ou tamanho muito reduzido, baixa resistência mecânica, grau de maturação inadequado, por deterioração ou evidências de doenças, com rachaduras ou contaminação por insetos. As cargas de frutas consideradas inaptas são impedidas de descarregar, sendo, então, descartadas ou retornadas para o respectivo fornecedor. Além do peso líquido da carga, a qualidade e o rendimento em suco podem ser usados para determinar o valor da fruta. Durante o descarregamento, procede-se a amostragem (aproximadamente 0,1%) aleatória, manual ou mecânica, para avaliação da qualidade da fruta em laboratório, quanto ao teor de SST, ATT, relação SST/ATT, rendimento em suco e sanidade dos frutos. Na seleção manual, em mesas ou em esteiras contínuas dotadas de roletes, são descartadas as frutas consideradas inaptas para a produção de suco e subprodutos. Para a estocagem, caso da variedade Murcote (mais resistente), as cargas são destinadas às células independentes em silos de estocagem, conforme a origem, variedade e classificação quanto à relação Brix/acidez, tipo de suco a ser produzido, e o tempo de permanência mínimo da fruta nos silos. O envelhecimento dos frutos traria perda de eficiência na extração do suco, em virtude da perda de resistência física e da elevação da contagem microbiológica do suco extraído em função da deterioração da fruta.

As frutas provenientes dos pomares podem conter materiais estranhos, resíduos de folhas e pecíolos, sujidades do solo, além de resíduos de produtos químicos, sendo, por essa razão, transportadas para mesas lavadoras dotadas de escovas e bicos aspersores, utilizando vapor d'água condensado proveniente da evaporação da água presente no suco, durante a etapa de concentração. A fruta é submetida a uma segunda lavagem com água potável e agente sanitizante (cloro ou ácido peracético) a fim de reduzir sua carga microbiana. Os microrganismos estão presentes no solo e seus esporos resistem às temperaturas usuais de pasteurização do suco, e em condições específicas, podem desenvolver-se e proliferar, vindo a contaminar o suco, alterando o sabor natural, sem, contudo, ser patogênicos. Conforme o nível de sujidades presentes, as cargas de frutas podem ser submetidas a uma segunda seleção para a retirada de frutas consideradas não aptas e que não foram removidas na primeira seleção, feita no descarregamento, ou que foram danificadas durante a estocagem. Os frutos descartados nas etapas de seleção são destinados à fabricação de farelo de polpa cítrica peletizado. Após a seleção, as frutas são classificadas por tamanho, em esteiras dotadas de réguas com aberturas reguláveis, para maior eficiência na operação de extração do suco, bem como para prevenir a incorporação de sólidos indesejáveis ao suco.

24.4.2 Extração do suco e óleos essenciais

A extração de suco é considerada uma das etapas mais importantes em uma indústria cítrica, com consequências na eficiência de todo o processo produtivo e na qualidade do produto final, sendo a quantidade de extratoras tomada como base para caracterização da capacidade produtiva das indústrias processadoras de cítricos. O processo de extração tem como objetivo extrair a máxima quantidade possível de suco presente nas frutas, que depende da resistência física e do tamanho adequado dos frutos (daí a importância da etapa anterior de seleção e classificação por tamanho), com o mínimo de incorporação de componentes da casca, óleo essencial e sementes, a fim de não aumentar os indesejáveis teores de limonina e hesperidina, já mencionadas como sendo causadores de sabor amargo e defeitos no suco. A qualidade do suco extraído pelas extratoras depende, sobremaneira, da escolha e regulagem dos diversos componentes de uma extratora. De maneira geral, uma regulagem com alto rendimento em extração de suco resulta na obtenção de um suco com qualidade inferior, pela incorporação ao suco de elementos indesejáveis, de forma que se deve encontrar um equilíbrio entre esses parâmetros (HENDRIX JR., 1996; CAMERON et al., 1999).

A operação de extração do suco contido nos frutos pode ser conduzida em extratoras do tipo copos (FMC Technologies, Araraquara e Organização Industrial Centenário, Limeira; ambas em São Paulo, Brasil), extratoras do tipo prensa na forma de um disco-rotativo (Brown International, Winter Haven, Flórida, Estados Unidos), extratoras do tipo prensa rotatória (Fratelli Indelicato, Giarre, Catania, Itália), com larga predominância das extratoras FMC no Brasil.

A operação das extratoras Brown e Indelicato consiste na prensagem do fruto cortado em duas metades, contra extratores rotativos, de maneira similar ao se extrair suco em um espremedor manual. O suco cai, por ação da gravidade, em um coletor, enquanto a casca é descartada por uma esteira ou rosca transportadora. Nesses casos, a extração do óleo essencial da casca por sistema abrasivo previamente à extração do suco ocorre em duas operações distintas. No caso das extratoras FMC e Centenário, a operação de extração do suco e do óleo essencial ocorre de forma simultânea. A maioria dos fabricantes produz modelos de extratoras especialmente projetadas ou com ajustes especiais para tangerinas. Alguns modelos de extratoras italianas operam com elevadas capacidades e sem necessidade de classificação das frutas por tamanho, como se requer para as demais extratoras.

Para melhor eficiência de extração, no caso das extratoras FMC, as frutas devem ser classificadas por tamanho antes de serem alimentadas na extratora, para que estejam ajustadas ao tamanho dos copos das máquinas. Se a fruta é muito grande para o copo receptor, a fruta será triturada, em vez de prensada. De outra forma, se a fruta for muito pequena para o copo receptor, a fruta será esmagada. Um arranjo típico de extratoras consiste de duas ou três series de máquinas contendo copos de diferentes tamanhos e ajustadas para receber frutas previamente classificadas, para cada máquina. Proceder a extração sem prévia classificação por tamanho e empregando máquinas não ajustadas, leva à obtenção de sucos de baixo rendimento e baixa qualidade. A extratora FMC consiste de três a seis copos duplos (superior e inferior) com "dedos" entrelaçados, de forma que, quando a fruta é posicionada, o copo superior desce e comprime a fruta para baixo para dentro do copo inferior (fixo). Uma extratora de cinco copos, teoricamente, pode processar 500 frutas por minuto (à velocidade de 100 rpm, correspondente a, aproximadamente, 107 caixas de 40,8 kg por hora). Os copos têm furos no centro, através do qual é feito um furo de 1 polegada de diâmetro ao longo do eixo da fruta, removendo todo o cilindro interno mais as duas tampas de casca, que são forçadas para baixo em um tubo de paredes perfuradas (tubo coador). O tubo de orifício com movimento ascendente gera uma contrapressão no material da fruta pela restrição nas aberturas no fundo, permitindo a separação do suco das demais partes internas da fruta (polpa e sementes), em que a parte sólida da porção interna da fruta é ejetada. Esse material é descarregado pelo fundo da extratora juntamente com a casca, em uma correia transportadora, para a fabricação de farelo de polpa cítrica peletizada. O suco com a polpa de menor tamanho é forçado contra as aberturas no tubo de orifício, encaminhado ao tubo coletor, sendo bombeado para a etapa posterior para ajuste do teor de polpa (filtração). Em vista da pressão exercida e do formato dos copos, ocorre o rompimento das vesículas de óleo presentes na casca da fruta, sendo a recuperação do óleo realizada por aspersão de água no bagaço, formando uma emulsão óleo-água para tratamento e separação posterior. Dessa forma, em uma operação simultânea, a extratora FMC promove a separação dos elementos da fruta (casca, suco, bagaço e sementes) e o rompimento das células de óleo presentes na casca da fruta para posterior recuperação. O teor de óleos essenciais no suco pode ser reduzido pela utilização de extratoras com componentes especiais, como, por exemplo, o emprego de cortadores das tampas de diâmetro menor, reduzindo a quantidade de flavedo incorporado, que contém a maior parte do óleo da fruta. Esse procedimento adquire grande importância para os processadores de sucos do tipo integral pasteurizado não proveniente de sucos concentrados e também nos casos de obtenção de sucos frescos direto para consumo (DARROS-BARBOSA; CURTOLO, 2005). O excesso de óleo em sucos destinados à concentração por evaporação é removido durante o processo, não afetando o produto.

A separação do óleo da fruta ocorre simultaneamente à extração do suco no caso das extratoras FMC. O furo efetuado pelo corte na parte superior da fruta permite a remoção da casca através de pequenas aberturas ao redor dos cortadores; restrições no diâmetro dos anéis a forçam, fazendo com que a casca seja comprimida e triturada, à medida que é removida do copo de extração. Em virtude da aspersão de água sob pressão sobre a casca durante e após sua trituração, forma-se uma emulsão com o óleo à medida que este é liberado das glândulas. A emulsão é arrastada para fora dos copos por gravidade e separada do restante da casca e bagaço por uma grade filtrante, evitando-se o contato da casca com o suco, de forma a reduzir a indesejável transferência de seus elementos e óleo essencial para o suco. Os principais parâmetros de eficiência de recuperação do óleo são a pressão e a quantidade de água (suficientes para evitar que o óleo seja reabsorvido pelo albedo, porém não excessiva, a fim de não comprometer o trabalho de separação), a viscosidade e o teor de pectina da emulsão e a recirculação da água. O bagacilho, parte do epicarpo e do flavedo, arrastado com a emulsão, é separado por filtração. O óleo contido na emulsão (1 a 3%) é recuperado em uma separadora centrífuga, obtendo-se uma solução concentrada, contendo cerca de 60 a 80% em óleo essencial, que é ainda submetida a uma centrífuga polidora, para remoção de impurezas restantes. As descargas aquosas das centrífugas separadoras podem ser recirculadas na extratora (formando uma emulsão mais concentrada), podem, ainda, ser submetidas à recuperação do óleo residual ou serem adicionadas ao farelo de polpa cítrica (WATTERS, 1993).

No caso das extratoras do tipo prensa, a fruta é processada por um extrator de óleo em etapa anterior e separadamente à etapa de extração do suco. Esse sistema consiste em uma série de lâminas que rompem (extratoras Brown) ou raspam (extratoras Indelicato) o flavedo contendo as vesículas de óleo, liberando-o em uma camada de água e formando uma emulsão óleo-água para posterior separação. Em razão do melhor rendimento desse método, preconiza-se uma maior extração dos óleos essenciais da casca da fruta em relação à extração simultânea (BRADDOCK, 1999).

24.4.3 Filtração e ajuste do teor de polpa

A filtração tem como objetivo reduzir e estabilizar o teor de polpa no suco. O suco obtido na operação de extração contém grande quantidade de polpa (20 a 25%), que tem tendência de obstruir passagens restritas e aderir a superfícies aquecidas, além de provocar elevação significativa da viscosidade do suco, principalmente em altas concentrações (VITALI; RAO, 1984a, 1984b), alcançadas na etapa seguinte, devendo ser reduzida até teores ao redor de 6 a 14%. Dependendo, ainda, das exigências do mercado consumidor, ajusta-se o teor de polpa na operação posterior de mistura (*blending*). O controle do teor de sólidos solúveis remanescentes na polpa, na saída do processo, é um indicativo da eficiência do processo de extração de suco e para o não comprometimento do rendimento dos evaporadores de suco, além de possibilitar o arraste de componentes indesejáveis, que pode ser determinado pelo teor de hesperidina. Teores de hesperidina da ordem de 75 $mg.L^{-1}$ são indicativos de baixo rendimento, elevando-se até 150 $mg.L^{-1}$, constitui bom rendimento, porém também indicando baixa qualidade do suco. Teores de sólidos solúveis acima de 1,0% (na polpa) indicam a perda de sólidos, afetando negativamente a eficiência do processo de extração de suco. Teores abaixo de 0,8% podem comprometer o rendimento dos evaporadores de suco, pelo excesso de água incorporada ao suco fresco, além de possibilitar o arraste de componentes indesejáveis para o suco (REDD et al., 1992).

A polpa separada por sistemas de filtração adequados, quando de boa qualidade, deve ser termicamente tratada para inativação das enzimas pectinases, sendo posteriormente congelada e comercializada como tal ou ser adicionada em sucos, bebidas e outros produtos cítricos. Uma alternativa bastante comum, é submeter a polpa, separada do suco, contendo sólidos solúveis em quantidades apreciáveis, a processo de extração destes com água, recuperando-se os sólidos arrastados com a polpa descartada e produzindo sucos secundários de menor qualidade, denominados *pulpwash* e *corewash*, conforme a origem da polpa. Os sucos secundários assim obtidos podem ser comercializados para emprego como ingredientes em sucos reconstituídos, para contribuir com sólidos, e para dar corpo e opacidade em refrescos ou refrigerantes, ou ser reincorporados ao suco primário, dependendo do destino final do produto, mediante o atendimento de determinados critérios legais específicos de cada produto e mercado consumidor.

Nas operações em que se empregam extratoras FMC, o tubo de orifício funciona como uma pré-filtração, requerendo, ainda, uma segunda filtração para reduzir e estabilizar o teor de polpa no suco. No caso das extratoras Brown, são necessárias, ao menos, duas passagens por sistemas filtrantes com malha de filtração de aberturas sequencialmente menores. Tradicionalmente, empregam-se sistemas de filtração do tipo prensa contínua (*screw finishers*), constituídos por uma rosca sem-fim que força o suco e a polpa contra uma tela filtrante (perfurações entre 0,5 e 1 mm) de formato cônico, e um sistema de regulagem pneumática de pressão, com a restrição ao escoamento na abertura de descarga, que permite o controle do teor de polpa e da quantidade de suco embebido e arrastado com a polpa. Em determinadas aplicações, em que se deseja polpa de melhor qualidade, são usados sistemas de filtração semelhantes, porém com pás longitudinais rotativas internamente em uma peneira cilíndrica (*paddle finisher*), nos quais se minimiza a ação mecânica sobre a polpa. Atualmente, a maioria das indústrias emprega os turbofiltros (MECAT Filtrações Industriais, Abadia de Goiás, GO), com elementos filtrantes, semelhante aos *finishers*, porém com malhas sintéticas, de tecido inerte reforçado, de diferentes diâmetros, em que a turbulência é criada por meio de dispositivos rotativos que minimizam a formação de depósito, proporcionando melhora significativa no sabor do suco extraído.

Alternativamente, podem ser empregados separadores centrífugos dotados de pratos cônicos operados a altas velocidades de rotação. Nesse caso, a separação ocorre por diferença de densidade entre o suco (fase líquida) e a polpa insolúvel (fase sólida). Esses dispositivos são altamente eficazes para a separação de polpa e de outros componentes da fruta, tais como pedaços de sementes, cascas e de contaminantes físicos (pontos metálicos, pedaços de borracha, plásticos etc.) eventualmente presentes no suco. O ganho em eficiência na remoção de material indesejável tem como contrapartida menor eficiência na extração de suco em função da necessidade de descargas constantes do material mais pesado separado pela centrífuga, e, por outro lado, também influencia negativamente o sabor do suco extraído. Geralmente, as centrífugas são adotadas para produção de sucos específicos, como sucos de baixo teor de polpa, difíceis de serem obtidos com os turbofiltros ou *finishers*, ou para o reprocessamento de sucos com presença de contaminantes físicos, requerendo, nesses casos, menores capacidades (BRADDOCK, 1999).

O controle do sistema de filtração pode ser realizado por meio do monitoramento do teor de polpa, rendimento em suco, teor de sólidos solúveis e teor de hesperidina, conforme padrões estabelecidos, legislação específica e atributos de qualidade do produto final. Destaca-se, no entanto, que, no caso do uso de sistemas de recuperação de sólidos solúveis da polpa remanescente, para posterior utilização, o monitoramento do rendimento em suco e sólidos passa a ter menor importância (KIMBALL, 1999).

24.4.4 Concentração do suco em evaporadores

A concentração do suco de 10 a 11 °Brix para cerca de 62 a 65 °Brix oferece diversas vantagens como a redução de volume, reduzindo custos de estocagem e transporte, confere tratamento térmico adicional, o qual inativa as enzimas que afetariam a qualidade do suco e contribui para a inibição do crescimento de microrganismos devido à baixa atividade de água do concentrado e à associação com o congelamento posterior. A desvantagem diz respeito ao uso de calor adicional no processo de evaporação, que acarreta dispêndio maior de energia e, portanto, custos extras, e perda de qualidade induzida pelas perdas por degradação térmica de compostos sensíveis e componentes aromáticos voláteis. Obtém-se, aproximadamente, uma tonelada de suco concentrado a 65 °Brix para cada 10-12 toneladas de fruta processada.

A pasteurização do suco é realizada antes da concentração, em combinações tempo-temperatura variando entre 90 a 98 °C, por 5 a 30 segundos, com o objetivo de destruição dos microrganismos eventualmente presentes no suco e que poderiam alterar a qualidade e segurança do produto, e inativação da enzima pectinesterase presente que afeta a qualidade do suco, em razão da manutenção da turvação e viscosidade do suco.

A concentração em larga escala, em sistemas com grande capacidade horária, pode ser realizada em diversos tipos de evaporadores, sendo o mais comum o tipo *TASTE* (*Thermally Accelerated Short Time Evaporator*). Trata-se de evaporador de filme descendente de passagem única, operando sob vácuo, com múltiplos efeitos (em geral, de dois a sete efeitos) e estágios superpostos, com tempo de residência bastante reduzido (abaixo de cinco minutos). Os estágios dizem respeito ao fluxo de produto no evaporador, recebendo no primeiro estágio o suco da alimentação, com concentração mais baixa. Emprega-se, normalmente, o arranjo misto, vantajoso nos casos de muitos efeitos, em razão da diminuição da viscosidade com a temperatura, grandemente afetada pelas elevadas concentrações atingidas. Por exemplo, o suco diluído é alimentado em um efeito intermediário, escoa-se em correntes paralelas para o fim da série e depois é bombeado de volta ao efeito intermediário e, deste, ao primeiro efeito para concentração final, eliminando-se algumas bombas que seriam requeridas no sistema contracorrente. Cada efeito consiste de um trocador de calor tubular vertical, empregando o vapor liberado de outro efeito como fonte de calor. Somente é utilizado vapor vivo de caldeira no estágio inicial de concentração. A temperatura mais baixa do sistema encontra-se no último efeito, o qual está conectado ao sistema de vácuo (produzido com coluna barométrica e ejetores), permitindo a diminuição da temperatura de evaporação do suco com o aumento do vácuo do primeiro ao último efeito (de cerca de 85-90 °C a 40-45 °C), o que possibilita a concentração em temperaturas que evitem danos térmicos nos compostos termossensíveis. O uso do múltiplo efeito reduz o consumo de vapor de caldeira, obtendo-se economias acima de 6 kg de água evaporada por kg de vapor vivo consumido, dependendo do arranjo, projeto e condições operacionais (CHEN et al., 1993; CHEN; JOHNSON, 1995).

Um evaporador do mesmo tipo, filme descendente e múltiplo efeito, denominado TVR (*Thermal Vapor Recompression*), com tempo de residência similar, opera com sistema de recompressão térmica dos vapores, no qual uma parte dos vapores liberados do produto é misturada com vapor de alta pressão para ser realimentado como meio de aquecimento a uma pressão intermediária, permite o uso de um número menor de efeitos para evaporação de quantidade equivalente de água do suco, teoricamente, minimizando os efeitos térmicos danosos sobre a qualidade do suco. Nesse tipo de evaporador, o sistema de distribuição de líquido no topo do evaporador emprega uma placa com orifícios que se prolongam próximo à entrada dos tubos, diferentemente do evaporador *TASTE*, no qual o líquido é finamente pulverizado, formando um cone de distribuição no topo do feixe de tubos. É fundamental que toda superfície interna aquecida dos tubos, especialmente nas partes inferiores, esteja uniforme e suficientemente coberta com líquido; quando isso não acontece, zonas secas resultam em aumento da formação de depósito e "queima" do produto, com consequente perda de eficiência do evaporador e ocorrência de defeitos no suco. A frequência de limpeza do evaporador é determinada pela concentração de hesperidina no suco concentrado, que pode ser removida das paredes internas pela passagem de solução quente de soda cáustica na concentração de 2 a 5% (CHEN et al., 1993). Outros tipos de evaporadores também são empregados, como os evaporadores a placas, porém em menor proporção e em menores capacidades.

No processo de evaporação, parte dos compostos aromáticos presentes no suco é carregada juntamente com a água evaporada, causando perda de qualidade. Uma das preocupações deve ser o aprimoramento da técnica de processamento evaporativo, para reduzir a perda de aromas durante a concentração, pela redução do tempo de retenção no evaporador e da redução das diferenças de temperatura entre o meio de aquecimento e o produto em ebulição. Uma técnica comumente empregada consiste em recuperar os aromas arrastados pelo vapor d'água produzido durante a evaporação, separá-los e retorná-los ao produto concentrado e/ou comercializá-los para adição em outros produtos. Um sistema de recuperação de aromas opera de modo a captar a fase rica em compostos aromáticos, emanada do evaporador (em geral, os primeiros 30% da água evaporada), aumentar sua concentração alcoólica, condensar os vapores ricos em compostos aromáticos, resfriar a fase aquosa e oleosa para aumentar a retenção dos compostos mais voláteis e promover a separação das fases, para, finalmente, obter uma fração hidroalcoólica, rica em substâncias aromáticas solúveis em água, e outra, oleosa, rica em compostos aromáticos solúveis em óleo. A combinação dos sistemas de recuperação de aromas e a concentração por evaporação constituem a melhor opção, uma vez que possibilita operação em fluxo contínuo, melhor aproveitamento de energia térmica e possibilita a reincorporação dos aromas ao concentrado e/ou obtenção de subprodutos de valor econômico (SANDHU; MINHAS, 2007).

Após a concentração, o suco é transportado aos resfriadores, onde é submetido à descompressão súbita, em equipamentos denominados *flash coolers*, em ambiente de alto vácuo, conseguido por meio de ejetores e, em razão da rápida expansão, promovem a queda de temperatura de, aproximadamente, 40 °C para cerca de 10 a 20 °C, e aumentando cerca de dois a três pontos percentuais a concentração de sólidos no suco, devido à evaporação de água adicional.

24.4.5 Mistura, homogeneização, resfriamento e congelamento

O suco concentrado é, então, bombeado, através de bombas positivas, para tanques de mistura e homogeneização providos de agitadores de baixa velocidade e camisa de resfriamento, com o objetivo de homogeneizar o suco, recebido continuamente dos evaporadores. Nessa etapa, faz-se a reposição de parte dos aromas volatilizados e recuperados na fase de concentração, e parte do óleo essencial recuperado da casca, para recompor o sabor natural da fruta ao suco concentrado. Dependendo do mercado ou para aplicações específicas, nessa etapa, são adicionados agentes preservativos (não permitidos no caso do suco concentrado congelado) ou outras eventuais adições de produtos e/ou ingredientes. É comum, também, a adição e mistura (*blending*) dos sucos secundários e/ou dos sucos provenientes de outras variedades que, quando puros, não fornecem suco com o mesmo valor comercial das variedades consideradas nobres, ou simplesmente para ajuste dos teores de polpa, SST, ATT e coloração, conforme a preferência do mercado consumidor.

O resfriamento tem início nos tanques de mistura, até temperaturas da ordem de 10 °C, com a finalidade de conferir estabilidade microbiológica e físico-química e para adição de aromas a baixas temperaturas, o que aumenta a solubilidade dos aromas adicionados. O resfriamento é completado empregando-se trocadores de calor a placas, utilizando como meios de troca térmica, solução hidroalcoólica ou evaporação direta de amônia em trocadores especiais. O suco com viscosidade elevada, decorrente de concentração, presença de polpa e baixas temperaturas, é, então, congelado a temperaturas ao redor de –5 °C para envase e/ou armazenamento a granel. Para remoção de eventual material sólido e cristais de suco, são usados filtros com elementos metálicos antes da passagem pelo trocador a placas.

24.4.6 Acondicionamento e estocagem

O suco concentrado congelado pode ser envasado em sacos duplos de polietileno no interior de tambores metálicos com volume de 200 litros e cerca de 270 kg de suco concentrado a 66 °Brix, ou, ainda, em sacos duplos de polietileno em paletes de madeira, reaproveitáveis e recicláveis, para 1.000 litros, sendo ambos posteriormente estocados em câmaras frias, onde o produto atinge equilíbrio próximo à temperatura do interior da câmara de –15 °C. Para a distribuição no mercado interno, são empregadas embalagens metálicas ou plásticas de 300 mL a 1 litro; nesse caso, o transporte, a distribuição e a exposição para venda devem ser inteiramente realizados sob temperaturas inferiores a –12 °C. Para o transporte do suco envasado destinado à exportação, podem ser usados veículos dotados de sistemas refrigeradores ou veículos isotérmicos, sem refrigeração, quando o aumento da temperatura, entre a unidade industrial e o porto de embarque for considerado aceitável para a conservação do produto. No porto, os tambores são carregados em contêineres refrigerados ou embarcados diretamente em navios providos de câmara fria.

Para a estocagem do suco a granel, são empregados tanques metálicos com capacidade variável (acima de 1.000 toneladas), localizados no interior de câmaras frias, com temperatura ao redor de –12 °C. O transporte de suco a granel é realizado por caminhões tanques isotérmicos, especialmente projetados e dedicados para essa operação. O suco do interior dos tanques é bombeado por meio de bombas positivas, ao mesmo tempo em que é filtrado, para o interior dos contêineres, e segue ao terminal de embarque, e, deste, para o interior de tanques, onde aguarda o atracamento e carregamento dos navios, para os tanques da embarcação. Processo inverso ocorre no porto de destino, onde o suco é bombeado do navio para os tanques do terminal e, posteriormente, para caminhões com destino ao distribuidor e/ou envasador final.

Alguns sucos podem ser processados e acondicionados em sistemas assépticos. Sucos assépticos são termicamente processados e acondicionados em ambientes assépticos e ultralimpos. Em razão do pouco efeito do tratamento térmico sobre reações oxidativas que ocorrem durante a estocagem, a presença de oxigênio deve ser minimizada. Os sucos tratados assepticamente, em geral, são submetidos a tratamento térmico mais severo e, porque uma das principais vantagens do sistema reside na estocagem sob temperatura ambiente, cuidado extremo deve ser tomado com relação à minimização da temperatura e do tempo de estocagem, tendo em vista evitar reações oxidativas. Os sucos de frutas são bastante suscetíveis à degradação e, de certa forma, têm sua qualidade reduzida por ocasião do consumo. No entanto, o uso de processo e estocagem assépticos para sucos concentrados tem crescido bastante, principalmente no atendimento aos mercados institucionais, notadamente, em razão de não necessitar baixas temperaturas de congelamento e ocupar menos espaço físico, reduzindo parcela considerável dos custos de estocagem e distribuição.

24.5 SUCOS SECUNDÁRIOS – RECUPERAÇÃO DE SÓLIDOS SOLÚVEIS

Após as etapas de extração e filtração do suco, a polpa separada ainda contém parcela significativa de sólidos solúveis que podem ser recuperados em sistema de extração sólido–líquido com água. Parcela do extrato aquoso, denominado suco secundário, contendo sólidos recuperados, pode ser readicionada ao suco recém-extraído da fruta, em procedimento permitido por países importadores de sucos concentrados. Os sucos secundários podem, ainda, ser comercializados para emprego como ingredientes em sucos reconstituídos, para contribuir com sólidos, e para dar corpo e opacidade em refrescos ou refrigerantes.

No sistema de extração sólido–líquido, representado na Figura 24.3, a mistura de água e polpa ocorre em transportador helicoidal (alternativamente, pode-se empregar misturadores estáticos) até o equilíbrio, passando por nova separação em sistema de filtração similar aos turbofiltros ou filtros-prensa, para se obter o suco secundário, denominado suco de polpa lavada (*pulpwash*), que consiste de um suco com sólidos solúveis extraídos da polpa com água. A polpa descartada desse sistema pode novamente ser submetida à nova extração em água e refiltrada, extraindo-se ainda mais os sólidos remanescentes. Esse procedimento pode continuar diversas vezes até que, aproximadamente, 85% dos sólidos solúveis disponíveis tenham sido extraídos da polpa, em um sistema de três a cinco estágios múltiplos em contra-corrente, de maneira que a água (tipicamente na proporção 1,5:1 água/polpa) seja adicionada no último estágio de recuperação para lavagem da polpa. O suco, recuperado nesse estágio, denominado extrato nessa operação, contendo baixo conteúdo de sólidos solúveis, é utilizado para a lavagem da polpa do estágio anterior, e assim sucessivamente, enriquecendo-se em sólidos solúveis. A polpa, rica em sólidos solúveis provenientes da primeira filtração, segue do primeiro para o último estágio do sistema, sempre sendo reduzido seu teor de sólidos. A polpa esgotada, descartada do último estágio, é enviada para a fabricação de farelo (WEBB, 1997).

No caso do emprego de extratoras FMC, o material central da fruta ejetado do orifício de descarga do tubo coador, que contém parte da polpa, parte das membranas internas do fruto, sementes e os tampões da casca prensados e removidos nas extratoras, pode também ser submetido ao reaproveitamento dos sólidos solúveis por extração em água de maneira semelhante ao descrito para o *pulpwash*. Obtém-se, dessa forma, um extrato aquoso que contém os sólidos solúveis remanescentes da parte interna central da fruta, denominado *corewash*. Em geral, o suco obtido dessa maneira é de qualidade inferior ao *pulpwash*, na medida em que o material membranoso interno e sementes que compõem a parte central da fruta são mais ricos em limonina (composto precursor de sabor amargo), requerendo, em geral, extração menos intensa e em menos estágios, para se evitar a quebra das sementes. Ambos, contudo, são sucos secundários de qualidade inferior, para os quais a opção pela produção deve ser resultado de uma análise balanceada dos fatores econômicos e de qualidade entre esses e o suco primário principal, que, normalmente, tem precedência sobre a recuperação de sólidos solúveis na operação e eficiência da unidade de processamento (BELK, 1964; KOLB, 1993).

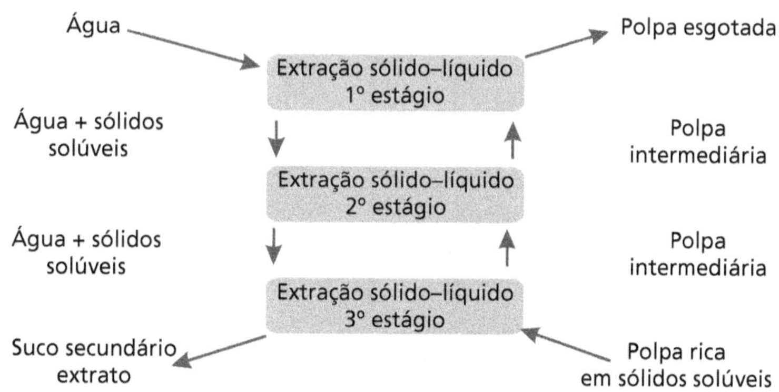

Figura 24.3 Fluxograma de recuperação de sólidos solúveis e obtenção de sucos secundários.

Os sucos secundários assim obtidos, contendo entre 4 e 6% de sólidos solúveis, podem ser concentrados em evaporadores semelhantes aos empregados na concentração do suco primário, obtendo-se sucos com concentrações na faixa de 50 a 60% de sólidos e, posteriormente, congelados ou adicionados de agentes conservadores, dependendo do mercado consumidor. Processos adicionais podem ser requeridos, tendo em vista a presença de fatores indesejáveis, que podem causar perda de qualidade do produto e/ou redução da eficiência dos processos, como alto conteúdo de limonoides (limonina), flavonoides (hesperidina), polifenóis, pectina solúvel e outros componentes insolúveis resultantes das etapas de recuperação de sólidos. Esses processos podem envolver tratamento enzimático, durante ou após a etapa de extração com água, com pectinases para redução de viscosidade excessiva devida aos compostos de elevado peso molecular, centrifugação (sistema DOWEX, The Dow Chemical Company, Midland, Michigan, USA) para remoção de polpa e/ou óleos, ultrafiltração (sistema ROMICON, Koch Membrane Systems, Inc., Wilmington, Massachusetts, USA) e a passagem por colunas de adsorção em resinas de troca iônica para remoção de polifenóis e compostos responsáveis pelo amargor (*debittering*) (BRADDOCK, 1976; ASHURST, 1995; MILNES et al, 1995; MORRIS, 1996; WEBB, 1997). A ultrafiltração configura-se, também, em interessante processo para a obtenção de sucos clarificados (CHAMCHONG; NOOMHORM, 1991; VAILLANT et al. 2001), no entanto, o emprego de um ou outro sistema depende de uma análise detalhada dos custos com investimentos e operacionais, tendo em vista que as membranas empregadas na ultrafiltração têm vida útil limitada e as centrífugas são de custos elevados.

Alternativamente, o processo de flotação com ar comprimido auxiliado por agentes clarificantes foi empregado com sucesso para a produção de suco corewash clarificado (ALBUQUERQUE, 2009).

24.6 SUCO INTEGRAL PASTEURIZADO E PROCESSO ASSÉPTICO

Na última década, tem sido notável o crescimento do mercado internacional de sucos integrais pasteurizados, especialmente nos Estados Unidos e Europa. O suco natural integral pasteurizado constitui-se no suco extraído da fruta, com teor de sólidos solúveis da própria fruta, em torno de 10 a 12 °Brix, destinado ao consumo direto, sem passar pelas etapas de concentração e reconstituição, e sem adição de água, açúcar ou qualquer substância estranha à fruta, daí a denominação comumente encontrada *not from concentrate* – NFC. A grande vantagem do suco integral pasteurizado, em comparação com o suco reconstituído a partir do concentrado congelado, é seu sabor que, se bem processado e conservado (sob refrigeração), assemelha-se muito ao suco fresco recém-extraído da fruta. Por possuir uma atividade de água muito superior, o NFC necessita de maiores cuidados na sua produção e estocagem, visando prevenir contaminações microbiológicas e reações deteriorativas do sabor e do aroma. O crescimento da participação desse tipo de suco no mercado internacional tem aumentado muito nos últimos anos, com grandes investimentos por parte das indústrias cítricas em tecnologia de produção e logística de distribuição, principalmente devidos aos grandes volumes a serem transportados do suco NFC em comparação com o concentrado. No entanto, o mesmo não se observa com relação ao atendimento do mercado nacional, que ainda está fortemente alicerçado na produção e consumo de sucos e bebidas reconstituídas a partir de concentrados, como pode ser visto no tópico seguinte.

O sabor e aroma de suco fresco, atribuídos ao suco integral pasteurizado, é fundamentalmente dependente da matéria-prima, requerendo atenção especial os aspectos de aromas, óleos essenciais e etapas de extração, processamento e mistura. Sua produção (Figura 24.4) é diferenciada desde o critério de escolha da matéria-prima, que deve ser somente proveniente de frutas selecionadas, sadias e maduras. A manutenção do mesmo padrão de aparência e sabor ao longo do ano constitui um complicador, à medida em que as frutas utilizadas para sua produção são de diferentes variedades e com distintos estádios de maturação ao longo do período, além das variações que ocorrem de uma safra para outra. Para contornar essa dificuldade, faz-se a estocagem de parte da produção em tambores sob congelamento, ou estocagem asséptica, a granel, em tanques a temperaturas em torno de –1 °C, para, posteriormente, ser misturada ao longo do ano para padronização da qualidade, o que requer sistemas especiais de descongelamento e homogeneização com o suco sendo processado, além de um rígido controle higiênico-sanitário (GOODRICH; BROWN, 2001).

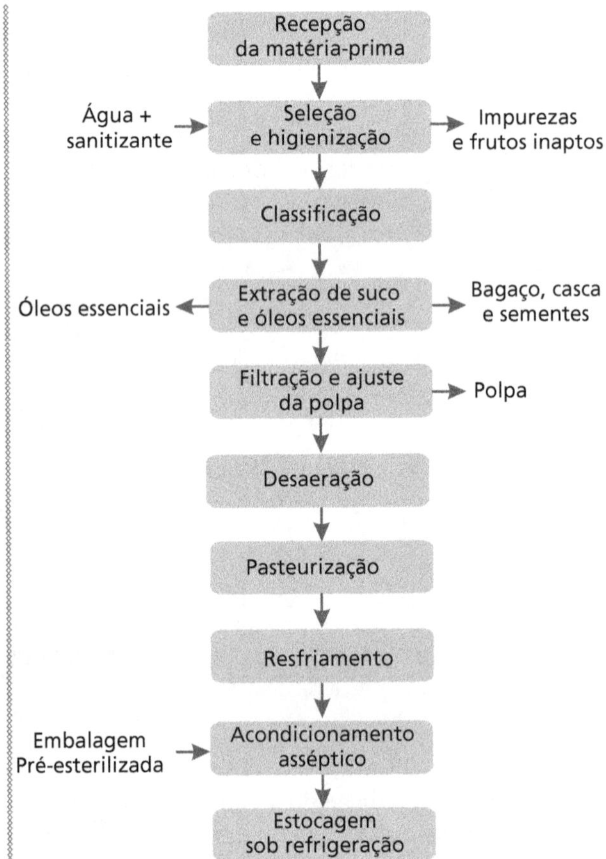

Figura 24.4 Fluxograma de obtenção de suco integral pasteurizado de tangerina.

Conforme a variedade da fruta e do tipo de extratora empregada, o suco pode apresentar teores elevados de óleo essencial, podendo atingir valores de cerca de 0,1%, proporcionando sabor adstringente ao suco. Teores de óleos essenciais considerados apropriados para o consumo situam-se abaixo de 0,035%, idealmente até 0,020% (SHAW, 1996). Uma das alternativas mais utilizadas para reduzir o teor de óleo essencial no suco é o uso de extratoras especialmente projetadas para esse tipo de trabalho (denominadas *non-oil* ou *low-oil*) que empregam cortadores das tampas, inferior e superior, com menor diâmetro, reduzindo a quantidade de flavedo incorporado, pois esse contém a maior parte do óleo da fruta. Porém, esse tipo de extratora acarreta perda de eficiência na extração. Outra alternativa consiste no emprego de separadoras centrífugas para redução do teor de óleo, com vantagem em ganhos na eficiência de extração de suco pelas extratoras (FOX et al., 1992; BRADDOCK, 1999). É possível, também, recuperar e reutilizar aromas voláteis, removidos durante a fase de *de-oiling*.

A pasteurização do suco integral deve empregar condições que forneçam estabilidade físico-química e microbiológica, através da inativação da pectinesterase e destruição de, praticamente, todos os microrganismos do suco, permitindo sua estocagem em condições assépticas sob temperaturas próximas do congelamento ou pouco acima (–1 a 0 °C). Contudo, essas condições não devem alterar as características de sabor e aroma do suco, tendo em vista o efeito oxidativo e a severidade do tratamento térmico, que poderia ocasionar o desenvolvimento de sabor indesejável de "cozido". A temperatura de pasteurização situa-se entre 90 e 99 °C, com tempo de retenção entre 5 e 60 s, dependendo das condições operacionais. Os polifenóis são indicativos de superprocessamento devido a altas temperaturas, sendo compostos que contribuem para a adstringência, escurecimento e sabor de "cozido" no suco. A inativação da pectinesterase presente no suco na forma da isoenzima termicamente estável, que quando ativa causa a quebra da turbidez do suco, requer tratamentos mais severos do que aquele requerido para a destruição de células vegetativas de microrganismos deterioradores (AMSTALDEN, 1992; SNIR et al., 1996; SUN, 1997; BADOLATO, 2000; TRIBESS, 2003; WICKER et al., 2003). Para este tipo de suco, o FDA (Food and Drug Administration) estabelece cinco reduções decimais, ou 99,999% da população inicial do microrganismo pertinente, para o qual é indicada a espécie *Salmonella* (FDA, 2004). Para o suco integral pasteurizado, além de se evitar a agitação do produto, também é necessária a etapa de desaeração em câmaras de vácuo, para reduzir o teor de oxigênio para níveis inferiores a 0,5 $mg.L^{-1}$, minimizando as reações oxidativas, que poderiam produzir sabores estranhos e indisponibilizar oxigênio necessário para a proliferação de microrganismos, aumentando, assim, a vida de prateleira do produto. A etapa de desaeração associada à centrifugação também pode contribuir para a redução de compostos de sabor adstringentes contidos em sucos com elevados teores de óleos essenciais.

O processamento asséptico emprega o tratamento do suco e da embalagem em sistemas independentes, com a vantagem de proporcionar menor severidade ao suco e obter maior vida de prateleira, contudo, com elevados custos de equipamentos, manutenção e operação. Os sucos integrais pasteurizados em geral são acondicionados em embalagens cartonadas compostas (polietileno externo – papel branco/kraft – polietileno – alumínio – adesivo – polietileno interno) ou em embalagens plásticas especiais do tipo PET (polietileno tereftalato), tipicamente de um litro no Brasil. Os sistemas de envase devem ser assépticos, localizados em ambiente ultralimpo e estéril; as embalagens devem ser pré-esterilizadas, por agentes físicos (luz ultravioleta) e/ou químicos (água oxigenada). Após o envase, o produto segue para estocagem e distribuição até os pontos de venda, com a necessidade de manter-se refrigerado para conservar sua estabilidade microbiológica, físico-química e sensorial, tendo em vista as condições do suco, sem adição de nenhum componente externo.

Para produção de grandes volumes de suco, utilizam-se embalagens maiores (plásticos de 1.000 L de suco) ou o sistema a granel em grandes tanques. No caso de estocagem por períodos longos (acima de seis meses), recomenda-se o uso de sacos plásticos providos de barreira contra entrada de oxigênio, com o objetivo de manter a estabilidade do suco, evitar a ocorrência de reações oxidativas que produziriam sabores indesejáveis, evitar a oxidação da vitamina C, e manter o suco no interior de câmaras frias, com temperaturas ao redor de –1 °C.

24.7 SUCOS RECONSTITUÍDOS, NÉCTARES, REFRESCOS E BEBIDAS MISTAS

De acordo com a legislação brasileira, as bebidas de frutas, não alcoólicas, são definidas da seguinte forma (BRASIL, 1998, 2000, 2009):

- Suco: a bebida não fermentada, não concentrada e não diluída, destinada ao consumo, obtida da fruta madura e sã, ou parte do vegetal de origem, por processamento tecnológico adequado, submetida a tratamento que assegure a sua apresentação e conservação até o momento do consumo. O suco não poderá conter substâncias estranhas à fruta ou parte do vegetal de sua origem, excetuadas as previstas na legislação específica. É proibida a adição, em sucos, de aromas e corantes artificiais.

- **Suco integral**: designação privativa do suco sem adição de açúcar e na sua concentração natural, sendo vedado o uso de tal designação para o suco reconstituído.
- **Suco misto**: obtido pela mistura de duas ou mais frutas e das partes comestíveis de dois ou mais vegetais, ou dos seus respectivos sucos, sendo a denominação constituída da palavra suco, seguida da relação de frutas e vegetais utilizados, em ordem decrescente das quantidades presentes na mistura.
- **Suco reconstituído**: obtido pela diluição de suco concentrado ou desidratado, até a concentração original do suco integral ou ao teor de sólidos solúveis mínimo estabelecido nos respectivos padrões de identidade e qualidade para cada tipo de suco integral, sendo obrigatório constar de sua rotulagem a origem do suco utilizado para sua elaboração, se concentrado ou desidratado, sendo opcional o uso da expressão "reconstituído".
- **Néctar**: bebida não fermentada, obtida da diluição em água potável da parte comestível do vegetal e açúcares ou de extratos vegetais e açúcares, podendo ser adicionada de ácidos, e destinada ao consumo direto, devendo conter, no mínimo, 50% de suco da fruta (FAO/WHO, 2005).
- **Refresco ou bebida de fruta ou de vegetal**: é a bebida não gaseificada, não fermentada, obtida pela diluição, em água potável, do suco de fruta, polpa ou extrato vegetal de sua origem, com ou sem açúcar. Os refrescos de laranja ou laranjada, de tangerina e de uva deverão conter no mínimo 30% (trinta por cento) em volume de suco natural.
- **Refresco misto ou bebida mista de frutas ou de extratos vegetais**: é a bebida obtida pela diluição, em água potável, da mistura de dois ou mais sucos de frutas ou de extratos vegetais, devendo o somatório do teor de sucos e extratos vegetais ser estabelecido em ato administrativo.
- **Refrigerante**: é a bebida gaseificada, obtida pela dissolução, em água potável, de suco ou extrato vegetal de sua origem, adicionada de açúcares. Os refrigerantes de laranja, tangerina e uva deverão conter, no mínimo, 10% (dez por cento) em volume do respectivo suco na sua concentração natural.

No Brasil, as formas néctar ou refresco de frutas, principalmente aquelas conservadas sem refrigeração, tem conseguido incrementos significativos de consumo, provavelmente em função dos valores de comercialização e facilidades na distribuição e estocagem. A tecnologia de fabricação e o tratamento térmico vão depender do tipo de produto que se deseja, suco reconstituído, néctar, refresco ou refrigerante; da proporção entre suco e produto; da utilização ou não de agentes conservantes; do ajuste do pH, por meio da adição de ácidos orgânicos (no caso da tangerina o ácido cítrico); da capacidade requerida; do tipo de processamento (contínuo ou batelada); da embalagem e do sistema de estocagem (ambiente, refrigerado ou congelado). A produção de sucos reconstituídos, bebidas ou refrescos de frutas, néctares ou refrigerantes, pode ter uma ou mais etapas desenvolvidas em unidades terceirizadas, onde são preparadas misturas com os concentrados das frutas e os ingredientes básicos (açúcares, ácidos, aromas, essências e aditivos), para, posteriormente, no envasador final, serem diluídas em água potável e, os produtos, submetidos a novo tratamento térmico e acondicionados na embalagem apropriada.

Partindo-se do suco concentrado (Figura 24.5), são realizadas as preparações para produção de sucos cítricos reconstituídos, ou seja, diluído novamente com água até o teor de sólidos solúveis desejado, normalmente o teor de sólidos solúveis natural da fruta, cerca de 11,5 °Brix. Cálculos preditivos, baseados em simples balanço de massa para os componentes principais (água e sólidos solúveis) da formulação e mistura são interessantes à medida que definem a qualidade e quantidade dos ingredientes e do produto final, minimiza erros e evita reprocessos. Em geral, produtos cítricos são comercializados e quantificados por peso (incluindo os parâmetros analíticos). No entanto, no momento da formulação, o uso de medidas volumétricas é mais comum e conveniente, ainda que, em geral, menos preciso; dessa forma, faz-se uso da densidade para conversão, na forma de dados ou equações matemáticas (CHEN, 1993). Em geral, os parâmetros fundamentais são: o Brix (% de sólidos solúveis), a acidez (% de ácidos, expressa em ácido cítrico) ou a relação (*ratio*) entre ambos, o teor de polpa, aromas e óleos essenciais (extraídos da própria fruta) que, adequadamente combinados, conferirão a característica sensorial desejada do suco em termos de sabor e aroma, doçura, acidez e textura. Destaca-se a importância da qualidade da água utilizada na diluição para a produção de um suco também de qualidade. Os métodos de tratamento da água incluem filtração em meio poroso (remoção de material em suspensão), uso de agente sanitizante (cloro), adsorção em carvão ativado para decloração e remoção de cor e odores, filtração em membrana (por osmose reversa, ultrafiltração ou nanofiltração) e/ou passagem por resina de troca iônica para redução de sais dissolvidos (WAYMAN, 1996; PATERSON; COOKE, 1999).

A diluição para ajuste da concentração final desejada pode ser conduzida em batelada, em tanques providos de agitação, ou em sistema contínuo diretamente na tubulação, por meio de misturadores estáticos. A incorporação de aditivos, se necessária, é feita simultaneamente aos demais ingredientes da mistura: aromas, essências e células de suco, além de agentes conservantes, dependendo do tratamento posterior, sistema de envase, embalagem e estocagem adotados. Em seguida, é realizada a desaeração do suco, que consiste na passagem deste através de uma câmara sob vácuo. A remoção do oxigênio (podendo atingir valores de até 10 mg por litro), oriundo dos tratamentos anteriores ou da agitação na diluição do suco é importante, pois sua presença dificulta a etapa de pasteurização e promove reações oxidativas de compostos de sabor e da vitamina C, com consequente perda de qualidade, aparecimento de compostos de sabor estranho, eventual escurecimento, e perdas nutricionais durante a estocagem. Nessa operação, os fatores que merecem atenção são a área superficial de suco, o nível de vácuo na câmara, a altura da camada de suco, a temperatura e o tempo de residência no equipamento, para se conseguir teores residuais de oxigênio no máximo de 0,5 mg por litro para estabilidade do suco (RUTLEDGE, 1998).

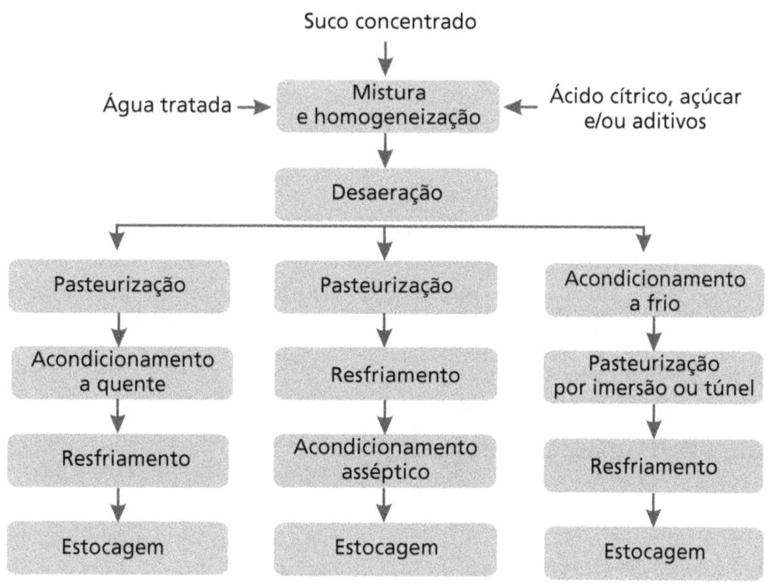

Figura 24.5 Fluxograma de obtenção de sucos reconstituídos, néctares e refrescos.

O suco reconstituído passa, então, por nova pasteurização antes de ser envasado, para inativação de eventuais enzimas presentes e estabilizar o suco microbiologicamente. O tratamento térmico deve eliminar microrganismos patogênicos e garantir a redução da carga microbiana a níveis aceitáveis (quatro a cinco reduções decimais), com a vida de prateleira desejada. A pasteurização é realizada, geralmente, em trocadores de calor tubulares (mais indicados para sucos com polpa suspensa) ou de placas, a temperaturas entre 85 e 95 °C. Temperaturas inferiores são incapazes de cumprir os objetivos já descritos, e temperaturas superiores podem comprometer o sabor do suco, adicionando-lhe um sabor indesejável de "cozido". Posteriormente, o suco pasteurizado é resfriado até cerca de 7 a 10 °C, utilizando o próprio suco que está entrando no pasteurizador à temperatura bem mais baixa, de forma a recuperar parte do calor para preaquecimento do suco, em uma operação denominada regeneração. Salienta-se que essa etapa deve ser cuidadosamente conduzida, normalmente com a utilização de controles automáticos, pois trata-se de uma etapa essencial para a produção de um suco estável, seguro e de qualidade (FREDSTED, 1999).

Atualmente, a maneira mais comum para o envase de sucos reconstituídos para venda ao consumidor final é o envase asséptico, com o uso de embalagens cartonadas (pré-tratadas com agentes antissépticos físicos e/ou químicos), em máquinas de alta capacidade e ambiente que assegurem as condições de higiene requeridas. O uso de gás inerte, como o nitrogênio, no interior da embalagem, configura-se como uma forma eficaz de reduzir a ocorrência de reações oxidativas que deterioram rapidamente o sabor do suco (NELSON, 2005). Alternativamente, em sistemas de baixo custo, pode-se empregar o envase a quente, seguida da inversão da embalagem, para que a tampa e espaço vazio sejam também submetidos à elevada temperatura. Ou ainda, realizar o envase a frio e tratar termicamente a bebida após o envase, empregando-se sistemas por imersão ou túneis por aspersão de água quente. Nesse caso, com a desvantagem do longo tempo de exposição da bebida a elevada temperatura, podendo ocasionar degradação de aromas e reações de caramelização. A vida útil desses produtos depende da matéria-prima, dos ingredientes, do uso de agentes de conservação, do processo empregado, da embalagem, do sistema de envase e da forma e da temperatura de estocagem. Nisida et al. (2002) apontam para 48 e 53 dias de vida de prateleira a temperaturas, respectivamente, de 2 e 12 °C, para suco cítrico pasteurizado e resfriado (tratado em trocador tubular à 98 °C/13s e resfriado a 12 °C) envasado assepticamente em embalagem cartonada composta, conforme estudo baseado em atributos de qualidade sensorial e microbiológica.

24.8 POLPA CÍTRICA CONGELADA

A polpa cítrica é constituída pelas células, bolsas e vesículas que contêm o suco, no interior dos gomos do endocarpo da fruta. Essas células estão também contidas no suco integral após extração e podem ser separadas do suco, por meio de despolpadeiras, turbofiltros, separadores centrífugos ou hidrociclones. A polpa assim obtida deve ser submetida à pasteurização, resfriamento e congelamento conforme o mercado consumidor (Figura 24.6). A polpa pasteurizada e congelada pode ser usada para conferir textura e corpo em bebidas, sucos reconstituídos, néctares, sucos cítricos e mistos, ser readicionada ao suco extraído para obtenção de sucos com alto teor de polpa, com características mais próximas do suco fresco natural, ou ser comercializada diretamente como polpa para ser adicionada em outros produtos alimentícios.

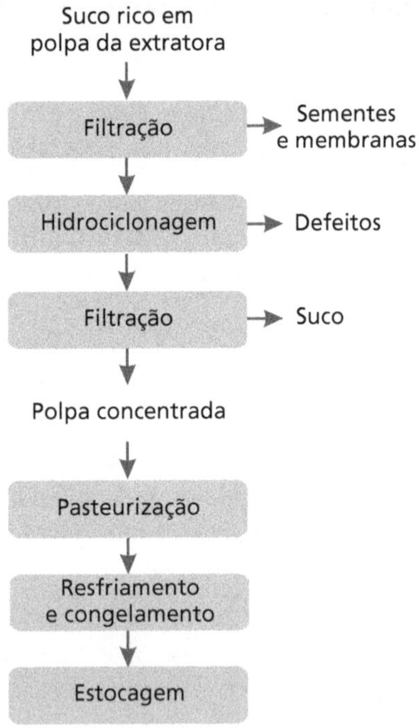

Figura 24.6 Fluxograma de obtenção de polpa congelada.

Diversos ajustes na operação de extração são requeridos quando da obtenção da polpa cítrica empregando-se a mesma linha de produção de sucos concentrados. Por exemplo, o emprego de tubos coadores com perfurações maiores ou rasgos verticais e regulagem específica para ajustar a proporção entre suco e polpa, tamanho de partícula (retida em malha 20 *mesh*) e evitar o arraste de materiais da casca, sementes, albedo e resíduos. O suco extraído é submetido à despolpadeira, onde o produto é a polpa e não o suco, com uso de filtros de pás rotativas ou turbofiltros, com regulagens especiais visando a maximização do rendimento e da qualidade do suco e polpa obtidos, por meio de seções separadas por defletores sob a bandeja coletora, a fim de separar subprodutos provenientes de diferentes zonas de filtragem, por tamanho de partícula e densidade. A mistura suco/polpa pode, ainda, ser enviada a um hidrociclone, que funciona como elemento classificador e separador de pequenos defeitos, através do fluxo espiralado tangencial às paredes do cone. Pelo efeito centrífugo com perda de energia cinética, as partículas mais pesadas (sementes e outros resíduos), escoando tangencialmente, perdem velocidade, sendo descarregadas pela abertura de uma válvula na parte inferior do cone, e o suco/polpa menos denso é extraído pela sua parte central superior (REBECK;

COOK, 1977; MORRIS, 1996). Cuidados especiais com o transporte e bombeamento dessa polpa devem ser tomados para evitar aplicação de forças cisalhantes, por meio do uso de bombas positivas especialmente projetadas que evitam a ação mecânica excessiva. A polpa é submetida à pasteurização a temperaturas de 90 a 95 °C, por 30 a 60 segundos, para inativação enzimática, cujas enzimas causariam gelificação e/ou precipitação da pectina presente em grande quantidade, e redução da carga microbiana. Em seguida, deve ser resfriada até cerca de 5 °C em trocador de calor de superfície raspada ou em trocador de tubos concêntricos com defletores espiralados, envasada em embalagens de polietileno individuais ou em embalagens de 18 ou 200 litros e acondicionadas em tambores ou latas metálicas, para posterior congelamento em câmara à –18 °C (WICKER; TEMELLI, 1988).

24.9 AROMAS E ÓLEOS ESSENCIAIS

Alguns dos subprodutos contendo componentes aromáticos obtidos da fruta são os óleos essenciais extraídos da casca, os aromas aquossolúveis e os óleos essenciais recuperados durante o processo de evaporação para produção de suco concentrado. Após extração ou recuperação, os produtos obtidos ainda podem ser submetidos à destilação fracionada, concentração, purificação, encapsulação, ou misturados com outros ingredientes, na própria indústria cítrica ou em laboratórios especializados em aromas. Esses produtos podem ser empregados em formulações de refrescos e néctares de frutas, refrigerantes, bebidas, sorvetes, balas e confeitos, produtos farmacêuticos, cosméticos, perfumaria e material de higiene e limpeza.

No caso do óleo essencial presente na parte externa da casca, nas vesículas do flavedo, esse pode ser extraído por ação mecânica, abrasão ou raspagem, seguido de separação do óleo da casca por aspersão de água, centrifugação da emulsão óleo–água formada, clarificação do óleo cru, cristalização da cera por abaixamento de temperatura e separação dos cristais de cera do óleo por decantação e centrifugação. O rendimento em óleo essencial depende da variedade, do grau de maturação da fruta, do clima, do manuseio na colheita e na pós-colheita e do tempo de estocagem. A fruta colhida no seu pico de maturação e firmeza, com máximo de turgor celular, resulta em maior rendimento em óleo essencial. Dependendo do sistema de extração e de sua eficiência, consegue-se extrair de 60 a 90% do óleo naturalmente contido na casca. A emulsão água–óleo obtida contém cerca de 0,5 a 2% em óleo. Numa primeira fase, o óleo na mistura é concentrado até proporções de 70 a 85% em volume, por diferença de densidade em separadores centrífugos, operando em um ou mais estágios. Nessa mesma operação são separadas partículas sólidas. A mistura ou emulsão concentrada em óleos essenciais, contém cera em maior proporção nas tangerinas, proveniente da casca, que deve ser removida, por ser considerada um defeito e causar problemas de excesso de viscosidade. A remoção da cera pode ser conduzida pelo abaixamento da temperatura (–25 a –5 °C) em tanques encamisados, acarretando a cristalização da cera, que se acumula no fundo dos tanques, separando-se do óleo. As principais etapas envolvidas são mostradas na Figura 24.7.

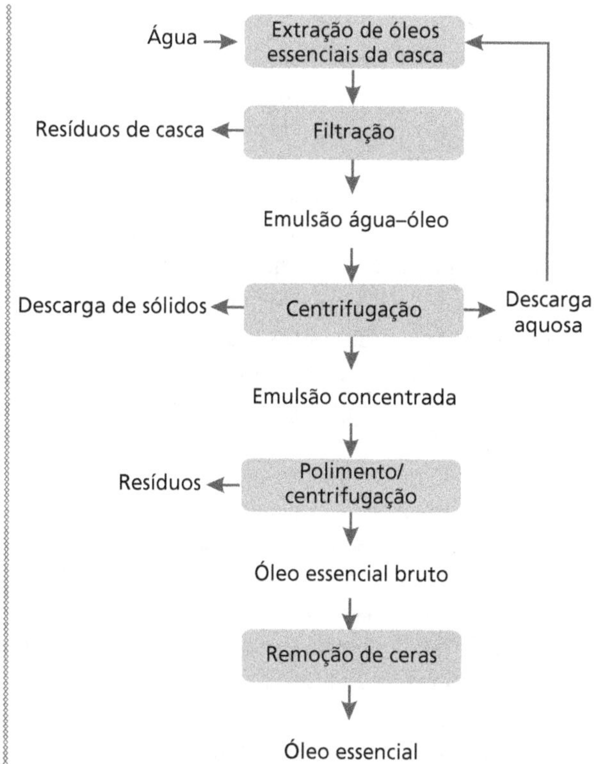

Figura 24.7 Fluxograma de obtenção de óleos essenciais.

Alternativamente, trocadores de superfície raspada permitem o rápido resfriamento do óleo e a formação de grande quantidade de cristais na superfície de troca térmica. Para obtenção de óleo de melhor qualidade, este pode ser centrifugado e/ou filtrado para remoção de partículas em suspensão (restos de cera não removida, pigmentos e flavonoides precipitados), em uma operação denominada "polimento". Ao óleo essencial podem ser adicionados antioxidantes, sendo armazenado sob refrigeração para aumentar sua estabilidade (HENDRIX, 1989). O óleo essencial da casca da fruta contém, em maior quantidade, o limoneno (cerca de 95%), e outros compostos em menor proporção como mirceno, pineno, decanal, octanal, linalol, sabineno, geraniol e outros terpenos e derivados (aldeídos, ésteres e alcoóis) (MOSHONAS; SHAW, 1974; WRIGHT, 1995; SHAW, 1996; MOSHONAS; SHAW, 1997; LAWRENCE, 2001).

A recuperação dos aromas aquossolúveis e óleos essenciais, arrastados com a água evaporada durante o processo de concentração por evaporação, pode ser realizada em unidade recuperadora acoplada ao sistema evaporador, constituída por condensadores de superfície sem contato direto com água de resfriamento, colunas de destilação, resfriadores, separadores e ejetores. Após a separação das fases aquosa e oleosa, boa parte do aroma estará disponível novamente. A separação e a concentração dos compostos aromáticos baseiam-se nas diferenças de composição das duas fases, líquido e vapor, em equilíbrio. Ao aquecer um sistema líquido multicomponente contendo compostos com diferentes pontos de ebulição, a composição do vapor formado é diferente da composição do líquido.

O aroma do suco constitui uma mistura complexa de componentes de diferentes volatilidades (pressões de vapor) em diferentes concentrações: os altamente voláteis e em baixímas concentrações (aldeídos), os moderadamente voláteis (derivados de terpenos e alcoóis) e aqueles muito pouco voláteis, alguns, porém, em altas proporções (sesquiterpenos). A composição das fases formadas é determinada pelas diferentes atividades químicas e equilíbrio dos diversos compostos entre a fase líquida (aquosa e oleosa) e a fase vapor formada, e que, por sua vez, dependem da afinidade e solubilidade desses compostos.

Por outro lado, há diferenças de sensibilidade térmica, química e oxidativa entre os compostos, antes, durante e após o processo. Um sistema de recuperação de aromas opera de modo a captar a fase rica em compostos aromáticos (solúveis em óleo e água) emanada do evaporador, aumentar sua concentração alcoólica, condensar os vapores ricos em compostos aromáticos, resfriar a fase aquosa e oleosa para aumentar a retenção dos compostos mais voláteis e promover a separação das fases, para, finalmente, obter duas frações distintas: uma fração hidroalcoólica, rica em substâncias aromáticas solúveis em água, e outra, oleosa, rica em compostos aromáticos solúveis em óleo. Diferentes sistemas de recuperação de aromas têm sido propostos, porém, em geral, são recuperados dos primeiros efeitos do sistema de evaporação, onde os compostos se encontram em maior concentração e temperatura moderada, mediante a coleta dos vapores emanados do suco, que são condensados externamente aos tubos no segundo estágio (e segundo efeito). Os vapores contendo os compostos aromáticos sobem ao topo da carcaça do segundo estágio e passam através de uma série de placas defletoras projetadas para remover o máximo de água condensável. Os vapores contidos nos gases não condensáveis são coletados do segundo e terceiro efeitos do evaporador, e enviados ao sistema de recuperação de aromas. Os compostos voláteis entram em uma coluna de esgotamento do destilador abaixo do condensador, que auxilia na remoção da água pela base da coluna. Os vapores ricos em compostos voláteis e outros gases não condensáveis passam pelo resfriador (*chiller*) e por um lavador de gases (*scrubber*). O produto condensado coletado no tanque de decantação contém duas fases, uma aquosa e outra oleosa, que são separadas tipicamente por decantação, ou com o uso de separadoras centrífugas (REDD; HENDRIX JR., 1996; SCHOTTLER et al., 2002). As essências aromáticas obtidas, na proporção de cem partes de essência aquosa e sete partes de essência oleosa, contêm de 200 a 500 vezes mais compostos voláteis em comparação com o suco original. A essência aquosa contém, aproximadamente, 65% de água, 10 a 20% de etanol, 0,5 a 2% de metanol e diversos compostos aromáticos em concentrações da ordem de mg.L^{-1}, como o acetaldeído e outros aldeídos. A essência oleosa é composta por quase 95% de d-limoneno, e em menor proporção compostos como valenceno, mirceno, pineno, octanal, decanal entre outros (KIRCHNER; MILLER, 1957; MOSHONAS; SHAW, 1972; SHAW, 1977, 1979; HENDRIX JR., 1996; STEUER et al., 2001).

Os óleos essenciais ainda podem ser destilados para obter frações específicas em proporções diferentes em compostos de maior valor. Por exemplo, é conveniente a redução da concentração de d-limoneno, que tem pouco potencial aromático e produz sensação pungente negativa quando em excesso, para se obter óleos com melhor estabilidade e solubilidade em água. Óleos concentrados, empregando a técnica da destilação fracionada, podem ter sua fragrância aumentada com teor mais elevado em compostos aromáticos mais suaves da fruta, como aldeídos e ésteres (BETTINI, 1995; AMADOR, 1998;

FRANCO et al., 2004). A fase oleosa, separada por centrifugação, pode ser submetida à destilação por arraste com vapor a temperaturas de 110 a 130 °C. A adição de vapor inerte diminui a pressão de vapor do componente volátil. Os vapores assim obtidos são condensados, sendo a emulsão resultante separada por decantação, produzindo um óleo destilado conhecido por "óleo cítrico destilado por vapor" (HENDRIX JR.; HENDRIX, 1996). Uma alternativa para a redução do teor de terpenos em óleos essenciais pode ser a extração empregando CO_2 supercrítico, em condições de relativa alta pressão (8,5 a 20,0 MPa) e temperaturas entre 40 e 70 °C, as quais foram aplicadas com sucesso para o fracionamento de óleo essencial de tangerina (DANIELSKI, 2007).

24.10 FARELO DE POLPA CÍTRICA PELETIZADA

Os resíduos sólidos, descartados no processamento da fruta, constituídos por casca, sementes, membranas (bagaço), polpa esgotada (após extração dos sólidos solúveis remanescentes) residual (não aproveitada nos sucos) e frutos descartados na seleção, podem ser triturados, prensados, desidratados e compactados, para beneficiamento e comercializado para uso como complemento de ração animal. O aproveitamento desses resíduos sólidos é fundamental, em função dos aspectos econômicos e ambientais.

Os resíduos coletados nas diversas etapas do processamento e transportados até o local de beneficiamento, preferencialmente em área separada, tendo em vista as características de sanidade requeridas nos outros produtos, são agrupados em um silo coletor, contendo cerca de 80 a 85% de umidade, porém com bastante desuniformidade de tamanho e composição. Os resíduos são submetidos à trituração em moinho de martelo, para uniformizar a granulometria até um tamanho médio de partícula na faixa de 6 e 20 mm. Essa etapa confere maior área de contato superficial para a reação posterior com álcali, melhor eficiência e uniformidade na secagem posterior, evitando queima e perda dos finos, e também por exigência mecânica da prensagem final. Adiciona-se óxido de cálcio em concentrações de 0,2 a 0,5%, para ajustar o pH entre 5,6 e 6,7, neutralizando a acidez do bagaço triturado e para a desesterificação da pectina. Nessa reação, são liberados água e metanol e formado o pectato de cálcio. A alcalinização do bagaço facilita a remoção da água nas operações seguintes de prensagem e secagem, porém não deve ser excessiva para evitar danos mecânicos nas prensas. A reação pode ser conduzida em roscas helicoidais ou, de maneira mais eficiente, em reatores dotados de misturadores, com tempos de residência de 10 a 15 minutos para ocorrência da reação. A Figura 24.8 mostra a sequência de etapas principais para obtenção de farelo de polpa cítrica peletizada.

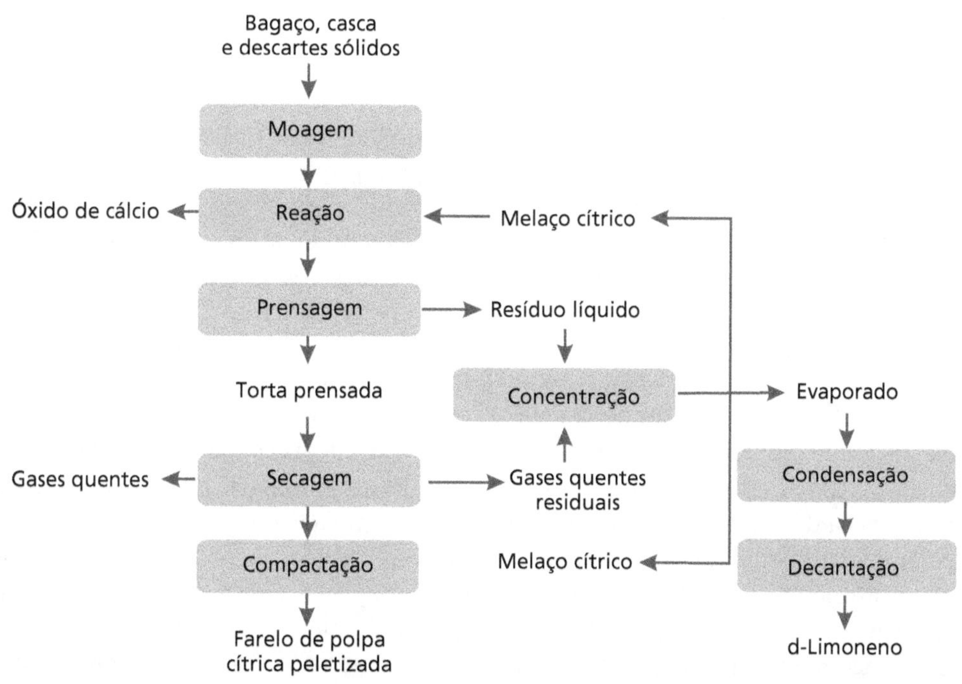

Figura 24.8 Fluxograma de obtenção de farelo de polpa cítrica peletizada, melaço cítrico e d-limoneno.

O bagaço tratado é submetido à prensagem em prensas contínuas do tipo rosca sem-fim, para se obter uma torta contendo cerca de 60 a 70% de umidade. A prensagem consiste em alimentar uma rosca de baixa velocidade de rotação, em um ou mais estágios. A operação é controlada pela regulagem da pressão por meio da abertura da descarga da torta e da rotação da prensa. O resíduo líquido, denominado *press liquor*, resultante da prensagem, rico em sólidos, escoa através das aberturas de uma peneira para um tanque coletor, e, após concentração, é readicionado ao resíduo sólido (antes da prensagem). A recirculação do melaço cítrico concentrado na etapa de adição e reação com o óxido de cálcio facilita o escoamento da mistura, melhora o contato, acelera a reação, aumenta o teor de sólidos, e reduz a quantidade de água a ser removida na prensagem e secagem (ODIO, 1993; JOHNSTON, 1995). A recirculação do melaço cítrico é interessante à medida que a secagem com gases quentes é menos eficiente, pois consome mais energia do que o processo de concentração por evaporação para a remoção de água.

A torta resultante da prensagem é submetida à secagem, empregando secador de cilindro rotativo horizontal, em contato com gases quentes em contracorrente. A cinética de secagem depende do tamanho das partículas de bagaço, das condições do ar de secagem, da velocidade, da temperatura e da umidade dos gases quentes. Temperaturas excessivamente altas (acima de 80 °C) comprometem a qualidade do bagaço em termos de palatabilidade e valor nutricional. Constitui-se prática comum a queima de excedentes do bagaço da cana-de-açúcar, proveniente do setor sucroalcooleiro, e como medida de aumento da eficiência geral da indústria, o aproveitamento dos gases de exaustão do secador a temperaturas ainda elevadas (ao redor de 150 °C), como meio de aquecimento do evaporador de líquido residual proveniente da prensagem.

Ao final do processo de secagem, o bagaço com umidade em torno de 12 a 15% pode ser compactado ou peletizado, para aumentar seu peso específico, facilitar o manuseio, o transporte e a armazenagem, aumentar a resistência à deterioração, e aumentar a digestibilidade como ingrediente de ração animal. A compactação consiste no uso de rolos compressores, com intensa ação mecânica, que gera calor por atrito e força a passagem do material granular através de orifícios contra uma matriz na descarga, onde ocorre redução brusca da pressão e, por meio de facas cortadoras, produz-se pequenos cilindros (péletes) contendo de 8 a 12% de umidade, que são, então, resfriados com ar ambiente.

24.11 MELAÇO CÍTRICO, D-LIMONENO E TERPENOS

Como pode ser observado na descrição anterior, da operação de prensagem do bagaço resulta um extrato líquido que contém, ainda, cerca de 8 a 15% de sólidos dissolvidos, constituídos, principalmente, de 60 a 70% de carboidratos (glucose, frutose, sacarose e pentoses) e cerca de 0,1 a 0,5% óleos ricos em terpenos, e outros sólidos (Figura 24.8). Esse extrato líquido, após processo de separação e concentração, pode ser readicionado ao resíduo sólido (bagaço, casca e sementes) antes da secagem, pode, ainda, passar por processo fermentativo para produção de álcool, ou mesmo ser comercializado como melaço de alto teor de sólidos solúveis, rico em carboidratos, para ser convertido em um grande número de produtos por bioconversão, como, por exemplo, álcool etílico, ácido cítrico, vinagre, proteínas e aminoácidos.

No processo de concentração desse extrato por evaporação, ainda são separados óleos contendo terpenos, que podem ser recuperados para constituir o d-limoneno. O principal emprego desse subproduto é como solvente industrial, além de outras inúmeras aplicações, como, por exemplo, na fabricação de óleos aromáticos, resinas, adesivos e como fluido de troca térmica e agentes para remoção de graxas. Na produção de resinas sintéticas, o d-limoneno deve ser purificado, por causa de requisitos de pureza na reação de síntese orgânica de polimerização para produção de resinas terpênicas. Destaca-se que outra parcela significativa do d-limoneno também é recuperada na etapa de extração dos óleos essenciais da casca, juntamente com a extração do suco, e recuperada durante a operação de concentração do suco, porém de maior valor comercial e, consequentemente, com aplicações mais nobres em formulações de bebidas, em produtos farmacêuticos, cosméticos, perfumaria e material de higiene e limpeza.

Esses subprodutos, se não aproveitados, constituem em elevada carga poluidora devida aos compostos orgânicos (açúcares, pectina, ácidos orgânicos e óleos) presentes em grande proporção; fato este, que também traz risco devido à presença de microrganismos contaminantes, requerendo manuseio adequado desse resíduo, processamento rápido e sanitização de instalações, tanques e tubulações.

Para a concentração do extrato líquido residual da prensagem, podem ser empregados evaporadores de múltiplos efeitos e múltiplos estágios, com alimentação em fluxo concorrente, utilizando, como meio de aquecimento, os gases de exaustão do secador da torta de bagaço prensado. Os gases de exaustão devem ser submetidos a processo de separação para redução da emissão de particulados antes da descarga para a atmosfera. O líquido que alimenta o evaporador deve ser submetido à separação das partículas finas de bagaço em peneiras, as quais podem contribuir para o aumento excessivo da viscosidade e formação de depósito nas paredes dos tubos do evaporador. A formação de depósito devido à precipitação de citrato de cálcio e hesperidina pode ser um problema nos tubos do evaporador, devido ao óxido de cálcio adicionado na preparação da torta antes da prensagem do bagaço. Nesse processo, obtém-se um concentrado com cerca de 40 a 50% de sólidos solúveis. Concentrações ainda superiores, da ordem de 70 °Brix, são requeridas quando o concentrado é comercializado como fonte de açúcares fermentescíveis para produção de etanol.

Na etapa de concentração por evaporação, o d-limoneno contido no extrato líquido (cerca de 0,5%), é arrastado, juntamente com os vapores d'água, em decorrência da volatilidade relativa em relação à água, e pode ser recuperado pela condensação dos vapores emanados no topo do evaporador. A emulsão formada pela água evaporada e o óleo pode ser quebrada em tanques com defletores, com a separação por decantação das fases oleosa e aquosa, e posterior polimento em centrífugas. O principal componente da fase oleosa sobrenadante é o d-limoneno. O líquido aquoso mais denso, deve ser neutralizado, em razão da elevada acidez, seguir para o sistema de tratamento de efluentes líquidos ou passar por tratamento adicional, para reduzir a carga poluidora, que pode apresentar uma DBO (demanda bioquímica de oxigênio) de cerca de 40.000 a 100.000. Como alternativa, destaca-se seu uso como fonte de nutrientes em solos agricultuáveis (REBECK; COOK, 1977; COHN; COHN, 1996).

24.12 PECTINA CÍTRICA E FIBRA DIETÉTICA

A pectina está presente no fruto na forma de protopectina, como um elemento estrutural, em diferentes proporções e estruturas químicas, no flavedo, albedo, membranas, columela e nas paredes das células (vesículas) que contêm o suco. Dessas partes, o albedo e o flavedo constituem as principais fontes (cerca de 20 a 40%) de pectina de melhor qualidade; nas paredes das células o inverso. Cerca de 60 a 70% da pectina produzida no mundo provêm de frutos cítricos. A pectina cítrica é empregada, principalmente, como agente gelificante e espessante em alimentos processados (geleias, doces, sobremesas, molhos e bebidas) e em produtos cosméticos e farmacêuticos.

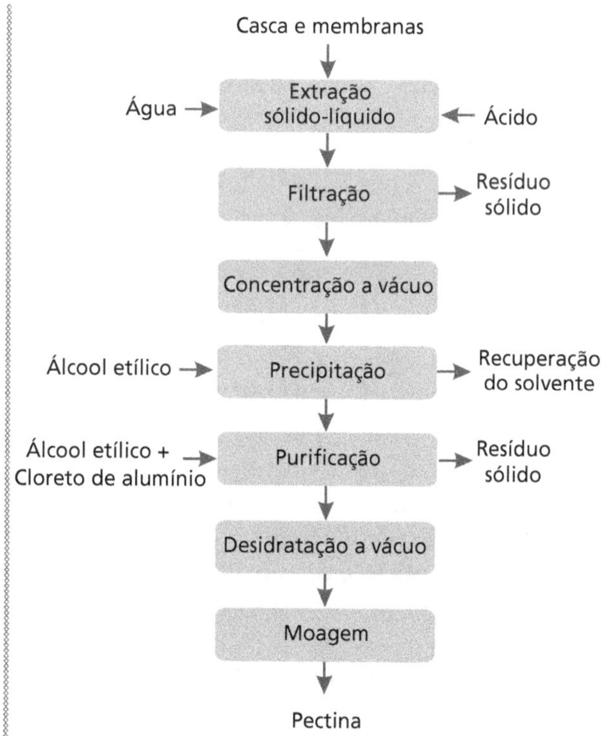

Figura 24.9 Fluxograma de obtenção de pectina cítrica.

O processo de extração da pectina (Figura 24.9), em geral, emprega a casca (flavedo e albedo) do fruto, que pode estar na forma natural, úmida, no caso de extração no mesmo local, ou desidratada, para efeito de conservação para estocagem e transporte. Emprega-se, para a extração em batelada, a água adicionada de um ácido diluído (nítrico, sulfúrico ou hidroclórico), para atingir pH entre 2 e 3, por algumas horas sob temperatura controlada entre 50 e 100 °C. Nesse processo, a protopectina é solubilizada e a solução posteriormente filtrada ou centrifugada para separação das frações insolúveis (resíduo sólido). A solução assim obtida deve ser parcialmente concentrada até cerca de 3 a 5% sob vácuo e submetida a processo de precipitação da pectina por meio de álcool etílico (cerca de 60%). A pectina precipitada pode ser novamente submetida ao álcool em lavagens sucessivas, para eliminar o ácido adicionado.

Para purificação, é empregado o cloreto de alumínio, seguido de sucessivas lavagens com álcool (ROUSE, 1977). O resíduo sólido, podendo ainda ser submetido à trituração, contém celuloses (50%), hemiceluloses e lignina, constituindo na chamada fibra dietética insolúvel. Alguns autores consideram a pectina, juntamente com outras substâncias (gomas e mucilagens), como sendo também fibra dietética solúvel, e o resíduo sólido como fibra insolúvel (BRADDOCK; GRAUMLICH, 1981).

Após a extração, precipitação, e eventual purificação, a pectina seca tem um rendimento de cerca de 25 a 30% em relação à casca cítrica em base seca (flavedo e albedo). A pectina é quimicamente constituída como um polímero de ácido galacturônico, com um percentual deste na forma esterificada com uma molécula de metanol. Assim, a pectina deve ser caracterizada em termos do grau de metoxilacão, que é uma medida da proporção esterificada com metanol. A pectina cítrica, em geral, pode atingir índices de cerca de 70 a 80%, que poderia ser considerada de alto grau de metoxilação. Quanto maior o grau de metoxilação, mais rápido e mais firme o gel formado, sendo favorecido por pH baixo, na faixa de 2,8 a 3,5. A presença de cálcio favorece a formação de géis a partir de pectina de baixa metoxilação (abaixo de 50%) em uma faixa ampla de pH, favorecendo o uso em produtos alimentícios com pH mais elevado.

24.13 CONTROLE DE QUALIDADE DE PRODUTOS E SUBPRODUTOS DA TANGERINA

Um programa de controle da qualidade pode ser compreendido como a avaliação, controle e inspeção da matéria-prima e insumos, controle de qualidade de produto em processo, controle de lotes de fabricação, padronização e rastreabilidade, avaliação e controle de produto acabado e produto estocado, monitoramento e controle das condições higiênico-sanitárias de matérias-primas, instalações e produto acabado; e também na avaliação de novos produtos e/ou formulações e avaliação dos produtos pelo consumidor. Devem-se estabelecer os planos, procedimentos, frequência e representatividade de amostragem, as técnicas e procedimentos analíticos, as especificações para padronização e os limites requeridos para os diversos parâmetros. Paralelamente, deve ser prevista a implantação de sistemas de gestão pela qualidade e, principalmente, programas voltados para segurança alimentar, higiene industrial, e para práticas social e ambientalmente corretas, baseados em programas do tipo "Controle Integrado de Pragas", "Boas Práticas de Fabricação" (BPF), "Análise de Perigos e Pontos Críticos de Controle" (APPCC), "International Organization for Standardization" (ISO), "Gestão pela Qualidade Total" (GQT), além da importância que começa a ter a certificação nos Sistemas de Produção Orgânica, entre outros.

O controle microbiológico constitui uma das mais importantes atividades de controle da sanidade de uma planta de processamento de cítricos e derivados. A maioria dos microrganismos patogênicos é incapaz de se desenvolver nas condições de baixo pH, característico da maioria dos produtos derivados das frutas cítricas. Contudo, certas bactérias do gênero *Salmonellae* são capazes de sobreviver em sucos refrigerados por dias ou semanas, bem como esporos de bactérias deterioradoras, especialmente do gênero *Alicyclobacillus*, podem vir a contaminar e sobreviver, por manuseio impróprio, após o processamento, especialmente nos concentrados. Controles e procedimentos analíticos adequados devem ser empregados para se determinar a presença de microrganismos deterioradores, na matéria-prima, em vários pontos do processo, e no produto final. De modo geral, as análises microbiológicas envolvem a contagem total de mesófilos aeróbios acidúricos em agar orange-serum e a contagem de fungos e leveduras em agar dextrose-potato acidificado, além da contagem (NMP, número mais provável) de coliformes fecais e pesquisa de *Salmonella sp.* Leveduras são os principais agentes microbianos deterioradores em sucos pasteurizados refrigerados, incluindo os gêneros *Saccharomyces, Candida, Hanseniaspora, Mrakia, Pichia, Schizosaccharomyces* e *Zygosaccharomyces*.

A deterioração por leveduras caracteriza-se pela produção de CO_2, etanol e alcoóis superiores. Deterioração por bactérias no produto acabado é mais difícil de ocorrer, mas possível. Espécies como *Lactobacillus, Leuconostoc* e *Weissella* são capazes de produzir fermentação lática em suco, resultando em sabor estranho devido à formação de diacetil. A maioria dos microrganismos patogênicos e deterioradores que merecem atenção em sucos cítricos pode ser controlada com as condições de pasteurização usualmente empregadas pelas indústrias. Quando ocorre, a deterioração do produto acabado se dá por condições sanitárias inadequadas, no entanto, a pasteurização insuficiente também pode resultar em deterioração por microrganismos. Sucos concentrados normalmente têm baixa contagem microbiana, contudo, certos esporos de microrganismos (*Bacillus* e *Alicyclobacillus*) podem resistir aos diversos tratamentos térmicos e ao processo de evaporação. Pontos que requerem atenção especial incluem o bombeamento, a etapa de mistura, a estocagem e o transporte a granel (SADLER et al., 1992; NARCISO; PARISH, 1997; PARISH, 1998; PARISH et al., 2004; PARISH; GOODRICH, 2005).

Os controles físico-químicos realizados são bastante variáveis e dependem do tipo de produto ou subproduto derivado das frutas cítricas. De maneira geral, os fatores mais significativos que afetam a estabilidade e qualidade dos produtos estão relacionados com o controle da acidez titulável, teor de sólidos totais e solúveis, teor de polpa (total, suspensa e solúvel), teor de flavonoides, pectina e minerais, conteúdo de óleos essenciais, conteúdo de ácido ascórbico e carotenoides, teor de limoneno (e outros terpenos), teor de limonina e hesperidina, viscosidade ou parâmetros reológicos e densidade, parâmetros de higiene (acidez volátil, teor de ácido lático e acético, etanol e toxina patulina), presença de metais pesados e contaminantes metálicos, ocorrência de reações bioquímicas e reações químicas oxidativas e não oxidativas, cor e estabilidade da turvação, controle da temperatura nas diversas etapas do processo e na estocagem, a presença de oxigênio na embalagem e interações dos compostos aromáticos com o material de embalagem. Além desses, são importantes os parâmetros de qualidade sensorial obtidos por meio de painéis sensoriais com equipe de provadores treinados e avaliação estatística dos resultados. Sabor, aroma, cor e consistência, por exemplo, são alguns dos importantes atributos sensoriais avaliados em sucos. Codificação aleatória, a forma, a condição de apresentação e a quantidade de amostra, condição do ambiente, período do dia e o formato das questões podem influenciar os resultados sensoriais. Testes sensoriais, comumente aplicados, podem ser o teste triangular, o teste de ordenação ou preferência e os testes pareados de comparação. A adulteração, principalmente no caso dos sucos, ocorre quando se adicionam sucos secundários ou aditivos não autorizados pela legislação em determinados sucos, na adição não declarada de produtos permitidos, emprego de ingredientes em proporção em desacordo com a legislação, especialmente em néctares e bebidas derivadas, ou na declaração de suco integral para sucos reconstituídos.

BIBLIOGRAFIA

ALBUQUERQUE, C. M. **Clarificação de suco de laranja "corewash" por processo de flotação auxiliado por enzimas rectinolíticas e agentes clarificantes.** 2009. 121f. Tese (Mestrado em Engenharia de Alimentos) – Instituto de Biociências, Letras e Ciências Exatas, Universidade Estadual Paulista, São José do Rio Preto, 2009.

AMADOR, J. R. **Estudo de óleos essenciais e essências de frutas cítricas através de técnicas cromatográficas, caracterização, controle de qualidade e desenvolvimento de técnicas aplicadas.** 1998. 123f. Tese (Doutorado em Química Analítica) – Instituto de Química, Universidade de São Paulo, São Carlos, 1998.

AMSTALDEN, L. C. **Estudo sobre a ação de pectinesterase em suco de laranja.** 1992. 188f. Tese (Mestrado em Tecnologia de Alimentos) – Faculdade de Engenharia de Alimentos, Universidade Estadual de Campinas, Campinas, 1992.

AOAC. Oil (Recoverable) in fruits and fruit products. method 968.20.37.1.56. In: BOLAND, F. E. (Ed.). **Official methods of analysis of AOAC International.** Gaithersburg: AOAC International, 1997. Chap. 37. p. 18.

ASHURST, P. R. **Production and packaging of non-carbonated fruit juices and fruit beverages.** 2. ed. Glasgow, UK: Blackie Academic & Professional, 1995. 429p.

BADOLATO, G. G. **Tratamento térmico mínimo do suco de laranja natural**: cinética da inativação da pectinesterase. 2000. 157f. Tese (Mestrado em Engenharia) – Escola Politécnica, Universidade de São Paulo, São Paulo, 2000.

BAKER, R. A. Potential dietary benefits of citrus pectin and fiber. **Food Technology**, Chicago, v. 48, n. 11, p. 133-139, 1994.

BALABAN, M. O.; DARROS-BARBOSA, R. High pressure processing. In: McGRAW Hill encyclopedia of science & technology: food engineering. New York: McGraw Hill, 2002. 91p.

BARBOSA-CANOVAS, G.; TAPIA, M. S.; CANO, M. P. **Novel food processing technologies.** Boca Raton: CRC Press, 2005. 692p.

BAZEMORE, R. A. **Electronic nose discrimination, analytical identification, and sensory confirmation of flavor impact components in citrus juices.** 1998. 92f. Dissertation (PhD in Food Science) – Food Science and Human Nutrition Department, University of Florida, Gainesville, 1998.

BELK, W. C. Pulp washing with FMC inline extractors. **Transactions of the Citrus Engineering Conference**, Lake Alfred, v. 10, p. 19-36, 1964.

BETTINI, M. F. M. **Estudo de aromas cítricos através de métodos sensoriais, cromatográficos e espectroscópicos.**

1995. 277f. Tese (Doutorado em Química Analítica) – Instituto de Química, Universidade de São Paulo, São Carlos, 1995.

BIGNON, J.; LEBAS, J. M. New trends in high pressure equipment: example of a semi-continuous hyperbar pasteurizer for citrus juice. In: HEREMANS, K. C. et al. (Eds.). **High pressure research in the biosciences and biotechnology**. Leuven: Leuven University Press, 1997. p. 479-482.

BRACKE, M. E. et al. Citrus flavonoid effect on tumor invasion and metastasis. **Food Technology**, Chicago, v. 48, n. 11, p. 121-124, 1994.

BRADDOCK, R. J. **Handbook of citrus by-products and processing technology**. New York: Wiley Interscience, 1999. 247p.

BRADDOCK, R. J.; GRAUMLICH. T. R. Composition of fiber from citrus peel, membranes juice vesicles and seeds. **Lebensmittel-Wissenschaft und Technologie**, Amsterdan, v. 14, p. 229-231, 1981.

BRADDOCK, R. J.; KESTERSON, J. W. Enzyme use to reduce viscosity and increase recovery of soluble solids from citrus pulp-washing operations. **Journal of Food Science**, Chicago, v. 41, n. 82-85, 1976.

BRADDOCK, R. J.; PARISH, M. E.; GOODNER, J. K. High pressure pasteurization of citrus juices. **Transactions of the 1998 Citrus Engineering Conferece**, American Society of Mechanical Engineers International, Lakeland, v. XXXXIV, p. 1-10, 1998.

BRASIL. Decreto n. 6.871, de 04 de junho de 2009. Regulamenta a Lei n. 8.918, de 14 de julho de 1994, que dispõe sobre a padronização, a classificação, o registro, a inspeção, a produção e a fiscalização de bebidas. Disponível em: <http://www.planalto.gov.br/ccivil_03/_Ato2007-2010/2009/Decreto/D6871.htm>. Acesso em: 15 jun. 2009.

———. Ministério da Agricultura, Pecuária e do Abastecimento. Regulamentos técnicos para fixação dos padrões de identidade e qualidade, para refresco, refrigerante, preparado ou concentrado líquido para refresco ou refrigerante, preparado sólido para refresco, xarope e chá pronto para o consumo. Portaria n. 544, de 16 de novembro de 1998. **Diário Oficial da União**, Brasília, DF, p. 90, 17 nov. 1998. Seção 1.

———. Ministério da Agricultura, Pecuária e do Abastecimento. Decreto n. 3.510, de 16 de junho de 2000. Altera dispositivos do Decreto 23.140/1997, que regulamenta a Lei n. 8.918/1994 que dispõe sobre a padronização, a classificação, o registro, a inspeção, a produção e a fiscalização de bebidas. **Diário Oficial da União**, Brasília, DF, p. 1, 19 jun. 2000, Seção 1.

BURDURLU, H. S.; KOCA, N.; KARADENIZ, F. Degradation of vitamin C in citrus juice concentrates during storage. **Journal of Food Engineering**, Exxexi, v. 74, p. 211-216, 2006.

CAMERON, R. G. et al. Effect of juice extractor settings on juice cloud stability. **Journal of Agricultural and Food Chemistry**, Easton, v. 47, n. 7, p. 2865-2868, 1999.

CARBONELL, J. V. et al. Pectin methylesterase activity in juices from mandarins, oranges and hybrids. **European Food Research and Technology**, Berlin, v. 222, p. 83-87, 2006.

CHAMCHONG, M.; NOOMHORM, A. Effect of pH and Enzymatic Treatment on Microfiltration and Ultrafiltration of Tangerine Juice. **Journal of Food Process Engineering**, Westport, v. 14, p. 21-34, 1991.

CHEN, C. S. Physical and rheological properties of fruit juices. In: NAGY, S.; CHEN, C. S.; SHAW, P. E. (Eds.). **Fruit juice processing technology**. Auburndale: AGScience, 1993. p. 56-82.

CHEN, C. S.; JOHNSON, J. R. Pilot plant citrus juice evaporator for concentrate development and scale-up production. In: CONFERENCE OF FOOD ENGINEERING. 1995. **Proceedings**..., West Lafayette: Purdue University, 1995, p. 192-196.

CHEN, C. S.; SHAW, P. E.; PARISH, M. E. Orange and tangerine juices. In: NAGY, S.; CHEN, C. S.; SHAW, P. E. (Eds.). **Fruit juice processing technology**. Auburndale, FL: AGScience, 1993, p. 110-165.

CHITARRA, M. I. F.; CHITARRA, A. B. **Pós-colheita de frutos e hortaliças**: fisiologia e manuseio. Lavras: Escola Superior de Agricultura de Lavras; Faepe, 1990. 320p.

COHN, R.; COHN, A. L. The by-products of fruit processing. In: ASHURST, P. R. (Edd.). **Fruit processing**. Ashurst. London, UK: Blackie Academic & Professional, 1996, p. 196-220.

CSERHALMI, Z. et al. Study of pulsed eletric field treated citrus juices. **Innovative Food Science & Emerging Technologies**, Amsterdan, v. 7, p. 49-54, 2006.

DANIELSKI, L. **Extraction of fractionation of natural organic compounds from plant materials with supercritical carbon dioxide**. 2007. 179f. Dissertation (Doktor in Ingenieur Genehmigte) – Thermische Verfahrenstechnik, Technische Universität Hamburg-Harburg, Hamburg, 2007.

DARROS-BARBOSA, R. Aplicação da tecnologia de ultra alta pressão no processamento de produtos cítricos. **Citro News**, Araras, v. 11, p. 9, 2000.

DARROS-BARBOSA, R.; CURTOLO, J. E. Produção industrial de suco de subprodutos cítricos. In: MATTOS JUNIRO, J. D. et al. (Eds.). **Citros**. Cordeirópolis, SP: Centro

Avançado de Pesquisa Tecnológica do Agronegócio de Citros Sylvio Moreira; Campinas: IAC, 2005. p. 841-870.

ERLUND, I. E. et al. Plasma kinetics and urinary excretion of the flavanones naringetin and hesperitin in humans after ingestion of orange juice and grapejuice. **Journal of Nutrition**, Bethesda, v. 131, n. 2, p. 235-241, 2001.

FAO/WHO – Food Standards Programme. Food and Agriculture Organization of the United Nations. Codex Alimentarius Commission. CODEX STAN 247-2005. Codex General Standard for Fruit Juices and Nectars. Disponível em: <www.codexalimentarius.net/>. Acesso em: 10 fev. 2009.

FELLERS, P. J.; CARTER, R. D. effect of thermal processing and storage of chilled orange juice on flavor quality. **Fruit Processing**, Strassenhaus, v. 12, n. 5, p. 436-440, 1993.

FIDELIBUS, M. W. **Horticultural, mechanical and physiological properties of oranges (*Citrus sinensis* L. Osb.) treated with gibberellic acid**. 2002. 121f. Dissertation (PhD in Horticultural Sciences) – Horticultural Sciences Department, University of Florida, Gainesville, 2002.

FOOD AND DRUG ADMINISTRATION, Juice HACCP hazards and controls guidance. Washington, DC: US Department of Health and Human Services, Center for Food Safety and Applied Nutrition, 2004. 79p.

FOX, K. I.; FLORES, J. H.; CONKLIN, A. R. Changing technology in citrus processing. **Proceedings of the Florida State Horticultural Society**, Tampa, v. 105, p. 139-144, 1992.

FRANCO, M. R. B. et al. Composição de voláteis e qualidade de aroma do óleo d-limoneno: uma aplicação de análise estatística multivariada. In: FRANCO, M. R. B. (Ed.). **Aroma e sabor de alimentos**. São Paulo, SP: Varela, 2004. p. 113-126.

FREDSTED, L. B. Processing systems for fruit juice and related products. In: ASHURST, P. R. (Ed.). **Production and packaging of non-carbonated fruit juices and fruit beverages**. Gaithersburg, MA: Aspen, 1999. p. 274-289.

GOODRICH, R. M.; BROWN, M. G. European markets for NFC: supply and demand issues. **International Working Paper Series**, London, n. IW01-2y, p. 15, Feb. 2001.

GROSS, J. **Pigments in fruits**. London: Academic Press, 1987. 303p.

HASEGAWA, S. Biochemistry of limonoids in Citrus. In: BERHOW, M. A.; HASEGAWA, S.; MANNERS, G. D. (Eds.). **Citrus limonoids**. Washington, DC: American Chemical Society, 2000. p. 21-60.

HASEGAWA, S.; MAIER, V. P. Solutions to the limonin bitterness problem of citrus juices. **Food Technology**, Chicago, v. 37, n. 6, p. 73-77, 1983.

HENDRIX, D. L. Effects of temperature on wax yields and composition during winterization of commercial cold-pressed grapefruit oil. 1989. 64f. Thesis (Master in Food Science) – Food Science & Human Nutrition Department, Unversity of Florida, Gainesville, 1989.

HENDRIX, C. M. Jr. Processing factors that affect the flavor qualities of citrus products. In: REDD, J. B. et al. (Eds.). **Quality control manual for citrus processing plants**. Auburndale, US: Agscience, 1996. p. 259-278.

HENDRIX , C. M. Jr.; HENDRIX, D. L. Specialty and by-products. In: REDD, J. B. et al. (Eds.). **Quality control manual for citrus processing plants**. Auburndale, US: Agscience, 1996. p. 202-232.

HIGBY, W. K. Analysis of orange juice for total carotenoids, carotenes, and added beta-carotene. **Food Technology**, Chicago, v. 17, p. 95-98, 1963.

JOHNSTON, R. B. Latest developments in pressing citrus peel. **Transactions of the Citrus Engineering Conference**, Lakeland, v. 41, p. 60-74, 1995.

JUNGSAKULRUJIREK, S.; NOOMHORM, A. Effect of harvesting time and fruit size on titratable acidity, soluble solid and distribution of limonin in Thai tangerine juice. **International Journal of Food Science and Technology**, Oxford, v. 33, p. 367-374, 1998.

KIMBALL, D. A. **Citrus processing**: a complete guide. 2. ed. Gaithersburg, MA: Aspen, 1999. 450p.

KIMBALL, D. A.; PARISH, M. E.; BRADDOCK, R.J. Oranges and tangerines. In: BARRETT, D.; SOMOGY, M. L.; RAMASWAMY, H. S. (Eds.). **Processing fruits**. Boca Raton, FL: CRC Press, 2005. p. 22.

KIRCHNER, J. G.; MILLER, J. M. Volatile water-soluble and oil constituents of Valencia orange juice. **Journal of Agricultural and Food Chemistry**, Easton, v. 5, n. 4, p. 283, 1957.

KOLB, E. Citrus juice finisher pulp processing and its use in fruit juices. **Fruit Processing**, Straßenhaus, v. 60, n. 1, p. 6-8, 1993.

LAM, L. K. T.; ZHANG, J.; HASEGAWA, S. Citrus limonoid reduction of chemically induced tumorigenesis. **Food Technology**, Chicago, v. 48, n. 11, p. 104-108, 1994.

LAWRENCE, B. M. Progress in essential oils: mandarin oil. **Perfumer and Flavorist**, v. 26, p. 36-44, 2001.

LEE, H. S.; COATES, G. A. Effect of thermal pasteurization of Valencia orange juice color and pigments. **Lebensmittel-Wissenschaft und Technologie**, Zürich, v. 36, p. 153-156, 2002.

LESSIN, W. J.; CATIGANI, G. L.; SCHWARTZ, S. J. Quantification of cis-trans isomers of provitamin A carotenoids in fresh and processed fruits and vegetables. **Journal of**

Agricultural and Food Chemistry, Easton, v. 45, p. 3728-3732, 1997.

LINTON, M.; McCLEMENTS, J. M. J.; PATTERSON, M. F. Inactivation of Echerichia coli O157:H7 in orange Juice using a combination of high pressure and mild heat. **Journal of Food Protection**, Ames, v. 62, n. 3, p. 277-279, 1999.

LUZURIAGA, D. A. **Application of computer vision and electronic nose technologies for quality assessment of color and odor of shrimp and salmon.** 1999. 268f. Dissertation (PhD in...) – Food Science and Human Nutrition Department, University of Florida, Gainesville, FL, 1999.

MAIER, V. P. et al. Limonin and limonids. chemistry, biochemistry and juice bitterness. In: NAGY, S.; ATTAWAY, J. A. (Eds.). **Citrus nutrition and quality**. Washington, DC: American Chemical Society, 1980. p. 63-82.

MANTHEY, J. A.; GROHMANN, K. Concentrations of hesperidin and other orange peel flavonoids in citrus processing byproducts. **Journal of Agricultural and Food Chemistry**, Easton, v. 44, n. 3, p. 811-814, 1996.

MARCOTTE, M.; STEWART, B.; FUSTIER, P. Abused thermal treatment impact on degradation Products of chilled pasteurized orange juice. **Journal of Agricultural and Food Chemistry**, Easton, v. 46, n. 5, p. 1991-1996, 1998.

MARTINS, M. P. Comportamento mecânico de laranja-pera (*Citrus sinensis* Osbeck). 1993. 100f. Tese (Mestrado em Engenharia Agrícola) – Faculdade de Engenharia Agrícola, Universidade Estadual de Campinas, Campinas, 1993.

MERLE, H. et al. Taxonomical contribution of essential oils in mandarin cultivars. **Biochemical Systematics and Ecology**, Elmsford, v. 32, p. 491-497, 2004.

MIDDLETON, E. Jr.; KANDASWAMI, C. Potential health-promoting properties of citrus flavonoids. **Food Technology**, Chicago, v. 48, n. 11, p. 115-120, 1994.

MILLER, E. G. et al. Citrus limonoids as inhibitors of oral carcinogenesis. **Food Technology**, Chicago, v. 48, n. 11, p. 110-114, 1994.

MILNES, B. A.; AGMON, G.; HASHARON, R. Debitering and upgrading citrus juice and by-products using combined technology. In: **Citrus Processing Short Course**, Clearwater Beach: Citrus Research and Education Center, 1995. p. 1-22.

MOORE, G. A. Oranges and lemons: clues to the taxonomy of citrus from molecular markers. **Trends in Genetics**, London, v. 17, p. 536-540, 2001.

MORRIS, C. E. New technologies add value to pulp and by-products. **Food Engineering**, Blingbrook, v. 68 n. 9, p. 157-166, 1996.

MOSHONAS, M. G.; SHAW, P. E. Analysis of volatile flavor constituents from tangerine essence. **Journal of Agricultural and Food Chemistry**, Easton, v. 20, n. 1, p. 70-71, 1972.

———. Quantitative and qualitative analysis of tangerine peel oil. **Journal of Agricultural and Food Chemistry**, Easton, v. 22, n. 2, p. 282-284, 1974.

———. Quantification of volatile constituents in Mandarin juices and its use for comparison with pure juices by multivariate analysis. **Journal of Agricultural and Food Chemistry**, Easton, v. 45, n. 10, p. 3968-3972, 1997.

NARCISO, J. A.; PARISH, M. E. Endogenous mycoflora of gable-top carton paperboard used for packaging fruit juice. **Journal of Food Science**, Chicago, v. 62, n. 6, p. 1223-1225, 1997.

NELSON, A. K. **Photochemically induced flavor changes in orange juice exposed to light in glass and polyethylene terephthalate at 4°C.** 2005. 71f. Thesis (Master in Food Science) – Food Science and Human Nutrition Department, University of Florida, Gainesville, FL, 2005.

NIELSEN, J. E.; CHRISTENSEN, T. M. I. E. Distribution of pectin methyl esterase and acetylesterase in the genus Citrus visualized by tissue prints and chromatography. **Plant Science**, Limerick, v. 162, p. 799-807, 2002.

NISIDA, A. L. A. C. et al. Estabilidade de suco de laranja (*Citrus sinensis*) refrigerado, acondicionado em embalagem asséptica. **Brazilian Journal of Food Technology**, Campinas, v. 9, p. 95-100, 2002.

ODIO, C. E. Tank reaction system for citrus peel. **Transactions of the Citrus Engineering Conference**, Lakeland, v. 39, p. 1-14, 1993.

OGAWA, H. et al. Pressure inactivation of yeasts, molds, and pectinesterase in satsuma mandarin juice: effects of juice concentration, ph, and organic acids, and comparison with heat sanitation. **Agricultural and Biological Chemistry**, Tokio, v. 54, n. 5, p. 1219-1225, 1990.

PARISH, M. E. Coliforms, Escherichia coli and Salmonella serovars associated with a citrus-processing facility implicated in a salmonellosis outbreak. **Journal of Food Protection**, Ames, v. 61, n. 3, p. 280-284, 1998.

PARISH, M. E.; GOODRICH, R. M. Recovery of presumptive Alicyclobacillus strains from orange fruit Surfaces. **Journal of Food Protection**, v. 68, n. 10, p. 2196-2200, 2005.

PARISH, M. E.; GOODRICH, R. M.; MILLER, W. M. Fate of Salmonellae in orange and grapefruit concentrates during cold storage. **Journal of Food Protection**, Ames, v. 67, n. 12, p. 2671-2674, 2004.

PASOS, C. A. V. **Análise do comportamento mecânico de laranjas a granel mediante modelo de elementos finitos.** 1987. 89f. Tese (Mestrado em Engenharia Agrícola) –

Faculdade de Engenharia Agrícola, Universidade Estadual de Campinas, Campinas, 1987.

PATERSON, I.; COOKE, P. J. Water and effluent treatment in juice processing. In: ASHURST, P. R. (Ed.). **Production and packaging of non-carbonated fruit juices and fruit beverages**. Gaithersburg, MA: Aspen, 1999. p. 386-422.

PETERSON, J. J. et al. Flavanones in oranges, tangerines (mandarins), tangors, and tangelos: a compilation and review of the data from the analytical literature. **Journal of Food Composition and Analysis**, London, v. 19, p. S66-S73, 2006.

PHILIP, T. The nature of carotenoid esterification in tangerines. **Journal of Food Science**, Chicago, v. 38, n. 6, p. 1032-1034, 1973.

POLYDERA, A. C.; STOFOROS, N. G.; TAOUKIS, P. S. Comparative shelf life study and vitamin C loss kinetics in pasteurized and high pressure processed reconstituted orange juice. **Journal of Food Engineering**, Exxexi, v. 60, p. 21-29, 2003.

POZZAN, M.; TRIBONI, H. R. Colheita e qualidade do fruto. In: MATTOS JUNIOR, J. D. et al. (Eds.). **Citros**. Campinas: IAC; FUNDAG, 2005. p. 801-824.

REBECK, H. M.; COOK, R. W. Manufacture of citrus pulp and molasses. In: NAGY, S.; SHAW, P. E.; VELDHUIS, M. K. (Eds.). **Citrus science and technology**. Wesport, US: AVI, 1977, p. 368-381.

REDD, J. B.; HENDRIX, D. L.; HENDRIX, C. M. Jr. **Quality control manual for citrus processing plants**: processing and operating procedures, blending techniques, formulating, citrus mathematics and costs. v. 1. Safety Harbor, US: AGScience, 1992. 290p.

REDD, J. B.; HENDRIX, C. M. Jr. Flavor concentration systems. In: REDD, J. B. et al. (Eds.). **Quality control manual for citrus processing plants**. Auburndale, FL: AGScience, 1996. p. 62-103.

REEVE, D.; ARTHUR, D. Riding the citrus trail: when is a mandarin a tangerine? **Perfurmer and Flavorist**, v. 27, p. 20-22, 2002.

RIZVI, S. S. H. **Supercritical fluid processing of food and biomaterials**. London: Blackie Academic & Professional, 1994. 257p.

ROBARDS, K. et al. Characterization of citrus by chromatographic analysis of flavonoids. **Journal of the Science of Food and Agriculture**, London, v. 75, p. 87-101, 1997.

ROUSE, A. H. Pectin: distribution, significance. In: NAGY, S.; SHAW, P. E.; VELDHUIS, M. K. (Eds.). **Citrus science and technology**. Westport, CT: AVI, 1977. p. 110-207.

ROUSEFF, R. L.; LEAHY, M. M. (Eds.). **Fruit flavors**: biogenesis, characterization, and authentication. Washington, DC: American Chemical Society, 1995. 308p. (Symposium series).

ROUSEFF, R. L.; NAGY, S. Health and nutritional benefits of citrus fruit components. **Food Technology**, Chicago, v. 48, n. 11, p. 125-132, 1994.

RUTLEDGE, P. Production of non-fermented fruit products. In: ARTHEY, D.; ASHURST, P. R. (Eds.). **Fruit processing**. London, UK: Blackie Academic & Professional, 1998. p. 70-96.

SADLER, G. D.; PARISH, M. E.; WICKER, L. Microbial, enzymatic, and chemical changes during storage of fresh and processed orange juice. **Journal of Food Science**, Chicago, v. 57, n. 5, p. 1187-1191, 1992.

SAIPETCH, K. S. **Separation and quantitation of limonoids and flavonoids in juice and by-products of sweet orange (*Citrus sinensis*)**. 2004. 263f. Dissertation (PhD in Food Science) – Department of Food Science and Human Nutrition, Michigan State University, 2004.

SANDHU, K. S.; MINHAS, K. S. Oranges and citrus juices. In: HUI, Y. H. (Ed.). **Handbook of fruits and fruit processing**. Ames, IA: Blackwell, 2007, p. 309-357.

SCHOTTLER, P.; PECORONI, S.; GUNNEWIG, W. **Separators, decanters and process lines for citrus processing**. Oelde: Westfalia, 2002. Separator 47.

SHAW, P. E. Aqueous essences. In: NAGY, S.; SHAW, P. E.; VELDHUIS, M. K. (Eds.). **Citrus science and technology**. Wesport, CO: Avi, 1977. p. 463-478.

———. Review of quantitative analyses of citrus essential oils. **Journal of Agricultural and Food Chemistry**, Easton, v. 27, n. 2, p. 246-257, 1979.

———. Fruits II. In: MAARSE, H. (Ed.). **Volatile compounds in foods and beverages**. New York: Marcel Dekker, 1991. p. 764.

———. Volatile components important to citrus flavors. In: REDD, J. B. et al. (Eds.). **Quality control manual for citrus processing plants**. Auburndale: AGScience, 1996. p. 134-172.

SHAW, P. E.; WILSON, C. W. Organic acids in orange juice, grapefruit, and cherry juices quantified by high-performance liquid chromatography using neutral resin or propylamine columns. **Journal of the Science of Food and Agriculture**, London, v. 34, p. 1285-1288, 1983.

SNIR, R. et al. Total and thermostable pectinesterase in citrus juices. **Journal of Food Science**, Chicago, v. 61, n. 2, p. 379-382, 1996.

STEUER, B.; SCHULZ, H.; LAGER, E. Classification and analysis of citrus oils by NIR spectroscopy. **Food Chemistry**, Oxford, v. 72, p. 113-117, 2001.

STEWART, I. Provitamin A and carotenoid content of citrus juices. **Journal of Agricultural and Food Chemistry**, Easton, v. 25, p. 1132-1137, 1977.

SUN, D. **Pectinesterase activity, stability, and structure**. 1997. 90f. Dissertation (PhD in Food Science) – Food Science & Technology Department, University of Georgia, Athens, 1997.

TING, S. V.; ATTAWAY, J. A. Citrus fruits. In: HUME, A. C. (Ed.). **Biochemistry of fruits and their products**. New York: Academic Press, 1971. p. 788.

TRIBESS, T. B. **Estudo da cinética de inativacão térmica da pectinesterase em suco de laranja natural minimamente processado**. 2003. 117f. Tese (Mestrado em Engenharia Química) – Escola Politécnica, Universidade de São Paulo, São Paulo, 2003.

UNITED STATES DEPARTMENT OF AGRICULTURE. Agricultural Research Service. **USDA National nutrient database for standard reference**. release 21. Washington: Joanne Holden (Research Leader), 2008. Disponível em: <http://www.ars.usda.gov/ba/bhnrc/ndl>. Acesso em: 21 set. 2008.

VAILLANT, F. et al. Strategy for economical optimisation of the clarification of pulpy fruit juices using crossflow microfiltration. **Journal of Food Engineering**, Exxexi, v. 48, p. 83-90, 2001.

VITALI, A. A.; RAO, M. A. Flow properties of low-pulp concentrated orange effect of temperature and concentration. **Journal of Food Science**, Chicago, v. 49, p. 882-888, 1984a.

———. Flow properties of low-pulp concentrated orange juice: serum viscosity and effect of pulp content. **Journal of Food Science**, Chicago, v. 49, p. 876-881, 1984b.

WATERS, R. D. Cold pressed citrus oil recovery. **Transactions of the Citrus Engineering Conference**, Lakeland, v. 39, p. 28-48, 1993.

WAYMAN, M. J. V. Water supplies, effluent disposal and other environmental considerations. In: ARTHEY, D.; ASHURST, P. R. (Eds.). **Fruit processing**. London, UK: Blackie Academic & Professional, 1996. p. 221-243.

WEBB, E. L. **Describing a citrus pulp wash system using a modified McCabe-Thiele method**. 1997. 86f. Thesis (Master in Chemical Engineering) – Department of Chemical Engineering, University of South Florida, Tampa, 1997.

WICKER, L.; ACKERLEY, J. L.; HUNTER, J. L. Modification of pectin by pectinmethylesterase and the role in stability of juices beverages. **Food Hydrocolloids**, Oxford, v. 17, p. 809-814, 2003.

WICKER, L.; TEMELLI, F. Heat inactivation of pectinesterase in orange juice pulp. **Journal of Food Science**, Chicago, v. 53, n. 1, p. 162-164, 1988.

WRIGHT, J. Essential oils. In: ASHURST, P. R. (ed.). **Food flavorings**. Glasgow, UK: Blackie Academic & Professional, 1995, p. 25-57.

YEON-LIM TEO, A.; RAVISHANKAR, S.; SIZER, C. E. Effect of temperature, high pressure treatment on the survival of escherichia coli o157:h7 and salmonella in unpasteurized fruit juices. **Journal of Food Protection**, Ames, v. 64, n. 8, p. 1122-1127, 2001.

25

SUCO DE UVA

DANIELA BARNABÉ
VALTER MARZAROTTO

25.1 INTRODUÇÃO

25.1.1 Histórico

Os derivados não alcoólicos da uva são muito antigos. Gregos e Romanos se utilizavam do calor para concentrar o mosto da uva e desta maneira viabilizar sua conservação. Para evitar o excessivo sabor de cozido o aquecimento era controlado e prosseguia até alcançar a concentração deseja. Na Roma antiga eram conhecidos vários tipos de mosto: o aquecido até reduzir seu volume pela metade se chamava *defrutum decoctum*, até um terço era designado *sapa* e até um quarto *carenum*. O mosto proveniente de uvas passificadas se chamava *passum*. Esses mostos eram utilizados para substituir o mel, diminuir a aspereza dos vinhos, para preparar doces e como bebida, após sua reconstituição com água. Este antigo método mediterrâneo ainda é empregado em inúmeras receitas da culinária contemporânea.

O suco de uva só passou a ser conservado sob a forma integral após os estudos de Louis Pasteur (1822-1895), o qual identificou a natureza biológica das fermentações e estabeleceu os primeiros princípios do processo que ficou conhecido por pasteurização.

O primeiro suco de uva processado nos Estados Unidos foi preparado pelo Dr. Thomas Welch, dentista de Vineland – New Jersey, no ano de 1869. Auxiliado por sua esposa e seu filho Charles, colheu 40 libras (um pouco menos de 20 kg) de uvas *Concord*, no parreiral em frente a sua casa. Cozinhou as uvas por alguns minutos, extraiu o suco utilizando-se de bolsas de pano e o depositou em doze garrafas que estavam na mesa da cozinha. Para conservar o suco, o Dr. Welch tampou as garrafas com rolhas de cortiça e cera. Na sequência, ferveu os recipientes em água, esperando matar as leveduras presentes e, assim, evitar a fermentação. A aplicação da teoria desenvolvida por Louis Pasteur, pelo Dr. Welch, na conservação de suco de uva fresco foi um sucesso. O feito abriu caminho para a indústria do engarrafamento de sucos de fruta na América. Esse primeiro suco foi utilizado em cerimônias religiosas da Igreja Metodista, de onde vieram também os primeiros pedidos. Em 1896, Charles Welch transferiu a fábrica de suco para Watkins Glen, e, no ano seguinte, para Westfield (New York), quando chegou a processar 300 toneladas de uvas. "Welch" passou a ser sinônimo de processo de elaboração de suco de uva.

Os primeiros registros da produção de suco de uva no Brasil remontam ao início do século XX. No atual município de Monte Belo (RS), o estabelecimento Oreste Franzoni & Cia, com produtos premiados em Turim (Itália) ainda no ano de 1911, produzia o "Suco de Uvas Franzoni". A oportunidade para degustar suco de uva era uma das mais importantes atrações nas primeiras Festas da Uva, que se iniciaram na cidade de Caxias do Sul em 1931. Nesse mesmo ano, Caxias do Sul, que concentrava um terço da produção gaúcha de uvas, exportou para outros estados 33.700 litros de suco de uva.

A produção de suco de uva era feita em estabelecimentos que também produziam vinhos. A produção simultânea exigia a adoção de cuidados especiais, uma vez que a fermentação que dava origem ao vinho diminuía a qualidade do suco de uva. Essa condição de trabalho favoreceu a ocorrência de grandes oscilações de produção de suco, que se reduzia sempre que o mercado de vinhos se apresentava mais favorável.

Além dos problemas de comercialização, outras causas podem ter provocado a redução da produção, como deficiências de qualidade, dificuldades no processo tecnológico de elaboração e de adaptação de instalações para suco e vinho. Os Anais do 5º Congresso Brasileiro de Viticultura e Enologia, realizado na cidade de Caxias do Sul em 1950, registraram as dificuldades de conservar e transportar o suco de uva. Advertiam que esse desafio deveria ser vencido pela técnica enológica, de modo que o consumidor pudesse apreciar os caracteres gustativos das uvas frescas, e beneficiar sua saúde com as propriedades biológicas, higiênicas e energéticas do suco de uva.

No ano de 1965, identificavam-se no Brasil dezenove indústrias produtoras de suco, sendo que dez situavam-se no Estado do Rio Grande do Sul. Em 1969 restavam apenas 13, encontrando-se oito no Rio Grande do Sul, duas em Santa Catarina, duas em São Paulo e uma no Rio de Janeiro. Do total da produção nacional de suco, 80% concentrava-se no Rio Grande do Sul.

Informações decorrentes de pesquisas davam conta de que em 1972 produziam-se no Brasil 11 marcas de suco de uva. Empregando o processo *Welch*, eram produzidos os sucos Superbom, Cica, Uvete, Samuva, Aliança, Dreher e Salton; pelo processo *Flanzy*, os sucos Único, Uvará e Vituva; e pelo processo misto o suco Palácio. As quantidades produzidas foram de 13.180.900 litros no ano de 1965, 3.403.981 litros no ano de 1969 e 3.509.000 litros em 1972.

As boas perspectivas do mercado nacional e internacional verificadas em 1973 promoveram o reaparelhamento e a retomada da produção em maior escala por diversas empresas gaúchas, estimuladas que foram também pela existência de matéria-prima em quantidade e qualidade necessárias. O cultivo de variedades americanas, especialmente aptas à produção de suco de uva, predominava em razão da política de preços mínimos, de sua produtividade, rusticidade, resistência natural a pragas e moléstias e facilidade de cultivo. A regulamentação da lei que obrigou o uso de suco natural nos refrigerantes também serviu de estímulo para a atividade.

Na atualidade, o Rio Grande do Sul responde por cerca de 90% do total dos vinhos e sucos de uvas produzidos e comercializados pelo Brasil. Por esta razão, os dados estatísticos relativos à essa atividade econômica desenvolvida em terras gaúchas representam em boa medida o que ocorre em nível nacional. A produção de mosto, suco concentrado, suco integral e adoçado vem crescendo a passos largos há quase uma década, absorvendo quase 50% do total da uva industrializada no estado (Tabela 25.1). Observa-se uma migração da uva destinada à produção de vinhos de mesa para a indústria do suco.

Tabela 25.1 Evolução da produção de sucos e mostos de uva no Estado do Rio Grande do Sul.

Ano	Mosto e/ou mosto de uva sulfitado (L)	Suco de uva concentrado (kg)	Suco de uva integral e/ou adoçado (L)
1980	37.553.414	–	–
1981	48.762.185	–	–
1982	37.506.770	–	–
1983	27.314.628	–	–
1984	17.331.744	–	–
1985	10.637.557	3.441.668	3.544.706
1986	7.031.320	2.493.061	2.116.507
1987	7.821.040	3.607.276	2.262.240
1988	16.544.460	5.973.070	2.018.000
1989	8.141.100	4.831.053	2.824.600

(*continua*)

Tabela 25.1 Evolução da produção de sucos e mostos de uva no Estado do Rio Grande do Sul. (*continuação*)

Ano	Mosto e/ou mosto de uva sulfitado (L)	Suco de uva concentrado (kg)	Suco de uva integral e/ou adoçado (L)
1990	13.307.690	8.672.942	2.848.560
1991	17.407.568	8.636.962	3.609.000
1992	27.491.540	7.052.826	4.033.698
1993	17.218.000	8.586.053	3.800.800
1994	10.972.700	9.795.221	3.884.000
1995	20.917.600	9.035.183	4.123.776
1996	12.111.372	7.074.000	2.407.900
1997	19.066.000	11.014.045	2.884.969
1998	11.046.570	10.381.000	3.904.186
1999	14.359.734	11.811.354	4.132.303
2000	16.192.018	14.176.000	3.546.779
2001	6.977.231	12.790.752	5.196.430
2002	19.455.487	14.722.802	5.505.889
2003	17.360.383	11.048.364	4.659.258
2004	24.454.525	17.864.762	6.207.037
2005	25.309.967	20.293.359	8.447.352
2006	25.903.812	17.414.605	13.946.491
2007	37.558.010	19.280.709	10.853.134
2008	53.683.415	23.014.646	13.821.608
2009	53.298.555	23.006.457	17.847.786
2010	45.912.040	23.238.685	28.776.069
2011	78.715.527	29.476.186	42.682.833
2012	93.259.547	37.536.883	34.010.452
2013	58.517.506	32.098.662	34.453.280

Fonte: União Brasileira de Vitivinicultura (1980, 2001); Instituto Brasileiro do Vinho (2002, 2013).

25.1.2 Definição legal

A legislação brasileira define o suco de uva como a bebida não fermentada e não diluída, obtida do mosto simples, sulfitado ou concentrado, de uva sã, fresca e madura. A extração do mosto da parte comestível da uva (*Vitis sp.*) se efetivará por meio de processo tecnológico adequado, de modo que se preservem o aroma e sabor próprios da matéria-prima de origem. Quanto à cor o suco poderá ser classificado como tinto, rosado ou translúcido (branco). O suco de uva deverá conter menos de 0,5% de álcool v/v.

Ainda de acordo com a legislação, estão previstas as seguintes designações para os sucos de uva, de acordo com o tipo:

- Suco de uva concentrado: é o produto obtido pela desidratação parcial do suco de uva, por meio de processo tecnológico adequado, com teor mínimo de sólidos solúveis naturais da fruta de 65 °Brix.
- Suco de uva desidratado: é o suco em forma sólida obtido pela desidratação do suco de uva, com teor de umidade inferior a 3%.
- Suco de uva integral ou simples: é o suco de uva não concentrado, não diluído e sem qualquer adição de açúcar.
- Suco de uva adoçado: é o suco de uva adicionado de açúcar, em quantidade máxima equivalente a 10% em peso dos açúcares naturais.
- Suco de uva reconstituído: é o suco obtido pela diluição de suco concentrado ou desidratado até sua concentração natural. O produto resultante deverá atender aos padrões de identidade

e qualidade previstos para o suco de uva integral. Na lista de ingredientes, que deve constar da rotulagem, deverão estar relacionados os ingredientes utilizados para a preparação do suco reconstituído.

A composição do suco de uva, segundo a legislação brasileira, deverá atender aos limites indicados na Tabela 25.2, além de obedecer aos demais Padrões de Identidade e Qualidade fixados para suco de fruta.

Tabela 25.2 Limites analíticos estabelecidos pela legislação brasileira para o suco de uva.

Parâmetro	Limite	
	Mínimo	Máximo
Sólidos solúveis em °Brix, a 20 °C	14,00	–
Acidez total expressa em ácido tartárico (g/100 g)	0,41	–
Açúcares totais, naturais da uva (g/100 g)	–	20,0
Acidez volátil, em ácido acético (g/100 g)	–	0,050
Sólidos insolúveis, % (v/v)	–	5,00

Fonte: Ministério da Agricultura – Instrução Normativa n. 01, de 7 de janeiro de 2000.

Por meio do teor mínimo de sólidos solúveis, a legislação determina que a uva deve atingir um nível de maturação adequado para a industrialização. O nível de acidez total mínimo, associado ao máximo de açúcares, pretende evitar a elaboração de sucos desequilibrados no que se refere à relação açúcar/acidez. O teor de acidez volátil denuncia os sucos mal elaborados, produzidos com matéria-prima deficiente em sanidade, com uva inadequadamente transportada ou deteriorada pelo excesso de tempo transcorrido entre a colheita e o processamento. O teor de insolúveis refere-se ao teor máximo de sólidos em suspensão, o que permite diferenciar o produto suco daquele designado de polpa.

O nível máximo de contaminantes minerais admitido pela legislação brasileira está relacionado na Tabela 25.3, sendo mais restritivo o estabelecido pela Agência Nacional de Vigilância Sanitária que internalizou legislação do Mercosul (Mercosul/GMC/Res. n. 12/11). No que se refere a contaminação por micotoxinas, a Resolução – RDC – n. 7, de 18 de fevereiro de 2011, da Agência Nacional de Vigilância Sanitária, estabeleceu para o suco de uva um teor máximo de 2 µg/kg de Ocratoxina A.

Tabela 25.3 Nível máximo de contaminação mineral.

Descrição	Ministério da Agricultura (mg/L)	Agência Nacional de Vigilância Sanitária (mg/kg)
Arsênio (As)	0,2	0,1
Cádmio (Cd)	–	0,05
Chumbo (Pb)	0,3	0,05
Cobre (Cu)	5,0	–
Estanho (Sn)	250,0	150 (suco enlatado)
Ferro (Fe)	15,0	–
Zinco (Zn)	5,0	–
Conteúdo total de metais, em ferro, precipitados pelo ferrocianeto de potássio (II)	20,0	–

Fonte: Ministério da Agricultura – Portaria n. 371, de 9 de setembro de 1974; Agência Nacional de Vigilância Sanitária, Resolução RDC n. 42, de 29 de agosto de 2013.

Os aditivos antioxidantes e conservadores autorizados pela legislação brasileira para uso em suco, e os respectivos limites, são os relacionados na Tabela 25.4. De acordo com a legislação que aprovou a lista, quando forem utilizados dois ou mais aditivos com a mesma função tecnológica, a soma das quantidades desses aditivos não poderá ser superior ao maior limite individual estabelecido.

Tabela 25.4 Aditivos conservadores e antioxidantes.

Aditivo e respectiva função	Dosagem máxima (g/100 mL)
Ácido sórbico e seus sais de cálcio, potássio e sódio (conservador)	0,1 (como ácido sórbico)
Ácido benzoico e seus sais de cálcio, potássio e sódio (conservador)	0,1 (como acido benzoico)
Dicarbonato dimetílico (conservador)	0,025
Ácido ascórbico e seus sais de cálcio, potássio e sódio (antioxidante)	*quantum satis*
Dióxido de enxofre e seus sais de cálcio, potássio e sódio (antioxidante)	0,005 (como SO_2)

Fonte: Agência Nacional de Vigilância Sanitária – Resolução RDC n. 8, de 6 de março de 2013.

25.1.3 Composição e valor nutritivo

A composição química do suco de uva depende especialmente da variedade de origem, da maturação, do comportamento do clima e dos tratamentos a que o produto é submetido. Se o suco natural da uva não é submetido a nenhum tratamento que faça variar sua concentração, nem desnaturalizado de alguma forma, sua composição é similar à da uva de origem, exceto no que se refere a fibras e aos óleos que são encontrados em maior quantidade nas sementes.

A tecnologia de produção empregada pode proporcionar diferentes níveis de extração de substâncias presentes na película das uvas, dando origem a importantes variações na composição química e organoléptica do suco acabado. A temperatura, o tempo e a forma de extração são os fatores tecnológicos mais importantes a serem considerados. As características analíticas dos sucos de uva brasileiros estão relacionadas na Tabela 25.5.

Tabela 25.5 Características analíticas dos sucos de uva brasileiros.

Variável	Teor		
	Mínimo	Médio	Máximo
Densidade relativa 20 / 20 °C	1,0556	1,0746	1,0835
Sólidos solúveis (°Brix)	12,8	17,1	18,9
Açúcares totais (g/L)	118,0	165,1	182,0
Acidez total (% em ácido tartárico)	0,41	0,71	1,01
pH	2,80	3,08	3,43
Cinzas (g/L)	0,90	2,64	3,70
Índice de cor (I 520 nm)	0,268	0,407	0,734
Antocianinas (mg/L)	21,0	144,3	380,0
Potássio (mg/L)	634	975	1519
Sódio (mg/L)	1,4	13,9	114,0
Cálcio (mg/L)	73,0	105,6	168,2
Magnésio (mg/L)	51,5	80,5	153,0
Manganês (mg/L)	0,8	1,4	2,8
Ferro (mg/L)	0,1	3,2	15,3
Cobre (mg/L)	0,3	1,8	6,0
Zinco (mg/L)	0,2	0,7	2,2
Lítio (mg/L)	0,9	2,4	11,0
Fósforo (mg/L)	51,0	86,1	116,2

Fonte: Rizzon, Manfroi e Meneguzzo (1998).

A rica constituição do suco de uva (Tabela 25.6), em que se destacam os carboidratos (glicose, frutose, sacarose, pentoses, polissacarídeos e pectinas), ácidos orgânicos, polifenóis, compostos nitrogenados, sais minerais, vitaminas, aromas e outros, faz com que seja considerada uma bebida diferenciada, uma vez que tem efeito energético, nutricional e terapêutico.

Tabela 25.6 Valor nutricional do suco de uva.

Princípio alimentar	Concentração
Água (%)	81 a 86
Calorias (kcal/L)	700 a 900
Açúcares (g/L)	140 a 180
Minerais (g/L)	1,5 a 3,0
Lipídios (g/L)	1,0 a 2,0
Protídeos (g/L)	2,0 a 3,0
Pectina (g/L)	0,3 a 0,6
Aminoácidos (g/L)	0,6 a 2,0
Vitaminas:	
Inositol (mg/100 g)	40 a 50
Tiamina (µg/100 g)	50 a 60
Riboflavina (µg/100 g)	50 a 60
Niacina (µg/100 g)	0,4 a 0,6
Ácido ascórbico (mg/100 g)	0,2 a 4,0

Fonte: Rizzon, Manfroi e Meneguzzo (1998).

O suco de uva é constituído, principalmente, por água (81 a 86%), a qual é extraída pelas raízes da videira e acumulada nas células da fruta. Em ordem decrescente de quantidade, aparecem os açúcares, representados especialmente por glicose e frutose, em quantidades equivalentes, cujo montante depende do cultivar e do nível de maturação da uva.

Estão presentes na uva os ácidos tartárico, málico e cítrico, os quais determinam a característica ácida dos sucos, estimulam a produção de saliva e de suco gástrico e, por consequência, favorecem o apetite.

Apresenta, também, um elevado teor de potássio, o qual estimula o funcionamento dos rins e regula as batidas do coração. Contém apreciáveis quantidades de outros minerais, como cálcio, magnésio, cloretos, sulfatos e fosfatos. Os minerais participam da formação dos ossos, sangue e nervos, bloqueiam a atividade de determinados ácidos, como por exemplo o ácido úrico, favorecendo a manutenção da alcalinidade do sangue. Em quantidades menores, estão presentes ferro, cobre, zinco, manganês, lítio e sódio. O reduzido teor de sódio não favorece a hipertensão arterial e o ferro previne a ocorrência de anemia ao participar da construção da hemoglobina do sangue.

Os polifenóis, dentre os quais encontram-se os ácidos fenólicos, resveratrol, antocianinas e taninos, respondem pela cor, adstringência e estrutura dos sucos de uva. Essas substâncias têm ação antioxidante, regulam a permeabilidade e a resistência do sistema vascular. Os taninos, por sua vez, têm efeito antibiótico.

Fazem parte da constituição do suco de uva também substâncias nitrogenadas, presentes sob a forma de polipeptídios, proteínas, nitrogênio amoniacal e os 20 aminoácidos considerados indispensáveis para o organismo humano. Nos sucos de uva Isabel, predominam a arginina e α-alanina, e nos provenientes de uvas *Vitis vinifera* preponderam a arginina e a prolina.

A presença de elementos oligodinâmicos, vitaminas e enzimas, além da pobreza em lipídios, permite que os princípios nutritivos sejam digeridos e assimilados com facilidade. Segundo sua constituição os sucos de uva proporcionam um valor energético entre 700 e 900 kcal/L. Normalmente, encontram-se no suco de uva vitaminas do complexo B (tiamina, riboflavina e niacina), além de vitamina C e inositol.

Considerando produtos obtidos da mesma matéria-prima, os sucos turvos são mais completos do ponto de vista alimentar, motivo que faz crescer seu consumo especialmente na Europa.

A ampeloterapia, que consiste na ingestão diária de uva durante certo tempo, levada a cabo sob supervisão médica direta, é indicada em casos de constipação, alguns tipos de infecção renal e do aparelho circulatório. O tratamento com uva traz benefícios em caso de gota, hiperuricemia, formas de diabetes melito com uma certa tolerância aos glicídios, tuberculose, síndrome de pequena insuficiência hepática, obesidade, falta de apetite, astenia, convalescença, distúrbios dispépticos e leve hipovitaminose C. O suco de uva purifica e enriquece o sangue de glóbulos vermelhos, regula a circulação e a respiração. Combate a flatulência, a atonia intestinal e as fermentações. As contra-indicações de modo geral referem-se à colite, diarreia, nefropatias edemígenas e formas hipertensivas pletóricas.

A literatura especializada relaciona o resultado de inúmeras pesquisas científicas, as quais demonstraram que o suco de uva, em razão de sua riqueza em substâncias bioativas, como os compostos fenólicos, flavonoides e não flavonoides, possui uma importante atividade antioxidante, é anti-inflamatório, hipocolesterolêmico, reduz a oxidação do colesterol LDL, melhora a função endotelial e exerce atividade antigenotóxica. Os sucos de uva tintos apresentaram um maior conteúdo polifenólico e maior capacidade antioxidante *in vitro* que os brancos. Os sucos originários de uvas cultivadas no sistema orgânico, por sua vez, deram origem a sucos com maior conteúdo em polifenóis totais, assim como de resveratrol, que os de uva convencional.

Pesquisas científicas conduzidas com ratos *Wistar* alimentados com suco produzido com uva Bordô colhida na Serra Gaúcha, demonstraram que a bebida tem capacidade de proteger os tecidos cerebrais de danos oxidativos induzidos no decorrer do experimento. A maior capacidade antioxidante foi manifestada pelo suco orgânico, provavelmente por seu maior conteúdo polifenólico. Logo, o consumo de suco de uva poderia também contribuir para a prevenção de doenças relacionadas com o stresse oxidativo, tais como a aterosclerose e o mal de Parkinson.

25.2 MATÉRIA-PRIMA

As variedades destinadas à produção de suco de uva devem reunir algumas características básicas, entre as quais se destacam o bom rendimento em mosto, adequada relação doçura/acidez, aroma e sabor agradável, além de bom nível de maturação e sanidade. Geralmente, as uvas que dão origem aos melhores sucos não são adequadas para vinho, em função do menor teor de açúcar, aroma característico, acidez mais elevada e falta de aptidão para o envelhecimento.

A escolha da variedade para a elaboração de suco deve ter em consideração também o gosto do consumidor. A diversidade de hábitos faz com que, em cada região, sejam empregadas uvas com características de sabor muito distintas, o que se evidencia pelo fato de serem utilizadas uvas de origem americana, europeias ou híbridas.

Manter o frescor do sabor no decorrer do processo de produção e conservação se constitui em uma das principais qualidades da uva para suco. As uvas americanas preservam essas características mesmo quando o suco é submetido à pasteurização. Seu aroma "foxado", que não é aceito por um grande número de consumidores de vinho, torna-se característica positiva quando presente no suco de uva. Pelos motivos expostos, na América, as variedades nativas predominam na indústria de suco, com destaque para a *Concord*.

O suco das uvas da espécie *Vitis vinifera*, de outra parte, perde o frescor e assume gosto de cozido ao longo do processamento. Essa característica justifica a notória falta de aroma dos sucos de uva europeus, exceto nos preparados a partir de uvas

Moscatel, fazendo com que muitos sejam misturados com sucos de outras frutas, como laranja, framboesa e morango.

Na Suíça e noutros países da Europa Central, são utilizadas variedades da espécie *Vitis vinifera* como *Chasselas Doré* e *Riesling*, além de alguns híbridos franceses, cujo frescor é mantido pelo uso da ultrafiltração como forma de conservação. Na Itália, o suco é preparado com uvas tintas Isabel e Seibel 5455 e com a variedade branca *Seyve-Villard* 5276; têm especial aptidão as uvas Cardinal e Regina, pelo baixo teor de açúcares, fineza aromática e riqueza em substâncias pécticas e coloidais (capazes de estabilizar sucos turvos). Na França, emprega-se a variedade *Aramon*, nos Estados Unidos as variedades *Concord* e *Isabel*, na Espanha uvas Moscatel, Macabeo, Airen e Jaén, e na Argentina as uvas Barbera d'Asti, Cereza e Pedro Ximenez.

O nível ideal de maturação tecnológica da uva está relacionado com a variedade e principalmente com o gosto do consumidor. Segundo a opinião de pesquisadores, na Europa são preferidos os sucos com 13 a 16% de açúcares e acidez entre 0,8 a 1,0%, expressa em ácido tartárico (p/v), verificando-se pequenas variações segundo o país considerado. Na Argentina, os sucos possuem 17 a 20% de açúcar e acidez entre 0,6 e 0,7%. As variações do teor de açúcar e acidez deixam evidente a diversidade de gostos dos diferentes povos. Para os padrões brasileiros, os primeiros apresentam pouca doçura e excesso de acidez, estando em posição inversa os sucos argentinos, que se apresentam muito doces e com certa deficiência em acidez.

A literatura refere que, para os padrões brasileiros, os sucos deveriam apresentar 15% de açúcar e 0,8% de acidez total (p/v), aproximadamente, e que a relação açúcar/acidez adequada estaria entre 16 e 19,5.

Na Serra Gaúcha, região que concentra a maior parte da produção nacional, há uma grande produção de uvas americanas, as quais apresentam especial aptidão para a elaboração de sucos de qualidade. São empregadas, principalmente, uvas tintas, com destaque para as variedades Isabel, Bordô, *Concord* (*Vitis labrusca*) e *Jacquez* (*Vitis Bourquina*). Em proporção muito reduzida, produz-se suco de uva branca, a partir da variedade Niágara Branca (predominantemente *Vitis labrusca*).

25.2.1 Cultivar Isabel

A cultivar, cujo nome correto é Isabella, é originária da Carolina do Sul (Estados Unidos). É conhecida também com o nome de Uva Manga, Americana e Nacional. No Uruguai, é denominada de Frutilla e Brasileña, e, na Itália, é chamada de Fragola. Historicamente, a viticultura do Rio Grande do Sul esteve voltada para o cultivo da uva Isabel em razão de sua rusticidade, fácil cultivo, boa produção, pouca sensibilidade a pragas e moléstias, grande longevidade, além de permitir o cultivo de pé-franco. Ainda hoje, representa a maior quantidade de uva produzida no Brasil. Tem boa capacidade de acumular açúcar, variando entre 15 e 19 °Brix, podendo superar facilmente 20 °Brix, dependendo das condições da safra. Encontra utilização na produção de vinho, como uva de mesa, na produção de suco, doces e geleias.

Uma mutação somática deu origem a um clone que foi denominado de "Isabel Precoce", selecionado no ano de 1993, em um vinhedo de Farroupilha – RS. Este clone diferencia-se da Isabel tradicional, unicamente por ter a maturação antecipada em 35 dias, o que permite ampliar, de modo muito significativo, o período de produção e processamento da fruta.

25.2.2 Cultivar Ives

Teve origem em Ohio (Estados Unidos). A cultivar é comumente denominada de Bordô e também conhecida por *Ives Seedling*, *York Madeira*, por Terci (Paraná) e Folha de Figo (Minas Gerais). Apresenta elevada rusticidade, motivo pelo qual dispensa maiores cuidados no cultivo. Apesar de proporcionar baixo rendimento em suco, a variedade é muito empregada para melhorar o de Isabel e *Concord* em razão da elevada intensidade de cor e aroma que proporciona. O teor de açúcar varia de 14 a 17 °Brix.

25.2.3 Cultivar *Concord*

É a uva padrão internacional para a produção de sucos, uma vez que as características de frescor se mantêm bastante íntegras ao longo do processo de industrialização. Apresenta boa relação açúcar/acidez e elevado rendimento em mosto. É originária dos Estados Unidos (Massachusetts), país onde se encontra muito difundida, especialmente no Estado de Nova York. Francesa, Francesa Preta e Bergerac são outras denominações da cultivar. O teor de açúcar do suco varia entre 14 e 16 °Brix.

A *Concord* Clone 30 é um clone selecionado no ano de 1989 que matura com uma antecipação de 15 dias, quando comparado a cultivar de origem. As demais características são similares à *Concord* original. Sua propagação mostrou-se interessante por permitir a ampliação do período de produção de suco de uva.

25.2.4 Cultivar *Jacquez*

Seibel e Pica Longa são outras denominações para esta variedade originária da Carolina do Sul (Estados Unidos). A cultivar apresenta bom potencial de produção de açúcar, variando entre 16 e 20 °Brix, bem como acidez e coloração elevadas. Apesar das boas características da uva, estas não se conservam ao longo do processo de produção do suco. Além de boa produtividade, é resistente às moléstias fúngicas.

25.2.5 Cultivar Niágara Branca

Surgiu em Nova York (Estados Unidos) como resultado do cruzamento entre *Concord* e *Cassady*. É conhecida também por Francesa Branca. Tem boa resistência às moléstias fúngicas, produz mosto aromático com teor de açúcares entre 15 e 17 °Brix. As características organolépticas que tornam a uva muito atrativa para o consumo *in natura* resistem bem ao processo de produção do suco.

25.2.6 Cultivar BRS Rúbea

Essa cultivar teve origem do cruzamento entre Niágara Rosada e Bordô. Foi lançada no ano de 1999 pela Embrapa Uva e Vinho. Tem especial aptidão para a produção de suco de uva por sua intensa cor violácea e qualidade do aroma e sabor. É uma cultivar resistente às principais moléstias fúngicas (antracnose, míldio, oídio e podridões do cacho), vigorosa, com capacidade produtiva média e baixo potencial de produção de açúcar (15 °Brix).

25.3 MICROBIOLOGIA

As uvas sãs são portadoras de uma elevada carga de microrganismos, constituída por leveduras, fungos e bactérias, localizada sobre a pruína e que se transfere para o suco quando acontece o esmagamento das bagas. Rompida a proteção natural, o suco é atacado e deteriorado.

Ao piorar o estado sanitário das uvas a proliferação de microrganismos sobre as bagas se intensifica. Mesmo que as uvas utilizadas para a produção de suco sejam bastante resistentes, em períodos de clima muito desfavorável, podem ser atacadas por fungos causadores de podridões, como *Aspergillus*, *Penicillium*, *Mucor* e *Botrytis cinerea*, além de outros. Essas podridões facilitam o acesso de bactérias acéticas produtoras de ácidos voláteis, que, além de alterar o sabor do suco, podem deixar o produto fora dos padrões legais.

As condições de pH, teor de água e nutrientes do suco de uva permitem que, nele, cresçam inúmeros microrganismos produtores de precipitados, odores e sabores estranhos. Os sucos recém-extraídos, mantidos à temperatura ambiente, são rapidamente atacados por leveduras produtoras de fermentação alcoólica. O álcool produzido pode ser oxidado a ácido acético por ação de bactérias. Quando o suco está exposto ao ar podem desenvolver-se em sua superfície leveduras formadoras de película e mofos.

De modo geral, a alteração inicia-se pela ação das leveduras apiculadas que produzem a fermentação alcoólica, que é tanto mais rápida quanto maior a população de microrganismos. As presenças de oxigênio e de compostos de nitrogênio prontamente assimilável facilitam a multiplicação celular. Temperaturas entre 20 e 30 °C favorecem a multiplicação das leveduras nativas. A reprodução é desacelerada em temperatura abaixo de 10 °C e diminuída significativamente acima de 37-38 °C. Assim sendo, o processo produtivo poderá ser definido de tal forma que transcorra fora da faixa crítica.

Além do ataque por leveduras, o suco pode ser deteriorado pela ação de bactérias láticas. Segundo as condições do meio e a espécie de bactéria, diversas substâncias podem ser decompostas depreciando a qualidade do suco. A degradação dos açúcares por bactérias láticas se percebe pelo aumento da acidez fixa e volátil em razão da produção de ácido lático e ácido acético, além de dióxido de carbono, etanol e outras substâncias. O ácido málico quando metabolizado por bactérias láticas, proporciona a formação de ácidos lático e succínico. O ácido cítrico, por sua vez, mesmo presente em baixas concentrações, é muito suscetível à ação das bactérias, que o transformam em ácido lático e acético, principalmente. Em condições propícias, pode ser degradado também o ácido tartárico. O suco de uva pode ser atacado também por microrganismos produtores de mucilagens. Intervêm nesses processos de deterioração bacteriana especialmente microrganismos do gênero *Lactobacillus*.

As bactérias do gênero *Alicyclobacillus spp* (ACB) são representadas por quase duas dezenas de espécies conhecidas, dentre as quais várias com capacidade para deteriorar o aroma e sabor do suco de uva, impondo características sensoriais descritas como fumaça, toucinho, químico, farmacêutico ou antisséptico. São microrganismos termoacidofílicos formadores de esporos e tão resistentes ao calor que conseguem sobreviver aos processos usuais de pasteurização. Os ACB não produzem riscos de segurança alimentar, pois não são microrganismos patogênicos. Os principais grupos de *Alicyclobacillus* identificados na indústria de sucos de fruta são *A. acidoterrestris*, A. *acidocaldarius, A. acidiphilus e A. herbarius*. É importante destacar que nem todas as cepas de ACB têm potencial para deteriorar o aroma do suco. Acredita-se que a espécie *Alicyclobacillus acidoterrestris* é a causa da maioria dos problemas de deterioração aromática, com formação de guaiacol e halofenois. Essas bactérias são encontradas na maioria dos tipos de solo, em todo o mundo. A contaminação da uva com solo, poeira, folhas e galhos, é a principal porta de entrada de ACB na cadeia de produção. O controle da higiene da matéria-prima e a adoção de um amplo sistema de boas práticas de fabricação na planta industrial são vitais para evitar a contaminação do suco de uva. Os processos de estabilização por calor não conseguem destruir os esporos de ACB, apenas os ativam e permitem que as bactérias se multipliquem. O tempo de aquecimento e o nível de temperatura necessários para a destruição dos esporos são tão elevados que o processo se torna incompatível com a manutenção da qualidade do suco de uva. A filtração esterilizante, por consequência, é uma alternativa eficaz para eliminar uma eventual contaminação do suco de uva por ACB.

O elevado teor de açúcares e ácidos dos sucos concentrados limita o ataque por microrganismos resistentes a essas condições adversas, como algumas bactérias dos gêneros *Leuconostoc* e *Lactobacillus,* além de leveduras osmofílicas.

O ar que circula nos estabelecimentos produtores de sucos é rico em leveduras, bactérias e mofos. Dentre estes, as leveduras são consideradas as mais perigosas, tanto na fase de produção como de conservação. É prudente utilizar lâmpadas ultravioletas (UV), realizar desinfecções periódicas e manter o ambiente adequadamente higienizado.

É importante ressaltar que os microrganismos que podem crescer nas condições de acidez do suco de uva dificilmente podem ser causa de malefícios à saúde humana. O pH do suco de uva muito dificilmente ultrapassa o valor de 3,5, condição em que não se desenvolvem enterobactérias, tampouco as produtoras do botulismo. De outra parte, os polifenóis constituintes dos sucos de uva, presentes em maiores concentrações nos tintos, têm marcada ação bactericida sobre diversos microrganismos, dentre os quais se encontram *Salmonella sp., Escherichia sp., Stafilococus aureus* e o vibrião da cólera.

25.4 PROCESSAMENTO

A definição da forma de processamento deve considerar as características da matéria-prima, do tipo de suco a ser elaborado e do método de conservação a ser adotado. De acordo com as várias formas de processamento e independentemente das definições legais, os sucos poderiam ser assim classificados:

- **Suco de uva natural**: é o suco produzido, conservado e estabilizado por meios físicos, não concentrado e não diluído, isento de aditivos;
- **Suco de uva conservado**: é o suco tratado com aditivos conservadores, respeitados os tipos e doses máximas admitidas pela legislação;
- **Suco de uva concentrado**: é o suco de uva parcialmente desidratado por meios físicos previstos;
- **Suco de uva concentrado conservado**: é o suco de uva concentrado adicionado de aditivos conservadores autorizados;
- **Suco de uva desidratado**: é o produto sólido obtido pela desidratação total do suco de uva natural ou concentrado; e
- **Suco de uva reconstituído**: é o suco obtido pela reidratação do suco de uva concentrado ou desidratado.

O processo escolhido para a preparação do suco deve privilegiar a conservação do frescor, da coloração e do aroma da uva de origem, isto é, deve ser capaz de transferir e manter o máximo das características da uva fresca. Para tanto devem ser evitadas quaisquer alterações de origem biológica ou provocadas pela ação das enzimas presentes naturalmente nos sucos. Também merece atenção a obtenção da estabilidade física e química do produto.

O mosto da uva está protegido pela película que mantém o interior da baga estéril. Apenas rompida esta proteção, milhões de microrganismos, juntamente com diversas enzimas, atacam o mosto, colocando em risco sua integridade. Por esta razão, a uva deve chegar íntegra ao estabelecimento produtor de suco e ser imediatamente processada. O complexo de enzimas naturais dos sucos de uva produz a fixação do oxigênio molecular sobre a matéria corante, insolubilizando-a, além de destruir os princípios aromáticos presentes. Tem especial poder oxidante a enzima lacase, produzida por fungos que atacam as uvas, e a tirosinase, natural da própria uva. De outra parte, a exposição do mosto favorece a formação de metanol pela ação de enzimas sobre a pectina da uva. Essas enzimas podem ser inativadas por fortes doses de sulfitos ou por aquecimento.

25.4.1 O estabelecimento produtor

A produção de suco de uva de qualidade exige que as instalações sejam projetadas de modo a atender todos os aspectos previstos pelas Boas Práticas de Fabricação, tendo em vista, especialmente, a vulnerabilidade do produto. Todas as etapas do processo devem ser realizadas com desenvoltura. A capacidade de produção de cada fase deve estar dimensionada de modo que não seja obstáculo ou motivo de redução da velocidade de processamento, tendo em conta, inclusive, os imprevistos que são próprios da atividade produtiva.

O estabelecimento produtor de sucos deve ser projetado de acordo com o tipo e origem da matéria-prima, o processo de produção, o tipo de produto, o modo de conservação e o destino do produto final, a fim de que seja assegurada a competitividade econômica do empreendimento. Deve ser dedicada atenção à qualidade da matéria-prima, dos ingredientes, dos aditivos e coadjuvantes de produção, à rastreabilidade da produção, ao controle de pragas, ao treinamento dos funcionários e à destinação dos resíduos.

Uma indústria limpa possibilita obter produtos de qualidade e dentro dos padrões previstos pela legislação. Critérios de limpeza e desinfecção são fundamentais para a economia do estabelecimento, pois permitem atender às exigências de qualidade feitas pelo consumidor e órgãos de controle. O primeiro aspecto a observar é a higiene pessoal dos trabalhadores. Todos devem manter as unhas cortadas e limpas. Quando em trabalho, não devem utilizar objetos de adorno (pulseiras, relógios, anéis etc.). Funcionários doentes, com feridas, cortes ou machucados devem ser afastados das linhas de produção. As mãos devem ser lavadas com sabão bactericida, sempre que se entrar na área de produção ou trocar de atividade. Os cabelos e barbas devem estar devidamente protegidos. Os uniformes devem estar sempre limpos.

Os produtos de limpeza devem ser selecionados segundo os resíduos a remover, a superfície a ser tratada, a qualidade da água e o método de aplicação. O tempo de contato e a temperatura de aplicação recomendados deverão ser considerados.

A limpeza deverá prever as seguintes etapas:

- **Pré-lavagem**: feita com água, consiste na remoção dos resíduos aderidos às superfícies.
- **Lavagem**: realizada com água e detergente, auxiliada por ação mecânica (escovação e raspagem). A remoção de gorduras, proteínas e sais tartáricos é feita com detergente alcalino. As incrustações minerais são removidas com detergentes ácidos. Esses agentes de limpeza deverão ser facilmente solúveis em água, ter poder molhante, dispersante, sequestrante, facilidade de enxágue e ser de natureza biodegradável.
- **Enxágue**: realiza-se preferencialmente com água morna ou aquecida, com a finalidade de remover os detergentes.
- **Sanitização**: visa a eliminação dos microrganismos remanescentes. Pode ser executada com água quente (80 °C durante 20 minutos) ou com elementos químicos como o ácido peracético, peróxido de hidrogênio, compostos de cloro, derivados do iodo e quaternário de amônia.
- **Enxágue**: realiza-se preferencialmente com água morna ou aquecida com a finalidade de remover os sanitizantes. Determinados sanitizantes, como o ácido peracético, não necessitam ser enxaguados.

Os métodos de limpeza e desinfecção utilizáveis são os manuais (escovas, raspadores e esponjas), por imersão (para utensílios e peças desmontáveis) e o *cleaning in place* (CIP). No processamento do suco de uva, é necessária uma grande quantidade de água de boa qualidade. Dependendo das características físico-químicas da água, ela poderá trazer problemas de incrustação ou corrosão que deverão ser oportunamente prevenidos.

As condições de limpeza e sanitização deverão ser verificadas por meio visual e controle microbiológico (*swab*, placas de contato ou última água de enxágue). Os procedimentos e controles realizados deverão ser devidamente documentados.

A indústria deverá localizar-se onde haja boa disponibilidade de água potável, energia, vias de transporte, meios de comunicação, mão de obra e matéria-prima, longe de odores desagradáveis, fumaça e poeiras. O pé-direito da área de produção deverá ter, no mínimo, quatro metros. Todas as aberturas deverão estar protegidas por telas que evitem a entrada de insetos. Deverá haver suficiente iluminação e ventilação. As portas deverão ser capazes de impedir o ingresso de pragas. O piso deve ser impermeável, de fácil limpeza e antiderrapante, com inclinação suficiente para escoamento das águas de lavagem, feito de cerâmica ou revestimento monolítico resistente a choques mecânicos e ataque químico. Os ralos devem possuir grade e sifão. As paredes devem ser revestidas de material impermeável, facilmente lavável, de cor clara e isento de frestas. Os sanitários devem comportar o número de funcionários, ser bem iluminados, ventilados e mantidos limpos. Nos locais de produção deverá haver locais para lavagem e desinfecção das mãos, bem como para troca de roupa e alimentação. Devem ser observadas as normas de segurança e saúde do trabalho previstas em legislação específica.

25.4.2 Colheita

O processo de produção propriamente dito é antecedido pela colheita e transporte da uva até o estabelecimento produtor. A uva deve ser colhida quando tiver alcançado o estágio denominado de maturação tecnológica ideal, isto é, quando a relação açúcar/acidez for a mais adequada para a produção do suco. A evolução da maturação pode ser acompanhada pela mudança de aspecto, consistência, teor de açúcar e acidez da uva. Quando se aproxima a época da colheita, é conveniente analisar periodicamente amostras representativas do vinhedo, repetindo o procedimento a cada três dias. O teor de açúcar poderá ser medido por meio de mostímetro ou refratômetro e a acidez por meio de titulação alcalinimétrica.

À medida que avança a maturação, as uvas passam a apresentar acréscimos nos teores de sólidos solúveis e matéria corante. De modo geral, há uma significativa redução na concentração de ácido málico e mais moderada de ácido tartárico, o que implica em uma redução do nível global da acidez.

As uvas industrializadas devem ser originárias de videiras onde os tratamentos fitossanitários aplicados consideraram a lista de defensivos permitidos pela legislação para a cultura da uva, o período de carência e as respectivas dosagens, a fim de preservar a saúde do consumidor e a qualidade do suco produzido.

A vindima das uvas para suco se realiza, preferencialmente, nas primeiras horas da manhã e em dias secos. As uvas devem ser mantidas ao abrigo do sol até chegarem ao estabelecimento produtor de suco. O rompimento dos grãos deve ser evitado, pois proporciona alterações que diminuem a qualidade do suco. Assim, as uvas devem ser colhidas com cuidado e depositadas em recipientes de pequeno volume, como caixas plásticas de pequena altura (rasas), com capacidade para 20 kg, as quais também apresentam facilidade de limpeza.

A sensibilidade das bagas da uva ao rompimento impede o transporte das uvas por longas distâncias, uma vez que o suco fermenta em poucas horas e compromete a matéria-prima de forma irreversível.

25.4.3 Recepção da matéria-prima

Nesta etapa são realizadas a identificação da variedade de uva, a avaliação do estado sanitário, a determinação do teor glucométrico e a separação de restos de vegetação eventualmente presentes. A importância da avaliação da uva reside no fato de que é fator determinante da qualidade do suco. Uvas com estado sanitário comprometido, ou incompletamente maduras, podem dar origem a produtos de qualidade medíocre e fora dos padrões previstos pela legislação vigente.

25.4.4 Desengace e esmagamento

O processo industrial se inicia com o esmagamento da uva. Utilizam-se, para esta operação, máquinas que promovem a separação das bagas do engaço e, em seguida, realizam o esmagamento das uvas com o emprego de rolos, designadas de desengaçadeiras/esmagadeiras. O esmagamento deve ser suave, caracterizado apenas pelo rompimento da película, sem que haja qualquer dilaceração das sementes. Máquinas baseadas no sistema centrífugo devem ser evitadas, pois produzem excessiva dilaceração das partes sólidas. A uva esmagada é alojada em um tanque pulmão com fundo cônico, provido de agitador de pás de baixa rotação, que vai alimentar de forma contínua a sequência do processo.

Para produção de sucos brancos aromáticos, o esmagamento é seguido de um período de maceração pelicular, isto é, de um período de contato entre casca e suco para maximizar a extração dos princípios do aroma. Para retardar o início de fermentações, pode-se esfriar a massa até 5 °C. A extração dos princípios aromáticos pode ser facilitada e acelerada por meio da adição de enzimas pectolíticas. O tempo de contato depende da matéria-prima, podendo alcançar de 4 a 24 horas.

Os sucos de variedades brancas, bem como os tintos ou rosados provenientes de uvas tintóreas (uvas com polpa colorida), são obtidos por meio da sequência: desengace, esmagamento e prensagem da uva. A prensagem direta das uvas, sem prévio esmagamento, também oferece bons resultados. O tratamento da polpa com enzimas pectolíticas pode facilitar a prensagem e aumentar o rendimento em suco, o que é indispensável, no caso de uvas com polpa carnosa.

A maioria das uvas destinadas à produção de sucos tintos, entretanto, tem a cor localizada nas células internas da casca, sendo sua transferência para o ambiente externo obstaculizada pela presença da pectina. Essas uvas, se submetidas unicamente ao esmagamento e prensagem, dão origem a suco apenas rosado. Por isso, na sequência do esmagamento, as uvas são tratadas de forma a permitir a difusão da matéria corante, e outros compostos, para o suco.

25.4.5 Extração

No Brasil, identificam-se dois processos básicos de produção de suco de uva, que se diferenciam pelo modo de extração. Um dos processos prevê a maceração sulfurosa da uva esmagada para extração, a separação do suco sulfitado, conservação em tanques até o momento da comercialização, quando é dessulfitado e engarrafado (processo Flanzy). Apesar de impor alguns prejuízos à qualidade do suco, como a perda de aromas no processo de dessulfitação, e das dificuldades inerentes à separação dos sulfitos, a simplicidade e economia do processo faz com que a utilização da técnica persista ainda na atualidade.

O outro processo, conhecido por Welch, prevê a extração por aquecimento da uva, separação do suco, estabilização e engarrafamento. Para evitar o elevado investimento em vasilhame e mão de obra, que ficam demasiadamente concentrados no período de safra, torna-se indispensável viabilizar uma alternativa para armazenagem do suco a granel. Esse procedimento tem o potencial de proporcionar produtos de melhor qualidade organoléptica e sem resíduo de sulfitos.

25.4.5.1 Processo de extração por sulfitação (Flanzy)

Trata-se de um procedimento de baixo custo e de fácil execução, que permite preparar sucos brancos, tintos e rosados.

Basicamente, o processo prevê o desengace e esmagamento da uva, seguido do abafamento com dióxido de enxofre. Essa substância, quando adicionada à massa de uva esmagada, promove a extração da cor e de outros sólidos solúveis da casca, garante a estabilidade microbiológica e enzimática do suco, protegendo-o da ação de microrganismos e enzimas oxidantes. O dióxido de enxofre protege o ácido ascórbico, a riboflavina e o suco do efeito de envelhecimento provocado pelo oxigênio. O suco extraído dessa maneira se conserva por longos períodos em tanques, à temperatura ambiente, até o momento da sua utilização, oportunidade em que é dessulfitado. Essa técnica ganhou espaço no Brasil, tendo em vista a safra muito curta, o acúmulo de atividades com a produção de vinho e pela relativa facilidade de estocagem.

O processo Flanzy prevê que a uva esmagada seja adicionada de dióxido de enxofre, à razão de 0,8 a 1 g/L, com o cuidado de realizar uma boa distribuição. A maceração em presença do SO_2 enriquece o suco em matéria corante, compostos aromáticos, enzimas e vitaminas. O uso de enzimas pectolíticas não traz vantagens perceptíveis. O tempo de contato é de alguns dias (dois a quatro), quando o suco é separado por prensagem e armazenado em tanques. Os sólidos insolúveis dispersos em grande quantidade podem ser separados por decantação, filtração, centrifugação ou colagem, com uso de bentonita. Para a preparação de suco branco, o mosto é sulfitado logo após sua separação do bagaço. Para resistir à agressividade do dióxido de enxofre, os tanques podem ser construídos de aço inoxidável (AISI 316L), aço carbono esmaltado, cimento revestido com resinas próprias ou madeira parafinada.

O suco sulfitado deve ser mantido em tanques cheios para evitar contato com o oxigênio atmosférico, o qual oxida o dióxido de enxofre, dando origem a sulfatos. O teor de dióxido de enxofre livre deve ser periodicamente reajustado para valores entre 250 e 300 mg/L, a fim de evitar o início de alterações microbiológicas. Os controles devem incluir a verificação do eventual crescimento de microrganismos, uma vez que existem gêneros de leveduras resistentes às elevadas concentrações de SO_2.

À medida que o suco é vendido, vai sendo dessulfitado. O fato do dióxido de enxofre ser uma substância muito volátil facilita sua separação. Equipamentos especialmente desenhados evaporam o SO_2 em processo contínuo por meio da ebulição do suco sob vácuo. O suco é aquecido e vaporizado por meio de um nebulizador no interior de um cilindro, onde é mantido vácuo constante, condições necessárias para liberar o dióxido de enxofre combinado. A temperatura e o vácuo são ajustados de modo a não conferir sabor de cozido ao produto. Na saída do equipamento, o suco é rapidamente refrigerado e dispositivos especiais reincorporam a água evaporada e eventuais substâncias aromáticas recuperadas. O sistema prevê a neutralização do dióxido de enxofre, retirado com cal ou soda cáustica.

Os dessulfitadores mais antigos aqueciam o suco por tempos prolongados, induzindo um característico sabor de cozido. Os sucos resultantes apresentavam elevados conteúdos de HMF – hidroximetilfurfural (10 – 15 mg/L). Os equipamentos em uso na atualidade expõem o suco a menores tempos de aquecimento, permitindo produzir produtos de melhor qualidade, com sabor mais frutado e com reduzidos teores de HMF (< 5 mg/L), mantendo a eficiência da dessulfitação.

O nível de SO_2 residual está na dependência de diversos fatores. A dessulfitação é tanto mais fácil quanto mais elevada é a acidez do suco. Os sucos tintos apresentam residuais mais elevados que os brancos e rosados, tendo em vista que o SO_2 combinado com a matéria corante é mais difícil de evaporar. Outro fator que eleva o teor de SO_2 residual refere-se ao prolongamento do tempo de armazenamento: quanto mais tempo de armazenamento, mais difícil é a dessulfitação.

Os sucos elaborados pelo processo *Flanzy* podem apresentar teores de metanol três a cinco vezes superiores aos obtidos pelo método *Welch*. O contato de vários dias entre dióxido de enxofre e partes sólidas da uva permite que as substâncias pécticas da uva sejam hidrolisadas com liberação de álcool metílico.

25.4.5.2 Processo de extração por calor (Welch)

Esta tecnologia, alternativa ao uso do dióxido de enxofre (SO_2), permite produzir sucos bem caracterizados, os quais conservam cor e aroma. Os níveis de qualidade alcançados permitem superar as limitações impostas pelos custos mais elevados do processo.

O tratamento térmico da uva esmagada tem o objetivo principal de facilitar a extração das substâncias existentes no interior das células da casca da uva. Quando se trata de uvas sãs, o aquecimento deve atingir, ao menos, 65 °C para proporcionar um mínimo de extração de cor, enquanto, em uvas atacadas por fungos, as temperaturas devem ser maiores, o suficiente para inativar as enzimas oxidantes segregadas pelos referidos parasitas. Considerando que a atividade daquelas enzimas é máxima em temperaturas entre 40 e 50 °C, é de fundamental importância que a passagem por esta faixa de temperatura seja rápida e em ausência de oxigênio. A inativação das enzimas naturais do suco de uva, segundo a literatura, pode ser alcançada com um aquecimento de 82 °C, mantido durante 9 segundos.

Juntamente com as enzimas oxidantes, é destruída também a polimetilesterase (PME), que catalisa a formação de metanol por degradação das substâncias pécticas. A perda de qualidade aromática decorrente do processamento de uva atacada por fungos, caracterizada por odor a mofo e falta de tipicidade, contudo, não é de modo algum corrigida pelo aquecimento.

O calor, de acordo com a sua intensidade e tempo de tratamento, pode produzir a morte dos microrganismos presentes sobre a uva, ou apenas gerar um efeito depressivo sobre a população. O aquecimento proporciona a difusão para o suco de compostos nitrogenados facilmente assimiláveis, representados por pequenos peptídeos e aminoácidos. Assim, quando se diminui a temperatura, os nutrientes dissolvidos podem estimular uma veloz multiplicação dos microrganismos sobreviventes. A moderna técnica de tratamento comprova que o aquecimento até 90 °C – 95° por tempo reduzido, pode ser muito proveitoso, pois ao destruir também microrganismos permite um processamento mais seguro.

O aquecimento é feito de forma indireta, empregando trocadores de calor tubulares ou de superfície raspada. Os trocadores tubulares são formados por dois tubos concêntricos, sendo que na parte externa circula água quente e na interna, em contracorrente, a uva esmagada. Os trocadores de superfície raspada também são formados por tubos concêntricos, normalmente de maior diâmetro e com conjunto de pás que gira lentamente no tubo central arrastando a uva esmagada a partir da entrada até a saída do trocador. O uso de água quente em lugar de vapor direto permite um ajuste mais fino da temperatura e evita o superaquecimento da massa. O processo deve ser conduzido de modo a não esvaziar o tanque pulmão e alimentar continuamente o trocador de calor.

25.4.5.2.1 Extração por maceração

A uva esmagada e aquecida deve permanecer em maceração por determinado tempo para prolongar a ação da temperatura e proporcionar a difusão do conteúdo celular. O tempo necessário para uma boa extração é ajustado segundo a variedade, as condições da uva e o processo operacional, podendo variar, geralmente, entre 20 e 60 minutos. Segundo Sistrunk (1976), experiências conduzidas nos Estados Unidos com uva Concord demonstraram que tratamentos com duração de 20 minutos a 85 °C proporcionaram ótimos resultados quanto à extração de cor e aromas, enquanto um máximo de antocianos foi extraído a 100 °C. A extração de taninos proporcionada pelo aquecimento pode chegar a 50 – 60%, e a de antocianos a 70 a 80%, do total contido nas cascas. De outra parte, uvas tratadas a 60 °C durante uma hora proporcionaram a perda de metade da cor por ação de enzimas oxidantes.

A maceração aumenta também a quantidade de substâncias pécticas extraídas das cascas, concentrando-se no suco em proporções entre 0,5 e 3 g/L, segundo a intensidade do tratamento, o nível de maturação e a variedade da uva. As substâncias pécticas, entre as quais se encontra a pectina, são polissacarídeos de estrutura não homogênea. O componente principal é um ácido galacturônico polimerizado por meio de enlaces glicosídicos, parcialmente esterificado com diversos grupos carboxílicos metilados. Essas substâncias dificultam a difusão das substâncias presentes nas cascas das uvas, tornam mais difícil a extração do mosto no decorrer da prensagem e diminuem o rendimento. O maior conteúdo em pectina do mosto aumenta sua viscosidade, dificultando a clarificação e a filtração.

A maceração pode ser otimizada com a utilização de preparados enzimáticos com atividade pectolítica, caso em que a temperatura de trabalho deverá estar de acordo com a especificação técnica da enzima utilizada. Enzimas com atividades secundárias sobre celulose e arabanos, por exemplo, podem ser desejáveis, pois permitem aumentar a extração de compostos das cascas e obter sucos de melhor filtrabilidade, respectivamente. As enzimas são produzidas a partir de cultivos de fungos selecionados, geralmente da espécie *Aspergillus niger*. Esses preparados enzimáticos não alteram as características organolépticas do suco e não incorporam elementos estranhos. O tempo de contato entre suco e cascas é controlado pela evolução da viscosidade, a qual se reduz gradativamente, à medida que ocorre a degradação da pectina pela enzima aplicada. A degradação da pectina permite aumentar o rendimento do mosto (1 a 2%).

É muito importante que se evite uma excessiva degradação da polpa, que pode acontecer pela maceração muito prolongada, pela movimentação excessiva ou inadequada da massa.

25.4.5.2.2 Extração por flash-expansão

Processo de extração que se baseia no aquecimento da uva esmagada e imediato esfriamento por meio de vácuo de alta intensidade. Esse processo é levado a cabo com uso do equipamento de flash-expansão, constituído basicamente por uma cuba de expansão interligada à uma bomba de vácuo através de um condensador.

A uva desengaçada e esmagada é aquecida em trocador de calor tubular até alcançar uma temperatura entre 70 e 95 °C. Por meio de uma bomba de deslocamento volumétrico a uva aquecida é injetada na cuba de expansão que está submetida a vácuo entre 20 e 50 hPa. Sob essas condições, ocorre uma evaporação instantânea de uma parcela da água constituinte do mosto, o que provoca o rápido esfriamento da uva em tratamento. A água evaporada, que representa de 7 a 12% da massa da uva processada, é condensada e reincorporada ao suco extraído.

A rápida expansão da uva no interior da cuba produz uma fragilização das paredes celulares dos grãos da uva, o que facilita a difusão da matéria corante e demais substâncias extraíveis presentes. A uva assim tratada é retirada continuamente da cuba com uso de uma bomba volumétrica, no mesmo ritmo em que é injetada. Os parâmetros do processo de flash-expansão, como temperatura de tratamento da uva esmagada e a intensidade do vácuo, devem ser ajustados segundo a variedade e as condições da uva colhida.

O processo de flash-expansão permite tornar o procedimento de extração contínuo, eliminando a necessidade de tanques de maceração. O suco extraído apresenta elevado nível de turbidez, como resultado da intensa desagregação da estrutura celular das cascas das uvas. Após o tratamento de flash-expansão a massa resulta viscosa e de drenagem difícil, o que dificulta o esgotamento e a prensagem.

25.4.6 Separação e prensagem

Ao finalizar o processo de extração é chegado o momento de proceder à separação do suco das partes sólidas (bagaço). A operação pode ser executada em várias etapas, iniciando com um esgotamento e finalizando com uma ou duas prensagens. Os aspectos mais importantes a ser considerados nessa operação consistem em evitar uma excessiva dilaceração do bagaço e, ao mesmo tempo, realizar uma boa prensagem, otimizando a relação qualidade – rendimento.

Dependendo do tipo de prensa utilizada no processo de separação das cascas pode ser conveniente separar previamente o suco livre, deixando a massa de sólidos mais estruturada, e facilitando o processo de prensagem. O esgotamento do suco pode ser feito por meio do uso de um esgotador estático ou dinâmico. O primeiro é constituído por um tanque com leito de tela onde o suco vai escorrendo com o tempo. O segundo é formado por um cilindro inclinado, perfurado, fixo ou rotativo, com uma rosca sem-fim no seu interior que movimenta o bagaço de uma extremidade a outra, acelerando o esgotamento do suco.

Quando é necessário obter alto rendimento, pode-se fazer uso de prensa de cinta ou decanter centrífugo, que permitem operar em regime contínuo e sem a necessidade de esgotamento prévio. Nesse caso, após a prensagem, o bagaço ainda fica impregnado de quantidade importante de suco, tornando-se necessário realizar uma prensagem posterior, que pode ser feita com prensas contínuas tipo rosca sem-fim ou descontínuas de gaiola (hidráulicas ou mecânicas). O suco produzido pelas prensas tipo rosca sem-fim, especialmente, apresenta elevado teor de sólidos suspensos, motivo pelo qual é conveniente que seja processado separadamente. Prensas dos tipos gaiola e pneumática proporcionam excelentes resultados qualitativos e eficiente esgotamento do bagaço, embora seu funcionamento seja intermitente, alternando ciclos de carga, prensagem e descarga.

25.4.7 Clarificação

O suco recém-separado das cascas apresenta-se turvo em função da presença de restos de película, sais de potássio e substâncias coloidais, tais como a pectina, substâncias albuminoides e tânicas. O nível de insolúveis é variável, entre 2 e 8%, sendo tanto maior quanto mais drásticos forem os tratamentos impostos à uva no decorrer do processo. Os processos mais simplificados de produção preveem uma rápida decantação para a separação das borras mais grossas e imediato engarrafamento. A pectina presente atua de forma a dificultar a precipitação das demais impurezas, fator positivo quando o objetivo é produzir um suco turvo.

Uma parcela significativa do mercado consumidor requer sucos límpidos, tanto integrais quanto concentrados. A fim de atender a esta expectativa, a indústria incorporou uma série de tecnologias destinadas a promover a limpidez duradoura do suco de uva comercializado. Como a turvação é constituída por sólidos insolúveis provenientes da uva e se mantém pela ação de substâncias coloidais, especialmente pectina, a eliminação destes coloides constitui-se em fator fundamental para a obtenção da limpidez permanente do suco de uva. A pectina, além de manter os sólidos em suspensão, dificulta enormemente a filtração do suco.

A clarificação pode ocorrer de forma espontânea por ação de esterases, enzimas naturalmente presentes em todas as frutas ricas em pectina, as quais produzem a hidrólise das moléculas com liberação de metanol e ácido péctico insolúvel. A lentidão desse processo, entretanto, pode durar semanas, oportunizando a ocorrência de alterações de ordem microbiológica. Mesmo em sucos enriquecidos com enzimas durante a maceração, nova dose é necessária, uma vez que as incorporadas inicialmente são inativadas pelos taninos dissolvidos das cascas da uva. É conveniente empregar enzimas polivalentes na clarificação dos sucos, que incorporem pectinases, arabinases e proteases, a fim de obter rapidamente um efeito clarificante e estabilizante pela hidrólise de gomas, mucilagens e coloides em geral, presentes em maior quantidade em uvas atacadas por podridões.

As doses das enzimas variam segundo o teor de pectina, a acidez e a temperatura do suco. Partindo das instruções dadas pelos fornecedores dos preparados enzimáticos, devem ser conduzidos testes para determinar as doses mais adequadas. Para aplicação, faz-se uma suspensão da enzima em uma parte do suco a tratar e adiciona-se à quantidade total homogeneizando bem. A evolução do tratamento pode ser acompanhada de forma indireta pela medição da viscosidade do líquido tratado e a comprovação da hidrólise completa da pectina por meio de testes laboratoriais específicos. No que se refere à qualidade, os sucos clarificados com o auxílio de enzimas não apresentam qualquer alteração de sabor.

A clarificação efetiva do suco pode ser acelerada pela adição de clarificantes (colagem), que é realizada assim que comprovada a degradação da pectina presente. Com este fim, pode-se empregar bentonita, que elimina também proteínas remanescentes, bem como dióxido de silício associado com gelatina. Esses clarificantes agem produzindo floculações que promovem a decantação das substâncias causadoras de turvações. A colagem e centrifugação, ou colagem e filtração a vácuo, em processo contínuo, tornam a clarificação muito rápida e eficiente.

A clarificação também pode ser obtida e acelerada pelo uso de centrífugas ou de filtro rotativo a vácuo, sem o uso de qualquer coadjuvante de clarificação. A centrifugação deve ser realizada, preferencialmente, com equipamento de tambor fechado e com descarga automática dos sólidos, pois evita a incorporação de ar e facilita sobremaneira a operação. Permite eliminar as partículas mais grosseiras em processo contínuo, inclusive células de levedura presentes, com vazões bastante elevadas. A filtração a vácuo, por sua vez, dadas as suas características, pode ser empregada inclusive na recuperação do suco presente nas borras de fundo de tanque e na filtração do suco oriundo das prensas de rosca sem-fim.

25.4.8 Filtração

O suco clarificado, obtido por decantação simples, coadjuvada por clarificantes ou não, por centrifugação ou filtração a vácuo, ainda apresenta alguns restos de sólidos suspensos que podem ser removidos, de modo econômico, por filtração. De acordo com o nível de turvação, pode ser conveniente filtrar em duas etapas, uma de desbaste e outra de abrilhantamento, que podem ser executadas com um filtro de pressão (terra diatomácea ou perlita). Havendo necessidade de obter um nível mais elevado de limpidez, o suco ainda poderá ser filtrado com um filtro a placas ou cartuchos de celulose.

25.4.9 Estabilização tartárica

Dependendo do destino dado ao suco, este deverá ser estabilizado quanto aos sais tartáricos que se insolubilizam e precipitam por ação das baixas temperaturas. A estabilização pode ser obtida mantendo o suco em temperaturas próximas de zero grau Celsius por alguns dias. Na sequência, o suco é separado do sedimento e filtrado frio, antes que inicie a recuperação da temperatura. De todo modo, a estabilização tartárica deve ser feita sempre depois da despectinização e da clarificação, pois os sais tartáricos cristalizam mais rapidamente em sucos limpos que nos turvos. A partir desse momento, o suco, que foi clarificado, filtrado e estabilizado, pode ser colocado à venda ou armazenado para uso posterior. A vulnerabilidade do produto, entretanto, exige a adoção de algum meio que o preserve de alterações.

25.4.10 Fluxograma de processo

O fluxograma representa as etapas a serem cumpridas para a produção de suco de uva concentrado, integral e reconstituído, por meio dos processos de extração Flanzy e Welch.

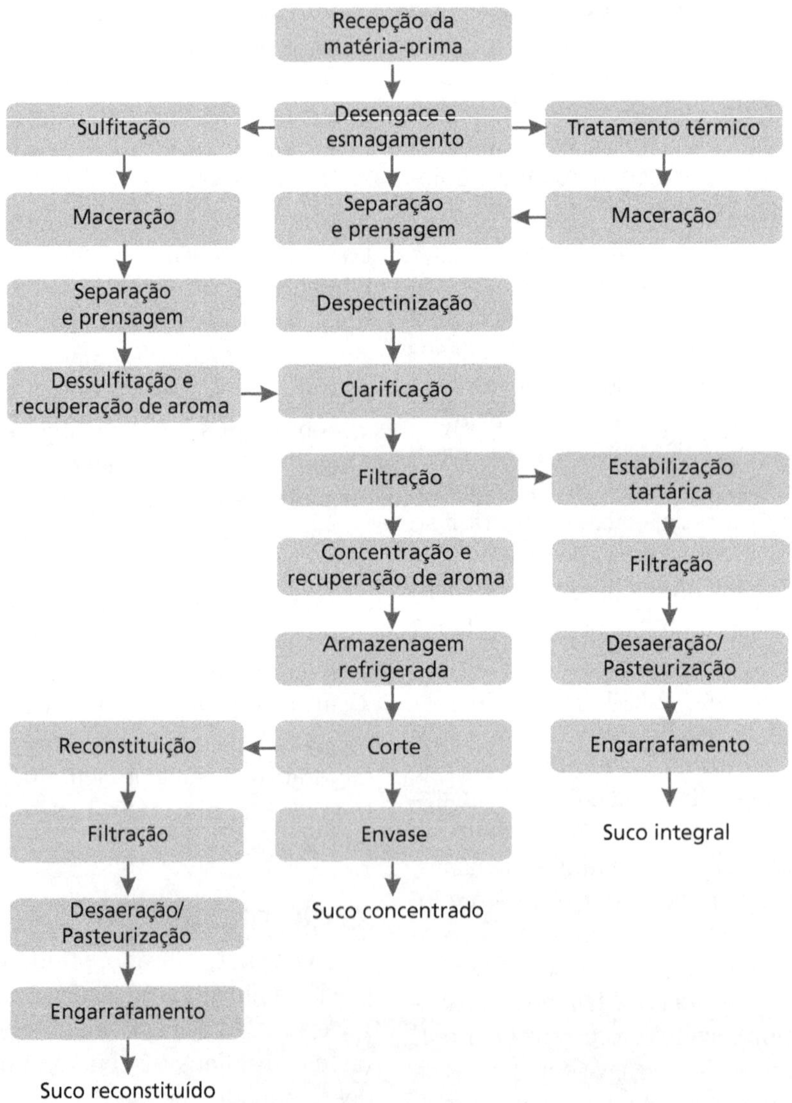

Figura 25.1 Fluxograma do processamento de uva para a produção de suco.

25.5 GUARDA E CONSERVAÇÃO

A constituição altamente nutritiva do suco de uva oferece condições ideais para a ocorrência de fermentações desencadeadas pela ação da microflora existente na uva e disseminada no ambiente. O oxigênio também se constitui num temível inimigo do suco, em razão das oxidações que produz. Assim, os meios de conservação objetivam impedir o contato do produto com o oxigênio atmosférico e o crescimento de microrganismos, criando as condições para que o produto chegue íntegro à mesa do consumidor.

Considerando que a produção de uva é sazonal, que há necessidade de ocupar a estrutura da indústria produtora de sucos durante todo o ano, que é difícil transformar toda uva em suco engarrafado durante a safra, em virtude do custo e pouco tempo, é racional se pensar na conservação de suco elaborado, ou semielaborado, para engarrafamento posterior. Neste sentido, os meios de conservação, segundo suas características, podem ser empregados para preservar o suco fracionado destinado ao consumidor ou para dar condições de conservação ao que permanece armazenado a granel na indústria. Os meios para conservar o suco de uva podem ser de natureza física, química e biológica, os quais podem ser utilizados de forma isolada ou combinada.

Há uma forte tendência de redução do uso de conservadores e de sua substituição por tratamentos térmicos de alta eficiência. A concentração tem seu uso ampliado como meio de conservação também por facilitar a armazenagem e o transporte.

25.5.1 Biológicos

25.5.1.1 Controle nutricional

A sucessiva multiplicação de leveduras, seguida de filtração ou centrifugação do mosto, é um meio de eliminar as substâncias nitrogenadas em solução e de dificultar o crescimento de microrganismos. A esterilização biológica, por meio da retirada de substâncias nutritivas orgânicas e minerais necessárias à multiplicação e sobrevivência dos microrganismos, pode alterar a composição nutricional e, por consequência, o valor alimentar do suco de uva. Como a técnica não oferece garantia de estabilidade e altera as características do produto, tanto sensoriais quanto físicas e químicas, não tem utilização prática na indústria do suco de uva.

25.5.2 Físicos

25.5.2.1 Atomização

O processo de secagem por atomização, também conhecido por *spray drying*, é efetivado pela pulverização do produto no interior de uma câmara onde flui uma corrente de ar quente, que evapora a água e outras substâncias voláteis de forma instantânea. O processo encontra inúmeras aplicações, notadamente por o produto seco sofrer uma elevação de temperatura muito pequena e um mínimo de degradação.

A dessecação do suco de uva, entretanto, é muito difícil pelo processo de atomização. O elevado conteúdo em açúcares do suco de uva faz com que o pó seja muito higroscópico. Formam-se aglomerados que têm a tendência de grudar nas paredes, dificultando sua recuperação e permitindo que se queimem com facilidade. Além das dificuldades relacionadas, o aspecto do produto final se assemelha muito mais com xarope do que com pó.

25.5.2.2 Concentração

Consiste em promover o aumento da concentração de sólidos solúveis do suco de uva, através desidratação parcial do produto integral, visando facilitar sua conservação. Esta técnica de conservação do suco de uva é uma opção muito utilizada pela indústria, tendo em vista os seguintes aspectos principais:

- possibilita a conservação do suco sem uso de aditivos químicos, à temperatura ambiente ou com leve refrigeração;
- produz importante economia no transporte;
- reduz drasticamente o espaço necessário para armazenar o produto;
- viabiliza o uso de suco de uva em aplicações que exigem produtos concentrados, como na produção de refrigerantes e xaropes; e
- facilita a manutenção da qualidade do produto.

O fator básico de conservação do suco decorre da elevada pressão osmótica proporcionada pela concentração dos açúcares que inibe o desenvolvimento de microrganismos. Em produtos com teor de sólidos solúveis de 68 °Brix, padrão internacional para suco de uva, é muito difícil a ocorrência de fermentações em temperatura ambiente. Acima de 72 – 73 °Brix é praticamente inexistente o risco de fermentações, mesmo que a temperatura supere 30 °C. O suco concentrado com 55 °Brix conserva-se durante diversos meses, contanto que a temperatura esteja abaixo de 10 °C. Algumas leveduras osmofílicas, entretanto, podem provocar fermentações mesmo em sucos com elevado teor de sólidos solúveis.

O suco destinado à concentração deve estar completamente límpido, sem qualquer vestígio de sólidos insolúveis, o que acentua o efeito conservador do processo de desidratação. Após a prensagem das uvas, o suco deve ser despectinizado, clarificado e filtrado, como descrito, a fim de evitar a ocorrência de gelificação e de floculações que depreciam o concentrado. O processo de concentração pode ser efetivado por meio do frio, calor ou por ação conjugada de ambos.

A crioconcentração possibilita produzir concentrados de melhor qualidade, pois minimiza a perda de aromas voláteis e evita as alterações de cor e aroma ocasionadas por reações químicas provocadas pelo calor. Apesar dos aspectos favoráveis, seu uso é bastante limitado pela dificuldade de separar os cristais de gelo do líquido concentrado, procedimento realizado, normalmente, por meio de centrífugas ou prensas. As borras formadas pela insolubilização do tártaro, cor coloidal e substâncias albuminoides ficam retidas no gelo, resultando um suco perfeitamente límpido.

Os equipamentos que permitem aplicar esse processo apresentam elevado custo de aquisição, porém oportunizam elaborar produtos de excelente qualidade. O suco resulta estável, em função da baixa atividade enzimática. O alto valor energético e alimentar é garantido em razão da presença de grande quantidade de açúcares, íons fosfóricos e vitamina C.

É possível alcançar concentrações relativamente elevadas repetindo, por diversas e sucessivas vezes, refrigeração e separação do gelo formado. Sucos com 66% de sólidos solúveis apresentam temperatura de congelamento ao redor de –21 °C, por exemplo, onde é muito difícil separar o gelo do concentrado. Em processos industriais, a concentração mista apresenta-se mais viável. Consiste em desidratar o suco de forma parcial através do congelamento e concluir a concentração com uso do aquecimento sob vácuo.

O procedimento de concentração mais empregado, entretanto, utiliza o calor e vácuo, que possibilitam alcançar facilmente teor de sólidos de 70 °Brix. A concentração é levada a termo em equipamentos evaporadores, especialmente desenhados para o trabalho com suco de uva, os quais aquecem finas lâminas de suco sob intenso vácuo, tanto é que conseguem evaporar a água a temperaturas abaixo de 40 °C.

No decorrer do processo de concentração ocorre a insolubilização de sais de potássio (bitartarato de potássio) com a produção de incrustações que podem comprometer o rendimento do evaporador. Limpezas preventivas, em intervalos de tempo programados, permitem manter o rendimento dos evaporadores e evitar seu entupimento, que poderia ser irreversível. Alguns sistemas prevêem a concentração até 40 °Brix, refrigeração para precipitação do bitartarato e posterior concentração até o nível desejado.

No decorrer do processo de evaporação, juntamente com as primeiras porções de água, volatilizam os princípios aromáticos do suco. Para a sua recuperação, a água é tratada em uma coluna retificadora similar à do álcool. Os aromas concentrados, obtidos na porção de cabeça, podem ser devolvidos ao suco concentrado, ou destinados para aromatização de outras bebidas e/ou alimentos.

Poderão ser destinados à concentração inclusive os sucos sulfitados, bastando para tanto que sejam previamente dessulfitados. O aroma presente no suco sulfitado é de difícil recuperação, razão pela qual é mais conveniente que seja separado antes da adição do dióxido de enxofre.

O suco concentrado preserva muito melhor as características organolépticas quando armazenado em temperaturas abaixo de 4 °C. Para tanto, pode ser acondicionado em tanques ou tambores dispostos no interior de câmaras refrigeradas. Os tanques de armazenagem devem ser mantidos sob pressão de gás nitrogênio, cerca de 0,1 atm, a fim de evitar a ocorrência de oxidações por efeito do oxigênio atmosférico e o crescimento de microrganismos psicrófilos. O bitartarato insolubilizado durante o processo de concentração e o cristalizado pelo frio precipitam e se acumulam no fundo dos recipientes. Por este motivo, o suco do fundo do tanque deve ser reprocessado, a fim de eliminar os sólidos acumulados. Esta operação consiste na diluição, filtração e nova concentração do produto.

A armazenagem de concentrados em tanques de grandes volumes permite uma considerável economia de espaço com relação aos tambores, uma manipulação mais econômica e higiênica. O fracionamento pode ser efetuado ao longo do ano, após a realização da mistura de parcelas (corte) dos diferentes tanques. Os cortes permitem aproveitar características complementares dos sucos originários de diferentes variedades e conferir uma determinada tipicidade ao produto comercializado.

Quando destinado ao engarrafamento, o concentrado deverá ser reconstituído com água potável, até alcançar a concentração original, segundo determina a legislação brasileira. O aroma separado no processo de concentração poderá ser, nesse momento, reincorporado. Segue-se a correção da relação açúcar/acidez, se necessário, uma filtração e o engarrafamento. É indispensável adotar um procedimento que permita a conservação do produto engarrafado.

O suco pode ser comercializado na forma concentrada, tanto para uso industrial como doméstico. Quando destinado à indústria, pode ser acondicionado em tambores metálicos revestidos com filmes plásticos, os quais deverão ser transportados sob refrigeração, especialmente quando se tratar de grandes distâncias. Para uso doméstico, o suco concentrado poderá ser envasado e colocado a venda sob refrigeração. Se envasado de forma asséptica ou adicionado de conservadores poderá ser exposto a temperatura ambiente.

25.5.2.3 Congelamento

Sob o ponto de vista de conservação da qualidade do suco e da manutenção de seu valor nutritivo trata-se de um dos melhores procedimentos de estabilização. Para tanto o suco é armazenado em recipientes instalados no interior de câmaras frigoríficas, com temperatura ajustada entre –17 e –20 °C. Nesta faixa de temperatura, o suco se conserva por longo prazo e se estabiliza quanto aos sais tartáricos e substâncias de natureza coloidal. Antes do uso, o suco será descongelado pelo aumento gradativo da temperatura. Imediatamente após, o suco será filtrado e preservado de alguma forma, ou novamente congelado e expedido.

Para que o suco congelado chegue ao consumidor em boas condições, o sistema de distribuição e venda deverá contar com boa estrutura de refrigeração. Tanto a conservação industrial quanto a comercialização dos congelados pressupõe elevados custos de operação.

25.5.2.4 Filtração esterilizante

A estabilização microbiológica pela filtração esterilizante consiste na eliminação progressiva e total dos microrganismos presentes, garantida pela passagem da bebida por um filtro de segurança de grau absoluto, capaz de reter microrganismos. As primeiras aplicações de filtração esterilizante foram feitas com placas de amianto e celulose no ano de 1923. Nessas placas era aproveitada a capacidade de adsorção dos materiais, uma vez que a porosidade obtida não tinha capacidade de reter os microrganismos. Por conservar inalteradas as características dos sucos frescos, o processo pode ser considerado como uma solução ideal de estabilização. Seu uso é limitado por razões técnicas e econômicas. A filtração do suco de uva, especialmente o tinto, em nível esterilizante é de difícil aplicação, a higiene de equipamentos e instalações deve ser muito rigorosa e o custo operacional é bastante elevado.

Na indústria enológica, empregam-se os chamados filtros de profundidade e os filtros de membrana. Os de profundidade são estruturados na forma de um emaranhado de fibras distribuídas de forma irregular ao longo do material filtrante, que tem espessura de vários milímetros. Os espaços para passagem dos líquidos a serem filtrados não têm dimensão definida, não são uniformes e tampouco são lineares, formando caminhos tortuosos onde ficam retidos os sólidos. As partículas mais grossas são retidas por efeito de tamis, seja na superfície do filtro ou no interior da trama. As partículas menores são retidas na superfície das fibras por efeito de adsorção. A falta de uniformidade da porosidade e da capacidade de retenção não permite o uso deste tipo de filtro para a função de esterilizar qualquer líquido.

Já os filtros conhecidos pelo nome genérico de filtros de membrana têm estrutura contínua, porosidade definida, tanto em formato quanto em dimensão. Permitem a retirada seletiva dos sólidos presentes no líquido filtrado, de acordo com a porosidade do filtro escolhido. O rigoroso processo de fabricação produz membranas com poros de tamanho regular e capazes de realizar filtrações de caráter absoluto. As membranas são construídas de materiais biologicamente inertes, orgânicos ou cerâmicos, com porosidade ajustada segundo cada aplicação. A filtração por membranas pode ser colocada em prática pelo método convencional ou pelo método tangencial.

No método convencional, também conhecido por perpendicular, o líquido a filtrar é pressionado sobre a superfície das membranas, as quais retêm as partículas na sua superfície. Para que a filtração esterilizante do suco de uva seja técnica e economicamente viável, o produto deverá conter uma reduzida quantidade de partículas em suspensão. As membranas apresentam porosidade equivalente a cerca de 80% de sua superfície, o que permite grandes vazões com pequenas áreas de filtração. Entretanto, o rendimento dos filtros depende muito da quantidade, tamanho e natureza dos sólidos presentes. Partículas rígidas, como cristais de bitartarato e terra filtrante, têm poder de colmatagem desprezível; as deformáveis, como microrganismos, proteínas, gomas, mucilagens e matéria corante coloidal, têm grande capacidade de entupimento e saturam rapidamente as superfícies filtrantes, momento em que as membranas devem ser substituídas.

A qualidade da filtração por membrana não é influenciada por fatores dinâmicos, muito importantes na filtração em profundidade. As partículas com tamanho superior aos poros ficam retidas independentemente da vazão, pressão, volume total e duração do ciclo de filtração. Na prática industrial da filtração esterilizante com membranas operadas pelo método convencional, os insolúveis são separados por tratamentos sucessivos e cada vez mais rigorosos, que pode seguir o roteiro abaixo, segundo as condições do produto a tratar. Antes da passagem do suco pela membrana filtrante devem ser realizados testes de filtrabilidade para determinar o tipo de tratamento preparatório e garantir uma filtração final economicamente viável. Como a membrana não tem condições para suportar cargas microbiológicas elevadas, os tratamentos prévios deverão assegurar uma contaminação microbiana mínima.

a) **Colagem**: pode ser efetivada com bentonita, tanino, gelatina, sílica coloidal, caseína ou outro clarificante adequado. O tipo e a dose do produto deverão ser determinados em testes prévios, de modo a obter o melhor efeito de aglomeração e precipitação das substâncias causadoras de turbidez.

b) **Refrigeração**: provoca a precipitação da matéria corante coloidal que tem elevado poder de entupimento de membranas filtrantes, bem como cristaliza e precipita bitartarato de potássio.

c) **Filtração grossa**: permite reduzir, de forma muito significativa, a carga de sólidos insolúveis. É realizada com filtros de aluvião (dosagem contínua) de terra diatomácea ou perlita. Sua eficiência depende, basicamente, da habilidade do operador, da qualidade do equipamento e da terra utilizada. Filtrações mais rigorosas são obtidas com as terras mais finas.

d) **Filtração de polimento**: objetiva reduzir o teor de insolúveis para valores próximos de zero, utilizando-se de meios de filtração em profundidade. O elemento típico dessa classe de filtração refere-se às placas filtrantes de celulose, instaladas nos chamados filtros prensa. Tendo em vista os vazamentos próprios do sistema e o elevado custo do filtro prensa, as placas estão sendo substituídas por cartuchos tubulares e pelos módulos lenticulares, que são acoplados a carcaças hermeticamente fechadas. Além do efeito mecânico de retenção, os elementos filtrantes de celulose conseguem reter, por efeito de adsorção, partículas menores que seus poros, como leveduras, bactérias e coloides.

e) **Pré-filtração final**: pretende evitar o entupimento prematuro do filtro final, resultado de uma filtração de polimento defeituosa, problemas de sanitização ou armazenagem inadequada. Para este fim são utilizados filtros mistos, compostos por elementos de profundidade e de superfície, montados sob a forma de cartuchos.

f) **Filtração final**: a última etapa da filtração deve ser capaz de garantir que nenhum microrganismo indesejável passe pelo sistema. As membranas empregadas para este fim são montadas sob a forma de cartuchos que são acomodados em carcaças hermeticamente fechadas. Antes do início da operação, o elemento filtrante, bem como todos os equipamentos, reservatórios e tubulações são devidamente esterilizados com água quente ou outra forma prescrita pelo fabricante da membrana. Os cartuchos são testados quanto à sua integridade mediante testes normatizados pelos fabricantes dos filtros, conhecidos como teste de *ponto de bolha*. De acordo com Oreglia (1979), a estabilização do suco de uva pode ser alcançada por meio da filtração com membranas de 0,65 µm.

A filtração com membranas operadas no modo tangencial consiste em fazer recircular o suco paralelamente à superfície filtrante, enquanto que o líquido filtrado, dito permeado, atravessa a membrana transversalmente. A contínua recirculação do produto em filtração promove o arraste dos sólidos que vão se acumulando sobre a membrana, renovando continuamente a superfície filtrante. O entupimento da membrana ocorre de forma gradual, em contraste com a filtração perpendicular onde acontece de forma contínua e rápida. A concentração de sólidos arrastados vai aumentando até inviabilizar a recirculação ou a drenagem de permeado. Ao finalizar cada ciclo de filtração as membranas são lavadas e sua capacidade de filtração é recuperada.

As grandes vantagens oferecidas pela filtração tangencial residem no fato de o sistema operar em um grande intervalo de conteúdo em sólidos suspensos e sem o emprego de coadjuvantes. Parte-se do suco despectinizado e clarificado por centrifugação, por exemplo, obtendo-se uma bebida muito límpida em uma única etapa de trabalho. A filtração tangencial aplicada a sucos quentes, dentro dos limites estabelecidos pelo fabricante, diminui a viscosidade do suco e melhora sensivelmente a permeabilidade das membranas.

As membranas usadas em filtração tangencial possuem porosidades muito pequenas que dão condições para a obtenção de suco estéril. Podem ser construídas de aço inoxidável, cerâmica, polisulfona, polietileno, cloreto de polivinila etc., montadas no formato de fibras ocas, tubos porosos ou placas planas. Como os diferentes materiais usados na construção das membranas alteram o rendimento, a velocidade de colmatação e a facilidade de regeneração, é conveniente realizar ensaios prévios com o suco a tratar para verificar a viabilidade técnica e econômica da implementação da filtração tangencial.

Os vasilhames que irão acondicionar o suco esterilizado por filtração deverão encontrar-se igualmente esterilizados. Os tanques, equipamentos e tubulações poderão ser esterilizados com vapor, dióxido de enxofre ou com antissépticos elimináveis por água estéril. O espaço vazio dos tanques poderá ser inertizado com nitrogênio esterilizado por filtração. Quando o suco é destinado ao engarrafamento, a filtração esterilizante deve ser seguida de engarrafamento asséptico. O sistema de envase será instalado no interior de uma sala pressurizada com ar estéril. As embalagens e tampas deverão ser igualmente esterilizadas antes do ingresso no sistema. Esses equipamentos têm custo extremamente elevado, compatível unicamente com regimes de alta produção.

É oportuno destacar que os procedimentos devem ser realizados de forma muito rápida e ao abrigo do ar, de forma a reduzir as possibilidades de recontaminação. A filtração esterilizante realizada em temperatura ambiente não elimina do suco seus principais constituintes, incluídos os nutrientes que ativam as fermentações. Como causas de insucesso, podem ser relacionadas a imperfeita lavagem e esterilização de filtros, instalações, tanques, garrafas e tampas, bem como filtros defeituosos, contaminação do ambiente e de águas de lavagem. Para evitar o crescimento de microrganismos sobre o elemento filtrante, após o uso, as membranas deverão ser drenadas, lavadas e mergulhadas em meios desinfetantes. Algumas membranas admitem retrolavagem e esterilização com sanitizantes químicos.

A filtração esterilizante pode ser utilizada associada a outros processos de estabilização microbiológica, potencializando o efeito destes. Quando associada à pasteurização, permite reduzir drasticamente a temperatura necessária para a obtenção da estabilidade. Possibilita também a redução da dose dos conservantes químicos, sem comprometer sua eficácia.

25.5.2.5 Liofilização

É um procedimento que permite secar produtos orgânicos facilmente deterioráveis ou difíceis de evaporar, de maneira que ao reincorporar a água retirada reassumem a natureza original. A água de constituição é evaporada por meio do uso simultâneo de baixa temperatura e vácuo, condições em que a água congelada passa diretamente do estado sólido para o gasoso, em transformação conhecida pelo nome de sublimação. A liofilização é empregada com sucesso na preparação de culturas de leveduras selecionadas, produtos farmacêuticos, antibióticos e plasma sanguíneo, produtos que têm elevado valor de mercado. Os projetos industriais para a produção de suco de uva liofilizado, embora tecnicamente viáveis, encontram barreiras pelos elevados custos que envolvem.

25.5.2.6 Pasteurização

A técnica da pasteurização foi criada por Louis Pasteur (1822-1895) com o objetivo de prolongar a conservação dos alimentos, por meio do tratamento térmico. O calor destrói os microrganismos por coagulação das proteínas e inativação das enzimas necessárias à sua sobrevivência.

A intensidade de calor necessário para destruir os microrganismos presentes nos alimentos depende de diversos fatores, tais como o tempo de tratamento, pH, umidade do meio, espécie de microrganismo contaminante, forma vital (vegetativa ou esporulada), idade e tamanho da população. Em meio úmido, as leveduras são inativadas de forma irreversível a 55-56 °C, enquanto a vitalidade das formas esporuladas é destruída a 70 °C. Em ambiente seco são necessárias temperaturas bem maiores, entre 95 – 110 e 120 – 125 °C, respectivamente.

Até algum tempo atrás, os sucos eram estabilizados por pasteurizações que atingiam 85-90 °C. Seguia-se uma filtração e obtinha-se um produto de fácil conservação, fruto da eliminação de quase a totalidade das substâncias albuminoides e fosforadas, ótimo substrato para as leveduras. Mas, nessas temperaturas, se volatilizavam as substâncias cujo aroma e sabor caracterizam a uva fresca. Com esse tratamento, o suco resultava esterilizado e de sabor agradável, porém pouco lembrava o de uva. O uso de calor dentro de limites mais moderados permitiu obter sucos mais saborosos.

O suco de uva é muito sensível ao oxigênio do ar, o qual altera a cor, o aroma, o sabor e a composição vitamínica, sendo seu efeito oxidativo potencializado pela pasteurização. Por isso, antes de qualquer aquecimento, deve ser providenciada a eliminação do ar dissolvido no suco, de modo a diminuir o efeito da temperatura sobre as características organolépticas. O tratamento é efetivado pulverizando o suco levemente aquecido em uma câmara de vácuo (40 °C e vácuo de 40 – 50 mm). Em ausência de ar, a pasteurização não exerce efeitos nocivos sobre a vitamina B_2, a mais importante do suco, e não provoca "gosto de cozido" devido mais à presença de oxigênio durante o aquecimento do que à temperatura por si só.

Determinar o tempo e a temperatura de estabilização do suco de uva está na dependência da natureza dos microrganismos contaminantes e da composição química do produto. Deve-se ter em consideração a temperatura letal para leveduras e bactérias que habitualmente contaminam o suco, bem como o pH do produto, que atua em sinergismo com o calor, pois quanto mais baixo mais favorece a destruição térmica dos microrganismos. Logo, os parâmetros de pasteurização devem ser determinados a cada caso. Faz-se uma contagem de microrganismos, determinando o número de leveduras e bactérias presentes. A amostra é tratada termicamente em diferentes temperaturas, mantendo fixo o tempo de exposição. Faz-se nova contagem nos diversos tratamentos e determina-se a menor temperatura necessária para a destruição de microrganismos. É oportuno lembrar que uma pasteurização de qualidade exige uma definição precisa da temperatura mínima necessária para a destruição dos microrganismos, a qual deve ser suportada de forma conveniente pelo suco e aplicada com uma precisão de ±1 °C.

O calor, além de destruir os microrganismos, proporciona estabilidade proteica e inativa as enzimas constituintes da uva ou produzidas por fungos. Pelos motivos expostos, no suco engarrafado imediatamente após a pasteurização há a possibilidade de haver precipitação de coloides coagulados pelo calor.

De toda maneira, o sucesso do tratamento térmico também está relacionado com as condições técnicas para alcançar rapidamente a temperatura desejada, de mantê-la pelo tempo determinado, de promover um ágil rebaixamento e de poder operar sob pressão para evitar perdas dos compostos voláteis.

25.5.2.6.1 *Pasteurização e envase a quente*

O envase a quente se caracteriza pelo aquecimento moderado do suco e resfriamento espontâneo, ou acelerado, no recipiente de destino. Pode ser empregado no engarrafamento do suco destinado ao comércio ou para conservação em nível industrial.

O calor esteriliza o suco e destrói os microrganismos eventualmente presentes nas tubulações, equipamentos de enchimento e no interior dos recipientes. Quanto à temperatura de engarrafamento do suco de uva, os dados da literatura não são conclusivos. Há autores que estabelecem ser necessárias temperaturas de 65-68 °C, devendo o suco ser enviado diretamente para garrafas preaquecidas. As garrafas, bem como as tampas, podem ser previamente esterilizadas com soluções antissépticas ou por lavagem a quente, enchidas por completo e fechadas ainda quentes.

Uma variante do processo prevê o enchimento a aproximadamente 77 °C, em garrafas preaquecidas com vapor. Os frascos são imediatamente fechados sob atmosfera de vapor, enviados a um pasteurizador de túnel para manutenção da temperatura pelo tempo desejado, esfriados até a temperatura adequada para secagem e rotulados.

Ao armazenar suco em tanques, estes devem ser higienizados de forma cuidadosa e enchidos por completo. O fechamento do tanque envolve a flambagem ou tratamento equivalente da tampa. A contração de volume que ocorre com o resfriamento do suco poderá ser compensada com gás inerte (nitrogênio, por exemplo) esterilizado por filtração. É importante que o processo transcorra sob pressão, a fim de evitar a perda de princípios aromáticos.

A estrutura de pasteurização necessita contar com um trocador de calor tubular, ou de placas, e um filtro para retenção de coágulos. Antes da pasteurização, o suco deverá ser estabilizado, clarificado e filtrado.

Na França é empregado o processo "Tropez" de estabilização para engarrafamento de sucos turvos. O suco preparado a partir de uvas frescas é pasteurizado à baixa temperatura, entre 60 e 70 °C e engarrafado imediatamente em vasilhames submetidos ao vácuo. As garrafas são vedadas com uma tampa dotada de diafragma de borracha.

25.5.2.6.2 *Pasteurização na garrafa*

A pasteurização na garrafa não é usual no campo enológico, muito embora esteja muito difundida em outros segmentos produtores de bebidas, especialmente na indústria cervejeira. Caracteriza-se pelo longo tempo de tratamento. Modernamente, é executada em pasteurizadores de túnel equipados com esteiras transportadoras de garrafas que atravessam o equipamento. Durante a passagem pelo túnel, as garrafas são pulverizadas com água progressivamente mais quente até alcançar a temperatura de pasteurização no centro da embalagem. Após o aquecimento, o processo se inverte, com água cada vez mais fria, até atingir a temperatura ambiente. O tempo total de tratamento, da entrada até a saída, é de ao redor de uma hora. A temperatura de estabilização está na dependência das condições gerais do suco. O aquecimento a 75-80 °C, durante 15 minutos, segundo as circunstâncias, pode ser suficiente para eliminar os microrganismos e permitir a conservação do suco por tempo indeterminado.

25.5.2.6.3 *Flash pasteurização*

Esta forma de pasteurização oferece bom nível de segurança, desde que seja empregado rigor absoluto na esterilização de recipientes, equipamentos e tubulações. Pode ser empregada tanto no envase final como para a conservação em tanques. Caracteriza-se pelo rápido aquecimento, pequeno tempo de permanência na temperatura determinada e imediato resfriamento do suco até a temperatura ambiente, por meio de sistema equipado com dispositivos de ajuste de temperatura e vazão muito precisos.

A *flash* pasteurização admite o uso de trocadores de calor tubulares ou de placas, os quais são divididos em três seções básicas: a) recuperação de calor; b) aquecimento; c) refrigeração. O produto a tratar entra no sistema pela seção de recuperação térmica, onde é aquecido pelo suco que vem do tubo retardador; na sequência o produto é aquecido por água quente e vai para o tubo retardador para o tempo programado de permanência na temperatura de pasteurização; depois passa pela seção de recuperação térmica e sai passando pela seção de refrigeração.

O suco tratado é depositado em tanques esterilizados por sanitizantes químicos ou por aquecimento a altas temperaturas (115 °C), por alguns minutos. O espaço vazio do tanque poderá ser protegido com lâmpada germicida (ultravioleta) ou com gás nitrogênio. Esses tanques devem estar equipados com válvulas de segurança, termômetro, manômetro, válvulas para enchimento e porta para limpeza. Sua construção deve atender a critérios sanitários, especialmente no que se refere à execução das soldas e características construtivas dos acessórios. A falta de controle pode dar origem ao crescimento de mofos e leveduras, com prejuízos significativos. A contaminação do suco pode provir de microrganismos abrigados em eventuais poros existentes na superfície do tanque, no ambiente, válvulas e conexões inadequadas.

O engarrafamento de suco auxiliado pela *flash* pasteurização requer que todos os equipamentos estejam em condições de esterilidade, sob pena de comprometer de forma irreversível a estabilização efetivada. Os vasilhames que irão conter o suco devem ser igualmente esterilizados por método compatível com sua constituição. A sala de enchimento pode ser esterilizada com ozônio e mantida sob pressão positiva de ar também esterilizado. O envase pode ser operado por máquinas volumétricas eletrônicas, que podem ser facilmente esterilizáveis com vapor e, não permitem contato entre bocal de enchimento e garrafa. Como estas condições de assepsia são muito difíceis de ser alcançadas, este procedimento pode ser utilizado associado à estabilização química, possibilitando o emprego de doses reduzidas de conservadores.

A *flash* pasteurização pode também ser aplicada para viabilizar a estabilização do suco recém-extraído e prepará-lo para o engarrafamento. Neste caso, logo após a prensagem das uvas, o suco é aquecido de forma rápida até alcançar 80 e 85 °C. O produto é imediatamente esfriado até temperatura próxima de –2,5 °C, mantido em tanque refrigerado por um mês ou mais, quando precipitam o bitartarato de potássio, taninos e matéria corante instável. Para engarrafar, o suco deverá ser sifonado, a fim de separar os sólidos precipitados, despectinizado e filtrado. O suco remanescente na borra precipitada poderá ser recuperado mediante filtração ou centrifugação. Após ser engarrafado, o suco não mais voltará a apresentar sedimentações dessa natureza, devendo, entretanto, ser conservado com algum dos procedimentos descritos. Os efeitos do aquecimento são bastante minimizados, resultando em suco de boa qualidade, favorecendo a manutenção do aroma e sabor natural. Arena (1992), sugere que o aquecimento do suco de uva até 75 °C, por tempo de três a quatro minutos, estabiliza o produto e não deteriora o aroma.

O gasto energético com a *flash* pasteurização é relativamente baixo, já que a maior parte do calor aplicado é recuperado.

25.5.2.6.4 *Tratamento "ultra high temperature" (UHT)*

O tratamento UHT permite a conservação do suco, sem qualquer adição de conservantes, com um mínimo de perda de qualidade. Consiste no aquecimento do produto à temperatura elevada, por tempo muito breve, seguindo-se imediata redução até a temperatura ambiente e armazenagem em recipientes esterilizados, seja garrafas ou tanques.

O tratamento térmico varia segundo a carga microbiana inicial e a acidez do produto. Os sucos com pH compreendido entre 3,0 e 3,8 podem ser esterilizados a 95 °C, com um retardo de 2 segundos. Sucos com pH mais elevados devem ser aquecidos até alcançar temperaturas superiores a 100 °C. Nessas temperaturas, são inativadas também as enzimas eventualmente presentes no suco.

A participação no mercado de produtos tratados pelo método UHT e envasados de forma asséptica tem aumentado, especialmente em embalagens cartonadas tipo "longa vida".

25.5.2.7 Refrigeração

O frio mantém a integridade das características naturais do suco, por diminuir a velocidade das reações químicas e enzimáticas e por dificultar a multiplicação dos microrganismos. Entretanto, não destrói enzimas, tampouco microrganismos. Várias espécies de leveduras psicrófilas conseguem multiplicar-se e produzir fermentações sob temperatura de 0 °C. A refrigeração simples deve ser usada para conservar sucos por, no máximo, 30 dias, tendo-se o cuidado de posicionar lâmpadas ultravioletas na superfície para impedir a proliferação de mofos. Essa técnica permite conservar de forma satisfatória, por tempos prolongados, apenas os sucos concentrados. O frio pode ser aplicado em tanques termoisolados ou dispostos no interior de câmaras frias. A pasteurização e o imediato armazenamento sob temperatura entre –5,5 e –2,2 °C permite conservar o suco por vários meses.

25.5.3 Químicos

25.5.3.1 Ácidos benzoico e sórbico

A estabilização do suco de uva, tanto no ambiente industrial quanto no engarrafado, pode ser obtida com o uso de conservadores com ação residual, como o ácido benzoico e o ácido sórbico. É o método de mais fácil aplicação, pois não requer recursos especiais para adoção. O dióxido de enxofre pode ser usado de forma concomitante para o controle de bactérias, uma vez que os ácidos benzoico e sórbico não tem ação sobre elas.

A fim de potencializar o efeito dos conservadores químicos e permitir a redução das doses, pode-se empobrecer o suco de uva no que se refere às substâncias necessárias e indispensáveis ao crescimento de microrganismos. Assim, a centrifugação, seguida de filtração, pode ser usada para eliminar a maior parte das substâncias albuminoides presentes nos sucos sob a forma coloidal, além de reduzir drasticamente a contagem de células de microrganismos. Essas substâncias também podem ser retiradas do meio pela coagulação térmica, da coagulação química por meio da adição de taninos ou da colagem com bentonita, cuja carga elétrica negativa, contrária à carga das proteínas, permite que estas sejam adsorvidas e precipitadas. Tanto o ácido sórbico, quanto o benzoico, tem ação fungistática mais acentuada em sucos com pH mais baixo.

As elevadas doses necessárias para alcançar a estabilidade microbiológica são um fator limitante ao uso do método, em virtude dos prejuízos de natureza sensorial que os conservadores impõem ao suco de uva tratado. Para evitar este inconveniente, podem-se empregar combinações dos mesmos, desde que em concentrações inferiores ao limite de percepção de cada um. Experiências descritas pela literatura comprovam que, empregando simultaneamente bissulfito de sódio, benzoato de sódio e sorbato de potássio, em doses de 34, 222 e 463 ppm, respectivamente, é possível inibir satisfatoriamente o crescimento de microrganismos. Observa-se um efeito sinérgico resultante do uso conjunto dos citados conservadores que melhora a estabilidade do suco tratado.

Na indústria do suco de uva, emprega-se o benzoato de sódio, sal solúvel do ácido benzoico. O benzoato veio substituir o ácido salicílico, que era empregado no passado como preservativo de conservas alimentares. Como o ácido benzoico não tem qualquer ação sobre bactérias láticas e acéticas, faz-se necessário adotar procedimentos complementares de estabilização. A dose de utilização depende do nível de contaminação microbiológica e do pH do suco.

O ácido sórbico é praticamente insolúvel, razão pela qual se utiliza o sal de potássio na conservação do suco de uva. Tem eficiência desde que o suco apresente as condições adequadas de acidez e baixo nível de contaminação microbiológica. O poder fungistático do produto também é variável segundo as espécies de leveduras presentes. O ácido sórbico apresenta o inconveniente de ser suscetível ao ataque e degradação por bactérias láticas com produção de cheiros que lembram gerânio. Apesar de ter menor eficácia conservante do que a do ácido benzoico, o ácido sórbico apresenta a vantagem de ser declarado seguro para a saúde nas doses usuais (FDA, 2014).

25.5.3.2 Dicarbonato dimetílico

O dicarbonato dimetílico (DMDC) é um líquido incolor, com densidade de 1,25 g/cm^3 e cheiro levemente pungente. A substância pura, que requer cuidados especiais de armazenagem, tem estabilidade de um ano quando armazenada sob temperaturas entre 20 e 30 °C. Não suporta temperaturas elevadas por tempo prolongado e, abaixo de 17 °C, pode solidificar-se de forma reversível.

O DMDC inibe o crescimento de leveduras por meio da hidrólise de enzimas vitais. Dosagens mínimas tem efeito sobre microrganismos típicos das bebidas tais como leveduras fermentativas, bactérias produtoras de enzimas e micodermas. Em doses maiores, a substância é ativa contra um grande número de bactérias, leveduras selvagens e fungos de bolor. A presença de esporos, como conídios, ascósporos e endósporos no suco pronto deve ser evitada.

O produto deve ser dosado no suco de uva a frio, em doses de até 250 mg/L. O DMDC residual se hidrolisa completamente após algumas horas de sua aplicação produzindo dióxido de carbono e metanol, substâncias microbiologicamente inócuas. De modo geral, o produto não interfere no aspecto e nas características sensoriais das bebidas. É prudente comprovar previamente a compatibilidade.

A alta velocidade de degradação exige que o DMDC seja aplicado imediatamente antes do engarrafamento e de forma homogênea. Instalações específicas são necessárias para dosar e dispersar o produto, de forma contínua na entrada do sistema de envase, e em quantidade exatamente proporcional à vazão instantânea do suco.

A eficácia do tratamento depende de vários fatores, tais como nível de contaminação, natureza dos microrganismos, condições sanitárias e técnica de aplicação. Testes em condições reais permitem otimizar o processo e obter os resultados esperados. É conveniente reduzir a contagem microbiana do suco, antes de adicionar o DMDC, por meio de filtração ou pasteurização. A tubulação e os equipamentos de envase devem ser lavados e sanitizados como condição básica para o sucesso do tratamento. Mesmo que em temperaturas maiores, o tempo necessário para destruir as leveduras seja menor, o engarrafamento feito com o suco a 20 °C, ou menos, permite prolongar o tempo de ação do DMDC, de modo que ainda esteja ativo quando chegue à garrafa. A inversão dos vasilhames imediatamente após seu enchimento permite atingir os germes presentes no gargalo e tampas dos recipientes.

O consumo das bebidas tratadas só deve ocorrer quando concluída a hidrólise do DMDC, cerca de 5-7 horas depois da aplicação. Como não existe efeito germicida residual, conservadores tradicionais podem ser aplicados para proteger o suco de uva após a abertura das embalagens, especialmente nas de maior volume, cujo consumo não se completa em pouco tempo.

25.5.3.3 Processo *Seitz-Böhi*

É uma técnica de conservação para uso no ambiente industrial, sendo muito empregado nos países nórdicos, Suíça e Estados Unidos. Baseia-se no princípio de que a ação dos antissépticos é inversamente proporcional à concentração de microrganismos e no fato de que os produtos de fermentação alcoólica, a partir de uma determinada concentração, exercem ação antilevedura. Os produtos de fermentação com ação antisséptica mais pronunciada são o álcool e o gás carbônico, especialmente. A conservação com álcool não é empregada, pois exige concentração mínima de 16% e descaracteriza o suco como tal.

O processo *Seitz-Böhi* consiste em conservar o suco de uva a uma temperatura máxima de 15 °C e saturado com 1,5% de gás carbônico. Sob estas condições de temperatura e pressão, cerca de 7,7 atmosferas, o suco se conserva com boa retenção de qualidade por tempo prolongado. O gás carbônico não destrói as leveduras presentes, apenas atua sobre a permeabilidade da membrana celular impedindo sua atividade funcional. Em temperaturas superiores à estabelecida, entretanto, podem proliferar bactérias produtoras de ácido lático e butírico.

O suco a ser conservado pelo sistema Seitz-Böhi deve ser previamente despectinizado, clarificado e filtrado, de modo que a carga bacteriana seja reduzida a um mínimo. As enzimas oxidantes naturais devem ser previamente inativadas, sob pena de provocarem a deterioração do produto. O uso do ácido ascórbico contribui para preservar o frescor do produto.

O tanque destinado à armazenagem do suco é higienizado e enchido com água, a qual é removida na sequência com pressão de CO_2. Após o escoamento da água, a saída é fechada e o tanque pressurizado até atingir 8 kg/cm^2. Nesse momento, o gás é aspirado pela parte superior do tanque e enviado a um saturador, ao qual chega concomitantemente o suco clarificado com temperatura ajustada para 15 °C. O suco saturado de gás carbônico é enviado ao tanque de conservação, do qual se está retirando o CO_2.

O suco pode ser retirado do tanque de armazenagem a qualquer tempo, mesmo que parcialmente, sempre tendo-se o cuidado de manter a pressão e a temperatura. O suco é desgaseificado, com recuperação de até 80% do gás carbônico, preparado e engarrafado. É indispensável a adoção de uma técnica para a conservação do produto engarrafado.

Uma variação da técnica prevê a manutenção do suco em temperatura de 2-3 °C e pressão de 4 a 4,5 atm, a qual oferece uma maior garantia quanto ao desenvolvimento de bactérias láticas. A implementação do processo Seitz-Böhi de conservação requer expressivos investimentos em tanques de aço resistentes à pressão e instalações de refrigeração.

25.5.3.4 *Sulfitação*

A adição de dióxido de enxofre ao suco de uva, em altas doses, impede o crescimento de leveduras e bactérias e as fermentações decorrentes de sua atividade vital. Embora o suco sulfitado resulte microbiologicamente estável, protegido da oxidação química e enzimática, tal qual é impróprio para o consumo, devido ao forte cheiro e às características nocivas à saúde. Por consequência, essa técnica de conservação encontra aplicação unicamente em nível industrial. O empobrecimento em leveduras permite reduzir a dose necessária para a conservação do suco, que normalmente é superior a 1 g/L.

A agressividade química do dióxido de enxofre exige que a armazenagem do suco tratado seja feita em recipientes adequados. Para evitar a perda dos aromas naturais da uva é conveniente realizar sua extração antes da sulfitação do suco para voltar a incorporá-los depois da dessulfitação.

O suco volta a ser potável após ser submetido à dessulfitação, processo em que se consegue eliminar quase que a totalidade do dióxido de enxofre presente. Esse procedimento pode ser executado por meios químicos ou físicos. Os meios químicos não apresentam resultados satisfatórios, tendo em vista as alterações desfavoráveis que produzem nos sucos tratados. Na prática, a dessulfitação é feita por aquecimento sob vácuo como relatado no Processo *Flanzy* de extração.

O uso de pequenas doses de dióxido de enxofre associado a outras técnicas de conservação pode auxiliar no controle de bactérias e, especialmente, na preservação do aspecto e do aroma do suco de uva branco.

25.6 ENGARRAFAMENTO

Ao ser engarrafado, o suco deve encontrar-se estável de modo que conserve suas características até o consumo. Diversas são as alterações que os sucos podem sofrer, em virtude de sua composição natural, processo de produção ou contaminação.

O suco de uva tinto deve permanecer vermelho e com a vivacidade de cor característica da variedade de origem. Tonalidades que tendem ao marrom, inclusive em brancos, indicam sucos oxidados, que já não apresentam o frescor próprio da fruta. O sabor do suco de uva deve ser doce e suficientemente ácido para proporcionar equilíbrio entre as duas sensações. O aroma deve ser fresco e recordar a uva de origem. Não deve estar presente odor ou sabor de cozido, mofo ou qualquer outro que seja desagradável. O suco de uva brasileiro é muito apreciado pelo aroma intenso de uva *Vitis labrusca*, dito "foxado", característica muito valorizada por consumidores locais, norte-americanos e japoneses, especialmente.

A presença de bitartarato de potássio, fragmentos de película ou sementes no fundo das garrafas, embora seja por alguns considerada indicador de genuinidade, não agrega qualidade ao suco. O bitartarato deixa o suco com sabor salgado, as partículas prejudicam o aspecto visual do produto e as sementes transferem óleo ao suco que pode deteriorar com o passar do tempo. A preparação dos sucos turvos requer, no mínimo, a separação dos sólidos grosseiros. Quando se tratar de suco limpo enviado ao comércio, a eventual presença de sólidos em suspensão deverá ser corrigida com o uso dos meios clarificantes e filtrantes descritos.

No decorrer da pasteurização os aminoácidos podem reagir com açúcares, dadas as condições de pH baixo, temperatura elevada e presença de metais, produzindo substâncias pardas e maus sabores. Assim, é fundamental evitar a incorporação de metais ao suco, seja por meio dos defensivos agrícolas remanescentes sobre a matéria-prima ou pelo uso de equipamentos e utensílios construídos de metais corrosíveis. A presença de ferro e cobre também pode dar origem à casse fosfato-férrica, casse tânico-férrica e casse cuprosa. Eventuais contaminações com ferro e cobre podem ser corrigidas por meio da colagem azul, por exemplo, cuja complexidade exige que seja executada por técnico capacitado.

Enzimas oxidantes, como a lacase e tirosinase, têm efeito devastador sobre a qualidade do suco. Além dos constituintes do aroma, em sucos brancos, as polifenoloxidades atacam os flavonoides e produzem o amarronamento do produto; nos tintos produzem a precipitação de complexos flavonoides-antocianos, alterando a tonalidade do produto. O calor inativa de forma eficaz as enzimas oxidantes, permitindo a manutenção do aroma e do aspecto do suco de uva.

A estabilização frente às substâncias de natureza proteica pode ser alcançada por meio do uso de enzimas proteolíticas, de colagem com bentonita ou do aquecimento. Já as precipitações de bitartarato de potássio e tartarato de cálcio podem ser evitadas, estabilizando o suco com o frio artificial, pela adição do ácido metatartárico ou pelo tratamento com resinas trocadoras de íons.

Estando o suco de uva estabilizado, ele está apto para ser enviado ao comércio em garrafas de vidro ou plástico, em latas ou em caixas cartonadas. As garrafas de vidro são largamente utilizadas, tendo em vista sua aptidão e preferência do consumidor. O envase em latas, garrafas de plástico e embalagens cartonadas é feito unicamente em vasilhame novo, o que facilita sobremaneira a sua preparação para o engarrafamento. No caso do uso de garrafas retornáveis, a lavagem inicia-se com um enxágue preliminar feito com água limpa. Após breve esgotamento, as garrafas são mergulhadas em banhos com temperaturas crescentes, até alcançar 80 °C, os quais são adicionados de detergentes alcalinos aditivados com tensoativos e controladores de dureza da água. Seguem-se enxágues sucessivos, com o objetivo de eliminar a totalidade de resíduos remanescentes nas garrafas. No caso de envase a quente, os enxágues finais deverão ser realizados com água quente de modo que as garrafas cheguem na envasadora com a temperatura próxima à do suco. Quando se utilizam garrafas novas, pode-se suprimir a passagem pelo banho cáustico. As garrafas lavadas são inspecionadas em um posto de controle iluminado e enviadas ao sistema de enchimento.

Dentre os vários sistemas de envase existentes, deverá ser selecionado o que produzir o menor contato do suco com o ar, evitando a ocorrência de oxidações e eventuais contaminações. Deverá permitir, também, boa velocidade de enchimento e ausência de gotejamentos. Independentemente do sistema de funcionamento, a envasadora deverá ser construída de tal modo que permita ser lavada e sanitizada de forma adequada.

BIBLIOGRAFIA

ARENA, C. **Tecnologia delle bevande**. Milano: Hoelpi, 1992. 369p.

BOULTON, R. B. et al. **Teoría y práctica de la elaboración del vino**. Zaragoza: Acribia, 2002. 636p.

BRANDT, J. **O valor medicinal da uva**. 3. ed. São Paulo: M.V.P. s.d. 177p.

BRASIL. Anvisa. Resolução – RDC n. 7, de 18 de fevereiro de 2011. Dispõe sobre limites máximos tolerados (LMT) para micotoxinas em alimentos. **Diário Oficial da União**. Brasilia, DF, 09 mar. 2011.

BRASIL. Anvisa. Resolução – RDC n. 8, de 6 de março de 2013. Dispõe sobre a aprovação de uso de aditivos alimentares para produtos de frutas e de vegetais e geleia de mocotó. **Diário Oficial da União**. Brasilia, DF, 08 mar. 2013.

BRASIL. Anvisa. Resolução – RDC n. 42, de 29 de agosto de 2013. Regulamento Técnico sobre Limites Máximos de Contaminantes Inorgânicos em Alimentos. **Diário Oficial da União**. Brasilia, DF, 30 ago. 2013.

BRASIL. Decreto n. 8198, de 20 de fevereiro de 2014. Regulamenta a Lei n. 7.678, de 8 de novembro de 1988, que dispõe sobre a produção, circulação e comercialização do vinho e derivados da uva e do vinho. **Diário Oficial da União**. Brasília, DF, 20 fev. 2014.

BRASIL. Lei n. 7678, de 8 de novembro de 1988. Dispõe sobre a produção, circulação e comercialização do vinho e derivados da uva e do vinho, e dá outras providências. **Diário Oficial da União**. Brasília, DF, 09 nov. 1988.

BRASIL. Ministério da Agricultura. Instrução Normativa n. 01, de 7 de janeiro de 2000. Regulamento técnico geral para fixação dos padrões de identidade e qualidade para polpa de fruta. **Diário Oficial da União**. Brasília, DF, 10 jan. 2000.

BRASIL. Ministério da Agricultura. Portaria n. 371 de 19 de setembro de 1974. Complementa padrões de identidade e qualidade para suco de uva. **Diário Oficial da União**. Brasília, DF, 19 de setembro de 1974.

BRASIL. Decreto n. 6871, de 4 de junho de 2009. Regulamenta a Lei n. 8.918, de 14 de julho de 1994, que dispõe sobre a padronização, a classificação, o registro, a inspeção, a produção e a fiscalização de bebidas. **Diário Oficial da União**. Brasília, DF, 05 jun. 2009.

CANO MAROTTA, C. El vino en la alimentación humana y en la higiene alimentaria. In: SIMPÓSIO LATINO-AMERICANO DE ENOLOGIA E VITICULTURA, 2.; JORNADA LATINO-AMERICANA DE VITICULTURA E ENOLOGIA, 2.; SIMPÓSIO ANUAL DE VITIVINICULTURA, 2., 1987, Garibaldi e Bento Gonçalves. **Anais** ... Porto Alegre: Palotti, 1987. 313p.

CINQUANTENARIO della colonizzazione italiana nel Rio Grande del Sud. Porto Alegre: Globo, 1925.

Concord Grape Association. **The history of Concord grapes**. Disponível em: <http://www. concordgrape.org/bodyhistory.html>. Acesso em: 11 ago. 2014.

CONGRESSO BRASILEIRO DE VITICULTURA E ENOLOGIA, 5., 1950, Caxias do Sul. **Anais** .... Porto Alegre: Oficinas Gráficas da Imprensa Oficial, 1951. 128p.

DANI, C. et al. Antioxidant and Antigenotoxic Activities of Purple Grape Juice – Organic and Conventional – in Adult Rats. **Journal of Medicinal Food**, v. 12, p. 1111-1118, 2009.

DANI, C. et al. Phenolic content and antioxidant activities of white and purple juices manufactured with organically- or conventionally-produced grapes. **Food And Chemical Toxicology**, v. 45, p. 2574-2580, 2007.

ENCONTRO DE ATUALIZAÇÃO VITIVINÍCOLA, 4., 1980, Bento Gonçalves. **Anais** ... Brasília: Coordenação Nacional do Ensino Agropecuário, 1980. 132p.

ERBES, L. C. **A alma de um povo**: 7 décadas da festa da uva. Caxias do Sul: Maneco, 2000. 137p.

EUROPEAN FRUIT JUICE ASSOCIATION (Ed.). **Alicyclobacillus Best Practice Guideline.** Bruxelas, 2008. 29p.

FENOCCHIO, P. Competição de matéria-prima para elaboração de suco de uva. **Pesquisa Agropecuária Brasileira,** Brasília, v. 8, n. 8, p. 263-266, 1973.

FENOCCHIO, P.; MENDES, M. **Teores de metanol nos sucos de uva brasileiros.** Pelotas: Ministério da Agricultura, 1972. 8p.

FLANZY, C. **Enología:** fundamentos científicos y tecnológicos. 2. ed. Madrid: Mundi-Prensa, 2003. 797p.

FREGONI, M. **Viticoltura generale.** Roma: Reda, 1985. 728p.

GAROGLIO, P. G. **Enciclopedia vitivinicola mondiale:** Nuova Enologia. Brescia: AEB, v. 3, 1981. 630p.

INSTITUTO BRASILEIRO DO VINHO. **Relatórios de produção vinícola, safras 2002 a 2013.** Bento Gonçalves, 2002, 2013.

LAFUENTE FERRIOLS, B. Frutos, productos hortícolas y derivados. Preparación de zumos de calidad. **Revista Agroquímica Y Tecnología de Alimentos,** Valencia, n. 19, p. 1, 1979.

LEE, C. Y.; SMITH, N. L.; NELSON, R. R. Relationship between pectin methylesterase activity and the formation of methanol in Concord Grape juice and wine. **Food Chemistry,** Barking, n. 4, p. 143, 1979.

MELLO, L. M. R. R. Panorama da vitivinicultura brasileira em 2012. **A Vindima.** Flores da Cunha, p. 18-19. abr. 2013.

NATALI, M. **Sucoterapia.** São Paulo: Gaia, 1994. 124p.

NELSON P. E., TRESSLER, D. K. **Fruits and vegetable juice grape juice processing technology.** 3. ed. Westport: Avi, 1980. 603p.

OREGLIA, F. **Enología teórico-prática.** 2. ed. Buenos Aires: Instituto Salesiano de Artes Gráficas, 1979.

PEREIRA JÚNIOR, E. S. et al. Suco de uva: fonte de compostos bioativos com benefício à saúde. **Nutrição Brasil,** São Paulo, v. 12, n. 3, p. 185-191, maio/jun. 2013. Bimestral.

PUJOL, J. N. **Enotecnia industrial.** 2. ed. Lerida: Dilagro, 1973. 763p.

RIO GRANDE DO SUL. **Programa de investimentos integrados para o setor agropecuário.** Suco concentrado de uva. Porto Alegre: Palotti, 1975. 95p.

RIZZON, L. A.; MANFROI, V.; MENEGUZZO, J. **Elaboração de suco de uva na propriedade vitícola.** Bento Gonçalves: Embrapa Uva e Vinho, 1998. 24p. (Documentos, 21).

RODRIGUES, A. D. et al. Neuroprotective and anticonvulsant effects of organic and conventional purple grape juices on seizures in Wistar rats induced by pentylenetetrazole. **Neurochemistry International,** n. 60, p. 799-805, 2012.

SCHWEIG RODRIGUES, S. **Suco de Uva.** 1995. 30f. Monografia (Engenharia Química dos Alimentos) – Universidade do Vale do Rio dos Sinos, Montenegro.

SEBRAE/EMBRAPA. **Iniciando um pequeno grande negócio agroindustrial:** polpa e suco de frutas. Série Agronegócios. Brasília: Sebrae/Embrapa, 2003. 123p.

SIMPÓSIO LATINO-AMERICANO DE VITICULTURA E ENOLOGIA, 3; Congresso Brasileiro de Viticultura e Enologia, 6; Jornada Latino-Americana de Viticultura e Enologia, 4. 1990, Bento Gonçalves/Garibaldi, **Anais** .... Bento Gonçalves/Garibaldi: Embrapa-CNPUV/ABTEV/OIV, 1991. 162p.

SISTRUNK, W. A. Effect of Extraction Temperature on Quality Attributes of Concord Grape Juice. **Arkansas Farm Research,** p. 12, jan.-fev. 1976.

SUAREZ LEPE, J. A.; IÑIGO LEAL, B. **Microbiologia enologica:** fundamentos de vinificación. Madrid: Mundi-Prensa, 1990. 539p.

SUPEREVA. **Sapa, Saba e Vincotto.** Disponível em: <http: // guide.supereva.it/mangiar_bene/interventi/2000/10/13366.shtml>. Acesso em: 11 ago. 2014.

UNIÃO BRASILEIRA DE VITIVINICULTURA. **Produção Comerciável 1980 a 2001.** Bento Gonçalves, 2001.

USA. FOOD AND DRUG ADMINISTRATION. Select Committee on Gras Substances (SCOGS). **GRAS Substances (SCOGS) Database:** Potassium Sorbate. 2014. Disponível em: <http://www.fda.gov/Food/IngredientsPackagingLabeling/GRAS/SCOGS/ucm261027.htm>. Acesso em: 09 ago. 2014.

VELCORIN: dicarbonato dimetílico. Leverkusen: Lanxess, 2005. Ficha Técnica.

ZOECKLEIN, B. W. et al. **Análisis y producción de vino.** Zaragoza: Acribia, 2001. 613p.